제5판

재료강도학

-변형, 파괴 및 피로의 공학적 접근-

MECHANICAL BEHAVIOR OF MATERIALS

Engineering Methods for Deformation, Fracture, and Fatigue

Norman E.Dowling 지음

문영훈 · 김명현 공역

MECHANICAL BEHAVIOR OF MATERIALS, 5th Edition
by DOWLING, NORMAN E.; STEPHEN L.; KRAL, MILO V

제5판

재료강도학

-변형, 파괴 및 피로의 공학적 접근-

인 쇄: 2023년 8월 10일 초판 1쇄
발 행: 2023년 8월 21일 초판 1쇄

역 자: 문영훈 · 김명현
발행인: 송 준
발행처: 도서출판 홍릉
주 소: 01093 서울시 강북구 인수봉로 50길 10

등 록: 1976년 10월 21일 제5-66호

전 화: 02-999-2274~5, 903-7037
팩 스: 02-905-6729
e-mail: hongpub@hongpub.co.kr
http://www.hongpub.co.kr
ISBN: 979-11-5600-114-0(93550)

정 가: 49,000원

제5판

재료강도학

-변형, 파괴 및 피로의 공학적 접근-

MECHANICAL BEHAVIOR OF MATERIALS

Engineering Methods for Deformation, Fracture, and Fatigue

Norman E.Dowling 지음
문영훈 · 김명현 공역

Pearson

도서출판 홍릉

역자소개

문영훈(yhmoon@pusan.ac.kr)

부산대학교 기계공학부 교수

POSCO 석좌교수

Colorado School of Mines, 공학박사 (1991)

김명현(kimm@pusan.ac.kr)

부산대학교 조선해양공학과 교수

J. of Offshore Mechanics and Arctic Engineering, 부편집장

Virginia Polytechnic Institute and State University, 공학박사 (2000)

책머리에

안전성, 신뢰성, 경제성을 갖춘 기계, 자동차 및 구조물을 설계하려면 재료를 효율적으로 사용함은 물론 파손이 일어나지 않도록 해야 한다. 따라서 학부에서 재료의 기계적 거동을 전공하는 공학도는 변형, 파괴 및 피로와 관련한 과목을 이수하는 것이 바람직하다.

이 책은 학부 3~4학년 수준의 '재료강도학' 과목의 교재로 사용할 수 있으며 대학원용 교재로도 사용할 수 있도록 집필되었다. 책의 구성은 기계적 성질과 관련된 핵심주제인 기계적 시험법, 항복과 소성론, 응력기반 피로해석 및 크리프 등으로 이루어져 있으며, 파괴역학과 변형기반 피로해석 방법들과 같은 최신 이론들도 다루고 있다. 학사학위를 보유한 현장 기술자를 위해 본 책에서 다루고 있는 주제와 관련된 인용문헌의 출처를 제공하고 있다.

공학설계자가 파손방지 설계를 하는데 유효한 해석적 접근방법과 예측모델을 중점적으로 다루었다. 이러한 방법들은 공업역학에 근거하여 제안되었으며 재료의 파손에 대한 저항정도는 항복강도, 파괴인성, 피로 및 크리프의 응력-수명곡선 등으로 정량화하였다. 재료물성 데이터를 정확하게 사용하기 위해서는 데이터가 얻어지는 과정을 이해하는 것이 필요하며 이를 통해 데이터의 적용한계와 중요성을 인지할 수 있다. 따라서 해석적 접근방법과 예측모델을 다루기 전에 다양한 분야에 적용되고 있는 재료시험법들을 다루었다.

비금속보다는 금속재료와 관련한 기술이 다양한 분야에서 강조되고 있지만, 필요한 부분에서는 폴리머나 세라믹과 같은 비금속과 관련한 데이터 및 예제도 포함시켰다. 연속섬유 복합재료와 같은 비등방성 재료도 다루었으며 복합재료와 관련하여서는 제한적인 수준에서 비등방성을 다루었다.

개정판에서 새롭게 다루어질 내용과 학생, 강사 및 현장기술자를 포함하는 본 책의 독자들에게 도움이 될 만한 사항들을 아래에 소개한다.

제5판의 새로운 점

제5판에서는 제4판의 전반적인 내용에 대해 수정 보완이 이루어졌으며 중점적으로 보완된 부분을 다음에 나타내었다:

- 각 장의 후반부에 있는 문제를 대폭 수정하여 약 32%의 문제는 새로운 문제로 바꾸거나 대폭 수정하였다.
- 제5판에서는 전체적으로 30개의 그림이 새롭게 추가되었고 10개의 그림은 대폭 수정하였다.
- 환경적인 균열 진전(EAC: Environmentally Assisted Cracking)의 경우, 4판에서는 짧은 주제로 다루었으나 5판에서는 새로운 장으로 구성하였다. 새로운 장에서는 11개의 그림과 5개의 표가 새롭게 추

가되었다.

- 제4판에서 기본재료를 다룬 장은 제5판에서는 두 개의 장으로 나누었다. 3장은 인장시험을 다루고, 4장은 부가적인 기본시험들을 다루었다.
- 제4판에서 공업재료를 다루는 부분은 책 뒷부분의 부록 C로 이동시켰고 재료선택을 다루는 부분은 3장으로 이동시켰다.
- 재료과학과 물리적 기구학 등은 2장과 3장, 그리고 부록 C에서 주로 다루었다. 2장에서는 재료의 결합에 대해 깊이 있게 다루었고, 3장에서는 새로운 내용으로 구성하였다.
- 3장에서 다루고 있는 인장 시 진 응력과 진 변형의 경우 네킹으로 인한 삼축응력을 보상해 주는 새로운 방법으로 보완하였다.
- 전체적으로 8개의 예제 문제를 수정, 보완하였다.
- 후반부의 참고문헌 목록은 을 재료물성 데이터베이스를 포함한 최신 자료들로 재구성하였다.

선행학습

재료강도학 또는 변형체 역학이라고도 불리는 기본 재료역학은 빔이나 샤프트와 같은 선형탄성체 공업부품의 응력과 변형을 분석하는 내용을 다루고 있다. 이러한 종류의 기본 과목은 본 책을 이해하기 위해 필수적으로 선행적인 이수가 요구된다. 이 분야의 유용한 참고내용과 참고문헌을 소성항복이론과 함께 부록 A에 나타내었다. 많은 공학 교과과정에서 입문과정으로 결정과 비결정 구조, 전위와 고체결함, 변형기구, 재료공정, 재료시스템 등을 다루는 재료과학을 이수토록 하는데 이러한 과목들에 대한 선행이수 또한 권장한다. 하지만 이러한 선행학습을 이수하지 않은 경우를 대비해서 2장과 부록 C 에서 기본적인 내용을 제한적으로나마 다루었다.

기본적인 수학적 지식도 요구된다. 다수의 예제문제에서 최소자승 회귀분석, 방정식의 반복해, 수치적분 등과 같은 수리 해석문제를 다루고 있다. 이와 관련한 컴퓨터원용 작도 및 수치해석 분야에 대한 배경지식 또한 유용하다. 필요로 하는 수치해석은 서문의 마지막 부분에 제시된 Chapra(2015)와 같은 여러 주제별 입문서에 기술되어 있다.

참고문헌

각 장의 뒷부분에 참고문헌을 제시하여 추가적인 연구나 정보검색이 가능하도록 하였다. 이러한 참고문헌은, 경우에 따라서, 일반적인 참고문헌, 재료물성의 출처, 유용한 핸드북 등으로 분류하였다. 내용 중에 참고문헌은 제1저자의 이름과 출판연도로 표기하여 각장 뒷부분의 참고문헌에서 신속하게 색인될 수 있도록 하였다.

다른 문헌에 수록되어 있는 데이터나 그림들을 인용할 경우에는 출처를 [Kelly 86] 또는 [ASM 88]과 같이 표기하였으며 두 자리 숫자는 출판연도를 의미한다. 제시된 모든 참고문헌은 책의 뒷부분에 하나의 장으로 다시 정리하여 나타내었다.

재료물성의 표시

특정 재료의 실험데이터는 다양한 그림, 표, 예제, 문제 등을 통해 제시하였다. 재료별로 대표성 있는 데이터를 제시하기 위해 모든 데이터는 실제 실험데이터를 사용하였으며 재료물성치 자체에 대한 의미는 부여하지 않았다. 실제 공학적인 문제를 해결하기 위한 재료물성을 검색하기 위해서는 각 장의 후반부에 제시된 참고문헌 이외에도 추가적인 자료를 검색할 필요가 있다. 또한 부록 B에 나타낸 것처럼 재료물성은 변동하므로, 본 책을 포함한 여타 자료의 대표물성치는 그 통계학적 변동성을 유의할 필요가 있다. 재료 데이터의 출처를 제시하였으며 출처 표기가 없는 경우는 저자의 데이터이거나 버지니아 공대의 실험실에서 얻어진 데이터를 의미한다.

단위

국제단위시스템(SI)을 위주로 하되 미국에서 통용되는 단위도 데이터 테이블에 포함하였다. 그래프의 스케일은 SI 위주로 표기하되 다른 문헌에서 인용한 그림은 원본의 단위를 그대로 사용한 경우도 있다. 예제 문제는 혼동을 방지하기 위해 SI 단위를 사용하고자 하였다. 힘의 SI 단위는 뉴턴(N)이고 미국단위는 파운드(lb)이다. 뉴턴과 파운드의 확대단위인 킬로뉴턴(kN)과 킬로파운드(kilopounds, kip)도 사용하였다. SI 단위계의 응력과 압력인 제곱미터당 뉴턴(N/m^2)은 파스칼(Pa)이라 부른다. 수백 파스칼 수준을 표기할 때 사용되는 메가파스칼(megapascal, MPa)은 널리 사용되는 공학적 단위이다.

$$1\text{MPa} = 1(\text{MN/m}^2) = 1(\text{N/mm}^2)$$

위 관계식에서 N/mm^2를 사용하는 것이 편리한 경우도 있다. 미국단위에서는 일반적으로 제곱인치당 킬로 파운드로 나타낸 ksi를 응력단위로 사용한다. 이러한 단위들은 서로 호환하여 사용 가능하다. 예를 들어, 20ksi를 MPa로 변환시켜보자. 1ksi는 6.895MPa이므로

$$20.0\text{ksi} = 20.0\text{ksi} \times 6.895(\text{MPa/ksi}) = 137.9\text{MPa}$$

반대방향으로의 단위변환은

$$137.9\text{MPa} = 137.9\text{MPa} \ / \ [6.895(\text{MPa/ksi})] = 20.0\text{ksi}$$

변형률은 무차원적인 양이므로 별도의 단위를 사용하지 않는다. 변형률은 주로 길이에 대한 길이변화율로 계산하며, 경우에 따라서는 퍼센트로 표기하기도 한다.(즉, $\varepsilon\% = 100\varepsilon$)

수학적 표기

대부분의 경우에 표준적인 표기법을 따른다. log는 10을 근거로 하는 상용 로그값이며 ln은 e = 2.718... 를 근거로 하는 자연 로그값을 의미한다. 여러 값 중에서 가장 큰 값을 선택하는 함수로는 MAX( )를 사용하였다.

용어표기

전문학술지 및 여러 문헌, 그리고 다양한 시험기준과 설계코드에 사용되는 변수에 대해 다양한 기호들이 사용되고 있어 혼동의 여지가 많다. 따라서 전체적으로 일관된 기호를 사용하도록 노력하였으나 불가피한 경우에는 예외적으로 수정된 기호를 적용하였다. 예를 들어 파괴역학에서 사용되는 응력

세기인자로 K를 사용하였으나 응력집중인자는 k로 표기하였다. 응력-변형률 곡선을 나타내는 강도인자로 K도 k도 아닌 H를 사용하였다. 공칭 또는 평균응력은 S로 표기한 반면 σ는 어느 점에서의 응력이나 균일하게 응력이 가해지는 멤버의 응력을 의미한다. 보다 자세한 표기사항들은 각 장의 후반부에 있는 '새로운 용어 및 기호'에 나타내었다.

교재로 사용

다양한 장들로 구성되어 강의주제를 선택할 수 있는 자유도가 비교적 큰 편이다. 학기제 강의인 경우에는 최소한 1~11장과 12장과 16장의 일부를 강의하는 것을 생각해 볼 수 있다. 1~6장에서 재료의 거동과 관련된 기본적인 내용을 정리한 후 7장에서 균열 없는 재료에서의 항복과 파괴조건을 다룬다. 8장에서는 정적 파괴에 적용되는 파괴역학을 그리고 11~12장에서는 피로균열성장을 다룬다. 또한 9~10장에서 응력기반 피로를 다루고 16장에서는 크리프를 다룬다. 시간이 허용된다면 13~14장의 소성변형과 관련된 주제와 15장의 변형률기반 피로도 추가할 수 있다.

어떤 장의 일정부분에 대한 내용을 모르면 다른 장의 내용을 이해 못하지 않을까 하는 우려는 크게 할 필요가 없다. 따라서 비록 어떤 주제가 그 자체로는 중요하더라도 상황에 따라서 일부분을 생략하거나 후순위로 보류해도 연속성 측면에서 큰 문제는 없다. 3.6, 4.2~4.5, 5.4, 7.7~7.9, 8.7~8.9, 10.7, 14.3 등이 이러한 경우에 해당한다고 볼 수 있다.

8장의 파괴역학을 공부한 후 11~12장의 피로균열 성장으로 바로 넘어가는 것도 고려해볼 만하다. 9~10장을 건너뛸 수 있으나 9.1~9.3절은 다루기를 권장한다. 다른 여러 가지 선택이 가능하겠으나 13~16장의 상대적으로 진보된 주제를 다루어 보는 것도 바람직하다. 예를 들어 13~14장을 선이수한 후 15장의 변형률 기반 피로의 일부를 다루어 보는 것도 고려해볼 만하다. 16장에서는 크리프에 대한 기본개념을 16.1~16.4에서 다루게 되며, 3장 이후의 어느 장도 본 주제와 크게 관련이 없다.

강사를 위한 지원

교육을 하는 강사를 위해 다음의 4가지를 지원할 수 있다. (1) 프린트와 다운로드가 가능한 그림 파일, (2) 교재 내에서 다루어진 간단한 예제들에 대한 MS- EXCEL 풀이용 디지털 타일, (3) 계산 또는 까다로운 유도가 요구되는 각 장 후반부 문제 중 약 50%에 대한 해답, (4) 수치적인 계산 또는 신규 방정식 개발과 관련한 질문에 대한 답변. 이러한 아이템은 증빙된 강사에게만 접근이 허용되는 웹사이트에서 다운받을 수 있다.

참고문헌

CHAPRA, S. C. and R. P. CANALE. 2015. *Numerical Methods for Engineers*, 7th ed., McGRAW-Will, New York.

IEEE. 20160. *American National Standard for Metric Practice,* IEEE/ASTM S1 10, The Institute of Electrical and Electronics Engineers, New York, NY, and ASTM International, West Conshohocken, PA.

차 례

07 복합응력하에서의 항복과 파괴 203

08 균열이 있는 구조물의 파괴 257

09 재료의 피로 : 소개 및 응력기반의 접근법 335

10 응력 기반으로 한 피로 접근법 : 노치가 있는 부재 405

11 피로균열 진전 469

15 피로에 대한 변형률 기반 접근법 659

16 시간의존적 거동: 크리프와 감쇠 713

부록 A. 재료역학에서 선택된 주제 785

부록 B. 재료물성의 통계학적 변화 805

부록 C. 공업재료 개요 815

01 서 론

목적

- 기계적 구조적 설계에 영향을 미치는 재료파손의 형태에 대한 개요 소개
- 재료강도와 연성의 한계가 공학설계에 미치는 영향의 일반적 이해
- 새로운 재료와 기계적 물성평가법이 신기술 개발에 필요한 당위성 설명
- 파손으로 인해 발생되는 막대한 경제적 비용에 대한 이해

세부목차

1.1 서 론

기계, 자동차 및 구조물의 설계자들은 해당 부품이 안전성과 내구성 측면에서 요구사양을 만족함은 물론, 성능과 경제성 측면에서도 만족할 만한 수준을 갖출 수 있도록 설계를 해야 한다. 성능, 안전, 내구성을 보증하기 위해서는 구조를 구성하는 요소부품들에 굽힘, 비틀림 또는 신장에 의한 과도한 변형이 일어나지 않도록 설계해야 한다. 또한 부품의 파손을 완벽하게 또는 제한적으로 방지하여 완전한 파괴에 이르지 않도록 해야 한다.

재료의 변형과 파괴를 다루는 분야가 재료강도학이다. 이 분야에 대한 지식은 다양한 적용 부품에서 일어날 수 있는 여러 형태의 파손을 피할 수 있는 이론적 근거를 제공해 준다. 힘과 변형을 가해서 시료를 물리적으로 평가하는 것도 중요한 주제 중의 하나로 볼 수 있다. 주어진 재료의 물성을 실시험이나 자료화된 시험 데이터를 통해 정량적으로 알게 되면 특정 공학설계의 건전성 여부를 평가할 수 있게 된다.

구조적 파손을 방지하기 위한 가장 기본적인 고려사항은, 부품에 걸리는 응력이 재료에 변형을 일으키거나 파손을 야기할 수 있는 강도를 초과하지 않아야 한다는 것이다. 부가적인 복합요인이나 특이한 파손원인들은 다음과 같은 추가분석을 필요로 하기도 한다.

1. 응력들이 다축 방향으로 작용; 즉, 응력상태가 이축 또는 삼축인 경우
2. 실제 부품에 문제를 야기할 정도의 결함이나 균열이 이미 내재되어 있는 경우
3. 장시간에 걸쳐 응력이 가해지는 경우
4. 응력부하가 반복적으로 가해지거나 응력의 방향이 반복해서 바뀌는 경우

본 서문에서는 다양한 형태의 재료파손에 대해 간략하게 소개하고 재료의 기계적 성질이 공학설계, 신기술 및 경제성과 갖는 상관관계에 대해 다루고자 한다.

1.2 재료파손의 형태

변형파손(deformation failure)은 부품의 물리적 치수나 형상이 바뀌어져서 그 기능을 할 수 없게 되거나 부분적으로 손상되는 상태에 이르는 것을 의미한다. 부품이 두 조각 또는 그 이상으로 쪼개지는 균열현상을 파단(fracture)이라 한다. 부식(corrosion)은 화학반응에 기인한 재료의 손상이며, 마모(wear)는 마멸이나 접촉표면의 융착으로 인해 표면부가 점진적으로 제거되는 것을 의미한다. 마모가 유체(가스 또는 액체)에 의해 일어나는 경우를 침식(erosion)이라 하며 특히 유체에 단단한 입자가 포함되어 있는 경우에 잘 일어난다. 부식과 마모 모두 중요한 재료 파손의 형태이지만 본 교재에서는 변형과 파단을 주로 다루기로 한다.

변형과 파단으로 분류한 재료파단의 기본 형태를 그림 1.1에 나타내었다. 여러 원인들이 있을 수 있겠지만 주어진 설계에 적용할 수 있는 형태를 정확하게 인지하는 것이 중요하며 이를 통해 재료의 거동을 예측할 수 있는 적절한 분석방법을 선정할 수 있게 된다. 이러한 분류 필요성에 근거하여, 여러 형태의 변형과 파손을 소개되고 간략하게 설명하고자 한다.

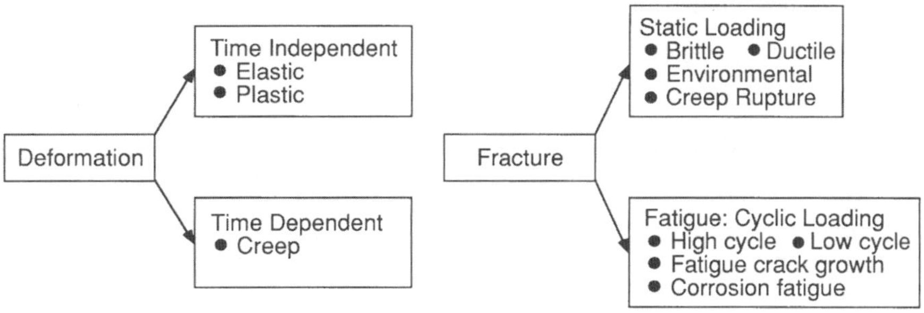

그림 1.1 변형과 파단의 기본 형태

1.2.1 탄성 및 소성변형

재료의 기본역학에 의하면 변형은 수직(normal)과 전단(shear)변형으로 정량화할 수 있다. 부품에 가해진 변형(strain)이 누적되어, 소위 굽힘(bending), 비틀림(twist) 또는 신장(stretch)과 같은 거시적 변형(deformation)을 일으키게 된다. 스프링의 경우처럼 변형이 기능적으로 꼭 필요한 경우도 있다. 하지만 과도한 변형, 특히 영구변형이 매우 치명적인 경우도 있다. 하중이 가해질 때 일어나는 변형은 그림 1.2에 나타낸 바와 같이 탄성변형과 소성변형으로 나눌 수 있다. 탄성변형(elastic deformation)은 하중을 제거하면 곧바로 복원되는 변형이며 응력과 변형이 선형적인 관계를 보인다. 그림 1.2(b)에 나타낸 바와 같이 축방향 하중이 가해질 때 비례상수를 탄성계수(E: modulus of elasticity)라고 한다. 탄성변형에 의한 파손의 예로서는 비록 붕괴의 가능성은 희박하지만 높은 빌딩이 바람에 의해 흔들리게 되어 사람들이 불안을 느끼는 경우를 들 수 있다. 탄성이론과 구조분석관련 교재처럼, 탄성변형은 재료의 기본역학과 일반론적 접근법을 이용하여 분석한다.

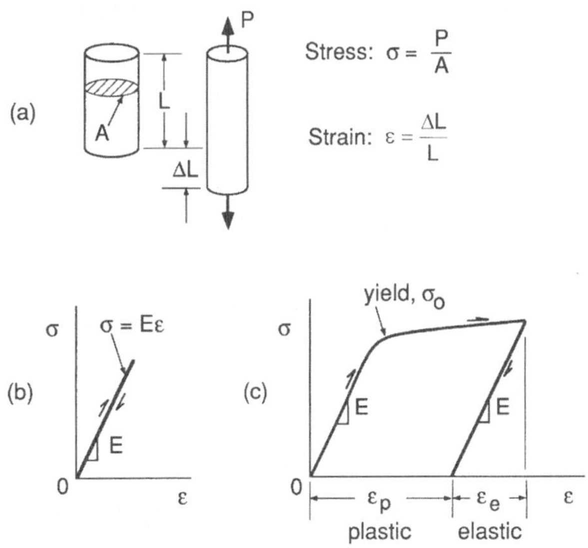

그림 1.2 (a) 축방향 응력과 변형 (b) 탄성역에서의 하중부여와 하중제거 (c) 탄성 및 소성변형

소성변형(plastic deformation)은 하중을 제거하여도 변형이 완전히 회복이 되지 않고 영구변형을 일으키는 것으로 탄성과 소성변형의 차이를 그림 1.2(c)에 나타내었다. 일단 소성변형이 시작되면 적은 양의 응력증가에도 상대적으로 큰 부가 변형이 일어난다. 이러한 상대적으로 쉬운 부가적 변형현상을 항복(yielding)이라 한다. 이러한 항복거동이 시작되는 응력은 소재의 중요물성 중의 하나이며 이를 항복강도(yielding stress; σ_o)라 한다. 재료가 소성변형을 충분히 많이 일으킬 수 있는 경우를 연성(ductile)거동을 보인다고 하는 반면, 상대적으로 미미한 소성변형 후 파괴를 일으키는 재료는 취성(brittle)거동을 보인다고 한다. 연성거동은 저탄소강, 구리, 납과 같은 여러 금속들은 물론 폴리에틸렌과 같은 플라스틱에서 관찰된다. 취성거동은 유리, 돌, 아크릴 합성수지, 파일을 만드는데 사용되는 고강도강과 같은 일부 금속에서 관찰된다. 인장시험은 그림 1.3에 보인 바와 같이 재료의 강도와 연성을 평가하는데 사용된다.

인장시험은 바(bar) 형태의 시료를 파단이 일어날 때까지 길이방향으로 천천히 당기면서, 파단 전에 도달할 수 있는 가장 높은 응력인 인장강도(ultimate tensile strength; σ_u), 항복강도 및 파단연신(ϵ_f) 등을 얻는 시험이다. 파단연신은 연성의 척도이며 일반적으로 퍼센트로 표기한다. 재료가 높은 σ_u와 ϵ_f를 가지면 강인(tough)한 재료라고 하며 설계측면에서 바람직한 재료로 볼 수 있다. 큰 소성변형은 필연적으로 파단을 일으키게 된다. 철교나 빌딩이 지진 등으로 인해 소성변형이 일어나면 파괴를 일으키는 것이 그 예이다. 하지만 상대적으로 적은 소성변형 하에서도 부품의 기능이 손상될 수도 있는데 회전 샤프트에 약간의 미세 굽힘이 생기면 불균형 회전으로 인해 진동은 물론, 샤프트를 지지하는 베어링 등이 조기 손상을 일으키게 된다. 좌굴(buckling)은 압축응력에 의한 변형으로 기둥이나 판의 직선배열에 변화는 물론 접힘이나 파단을 일으킬 수도 있다. 탄성변형, 소성변형 및 탄-소성 변형 모두 재료거동을 좌우하게 된다.

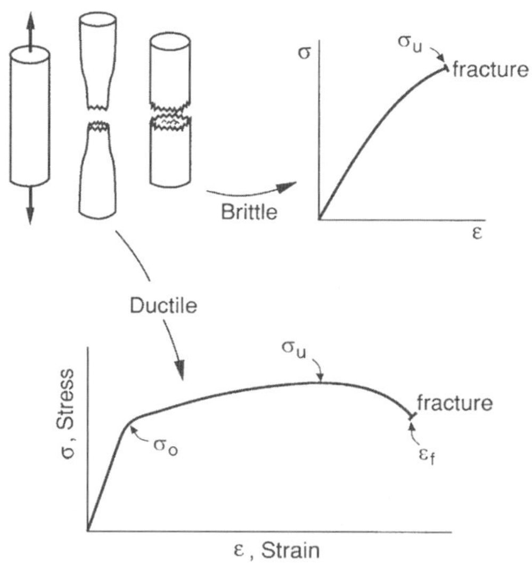

그림 1.3 취성 및 연성거동을 보이는 인장시험. 취성변형은 소성변형이 미미한 반면 연성변형은 상당량의 변형이 수반된다.

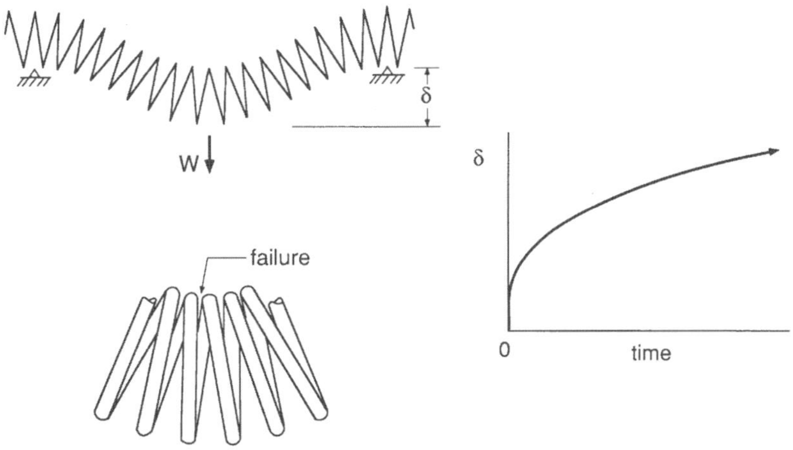

그림 1.4 자체중량에 의해 처진 전구의 텅스텐 필라멘트. 시간경과에 따른 크리프 변형으로 인해 처짐이 증가하고 이로 인한 인접 코일간의 접촉으로 필라멘트 파단

1.2.2 크리프 변형

크리프는 시간의존적인 변형축적을 의미한다. 가해진 응력과 유지시간에 의존하는 크리프 변형이 너무 크게 되면 부품의 기능을 더 이상 유지할 수 없게 된다. 플라스틱과 일부 저융점 금속은 실온에서도 크리프를 일으키며, 대부분의 금속은 온도가 용융점에 근접하게 되면 크리프 변형을 일으키게 된다. 가스터빈 항공엔진처럼 고온 환경에서 작동하는 부품에서는 크리프가 특히 중요한 문제가 된다. 크리프 변형으로 인해 시간 의존적 좌굴도 일어날 수 있다.

크리프 변형이 일어나는 부품설계의 예로 전구의 텅스텐 필라멘트를 생각해 볼 수 있는데, 그림 1.4에 이를 나타내었다. 지지대 사이에 있는 필라멘트 코일의 처짐은 필라멘트 자체중량에 의한 크리프 변형으로 인해 시간과 함께 증가하게 된다. 만약 변형이 너무 크게 되면 인접된 코일간의 접촉으로 인해 전기적 단락과 국부과열을 일으키게 되고 필라멘트의 급속파손을 야기한다. 따라서 코일형상과 지지대는 필라멘트의 중량으로 인한 응력을 억제할 수 있도록 설계하거나 순수 텅스텐보다 크리프 저항력이 큰 특수 텅스텐 합금을 사용할 필요가 있다.

1.2.3 정적 및 충격하중 하에서의 파괴

시간에 따라 변하지 않거나 또는 천천히 변화하는 정적하중(static loading)하에서 급격한 파괴가 일어날 수 있다. 만약 이러한 파괴가 미미한 소성변형만을 수반하는 경우 취성파괴(brittle fracture)라고 부르며, 소성변형에 대한 저항성이 큰 금속이나 유리에서 일반적인 파단모드이다. 하중이 매우 빠르게 가해지는 충격하중(impact loading)에서 취성파괴가 더욱 잘 일어난다. 균열이나 예리한 홈이 존재할 경우에는 연성을 갖는 강이나 알루미늄 합금, 또는 큰 폭의 소성변형을 일으킬 수 있는 재료들도 취성파괴를 일으킬 수 있다. 이러한 상황은 고체내 균열을 다루는 파괴역학(fracture mechanics)이라 불리는 특별한 해석기술을 이용하여 분석한다. 균열존재시, 취성파괴에 대한 저항은 그림 1.5에 나타낸 파괴인성(fracture toughness; K_{Ic})이라 불리는 재료상수에 의해 평가한다. 일반적으로 강도가 높은 재료일수록 낮은 파괴인성을 보이며 그림 1.6에 이러한 경향을 잘 나타내었다.

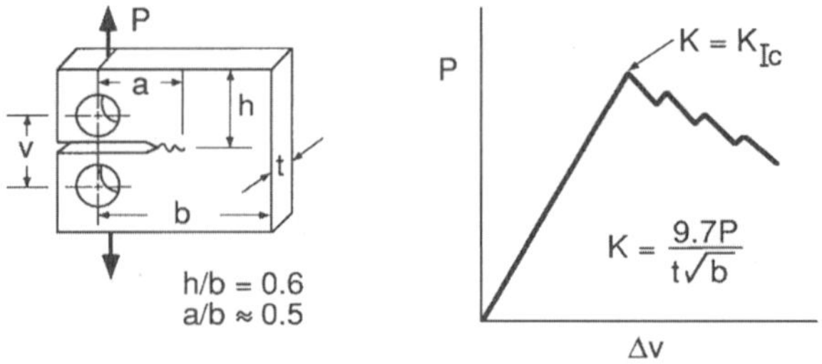

그림 1.5 파괴인성시험. K는 균열크기, 균열형상 및 하중이 조합된 응력세기인자이며 파괴인성(K_c)은 재료가 파괴를 일으킬 때의 값으로 재료상수이다.

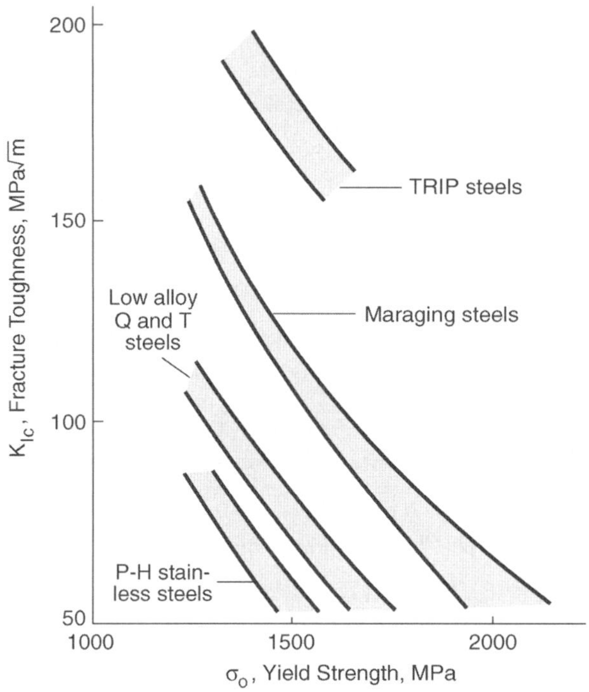

그림 1.6 여러 종류의 고강도강에 대한 파괴인성과 항복강도의 관계(출처: [Knott 79])

연성파괴(ductile fracture)는 상당한 소성변형을 수반하는 파괴양상이며 점진적인 파괴현상으로 볼 수 있다. 압력용기는 물론 교량 및 선박과 같은 대형 용접구조물의 설계에 파괴역학과 취성/연성파괴 거동이 특히 중요하다. 응력과 화학적 영향이 함께 작용하여 파괴를 일으킬 수 있는데 이를 환경적인 균열 진전(EAC: Environmentally Assisted Cracking) 이라 한다. 화학 산업에서는 이러한 균열의 방지에 특별히 주의를 기울이고 있으나 여러 부위에서 광범위하게 발생된다. 예를 들면 일부 저강도강은 NaOH와 같은 가성(염기성 또는 고-PH) 화학성분에서 균열을 발생할 수 있고, 고강도강은 수소 또는 황화수소 분위기에서 균열을 일으킬 수 있다. 이러한 거동을 설명하는데 응력부식균열(SCC: Stress Corrosion Cracking)도 이용할 수 있다. 응력부식균열은 부식으로 인한 재료의 감소가 일어나는 경우에 특히 적합하다.

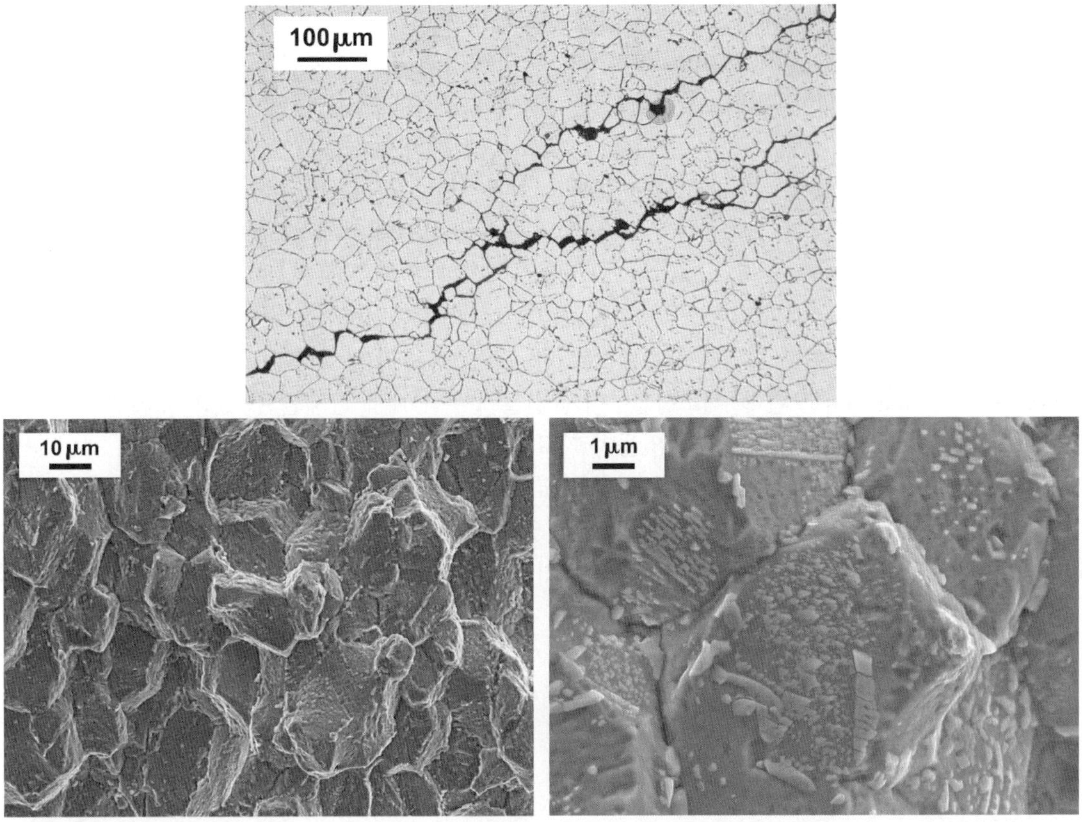

그림 1.7 AISI 304스테인리스강 결정의 입계를 따라 발생된 환경적인 균열 진전(EAC). 저배율 광학현미경 사진(상부)은 균열로 파손된 스테인리스강의 단면을 나타내며, 두 가지 배율로 나타낸 주사전자현미경(SEM) 사진(하부)은 파단면을 나타내고 있다. 하부 오른쪽 사진의 입계에 보여진 다양한 형태의 입자들이 크롬 탄화물($Cr_{23}C_6$)이다.

그림 1.7은 AISI 304스테인리스강 부품에 발생된 EAC 의 예를 보여주고 있다. 이 경우는 과잉 탄소함량 및 적정 화학조성에서 벗어남으로 인해 EAC의 SCC 형태로 예민화된(sensitized)된 미세조직을 나타내고 있다. 결정입계에 크롬 탄화물(chromium crbides)이 형성됨에 따라 인근 기지의 크롬농도가 감소되게 되는데 재료가 염소를 포함한 물이나 해수 내의 염화이온에 노출되게 되면 입계를 따라 균열이 발생하게 된다.

크리프 변형이 진전이 되면 두 조각으로 분리될 수 있으며, 이를 크리프 파단(creep rupture)이라 부르며 시간의존성을 제외하면 연성파괴와 유사하다.

1.2.4 반복하중 하에서의 피로

흔한 파괴의 원인인 피로(fatigue)는 반복하중에 의한 파괴현상을 말한다. 일반적으로 재료 내에서 발생된 미세한 균열이 완전한 파괴에 이르기까지 성장하게 된다. 간단한 예로써 철사를 수차례에 걸쳐 굽힘을 반복하면 피로로 인한 파괴를 일으키게 된다. 그림 1.8에 피로시 균열성장을 그림 1.9에 피로파괴부를 나타내었다.

피로파괴의 방지는 반복하중과 진동을 받게 되는 기계, 자동차 및 구조물의 설계시 핵심 고려사항이다. 예를 들면 교량을 지나가는 트럭이 교량에 피로를 일으키고 보트의 키와 자전거 페달 등도 피로파괴를 일으킬 수 있다. 자동차, 트랙터, 헬리콥터, 비행기 등과 같은 대부분의 수송기기는 피로문제에 노출되어 있으며 이에 대한 광범위한 분석과 방지책이 요구된다. 예를 들면 헬리콥터의 일부 부품은 그림 1.10에 보인 바와 같이 피로를 방지할 수 있도록 신중하게 설계해야 한다.

파단 시까지의 하중 반복 수(사이클)가 수백만 회에 이를 정도로 많을 경우를 고주기 피로(high cycle fatigue)라고 하는 반면, 수십, 수백 또는 수천 사이클 정도의 상대적으로 적은 사이클에서 피로파단을 일으키는 것을 저주기 피로(low cycle fatigue)라고 한다. 저주기 피로는 대개 상당량의 소성변형을 수반하는 반면 고주기 피로는 상대적으로 미미한 수준의 탄성변형을 수반한다. 반복가열과 냉각이 가해지게 되면 이로 인한 열팽창과 수축으로 반복적인 응력이 발생하여 피로를 일으키는데 이를 열피로(thermal fatigue)라고 한다. 제조시점부터 균열들이 부품 내에 존재할 수 있으며, 가동 초기부터 균열이 발생할 수 있다. 이렇게 생긴 균열들이 피로하중에 의해 성장될 가능성에 유념해야 하며 균열성장 시 취성 또는 연성파괴를 일으킬 수 있다. 이러한 상황을 피로균열성장(fatigue crack growth)이라 하며, 전술하였던 파괴역학을 이용하여 분석할 수 있다. 균열이 존재할 가능성이 높은 대형 비행기의 검사와 보수일정은 피로균열성장에 대한 분석에 기반하며 이때 파괴역학이론을 활용하는 것이 그 예

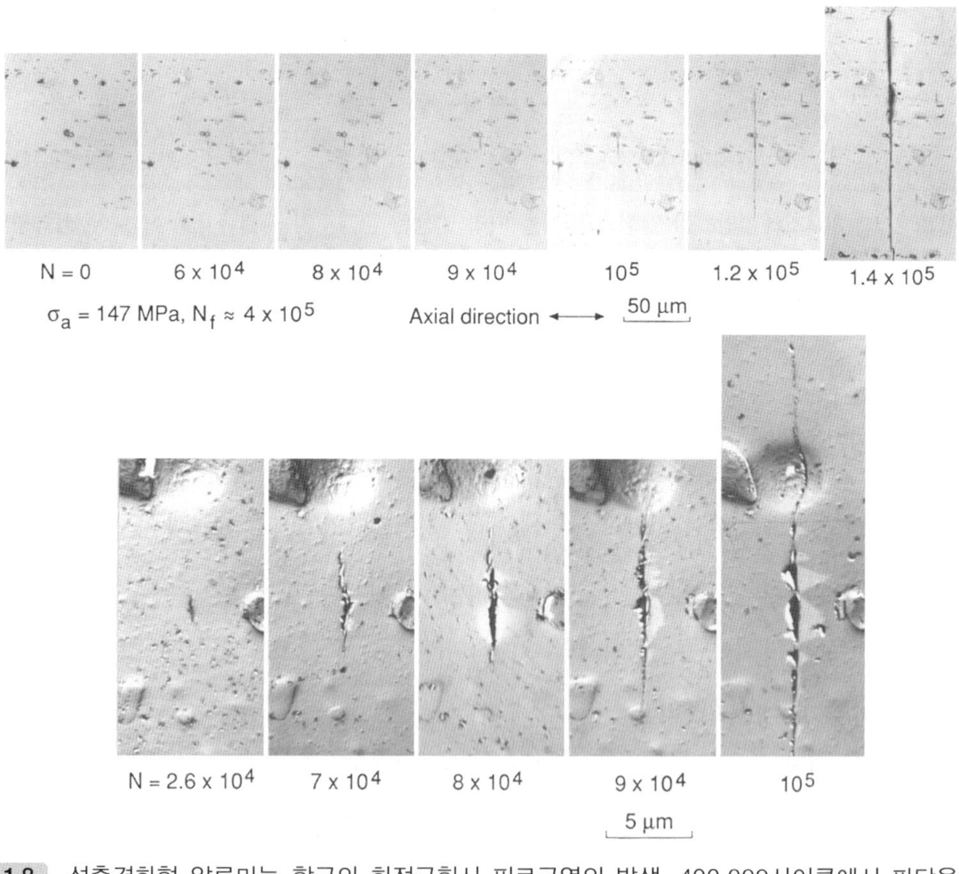

그림 1.8 석출경화형 알루미늄 합금의 회전굽힘시 피로균열의 발생. 400,000사이클에서 파단을 일으키는 피로시험의 사이클별 시험재 사진. 하부 사진은 상부 사진의 중간부 사진을 확대한 사진 (출처: [Nisitani 81])

그림 1.9 15년 동안 사용한 스프링에서 발생된 피로파괴

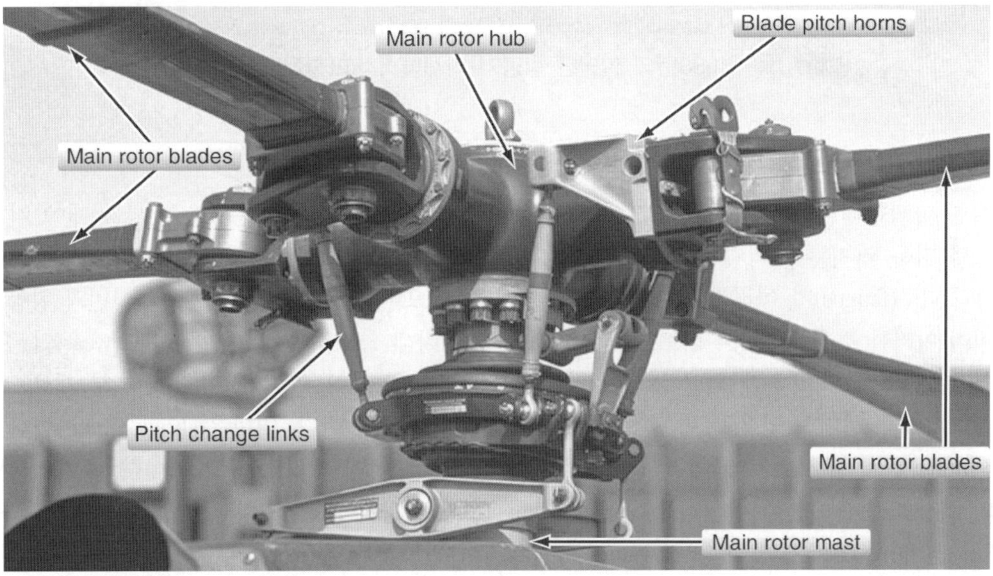

그림 1.10 헬리콥터 블레이드의 내부 주요부품 구성. 로터 블레이드의 변형 측정을 위한 분석용 실린더가 로터위에 설치되어 있다.

이다. 이러한 분석은 그림 1.11에 나타낸 1988년의 항공기 기체 파손사고와 같은 문제를 방지하는데 유용하다. 이 사고는 알루미늄 구조체의 리벳용 구멍에서 피로균열이 발생하여 일어났는데 미세 균열이 항공기 운항중에 점진적으로 성장하여 거시적 균열로 인한 파괴로 이어졌다. 이러한 파괴는 검사주기의 단축하고 미세균열이 위험수준의 크기로 성장하기 전에 미리 보수함으로써 방지할 수 있다.

그림 1.11 1988년에 일어난 항공기 기체파괴사고(출처: [NTSB 89])

1.2.5 Combined Effects복합효과

전술한 파괴형태들이 두 개 또는 그 이상이 동시에 작동하게 되면 단독으로 발생할 때에 비해 그 영향도가 더욱 커지는 시너지 효과를 나타낸다. 고온에서 주기적인 하중을 받게 되는 경우, 크리프(creep)와 피로(fatigue)가 이러한 복합효과를 일으킬 수 있으며, 전력발전설비의 증기터빈과 항공기 가스터빈이 이러한 경우에 해당된다. 조립된 부품 사이의 미세 상호접촉에 기인한 마모(wear)와 주기적 하중이 복합적으로 작용하게 되면 프레팅 피로(fretting fatigue)를 일으킬 수 있으며, 일부 재료 조합에서는, 이로 인해 현저히 낮은 응력 수준에서 파괴를 일으키기도 한다. 열박음(shrink fitting)이나 압입(press fitting)을 통해 샤프트에 체결된 기어류에서 일어나는 프레팅 피로가 그 예이다. 주기적 하중과 부식의 복합효과에 기인한 부식피로(corrosion fatigue)도 유사한 예로 볼 수 있다. 유전용 해상구조물의 지지 멤버(member)처럼 해수(seawater) 분위기에서 작동하는 강(steel) 부품이 주기적으로 하중을 받게되면 다양한 환경효과로 인해 시간이 경과됨에 따라 열화(degrade)를 일으킬 수 있다. 햇빛의 자외선이 일부 프라스틱을 취화(brittle)되는 것과, 목재의 경우 습한 분위기하에서 특히 그 강도가 시간이 지남에 따라 저하하는 것도 그 예이다. 또한 강은 장기간 중성자 조사(neutron radiation)를 받게 되면 취화되어 원자로의 수명에 영향을 미치게 된다.

1.3 설계와 재료선정

설계란 기계, 자동차, 구조물, 부품설비 등을 완전하게 묘사하기 위한 기하학적 형상, 재료, 제조방법 및 기타 상세사항을 선택하는 과정이라 할 수 있다. 먼저 대상부품은 본연의 기능을 수행할 수 있어야 한다는 점이다. 예를 들어 자동차는 일정 수의 승객과 추가적인 중량을 운반하기 위해 필요로 하는 속도로 이동할 수 있어야 하며 급유 및 정비측면에서 그 빈도나 비용이 합리적이여야 한다. 하지만 많은 경우에 부가적인 요구사항도 만족시켜야 한다. 설계는 부품 제작측면에서 물리적으로 제작가능하고 경제적이어야 하며 외관과 사용 편의성 측면에서도 일정 수준을 갖추어야 한다. 환경오염은 최소화하여야 하고, 재료와 구조의 형태가 재활용이 가능하도록 하는 것이 바람직하다. 또한 안전하고 내구성이 높아야 한다.

안전(safe)을 위해서는 자동차의 안전벨트와 같은 기능적 설계뿐만 아니라, 구조적인 파괴를 일으키지 않아야 한다. 예를 들어 자동차 축이나 조향장치의 과도한 변형이나 파손은 심각한 사고를 일으킬 수 있다. 내구성(durability)은 부품이 오랜 사용 기간 동안 용도에 맞게 사용되는 능력으로서, 우수한 내구성은 부품의 정비 및 교체비용을 최소화한다. 내구성이 우수할수록 가동비용이 저렴해지는데 내구성이 낮으면 점진적인 피로, 크리프, 마모 및 부식 등으로 인해 수명이 짧아지고 많은 보수를 요하게 되므로 비용이 증가한다. 내구성이 낮으면 구조적 파괴나 오작동으로 사고를 일으킬 수 있으므로 내구성은 안전성을 위해서도 중요하다.

1.3.1 반복적이고 단계적인 설계특성

기계적 설계를 완성시키는데 필요한 단계를 보여주는 흐름도를 그림 1.12에 나타내었다. 화살표로 표기한 논리루프는 설계공정이 근본적으로 반복적인 특성을 가지고 있음을 잘 보여준다. 다시 말해 완성된 초기설계를 분석하고 시험, 생산하는 과정에 상당량의 시행착오가 포함됨을 의미한다. 이전에 고려하지 못한 요구조건이나 새로이 발견된 문제를 고려해주기 위해서라면 어떤 단계에서든 설계변경을 할 수 있다. 변경을 위해서는 추가적 분석이나 시험을 요구할 수도 있다. 이러한 모든 설계과정에서 시간과 비용의 한계를 감안하여야 한다.

각각의 단계는 다양한 관심 및 요구사항을 모두 고려하는 통합(synthesis)과정을 포함한다. 서로 상충되는 요구조건들 간의 절충이 필요하며 간편성, 실용성 및 경제성을 유지하기 위한 지속적인 노력이 필요하다. 예를 들면 비행기 화물의 중량한계를 너무 크게 하면 연료의 중량한계를 낮추어 잡을 수밖에 없고 결과적인 항속거리도 낮아지게 된다. 이전의 개인적 또는 조직적 경험 또한 설계에 중요한 영향을 미칠 수 있다. 또한 설계코드와 표준을 이용할 수도 있고 경우에 따라서는 법적으로 이를 준수해야 하는 경우도 있다. 이러한 코드와 표준은 일반적으로 전문학회 또는 정부 단체에서 제정하며 안전과 내구성을 보장해주는 것이 이러한 코드 및 표준제정의 주요 목적 중의 하나이다. 한 예로서 미국 AASHTO(American Association of State Highway and Transportation Officials)에 의해 만들어진 교량설계사양(Bridge Design Specifications)을 들 수 있다.

설계에서 어려운 단계중의 하나가 가해진 하중(힘)을 평가하는 것이다. 근사적인 예측마저도 어려운 경우가 있으며 특히 도로의 요철이나 난기류 등과 같은 진동하중은 평가가 쉽지 않다. 이미 가동중인 유사 부품이 있을 경우에는 실측을 할 수도 있지만 유사부품이 없는 경우에는 실측이 불가능하다.

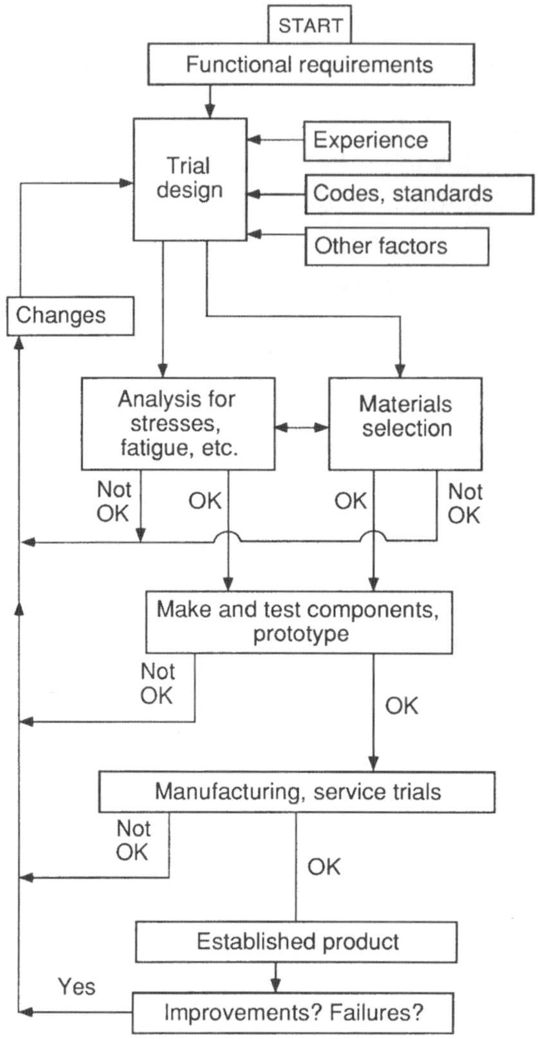

그림 1.12 구조적 파괴를 피하기 위한 설계공정[Dowling 87]

근사적으로나마 하중이 평가되면 부품에 걸리게 되는 응력들을 계산할 수 있다. 초기 설계는 재료의 항복강도를 초과하지 않도록 한다. 이후 설계내역을 보다 엄밀하게 분석함으로써 피로, 취성파괴, 크리프와 같은 재료파손을 피할 수 있도록 설계를 수정, 보완한다. 기하학적 형상이나 크기를 변경하여 응력을 낮추어주거나 응력과 변형분포를 바꾸어줌으로써 파손위험을 줄여줄 수 있으며, 재료변경을 통해 특정 파손모드에 저항성을 올릴 수 있다.

1.3.2 안전계수

안전성과 내구성이 강조되는 설계시, 안전계수(safety factor) 개념이 적용된다. 응력에 대한 안전계수는 파손을 일으키는 응력과 실제 가동중 걸리게 되는 응력의 비를 말한다.

$$X_1 = \frac{\text{stress causing failure}}{\text{stress in service}} \tag{1.1}$$

예를 들어 $X_1 = 2.0$이면 파손을 일으키는데 필요한 응력이 가동중 예상응력의 2배 수준임을 의미한다. 안전계수는 가동중 예기치 않은 과응력 상황에서도 파손을 방지하기 위한 방어역할을 한다. 또한 설계 과정에서 완전한 입력정보가 부족하면 근사값이나 가정치를 사용할 수 있는데 이때의 오차요인 등을 감안해준다. 설계시 불확실성이 크거나 파손의 결과가 심각한 문제를 야기시킬 수 있는 경우에는 안전계수를 크게 잡아주어야 한다. 대개 안전계수는 $X_1 = 1.5 \sim 3.0$ 수준에서 정해진다. 가해지는 하중이 정확하고 불확실성이 적은 경우에는 안전계수를 낮게 잡는 것이 바람직하다. 예를 들어 미국 강구조연구소(American Institute of Steel Construction)에서 건물 및 유사 사례의 설계시 적용하는 안전계수는 정적하중 하에서의 항복에 대응하는 응력의 경우 1.5~2.0 범위의 안전계수를 적용하며 정상적인 상황에서의 굽힘 응력에 대해서는 1.5의 안전계수를 적용한다. 그 이외의 경우에는 1.2를 적용하기도 하는데 이러한 경우는 충분한 공학적 해석을 통해 불확실성이 거의 해소되고 또한 파손이 발생해도 비용 손실만 예상되는 상황이 해당된다.

항복으로 인한 과도한 변형을 피하기 위한 기본 요구조건은 파괴응력을 재료의 항복응력, σ_o으로 잡고 가동응력을 부품 가동중 걸리게 되는 최대응력으로 잡는 것이다. 연성재료의 경우 가동응력은 부록 A, 그림 A.11과 A.12에 나타낸 바와 같이 순수단면응력, S로 보면 된다. 하지만 취성재료의 경우에는 응력집중인자로 인한 국부효과가 고려되어야 하고 또한 연성재료도 마찬가지이지만 피로도 감안해야 한다. 여러 형태의 파손요인이 있을 때는 각 요인별로 안전계수를 고려해줄 필요가 있으며 그중 가장 낮은 안전계수가 최종 안전계수가 된다. 예를 들자면 항복뿐만 아니라, 피로와 크리프에 대한 안전계수를 산정해야 한다. 또한 균열이나 예리한 흠이 존재할 수 있다면 취성재료에 대한 안전계수를 적용해야 한다.

응력에 대한 안전계수는 때때로 수명에 대한 안전계수로 보완하거나 대체되기도 한다. 수명에 대한 안전계수는 기대수명에 대한 파단수명의 비율로 나타낸다. 수명은 항공기의 비행횟수와 같은 회수 또는 시간에 의해 측정된다.

$$X_2 = \frac{\text{failure life}}{\text{desired service life}} \tag{1.2}$$

예를 들어 헬리콥터 부품이 10년간 사용 후 파단된다고 가정한 상태에서, 2년에 한 번씩 교체한다면 안전계수는 5가 된다. 수명에 대한 안전계수는 변형이나 균열이 시간에 따라 점진적으로 진행되는 크리프나 피로에 주로 적용한다. 일반적으로 수명이 적은 양의 응력변화에도 민감하므로 수명에 대한 안전계수는 상대적으로 크며 대개 $X_2 = 5 \sim 20$ 수준의 값을 갖는다.

식(1.1)과 같이 안전계수를 계산하는 것을 허용응력설계(allowable stress design) 또는 하중인자설계(load factor design)라고 한다. 이 경우 가동중에 걸리게 되는 하중(힘, 모멘트, 토오크 등)에 하중인자(load factor), Y를 곱해 준 후 이 값을 파괴를 일으키는 하중으로 간주한다.

$$(\text{load in service}) \times Y = \text{load causing failure} \tag{1.3}$$

2가지 접근법은 어떻게 적용되느냐에 따라 차이가 날 수 있지만 대개 비슷한 결과를 나타낸다. 어떤 경우에는 동일한 결과를 나타내므로 $X_1 = Y$가 된다. 하중인자 접근법은 서로 다른 하중발생점에서 발생되는 하중인자들에 쉽게 확대 적용이 가능하므로 다양한 불확실성을 반영해 줄 수 있는 장점이 있다.

1.3.3 시제품과 부품 시험

설계 초기단계에서부터 재료의 기계적 거동에 대한 고려가 필요하며 안전성과 내구성을 확보하기 위해 시험이 필요할 수도 있다. 이는 강도나 수명에 대한 공학적 평가과정에서 여러 가정을 하게 되고 불완전한 지식에 기반을 두는 경우가 있기 때문이다.

시제품(prototype)의 제작을 통해 모사가동시험(simulated service testing)을 실시함으로써 기계나 자동차가 제대로 가동하는지를 확인할 수도 있다. 자동차 시제품을 이용하여 거칠고 장애물과 급회전이 있는 시범주행로를 통과하는 것이 한 예이다. 초기 하중예측이 불확실한 경우가 있을 수 있으나, 모사가동시험동안 하중을 측정함으로써 이를 통한 초기설계 개선도 꾀할 수 있다. 또한 시제품을 이용하여 모사가동시험을 함으로써 피로, 크리프, 마모, 부식 등으로 인한 기계적 파손이나 설계에 대한 신뢰성을 평가할 수 있다. 이를 내구성(durability testing) 시험이라고 하며 새로운 모델의 자동차, 트랙터 및 여러 수송기기에 대해 실시한다. 그림 1.13에 이러한 자동차 내구성 시험을 위한 장치를 나타내었다.

매우 큰 부품의 경우 전체 부품에 대한 시제품을 시험하는 것은 비실용적이고 경제적이지 못하다. 이러한 경우 부품을 구성하는 요소부품(component)에 대해 시험을 실시할 수도 있다. 대형비행기의 경우 실제 가동시와 유사한 형태의 피로균열을 일으킬 수 있는 반복하중을 가한 상태에서 날개, 꼬리,

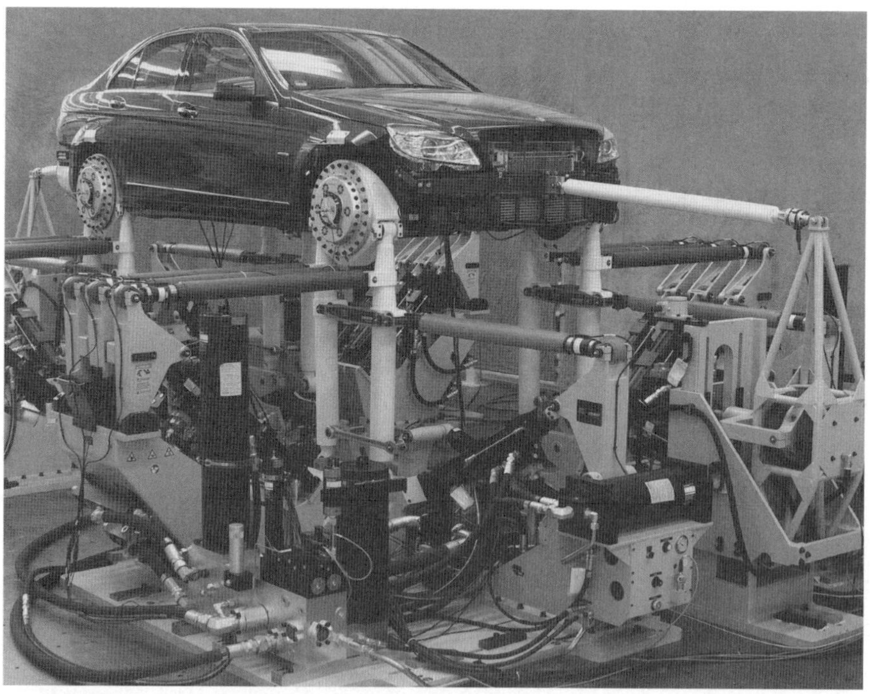

그림 1.13 네 개의 바퀴와 범퍼마운트에 하중을 가하는 자동차 도로내구성 시험

동체를 분리 시험함으로써 파손저항을 평가할 수 있다. 해양 유정구조물의 개별 접합부와 멤버류도 비슷하게 시험한다. 요소부품시험은 전체시제품에 대한 사전시험으로 실시할 수도 있다. 이에 대한 예로서 새롭게 설계된 자동차 축을 제작하기 전에 요소부품상태에서 미리 시험해 본 후 전체 자동차의 시제품 시험을 실시하는 것을 들 수 있다.

재료의 변형과 파손을 모사하듯이, 기계, 자동차 및 구조물에 존재하는 여러 하중 및 진동 발생점을 디지털 컴퓨터를 사용하여 모사할 수 있다. 이러한 모사시험기술은 시제품이나 요소부품에 대한 시험을 크게 감소시켜 신속한 설계에 기여하고 있다. 하지만 컴퓨터 모사는 분석을 위해 단순화된 가정이 사용될 수 있고, 입력 데이터의 정확성에 대한 한계도 있다는 점을 염두에 두어야 한다. 따라서 일정 수준의 물리적 시험이 종종 요구되며 특히 설계공정의 최종확인을 위해서는 시험이 요구된다.

1.3.4 서비스 경험

새로운 제품에 대한 한정된 생산경험을 통해 설계변경을 할 수 있다. 설계자가 예상하지 못한 방향으로 구매자가 생산품을 사용하여 파손이 일어났다면 설계변경이 필요하다. 엉덩이 관절용 또는 골절 지지용 외과 임플란트의 초기모델은 파손문제를 경험하면서 형상과 재료를 변경시켜온 것이 그 예이다. 생산품이 만들어지고 널리 보급된 이후에도 설계과정이 계속되는 경우도 있는데 이는 장기간 사용을 통해 나타나는 문제점을 신제품의 생산시 교정해 주기 위한 목적이다. 만약 시판중인 제품의 문제점이 심각하고 안전을 위협할 수 있는 경우에는 자동차의 리콜을 실시하여 변형이나 파손문제를 해결하듯이 반드시 보완을 실시해야한다.

1.4 기술적 도전

최근 기술의 진보와 함께 인간의 요구수준도 빠르게 바뀌고 있다. 서기 1500년 이후 현재까지의 기술진보를 표 1.1의 첫 번째 열에 나타내었다. 두 번째 열은 개량된 재료를 세 번째 열에는 이러한 진보를 보여주는데 필요한 재료시험능력을 나타내었다. 변형과 파괴를 포함하는 대표적인 기술적 파손도 나타내었다. 이러한 파손사례들을 토대로 재료의 개발, 시험 및 분석능력의 개선을 추구해 왔다. 기술적 진보, 재료, 시험 및 파손 사이의 이러한 상호작용은 지금도 계속되고 있으며 앞으로도 지속될 것이다. 특별한 예로 엔진의 발전을 들어보자. 1800년대 중반까지 사용된 선박 및 철도수송용 증기엔진은 물의 끓는점인 100℃ 보다 조금 높은 온도에서 가동되었고 주로 주철이라는 단순한 재료로 만들어졌다. 세기 말에 내연기관이 개발되고 자동차 및 비행기에 사용될 수 있도록 개량되어졌다. 가스터빈 엔진은 제2차 세계대전동안 추진체로 실용화되어 제트기에 적용되었다. 높은 온도에서 가동할수록 엔진효율이 높아지므로, 해를 거듭할수록 가동온도가 높아졌다. 현재 제트엔진용 재료들은 1800℃ 부근 온도까지도 견뎌야 한다. 고온에서 견디기 위해 개량된 저합금과 스테인리스강들이 개발되었고 이후 보다 높은 수준의 니켈-코발트계 합금이 개발되었다. 하지만 크리프, 피로, 부식 등에 의한 파손은 지금도 일어나고 있으며 엔진개발에 큰 저해요인으로 작용하고 있다. 가동온도와 효율을 올리기 위해 근래에는 세라믹과 세라믹 복합재를 사용하려는 시도가 이루어지고 있다. 이러한 재료들은 뛰어난 내열 및 내부식 특성을 갖고 있다. 하지만 본연적인 취성을 극복할 수 있도록 재질개선에 지속적인 노력이 필요하며, 부품설계 측면에서도 상대적으로 낮은 파괴인성을 보완할 수 있는 설계가 필요하다.

표 1.1 서기 1500년 이후의 주요 기술적 진보. 재료, 기계적 시험법 및 재료파손거동 측면에서 지속적으로 발달

Years	Technological Advance	New Materials Introduced	Materials Testing Advances	Failures
1500's 1600's	Dikes Canals Pumps Telescope	(Stone, brick, wood, copper, bronze, and cast and wrought iron in use)	Tension (L. da Vinci) Tension, bending (Galileo) Pressure burst (Mariotte) Elasticity (Hooke)	
1700's	Steam engine Cast iron bridge	Malleable cast iron	Shear, torsion (Coulomb)	
1800's	Railroad industry Suspension bridge Internal combustion engine	Portland cement Vulcanized rubber Bessemer steel	Fatigue (Wöhler) Plasticity (Tresca) Universal testing machines	Steam boilers Railroad axles Iron bridges
1900's 1910's	Electric power Powered flight Vacuum tube	Alloy steels Aluminum alloys Synthetic plastics	Hardness (Brinell) Impact (Izod, Charpy) Creep (Andrade)	Quebec bridge Boston molasses tank
1920's 1930's	Gas-turbine engine Strain gage	Stainless steel Tungsten carbide	Fracture (Griffith)	Railroad wheels, rails Automotive parts
1940's 1950's	Controlled fission Jet aircraft Transistor; computer Sputnik	Ni-base alloys Ti-base alloys Fiberglass	Electronic testing machine Low-cycle fatigue (Coffin, Manson) Fracture mechanics (Irwin)	Liberty ships Comet airliner Turbine generators
1960's 1970's	Laser Microprocessor Moon landing	HSLA steels High-performance composites	Closed-loop testing machine Fatigue crack growth (Paris) Computer control	F-111 aircraft DC-10 aircraft Highway bridges
1980's 1990's	Space station Magnetic levitation	Tough ceramics Al-Li alloys	Multiaxial testing Direct digital control	Alex. Kielland rig Surgical implants
2000's 2010's	Sustainable energy Extreme fossil fuel extraction	Nanomaterials Bio-inspired materials	User-friendly test software	Space Shuttle tiles Deepwater Horizon offshore oil rig

Source: [Herring 89], [Landgraf 80], [Timoshenko 83], [Whyte 75], *Encyclopedia Britannica*, news reports.

sophisticated metal alloys based on nickel and cobalt. However, failures due to such causes as creep, fatigue, and corrosion still occurred and had major influences on engine development. Further increases in operating temperatures and efficiency are now being pursued through the use of advanced ceramic and ceramic composite materials. These materials have superior

일반적으로 기술이 진보하기 위해서는 개량된 재료뿐만 아니라 설계시 더욱 사려 깊은 분석과 재료거동에 대한 상세한 정보가 요구된다. 또한 최근 들어 안전과 품질보증에 대한 요구가 더욱 증가하고 있다. 기계, 자동차, 구조물의 제작자는 현재수준의 안전성과 내구성을 유지하기 보다는 이를 개선시키고 동시에 다른 기술적 도전에 대응해야 한다.

1.5 파괴의 경제적 중요성

1983년 미국 상무부 산하 국립표준연구소에서는 미국 내에서 재료 파손이 경제적 효과에 미치는 효과에 대한 연구를 수행하였는데, 연간 총손실이 1982년 달러가치로 1,190억 달러에 달할 정도로 컸다. 이것은 국민총생산(GNP)의 4%에 이르는 금액으로 재료파손으로 인한 자원과 인력의 손실이 막대함을 보여주고 있다. 이 연구에서 재료파손은 꽤 넓게 정의하였는데 균열발생은 물론 변형과 박리(delamination)와 같은 문제들도 포함시켰다. 하지만 마모와 부식은 포함시키지 않았다. 재료 내구성을 위한 총비용 계산시 마모와 부식까지 포함시킨 또 다른 연구에 의하면 재료 파손으로 인한 연간 총손실이 국민총생산의 10% 수준으로 증가한다. 1991년 유럽에서 발표된 파괴비용 연구결과 또한 국민총생산(GNP)의 4% 수준으로 알려졌으며 전 세계적으로 유사한 결과를 보일 것으로 예상하였다.

미국의 파손연구에서는 기계, 자동차 및 구조물의 설계시 재료의 항복파손을 방지하는 수준 이상의 설계를 위한 추가비용을 총 비용에 포함시킨 것으로 보인다. 파괴에 대한 저항을 개선시키기 위해 부품의 강도를 올리려면 더욱 많은 원재료, 고가의 재료, 여러 공정을 요하는 재료 등을 필요로 하게 된다. 또한 설계과정에서 부가적인 분석과 시험을 요한다. 재료의 추가사용과 기타 요구사항들은 부가적인 인력과 설비와 관련한 비용을 발생시킨다. 또한 파괴부의 보수, 유지 및 교체비용과 관련한 비용도 상당하다. 새로이 제조된 부품의 결함검사나 사용중인 부품의 균열검사에도 많은 비용이 들어간다. 리콜, 소송, 보험 등과 같은 제조물 책임비용(product liability costs)도 총비용에 추가된다.

파괴의 비용은 다양한 경제 분야에 불규칙적으로 발생되고 있다. 미국의 연구에 의하면 파손관련비용이 가장 큰 분야로 자동차 및 부품관련 분야로 약 10%를 점하고 있으며 항공 및 부품관련 분야가 6%, 주택건축 분야 5%, 빌딩건축 3% 순이었다. 총비용 대비 2~3% 수준인 분야로는 음식료 분야, 조립구조물, 비철금속제품, 석유정제, 구조금속, 타이어 튜브 등이 있다. 피로균열이 자동차 및 항공파손의 주요원인이므로 두 분야가 가장 많은 비용을 부담하고 있다. 연성 및 취성파괴, 환경균열 및 크리프 또한 자동차 및 항공을 포함한 여러 분야에 중요한 파손원인이 되고 있다.

또한 연구에 의하면 현재기술의 효율적 활용을 통해 총비용의 1/3에 해당하는 비용을 절감할 수 있음을 밝혔다. 또한 보다 장기적인 연구개발을 통해 신기술을 개발하고 실용화하게 되면 추가적으로 1/3에 해당하는 비용을 절감할 수 있다. 나머지 1/3의 비용은 획기적인 기술 없이는 절감이 어려운 비용으로 평가하였다. 따라서 2/3에 해당하는 비용은 현재 가용기술과 향후 개발될 기술로 절감할 수 있으므로 변형과 파괴와 관련한 내용을 배우는 것은 경제적 가치가 매우 크다는 것을 알 수 있다. 이 분야에 지식을 갖춘 엔지니어는 구조 파괴로 인한 비용을 절감하게 할 수 있고 효율적 설계과정을 통해 보다 경제적이고 빠르게 이러한 잠재적 문제를 해결할 수 있을 것이다. 이를 통해 소비자 비용을 절감시키고 안전성과 내구성을 개선시켜 사회에 기여하게 된다.

1.6 요 약

재료의 기계적 거동은 재료의 변형과 파괴를 연구하는 학문이다. 재료시험은 항복강도나 파괴인성과 같은 파괴에 대한 저항과 관련한 재료의 기계적 거동을 측정하는 것이다. 재료강도는 가동조건에서 부품에 걸리게 되는 응력과 비교하여 설계의 적정성을 보장해 준다.

서로 다른 재료 파손에 대응하여 다양한 재료시험법과 공학설계와 관련된 분석법이 필요하다. 이러한 파손 형태로는 탄성, 소성, 크리프 변형, 취성 및 연성파괴, 환경에 기인한 파괴, 크리프 파단 zlc 피로 등을 들 수 있다.

공학설계는 기계, 자동차, 구조물을 묘사하는데 필요로 하는 모든 필요한 사항을 선택하는 과정으로 볼 수 있다. 설계는 시행착오적 요소를 포함하며 각 단계에서 우려사항과 요구사항을 함께 고려하여야 하고 필요시 절충을 하여야 한다. 설계의 후반부에서는 시제품과 부품에 대한 시험, 서비스 경험에 대한 고려 등이 중요하다. 변형과 파괴가 시험 및 실제가동 등의 여러 통합 과정을 거치면서 분석될 필요가 있다.

기술의 진보와 변화는 공학설계자에게 새로운 도전 기회를 제공하여 보다 효율적인 재료의 사용과 개량된 재료를 요구하도록 한다. 따라서 파손에 대해 저항성이 우수한 재료의 개발과 이에 대한 개선된 시험분석법의 개발이 오랜 시간 동안 지속되어 왔다. 변형과 파괴는 경제적 측면에서 중요하며 특히 자동차와 항공기분야에서 그러하다. 분야별로 파괴방지를 위한 비용과 파괴로 인해 지불하게 되는 비용 등을 합하면 국민총생산의 4%에 이른다.

새로운 용어 및 기호

allowable stress design
brittle fracture
component testing
creep
deformation
ductile fracture
durability; durability testing
elastic deformation
environmental cracking
fatigue
fatigue crack growth
fracture
fracture mechanics
fracture toughness, K_{Ic}
high-cycle fatigue
load factor, Y
load factor design
low-cycle fatigue
modulus of elasticity, E
percent elongation, $100\varepsilon f$
plastic deformation
prototype
safety factor, X
simulated service testing
static loading
synergistic effect
synthesis
thermal fatigue
ultimate tensile strength, σ_u
yield strength, σ_o

참고문헌

AASHTO. 2010. *AASHTO LRFD Bridge Design Specifications*, 5th ed., Am. Assoc. of State Highway and Transportation Officials, Washington, DC.

AISC. 2006. *Steel Construction Manual*, 13th ed., Am. Institute of Steel Construction, Chicago, IL.

HERRING, S. D. 1989. *From the Titanic to the Challenger: An Annotated Bibliography on Technological Failures of the Twentieth Century*, Garland Publishing, Inc., New York.

MILNE, I. 1994. "The Importance of the Management of Structural Integrity," *Engineering Failure Analysis*, vol. 1, no. 3, pp. 171-181.

REED, R. P., J. H. SMITH, and B.W. CHRIST. 1983. "The Economic Effects of Fracture in the United States: Part 1," Special Pub. No. 647-1, U.S. Dept. of Commerce, National Bureau of Standards, U.S. Government Printing Office, Washington, DC.

SCHMIDT, L. C., and G. E. DIETER. 2009. *Engineering Design: A Materials and Processing Approach*, 4th ed., McGraw-Hill, New York, NY.

WHYTE, R. R., ed. 1975. *Engineering Progress Through Trouble*, The Institution of Mechanical Engineers, London.

WULPI, D. J. 1999. *Understanding How Components Fail*, 2d ed., ASM International, Materials Park, OH.

문제 및 질문

【1.2절】

1.1 그림 1.1의 분류 형태에 근거하여 아래의 파손을 각각 분류하고, 그러한 분류를 선택한 이유를 1~2문장으로 설명하여라.

(a) 안경의 플라스틱 테가 점점 늘어나고 느슨해졌다.

(b) 미세균열이 존재하는 뜨거운 상태의 유리그릇을 냉수에 담갔더니 두 조각으로 분리되었다.

(c) 플라스틱 가위의 손가락 구멍이 있는 앞부분에서 균열이 발생했다.

(d) 강으로 만든 자동차 라디에이터 팬 날개의 기저부분에 작은 균열이 발생했다.

(e) The steel radiator fan blades in an automobile develop small cracks near the base of the blades.

1.2 아래의 파손에 대해 문제 1.1과 동일하게 풀어라.

(a) 미끄럼 회전을 하면서 노는 유아용 플라스틱 세발자전거의 플레임과 핸들바 접합부에 균열이 발생하였다.

(b) 알루미늄 야구방망이에 균열이 발생하였다.

(c) 이전에 총열가공부에서 생겨난 균열을 갖는 강으로 만든 대형 대포의 포신이 조각나면서 파열되었다. 균열과 최종 파괴형상을 구분하여 설명하라.

(d) 이전에 알루미늄 합금으로 만들어진 창문 절단부의 코너에서 발생한 균열이 성장하여 여객기 동체가 두 조각으로 파괴되었다. 균열과 최종 파괴형상을 구분하여 설명하라.

(e) 니켈계 합금으로 만든 항공기 터빈엔진의 블레이드가 가동중 늘어나서 하우징부와 접촉이 일어났다.

1.3 개인적 경험이나 문헌으로 접했던 3가지 경우의 실제 변형 또는 파괴파손의 사례를 들고, 각각의 경우를 그림 1.1의 구분에 따라 분류하고 그 분류이유를 간단하게 설명하라.

【1.3절】

1.4 당신이 산악자동차를 만드는 회사의 엔지니어로 일하고 있다. 수년간 사용한 일부 자전거의 핸들바가 완전히 부러지는 경우가 있는데 주로 자전거 몸체를 연결하는 가지(stem)

부와 체결된 핸들바에서 파괴가 일어난다. 이러한 파괴의 가장 유력한 원인은 무엇인가? 이러한 문제를 해결하기 위해 새로운 설계시 유념해야 할 단계와 검증방법에 대해 설명하라.

1.5 그림 A.11(c)에 보인 인장하중에 의해 판의 폭이 변하게 된다. 인장하중은 $P = 2800\text{N}$이고 $w_2 = 24$, $w_1 = 16$, $\rho = 4\text{mm}$, $t = 6.0\text{mm}$이다. 판은 $\sigma_0 = 62\text{MPa}$의 항복강도를 갖는 폴리카보네이트로 만들어졌다. 그림 1.3에 보인 인장실험결과를 보면 재료는 연성거동을 보이며 $\varepsilon_f = 150\%$의 파단연신율을 보인다. 항복으로 인해 판에 일어나게 될 큰 변형에 대한 안전계수는 얼마인가? 이 값은 적절한가? (주: MPa = N/mm^2)

1.6 그림 A.12(c)에 보인 바와 같이 원주를 따라 홈을 갖는 샤프트가 굽힘 변형을 받는다. 가해지는 굽힘 모멘트가 $M = 250\text{Nm}$이고 $d_2 = 22$, $d_1 = 18$, $\rho = 2.0\text{mm}$이다. 판은 $\sigma_0 = 830\text{MPa}$의 항복강도를 갖는 티타늄 합금으로 만들어졌다. 그림 1.3에 보인 인장실험결과를 보면 연성재료에 가까운 거동을 보이며 $\varepsilon_f = 14\%$의 파단연신율을 보인다. 항복으로 인해 샤프트에 일어나게 될 큰 변형에 대한 안전계수는 얼마인가? 이 값은 적절한가? (주: MPa = N/mm^2)

재료의 구조, 결함과 변형 02

목적

- 고체 재료의 화학결합과 결정구조에 대한 기본내용과 결정구조가 재료의 기계적 성질에 미치는 영향을 설명
- 결정구조내에 생겨나는 결함인 점결함, 선결함, 면결함과 기공, 게재물 및 균열 등을 이해
- 탄성 변형에 대한 물리적 의미를 탐구하고 이에 근거하여 화학결합에 기인한 고체의 이론강도를 평가
- 소성과 크리프에 기인한 비탄성 변형의 기본 메커니즘을 이해
- 화학적 결합에 근거한 이론강도보다 실제 재료강도가 낮은 이유에 대한 이해

세부목차

2.1 서 론

다양한 재료가 기계적 부하에 대한 저항이 필요한 용도에 사용되어지고 있다. 이를 총칭해서 공업재료(engineering materials)라 부르며 금속과 합금, 폴리머, 세라믹과 유리, 복합재료 등으로 분류할 수 있다. 각 분류별 대표적 재료를 표 2.1에 나타내었다.

분류된 재료 사이의 화학결합과 미세조직의 차이가 기계적 성질에 영향을 미치게 되고 해당 재료의 상대적 장점과 단점으로 나타나게 된다. 그림 2.1에 이러한 점을 요약하였다. 예를 들어 세라믹과 유리의 강한 화학결합이 높은 기계적 강도와 강성(높은 탄성계수), 내열성과 내부식성을 부여하지만 취성거동을 나타낸다. 반면에 폴리머는 사슬분자들이 약하게 결합되어 있어 강도가 강성이 낮고 크리프 변형에 민감하다.

표 2.1 공업재료의 분류

Metals and Alloys	Ceramics and Glasses
Irons and steels	Clay products
Aluminum alloys	Concrete
Titanium alloys	Alumina (Al_2O_3)
Copper alloys; brasses, bronzes	Tungsten carbide (WC)
Magnesium alloys	Titanium aluminide (Ti_3Al)
Nickel-base superalloys	Silica (SiO_2) glasses
Polymers	**Composites**
Polyethylene (PE)	Plywood
Polyvinyl chloride (PVC)	Cemented carbides
Polystyrene (PS)	Fiberglass
Nylons	Graphite-epoxy
Epoxies	SiC-aluminum
Rubbers	Aramid-aluminum laminate (ARALL)

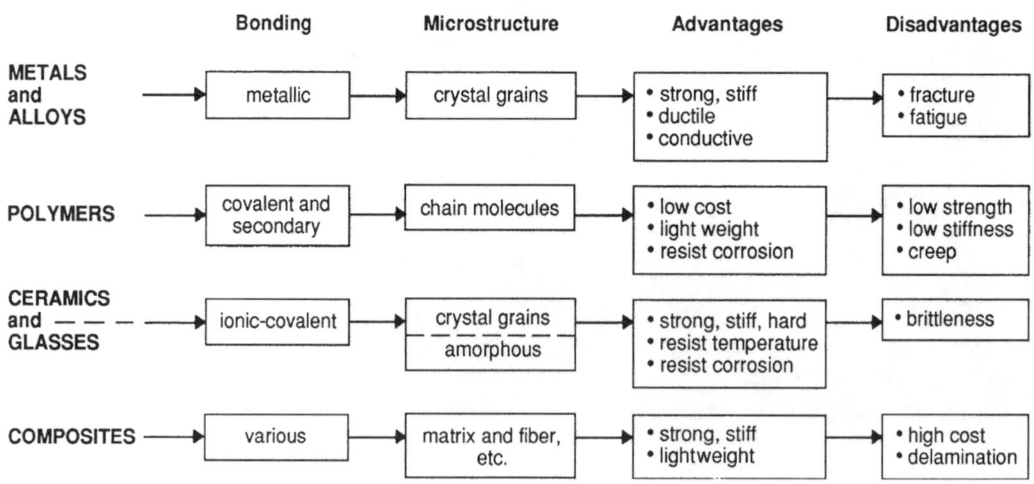

그림 2.1 주요 공업재료 분류별 일반적 특성

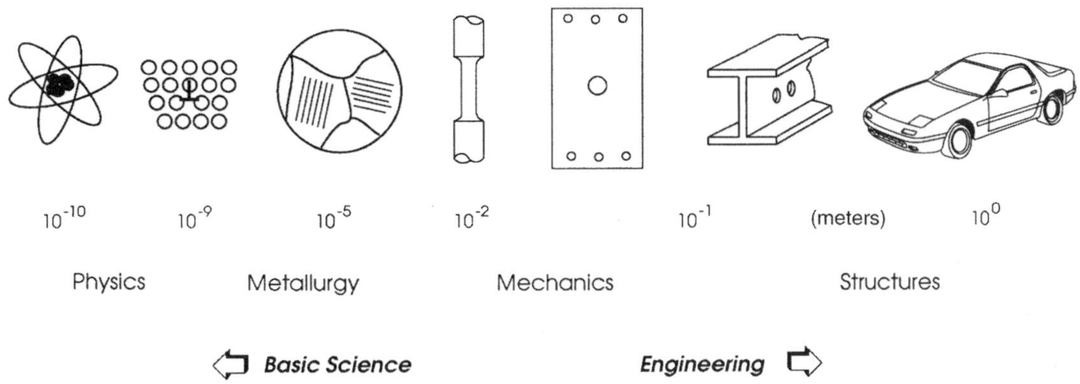

그림 2.2 공업재료의 응용 및 연구와 관련한 치수 범위의 구분

공학의 근본적 관심사인 치수범위를 1미터에서 시작해서 10의 차수로 치수를 줄여나가면 10^{-10}m에 해당하는 원자스케일까지 분류할 수 있다. 각 치수 구분별로 관심영역을 그림 2.2에 나타내었다. 주어진 치수스케일에서의 재료거동을 이해하기 위해 보다 작은 스케일에서 일어나는 현상을 관찰하게 된다. 기계, 자동차 및 구조물의 거동은 구성부품의 거동에 의해 설명할 수 있으며 이들의 거동은 작은 재료시험편(10^{-1}~10^{-2}m)에 의해 설명된다. 비슷한 논리로 재료의 거시적 거동은 결정입자, 결정결함, 폴리머 사슬 및 여타 10^{-3}~10^{-9}m 치수영역에서 일어나는 미세특성들에 의해 설명된다. 따라서 1m에서 10^{-10}에 이르는 전 치수영역에 대한 거동을 이해하게 되면 기계, 자동차 및 구조물의 성능을 이해와 예측이 가능하게 된다.

본 장에서는 재료의 거동을 이해하는데 필요한 기본 이론들을 다루고, 그림 2.2에 나타낸 낮은 치수 차원에서 시작하여 치수를 확대해 나가고자 한다. 화학결합, 결정구조, 결정결함, 탄성 및 소성거동에 대한 물리적 요인, 크리프변형 등을 다룰 것이다. 이후의 여러 장에서 다루게 되는 인장시험, 여타 기본시험들, 취성파괴, 재료의 피로, 균열성장 및 크리프 변형 등에 2장에서 다루는 개념을 적용하게 될 것이다. 또한 부록 C 에서는 여러종류의 공업재료에 대한 종류, 특성, 구조, 및 제조공정 및 명칭부여체계 등에 대해 부가적으로 다루었다.

2.2 고체의 결합

고체 내의 원자나 분자를 결합시키는 다양한 화학결합이 있다. 결합의 세 가지 형태인 이온(ionic), 공유(covalent) 및 금속(metallic)결합을 통틀어 1차(primary)결합이라 한다. 1차결합은 강하고 견고하여 온도를 올려도 쉽게 녹아나지 않는다. 금속과 세라믹의 결합이 이에 해당하며 상대적으로 높은 탄성계수(E)를 갖는다. 반데르발스(Van der Waals)결합과 수소(hydrogen)결합은 상대적으로 약한 결합이며 2차(secondary)결합이라 부른다.

2.2.1 1차 화학결합

1차결합의 세 가지 형태를 그림 2.3에 나타내었다. 이온결합은 서로 다른 형태의 원자 사이에 하나 또는 그 이상의 전자가 이동 결합한 것이다. 원자를 둘러싸고 있는 외곽 셀이 8개의 전자를 포함(수소나 헬륨 단일 셀의 경우 2개의 전자를 포함)하고 있으면 안정적이다. 외곽 셀에 1개의 전자를 갖는 금속

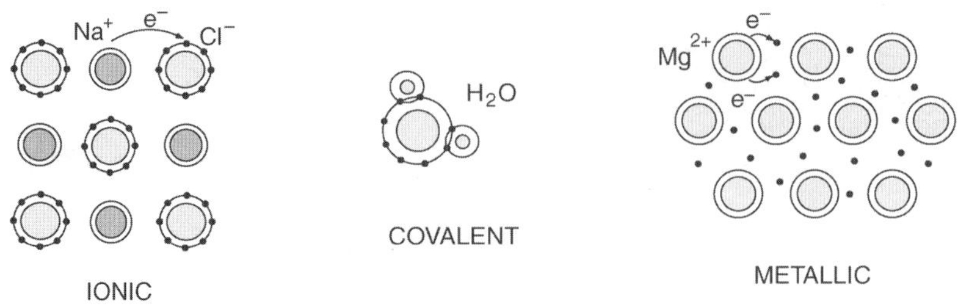

그림 2.3 세 가지 형태의 1차결합. 이온결합의 경우 NaCl에 보인 것처럼 전자가 이동; 공유결합의 경우 물의 경우처럼 전자를 공유; 금속결합의 경우 Mg금속에서처럼 전자를 방출하여 전자구름(cloud) 형성

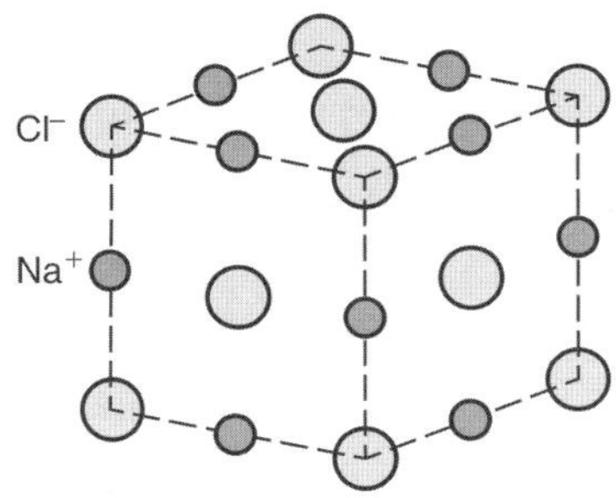

그림 2.4 Na와 Cl 이온이 상호교차배열한 FCC구조를 갖는 NaCl의 3차원 결정구조

나트륨 원자는 외곽 셀에 7개의 전자를 갖는 염소원자에 전자 1개를 줄 수 있으며 그 결과 나트륨원자는 외곽 셀이 비게 되고 염소원자는 안정적 외곽 셀을 갖게 된다. 따라서 원자는 Na^+와 Cl^-이온상태가 되어 서로 인력이 작용하게 되며 반대부호의 정전하로 인한 화학결합을 이루게 된다. 동일한 개수의 양이온과 음이온이 규칙적인 결정배열로 집합하여 그림 2.4에 보인 바와 같이 중성 고체를 형성하게 된다.

이동되는 전자의 수는 재료에 따라 다를 수 있다. 예를 들어 $MgCl_2$와 MgO의 경우 Mg^{2+}이온을 형성하여 2개의 전자가 이동하게 된다. 전자가 근접 최외각 셀에서 이동할 수도 있다. 철은 2개의 외각셀 전자를 갖고 있지만 Fe^{2+}나 Fe^{3+}를 형성할 수 있다. 많은 염, 산화물 및 고체들이 이러한 이온결합이나 부분적 이온결합을 통해 결합되어 있다. 이온결합 재료는 단단하고 취성을 갖는다.

공유결합은 전자를 공유함으로써 원자의 외곽 셀의 1/2 또는 그 이상이 채워져 있는 결합 형태이다. 공유전자들은 두 원자가 안정적인 8개(또는 2개)의 외곽전자를 가진 것처럼 거동하게 한다. 예를 들어 2개의 수소원자가 산소원자와 전자를 공유하여 물, H_2O을 만들게 되고 2개의 염소원자가 1개의 전자를 공유하여 Cl_2 분자를 만든다. 견고한 공유결합으로 인해 이러한 단순한 분자들이 서로 독립적이며 이러한 분자들이 모여서 실온에서 액체나 기체를 형성하는 경향을 보인다.

금속결합은 금속이나 합금과 같은 고체형태의 결합과 관련된다. 금속은 대부분의 경우 외곽 셀의 전자가 1/2 이하로 채워져 있으며 각 원자들은 외곽원자를 주변의 전자구름(cloud)으로 전자를 방출한다. 이 전자들은 전자를 방출하면서 양이온으로 존재하는 금속원자들에 의해 공유된다. 따라서 금속이온은 전자구름과의 상호인력으로 인해 결합을 형성한다.

2.2.2 1차결합의 고찰

공유결합은 다른 두 가지 1차결합과 달리 강한 방향성을 보인다. 이것은 공유결합에서 공유하는 전자는 특정 이웃원자와 결합을 하기 때문이며, 이온 및 금속결합은 특정이온이 아닌 주변의 어떠한 이온들과도 정전기적 인력에 의해 결합을 이루기 때문이다. 공유결합이 연속적으로 배열되면 3차원 네트워크를 갖는 고체를 형성할 수 있다. 한 예로써 다이아몬드 형태의 탄소를 들 수 있는데 각 탄소 원자는 4개의 인접 탄소원자와 전자를 공유하게 된다. 따라서 그림 2.5에 보인 바와 같이 3차원 공간에 원자가 서로 동일한 각도로 배열된 다이아몬드 구조를 보이게 된다. 견고하고 방향성 결합으로 인해 결정이 매우 단단하고 강하다.

공유결합이 연속 배열된 다른 중요한 예가 탄소사슬이다. 그 예로서 에틸렌가스, C_2H_4를 들 수 있는데 그림 2.6에 나타낸 바와 같이 각 분자가 공유결합을 이루고 있다. 하지만 탄소원자 간의 이중결합이 2개의 인접 탄소원자들과 단일결합으로 바뀌게 되면 긴 사슬분자가 형성될 수 있는데 이것이 폴리에틸렌(polyethylene)이라 불리는 폴리머이다. SiO_2와 여러 세라믹 고체는 이온결합과 공유결합이 혼합된 형태의 화학결합을 갖는다. NaCl을 이온결합의 예로, 다이아몬드를 공유결합의 전형적인 예로 설명하였는데, 이온결합과 공유결합이 혼합된 형태가 보다 일반적인 결합 형태이다. 한 가지 종류 이상의 금속을 함께 녹여 섞으면 합금(alloy)이 되는데 이 경우에도 금속결합이 주요 결합형태가 된다.

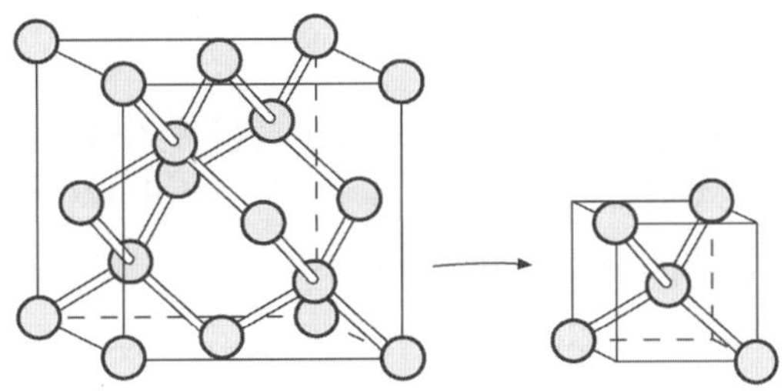

그림 2.5 탄소의 다이아몬드 결정구조. 견고하고 방향성을 갖는 공유결합으로 인해 다이아몬드는 가장 높은 융점, 경도, 탄성계수를 갖는다.

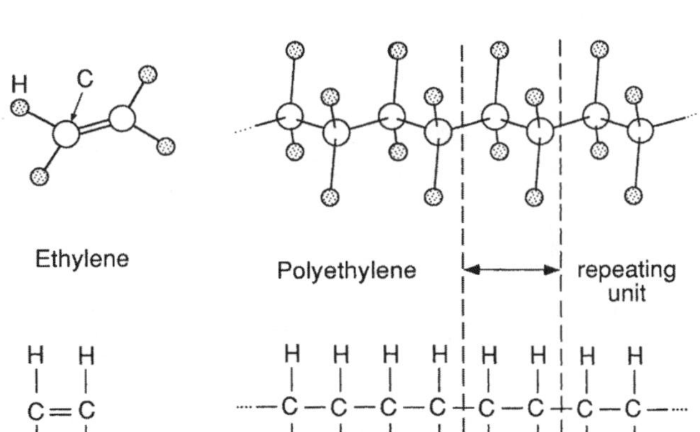

그림 2.6 에틸렌 가스(C_2H_4)의 분자구조와 폴리에틸렌 폴리머. 에틸렌의 이중 결합이 2개의 인접 탄소원자들과 단일결합을 만들게 되면 긴 사슬분자가 형성되어 폴리에틸렌이 된다.

하지만 합금 내에 금속간 화합물(intermetallic compound)이 형성될 수 있으며 강한 입자가 만들어지기도 한다. 이러한 화합물은 $TiAl_3$ 또는 Mg_2Ni와 같이 화학식을 가지며, 일반적으로 금속결합, 이온결합 및 공유결합이 조합된 결합 형태를 보인다.

2.2.3 2차결합

2차결합은 1차결합에 의해 유기된 정전기적 쌍극자(electrostatic dipole)에 의해 일어난다. 예를 들어 그림 2.3에 나타낸 물의 경우 수소원자가 산소원자와 공유결합을 형성하게 되면 하나의 전자가 산소원자 쪽으로 이동하므로 양이온이 된다. 전체 분자의 전하보존을 위해 산소원자의 결합부가 음이온이 되게 된다. 이 때 형성된 쌍극자가 인접 분자간에 인력을 형성하여 상온에서 액체상태의 물로 존재하게한다. 영구쌍극자결합(permanent dipole bonds)라 불리는 이러한 결합은 여러 분자들 간에 일어날 수 있다. 결합이 상대적으로 약하지만 고체를 형성할 정도로 강한 결합을 만들기도 하는데 얼음이 그 예이다. 물의 경우처럼 2차결합에 수소가 관여되면 다른 쌍극자 결합에 비해 강한 결합이 일어나는데 이를 수소결합(hydrogen bond)이라 한다.

반데르발스결합은 원자핵을 기준으로 상대적으로 가변적인 전자의 위치로 인해 발생되는 결합이다. 불규칙적인 전하분포가 일어나게 되면 원자나 분자들 간에 약한 인력을 발생시킨다. 이러한 결합을 영구상극자 결합과 구분하여 요동쌍극자 결합(fluctuating dipole bond)이라 부르는데, 이는 물 분자처럼 쌍극자가 방향이 고정되어 있지 않기 때문이다. 이러한 결합은 불활성 가스로 하여금 저온에서 고체를 형성할 수 있게 해준다.

폴리머의 경우 공유결합이 사슬분자를 만들고 수소와 다른 원자들을 탄소근간(carbon backbone)에 부착시킨다. 수소결합과 다른 2차결합이 사슬분자들 사이에 일어나서 서로 미끄러짐을 방해하게 되는 것을 그림 2.7의 폴리염화비닐(polyvinyl chloride) 경우를 예로 들어 나타내었다. 2차결합이 상대적으로 약하므로 융점은 물론 강도와 강성도 낮다.

2.3 결정재료의 구조

금속과 세라믹은 작은 입자의 집합체로 이루어져 있으며 각 입자들은 결정체로 구성된다. 반면에 유리는 비정질 또는 비결정체 구조를 갖는다. 폴리머는 사슬형태의 분자로 구성되며 때로는 결정체처

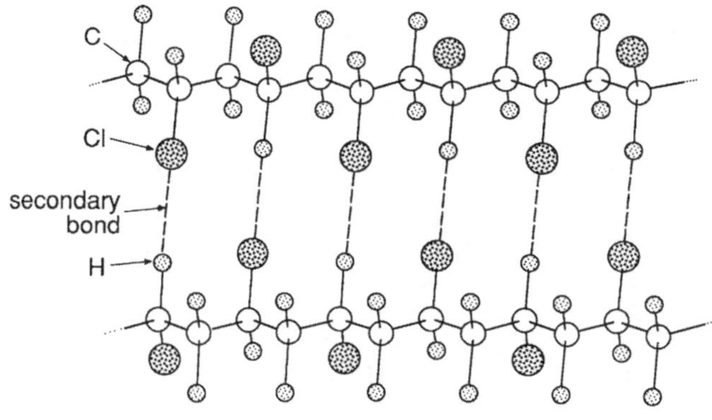

그림 2.7 폴리염화비닐의 사슬분자의 수소와 염소간의 2차결합

럼 규칙적인 배열을 갖기도 한다.

2.3.1 기본 결정구조

결정내의 원자(또는 이온)배열은 완전 결정을 위한 단위블록과 같은 작은 단위그룹으로 구분할 수 있다. 이러한 그룹을 길이와 각도에 따라 구분하여 단위격자(unit cell)라고 한다. 단위격자는 7가지로 구분할 수 있으며 그림 2.8에 그 중 3가지를 나타내었다. 만약 3가지 각도가 모두 90°이고 길이가 동일하면 입방(cubic)구조로 분류한다. 한 방향의 길이가 다른 두 방향과 다르다면 정방(tetragonal)구조라고 한다. 한 각도가 120°이고 다른 두 각도가 90°이면 육방정(hexagonal)구조라 한다. 다른 4가지 구조로는 사방정계(orthorhombic), 삼방정계(rhombohedral), 단사정계(monoclinic), 삼사정계(triclinic)구조가 있다.

주어진 단위격자에서 다양한 원자의 배열이 가능하며 이러한 배열을 결정구조(crystal structure)라고 한다. 입방구조의 단위격자는 원시입방(primitive cubic: PC), 체심입방(body centered cubic: BCC) 및 면심입방(face centered cubic: FCC)의 3가지 결정구조로 나눌 수 있으며 그림 2.9에 이를 나타내었다.

PC구조는 입방구조의 코너에만 원자가 존재하며 BCC구조는 입방체 중심에 원자를 추가로 가진다. FCC구조는 코너와 면의 중심에 원자가 추가로 존재한다. PC구조는 매우 드물지만 BCC구조는 크롬, 철, 몰리브데늄, 나트륨 및 텅스텐 등의 결정구조이다. FCC 구조도 흔한 구조로서 은, 알루미늄, 납, 구리, 니켈 등이 이 결정구조를 갖는다. 조밀육방구조(hexagonal close-packed: HCP)도 비교적 흔한 금속구조이다. 그림 2.8에 결정구조를 나타내었지만 그림 2.9와 같이 육방주(hexagonal prism) 형태로 나타내면 훨씬 결정구조를 이해하기가 쉽다. 2개의 평행한 기저면(basal plane) 중심과 육각형 꼭지에

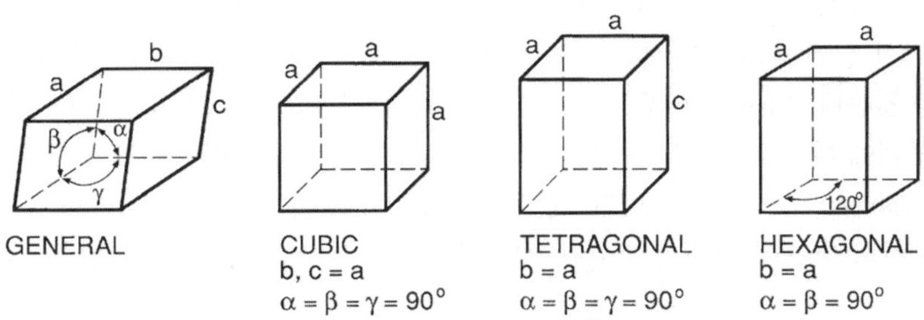

그림 2.8 단위격자의 일반적 표현과 7가지 결정구조중 3가지 결정구조

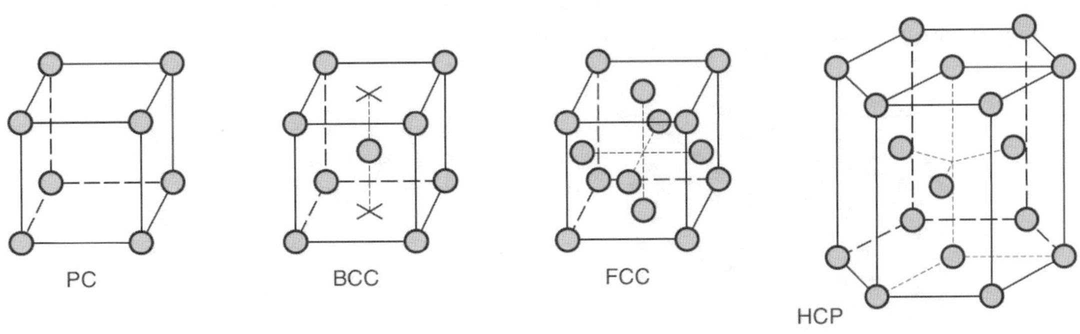

그림 2.9 4가지 결정구조: 원시입방(PC), 체심입방(BCC), 면심입방(FCC) 및 조밀육방정계(HCP) 구조

원자가 존재하고 3개의 원자가 두 기저면의 중간위치에 존재한다. 이러한 구조를 보이는 금속으로는 베릴륨, 마그네슘, 티타늄 및 아연 등이 있다.

어떤 금속이나 재료는 온도와 압력에 따라 그 구조가 바뀌기도 하며 합금에 의해 구조가 바뀌기도 한다. BCC구조를 갖는 철이 910℃ 이상의 온도로 가열되면 FCC로 바뀌고 1390℃ 이상이 되면 다시 BCC구조를 갖는다. 이러한 구조를 갖는 철을 각각 α철, γ철, δ철이라고 부른다. 그리고 10% 정도의 Ni이나 Mn을 첨가하면 결정구조가 상온에서도 FCC 구조로 바뀌게 된다. 비슷한 원리로 HCP 구조의 티타늄인 α-Ti이 885℃ 이상이 되면 BCC구조를 갖는 β-Ti이 되며 합금 및 추가공정을 통해 상온에서도 β-Ti으로 존재케 할 수 있다.

2.3.2 복잡한 결정구조

이온염(ionic salts)이나 세라믹과 같이 이온 또는 공유결합에 의해 형성된 화합물은 보다 복잡한 결정구조를 갖는다. 이러한 화합물들은 한 가지 형태 이상의 원자들과 함께 존재하여야 하고 부분적 공유결합에서도 존재하는 방향성 때문에 복잡한 결정구조를 갖게 되며 기본적 결정구조의 변형으로 생각할 수 있다. NaCl은 Na^+이온과 Cl^-이온이 FCC구조를 이루고 있으며(그림 2.4) Cl^-이온을 포함하는 물질과 합해져도 FCC 구조를 형성한다. MgO와 FeO와 같은 산화물, TiC와 ZrC와 같은 탄화물 등과 같은 주요 이온염이나 세라믹들이 이러한 구조를 가진다.

탄소의 다이아몬드 입방(diamond cubic)구조는 원자의 반이 FCC구조를 이루고 나머지 원자는 정방정 형태의 결합이 가능한 입방체 내부위치에 존재하면서 또 다른 FCC 구조를 만든다(그림 2.5). SiC도 다이아몬드 입방구조를 갖는데 Si 원자와 C원자가 그림 2.5에 보인 것과 동일한 구조를 갖는다. Al_2O_3 세라믹은 육방정계 결정구조를 가지며 Al원자가 O 원자간 공간의 2/3위치를 점하고 있다. 많은 세라믹들은 더욱 복잡한 결정구조를 갖는다. 금속간 화합물도 매우 단순한 형태로부터 복잡한 형태에 이르는 결정구조를 갖는다. Ni_3Al은 FCC구조를 갖는 비교적 단순한 형태의 금속간 화합물로서 Al원자가 입방구조의 코너에 Ni원자가 면의 중심에 존재한다. 폴리머는 구조가 불규칙적인 분자사슬로 구성된 비결정질(amorphous)이다. 경우에 따라서는, 여러 재료들이 사슬간의 2차결합을 통해서 규칙적인 사슬구조를 보이기도 하는데 이러한 영역은 결정구조를 보인다고 하며 그림 2.10에 나타내었다.

2.4 재료의 결함

결정질 고체는 이상적인 완전구조를 가진다는 것이 거의 불가능하다. 결정구조 내에 존재하는 다양한 결함들은 재료의 가동에 큰 영향을 미친다. 또한, 결정구조와 직접 연계되지 않은 형태의 결함도

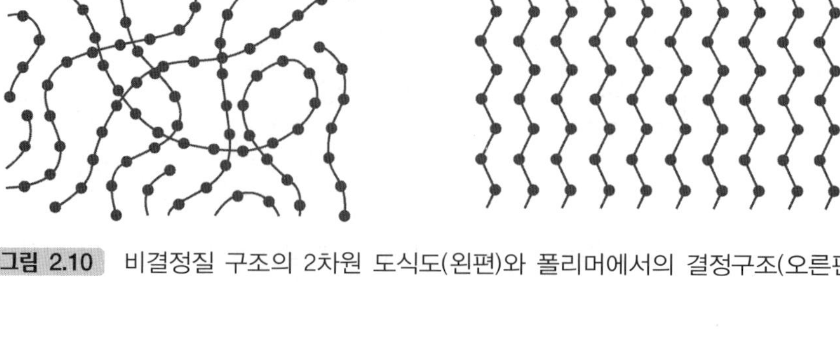

그림 2.10 비결정질 구조의 2차원 도식도(왼편)와 폴리머에서의 결정구조(오른편)

존재하는데, 기공, 게재물, 균열 등이 이에 해당하며 이 또한 큰 영향을 미칠 수 있다. 따라서, 2장의 뒷부분과 그 이후의 여러 장에서 다루게 되는 변형과 파괴 거동을 설명하기 위해 본 절에서 다양한 결함들을 정의하고 이를 설명하고자 한다.

2.4.1 결정내 결함

공업적으로 사용되는 형태의 세라믹과 금속은 결정입계(grain boundary)로 구분되는 결정립(grain)으로 구성된다. 그림 2.11(왼쪽)에 세라믹의 결정립을 나타내었고 그림 2.12에 금속의 결정립을 나타내었다. 이러한 결정립 조직을 갖는 재료를 다결정(polycrystalline)재료라고 한다. 결정립 크기는 재료와 제조공정에 따라서 1μm에서 10mm에 이르기까지 광범위하게 변한다. 결정립 내에서도 결정은 완전하지 못하며 소위 점결함(point defects), 선결함(line defects), 표면결함(surface defects) 등이 존재한

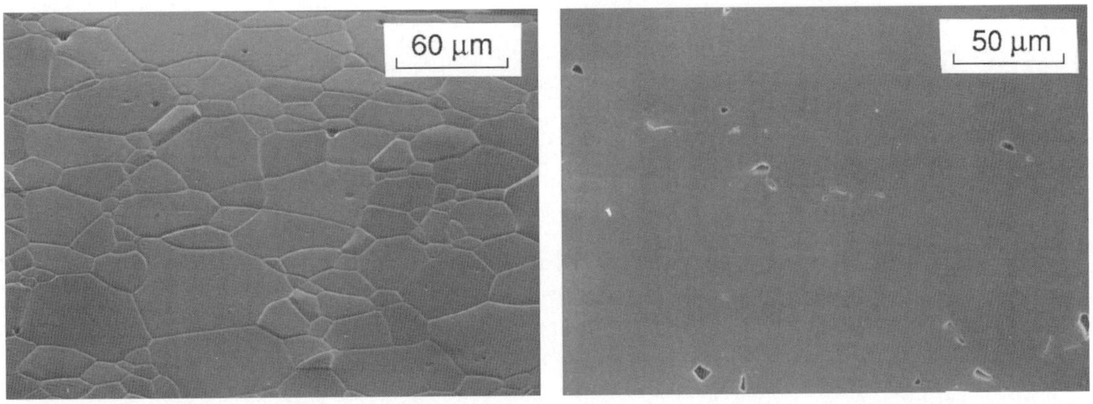

그림 2.11 입계가 보이는 거의 최대밀도를 갖는 Al2O3의 표면(왼편). 입계가 보이지 않는 연마된 면(오른편)의 경우, 기공이 검은 영역으로 관찰됨. (출처: 왼쪽 사진 [Venkateswaran 88]; American Ceramic Society, 오른쪽 사진 D.P.H. Hasselman, Virginia Tech, Blacksburg, VA)

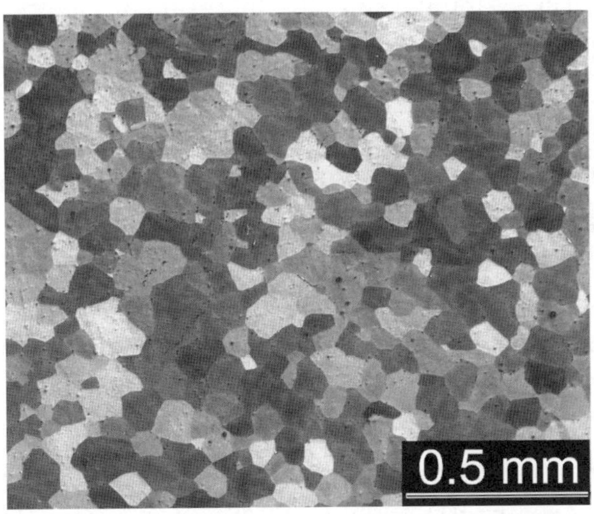

그림 2.12 12wt% 리튬을 포함하는 마그네슘 합금의 결정립 구조. 이 주조금속은 아르곤 분위기에서 고주파 용해로로 제조

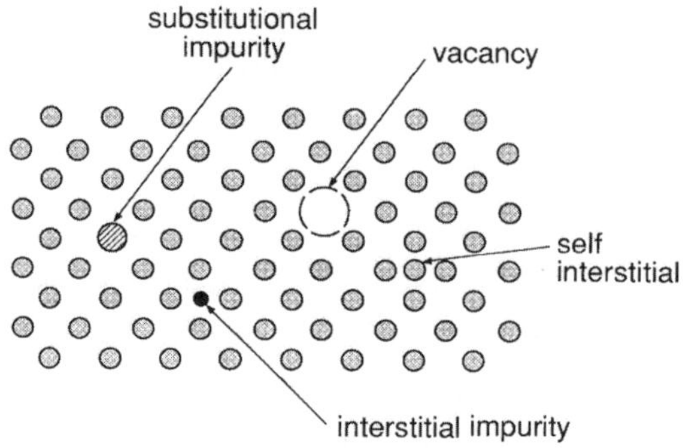

그림 2.13 결정질 고체의 4가지 형태 점결함

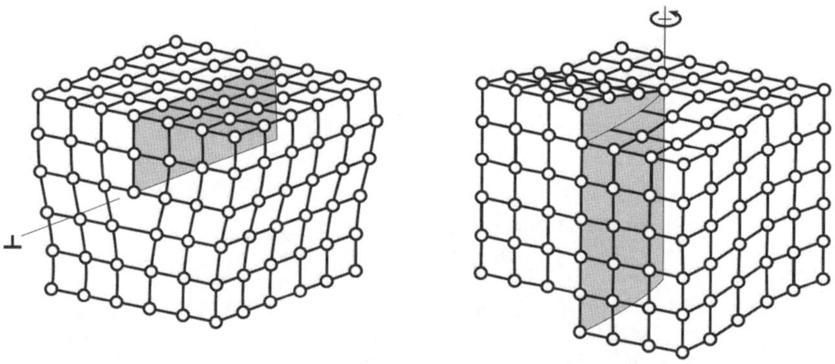

그림 2.14 두 가지 형태의 전위: (a) 칼날전위, (b) 나선전위(출처: [Hayden 65])

다. 결정립자들에 존재하는 결정립경계와 결정결함들 모두 기계적 성질에 큰 영향을 미친다. 이를 고찰하려면 완전격자의 평행한 원자면을 의미하는 격자면(lattice plane)과 한 원자의 위치를 의미하는 격자점(lattice site)을 사용하는 것이 유용하다.

그림 2.13에 점결함의 형태를 나타내었다. 치환형불순물(substitutional impurity)은 원래의 원자와 다른 원자가 일반 격자점에 자리한 결함을 말한다. 공공(vacancy)은 본래 존재하여야 할 격자점에 원자가 비어있는 경우를, 침입형(interstitial)은 정상격자점이 아닌 위치에 원자가 위치하는 결함형태이다. 원재료와 동일한 종류의 원자가 침입한 경우를 자기침입(self interstitial)이라 하고 다른 종류의 원자가 침입한 경우는 불순물침입(interstitial impurity)이라 한다. 상대적으로 크기가 작은 불순물 원자가 큰 원자로 구성된 재료의 침입형 위치를 점유하는 경우가 많다. 철의 고용체에 탄소원자가 그 예이다. 원 재료와 크기가 비슷한 불순물 원자는 대개 치환형 불순물로 존재하는데 2가지 금속을 용융하여 합금하는 형태이다. 철에 10~20%의 크롬을 첨가(경우에 따라서는 10~20%의 니켈도 첨가)하여 스테인리스강을 만드는 것이 그 예이다.

가장 중요한 형태의 선결함을 전위(dislocation)라고 하며 격자면의 상대적인 이동으로 인해 선형적인 배열의 어긋남이 일어난 면의 가장자리를 말한다. 그림 2.14에 나타낸 바와 같이 전위의 한 형태가 칼날전위(edge dislocation)이고 또 다른 형태가 나선전위(screw dislocation)이다. 칼날전위(왼편)는 원자의 여분면의 경계를 의미한다. 전위선(dislocation line)은 여분면의 가장자리이며 그림에 표기된 특

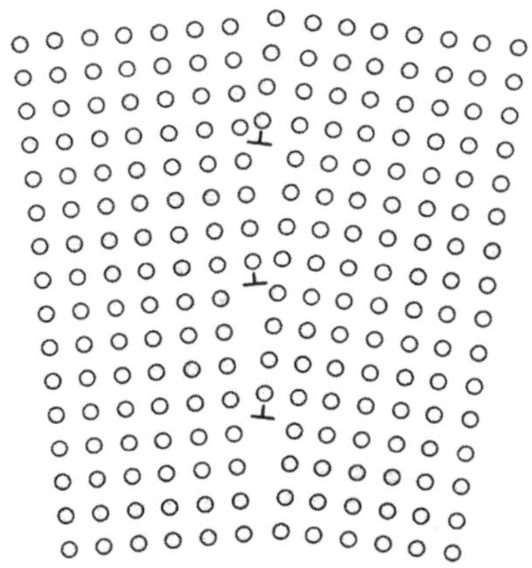

그림 2.15 결정내 칼날전위의 배열에 의해 형성된 소경각경계(출처: [Boyer 85])

수한 기호를 사용하기도 한다. 나선전위는 완전격자가 그림 2.14(오른편)에 보인 바와 같이 절단된 형태로 설명할 수 있다. 결정은 절단면을 따라서 평행하게 이동하여 그림과 같이 재결합되는 형태이다. 전위선은 절단부의 끝단이며, 이는 전위된 영역과의 경계이기도 하다. 고체내 전위는 일반적으로 칼날과 나선이 혼합된 특성을 보이며 곡선 형태와 루프형상을 가진다. 전위밀도가 높으면 전위선의 복합적인 엉킴(tangle)도 형성된다.

결정립입계는 표면결함의 일종으로 격자면의 배열이 큰 각도로 변화하는 면이다. 결정립 내에는 소경각경계(low-angle boundary)도 있을 수 있다. 칼날전위의 배열도 그림 2.15에 보인 바와 같이 경계를 형성할 수 있다. 여러 개의 소경각경계가 결정립 내에 존재하면서 조금씩 다른 격자배열로 구분되기도 하는데 이를 아결정립(subgrain)이라 한다. 표면결함의 또 다른 형태인 쌍정경계(twin boundary)는 격자면을 거울대칭 형태로 두 영역으로 나누어준다. 만약 격자면이 완전격자의 적층순서와 다를 경우 적층결함(stacking fault)이 존재한다고 한다.

2.4.2 기타 결함들

결정구조와 직접적으로 관련되지 않은 결함으로 기공(pore), 게재물(inclusion), 균열(crack)과 슬립띠(slip band) 등이 있다. 기공은 고체 재료 내에 존재하는 빈 공간을 의미한다. 그림 2.11 오른편에 나타낸 Al_2O_3의 미세조직에 약간의 기공이 관찰된다. 고체 상태의 공업용 세라믹은 분말을 소결하여 만든다. 이 공정은 분말을 절대용융온도의 70% 수준에 이르는 고온하에서 필요시 압력을 가한 상태로 진행한다. 시간이 경과됨에 따라 분말 입자는 고체로 변하게 되는데 소결공정의 유효도에 따라 기공의 정도가 영향을 받는다. 재료의 강도와 탄력(stiffness)은 기공의 체적분율이 높을수록 저하하게 된다. 금속 분말은 고체로 만들기 위해서는 소결이나 고온압축을 하게 되는데 이러한 공정을 통해 기공을 최소화하는 것이 매우 중요하다.

용융금속을 몰드에 주입한 후 고화시키는 주조(casting)공정의 경우 매우 큰 기공이 금속부품에 존재할 수 있다. 금속의 용접 또한 응고 이전에 생성된 가스 기포(gas bubble)에 기인한 기공이 발생할 수 있다. 기공을 줄이기 위해서는 주조 및 용접시 세심한 공정제어가 요구된다.

게재물은 결정구조 내에 존재하는 입자들을 의미하며 모재에 고용되지 못한 것들이다. 금속에서의 게재물은 주로 금속간(intermetallic) 또는 비금속(nonmetallic) 화합물들이다. 이러한 화합물들은 공업용 소재로 사용되는 재료라면 내부에 어느 정도는 존재하고 있다. 강에 존재하는 게재물로는 황화물(FeS, MnS 등), 산화물(FeO, Al_2O_3 등), 실리케이트(SiO_2 와 관련 화합물) 등이 있다. 알루미늄 합금의 예를 들면, 산화물(Al_2O_3의, MgO 등), 알루미늄 탄화물(Al_4C_3)과 스피넬($MgAl_2O_4$)을 들 수 있다. 이러한 화합물들은 금속내의 합금성분이나 불순물이 포함된 화학반응을 통해 생성된다. 게재물이 발생되는 또다른 요인으로는 금속의 제조과정에서 혼입되는 경우인데 용해로의 내화벽돌 라이닝이나 내화벽돌에서 깨어져 나온 작은 실리케이트 조각 등을 들 수 있다.

게재물은 크기가 작고 그 수가 많지 않다면 크게 해롭지 않지만 그 숫자가 많고 크기마저 크다면 재료의 성능 품질을 크게 저하시킬 수 있다. 그림 9.17에 합금강으로 만들어진 시험재에 발생된 피로 균열의 개시점이 게재물임을 보여주고 있다.

모재금속내에 부가적인 화합물의 형성을 통하여 제2상 입자를 재료내에 의도적으로 생성시키기도 한다. 예를 들면, 알루미늄에 4%의 구리를 첨가시켜 미세하고 단단한 $CuAl_2$입자를 알루미늄 재료내에 대량으로 생성시킬 수 있다. 또한 철과 탄소를 기본으로 하는 합금인 강(steel)은 철탄화물인 Fe_3C가 작은 입자형태로, 침상(needle-shaped) 형태 결정으로, 얇은 층(layer)의 형태로 제조공정에 따라 철기지에 형성된다. 이렇게 의도적으로 생성시킨 입자들은 금속을 원하는 수준으로 강화시켜주는 역할을 한다. 하지만 합금의 총체적 결정구조에 불연속성을 보이므로 이 또한 엄밀하게는 결함이다.

균열은 명백하게 결함이다. 균열은 재료에 응력이 가해졌을 때 기공, 게재물, 표면 흠, 또는 표면 거친 부위에서 국부 응력집중 때문에 발생한다. 특히 반복 응력은 균열의 개시와 전파를 촉진시켜 낮은 응력하에서는 미세균열을 발생시킬 수 있다. 균열이 취성파괴를 일으키거나 반복적인 부하 또는 가혹한 화학적 환경하에서도 성장할 수 있다. 그림 1.8은 게재물에서 발생했을 것으로 보이는 작은 균열이 성장하여 경화된 알루미늄 합금 시료에 균열을 발생시키는 과정을 보여주고 있다. 다른 균열 상황도 그림 1.7, 8.1, 9.16 및 16.18에 나타내었다. 취성파괴나 기계적 파손을 일으키는 균열로의 성장 가능성은 재료의 크기에도 크게 영향을 받는다. 이러한 크기에 의한 균열가동에 대한 자세한 내용은 8장, 11장, 12장에서 다루기로 한다.

네 번째 형태의 결함으로 슬립밴드를 들 수 있다. 결정 입자 내의 특정 면을 따라 미끄럼(sliding)이 일어날 수 있다. 이것은 전위(dislocation)의 이동에 의한 것으로 이 장의 뒷부분에 다룰 것이다. 그림 9.16에 초기 황동 시료에 존재하는 슬립밴드를 나타내었다. 반복하중으로 인해 이러한 밴드 중 하나가 균열로 발전하게 되며 다른 새로운 밴드가 인접하여 생성되는 것이 보여진다. 그림 2.24도 슬립밴드가 균열로 바뀌어 가는 것을 보여주고 있다.

재료 거동에 영향을 미치게 되는 여러 다른 형태의 결함들이 있는데, 부식 공(corrosion pit), 보호 코팅막의 스크레치, 복합재료의 섬유파손과 박리 등을 들 수 있다.

기계, 구조물, 자동차 부품에 존재하는 균열이나 박리 등 거시적 결함을 검사하는 것은 중요한 공학 분야이다. 이러한 검사의 목적은 품질관리이며 심각한 위험을 초래할 수 있는 큰 균열이나 결함들을 발견하고 수리하는 것은 매우 중요하다. 대부분의 경우에 부품은 검사과정에서 손상되거나 파괴되지 않도록 하며 이를 비파괴시험(NDT)이라 부른다. NDT와 관련한 다양한 기법들은 재료와 가동상황에 맞추어 적절하게 선택되어 적용된다.

2.5 탄성변형과 이론강도

고체의 결합과 구조에 대한 고찰을 통해 원자, 전위, 결정립에 해당하는 치수범위에서 변형에 대한 물리적 기구를 설명할 수 있다. 제1장에서 거론한 바와 같이 변형에는 탄성, 소성, 그리고 크리프 변형의 3가지 형태가 있다. 다음에 거론할 탄성변형은 고체의 강도를 이론적으로 예측할 수 있게 한다.

2.5.1 탄성변형

탄성변형은 고체내 원자들 간의 화학적 결합을 끊는 것(breaking)이 아닌 당기는(stretching)변형이다. 만약 외부응력이 재료에 가해지면 원자간 거리가 조금이나마 늘어나게 되며 그 정도는 재료와 결정구조 및 결합 등에 영향을 받는다. 이러한 원자간 거리 변화가 재료 전체에 누적되어 거시적으로 나타난 것이 탄성변형이다. 그림 1.2에 나타낸 응력-변형관계에서 탄성변형은 주로 선형적인 거동을 보이며 이때 응력-변형 기울기를 탄성계수 E로 정의한다.

만약 고체내 원자가 서로 멀리 떨어져 있다면 이들 원자 사이에는 어떠한 힘도 생기지 않을 것이다. 원자 간의 거리 x가 줄어들면 작용되는 결합의 형태에 의해 원자 간에 인력이 생기게 된다. 이것을 그림 2.16의 상부곡선에 나타내었다.

또한 두 원자의 외곽전자가 중첩되는 것을 저지하는 척력도 작용한다. 상대적으로 먼 거리에서는 척력이 인력보다 작지만 거리가 줄어듦에 따라 급격히 증가한다. 따라서 전체 합력은 먼 거리에서는 인력이, 가까운 거리에서는 척력이 지배하게 되며 어떤 거리 x_e에서 0이 된다. 이를 평형원자거리라고 하고 위치에너지가 최소인 위치가 된다.

탄성변형은 평형거리로부터 대개 1% 변형 이내로 조금 벗어남을 의미한다. 이 작은 구간에서 합력의 기울기는 근사적으로 일정하고, 힘을 단위면적으로 나누면 응력, $\sigma = P/A$이 된다. 또한 변형은 평형거리 x_e에 대한 변위 x의 비율을 나타내므로

$$\sigma = \frac{P}{A}, \qquad \varepsilon = \frac{x - x_e}{x_e} \tag{2.1}$$

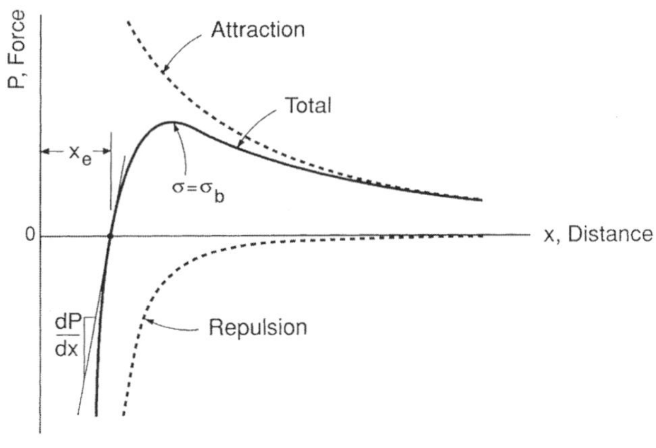

그림 2.16 거리에 따른 원자간 인력, 척력, 합력의 변화. 평형원자거리 x_e에서의 dP/dx 기울기가 탄성계수 E에 비례; 합력의 최대응력인 σ_b는 이론결합강도이다.

탄성계수 E는 응력-변형곡선의 기울기이므로

$$E = \left.\frac{d\sigma}{d\varepsilon}\right|_{x=x_e} = \frac{x_e}{A}\left.\frac{dP}{dx}\right|_{x=x_e} \tag{2.2}$$

따라서 E는 그림 2.16에 보인 바와 같이 $x = x_e$에서의 합력 곡선의 기울기로 고정된다.

2.5.2 탄성계수 값의 추이

강한 1차결합은 탄성변형에 대한 저항을 부여하므로 높은 E값을 나타낸다. 다이아몬드의 강한 공유결합은 $E = 1000\text{GPa}$ 부근의 값을 나타내며, 금속의 경우 낮은 금속결합으로 인해 $E = 100\text{GPa}$의 3배수값 이내의 탄성계수를 갖는다. 폴리머는 탄소사슬을 따라 일어난 공유결합과 사슬간의 보다 약한 2차결합에 의해 E가 결정된다. 상대적으로 낮은 온도에서 폴리머들은 주로 유리나 결정상으로 존재한다. 이때의 탄성계수는 $E = 3\text{GPa}$ 수준이지만 이 값을 기준으로 사슬분자의 구조와 다른 요인들로 의해 크게 변한다. 만약 온도가 증가하게 되면 열적 활성화로 인해 사슬 분자간의 자유체적(free volume)이 늘어나게 되어 더욱 늘어난 길이의 사슬이 이동이 가능해진다. 대규모 이동이 가능한 한계점에 이르면 탄성계수가 낮아지며, 때로는 현저하게 감소한다. 이러한 경향은 그림 2.17에 나타내었다.

E의 급격한 감소가 일어나는 온도는 폴리머에 따라 차이를 보이며 이를 유리천이온도(glass transition temperature, T_g)라 한다. 화학적 분해가 먼저 일어나지 않는다면, 폴리머가 상대적으로 높은 온도인 T_m에 이를 때까지는 용융이 일어나지 않는다. T_g 이상에서는 탄성계수가 $E = 1\text{GPa}$ 수준으로 낮아진다. 긴 사슬분자들의 엉킴(tangling)과 폴리머내 결정질 영역에서의 2차결합으로 인해 점성유동이 일어나지 못한다. 상온에서 가황 처리된 자연고무와 합성고무가 그러하듯이, 폴리머는 T_g 이상에서 가죽상(leatherly) 또는 고무상(rubbery)거동을 보인다.

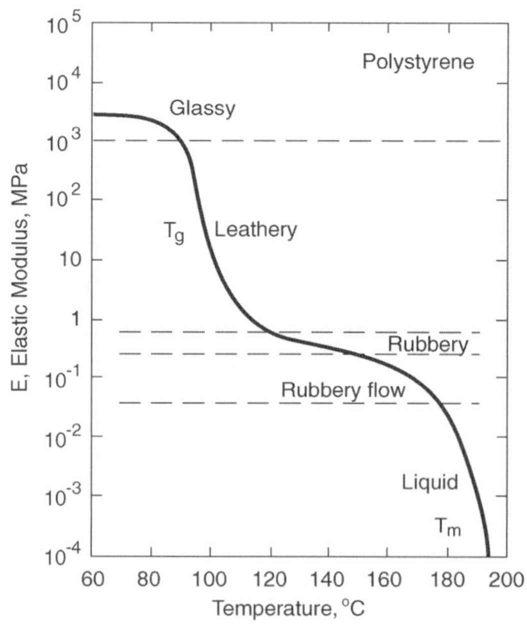

그림 2.17 폴리스틸렌 탄성계수의 온도에 따른 변화(출처: [Tobolsky 65])

Material	Structure	E_{100} GPa	E_{110} GPa	E_{111} GPa	Polycrystal *E*, GPa
Aluminum	FCC	63.7	72.6	76.1	70.3
Iron	BCC	125	211	273	212
Tungsten	BCC	411	411	411	411
MgO	NaCl type	247	313	343	310

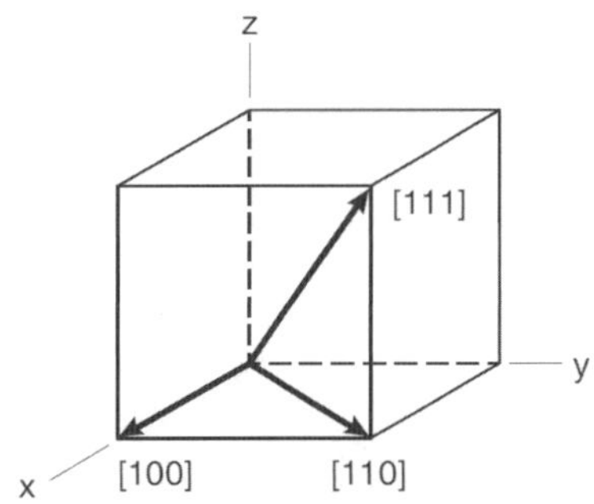

그림 2.18 입방 결정의 3가지 방향으로의 탄성계수값과 다결정장체의 탄성계수값.(출처: Table 5.2, [Courtney 00], [Hertzberg 13])

단결정의 경우 E가 결정구조의 방향에 따라 변한다: 즉, 결정은 특정 방향에서 탄성변형에 대해 상대적으로 높은 저항을 보인다. 그림 2.18에 입방정 재료에 대한 예를 나타내었다. 철의 비등방성(anisotropy)은 매우 크지만 MgO와 알루미늄은 상대적으로 작으며 텅스텐은 등방성을 보인다. 하지만 결정립이 무질서하게 존재하는 다결정체의 경우 평균효과로 인해 E가 모든 방향으로 같은 것으로 간주한다. 따라서 다결정체는 등방성을 가진다고 볼 수 있으며 대부분 공업재료와 세라믹에 근사적으로 적용되고 있다.

2.5.3 이론강도

고체의 이론결합강도(theoretical cohesive strength)는 그림 2.16에 나타낸 최대 힘으로부터 얻어진 응력, σ_b에 해당되는 1차 화학결합을 끊는데 필요한 인장력을 계산하여 고체물리를 이용하여 구한다. 여러 재료에서 $\sigma_b = E/10$ 수준이다. 따라서 다이아몬드는 $\sigma_b \simeq 100\,\text{GPa}$ 정도이며 보통의 금속들은 $\sigma_b \simeq 10\,\text{GPa}$ 수준이다.

인장에 의해 단순히 결합이 당겨진다기보다는 전단파괴의 가능성도 있다. 간단한 계산에 의해 이론전단강도(theoretical shear strength)를 구할 수 있다. 두 원자면에 힘을 가해서 그림 2.19와 같이 천천히 상대이동을 일으키는 경우를 생각하자.

요구 전단강도 τ가 변위 x와 함께 처음에는 급격하게 증가한 후 감소하여 불안정 평형위치인 $x = b/2$ 위치에서 0을 지나면서 원자들이 반대로 이동한다. 이 점을 지나 원자들이 두 번째 안정점인 $x = b$로 진행하면서 응력방향이 바뀐다.

이러한 과정을 사인파로 표현하면

$$\tau = \tau_b \sin \frac{2\pi x}{b} \tag{2.3}$$

여기서 τ_b는 τ가 x를 따라 변할 때의 최대값이며, 이것이 이론전단강도이다.

이때 응력-변형관계의 초기 기울기가 인장시 E인 것과 마찬가지로 전단계수 G가 된다. 적은 변위에서의 전단변형은 $\gamma = x/h$이므로

$$G = \left.\frac{d\tau}{d\gamma}\right|_{x=0} = h\left.\frac{d\tau}{dx}\right|_{x=0} \tag{2.4}$$

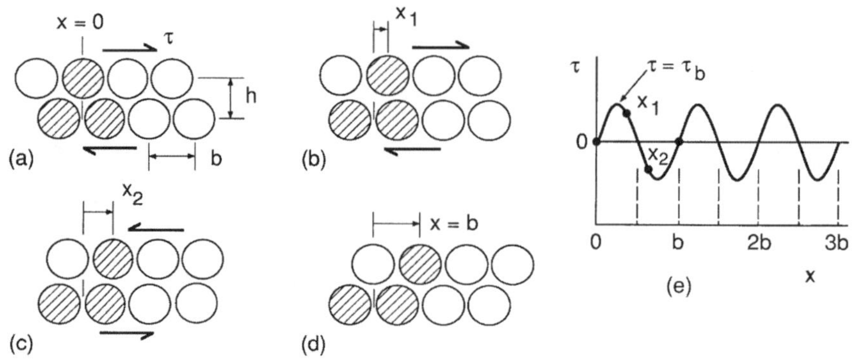

그림 2.19 이론전단강도의 계산하기 위해 전체 원자면이 서로 상대이동한다고 가정

식 (2.3)으로부터 $d\tau/dx$를 구한 후 $x=0$에서의 값을 치환해주면 τ_b를 구할 수 있다.

$$\tau_b = \frac{Gb}{2\pi h} \tag{2.5}$$

b/h 비율이 결정구조에 따라 일반적으로 0.5에서 1 사이의 값을 가지므로 τ_b는 $G/10$ 수준이다. 인장시험에서 최대전단응력은 인장응력방향과 45° 방향으로 생기므로 1/2 수준이다. 따라서 인장시험에서 전단파괴의 이론적 추정값은

$$\sigma_b = 2\tau_b = \frac{Gb}{\pi h} \tag{2.6}$$

표 2.2 탄성계수와 단결정 위스커, 고강도 섬유 및 와이어의 강도

Material	Elastic Modulus E, GPa (10^3 ksi)		Tensile Strength σ_u, GPa (ksi)		Ratio E/σ_u
(a) Whiskers					
SiC	700	(102)	21.0	(3050)	33
Graphite	686	(99.5)	19.6	(2840)	35
Al_2O_3	420	(60.9)	22.3	(3230)	19
α-Fe	196	(28.4)	12.6	(1830)	16
Si	163	(23.6)	7.6	(1100)	21
NaCl	42	(6.09)	1.1	(160)	38
(b) Fibers and wires					
SiC	616	(89.3)	8.3	(1200)	74
Tungsten (0.26 μm diameter)	405	(58.7)	24.0	(3500)	17
Tungsten (25 μm diameter)	405	(58.7)	3.9	(570)	104
Al_2O_3	379	(55.0)	2.1	(300)	180
Graphite	256	(37.1)	5.5	(800)	47
Iron	220	(31.9)	9.7	(1400)	23
Linear polyethylene	160	(23.2)	4.6	(670)	35
Drawn silica glass	73.5	(10.7)	10.0	(1450)	7.4

Source: Data in [Kelly 86].

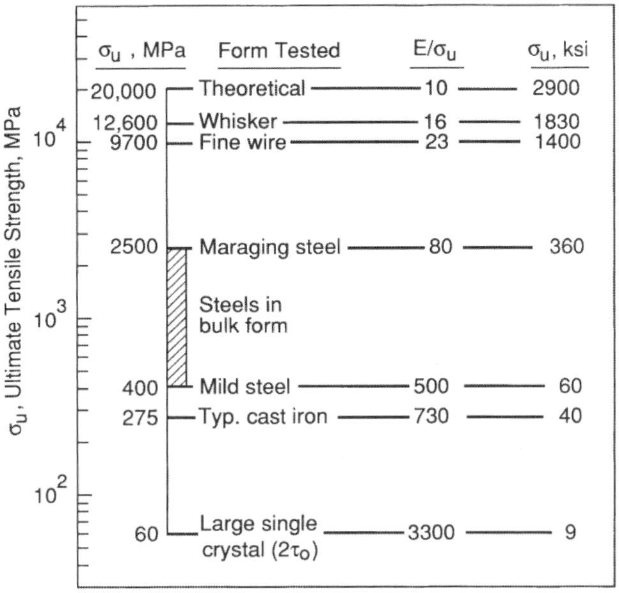

그림 2.20 다양한 형태의 철과 강에 대한 최대인장강도. 강은 대부분 철로 이루어져 있고 소량의 합금 성분을 포함하고 있음을 유의. ([Boter 85], [Hayden 65], [Kelly 86])

G가 $E/2 \sim E/3$ 수준이므로 이전에 인장을 통한 결합파괴로부터 구했던 $\sigma_b = E/10$와 유사한 값을 보인다.

$\sigma_b = E/10$ 부근의 이론전단강도는 고체의 실제 강도보다 10~100배 정도 크게 높다. 이러한 차이는 금속 내에 존재하는 결함들로 인해 강도가 낮아진 것에 기인한 것으로 추정되고 있다. 하지만 거의 완전한 단결정인 위스커(whisker)나 길이방향으로 강한 화학결합을 갖는 결정구조를 보유한 얇은 섬유나 와이어를 만들 수 있으므로 이러한 시료를 이용하여 인장강도를 측정할 수 있다. 이러한 시료로 구한 인장 값은 보다 큰 시료나 보다 불완전한 시료를 이용한 경우에 비해 훨씬 높은 인장강도를 보였다. 실험을 통해 얻어진 $E/100 \sim E/20$ 수준의 인장강도는 이론강도의 $1/10 \sim 1/2$에 해당하는데 이는 예측 값에 신뢰성을 부여해 준다고 할 수 있다. 표 2.2와 그림 2.20에 대표적인 실험값을 나타내었다.

2.6 비탄성 변형

전술하였듯이 탄성변형은 화학결합을 당기는 과정으로 볼 수 있으며 응력이 제거되면 변형이 사라진다. 더욱 강하게 당기면 원자들이 재정렬하게 되면서 새로운 배열을 만들게 되는데 이렇게 응력이 제거되어도 변형이 사라지지 않는 것을 비탄성변형이라 한다. 비탄성변형은 응력이 가해짐에 따라 곧 바로 일어나는 소성변형(plastic deformation)과 응력 하에서 시간의 경과와 함께 일어나는 크리프 변형으로 구분된다.

2.6.1 전위이동에 의한 소성변형

크기가 크고 전위를 적게 포함하는 순금속의 단결정이 매우 낮은 응력 하에서 전단항복을 일으키는 것이 관찰되었다. 예를 들어 철과 여러 BCC금속의 경우 $\tau_o = G/3000$, 즉 $\tau_o = 30\text{MPa}$ 수준에서 전단항복을 일으켰다. FCC와 HCP금속의 경우 더욱 낮은 $\tau_o = G/100,000$, 즉 $\tau_o = 0.5\text{MPa}$ 수준에서 전단항복을 일으켰다. 따라서 순금속의 불완전 결정에 대한 전단강도는 이전 절의 식 (2.5)에 의해 예측된 완전결정의 이론값인 $\tau_b = G/10$보다 낮게 나타난다.

이러한 큰 차이는 그림 2.21에 보인 바와 같이 전단응력 하에서의 전위이동으로 소성변형이 일어난다는 사실로 설명할 수 있다. 전위가 결정 내를 왼쪽에서 오른쪽으로 이동함에 따라 그림 2.21에서 나타낸 것처럼 소성변형은 한 원자단위의 이동으로 진행된다. 따라서 그림 2.19에서 의미하듯이, 소성변형은 전체면에서 동시에 일어나는 것이 아니다. 따라서 이러한 점진적인 과정은 완전결정의 이론전단강도의 계산시 가정되었던 모든 결합을 동시에 깨뜨리는 것보다 더욱 쉽게 일어날 수 있다.

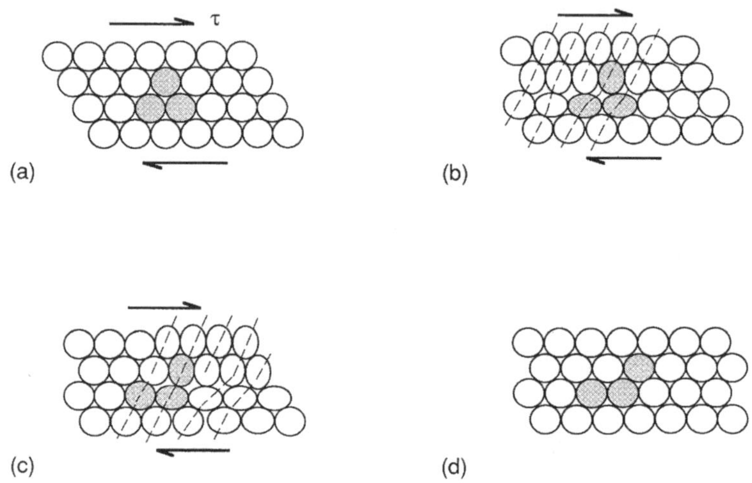

그림 2.21 전위 이동에 의한 점진적 전단변형

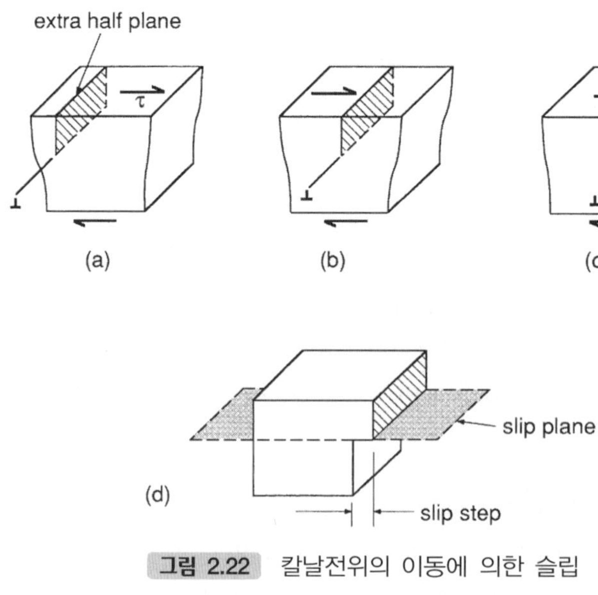

그림 2.22 칼날전위의 이동에 의한 슬립

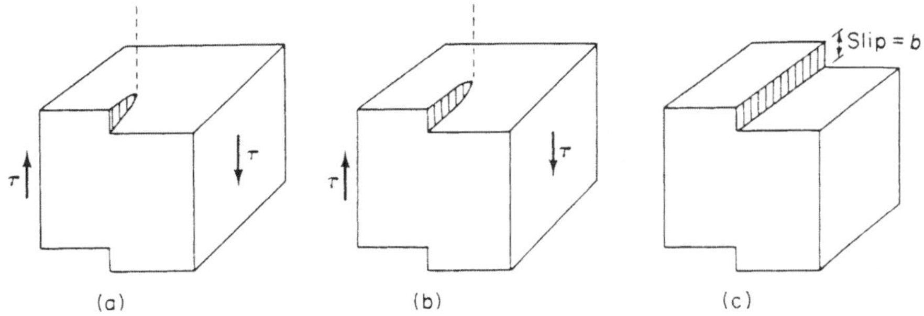

그림 2.23 나선전위의 이동에 의한 슬립(출처: [Felbeck 96])

전위이동에 의한 변형과정을 칼날전위와 나선전위로 나누어 그림 2.22와 그림 2.23에 나타내었다. 전위선이 이동하는 면을 슬립면(slip plane)이라 하는데 슬립면이 자유표면과 만나게 되면 슬립단(slip step)이 형상된다. 실제 재료에서 전위는 대개 곡선 형태이고 칼날성분과 나선성분을 모두 가지고 있으므로 소성변형은 실제로 이러한 두 형태의 전위이동에 의해 일어난다, 소성변형은 슬립띠(slip band)라고 불리는 띠에 집중되기도 한다. 이곳은 수많은 전위의 슬립면이 집중된 영역이므로 전단이 적은 영역과 달리 소성전단변형이 집중된 영역이다. 그림 2.24를 보면, 슬립띠가 자유표면과 교차하는 곳에서 수많은 전위 슬립단의 결합에 일어나 단(step)이 형성된다.

BCC, FCC 및 HCP와 같은 결정구조는 특정 면과 특정면상의 특정방향으로 슬립이 쉽게 일어나는 특성을 보인다. 금속의 경우 슬립을 잘 일으키는 면과 방향을 그림 2.25에 나타내었다. 슬립이 쉬운 면은 원자가 조밀하게 충진된 면(close-packed planes)이며 HCP구조의 기저면이 이에 해당한다. 비슷하게, 가장 슬립이 쉽게 일어나는 방향도 원자간 거리가 가장 작은 조밀충진방향(close-packed direction)이 된다. 이것은 다음 원자까지의 거리가 작을수록 전위가 더욱 쉽게 이동할 수 있기 때문이다. 또한 조밀충진면은 인접면의 원자들이 촘촘하게 배열되어 원자 사이의 공간이 작으므로 슬립이동시

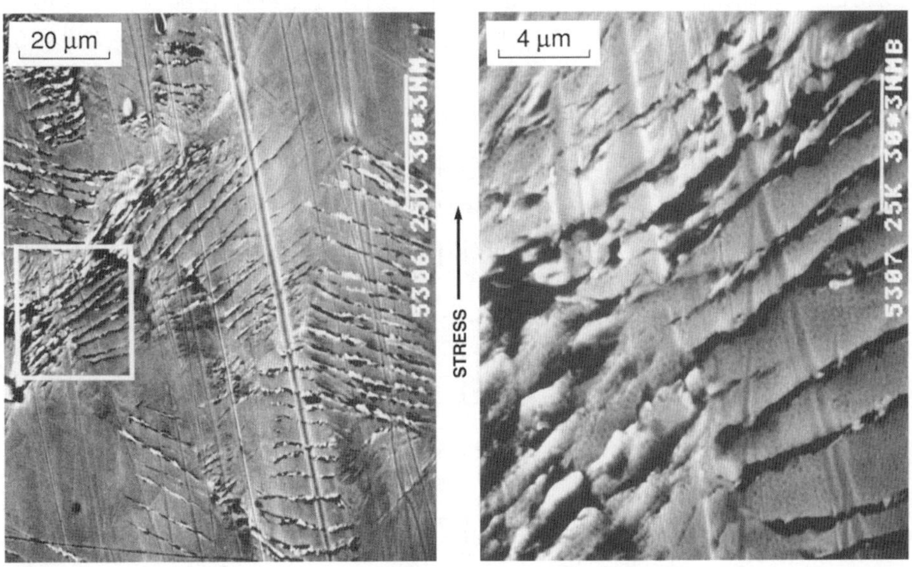

그림 2.24 AISI 1010강에 가해진 반복하중으로 인한 전위의 이동으로 발생된 전위띠와 전위단

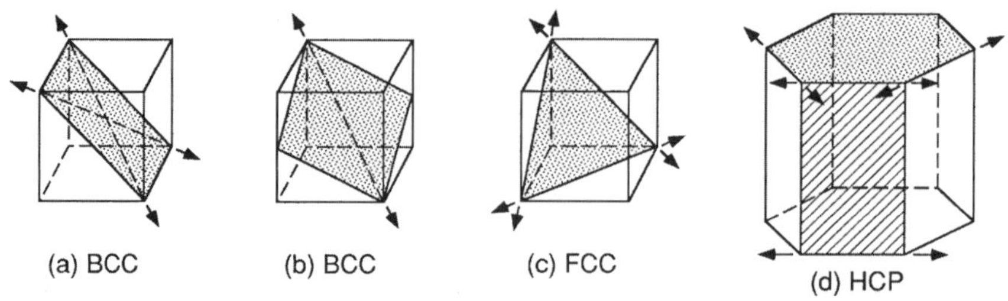

그림 2.25 BCC, FCC, HCP 결정구조에서 주로 관찰되는 슬립면과 슬립방향. 대칭성에 의해 여러 조합의 면과 방향이 있다. (a), (b), (c)는 12개의 슬립계가 있고 (d)는 두 경우에 각각 3개의 슬립계가 있다.

요철에 의한 이동방해효과가 작으므로 전위이동이 쉽다.

전술한 바와 같이, 소성변형 과정은 전위의 점진적인 이동으로 인한 슬립, 즉 결정면 간의 상대적인 미끄러짐에 기인한다. 전위 이동에 필요한 응력을 증가시켜 항복강도를 증가시키기 위한 다양한 방법들이 제시되었다. 이러한 강화(strengthening)방법으로는, 부록 C에 거론하였듯이, 냉간가공, 입자 미세화, 합금화, 경(hard)한 입자나 다른 불연속성을 결정 격자 내에 부여하는 방법 등이 있다. 구조용 재료의 경우 이러한 방법들을 이용하여 항복강도를 순금속 단결정보다 훨씬 높은 항복강도를 얻을 수 있으나 2.5.3절의 이론 강도만큼 높이지는 못한다. 결과적으로 체적을 갖는 공업재료의 강도는 그림 2.20에 나타낸 이러한 두 임계 강도 사이의 값을 보인다.

2.6.2 크리프 변형

앞서 언급한 탄성 및 소성변형과 덧붙여져 재료는 크리프(creep)라고 하는 시간 의존적 기구에 의해 변형을 한다. 그림 2.26에 보인 바와 같이 일정 응력 하에서 변형이 시간에 따라 증가하게 된다. 초기 탄성변형, ε_e이 일어나고 계속해서 응력이 유지되는 한 변형이 서서히 증가하게 된다. 하중이 제거되면 탄성변형분은 빠르게 복원되고 크리프 변형의 일부는 시간의 경과와 함께 서서히 복원되며 나머지는 영구변형으로 잔존한다. 크리프의 두드러진 특성은 변형이 항복강도 이하의 응력에서 일어난다는 점이다.

금속과 세라믹과 같은 결정질 재료에서 크리프의 주요기구는 공공의 확산성 이동(diffusional flow)이다. 공공은 전술한 바와 같이 결정 격자에서 원자가 빠져나감으로 형성된다. 공공은 가해진 인장 응력에 의해 탄성적으로 늘어나 있는 격자 위치에서는 쉽게 생성되지만, 압축 때문에 평형 원자간 거리보다 줄어든 격자 위치에서는 공공이 잘 형성되지 않는다. 따라서 시료나 부품이 응력하에 놓이

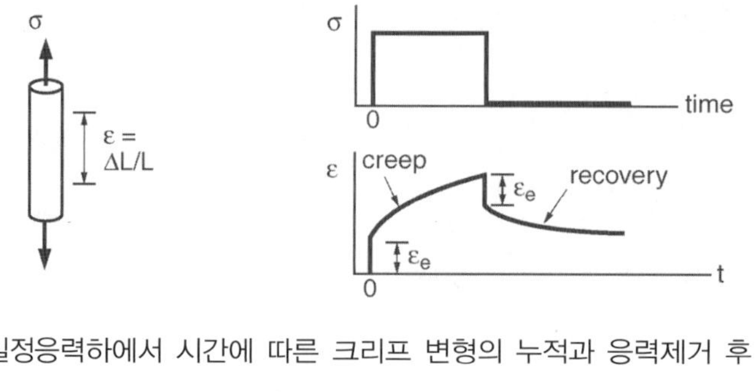

그림 2.26 일정응력하에서 시간에 따른 크리프 변형의 누적과 응력제거 후 부분적인 회복

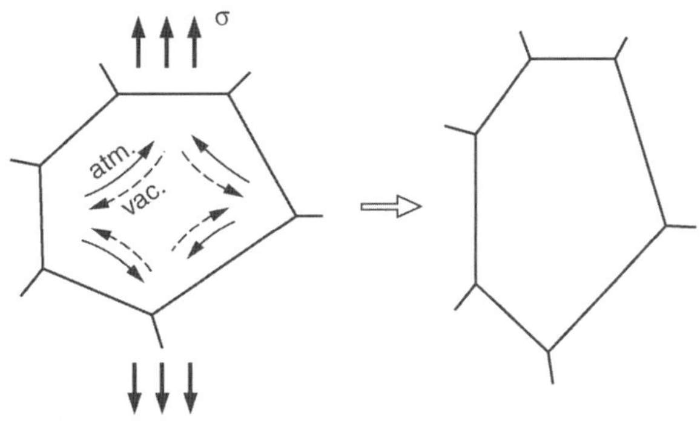

그림 2.27 결정입자내의 공공확산을 통한 크리프 기구

게 되면 공공은 불균일하게 분포하게 되어 공공의 확산을 일으키게 되며, 그림 2.27에 보인 바와 같이 공공의 농도가 높은 쪽에서 낮은 쪽으로 공공이 이동한다. 그림에 나타낸 것처럼 공공의 한 방향 이동은 반대 방향으로의 원자이동을 의미한다. 결과적으로 입자의 형상이 변화하게 되면서 거시적인 크리프 변형을 일으키게 된다.

또 다른 크리프 변형기구인 전위 크리프(dislocation creep)는 그림 2.21에 나타낸 전위 이동이 항복강도 이하의 응력에서 시간 의존적으로 일어나는 경우이다. 따라서 충분한 시간이 부여된다면 소성변형과 관련하여 전위 크리프 기구도 크리프 변형에 기여할 수 있다. 크리프 변형은 결정립 경계의 시간 의존적인 이동이나 미끄러짐(sliding)과 결정립 경계를 따라 형성되는 동공(cavities)에 의해 일어날 수도 있다. 결정질 재료의 크리프 거동은 온도 의존성이 크며 특히 절대온도 기준으로 용융온도(T_m)의 0.3~0.6배 구간이 공학적으로 중요하다.

비결정질 유리나 폴리머의 경우에는 다른 크리프 기구가 작동한다. 그중 하나가 매우 진한 액체의 거동과 유사한 점성유동(viscous flow)을 들 수 있다. 유리천이온도, T_g 이상의 온도부터 용융온도 T_m 근처의 온도구간에서 폴리머는 점성유동을 한다. 사슬형태의 분자들은 시간 의존적으로 서로 미끄러지면서 이동한다. T_g 부근 또는 그 이하의 온도에서는 사슬의 분절과 사슬 미끄러짐에 대한 장애요인들로 인해 훨씬 복잡한 거동을 보인다. 이 경우에는 그림 2.26에 보인 바와 같이 크리프 변형의 상당량이 가해진 응력이 제거됨에 따라 시간 의존적으로 사라지게 된다. T_g 온도 이상에서 공업적으로 사용되는 모든 폴리머는 크리프가 주요 한계요인으로 작용한다. 일반적인 폴리머의 T_g 온도는 -100℃에서 200℃ 사이이다.

추가적인 크리프 변형기구는 제16장에서 다루기로 한다.

2.7 요 약

고체내 원자나 분자들은 이온, 공유, 금속결합이라는 3가지 종류의 1차결합에 의해 결합된다. 수소결합과 같은 2차결합 또한 재료거동에 영향을 미친다. 공유결합은 강하고 방향성을 가지며 변형에 대한 저항이 크다. 세라믹과 유리는 공유결합이나 이온-공유 혼합결합을 하기 때문에 고강도와 취성을 보인다. 금속의 금속결합은 이러한 방향성을 갖지 않으므로 더욱 쉽게 변형을 한다. 폴리머는 공유결합에 의해 형성된 탄소사슬 분자로 이루어진다. 하지만 폴리머는 사슬 분자들의 상대적인 미끄러짐에 의해 쉽게 변형이 되는데 이 미끄러짐은 2차결합에 의해서만 저지된다.

고체재료에는 다양한 결정구조가 존재한다. 금속에서 중요한 세 가지 구조는 체심입방(BCC), 면심입방(FCC) 및 조밀육방정계(HCP)구조이다. 세라믹의 결정구조도 이러한 단순한 구조를 띄고 있는 듯 하나, 한 가지 형태 이상의 원자들이 화합물을 형성해야 하므로 훨씬 복잡한 양상을 보인다. 금속 및 세라믹과 같은 결정체 재료는 작은 결정입자들의 집합체 형태로 존재한다. 공공, 침입형불순물, 전위와 같은 결함들이 이러한 입자에 무수히 존재하고 있다. 이러한 것들과 기공, 게재물, 균열 및 슬립밴드 등과 같은 다른 형태의 결함들 모두 재료의 거동에 많은 영향을 미친다.

화학결합을 끌어당겨 일어나는 탄성 변형은 응력이 제거되면 사라진다. 탄성계수, E는 결합이 강할수록 크며 공유 결합된 고체는 매우 높은 E 값을 갖는다. 금속은 공유 결합된 고체에 비해 낮은 E 값을 보이며, 폴리머는 사슬 분자와 2차 결합의 영향으로 인해 매우 낮은 E 값을 갖는다.

완전결정의 화학결합을 끊는데 필요한 이론인장강도를 계산해보면 $E/10$ 수준이다. 하지만 이러한 이론강도는 매우 미세한 완전 단결정이나 정렬된 구조를 갖는 미세 와이어에서나 근접하게 얻을 수 있다. 크기가 큰 재료의 강도는 결함의 존재로 인해 훨씬 낮은 강도를 보인다. 금속의 경우 강도를 떨어뜨리는 결함은 전위로 볼 수 있다. 전위가 가해진 응력에 의해 이동하면 항복이 일어난다.

재료는 또한 크리프라 불리는 시간의존적인 변형도 일으킨다. 이러한 변형은 용융온도에 근접할수록 촉진된다. 물리적 기구는 재료와 온도에 따라 변하게 되며 금속과 세라믹은 공공의 확산, 폴리머의 경우는 사슬분자의 미끄러짐이 주요 기구이다.

새로운 용어 및 기호

body-centered cubic (BCC) structure
close-packed planes, directions
covalent bond
diamond cubic structure
edge dislocation
face-centered cubic (FCC) structure
glass transition temperature, T_g
grain boundary
secondary (hydrogen) bond
slip plane
slip step
substitutional impurity
hexagonal close-packed (HCP) structure
interstitial
ionic bond
lattice plane; lattice site
melting temperature, T_m
metallic bond
polycrystalline material
screw dislocation
theoretical cohesive strength, $\sigma_b \approx E/10$
theoretical shear strength, $\tau_b \approx G/10$
unit cell
vacancy

참고문헌

CALLISTER, W. D., Jr., and D. G. RETHWISCH. 2010. *Materials Science and Engineering: An Introduction*, 8th ed., John Wiley, Hoboken, NJ.

COURTNEY, T. H. 2000. *Mechanical Behavior of Materials*, McGraw-Hill, New York.

DAVIS, J. R., ed. 1998. *Metals Handbook: Desk Edition*, 2d ed., ASM International, Materials Park, OH.

HAYDEN, H. W.,W. G. MOFFATT, and J. WULFF. 1965. *The Structure and Properties of Materials, Vol. III:*

Mechanical Behavior, John Wiley, New York.
HOSFORD, W. H. 2010. *Mechanical Behavior of Materials*, 2nd ed., Cambridge University Press, New York.
KELLY, A., and N. H.MACMILLAN. 1986. *Strong Solids*, 3d ed., Clarendon Press, Oxford, UK.
MOFFATT, W. G., G.W. PEARSALL, and J. WULFF. 1964. *The Structure and Properties of Materials, Vol. I: Structure*, John Wiley, New York.
SHACKELFORD, J. F. 2009. *Introduction to Materials Science for Engineers*, 7th ed., Prentice Hall, Upper Saddle River, NJ.

문제 및 질문

【2.2절】

2.1 세라믹은 강하고 단단하고 잘 깨어지지만, 금속은 소성변형이 가능한 이유를 설명하라.

2.2 페놀이나 에폭시와 같은 폴리머들은 공유결합을 통한 네트워크 구조를 형성한다. 사슬구조를 갖는 폴리머와 거동 상의 차이를 보이는 이유를 설명하라.

【2.3절】

2.3 BCC, FCC, HCP의 구조를 기억하여 그린 후 그림 2.9와 비교하여 그린 구조가 정확한지 아닌지를 비교하라.

2.4 그림 2.4의 NaCl 구조의 단위 격자를 그린 후 Na^+ 이온 또한 FCC 구조를 보이며 Cl^- 이온에 의해 형상된 FCC 구조와 연관됨을 보여라.

【2.4절】

2.5 전술한 바와 같이, 금속 내 산화 게재물은 용해 산소(dissolved oxygen)나 대기 중 산소와의 반응 때문에 생길 수 있다. 용융금속과 용해 산소와의 반응을 저지하기 위한 방안과 용융금속과 대기 중 산소와의 반응을 저지하기 위한 방안에 관해 설명하라.

2.6 NDT검사중 한 방법에 관해 공부한 후, 비파괴 검사의 물리적 원리에 대해 2~3문장으로 기술하고, 부가하여 그 장단점, 그리고 이러한 방법이 적용되어야 하는 상황 등에 관해 기술하라.

【2.5절】

2.7 표 2.2(b)를 보면 폴리머 사슬이 섬유 축으로 배열된 선형폴리에틸렌 섬유의 탄성계수는 $E = 160$GPa로서 철이나 강의 값에 근접한다. 폴리머의 일반적인 값인 $E = 3$GPa에 비해 탄성계수가 이렇게 높은 이유는 무엇인가?

2.8 그림 2.16에서 인장과 압축 방향으로 높은 응력구간까지 탄성계수를 정확하게 측정할 수 있다고 가정하고, 응력에 따른 E의 변화를 예측하라.

2.9 표 2.2를 보고 Al_2O_3 위스커와 Al_2O_3 섬유의 강도를 비교하라. 그리고 텅스텐 와이어의 두 가지 직경에 대한 강도를 비교하라. 관찰된 큰 차이에 대해 설명하라.

2.10 참고문헌 Callister(2014) 또는 Shackelford(2015) 및 다른 재료공학, 화학교재를 참고하여 흑연형태로 존재하는 탄소의 결정구조를 공부한 후 다이아몬드와 구조가 어떻게 다른지 설명하라. 왜 벌크(bulk)상태의 흑연은 연하고 약한가? 왜 이 재료의 위스커는 표 2.2(a)에 보인 바와 같은 높은 강도와 탄성계수를 갖게 되는가?

【2.6절】

2.11 HCP결정구조를 갖는 다결정질 금속이 다결정질 BCC금속에 비해 일반적으로 더욱 취성을 띄는데 그 이유를 설명하라.

2.12 적절한 열적처리를 통하면, 4%구리를 함유하는 알루미늄 합금 내에 많은 수의 단단한 금속간 화합물인 $CuAl_2$ 미세입자를 분산시킬 수 있다. 이러한 처리를 거친 합금의 항복강도는 순수한 알루미늄의 항복강도와 어떻게 다르겠는가? 연신율에 대해서는 어떠할까? 그 이유를 설명하라.

2.13 금속을 압연을 통해 냉간가공하여 얇게 하거나 두드리면 결정구조 내에 많은 전위가 형성된다. 이러한 과정을 통해 항복강도가 어떻게 영향을 받게 되는지 설명하라. 또한 탄성계수는 어떻게 영향을 받게 되는지도 설명하라.

2.14 그림 2.27에 보인 바와 같이, 다결정체 금속과 세라믹에서 공공의 확산에 의한 크리프이 일어난다고 하자. 크리프 변형이 재료의 결정입자 크기에 따라 변하겠는가? 큰 입자가 크리프 변형을 빠르게 일으키는지 아니면 느리게 일으키는지 선택하고 그 이유를 설명하라.

기계적 시험: 인장시험 및 응력-변형기구 03

목 적

- 기계적 시험 방법과 시험기기에 대한 이해도 제고
- 공칭응력-변형과 진응력-변형 등의 재료물성을 결정하기 위한 인장시험 데이터 분석방법 이해
- 재료과학 측면에서 인장 응력-변형거동의 물리적 기구를 이해하고 다양한 재료 및 시험조건에서 인장거동 경향을 분석
- 특정 공학부품에 적용될 재료의 체계적 선정절차

세부목차

3.1 서 론

공업재료로부터 채취한 시편을 이용한 광범위한 기계적 시험을 통해 강도를 비롯한 관심 있는 물성들을 측정하게 된다. 이러한 시험편(specimens)은 시험을 통해 파단되거나 심하게 변형된다. 시험편의 일반적 형상과 부하상황을 그림 3.1에 나타내었다. 가장 기본적인 시험은 그림 3.1(a)와 같이 인장력을 가해 시험편을 파단시키는 것이며 그림 3.1(b)에는 압축시험을 나타내었다. 공학적으로 경도는 그림 3.1(c)에 보인 바와 같이 단단한 볼이나 포인트를 이용한 압입시 이에 대한 재료의 저항을 의미한다. 다양한 형태의 굽힘 시험과 원통형 막대(rod) 또는 튜브를 이용한 비틀림 시험이 물성평가에 사용되고 있다.

가장 간단한 시험편은 그림 3.2(a)에 보인 바와 같은 노치(notch)가 없는 시험편이다. 실제 공업용 부품을 닮은 다양한 형상의 시험편도 사용할 수 있다. 그림 3.2(b)에는 끝단에 정해진 반경을 갖는 노치가 기계 가공된 시험편을 나타내었다. (여기서 노치는 포괄적인 의미로서 노치, 구멍, 홈, 슬롯과 같이 응력집중 효과를 가지는 불연속점을 의미한다.) 그림 3.2(c)에 보인 바와 같이, 시험전에 시험편에 예비균열을 형성시킨 시험편은 물론 균열과 비슷한 거동을 보일 정도의 예리한 노치를 갖는 시험편도 사용할 수 있다.

기계적 시험법을 이해하려면 재료시험기기와 표준시험법에 대해 미리 검토해 보는 것이 필요하므로 이에 대해 간략하게 다룬 후, 인장, 압축, 압입, 노치충격, 굽힘, 비틀림과 같은 시험에 관해 고찰하고자 한다. 취성파괴, 피로, 크리프와 같은 보다 특별한 시험법들은 뒷장에서 다루기로 한다.

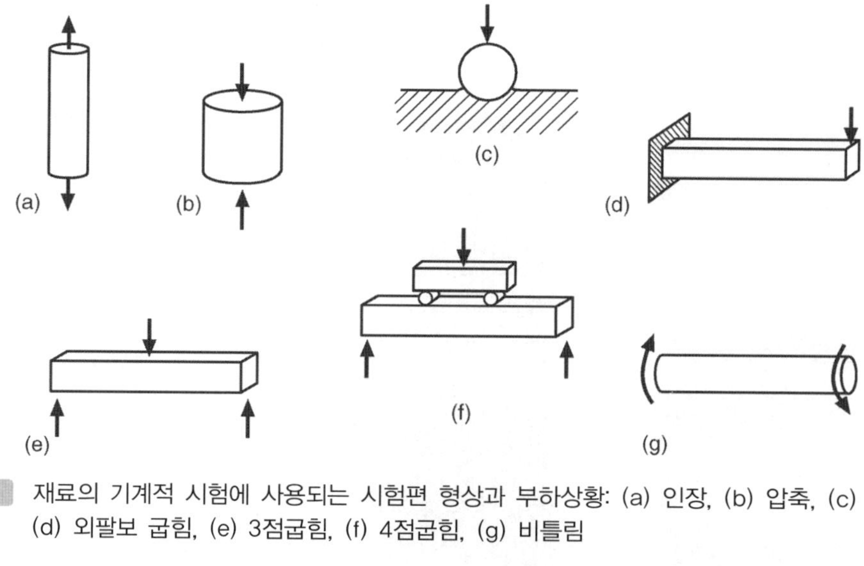

그림 3.1 재료의 기계적 시험에 사용되는 시험편 형상과 부하상황: (a) 인장, (b) 압축, (c) 압입경도, (d) 외팔보 굽힘, (e) 3점굽힘, (f) 4점굽힘, (g) 비틀림

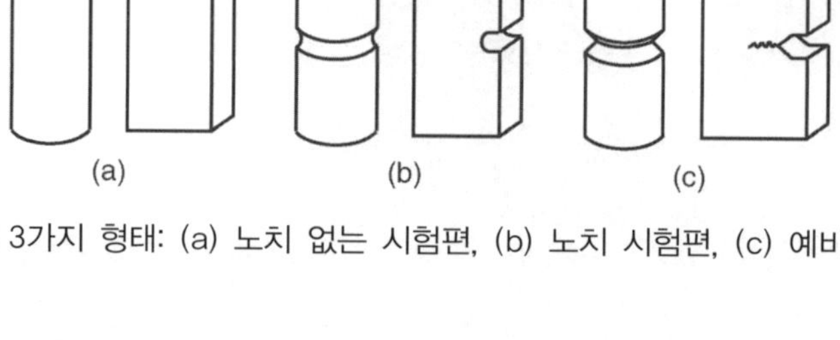

그림 3.2 시험편의 3가지 형태: (a) 노치 없는 시험편, (b) 노치 시험편, (c) 예비 균열을 갖는 시험편

3.1.1 시험기기

시험편에 힘을 가해주기 위해 다양한 형태의 기기가 사용된다. 아주 간단한 기구로부터 디지털 컴퓨터에 의해 제어되는 복잡한 시스템에 이르기까지 광범위한 종류의 시험기기가 있다.

유압 피스톤에 기반을 둔 매우 간단한 형태의 시험기나 전기 모터로 구동되는 회전식 스크루 타입 시험기가 1900~1920년 부근에 널리 사용되기 시작되면서 오늘날까지 이어져 오고 있다. 하중(force)의 측정은 유압 시험기의 경우 유압으로 구하였으며 기계식 시험기의 경우 무게 기반 균형시스템(weight-scale-type balance system)을 이용하였다. 이러한 시험기는 인장, 압축, 굽힘 등에 사용할 수 있으므로 만능(universal)시험기로 불리기도 하였다.

1946년에 Instron 사에서 시험기기는 물론 하중과 변위를 제어할 수 있는 진일보한 전자공학 기반의 시험기를 개발하였다. 초기에는 전자설비에 진공관 기술을 적용하였으나 이후에 현대식 디지털 회로를 적용하는 시험기로 발전해 왔다. 그림 3.3에 최근에 사용되는 시험기를 예시하였는데 한 쌍의 대형 카운터-회전식(counter-rotating) 스크루를 통해 크로스헤드를 이동시켜 힘을 전달하는 방식이다.

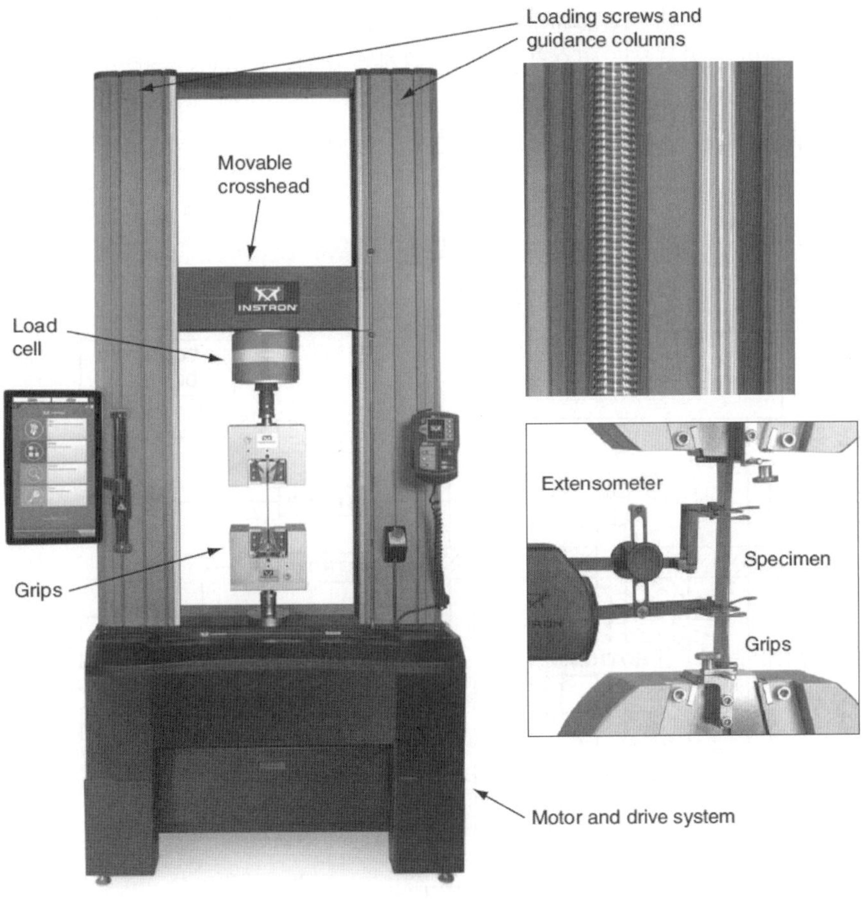

그림 3.3 전기-기계식, 이중 칼럼 재료시험 시스템. 이동식 크로스헤드는 전기 모터에 의해 구동되는 두 개의 스크루로 구동되며 직진도 유지를 위해 가이드 칼럼 장착. 시편의 양끝단을 쐐기(wedge)형 그립으로 고정. 시편에 부착시킨 연신율 계(extensometer)를 통해 연신율을 측정하고 로드셀로 하중을 측정.(출처: [Insttron, Norwood, MA).

1958년경 MTS사는 트랜지스터 기술과 폐루프(closed loop)자동화 개념을 적용하여 그림 3.4에 나타낸 복동식 유압피스톤을 이용한 고속 시험시스템을 개발하였으며 이를 폐루프 서보유압식(closed loop servohydraulic) 시험시스템이라 한다. 이 시스템을 통해 가해주고자 하는 힘과 변형 또는 변위를 시험기에 구현할 수 있게 되었다. 유일한 능동적 운동은 엑츄에이터 로드와 피스톤이 조합의 운동뿐이며 엑츄에이터의 변위가 이전 시험기기의 크로스헤드 운동을 대체한 형태이다.

폐루프 서보유압식 시스템은 현재 가장 진보된 시험시스템이며, 집적전자회로의 적용을 통해 시스템의 성능이 매우 우수하다. 또한 이러한 시험시스템에 대한 디지털 컴퓨터제어와 감시시스템은 1965년 기술이 개발된 이후 지속적으로 발달해 왔다.

전기신호를 통해 힘과 변위를 측정하는 센서류는 시험기기의 중요한 특징이다. 시험편의 변형률을 계산내기 위해 필요한 변위의 측정을 위해 LVDT (linear variable differential transformers)가 비교적 오래전부터 사용되었다. 와이어를 이용한 변위계(strain gages)가 1937년에 개발되었고 1952년에 와이어가 얇은 호일(foil)로 대체되었다. 변위계가 부착된 재료가 변형을 하게 되면 전기저항이 변하게 되며, 변형률에 비례해서 전압이 변하게 된다. 이러한 원리는 가해진 힘을 측정하는 로드셀(load cell)과 시험편의 변위를 측정하는 연신율계(extensometer)에 적용된다. Instron과 폐루프 서보하이드로릭 시험기기는 이러한 센서의 전기신호를 필요로 한다. 변위계는 변환타입(transducer)으로 현재 주로 사용되는 형태이지만 LVDT가 사용되기도 한다.

전술한 범용시험기기 이외에도 다양한 형태의 특수목적 시험기기가 있다. 이중 일부는 이후의 장들에서 다루기로 한다.

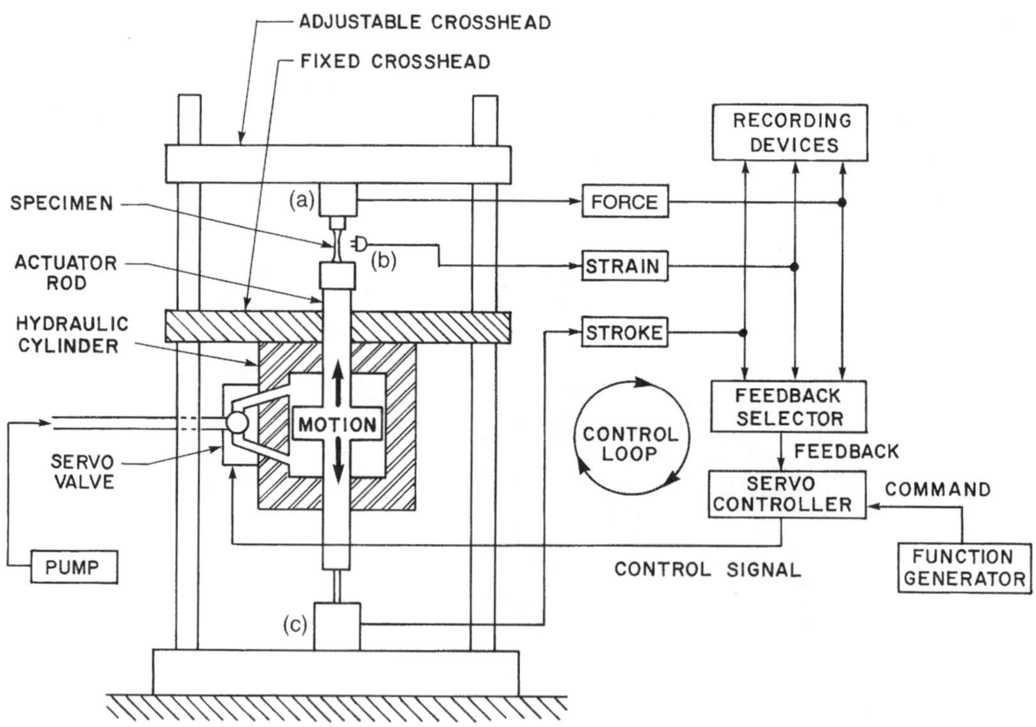

그림 3.4 현대식 폐루프 서보유압식 시험시스템. 3개의 센서가 사용: (a) 로드셀, (b) 연신율계, (c) LVDT

3.1.2 표준 시험방법

재료시험의 결과는 다양한 목적으로 사용된다. 그 목적 중의 하나가 공학 설계를 위해 필요한 인장강도와 같은 재료물성값을 얻는 것이다. 또 다른 목적은 생산된 재품의 품질평가인데 강판이나 콘크리트가 요구물성을 만족시키는지를 시험 평가하는 것이 그 예이다. 이와 같은 목적으로 측정된 재료물성값을 정확하게 잘 적용하기 위해서는 일관된 방법으로 측정을 해야 한다. 그러지 않으면 재료의 사용자나 생산자가 품질기준을 수긍하지 않게 되어 혼란과 비효율적인 상황이 일어날 수 있다. 더욱 중요한 점은 공업부품의 안전성과 신뢰성을 위해서는 정확하게 측정된 재료물성이 요구된다는 점이다.

따라서 재료의 생산자와 수요자 그리고 현장엔지니어, 정부부처, 연구기관 등에 소속된 관계자들이 함께하여 표준시험법을 개발해 왔다. 이러한 활동은 전문학회에 의해 수행될 두고 있으며 미국의 경우 가장 활동적인 전문기관은 ASTM(American Society of Testing and Materials)을 들 수 있다. 영국의 BSI(British Standards Institution)와 같이 주요 산업화 국가들에도 이와 유사한 전문기관들이 있다. ISO(International Organization for Standardization)는 전 세계를 대상으로 표준을 조정하고 공표하며 유럽연합도 ISO와 거의 일치하는 유럽표준을 공표한다.

다양한 재료시험을 위해 광범위한 표준방법들이 개발되어 왔다. 이들 시험의 기본 형태는 본 장에서 다루기로 하고 보다 특수한 시험에 대해서는 이후에 설명한다. 매년 80권 분량을 초과하는 ASTM 표준 연례보고서가 발간되는데 여기에는 기계적 시험에 대한 표준이 많이 수록되어 있다.

시험방법의 세부지침은 금속, 콘크리트, 플라스틱, 고무 및 유리와 같은 재료의 종류에 따라 달라진다. ASTM표준은 이러한 재료에 따라 분류되어 있으며 표 3.1에 각 권별로 수록하고 있는 기계시험에 대한 표준을 나타내었다.

03.01권은 기계적 시험법의 기본내용과 금속에 대한 시험표준을 다수 수록하고 있다. 보다 구체적인 재료의 종류별 기계적 시험표준도 각각의 권별로 수록되어 있다. 재료의 종류별로 인장, 압축, 굽힘 그리고 경도, 충격, 비틀림에 이르기까지 하나 이상의 표준시험법이 수록되어 있다. 13.01권은 재료표준과 뼈시멘트의 기계적 시험, 뼈나사, 고정구 및 인공관절 부품과 같은 의료용 기기에 관한 내용을 담고 있다. 다양한 국가기구, 유럽연합, ISO도 여러 측면에서 ASTM과 유사한 표준을 가지고 있으며 시험에 대한 구체사항은 서로 상이한 경우가 있다.

시험표준은 시험을 위해 따라야 할 과정을 자세하게 기술하고 있으나 이론적 근거와 배경에 대해서는 대개 수록하지 않는다. 따라서 이 책의 목적은 재료시험표준을 적용하는데 필요한 기본을 이해

표 3.1 기본적인 기계시험법을 수록하고 있는 권별 ASTM 표준

Class of Material or Item	Volume(s)
Iron and steel	01.01 to 01.08
Aluminum and magnesium alloys	02.02
Metals test methods	03.01
Concrete	04.02
Stone and rock	04.07 to 04.09
Wood and plywood	04.10
Plastics	08.01 to 08.03
Rubber	09.01 to 09.02
Medical devices	13.01
Ceramics, glass, and composites	15.01 to 15.03

시키고 결과를 잘 활용하도록 하는데 있다. 주어진 재료에서 측정된 탄성계수, 항복강도, 경도 등의 물성값들은 통계학적 변동을 보인다. 통계학적 변동성은 시험표준에 종종 기술되기도 하며 이 책의 부록 B에서 다룬다. 주어진 물성에 대한 평균값을 얻으려면 다수의 측정이 필요하고 평균에 대한 통계학적 분산도 나타내어야 한다.

3.2 인장시험 소개

인장시험은 그림 3.1(a)에 나타낸 바와 같이 축방향 힘을 가하면서 시험편을 천천히 당겨서 파단시키는 것이다. 본 절에서는 인장시험 방법을 소개하고 부가적인 사항을 제공하고자 한다. 이후 절에서 인장시험을 보다 자세하게 고찰하기로 한다.

3.2.1 시험방법

사용되는 시험편이 원형이나 사각단면을 가지며 양 끝단부의 단면적을 크게 하여 시편 그립(grip)에 체결시킬 수 있도록 하고 그립부에서의 파단도 방지시킨다. 시험 전후의 금속과 폴리머 시험편들을 그림 3.5와 그림 3.6에 나타내었다.

끝단을 체결하는 방법은 시험편 형상에 따라 다르다. 그림 3.7에 대표적인 나사형 시험편의 모양을 나타내있다. 불필요한 굽힘없이 순수한 인장력만이 가해질 수 있도록 시험편의 양 끝부위에 원형의 베어링을 사용하였다. 시험은 대개 일정 속도로 시험편을 변형시킨다. 그림 3.3에 나타낸 만능시험기의 예를 들면 고정형과 이동형 크로스헤드 사이의 이동을 일정속도로 제어할 수 있다. 따라서 그림 3.7의 거리 h가 변한다. 즉, $\frac{dh}{dt} = \dot{h} = constant$

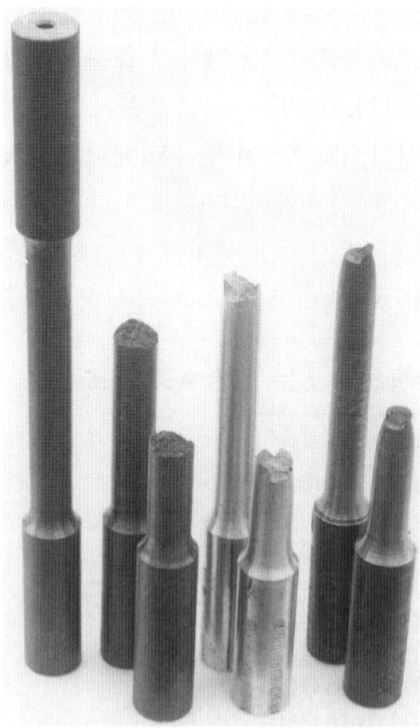

그림 3.5 금속의 인장시험편: (왼쪽에서 오른쪽으로) 시험전 9mm 직경을 갖는 시험편, 시험후 파단된 회주철, 알루미늄 합금 7075-T651, 열간 압연된 AISI 1020강

인장이 진행됨에 따라 이러한 변위속도를 만족시키기 위해 가해주어야 하는 축방향 힘이 변하게 된다. 시험중 어느 시점에서 시험편에 걸리는 응력은 가해진 힘 P를 단면적 A_i로 나누어 구한다.

$$\sigma = \frac{P}{A_i} \tag{3.1}$$

시험편의 변위는 그림 3.7에 나타낸 바와 같이, 단면적이 일정한 중간 직선부의 길이를 나타내는 게이지 길이(gage length) L_i에서 측정한다. 변형률 ε는 길이변화 ΔL을 이용하여 구한다.

초기(변형전) 시험편 치수, A_i와 L_i에 근거한 응력과 변형을 공칭(engineering)응력-변형이라 한다.

대개 그립부와 시험편의 끝단 후육부는 완전 강성체(rigid)로 가정한다. 이 경우 크로스헤드의 이동량과 시험편의 중간 직선부 게이지 내의 변형량이 동일하다고 보고 ΔL과 h의 변화량 Δh가 근사적으로 동일하다고 간주한다.

식 (3.2)로부터 계산한 변형률 ε는 무차원 값이다. 편의상, 변형률은 $\varepsilon\% = 100\epsilon$와 같이 %로 표기한다. 또한 변형률은 백만분의 일로 표현된 마이크로변형(microstrain), $\varepsilon\mu = 10^6\varepsilon$을 사용하기도 한다. 만약 변형률이 $\varepsilon\%$나 $\varepsilon\mu$로 주어진다면 변형률의 계산시 반드시 무차원 값인 ε로 변환하여야 한다.

$$\varepsilon = \frac{\Delta L}{L_i} \tag{3.2}$$

인장시험에서 얻어진 기본적인 결과는 응력-변형곡선(stress-strain curve)이라 불리는 공칭응력-공

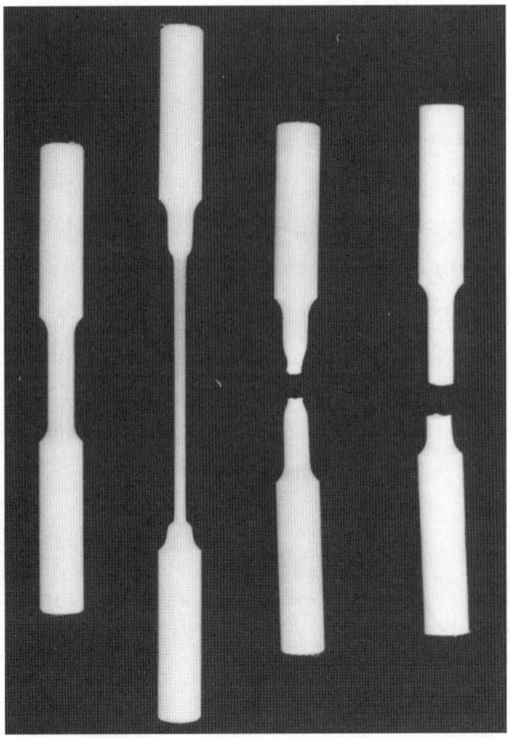

그림 3.6 폴리머의 인장시험편: (왼쪽에서 오른쪽으로) 시험전 7.6mm 직경을 갖는 시험편, 부분적 시험 후 HDPE, 파단된 나일론101, 테프론(PTFE)

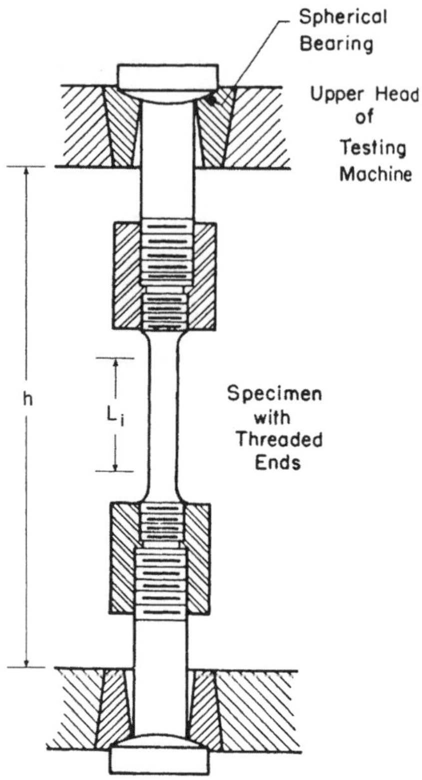

그림 3.7 만능시험기를 이용한 인장시험시 시편 그림(출처: [ASTM 97])

칭변형곡선이다. 이 곡선은 실험실의 디지털 컴퓨터를 이용하여 주어진 시간 간격별로 얻어지는 일련의 응력과 변형값을 이용하여 구한다. 응력-변형곡선은 재료별로 크게 차이를 보인다. 인장시험시 취성(brittle)거동은 거시적인 변형을 수반하지 않고 파단을 일으키는 것이다. 취성재료의 응력-변형곡선을 그림 3.8에 나타내었다. 대부분의 세라믹, 유리, PMMA(acrylic)와 같은 폴리머가 이러한 취성거동을 보이는 예이다. 연성(ductile)거동을 보이는 다른 재료들은 많은 변형을 일으킨 후 파단을 일으킨다. 그림 3.9와 3.10에 연성거동을 보이는 금속과 일부 폴리머들에 대한 응력-변형곡선을 나타내었다.

예시된 거동들이 세라믹, 연성재료. 및 열가소성(thermoplastic) 폴리머의 이상적인 거동들을 나타내고 있지만, 일반적 형태와는 중요하고 의미 있는 차이를 보이는 예도 있다. 예를 들어, 회주철과 취성

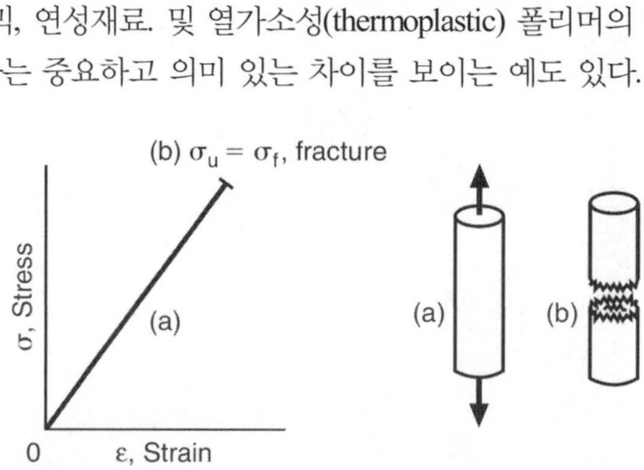

그림 3.8 대표적 세라믹의 공칭응력-변형곡선 도식도

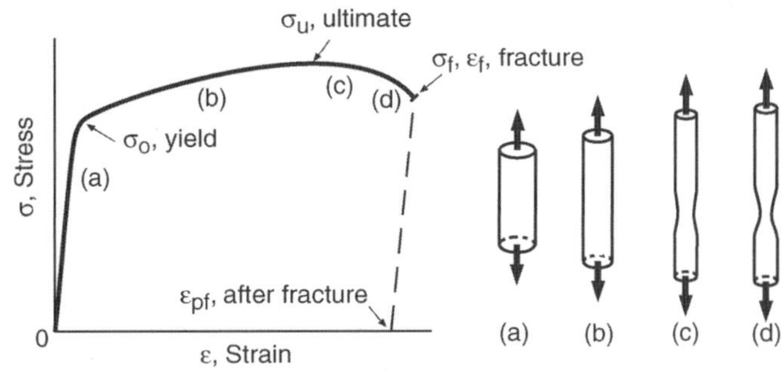

그림 3.9 네킹거동을 보이는 연성재료의 공칭응력-변형곡선 도식도. 최대 인장강도 점에서 네킹이 시작

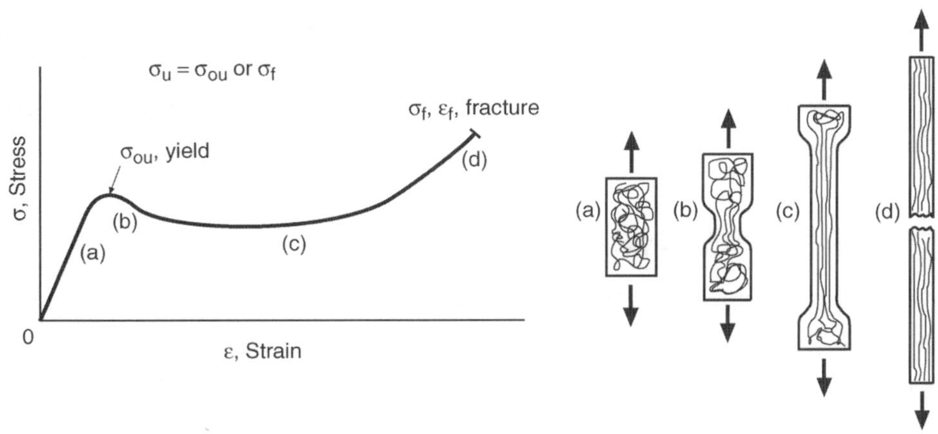

그림 3.10 일부 폴리머의 공칭응력-변형곡선과 변형형태

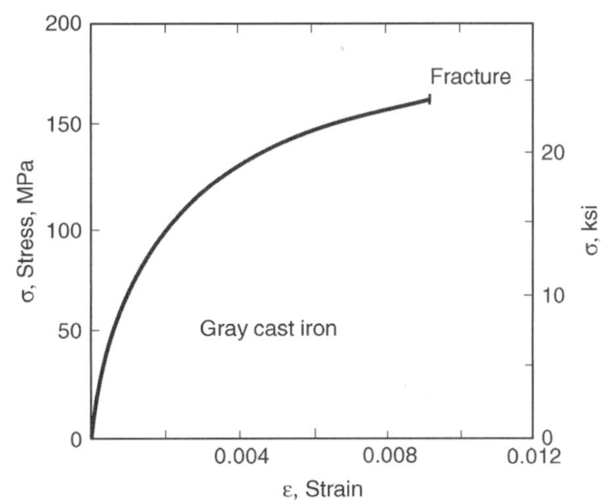

그림 3.11 취성거동을 보이는 회주철의 인장시험시 응력-변형곡선

재료는 그림 3.11에 보인 바와 같이 비선형적 변형 거동을 보이지만 상대적으로 적은 소성변형을 나타낸다. 저탄소강과 같은 일부 연성재료는 그림 3.12(b)에 보인 바와 같이 상부 및 하부 항복점을 보이는데 이는 탄성에서 "탄성+소성" 변형으로의 변화를 의미한다. 심하게 교차결합(cross-linked)된 열경화성(thermoset) 폴리머는 세라믹과 유사한 취성거동을 보이거나 회주철의 경우처럼 약간의 비선형성을 나타내기도 한다.

3.2.2 부가적인 사항

하중 P와 길이변화 ΔL 보다 응력과 변형으로 인장시험 결과를 나타내는지 의문을 가질 수 있다. 서로 다른 단면적 A_i를 갖는 시편을 인장할 경우 단면적이 클수록 높은 하중에서 파단되므로, 단위면적당 하중인 응력으로 계산하여야 치수효과를 배제시킬 수 있다. 따라서 주어진 재료가 임의의 단면적 A_i를 가질 경우, 이에 해당하는 하중 P는 변할지라도, 항복응력, 인장응력 및 파단응력은 동일한 값을 가질 수 있다. 비슷한 논리로 변형률 ε는 길이효과를 배제시킨다. 주어진 응력에서 길이 L이 큰 시험편은 늘어나는 길이ΔL도 비례해서 증가하지만 항복응력, 인장응력 및 파단응력점에 해당하는 변형률 ε은 시험편 길이에 무관하게 비슷한 값을 보인다. 따라서 응력-변형곡선은 재료거동에 대한 기본특성을 보여주는 곡선이다.

3.3 공칭 응력-변형 거동

인장시험을 통해 얻어진 다양한 값들은 재료물성으로 분류한다. 공칭응력과 변형으로부터 얻어진 값들을 지금부터 설명한다. 이 장의 후반부에서는 다르게 정의된 응력과 변형인 진(true)응력과 변형에 근거한 부가적인 물성을 다룬다.

3.3.1 탄성계수

인장시험을 통해 얻어진 응력-변형곡선 하중의 초기부분은 그림 3.12에 보인 바와 같이 재료별로 다양한 거동을 보인다. 많은 공업재료에서 나타나는 초기 직선형태는 변형이 거의 탄성임을 의미한다. 탄성계수(E: elastic modulus) 또는 영율(Young's modulus)은 직선상의 2점에서 얻어진 응력과 변형률, 즉 그림 3.12(a)의 A와 B로부터 구할 수 있다.

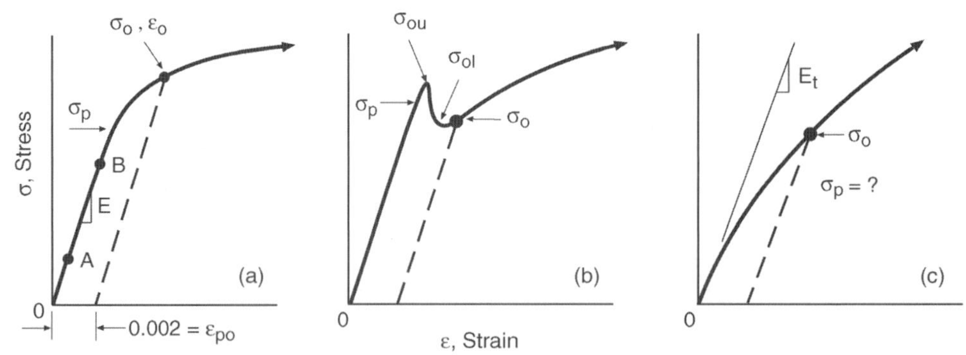

그림 3.12 응력-변형률 곡선의 초기 부분: (a) 금속과 합금, (b) 항복점 강하를 보이는 재료, (c) 선형적 부분이 뚜렷하지 않는 재료

$$E = \frac{\sigma_B - \sigma_A}{\varepsilon_B - \varepsilon_A} \tag{3.3}$$

정확도를 위해서 2점은 되도록 멀리 떨어진 위치에서 정하는 것이 바람직하며, 필요하다면 직선을 연장시켜서 2점을 잡아도 된다. 실험실의 응력-변형률 데이터들은 디지털 컴퓨터를 이용하여 짧은 시간간격으로 받아들인 것이므로 이 점들을 최소자승법으로 회귀분석하여 얻은 직선의 기울기로 부터 E를 구한다.

만약 직선부가 뚜렷하지 않을 때는 접선탄성계수(tangent modulus, E_t)를 사용할 수 있는데, 그림 3.12(c)에 나타낸 바와 같이 응력-변형곡선의 초기점에서의 기울기로부터 구한다. 실제로 E_t를 정확하게 측정하기가 어려우므로 정확한 값으로 보기가 어렵다. 푸아송비(Poisson's ratio, ν)도 인장시험시 탄성변형역에서의 폭방향 변형을 측정하여 구할 수 있다. 직경측정이나 변위계가 이러한 목적으로 사용될 수 있다(다음 장의 5.3절에 보다 자세하게 다룬다).

3.3.2 강도의 공학적 측정

인장강도(ultimate tensile strength, σ_u)는 파괴를 일으키기 전에 도달하는 가장 높은 공칭응력이다. 만약 거동이 그림 3.8에 보인 회주철처럼 취성을 보인다면 최고응력은 파괴응력이 된다. 하지만 연성재료의 경우에는 그림 3.9에 보인 바와 같이 공칭응력이 최대값을 보인 후에 파괴가 될 때까지 감소한다. 어느 경우이든 인장동안 도달한 최대하중, P_{max}를 초기 단면적으로 나누어 인장강도를 구한다.

$$\sigma_u = \frac{P_{max}}{A_i} \tag{3.4}$$

공칭파단응력(engineering fracture strength, σ_f)는 파단시의 파단하중, P_f로부터 구한다.

$$\sigma_f = \frac{P_f}{A_i} \tag{3.5}$$

취성재료의 경우 $\sigma_u = \sigma_f$인 반면 연성재료는 σ_u가 σ_f보다 크다.

그림 3.12에서 선형-탄성거동을 벗어나는 것을 항복(yielding)이라고 하며 이 현상은 매우 흥미롭다. 이것은 항복을 일으키는 응력이 소성변형을 일으킴으로써 변형을 빠르게 증가시키기 때문이다. 1.2절에서 거론하고 그림 1.2에서 보였듯이, 탄성변형 σ/E을 초과하는 변형은 소성변형이며 하중을 제거하여도 회복되지 않는다. 따라서 소성변형은 연구변형을 남긴다. 공업부품에서의 이러한 변형은 치수와/또는 형상을 변화시키므로 대부분의 경우 바람직하지 않은 변형이다. 따라서 공학설계의 첫 번째 고려사항이 가해지는 응력이 충분히 낮아서 항복을 일으키지 않도록 해야 한다는 점이다. 항복은 여러 가지 방법을 통해 결정할 수 있다. 가장 간단한 방법은 선형성에서 벗어나는 응력을 항복응력으로 정하는 것으로 이를 비례한계(proportional limit, σ_p)라고 하고 그림 3.12에 이를 보였다. 그림 3.12(c)에 보인 바와 같이, 일부 재료는 비례한계를 보이지 않고 기울기가 점진적으로 감소하는 거동을 보인다. 여기에도 직선영역이 존재하긴 하겠지만 그 끝 지점을 정확하게 알기가 어렵다. 따라서 이 경우의 비례한계값은 일관성도 없고 신뢰하기도 어렵다.

또 다른 값으로 탄성한계(elastic limit)가 있는데 이것은 소성(영구)변형을 일으키지 않는 최대강도를 의미한다. 응력을 기해준 후 하중을 제거하여 소성변형 발생여부를 점검하는 것을 하중을 증가시키면서 반복해야 하므로 이 값을 실제로 측정하기가 쉽지 않다.

세 번째 접근은 오프셋(offset)방법으로 그림 3.12에 나타내었다. 임의의 변형량을 오프셋 시킨 후 E 나 E_t 와 같은 탄성기울기로 직선을 그린다. 이 직선과 공칭응력-변형곡선의 교차점을 오프셋 항복강도(offset yield strength, σ_o)라고 한다. E_t 와 같은 탄성기울기의 결정시 어느 정도 편차요인이 있긴 하지만 항복강도가 명확하게 결정된다. 공업재료에서 가장 보편적으로 사용되는 오프셋 변형량은 0.002(0.2%)이며 재료에 다라 다른 값도 적용가능하다. 오프셋 변형량은 그림 3.12에 보인 바와 같이 σ_o 의 응력에서 하중을 제거하였을 때 남게 되는 소성변형량 $\varepsilon_{po} = 0.002$ 이며 회복되지 않는 변형이다.

저탄소강을 비롯한 일부 공업재료는 그림 3.12(b)에 보인 바와 같이 급격한 하중의 감소를 나타내기도 한다. 이러한 경우 항복강도를 상부항복점(upper yield point, σ_{ou}), 하부항복점(lower yield point, σ_{ol})으로 구분한다. 전자의 경우 하중의 급격한 하락이 발생하기 이전에 도달하는 최고응력이며 후자는 다시 응력이 상승하기 전에 도달하는 가장 낮은 응력이다. 금속의 상부항복점은 시험속도와 의도하지 않은 미량의 굽힘 변형 등에 매우 민감하여 실험에서 얻어지는 값의 변화폭이 큰 편이다. 하부항복점은 대개 0.2% 오프셋 항복강도와 비슷한 수준을 보인다. 일반적으로 공업재료의 항복강도를 결정하는 방법으로는 오프셋 항복강도가 가장 만족스러운 것으로 받아들여지고 있다.

폴리머의 경우에도 오프셋 항복강도가 사용된다. 하지만 폴리머의 항복강도는 곡선상에 최대(상부항복점) 또는 평탄한 영역이 존재할 경우에는 $d\sigma/d\varepsilon = 0$ 가 처음 일어나는 시점에서의 응력을 σ_o 로 본다. 상부항복점 σ_{ou} 을 보이는 폴리머의 경우, 응력이 σ_f 를 초과하기도 하며 그림 3.10에 보인 바와 같이 그러하지 않을 때도 있다. 따라서 인장강도는 σ_{ou} 나 σ_f 중에서 높은 값이 된다. 이 두 값은 따로 구분하여 항복시 인장강도(tensile strength at yield)와 파괴시 인장강도(tensile strength at break)로 표현할 수도 있다.

대부분의 재료에서 비례한계, 탄성한계 및 오프셋 항복강도 등은 소성변형의 시작을 알리는 척도로 간주된다. 하지만 고무와 같은 비선형 탄성재료의 경우 비례한계와 탄성한계는 전혀 다른 값이며 오프셋 항복강도도 큰 의미가 없어진다(그림 3.17 참조).

3.3.3 연성의 공학적 측정

연성은 재료가 파단을 일으키지 않고 비탄성적 변형을 수용할 수 있는 능력을 의미한다. 인장하중이 가해질 경우, 이것은 소성변형에 의해 늘어날 수 있는 능력을 의미하지만 크리프 변형도 추가될 수 있다. 파단시 공칭변형(engineering strain at fracture, ε_f)은 연성에 대한 척도 중의 하나이다. 이것은 주로 %로 나타내므로 %파단연신(percent elongation at fracture, $100\,\varepsilon_f$)이라 한다. 이 값은 그림 3.9와 그림 3.10에 나타낸 응력-변형곡선의 파단점에서의 연신량이다. 폴리머의 인장시험에 대한 ASTM표준은 이 값을 수록하고 있으며 금속의 인장시험에 대한 표준에서는 선택사항이다. 연성측정을 위한 시험표준들은 다수의 시험편 단면직경이나 폭에 대한 게이지 길이를 명기하고 있다. 예를 들어, 원형단면 시험편의 경우 미국 ASTM표준에서는 게이지 길이와 직경의 비율을 $L_i/d_i = 4$ 로 규정하고 있지만 국제표준에서는 일반적으로 $L_i/d_i = 5$ 를 적용한다.

금속의 연성을 결정하는데 사용되기도 하는 또 다른 방법으로는 시험편 단면에 표점(mark)을 하는 것이다. 시험전 표점사이의 거리 L_i 와 파단후 측정된 거리 L_f 를 측정하여 %파단후연신(percent elongation after fracture)을 구할 수 있다.

$$\varepsilon_{pf} = \frac{L_f - L_i}{L_i}, \quad \% \text{ elongation after fracture} = 100\varepsilon_{pf} \tag{3.6}$$

파단후 응력이 0으로 떨어지면 그림 3.9에 보인 바와 같이 탄성변형은 없어지고 소성변형만 남는다.

연성이 높은 금속에서는 $100\,\varepsilon_f$와 $100\,\varepsilon_{pf}$ 사이에 차이가 작으므로 두 값들 사이의 구분이 중요시되지 않는다. 하지만 연성이 낮은 금속에서는 파단후 회복되는 탄성변형이 ε_f의 상당부분을 차지한다. 더군다나 연신율이 너무 작으면 시험편의 표점으로 직접 측정하기가 어려울 수도 있다. 이 경우 ε_f로부터 소멸된 탄성변형량을 빼준 값인 ε_{pf}를 결정하는 것이 유용할 수 있다.

$$\varepsilon_{pf} = \varepsilon_f - \frac{\sigma_f}{E}, \qquad \% \text{ elongation after fracture} = 100\varepsilon_{pf} \tag{3.7}$$

이것은 파단 시험편에서 측정된 파단후 결과를 제공해 준다.

금속의 연성을 결정하는데 사용되는 또 다른 방법으로는 파단후 단면적인 A_f를 초기 단면적과 비교해서 얻는 %단면수축률(percent reduction in area, %RA)이 있다.

$$\%RA = 100\frac{A_i - A_f}{A_i}, \qquad \%RA = 100\frac{d_i^2 - d_f^2}{d_i^2} \qquad \text{(a, b)} \tag{3.8}$$

여기서 (b)형태는 (a)형태에서 유도된 것으로 초기직경 d_i와 파단직경 d_f를 갖는 원형단면 시험편의 $\%RA$에 편리하게 사용한다. 연신율의 경우, 파단후 단면적과 파단시 존재했던 단면적이 다를 수 있다. 연성금속에서는 이것이 문제가 되지 않지만 폴리머의 경우 파단후 단면적 감소를 해석할 때 주의를 요한다.

3.3.4 네킹거동과 연성에 대한 고찰

인장시험시 연성거동을 보인다면 그림 3.13에 보인 네킹(necking) 현상이 일어난다. 그림 3.13(b)에서와 같이 시험초기에는 게이지에 걸쳐 변형이 균일하지만, 시험이 진행됨에 따라 그림 3.13(c)와 같이 한 영역에 변형이 집중되면서 다른 영역보다 직경이 줄어들게 된다. 연성금속에서 네킹은 최대하중(인장강도)점에서 시작되고 단면적이 빠르게 줄어들면서 하중이 줄어들게 된다. 네킹이 시작되면 길이방향 변형이 그림 3.13(c)처럼 불균일하다.

그림 3.5의 금속시료를 관찰해 보면, 강에서는 네킹이 일어나고 알루미늄도 어느 정도 네킹이 관찰되지만 취성주철에서는 관찰되지 않는다. 강과 주철의 파단부를 확대한 사진을 그림 3.14에 나타내었다.

%단면수축률은 파단부의 최소 지름에 의해 계산되며 전체 게이지에 걸쳐 가장 높은 변형이 일어난 곳이므로 변형의 척도가 된다. %파단연신은 임의로 선택된 시험편들의 평균값이며 그 값은 게이지 직경에 대한 길이 비율, L_i/d_i가 작을수록 증가한다. 결과적으로, 원형단면 시험편의 경우 미국에서는 $L_i/d_i = 4$를 적용하고 국제표준에서는 $L_i/d_i = 5$를 적용하듯이, 게이지 길이를 표준화할 필요가 있다. 단면수축률은 이러한 임의성에 의해 영향을 받지 않으므로 연신율에 비해 더욱 기본적인 연성의 척도로 볼 수 있다.

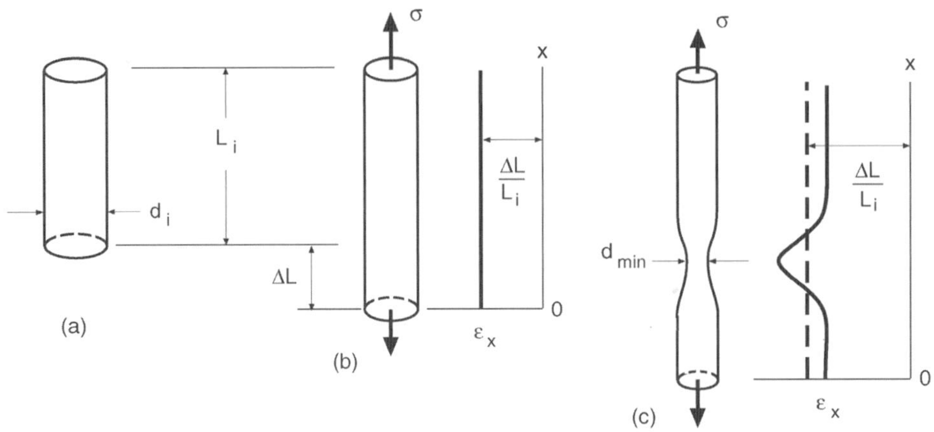

그림 3.13 인장시험시 연성금속의 변형: (a) 미변형, (b) 균일연신, (c) 네킹

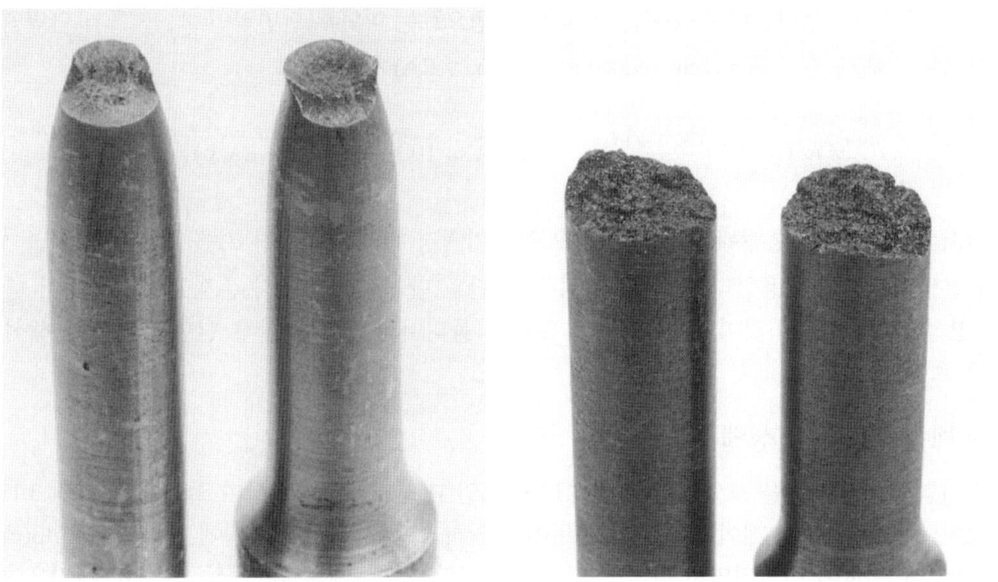

그림 3.14 9mm 직경을 갖는 열간 압연된 AISI 1020강(왼쪽)과 회주철(오른쪽) 시험편의 인장 파면

3.3.5 네킹거동과 연성에 대한 고찰

인장시험시 가해준 하중을 P라 하고 게이지 길이 L_i에 걸쳐 일어난 변위를 $\Delta L = x$이라 하자. 시험편을 $x = x'$까지 변형시키기 위해 가해진 일의 양은

$$U = \int_0^{x'} P \, dx \tag{3.9}$$

게이지부의 재료의 체적은 $A_i L_i$ 이다. 식의 양변을 체적으로 나눈 후, 식(3.1)과 식(3.2)에 나타낸 공칭응력과 변형의 정의를 이용하면

$$u = \frac{U}{A_i L_i} = \int_0^{x'} \frac{P}{A_i} d\left(\frac{x}{L_i}\right) = \int_0^{\varepsilon'} \sigma \, d\varepsilon \tag{3.10}$$

u는 변형률 ε'에 도달하기 위한 단위체적별 일이며 이것은 변형률 ε'까지의 응력-변형곡선의 아래 면적과 동일하다. 행해진 일은 재료에 의해 흡수된 에너지와 동일하다. 파단시까지의 공칭 응력-변형 곡선의 면적을 인장인성(tensile toughness, u_f)이라 한다. 이것은 재료가 파단없이 에너지를 흡수할 수 있는 능력의 척도이다. 항복 이후 상당량의 소성변형이 수반되는 다수의 공업재료에서 흡수된 에너지는 재료의 미세 조직 내에 축적되지만 대부분은 열로 발산된다.

항복 이후 응력-변형곡선이 상대적으로 편평하다면 u_f는 사각형의 면적으로 근사할 수 있다. 높이는 항복응력과 인장응력의 평균과 같으며 파단연신은 폭과 동일하다.

$$u_f \approx \varepsilon_f \left(\frac{\sigma_o + \sigma_u}{2}\right) \tag{3.11}$$

취성거동을 보이는 재료는 점진적으로 휘어지는 응력-변형곡선의 모양이 포물(parabolic)선 형태를 보이므로 $u_f \approx 2\sigma_f \varepsilon_f / 3$가 된다.

취성재료는 높은 강도를 갖지만 연성이 낮으므로 인장인성이 낮다. 저강도 연성재료도 높은 연성을 갖지만 강도가 낮으므로 인장인성이 낮다. 높은 인장인성을 가지려면 강도와 연성 모두 높아야 한다. 인장인성은 정의된 바와 같이, 파괴인성(fracture toughness)과 혼동을 일으키지 말아야 한다. 파괴인성은 8장에서 다루어지겠지만 균열이 존재하는 상황에서 파단에 대한 저항을 의미한다. 인장인성은 재료를 비교하는 유용한 척도이지만 파괴인성은 공학적 목적에서의 인성에 대한 근본 척도로 볼 수 있다.

3.3.6 변형경화

변형과 함께 재료의 변형에 대한 저항이 증가하는 것을 변형경화(strain hardening)라고 하며, 항복 이후 응력-변형곡선이 상승하는 구간에 해당한다. 변형경화의 정도에 대한 척도는 항복강도에 대한 인장강도의 비율을 들 수 있다. 따라서 변형경화율(strain hardening ratio)을 σ_u/σ_o로 정의한다. 금속의 경우 이 값이 1.4를 초과하면 변형경화가 크다고 하며 1.2 이하면 변형경화가 낮다고 한다.

예제 3.1

초기직경 9.11mm를 갖는 열간압연강 AISI1020 시험편을 이용하여 인장시험을 실시하였다. 표 E3.1(a)에 실험을 통해 얻은 하중(force)과 공칭변형 데이터를 나타내었다. 변형은 연신율계의 게이지 길이 L_i =50.8mm에 대한 값이다. 또한 네킹이 일어난 영역의 최소직경들은 여러 위치에서 마크로메터로 측정하였다. 파단후 분리된 시험편을 다시 맞추어 결합시킨 상태에서 다음의 측정을 실시하였다: (1) 시편의 길이방향 연신으로 인해 본래 25.4mm 떨어져 있던 표점이 38.6mm로 늘어났다. (2) 본래 50.8mm이었던 표점이 70.9mm로 늘어났다. (3) 마지막 네킹영역의 최소직경은 5.28mm이다.

(a) 다음의 재료물성을 구하라: 탄성계수, 0.2% 오프셋 항복강도, 인장강도, %연신, %단면수축률

(b) $\varepsilon = 0.0070$의 변형에 도달한 후 하중을 제거해 주었다. 회복되는 탄성변형과 남게 되는 소

성변형을 구하라. 본래 50.8mm이었던 표점이 얼마로 늘어나는가?

【풀이】 (a) 각각의 하중에 대해 식(3.1)을 이용하여 공칭응력을 구하여 표 E3.1(b)의 첫 번째 열에 나타내었다. 예를 들어 0 다음의 하중에 대해,

표 E3.1 열간압연된 AISI 1020강의 인장시험 데이터와 결과분석

(a) Test Data			(b) Calculated Values				
Force P, kN	Engr. Strain ε	Diam. d, mm	Engr. Stress σ, MPa	True Strain $\tilde{\varepsilon}$	Raw True Stress $\tilde{\sigma}$, MPa	Corrected True Stress $\tilde{\sigma}_B$, MPa	True Plastic Strain $\tilde{\varepsilon}_p$
0	0	9.11	0	0	0	0	0
6.67	0.00050	—	102.3	0.00050	102.3	102.3	0
13.34	0.00102	—	204.7	0.00102	204.7	204.7	0
19.13	0.00146	—	293.5	0.00146	293.5	293.5	0
17.79	0.00230	—	272.9	0.00230	272.9	272.9	0
17.21	0.00310	—	264.0	0.00310	264.0	264.0	0.00178
17.53	0.00500	—	268.9	0.00499	268.9	268.9	0.00365
17.44	0.00700	—	267.6	0.00698	269.4	269.4	0.00564
17.21	0.01000	—	264.0	0.00995	266.7	266.7	0.00862
20.77	0.0490	8.89[4]	318.6	0.0478	334.3	334.3	0.0462
24.25	0.1250	—	372.0	0.1178	418.5	418.5	0.1157
25.71	0.2180	8.26[4]	394.4	0.1972	480.4	465.3	0.1949
25.75[1]	0.2340	—	395.0	0.2103	487.5	469.8	0.2079
25.04	0.3060	7.62	384.2	0.3572	549.1	505.0	0.3547
23.49	0.3300	6.99	360.4	0.5298	612.1	540.9	0.5271
21.35	0.3480	6.35	327.5	0.7218	674.2	576.2	0.7190
18.90	0.3600	5.72	290.0	0.9308	735.5	611.5	0.9278
17.39[2]	0.3660	5.28[3]	266.8	1.0909	794.2	649.1	1.0877

Notes: [1]Ultimate. [2]Fracture. [3]Measured from broken specimen. [4]Not used in calculations.

$$\sigma = \frac{P}{A_i} = \frac{P}{\pi d_i^2/4} = \frac{4\,(6670\,\mathrm{N})}{\pi\,(9.11\,\mathrm{mm})^2} = 102.3\frac{\mathrm{N}}{\mathrm{mm}^2} = 102.3\,\mathrm{MPa}$$

이렇게 구한 공칭응력을 공칭변형과 대비시켜 그림 E3.1(a)에 나타내었다. 하지만 이 그래프 상에서 항복영역의 데이터가 너무 촘촘하므로 이 부분의 스케일을 변경시켜 그림 E3.1(b)에 나타내었다. 처음 4개의 데이터는 그림 E3.1(b)의 직선상에 놓이기 때문에 $y = mx$ 형태의 직선으로 최소자승법으로 회귀분석한다. 이렇게 해서 얻은 직선의 기울기로부터 $E = 201{,}200$ MPa(답)를 얻는다. 기울기 E와 동일한 직선을 소성변형 $\varepsilon_{po} = 0.002$에서 오프셋시켜 그림 E3.1(b)에 그린다. 이 직선과 응력-변형곡선의 교차점에서 항복강도 $\sigma_o = 264$MPa(답)를 얻는다. 그림 E3.1(a) 또는 표 E3.1(b)의 값으로부터 가장 높은 값이 인장강도가 되며 $\sigma_u = 395$ MPa(답)를 얻는다.

표 E3.1의 마지막 줄이 파괴점의 데이터를 나타내므로 파괴점에서의 응력과 변형은 $\sigma_f = 266.8$MPa와 $\varepsilon_f = 0.366$이다. 따라서 %연신은 $\varepsilon_f\% = 100\,\varepsilon_f = 36.6\%$(답)이 된다. 파괴후의 연신량은 식 (3.7)로부터 구할 수 있다.

$$\varepsilon_{pf} = \varepsilon_f - \frac{\sigma_f}{E} = 0.366 - \frac{266.8\text{MPa}}{201,200\text{MPa}} = 0.365,\ \varepsilon_{pf}\% = 36.5\% \quad \text{(답)}$$

파괴된 시험편에서 측정한 값으로 파괴 후 연신값을 구한다.

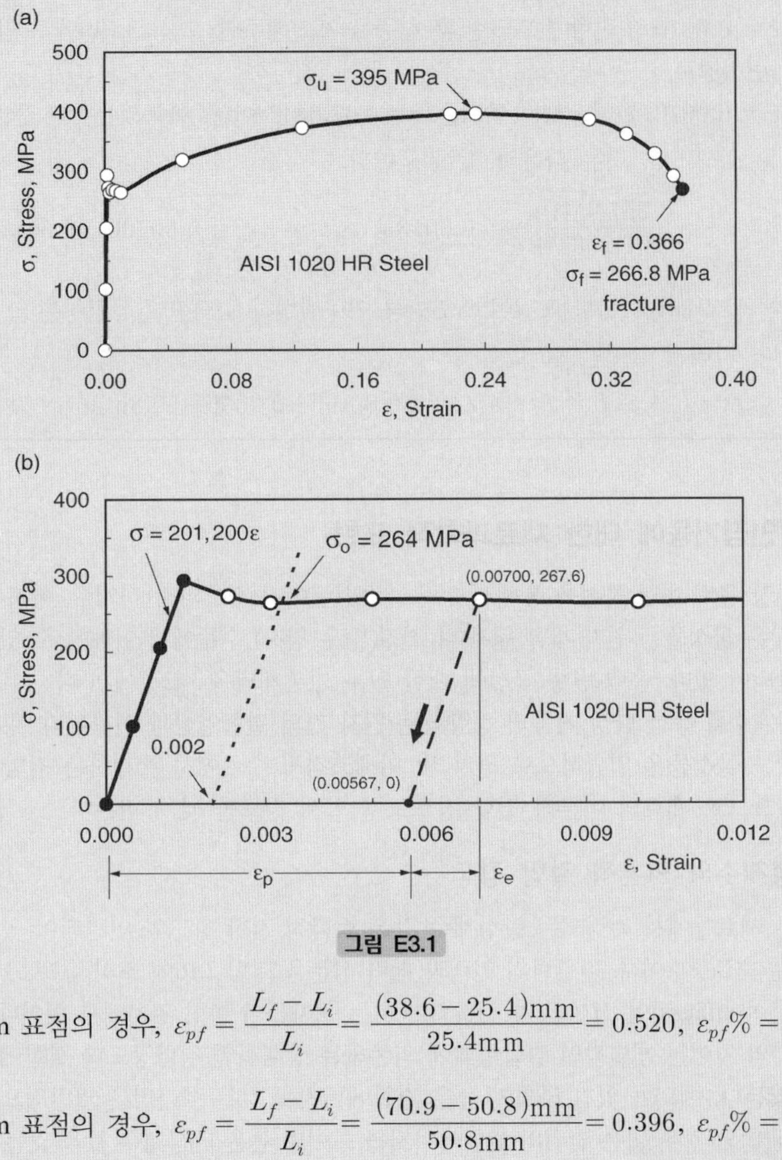

그림 E3.1

$$\text{25.4mm 표점의 경우, } \varepsilon_{pf} = \frac{L_f - L_i}{L_i} = \frac{(38.6-25.4)\text{mm}}{25.4\text{mm}} = 0.520,\ \varepsilon_{pf}\% = 52.0\%$$

$$\text{50.8mm 표점의 경우, } \varepsilon_{pf} = \frac{L_f - L_i}{L_i} = \frac{(70.9-50.8)\text{mm}}{50.8\text{mm}} = 0.396,\ \varepsilon_{pf}\% = 39.6\% \quad \text{(답)}$$

또한 식 3.8(b)로부터 단면수축률을 계산하면

$$\%RA = 100\frac{d_i^2 - d_f^2}{d_i^2} = 100\frac{(9.11^2 - 5.28^2)\text{mm}^2}{(9.11\text{mm})^2} = 66.4\% \quad \text{(답)}$$

【고찰】 연신율계를 이용한 연신량, $\varepsilon_{pf}\% = 36.5\%$는 동일한 50.8mm 게이지 길이를 갖는 파단된 시험편의 파단연신량 $\varepsilon_{pf}\% = 39.6\%$와 근사적으로 비슷하다. 파단된 시험편에서

의 연신율 측정이 정확하지 않으므로 두 값의 정확한 일치는 기대하기 어렵다. 25.4mm 표점의 경우 연신율이 다른 경우보다 높은 52%를 보이는데, 이것은 게이지 길이가 짧을수록 네킹영역의 확장에 수반되는 집중된 변형에 더욱 강하게 영향을 받기 때문이다.

(b) $\varepsilon = 0.0070$의 변형에 도달한 후 하중을 제거해주면 그림 E3.1(b)에 보인 바와 같이 응력-변형경로가 근사적으로 탄성계수 E에 해당하는 기울기를 따른다. 표 E3.1(b)에서 $\varepsilon = 0.0070$에 해당하는 응력은 $\sigma = 267.6\text{MPa}$이다. 회복되는 탄성변형, ε_e과 남게 되는 소성변형, ε_p은 다음과 같이 구한다.

$$\varepsilon_e = \frac{\sigma}{\varepsilon} = \frac{267.6\text{MPa}}{201{,}200\text{MPa}} = 0.00133, \quad \varepsilon_p = \varepsilon - \varepsilon_e = 0.00700 - 0.00133 = 0.00567$$

(답)

본래 50.8mm이었던 표점이 $\triangle L$만큼 영구변형하게 되면 소성변형은 $\varepsilon_p = \triangle L / L_i$이 된다. 따라서 늘어난 길이는,

$$L = L_i + \triangle L = L_i + \varepsilon_p L_i = 50.8\text{mm} + 0.00567(50.8\text{mm}) = 51.09\text{mm}$$

(답)

3.4 인장거동에 대한 재료과학적 표현

전술한 인장 응력-변형 곡선을 통해서 얻을 수 있는 여러 정보와 탄성계수, 항복강도, 인장강도 및 연성 등과 같은 물성들은 원자(개별 원자)나 결정(많은 원자) 수준에서 이해할 수 있는 재료의 기본성질들과 연관되어 있다. 응력-변형 곡선에 대한 일부 기본개념은 제2장에서 다룬 바 있다. 특히 탄성거동과 탄성계수를 통한 탄성 거동의 정량화는 원자 간의 결합양상과 연관된다. 항복 및 인장강도로 표현되는 강도 물성들은 일반적으로 원자 및 미세조직적 수준에서 존재하는 결함의 유무와 반응과 연관되어 있으므로 재료의 이론적 결합 강도보다 실제 강도를 낮게 만든다.

3.4.1 탄성계수와 이론적 결합 강도

서로 다른 재료들에서 측정되는 탄성계수 값은 화학적 결합 강도와 연관되어 있으며 재료별로 특정 값을 갖는 재료상수이다. 결합력의 인력과 척력 성분을 그림 2.16에 도식적으로 나타내었으며 탄성계수 E는 탄력(stiffness)인 dP/dx와 관련되며 이는 원자들이 평형 위치에서 벗어나는 정도에 직결된다. 탄성계수의 차이는 개별적인 결합형태에 의존하는 상대적인 결합강도나 결합에너지에는 크게 영향을 받지 않는다. 예외가 있긴 하지만 높은 결합에너지를 갖는 세라믹은 일반적으로 높은 탄성계수를 갖는다. 금속의 경우 넓은 범위의 결합에너지를 보이며 높은 탄성계수 값을 갖는다. 폴리머는 공유결합된 분자 사이의 상대적으로 약한 저에너지 2차 결합의 존재 여부에 크게 영향을 받는 특성을 보이므로 이러한 재료들은 상대적으로 낮은 탄성계수를 갖게 된다.

재료결함과 항복의 간섭 효과가 없다면 재료는 결합을 분리하는 인장응력에 의해 결국 탄성적으로 파괴를 일으킬 것이다. 제2장에서 언급한 이러한 이론 결합강도는 그림 2.16에 나타낸 최대(peak) 응력과 연관되어 있으며 그 값은 대략 $E/10$의 큰 값을 갖는 것으로 추정된다. 이 응력을 평가하는 분석들이 진행됐으며, 이는 그림 2.16에 나타낸 결합 곡선에 대한 수학적 근사에 기반을 두고 있다. 이를 통해 재료는 결합 변형률, $\varepsilon_b \approx (x_b - x_e)/x_e$을 $\varepsilon_b \approx 0.01 \sim 0.1$ 수준까지 버틸 수 있는 것으로 추정하

였다. 이론 강도를 결합분리에 기인한 선형적인 탄성변형의 종료로 보면, 이러한 변형률은 전술한 예측 이론 파괴응력 $\sigma_b = E\varepsilon_b$이 $E/100$에서 $E/10$에 이른다는 것을 의미한다.

3.4.2 강도

전술한 바와 같이 탄성적 결합분리에 기반을 둔 이론 강도는 도달하기가 어렵다. (표 2.2와 그림 2.20) 왜냐하면 재료 내에 존재하고 있는 결함이 이론 강도보다 낮은 응력 수준에서 다른 상황을 발생시킬 수 있기 때문이다. 영향을 미치게 되는 결함의 종류와 특성은 재료의 고유 형태, 특히 재료의 구조와 연관되어 있다. 때때로 재료를 제조하기 위한 공정과정에서 생기기도 하고 재료의 품질과 관련하여 발생할 수도 있다.

연성재료의 경우, 항복이 이론 결합 강도보다도 현저히 낮은 응력에서 일어난다. 대부분의 경우, 강도를 좌우하는 결함인 전위가 결정구조 내에 존재함으로써 응력이 증가함에 따라 이동하기 때문으로 밝혀졌다. 결합이 탄성적으로 당겨지는 효과 대신, 재료 내에서 전위 이동이 시작되므로 인장 시험 시 가해지는 변형 때문에 연신이 일어나고 인장강도가 증가하게 된다. 다결정질 금속의 경우, 항복강도는 수많은 개별 입자(결정)내에 여러 슬립계(slip system) (그림 2.25)가 동시에 활성화될 수 있는 임계응력을 초과했음을 의미하며 이를 통해 시료의 체적 연속성(volumetric continuity)이 유지되게 된다. 재료 항복강도의 실제값은 결정구조와, 결정구조가 개별 입자내의 슬립에 미치는 효과, 임계응력에 도달하여 전위가 이동을 시작한 후 계속 움직이는데 영향을 미치게 되는 장애물(obstacle)의 영향도 등, 가능한 여러 효과들에 영향을 받는다.

전위 이동에 대한 장애물로는 용질 원자, 불순물, 다른 전위들, 입계, 다른 상(phase), 석출물 등이 있다. 연성재료에 이러한 방해요인들을 의도적으로 부여하여 전위 이동을 저지시킴으로써 금속합금을 강화시키는 방법으로 활용하기도 한다. 항복 후 변형경화(post-yielding strain hardening)는 전위의 교차(encountering), 전위의 통과(bypassing), 전위 고착(obstacle) 등의 결과로 볼 수 있다. 금속 내 전위 이동에 대한 보편적 장애물들은 부록 C의 C.2절에서 자세히 다룬다.

장애물 효과에 대한 흥미로운 예로서 그림 3.12(b)와 그림 E3.1에 나타낸 금속 내 상부 및 하부항복점 현상을 들 수 있는데 주로 저탄소강에서 흔히 관찰된다. 이는 원자 배열이 무질서한 전위(dislocation) 부근에는 완전결정 격자와 비교하면 상대적으로 큰 공간이 존재하므로 이 영역으로 탄소와 질소 침입형 원자들이 확산을 통해 이동한다. 이러한 침입형 원자들이 무질서도를 더욱 증가시켜 전위이동을 지연한다. 전위를 이동시킬 수 있을 정도의 충분한 응력이 가해지면 침입형 원자가 만든 분위기를 순간적으로 벗어나게 되어 응력이 급격히 떨어지게 되고 이후에는 전위들의 이동이 안정적으로 일어난다. 응력-변형 곡선상의 변형 범위 동안에는 응력이 거의 일정하게 유지되다가 전위밀도의 증가와 함께 일반적인 변형경화과정을 거쳐 응력이 증가하게 된다.

드물긴 하지만 특정하게 가해진 응력 상태 하에서 전체 결정학적 면이 미끄러지거나 어긋나게(shift) 되는 쌍정(twinning) 변형을 통해 항복과 연신을 일으키기도 한다. 쌍정은 주석과 여러 HCP 금속의 주요 변형기구로 작용한다.

세라믹과 취성재료의 경우, 재료의 강도는 이론적 결합강도와 전위 이동 때문에 항복을 일으키는데 필요한 응력보다도 낮은 강도에서 일어나는 파괴(fracture)에 의해 결정된다. 세라믹에서도 전위가 활성화될 수 있으나 다요소(multi-element) 결정구조에 기인한 복잡성으로 인해 일반적으로 꽤 높은 응력 수준을 요구한다. 대신하여, 유효하거나 강도-제한적(strength-limiting) 결함들이 이미 존재하고 있는 균열이나 기공, 또는 미세조직적으로 입계나 석출물 등과 어우러져서 새로운 균열의 핵생성 자리로 역할을 하게 된다. 이러한 경우, 재료의 파괴인성 K_{Ic}와 균열을 발생시키는 결함의 위치, 형상, 치수 등을 알 수 있다면 파괴응력 값을 예측할 수 있다. (제 8장에 기술하였듯이, K_{Ic}는 균열로 인한 취성파괴에 저항할 수 있는 재료의 능력 척도) 따라서 취성재료를 강화시키기 위해 균열을 일으키는 결함으로 작용할 수 있는 미세균열, 기공, 결정면(crystal facet)의 크기를 최소화시키거나 제거하는 데 집중하게 된다. 일반적으로 세라믹은 압축 시험 시 매우 높은 강도를 나타낸다. 이것은 내부 결함이 열리기보다는 닫히게 되어 균열로 작용하지 않기 때문이다. 그러나 전위의 이동이 아직 제한적이기 때문에 취성거동을 보인다. 열가소성 폴리머에서 강도를 좌우하는 주도적인 결함은 약한 결함과 개별 체인 분자(chain molecule) 사이의 자유 체적(free volume)이다. 이 경우, 인장시험시 가해진 변형을 감당하기 위한 수단으로 분자가 풀어지거나(unwind), 정렬하거나(align), 이동하게(move)됨에 따라 항복을 일으킨다. 따라서 열가소성 폴리머를 강화시키기 위해서는 분자들의 상대적인 이동을 어렵게 하는 것이 필요하므로 분자의 평균 분자량(molecular weight)을 증가시키거나 분자에 부가적인 복잡성을 부여하거나, 또는 교차결합(cross-linking)을 유도하기도 한다. 열경화성 폴리머는 강하게 교차결합된 조직을 가지거나 3차원적으로 연결된 망(network)으로 특정되는 조직을 가지므로 취성 세라믹의 경우와 유사하게 결함에서 기인한 파괴특성을 보인다.

3.4.3 연성

연성, 또는 최종파괴시 소성변형량은 가해지는 응력이 증가됨에도 전위가 이동가능한 능력을 지속할 수 있는 정도에 의존한다. 제2장에서 거론한 바와 같이 전위는 응력의 전단 성분상태에 대응하여 이동하게 되며 원자밀도가 높은 결정학적 면 위에서 원자가 가장 조밀하게 충진된 방향을 따라 이동한다. (슬립 방향과 조밀 충전 면의 조합을 슬립계(slip system)라 한다. 그림 2.25 참조) 따라서 결정구조 특성상 많은 수의 슬립계를 갖는 결정구조를 가질 때 전위 이동이 쉬워진다. 입방정계(cubic) 재료, 특히 체심입방(BCC)과 면심입방(FCC) 재료는 많은 수의 우수한 슬립계를 갖고 있다. Fe, Cu, Al, Ni과 같은 연성재료는 BCC와 FCC 결정구조를 갖는다. 그러나 주요 금속인 Ti, Mg, Zr, Zn 등은 조밀 육방정(HCP: hexagonal close-packed:) 결정구조를 가지는데 HCP는 입방정계보다 슬립계의 수가 적으므로 일반적으로 낮은 연성을 보인다.

세라믹 재료도 전위를 포함하고 있지만 다요소(multi-element) 결정의 복잡성으로 인해 거의 이동을 하지 못한다. 결과적으로 세라믹은 자체 결정구조와 무관하게 매우 낮은 연성을 갖는다. 폴리머 구조는 전위 기구가 활성화될 수 있는데 필요한 결정구조가 아니다; 각각의 체인 분자들의 상호 이동이 연관된 전혀 다른 기구에 의해 폴리머의 연성은 좌우된다.

소성변형을 지속하는데 요구되는 응력 수준이 증가하는 변형 경화가 일어나는 것은 전위의 이동과 미세조직 내에 존재할 수 있는 장애물을 벗어날 수 있는 능력과 관련된다. 주어진 응력수준하에서 이동하던 전위가 장애물을 만나게 되면 더 높은 응력이 가해질 때까지 이동이 저지된다. 이것이 인장 응력-변형 곡선에 변형경화 구간이 나타나는 이유이다.

변경된 합금조성과 공정(processing)을 조화시키면 재료의 탄성계수, 강도, 연성이 독특하게 조합된 재료를 얻을 수 있다. 예를 들면, 어떤 재료는 별도의 공정을 통해 결정구조를 변경시키거나 개량시키기도 한다. 중요한 예로 강 합금을 들 수 있는데 고온상태에서 빠르게 급냉시켜 평형 BCC 결정구조가 형성되지 못하게 할 수 있다. 대신 준 안정상인 마르텐사이트를 형성시키게 되는데 이 상은 독특한 결정구조를 가지고 있으며 전위이동을 어렵게 한다. 따라서 급냉된 강은 매우 낮은 연성과 높은 강도를 보이게 되는데, 이는 전위이동을 위해서 매우 높은 응력을 요구되기 때문이다. 냉각속도를 이용하여 강의 결정구조와 입자형상을 변화시키는 능력은 급냉후 재가열을 하는 템퍼(temper)처리와 함께 강합금의 물성을 광범위하게 변화시킬 수 있도록 해준다.

3.5 인장거동의 추이

서로 다른 재료들이 다양한 인장거동을 보인다. 주어진 조성의 재료에서 온도나 변형속도가 그러하듯이 여러 처리공정들이 인장물성에 영향을 미치게 된다.

3.5.1 여러 재료의 거동

공업용 금속의 강도와 연성은 광범위하게 변한다. 여러 금속들에 대한 인장시험에서 얻어진 재료물성들을 표 3.2에 나타내었다. 벌크상태에서 상대적으로 고강도를 갖는 폴리머는, 공업용 금속의 10% 정도 수준이며 탄성계수는 대개 3% 수준이다. 폴리머의 연성은 광범위하게 변하는데 취성거동을 보이기도 하고 연성거동을 보이기도 한다. 이러한 거동을 보이기 위해 상용 폴리머의 물성을 표 3.3에 나타내었다. 고무와 고무거동을 보이는 폴리머(탄성중합체)는 매우 낮은 탄성계수와 상대적으로 낮은 강도를 가지며 월등한 연성을 보이기도 한다.

세라믹과 유리는 연성을 측정한다는 것이 의미가 없을 정도로 취성거동을 보인다. 인장시 강도는 일반적으로 금속보다 낮지만 폴리머보다는 높다. 세라믹의 탄성계수는 상대적으로 높으며 일부 금속들보다도 높다. 금속과 폴리머와 달리 세라믹의 강도는 일반적으로 파괴강도를 의미한다. 세라믹은 취성이 매우 크므로 일축인장시험을 통한 시험이 어렵기 때문에 3점 또는 4점 굽힘시험을 실시한다. 이러한 시험은 압축시험과 마찬가지로 후속 장에서 다루기로 한다. 유리섬유에 대한 경우는 제외하고, 표 3.4에 굽힘 시험과 암석(rock)시료의 인장을 위해 사용하는 특수 디스크(disc)시험을 통해 얻은 탄성계수와 인장강도를 나타내었다.

복합재료는 상반된 물성을 갖는 두 가지 다른 재료를 조합하여 얻은 재료이다. 예를 들면, 연성기지에 단단한 입자가 첨가되면 강성과 강도가 증가하게 되지만 연성은 감소하는데 첨가량이 늘어날수록 그 정도가 심해진다. 장섬유는 정성적으로 유사한 효과를 보이며, 섬유가 많이 배열된 방향과 평행하게 하중이 가해지면 강성과 강도가 특히 증가한다. 위스커나 짧게 쪼개진 섬유는 입자형과 장섬유의 중간 정도의 효과를 보인다. 표 3.4에 알루미늄 합금에 다양한 SiC 강화제를 첨가한 효과를 통해 이러한 거동을 보였다.

그림 3.15와 그림 3.16에 일부 금속의 응력-변형곡선을 나타내었다. 그림 3.15는 강에서의 다른 거동을 그림 3.16은 세 가지 알루미늄 합금의 거동을 보이고 있다. 그림 3.11에 보인 회주철이나 그림 3.15의 급냉시킨 강과 같이, 낮은 연성을 갖는 금속의 인장 응력-변형곡선은 제한된 곡률을 보이며 파단 전에 응력의 강하가 나타나지 않는다.

그림 3.17에 세 가지 연성 폴리머에 대한 인장 응력-변형곡선을 나타내었다. 이 곡선은 그림 3.6에 보인 시험편으로부터 구한 것이다. 시험초기에 나타나는 상대적 최대응력은 폴리머에서 흔한 거동이

표 3.2 대표적 금속의 인장물성

Material	Elastic Modulus E	0.2% Yield Strength σ_o	Ultimate Strength σ_u	Elongation[1] $100\varepsilon_f$	Reduction in Area $\%RA$
	GPa (10^3 ksi)	MPa (ksi)	MPa (ksi)	%	%
Ductile cast iron A536 (65-45-12)	159 (23)	334 (49)	448 (65)	15	19.8
AISI 1020 steel as rolled	203 (29.4)	260 (37.7)	441 (64)	36	61
ASTM A514, T1 structural steel	208 (30.2)	724 (105)	807 (117)	20	66
AISI 4142 steel as quenched	200 (29)	1619 (235)	2450 (355)	6	6
AISI 4142 steel 205°C temper	207 (30)	1688 (245)	2240 (325)	8	27
AISI 4142 steel 370°C temper	207 (30)	1584 (230)	1757 (255)	11	42
AISI 4142 steel 450°C temper	207 (30)	1378 (200)	1413 (205)	14	48
18 Ni maraging steel (250)	186 (27)	1791 (260)	1860 (270)	8	56
SAE 308 cast aluminum	70 (10.2)	169 (25)	229 (33)	0.9	1.5
2024-T4 aluminum	73.1 (10.6)	303 (44)	476 (69)	20	35
7075-T6 aluminum	71 (10.3)	469 (68)	578 (84)	11	33
AZ91C-T6 cast magnesium	40 (5.87)	113 (16)	137 (20)	0.4	0.4

Note: [1]Typical values from [Boyer 85] are listed in most cases.
Sources: Data in [Conle 84] and [SAE 89]

며 이것은 그림 3.6의 HDPE에서 일어나는 독특한 네킹거동도 이러하다. 초기의 상대적 최대강도에 도달하게 되면 네킹이 시작되며 네킹이 시험편 길이를 통해 전파되지만, 그림 3.10에 보인 바와 같이 네킹공정이 시작되어도 네킹부에서의 직경은 거의 일정하게 유지된다. 이러한 거동은 초기 비결정질 또는 결정질 구조가 당겨지면서 거의 선형적이고 평행한 배열을 만드는 것에 기인한다.

나일론101과 같은 다른 종류의 폴리머는 금속과 유사한 네킹거동을 보인다. 또 다른 형태의 거동이 테프론(PTFE)에서 관찰된다. 이 재료는 필라멘트에 의해 연결된 다수의 작은 티어(tears)에 의해 일어나는 상당량의 변형, 즉 크레이징(crazing)이라 불리는 공정을 거친 후 네킹없이 파단을 일으킨다. 아크릴(PMMA)과 같은 일부 폴리머는 취성거동을 보이며 파괴까지 응력-변형곡선이 선형적으로 증가하는 형태를 보인다.

표 3.3 대표적 폴리머의 상온 기계적 물성

Material	Tensile properties[2] Modulus E	Yield σ_o	Fracture σ_f	Elong. $100\varepsilon_f$	Izod Energy[3]	Heat Defl. Temp.
	GPa (10^3 ksi)	MPa (ksi)	MPa (ksi)	%	J/m (ft·lb/in)	°C
ABS, medium impact	2.1–2.8 (0.3–0.4)	34–50 (5–7.2)	38–52 (5.5–7.5)	5–60	160–510 (3–9.6)	90–104
ABS, 30% glass fibers	6.9–8.3 (1–1.2)	—	90–110 (13–16)	1.5–1.8	64–69 (1.2–1.3)	102–110
Acrylic, PMMA	2.3–3.2 (0.33–0.47)	54–73 (7.8–10.6)	48–72 (7–10.5)	2–5.5	11–21 (0.2–0.4)	68–100
Epoxy, cast	2.4 (0.35)	—	28–90 (4–13)	3–6	11–53 (0.2–1)	46–290
Phenolic, cast	2.8–4.8 (0.4–0.7)	—	34–62 (5–9)	1.5–2	13–21 (0.24–0.4)	74–79
Nylon 6, dry	2.6–3.2 (0.38–0.46)	90 (13)	41–165 (6–24)	30–100	32–120 (0.6–2.2)	68–85
Nylon 6, 33% glass fibers	8.6–11 (1.25–1.6)	—	165–193 (24–28)	2.2–3.6	110–180 (2.1–3.4)	200–215
Polycarbonate PC	2.4 (0.345)	62 (9)	63–72 (9.1–10.5)	110–150	110–960 (2–18)	121–132
Polyethylene LDPE	0.17–0.28 (0.025–0.041)	9–14.5 (1.3–2.1)	8.3–32 (1.2–4.6)	100–650	No break	40–44
Polyethylene HDPE	1.08 (0.157)	26–33 (3.8–4.8)	22–31 (3.2–4.5)	10–1200	21–210 (0.4–4)	79–91
Polystyrene PS	2.3–3.3 (0.33–0.48)	—	36–52 (5.2–7.5)	1.2–2.5	19–24 (0.35–0.45)	76–94
Polystyrene HIPS	1.1–2.6 (0.16–0.37)	14.5–41 (2.1–6)	13–43 (1.9–6.2)	20–65	53–370 (1–7)	77–96
Rigid PVC	2.4–4.1 (0.35–0.6)	41–45 (5.9–6.5)	41–52 (5.9–7.5)	40–80	21–1200 (0.4–22)	60–77

Notes: [1]Properties vary considerably; values are ranges from *Modern Plastics Encyclopedia* [Kaplan 95] pp. B-146 to 206. [2]The ultimate strength σ_u is the higher of σ_o or σ_f. [3]Energy per unit thickness is tabulated.

3.5.2 온도와 변형속도의 효과

시간의존적인 변형인 크리프가 일어나는 온도영역에서 재료를 시험하면 크리프로 인한 변형이 비탄성 변형에 기여하게 된다. 만약 시험속도가 늦을 수록 크리프 변형이 축적될 시간을 더욱 많이 제공해주므로 크리프 변형량이 증가한다. 따라서 일정 변형속도, $\dot{\varepsilon}= d\varepsilon/dt$에서 시험하는 것이 중요하며 시험결과와 함께 이 값을 기록해 준다.

폴리머의 경우 2장을 참고해 보면, 특별한 폴리머의 유리천이온도, T_g 이상에서 크리프 효과가 특

표 3.4 선별된 유리, 공업용 세라믹, 자연석의 물성

Ceramic	Melting Temp.	Density	Elastic Modulus	Typical Strength	
	T_m °C	ρ g/cm^3	E GPa	σ_u, MPa (ksi)	
	(°F)	(lb/ft^3)	(10^3 ksi)	Tension	Compression
Soda-lime glass	730 (1350)	2.48 (155)	74 (10.7)	≈ 50 (7)	1000 (145)
Type S glass (fibers)	970 (1780)	2.49 (155)	85.5 (12.4)	4480 (650)	—
Zircon porcelain	1567 (2850)	3.60 (225)	147 (21.3)	56 (8.1)	560 (81)
Magnesia, MgO	2850 (5160)	3.60 (225)	280 (40.6)	140 (20.3)	840 (122)
Alumina, Al_2O_3 (99.5% dense)	2050 (3720)	3.89 (243)	372 (54)	262 (38)	2620 (380)
Zirconia, ZrO_2	2570 (4660)	5.80 (362)	210 (30.4)	147 (21.3)	2100 (304)
Silicon carbide, SiC (reaction bonded)	2837 (5140)	3.10 (194)	393 (57)	307 (44.5)	2500 (362)
Boron carbide, B_4C	2350 (4260)	2.51 (157)	290 (42)	155 (22.5)	2900 (420)
Silicon nitride, Si_3N_4 (hot pressed)	1900 (3450)	3.18 (199)	310 (45)	450 (65)	3450 (500)
Dolomitic limestone (Hokie stone)	—	2.79 (174)	69.0 (10.0)	19.2 (2.79)	283 (41.0)
Westerly granite	—	2.64 (165)	49.6 (7.20)	9.58 (1.39)	233 (33.8)

Notes: Data are for materials in bulk form except for type S glass. Temperatures given for the two forms of glass correspond to softening, with complete melting occurring above this.
Source: Data in [Farag 89] p. 510, [Ashby 06] p. 180, [Coors 89], [Gauthier 95] p. 104, [Karfakis 90], [Musikant 90] p. 24, and [Schwartz 92] p. 2.75.

별히 크다. 실온부근 또는 이하의 T_g값을 갖는 경우가 흔하므로 많은 폴리머들이 큰 크리프 효과를 보인다. 이러한 재료의 인장시험시 변형속도의 효과에 주의를 기울여야 하며, 한 가지 이상의 변형속도로 인장거동을 평가하는 것이 유용하다.

금속과 세라믹의 경우, 0.3~0.6T_m(절대온도 기준) 부근의 온도에서 크리프 효과가 중요해진다. 따라서 저융점 금속의 경우에는 실온에서도 크리프 변형이 일어날 수 있다. 변형속도 또한 실온에서 세라믹의 인장거동에 영향을 미칠 수 있겠지만 크리프와 관련 없는 전혀 다른 이유, 즉 습기의 해로운 효과로 인한 시간의존적 균열이 영향을 미치기도 한다.

표 3.5 6061-T6 알루미늄 기지 내 SiC 강화제의 인장물성

Reinforcement[1]	Modulus E GPa (10^3 ksi)	0.2% Yield σ_o MPa (ksi)	Ultimate σ_u MPa (ksi)	Elongation $100\varepsilon_f$ %
None	69 (10)	275 (40)	310 (45)	12
Particles, 20%	103 (15)	414 (60)	496 (72)	5.5
Particles, 40%	145 (21)	448 (65)	586 (85)	2
Whiskers, 20%	110 (16)	382 (55)	504 (73)	5
Fibers, 47%, 0°	204 (29.6)	—	1460 (212)	0.9
Fibers, 47%, 90°	118 (17.1)	—	86.2 (12.5)	0.1
Fibers, 47%, 0°/90°	137 (19.8)	—	673 (98)	0.9
Fibers, 47%, 0°/ ± 45°/90°	127 (18.4)	—	572 (83)	1.0

Note: [1]Volume percentage is given. For fibers, angles are orientations relative to the tensile axis. For the last two cases, there are equal numbers of fibers at each angle given. Fiber properties are $E = 400$ GPa and $\sigma_u = 3950$ MPa.
Source: Data in [ASM 87] pp. 858–901.

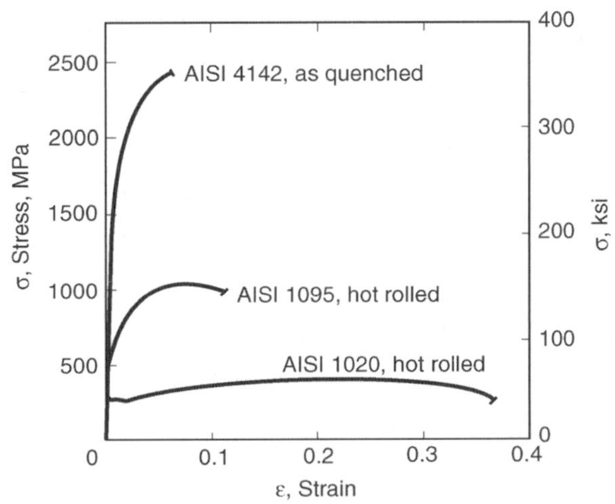

그림 3.15 인장시험을 통한 세 가지 강종의 공칭응력-변형곡선

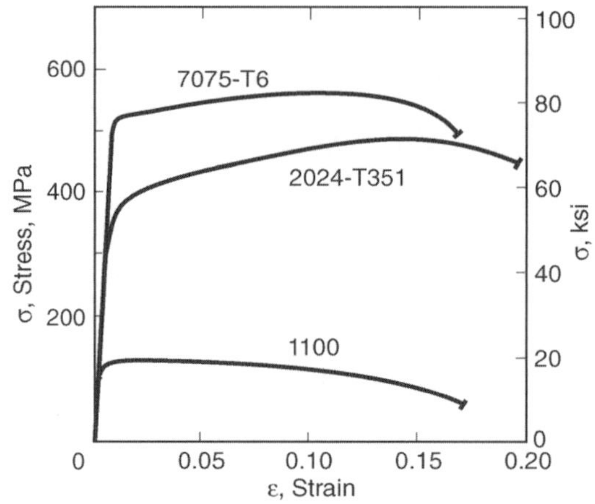

그림 3.16 인장시험을 통한 세 가지 알루미늄 합금의 공칭응력-변형곡선

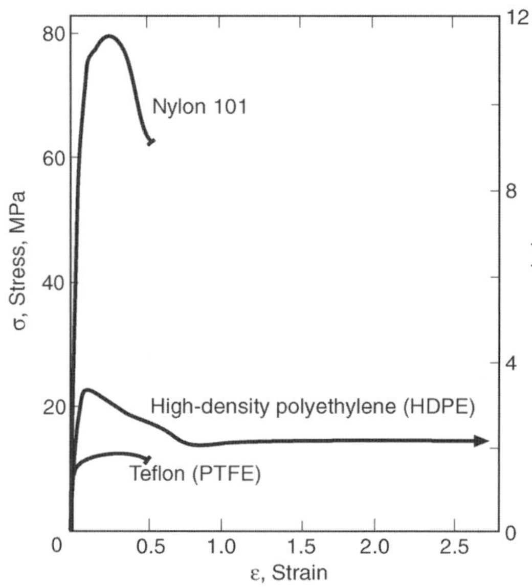

그림 3.17 인장시험을 통한 세 가지 폴리머의 공칭응력-변형곡선

금속의 경우, 실온에서도 크리프로 인한 변형속도 효과가 있을 수 있으나 정도가 미미하다. 예를 들어, 그림 3.18은 구리에 대한 데이터인데 이 경우, 실온에서 $\dot{\varepsilon} = 1.0s^{-1}$까지 변형속도를 10배씩 증가시킬 때마다 실온에서의 인장강도가 약 3.5% 정도 증가한다. 고온에서는 크리프 효과가 중요해지므로 상대적으로 변형속도 효과가 증가한다. 또한 온도가 올라감에 따라 강도가 현저히 감소하며 특히 용융온도 $T_m = 1085$℃에 근접할 수록 강도가 크게 감소한다.

크리프와 관련한 변형속도 효과를 일으킬 수 있는 온도영역에 있는 재료의 인장물성에 다음과 같은 일반론이 적용된다: (1) 주어진 온도에서 변형속도의 증가는 강도를 증가시키는 반면 연성을 감소시킨다. (2) 주어진 변형속도에서 온도의 감소는 정성적으로 동일한 효과를 보이게 되어 강도를 증가시키고 연성을 감소시킨다.

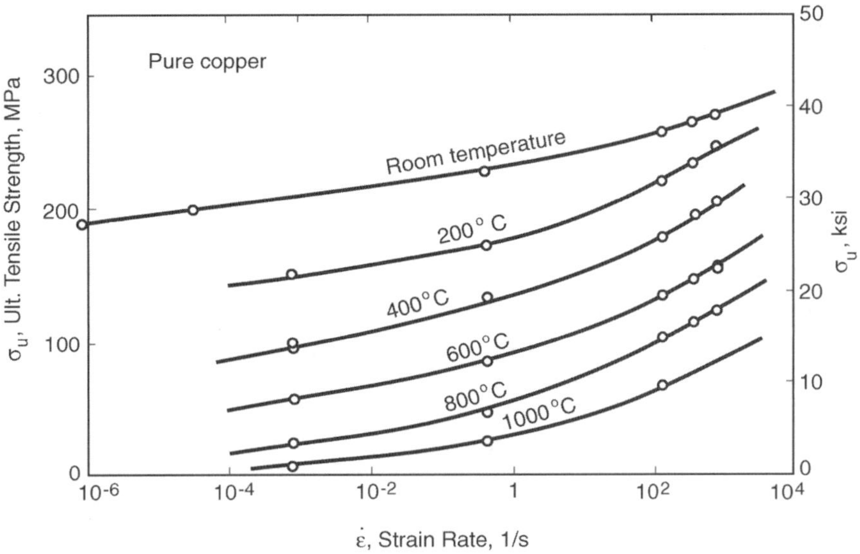

그림 3.18 변형률 속도가 여러 온도에서 시험된 구리의 최대인장강도에 미치는 효과(출처: [Nadai 41])

3.6 인장시험의 진응력-변형 거동

인장시험의 결과를 진응력(true stress)과 진변형(true strain)으로 분석하면 유용하다. 공칭응력과 공칭변형은 시험편의 치수변형이 적은 경우, 즉 변형이 적을 때 적합하다. 연성재료의 경우, 인장시험에서 구한 진응력과 변형곡선은 공칭응력-변형곡선과 현저한 차이를 보인다. 그림 3.19에 그 예를 나타내었다.

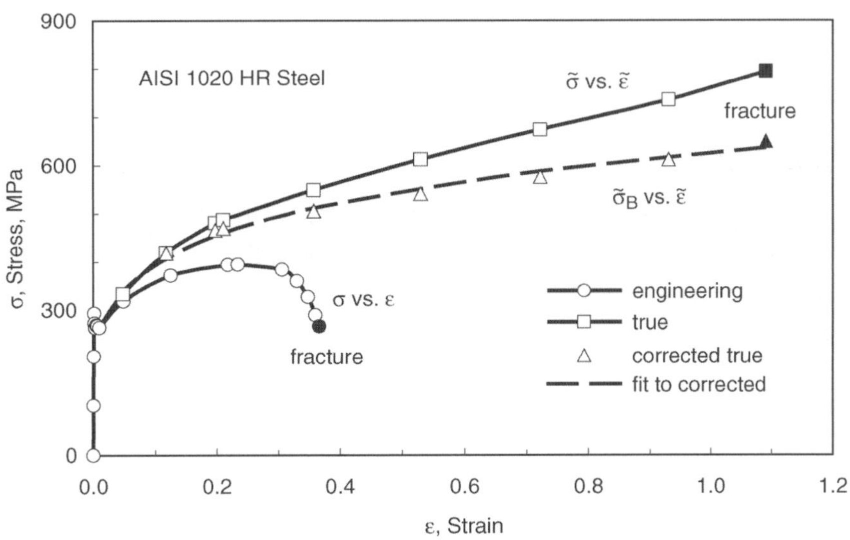

그림 3.19 열간 압연된 AISI 1020강의 인장시험에서 얻은 진변형-응력곡선 및 공칭변형-응력곡선

3.6.1 진응력과 변형의 정의

진응력은 하중 P를 초기 단면적 A_i이 아닌 변형순간의 단면적 A로 나눈 것이다. 즉, 변형순간의 단면적 A와 하중 P를 이용하여 진응력 $\tilde{\sigma}$를 계산하거나 공칭응력을 이용하여 계산할 수 있다.

$$\tilde{\sigma} = \frac{P}{A}, \qquad \tilde{\sigma} = \sigma\frac{A_i}{A} \qquad \text{(a, b)} \tag{3.12}$$

인장이 진행됨에 따라 면적 A가 줄어들므로 진응력은 공칭응력에 비해 계속해서 증가하게 된다. 또한 공칭응력-변형에서는 네킹점에서의 급격한 단면적 감소로 인해 최대인장강도를 지나면서 응력이 감소하지만, 진응력-변형에서는 그림 3.19에 보인 바와 같이 최대인장강도(네킹점)을 지나서도 응력의 하강을 보이지 않는다.

진응력의 경우, 인장시 순시적인 길이 L_1, L_2, L_3, …에 대한 연신 증분량, ΔL_1, ΔL_2, ΔL_3, …을 측정하면 전체 변형량을 구할 수 있다.

$$\tilde{\varepsilon} = \frac{\Delta L_1}{L_1} + \frac{\Delta L_2}{L_2} + \frac{\Delta L_3}{L_3} + \cdots = \sum \frac{\Delta L_j}{L_j} \tag{3.13}$$

여기서 ΔL은 이러한 ΔL_j의 합이다. 만약 ΔL_j가 무한히 많다고 하면, 즉 ΔL이 매우 미세한 단계로 나누어진다면 앞의 합계는 적분값과 동일해지므로 진변형은 다음과 같이 정의된다.

$$\tilde{\varepsilon} = \int_{L_i}^{L} \frac{dL}{L} = \ln\frac{L}{L_i} \tag{3.14}$$

여기서 $L = L_i + \Delta L$이 최종길이가 된다. 공칭응력 $\varepsilon = \Delta L / L_i$는 진변형 $\tilde{\varepsilon}$ 사이에 다음의 관계가 성립한다.

$$\tilde{\varepsilon} = \ln\frac{L_i + \Delta L}{L_i} = \ln\left(1 + \frac{\Delta L}{L_i}\right) = \ln(1+\varepsilon) \tag{3.15}$$

3.6.2 체적일정 가정

연성거동을 보이는 재료의 경우, 항복점 이상의 많은 변형을 가해주게 되면 축적되는 변형의 대부분은 비탄성 변형이다. 소성변형과 크리프 변형은 체적변화에 영향을 미치지 않으며, 인장시험시 탄성변형과 관련한 적은 변형만이 체적변화와 관련된다. 따라서 체적이 일정하다고 가정하는 것이 합리적이다.

$$A_i L_i = AL \tag{3.16}$$

따라서

$$\frac{A_i}{A} = \frac{L}{L_i} = \frac{L_i + \Delta L}{L_i} = 1 + \varepsilon \tag{3.17}$$

식 3.12(b)와 식 3.14를 치환하면 진응력과 진변형에 대한 두 식을 얻게 된다.

$$\tilde{\sigma} = \sigma\,(1+\varepsilon) \tag{3.18}$$

$$\tilde{\varepsilon} = \ln\frac{A_i}{A} \tag{3.19}$$

초기직경 d_i와 최종직경 d의 원형 단면을 갖는 부재에 대한 진변형을 계산하기 위한 최종 식은 다음과 같다.

$$\tilde{\varepsilon} = \ln\frac{\pi d_i^2/4}{\pi d^2/4} = 2\ln\frac{d_i}{d} \tag{3.20}$$

식 3.17 ~ 3.20은 체적이 일정하다는 가정에서 얻는 식들이므로 탄성변형에 비해 비탄성(소성과 크리프) 변형이 크지 않을 경우에는 정확하지 않을 수 있다. 식 3.15에서 얻어진 진변형은 공칭변형에 비해 다소 작긴하지만 네킹이 시작되면, 빠르게 줄어드는 단면적 A가 식 3.19를 통해 반영되게 되므로 그림 3.19에 보인 바와 같이 진응력이 공칭응력에 비해 많이 증가한다.

3.6.3 진응력-변형식의 한계

그림 3.20에 공칭응력-변형과 진응력-변형을 계산하기 위한 다양한 수식에 대한 적용성을 요약하여 나타내었다. 먼저, 공칭응력-변형은 식 3.1과 3.2를 이용하여 계산할 수 있다. 원형단면의 직경으로부터 면적을 바로 알아낼 수 있다면 식 3.12를 통해 진응력을 구할 수 있다.

일단 공칭 인장응력점에서 네킹이 시작되면, 공칭 변형은 불균일한 변형영역에서의 변형값의 평균에 해당한다. 따라서 이 값은 최대변형을 반영하지 못하므로 진응력-변형을 계산하기에 적합하지 않다. 따라서 식 3.15와 식 3.18은 네킹점을 넘어서는 구간에서는 유효하지 않다. 이 구간에서는, 가변적인 네킹부의 최소지름의 측정을 통해 계산된 최소단면적으로 진응력과 변형을 구할 수 있다.

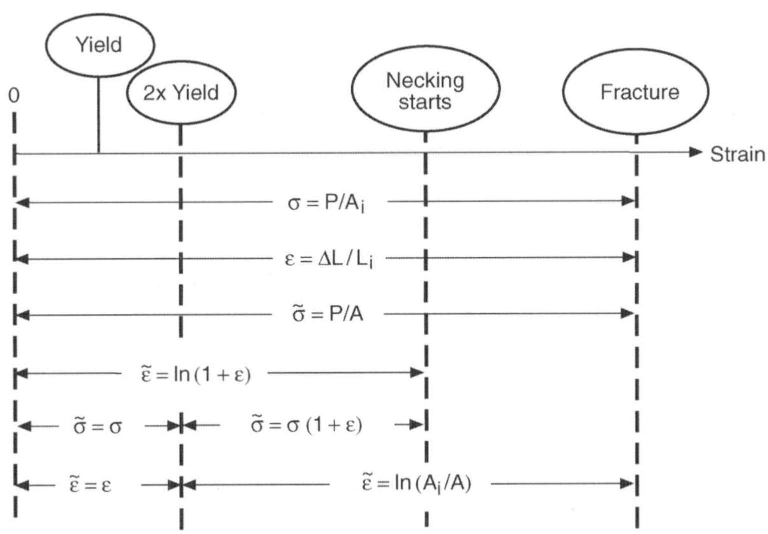

그림 3.20 인장시험에서 얻어진 응력과 변형관련 여러 식들과 그 적용한계

따라서 식 3.12와 식 3.19만이 네킹이 시작되는 최고응력점 이후에도 적용 가능하다.

또한 식 3.18은 체적이 일정하다는 가정에 의해 한정된다. 따라서 진응력으로의 변환이 항복강도 또는 그 이하의 응력하에서 일어나는 작은 변형에서는 부정확하다. 그림 3.20에 오프셋 항복강도에서의 변형(ε_o)의 2배에 해당하는 $2\varepsilon_o$가 임의의 한계값으로 제시되었다(ε_o는 그림 3.12(a)에 정의). 이 한계값 이하에서는 진응력과 공칭응력 사이의 차이가 작아서 두 값은 동일하다고 간주할 수 있다. 식 3.19와 3.20에도 유사한 제한이 적용될 수 있으나 모든 변형영역에서 유효한 것으로 간주한다.

3.6.4 네킹으로 인한 삼축응력의 보정

네킹이 크게 진행되는 시험 후반부에서의 인장결과는 해석하기가 쉽지 않다. 1944년 P.W.Bridgman은 네킹이 진행되면 네킹부의 원주를 따라 인장성의 원주응력이 발생한다고 하였다. 응력상태가 더 이상 단일축이 아니므로 재료거동이 영향을 받게 된다. 특히 축방향 응력이 원주응력이 발생하기 전보다 더욱 증가하게 된다(이것은 소성변형에 의한 것임. 13장 참조).

Bridgman에 의해 개발된 경험 곡선에 근거하여 강에 대한 보정을 가할 수 있다. 그림 3.21에 1944년에 발표한 Bridgman 논문의 곡선과 1952년에 개선시킨 곡선을 나타내었다. 측정된 면적 또는 직경에 기반하여 식 3.19나 식 3.20로 구한 진변형, $\tilde{\varepsilon}$에 대해 곡선으로 나타내었으며, 수정계수, B값은 아래와 같이 사용되었다.

$$\tilde{\sigma}_B = B\tilde{\sigma} \tag{3.21}$$

여기에서 $\tilde{\sigma}$는 식 (3.12)를 이용하여 면적으로 구한 진응력이며, $\tilde{\sigma}_B$는 수정된 진응력이다. $x = \log_{10}\tilde{\epsilon}$ 라 두고, 두 가지 Bridgman곡선을 근사식으로 아래의 식으로 나타내었다.

$$B = 0.0684x^3 + 0.0461x^2 - 0.205x + 0.825 \qquad \text{(1944 curve)} \tag{3.22}$$

$$B = 0.122x^4 + 0.162x^3 - 0.0711x^2 - 0.259x + 0.852 \qquad \text{(1952 curve)} \tag{3.23}$$

각각의 식은 $0.1 < \tilde{\varepsilon} < 3.0$구간에서 적용된다.

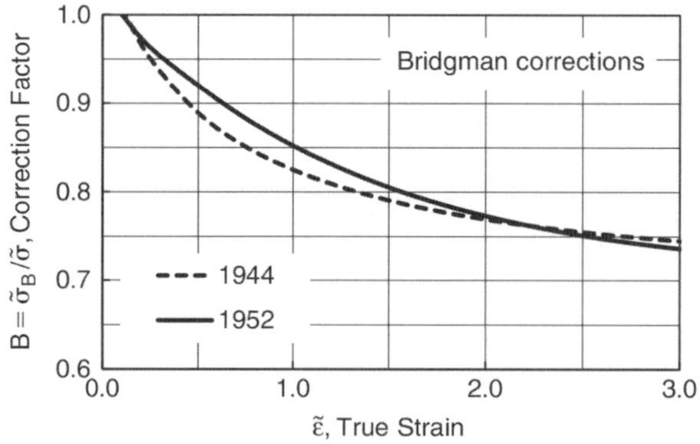

그림 3.21 네킹으로 인한 삼축응력 효과를 반영한 진응력 수정계수 Bridgman곡선

Bridgman은 자신의 연구결과를 강에만 국한하진 않았지만, 그의 보정은 주로 강에만 적용 가능한 것으로 여겨졌다. Bridgman 책과 Marshal과 Shaw가 1952년 발표 논문에서 기술하였듯이, 모든 금속에 적용이 가능한 보다 근원적인 접근을 위해서는 네킹 프로파일 반경의 측정을 통한 보정에 기반하여야 한다.

최근에, Mirone과 그 동료들은 진응력에 대한 보정문제를 재검토하였다. 2004년 논문에서 새로운 보전방법을 제안하였는데 여기에서 보정이 네킹후의 변형, $(\tilde{\varepsilon}-\tilde{\varepsilon}_u)$에 크게 의존한다고 하였다. 여기서 $\tilde{\varepsilon}_u$는 최고 인장강도점에서 네킹이 시작되는 시점의 진변형을 말한다. 그림 3.22에 나타낸 보정곡선은 $\tilde{\varepsilon} \geq \tilde{\varepsilon}_u$ 경우에 적용되는 다항식으로 나타내어진다.

$$M = \frac{\tilde{\sigma}_M}{\tilde{\sigma}} = 1 - 0.6058(\tilde{\varepsilon} - \tilde{\varepsilon}_u)^2 + 0.6317(\tilde{\varepsilon} - \tilde{\varepsilon}_u)^3 - 0.2107(\tilde{\varepsilon} - \tilde{\varepsilon}_u)^4 \tag{3.24}$$

보정된 진응력은 $\tilde{\sigma}_M = M\tilde{\sigma}$을 적용하여 보정되지 않은 값 $\tilde{\sigma}$ 로 부터 얻는다. 수식에 사용할 진변형 $\tilde{\varepsilon}$ 는 식 3.19나 식 3.20을 이용하여 면적이나 직경의 측정을 통해 얻는다.

원형 단면을 가정하면, $\tilde{\varepsilon}_u$ 는 최고 인장강도점에서의 직경 d_u를 측정하여 계산하며, 이것이 불가능하면, 최대 인장 점에서의 공칭변형으로 구할 수 있다.

$$\tilde{\varepsilon}_u = 2\ln\frac{d_i}{d_u}, \quad \text{or} \quad \tilde{\varepsilon}_u = \ln(1+\varepsilon_u) \qquad \text{(a, b)} \tag{3.25}$$

식 3.24는 강, 알루미늄 합금, 구리합금을 포함한 광범위한 금속에 대해 $(\tilde{\varepsilon}-\tilde{\varepsilon}_u) \leq 1.0$ 범위에서 분석과 실험데이터를 이용하여 구했다. 이 이상에서는 정확도가 낮아져 $(\tilde{\varepsilon}-\tilde{\varepsilon}_u) = 1.1$ 이상은 적용하지 않았다.

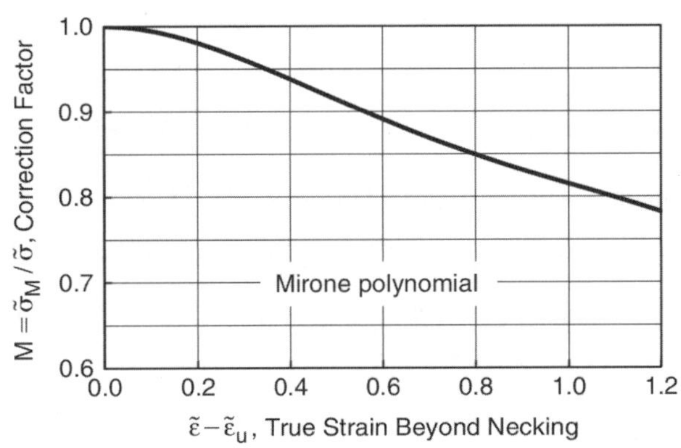

그림 3.22 Mirone polynomial의 수정계수 곡선

예제 3.2

표 E3.1에 나타낸 AISI 열간압연강의 인장시험 결과에 대해,

(a) 진응력-변형을 계산하고 진응력-변형 곡선을 그려라.

(b) 수정된 진응력을 계산하고 결과로 얻은 응력-변형 곡선을 그려라.

【풀이】 (a) 표 E3.1(b)의 두 번째와 세 번째 열에 요구한 계산결과를 나타내었고 그림 3.18에 $\tilde{\sigma}$와 $\tilde{\varepsilon}$에 대한 곡선을 그렸다. 그림 3.19를 참조하면, 시험시작부터 최대인장강도를 나타내는 네킹점까지는 식 (3.15)를 이용하여 진응력을 계산한다. 또한 항복변형의 2배보다 낮은 변형까지는 진응력은 공칭응력과 동일한 것으로 볼 수 있다. 그림 E3.1(b)로부터 σ_o점에서의 항복변형은 $\varepsilon_o = 0.0033$이다. 따라서 $\varepsilon < 2\varepsilon_o = 0.0066$ 범위에서는 별도의 수정을 가하지 않았는데, 이 점은 표 E3.1에 나타낸 짧은 수평선 이상에 해당한다. 항복변형의 2배보다 높은 변형에서 최고 인장강도점까지는 식 (3.18)을 이용한다. 예를 들어 $P = 24.25\text{kN}$에 해당하는 데이터의 경우,

$$\tilde{\varepsilon} = \ln(1+\varepsilon) = \ln(1+0.1250) = 0.1178,$$

$$\tilde{\sigma} = \sigma(1+\varepsilon) = 372.0\,(1+0.1250) = 418.5\,\text{MPa}$$

최고 인장강도점을 넘어선 영역(즉, 표 E3.1에 나타낸 낮은 수평선 이하에 해당) 에서는 변화하는 직경을 고려한 식을 사용해야만 한다. 따라서 진응력을 구하기 위한 식 (3.12)(a) 또는 (b), 그리고 진변형을 구하기 위한 식 (3.19) 또는 (3.20)을 필요로 한다. 예를 들어 $P = 21.35\text{kN}$에 해당하는 데이터의 경우,

$$\tilde{\varepsilon} = 2\ln\frac{d_i}{d} = 2\ln\frac{9.11\text{mm}}{6.35\text{mm}} = 0.7218,$$

$$\tilde{\sigma} = \frac{P}{A} = \frac{P}{\pi d^2/4} = \frac{4\,(21{,}350\text{N})}{\pi(6.35\text{mm})^2} = 674.2\text{MPa}$$

비슷한 계산과정을 거쳐 표 E3.1의 이 구간 $\tilde{\sigma}$와 $\tilde{\varepsilon}$를 구한다.

(b) 식 (3.24)위 Milone 다항식을 통해 구한 수정 진응력 $\tilde{\sigma}_M$를 표 E3.1(b)의 네 번째 열에 나타내었고, 그림 3.19에 $\tilde{\sigma}_M$와 $\tilde{\varepsilon}$에 대한 곡선을 그렸다. d_u를 측정하지 않았으므로 식 3.25(b)를 통해 최고 인장강도점에서의 진변형을 구했으며, 표 E3.1(b)에 나타낸 값을 적용하면

$$\tilde{\varepsilon}_u = \ln(1+\varepsilon_u) = \ln(1+0.2340) = 0.2103$$

이러한 보정은 최고 인장강도점 이상에서만 필요하며 이는 표 E3.1에 나타낸 낮은 수평선 이하에 해당한다. 예를 들면, 표에서 P=21.35kN에 해당하는 선에 대해

$$(\tilde{\varepsilon} - \tilde{\varepsilon}_u) = 0.7218 - 0.2103 = 0.5116$$

따라서 보정된 진응력은

$$M = 1 - 0.6058(\tilde{\varepsilon} - \tilde{\varepsilon}_u)^2 + 0.6317(\tilde{\varepsilon} - \tilde{\varepsilon}_u)^3 - 0.2107(\tilde{\varepsilon} - \tilde{\varepsilon}_u)^4 = 0.9116$$

$$\tilde{\sigma}_M = M\tilde{\sigma} = 0.9116 \times 674.2 = 614.6MPa$$

비슷한 계산과정을 거쳐 표 E3.1의 나머지 $\tilde{\sigma}_M$를 구한다. 수정된 진응력은 수정 전에 비해 항상 작게 나타난다.

3.6.5 진응력-변형 곡선

금속의 진응력-변형곡선에서, 항복이후 응력과 소성변형거동이 식 (3.23)에 보인 멱승적 관계(power relationship)식을 따르는 경우가 있다.

$$\tilde{\sigma} = H\,\tilde{\varepsilon}_p^n \tag{3.26}$$

이 식을 이용하기 위해서는, 먼저 진 소성변형 응력을 $\tilde{\varepsilon}_p = \tilde{\varepsilon} - \tilde{\sigma}/E$ 울 통해 총 연신으로부터 계산할 필요가 있다. 응력과 소성변형을 log-log 좌표로 나타내면 위 식은 직선으로 나타난다. 직선의 기울기 n을 변형경화지수(strain hardening exponent) 라고 한다. 강도계수(strength coefficient) H는 $\tilde{\varepsilon}_p = 1$일 때의 절편이다. 네킹 이후의 큰 변형에서는 Bridgman인자를 이용하여 수정된 진응력을 식 (3.26)에 적용하여야 한다.

$$\tilde{\sigma}_M = H\,\tilde{\varepsilon}_p^n \tag{3.27}$$

예제 3.1과 3.2에 나타낸 AISI 1020강의 진응력과 진 소성변형을 log-log 좌표로 그림 3.21에 나타내었다. $\tilde{\sigma}$와 $\tilde{\varepsilon}_p$ 데이터가 대변형 영역에서 위방향으로 직선을 벗어나지만 $\tilde{\sigma}_B$와 $\tilde{\varepsilon}_p$(수정) 데이터는 직선상에 놓이며 식 (3.27)에 보인 거동을 따른다.

총 변형량은 탄성변형과 소성변형을 합한 것이므로 식 3.27 을 소성변형으로 풀 수 있으며 소성변형에 탄성변형 $\tilde{\varepsilon}_e = \tilde{\sigma}_M/E$을 더하면 진응력과 총 진변형 $\tilde{\varepsilon}$의 관계를 얻을 수 있다:

$$\tilde{\varepsilon} = \tilde{\varepsilon}_e + \tilde{\varepsilon}_p, \qquad \tilde{\varepsilon} = \frac{\tilde{\sigma}_M}{E} + \left(\frac{\tilde{\sigma}_M}{H}\right)^{1/n} \tag{3.28}$$

이 형태를 Ramberg-Osgood 관계라 하며 13장에서 보다 자세히 다루게 된다. 식 (3.28)을 예제의 AISI 1020강의 값으로 나타내면 그림 3.19에 보인 점선을 얻게 된다. 이것은 수정된 데이터들이 이 재료의 비정상적인 상부/하부 항복영역을 넘어서는 모든 변형들을 잘 나타내고 있음을 의미한다. 응력-변형곡선이 부드럽게 연속상승하는 항복거동을 보이는 경우에 식 (3.28)은 모든 변형을 잘 표현해 주는 형태이다.

만약 인장시험시 단면적(직경)측정이 어려우면 식 (3.26)를 그대로 사용할 수도 있지만, 공칭 최대 강도점 이하의 데이터에 국한하여야 한다. 진응력과 진변형, $\tilde{\sigma}$와 $\tilde{\varepsilon}$는 식 (3.18)과 (3.15)로부터 계산할 수 있으며 Mirone 보정이 필요하지 않다. 이와 같은 최고 인장강도점까지 국한된 적용은 재료물성인 H와 n을 결정하기 위한 ASTM Standard No. E646에 적용되었다. 소성 변형보다 탄성 변형이 작은 경우, 이 방법은 소성변형대신 총변형으로 근사하는 것도 가능하며 $\tilde{\sigma} = H\tilde{\epsilon}^n$ 으로 나타낼 수 있다.

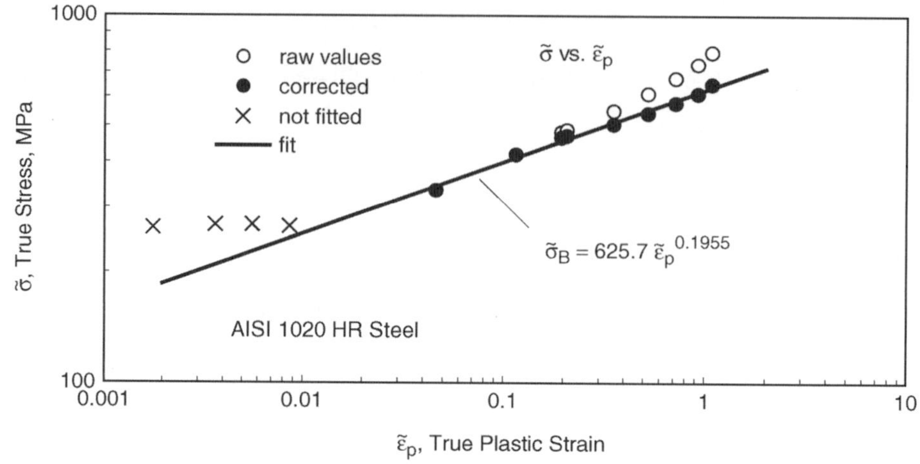

그림 3.23 열간 압연된 AISI 1020강의 진응력-진소성변형의 log-log 도표

3.6.6 진응력-변형 물성들

인장시험으로부터 얻는 추가적인 재료물성들을 진응력-변형에 근거하여 정의할 수 있다. 진파괴강도(true fracture strength, $\bar{\sigma}_f$)는 파단하중과 최종단면적으로부터 구하거나 또는 파단시 공칭응력으로부터 구한다.

$$\tilde{\sigma}_f = \frac{P_f}{A_f} = \sigma_f \left(\frac{A_i}{A_f}\right) \tag{3.29}$$

일반적으로 보정이 필요하므로, 이렇게 얻어진 값은 식 (3.21) 또는 식 (3.24)을 이용하여 $\tilde{\sigma}_{fB}$나 $\tilde{\sigma}_{fM}$로 변환해야 한다.

진파괴변형(true fracture strain, $\bar{\varepsilon}_f$)은 최종단면적이나 %단면 수축률로부터 구한다.

$$\tilde{\varepsilon}_f = \ln \frac{A_i}{A_f}, \qquad \tilde{\varepsilon}_f = \ln \frac{100}{100 - \%RA} \qquad \text{(a, b)} \tag{3.30}$$

두 번째 수식은 첫 번째 수식에서 나온 것이다. $\bar{\varepsilon}_f$는 파괴시 공칭변형(%elongation)만으로는 구할 수 없음을 알 수 있다.

진인성(true toughness, $\bar{u}_f$)은 진응력-변형곡선 파괴점까지의 아래면적이다. 재료가 매우 연하여 소성변형에 비해 탄성변형이 작을 때는 응력-변형곡선의 대부분이 소성변형 에너지에 해당한다. 소성변형과 총변형이 동일하다고 가정하면($\bar{\varepsilon}_p \approx \tilde{\varepsilon}$) 식 (3.27)을 $\tilde{\varepsilon}_M = H\tilde{\varepsilon}^n$로 바꾼다. 이러한 점에서 진인성은,

$$\tilde{u}_f = \int_0^{\tilde{\varepsilon}_f} \tilde{\sigma}_M \, d\tilde{\varepsilon} = H \int_0^{\tilde{\varepsilon}_f} \tilde{\varepsilon}^n d\tilde{\varepsilon} = \frac{H\tilde{\varepsilon}_f^{n+1}}{n+1} = \frac{\tilde{\sigma}_{fM}\tilde{\varepsilon}_f}{n+1} \tag{3.31}$$

진파괴(true fracture) 물성을 얻기 위한 최종면적 A_f 는 파괴 후 측정된 최종 직경 d_f 으로 구한다.

이것은 파괴 시점에서의 값을 사용하는 것이 근사적으로 더욱 정확하리라는 것을 의미한다. 그러나 파괴 시점에서의 값은 직접 측정하기가 어려워서 네킹영역을 연속 고해상도 비디오 이미징(continuous high-resolution video imaging)로 분석하는 것과 같은 특수한 방법이 요구된다.

파괴시 직경은 5장의 5.3절에 자세하게 다룬 개념을 적용하여 알아낼 수 있다. 파괴가 일어나게 되면 하중이 풀어지면서(unloading) 길이방향 탄성변형 $\tilde{\sigma}_{fM}/E$이 소멸된다. 여기서 $\tilde{\sigma}_{fM}$ 은 보정된 진파괴응력이다. 이것은 직경 변형(diametral strain)을 $\Delta d/d_f = \nu\tilde{\sigma}_{fM}/E$ 만큼 증가시킨다. 여기서 ν는 뽀아송 비(Poisso's ratio)로서 표 5.2에서 알 수 있듯이 금속의 경우 0.3의 값을 갖는다. 하중이 제거되는 동안의 직경 증가분을 치환해주면 파괴시 직경은 다음과 같다.

$$d_f' = d_f - \Delta d = d_f\left(1 - \nu\frac{\tilde{\sigma}_{fM}}{E}\right) \tag{3.32}$$

인장시험에서 구한 다양한 공칭응력-변형 및 진응력-변형 물성을 표 3.6에 분류별로 요약하였다. 공칭파단변형 ε_f과 %연신율은 동일한 양을 다르게 표현한 것이다. 또한 %RA와 $\bar{\varepsilon}_f$는 식 3.30(b)를 통해 서로 호환적으로 구할 수 있다. 강도계수 H는 응력-변형곡선의 대변형 영역에서의 진응력의 크기를 결정하며 강도의 척도로 볼 수 있으며, 변형경화지수 n은 진응력-변형곡선의 변형경화 속도에 대한 척도이다. 공업재료에서 $n = 0.2$ 이상이면 상대적으로 높은 것으로 간주하며 0.1 이하이면 낮은 것으로 본다. 구리나 니켈과 같은 순수 FCC 금속은 $n = 0.5$ 정도의 높은 값을 갖는데 상대적으로 낮은 항복강도, 높은 변형경화, 상당량의 연성, 높은 인장강도를 갖는다. 식 3.26의 형태처럼, 소성에 대한 멱승적 관계(power expression)를 사용함에 따른 흥미로운 결과는, $n = \bar{\varepsilon}_u$, 즉, 네킹 개시 시점에서 진 변형값이 변형경화지수와 같다는 것이다. n이 크다는 것은 네킹에 대한 재료의 저항으로서 소성변형의 능력을 의미하고 인장 불안정성(instability)에 대한 높은 저항성을 의미한다, $n = \bar{\varepsilon}_u$관계식은 Considere criterion으로 알려져 있다. (문제 3.23은 이 관계식을 다룬다.)

표 3.7에 나타낸 여러 가지 공업재료에 대한 진응력-변형을 나타내었다. 이 재료들은 표 3.2에 공칭물성으로 나타낸 재료와 동일한 재료들이다.

표 3.6 인장시험으로부터 얻을 수 있는 재료물성

Category	Engineering Property	True Stress–Strain Property
Elastic constants	Elastic modulus, E, E_t Poisson's ratio, ν	—
Strength	Proportional limit, σ_p Yield strength, σ_o Ultimate tensile strength, σ_u Engineering fracture strength, σ_f	True fracture strength, $\tilde{\sigma}_{fB}$ or $\tilde{\sigma}_{fM}$ Strength coefficient, H
Ductility	Percent elongation, $100\varepsilon_f$ Reduction in area, $\%RA$	True fracture strain, $\tilde{\varepsilon}_f$
Energy capacity	Tensile toughness, u_f	True toughness, $\tilde{u}_f$
Strain hardening	Strain hardening ratio, σ_u/σ_o	Strain hardening exponent, n

예제 3.3

표 E3.1에 나타낸 AISI 1020강의 인장시험 결과 얻어진 응력과 변형값을 이용하여 식 (3.27)의 상수 H와 n을 구하고 진파괴응력과 변형 $\tilde{\sigma}_{fM}$와 $\bar{\varepsilon}_f$도 구하라.

【풀이】 먼저 표 E3.1의 데이터로부터 진소성변형 $\tilde{\varepsilon}_p$를 구할 필요가 있으며 이 값은 총변형량에서 탄성변형을 빼준 값이다. 예를 들어, 표 E3.1에서 $P=21.35\text{kN}$에 해당하는 데이터의 경우,

$$\tilde{\varepsilon}_p = \tilde{\varepsilon} - \frac{\tilde{\sigma}_B}{E}, \quad \tilde{\varepsilon}_p = 0.7218 - \frac{4614.6\text{MPa}}{201,200\,\text{MPa}} = 0.7188$$

예제 3.1에서 $E=201,200\text{MPa}$이다. 상수 H와 n을 구하기 위해 식 (3.27)를 다음과 같이 나타낸다.

$$\log\tilde{\sigma}_B = n\log\tilde{\varepsilon}_p + \log H$$

이것은 $y=mx+b$의 직선형태이므로 $y=\log\tilde{\sigma}_B,\ x=\log\tilde{\varepsilon}_p$로 볼 수 있다.

따라서 n과 H는 m과 b로부터 구할 수 있다.

$$n=m, \quad b=\log H, \quad H=10^b$$

따라서 $\tilde{\sigma}_M$를 $\tilde{\varepsilon}_p$에 대해 log-log 좌표로 나타내면 직선의 기울기가 n이 되고 $\tilde{\varepsilon}_p=1$일 때의 절편이 $\tilde{\sigma}_M=H$가 된다. 이것을 그림 3.23에 나타내었다. 최소자승으로부터

$$m=n=0.2117 \quad \text{(답)}$$

$$b=2.82125, \quad H=10^b=662.6 \quad \text{(답)}$$

따라서 식은 $\tilde{\sigma}_M = 662.6\,\tilde{\varepsilon}_p^{\,0.2117}\text{MPa}$가 된다.

앞의 회귀식은 표 E3.1의 최종 9개의 데이터로부터 구한 것이다. 표 E3.1의 0이 아닌 처음 4개의 소성변형값은 매우 적은 값으로서 큰 의미가 없으며 나머지 4개의 데이터도 그림 3.23의 직선을 벗어나므로 이를 제외하였다.

따라서 진파괴응력과 변형은 파괴점에 해당하는 표 E3.1의 최종 데이터가 된다. 즉,

$$\tilde{\sigma}_{fM} = 663\text{MPa}, \quad \bar{\varepsilon}_f = 1.091 \quad \text{(답)}$$

【고찰】 식 3.32에서 얻어진 파괴시 직경을 적용하여 구한 진 파괴응력과 변형은

$$d'_f = d_f\left(1-\nu\frac{\tilde{\sigma}_{fM}}{E}\right) = (5.28\,\text{mm})\left(1-0.293\frac{663.1\text{MPa}}{201,200\text{MPa}}\right) = 5.257\,\text{mm}$$

여기서, E는 예제 3.1, ν는 표 5.2, 나머지는 표 E3.1의 최종 라인에서 알 수 있다. 조정된 직경을 적용하여 표 E3.1(b)의 최종 라인의 모든 진 응력-변형값을 재계산하였다.

각각의 경우에 이러한 값들은 표 E3.1(b)의 값들보다 약 0.2% 크므로 조정이 매우 작다는 것을 알 수 있다.

표 3.7 여러 금속의 진응력-변형 인장물성과 경도

Material	True Fracture Strength $\tilde{\sigma}_{fB}$ MPa (ksi)	True Fracture Strain $\tilde{\varepsilon}_f$	Strength Coefficient H MPa (ksi)	Strain Hardening Exponent n	Brinell Hardness[1] HB
Ductile cast iron A536 (65-45-12)	524 (76)	0.222	456 (66.1)	0.0455	167
AISI 1020 steel as rolled	713 (103)	0.96	737 (107)	0.19	107
ASTM A514, T1 structural steel	1213 (176)	1.08	1103 (160)	0.088	256
AISI 4142 steel as quenched	2580 (375)	0.060	—	0.136	670
AISI 4142 steel 205°C temper	2650 (385)	0.310	—	0.091	560
AISI 4142 steel 370°C temper	1998 (290)	0.540	—	0.043	450
AISI 4142 steel 450°C temper	1826 (265)	0.660	—	0.051	380
18 Ni maraging steel (250)	2136 (310)	0.82	—	0.02	460
SAE 308 cast aluminum	232 (33.6)	0.009	567 (82.2)	0.196	80
2024-T4 aluminum	631 (91.5)	0.43	806 (117)	0.20	120
7075-T6 aluminum	744 (108)	0.41	827 (120)	0.113	150
AZ91C-T6 cast magnesium	137 (20)	0.004	653 (94.7)	0.282	61

Note: [1]Load (force) 3000 kg for irons and steels, 500 kg otherwise; typical values from [Boyer 85] are listed in some cases.
Sources: Data in [Conle 84] and [SAE 89].

3.7 부품제조를 위한 재료선택

빔, 샤프트, 인장부재, 칼럼, 기계부품과 같은 공업용 부품은 너무 과하게 변형하거나 파단을 일으키지 않아야 한다. 동시에 가격과 중량도 기준을 초과하지 않아야 한다. 과다한 변형을 피하는 가장 기본적인 고려사항은 탄성변형으로 인한 휨을 제한하는 것이다. 주어진 부품형상과 가해진 하중 하에서 탄성변형에 대한 저항, 즉 재료의 강성은 탄성계수, E에 의해 결정된다. 강도측면에서 가장 기본적인 요구조건은 가해지는 응력이 재료의 항복강도(yield stress, σ_o)와 같은 한계강도를 초과하지 못하도록 하는 것이다.

공업용 부품은 일반적으로 성능과 관련하여 최대 허용 휨량과/또는 재료항복에 대한 안전계수 등과

표 3.8 선정용 예제와 문제에 필요한 선택된 공업재료

	(a) Materials Data				(b) Calculated Values				
Material	Modulus E, GPa	Strength σ_c, MPa	Density ρ, g/cm^3	Relative Cost, C_m	$\frac{\rho}{\sigma_c^{2/3}}$	Mass Rank	Radius r, mm	$\frac{C_m\rho}{\sigma_c^{2/3}}$	Cost Rank
Mild steel (AISI 1020)	203	260	7.9	1	0.194	8	5.81	0.194	2
Low-alloy steel (AISI 4340)	207	1103	7.9	3	0.0740	6	3.59	0.222	3
Aluminum alloy (7075-T6)	71	469	2.7	6	0.0447	5	4.77	0.268	4
Titanium alloy Ti-6Al-4V	117	1185	4.5	45	0.0402	4	3.50	1.81	7
Engineering polymer Polycarbonate (PC)	2.4	62	1.2	5	0.0766	7	9.37	0.383	6
Wood (Loblolly pine)	12.3	88	0.51	1.5	0.0258	2	8.33	0.0387	1
Composite (Glass cloth in epoxy)	21	380	2.0	10	0.0381	3	5.12	0.381	5
Composite laminate (Graphite fibers in epoxy)	76	930	1.6	200	0.0168	1	3.80	3.36	8

Notes: Strengths σ_c are yield strengths in tension for metals and polymers, the bending strength for loblolly pine, and ultimate tensile strengths for the composites. Units for the calculated expressions in (b) are (g/cm^3) / MPa$^{2/3}$.
Sources: Tables 3.2, 3.3, and 15.1, and the authors synthesis of miscellaneous data.

같은 여러 요구사항을 만족시켜야 하므로, 여러 후보재료들을 선택해서 검토해야 한다. 이러한 경우에는 보다 체계적인 분석을 통해 각각의 성능요구항목에 대한 재료순위를 제공해줌으로써 최종 결정을 내릴 수 있는 근거를 마련해 줄 수도 있다. 이러한 방법론을 본 절에서 다루기로 한다.

여러 종류의 대표적 구조용 공업재료와 그 물성을 표 3.8에 나타내었다. 표 3.13의 리스트는 재료선

정과 관련한 연습문제를 푸는데 사용할 것이다. 현재 수천 종에 이르는 공업용 재료가 있으며 각 재료별로 그 변형형태도 있을 수 있다. 따라서 이러한 리스트로부터의 선택은, 주어진 상황을 보다 구체적으로 반영한 재료를 선택하기 위한 근사적인 가이드라인 수준의 선정으로 보는 것이 바람직하다.

3.7.1 선정과정

그림 3.24에 보인 바와 같이 원형 단면을 갖는 외팔보(cantilever) 끝단에 하중이 걸려 있다. 길이 L을 갖는 빔의 기능은 하중 P를 지탱하는 것이라 가정한다. 또한 가해지는 최대응력이 2~3 수준의 안전계수 X를 반영한 상태에서 재료의 파괴강도, $\sigma_c = \sigma_o$ 이하여야 한다. 무게도 중요하며 빔의 중량 m이 최소화되어야 한다. 단면의 직경 $d = 2r$은 주어진 재료가 다양한 요구사항을 만족시킬 수 있도록 변할 수 있다.

본 경우 또는 이와 유사한 경우에 적합한 재료를 선택하기 위한 체계적인 분석과정을 검토해 보자. 시작을 위해서는 문제와 관련된 변수를 다음과 같이 분류한다: (1) 요구조건, (2) 변할 수 있는 형상, (3) 재료물성 및 (4)최소 또는 최대화되어야 할 양.

빔 문제에서 ρ를 질량밀도라 하면,

1. 요구조건: $L,\ P,\ X$
2. 형상변수: r
3. 재료물성: $\rho,\ \sigma_c$
4. 최소화시켜야 할 양: m

다음은 최소화 또는 최대화하여야 할 양, Q를 요구조건과 재료물성의 수학적 함수로 표현하며 형상변수는 반영하지 않는다.

$$Q = f_1\ (\text{Requirements})\ f_2\ (\text{Material}) \tag{3.33}$$

빔 문제에서 Q는 중량 m이므로 함수적 의존도는

$$m = f_1(L, P, X) f_2(\rho, \sigma_c) \tag{3.34}$$

여기서 빔 반경 r은 포함시키지 않는다. f_1을 구성하는 모든 양들은 주어진 설계에서 상수인 반면, f_2를 구성하는 양들은 재료에 따라 변하는 값들이다.

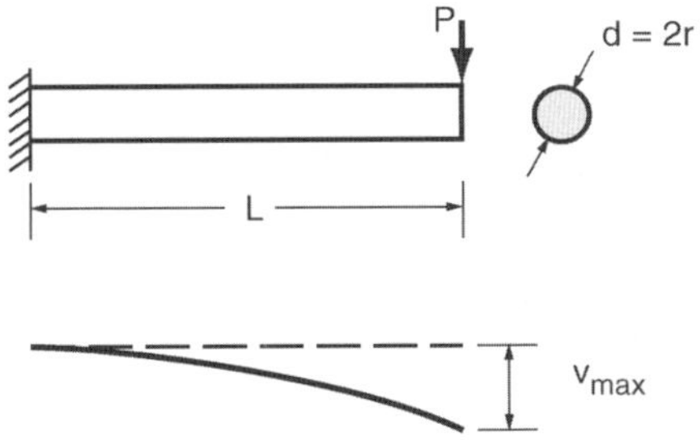

그림 3.24 외팔보

분석을 진행하려면 Q에 대한 함수를 두 개의 독립된 함수 f_1과 f_2의 곱으로 나타내어야 하는데 대부분의 경우 이것이 가능하다. 형상변수는 각 재료별로 달라질 수 있는 값이고 현 시점에서는 알 수 없는 값이기 때문에 현 단계에서는 포함되지 않는다. 이 값은 이후에 요구조건에서 요구되는 값으로부터 계산된다. 원하는 $Q = f_1 f_2$가 얻어지면 후보 재료별로 상황에 맞추어 적용하여 Q값의 최소 또는 최대값을 분석하게 된다.

예제 3.4

그림 3.24에 나타낸 빔과 표 3.8에 나타낸 재료에 대해 다음을 진행하라.

(a) 중량 최소화를 위한 재료를 선택하라.

(b) 각 재료에 요구되는 빔 반경 r을 계산하라. $P = 200\,\text{N}$, $L = 100\,\text{mm}$, $X = 2$로 가정하라.

【풀이】 (a) 수식 3.34에 해당하는 구체적인 수식을 얻기 위해 중량밀도와 빔 체적을 이용하여 중량을 표현한다.

$$m = (\pi r^2 L)\rho$$

빔 반경 r은 소거할 필요가 있으므로 다른 변수를 도입한다. 이것은 빔의 최대강도를 이용하여 나타낸다.

$$\sigma = \frac{M_{\max} c_1}{I_z}$$

위 식은 부록 A의 그림 A.1(b)로부터 얻어진 굽힘으로 인한 응력을 나타낸다.

원형단면의 경우 거리 $c_1 = r$이다. 그림 A.2(b)로부터 면적 관성모멘트와 그림 A.4(c)로부터 최대 굽힘 모멘트는

$$I_z = \frac{\pi r^4}{4}, \quad M_{\max} = PL$$

응력 σ에 대한 식에 $M_{\max}$, c_1, I_z를 치환하면

$$\sigma = \frac{(PL)(r)}{(\pi r^4/4)} = \frac{4PL}{\pi r^3}$$

가장 높은 허용응력은 재료 파괴응력을 안전계수로 나눈 값으로서

$$\sigma = \frac{\sigma_c}{X}$$

뒤의 두 식을 이용하여 r에 대해 풀어주면

$$r = \left(\frac{4PLX}{\pi\sigma_c}\right)^{1/3}$$

최종적으로 r에 관한 식을 m에 관한 식에 대입해주면

$$m = \pi L\rho\left(\frac{4PLX}{\pi\sigma_c}\right)^{2/3}, \qquad m = [f_1][f_2] = \left[\pi\left(\frac{4PX}{\pi}\right)^{2/3} L^{5/3}\right]\left[\frac{\rho}{\sigma_c^{2/3}}\right]$$

여기서 두 번째 형태는 f_1과 f_2로 분리한 형태이다.

f_1의 값들은 고정 값이므로 중량 m은 f_2가 최소화될 때 최소값을 갖게 된다.

예를 들어 AISI 1020강의 경우,

$$f_2 = \frac{\rho}{\sigma_c^{2/3}} = \frac{7.9\,\mathrm{g/cm^3}}{(260\mathrm{MPa})^{2/3}} = 0.194$$

다른 재료에 대해 비슷한 방법으로 구한 값을 표 3.8(b)의 첫 번째 열에 나타내었다. 중량에 대한 재료의 순위(1 이 최우수)를 표 3.8(b)의 두 번째 열에 나타내었다. 이를 근거로 흑연-에폭시 복합재료가 가장 적합하고 나무는 두 번째임을 알 수 있다.

(b) 각 재료에 요구되는 빔 반경 r을 계산하기 위해 r을 구성하는 식의 값들을 대입한다. AISI 1020강의 경우,

$$r = \left(\frac{4PLX}{\pi\sigma_c}\right)^{1/3} = \left[\frac{4(200\mathrm{N})(100\mathrm{mm})(2)}{\pi(260\mathrm{N/mm^2})}\right]^{1/3} = 5.81\mathrm{mm}$$

다른 재료에 대해 비슷한 방법으로 구한 값을 표 E3.8(b)의 세 번째 열에 나타내었다.

3.7.2 고찰

재료 선정 시 추가적인 요구사항이 있거나 또는 하나 이상의 최대값 또는 최소값을 요구하는 경우가 있을 수 있다. 앞의 빔에 관한 예제에서 휨(deflection)에 대한 최대 허용 값이 있을 수 있다. 이 상황을 선정과정에 접목하면 $f_2 = f_2(\rho, E)$가 되고 재료의 순위도 달라진다. 따라서 두 경우의 순위를 절충하여 선택을 하여야 한다.

비용은 거의 항상 중요한 고려사항이며 Q를 비용으로 설정하여 앞에서의 선택과정을 적용할 수 있다. 재료의 비용은 시간과 시장조건에 따라 변하므로 정확한 비용의 비교를 위해서는 현재의 정보를 재료공급자로부터 받을 필요가 있다. 표 3.8에 상대비용에 대한 개략적인 값을 재료별로 나타내었다. 이러한 상대비용은 보통의 저탄소 구조용 강(일반강)의 비용에 대한 비율로 구할 수 있다. 단위중량별 상대비용값을 C_m으로 나타내었다. 비용에 근거한 재료순위는 성능에 근거한 순위와 잘 일치하지 않으므로 최종 선택을 할 때는 절충과정이 필요하다.

강성, 강도, 중량 및 비용 이외의 인자들 또한 재료선정에 영향을 미친다. 재료로부터 부품을 제조하는 비용과 실용성, 허용 가능한 형상변수값을 제한할 수 있는 공간적 제약, 그리고 유해한 화학적 열적 환경에 대한 민감도 등을 예로 들 수 있다.

탄성변형에 의한 휨과 별도로, 소성변형이나 크리프 변형에 의한 휨이나 파손을 고려하는 것이 보다 중요한 상황들도 있다. 또한 재료의 항복강도나 인장강도를 초과하지 않더라도 다른 이유로 파괴를 일으킬 수도 있다. 상대적으로 낮은 하중이 걸렸지만, 예리한 흠으로 인해 취성파괴를 일으킨다거나 반복하중이 피로균열을 일으킬 수 있다. 재료 선정시 이러한 부가적인 부품파손 발생원인을 고려해 주어야 한다. 이 책의 8장부터 소성, 크리프, 파괴 및 피로 등을 다르기로 한다.

이 절에서 소개된 체계적인 재료선정 과정은 Ashby(2017)이 쓴 책에 자세히 수록되어 있으며 CES Selector 2016 재료 데이터베이스에도 다루고 있다.

예제 3.5

예제 3.4에 나타낸 빔 문제를 비용을 고려한 문제로 확장해 보자.

【풀이】 이 문제는 Q를 최소화하는 방법으로 접근한다.

$$Q = C_m m$$

여기서 C_m은 표 3.8에 나타낸 단위중량별 비용이다. 예제 3.4의 후반부에서 중량 m에 관해 구한 식을 사용하여 Q를 구할 수 있다.

$$Q = [f_1(L, P, X)]\left[\frac{C_m \rho}{\sigma_c^{2/3}}\right]$$

여기서 f_1은 전과 동일하며 두 번째 괄호의 값을 최소화시켜야 한다. 새로운 f_2의 값과 순위를 표 3.8(b)에 추가하였다.

만약 비용이 정말 중요하다면 이전에 선택한 흑연-에폭시 복합재료는 가장 비싸므로 배제되어야 한다. 그러면 나무가 가장 순위가 높고 그 다음이 일반강이 된다. 만약 경량화와 비용이 모두 중요하다면 나무를 선택하여야 한다. 만약 불가피하게 나무를 선택할 수 없다면 유리-에폭시 복합재료나 알루미늄 합금을 잘 검토해서 절충적인 관점에서 두 재료 중 하나를 선택해야 한다.

3.8 요 약

재료물성을 평가하기 위해 비교적 간편한 기계적 시험법들이 다양하게 사용되고 있다. 시험결과는 공학설계와 재료를 비교하고 선택하는데 사용된다. 기계적 시험법에는 인장, 압축, 압입, 충격, 굽힘 및 비틀림 시험 등이 있다.

인장시험은 표 3.6에 요약한 것처럼 강성, 강도, 연성 및 기타 재료특성을 평가하는데 사용된다. 탄성계수 E는 강성의 척도이며 재료의 기본적인 탄성상수이다. 뽀아송비 ν는 폭방향 변형을 측정하면 구할 수 있다. 항복강도 σ_o는 소성변형이 시작되는 것에 대한 저항특성을, 그리고 최대인장강도 σ_u는 재료가 감당할 수 있는 최대공칭응력을 말한다. 연성은 파단없이 변형에 저항할 수 있는 능력을 의미한다. 인장시험에서 연성은 파단시 공칭변형을 %로 나타낸 %파단연신($100\varepsilon_f$)과 %단면수축률 등으로 평가한다.

여러 형태로 존재하는 결함으로 인해 체적상태의 공업재료의 강도는 화학결합을 깨뜨리는 이론결합 강도보다 훨씬 낮다. 결함과 상호작용하는 공업재료의 조직으로 인해 재료의 인장 응력-변형 곡선은 다양한 거동을 보이게 된다. 가장 단순한 형태로는 파괴가 될 때까지 선형 또는 선형에 가까운 거동을 보이는 것으로 세라믹, 유리, 일부 금속과 폴리머가 이러한 경우에 해당된다. 이러한 취성거동은 작은 균열, 기공, 또는 재료내 불연속점과 같은 내부 결함에 주로 기인하며, 연성거동을 보이기 전에 재료의 조기파단을 일으킨다.

이와 달리, 연성금속과 연성 폴리머는 파괴 전에 큰 소성변형을 일으킨다. 연성금속의 경우, 전위이동을 통한 결정면의 미끄러짐에 의해 소성변형이 일어나며, 강도와 연성은 불순물 원자, 결정입계,

석출된 입자 등과 같은 장애물에 의해 좌우된다. 연성 폴리머의 소성변형 거동은 사슬 분자들의 상대적인 미끄러짐과 재정렬에 의해 변하며 강도와 연성은 분자의 복잡성과 교차결합(cross-linking) 특성에 영향을 받는다.

인장시험의 결과는 게이지 길이와 단면적의 미세한 변화를 고려한 진응력과 진변형으로 분석할 수 있다. 또한 변형경화지수 n, 진 파괴강도 및 변형 $\tilde{\sigma}_{fB}$ 또는 $\tilde{\sigma}_{fM}$와 $\bar{\varepsilon}_f$ 와 같은 부가적인 물성도 얻을 수 있다.

빔, 샤프트, 인장 바, 칼럼, 및 여러 공업용 부품의 경우, 탄성계수, 항복강도, 밀도와 같은 물성에 기반하여 재료를 체계적인 과정을 거쳐 선정할 수 있다. 설계 요구조건이 제시되면 이에 따른 형상치수가 정해진다. 최소중량원칙과 같이 각각 주어진 목표를 만족시킬 수 있는 재료를 정량적인 분석을 통해 선정하게 된다.

새로운 용어 및 기호

bending (flexure) test
bend strength, σ_{fb}
Brinell hardness, *HB*
Charpy V-notch test
compression test
indentation hardness
Izod test
necking
notch-impact test
offset yield strength, σ_o
percent elongation, $100\varepsilon f$
percent reduction in area, %*RA*
proportional limit, σ_p
Rockwell hardness, *HRC,* etc.
strain hardening exponent, n
strength coefficient, H
corrected true stress, $\tilde{\sigma}_B$
elastic limit
engineering strain, ε
engineering stress, σ
heat-deflection temperature
tangent modulus, E_t
tensile toughness, u_f
torsion test
true fracture strain, $\tilde{\varepsilon}_f$
true fracture strength, $\tilde{\sigma}_f$, $\tilde{\sigma}_{fB}$
true strain, $\tilde{\varepsilon}$
true stress, $\tilde{\sigma}$
true toughness, $\tilde{u}_f$
ultimate tensile strength, σ_u
Vickers hardness, *HV*
yielding

참고문헌

(a) General References

ASTM. 2010. *Annual Book of ASTM Standards*, ASTM International, West Conshohocken, PA. (Multiple volume set published annually.)

BARSOM, J. M., and S. T. ROLFE. 1999. *Fracture and Fatigue Control in Structures*, 3d ed., ASTM International, West Conshohocken, PA.

BRIDGMAN, P. W. 1952. *Studies in Large Plastic Flow and Fracture*, McGraw-Hill, New York.

DAVIS, J. R., ed. 1998. *Metals Handbook: Desk Edition*, 2d ed., ASM International, Materials Park, OH.

DIETER, G. E., Jr. 1986. *Mechanical Metallurgy*, 3d ed., McGraw-Hill, New York.

GAUTHIER, M. M., vol. chair. 1995. *Engineered Materials Handbook, Desk Edition*, ASM International,

Materials Park, OH.
HILL, R. 1998. *The Mathematical Theory of Plasticity*, Oxford University Press, Oxford, UK.
KUHN, H., and D. MEDLIN, eds. 2000. *ASM Handbook: Vol. 8, Mechanical Testing and Evaluation*, ASM International, Materials Park, OH.
MARSHALL, E. R., and M. C. SHAW. 1952. "The Determination of Flow Stress From a Tensile Specimen," *Trans. of the Am. Soc. for Metals*, vol. 44, pp. 705-725.
NADAI, A. 1950. *Theory of Flow and Fracture of Solids*, 2nd ed., McGraw-Hill, New York.
RICHARDS, C. W. 1961. *Engineering Materials Science*, Wadsworth, Belmont, CA.

(b) Sources of Materials Properties and Databases

BAUCCIO, M. L., ed. 1993. *ASM Metals Reference Book*, 3d ed., ASM International, Materials Park, OH.
CES. 2009. *CES Selector 2009*, database of materials and processes, Granta Design Ltd, Cambridge, UK. (See *http://www.grantadesign.com.*)
CINDAS. 2010. *Aerospace Structural Metals Database (ASMD)*, CINDAS LLC, West Lafayette, IN. (See *https://cindasdata.com.*)
HOLT, J. M., H. MINDLIN, and C. Y. HO, eds. 1996. *Structural Alloys Handbook*, CINDAS LLC, West Lafayette, IN. (See *https://cindasdata.com.*)
MMPDS. 2010. *Metallic Materials Properties Development and Standardization Handbook*, MMPDS-05, U.S. Federal Aviation Administration; distributed by Battelle Memorial Institute, Columbus, OH. (See *http://projects.battelle.org/mmpds* replaces MIL-HDBK-5.)

문제 및 질문

【3.3절】

3.1 다음을 개념적으로 설명하라: (a) 강성, (b) 강도, (c) 연성, (d) 항복, (e) 인성, (f) 변형경화

3.2 재료 거동을 설명하는 다음을 설명하라: (a) 취성재료, (b) 연성재료, (c) 강인한(tough) 재료, (d) 강성(stiff)재료, (e) 강한(strong)재료

3.3 오프셋 항복강도와 비례한계 응력은 모두 인장시험시 비선형거동이 시작되는 응력을 구분하는데 사용될 수 있지만, 일반적으로 오프셋 항복강도가 선호되는 이유는 무엇인가? 또한, 오프셋 항복강도의 단점에는 무엇이 있는가?

3.4 인장시험된 7075-T651 알루미늄의 초기 인장곡선의 하중 P와 길이변화 ΔL 데이터를 표 P3.4에 나타내었다. 시험전 직경이 9.07mm이고 길이변화를 측정하기 위한 게이지 길이 L_i는 50.8mm이다.

(a) 주어진 데이터를 이용하여 공칭응력-변형을 계산하고 이를 응력-변형도표에 나타내어라. (이 도표는 그림 P3.5와 일치한다.)

(b) 소성변형 오프셋 값 0.002 (0.2%)에서의 항복강도를 구하라.

(c) 동일재료로 만든 직경 20mm 시험편에 항복을 일으킬 수 있는 인장하중은 얼마인가? 이 값은 직경 9.07mm 시험편에 항복을 일으키는 하중과 어떻게 비교되는가? 왜 두 값이 다른가?

표 P3.4

P, kN	ΔL, mm	P, kN	ΔL, mm
0	0	34.1	0.484
7.22	0.0839	35.0	0.614
14.34	0.1636	36.0	0.924
21.06	0.241	36.5	1.279
26.8	0.308	36.9	1.622
31.7	0.380	37.2	1.994

3.5 인장시험된 7075-T651 알루미늄의 초기 공칭응력-변형곡선에 대한 응력-변형 데이터를 그림 P3.5에 나타내었다. 또한 데이터 점 A와 B를 응력-변형 좌표축에 나타내었다.

(a) 탄성계수 E를 구하라.

(b) 동일 시험편을 B점까지 연신한 후 하중을 제거하였을 경우, 하중제거 후에 남게 되는 소성(영구)변형은 얼마인가?

(c) 150mm 길이의 바를 A점까지 연신한 후 하중을 제거하였을 경우, A점에서의 길이와 하중제거 후의 길이는 각각 얼마인가?

(d) B점까지 연신하는 것으로 가정하여 (c)를 다시 풀어라.

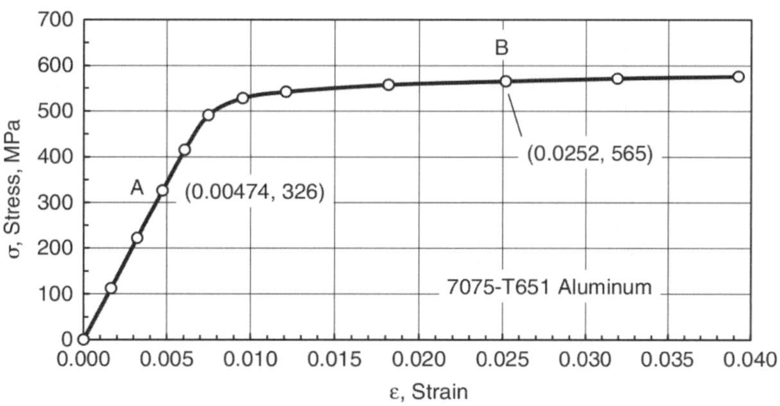

그림 P3.5

3.6 649℃(1200°F)에서 템퍼링된 AISI 4140강을 이용한 인장시험 공칭응력-변형 데이터를 그림 P3.6에 나타내었고 대표적인 값을 표 P3.6에 나열하였다. 곡선1은 초기 데이터 부분을 확대스케일 변형축에, 곡선2는 파단까지의 전체 데이터를 기본스케일 변형축에 나타내었다. 시험전 직경은 9.09mm이며 파단후 네킹이 일어난 영역의 최소직경은 5.56mm이다. 이로부터 탄성계수, 0.2% 오프셋 항복강도, 최대인장강도, %연신량, %단면수축률을 구하라.

표 P3.6

σ, MPa	ε, %	σ, MPa	ε, %
0	0	897	4.51
202	0.099	912	5.96
403	0.195	918	8.07
587	0.283	915	9.94
785	0.382	899	12.04
822	0.405	871	13.53
836	0.423	831	15.03
832	0.451	772	16.70
829	0.887	689	18.52
828	1.988	574	20.35
864	2.94		

(Final point is fracture.)

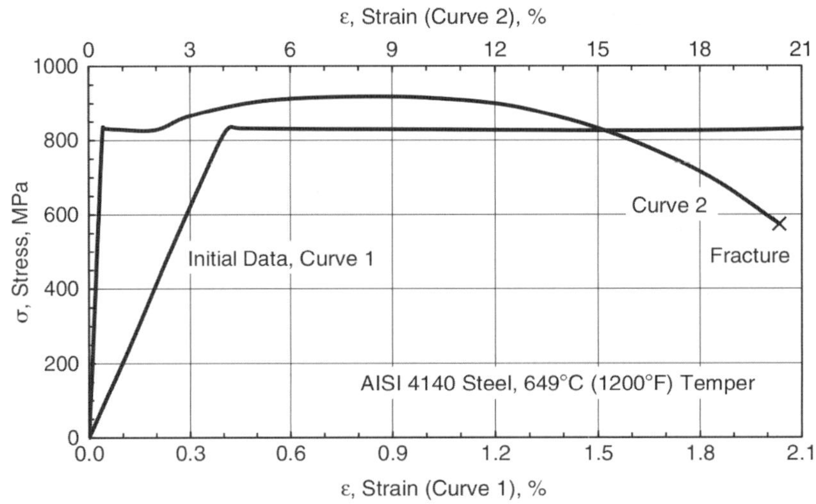

그림 P3.6

3.7 6061-T6 알루미늄의 인장시험을 통해 구한 공칭응력-변형 데이터를 표 P3.7에 나타내었다. 시험전 직경은 9.48mm이며 파단후 네킹이 일어난 영역의 최소직경은 6.25mm이다. 이로부터 탄성계수, 0.2% 오프셋 항복강도, 최대인장강도, %연신량, %단면수축률을 구하라.

3.8 회주철을 이용한 인장시험 공칭응력-변형 데이터를 표 P3.8에 나타내었다. 시험전 직경은 8.57mm이며 파단후 직경은 8.49mm이다.

(a) 이로부터, 접선탄성계수(tangent modulus), 0.2% 오프셋 항복강도, 최대인장강도, %연신량, %단면수축률을 구하라.

(b) 이 값들은 표 3.2에 나타낸 연성주철의 데이터들과 어떠한 차이를 보이는가? 부록 C의 C.3절을 참조하여 두 주철이 왜 이렇게 대조적인 인장거동을 보이는지 설명하라.

표 P3.7

σ, MPa	ε, %	σ, MPa	ε, %
0	0	309	2.00
50	0.069	315	3.51
100	0.138	319	5.02
151	0.210	322	6.51
199	0.280	323	7.44
242	0.343	320	8.48
268	0.384	311	9.52
290	0.438	293	10.90
298	0.493	267	12.51
302	0.651	246	13.63
305	0.992	223	14.59

(Final point is fracture.)

표 P3.8

σ, MPa	ε, %	σ, MPa	ε, %
0	0	182.4	0.402
19.45	0.0199	196.9	0.503
39.2	0.0443	208	0.601
60.0	0.0717	217	0.701
88.6	0.1168	224	0.804
110.1	0.1560	230	0.903
131.0	0.203	236	1.035
149.6	0.257	240	1.173
169.1	0.333		

(Final point is fracture.)

3.9 427℃(800°F)에서 템퍼링된 AISI 4140강의 인장시험을 통해 구한 응력-변형 데이터를 표 P3.9에 나타내었다. 시험전 직경은 8.56mm이며 파단후 네킹이 일어난 영역의 최소직경은 6.74mm 이다. 이로부터 탄성계수, 0.2% 오프셋 항복강도, 최대인장강도, %연신량, %단면수축률을 구하라.

3.10 7075-T651 알루미늄의 인장시험을 통해 구한 공칭응력-변형 데이터를 표 P3.10에 나타내었다. 시험전 직경은 9.07mm이며 파단후 네킹이 일어난 영역의 최소직경은 7.78mm 이다. 이로부터 탄성계수, 0.2% 오프셋 항복강도, 최대인장강도, %연신량, %단면수축률을 구하라.

표 P3.9

σ, MPa	ε, %	σ, MPa	ε, %
0	0	1483	2.50
402	0.197	1492	3.28
812	0.405	1485	3.99
1198	0.595	1462	4.56
1358	0.681	1395	5.52
1403	0.732	1325	6.49
1399	0.781	1251	7.46
1406	1.010	1171	8.46
1445	1.386	1084	9.40
1466	1.823		

(Final point is fracture.)

표 P3.10

σ, MPa	ε, %	σ, MPa	ε, %
0	0	557	1.819
112	0.165	563	2.30
222	0.322	577	4.02
326	0.474	587	5.98
415	0.605	593	8.02
473	0.703	596	9.52
505	0.797	597	10.97
527	0.953	597	12.50
542	1.209	591	13.90
551	1.498	571	15.33

(Final point is fracture.)

3.11 Ti-48Al-2Mn-2Cr(at%)의 인장시험을 통해 구한 공칭응력-변형 데이터를 표 P3.11에 나타내었다. 이로부터 탄성계수, 0.2% 오프셋 항복강도, 최대인장강도, 파단시 %연신량, 파단후 %연신량을 구하라.(출처: [Kampe 94])

3.12 PVC 폴리머를 이용한 인장시험에서 얻은 공칭응력-변형 데이터를 그림 P3.12에 나타내었고 대표적인 값을 표 P3.12에 나열하였다. 곡선1은 초기 데이터 부분을 확대스케일 변형축에, 곡선2는 연신율계(extensometer)의 연신한계인 50%까지의 데이터를 기본스케일 변형축에 나타내었다. 초기 사각시험편의 치수는 폭 12.81mm와 두께 3.08mm이다. 파단후 폭은 8.91mm, 두께는 1.76mm로 줄어들었다. 초기 게이지 표점은 50mm이며 1.319kN의 하중이 가해지면 표점거리가 77.5mm로 늘어났다. 이로부터 탄성계수, 항복강도, 최대 인장강도, %연신량, %단면수축률을 구하라.

표 P3.11

σ, MPa	ε, %	σ, MPa	ε, %
0	0	437	0.562
66	0.040	450	0.669
133	0.080	462	0.777
211	0.127	471	0.884
296	0.193	480	0.989
348	0.259	488	1.093
387	0.332	490	1.154
418	0.451		

(Final point is fracture)

표 P3.12

σ, MPa	ε, %	σ, MPa	ε, %
0	0	50.4	6.14
11.57	0.328	44.9	8.92
19.94	0.582	39.5	11.84
28.2	0.880	37.7	13.48
39.5	1.365	35.9	16.11
51.1	2.10	35.0	19.19
54.7	2.57	34.8	24.7
55.6	2.87	33.4	36.4
55.9	3.21	32.4	48.0
55.5	3.61		

(Extensometer removed after final point.

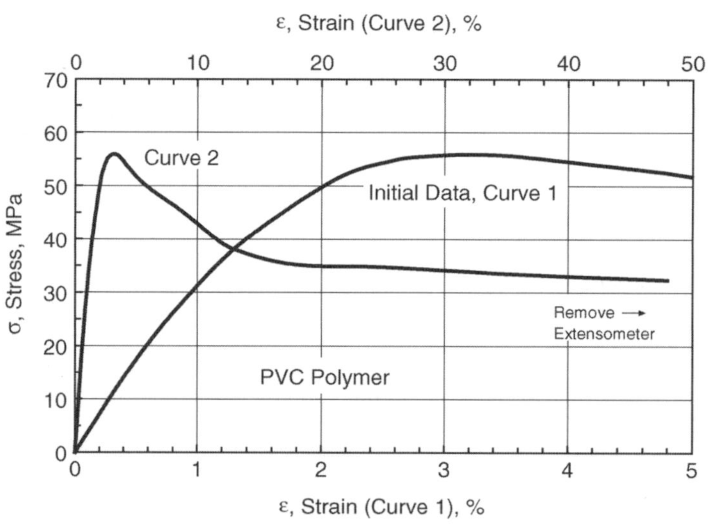

그림 P3.12

3.13 폴리카보네이트를 이용한 인장시험에서 얻은 공칭응력-변형 데이터를 표 P3.13에 나타내었다. 연신율계(extensometer)의 연신한계인 50%까지의 데이터를 기본스케일 변형축에 나타내었다. 초기 사각시험편의 치수는 폭 12.54mm와 두께 2.00mm이다. 파단후 폭은 10.09mm, 두께는 1.37mm로 줄어들었다. 초기 게이지 표점은 50mm이며 1.466kN의 하중

이 가해지면 표점거리가 85.5mm로 늘어났다. 이로부터 탄성계수, 항복강도, 최대인장강도, %연신량, %단면수축률을 구하라.

3.14 PMMA 폴리머를 이용한 인장시험에서 얻은 공칭응력-변형 데이터를 표 P3.14에 나타내었다. 초기 사각시험편의 치수는 폭 12.61mm와 두께 2.92mm이며 파단후 시험편 치수는 시험전 치수와 동일하였다. 이로부터 탄성계수, 항복강도, 최대인장강도, %연신량, %단면수축률을 구하라.

표 P3.13

σ, MPa	ε, %	σ, MPa	ε, %
0	0	60.8	8.44
10.81	0.427	56.3	9.80
21.8	0.906	49.7	10.98
31.5	1.388	48.2	12.22
39.8	1.895	47.5	13.32
48.8	2.63	46.8	14.91
55.7	3.47	47.2	19.88
60.3	4.40	48.1	28.8
62.5	5.23	48.8	38.6
63.3	6.21	49.2	48.5
63.0	7.00		

(Extensometer removed after final point.)

표 P3.14

σ, MPa	ε, %	σ, MPa	ε, %
0	0	49.5	1.729
9.00	0.241	53.7	1.960
17.20	0.490	57.7	2.23
24.8	0.733	60.6	2.46
32.3	0.995	63.3	2.75
38.7	1.239	64.9	2.95
44.6	1.487	66.3	3.19

(Final point is fracture.)

【3.4절, 3.5절】

3.15 표 3.2, 3.3, 3.4를 이용하여 금속, 폴리머, 세라믹 등의 공업재료가 보이는 인장강도, 연성 및 강성(stiffness)에 대한 일반적 차이를 문장으로 나타내어라. 그리고 이러한 사항들에 대한 물리적 이유를 간단하게 설명하라.

3.16 표 3.2와 15.1에 보인 다양한 강의 데이터를 이용하여 최대인장강도와 %단면수축률에 관한 그래프를 선형 좌표를 이용하여 그려라. 또한 2가지 다른 기호를 이용하여 한 기호는 1020, 1015, Man-Ten, 1045(HR)과 같이 열처리를 통하여 강화되지 않은 강을, 또 다른 기호는 열처리를 통해서 강화된 강종을 나타내어라. 그리고 얻어진 그래프의 주요 경향을 설명하고, 이러한 경향으로부터 예외적으로 벗어나는 부분에 대해서도 설명하라.

3.17 표 3.5에 나타낸 SiC강화 알루미늄의 데이터를 이용하여, 다양한 형태와 배열의 강화제가 강성, 강도, 연성에 미치는 효과를 설명하라. 또한 각각의 경우에 대한 인장 인성(u_f)을 구하고 이에 대해 설명하라.

【3.6절】

3.18 공칭응력과 진응력의 차이와 공칭변형과 진변형의 차이를 수식을 이용하지 말고 글로 설명하라.

3.19 문제 3.9의 427℃(800°F)에서 템퍼링된 AISI 4140강의 인장시험에 대하여,

(a) 최대인장응력까지 진응력과 변형을 계산하라. 이 값들을 도표로 나타낸 후 진응력-변형곡선과 원래 데이터로부터 구한 공칭응력-변형곡선을 비교하라.

(b) (a)에 나타낸 항복 이후의 데이터로부터 소성변형을 계산하고 이 값을 식 3.26에 나타낸 진응력으로 나타냄으로써 H와 n값을 구하라. 데이터를 log-log 도표로 나타내어라.

(c) 진파괴강도와 진파괴변형량을 계산하되, 진파괴강도의 계산시 Mirone 보상을 고려하라. 또한 파괴시 진소성변형을 계산하고 (b)에 나타낸 log-log 도표에 이를 나타내어라. 적합선(fitted line)을 연장하면 파괴점과 일치하는가?

3.20 문제 3.7에 보인 바와 같이 6061-T6 알루미늄에 대한 인장시험을 실시하였다. 문제 3.19와 동일한 과정을 거치면서 진응력-변형으로 데이터를 분석하여라.

3.21 문제 3.10에 보인 바와 같이 7075-T651 알루미늄에 대한 인장시험을 실시하였다. 문제 3.19와 동일한 과정을 거치면서 진응력-변형으로 데이터를 분석하여라.

3.22 Man-Ten강의 인장시험을 통해 얻은 데이터에 대한 공칭응력-변형데이터를 표 P3.22에 나타내었다. 시험 종반부의 네킹이 일어난 부분에서 측정된 최소 직경이 주어져 있다. 초기직경은 6.32mm이다.

(a) 다음의 공칭응력-변형물성을 구하라: 탄성계수, 항복강도, 최대인장강도, %연신량, %단면수축률

(b) 진응력과 변형을 계산하라. 이 값들을 본래의 진응력과 수정된 진응력을 이용하여 진응력-변형곡선으로 나타내어라. 또한 진파괴응력과 진파괴변형을 계산하라.

(c) 항복 이후부터 파단점까지의 데이터로부터 소성변형을 계산하라. 이 값을 식 3.27에 나타낸 수정된 응력으로 나타냄으로써 H와 n값을 구하라.

표 P3.22

Engr. Stress σ, MPa	Engr. Strain ε	Diameter d, mm
0	0	6.32
125	0.0006	—
257	0.0012	—
359	0.0017	—
317	0.0035	—
333	0.0070	—
357	0.0100	—
397	0.0170	—
458	0.0300	—
507	0.0500	—
541	0.0790	5.99
576	—	5.72
558	—	5.33
531	—	5.08
476	—	4.45
379	—	3.50

(Final point is fracture.)

3.23 재료의 연성이 매우 높아서 대부분의 응력-변형곡선에 대해, 탄성변형은 소성변형에 비해 적다. 소성변형과 총변형을 동일하다고 가정하면($\tilde{\varepsilon}_p \approx \tilde{\varepsilon}$) 식 3.23은 $\tilde{\sigma} = H\tilde{\varepsilon}^n$이 된다.

(a) 변형경화지수 n이 최대인장응력점에서의 진변형 $\tilde{\varepsilon}_u$와 동일함(즉, $n \approx \tilde{\varepsilon}_u$)을 보여라. (힌트: 3.6.1절과 3.6.2절에 나타낸 항들을 $\tilde{\sigma} = H\tilde{\varepsilon}^n$에 치환시켜 공칭응력을 나타내는 $\sigma = f(\tilde{\varepsilon}, H, n)$를 구한다.)

(b) 위의 관계가 예제 3.1, 3.2, 3.3의 AISI 1020강의 인장시험에 어떻게 나타나는가? (표 E3.1과 그림 3.23 참조하라.)

(c) (a)를 유도하는 과정으로부터, H와 n값으로부터 최대인장강도 σ_u를 얻을 수 있는 수식을 쓰라. 이렇게 예측된 값이 예제 3.1, 3.2, 3.3에 나타낸 AISI 1020강의 값들과 어떠한 상관성을 보이는가?

【3.7절】

3.24 그림 3.24와 예제 3.4에 보인 바와 같은 원형 단면의 빔이 있다. 이전처럼 단면의 반경 r은 재료에 따라 변할 수 있으며, 길이 L을 갖는 빔이 하중 P를 지탱하여야 한다고 가정한다. 하지만 이번 경우에는 강도에 대한 요구사항 대신, 휨이 v_{max}라는 요구치를 초과하지 않아야 한다는 요구사항을 만족시켜야 한다.

(a) 중량을 최소화하기 위한 재료를 표 3.8에서 선정하라.

(b) 비용을 최소화하기 위한 재료를 선정하라.

(c) 얻어진 결과에 대해 간단하게 고찰한 후, 경량화와 저비용 측면에서 적합한 재료를 하나 이상 제시하라.

3.25 인장멤버(tension member)는 개인 비행기용 구조물 부품이다. 예비 재료선정을 위해, 정사각형 단면을 갖는 멤버의 변의 길이 h가 재료에 따라 변한다고 가정하고 길이는 L로 고정한다. 여기에는 두 가지 기능적 요구가 있다. (a) 안전계수 X를 반영한 파단강도에 해당하는 하중 P를 지지하여야 한다. (b) 하중 P로 인한 휨이 주어진 길이변화 ΔL을 초과하지 않아야 한다. (c) 이러한 요구사항 이외에 중량, 비용 및 기타 중요하다고 생각되는 사항들을 절충하여 표 3.8에 열거된 재료 중에서 최적의 재료를 선택하고 그 이유를 설명하라.

3.26 압축공기를 채울 수 있는 구형의 압력용기의 내부 반경 r_1과 벽두께 t는 재료에 따라 변할 수 있다. 압력용기는 안전계수 X를 반영한 파단강도에 해당하는 압력 p를 지지하여야 한다.

(a) 중량, 비용 및 기타 중요하다고 생각되는 사항들을 절충하여 표 3.8에 열거된 재료 중에서 최적의 재료를 선택하라.

(b) 각각의 재료에 요구되는 용기 두께를 계산하라. 여기서, 압력용기의 내부 반경, 압력, 재료 강도에 대한 안전계수는 각각 $r_1 = 2\,\text{m}$, $p = 0.7\,\text{MPa}$, $X = 3$으로 가정하라. 계산을 통해 얻어진 두께값의 차이가 나는 이유를 설명하라.

기계적 시험: 부가적 기본시험 04

목적

- 압축, 압입 경도, 노치충격, 굽힘, 비틀림 시험과 같은 부가적인 기계적 시험에 대한 기본 형태를 이해
- 부가적인 기계적 시험으로부터 얻어진 물성의 중요성을 이해하고 이러한 시험에서 보인 거동의 주요경향을 분석

세부목차

4.1 서 론

압축, 굽힘, 비틀림 시험은 인장시험 결과를 보완해 줄 수 있는 재료의 강도와 연성에 대한 데이터를 제공해 준다. 세라믹, 유리, 콘크리트, 석재와 같은 취성재료는 인장보다 압축시 매우 다른 거동을 한다. 이러한 재료는 높은 압축응력하에 놓일 수 있으므로 압축시험에 대한 데이터가 필요하다. 취성재료는 일반적인 인장시험시 사용되는 그립(grip)을 사용하면 시료가 부스러지거나 파괴되므로 인장시험으로 직접 시험하기가 어렵다. 하지만 인장시 강도는 굽힘시험을 통해 간접적을 구할 수 있다. 압입 경도와 노치 충격 시험들은 다른 시험을 통해 얻기 어려운 재료거동에 대한 유용한 정보를 추가적으로 제공한다.

4.2 압축시험

인장보다 압축시 매우 다른 거동을 보이는 재료는 콘크리트나 건축용 석재와 같이 주로 압축응력을 버티는데 사용된다. 세라믹, 유리, 취성재료, 취성 폴리머 또한 압축시 독특한 거동을 한다. 따라서 공학적인 적용을 위해 압축시험을 통한 데이터를 필요로 한다. 압축시험은 시험방법과 분석 및 해석 측면에서 인장시험과 여러모로 유사점을 갖는다. 인장시험은 이미 자세하게 다루었으므로 이러한 두 시험법이 차이점을 중점적으로 다루고자 한다.

4.2.1 압축시험방법

전형적인 압축시험의 도식도를 그림 4.1에 나타내었다. 인장시험과 유사하게, 압축방향으로 균일한 변위속도를 가해준다. 시험편은 대부분 1~3 사이의 직경대비 길이비(L/d)를 갖는 원통형(cylinder)을 사용한다. 압축시 탄성계수를 보다 정확하게 측정하는 경우처럼, 필요시에는 10 정도의 L/d 값을 갖는 시험편을 사용하기도 한다. 또한 정사각형상 또는 직사각형상의 단면을 갖는 시험편도 사용할 수 있다.

시험편 길이의 선택은 절충의 여지가 있다. L/d가 상대적으로 크면 좌굴(buckling)이 발생할 수 있는데, 재료의 압축방향 거동을 보는 것이 압축시험의 목적이므로 좌굴이 발생하면 시험은 의미가 없어진다. 시험편 형상 측면에서 불가피하게 발생되는 작은 치수결함과 시험기와의 배열 등에 의해 영향을 받게 된다. 압축시험편의 양 끝단이 평행해야 하지만 실제로 완벽하게 평행할 수는 없다는 것이 그 예이다.

반대로 L/d가 작을 경우에는 양 접촉면의 조건에 따라 시험결과가 영향을 받게 된다. 특히 시험편이 압축됨에 따라 뽀아송 효과로 인해 직경은 늘어나지만 마찰이 접촉면의 이동을 저지하게 되어 배럴(barrel)형상으로 변형한다. 이러한 효과는 양 접촉면에 대한 적절한 윤활로 최소화할 수 있다. 압축시 큰 변형을 일으킬 수 있는 재료의 경우, 너무 작은 L/d 값을 선택하게 되면 시험편의 거동이 양 접촉면에 의해 지배되므로 재료의 기본적인 압축거동을 측정하지 못하게 된다.

좌굴을 억제하기 위해서는 L/d이 적은 것이, 접촉면 효과를 줄이기 위해서는 L/d이 큰 것이 바람직하므로, 연성재료의 경우 $L/d = 3$을 합리적인 절충선으로 본다. 접촉면 효과가 작은 취성재료의 경우 $L/d = 1.5 \sim 2$ 정도를 적용한다.

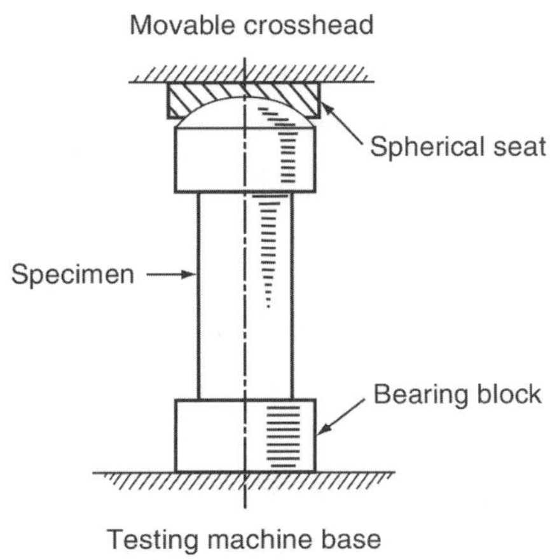

그림 4.1 원형 베어링 블록을 갖는 만능시험기를 이용한 압축시험

그림 4.2 금속들의 압축 시험편(왼쪽부터 오른쪽으로): 시험전 시험편, 시험후의 회주철, 알루미늄 합금 7075-T651, 열간 압연된 AISI 1020강. 시험전 직경은 25mm이고 길이는 76mm

그림 4.3 Hokie석회석을 함유한 150mm 직경 콘크리트 압축시험편의 시험전과 시험후의 모양

다양한 재료에 대한 시험전, 후의 압축 시험편 예를 그림 4.2와 4.3에 나타내었다. 연강은 전형적인 연성거동을 보이며 특별한 파괴 없이 큰 변형을 일으킬 수 있다. 회주철과 콘크리트는 취성거동을 보이며, 알루미늄 합금은 상당량의 변형을 일으키지만 역시 파괴를 일으킨다. 압축시 파괴는 대개 경사진 면을 따라 또는 원뿔형 표면을 따라 일어난다.

4.2.2 압축시 재료물성

압축응력-변형곡선의 초기부분은 인장시험의 거동과 비슷한 양상을 보이므로 이러한 초기부분에서 탄성계수 E, 비례한계 σ_p, 항복강도 σ_o 등과 같은 다양한 재료물성을 인장시험과 유사한 방법으로 구할 수 있다.

압축시 극한강도(ultimate strength)거동은 정량적으로 인장의 경우와 다르다. 알루미늄 합금에 대한 인장과 압축시험에 대한 응력과 변형곡선을 그림 4.4에 나타내었다. 인장의 경우 최종 파단에 이르기까지 하중이 감소하는 것이 네킹과 관련된다. 압축의 경우 이러한 네킹이 일어나지 않는다. 실제로는 정 반대의 효과가 일어나게 되는데, 단면적의 증가로 인해 응력-변형곡선이 급격하게 증가하는 양상을 보인다. 결과적으로, 파괴 이전에 압축하중의 최대값을 보이지 않으며 공칭 극한강도는 공칭파단강도와 동일하게 된다. 취성재료와 적당한 연성을 보이는 재료는 압축시 파단을 일으킨다. 하지만 많은 연성재료와 폴리머는 파단되지 않는다. 대신, 변형에 필요한 하중이 너무 커서 더 이상의 변형이 불가능할 때까지 시험편은 팬케익 형상으로 더욱 얇고 넓게 퍼져나가게 된다.

압축시 연성은 인장의 경우와 유사하게 측정한다. 공칭파단변형 및 진파단변형과 마찬가지로, 길이와 면적의 %변화도 이러한 측정에 포함된다. 식 (3.26)의 진응력-변형곡선 상수들도 적용할 수 있음은 물론, 에너지 능력에 대해서도 동일한 기준이 적용될 수 있다.

4.2.3 압축거동의 현상

연성 공업재료는 인장과 압축시 응력-변형곡선의 초기부분이 거의 동일하다: 이에 대한 예를 그림 4.4에 나타내었다. 진응력-변형으로 비교한다면 변형이 많이 진행된 이후에도 상당부분 일치한다. 인장시 취성을 갖는 재료가 이러한 거동을 보이는데, 취성재료에 포함된 균열이나 기공이 성장하고 결합되어 인장축에 수직인 최대인장면을 따라 파단을 일으키기 때문이다. 회주철 내의 흑연박편, 콘크리트 골재간 경계에 있는 균열들, 소결된 세라믹 내 기포 등이 그 예이다. 이러한 결함은 압축시 그 영향도가 줄어들므로 인장시 취성거동을 보이는 재료는 압축강도가 더욱 크게 나타난다. 표 3.4에 나타낸 여러 세라믹의 인장 및 압축강도를 비교해 보면 이러한 경향을 잘 확인할 수 있다. 그림 4.5에 보인 폴리머의 경우처럼, 인장시에는 취성거동을 보이지만 압축시에는 큰 연성을 보이는 재료도 있다.

압축파단은 대개 전단응력이 관여되어 파단을 일으키므로 시험편 축에 대해 경사진 면을 따라 파단이 일어난다. 이러한 형태의 파단은 그림 4.2와 4.3에 보인 회주철, 알루미늄 합금, 및 콘크리트에 잘 나타나 있다. 주철의 파단면을 그림 3.14에 보인 인장 파단면과 비교해 보면, 인장 파단면은 가해진 인장응력에 수직한 면이며 모든 취성거동은 이러한 양상을 보인다.

콘크리트나 돌과 같은 취성재료가 빌딩기초, 교량, 댐과 같은 다축 압축응력을 받는 곳에 사용될 수 있다. 유압을 이용한 시험장치를 이용하여 다축시험조건을 모사할 수 있는 장치를 그림 4.6에

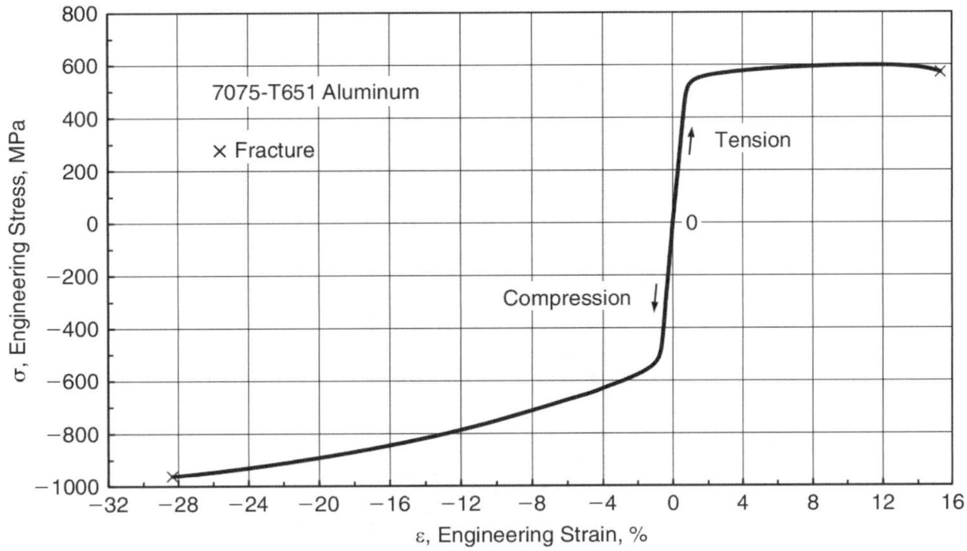

그림 4.4 7075−T651 알루미늄 합금의 인장과 압축시 응력−변형곡선의 초기부분

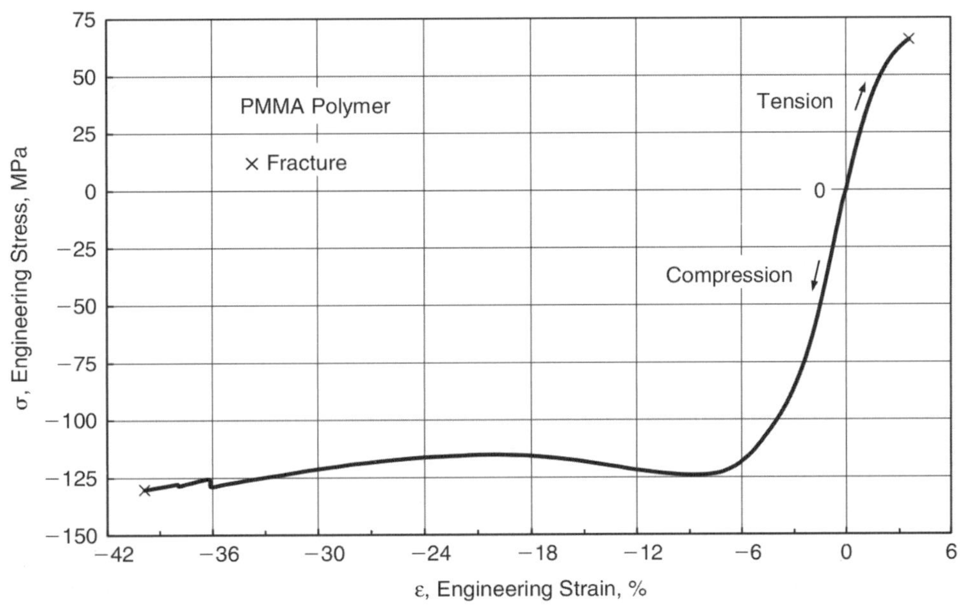

그림 4.5 인장과 압축시 폴리메타크릴산 메틸(polymethyl methacrylate)의 응력−변형곡선

나타내었다. 축압력 시스템(axial pressure system)은 단순압축시험처럼 수직 방향으로 압축응력을, 측면압력 시스템(lateral pressure system)은 시험편의 모든 측면을 통해 압축응력을 가해주는 시스템이다. 콘크리트나 돌의 축방향 압축강도는 측면압력에 영향을 받는다. 일반 압축시험에 비해 축방향 압력을 크게 가한 경우, 보다 높은 압축강도를 보였다(이러한 거동은 다축응력하에서 취성재료의 강도를 예측하는 방법을 수록한 7.7절과 7.8절에 더 자세히 다루었다).

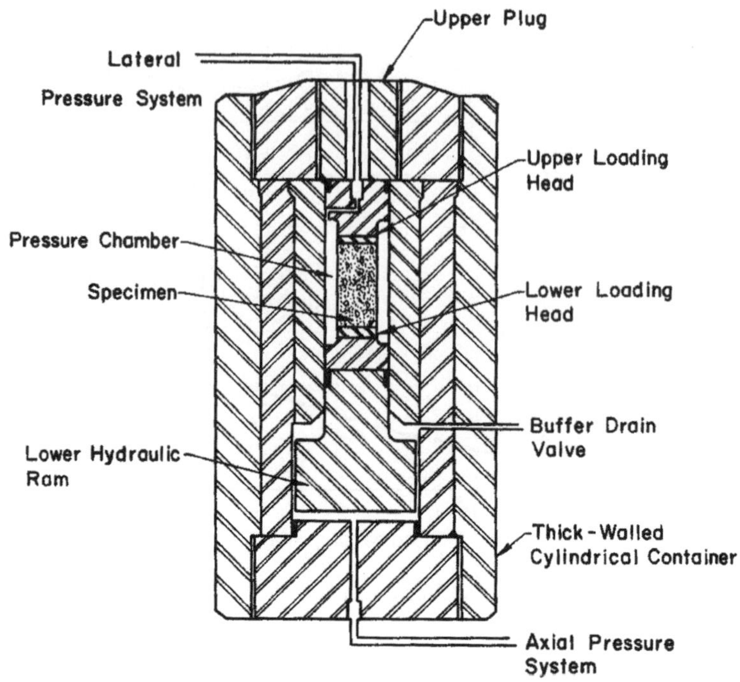

그림 4.6 콘크리트 및 돌과 같은 취성재료를 시험하기 위해 축압력과 측면압력을 동시에 부여해줄 수 있는 시스템. 이 시스템은 미국 덴버소재 Bureau of Reclamation Lab에서 1960년대부터 사용되었으며, 등유를 유압유로 사용하여 860MPa(125ksi)의 측면압력을 가할 수 있으며, 네오프렌 피복(sheath)을 사용하기 때문에 시험편에 직접 접촉하지 않은 상태로 시험.

4.3 경도시험

공학적으로 경도는 압입(indentation)에 대한 재료의 저항으로 정의한다. 압입은 단단한 볼이나 점으로 시험재를 일정하중으로 압입하여 압흔을 만든다. 압입자에 의해 소성변형된 압흔을 그림 4.7에 나타내었다. 이러한 압흔의 구체적 특성인 크기와 깊이 등으로부터 경도를 평가한다.

이 이외의 원리도 경도 측정에 이용된다. 예를 들어 스클러스코프(Scleroscope)경도시험은 둥근 다이아몬드 팁을 갖는 햄머를 이용한 반발(rebound)시험이다. 햄머를 일정 높이에서 시료의 표면으로 낙하시켰을 때 햄머의 반발높이로 경도를 평가하는 원리로서, 완전 경화된 공구강의 값을 100으로 설정하여 금속의 상대경도를 측정한다. 폴리머의 경우도 이러한 시험법을 수정하여 사용한다.

광물학(mineralogy)에서는 모스(Mohs)경도계를 사용한다. 알려진 가장 단단한 재료인 다이아몬드의 값을 10으로 설정하고, 연한 재료일수록 낮은 경도값을 부여하며 연한 미네랄 탈크(talc)를 최소값인 1로 설정한다. 표준값들 사이의 값을 갖는 재료는 소수점 한자리 수까지 표기한다. 모스눈금에 놓여있는 재료들은 단순히 수동 스크래치 시험을 통해 결정된다. 만약 두 재료를 비교하려면 더 강한 재료가 약한 재료를 긁게 되므로 이를 이용하여 재료의 경도를 평가할 수 있다. 표준재료들을 이용한 긁힘 결과로부터 대상소재의 경도를 소수점 형태로 상대 평가한다.

매우 단단한 강은 약 7 정도의 모스경도를 가지며 이보다 낮은 강도를 갖는 강과 상대적으로 강한

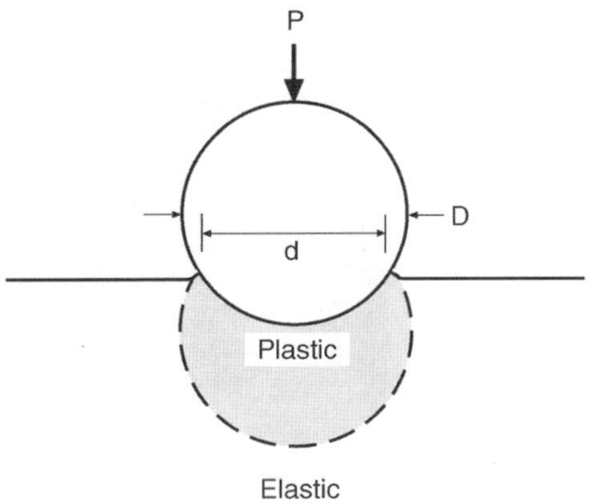

그림 4.7 브리넬 경도 압입자 아래의 소성변형

금속합금들은 4~5 사이의 값을 보인다. 연한 금속은 1보다 작을 수도 있으므로 모스경도는 구체화하기가 어렵다. 그림 4.8에 다양한 재료의 경도를 비교하여 나타내었다. 또한 두 가지 압입시험 스케일을 함께 나타내었다.

압입시험은 모스경도에 비해 얻어지는 값의 평가나 분석이 쉬운 장점을 갖는다. 여러 가지 압입시험 표준이 있다. 이러한 표준들은 압입자의 형상이나 가해주는 힘 등에 따라 다르다. 압입에 영향을 미치는 시간의존적인 변형이 일어날 수 있으므로 하중속도와/또는 가해주는 시간이 각 표준시험별로 정해져 있다.

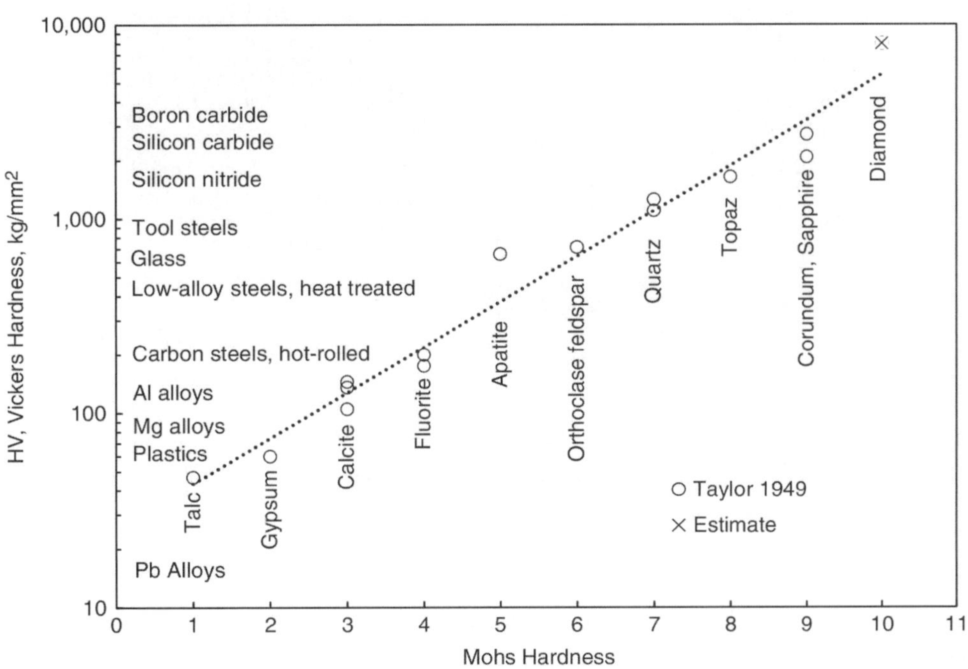

그림 4.8 모스 경도순으로 나타낸 원소들의 비커스 경도와 모스경도 사이의 상관성. 대표적 금속들의 비커스 경도 근사값도 함께 표기.

그림 4.9 브리넬 경도시험기(왼쪽)와 시료에 압입을 가하는 모습(오른쪽)

그림 4.10 브리넬과 로크웰 경도압입. 왼쪽은 열간 압연된 AISI 1020강으로서 직경 5.4mm의 브리넬 압흔은 HB=121의 경도를 나타내며 작은 로크웰 B스케일 압흔은 HRB=72를 나타낸다. 오른쪽은 HB=241, HRC=20의 경도를 갖는 고강도강을 나타낸다.

브리넬(Brinell) 경도시험을 위한 장치를 그림 4.9에 나타내었다. 압입시험후 얻어진 압흔을 로크웰(Rockwell) 시험의 압흔과 함께 그림 4.10에 나타내었다. 이 두 가지 시험법과 비커스(Vickers) 미세경도시험이 가장 널리 사용되는 경도시험법이다.

4.3.1 브리넬(Brinell) 경도시험

브리넬 경도시험에서는 10mm 직경을 갖는 큰 강구(steel ball)를 이용하여 상대적으로 높은 하중으로 압입한다. 강과 주철등과 같이 단단한 재료의 경우 3000kg 정도의 하중을 가해주며, 구리 및 알루미늄합금과 같은 연한 재료는 500kg 정도의 하중을 가해준다. 매우 강한 재료는 표준 강구가 너무 심하게 변형될 수 있으므로 텅스텐 카바이드 볼이 사용된다.

브리넬 경도(HB)는 kg으로 나타낸 가해준 하중 P를 압입자의 표면적으로 나누어서 얻는다.

$$HB = \frac{2P}{\pi D\left[D - (D^2 - d^2)^{0.5}\right]} \tag{4.1}$$

그림 4.7에 나타낸 것처럼 D는 볼의 직경(mm), d는 압흔 직경(mm)이다. 여러 금속의 브리넬 경도를 표 3.7에 나타내었다.

4.3.2 비커스(Vickers) 경도시험

비커스 경도시험은 브리넬 시험과 동일한 원리에 기반을 둔 시험이다. 브리넬 경도시험과 달리 압입자가 사각형 베이스에 피라미드 형상을 갖는 뾰족한 다이아몬드 형상이다. 그림 4.11에 나타낸 바와 같이 피라미드 면 사이의 각도는 $\alpha = 136°$이다. 이러한 형태는 압입깊이 h가 대각선방향으로 측정한 압입거리 d의 1/7이 되도록 해준다. 비커스(Vickers) 경도(HV)는 가해준 하중 P를 피라미드 압입자의 표면적으로 나누어서 얻는다.

$$HV = \frac{2P}{d^2}\sin\frac{\alpha}{2} \tag{4.2}$$

여기서 d는 mm 단위이며 P는 kg 단위이다.

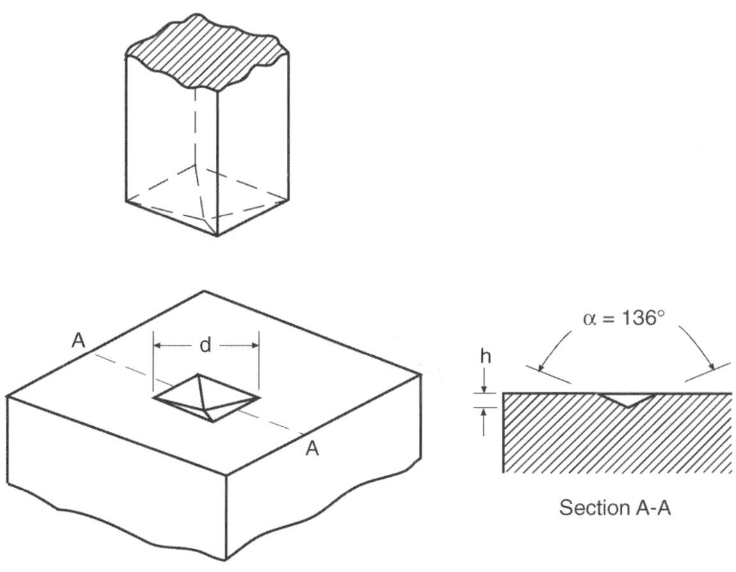

그림 4.11 비커스 경도압입

표 4.1 일부 세라믹과 유리의 비커스 경도와 굽힘 강도

Material	Hardness HV, 0.1 kg	Bend Strength MPa (ksi)	Elastic Modulus GPa (10^3 ksi)
Soda-lime glass	600	65 (9.4)	74 (10.7)
Fused silica glass	650	70 (10.1)	70 (10.1)
Aluminous porcelain	≈ 800	120 (17.4)	120 (17.4)
Silicon nitride Si_3N_4, hot pressed	1700	600 (87)	400 (58)
Alumina, Al_2O_3 99.5% dense	1750	400 (58)	400 (58)
Silicon carbide SiC, hot pressed	2600	600 (87)	400 (58)
Boron carbide, B_4C hot pressed	3200	400 (58)	475 (69)

Source: Data in [Creyke 82] p. 38.

표준 피라미드 형상은 그 압흔의 크기에 무관하게 압흔이 기하학적으로 유사하다. 이 책의 범주를 넘어서지만 소성이론에 의하면 이러한 기하학적 유사성으로 인해 비커스 경도값은 가해준 하중에 무관하다. 따라서 1에서 120kg에 이르는 광범위한 표준하중이 사용되며 거의 모든 고체의 경도를 일련의 값으로 나타낼 수 있다.

다양한 종류의 재료에 대한 근사적인 비커스 경도값은 그림 4.8에 나타나 있으며, 세라믹에 대한 비커스 경도값은 표 4.1에 나타내었다. 브리넬 경도시험이 가능한 보다 한정된 구간 내에서 비커스 경도값과 근사적으로 일치한다. 그림 4.12에 보인 다양한 강의 강도와 경도의 상관관계에서도 근사적 일치도를 보인다.

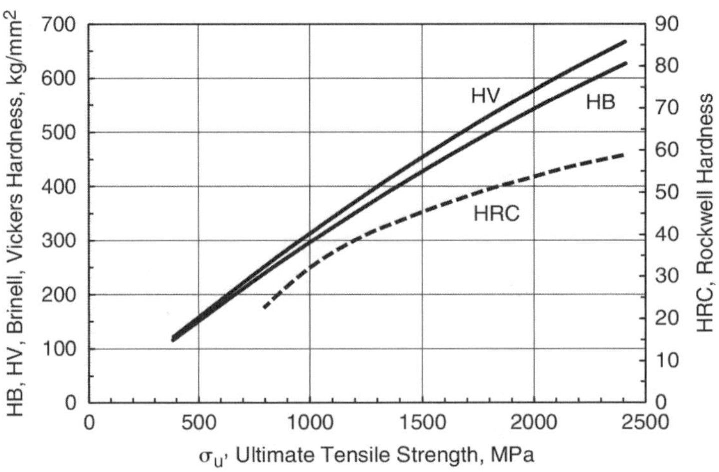

그림 4.12 탄소강과 합금강에서의 브리넬, 비커스, 로크웰 경도의 최대인장강도와의 상관관계

표 4.2 범용 로크웰 경도스케일

Symbol, *HRX* *X* =	Penetrator Diameter if Ball, mm (in)	Force kg	Typical Application
A	Diamond point	60	Tool materials
D	Diamond point	100	Cast irons, sheet steels
C	Diamond point	150	Steels, hard cast irons, Ti alloys
B	1.588 (0.0625)	100	Soft steels, Cu and Al alloys
E	3.175 (0.125)	100	Al and Mg alloys, other soft metals; reinforced polymers
M	6.35 (0.250)	100	Very soft metals; high-modulus polymers
R	12.70 (0.500)	60	Very soft metals; low-modulus polymers

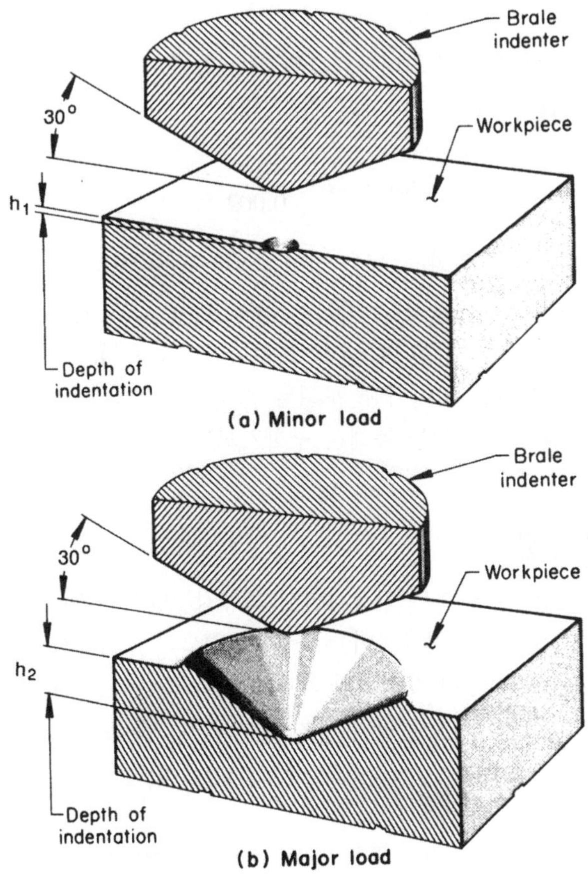

그림 4.13 로크웰 경도압입: (a) 부하중, (b) 주하중(출처: [Boyer 85])

비커스 경도시험과 유사한 또 다른 경도시험법으로 누프(knoop)시험이 있다. 누프시험에서는 다이아몬드 형상의 베이스에 피라미드 모양을 갖는 압입자를 이용하여 비커스와 동일한 원리로 경도를 측정한다.

4.3.3 로크웰(Rockwell) 경도시험

로크웰 시험에서는 압입자로 다이아몬드 포인트나 강구를 사용한다. 브레일(Brale)압입자로 불리는 다이아몬드 포인트는 120°의 경사각을 갖는 콘(cone)형상으로 약간 라운딩된 끝단을 갖는다. 직경 1.6mm에서 12.7mm 범위의 볼을 사용한다. 표 4.2에 나타낸 광범위한 재료를 다루기 위해서 정규 로크웰 시험(regular Rockwell test)에서는 압입자와 압입력을 다양하게 조합하여 시험을 할 수 있다. 또한 적은 하중을 가해주어 적은 압입을 일으키도록 하는 슈퍼피셜 로크웰 시험(superficial Rockwell test)도 가능하다.

로크웰 시험은 압흔의 크기보다는 압입의 깊이로부터 경도를 평가하는 점이 다른 경도시험과 다르다. 깊이측정을 위한 기준점을 잡고 표면스케일이나 이물질을 관통시키기 위해 부하중(minor load)이라 불리는 작은 초기하중을 먼저 가해준다. 정규 시험에서는 10kg의 부하중을 사용한다. 이후 주하중(major load)을 가하여 주하중으로 인한 부가적인 압입깊이를 측정한다. 그림 4.13에 h_2와 h_1 사이의 차이를 나타내었다.

각각의 로크웰 경도값은 100 부근의 최대유효값을 갖는다. 정규 로크웰 경도에서 한 단위의 증가는 0.002mm의 압입깊이 감소를 의미한다. 따라서 경도값은,

$$HRX = M - \frac{\Delta h}{0.002} \tag{4.3}$$

여기서 $\Delta h = h_2 - h_1$는 mm단위이고 M은 상한값이다. 정규 로크웰 시험시, 다이아몬드 포인트(A, C, D 스케일)를 사용하는 경우에는 $M = 100$을 적용하고 볼 압입자(B, E, M, R 등)를 사용하는 경우에는 $M = 130$을 사용한다. 경도값은 HRX로 표기하며 X는 적용된 스케일을 의미한다. 예를 들어 60HRC는 C스케일로 60이라는 의미이다. 로크웰 경도는 스케일이 표기되어 있지 않으면 그 값이 무의미하다. 경도값은 실제로 계산을 통해서 구하기보다는 경도시험기의 다이얼로부터 바로 읽어들인다.

4.3.4 경도 상관성과 변환

경도 압입자에 의해 일어나는 변형은 인장시험시 최대강도에서 일어나는 변형과 비슷한 양이다. 중요한 차이점은 재료가 바깥쪽으로 자유로이 유동할 수 없으므로 압입자 아래에 복합적인 삼축응력이 걸린다는 점이다. 그럼에도 불구하고 경도와 최대인장강도 σ_u 사이에 실험적 상관관계가 존재할 수 있다. 저강도 탄소강, 중강도 탄소강 및 합금강의 경우, σ_u를 브리넬 경도로 예측할 수 있다.

$$\sigma_u = 3.45(HB)\ \text{MPa}, \qquad \sigma_u = 0.50(HB)\ \text{ksi} \tag{4.4}$$

여기서 HB의 단위는 kg/mm^{2}이다. 변환인자 1 kg/mm^2 = 9.807MPa를 사용하면 경도를 MPa 단위로도 나타낼 수 있다. 만약 HB와 σ_u에 동일한 단위(MPa 처럼)가 사용된다면 식 (4.4)는 $\sigma_u = 0.35(HB)$가 된다.

표 4.3 탄소강 및 합금강의 근사적인 등가 경도값과 최대인장강도

Brinell	Vickers	Rockwell		Ultimate, σ_u	
HB	*HV*	*HRB*	*HRC*	MPa	ksi
627	667	—	58.7	2393	347
578	615	—	56.0	2158	313
534	569	—	53.5	1986	288
495	528	—	51.0	1813	263
461	491	—	48.5	1669	242
429	455	—	45.7	1517	220
401	425	—	43.1	1393	202
375	396	—	40.4	1267	184
341	360	—	36.6	1131	164
311	328	—	33.1	1027	149
277	292	—	28.8	924	134
241	253	100	22.8	800	116
217	228	96.4	—	724	105
197	207	92.8	—	655	95
179	188	89.0	—	600	87
159	167	83.9	—	538	78
143	150	78.6	—	490	71
131	137	74.2	—	448	65
116	122	67.6	—	400	58

Note: Force 3000 kg for *HB*. Both *HB* and *HV* are in units of kg/mm^2.
Source: Values in [Boyer 85] p. 1.61.

식 (4.4)에 나타낸 선형적 관계는 그림 4.12에 보인 곡선에 근사적으로 나타낸 것이며 $HB \approx 500kg/mm^2$까지는 정확하게 근사해준다. 하지만 실제 데이터에는 상당한 산포가 있을 수 있으므로 이러한 상관관계는 근사적인 추정치로 간주된다. 다른 종류의 재료에서는 상관 관계식의 상수가 다를 수 있고 선형적이지 않을 수도 있다. 또한 경도시험법이 달라지면 상관 관계식도 달라진다. 로크웰 경도값은 σ_u와 다른 시험법으로 구한 경도값 등과 높은 상관성을 보이지만 상관관계가 그림 4.12에 보인 바와 같이 비선형적이다. 이러한 비선형적 상관관계는 로크웰 시험이 독특하게도 압입깊이에 근거하기 때문이다. 탄소강과 합금강에 대한, 시험방법별 경도값들과 최대인장강도 사이의 변환차트를 표 4.3에 나타내었다. 강과 다른 금속들에 대한 더욱 자세한 변환차트는 ASTM 표준번호 E140, 여러 핸드북 및 경도시험계 제조회사의 매뉴얼 등에 나타나 있다.

4.4 노치 – 충격시험

노치 충격시험(notch-impact test)은 예리한 응력집중부나 결함이 존재할 때 갑작스런 파단에 대한 재료의 저항과 관련한 정보를 제공한다. 다른 기계적 시험을 통해서 얻기 어려운 정보를 제공해주는 것 이외에도 빠르고 저렴한 시험법이므로 널리 사용되고 있다.

4.4.1 시험 형태

여러 표준충격시험에서, 노치가 있는 빔이 스윙 낙하하는 추(pendulum)나 낙하하는 중량물(weight)에 의해 파괴된다. 널리 사용되는 시험형태로는 샤르피 V-노치(Charpy V-notch)나 아이조드(Izod)시험 등이 있다. 시험편과 하중부하방법 등을 그림 4.14에 나타내었다. 스윙 낙하하는 추(pendulum)가 두 경우 모두 충격하중을 가하는데 사용된다. 샤르피 시험장치를 그림 4.15에 나타내었다. 시편을 파괴시키는데 필요한 에너지는 시편을 파괴시킨 후 추가 올라가는 최고높이를 통해 측정한다. 그림 4.16에 파괴된 샤르피 시험편을 나타내었다. 폴리머(플라스틱)의 충격저항은 아이조드 시험을 통해 주로 평가하며 표 3.3에 대표적인 데이터를 나타내었다.

자주 사용되는 또 다른 시험법으로 동적인 열시험(dynamic tear test)이 있다. 이 시험의 시험편은 샤르피 시험편처럼, 중심부에 노치가 있으며 수직 낙하하는 중량물이 3점굽힘 형태로 충격하중을 가한다. 이 시험은 180mm 길이, 40mm 폭, 16mm 두께의 큰 시험편을 사용하며, 더 큰 시료로는 430mm 길이, 120mm 폭, 25mm 두께의 시험편도 있다.

노치가 있는 시험편에서 시험을 통해 얻게 되는 에너지는 노치반경을 포함한 시험편 치수와 형상에 영향을 받는다. 추나 중량물의 무게와 속도는 물론, 지지 및 하중부여방식 또한 중요하다. 따라서 한 형태의 시험결과를 다른 형태의 시험결과와 바로 비교하기는 어렵다. 그리고 이러한 시험상세사항들은 ASTM과 같은 기술표준에 명시된 데로 준수하여야 한다.

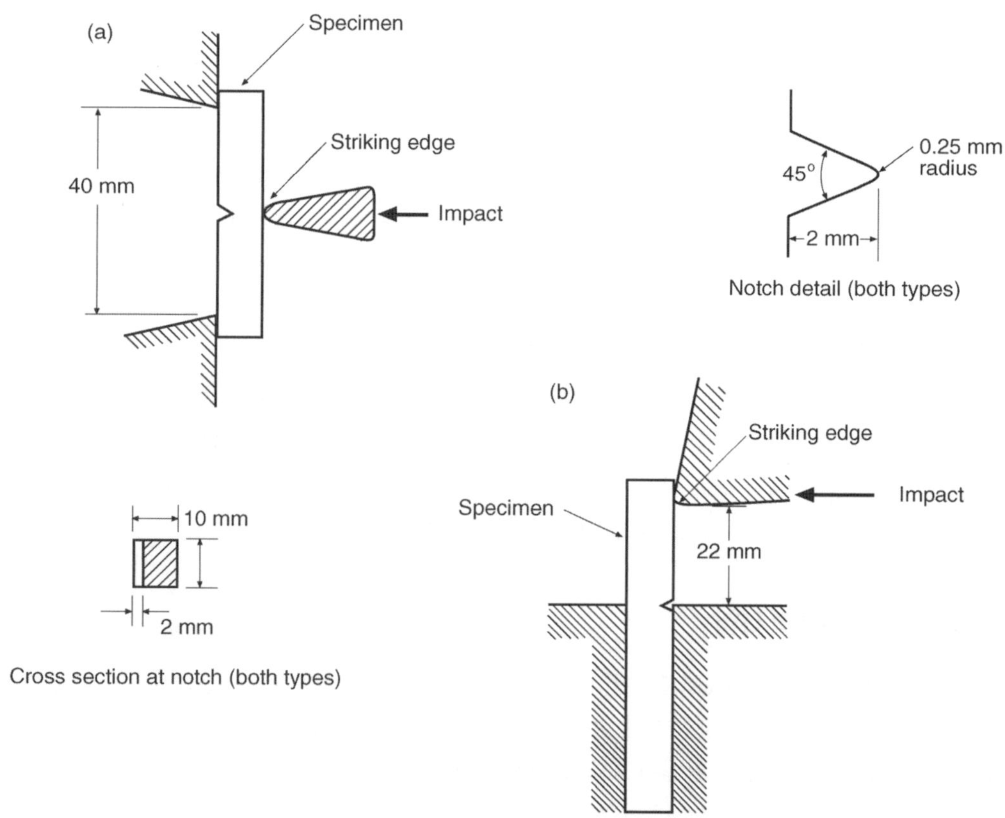

그림 4.14 시험편과 하중부하 방법: (a) 샤르피 V-노치, (b) 아이조드(출처: [ASTM 97])

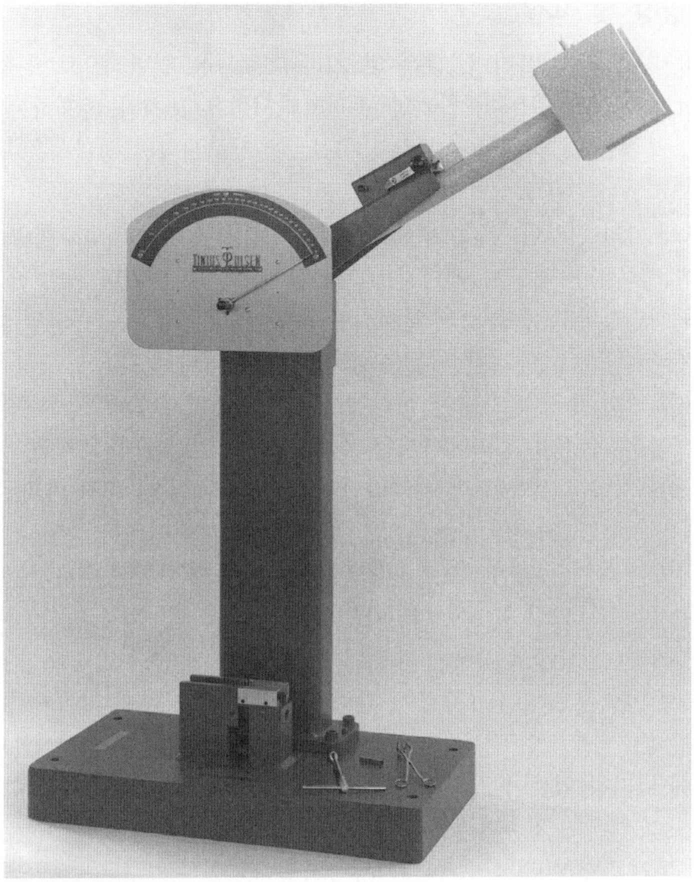

그림 4.15 자유 스윙 낙하하여 충격을 가하기 전의 추(Pendulum)가 장착된 샤르피 시험기기

그림 4.16 샤르피 시험된 파괴 시험편. 왼쪽부터 오른쪽으로, 회주철, $\sigma_u \approx 1550MPa$로 템퍼링한 AISI 강, $\sigma_u \approx 950MPa$로 템퍼링한 AISI 강. 시험편의 촉과 두께는 각각 10mm

4.4.2 충격거동 양상 및 고찰

낮은 노치충격에너지를 갖는 폴리머, 금속 및 기타 재료들은 일반적으로 취성거동을 보이며 인장시험시 낮은 연성과 인성을 갖는다. 하지만 충격파괴시험은 노치가 존재하는 상황에서 빠른 속도로 하중을 가해서 특별한 결과를 얻어내는 것이므로, 인장물성과의 상관성은 단지 일반적인 경향일 뿐이다.

많은 재료는 온도에 따라 현저한 충격에너지의 변화를 보인다. 다양한 탄소함량을 갖는 일반탄소강에 대해, 시험온도별로 측정한 샤르피 에너지를 그림 4.17에 나타내었다. 동일한 탄소함량하에서도, 또는 동일한 경도(최대인장강도)를 갖도록 열처리한 경우에도, 미량 합금원소의 함량차이로 인해 강의 충격거동이 달라질 수 있다. 이러한 거동은 그림 4.18에 나타내었다.

그림 4.17과 4.18을 보면 특정 온도구간 이상에서는 충격에너지가 낮은 수준에서 높은 수준으로 급격하게 증가하고 높은 수준의 충격에너지는 상대적으로 일정하게 유지된다. 이러한 천이온도(transition temperature)거동은 많은 재료에서 나타난다. 저에너지(취성) 충격 파괴된 파면은 대개 상대적으로 매끄러운 면을 보인다. 하지만 고에너지(연성) 파괴는 파면이 인장축에 대해 45° 정도 경사진 전단영역을 갖는다. 또한 파면은 일반적으로 거칠고 아주 심하게 변형된 섬유파단(fibrous fracture) 형태를 보인다. 이러한 차이는 그림 4.16에 나타내었다.

천이온도거동은 다양한 온도에서 사용될 재료의 선택측면에서 공학적 중요성이 있다. 일반적으로 낮은 충격에너지를 보이는 온도에서는 재료에 하중을 무리하게 가하지 않아야 한다. 하지만 정확한 천이온도를 결정하는데 너무 중요성을 부여하는 것에 대해서는 주의할 필요가 있다. 이것은 Barsom(1999)의 책에 나타나 있듯이 천이온도가 충격시험 형태에 따라 달라질 수 있기 때문이다. 충격에너지나 천이온도와 같은 노치충격시험결과가 특정 공학적 상황과 갖게 되는 정량적인 관련성은 실험적 상관관계를 통해 간접적 방식으로 나타낼 수 있다.

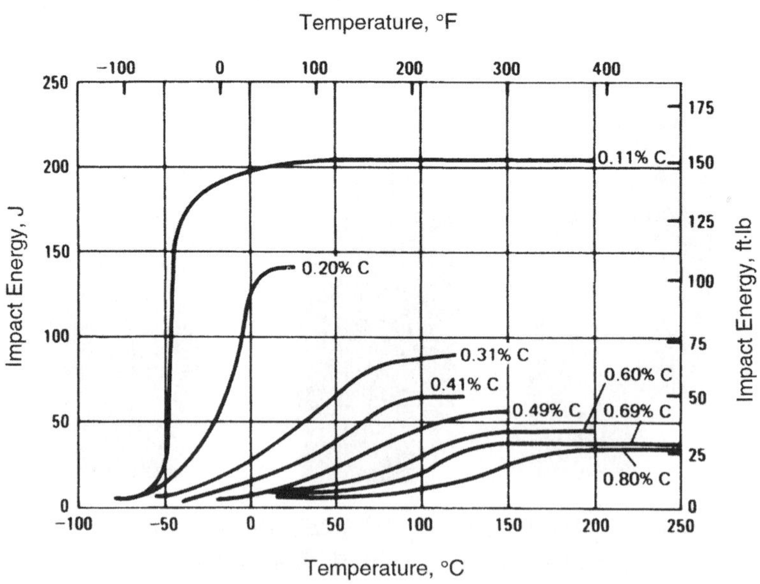

그림 4.17 다양한 탄소함량을 갖는 일반 탄소강에 대한 온도별 샤르피 V–노치충격 에너지의 변화

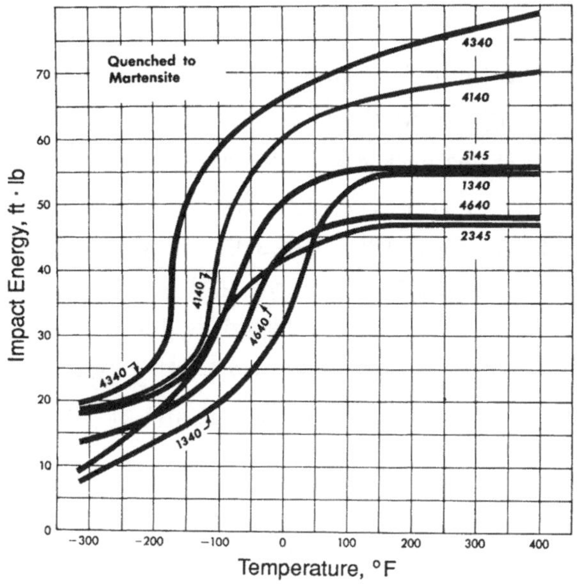

그림 4.18 비슷한 탄소함량을 갖는 합금강들에 대한 샤르피 V-노치충격에너지의 온도의존성. 모두 HRC34로 급냉후 템퍼링된 시험재(출처: [French 56])

파괴역학(이후 8장에서 거론)을 이용하여 균열과 예리한 노치를 포함하는 재료를 더욱 구체적인 방법으로 분석할 수 있다. 특히 파괴인성(fracture toughness)은 공업부품의 거동과 정량적으로 관련될 수 있고, 또한 하중속도 효과도 분석에 포함될 수 있다. 하지만 단순함과 경제성을 희생하여 이러한 장점들을 얻을 수 있다. 시험사의 여러 단점에도 불구하고 노치충격시험이 널리 시행되는 것은 재료를 신속하게 비교할 수 있는 유용성과 재료거동에 대한 일반적인 정보를 얻게 해 주기 때문이다.

4.5 굽힘 및 비틀림 시험

다양한 굽힘(bending) 및 비틀림(torsion)시험법이 탄성계수, 강도, 전단계수, 전단강도 및 다른 물성을 평가하기 위해 사용되고 있다. 벽이 충분히 얇아서 전단응력과 변형이 거의 균일한 원통형 튜브의 비틀림을 제외하면 이러한 시험은, 시험편 단면에 불균일한 응력과 변형이 부여된다는 점에서 인장 및 압축시험과 근본적으로 다르다. 굽힘과 비틀림의 경우, 시험데이터로부터 응력-변형곡선을 얻을 수 없는 상황도 생긴다.

사각단면 굽힘시, 모멘트와 곡률좌표로부터 응력-변형곡선을 얻을 수 있는 방법이 있다. 원형샤프트의 비틀림시에도, 토오크와 비틀림 각도를 이용하여 응력-변형곡선을 얻을 수 있다. 이러한 방법은 여기에서 다루지는 않겠지만 비틀림의 경우 Dietrer(1986)와 Hill(1998)의 책을 참조하면 되고, 굽힘과 비틀림 모두를 다룬 Nadai(1950)의 책도 참조할 수 있다. 이와는 반대의 문제인 모멘트나 토오크를 재료의 응력-변형곡선에서 구하는 문제는 14장에서 자세히 다룬다. 부록 그림 A.1(b)와 (c)에 나타낸 굽힘과 비틀림 응력을 계산해주는 간단한 수식들은 선형탄성거동에 기반을 둔 것이며, 항복으로 인해 응력-변형거동이 비선형적일 때는 적용되지 않는다.

4.5.1 굽힘 시험

노치 없는 바를 이용한 굽힘시험이 주로 행해지는데, 금속 스프링재료, 콘크리트, 자연석, 나무, 플라스틱, 유리, 세라믹에 대한 여러 ASTM 표준시험법도 그러하다. 굽힘 시험은 그립부에서의 파손 문제 때문에 단순 일축인장시험을 수행하기 어려운 취성재료의 인장강도를 평가하는데 특히 필요하다. 시험편은 그림 4.19에 보인 바와 같이 주로 사각단면형상을 가지며 3점 또는 4점굽힘 하중을 받는다.

굽힘시 응력은 빔의 깊이방향으로 변하며 항복은 표면부의 얇은 층에서 먼저 일어난다. 따라서 하중-휨 곡선이 항복이 시작되는 시점에 민감하지 않다. 또한 항복 이후에 나타나는 응력-변형곡선부와 같이 하중-휨 곡선의 비선형부는 단순탄성굽힘해석이 적용되지 않는다. 따라서 굽힘 시험은 파단 시점까지 응력-변형곡선이 거의 직선적인 거동을 보이는 취성재료에 가장 의미 있는 시험이다.

거의 선형적 거동을 보이는 재료의 파괴응력(fracture stress)은 간단한 선형탄성빔 해석을 이용해서 굽힘 시험의 파단하중으로부터 구할 수 있다.

$$\sigma = \frac{Mc}{I} \tag{4.5}$$

여기서 M은 굽힘 모멘트이다. 그림 4.19에 보인 깊이 $2c$와 폭 t를 갖는 사각단면의 중립축에 대한 관성모멘트는 $I = 2tc^3/3$이다. 그림 4.19(a)에 보인 바와 같이, 길이 L을 갖는 빔의 중간부에 하중 P를 가하는 3점굽힘을 생각해 보자. 이 경우 가장 높은 굽힘 모멘트는 중간부에서 일어나며 그 값은 $M = PL/4$가 된다. 식 4.5로부터

$$\sigma_{fb} = \frac{3L}{8tc^2} P_f \tag{4.6}$$

여기서 P_f는 굽힘 시험시 파단하중이고 σ_{fb}는 계산된 파단응력이다. 이것을 굽힘 강도 또는 굴곡 강도(flexural strength)라고 하며, 표 4.1에 일부 세라믹의 값을 나타내었다.

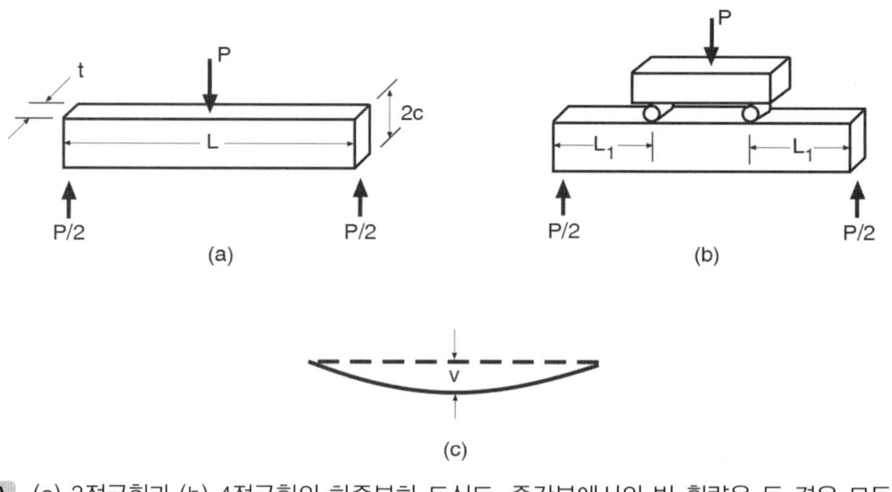

그림 4.19 (a) 3점굽힘과 (b) 4점굽힘의 하중부하 도식도. 중간부에서의 빔 휨량은 두 경우 모두 (c)와 비슷하다.

이렇게 얻은 σ_{fb}값은 굽힘 시험을 통해 구한 값임을 명기할 필요가 있다. 응력-변형곡선이 선형성에서 벗어날 수 있기 때문에 인장시험으로부터 구한 값과 정확하게 일치하지 않을 수 있기 때문이다. 취성재료는 대개 인장보다 압축시에 더욱 강하기 때문에 최대인장응력에 의해 빔이 파단된다. 응력-변형곡선의 비선형성은 14장에 기술한 방법에 근거하여 수정 가능하지만 사실상 이러한 수정을 하는 경우는 거의 없다.

굽힘시 항복강도 또한 측정이 가능하다. 식 4.6을 사용하되 P_f 대신에 항복이 시작되는 하중이나 오프셋 항복강도에 해당하는 하중 P_i를 적용한다. 이러한 σ_o값은 σ_{fb}값에 비해 비선형적 응력-변형 거동에 영향을 덜 받게 되겠지만, 인장시험을 통해 구한 값과의 일치도는 전술한 바와 같이 항복시작점에 대한 굽힘 시험의 낮은 민감도에 영향을 받는다.

탄성계수도 굽힘 시험을 통해 구할 수 있다. 예를 들어 그림 4.19(a)에 보인 3점굽힘시, 중간부의 최대 휨량은 선형탄성해석에 의해 구할 수 있다. 그림 A.4(a)로부터, 이것은

$$v = \frac{PL^3}{48EI} \tag{4.7}$$

E값은 하중-휨 곡선의 초기 직선부의 기울기 dP/dv로부터 계산할 수 있다.

$$E = \frac{L^3}{48I}\left(\frac{dP}{dv}\right) = \frac{L^3}{32tc^3}\left(\frac{dP}{dv}\right) \tag{4.8}$$

굽힘 시험으로 구한 탄성계수는 동일재료의 인장이나 압축시험결과 구한 값과 대개 비슷하게 나오지만, 불일치를 야기할 만한 여러 가능요인들이 있다: (1) 지지부와/또는 하중점에서의 국부적 탄성 또는 소성변형이 빔의 휨량에 비해 작다. (2) 상대적으로 짧은 빔의 경우, 전단응력으로 인한 상당량의 변형이 일어날 수 있지만 이상적인 빔 이론에서는 이것이 고려되지 않는다. (3) 인장과 압축시 탄성계수가 다를 수 있는데 이 경우 굽힘 시험에서는 그 중간수준의 값이 얻어진다. 따라서 굽힘 시험을 통해 구한 탄성계수임을 표기해야 할 필요가 있다.

4점굽힘 또는 다른 하중부하모드나 단면형상에서는 식 4.6~4.8이 부록 A에 나타낸 유사한 형태의 관계식으로 대체할 필요가 있다.

4.5.2 열변형(heat deflection) 시험

폴리머에 사용되는 이 시험은, ASTM 표준 D648에 기술된 특수 장비를 사용하여 사각단면을 갖는 작은 빔에 3점굽힘 하중을 가해준다. 깊이 $2c$ = 13mm와 두께 t = 3 ~ 13mm를 갖는 빔을 지지점 거리 L = 100mm로 하중을 가하되, 가해주는 하중은 탄성거동을 가정하고 계산한 최대굽힘응력이 0.455MPa 이거나 1.82MPa이 되는 값이다. 온도를 분당 2℃의 속도로 상승시키면서 빔의 휨량을 측정하여 그 값이 0.25mm를 초과할 때의 온도를 측정한다. 이러한 열변형온도(heat deflection temperature)는 열로 인한 과다한 연화(softening)와 변형에 대한 폴리머의 저항을 비교하는 지표로 사용한다. 이것은 또한 재료가 그 유용성을 상실하는 온도영역을 의미하기도 한다. 표 3.3에 일부 값을 나타내었다.

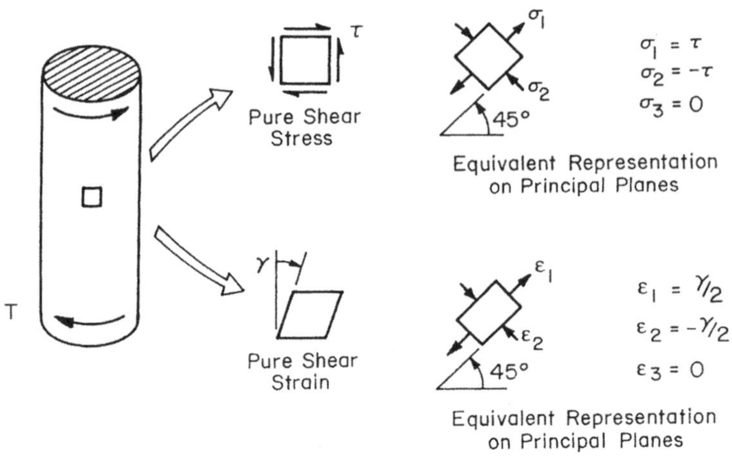

그림 4.20 원형 바를 이용한 비틀림 시험의 순수한 응력 및 변형상태. 좌표축을 45° 회전시 등가 수직 응력-변형상태

4.5.3 비틀림 시험

단순 비틀림 하중을 가하는 원형 바(bar)시험은 상대적으로 시험이 쉬우며, 인장시험과 달리 네킹현상이 없어 복잡하지도 않다. 원형 바를 이용한 비틀림 시험의 응력 및 변형상태는 그림 4.20에 나타낸 것처럼 순수전단 상태이며, T는 토오크, τ는 전단응력, γ는 전단변형이다. 벽이 얇은 원형튜브와 같이, 바의 내부가 비어 있을 때도 동일한 응력 및 변형상태가 적용된다. 보인 바와 같이, 좌표축을 45° 회전시키면 순수전단 응력-변형이 수직 응력-변형과 동일해진다.

비틀림 시험에 의한 파괴형상을 그림 4.21에 나타내었다. 회주철(상부)은 취성거동을 보이므로, 그림 4.20처럼, 시험편의 축과 45° 각도를 갖는 최대인장응력이 걸리는 면을 따라 파괴를 일으킨다. 원주를 따라 파괴가 진행되면서 시험편의 축과 45° 각도를 유지하므로 나선형상의 파단현상을 보인다. 대조적으로, 알루미늄 합금(하부)은 연성거동을 보이므로 바의 축을 가로지르는 최대전단응력면을 따라 일어난다.

선형탄성거동을 보이는 경우, 파괴시 전단응력 τ_f은 그림 A.1(c)와 A.2(c)를 통해 토오크 γ_f와 관련시켜 다음의 식을 얻는다.

$$\tau_f = \frac{T_f r_2}{J}, \qquad \tau_f = \frac{2\,T_f r_2}{\pi\left(r_2^4 - r_1^4\right)} \qquad \text{(a, b)} \tag{4.9}$$

여기서 J는 단면적의 극관성모멘트(polar moment of inertia)이고 r_2는 외측반경이다. 식 (b)는 내측반경 r_1을 갖는 속이 비어 있는 바 또는 튜브에 대한 J를 반영하여 식 (a)를 얻는다. 하지만 식 4.9이 선형탄성거동으로부터 얻어진 결과이므로, 비선형 변형(항복)이 일어날 경우 굽힘 시험의 경우와 비슷한 논리로, 구해진 τ_f 값이 부정확할 수 있다. 하지만 다음 절에서 거론하는 벽이 얇은 튜브를 이용한 시험을 통해 문제를 상당부분 극복할 수 있다.

비틀림 시험에서 토오크 T는 일반적으로 비틀림 각도 θ에 따른 변화로 나타낸다. 전단계수 G는 $dT/d\theta$의 초기 선형적인 부분의 기울기로부터 구할 수 있다. 그림 A.1(c)의 θ에 대한 식으로부터 얻고자 하는 G는

그림 4.21 전형적인 비틀림 파면. 회주철의 취성거동(위쪽)과 알루미늄 합금 2024-T351의 연성거동(아래쪽)

$$G = \frac{L}{J}\left(\frac{dT}{d\theta}\right), \qquad G = \frac{2L}{\pi\left(r_2^4 - r_1^4\right)}\left(\frac{dT}{d\theta}\right) \qquad \text{(a, b)} \qquad (4.10)$$

여기서 L은 바의 길이이고 J, r_2, r_1은 이전과 같으며 속이 찬 바의 경우 $r_1 = 0$이다.

속이 찬 바를 이용한 비틀림 시험은 강도와 연성을 비교할 목적으로 수행한다. 물론 식 4.9로부터 얻은 응력은 항복효과가 반영되지 않았으므로 비현실적인 값일 수도 있다는 점은 유념하여야 한다(14장 참조).

4.5.4 벽두께가 얇은 튜브의 비틀림 시험

비틀림시 비선형적 변형을 분석하기 위한 가장 직접적인 접근은 그림 4.22에 보인 바와 같이 벽두께가 얇은 튜브를 시험하는 것이다. 벽두께를 따라 근사적으로 균일한 전단응력과 변형은 다음 식으로부터 구한다.

$$\tau_{\text{avg}} = \frac{T}{2\pi r_{\text{avg}}^2 t}, \qquad \gamma_{\text{avg}} = \frac{r_{\text{avg}}\theta}{L}, \qquad \text{where } r_{\text{avg}} = \frac{r_2 + r_1}{2} \qquad \text{(a, b, c)} \qquad (4.11)$$

벽두께는 $t = r_2 - r_1$이고 r_{avg}는 벽두께 중간부의 반경이다. 전단응력과 변형에 대한 하첨자 avg는 벽두께를 통해 변할 수 있는 값들에 대해 평균값을 의미한다.

식 4.11을 사용하면, 전단응력(τ) - 변형(γ)곡선을 $T-\theta$ 데이터로부터 직접 간단하게 구할 수 있다. 이것은 식 3.1과 3.2를 사용하여 인장시험의 $P-\Delta L$ 데이터로부터 $\sigma-\varepsilon$ 곡선을 얻는 것과 유사한 상황으로 볼 수 있다. 시험편의 벽두께는 $t/r_1 = 0.10 \sim 0.25$ 범위를 선택한다. 0.10은 벽두께를 따라 10%의 변동을 나타내지만 너무 얇아서 좌굴을 일으킬 수 있다. 0.25는 좌굴에 대한 저항은 높이지만 벽두께를 따라 25%의 변동을 일으킨다.

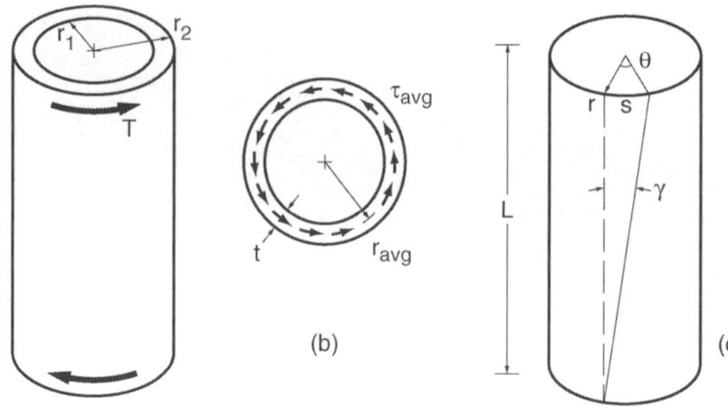

그림 4.22 (a) 벽두께가 얇은 튜브의 비틀림, (b) 단면에 근사적으로 균일한 전단응력 τ_{avg}, (c) θ의 각도로 뒤틀린 형태

식 4.11은 식 4.22(b)를 이용하여 구할 수 있다. 전단응력 τ_{avg}는 벽두께에 걸쳐 일정한 것으로 간주한다. 이것을 단면적으로 곱해주면 r_{avg}의 토오크 암(arm)을 갖는 총 환형하중(total annular force)이 되며 이 값은 토오크 T와 다음의 관계를 갖는다.

$$T = (\text{stress})(\text{area})(\text{distance}) = (\tau_{\text{avg}})(2\pi r_{\text{avg}} t)(r_{\text{avg}}) = 2\pi \tau_{\text{avg}} r_{\text{avg}}^2 t \tag{4.12}$$

τ_{avg}에 대해 풀면 식 4.11(a)를 얻는다. 임의의 반경 r을 갖는 원통이 그림 4.22(c)와 같이 θ의 각도로 뒤틀린 상태를 생각해보자. 전단변형이 비틀림 각도 γ이며 아크 길이 $s = r\theta = L\gamma$이므로 $\gamma = r\theta/L$이 된다. 이것을 r_{avg}에 대입하면 식 4.11(b)를 얻게 된다. 또한 동일한 관계식을 적용하여 내측과 외측 벽의 γ를 비교해 보면 다음과 같다.

$$\gamma_2 = \frac{r_2\theta}{L}, \qquad \gamma_1 = \frac{r_1\theta}{L}, \qquad \frac{\gamma_2}{\gamma_1} = \frac{r_2}{r_1} = 1 + \frac{t}{r_1} \tag{4.13}$$

따라서, $t/r_1 = 0.1$에 대해 $\gamma_2/\gamma_1 = 1.10$, 즉 전술한 바와 같이 10%의 변동을 보이며 $t/r_1 = 0.25$에 대해서는 25% 변동을 보인다.

벽이 얇은 튜브에 대한 비틀림 시험은 인장시험만큼 널리 사용되는 시험법은 아니다. 하지만 이 시험은 재료의 기본적인 응력-변형거동을 규명가능한 대안 중의 하나로 볼 수 있다.

4.6 요 약

압축시험은 인장시험과 유사한 물성을 얻기 위해 수행된다. 압축시험은 콘크리트, 빌딩 벽돌, 그리고 인장시 취성거동을 보이는 유리와 세라믹 등과 같은 재료에 특히 유용한 시험이다. 이러한 재료는 일반적으로 인장시보다 압축시에 보다 높은 강도와 연성을 보인다.

경도는 볼이나 예리한 포인트로 압입시 압입저항을 측정해 주는 여러 표준시험법을 이용하여 평가한다. 브리넬 시험은 10mm 볼을, 비커스 시험은 피라미드형 포인트를 사용한다. 두 방법 모두 압입자의 표면적에 걸리는 평균응력을 kg/mm^{2}으로 나타내어 경도를 평가한다. 얻어진 값은 비슷하지만 비커스 시험이 보다 널리 사용된다. 로크웰 경도는 볼이나 뿔모양의 다이아몬드 포인트를 이용한 압입

깊이로 평가한다. 다양한 재료의 경도평가를 위해 여러 가지 로크웰 경도스케일이 적용된다.

노치충격시험은 예리한 노치가 존재하는 상황에서 급속한 하중부하에 저항하는 능력을 평가해 준다. 충격하중은 스윙 낙하하는 추(pendulum)나 낙하하는 중량물(weight)을 통해 가해준다. 시험편 치수, 형상 및 하중을 가하는 방법 등의 구체사항은 표준시험별로 다르며 샤르피, 아이조드 및 동적인 파열 tear)시험 등이 있다. 충격에너지는 특정온도 이하에서 취성거동을 보이는 온도천이를 보이기도 한다.

노치 없는 바에 대한 굽힘 시험은 취성재료의 탄성계수와 강도를 평가하는데 유용하다. 데이터 분석에 선형탄성거동을 가정하므로 파괴전에 상당량의 비선형 응력-변형거동을 일으킬 경우, 굽힘시 강도는 인장시험에서의 강도와 다르다. 특수한 굽힘시험인 열변형시험은 온도에 따른 폴리머의 유용성 한계를 평가하는데 사용된다. 비틀림 시험은 전단계수 G를 직접 평가하게 해주며 전단강도와 전단연성을 결정하는데도 사용된다. 비틀림 시험된 벽이 얇은 튜브는 거의 일정한 응력과 변형을 가지므로 전단 응력-변형곡선을 얻는데 사용될 수 있다.

새로운 용어 및 기호

bending (flexure) test
bend strength, σ_{fb}
Brinell hardness, HB
Charpy V-notch test
compression test
indentation hardness
Izod test
necking
notch-impact test
offset yield strength, σ_o
percent elongation, $100\varepsilon f$
percent reduction in area, $\%RA$
proportional limit, σ_p
Rockwell hardness, *HRC,* etc.
strain hardening exponent, n
strength coefficient, H
corrected true stress, $\tilde{\sigma}_B$
elastic limit
engineering strain, ε
engineering stress, σ
heat-deflection temperature
tangent modulus, E_t
tensile toughness, u_f
torsion test
true fracture strain, $\tilde{\varepsilon}_f$
true fracture strength, $\tilde{\sigma}_f$, $\tilde{\sigma}_{fB}$
true strain, $\tilde{\varepsilon}$
true stress, $\tilde{\sigma}$
true toughness, $\tilde{u}_f$
ultimate tensile strength, σ_u
Vickers hardness, HV
yielding

참고문헌

(a) General References

ASTM. 2010. *Annual Book of ASTM Standards*, ASTM International, West Conshohocken, PA. (Multiple volume set published annually.)

BARSOM, J. M., and S. T. ROLFE. 1999. *Fracture and Fatigue Control in Structures*, 3d ed., ASTM International, West Conshohocken, PA.

BRIDGMAN, P. W. 1952. *Studies in Large Plastic Flow and Fracture*, McGraw-Hill, New York.

DAVIS, J. R., ed. 1998. *Metals Handbook: Desk Edition*, 2d ed., ASM International, Materials Park, OH.

DIETER, G. E., Jr. 1986. *Mechanical Metallurgy*, 3d ed., McGraw-Hill, New York.

GAUTHIER, M. M., vol. chair. 1995. *Engineered Materials Handbook, Desk Edition*, ASM International, Materials Park, OH.

HILL, R. 1998. *The Mathematical Theory of Plasticity*, Oxford University Press, Oxford, UK.

KUHN, H., and D. MEDLIN, eds. 2000. *ASM Handbook: Vol. 8, Mechanical Testing and Evaluation*, ASM International, Materials Park, OH.

MARSHALL, E. R., and M. C. SHAW. 1952. "The Determination of Flow Stress From a Tensile Specimen," *Trans. of the Am. Soc. for Metals*, vol. 44, pp. 705–725.

NADAI, A. 1950. *Theory of Flow and Fracture of Solids*, 2nd ed., McGraw-Hill, New York.

RICHARDS, C. W. 1961. *Engineering Materials Science*, Wadsworth, Belmont, CA.

(b) Sources of Materials Properties and Databases

BAUCCIO, M. L., ed. 1993. *ASM Metals Reference Book*, 3d ed., ASM International, Materials Park, OH.

CES. 2009. *CES Selector 2009*, database of materials and processes, Granta Design Ltd, Cambridge, UK. (See *http://www.grantadesign.com.*)

CINDAS. 2010. *Aerospace Structural Metals Database (ASMD)*, CINDAS LLC, West Lafayette, IN. (See *https://cindasdata.com.*)

HOLT, J. M., H. MINDLIN, and C. Y. HO, eds. 1996. *Structural Alloys Handbook*, CINDAS LLC, West Lafayette, IN. (See *https://cindasdata.com.*)

MMPDS. 2010. *Metallic Materials Properties Development and Standardization Handbook*, MMPDS-05, U.S. Federal Aviation Administration; distributed by Battelle Memorial Institute, Columbus, OH. (See *http://projects.battelle.org/mmpds* replaces MIL-HDBK-5.)

문제 및 질문

【4.2절】

4.1 원통형 회주철을 압축시험하여 얻은 공칭응력-변형 데이터를 표 P4.1에 나타내었다. 4.5% 변형까지는 12.70mm 게이지 길이를 갖는 연신율계(extensometer)를 이용하여 측정하고 그 이상의 변형은 크로스헤드 변위로 근사적으로 구하였다. 시험전 직경은 12.75mm이고 파단 후의 직경은 14.68mm이다. 또한 시험전 길이는 38.12mm 이고 파단후 길이는 33.20mm이다. 그림 4.2에 보인 회주철 시험편과 유사하게 경사진 면을 따라 파괴를 일으킨다.

표 P4.1

σ, MPa	ε, %	σ, MPa	ε, %
0	0	617	2.88
60.3	0.059	671	4.01
114.1	0.114	719	5.50
159.4	0.158	751	7.03
218	0.225	773	8.49
289	0.326	790	10.00
350	0.445	801	11.49
397	0.604	804	12.80
448	0.900	802	13.49
497	1.326	795	14.00
565	2.096		

(Final point is fracture)

(a) 탄성계수, 0.2%오프셋 항복강도, 최대압축강도, 파단시 %변형, %단면변화율을 구하라.

(b) 이 시험결과를 문제 3.8에 보인 동일한 회주철을 이용한 인장시험 결과(파괴가 시험편 축에 수직으로 발생)와 비교하라. 파괴면이 다른 이유와 강도 및 연성이 다른 이유를 설명하라.

4.2 콘크리트의 인장시와 압축시 응력-변형곡선은 어떻게 다른가? 이러한 차이에 대한 물리적 이유를 설명하라.

4.3 여러 유리와 세라믹에 대한 인장 및 압축강도를 표 3.4에 나타내었다. 인장강도 σ_{ut}와 이에 상응하는 압축강도 σ_{uc}를 도표로 나타내어라. 인장과 압축을 비교시 어떠한 경향이 나타나며 이러한 경향을 물리적으로 설명하라.

【4.3절】

4.4 브리넬과 비커스 경도시험이 그림 4.12에 나타낸 바와 같이 유사한 결과를 보이는 이유를 설명하라.

4.5 표 4.3의 경도변환표를 사용하여 강의 로크웰 B 및 C 경도를 최대인장강도에 대한 도표로 나타내어라. 얻어진 결과를 평가하라. 브리넬 경도와는 근시적으로 선형적 관계를 보이는가?

4.6 강의 대표적인 경도를 표 4.3에 나타내었다.

(a) 최대인장강도 σ_u를 브리넬 경도 HB의 함수로 도표에 나타내어라. 동일한 그래프에 식 4.4로 예측된 값을 나타내고 σ_u를 HB로 예측하는 상관관계에 대해 평가하라.

(b) σ_u를 브리넬 경도로 평가하는 개선된 관계식을 구하라.

(c) σ_u를 비커스 경도 HV의 함수로 도표에 나타내고 σ_u를 HV로 예측할 수 있는 관계식을 구하라.

4.7 여러 온도에서 다양한 강도로 열처리된 AISI 4140강에 대한 비커스 경도와 인장데이터가 표 P4.7에 나타내었다. 경도와 템퍼링 온도별로 얻어진 여러 인장물성들과의 관계를 모두 도표로 나타내고 그 경향을 평가하라. 여러 인장물성들이 경도에 따라 어떻게 변화하는가?

표 P4.7

Temper, °C	205	315	425	540	650
Hardness, HV	619	535	468	399	300
Ultimate, σ_u, MPa	2053	1789	1491	1216	963
Yield, σ_o, MPa	1583	1560	1399	1158	872
Red. in Area, $\%RA$	7	33	38	48	55

【4.4절】

4.8 노치충격 파단시험이 널리 사용되는 이유를 설명하고 실제 공학적인 상황에 그 결과를 적용할 때 주의를 요하는 이유는 무엇인가?

【4.5절】

4.9 그림 4.19에는 3점굽힘과 4점굽힘에 대해, 그림 A.4와 A.5에는 전단 및 모멘트 도식도가 각각 나타나 있다. 이 도식도를 이용하여 두 시험방법의 차이를 설명하라. 두 시험방법에 대한 상대적인 장단점에는 어떤 것이 있는가?

4.10 굽힘 시험에서 얻은 파괴강도와 탄성계수값을 식 4.6과 4.8을 통해 구할 수 있지만 이는 3점굽힘의 경우에만 적용된다. 그림 4.19(b)에 나타낸 사각단면에 대한 4점굽힘에 대해 유사한 수식을 유도하라.

4.11 알루미나(Al_2O_3) 세라믹에 대한 3점 굽힘시험의 하중-변위관계를 그림 P4.11에 나타내었다. 그림 4.19(a)를 참조하면 지지점 사이의 거리는 $L = 40$mm이고 단면치수는 폭 $t = 4.00$mm이고 깊이 $2c = 3.00$mm이다. 굽힘 강도 σ_{fb}와 탄성계수 E를 구하라. 하중-변위기록의 초기영역에 존재하는 비선형 부분은 무시한다. 이 부분은 시험편과 하중고정구 사이의 완전접촉을 위한 변위에 해당한다.

표 P4.11

Force P, N	Displacement v, mm	Force P, N	Displacement v, mm
0	0	99.1	0.0564
9.4	0.0065	114.0	0.0640
21.1	0.0138	127.5	0.0710
32.8	0.0206	142.7	0.0789
45.2	0.0275	158.2	0.0868
58.8	0.0349	171.4	0.0936
71.2	0.0417	185.9	0.1011
84.7	0.0489		

(Final point is fracture.)

4.12 알루미나(Al_2O_3)세라믹에 대한 3점굽힘시험을 100회 시행한 결과로부터 굽힘 강도를 식 4.6을 이용하여 구한 후 아래에 나타내었다. 시험편은 근사적으로 3.12mm 정사각형이고 지지점 사이의 거리는 40.0mm이다. 이 데이터는 2006년부터 2009년 동안 실험교과과정에서 학생들의 실험을 통해 구한 것이다.

(a) 부록 B의 식을 이용하여 평균, 표준편차, 변동계수(coefficient of variations)를 계산하라. 그림 B.1과 유사하게 시험편 수와 굽힘 강도에 대한 히스토그램을 그려라.

(b) 이 데이터에서 통계학적 변동성을 간결하게 설명하고, 변동성의 크기에 대해 평가하라. 변동성이 나타나는 주요 원인은 무엇이라 보는가?

표 P4.12

σ_{fb}, Bend Strength, MPa									
443	358	328	398	438	457	345	475	445	387
437	446	389	373	459	422	383	409	442	521
477	437	454	422	472	385	368	391	449	527
433	324	302	406	335	415	364	398	445	473
416	386	405	397	410	424	417	471	442	348
524	437	392	471	425	428	429	463	454	379
360	477	426	458	452	362	417	426	458	387
419	329	451	376	441	355	447	431	369	359
464	350	426	426	435	429	442	505	443	403
333	431	404	382	426	457	425	449	471	404

4.13 2024-T351 Al로 만든 환봉 샤프트를 대상으로 시험초기에 얻은 토오크와 비틀림 각도 데이터를 나타내었다. 샤프트 반경은 9.53mm이고 비틀림 각도를 측정하기 위한 게이지 길이는 160mm입니다.

표 P4.13

Torque T, N·m	Twist θ, degrees	Torque T, N·m	Twist θ, degrees
0	0	289	10
77.9	2	311	12
162.5	4	333	15
228	6	351	20
269	8	(Data truncated)	

【4.6절】

4.14 스키 리프트를 지지하고 움직여주는 강 케이블에 요구되는 특성에는 어떤 것들이 있는가? 재료가 이러한 용도에 적합한지를 평가하려면 어떠한 재료시험이 중요한가?

4.15 액체질소를 담는 압력용기를 설계한다고 가정하자. 재료가 어떠한 물성을 갖추어야 이 용도에 사용이 가능한가? 이 장에서 거론된 여러 형태의 시험 중에서 후보재료 선택에 적용할 만한 시험은 어떤 것이 있는가? 선택한 시험법이 필요한 이유를 설명하라.

4.16 플라스틱 오토바이 안전모를 설계한다고 가정한 후 문제 4.15와 같이 답하라.

응력-변형관계와 거동 05

목적

- 탄성변형, 소성변형, 정상(steady)크리프 변형, 천이(transient)크리프 변형 및 응력-변형-시간거동에 관한 유동(rheological)모델 이해
- 등방성 재료의 선형탄성변형에 대한 3차원 응력-변형관계를 이해하고, 여러 방향으로 응력 또는 변형이 가해질 때의 상호의존성을 분석
- 기지판와 섬유판으로 구성된 복합재료를 포함하는 비등방성 경우에 대한 탄성거동관련 이해도 제고

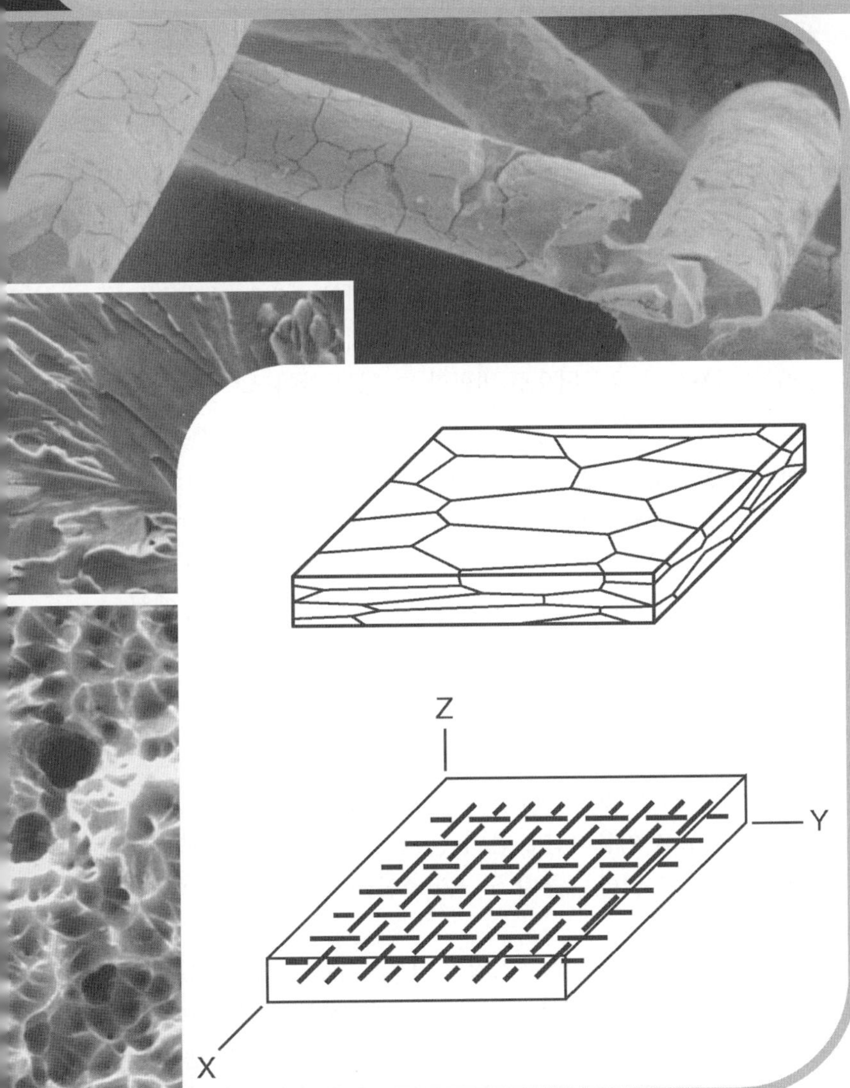

세부목차

5.1 서 론

공업재료에서 일어나는 3가지 형태의 변형은 탄성, 소성 및 크리프 변형이다. 이와 관련하여 2장에서 물리적 기구와 금속, 폴리머 및 세라믹의 재료거동에 대한 일반적 경향 측면에서 이미 거론하였다. 탄성(elastic)변형은 화학결합의 파괴가 아닌 결합의 늘어남과 관련된다. 반면에 두 가지 형태의 비탄성 변형은 결정면의 슬립 또는 사슬분자의 미끄러짐과 같이 원자들이 상대적인 위치를 바꾸는 공정이다. 만약 비탄성 변형이 시간 의존적이면 크리프(creep)로 분류하며 시간의존성이 없는 소성변형과 구분한다.

공학설계 및 공학 분석에는 응력-변형거동을 묘사해 주는 구성방정식(constitutive equations)이 필요하다. 빔이나 샤프트와 같이 단순한 구조의 응력과 휨을 계산하기 위해서 선형적인 응력-변형관계를 보이는 탄성거동을 가정하여 사용하는 것이 그 예이다. 형상이나 하중이 더욱 복잡한 상황도 동일한 탄성이론(theory of elasticity)에 근거한 기본 가정을 이용하여 분석할 수 있으며, 디지털 컴퓨터를 이용한 유한요소해석(finite element analysis)과 같은 수치해석법을 이용하여 문제해결을 할 수도 있다.

응력-변형관계는 3차원 거동을 고려해야 한다. 탄성변형에 부가하여 소성변형과 크리프변형을 포함시키기 위한 식이 필요할 수 있다. 크리프변형은 추가적인 변수로 시간을 필요로 한다. 사용하는 방법에 무관하게 응력과 휨을 결정하기 위해서는, 해당재료에 대한 적절한 응력-변형관계가 필요하다.

응력과 변형이 포함된 계산시, 변형은 길이변화로부터 $\varepsilon = \Delta L/L$을 통해 계산되는 무차원 양이다. 퍼센트로 나타낸 변형은 $\varepsilon = \varepsilon\%/100$를 이용하여 무차원으로 변환할 수 있고 마이크로변형으로 주어진 변형은 $\varepsilon = \varepsilon_\mu/10^6$을 이용한다.

이 장에서는 1차원 응력-변형거동과 관련되는 탄성, 소성, 크리프 변형을 위한 간단한 물리적 모델을 먼저 고려한다. 이후, 탄성변형에 대한 고찰을 모든 방향으로 탄성물성이 동일한 등방성(isotropic) 거동에 기반을 둔 3차원 해석으로 확대한다. 또한 복합재료처럼 탄성물성이 방향에 따라 변하는 비등방성(anisotropy)에 대한 간단한 이론도 다룬다. 3차원 소성 및 크리프 변형거동은 13장 및 16장에서 각각 다룬다.

5.2 변형거동의 모델

다양한 변형 형태를 이해하기 위해서는, 선형스프링(linear spring), 마찰차(frictional sliders) 및 점성댐퍼(viscous dashpot)와 같은 간단한 기계적 도구들을 이용하면 도움이 된다. 이에 대한 4가지 모델과 가해준 하중에 대한 반응을 그림 5.1에 나타내었다. 이러한 도구와 도구의 조합을 유동모델(rheological model)이라 한다.

그림 5.1(a)의 탄성변형은 상수 k로 특정 지워지는 단순 선형스프링의 거동과 유사하다. 변형은 항상 하중에 비례하며($x = P/k$), 하중을 제거하면 순식간에 회복이 된다. 그림 5.1(b)의 소성변형은 수평면을 이동하는 질량 m의 벽돌이 이동하는 것과 비슷하다. 정적 및 속도론적 마찰계수 μ는 동일한 것으로 간주하므로 이동을 위한 임계 하중은 $P_o = \mu m g$가 되며 여기서 g는 중력가속도이다. 만약 가해진 일정하중 P'가 임계 하중보다 작으면($P' < P_o$), 이동이 일어나지 않는다. 만약 $P' > P_o$이면 블록은 다음의 가속도로 이동한다.

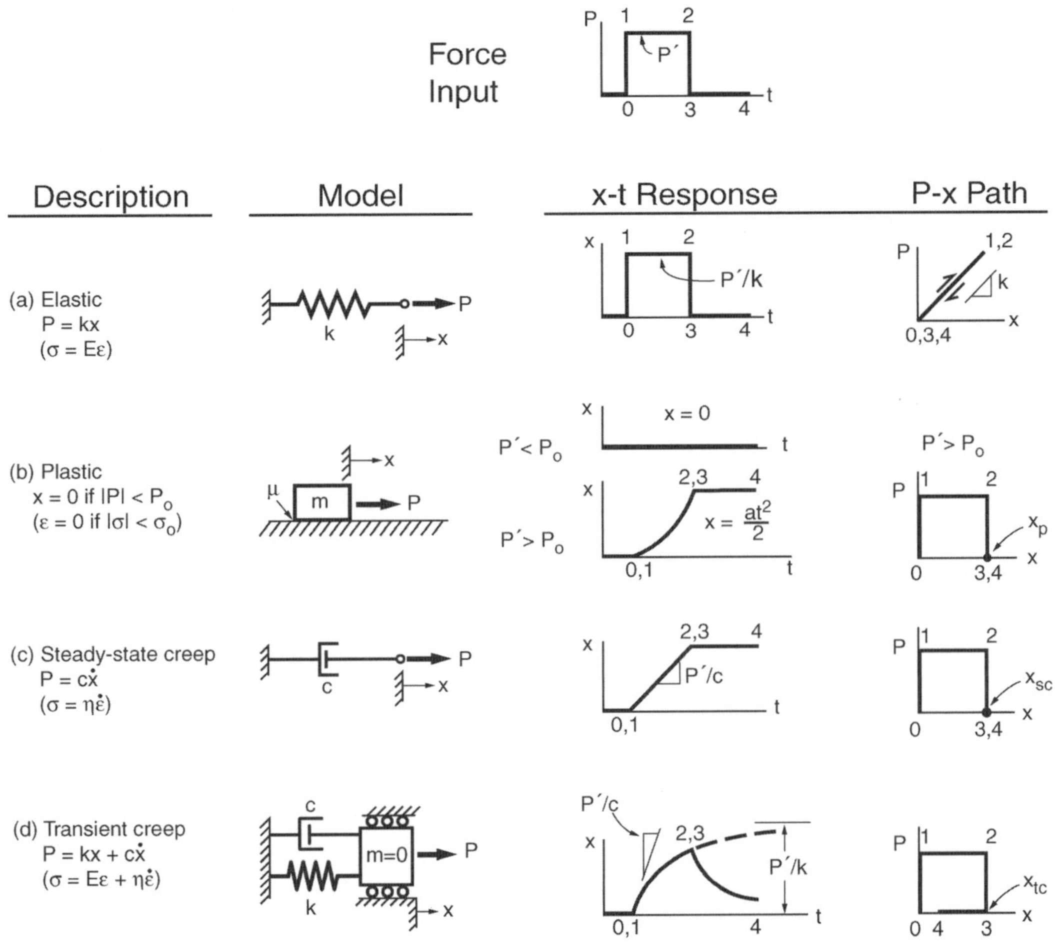

그림 5.1 4가지 형태의 변형에 대한 기계적 모델. 단계적으로 가해진 힘(P)에 대한 변위(x)–시간(t) 관계와 힘(P)–변위(x) 반응

$$a = \frac{P' - P_o}{m} \tag{5.1}$$

시간 t에서 하중을 제거하면 블록은 $x = at^2/2$ 만큼 이동하고, 이 새로운 위치에 정지해 있다. 따라서 모델거동은 영구변형 x_p을 만들어낸다.

크리프 변형은 두 가지 형태로 나눌 수 있다. 그림 5.1(c)에 보인 정상상태 크리프(steady-state creep)은 일정하중 하에서 일정속도로 일어난다. 속도 $\dot{x} = dx/dt$가 하중에 비례하는 선형적 댐퍼(dashpot)에서 이러한 거동이 일어난다. 비례상수는 댐퍼상수 c가 되므로 일정하중 P'는 일정속도 $\dot{x} = P'/c$와 같이 시간에 따라 선형적인 변위거동을 한다. 하중이 제거되면 이동이 중지되므로 회복되지 않는 영구변형으로 남게 된다. 댐퍼는 중유와 같은 점성액체를 채운 실린더 내에 피스톤을 위치시키는 방법 등으로 물리적으로 구성할 수 있다. 하중이 가해지면 소량의 기름이 피스톤 틈새를 새어나가면서 피스톤의 이동이 일어나게 한다. 이동속도는 근사적으로 가해준 하중에 비례하며 모든 하중이 제거된 후에도 변위는 그대로 남는다.

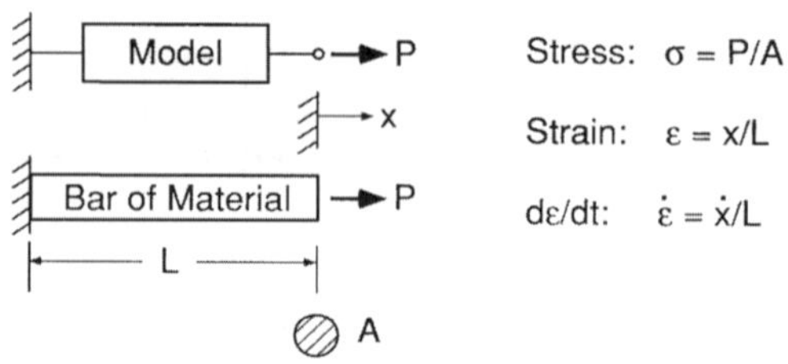

그림 5.2 바 형태의 재료에서 응력, 변형, 변형율에 대한 모델의 관계

두 번째 형태의 크리프는 그림 5.1(d)에 보인 천이 크리프(transient creep)로서 시간이 경과됨에 따라 크리프 속도가 낮아진다. 댐퍼에 평행하게 부착된 스프링이 이러한 거동을 보인다. 일정하중 P'가 가해지면 시간과 함께 변형이 증가한다. 하지만 x가 증가함에 따라 스프링을 당기는데 필요한 힘이 더욱 많이 필요하게 되므로 댐퍼에는 하중이 덜 걸리게 되고 변형속도가 감소한다. 하중이 오랫동안 유지된다면 변형은 P'/k에 수렴하게 된다. 만약 이전에 가한 하중을 제거하면, 당겨져 있던 스프링은 댐퍼에 의해 당겨지게 된다. 이로 인해 변형이 완전히 복원되지 않게 된다.

유동모델은 그림 5.2에 보인 바와 같이 축하중이 가해진 바에 걸리게 되는 응력과 변형을 나타내는데 사용할 수 있다. 모델 상수는 바의 길이 L이나 면적 A에 영향을 받지 않는 재료상수와 관련된다. 단싱변형에서 응력과 변형 사이의 비례상수는,

$$E = \frac{\sigma}{\varepsilon} \tag{5.2}$$

응력과 변형의 정의와 $P = kx$로부터 E와 k 사이에 다음의 관계를 얻는다.

$$E = \frac{kL}{A} \tag{5.3}$$

소성변형모델에서 재료의 항복강도는

$$\sigma_o = \frac{P_o}{A} \tag{5.4}$$

정상상태 크리프 모델에 대해, 댐퍼(dashpot)상수 c와 유사한 재료상수인 인장점성계수(coefficient of tensile viscosity)는 다음과 같이 주어진다.

$$\eta = \frac{\sigma}{\dot{\varepsilon}} \tag{5.5}$$

여기서 $\dot{\varepsilon} = d\varepsilon/dt$는 변형률 속도이다. 그림 5.2와 $P = c\dot{x}$로부터 η와 c 사이에는

$$\eta = \frac{cL}{A} \tag{5.6}$$

식 5.3과 5.6은 천이 크리프모델의 스프링과 댐퍼요소에도 적용된다.

탄성변형에 대해 보다 자세하게 다루기 전에 소성 및 크리프 모델을 좀 더 고찰하는 것이 필요하다.

5.2.1 소성변형 모델

2장에서 다루었듯이 금속과 세라믹의 소성변형을 일으키는 물리적 기구는 재료 결정입자 내 원자면 사이의 전위(dislocation)이동으로 인한 슬립(slip)이다. 재료의 소성변형에 대한 저항은 그림 5.1(b)에 나타낸 유동모델처럼 면 위에 놓인 블록이 갖는 마찰과 근사적으로 유사하다.

응력과 변형거동을 모델링하기 위해, 그림 5.1(a)에 보인 것처럼 중량 m을 갖는 블록을 스프링 클립과 같은 질량이 없는 마찰차로 대체할 수 있다. 선형 스프링과 마찰차를 조합한 추가적인 2가지 모델이 그림 5.1(b)와 (c)에 나타내었다. 스프링을 마찰차와 연결시켜, 마찰차의 이동에 해당하는 항복강도 σ_o에서 항복을 일으키기 전까지는 탄성거동을 보이는 실제 재료의 거동을 보다 잘 묘사할 수 있다. 또한 모델(c)는 두 번째 스프링이 마찰차와 평행하게 연결되어 있어 변형이 진행됨에 따라 저항이 증가하게 된다. 모델(a)는 강-완전소성(rigid perfectly plastic) 거동; 모델(b)는 탄성-완전소성(elastic perfectly plastic) 거동; 모델(c)는 탄성-선형경화(elastic linear hardening) 거동이라 한다.

그림 5.3은 3가지 다른 변형입력에 대한 각 모델의 반응을 나타낸다. 첫 번째는 단순(monotonic) 변형, 즉 한 방향으로 변형을 주는 것이다. 이 상황에서 모델(a)와 (b)의 경우, 항복을 넘어서서도 항복강도 σ_o가 유지된다.

모델(c)의 단순변형에 대해, 변형 ε은 스프링 E_1의 변형 ε_1과 $(E_2,\ \sigma_o)$의 변형 ε_2의 합이므로

$$\varepsilon = \varepsilon_1 + \varepsilon_2, \qquad \varepsilon_1 = \frac{\sigma}{E_1} \tag{5.7}$$

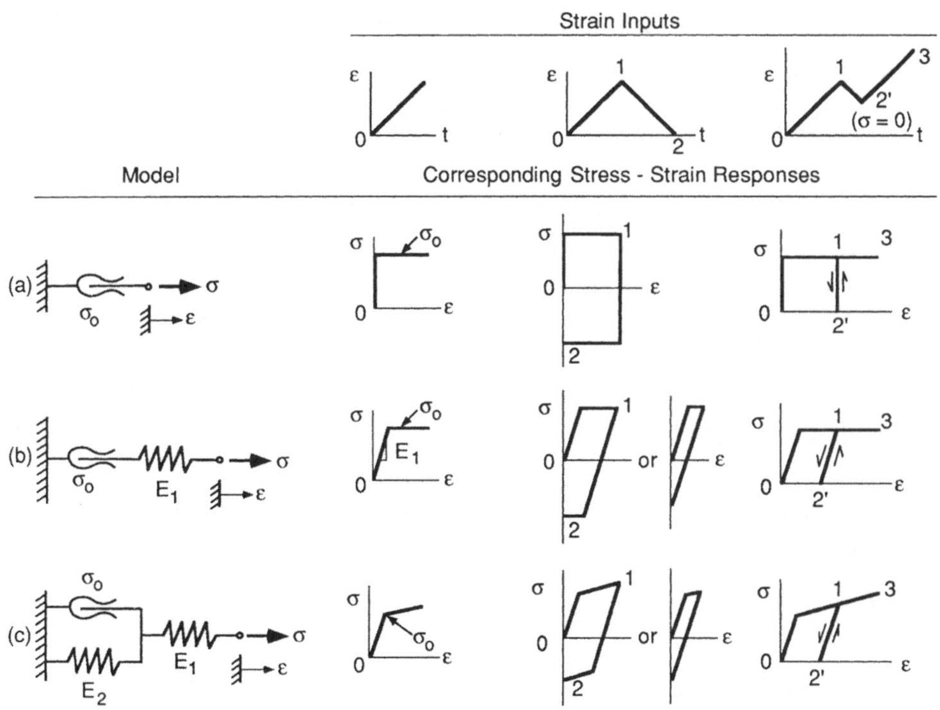

그림 5.3 소성변형에 대한 유동모델과 3가지 종류의 변형에 대한 반응. (a) 강-완전소성, (b) 탄성-완전소성, (c) 탄성-선형경화

수직 바는 회전하지 않는다고 가정하고, 스프링 E_2와 마찰차 σ_o 모두 동일한 변형을 갖는다. 항복 이전에는 마찰차가 이동을 막아주므로 ε_2는 0이다.

$$\varepsilon_2 = 0, \qquad \varepsilon = \frac{\sigma}{E_1} \qquad (\sigma \leq \sigma_o) \tag{5.8}$$

스프링 E_2에 휨이 없으므로 응력은 0이고 모든 응력은 마찰차에 의해 지탱된다.

항복 이상에서 마찰차는 일정응력 σ_o를 가지므로 스프링 E_2에서의 응력은 $(\sigma - \sigma_o)$가 된다. 그러므로 변형 ε_2와 전체 변형 ε는

$$\varepsilon_2 = \frac{\sigma - \sigma_o}{E_2}, \qquad \varepsilon = \frac{\sigma}{E_1} + \frac{\sigma - \sigma_o}{E_2} \qquad (\sigma \geq \sigma_o) \tag{5.9}$$

두 번째 식으로부터 응력-변형곡선의 기울기는

$$\frac{d\sigma}{d\varepsilon} = E_e = \frac{E_1 E_2}{E_1 + E_2} \tag{5.10}$$

여기서, 등가강성 E_e는 E_1과 E_2보다 낮은 값이다.

그림 5.3은 항복이상으로 변형을 가한 후 변형을 0으로 감소시킬 때의 모델 반응도 보여준다. 세 경우 모두 응력을 반대방향으로 $2\sigma_o$만큼 변형될 때까지 마찰차의 추가적인 이동이 없다. 모델(b)와 (c)의 경우, 하중제거시 초기 부하시의 기울기 E_1과 동일한 기울기로 탄성이 회복된다.

그림 5.4(a)와 (b)에 보인 것과 같이, 하중제거시 응력이 0을 통과하는 점을 생각해 보자. 회복되는 탄성변형, ε_e는 스프링 E_1의 이완을 의미한다. 영구변형 또는 소성변형 ε_p는 최대변형점까지 마찰차의 이동을 의미한다. 실제 재료는 일반적으로 그림 5.4(c)와 같이 비선형적인 응력-변형곡선을 보이지만 탄성회복거동은 유동학적 모델들과 유사한 거동을 보인다.

$\sigma = 0$로 탄성하중을 제거한 후 다시 하중을 가하는 그림 5.3의 최종 열의 상황에 대한 각 모델의 반응을 생각해 보자. 모든 경우에 하중을 제거한 변형인 ε_1에 다시 도달할 때 항복을 다시 일으킨다. 두 가지 완전소성모델은 $\sigma = \sigma_o$에서 다시 항복을 일으킬 것이 명백하다. 하지만 선형 경화모델은 초기 항복강도보다 높은 $\sigma = \sigma_1$에서 항복 후 선형 경화된다. 즉, 처음 항복이 일어난 $\varepsilon = \varepsilon_1$일 때의 응력과 동일한 응력 σ_1에서 항복을 일으킨다. 세 가지 모델 모두 이전의 하중제거점에 대해 회귀특성(memory)이 있다. 특히 하중이 제거된 점과 동일한 $\sigma - \varepsilon$점에서 항복을 다시 일으키며 결과적으로

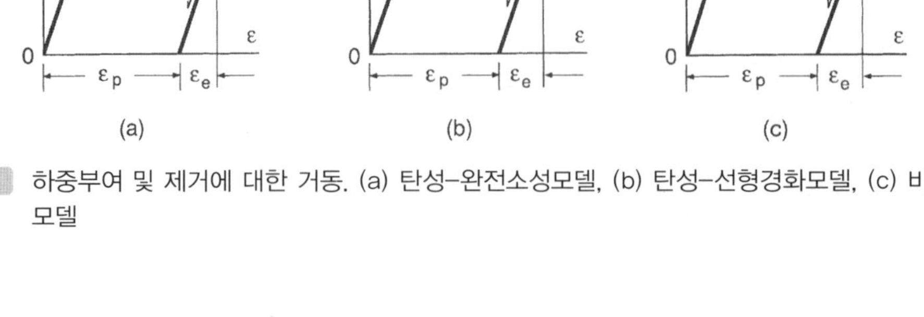

그림 5.4 하중부여 및 제거에 대한 거동. (a) 탄성-완전소성모델, (b) 탄성-선형경화모델, (c) 비선형경화모델

마치 하중제거 과정이 없었던 것과 유사한 반응을 보인다. 소성변형된 실제 재료들도 이와 비슷한 회귀특성을 보인다.

13장에 소성변형에 대한 스프링과 마찰차 모델을 보다 자세하게 다루고 비선형 경화에 대한 경우도 다룬다.

5.2.2 크리프 변형모델

공업재료와 세라믹은 고온에서 상당량의 시간의존적인 변형을 일으킨다. 납과 같은 저융점 재료와 유리, 폴리머, 콘크리트와 같은 재료들은 상온에서도 크리프 변형을 일으킨다. 2장과 15장에서 거론되듯이 다양한 물리적 기구가 관여된다.

그림 5.1(c)와 (d)의 크리프 모델을 그림 5.5에 나타내었는데, 실제 재료와 비슷하게 탄성변형을 모사하기 위해 스프링 E_1이 추가되었다. 그림 5.5(b)에서 수직 바는 회전하지 않는다고 가정하면 평행한 스프링과 댐퍼가 동일한 변형을 가짐을 알 수 있다. 또한 이러한 모델은 응력과 변형으로 나타낼 수 있으며, 스프링은 $\varepsilon = \sigma/E$로 댐퍼는 $\dot{\varepsilon} = \sigma/\eta$에 따라 변형한다. 만약 일정응력 σ'가 양 모델에 가해지면 탄성변형 $\varepsilon_e = \sigma'/E_1$이 순간적으로 일어나고(0–1) 나중에 응력이 제거되면 탄성변형이 사라진다.(2–3)

이러한 모델에서 일정한 점성 η을 사용하면 모든 변형률 속도와 변형이 가해진 응력에 비례하는 선형 점탄성(linear viscoelasticity) 상황이 된다. 이러한 이상적인 선형거동은 일부 폴리머와 고온 및 저응력 상태에 놓여 있는 금속과 세라믹에 대한 실제 재료거동을 합리적으로 근사하는데 사용가능하다. 하지만 고온에서의 금속과 세라믹의 경우, 변형률속도가 응력에 1차식이 아닌 5차식에 비례한다. 이러한 경우 더욱 복잡한 응력의존도를 반영한 모델이나 식을 사용할 수 있는데 이는 15장에서 다루기로 한다. 하지만 간단한 선형모델로도 크리프거동의 상당부분을 나타낼 수 있다.

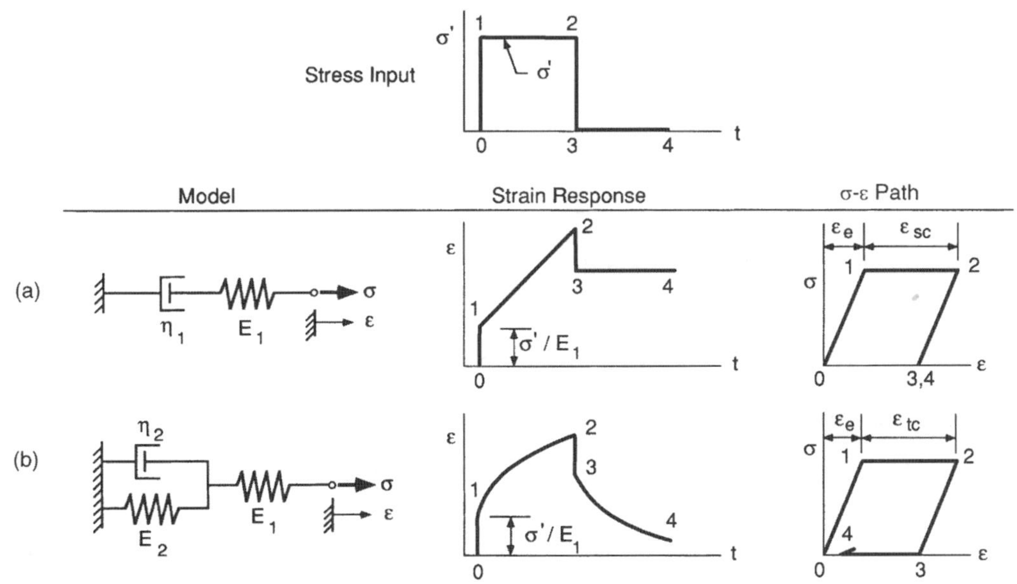

그림 5.5 시간 의존적 거동을 보이는 유동모델과 단계적으로 가해진 응력–시간이력에 대한 변형–시간관계와 응력–변형반응. (a) 탄성변형+정상상태크리프, (b) 탄성변형+천이크리프

그림 5.5(a)에 나타낸 모델의 경우, 1-2과정 동안의 거동은 탄성변형과 크리프변형 성분을 합하여 나타낸다.

$$\varepsilon = \varepsilon_e + \varepsilon_c = \frac{\sigma'}{E_1} + \varepsilon_c \tag{5.11}$$

크리프 변형의 속도는 댐퍼상수를 이용하여 응력과의 관계를 나타낼 수 있다.

$$\dot{\varepsilon}_c = \frac{d\varepsilon_c}{dt} = \frac{\sigma'}{\eta_1} \tag{5.12}$$

이것은 적분을 통해 ε_c에 대해 풀 수 있는 아주 간단한 미분방정식을 나타낸 후, 식 5.11과 결합시켜 다음의 응력-변형 거동을 얻는다.

$$\varepsilon = \frac{\sigma'}{E_1} + \frac{\sigma' t}{\eta_1} \tag{5.13}$$

이것은 그림 5.5(a)에 나타낸 1-2과정의 선형적 $\varepsilon - t$ 반응을 나타내는 식이다. 응력을 제거하면 탄성변형은 없어지지만, 1-2과정동안 축적된 크리프 변형은 영구변형으로 남는다.

그림 5.5(b)에 나타낸 친이크리프 모델의 경우, 응력이 1-2 동안 가해지는 동안 스프링 E_1의 탄성변형이 $(\eta_2,\ E_2)$ 평행조합의 크리프 변형에 추가된다. 따라서 식 5.11이 다시 적용된다. $(\eta_2,\ E_2)$단계에서의 응력이 스프링과 댐퍼의 응력을 합이라는 관점에서 크리프 변형을 분석할 수 있다.

$$\sigma = E_2\varepsilon_c + \eta_2\dot{\varepsilon}_c \tag{5.14}$$

이로부터

$$\dot{\varepsilon}_c = \frac{d\varepsilon_c}{dt} = \frac{\sigma - E_2\varepsilon_c}{\eta_2} \tag{5.15}$$

일정 응력 σ' 하에서 시간에 따른 크리프 변형으로 미분방정식을 풀면

$$\varepsilon_c = \frac{\sigma'}{E_2}\left(1 - e^{-E_2 t/\eta_2}\right) \tag{5.16}$$

최종적으로 탄성변형을 합해주면, 총변형은

$$\varepsilon = \frac{\sigma'}{E_1} + \frac{\sigma'}{E_2}\left(1 - e^{-E_2 t/\eta_2}\right) \tag{5.17}$$

이러한 식에 대해 분석해 보면 그림 5.5(b)에 보인 바와 같이 변형율이 시간에 따라 감소한다. 더군다나, 크리프 변형은 점근적으로 한계값 σ'/E_2에 접근한다. 이것은 스프링이 모든 응력을 지지하게 될 때까지 시간경과와 함께 댐퍼에서 스프링으로 전달되는 응력의 결과로 일어난다.

응력이 제거된 후, 천이크리프 모델의 변형은 그림 5.5(b)의 3-4과정에 보인 바와 같이 변하게 된다. 특히 댐퍼와 평행하게 배열된 스프링으로 인해 변형이 0으로 무한히 줄어들려고 한다. 이러한 회복(recovery)거동과 관련된 식은 관련된 미분방정식을 풀어서 구할 수 있다.

5.2.3 완화(relaxation) 거동

지금까지 두 가지 형태의 시간의존적인 거동을 다루었다. 이것을 일정 응력 하에서 시간에 따른 변형의 축적을 크리프(creep)라 하고 응력제거후 일어날 수 있는 크리프 변형의 점진적 소멸현상을 회복(recovery)이라 한다. 세 번째 형태의 거동은 완화(relaxation)인데 일정변형 하에 있는 재료에 걸려 있는 응력이 감소하는 것을 말한다.

그림 5.6에 보인 바와 같이, 완화는 정상상태 크리프와 탄성변형모델의 합이다. 변형(ε')이 갑자기 가해질 경우 댐퍼는, 반응을 위한 최소한의 시간이 필요하기 때문에 모든 변형이 스프링에 흡수된다. 총변형이 일정하게 유지되므로, 시간이 경과되면서 댐퍼의 이동이 일어나게 되고 스프링의 변형이 감소한다. 따라서

$$\varepsilon' = \varepsilon_e + \varepsilon_c \tag{5.18}$$

여기서 ε'는 일정한 값의 총 변형이며 ε_c는 크리프 변형이다. 탄성변형은 크리프 변형으로 대체된다. 일정한 변형을 유지하기 위해 필요한 응력은 탄성변형과 다음의 관계를 보인다.

$$\sigma = E_1 \varepsilon_e \tag{5.19}$$

ε_e가 감소되므로 σ 또한 반드시 감소되어야 한다. 크리프 변형속도는 해당시점에서의 σ값과 다음 관계를 보인다.

$$\dot{\varepsilon}_c = \frac{d\varepsilon_c}{dt} = \frac{\sigma}{\eta_1} \tag{5.20}$$

이러한 식들을 조합하여 미분방정식을 풀면 σ의 변동을 다음과 같이 얻을 수 있다.

$$\sigma = E_1 \varepsilon' e^{-E_1 t/\eta_1} \tag{5.21}$$

이것은 시간경과와 함께 응력이 감소하는 $\sigma - t$ 관계를 나타내며 그림 5.6(b)의 1-2곡선으로 보였다.

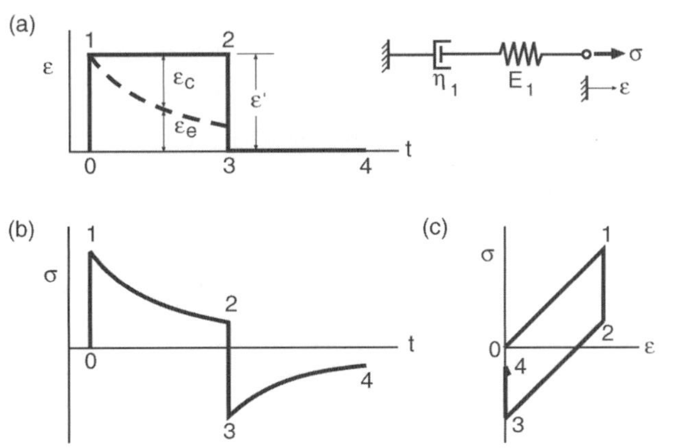

그림 5.6 정상상태크리프와 탄성거동을 보이는 모델에 대한 일정변형 하에서의 완화. (a) 단계적으로 가해진 변형이력, (b) 응력-시간거동, (c) 응력-변형거동

완화(relaxation)는 크리프와 동일한 현상이며, 그 차이는 일정응력이 아닌 일정변형하에서 관찰된다는 점이다. 크리프를 일으키는 실제 공업재료는 완화거동도 보인다.

그림 5.6에서 완화과정을 통해 변형이 0으로 돌아오게 되면 응력이 압축상황으로 된다. 그러면 추가적인 완화가 반대방향으로 일어나게 되지만, 완화시 응력은 항상 0으로 향한다.

크리프와 완화, 그리고 거론된 모델들에 대해서는 16장에서 보다 자세히 다룬다.

예제 5.1

그림 5.6(b)의 1-2과정에 보인 탄성, 정상상태 크리프모델에서의 응력완화를 나타내는 식 5.21을 유도하라. 식 5.21 앞에 주어진 식들을 참고하라.

【풀이】 1-2과정에서 변형 ε'가 일정하게 유지되고, 스프링의 탄성변형과 댐퍼의 크리프 변형의 합이다.

$$\varepsilon' = \dot{\varepsilon}_e + \dot{\varepsilon}_c = constant$$

상기 식의 양변을 시간으로 미분하면

$$0 = \dot{\varepsilon}_e + \dot{\varepsilon}_c$$

어떤 시점이든 탄성변형은 응력과 $\varepsilon_e = \sigma/E_1$ 관계를 보이고, 크리프 변형은 $\dot{\varepsilon}_c = \sigma/\eta_1$ 관계를 가지므로

$$\dot{\varepsilon}_e = \frac{1}{E_1}\frac{d\sigma}{dt},\ 0 = \frac{1}{E_1}\frac{d\sigma}{dt} + \frac{\sigma}{\eta_1}$$

상기식을 변수 분리와 적분을 통해 단순 미분 방정식의 나타내면

$$\frac{d\sigma}{\sigma} = -\frac{E_1}{\eta_1}dt,\quad \ln\sigma = -\frac{E_1}{\eta_1} + C$$

여기서 C는 적분상수로서 $t=0$에서 응력을 σ' 라고 하면 $C = \ln\sigma_i$이다. 또한 크리프 변형이 초기에는 0이므로 $t=0$에서의 변형은 탄성변형뿐이다.

$$\varepsilon' = \frac{\sigma_i}{E_1},\ \sigma_i = E_1\varepsilon',\ C = \ln(E_1\varepsilon')$$

미분 방정식의 해에 C를 치환한 후 다시 풀면

$$\ln\sigma = -\frac{E_1}{\eta_1}t + \ln(E_1\varepsilon'),\ \ln\frac{\sigma}{E_1\varepsilon'} = -\frac{E_1}{\eta_1}t,\quad \frac{\sigma}{E_1\varepsilon'} = e^{-E_1 t/\eta_1}$$

따라서 σ를 시간에 대해 풀면 식 5.21을 얻을 수 있다.

$$\sigma = E_1\epsilon' e^{-E_1 t/\eta_1} \qquad \text{(답)}$$

5.2.4 고찰

세 가지 중요한 변형모드인 탄성, 소성 및 크리프 변형을 고찰하였다. 표 5.1에 그 특징을 나타내었다. 탄성변형은 화학결합을 파괴하는 것이 아닌 당겨서 연신하는 것으로서 시간의존성이 없고 하중제거시 바로 회복이 되는 변형이다. 소성변형도 시간의존성이 없으며 전위이동을 통한 결정면의 상대이동에 의해 일어나므로 변형이 영구적이다. 그림 5.3(a)와 (b)의 모델에서 보인 바와 같이 완전 소성거동은 σ_o 이상의 응력이 유지되면 불안정한 빠른 변형을 일으킨다. 하지만 실제 공업재료에서는 어느 정도의 변형경화가 일어난다.

크리프 변형은, 속도가 일정한지 또는 시간에 따라 감소하는지에 따라, 정상상태 크리프와 천이크리프로 나눌 수 있다. 그림 5.5(b)의 이상적인 모델에서는 모든 천이 변형이 회복된다. 하지만 실 재료에서는 천이변형의 일부가 영구변형으로 남는다. 폴리머에서는 크리프 변형의 회복량이 매우 클 수 있다. 이는 사슬분자가 서로 간섭하기 때문인데, 응력이 제거된 후 서서히 초기 배열로 재구성되면서 변형이 천천히 사라지게 된다. 예를 들어, 신축성 비닐(연질 PVC)의 경우 100%에 이르는 크리프 변형의 대부분이 하중이 제거되면 회복된다. 금속이나 세라믹의 경우, $0.5\,T_m$ 이상의 고온에서 격자간 공공(vacancy), 전위, 입계 미끄러짐 등을 통해 큰 크리프 변형을 일으킬 수 있다. 이러한 변형에서는 상대적으로 적은 회복이 일어난다.

회복되는 크리프 변형은 의탄성(anelastic)변형이라고도 하며 이러한 변형의 구분은 천이변형의 일부만이 회복되는 실 재료에서는 쓸모가 있다. 회복은 그림 5.6에 보인 완화와 혼동하지 말아야 하며 이는 일정변형하에서 크리프 변형의 결과이다.

실 재료의 변형은 한 가지 형태의 변형에 의해 지배될 수 있으며, 재료, 온도, 하중속도, 응력수준 등에 의해 하나 이상의 변형형태에 영향을 받을 수도 있다. 표 5.1에 보인 네 가지 형태의 변형이 모두

표 5.1 여러 형태의 변형 특성

Type of Deformation	Time Dependent?	Additional Distinguishing Characteristics
Elastic	No	Recovered instantly
Plastic	No	Not recovered
Steady-state creep	Yes	Constant rate; not recovered
Transient creep	Yes	Decreasing rate; may be recovered

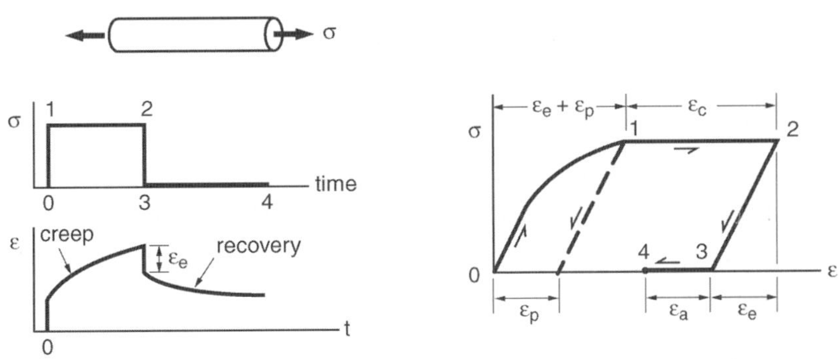

그림 5.7 재료에 단계적으로 가해진 응력-시간이력과 탄성, 소성 및 크리프 성분을 포함하는 변형거동

가능한 경우, 순간응력을 가한 후 일정응력을 유지하는 경우의 거동은 그림 5.7과 유사하다. 이때 순간변형은 탄성변형과 소성변형이 결합되어 일어난다. 소성변형부분 ε_p는 점선으로 나타낸 것과 같이 즉각적인 하중제거에 의해 분리해 낼 수 있다. 대신에 응력이 유지되게 되면 천이크리프와 정상상태 크리프가 합해진 크리프 변형 ε_c이 일어날 수 있다.

응력을 제거하면 탄성변형 ε_e은 순간적으로 회복된다. 크리프 변형 중의 일부는 3-4과정에서 보인 바와 같이 시간경과에 따라 회복될 수 있다. 이렇게 회복된 의탄성변형은 그림 5.7에 ε_a로 나타내었다.

5.3 탄성변형

2장에서 다룬 것처럼 탄성변형은 고체내 원자 간의 결합을 끊는 것이 아니고, 당기는 것과 관련된다. 결과적으로 강한 공유결합을 갖는 고체의 탄성계수 E는 매우 높다. 금속은 중간 정도의 값을 가지며 사슬분자간의 2차결합효과로 인해 폴리머는 일반적으로 낮은 값을 갖는다. 여러 재료의 대표적인 값을 표 5.2에 나타내었다.

5.3.1 탄성계수

고체내 모든 위치에서 물성이 동일한 재료를 균질(homogeneous)한 재료라고 하며 모든 방향으로 물성이 동일하면 등방성(isotropic)재료라고 한다. 거시적으로 보면, 미세하고 불규칙하게 배열된 결정입자로 구성된 대부분의 금속과 세라믹은 최소한 근사적으로나마 이러한 이상적 거동을 따른다. (2.5.2절과 그림 2.18 참조) 유리와 일부 폴리머와 같은 비결정질 재료들도 근사적으로 등방성과 균질성을 보인다. 따라서 여기에서는 실제 재료거동을 단순화하는 측면에서 등방성과 균질성을 가정한다.

등방성과 균질성을 갖는 재료로 만들어진 바(bar)가 그림 5.8과 같이 축응력 σ_x를 받는다고 하자. 응력을 가해주는 방향으로의 변형은

$$\varepsilon_x = \frac{L - L_i}{L_i} = \frac{\Delta L}{L_i} \tag{5.22}$$

여기서 L은 변형된 길이이고 L_i는 초기길이, ΔL은 길이변화이다. 비슷한 방법으로 응력에 수직한 방향으로의 변형, 즉 바의 직경 방향으로의 변형은

$$\varepsilon_y = \varepsilon_z = \frac{d - d_i}{d_i} = \frac{\Delta d}{d_i} \tag{5.23}$$

σ_x 방향의 인장시, 바가 길이방향으로 늘어나면서 얇아지게 되므로 세로방향 변형은 음의 값을 갖는다. 역으로 σ_x이 압축응력일 경우 ε_y는 양수의 값을 갖는다.

응력이 변형과 선형적인 관계를 가지고, 하중을 제거하면 변형이 바로 0으로 돌아가는 단순 선형스프링 거동을 보이는 것을 선형탄성(linear elastic)이라 한다. 이러한 상황에서는 재료거동을 표현하기 위해서 두 가지 탄성상수가 필요하다. 그 중 하나는 그림 5.8의 직선으로 나타낸 σ_x와 ε_x의 기울기인 탄성계수, $E = \sigma_x / \varepsilon_x$이다. 또 다른 상수는 뽀아송비(Poisson's ratio)이다.

$$\nu = -\frac{\text{transverse strain}}{\text{longitudinal strain}} = -\frac{\varepsilon_y}{\varepsilon_x} \tag{5.24}$$

ε_y는 ε_x와 부호가 다르므로 양의 ν값을 갖는다. 식 5.24로부터 ε_x를 $E=\sigma_x/\varepsilon_x$에 대입하면

$$\varepsilon_y = -\frac{\nu}{E}\sigma_x \tag{5.25}$$

이러한 선형적 관계는 그림 5.8에도 나타내었다. 동일한 상황이 z축과 같이, 다른 방향에서도 적용된다.

표 5.2 여러 재료의 상온 탄성계수

Material	Elastic Modulus E, GPa	(10^3 ksi)	Poisson's Ratio ν
(a) Metals			
Aluminum	70.3	(10.2)	0.345
Brass, 70Cu-30Zn	101	(14.6)	0.350
Copper	130	(18.8)	0.343
Iron; mild steel	212	(30.7)	0.293
Lead	16.1	(2.34)	0.44
Magnesium	44.7	(6.48)	0.291
Stainless steel, 2Ni-18Cr	215	(31.2)	0.283
Titanium	120	(17.4)	0.361
Tungsten	411	(59.6)	0.280
(b) Polymers			
ABS, medium impact	2.4	(0.35)	0.35
Acrylic, PMMA	2.7	(0.40)	0.35
Epoxy	3.5	(0.51)	0.33
Nylon 66, dry	2.7	(0.39)	0.41
Nylon 66, 33% glass fibers	9.5	(1.38)	0.39
Polycarbonate	2.4	(0.345)	0.38
Polyethylene, HDPE	1.08	(0.157)	0.42
(c) Ceramics and glasses			
Alumina, Al_2O_3	400	(58.0)	0.22
Diamond	960	(139)	0.20
Magnesia, MgO	300	(43.5)	0.18
Silicon carbide, SiC	396	(57.4)	0.22
Fused silica glass	70	(10.2)	0.18
Soda-lime glass	69	(10.0)	0.20
Type E glass	72.4	(10.5)	0.22
Dolomitic limestone	69.0	(10.0)	0.281
Westerly granite	49.6	(7.20)	0.213

Sources: Data in [Boyer 85] p. 216, [Creyke 82] p. 222, [Kaplan 95] pp. B-146 to B-206, [Karfakis 90], [Kelly 86] pp. 376, 392, [Kelly 94] p. 285, [Morrell 85] Pt. 1, p. 96, [PDL 91] Vol. I-B, pp. 133–136, and [Schwartz 92] p. 2.75.

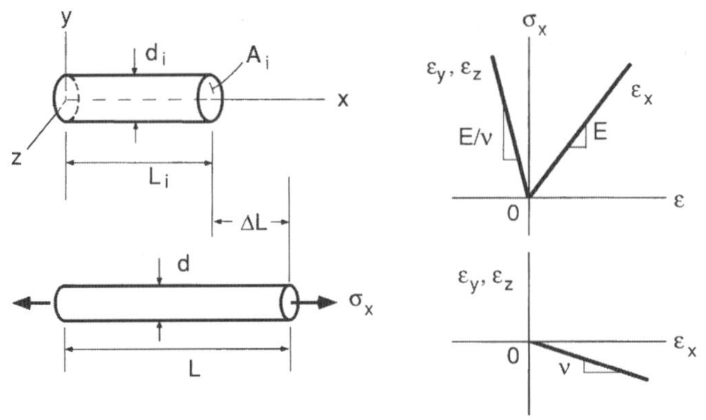

그림 5.8 등방성이고 균질한 선형탄성재료에 대한 상수를 얻는데 사용되는 길이방향 연신과 측면수축

5.3.2 고찰

탄성계수 값은 재료에 따라 광범위하게 변한다. 뽀아송비는 대개 0.3정도이며 아주 특수한 상황이 아니라면 0~0.5 사이의 범위를 벗어나지 않는다. 음의 ν값은 축방향 인장시 측면방향의 연신을 의미하는 것인데 이것은 일어날 수 없는 상황이다. 뒤에 다루겠지만 $\nu=0.5$는 일정 체적을 의미하며 0.5보다 큰 값은 인장하중에 대해 체적이 감소하는 것을 의미하는데 이는 일어날 수 없는 상황이다. 표 5.2에 여러 재료의 ν값을 나타내었다.

어떤 재료도 완전 선형 또는 완전탄성거동을 보일 수는 없다. 따라서 E와 ν 같은 탄성상수를 사용하는 것은 유용한 근사적 모델로 보아야 한다. 예를 들어, 항복응력 이하의 상대적으로 낮은 응력 하에 있는 대부분의 공업재료는 이러한 방법으로 모델링하며 그 이상의 응력에서는 비선형 또는 비탄성 거동으로 해석한다. 또한 초기 치수와 단면적은 응력과 변형을 계산하는데 사용한다. 이러한 접근은 치수변화가 적은 실제 공학적 상황에 실용적으로 적합하다. 별도로 표기하지 않은 경우에 소 변형이론(small strain theory)이라 불리우는 이러한 가정을 사용한다.

주어진 재료가 상대적으로 적은 %의 합금성분으로 합금된 경우에는 E와 ν에 미치는 효과가 미미하다. 이러한 주어진 합금의 탄성상수에 대한 구체적인 값들을 모르는 경우에는 표 5.2에 나타낸 순수 모재료의 값으로 근사할 수 있다. 예를 들어 총 합금원소의 함량이 10%를 초과하지 않을 경우에는, 범용 알루미늄 합금 및 티타늄 합금의 탄성상수는 모재의 값을 근사적으로 적용한다. 하지만 70Cu-30Zn 황동의 경우 30%Zn는 순수Cu의 값을 상당부분 변화시킨다. 총 합금함량이 5% 이하인 저합금강의 경우 탄성상수 값은 순수 철의 값과 비슷하다. 하지만 12%Cr 이상을 함유하고 있는 스테인리스강과 같은 일부 고합금강은 순수 철과 큰 차이를 보이지 않는 경우도 있다. 구체적인 합금들에 대한 E와 ν값은 3장과 부록 C의 참고문헌에 나열된 재료관련 핸드북을 참조하면 된다. 폴리머와 세라믹의 경우 제조공정에 영향을 받기 때문에 경우에 따라 상당 수준의 차이를 보일 수 있다.

5.3.3 3차원 후크법칙(Hooke's Law)

그림 5.9에 나타낸 바와 같이 어느 점에서의 응력상태를 생각해 보자. 응력상태는 3방향으로의 수직응력 σ_x, σ_y, σ_z과 3면에서의 전단응력 τ_{xy}, τ_{yz}, τ_{zx}으로 나타내면 응력상태를 완전하게 표현할

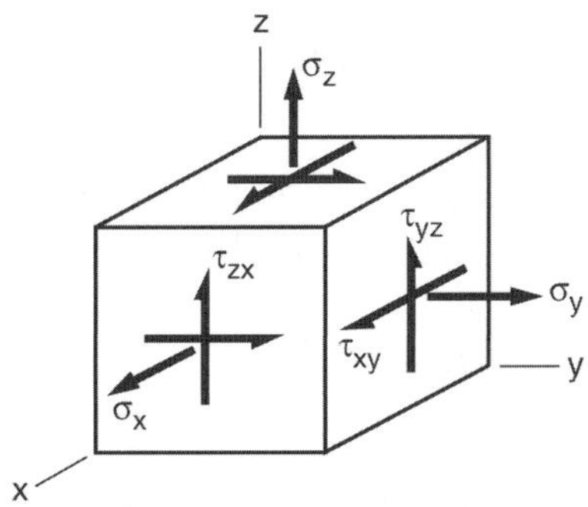

그림 5.9 응력상태를 완전하게 표현하기 위해 필요한 6가지 응력성분

수 있다. 먼저 소 변형이론(small strain theory)을 가정한 상태에서 수직응력을 생각해 보면, 각 응력성분에 의해 생기는 변형은 단순히 합해주기만 하면 된다. x 방향으로의 응력은 x 방향으로 σ_x/E 만큼의 변형을 일으킨다. 또한 이 σ_x는 식 5.25와 같이, y 방향으로도 $-\nu\sigma_x/E$ 만큼의 변형을 일으키며, z 방향으로도 동일한 변형을 일으킨다. y 방향과 z 방향으로도 동일한 원리로 3방향으로 변형을 일으킬 수 있다.

이러한 상황은 아래의 표로 요약할 수 있다.

Stress	Resulting Strain Each Direction		
	x	y	z
σ_x	$\frac{\sigma_x}{E}$	$-\frac{\nu\sigma_x}{E}$	$-\frac{\nu\sigma_x}{E}$
σ_y	$-\frac{\nu\sigma_y}{E}$	$\frac{\sigma_y}{E}$	$-\frac{\nu\sigma_y}{E}$
σ_z	$-\frac{\nu\sigma_z}{E}$	$-\frac{\nu\sigma_z}{E}$	$\frac{\sigma_z}{E}$

각 방향별 총변형은 이 표의 각 열을 더해주면 되므로,

$$\begin{aligned} \varepsilon_x &= \frac{1}{E}\left[\sigma_x - \nu\left(\sigma_y + \sigma_z\right)\right] && \text{(a)} \\ \varepsilon_y &= \frac{1}{E}\left[\sigma_y - \nu\left(\sigma_x + \sigma_z\right)\right] && \text{(b)} \\ \varepsilon_z &= \frac{1}{E}\left[\sigma_z - \nu\left(\sigma_x + \sigma_y\right)\right] && \text{(c)} \end{aligned} \tag{5.26}$$

직교면들에서 일어나는 전단변형은 전단응력과 전단계수(shear modulus, G)를 이용하여 다음과 같은 관계를 갖는다.

$$\gamma_{xy} = \frac{\tau_{xy}}{G}, \qquad \gamma_{yz} = \frac{\tau_{yz}}{G}, \qquad \gamma_{zx} = \frac{\tau_{zx}}{G} \tag{5.27}$$

주어진 면에서의 전단변형은 다른 면에서의 전단응력에 의해 영향을 받지 않는다. 따라서 전단변형

은 뽀아송 수축 효과를 보이지 않는다. 식 5.26과 5.27을 묶어서 일반화된 탄성법칙(generalized Hooke's law)이라 부른다.

등반성 재료인 경우, 단지 2가지 탄성상수가 필요하므로 E, G, ν 중 하나는 여분으로 볼 수 있다. 아래의 식을 이용하여 두 개의 상수값으로 다른 하나의 값을 알아낼 수 있다.

$$G = \frac{E}{2(1+\nu)} \tag{5.28}$$

이러한 방정식은, 그림 4.20의 원형 바를 이용한 비틀림 시험과 같이, 순수 전단응력상태에서 얻어진다. 재료 기본역학으로부터, 전단응력상태 τ 는 순수전단면에 대해 45° 회전된 면에서의 주 수직응력과 등가(equivalent)임을 보였다. 비슷한 원리로, 전단변형은 그림 4.20에 보인 바와 같이 45° 면에서의 수직변형과 등가이다. 식 5.26의 (x, y, z)방향은 주방향(1, 2, 3)에 해당한다. 그러면 식 5.26(a)에 다음과 같은 치환이 가능하다.

$$\sigma_x = \tau, \qquad \sigma_y = -\tau, \qquad \sigma_z = 0, \qquad \varepsilon_x = \frac{\gamma}{2} \tag{5.29}$$

이로부터 다음의 식을 얻는다.

$$\gamma = \frac{2(1+\nu)}{E}\tau \tag{5.30}$$

G에 대한 정의로부터 전단계수는 $G = \tau/\gamma$이므로 식 5.28이 얻어진다.

실제 재료에 대해 측정한 세 가지 상수 E, G, ν 값은 식 5.28을 잘 따르지 않는데, 이러한 차이의 가장 큰 이유는 재료가 완전한 등방성을 갖지 않기 때문이다.

예제 5.2

길이 10m, 벽두께 5mm, 내부 직경 3m의 끝단이 막혀 있는 원통형 압력용기가 있다. 만약 2MPa의 공기압이 채워져 있다면 길이, 직경 및 내부직경이 변하겠는가? 용기는 탄성계수 $E = 200,000$MPa와 뽀아송비 $\nu = 0.3$을 갖는 강으로 만들어져 있다. 끝단이 어떻게 부착되어 있는지에 대한 영향도는 무시하라.

【풀이】 그림 E5.2에 보인 것과 같은 좌표계를 생각하자. 여기서 z축은 표면에 수직한 방향이다. 반경에 대한 두께 비 r/t는 얇은 벽두께를 갖는 튜브에 대한 기준과 부록 A의 그림 A.7(a)에 주어진 응력식을 만족시킨다. 압력을 p로 나타내면

$$\sigma_x = \frac{pr}{2t} = \frac{(2\text{MPa})(1500\text{mm})}{2(5\text{mm})} = 300\text{MPa}$$

$$\sigma_y = \frac{pr}{t} = \frac{(2\text{MPa})(1500\text{mm})}{5\text{mm}} = 600\text{MPa}$$

σ_z는 내측에서의 $-p$와 외측에서의 0 사이의 값을 가지지만 상대적으로 그 값이 작으므로 $\sigma_z \approx 0$를 적용한다. 이 응력값들과 E, ν 값을 치환하여 넣으면

$$\varepsilon_x = 600 \times 10^{-6}, \quad \varepsilon_y = 2550 \times 10^{-6}, \quad \varepsilon_z = -1350 \times 10^{-6}$$

이러한 변형값들은 길이변화 ΔL, 원주변화 $\Delta(\pi d)$, 직경변화 Δd, 두께변화 Δt 등과 다음의 관계를 갖는다.

$$\varepsilon_x = \frac{\Delta L}{L}, \quad \varepsilon_y = \frac{\Delta(\pi d)}{\pi d} = \frac{\Delta d}{d}, \quad \varepsilon_z = \frac{\Delta t}{t}$$

여기에 변형값과 초기 치수값들을 대입하면

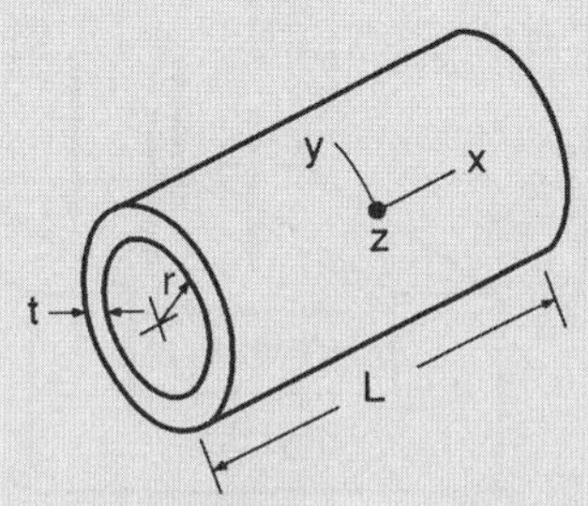

그림 E5.2

$$\Delta L = 6.00\text{mm}, \ \Delta d = 7.65\text{mm}, \ \Delta t = -6.75 \times 10^{-3}\text{mm}$$ (답)

따라서 길이와 직경은 약간 늘어나며 두께는 미세하게 줄어든다.

예제 5.3

그림 E5.3에 보인 바와 같이, 압축응력 σ_z를 받는 시료가 y 방향으로는 변형에 제한을 받는다. 다이에 마찰이 없다고 가정하고 x방향으로 자유롭게 변형이 가능하다. 재료는 등방성이고 선형탄성거동을 보인다고 가정한다.

σ_z와 재료의 탄성계수로 다음을 나타내어라.

(a) y 방향으로 생기는 응력
(b) z 방향으로의 변형
(c) x 방향으로의 변형
(d) z 방향으로의 강성 $E' = \sigma_z / \varepsilon_z$. 이것은 단축인장을 통해 구한 탄성계수 E와 동일한가?
(e) z 방향으로의 압축응력이 75MPa이고 블록이 구리합금으로 만들어졌다고 가정한 후, σ_y, ε_z, ε_x와 E'를 구하라.

【풀이】 식 5.26에 나타낸 3차원 탄성법칙이 필요하다. 주어진 상황으로부터 $\varepsilon_y = 0$, $\sigma_x = 0$를 대입하고 σ_z는 알려진 값으로 간주하면

(a) y 방향으로 생기는 응력은 식 5.26(b)로부터 구한다.

$$0 = \frac{1}{E}[\sigma_y - \nu(0 + \sigma_z)], \qquad \sigma_y = \nu\sigma_z$$ (답)

(b) z 방향으로의 변형

$$\varepsilon_z = \frac{1}{E}\left[\sigma_z - \nu(0+\nu\sigma_z)\right], \qquad \varepsilon_z = \frac{1-\nu^2}{E}\,\sigma_z \qquad \text{(답)}$$

(c) x 방향으로의 변형

$$\varepsilon_x = \frac{1}{E}\left[0 - \nu(\nu\sigma_z + \sigma_z)\right], \qquad \varepsilon_x = \frac{\nu(1+\nu)}{E}\,\sigma_z \qquad \text{(답)}$$

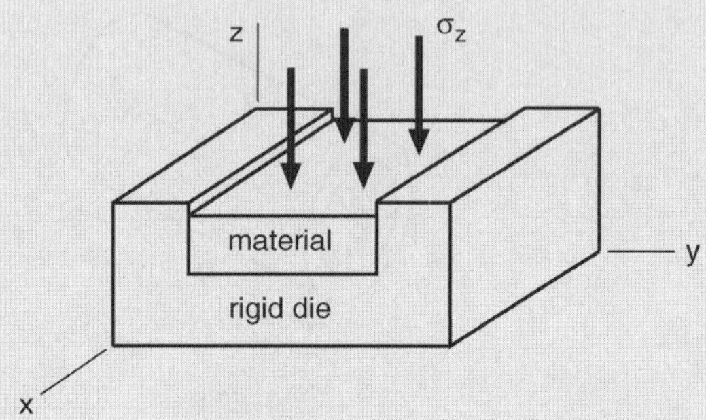

그림 E5.3

(d) z 방향으로의 강성은 ε_z에 관한 식으로부터 바로 구할 수 있다.

$$E' = \frac{\sigma_z}{\varepsilon_z} = \frac{E}{1-\nu^2} \qquad \text{(답)}$$

(e) 표 5.2에서 구리합금의 탄성계수는 $E = 130\text{GPa} = 130{,}000\text{MPa}$, 뽀아송비는 $\nu = 0.343$이다. 주어진 $\sigma_z = -75\text{MPa}$를 이전에 유도한 식에 대입해주면

$$\sigma_y = \nu\sigma_z = (0.343)(-75\text{MPa}) = -25.7\,\text{MPa} \qquad \text{(답)}$$

$$\varepsilon_z = \frac{1-\nu^2}{E}\sigma_z = \frac{1-0.343^2}{130{,}000\text{MPa}}(-75\,\text{MPa}) = -509\times10^{-6} \qquad \text{(답)}$$

$$\varepsilon_x = -\frac{\nu(1+\nu)}{E}\sigma_z = -\frac{0.343(1+0.343)}{130{,}000\text{MPa}}(-75\,\text{MPa}) = 266\times10^{-6} \qquad \text{(답)}$$

$$E' = \frac{E}{1-\nu^2} = \frac{130{,}000\text{MPa}}{1-0.343^2} = 147{,}300\,\text{MPa} \qquad \text{(답)}$$

【고찰】 압축응력 σ_z는, 물리적 상황에서 예상할 수 있듯이, 압축성의 σ_y, ε_z와 인장성의 ε_x를 만든다. z 방향으로의 강성(탄성계수) E'는 단축인장에서 얻은 탄성계수 E보다 $E/E' = 1/(1-\nu^2) = 1.133$ 비율만큼 높다. E는 단축인장시 응력과 변형의 비율인데 반해, E'는 다른 응력 및 변형상태에서의 탄성계수이므로 응력과 변형비율이 3차원 탄성법칙을 따르게 된다.

5.3.4 체적변형과 정수압 응력

물체가 응력을 받으면 수직변형에 의해 미미하나마 체적변화가 일어날 수 있다. 전단변형은 체적변화를 일으키지 않고 변형을 일으킨다. 그림 5.10에 나타낸 바와 같이, 사각형상 고체에 3방향으로 수직변형이 가해진다고 생각하자. *L*, *W*, *H*의 초기 치수가 각각 *dL*, *dW*, *dH* 만큼 미세하게 변하였다면 수직변형은

$$\varepsilon_x = \frac{dL}{L}, \qquad \varepsilon_y = \frac{dW}{W}, \qquad \varepsilon_z = \frac{dH}{H} \tag{5.31}$$

체적 *V*=*LWH*가 *dV* 만큼 변하는 것을 미분학으로 나타내면, *V*가 3가지 독립변수인 *L*, *W*, *H*의 함수이므로

$$dV = \frac{\partial V}{\partial L}dL + \frac{\partial V}{\partial W}dW + \frac{\partial V}{\partial H}dH \tag{5.32}$$

양변을 *V*=*LWH*로 나누고 편도함수로 나타내면

$$\frac{dV}{V} = \frac{dL}{L} + \frac{dW}{W} + \frac{dH}{H} \tag{5.33}$$

초기 체적에 대한 체적변화의 비를 체적변형(volumetric strain 또는 dilation)이라 한다. 식 5.31을 치환하면 체적변형은 단순히 수직변형을 합한 것과 같다.

$$\varepsilon_v = \frac{dV}{V} = \varepsilon_x + \varepsilon_y + \varepsilon_z \tag{5.34}$$

등방성 재료의 경우, 체적변형은 일반화된 탄성법칙인 식 5.26을 식 5.34에 대입하여 다음 식을 얻게 된다.

$$\varepsilon_v = \frac{1-2\nu}{E}\left(\sigma_x + \sigma_y + \sigma_z\right) \tag{5.35}$$

위 식에서 $\nu = 0.5$일 때 응력이 존재하더라도 체적변형이 없는 $\varepsilon_v = 0$가 얻어진다. 또한 0.5 이상

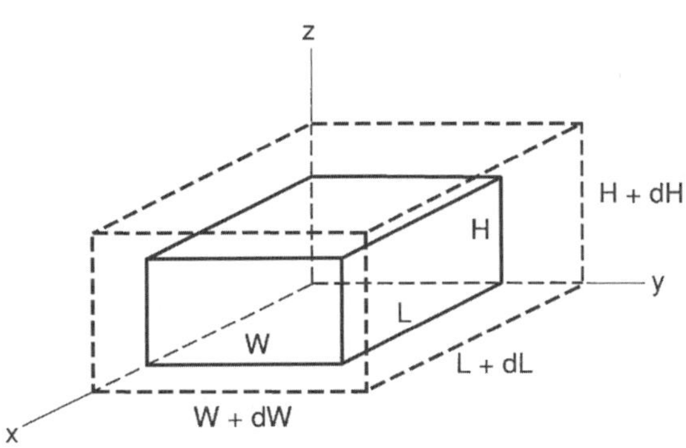

그림 5.10 수직변형으로 인한 체적변화

상황이므로 실제 재료의 ν에 대한 상한값은 0.5로 볼 수 있다.

평균 수직응력은 정수압(hydrostatic stress)이라 부르며 다음과 같이 주어진다.

$$\sigma_h = \frac{\sigma_x + \sigma_y + \sigma_z}{3} \tag{5.36}$$

이것을 식 5.35에 대입하면

$$\varepsilon_v = \frac{3(1-2\nu)}{E}\sigma_h \tag{5.37}$$

따라서 체적변형은 정수압에 비례함을 알 수 있다. 이때의 비례상수를 체적상수(bulk modulus)라고 부르며 다음과 같이 주어진다.

$$B = \frac{\sigma_h}{\varepsilon_v} = \frac{E}{3(1-2\nu)} \tag{5.38}$$

ε_v와 σ_h는 좌표계가 바뀌어도 항상 동일한 값을 가지기 때문에 불변(invariant)량으로 분류한다. 다시 말해서, x-y-z축의 좌표계를 바꾸면 어떤 점에서의 응력과 변형성분이 바뀌게 되지만 수직변형의 합과 수직응력의 합은 좌표계와 무관하게 일정한 값을 보인다.

5.3.5 열 변형

열변형은 온도상승시의 팽창 또는 온도하강시의 수축으로 인해 생겨나는 탄성변형의 특수한 경우이다. 온도가 상승하면 고체내 원자는 보다 많이 진동하게 된다. 이러한 진동은 그림 2.16에 나타낸 원자 간의 힘과 변위($P-x$)곡선을 따르며, 이 곡선은 2.5절에서 거론한 바와 같이 화학적 결합에 기인한다. 특히 진동은 평형위치 x_e에서의 위치에너지 변화 ΔU를 야기하며, x_e를 기준으로 인장과 압축 에너지인 $P-x$곡선 아래의 면적이 동일하다.

그림 5.11에 보인 바와 같이, 이 영역에서의 $P-x$곡선의 형상을 보면 평균위치 x_{avg}가 평형위치 x_e 보다 크다. 이렇게 늘어난 x_{avg}가 거시적으로 축적되어 치수변화, 즉 열팽창을 일으키게 된다. 비슷한 원리로, 온도를 낮추면 x_{avg}가 감소하면서 x_e에 접근하게 된다.

등방성 재료에서 이 효과는 모든 방향으로 동일하다. 제한된 온도영역에서, 주어진 온도에서의 열변형은 온도변화 ΔT에 비례한다.

$$\varepsilon = \alpha(T - T_0) = \alpha(\Delta T) \tag{5.39}$$

여기서 T_o는 변형을 0으로 설정하기 위한 기준온도이다. 열팽창계수(coefficient of thermal expansion, α)는 1/℃의 단위를 가지며 변형은 무차원이다.

열효과는 일반적으로 고온에서 더욱 커지는데 이는 α가 온도와 함께 증가함을 의미한다. 따라서 ΔT가 클 때 α의 변동을 고려할 필요가 있다. 열변형과 α 값은 화학결합이 강해질수록 작아진다. 다양한 재료에 대해 실온에서의 α값을 비교해 보면 용융점이 증가할수록 α값이 감소함을 알 수 있다. 이는 용융점으로부터 멀리 떨어져 있는 온도일수록 화학결합이 강해지기 때문으로 볼 수 있다. 그림 5.12에 여러 재료에 대한 이러한 경향을 나타내었다.

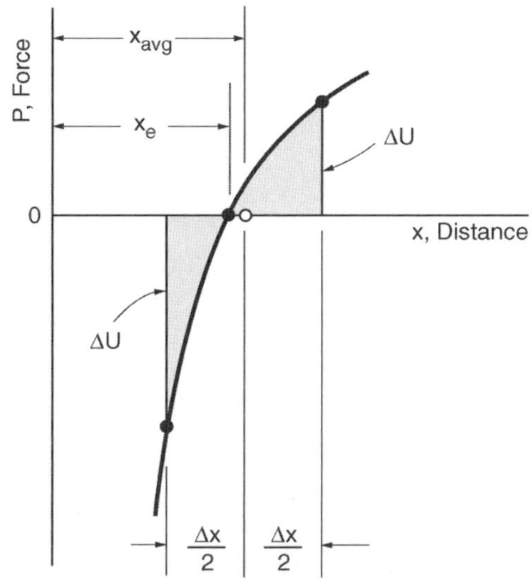

그림 5.11 힘과 원자들 간의 거리 그래프. 평형위치 x_e를 기준으로 동일한 위치에너지에 해당하는 열진동이 일어나며 평균위치 x_{avg}가 평형위치 x_e보다 커진다.

등방성 재료에서는 균일 열변형이 모든 방향으로 일어나기 때문에 식 5.16에 나타낸 3차원 탄성법칙에 열효과를 포함시켜 일반화시킬 수 있다.

$$\varepsilon_x = \frac{1}{E}\left[\sigma_x - \nu\left(\sigma_y + \sigma_z\right)\right] + \alpha(\Delta T) \qquad \text{(a)}$$

$$\varepsilon_y = \frac{1}{E}\left[\sigma_y - \nu\left(\sigma_x + \sigma_z\right)\right] + \alpha(\Delta T) \qquad \text{(b)} \qquad (5.40)$$

$$\varepsilon_z = \frac{1}{E}\left[\sigma_z - \nu\left(\sigma_x + \sigma_y\right)\right] + \alpha(\Delta T) \qquad \text{(c)}$$

만약 열팽창이 기하학적으로 억제되는 상황에서 상당히 높은 ΔT가 부여되면 큰 응력이 발생되게 되며 이것은 공업적으로 매우 중요하다.

T_i의 온도를 갖는 재료를 T_f의 온도를 갖는 액체나 가스에 빠르게 담그는 경우를 예로 들어보자. 표면의 얇은 층은 T_f 온도에 빠르게 도달하지만 표면의 $(x-y)$면은 T_f 온도에 도달할 충분한 시간이 없으므로 변형이 억제될 것이다. 따라서 $\varepsilon_x = \varepsilon_y = 0$가 되고, 자유표면이므로 $\sigma_z = 0$가 된다. 이 상황을 식 5.40(a)와 (b)에 적용하면

$$\sigma_x = \sigma_y = -\frac{E\alpha(\Delta T)}{1-\nu} \qquad (5.41)$$

여기서 $\Delta T = T_f - T_i$이므로 온도가 올라가면 응력이 압축성이 되고 온도가 감소하게 되면 인장성이 된다.

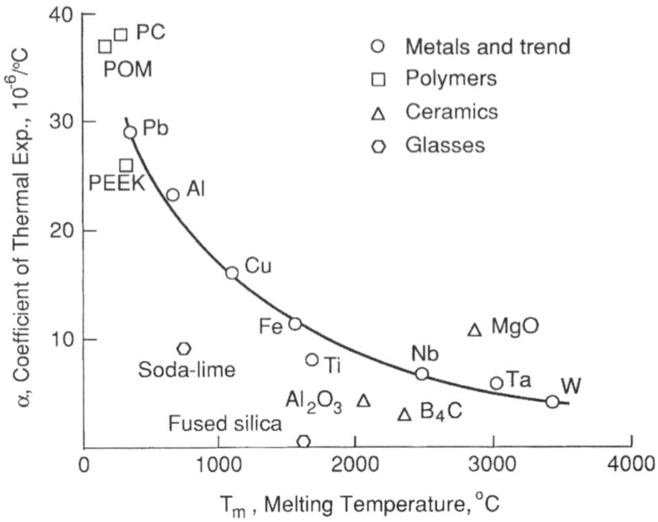

그림 5.12 상온에서의 열팽창계수와 여러 재료의 용융온도(출처: [Boyer 85] p. 1.44, [Creyke 82] p. 50, [ASM 88] p. 69)

5.3.6 소성변형과 크리프 변형의 비교

화학결합을 늘어뜨리는 탄성변형은 0.5보다 작은 뽀아송비에 반영되어 있듯이 대개 체적변화를 수반한다. 하지만 소성변형과 크리프 변형은 원자가 여러 기구에 의해 이웃원자를 바꾸는 과정이므로 대부분의 경우 체적변화를 수반하지 않는다. 소성변형을 2차원적으로 도식화한 그림 2.21을 보면, 슬립 전(a)과 후(b)가 동일하며 일정 체적을 의미한다. 유사한 원리로, 크리프시 공공의 이동도 체적변화를 일으키지 않는다(그림 2.27 참조).

그림 5.13에 보인 바와 같이, 인장시험시 세로변형의 측정을 항복 이후까지 연장한다고 하자. 항복 전에 $-\varepsilon_y$와 ε_x의 기울기는 단순히 뽀아송비이다. 하지만 항복 이후에는 소성변형이 거동을 지배하면서 기울기가 증가하여 0.5에 근접하게 된다. 이러한 거동을 일반적인 3차원 방법으로 나타내기 위해서는 식 5.26의 후크탄성법칙과 소성변형에 대한 유사한 관계식이 필요하다. 이것은 13장의 식 13.24에서 보다 구체적으로 다루기로 한다. 형태가 식 5.26과 동일하지만 일정한 체적을 위해 ν가 0.5로 대체

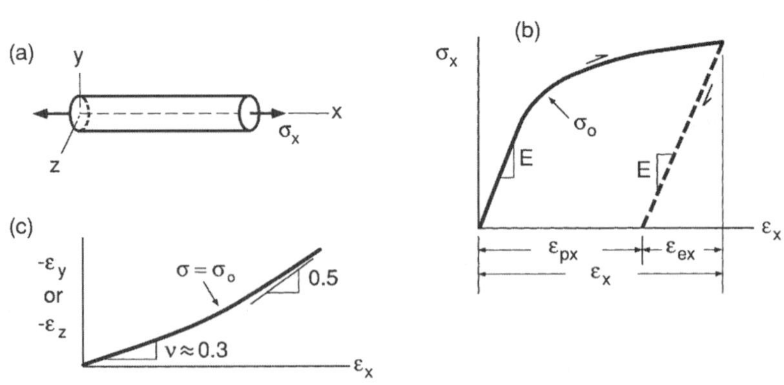

그림 5.13 총변형에서의 탄성 및 소성성분과 소성변형이 뽀아송비에 미치는 효과

되고 탄성계수 E가 가변적인 E_p로 대체된다.

크리프의 경우, 응력과 변형률속도 $\dot{\varepsilon}$ 사이의 관계식이 후크의 탄성법칙과 유사한 관계를 보인다. 이것은 16장의 식 16.60에서 다루기로 한다. 일정체적을 위해 ν가 0.5로 대체되고 탄성계수 E가 인장점성(tensile viscosity) η로 대체된다.

5.4 비등방성 재료

실제 재료는 완전한 등방성을 보이지 않는다. 서로 다른 방향에 대한 물성차이가 너무 클 경우에는 등방성 거동을 가정한 분석이 더 이상 합리적인 근사가 되지 못한다. 그림 5.14에 일부 비등방성 재료를 예시하였다.

특정 방향으로 강인한 섬유가 있기 때문에 복합재료는 높은 비등방성을 보일 수 있다. 따라서 이러한 재료에 대한 공학설계 및 분석시에는, 이전의 탄성법칙에 비해 더욱 일반화된 후크법칙을 사용할 필요가 있다. 따라서 먼저 비등방성 경우에 대한 후크법칙 일반론을 다룬 후, 복합재료의 면내(in-plane) 하중부하에 적용하고자 한다. 비등방성 소성론은 별도로 다루지 않는다. 이러한 진보된 주제가 중요한 경우가 있을 수 있지만, 많은 복합재료는 비탄성변형이 크게 일어나기 전에 파단을 일으킨다는 사실도 염두에 둘 필요가 있다.

5.4.1 비등방성 후크법칙

그림 5.9와 같이 일반적인 3차원 해석에는 σ_x, σ_y, σ_z, τ_{xy}, τ_{yz}, τ_{zx}의 6가지 응력성분이 있다. 변형 또한 ε_x, ε_y, ε_z, γ_{xy}, γ_{yz}, γ_{zx}의 6가지 성분이 있다. 비등방성이 큰 재료의 경우, 어느 한 성분의 응력이 다른 6가지 성분의 변형을 일으킬 수도 있다. 일반적인 비등방성 형태의 후크법칙은 다음의 6가지 식으로 주어진다. 여기서는 계수를 행렬로 나타내었다.

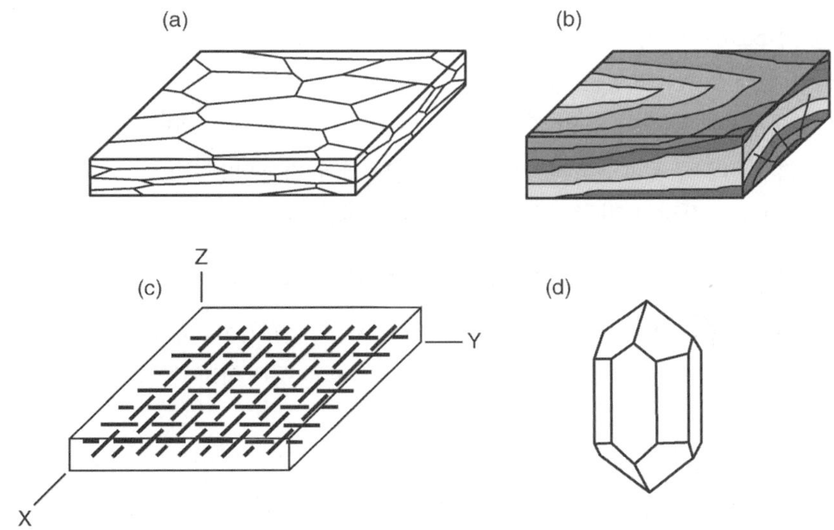

그림 5.14 비등방성 재료: (a) 압연으로 인한 방향성 입자구조를 갖는 금속판, (b) 나무, (c) 에폭시 기지의 유리섬유 직물, (d) 단결정

$$\begin{Bmatrix} \varepsilon_x \\ \varepsilon_y \\ \varepsilon_z \\ \gamma_{yz} \\ \gamma_{zx} \\ \gamma_{xy} \end{Bmatrix} = \begin{bmatrix} S_{11} & S_{12} & S_{13} & S_{14} & S_{15} & S_{16} \\ S_{12} & S_{22} & S_{23} & S_{24} & S_{25} & S_{26} \\ S_{13} & S_{23} & S_{33} & S_{34} & S_{35} & S_{36} \\ S_{14} & S_{24} & S_{34} & S_{44} & S_{45} & S_{46} \\ S_{15} & S_{25} & S_{35} & S_{45} & S_{55} & S_{56} \\ S_{16} & S_{26} & S_{36} & S_{46} & S_{56} & S_{66} \end{bmatrix} \begin{Bmatrix} \sigma_x \\ \sigma_y \\ \sigma_z \\ \tau_{yz} \\ \tau_{zx} \\ \tau_{xy} \end{Bmatrix} \tag{5.42}$$

일반적 비등방성은 등방인 경우에 비해 훨씬 복잡하다. 많은 수의 다른 재료상수 S_{ij}가 필요할 뿐만 아니라 $x-y-z$ 좌표축의 방향이 바뀜에 따라 그 값들도 바뀐다.

등방성인 경우, 재료상수가 좌표축의 방향에 영향을 받지 않고 대부분의 상수가 0이거나 방향별로 동일한 값을 갖는다. 예를 들어 $\gamma_{xy} = \tau_{xy}/G$ 이므로, 행렬의 γ_{xy} 줄에 있는 모든 S_{ij}가 $S_{66} = 1/G$를 제외하고는 모두 0이다. 이것은 6가지 응력성분에서 생겨나는 모든 값을 γ_{xy}에 반영하는 비등방성이 큰 재료에는 적용되지 않는다. 식 5.26에 주어진 등방성 경우로 특화시킨 S_{ij}계수의 행렬은 다음과 같다.

$$[S_{ij}] = \begin{bmatrix} \frac{1}{E} & -\frac{\nu}{E} & -\frac{\nu}{E} & 0 & 0 & 0 \\ -\frac{\nu}{E} & \frac{1}{E} & -\frac{\nu}{E} & 0 & 0 & 0 \\ -\frac{\nu}{E} & -\frac{\nu}{E} & \frac{1}{E} & 0 & 0 & 0 \\ 0 & 0 & 0 & \frac{1}{G} & 0 & 0 \\ 0 & 0 & 0 & 0 & \frac{1}{G} & 0 \\ 0 & 0 & 0 & 0 & 0 & \frac{1}{G} \end{bmatrix} \tag{5.43}$$

여기서 G는 식 5.28로 주어지며 단지 두 개의 독립상수가 있다.

가장 일반적인 형태의 비등방성은 식 5.42의 각 S_{ij}가 서로 다른 0이 아닌 값을 갖는 것이다. 행렬은 대각선방향으로 대칭적이므로 $i \neq j$인 경우 각 S_{ij}는 두 번씩 나타난다. 따라서 21개의 독립상수가 존재한다. 이러한 복잡도(degree of complexity)는 그림 2.8에서 거론되었던 $a \neq b \neq c$이고 $\alpha \neq \beta \neq \gamma$인 삼사정계(triclinic) 단결정의 가장 일반적인 형태에 대한 상황이다.

5.4.2 직교이방성(orthotropic) 재료; 다른 특별한 경우

서로 대칭이 되는 직교하는 3면(즉, 3면이 서로 90°로 위치)이 존재하는 재료를 직교이방성(orthotropic material) 재료라고 한다. 이러한 경우 후크법칙은 등방성과 일반적인 비등방성의 중간정도 복잡도를 갖는 형태를 보인다.

S_{ij}값이 $x-y-z$ 좌표축의 방향이 바뀜에 따라 변하는 상황을 반영하기 위해서는 재료의 대칭면에 평행한 방향의 값을 정의해 주는 것이 편리하다. 이러한 특별한 좌표계를 그림 5.14와 같이 대문자 (X, Y, Z)로 구분한다. 직교이방성재료에 대한 후크법칙의 상수는

$$[S_{ij}] = \begin{bmatrix} \frac{1}{E_X} & -\frac{\nu_{YX}}{E_Y} & -\frac{\nu_{ZX}}{E_Z} & 0 & 0 & 0 \\ -\frac{\nu_{XY}}{E_X} & \frac{1}{E_Y} & -\frac{\nu_{ZY}}{E_Z} & 0 & 0 & 0 \\ -\frac{\nu_{XZ}}{E_X} & -\frac{\nu_{YZ}}{E_Y} & \frac{1}{E_Z} & 0 & 0 & 0 \\ 0 & 0 & 0 & \frac{1}{G_{YZ}} & 0 & 0 \\ 0 & 0 & 0 & 0 & \frac{1}{G_{ZX}} & 0 \\ 0 & 0 & 0 & 0 & 0 & \frac{1}{G_{XY}} \end{bmatrix} \tag{5.44}$$

그림 2.9에서 거론되었던 $a \neq b \neq c$이고 $\alpha = \beta = \gamma = 90°$인 사방정계(orthorhombic) 단결정과, 3가지 직교하는 대칭면에 섬유가 배열된 섬유복합재료 등이 그 예이다.

식 5.44에 재료의 3가지 다른 방향별로 3가지 탄성계수, E_x, E_y, E_z를 나타내었다. 일반적으로 이 값들은 서로 다르다. 또한 3가지 면에 대해 3가지 전단계수, G_{XY}, G_{YZ}, G_{ZX}을 갖는다. ν_{ij}는 뽀아송비를 나타낸다. 따라서

$$\nu_{ij} = -\frac{\varepsilon_j}{\varepsilon_i} \tag{5.45}$$

i-방향으로의 응력으로 인해 j-방향으로 세로변형이 일어난다. 대각선 행렬에 대한 S_{ij}값의 대칭성 때문에

$$\frac{\nu_{ij}}{E_i} = \frac{\nu_{ji}}{E_j} \tag{5.46}$$

여기서 $i \neq j$이고 $i, j = X, Y,$ or Z이다. 이러한 관계는 독립적인 뽀아송비의 개수를 전체 9개의 독립상수에 대해 3개로 감소시켜 준다. 이러한 상수들은 특별한 좌표계인 $X-Y-Z$ 시스템에서만 적용 가능함을 유념해야 한다.

만약 재료가 $X-$, $Y-$, $Z-$ 방향으로 동일한 물성을 갖는다면 입방(cubic)재료라 부른다. 이 경우, 3개의 E_i 모두 동일한 값 E_X를 가지고 3개의 G_{ij} 모두 동일한 값의 G_{XY}를 가지며, 6개의 뽀아송비는 모두 동일한 값 ν_{XY}를 갖는다. 따라서 3개의 독립상수가 존재한다. BCC, FCC, 다이아몬드입방결정과 같이 입방구조를 갖는 모든 단결정들이 이러한 경우에 해당된다. 등방성인 경우에 비해 아직도 독립상수가 하나 더 존재하며 탄성계수는 특별한 좌표계인 $X-Y-Z$ 시스템에서만 적용 가능함을 유념해야 한다.

예를 들어, 그림 2.18에 나타낸 α철(BCC) 단결정에 대해 $E_X = E_Y = E_Z = E_{100} = 125\,GPa$이다. 하지만 입방 단위격자의 대각선을 따라 탄성계수가 $E_{111} = 273\,GPa$로서 2배에 이른다. 모든 가능한 방향으로의 탄성계수를 고려해볼 때 이 값들이 일어날 수 있는 최대와 최소값이 된다. 다결정(polycrystalline)철은 등방성이고 적용되는 탄성계수 $E \approx 212\,GPa$는 무질서하게 배열된 단결정의 값

들을 평균한 것이다.

다른 특별한 경우는 횡등방성(transversely isotropic)재료인데, $X-Y$ 면과 같이, 면내 모든 방향으로는 물성이 동일하지만 제3의 방향(Z 방향)으로는 물성이 다른 경우이다. 여기에는 5가지의 독립탄성상수가 존재한다. 먼저 $X-Y$면에 대한 E_X와 ν_{XY}를 들 수 있으며 식 5.28에 이 값을 대입하면 전단계수 G_{XY}를 얻을 수 있다. 나머지 3가지 상수로는 E_Z, ν_{XZ}, G_{ZX}가 있다. 이에 대한 예로는 불규칙하게 배열되고 서로 엮어진 장섬유 복합판재를 들 수 있다.

5.4.3 섬유 복합재료

복합재료는 그림 5.14(c)에 보인 것처럼, 특정방향 또는 직물형태의 단순배열을 갖는 섬유를 이용하여, 직교이방성을 갖는 대칭적인 박판이나 판재형태로 제작하여 많이 사용한다. 또한 대부분의 층상구조(laminates)는 대체적으로 직교이방성 거동을 보인다. (부록C, 그림 C.24)

박판이나 판재형태의 경우, 응력이 판의 $X-Y$면에 놓이지 않은 응력들은 대개 작으므로 $\sigma_Z = \tau_{YZ} = \tau_{ZX} = 0$의 평면응력(plane stress)이 적절한 가정이라 할 수 있다. 비록 변형 ε_Z가 생기더라도 별 의미가 없으며, 후크법칙은 식 5.44에서 유도된 아래의 축소형태 식을 사용한다.

$$\begin{Bmatrix} \varepsilon_X \\ \varepsilon_Y \\ \gamma_{XY} \end{Bmatrix} = \begin{bmatrix} \dfrac{1}{E_X} & -\dfrac{\nu_{YX}}{E_Y} & 0 \\ -\dfrac{\nu_{XY}}{E_X} & \dfrac{1}{E_Y} & 0 \\ 0 & 0 & \dfrac{1}{G_{XY}} \end{bmatrix} \begin{Bmatrix} \sigma_X \\ \sigma_Y \\ \tau_{XY} \end{Bmatrix} \tag{5.47}$$

여기서 대문자는 응력, 변형 및 탄성계수가 재료의 대칭면에 평행한 방향만을 나타낸다는 것을 의미한다. (다른 방향으로의 응력과 변형은, 6장에서 다루게 될 변형식이나 모어(Mohr)원을 이용하여 구할 수 있다.) 식 5.46을 적용하면

$$\frac{\nu_{YX}}{E_Y} = \frac{\nu_{XY}}{E_X} \tag{5.48}$$

표 5.3 체적분율 60%의 일 방향 섬유로 강화시킨 에폭시의 탄성상수와 밀도

(a) Reinforcement			(b) Composite, $V_r = 0.60$				
Type	E_r GPa (10^3 ksi)	ν_r	E_X GPa (10^3 ksi)	E_Y GPa (10^3 ksi)	G_{XY} GPa (10^3 ksi)	ν_{XY}	ρ g/cm^3
E-glass	72.3 (10.5)	0.22	45 (6.5)	12 (1.7)	4.4 (0.64)	0.25	1.94
Kevlar 49	124 (18.0)	0.35	76 (11.0)	5.5 (0.8)	2.1 (0.3)	0.34	1.30
Graphite (T-300)	218 (31.6)	0.20	132 (19.2)	10.3 (1.5)	6.5 (0.95)	0.25	1.47
Graphite (GY-70)	531 (77.0)	0.20	320 (46.4)	5.5 (0.8)	4.1 (0.6)	0.25	1.61

Note: For approximate matrix properties, use $E_m = 3.5$ GPa (510 ksi) and $\nu_m = 0.33$.
Sources: Data in [ASM 87] pp. 175–178, and [Kelly 94] p. 285.

총 9개중 4개의 독립 탄성상수가 적용되는 결과를 보인다. 단일 방향 섬유를 갖는 일부 복합재료에 대한 값을 표 5.3에 나타내었다.

이러한 상수 값들은 실험실에서의 측정을 통해 얻을 수도 있지만, 강화제와 기지재료에 대한 각각의 물성으로부터 평가할 수도 있다. 탄성계수의 평가에 대한 주제는 매우 복잡하며 Gibson(2016)과 같은 복합재료 관련문헌에 자세히 나타나 있다. 이후부터는, 그림 5.15에서와 같이, 기지 조직내 단일 방향 섬유와 같은 간단한 경우를 다루고자 한다.

예제 5.4

표 5.3의 Kevlar 49 섬유로 강화된 에폭시 판이 그림 5.15(a)에 나타낸 좌표계를 기준으로 $\sigma_X = 400$, $\sigma_Y = 12$, $\tau_{XY} = 15\,\text{MPa}$의 응력을 받는다. 면내(in-plane)변형 ε_X, ε_Y, γ_{XY}를 구하라.

【풀이】 식 5.47을 바로 적용하면

$$\varepsilon_X = \frac{\sigma_X}{E_X} - \frac{\nu_{YX}}{E_Y}\sigma_Y\,, \quad \varepsilon_Y = -\frac{\nu_{XY}}{E_X}\sigma_X + \frac{\sigma_Y}{E_Y}\,, \quad \gamma_{XY} = \frac{\tau_{XY}}{G_{XY}}$$

ν_{XY}가 표로 주어지지 않았으므로 식 5.48을 이용하는 것이 편리하다.

$$\frac{\gamma_{YX}}{E_Y} = \frac{\gamma_{XY}}{E_X} = \frac{0.34}{76{,}000} = 4.474 \times 10^{-6}\ 1/\text{MPa}$$

값과 주어진 응력, 그리고 표 5.3의 E_X, E_Y, G_{XY}를 대입하면

$$\varepsilon_X = \frac{400}{76{,}000} - (4.474 \times 10^{-6})(12) = 0.00521 \qquad \text{(답)}$$

$$\varepsilon_Y = -(4.474 \times 10^{-6})(400) + \frac{12}{5500} = 0.00039 \qquad \text{(답)}$$

$$\gamma_{XY} = \frac{15}{2100} = 0.00714 \qquad \text{(답)}$$

5.4.4 섬유에 평행한 방향의 탄성계수

그림 5.15(a)에 나타낸 바와 같이 X-방향으로 배열된 섬유와 평행한 방향으로 응력 σ_X를 가하는 경우를 생각하자. 섬유(강화제)가 탄성상수 E_r, ν_r, G_r을 갖는 등방성 재료이고, 기지는 탄성상수 E_m, ν_m, G_m을 갖는 등방성 재료이다. 섬유가 기지에 완전히 결합되어 있어 기지와 섬유는 동일하게 변형하며, 둘 다 동일한 변형 ε_X를 나타낸다. 전체 단면적을 A, 섬유와 기지에 의해 점유되는 면적을 각각 A_r, A_m이라고 하면

$$A = A_r + A_m \tag{5.49}$$

가해준 힘은 기지와 섬유에 가해지는 힘의 합이므로

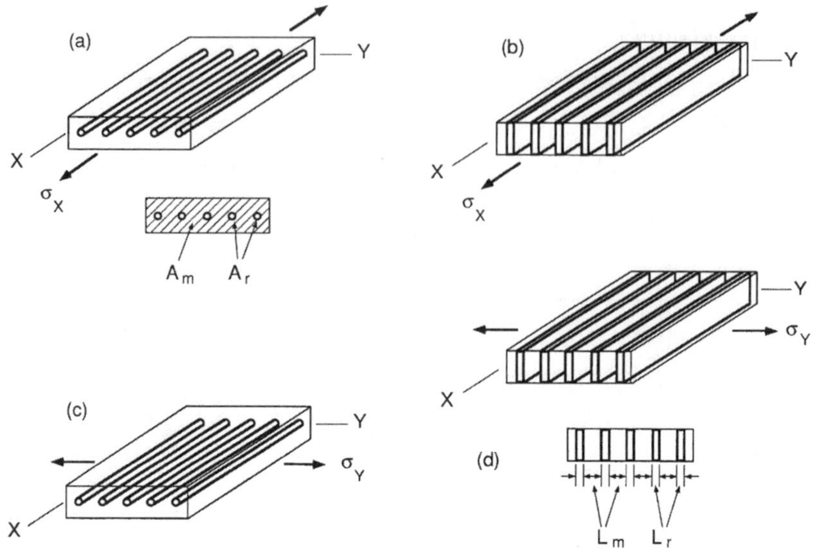

그림 5.15 응력방향과 일 방향 강화제가 다양하게 조합된 복합재료. (a) 응력이 섬유에 평행, (b) 응력이 강화용 박판에 평행, (c), (d) 비슷한 강화제에 응력이 섬유에 수직

$$\sigma_X A = \sigma_r A_r + \sigma_m A_m \tag{5.50}$$

여기서 σ_r, σ_m은 섬유와 기지에 각각 걸리는 힘이다.

탄성계수에 대한 정의로부터

$$\sigma_X = E_X \varepsilon_X, \qquad \sigma_r = E_r \varepsilon_r, \qquad \sigma_m = E_m \varepsilon_m \tag{5.51}$$

복합재료의 변형은 섬유와 기지 모두 동일하다.

$$\varepsilon_X = \varepsilon_r = \varepsilon_m \tag{5.52}$$

식 5.51과 식 5.52를 식 5.50에 대입하면 복합재료의 탄성계수는

$$E_X = \frac{E_r A_r + E_m A_m}{A} \tag{5.53}$$

A_r/A와 A_m/A의 비는 섬유와 기지의 체적분율(volume fractions)이라 하며 각각 V_r과 V_m이라 한다.

$$V_r = \frac{A_r}{A}, \qquad V_m = 1 - V_r = \frac{A_m}{A} \tag{5.54}$$

따라서 식 5.53은 다음과 같이 나타낼 수 있다.

$$E_X = V_r E_r + V_m E_m \tag{5.55}$$

섬유와 평행한 방향으로 응력이 가해지는 경우에는 혼합법칙(rule of mixture)이 적용됨을 알 수 있다. 동일한 관계식이 그림 5.15(b)의 잘 결합된 층(layer)상 강화제의 경우에도 유효함을 알 수 있다.

5.4.5 섬유에 수직한 방향의 탄성계수

그림 5.15(c)에 나타낸 바와 같이 X-방향으로 배열된 섬유와 수직한 방향으로 응력 σ_Y를 가하는 경우를 생각하자. 이 경우에 대한 정확한 분석은 쉽지 않지만 (d)에 보인 바와 같은 층상복합재료를 이용하여 근사적으로 분석할 수 있다. 엄밀분석을 통해 이렇게 구해진 E_Y값은 (c) 경우에 대한 실제 값의 하한(lower bound)값에 해당한다고 볼 수 있다. 따라서 (d)경우에 대해 먼저 분석하도록 한다.

강화제와 기지에 동일한 응력이 걸리게 되고 이 응력은 가해준 응력과 동일하다.

$$\sigma_Y = \sigma_r = \sigma_m \tag{5.56}$$

이전과 같이, 탄성계수에 대한 정의로부터

$$\sigma_Y = E_Y\varepsilon_Y, \qquad \sigma_r = E_r\varepsilon_r, \qquad \sigma_m = E_m\varepsilon_m \tag{5.57}$$

Y 방향으로 총 길이는 강화제 층과 기지층 길이를 합한 것이다.

$$L = L_r + L_m \tag{5.58}$$

또한 강화제 층과 기지층의 길이변화가 복합재료의 전체변형을 결정한다.

$$\varepsilon_Y = \frac{\Delta L}{L}, \qquad \varepsilon_r = \frac{\Delta L_r}{L_r}, \qquad \varepsilon_m = \frac{\Delta L_m}{L_m} \tag{5.59}$$

여기서

$$\Delta L = \Delta L_r + \Delta L_m \tag{5.60}$$

식 5.59의 각 ΔL값을 치환하면

$$\varepsilon_Y = \frac{\varepsilon_r L_r + \varepsilon_m L_m}{L} \tag{5.61}$$

식 5.57에 변형값을 대입하고 모든 응력이 동일하다는 관계로부터

$$\frac{1}{E_Y} = \frac{1}{E_r}\frac{L_r}{L} + \frac{1}{E_m}\frac{L_m}{L} \tag{5.62}$$

길이비율은 체적분율과 동일하므로

$$V_r = \frac{L_r}{L}, \qquad V_m = 1 - V_r = \frac{L_m}{L} \tag{5.63}$$

따라서 최종적으로,

$$\frac{1}{E_Y} = \frac{V_r}{E_r} + \frac{V_m}{E_m}, \qquad E_Y = \frac{E_r E_m}{V_r E_m + V_m E_r} \qquad \text{(a, b)} \tag{5.64}$$

여기서, (a)를 E_Y에 대해 풀면 (b)를 얻을 수 있다.

5.4.6 기타 탄성계수들과 고찰

두 가지 뽀아송비 중에서 더 큰 값, 즉 주 뽀아송비(major Poisson's ratio)인 ν_{XY}를 구하는 데도 비슷한 원리를 적용할 수 있고 전단계수의 계산에도 적용가능하다.

$$\nu_{XY} = V_r \nu_r + V_m \nu_m \tag{5.65}$$

$$G_{XY} = \frac{G_r G_m}{V_r G_m + V_m G_r} \tag{5.66}$$

여기서 다루고 있는 복합 탄성상수의 평가는 모두 근사적이다. E_X의 실제값은 대체적으로 계산값에 근접한다. 식 5.64에서 구한 E_Y는 섬유의 경우에는 하한(lower bound)이므로 실제값은 더 높을 것이다. 복합재료에 대한 교재에 다소 복잡할 수는 있겠지만, 보다 정확한 유도과정과 식들이 있다. 또한 복합재료 내의 섬유는 두 가지 방향으로 배열될 수도 있고, 층상(laminate)재료에 단일 방향 또는 직조(woven)형태로 적용되기도 한다. 이렇게 한층 복잡한 경우에 대해서도 계산이 가능하다.

층상재료인 경우, 동일한 수의 섬유를 0°, 90°, +45°, −45°와 같이 여러 방향으로 배치한다면 탄성상수가 X-Y면내의 어느 방향으로도 근사적으로 동일하며 Z방향으로는 차이를 보인다. 이러한 재료는 준등방성(quasi-isotropic) 재료라고 하며 면내(in-planc)하중인 경우에는 근사적으로 등방성 재료로 간주하며, 일반적인 3차원 분석에서는 수직등방성(transversely isotropic) 재료로 본다.

예제 5.5

구리 기지재료에 텅스텐 와이어가 한 방향으로 배열된 복합재료가 있다. 섬유에 평행한 탄성계수는 250GPa 이상이어야 하고 수직한 방향으로의 탄성계수는 최소 200GPa 이상이어야 한다.

(a) 사용가능한 가장 낮은 와이어 체적분율은 얼마인가?

(b) (a)에서 선택한 와이어의 체적분율에 대해 복합재료의 주(major)뽀아송비와 전단계수를 구하라.

【풀이】 (a) 두 요구사항을 만족시키는 섬유의 체적분율을 구하여야 하므로 각각의 요구사항을 만족시키는 V_r값 중에서 큰 값을 선택하여야 한다. 기지와 섬유의 물성은 다음과 같다

텅스텐 강화제: $E = 411\text{GPa}$, $\nu = 0.280$, $G = 160.5\text{GPa}$

구리 기지재료: $E = 130\text{GPa}$, $\nu = 0.343$, $G = 48.4\text{GPa}$

여기서 E와 ν는 표 5.2에서 읽었고 G는 각 재료가 등방성이라는 가정 하에 식 5.28을 이용하여 구했다. 먼저 $E_X = 250\text{GPa}$ 요구조건에서 X는 섬유의 방향이 된다. V_r를 구하기 위해 식 5.55를 푼다. 알려진 값들을 대입하면

$$E_X = V_r E_r + V_m E_m, \qquad V_m = 1 - V_r$$

$$250\text{GPa} = V_r(411\text{GPa}) + (1 - V_r)(130\text{GPa}), \quad V_r = 0.427$$

비슷하게 $E_Y = 200\text{GPa}$ 요구조건에서 식 5.64를 적용하면

$$\frac{1}{E_Y} = \frac{V_r}{E_r} + \frac{V_m}{E_m}, \qquad V_m = 1 - V_r$$

$$\frac{1}{200\text{GPa}} = \frac{V_r}{411\text{GPa}} + \frac{1 - V_r}{130\text{GPa}}, \qquad V_r = 0.512$$

따라서 요구되는 V_r 값은 큰 값인 0.512가 된다. (답)

(b) $V_r = 0.512$인 복합재료의 주 뽀아송비와 전단계수는 식 5.65와 식 5.66으로부터 구할 수 있다.

$$\nu_{XY} = V_r\nu_r + V_m\nu_m = 0.512(0.280) + (1-0.512)(0.343) = 0.311 \quad \text{(답)}$$

$$G_{XY} = \frac{G_r G_m}{V_r G_m + V_m G_r} = \frac{(160\text{GPa})(48.4\text{GPa})}{0.512(48.4\text{GPa}) + (1-0.512)(160.5\text{GPa})} = 75.3\text{GPa} \quad \text{(답)}$$

【고찰】 (a)에서 작은 값 $V_r = 0.427$을 선택하면 식 5.64로부터 $E_Y = 183.6$GPa가 된다. 따라서 $E_Y = 200$GPa의 요구사항을 만족시키지 못한다. 하지만 $V_r = 0.512$이면 식 5.55로부터 $E_X = 273.8$GPa이 되어 $E_X = 250$GPa를 만족시키므로 두 요구조건을 모두 만족시킨다.

5.5 요 약

변형은 물리적인 기구와 유동모델의 유사성으로부터 탄성, 소성 및 크리프 변형으로 분류할 수 있다. 크리프 변형은 정상상태크리프와 천이크리프로 세분된다. 가장 간단한 형태의 유동모델을 그림 5.21에 나타내었다.

탄성변형은 고체의 화학결합을 당겨 연신시키는 것이므로 원자간 거리가 증가한다. 변형은 시간의 존성이 없으며 하중제거시 곧바로 회복된다. 금속뿐만 아니라 다른 여러 재료의 응력-변형곡선은 응력-변형거동이 선형적인 뚜렷한 탄성영역을 나타낸다.

소성변형은 원자면 또는 사슬모양의 분자가 상대이동을 하여 일어나는 변형으로 시간의존성이 크지 않다. 마찰차를 포함하는 유동모델이 이러한 소성변형과 유사한 거동을 보이며, 선형거동에서 벗어나는 부분이 응력이 제거되었을 때 영구변형을 남기게 된다.

크리프는 시간 의존적 변형으로서 하중제거시 회복될 수도 있고, 회복되지 않을 수도 있는 변형이다. 금속, 세라믹, 유리의 경우 하중제거 후에도 대부분 회복되지 않는 크리프변형을 일으킨다. 하지만 폴리머의 경우, 긴 탄소-사슬 분자들 사이의 상호작용으로 상당량의 크리프 변형이 회복될 수 있다. 스프링과 댐퍼를 이용한 유동모델이 크리프 거동연구에 이용될 수 있다. 이러한 모델의 간단한 형태인 선형점탄성(linear viscoelasticity)상황은 변형률 속도가 가해준 응력에 비례하는 변형이다. 변형을 가한 후 일정하게 유지하면 재료의 크리프거동으로 인해 응력이 줄어드는 현상인 완화(relaxation)가 일어난다.

만약 재료가 등방성이고 균질하다면 3차원 탄성변형은 일반화된 후크법칙에 의해 강도와의 관계로 표현할 수 있다. (식 5.26, 5.27)

이 경우, 2개의 독립적인 탄성상수 탄성계수 E와 뽀아송비 ν가 있으며, 전단계수 G는 식 5.28을 통해 관련된다.

체적변형은 수직변형의 합, $\varepsilon_v = \varepsilon_x + \varepsilon_y + \varepsilon_z$을 의미한다. 등방성이고 균질한 경우에 체적변형은 가해진 응력과 식 5.35의 관계를 보이며, 이 식은 $\nu = 0.5$일 때 체적변화가 0임을 보여준다.

일부 재료, 특히 섬유 복합재료는 큰 비등방성을 보인다. 비등방성의 특수한 경우로 자주 접할 수 있는 직교 이방성은 재료가 3개의 직교면에 대해 대칭성을 갖는 것을 의미한다. 이러한 재료는 9개의 독립된 탄성상수를 갖는다. 각각의 직교 방향에 대한 탄성계수 값 E_X, E_Y, E_Z와 3가지 직교면에 대한 독립 상수인 3가지의 뽀아송비와 전단계수의 값 ν_{XY}, G_{XY} 등이 있다.

한 방향 배열 섬유를 갖는 복합재료 박판이나 판의 면내(in-plane) 하중에 대한 탄성계수는 식 5.55, 5.64, 5.65, 5.66을 이용하여 강화제와 기지재료의 탄성계수를 이용하여 구할 수 있다.

새로운 용어 및 기호

(a) Terms

anelastic strain
bulk modulus, B
elastic (Young') modulus, E
generalized Hooke' law
homogeneous
hydrostatic stress, σ_h
isotropic
linear elasticity
linear hardening
linear viscoelasticity
orthotropic
perfectly plastic
Poisson' ratio, ν
recovery
relaxation
rheological model
shear modulus, G
steady-state creep
tensile viscosity, η
thermal expansion coefficient, α
transient creep
volumetric strain, ε_v

(b) Nomenclature for Stresses and Strains

x, y, z	Coordinate axes identifying directions for stresses and strains
$\gamma_{xy}, \gamma_{yz}, \gamma_{zx}$	Shear strains
$\varepsilon_x, \varepsilon_y, \varepsilon_z$	Normal strains
ε_c	Creep strain
ε_e	Elastic strain
ε_p	Plastic strain
$\varepsilon_{sc}, \varepsilon_{tc}$	Steady-state and transient creep strains, respectively
$\sigma_x, \sigma_y, \sigma_z$	Normal stresses
$\tau_{xy}, \tau_{yz}, \tau_{zx}$	Shear stresses

(c) Nomenclature for Orthotropic and Composite Materials

The particular x-y-z coordinate axes that are aligned with the planes of material symmetry.

X, Y, Z	Elastic moduli in the *X*-, *Y*- and *Z*-directions.
	Shear moduli in *X*-*Y*, etc., planes.
E_X, E_Y, E_Z	Subscripts indicating matrix and reinforcement materials, respectively.
G_{XY}, G_{YZ}, G_{ZX}	Volume fractions for matrix and reinforcement materials, respectively.
m, r	Poisson' ratio giving the transverse strain in the *Y*-direction due to a stress in the *X*-direction; others similarly.
V_m, V_r	
ν_{XY}, etc.	

참고문헌

BRINSON, H. F., and L. C. BRINSON. 2008. *Polymer Engineering Science and Viscoelasticity: An Introduction*, Springer, New York.

GIBSON, R. F. 2004. *Principles of Composite Material Mechanics*, 2d ed., McGraw-Hill, New York.

MCCLINTOCK, F. A., and A. S. ARGON, eds. 1966. *Mechanical Behavior of Materials*, Addison-Wesley, Reading, MA.

RÖSLER, J., H. HARDERS, and M. BÄKER. 2007. *Mechanical Behavior of Engineering Materials*, Springer, Berlin.

TIMOSHENKO, S. P., and J. N. GOODIER. 1970. *Theory of Elasticity*, 3d ed., McGraw-Hill, New York.

문제 및 질문

【5.2절】

5.1 다음을 설명하라: (a) 탄성변형, (b) 소성변형, (c) 크리프 변형, (d) 인장 점성, (e) 회복, (f) 완화

5.2 티타늄 합금은 그림 5.3(b)에서 보인 $E_1 = 120\,\text{GPa}$, $\sigma_o = 1100\,\text{MPa}$를 갖는 탄성-완전소성모델로 나타낸다.

(a) $\varepsilon = 0.020$의 변형까지 하중을 가했을 때의 응력-변형 그래프를 그려라. 이 총변형 중에 탄성변형과 소성변형은 각각 얼마인가?

(b) (a)의 변형 후 다시 변형을 0으로 줄일 때의 응력-변형 그래프를 그려라.

5.3 그림 5.3(c)의 탄성-선형경화 유동모델에 대해, E_1은 일정하게 유지하고 E_2를 변화시키면 거동이 어떻게 영향을 받는가? $\sigma-\varepsilon$ 경로가 E_2와 함께 변하는 상황을 그림으로 그리면서 설명하라.

5.4 황동합금은 그림 5.3(c)의 탄성-선형경화 유동모델을 따르며 상수값은 $E_1 = 70\,\text{GPa}$, $E_2 = 2.5\,\text{GPa}$, $\sigma_o = 300\,\text{MPa}$이다. $\varepsilon = 0.016$의 변형까지 하중을 가했을 때의 응력-변형 그래프를 그려라. 이 총변형 중에 탄성변형과 소성변형은 각각 얼마인가?

5.5 550℃에서 $E = 60\,\text{GPa}$의 탄성계수와 인장점성 $\eta = 10{,}000\,\text{GPa}-\text{s}$를 갖는 재료가 있다. 그림 5.5(a)에 나타낸 탄성-정상상태크리프 모델이 적용된다고 가정하고 5분 동안 100 MPa의 응력을 가한 후 하중을 제거하였을 때의 반응을 설명하라. 총 10분의 시간간격 동안, 변형과 시간, 응력과 변형 그래프를 각각 그려라.

5.6 그림 5.5(b)에 시간 0-1-2 동안 천이크리프 모델에서의 변형을 나타내었다. 식 5.15에서 시작해서 시간 2에서의 변형을 제공해주는 식 5.17을 유도하라.

5.7 그림 5.5(b)에 나타낸 탄성-천이크리프 모델거동을 보이는 폴리머가 탄성계수 $E_1 = 4\,\mathrm{GPa}$, $E_2 = 5\,\mathrm{GPa}$와 인장점성 $\eta = 1.20 \times 10^5\,\mathrm{GPa-s}$을 갖는다. 하루 동안 55MPa의 응력을 가했을 때 변형과 시간 반응을 설명하고 그래프를 그려라.

5.8 그림 5.6에 나타낸 스프링과 댐퍼가 연결된 모델에서, 일정변형 ε'에서 완화(relaxation)가 일어난다. 댐퍼는 비선형식 $\dot{\varepsilon} = B\sigma^m$에 따라 거동하며 B와 m은 재료상수로서 m은 3~7 사이의 값을 갖는다. σ를 ε'와 t 및 여러 모델상수의 함수로 나타낸 함수를 유도하라.

5.9 상품의 배송동안 보드상자가 벌어지지 않게 해주는 수축형 밴드의 제조에 폴리머가 사용된다. 밴드에 가해지는 인장이 3달이 경과되면 초기값의 90% 수준으로 떨어지는 것으로 관찰되었다. 초기 값으로부터 50% 수준으로 떨어지는데 걸리는 시간은 얼마의 기간이 걸리는가? 폴리머는 그림 5.6에 나타낸 탄성-정상상태크리프 모델을 따르는 것으로 가정하라.

【5.3절】

5.10 길이 250mm, 폭 30mm, 두께 2.5mm의 사각형상 단면의 재료가 있다. 2000N의 인장하중이 가해졌을 때 길이가 2.7mm 늘어나고 폭은 0.11mm 줄어들었으며, 하중을 제거한 후 길이와 폭을 다시 측정하였을 때 초기치수로 회복되었다. 다음을 구하라: (a) 길이방향 응력, (b) 길이방향 변형, (c) 폭방향 변형, (d) 탄성계수, (e) 뽀아송비, (f) 전단계수, (g) 또한 (d)와 (e)에서 얻은 값이 표 5.2의 값과 비교해 볼 때 적정한가?

5.11 길이 200mm, 지름 50mm의 원형 단면의 황동 바(bar)가 있다. 이 바에 황동의 항복강도보다 훨씬 낮은 응력에 해당하는 250kN의 인장하중을 가했다. 다음을 구하라: (a) 길이방향 응력, (b) 길이방향 변형, (c) 세로방향 변형, (d) 하중이 가해지는 동안의 길이, (e) 하중이 가해지는 동안의 직경.

5.12 식 5.26(a)와 (b)을 이용하여 다음을 구하라.

(a) 응력과 재료의 탄성상수를 이용하여 $\varepsilon_y/\varepsilon_x$를 구하라. 어떠한 조건에서 이 비의 음의 값이 뽀아송비 ν와 동일해지는가?

(b) 응력과 재료의 탄성상수를 이용하여 σ_x/ε_x를 구하라. 어떠한 조건에서 이 비의 음의 값이 탄성계수 E와 동일해지는가?

5.13 평면응력의 특별한 경우인 $\sigma_z = \tau_{yz} = \tau_{zx} = 0$에 대해 다음을 구하라.

(a) 식 5.26과 5.27의 후크법칙을 간편화된 형태로 나타내어라.

(b) 간편화된 형태의 식 5.26(a)와 (b)로부터, 변형과 재료상수들로 σ_x와 σ_y를 나타내어라.

(c) 또한 ε_z를 다른 두 가지 변형과 재료의 탄성상수로 나타낸 식을 구하라.

5.14 알루미늄 합금으로 만든 부품표면에서 측정된 변형이 다음과 같다: $\varepsilon_x = 1700 \times 10^{-6}$,

$\varepsilon_y = 1550 \times 10^{-6}$, $\gamma_{xy} = 1800 \times 10^{-6}$. 면내(in-plane)응력 σ_x, σ_y, τ_{xy}와 면에 수직한 ε_z를 구하라. (부품에 하중이 가해지지 않은 상태에서 게이지를 금속에 부착시켰으며 어떠한 항복이나 소성변형이 없었고 표면에 어떠한 하중도 가해지지 않았다고 가정한다. 즉, $\sigma_z = \tau_{yz} = \tau_{zx} = 0$로 가정한다.)

5.15 폴리카보네이트 플라스틱으로 만든 부품표면에서 측정된 변형이 다음과 같다: $\varepsilon_x = -0.0130$, $\varepsilon_y = 0.0095$, $\gamma_{xy} = 0.0078$. 면내(in-plane)응력 σ_x, σ_y, τ_{xy}와 면에 수직한 ε_z를 구하라. (문제 5.14와 동일한 가정을 적용한다.)

5.16 저탄소강으로 만든 부품표면에서 측정된 변형이 다음과 같다: $\varepsilon_x = 1900 \times 10^{-6}$, $\varepsilon_y = -1250 \times 10^{-6}$, $\gamma_{xy} = 900 \times 10^{-6}$. 면내(in-plane)응력 σ_x, σ_y, τ_{xy}와 면에 수직한 ε_z를 구하라. (문제 5.14와 동일한 가정을 적용한다.)

5.17 연강으로 만든 부품표면에서 측정된 변형이 다음과 같다: $\varepsilon_x = 190 \times 10^{-6}$, $\varepsilon_y = -760 \times 10^{-6}$, $\gamma_{xy} = 300 \times 10^{-6}$. 면내(in-plane)응력 σ_x, σ_y, τ_{xy}와 면에 수직한 ε_z를 구하라. (문제 5.14와 동일한 가정을 적용한다.)

5.18 티타늄 합금으로 만든 부품표면에서 측정된 변형이 다음과 같다: $\varepsilon_x = 3800 \times 10^{-6}$, $\varepsilon_y = 160 \times 10^{-6}$, $\gamma_{xy} = 720 \times 10^{-6}$. 면내(in-plane)응력 σ_x, σ_y, τ_{xy}와 면에 수직한 ε_z를 구하라. (문제 5.14와 동일한 가정을 적용한다.)

5.19 등방성 금속판이 $\sigma_x = 60\,\text{MPa}$, $\sigma_y = 90\,\text{MPa}$의 응력을 받는다. 이러한 응력으로 인해 생겨난 변형이 $\varepsilon_x = 420 \times 10^{-6}$, $\varepsilon_y = 994 \times 10^{-6}$이다. 판은 항복을 일으키지 않고 탄성거동을 한다. 금속의 탄성계수 E와 뽀아송비 ν를 구하라. 이것은 어떤 형태의 금속인가?

5.20 벽이 얇은 내경 r, 벽두께 t의 구형(spherical) 용기가 압력 p를 받고 있다. 등방성 재료로 만들어져 있고 선형탄성거동을 보인다. 다음을 압력, 기하학적 치수, 재료상수를 이용하여 나타내어라: (a) 반경의 변화, Δr (b) 벽두께의 변화, Δt.

5.21 벽두께 t를 가지고 양단이 닫힌 벽이 얇은 압력용기가 있다. 길이 L, 내경 D를 갖는 용기의 체적은 $V_e = \pi D^2 L/4$이다. 초기 체적에 대한 적재 체적의 변화비율은 미분치 dV_e를 구한 후 V_e로 나누어 구할 수 있다. 즉,

$$\frac{dV_e}{V_e} = 2\frac{dD}{D} + \frac{dL}{L}$$

이 식을 검증하라. 용기내 압력 p, 용기 치수, 등방성 재료의 탄성상수의 함수로 dV_e/V_e 식을 유도하라. D에 비해 L이 충분히 크다고 가정하여 양단의 구체적 거동이 중요하지 않다고 가정하라.

5.22 길이 L, 내경 D를 갖는 용기 벽이 얇은 구형(spherical) 압력용기가 있다. 초기 체적 V_e에 대한 압력이 가해진 경우의 체적의 변화량 dV_e의 비율인 dV_e/V_e 식을 유도하라. 결과를 압력 p, 기하학적 치수, 등방성 재료의 재료상수의 함수로 나타내어라.

5.23 등방성재료로 만든 블록이 그림 P5.23처럼 x- 및 y- 방향으로 응력을 받는다. 두 응력값의 비율은 $\sigma_y = \lambda\sigma_x$로 일정하다.

(a) x- 방향으로의 강성 $E' = \sigma_x/\varepsilon_x$을 λ와 재료의 탄성계수 E와 뽀아송비 ν의 함수로 나타내어라.

(b) x- 방향으로의 강성 E'을 단일축 인장시험을 통해 얻은 탄성계수 E값과 비교하고 차이를 설명하라. ($\nu = 0.3$이고 λ값은 -1, 0, +1로 가정하라.)

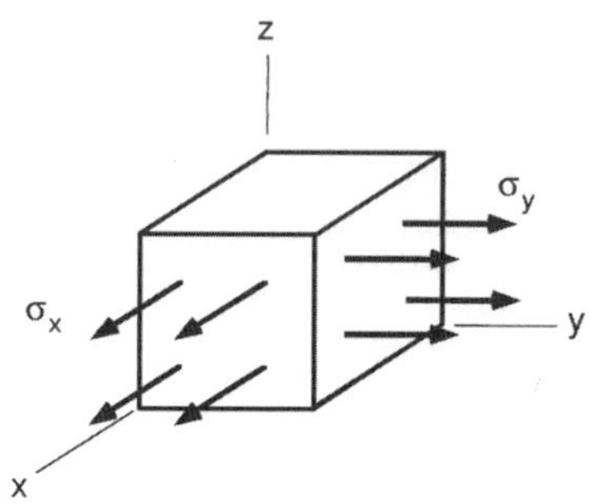

그림 P5.23

5.24 등방성재료로 만든 블록이 그림 P5.24에 보인 바와 같이, σ_z로 압축응력을 받고 x- 및 y- 방향으로 변형이 제한되어 있다.

(a) x- 및 y- 방향으로 응력이 걸리게 되는가? 그렇다면 σ_x와 σ_y에 대한 식을 σ_z와 재료의 탄성상수인 ν의 함수로 나타내어라.

(b) σ_z 응력이 가해진 z- 방향으로의 강성 $E' = \sigma_z/\varepsilon_z$을 재료의 탄성계수 E와 뽀아송비 ν의 함수로 나타내어라. 얻어진 E'를 단일축 인장시험을 통해 얻은 탄성계수 E 값과 비교하고 차이를 설명하라.

(c) 재료의 뽀아송비가 0.5에 근접하면 어떤 일이 일어나는가?

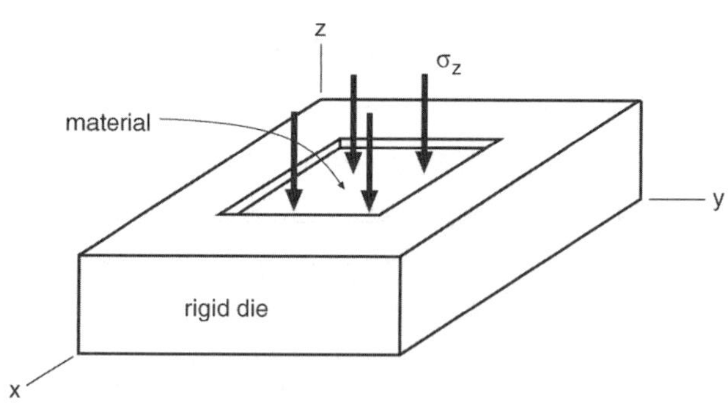

그림 P5.24

5.25 등방성재료로 만든 블록이 그림 P5.25에 보인 바와 같이 x- 및 y- 방향으로 응력을 받고, z- 방향으로는 변형이 제한되어 있다. 두 응력값의 비율은 $\sigma_y = \lambda\sigma_x$로 일정하다.

(a) z- 방향으로 응력이 걸리게 되는가? 그렇다면 σ_z에 대한 식을 σ_x, λ와 재료의 탄성상수인

ν의 함수로 나타내어라.

(b) x- 방향으로의 강성 $E' = \sigma_x/\varepsilon_x$을 λ와 재료의 탄성계수 E와 뽀아송비 ν의 함수로 나타내어라.

(c) x- 방향으로의 강성 E'을 단일축 인장시험을 통해 얻은 탄성계수 E 값과 비교하고 차이를 설명하라. ($\nu = 0.3$이고 λ값은 -1, 0, +1로 가정하라.)

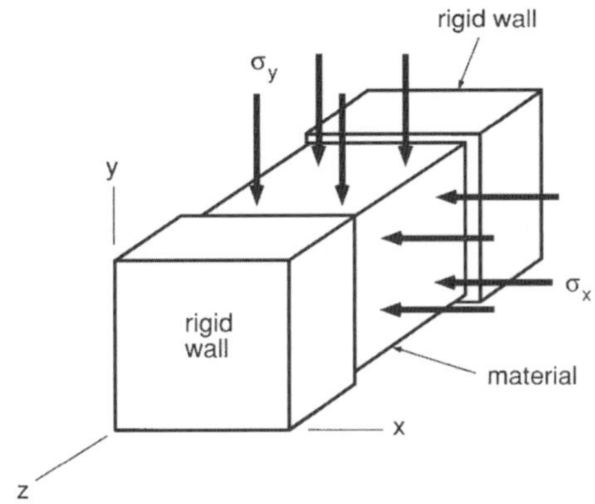

그림 P5.25

5.26 x- 및 y- 방향으로 변형이 제한된 그림 P5.24의 상황에서, 재료는 폴리카보네이트 플라스틱이고 z- 방향으로는 응력이 압축방향으로 $\sigma_z = -30\text{MPa}$이다.

(a) x- 및 y- 방향으로 걸리는 응력, z- 방향으로는 변형, 체적변형(volumetric strain)을 각각 구하라.

(b) σ_z 응력이 가해진 z- 방향으로의 강성 $E' = \sigma_z/\varepsilon_z$을 구하고 얻어진 값에 대해 설명하라.

5.27 티타늄 합금으로 만든 블록이 그림 P5.24에 보인 바와 같이, x- 및 y- 방향으로 변형이 제한되어 있고, σ_z 방향으로 압축응력이 가해지고 있다. 벽 사이에 마찰이 없고 금속은 항복을 일으키지 않는다고 가정하자. z- 방향으로의 변형이 $0.1\% = 0.001$를 초과하지 않도록 하면서 최대로 가해줄 수 있는 압축응력 σ_z의 값은 얼마가 되겠는가?

5.28 고정벽에 의해 z- 방향으로는 변형이 제한된 그림 P5.25의 상황에서, 재료는 마그네슘 합금이며 x- 및 y- 방향으로 걸리는 압축응력이 각각 40과 75MPa이다. z- 방향으로 얼마의 응력이 걸리게 되고 x- 및 y- 방향으로의 변형은 얼마가 되겠는가?

5.29 고정벽에 의해 z- 방향으로는 변형이 제한된 그림 P5.25의 상황에서, 재료는 알루미늄 합금이고 x- 및 y- 방향으로 걸리는 동일한 압축응력이 각각 100MPa가 걸리고 있다.

(a) z- 방향으로 걸리는 응력, x- 및 y- 방향으로 걸리는 변형, 체적변형(volumetric strain)을 각각 구하라.

(b) x- 방향으로의 응력과 변형의 비, $E' = \sigma_x/\varepsilon_x$를 구하고 얻어진 값에 대해 설명하라.

5.30 식 5.41은 최대강도 직전까지 부여할 수 있는 최대 ΔT의 계산을 통해 세라믹 재료의 열충격(thermal shock) 저항을 선행적으로 비교해 보는 목적으로 자주 사용된다. 온도를 상승시키면(상승 충격:upward shock) 압축성 최대강도 σ_{uc}를 적용하고 온도를 하강시키

면(하강 충격:downward shock) 압축성 최대강도 σ_{ut}가 적용된다. 표 3.4에 나타낸 일부 세라믹 재료에 대한 열팽창계수 α와 뽀아송비 ν를 표 P5.30에 나타내었다.

(a) 상승 충격과 하강 충격에 대한 각 세라믹의 $\Delta T_{\max}$를 각각 구하라.

(b) 얻어진 값의 추이에 대해 간단하게 설명하라. 여러 재료 중에서 급격한 온도변화가 일어나는 터빈블레이드와 같은 고온 엔진부품에 가장 적합한 재료를 선택하고 그 이유를 설명하라.

표 P5.30

Material	α, 10^{-6}/°C	ν
MgO	13.5	0.18
Al_2O_3	8.0	0.22
ZrO_2	10.2	0.30
SiC	4.5	0.22
Si_3N_4	2.9	0.27

Sources: Table 5.2 and [Gauthier 95] pp. 103, 935, 961, 964, and 979.

5.31 알루미늄 합금판이 $\sigma_x = 80$, $\sigma_y = -30$, $\tau_{xy} = 50$MPa의 면내 응력을 받고 있고 다른 응력성분은 모두 0이다. 이 합금의 열팽창계수는 23.6×10^{-6}/℃ 이다. 주어진 응력 하에서 온도를 15℃ 낮추었을 때 0이 아닌 값을 갖는 모든 변형성분을 구하라.

5.32 마그네슘 합금판이 $\sigma_x = 50$, $\sigma_y = 20$, $\tau_{xy} = 30$MPa의 면내 응력을 받고 있고 다른 응력성분은 모두 0이다. 이 합금의 열팽창계수는 26×10^{-6}/℃ 이다. 주어진 응력 하에서 온도를 20℃ 낮추었을 때 0이 아닌 값을 갖는 모든 변형성분을 구하라.

5.33 예제 5.3(e)의 상황에서 압축응력 $\sigma_z = -75$MPa를 가하는 것에 부가해서 ΔT 만큼의 온도변화가 있다고 가정한다.

(a) 온도가 상승하게 되면 σ_y가 정성적으로 어떻게 변하겠는가? 이 값이 증가하는가, 감소하는가? 만약 온도가 감소한다면?

(b) 구리합금 블록이 y축 방향 벽과의 접촉을 떨어뜨리게 되는 순간의 온도변화를 계산하라. 합금의 열팽창계수는 16.5×10^{-6}/℃ 이다.

【5.4절】

5.34 다음의 분류에 해당하는 재료를 2개씩 들어라: (a) 등방성, (b) 세로방향으로 등방성, (c) 직교이방성. 교재에 나타낸 재료보다는 다른 재료를 생각하여 선정하라.

5.35 알루미늄 합금 기지에 체적분율 25%의 단일 방향 SiC 섬유가 배열된 복합재료가 있다. 탄성상수 E_X, E_Y, G_{XY}, ν_{XY} 및 ν_{YX}를 구하라.

5.36 에폭시 기지에 체적분율 40%의 단일 방향 E-glass 섬유를 압출시켜 복합재료를 만든다.

(a) 복합물성 E_X, E_Y, G_{XY}, ν_{XY}, 및 ν_{YX}를 구하라. 여기서 하첨자 X는 섬유방향이다. 섬유(강화제)와 기지재료는 표 5.3(a)와 표 아래의 노트에 나타내었다.

(b) 얻어진 값을 표 5.3(b)의 체적분율 60% 단일 방향 섬유강화 복합재료의 경우와 비교하라. 값의 차이가 서로 다른 섬유체적 측면에서 정성적으로 예상되는 결과와 일치하는가?

5.37 표 5.3에 나타낸 에폭시 기지에 체적분율 60%의 단일 방향 E-glass 섬유를 압출시켜 만든 복합재료를 나타내었다. 표 5.3(a)와 표 아래의 노트에 나타낸 섬유(강화제)와 기지재료의 물성을 이용하여 복합물성 E_X, E_Y, G_{XY}, ν_{XY} 및 ν_{YX}를 구하라. 이렇게 구한 값이 표 5.3(b)에 나타낸 실험값과 일치하는지 비교하고 차이가 나는 이유를 설명하라.

5.38 문제 5.37의 섬유재료를 Kevlar49로 바꾸어 문제를 풀어라.

5.39 문제 5.37의 섬유재료를 T-300으로 바꾸어 문제를 풀어라.

5.40 문제 5.37의 섬유재료를 GY-70흑연으로 바꾸어 문제를 풀어라.

5.41 에폭시 기지에 단일 방향 E-glass 섬유를 압출시켜 복합재료를 만든다. 표 5.3(a)와 표 아래의 노트에 나타낸 강화제와 기지재료의 물성을 이용하여 강화제의 체적분율이 0부터 100%에 이르기까지 복합물성 E_X와 E_Y를 구하라. E_X와 V_r, 그리고 E_Y와 V_r을 동일한 그래프에 그린 후 이를 비교 설명하라.

5.42 체적분율 60%의 Kevlar49 섬유로 강화시킨 에폭시 박판은 표 5.3(b)에 나타낸 물성을 갖는다. 여기서 아래첨자 X는 섬유방향이다. 박판이 $\sigma_x = 140$, $\sigma_y = 12$, $\tau_{xy} = 7.0$MPa의 응력을 받는다. 이 때 얻어지는 면내 변형 ε_X, ε_Y, γ_{XY}를 계산하라.

5.43 체적분율 60%의 E-glass 섬유로 강화시킨 에폭시 박판은 표 5.3(b)에 나타낸 물성을 갖는다. 여기서 아래첨자 X는 섬유방향이다. $\varepsilon_X = 0.0030$, $\varepsilon_Y = -0.0020$, $\gamma_{XY} = 0.0025$의 변형이 얻어졌다면 가해진 응력 σ_X, σ_Y, τ_{XY}는 얼마인지 구하라.

5.44 GY-70흑연 섬유로 강화시킨 에폭시 복합재료가 있다. 섬유의 체적분율은 70%이고 섬유는 동일한 방향으로 배열되어 있다. 이 복합재료 박판의 $X-Y$면에서 섬유는 X 방향으로 배열되어 있으며 측정된 변형은 $\varepsilon_X = 0.0050$, $\varepsilon_Y = 0.0010$이었다. 가해진 응력 σ_X와 σ_Y를 구하라. 섬유(강화제)와 기지재료의 물성은 표 5.3(a)와 표 아래의 노트에 나타나 있다.

5.45 체적분율 65%의 단일 방향 섬유로 강화된 흑연-에폭시 복합재료를 이용하여 다음의 2가지 실험을 수행한다. (1) 그림 5.15(a)와 같이, 150MPa의 응력을 섬유에 평행하게 가한다. 연신율계를 이용하여 응력에 평행한 방향과 수직인 방향에서 측정한 변형은 각각 $\varepsilon_X = 1138 \times 10^{-6}$, $\varepsilon_Y = -372 \times 10^{-6}$이었다. (2) 그림 5.15(c)와 같이, 섬유에 수직하게 11.2MPa의 응력을 가한다. 연신율계를 이용하여 응력에 평행한 방향과 수직인 방향에서 측정한 변형은 각각 $\varepsilon_Y = 1165 \times 10^{-6}$, $\varepsilon_X = -22 \times 10^{-6}$이었다.

(a) 이 복합재료의 E_X, E_Y, ν_{XY} 및 ν_{YX}를 구하라.

(b) 에폭시 기지의 탄성계수가 약 3.5GPa일 때 흑연섬유의 탄성계수를 구하라.

5.46 ABS 플라스틱 기지에 단일 방향 E-glass 섬유를 이용하여 강화시키는 복합재료를 만들

려고 한다. 복합재료에서 강화제에 평행한 탄성계수는 최소 55GPa이어야 하고, 강화제에 수직한 탄성계수는 최소 7.0GPa이어야 한다.

(a) 두 요구사항을 만족시키기 위한 최소 체적분율은 얼마인가?

(b) 문제 (a)에서 선택한 섬유의 체적분율로 만든 복합재료에 대해, 강화제에 평행한 방향과 수직한 방향의 탄성계수, 전단계수, 주(major) 뽀아송비, 부(minor) 뽀아송비를 구하라.

5.47 티타늄 합금 기지에 단일 방향 SiC 섬유를 이용하여 강화시키는 복합재료를 만들려고 한다. 복합재료에서 강화제에 평행한 탄성계수는 최소 240GPa이어야 하고, 강화제에 수직한 탄성계수는 최소 180GPa이어야 한다. 문제 5.46의 (a)와 (b)와 동일하게 답하라.

5.48 알루미늄합금 기지에 단일 방향 텅스텐 와이어를 이용하여 강화시키는 복합재료를 만들려고 한다. 복합재료에서 강화제에 평행한 탄성계수는 최소 250GPa이어야 하고, 강화제에 수직한 탄성계수는 최소 120GPa이어야 한다. 문제 5.46의 (a)와 (b)와 동일하게 답하라.

5.49 에폭시 기지에 단일 방향 E-glass 섬유를 이용하여 강화시키는 복합재료를 만들려고 한다. 복합재료에서 섬유방향의 탄성계수는 최소 50GPa이어야 하고, 섬유에 수직한 탄성계수는 최소 3.5GPa이어야 한다. 문제 5.46의 (a)와 (b)와 동일하게 답하라.

5.50 금속 기지에 단일 방향 섬유 또는 와이어를 이용하여 강화시키는 복합재료를 만들려고 한다. 복합재료에서 강화제에 평행한 탄성계수는 최소 170GPa이어야 하고, 강화제에 수직한 탄성계수는 최소 85GPa이어야 한다.

(a) 만약 기지금속이 마그네슘 합금이고 강화제의 체적분율이 60%라고 하면, 강화제 재료로 사용하기 위해 요구되는 최소 탄성계수는 얼마이어야 하는가?

(b) 강화제로 적합한 후보재료를 표 5.2에 나열된 재료로부터 선택하여 2가지를 제시하라.

06 복합 및 주응력-변형상태

목적

- 평면응력의 경우, 축의 변환식을 개발하고 이것을 이용하여 주 수직응력과 주 전단응력을 구하는 방법 이해. 일반화된 평면응력과 모어(Mohr)원을 이용한 그래프적 표현에 대한 학습
- 주 수직응력, 주축, 주 전단변형, 최대 전단응력을 비롯한 3차원 응력상태 이해
- 등방성 재료의 선형탄성변형에 대한 3차원 응력-변형관계를 이해하고, 여러 방향으로 응력 또는 변형이 가해질 때의 상호의존성을 분석
- 복합 응력상태와 유사한 수식과 분석절차를 적용한 복합 변형상태의 이해

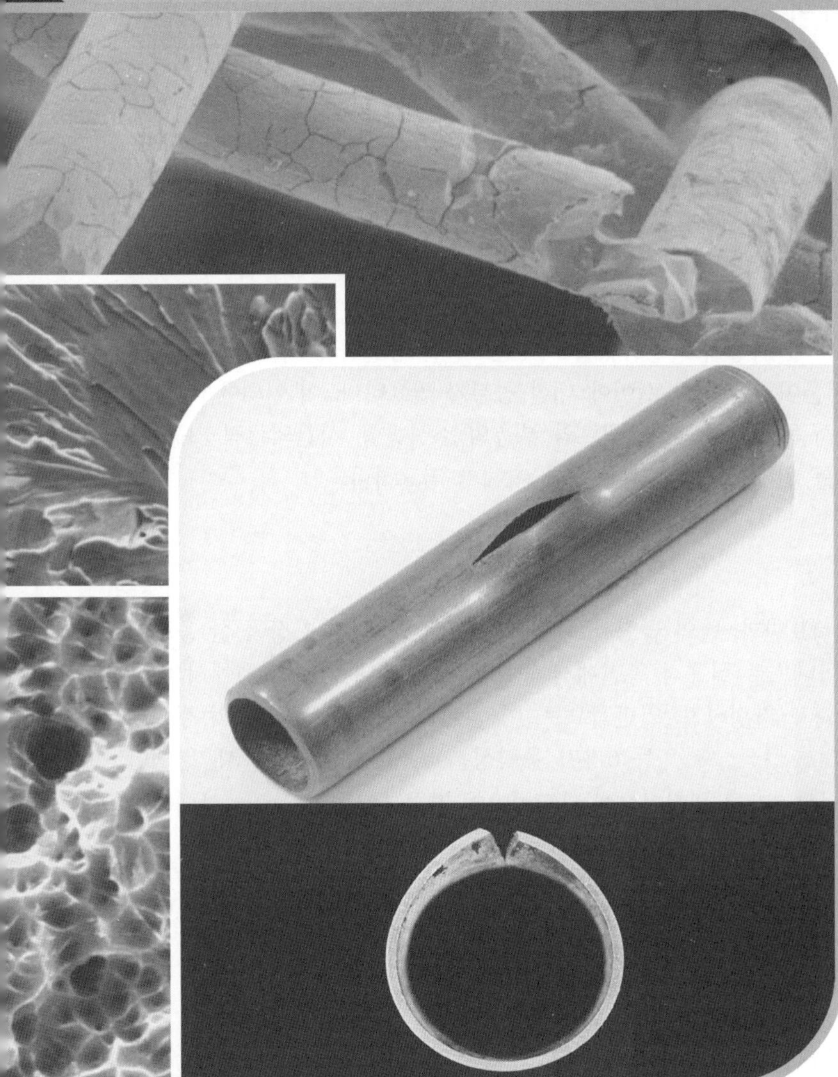

세부목차

6.1 서 론

기계, 자동차 및 구조물 등의 부품은 인장, 압축, 굽힘, 비틀림, 압력 또는 이러한 하중들이 조합된 하중상태에 놓이게 된다. 결과적으로, 복합적인 상태의 수직 및 전단응력은 그 방향과 양이 부품의 위치에 따라 변하게 된다. 설계자는 이러한 응력으로 인해 부품제조에 사용된 재료가 파괴되지 않도록 해야 한다. 이를 위해 응력이 가장 크게 걸리게 되는 부위를 찾아낸 후, 더욱 자세한 분석을 할 필요가 있다.

부품에 가해지는 응력의 크기는 방향에 따라 변하게 됨을 먼저 인지할 필요가 있다. 가능한 모든 방향에 대한 응력을 분석함으로써, 주어진 위치에서 가장 중요한 응력을 알아낼 수 있다. 이때의 응력을 주응력(principal stresses)이라 하며 이 응력이 작용되는 특정 방향을 주축(principal axes)이라 한다. 주 수직응력과 주 전단응력 모두 중요하다. 이 장의 주요 목적은 주응력과 그 방향을 결정하는 과정을 보여주는 것이다.

상대적으로 간단한 경우부터 다루기 위해, 한 직교면에 작용하는 응력이 0인 평면응력(plane strain)을 먼저 다루고자 한다. 다음에는 3차원 응력상태의 일반적인 경우를 다룬다. 본 장의 수준은 이후의 장에서 이론적 배경으로 요구되는 정도까지 자세히 다루고자 한다. 자세한 내용은 재료역학과 이에 관련된 주제를 포함하는 Boresi(2003), Timoshenko(1970), Ugural(2012)과 같은 참고문헌을 참조하기 바란다.

복합응력에 놓인 연성재료의 항복이나 취성재료의 파괴를 다루는 7장을 충실하게 이해하기 위해서는 6장에서 다루는 주응력에 대한 이론이 사용되므로 이에 대한 공부가 필요하다. 이 이외에도, 균열이 존재하는 부품의 취성파괴, 반복하중에 의한 파괴, 재료와 부품의 소성변형, 시간의존적 거동 등 이후의 장들에서 다룰 주제의 이해를 위해서도 본 장에 대한 이해가 필요하다.

6.2 평면 응력

평면응력은 모든 자유(하중이 없는)표면과, 빔의 굽힘과 원형샤프트의 비틀림시 가장 심한 응력이 걸리게 되는 표면위치에서 주로 일어나므로 실용적 측면에서 중요하다. 고체내 어느 위치에서의 한 점이 $x-y-z$ 좌표계 내에 존재한다고 가정하자. 일반적으로, 이 점에서 재료는 그림 6.1의 재료요소에 나타낸 바와 같이 σ_x, σ_y, σ_z, τ_{xy}, τ_{yz}, τ_{zx} 등 6가지 응력성분 하에 놓인다. 요소내 평행한 3쌍의 면 중에서 한 쌍의 면에 작용하는 3가지 응력성분이 모두 0이면 평면응력(plane stress)상태라고 한다. 응력이 가해지지 않는 면이 $x-y$ 면에 평행하다면

$$\sigma_z = \tau_{yz} = \tau_{zx} = 0 \tag{6.1}$$

그림 6.1에 나타낸 요소에 대한 힘의 균형을 위해서는, x-축과 y-축에 대한 모멘트의 합이 0이 되어야 하고 다른 두 면에 작용하는 τ_{yz}와 τ_{zx}성분 또한 반드시 0이 되어야 한다.

따라서 남게 되는 응력성분은 그림 6.2(a)에 사각요소로 나타낸 바와 같이 σ_x, σ_y, τ_{xy}이 된다. 사각요소는 입방요소를 z축에 평행하게 나타낸 것일 뿐이다. 양의 방향은 보인 바와 같이 다음의 원칙을 따른다: (1) 인장성의 수직응력은 양이다. (2) 양으로 접하는 면에 놓인 화살표가 양의 $x-y$ 좌표축 방향으로 향하는 전단응력은 양이다.

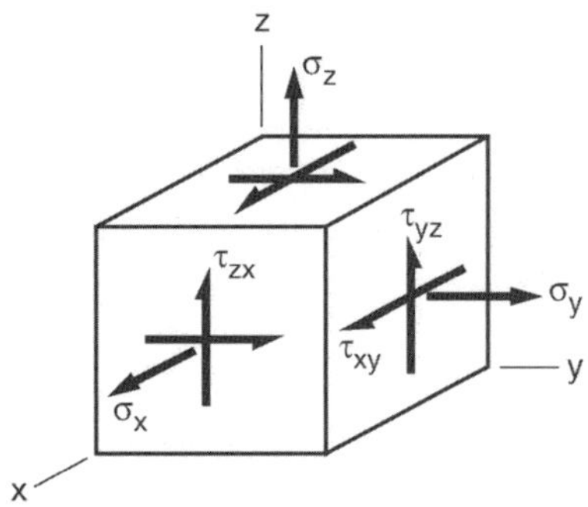

그림 6.1 응력상태를 완전히 나타내기 위한 5가지 응분성분

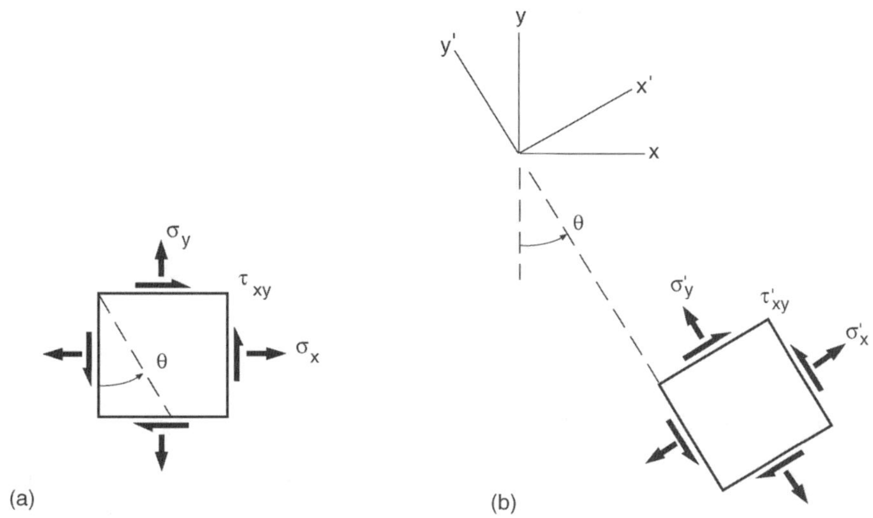

그림 6.2 (a) 평면응력상태를 나타내기 위한 3가지 응력성분, (b) 회전된 좌표계에서의 동일한 응력상태

6.2.1 좌표축의 회전

평면응력과 동일한 상태를 그림 6.2(b)에 보인 $x'-y'$ 좌표계와 같이 다른 좌표계에 나타낼 수 있다. 이러한 좌표계는 초기 좌표계와 회전각 θ의 관계를 가지며 응력성분은 새로운 좌표계에서 $\sigma_x^{'}$, $\sigma_y^{'}$, $\tau_{xy}^{'}$로 바뀌게 된다. 중요한 점은, 이러한 새로운 값들이 새로운 응력상태를 나타내는 것이 아니고 초기값과 등가적인 표현이라는 것이다.

그림 6.2(a)의 점선에 나타낸 것과 같이 요소의 일부에 대한 자유물체도(free body diagram)를 이용하여 새로운 좌표계의 응력성분값을 얻을 수 있다.

그림 6.3에 결과적인 자유물체도를 나타내었다. x- 와 y- 방향에 대한 힘의 평형으로부터 2개의 식을 얻게 되며, 이를 이용하여 경사면에서의 수직 및 전단응력 σ와 τ를 구할 수 있다. 힘을 구하기 위해서는 삼각요소 측면 면적과 응력을 곱해서 구한다. 자유물체도에 수직한 요소의 두께도 단위두께로 간주하듯이, 편의상 빗변도 단위길이로 간주한다.

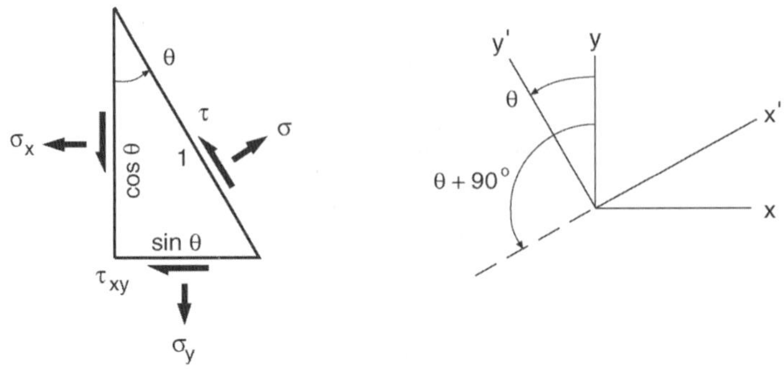

그림 6.3 경사면의 응력

x방향과 y방향으로의 힘을 합하여 2가지 식을 얻는다.

$$\sigma \cos\theta - \tau \sin\theta - \sigma_x \cos\theta - \tau_{xy} \sin\theta = 0 \tag{6.2}$$

$$\sigma \sin\theta + \tau \cos\theta - \sigma_y \sin\theta - \tau_{xy} \cos\theta = 0 \tag{6.3}$$

미지의 σ와 τ에 대해 풀면,

$$\sigma = \frac{\sigma_x + \sigma_y}{2} + \frac{\sigma_x - \sigma_y}{2} \cos 2\theta + \tau_{xy} \sin 2\theta \tag{6.4}$$

$$\tau = -\frac{\sigma_x - \sigma_y}{2} \sin 2\theta + \tau_{xy} \cos 2\theta \tag{6.5}$$

이를 통해 새로운 좌표계에서의 완전한 응력상태를 구한다. 식 6.4와 6.5를 통해 $\sigma_x^{'}$와 $\tau_{xy}^{'}$은 바로 구할 수 있고 $\theta + 90°$의 치환을 통해 $\sigma_y^{'}$을 구한다. 식을 구할 때 양의 방향으로 간주되었던 반시계(counterclockwise:CCW) 방향의 회전 θ를 양의 방향으로 잡는다. 새로운 좌표계에 등가의 응력상태를 나타내는 과정을 축변환(transformation of axes)이라 하며, 이렇게 얻어진 식을 변환식(transformation equations)이라 한다.

6.2.2 주응력

지금 개발된 식은 초기에 선택한 $x - y$ 좌표계에서의 대한 각도 θ의 변화에 대한 σ와 τ의 변화추이를 제공해 준다. σ와 τ에 대한 최대 및 최소값이 매우 중요하며, 각도 θ의 변화에 따른 변동 값으로부터 구한다.

식 6.4의 $d\sigma/d\theta$를 취한 후 그 결과를 0으로 하여 얻은 값은 σ의 최대와 최소값을 만들어낼 수 있는 좌표축의 회전각도를 제공해 준다.

$$\tan 2\theta_n = \frac{2\tau_{xy}}{\sigma_x - \sigma_y} \tag{6.6}$$

90°로 분리된 2가지 각도 θ_n이 이 관계를 만족시킨다. 식 6.4를 통해 얻어지는 최대 및 최소 수직응력을 주 수직응력(principal normal stresses)이라 한다.

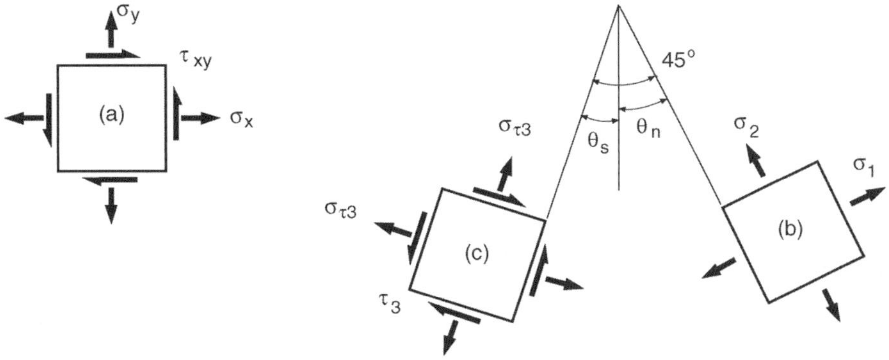

그림 6.4 (a) 평면응력상태, (b) 주 수직응력을 포함하는 특별한 좌표계, (c) 주 전단응력

$$\sigma_1, \sigma_2 = \frac{\sigma_x + \sigma_y}{2} \pm \sqrt{\left(\frac{\sigma_x - \sigma_y}{2}\right)^2 + \tau_{xy}^2} \tag{6.7}$$

또한 θ_n 각도에서는 전단응력이 0이 된다. 그림 6.4(b)에 초기 응력상태에 대한 등가적인 표현을 나타내었다.

전술한 바와 같이 주 수직응력이 일어나는 면에서 전단응력은 0이 된다. 이에 대한 역도 성립하는데, 만약 전단응력이 0이면 수직응력은 주 수직응력이 된다.

비슷하게 식 6.5와 $d\tau/d\theta = 0$는 최대전단응력을 얻을 수 있는 좌표축의 회전각도를 제공해 준다.

$$\tan 2\theta_s = -\frac{\sigma_x - \sigma_y}{2\tau_{xy}} \tag{6.8}$$

식 6.5를 통해 전단응력을 얻게 된다.

$$\tau_3 = \sqrt{\left(\frac{\sigma_x - \sigma_y}{2}\right)^2 + \tau_{xy}^2} \tag{6.9}$$

이것은 $x-y$ 면에서의 최대전단응력이 되며 주 전단응력(principal shear stresses)이라 한다. 또한 이러한 전단응력이 일어나는 2개의 직교면은 다음과 같은 동일한 수직응력을 갖는다.

$$\sigma_{\tau 3} = \frac{\sigma_x + \sigma_y}{2} \tag{6.10}$$

여기서 특수한 하첨자는 이 응력이 τ_3에 수반되는 수직응력임을 의미한다. 그림 6.4(c)에 초기 응력상태에 대한 두 번째 등가적인 표현을 나타내었다.

식 6.6과 6.8은 $2\theta_n$과 $2\theta_s$가 90° 차이를 보임을 의미한다. 따라서 $2\theta_n$과 $2\theta_s$가 ±90° 범위에 한정된다고 생각하면 이 중 하나는 반드시 음의 값(즉, 시계방향(CW))을 가져야 하며 다음과 같이 나타낼 수 있다.

$$|\theta_n - \theta_s| = 45^\circ \tag{6.11}$$

또한 τ_3와 수반되는 수직응력은 식 6.9와 6.10을 식 6.7의 두 관계식에 치환해줌으로써 주 수직응력 σ_1과 σ_2로 나타낼 수 있다.

이에 대해 풀면 다음과 같은 식을 얻는다.

$$\tau_3 = \frac{|\sigma_1 - \sigma_2|}{2}, \qquad \sigma_{\tau 3} = \frac{\sigma_1 + \sigma_2}{2} \tag{6.12}$$

식 6.9의 관계로부터, τ_3는 절대값으로 나타내어야 한다.

예제 6.1

공업용 부품의 자유표면상에 있는 관심 있는 점에서의 응력을 기본 좌표계를 통해 읽은 값이 $\sigma_x = 95$, $\sigma_y = 25$, $\tau_{xy} = 20$ MPa이다. 주 수직응력과 주 전단응력을 구하고 좌표계의 회전값을 계산하라. 또한 최대수직응력과 최대전단응력은 얼마인가?

【풀이】 식 6.6에 주어진 값들을 대입하여 주 수직응력에 대한 좌표축의 각도를 구한다.

$$\tan 2\theta_n = \frac{2\tau_{xy}}{\sigma_x - \sigma_y} = \frac{4}{7}, \quad \theta_n = 14.9^o \, (CCW) \tag{답}$$

식 6.7에 주어진 값들을 대입하여 주 수직응력을 구한다.

$$\sigma_1, \sigma_2 = \frac{\sigma_x + \sigma_y}{2} \pm \sqrt{\left(\frac{\sigma_x - \sigma_y}{2}\right)^2 + \tau_{xy}^2}$$

$$\sigma_1, \sigma_2 = 60 \pm 40.3 = 100.3, 19.7 \text{ MPa} \tag{답}$$

이에 상응하는 면과 응력상태는 그림 E6.1(b)에 나타내었다. 2가지 주 수직응력 중 큰 값의 방향이 초기 σ_x와 σ_y 중에서 큰 응력과 거의 비슷하게 배열됨을 알 수 있다.

또 다른 방법으로는 식 6.4에 $\theta = \theta_n = 14.9°$을 사용하는 것으로, 이를 통해 $\sigma = \sigma_x' = \sigma_1 = 100.3$MPa을 얻는다. $\theta = \theta_n + 90° = 104.9°$를 식 6.4에 대입하면 다른 직교방향으로의 수직응력은 $\sigma = \sigma_y' = \sigma_2 = 19.7$MPa을 얻게 된다. $\theta = \theta_n$ 에서 0의 값을 갖는 τ는 식 6.5를 이용하여 검증할 수 있다.

$x - y$ 면에서 일어나는 최대전단응력에 대한 등가적 표현에 대해, 식 6.8은

$$\tan 2\theta_s = -\frac{\sigma_x - \sigma_y}{2\tau_{xy}} = -\frac{7}{4}, \quad \theta_s = -30.1^o = 30.1 \, (CW) \tag{답}$$

좌표계의 회전에 의한 응력은 σ_1과 σ_2를 이용하여 식 6.12를 통해 구할 수 있다.

$$\tau_3 = \frac{|\sigma_1 - \sigma_2|}{2} = \pm 40.3 \text{MPa}, \quad \sigma_{\tau 3} = \frac{\sigma_1 + \sigma_2}{2} = 60 \text{MPa} \tag{답}$$

응력상태에 대한 이러한 표현을 그림 E6.1(c)에 나타내었다. 전단응력에 대한 부호에 대한 불확실성은 양의 전단 대각선(점선)을 σ_1과 σ_2 중에서 더 큰 값 방향으로 배열시킴으로써 해결할 수 있다. 또 다른 방법으로는 $\theta = \theta_s = -30.1°$을 식 6.5에 대입하여

$\tau_3 = 40.3MPa$를 얻는 것이다. 양의 부호는 전단응력이 새로운 $x' - y'$ 좌표계에서 양의 값임을 의미한다.

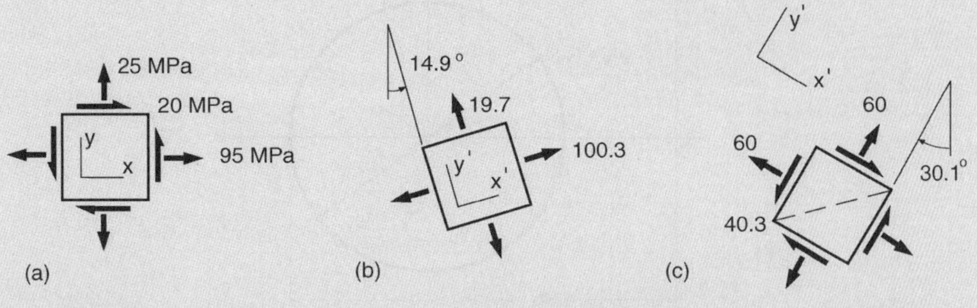

그림 E6.1 (a) 응력상태의 예, (b) 주 수직응력을 포함하는 등가적 표현, (c) 주 전단응력

평면응력의 경우, σ_1과 σ_2 중에서 큰 값이 임의의 면에서 일어나는 최대 수직응력이 된다. 따라서 $\sigma_{\max} = 100.3$MPa이 된다. (답)

하지만 현재까지 다른 내용만으로는 $\tau_{\max}$를 결정할 수가 없다. 주 전단응력 τ_3는 $x - y$면의 회전에 대한 가장 큰 전단응력을 의미할 뿐이며 진(true) 최대 전단응력은 아직 고려되지 않은 면 위에서 일어날 수 있다(6.3.2절과 예제 6.4 참조).

6.2.3 모어 원

평면응력에 대한 변환식을 그래프로 편리하게 나타내는 방법이 1880년대에 Otto Moh에 의해 개발되었다. 그는 σ와 τ 좌표계에서 이러한 변환식을 모어원(Mohr's circle)으로 나타내었다.

식 6.4와 6.5는 σ와 τ 좌표계에서 2θ의 파라미터로 나타낸 원을 의미한다. 두 식을 이용하여 2θ를 소거하기 위해, 먼저 식 6.4에서 2θ를 포함한 항을 한쪽으로 모은다. 다음에는 식 6.4와 6.5의 양변을 제곱하고 더해준 후, 간단한 삼각함수 법칙을 이용하여 2θ를 소거하여 다음 식을 얻는다.

$$\left(\sigma - \frac{\sigma_x + \sigma_y}{2}\right)^2 + \tau^2 = \left(\frac{\sigma_x - \sigma_y}{2}\right)^2 + \tau_{xy}^2 \tag{6.13}$$

이 식은 다음 형태의 식이다.

$$(\sigma - a)^2 + (\tau - b)^2 = r^2 \tag{6.14}$$

이것은 σ와 τ 좌표계에서 (a, b)를 중심으로 반경 r을 갖는 원의 방정식이다. 즉,

$$a = \frac{\sigma_x + \sigma_y}{2}, \qquad b = 0, \qquad r = \sqrt{\left(\frac{\sigma_x - \sigma_y}{2}\right)^2 + \tau_{xy}^2} \tag{6.15}$$

식 6.9와 6.10의 비교를 통해

$$a = \sigma_{\tau 3}, \qquad r = \tau_3 \tag{6.16}$$

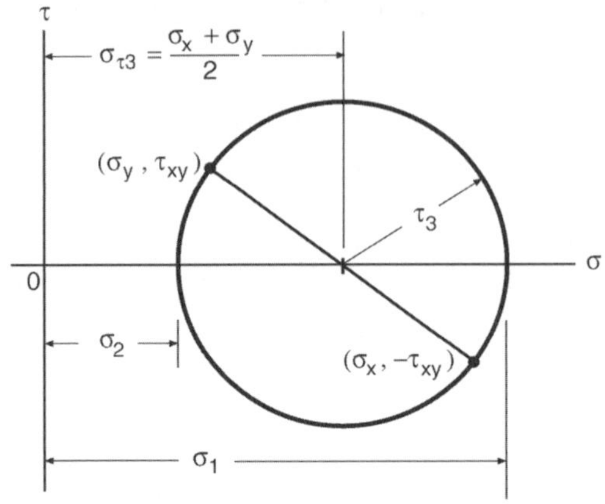

그림 6.5 주어진 평면응력(σ_x, σ_y, τ_{xy})에 대한 모어원과 주응력

모어원은 그림 6.5에 나타내었다. 중심은 수평 σ축을 따라 원점에서 $\sigma_{\tau 3}$ 만큼 떨어져 있는 거리에 놓여 있으며 이 값은 두 가지 수직응력 σ_x와 σ_y의 단순평균이다. 반경 τ_3는 $x-y$면에서 최대전단응력이다. 또한 σ축을 따라 최대 및 최소 수직응력이 존재하며 이는 다음과 같다.

$$\sigma_1, \sigma_2 = a \pm r = \frac{\sigma_x + \sigma_y}{2} \pm \tau_3 \tag{6.17}$$

식 6.9를 보면, 이것은 식 6.7과 동일하다.

모어원을 사용하는데 전단응력의 부호와 관련한 어려움은 그림 6.6에 나타낸 원칙을 따름으로써 피할 수 있다. 전단응력상태는 그림과 같이 두 부분으로 나누어 시계방향 회전은 양(positive)으로, 반시계방향 회전은 음(negative)으로 간주하며, 수직응력의 경우 인장은 양으로 압축은 음으로 간주한다.

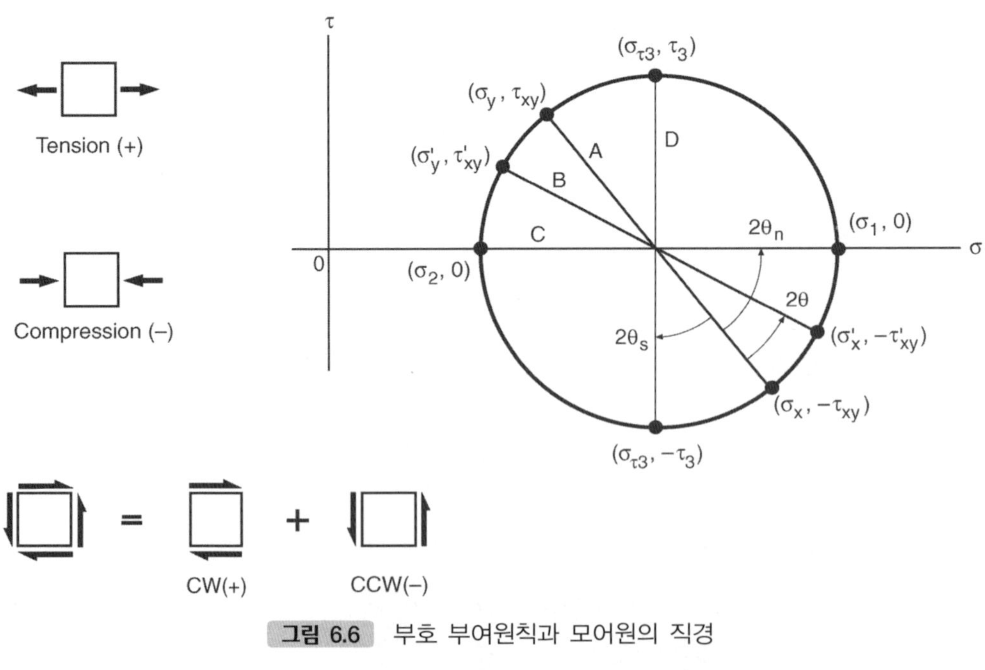

그림 6.6 부호 부여원칙과 모어원의 직경

모어원에서 직경의 두 끝단의 값은 재료내 직교면의 응력이 된다. 이것은 그림 6.6에 직경 A로 나타내었다. 한 직교면에서 동시에 생겨나는 수직 및 전단응력은 직경의 한쪽 끝단의 좌표점으로 표시되며 다른 직교면은 반대쪽 끝단의 좌표점에 표시된다.

이 직경을 각도 2θ만큼 회전시키게 되면, 동일 방향으로 θ만큼 좌표축을 회전한 상태에서의 응력상태를 알 수 있다. 이것은 그림 6.6에 직경 B로 나타내었고 그림 6.2(b)의 상태에 해당한다. 만약 각도 $2\theta_n$만큼 회전하여 직경부분을 평행하게 하면 주 수직응력이 얻어진다. 또한 만약 직경을 각도 $2\theta_s$만큼 회전시켜 수직하게 하면, 주 전단응력을 포함하는 응력상태를 얻게된다. 이러한 선택된 좌표계는 그림 6.6의 직경 C와 직경 D에 각각 나타내었다.

예제 6.2

문제 6.1을 모어원을 이용하여 다시 풀어라. 초기 응력상태는 $\sigma_x = 95$, $\sigma_y = 25$, $\tau_{xy} = 20$MPa 이다.

【풀이】 모어원은 그림 E6.2에 나타낸 바와 같이 직경의 양 끝단점에 놓여 있는 두 점으로부터 구한다.

$$(\sigma, \tau) = (\sigma_x, -\tau_{xy}) = (95, -20)\text{MPa}$$

$$(\sigma, \tau) = (\sigma_y, \tau_{xy}) = (25, 20)\text{MPa}$$

σ_x와 대응하는 점에서의 τ_{xy}의 부호는 음인데, σ_x와 동일면에 놓인 전단화살이 반시계방향으로 회전을 야기하기 때문이다. 비슷하게 σ_y와 대응하는 점에서의 τ_{xy}는 시계방향으로 회전을 야기하기 때문에 부호가 양이다. 원의 중심은 σ축에 놓여 있고 σ_x와 σ_y의 중간위치에 놓이므로

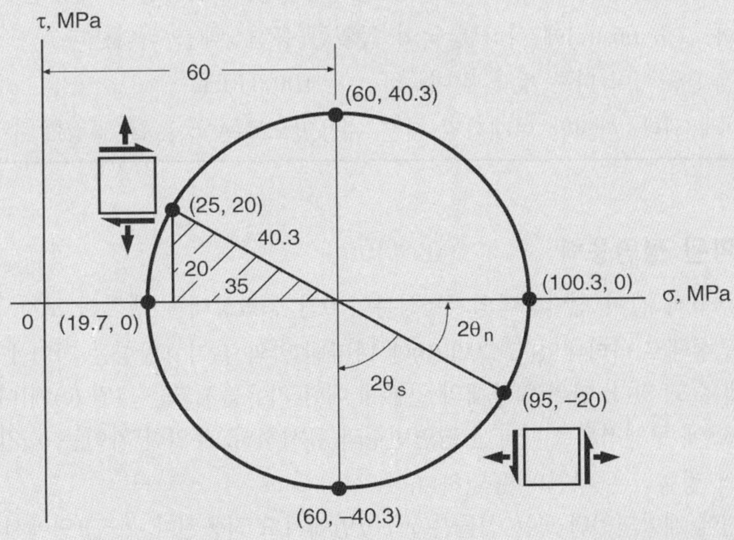

그림 E6.2 그림 E6.1의 응력상태에 대한 모어원

$$(\sigma, \tau)ctr. = (\frac{\sigma_x + \sigma_y}{2}, 0) = (60, 0)\,\text{MPa}$$

이전의 좌표점에서 빗금친 직각삼각형은 밑변 35MPa와 높이 20MPa을 갖는다. 빗변은 원의 반경이며 주 전단응력이 된다.

$$\tau_3 = \sqrt{35^2 + 20^2} = 40.3\,\text{MPa} \quad \text{(답)}$$

σ축과의 각도는

$$\tan 2\theta_n = \frac{20}{35}, \quad 2\theta_n = 29.74^o \quad (CCW) \quad \text{(답)}$$

원의 직경을 $2\theta_n$의 각도로 반시계방향으로 회전시켜 얻게 되는 수평한 직경의 양끝단이 주 수직응력이다. 이 값은 중심의 위치와 원의 반경으로부터 구한다.

$$\sigma_1 = \frac{\sigma_x + \sigma_y}{2} + \tau_3 = 60 + 40.3 = 100.3\,\text{MPa} \quad \text{(답)}$$

$$\sigma_2 = \frac{\sigma_x + \sigma_y}{2} - \tau_3 = 60 - 40.3 = 19.7\,\text{MPa} \quad \text{(답)}$$

결과론적 응력상태는 이전에 그림 E6.1(b)에 나타낸 것과 동일하다. $2\theta_n$의 각도로 반시계방향으로 회전시키는 것은 재료를 동일 방향으로 $\theta_n = 14.9°$ 회전시키는 것에 상응한다. 초기 응력상태를 나타내는 직경을, 주 전단응력을 포함하는 등가적 표현으로 바꾸기 위해 시계방향으로 회전시켜준다. σ축과 $90°$의 각도를 가져야하므로 회전각도는

$$2\theta_s = 90^o - 2\theta_n = 60.26° \quad (CW) \quad \text{(답)}$$

따라서 시계방향으로 $\theta_s = 30.1°$ 회전시키는 것에 상응한다. 수직한 직경의 끝단 좌표는 이전에 그림 E6.1(c)에 나타낸 τ_3와 동일한 응력상태를 나타낸다.

예제 6.1에 이미 다룬 것과 같이, $\sigma_{\max} = 100.3\,\text{MPa}$ (답)

을 얻게 된다. 하지만 현재까지 다룬 내용만으로는 $\tau_{\max}$를 결정할 수가 없다.

6.2.4 일반화된 평면응력

$\tau_{yz} = \tau_{zx} = 0$과 같이 전단응력의 두 성분이 0인 응력상태를 생각해 보자. 이러한 상황은 그림 6.7(a)에 3차원 형태로 나타내었다. 그림 (b)에 나타낸 바와 같이 z방향은 지면에 수직한 $x-y$면상에 도표로 나타낼 수도 있다. 단위 입방체의 일부에 대한 자유물체도를 그림 (c)에 나타내었다. 이 자유물체도는 그림 6.3에 구체적으로 나타낸 평면변형과 유사하다. 유일한 차이는 σ_z가 존재한다는 곗이다. $x-y$면에서의 평형식은 이전과 동일하다.

따라서 이전에 개발되었던 모든 식들은 $x-y$면에서도 적용된다. $x-y$면에서의 주 수직응력인 σ_1과 σ_2에 대한 식과, 주 전단응력과 수반되는 수직응력인 τ_3와 $\sigma_{\tau 3}$에 대한 식 등이 여기에 포함된다. 이는 $x-y$면에서 좌표축의 회전이 있더라도 σ_z가 변하지 않는다는 것을 염두에 든 것임을 인지할

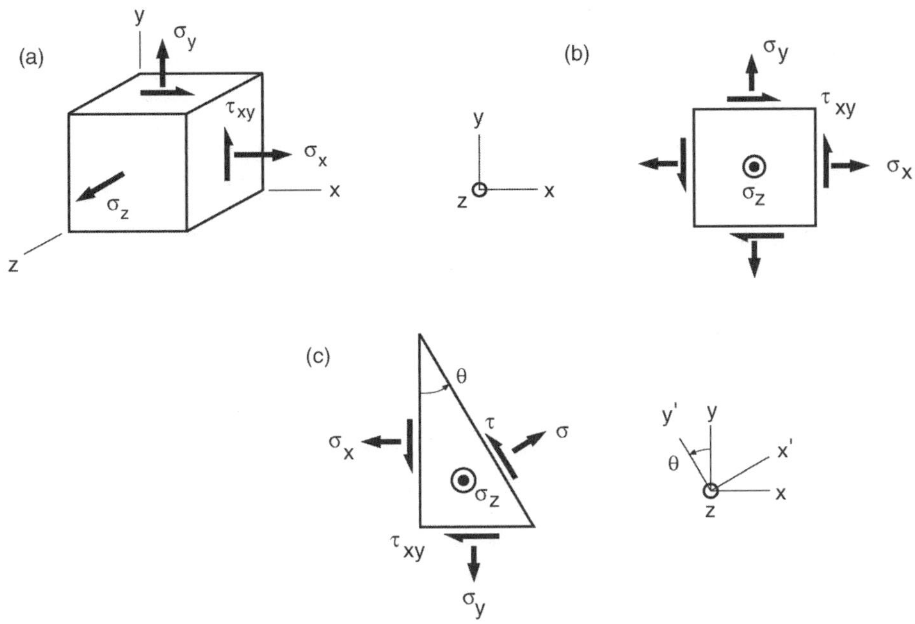

그림 6.7 전단응력의 두 성분이 0인 일반화된 평면응력상태

필요가 있다. 더군다나, 모어원 또한 동일한 평형식에서 유도한 것이므로 $x-y$면에서도 적용될 수 있다.

이러한 분류의 응력상태는 평면응력과 밀접하게 관련되기 때문에 이것을 일반화된 평면응력(generalized plane stress)이라 한다. 별첨 A에 나타낸 그림 A.6(a)에 나타낸 바와 같이, 벽두께가 두꺼운 양단이 밀폐된 튜브에 내압과 비틀림 하중이 가해지는 상태에서 일어나는 응력상태가 그 예이다. $r-t-x$ 좌표계에서 두 가지 전단성분이 0이고 τ_{tx}만 0이 아닌 값을 갖는다. 3가지 수직응력 σ_r, σ_t, σ_x는 일반적으로 0이 아닌 값을 갖는다(유일한 예외는 $R=r_2$에서 $\sigma_r=0$이다).

이 장의 후반부에서 다루게 될 3차원 응력상태에 대한 고찰에서 명확해지겠지만 항상 3가지 주 수직응력 σ_1, σ_2, σ_3가 존재한다. $\tau_{yz}=\tau_{zx}=0$인 일반화된 평면응력에서, σ_1과 σ_2는 식 6.7로부터 구하거나 또는 모어원에서 구하며, 세 번째 주 수직응력은 $\sigma_3=\sigma_z$이다. 또한 보통의 평면응력은 일반화된 평면응력에서 $\sigma_z=0$인 특별한 경우이며, 이 경우의 세 번째 주 수직응력은 $\sigma_3=\sigma_z=0$이다.

6.3 주응력과 최대전단응력

그림 6.1에 나타낸 $x-y-z$ 좌표계에서의 응력상태를 생각해 보자. 그림 6.8(a)에 나타낸 좌표계는 전단응력이 존재하지 않는 주축(principal axes), 1-2-3을 나타낸다. 1-2-3 좌표계의 3가지 수직응력 σ_1, σ_2, σ_3를 주 수직응력(principal normal stresses)이라 한다. 이중 하나는 최대수직응력이 되고, 또 다른 하나는 최소수직응력이 되며, 나머지 하나는 중간응력값을 갖는다.

$x-y$ 평면응력 또는 일반화된 평면응력에 대해 앞 절에서 거론한 바와 같이, 식 6.6과 6.7을 이용

하여 σ_1과 σ_2값과 응력방향 등을 구할 수 있다. 그림 6.4에서, σ_1과 σ_2의 응력방향은 1-2축이 되고 초기 $x-y$축으로부터 θ_n만큼의 회전에 의해 결정된 방향이다. 또한 3-축은 z축이 되고 $\sigma_3 = \sigma_z$이 된다.

하지만 일반 3차원 경우에 대해 1-2-3축은 고유의 방향이며, 초기 $x-y-z$방향과는 다를 수 있다. σ_1, σ_2, σ_3와 이에 상응하는 1-2-3축을 구하기 위한 일반적인 과정은 다음 절에서 다루기로 한다. 하지만 보다 진전된 주제를 다루기 전에, 주 전단응력과 최대전단응력을 다루는 것이 유용하며 평면응력을 다시 거론할 필요가 있다.

6.3.1 주 전단응력과 최대 전단응력

그림 6.8(a)에서 1, 2, 3의 어느 축에 대한 45° 회전을 통해 동일한 응력상태를 얻게 된다면, 회전을 통해 가장 큰 전단응력을 얻게된다. 결과적으로 얻어진 τ_1, τ_2, τ_3의 3가지 전단응력을 주 전단응력(principal shear stresses)이라 한다. 각 전단응력은 두 전단면에서의 수직응력인 $\sigma_{\tau1}$, $\sigma_{\tau2}$, $\sigma_{\tau3}$와 각각 연관된다. 1-2, 2-3, 3-1과 같은 두 개의 주축이 만드는 면은 일반화된 평면응력 상태이므로 각 45° 회전에 대해 식 6.12와 비슷한 관계가 성립한다. 따라서 3개의 주 전단응력과 관련 수직응력은 다음과 같다.

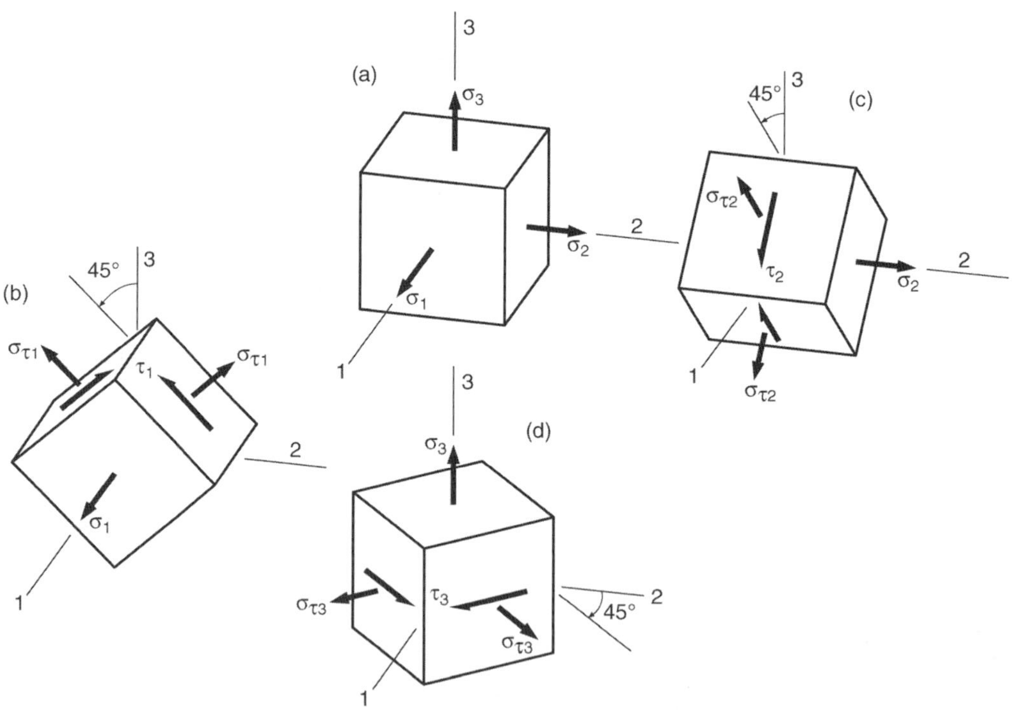

그림 6.8 (a) 주 수직응력과 주축, (b), (c), (d). (b)에서 단위입방정을 σ_1 축에 대해 45° 회전하면 τ_1이 작용하는 면이 되고, (c), (d)에서도 σ_2와 σ_3축에 대해 각각 45° 회전하면 τ_2와 τ_3가 작용하는 면이 된다.

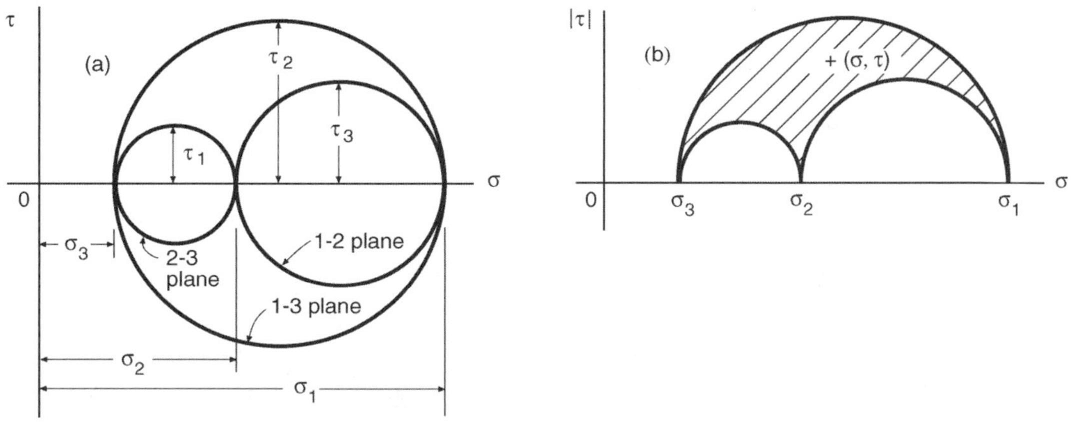

그림 6.9 3차원 응력상태에 대한 모어원

$$\tau_1 = \frac{|\sigma_2 - \sigma_3|}{2}, \qquad \tau_2 = \frac{|\sigma_1 - \sigma_3|}{2}, \qquad \tau_3 = \frac{|\sigma_1 - \sigma_2|}{2} \tag{6.18}$$

$$\sigma_{\tau 1} = \frac{\sigma_2 + \sigma_3}{2}, \qquad \sigma_{\tau 2} = \frac{\sigma_1 + \sigma_3}{2}, \qquad \sigma_{\tau 3} = \frac{\sigma_1 + \sigma_2}{2} \tag{6.19}$$

재료 내 어느 면에서의 최대 전단응력은 3가지 주 전단응력 중에서 가장 큰 값이다.

$$\tau_{max} = \text{MAX}(\tau_1, \tau_2, \tau_3) \tag{6.20}$$

모어원은 그림 6.8을 각각의 주축에 대해 회전하는데 적용할 수 있다. 결과로 얻어진 3가지 원을 그림 6.9에 나타내었다. 3개의 원 중에서 2개는 가장 큰 원의 내부에 놓이며 σ축을 따라 각각의 원들이 접하고 있다. 각각의 원에 대한 반경은 주 전단응력 τ_1, τ_2, τ_3이고 원의 중심은 σ축을 따라서 3가지 $\sigma_{\tau i}$ 값으로 주어진다. 또한 이러한 주 전단응력이 일어나는 각 면은 상응하는 주 수직응력면으로부터 45° 회전한 것이며 이것은 그림 6.8을 비롯한 이전의 논의와 일치한다.

예제 6.3

다음의 응력상태에 대해 주 수직응력, 주축, 주 전단응력을 결정하라:

$$\sigma_x = 100, \ \sigma_y = -60, \ \sigma_z = 40, \ \tau_{xy} = 80, \ \tau_{yz} = \tau_{zx} = 0\,\text{MPa}$$

또한 최대 수직응력과 최대 전단응력으로 구하라.

【풀이】 0이 아닌 전단응력 성분이 하나뿐이므로 일반화된 평면응력상태이며, 0이 아닌 전단응력 면에 수직한 응력은 주 수직응력 중의 하나이다. 즉,

$$\sigma_3 = \sigma_z = 40\,\text{MPa} \qquad \text{(답)}$$

2차원 문제로서, 모어원을 $x-y$면에 적용할 수 있다. 직경의 양쪽 끝단 좌표는

$$(\sigma_x, -\tau_{xy}) = (100, -80), \qquad (\sigma_y, \tau_{xy}) = (-60, 80)\,\text{MPa}$$

결과적으로 얻어진 모어원을 그림 E6.3(a)에 나타내었다.

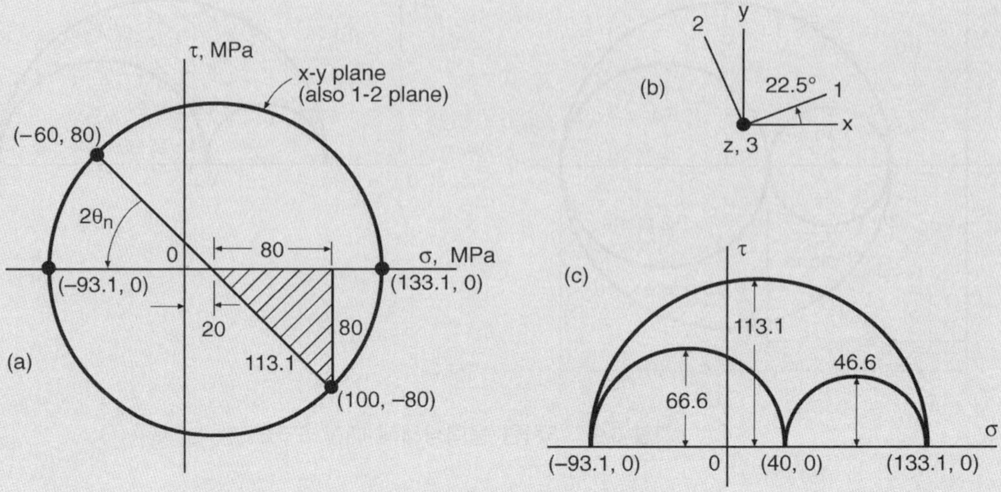

그림 E6.3 3차원 응력상태 예에 대한 모어원, 주축, 주응력

다음에는 예제 6.2에서처럼, 간단한 기하학을 이용하여 직경을 수평하게 위치시켜야 한다. σ 축상의 원의 중심은

$$a = \frac{\sigma_x + \sigma_y}{2} = \frac{100 - 60}{2} = 20\,\text{MPa}$$

빗금 친 삼각형으로부터 원의 반경은

$$r = \sqrt{80^2 + 80^2} = 113.1\,\text{MPa}$$

이것을 통해 2가지 주 수직응력을 구해보면

$$\sigma_1,\ \sigma_2 = a \pm r = 133.1,\ -93.1\,\text{MPa} \qquad \text{(답)}$$

그림 E6.3(a)로부터 이러한 응력들의 방향은 초기 x-y축에 대한 회전각도 θ_n으로 주어진다.

$$\tan 2\theta_n = 80/80 = 1.00,\quad 2\theta_n = 45^o,\quad \theta_n = 22.5^o\,(CCW)$$

이 회전은 1-2 주축(principal axes)을 제공한다. 3번째 주응력 σ_3는 σ_z와 일치하므로 1-2-3 주축은 그림 E6.3(b)에 나타내었다.

최대 수직응력은 σ_1, σ_2, σ_3 중에서 가장 큰 값이므로 $\sigma_{\max} = 133.1\,\text{MPa}$이다. (답)

그림 E6.5(c)에 보인 바와 같이, 점 $(\sigma_1, 0)$, $(\sigma_2, 0)$과 $(\sigma_3, 0)$으로부터 3가지 주면(principal planes)에 대한 원이 결정된다. 이 원의 반경이 주 전단응력이 된다.

$$\tau_1 = \frac{|\sigma_2 - \sigma_3|}{2} = \frac{|-93.1 - 40|}{2} = 66.6\,\text{MPa} \qquad \text{(답)}$$

$$\tau_2 = \frac{|\sigma_1 - \sigma_3|}{2} = \frac{|133.1 - 40|}{2} = 46.6\,\text{MPa} \qquad \text{(답)}$$

$$\tau_3 = \frac{|\sigma_1 - \sigma_2|}{2} = \frac{|133.1 - (-93.1)|}{2} = 113.1\,\text{MPa} \qquad \text{(답)}$$

이 중 가장 큰 값은 $\tau_{max} = 113.1\text{MPa}$ (답)

【고찰】 주 수직응력과 방향은 모어원을 이용하거나 또는 식 6.6과 6.7로부터 결정할 수 있다. 3개의 원은 σ_1, σ_2, σ_3 값으로부터 그릴 수 있으며 (c)처럼 반원만 그려도 τ_1, τ_2, τ_3를 구할 수 있다.

6.3.2 평면응력 재고

x–y 면의 평면응력상태를 가정하면 $\sigma_z = \tau_{yz} = \tau_{zx} = 0$이다. 만약 x–y 면의 주 수직응력이 σ_1과 σ_2라면 세 번째 주 수직응력 σ_3는 0이다. 이러한 경우에도, 일반적으로 전단응력이 그림 6.8의 모든 주 전단면에서 일어난다.

식 6.18로부터 $\sigma_2 = \sigma_1 = 0$인 경우, 주 전단응력은

$$\tau_1 = \frac{|\sigma_2 - \sigma_3|}{2} = \frac{|\sigma_2|}{2}, \qquad \tau_2 = \frac{|\sigma_1 - \sigma_3|}{2} = \frac{|\sigma_1|}{2}, \qquad \tau_3 = \frac{|\sigma_1 - \sigma_2|}{2} \tag{6.21}$$

따라서 어떤 의미에서는, 평면응력상태라는 것은 없다고도 볼 수 있는데, 그 이유는 x–y면에 속하지 않는 좌표축과 관련된 면에서도 응력이 생기기 때문이다. 더군다나, 주 전단응력 τ_1, τ_2, τ_3 중의 하나가 x–y면에서의 응력분석을 통해 얻어진 식 6.9의 τ_3 보다 더 클 수 있으므로, x–y면에만 주의를 제한하는 것도 바람직하지 않다. 식 6.21로부터 x–y면 상의 2가지 주 수직응력이 동일 부호인 경우라면 항상 이러한 상황이 일어나게 된다.

모어원은 그림 6.10에 나타낸 바와 같이, 이러한 상황을 더욱 잘 설명해 준다. 모어원은 σ축을 따른 σ_1, σ_2, σ_3 값에 의해 결정되며, 이 중 하나가 $\sigma_z = 0$이면 3개의 원 중에서 두 개의 원이 원점에서 접하게 된다. x–y면에서의 주 수직응력이 서로 다른 부호일 경우, x–y면에 대한 원이 가장 크며, 가능한 모든 좌표축의 조합 중에서 x–y면에서의 τ_3가 최대전단응력이 된다. 이것은 그림 6.10(a)에 나타내었다. 반면에 그림 6.10(b)와 같이, x–y면에서의 주 수직응력이 동일한 부호일 경우에는 x–y면에 대한 원의 크기가 그림 6.10(a)에 비해 작다. 가장 큰 원의 반경은 x–y면의 회전에 의해 얻을 수 있는 전단응력보다 큼을 알 수 있다.

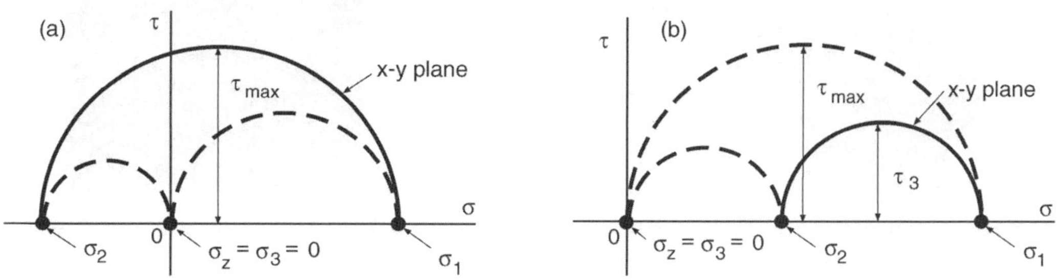

그림 6.10 3차원 응력상태로 재고해 본 x–y면에서의 평면응력: (a) 최대전단응력이 x–y면에 놓여 있음, (b) 최대전단응력이 x–y면에 놓여 있지 않음.

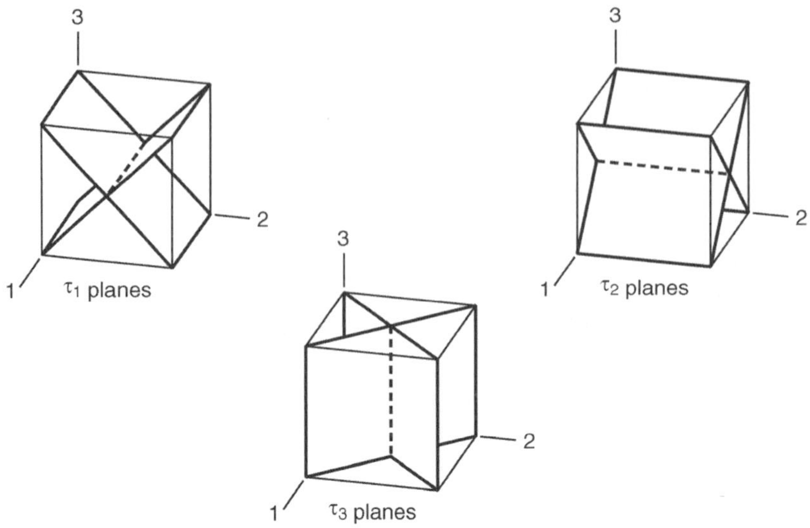

그림 6.11 주 수직응력 입방정에 대한 주 전단면의 방위

그림 6.11을 보면, 그림 6.8의 주 전단면(plancs of principal shear)이 주 수직응력으로 나타낸 입방체에 그려져 있다. 평면응력에 대해, σ_1과 σ_2는 x-y면에서 좌표계 회전을 통해서 구한 주 수직응력이다. 따라서 1-2면이 또한 x-y면이다. τ_1이나 τ_2 중에 하나가 최대전단응력인 경우, 그림 6.11에 보인 것처럼 이 전단응력이 작용하는 면은 x-y면에 대해 45° 각도로 기울어 있다. 내압이 가해진 튜브에서 최대전단응력의 경사진 면을 따라 파단이 일어난 모양을 그림 6.12에 나타내었다.

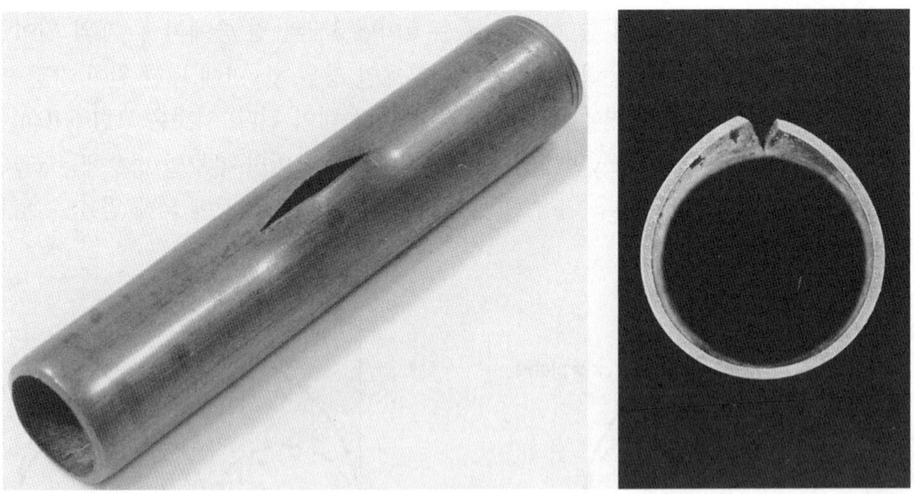

그림 6.12 15mm 직경의 구리로 만든 물파이프가 동결로 인한 과잉압력으로 파괴. 오른쪽 단면 튜브표면으로부터 45° 경사지게 파괴되며, 이 면이 최대전단응력면이다.

예제 6.4

예제 6.1과 6.2에서 분석한 상황에 대한 최대전단응력은 얼마인가?

【풀이】 초기 응력상태가 $\sigma_x = 95,\ \sigma_y = 25,\ \tau_{xy} = 20\,\text{MPa}$이다. 또한 $x-y$면에 대한 분석을 통해 주 수직응력과 주 전단응력을 구했다.

$$\sigma_1 = 100.3, \quad \sigma_2 = 19.7, \quad \tau_3 = 40.3\,\text{MPa}$$

세 번째 주 수직응력은 $\sigma_3 = \sigma_z = 0$이다.

식 6.18을 통해 나머지 주 전단응력을 구해보면:

$$\tau_1 = \frac{|\sigma_2 - \sigma_3|}{2} = \frac{|19.7 - 0|}{2} = 9.8\,\text{MPa}$$

$$\tau_2 = \frac{|\sigma_1 - \sigma_3|}{2} = \frac{|100.3 - 0|}{2} = 50.1\,\text{MPa}$$

최대전단응력은 τ_2이며 이 응력은 $x-y$면에 놓여 있지 않고 $x-y$면에 45° 각도로 기울어 있는 면에서 일어난다. 따라서 $\tau_{max} = 50.1\,\text{MPa}$이다. (답)

이것은 $x-y$면에서의 주응력 σ_1과 σ_2가 동일 부호이므로 예상 가능한 상황이다.

예제 6.5

양끝단이 밀폐된 파이프의 벽두께는 10mm이고 내경은 0.60m이다. 20MPa 압력의 가스로 채워져 있고 길이방향 축으로 1200kN·m의 토오크가 걸린다. 3가지 주 수직응력과 최대전단응력을 구하라. 양끝단의 밀폐와 관련된 불연속 효과는 무시하라.

【풀이】 그림 A.7과 A.8에 나타낸 벽이 얇은 튜브에 대한 근사식이 적용되고, 압력과 비틀림의 조합을 통해 그림 E6.5에 나타낸 응력이 작용한다. 두께 $t = 10\,\text{mm}$로부터 내측반경, 외측반경, 평균반경을 각각 구하라.

$$r_1 = 300, \quad r_2 = r_1 + t = 310, \quad \tau_{avg} = r_1 + t/2 = 305\,\text{mm}$$

가해진 압력에 의한 원주(hoop)방향 응력과 길이방향 응력은

$$\sigma_t = \frac{pr_1}{t} = \frac{(20\text{MPa})(300\text{mm})}{10\text{mm}} = 600\text{MPa}, \quad \sigma_x = \frac{pr_1}{2t} = 300\text{MPa}$$

반경방향 응력은 $\sigma_r = 0$ (외측), $\sigma_r = -p = -20\text{MPa}$ (내측)

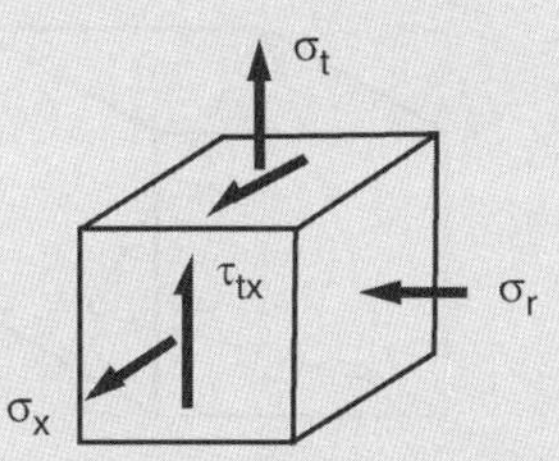

그림 E6.5

비틀림으로 인한 전단응력은

$$\tau_{tx} = \frac{T}{2\pi r_{avg}^2 t} = \frac{1200 \times 10^6 \mathrm{N \cdot mm}}{2\pi (350\mathrm{mm})^2 (10\mathrm{mm})} = 205.3\mathrm{MPa}$$

일반화된 평면응력에서 주 수직응력은

$$\sigma_1, \sigma_2 = \frac{\sigma_t + \sigma_y}{2} \pm \sqrt{\left(\frac{\sigma_t - \sigma_x}{2}\right)^2 + \tau_{tx}^2} = 450 \pm 254.3 = 704.3,\ 195.7\mathrm{MPa}$$

$$\sigma_3 = \sigma_r, \quad \sigma_3 = 0\,(\text{외측}), \quad \sigma_3 = -20\mathrm{MPa}\,(\text{내측})$$ (답)

식 6.18과 식 6.20으로부터 최대 전단응력은

$$\tau_{\max} = MAX\left(\frac{|\sigma_2 - \sigma_3|}{2}, \frac{|\sigma_1 - \sigma_3|}{2}, \frac{|\sigma_1 - \sigma_2|}{2}\right)$$

$$\tau_{\max} = 352.1\mathrm{MPa}(\text{외측}), \quad \tau_{\max} = 362.1\mathrm{MPa}(\text{내측})$$

σ_1과 σ_3에 의해 각각의 값이 결정된다. 두 가지 위치 중에서 큰 값이 당연히 답이 된다.

$$\tau_{\max} = 362.1\mathrm{MPa}$$ (답)

6.4 3차원 응력상태

일반적인 3차원의 경우, σ_x, σ_y, σ_z, τ_{xy}, τ_{yz}, τ_{zx}의 6가지 응력성분이 있다. 일반적인 경우는 주어진 응력성분값을 3차원적인 임의의 좌표계에서 평가할 수 있는 변환식을 얻기 위해 분석될 수 있다.

그림 6.13처럼 경사면을 이용하여 자르듯이, 그림 6.1의 응력입방체의 일부에 대한 자유물체도를 이용하여 평가할 수 있다. 그런 다음 그림 6.14와 같이, 사면체에 대한 힘의 평형을 적용한다. 경사면에 의해 만들어진 사면체의 응력을 그림 6.14(a)에 보였고 관련 기하학적 관계를 (b)와 (c)에 나타내었다. 초기 x-y, y-z, z-x 면에서의 응력은 그림 6.1과 동일하다. 새로운 경사면에는 수직응력 σ과 전단응력 τ가 있다. (b)에는 경사면에 수직인 σ의 방향이 x, y, z 축과 만드는 각도 θ_x, θ_y, θ_z를 각각 나타내었다. 이 각도에 대한 코사인, 즉 방향코사인(direction cosine)인 $l = \cos\theta_x$, $m = \cos\theta_y$, $n = \cos\theta_z$이 유용하다. 힘의 평형을 사면체에 적용하면, 면 수직방향에 대한 어떠한 방향 (l, m, n)에 대해서도 초기 x-y-z 좌표계에서의 응력으로 σ와 τ를 나타낼 수 있다. σ의 최대값, 최소값, 중간값은 추가적인

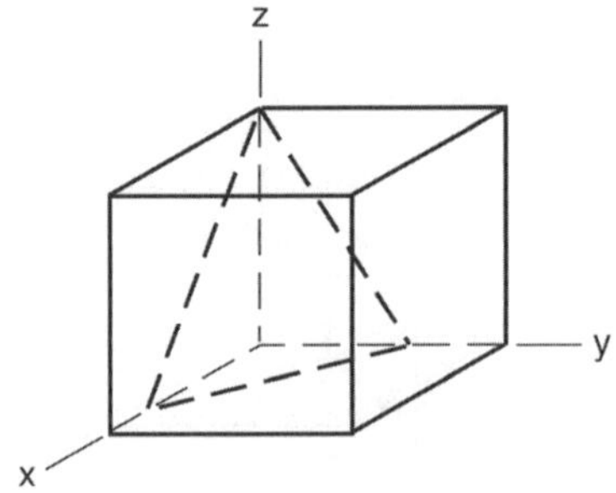

그림 6.13 3차원 좌표계에서의 경사면

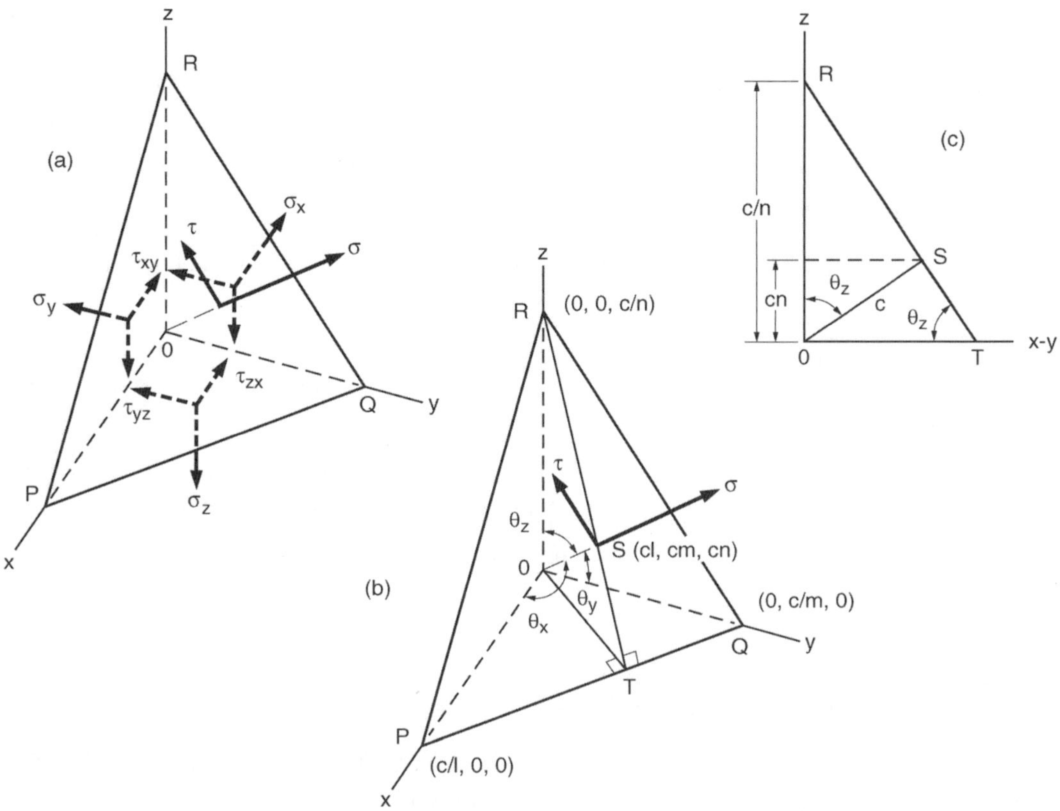

그림 6.14 (a) 경사면에 의해 만들어진 4면체에서의 응력, (b), (c) 관련 기하학적 형상. 경사면이 주축에 수직하다면 $\sigma = \sigma_i$, $\tau = 0$이다.(σ_i는 σ_1, σ_2, σ_3)

분석을 통해 얻을 수 있는데, 이 값들은 $\tau = 0$를 동반하고 서로 직교한다. 응력 σ_1, σ_2, σ_3은 당연히 주 수직응력이다. 그림 6.8(a)에 나타낸 방향 1-2-3은 주축(principal axes)이다. 흥미로운 것은, 어떤 면에서의 (σ, τ)점을 모어원에 그림 6.9(b)처럼 나타내면 이 점은 항상 빗금친 부분에 놓인다는 것이다. 일반적인 경우를 분석하기보다, $\sigma = \sigma_i$ (여기서, σ_i는 σ_1, σ_2, σ_3), $\tau = 0$인 특별한 경우에 대한 사면체의 힘의 평형을 통해 주 수직응력을 바로 구할 수 있다. 이러한 과정을 잘 진행시키기 위해서는, 먼저 사면체의 4면에 대한 상대면적과 경사면과 관련한 기하학적 구체사항을 알아야 한다.

6.4.1 형상과 면적

그림 6.14(b)에 나타낸 직각삼각형 O-T-R을 2차원으로 나타낸 (c)를 보자. T점은 R-S선을 x-y면으로 연장한 것이다. 여기서 R은 z축과의 교점이고 S는 수직선이 경사면과 만나는 교점이다. 만약 원점에서 경사면까지의 수선의 거리 $\overline{OS}$를 c 라고 하면 S의 좌표점은 $(cl, cm. cn)$이 된다. 그림 6.14(c)에서 볼 수 있듯이, z- 방향에 대해 $c_z = c(\cos\theta_z) = cn$이 성립하며 다른 두 방향도 비슷하게 나타낼 수 있다. 또한 직각삼각형 O-S-R로부터 z축 교점은 $\overline{OR} = c/\cos\theta_z = c/n$이 되고 다른 두 방향도 비슷하게 나타낼 수 있다. 이렇게 하여 그림 (b)에 나타낸 P, Q, R, S 좌표점을 나타낸다.

이러한 좌표를 이용하여 $\overline{RS}$와 $\overline{PQ}$를 벡터로 나타내면, 두 벡터의 내적(dot product)이 0이 되어 두 선이 수직, $\overline{RS} \perp \overline{PQ}$, 임을 나타낸다. $\overline{RO}$가 x-y면상의 모든 선과 수직이므로 $\overline{RO} \perp \overline{PQ}$가 성립한다. 그리고 삼각형 O-T-R의 면이 $\overline{PQ}$에 수직하므로 이 면상의 모든 선 또한 수직이다. 따라서 $\overline{RT} \perp \overline{PQ}$이고 $\overline{OT} \perp \overline{PQ}$가 된다. 또한 (c)로부터 각도 O-T-R은, 서로 직각인 면들로 인해, θ_z와 같아지므로 $\overline{RT}\,(\cos\theta_z) = \overline{OT}$가 된다.

사면체의 삼각면의 면적 A도 알아야 한다. 앞에서 거론한 수직관계들로부터 $\overline{RT}\,(\cos\theta_z) = \overline{OT}$이므로

$$A_{PQR} = \frac{\overline{PQ} \times \overline{RT}}{2}, \qquad A_{PQO} = A_{xy} = \frac{\overline{PQ} \times \overline{OT}}{2} = A_{PQR}(\cos\theta_z) = nA_{PQR} \tag{6.22}$$

따라서 면적 $A_{PQO} = A_{xy}$는 경사면의 면적 A_{PQR}을 z축에 대한 방향코사인, $n = \cos\theta_z$으로 곱해준 값이다. 유사한 결과를 y-z면과 z-x면에 적용하면, 세 가지 직교면의 면적을 경사면의 면적에 해당 방향코사인을 곱한 값으로 나타낼 수 있게 된다.

$$A_{yz} = lA_{PQR}, \qquad A_{zx} = mA_{PQR}, \qquad A_{xy} = nA_{PQR} \tag{6.23}$$

6.4.2 힘의 평형으로부터 주 수직응력 산출

$\sigma = \sigma_i$ (여기서, σ_i는 σ_1, σ_2, σ_3), $\tau = 0$인 특별한 경우에 대한 사면체의 힘의 평형을 통해 주 수직응력을 바로 구해보자. 먼저, σ_i의 x, y, z 방향으로의 성분은 각각 $l_i\sigma_i$, $m_i\sigma_i$, $n_i\sigma_i$이 된다. 여기서 하첨자 i는 특정 주 수직응력 σ_i에 대한 방향코사인을 가리킨다. 응력을 면적으로 곱해서 힘을 구한 후 그림 6.14(a)의 x-방향으로 합해주면

$$\begin{aligned} &l_i\sigma_i A_{PQR} - \sigma_x A_{yz} - \tau_{xy} A_{zx} - \tau_{zx} A_{xy} = 0 && \text{(a)} \\ &-l_i\sigma_i A_{PQR} + \sigma_x l_i A_{PQR} + \tau_{xy} m_i A_{PQR} + \tau_{zx} n_i A_{PQR} = 0 && \text{(b)} \end{aligned} \tag{6.24}$$

여기서 (b)는 식 6.23을 (a)에 치환해서 구한다. (b)를 A_{PQR}로 나누어 주면 다음과 같은 3가지 식을 얻게 된다.

$$\begin{aligned} (\sigma_x - \sigma_i)l_i + \tau_{xy}m_i + \tau_{zx}n_i &= 0 \\ \tau_{xy}l_i + (\sigma_y - \sigma_i)m_i + \tau_{yz}n_i &= 0 \\ \tau_{zx}l_i + \tau_{yz}m_i + (\sigma_z - \sigma_i)n_i &= 0 \end{aligned} \tag{6.25}$$

위의 두 번째, 세 번째 식은 다른 2방향으로의 힘을 합하여 구한다.

식 6.25는 l_i, m_i, n_i에 대한 균질 방정식이다. l_i, m_i, n_i가 0이 아닌 값을 갖게 하기 위해서는 다음 행렬식이 0이 되어야 한다.

$$\begin{vmatrix} (\sigma_x - \sigma) & \tau_{xy} & \tau_{zx} \\ \tau_{xy} & (\sigma_y - \sigma) & \tau_{yz} \\ \tau_{zx} & \tau_{yz} & (\sigma_z - \sigma) \end{vmatrix} = 0 \tag{6.26}$$

행렬을 전개하면 다음과 같은 3차방정식을 얻게 된다.

$$\begin{aligned}&\sigma^3-\sigma^2(\sigma_x+\sigma_y+\sigma_z)+\sigma(\sigma_x\sigma_y+\sigma_y\sigma_z+\sigma_z\sigma_x-\tau_{xy}^2-\tau_{yz}^2-\tau_{zx}^2)\\&-(\sigma_x\sigma_y\sigma_z+2\tau_{xy}\tau_{yz}\tau_{zx}-\sigma_x\tau_{yz}^2-\sigma_y\tau_{zx}^2-\sigma_z\tau_{xy}^2)=0\end{aligned} \tag{6.27}$$

3차식은 3개의 근을 가지며 얻어진 σ_1, σ_2, σ_3는 주 수직응력이다.

이러한 관계를 다르게 나타내면,

$$\sigma^3-\sigma^2 I_1+\sigma I_2-I_3=0 \tag{6.28}$$

여기서

$$\begin{aligned}I_1&=\sigma_x+\sigma_y+\sigma_z\\I_2&=\sigma_x\sigma_y+\sigma_y\sigma_z+\sigma_z\sigma_x-\tau_{xy}^2-\tau_{yz}^2-\tau_{zx}^2\\I_3&=\sigma_x\sigma_y\sigma_z+2\tau_{xy}\tau_{yz}\tau_{zx}-\sigma_x\tau_{yz}^2-\sigma_y\tau_{zx}^2-\sigma_z\tau_{xy}^2\end{aligned} \tag{6.29}$$

이러한 값들은 좌표계가 바뀌어도 변하지 않고 동일한 값을 가지므로 응력불변량(stress invariants)이라 한다. 즉, $\sigma_x+\sigma_y+\sigma_z=\sigma_x'+\sigma_y'+\sigma_z'=constant$가 성립한다. 따라서 초기 $x-y-z$좌표계에 나타낸 응력상태에서의 수직응력의 합인 I_1은, 이와 다른 $x'-y'-z'$ 좌표계에서의 수직응력의 합은 물론, 주축방향으로 구성된 1-2-3 좌표계에서의 수직응력의 합과도 동일하다.

주 수직응력값을 결정하기 위해서는 3차식의 근을 3가지 구해야 한다. 이를 위해서 일반적으로 하첨자 1, 2, 3을 최대, 중간, 최소값에 부여해 준다. 하지만 이것은 필수적인 사항은 아니며, 수치해석 시에는 이러한 순서와 무관하게 편의상의 번호를 부여하기도 한다. 주응력을 포함하는 일반적 형태의 식에서는 특정 순서에 입각한 하첨자를 가정하여 사용할 필요가 없다.

6.4.3 주 수직응력 방향

주 수직응력에 대한 방향, 즉 그림 6.8(a)의 주축 1-2-3을 찾는 것에 대해 다루고자 한다. 이를 진행하기 위해서는 전술한 바와 같이, 먼저 주 수직응력값인 σ_1, σ_2, σ_3가 결정되어야 한다. 그러면 이들 값 중에 하나를 σ_i로 치환시킨 후 식 6.25를 다음 식과 함께 연립하여 풀어줌으로써 l_i, m_i, n_i를 구한다.

$$l_i^2+m_i^2+n_i^2=1 \tag{6.30}$$

식 (6.30)은 기하학적으로 요구되는 식이며 식 6.25의 3가지 요소 중에서 2개만이 독립적으로 사용 가능하고, 나머지 하나는 근을 구하는데 직접 도움이 되지 않는다. 따라서 3가지 주 수직응력값 모두를 구하기 위해서는 각각의 σ_1, σ_2, σ_3에 대해 반복해서 과정을 반복하여야 한다.

방향코사인을 나타낼 때 음의 부호를 가능한 최소화하도록 하는데, 이것은 방향코사인 값에 대해 그 부호를 바꾸어주면 된다. 방향코사인 부호를 바꾸는 것은 동일선상에서 벡터의 방향을 바꾸어주는 것일 뿐이다.

예를 들면, $(l_1, m_1, n_1)=(0.300, -0.945, -0.130)$는 $(l_1, m_1, n_1)=(-0.300, 0.945, 0.130)$

로 바꿀 수 있다. 또한 3세트의 방향코사인들은 오른손 좌표계(right hand coordinate system)로 나타내어야 한다. 이것은 벡터의 외적(cross product)으로 점검한다.

$$(l_1, m_1, n_1) \times (l_2, m_2, n_2) = (l_3, m_3, n_3) \tag{6.31}$$

만약 위 관계가 성립되지 않으면, 식 6.31과 음의 부호 최소화 원칙을 동시에 만족시킬 수 있도록 한 개의 방향코사인에 대해 그 부호를 바꾸어준다. 또 다른 방법으로는 처음 2개의 방향코사인 벡터는 식 6.25와 식 6.30을 풀어서 구하고 나머지는 식 6.31을 통해 구하면 오른손 좌표계가 자동적으로 만족된다.

예제 6.6

예제 6.3과 동일한 응력상태에서, 3차원 문제로 간주하고 주 수직응력을 구하라. $\sigma_x = 100$, $\sigma_y = -60$, $\sigma_z = 40$, $\tau_{xy} = 80$, $\tau_{yz} = \tau_{zx} = 0$ MPa

【풀이】 주어진 응력을 식 6.29에 대입하여 응력불변량을 구한다.

$$I_1 = 80,\ \ I_2 = -10{,}800,\ \ I_3 = -496{,}000$$

이 값들의 단위는 MPa이다. 식 6.28의 3치식 관계식으로부터

$$\sigma^3 - \sigma^2 I_1 + \sigma I_2 - I_3 = 0, \qquad \sigma^3 - 80\sigma^2 - 10{,}800\sigma + 496{,}000 = 0$$

σ 값의 변화에 따른 $f(\sigma)$값의 변화를 계산

$$\sigma^3 - 80\sigma^2 - 10{,}800\sigma + 496{,}000 = f(\sigma)$$

이 값들을 그림 E6.6과 같이 나타낸 후, $f(\sigma) = 0$가 되는 σ축의 값이 3차식의 근이 된다. 그래프로부터 근사적으로 구한 근은 130, 40, −90MPa 이다. 이 근사값들을 근거로 시행착오법, Newton 방법 및 기타 컴퓨터원용 수치해석기법 등을 이용하여 정확한 근을 계산해 보면

$$\sigma_1 = 133.1,\ \ \sigma_2 = -93.1,\ \ \sigma_3 = 40.0\text{MPa} \qquad \text{(답)}$$

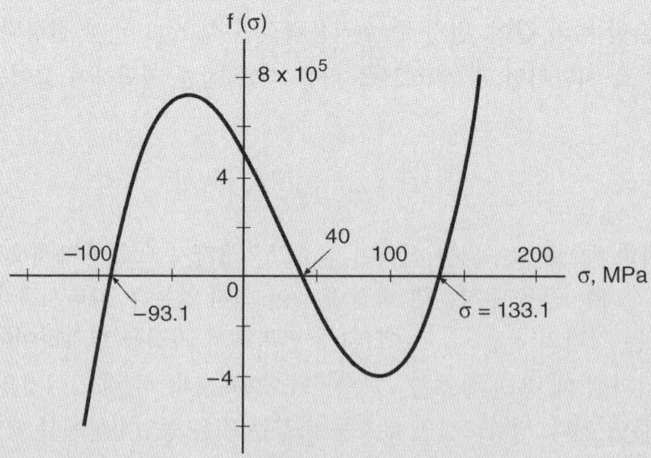

그림 E6.6 3차식의 3가지 근이 주 수직응력임을 보여주는 3차식 그래프

이 값들은 예제 6.3의 답과 동일하다. 최대수직응력은 σ_1, σ_2, σ_3 중에서 가장 큰 값이므로 $\sigma_{max} = 133.1\text{MPa}$이다. 주 전단응력 τ_1, τ_2, τ_3와 최대전단응력 τ_{max}는 예제 6.3에서 구하는 방법과 동일하게 구한다.

【고찰】 이 문제가 일반화된 평면응력 상태라는 사실을 이용하지 않았다. 따라서 초기 x-y-z 좌표계에 0이 아닌 응력성분이 있는 경우와 같은 모든 응력상태에 대해 앞서 거론된 과정을 적용할 수 있다. 응력 0 성분이 있는 경우 식 6.26의 행렬형태가 유용하다. 이러한 특별한 경우에 대해 식 6.26은

$$\begin{vmatrix} (100-\sigma) & 80 & 0 \\ 80 & (-60-\sigma) & 0 \\ 0 & 0 & (40-\sigma) \end{vmatrix} = 0$$

위 행렬식에서

$$(40-\sigma)[(100-\sigma)(-60-\sigma)-6400] = 0, \quad (\sigma-40)(\sigma^2-40\sigma-12,400) = 0$$

따라서 $(\sigma-40)$인자로부터 얻어지는 하나의 근은 $\sigma_3 = 40.0\text{MPa}$ 이다. 나머지 2개의 근은 근의 공식을 이용하여 구할 수 있다.

예제 6.7

예제 6.6의 응력상태에서, 각각의 주 수직응력축에 대한 방향코사인을 구하라.

【풀이】 예제 6.6에서 이미 결정한 주응력이 필요하다.

$$\sigma_1 = 133.1, \quad \sigma_2 = -93.1, \quad \sigma_3 = 40\text{MPa}$$

각각의 응력들에 대해 식 6.25를 적용한다. σ_1을 치환하고 초기 좌표축에 대한 σ_x, σ_y, σ_z, τ_{xy}, τ_{yz}, τ_{zx}를 대입하면

$$(100-133.1)l_1 + 80m_1 = 0$$
$$80l_1 + (-60-133.1)m_1 = 0$$
$$(40-133.1)n_1 = 0$$

마지막 식의 경우 $n_1 = 0$이고, 처음 두 식은 동일한 결과를 준다.

$$l_1 = 2.414m_1$$

이러한 결과를 식 6.30과 결합하면

$$(2.414m_1)^2 + m_1^2 + 0^2 = 1, \qquad m_1 = 0.383$$

l_1 값은 쉽게 얻어지므로 최종적으로 얻은 3가지 값은

$$l_1 = 0.924, \quad m_1 = 0.383, \quad n_1 = 0 \qquad \text{(답)}$$

$\sigma_2 = -93.1$과 $\sigma_3 = 40\text{MPa}$에 대한 유사한 과정을 통해 다른 2가지 주축에 대한 방향 코사인을 얻는다.

$$l_2 = -0.383, \quad m_2 = 0.924, \quad n_2 = 0$$

$$l_3 = 0, \quad m_3 = 0, \quad n_3 = 1 \qquad \text{(답)}$$

1-2-3 좌표계가 오른손 좌표계를 나타내어야 하므로 식 6.31로 점검한다.

$$\begin{vmatrix} \mathbf{i} & \mathbf{j} & \mathbf{k} \\ l_1 & m_1 & n_1 \\ l_2 & m_2 & n_2 \end{vmatrix} = l_3\mathbf{i} + m_3\mathbf{j} + n_3\mathbf{k}, \qquad \begin{vmatrix} \mathbf{i} & \mathbf{j} & \mathbf{k} \\ 0.924 & 0.383 & 0 \\ -0.383 & 0.924 & 0 \end{vmatrix} = 1.000\,\mathbf{k}$$

여기서 $\mathbf{i}$, $\mathbf{j}$, $\mathbf{k}$는 x, y, z 방향의 단위벡터이고 벡터를 외적(cross product)한다. 분석에서 l_3, m_3, n_3 방향코사인은 검증되었고 부호변경이 불필요하다.

【고찰】 그림 E6.3(b)로부터 x, y, z축과 주축(principal axes) 사이의 각도는 다음과 같다.

1축: $\theta_x = 22.5°, \quad \theta_y = 67.5°, \quad \theta_z = 90°$

2축: $\theta_x = 112.5°, \quad \theta_y = 22.5°, \quad \theta_z = 90°$

3축: $\theta_x = 90°, \quad \theta_y = 90°, \quad \theta_z = 0°$

이 각도들에 대한 코사인 값은 방금 계산된 방향코사인과 일치한다. 초기 x-y-z 좌표계에서 0이 아닌 성분의 응력상태에서는 90°나 0° 각도가 없으므로 방향코사인의 어느 값도 0이나 1이 될 수 없다.

6.5 팔면체면에서의 응력

그림 6.15(a)와 같이 1-2-3 주축에 경사지게 배열된 면이 있다. 수직응력 σ와 전단응력 τ가 이 면에 작용한다. 경사면에 수직한 방향은 주축과의 각도 α, β, γ 각도로 나타낸다.

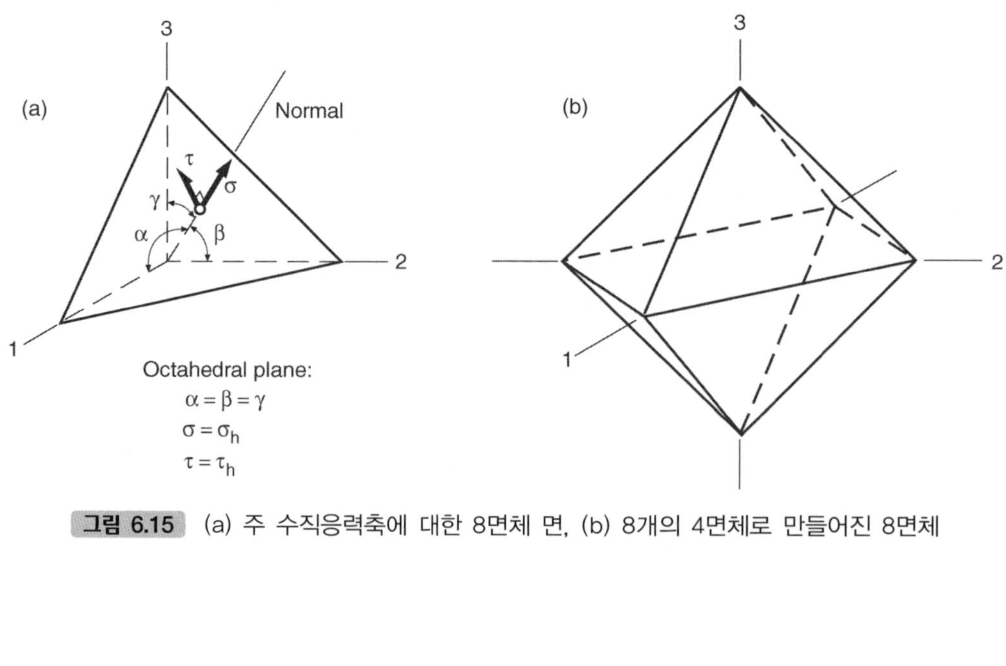

그림 6.15 (a) 주 수직응력축에 대한 8면체 면, (b) 8개의 4면체로 만들어진 8면체

$\alpha = \beta = \gamma$인 특별한 경우 경사면은 주축과 동일한 거리로 교차하게 되는데 이를 8면체면(octahedral plane)이라 한다. 힘의 평형으로부터, 8면체면에 수직한 응력은 주 수직응력의 평균으로 나타낼 수 있다:

$$\sigma_h = \frac{\sigma_1 + \sigma_2 + \sigma_3}{3} \tag{6.32}$$

이러한 σ_h를 8면체 수직응력(octahedral normal stress) 또는 정수압 응력(hydrostatic stress)이라 하며 5장에서 거론하였다. 힘의 평형으로부터 동일면에서의 전단응력도 구할 수 있다:

$$\tau_h = \frac{1}{3}\sqrt{(\sigma_1 - \sigma_2)^2 + (\sigma_2 - \sigma_3)^2 + (\sigma_3 - \sigma_1)^2} \tag{6.33}$$

주축 좌표계의 8분면에는 면의 수선이 축과 동일한 각도를 갖는 면이 있다. 이러한 여덟 면에 대한 응력은 동일하며 σ_h와 τ_h이 된다. 이러한 면은 그림 6.15(b)처럼 8면체를 만든다. 8면체의 서로 마주 보는 반대면은 하나의 면으로 보기 때문에 8면체 응력이 4면에 작용하게 된다.

주 수직응력의 특별한 경우, 식 6.29에 나타낸 응력불변량의 계산과 일부 수학적 처리과정을 통해 σ_h와 τ_h를 응력불변량으로 나타낼 수 있다:

$$\sigma_h = \frac{I_1}{3}, \qquad \tau_h = \frac{1}{3}\sqrt{2\left(I_1^2 - 3I_2\right)} \tag{6.34}$$

불변량에 대한 일반식을 치환하고 수학적 처리과정을 통해

$$\sigma_h = \frac{\sigma_x + \sigma_y + \sigma_z}{3} \tag{6.35}$$

$$\tau_h = \frac{1}{3}\sqrt{(\sigma_x - \sigma_y)^2 + (\sigma_y - \sigma_z)^2 + (\sigma_z - \sigma_x)^2 + 6(\tau_{xy}^2 + \tau_{yz}^2 + \tau_{zx}^2)} \tag{6.36}$$

이러한 보다 일반화된 표현은 모든 좌표계에 관해 σ_h와 τ_h를 계산하는데 사용할 수 있으므로 우선 주응력을 구할 필요가 있다. 팔면체 응력 σ_h와 τ_h가 응력 불변량의 함수이므로 이러한 양도 불변이다. 따라서 주어진 모든 응력상태에 대해 항상 동일한 σ_h와 τ_h를 나타낸다.

팔면체 전단응력은 항복이나 복합응력상태에서의 상이한 재료거동을 예측하는 근거로 사용되므로 매우 중요한 값이다. 이것은 최대전단응력과 비슷하게 사용되며, 다음 장에서 이 부분을 다루기로 한다. $\tau_{\max}$가 두 면에서만 일어나므로 τ_h는 $\tau_{\max}$ 보다 2배의 빈도로 자주 일어난다(그림 6.8과 6.15를 비교해 보라). 또한 가능한 모든 응력상태에서 τ_h는 항상 $\tau_{\max}$와 비슷한 크기를 가지며 그 비율인 $\tau_h/\tau_{\max}$은 0.866(또는 $\sqrt{3}/2$)에서 1 사이의 값으로 제한된다.

6.6 복합변형상태

주어진 복합적인 응력상태를 새로운 좌표계에 등가적으로 표현할 수 있는 변환식을 힘의 평형을 통해 얻을 수 있다. 특히 흥미로운 것은 2가지의 축인데, 한 축은 주 수직응력을 포함하고 다른 축은

주 전단응력을 포함한다. 관련된 수학은, 1차 텐서(first-order tensors)인 벡터나 무차원 텐서(zero tensors)인 스칼라와 구분되는, 대칭적 2차 텐서(symmetric second-order tensors)로 분류되며 모든 물리적 양에 공통적으로 적용된다.

변형 또한 대칭적 2차 텐서이므로 유사한 식으로 나타낸다. 이러한 경우에 식의 근간을 이루는 것은 단지 변형의 형태(geometry)이다. 구체적인 분석(참고문헌 참조)을 통해 전단 변형이 2로 나누어지는 것을 제외하면 응력과 동일한 식이 얻어진다. 따라서 응력에 대해 개발된 다양한 수식들이 변수만 바꾸어 변형에도 사용될 수 있다.

$$\sigma_x, \sigma_y, \sigma_z \rightarrow \varepsilon_x, \varepsilon_y, \varepsilon_z, \qquad \tau_{xy}, \tau_{yz}, \tau_{zx} \rightarrow \frac{\gamma_{xy}}{2}, \frac{\gamma_{yz}}{2}, \frac{\gamma_{zx}}{2} \tag{6.37}$$

이것은 일반적으로 적용되며, x-y-z 축이 주축 1-2-3인 특별한 경우에도 적용된다. 연속체 역학, 탄성론 및 이와 유사한 주제에 대한 전문교재에서는 전단변형을 통상의 공칭전단변형(engineering shear strain)의 1/2로 다시 정의하여 이를 텐서 전단변형(tensor shear strain)이라고 부르며, 이 식은 응력에 대한 식과 동일하다. 하지만 여기서는 공칭전단변형을 계속하여 사용하기로 한다.

6.6.1 주 변형

주 수직변형과 수 전단변형은 응력과 비슷한 형태로 일어난다. 평면변형 $\varepsilon_z = \gamma_{yz} = \gamma_{zx} = 0$에 대해 식 6.6과 6.7을 식 6.37에 준해서 수정하면 다음에 보인 축회전과 주 수직변형에 대한 식을 얻을 수 있다.

$$\tan 2\theta_n = \frac{\gamma_{xy}}{\varepsilon_x - \varepsilon_y}$$

$$\varepsilon_1, \varepsilon_2 = \frac{\varepsilon_x + \varepsilon_y}{2} \pm \sqrt{\left(\frac{\varepsilon_x - \varepsilon_y}{2}\right)^2 + \left(\frac{\gamma_{xy}}{2}\right)^2} \tag{6.38}$$

식 6.8~6.10을 축회전과 x-y 면에서의 주 전단변형과 주 수직변형을 얻을 수 있도록 비슷하게 수정하면

$$\tan 2\theta_s = -\frac{\varepsilon_x - \varepsilon_y}{\gamma_{xy}}$$

$$\gamma_3 = \sqrt{(\varepsilon_x - \varepsilon_y)^2 + (\gamma_{xy})^2}, \qquad \varepsilon_{\gamma 3} = \frac{\varepsilon_x + \varepsilon_y}{2} \tag{6.39}$$

응력식에서 양의 θ는 반시계방향이다. 양의 수직응력은 연신을, 음의 값은 수축을 의미한다. 양의 전단변형은 양의 전단응력에 의해 생겨나는 비틀림변형(distortion)을 일으키는데, 이 경우 변형된 평행사변형의 긴 대각선이 양의 기울기를 갖는다. (그림 E6.8(a)에 나타낸 양의 전단변형을 참조.) 이러한 변형식의 직접적인 사용은, 응력에 대한 용도와 비슷하게 모어원으로 대신할 수 있다. 식 6.37에 따라, σ축은 ε축이 되고 τ축은 $\gamma/2$축이 된다.

3차원 변형상태에 대해 주 변형은 식 6.26과 6.18을 식 6.37에 따라 수정하여 얻을 수 있다.

$$\begin{vmatrix} (\varepsilon_x - \varepsilon) & \dfrac{\gamma_{xy}}{2} & \dfrac{\gamma_{zx}}{2} \\ \dfrac{\gamma_{xy}}{2} & (\varepsilon_y - \varepsilon) & \dfrac{\gamma_{yz}}{2} \\ \dfrac{\gamma_{zx}}{2} & \dfrac{\gamma_{yz}}{2} & (\varepsilon_z - \varepsilon) \end{vmatrix} = 0 \tag{6.40}$$

$$\gamma_1 = |\varepsilon_2 - \varepsilon_3|, \qquad \gamma_2 = |\varepsilon_1 - \varepsilon_3|, \qquad \gamma_3 = |\varepsilon_1 - \varepsilon_2| \tag{6.41}$$

6.6.2 평면응력에 대한 특별한 고찰

평면응력 $\sigma_z = \tau_{yz} = \tau_{zx} = 0$의 경우, 뽀아송 효과는 면외 방향(out-of-plane direction)으로 수직변형 ε_z를 일으키므로 변형상태는 3차원이다. 만약 재료가 등방성이거나 직교이방성이고 재료 대칭면이 x-y 면에 평행하면 τ_{yz}나 τ_{zx}의 전단변형은 일어나지 않는다. 이것은 σ_z가 존재하지만 $\tau_{yz} = \tau_{zx} = 0$이 성립하는 일반적인 평면응력과 유사한 상황을 야기한다. 따라서 주 수직변형중의 하나가 $\varepsilon_z = \varepsilon_3$이고 다른 2가지는 식 6.38로부터 구할 수 있다. 또한 모어원이 x-y 면에 사용될 수 있다.

등방성이고 선형 탄성재료의 경우, ε_z는 식 5.26의 후크법칙으로부터 구할 수 있다. $\sigma_z = 0$ 일 경우 식 5.26(a)와 (b)를 합하면

$$\sigma_x + \sigma_y = \frac{E}{1-\nu}(\varepsilon_x + \varepsilon_y) \tag{6.42}$$

이 식을 식 5.26(c)에 치환한 후, $\sigma_z = 0$일 경우 x-y 면에서의 수직변형으로 ε_z를 구한다.

$$\varepsilon_z = \frac{-\nu}{1-\nu}(\varepsilon_x + \varepsilon_y) \tag{6.43}$$

$\tau_{yz} = \tau_{zx} = 0$이므로 식 5.27으로부터 $\gamma_{yz} = \gamma_{zx} = 0$가 되며, ε_z가 주 수직변형 중의 하나임을 보여준다.

x-y면이 재료의 대칭면인 x-y 평면응력하에 있는 직교이방성 재료를 생각해 보자.(대부분의 복합재료 박판이나 판재가 이러한 상황에 놓여 있음.) 이 경우에도 $\gamma_{yz} = \gamma_{zx} = 0$이 성립하므로 변형 ε_z가 주 수직변형 중의 하나가 된다. 따라서 x-y면의 변형은 식 6.38과 6.39를 이용하여 분석가능하며 x-y 면에 대한 모어원도 사용가능하다. 하지만 직교이방성재료에 대한 더욱 일반적 형태의 후크탄성법칙(식 5.44)이 필요하므로 식 6.43으로부터 ε_z는 얻을 수 없다.

등방성 재료에서는 응력과 변형에 대한 주축이 일치한다. 따라서 후크탄성법칙이 주변형에 적용가능하고 결과적인 응력은 주응력이 된다, 하지만 주 수직응력축이 재료대칭면에 수직하지 않는다면, 직교이방성 재료의 경우에는 이러한 관계가 성립하지 않는다.

예제 6.8

알루미늄 합금으로 만든 공업부품의 자유(무부하)표면의 한 점에 다음과 같은 변형이 존재한다: $\varepsilon_x = -0.0005$, $\varepsilon_y = 0.0035$, $\gamma_{xy} = 0.003$. 주 수직변형과 주 전단변형을 구하라. 재료는 등방성이고 항복은 일어나지 않는다고 가정하라.

【풀이】 재료가 등방성이므로 ε_z는 식 6.43으로 구할 수 있으며 이는 주 수직변형 중의 한 값이다.

$$\varepsilon_3 = \varepsilon_z = \frac{-0.345}{1-0.345}(-0.0005+0.0035) = -0.00158 \qquad \text{(답)}$$

여기서 뽀아송비는 표 5.2의 값을 사용하였고, 항복이 없다고 했으므로 탄성거동에 관한 식을 적용한다. 주어진 변형값을 식 6.38과 6.39에 대입하면 축 회전과 다른 2가지 주 수직변형 및 주 전단변형을 구할 수 있다.

$$\tan 2\theta_n = -\frac{3}{4}, \quad \theta_n = -18.4^o = 18.4\ (CW)$$

$$\varepsilon_1, \varepsilon_2 = 0.004, -0.001 \qquad \text{(답)}$$

$$\tan 2\theta_s = \frac{4}{3}, \quad \theta_s = 26.6^o \quad (CCW)$$

$$\gamma_3 = 0.005, \quad \varepsilon_{\gamma 3} = 0.0015 \qquad \text{(답)}$$

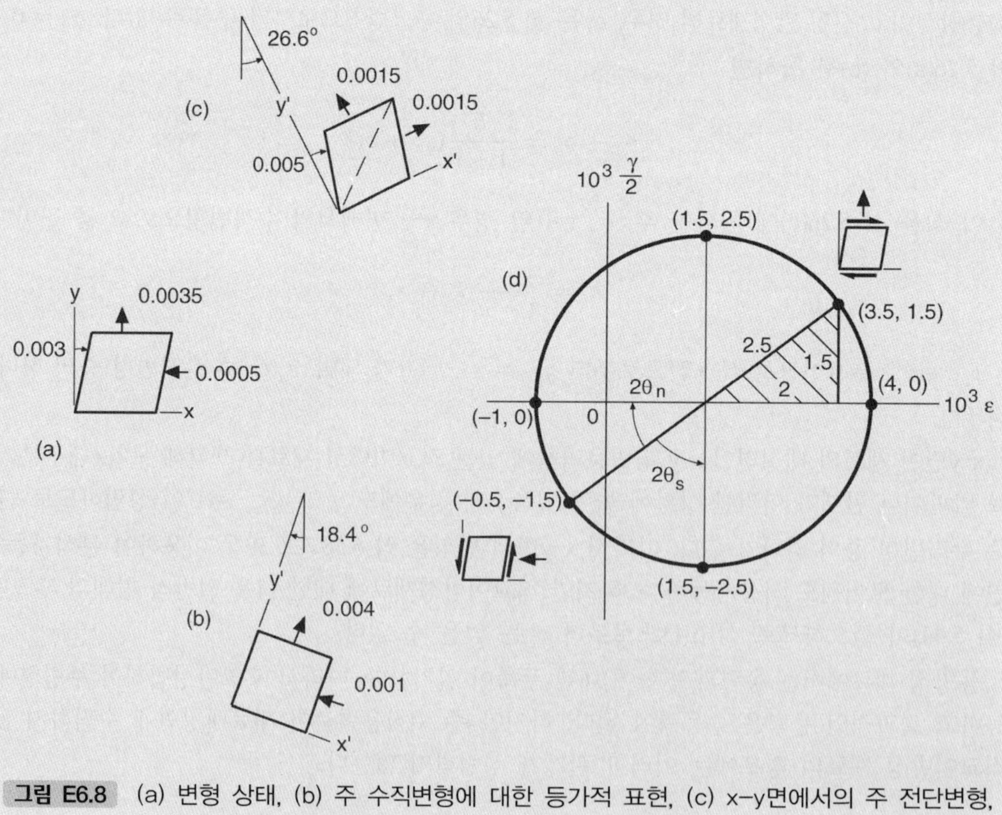

그림 E6.8 (a) 변형 상태, (b) 주 수직변형에 대한 등가적 표현, (c) x–y면에서의 주 전단변형, (d) dl 경우에 대한 모어원

결과적인 변형상태를 그림 E6.8(b)와 (c)에 나타내었다. 부호와 크기는 이전에 응력의 경우와 비슷하게 결정된다. 특히 2가지 주 수직변형 중 큰 값은, 초기변형 ε_x과 ε_y 중 더욱 큰 값에 근접하게 놓인 방향을 갖는다. 또한 주 전단변형은 변형된 평형사변형의 긴 대각선(빗금부분)이 ε_1과 ε_2 중 더욱 큰 값의 방향으로 배열되도록 비틀림변형(distortion)이 된다. 나머지 2가지 주 전단변형은 식 6.41로부터 구할 수 있다:

$$\gamma_1 = |\varepsilon_2 - \varepsilon_3| = 0.00058, \ \gamma_2 = |\varepsilon_1 - \varepsilon_3| = 0.00558 \qquad \text{(답)}$$

면내(in-plane)변형에 대한 동일한 결과는 ε와 $\gamma/2$로 나타낸 모어원을 이용하여 구할 수 있다. 직경의 양 끝단값은 다음과 같다.

$$\left(\varepsilon_x, -\frac{\gamma_{xy}}{2}\right) = (-0.0005, -0.0015), \qquad \left(\varepsilon_y, \frac{\gamma_{xy}}{2}\right) = (0.0035, 0.0015)$$

원에 대한 분석은 응력의 경우와 동일하게 진행한다.(그림 E6.8(d) 참조) 특별한 이중적인 부호 부여원칙이 필요한데, 전단응력이 비틀림변형을 일으키는 전단변형에 대해서는 그림 6.6과 같이 시계방향회전이 양이 된다.

6.6.3 변형 게이지 로제트

변형 게이지(strain gage)는 작은 금속호일(foil) 센서로서 재료의 표면에 붙여서 호일의 얇은 요소가 배열된 방향과 평행한 길이방향의 변형을 측정해 준다. 재료의 변형은 변형 게이지를 통해 저항값의 변화로 나타나게 되며 이를 이용하여 변형을 계산한다. 변형게이지를 좌표형태로 묶어 만든 것을 로제트(rosettes)라고 하며, 한 방향 이상의 변형을 측정하는데 사용된다. 2가지 형태의 3-변형 게이지 로제트를 그림 6.16에 나타내었다.

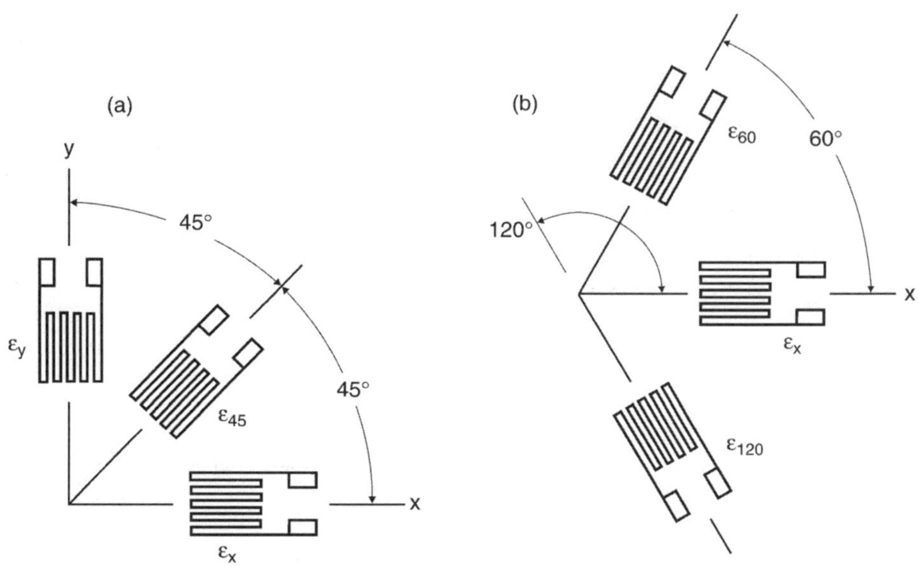

그림 6.16 세 방향으로 변형을 측정할 수 있는 로제트의 2가지 형상

면내 한 점에서의 변형을 완전히 알아내기 위해서는 ε_x, ε_y, γ_{xy}를 알아야 한다. 전단변형을 바로 측정할 수는 없으며 3가지 다른 방향으로 측정된 길이방향 변형으로부터 계산한다. 전단변형을 계산하기 위해서는 6.2.1절의 응력 변환식과 유사한 변환식이 필요하며, 측정된 변형이 x-y방향으로 제대로 배열이 된 값이 아닐 경우에는 ε_x 나/또는 ε_y를 필요로 할 수 있다.

예제 6.9

변형게이지 로제트가 공업용 부품의 무부하(unloaded) 자유표면에 그림 6.16(a)와 같이 부착되어 있다. 길이방향 변형 ε_x, ε_y와 ε_{45}를 x 및 y방향으로 측정하고, ε_{45}는 다른 2개로부터 구한다. 면내 변형상태 ε_x, ε_y, γ_{xy}를 완전히 알 수 있도록, 가능한 3가지 측정값으로부터 전단변형 γ_{xy}를 계산하기 위한 식을 개발하라.

【풀이】 식 6.4의 응력 변환식을 식 6.37로부터 치환하여 수직변형을 얻기 위한 식으로 변환한다.

$$\varepsilon_\theta = \frac{\varepsilon_x + \varepsilon_y}{2} + \frac{\varepsilon_x + \varepsilon_y}{2}\cos 2\theta + \frac{\gamma_{xy}}{2}\sin 2\theta$$

$\theta = 45°$를 치환하면

$$\varepsilon_{45} = \frac{\varepsilon_x + \varepsilon_y}{2} + \frac{\gamma_{xy}}{2}$$

γ_{xy}로 풀어주면 얻고자 하는 결과를 얻게 된다.

$$\gamma_{xy} = 2\varepsilon_{45} - \varepsilon_x - \varepsilon_y \qquad \text{(답)}$$

6.7 요 약

σ_x, σ_y, σ_z, τ_{xy}, τ_{yz}, τ_{zx} 응력성분으로 주어지는 일반적인 응력상태에서 전단응력은 없고 최대, 중간, 최소 수직응력을 갖는 새로운 좌표계가 있다. 이러한 특별한 응력들은 주 수직응력 σ_1, σ_2, σ_3이며, 행렬로 주어진 식 6.26의 계수로 3차식을 풀거나, 식 6.27 또는 식 6.28 형태로 나타낸 3차식을 풀어서 구할 수 있다. τ_{xy}와 같이, 0이 아닌 전단응력 성분이 하나만 있다면 평면응력 또는 일반화된 평면응력에 놓인다. 이러한 경우, 주 수직응력은 식 6.7과 추가적으로 $\sigma_3 = \sigma_z$ 관계로 나타낸다. 모어원을 이용하여 평면응력 또는 일반화된 평면응력하에서 주 수직응력을 구할 수도 있다.

주 수직응력 방향을 주 축(principle axes)이라 하며, 6.2.2절과 6.4.3절에 나타낸 응력상태에 의해 결정될 수 있다.

주 전단응력, τ_1, τ_2, τ_3 은 주 수직응력축을 기준으로 45° 회전한 면에서 일어난다. 이는 식 6.18로 나타내며 최대값은 식 6.20으로 나타낸다.

x-y 평면응력의 경우, x-y면의 주 전단응력이 최대가 아닐 수 있으므로 3가지 전단응력에 대한 특별한 관심이 필요하다. 주 수직응력축에 수직한 각 면에 대한 3가지 다른 모어원을 생각해보는 것이 유용하다. 이러한 원의 반경이 주 전단응력이다.

8면체 수직응력 및 전단응력 σ_h와 τ_h는 원점으로부터 동일한 거리에 있는 주 수직응력축과 교차하는 면에서 일어나며, 그 값들은 식 6.32와 6.33에 나타내었다. 여기서 σ_h는 정수압(hydrostatic)응력이라 부르기도 한다.

주 수직변형과 주 전단변형은 주응력과 유사하게 일어나므로, 식 6.37에 나타낸 바와 같이, 동일한 식들에 응력을 변형으로 대체해준다. 평면응력상태도 0이 아닌 값을 갖는 ε_z가 존재하므로 3차원 변형상태에 놓인다.

새로운 용어 및 기호

axes rotation angles: θ_n and θ_s
direction cosines: *l*, *m*, *n*
generalized plane stress
Mohr's circle
octahedral normal (hydrostatic) stress, σ_h
octahedral planes
octahedral shear stress, τ_h
plane strain
plane stress
principal axes (1, 2, 3)
principal normal strains: ε_1, ε_2, ε_3
principal normal stresses: σ_1, σ_2, σ_3
principal shear strains: γ_1, γ_2, γ_3
principal shear stresses: τ_1, τ_2, τ_3
strain gage rosette
stress invariants: I_1, I_2, I_3
transformation equations
transformation of axes

참고문헌

BORESI, A. P., and R. J. SCHMIDT. 2003. *Advanced Mechanics of Materials*, 6th ed., John Wiley, Hoboken, NJ. (See also the 2nd ed. of this book, same title, 1952, by F. B. Seely and J. O. Smith.)

DIETER, G. E., Jr. 1986. *Mechanical Metallurgy*, 3d ed., McGraw-Hill, New York.

MENDELSON, A. 1968. *Plasticity: Theory and Applications*, Macmillan, New York. (Reprinted by R. E. Krieger, Malabar, FL, 1983).

TIMOSHENKO, S. P., and J. N. GOODIER. 1970. *Theory of Elasticity*, 3d ed., McGraw-Hill, New York.

UGURAL, A. C., and S. K. FENSTER. 2012. *Advanced Strength and Applied Elasticity*, 5th ed., Prentice Hall, Upper Saddle River, NJ.

문제 및 질문

【6.2, 6.3절】

6.1 고체 자유표면의 한 점에서 일어나는 응력상태가 $\sigma_x = 50\text{MPa}$, $\sigma_y = 10\text{MPa}$, $\tau_{xy} = -15\text{MPa}$이며 그림 6.2(a)에 나타낸 방향을 양(positive)으로 본다.

(a) 2 가지 주 수직응력과 x-y면에서 좌표계 회전에 의해 얻을 수 있는 1가지 주 전단응력, 그리고 좌표계 회전각도를 구하라.

(b) 이 점에서의 최대 수직응력과 최대 전단응력을 구하라.

6.2~6.9 문제 6.1과 같이 문제를 풀되, 표 P6.2에 나타낸 응력을 사용하라.

표 P6.2

Problem No.	σ_x, MPa	σ_y, MPa	τ_{xy}, MPa
6.2	60	0	30
6.3	50	100	−60
6.4	120	40	−30
6.5	−100	40	−50
6.6	−30	−90	40
6.7	70	−35	30
6.8	50	80	20
6.9	60	20	0

6.10 재료의 요소가 다음의 응력을 받는다: $\sigma_x = 100$, $\sigma_y = 40$, $\sigma_z = -60$, $\tau_{xy} = 30$, $\tau_{yz} = \tau_{zx} = 0$이다. 다음을 구하라.

(a) 주 수직응력과 주 전단응력

(b) 최대 수직응력과 최대 전단응력

(c) 주 수직응력 축의 방향, 그림으로 보여라.

6.11~6.14 문제 6.10과 같이 문제를 풀되, 표 P6.11에 나타낸 응력을 사용하라.

표 P6.11

Problem No.	Stress Components, MPa					
	σ_x	σ_y	σ_z	τ_{xy}	τ_{yz}	τ_{zx}
6.11	50	100	200	60	0	0
6.12	−15	90	30	40	0	0
6.13	50	10	−20	−15	0	0
6.14	70	−35	−100	30	0	0

6.15 다음과 같은 평면응력상태가 있다: $\sigma_x = 60\text{MPa}$, $\sigma_y = -80\text{MPa}$, $\tau_{xy} = 0\text{MPa}$.

(a) 주 수직응력과 최대 전단응력을 구하라.

(b) $\tau_{xy} = 0\text{MPa}$인 특별한 x-y 평면응력의 경우에, 면내 주 수직응력 σ_1과 σ_2는 그 값과 방향 측면에서 항상 σ_x과 σ_y와 동일함을 보여라.

6.16 연강(mild steel) 부품표면에서 측정한 변형이 $\varepsilon_x = 190\times10^{-6}$, $\varepsilon_y = -760\times10^{-6}$ $\gamma_{xy} = 300\times10^{-6}$이다. 최대 수직응력과 최대전단응력을 구하라. (단, 게이지는 하중이 걸리지 않은 상태에서 금속에 부착시켜 항복이 일어나지 않았고 표면에 하중이 직접적으로 가해지지 않는다고 가정한다.)

6.17 티타늄 합금부품 표면에서 측정한 변형이 $\varepsilon_x = 3400\times10^{-6}$, $\varepsilon_y = 1300\times10^{-6}$ $\gamma_{xy} = 2100\times10^{-6}$이다. 최대 수직응력과 최대전단응력을 구하라. (문제 6.16과 동일한

가정을 적용하라.)

6.18 벽두께 2.5mm와 내경 150mm를 갖는 구형 압력용기가 1.2MPa 압력을 갖는 액체를 담고 있다. 최대 수직응력과 최대전단응력을 구하고 이것이 작용하는 면에 대해 설명하라.

6.19 벽두께 2.0mm와 외경 80mm를 갖는, 끝이 밀폐된 파이프가 내압 10MPa의 압력과 2.0 kN · m의 굽힘모멘트를 받고 있다. 최대 수직응력과 최대전단응력을 구하라. 끝단 밀폐의 국부적 효과를 무시하라.

6.20 벽두께 2.0mm와 외경 60mm를 갖는, 끝이 밀폐된 파이프가 내압 12MPa의 압력과 2.5 kN · m의 굽힘모멘트를 받고 있다. 최대 수직응력과 최대전단응력을 구하라. 끝단 밀폐의 국부적 효과를 무시하라.

6.21 벽두께 3.0mm와 외경 60mm를 갖는 튜브가 있다. 이 튜브에 1.8kN · m의 굽힘모멘트와 2.5kN · m의 토오크가 가해지고 있다. 최대 수직응력과 최대전단응력을 구하라.

6.22 직경 75mm를 갖는 속이 찬 샤프트가 M = 5.0kN · m의 굽힘모멘트와 T = 8.0kN · m의 토오크를 받고 있다. 이 때, 샤프트의 최대 수직응력과 최대전단응력을 구하라.

6.23 직경 d를 갖는 속이 찬 샤프트가 M의 굽힘모멘트와 T의 토오크를 받고 있다.

(a) 최대전단응력을 구하는 식을 d, M, T의 함수로 나타내어라.

(b) 만약 굽힘모멘트가 M = 3.0kN · m 이고 T = 2.5kN · m의이라면 최대전단응력이 140MPa를 초과하지 않는 최소직경은 얼마인가?

6.24 끝이 밀폐된 얇은 벽두께를 갖는 튜브가 내부 반경 80mm와 벽두께 6mm를 갖고 있다. 이 튜브가 내압 20MPa의 압력과 60kN · m의 토오크, 그리고 200kN의 축 압력을 받고 있다. 최대 수직응력과 최대전단응력을 구하라.

6.25 외부 반경 60mm와 벽두께 3.0mm를 갖는 튜브가 있다. 이 튜브가 1.8kN · m의 굽힘 모멘트와 2.5kN · m의 토오크, 그리고 10kN의 축 압력을 받고 있다. 최대 수직응력과 최대전단 응력을 구하라.

6.26 직경 75mm를 갖는 속이 찬 샤프트가 P = 400kN의 축 압력과 T = 3.5kN · m의 토오크를 받고 있다. 샤프트의 최대 수직응력과 최대전단응력을 구하라.

6.27 직경 d를 갖는 속이 찬 샤프트가 P의 축 압력과 T의 토오크를 받고 있다. 최대 수직응력과 최대전단응력을 구하라.

(a) 최대전단응력을 구하는 식을 d, P, T의 함수로 나타내어라.

(b) 만약 P = 200kN와 T = 1.5kN · m의 토오크가 가해질 경우, 최대전단응력이 100MPa를 초과하지 않는 최소직경은 얼마인가?

6.28 깊이 2c = 60mm, 두께 t = 40mm의 사각단면을 갖고 0.5m 길이를 갖는 빔이 단순하게 지지되고 있다. 그림 A.4(a)에 보인 바와 같이, 수직하중 P = 40kN 이 빔의 중간부에 그리고 F = 100kN의 축압력이 길이방향으로 가해진다. 이 때의 최대 수직응력과 최대전단응력을 구하라.

6.29 그림 A.6(b)에 보인 바와 같이, 내부에 압력이 가해지는 두꺼운 벽을 갖는 구형 용기가 있다.

(a) 용기내 임의의 반경위치에서 최대전단응력에 대한 식을 구하되, 반경 r_1, r_2, R과 압력 p의 함수로 나타내어라. 또한 용기의 내측벽에서 일어나는 전반적인 최대전단응력을 보여라.

(b) 용기가 내부 직경 100mm와 외부직경 150mm를 가지며 300MPa의 내압이 실린다고 가정한다. 내부 벽에서의 주 수직응력과 주 전단응력을 구하라.

(c) (b)와 동일한 경우에 대해 반경 R의 변화에 대한 σ_r, σ_t, $\tau_{\max}$의 변화를 그래프로 나타내어라.

6.30 그림 A.6(a)에 보인 바와 같이, 내부에 압력이 가해지는 두꺼운 벽을 갖는 튜브가 있다. 튜브는 끝단이 밀폐되어 있으며 끝단 밀폐의 국부적 효과는 무시하라.

(a) 용기내 임의의 반경위치에서 최대전단응력에 대한 식을 구하되, 반경 r_1, r_2, R과 압력 p의 함수로 나타내어라. 또한 용기의 내측벽에서 일어나는 전반적인 최대전단응력을 보여라.

(b) 용기가 내부 직경 80mm와 외부직경 100mm를 가지며 100MPa의 내압이 실린다고 가정한다. 내부 벽에서의 주 수직응력과 주 전단응력을 구하라.

(c) (b)와 동일한 경우에 대해 반경 R의 변화에 대한 σ_r, σ_t, $\tau_{\max}$의 변화를 그래프로 나타내어라.

6.31 두꺼운 벽을 갖고 끝단이 밀폐된 튜브가 내압 80MPa의 압력과 15kN · m의 토오크를 받고 있다. 내부와 외부 직경은 각각 60mm와 80mm이다.

(a) 튜브내 최대전단응력을 구하라. 끝단 밀폐의 국부적 효과를 무시하라.(힌트: 그림 A.6(a)를 이용하여, 내부와 외부벽 및 여러 중간두께 위치에서의 $\tau_{\max}$를 구한다.

(b) 압력 p의 변화에 대한 σ_r, σ_t, σ_x의 변화, 비틀림으로 인한 τ_{tx}, 반경 R의 변화에 대한 $\tau_{\max}$의 변화를 그래프로 나타내어라.

6.32 문제 6.31(a)와 (b)와 같이 문제를 풀되, 숫자를 다음과 같이 바꾸어서 풀어라: 내압 70MPa, 토오크 6.0kN · m, 내부 직경 40mm와 외부직경 60mm.

6.33 그림 A.9에 보인 바와 같이, 회전하는 고리모양의 디스크가 내부반경 $r_1 = 90$, 외부반경 $r_2 = 300$이고 두께 $t = 50$mm를 갖는다. 디스크는 합금강으로 만들어져 있고 $f = 120\,rev/\sec$의 주파수로 회전한다.

(a) 여러 가지 가변적인 반경 R의 함수로 반경응력 σ_r과 접선응력(tangential stress) σ_t을 계산하고 그래프로 나타내어라.

(b) 디스크 내의 최대 수직응력과 최대 전단응력의 값과 위치를 구하라.

(c) 일정 두께에서 회전하는 고리 디스크에서 최대 수직응력과 최대 전단응력이 내부반경 위치에서 일어남을 보여라.

【6.4절】

6.34 3차 방정식을 풀어서 문제 6.3을 다시 풀고 주축(principal axes)에 대한 방향코사인을 구하라. 또한 이렇게 구한 방향코사인이 식 6.6에서 구한 축의 회전과 일치하는지를 비교

하라.

6.35 3차 방정식을 풀어서 문제 6.11을 다시 풀고 주축에 대한 방향코사인을 구하라. 또한 이렇게 구한 방향코사인이 식 6.6에서 구한 축의 회전과 일치하는지를 비교하라.

6.36 수직응력 σ_x, σ_y, σ_z가 존재하고, τ_{xy}는 0이 아닌 전단응력을 가지고 $\tau_{yz} = \tau_{zx} = 0$인 특별한 경우를 생각하자. 주 수직응력을 결정하기 위한 3차방정식(식 6.26 또는 6.27)의 근이 식 6.7과 3번째 식 $\sigma_z = \sigma_3$에 의해 나타내는 2가지 식과 관련됨을 보여라. 또한, 이 경우에 σ_3에 대한 방향코사인이 x-y면에 수직, 즉 $(l_3, m_3, n_3) = (0, 0, 1)$임을 보여라.

6.37 재료의 요소가 다음의 응력을 받는다: $\sigma_x = -40$, $\sigma_y = 100$, $\sigma_z = 30$, $\tau_{xy} = -50$, $\tau_{yz} = 12$, $\tau_{zx} = 0$MPa이다. 다음을 구하라.

(a) 주 수직응력과 주 전단응력
(b) 최대 수직응력과 최대 전단응력
(c) 각각의 주 수직응력축에 대한 방향코사인

6.38~6.44 문제 6.37과 같이 문제를 풀되, 아래 표 P6.38에 나타낸 응력을 사용하라.

표 P6.38

Problem	Stress Components, MPa					
No.	σ_x	σ_y	σ_z	τ_{xy}	τ_{yz}	τ_{zx}
6.38	0	0	0	0	100	100
6.39	0	30	0	15	15	15
6.40	85	0	0	50	0	50
6.41	100	−100	0	0	50	50
6.42	65	−120	−45	30	0	50
6.43	25	50	40	20	−30	0
6.44	10	20	−10	−20	10	−30

6.45 다음과 같은 응력상태가 있다:
$\sigma_x = 90$, $\sigma_y = 130$, $\sigma_z = -60$, $\tau_{xy} = \tau_{yz} = \tau_{zx} = 0$MPa, $\tau_{yz} = 12$, $\tau_{zx} = 0$MPa이다. 3차 방정식(식 6.26 또는 6.27)을 이용하여 다음에 답하라.

(a) 주 수직응력과 최대 전단응력을 구하라.
(b) $\tau_{xy} = \tau_{yz} = \tau_{zx} = 0$인 경우에 대해 주 수직응력은 항상 $\sigma_1, \sigma_1, \sigma_1 = \sigma_x, \sigma_y, \sigma_z$ 임을 보여라. 또한, x-y-z 축이 1-2-3 주축과 일치함을 보여라.

【6.5절】

6.46 문제 6.5의 응력상태에 대해 8면체 수직 및 전단응력을 구하라.

6.47 문제 6.42의 응력상태에 대해 8면체 수직 및 전단응력을 구하라.

6.48 x-y-z 좌표계에 대해 0이 아닌 성분이 σ_x 와 τ_{xy} 인 평면응력의 경우를 생각하자.(예: 굽힘과 비틀림 조합응력상태에 놓인 샤프트 표면에서 일어나는 상황.) σ_x 와 τ_{xy} 를 이용하여

다음에 대한 수식을 구하라: 최대 수직응력, 최대 전단응력, 8면체 전단응력

6.49 x-y-z 좌표계에 대해 0이 아닌 성분이 σ_x 와 σ_y 인 평면응력의 경우를 생각하자.(예: 내압과 굽힘 또는/과 축하중이 동시에 걸리는 벽이 얇은 튜브에서 일어나는 상황.) σ_x 와 σ_y 를 이용하여 8면체 전단응력에 대한 수식을 구하라.

6.50 8면체 전단응력에 대한 수식을 주 전단응력으로 나타내어라.

6.51 그림 A.6(a)에 보인 바와 같이, 내부에 압력이 가해지는 두꺼운 벽을 갖는 튜브가 있다. 튜브는 끝단이 밀폐되어 있으며 끝단 밀폐의 국부적 효과는 없다고 가정한다. 8면체 전단응력 τ_h 에 대한 식을 구하되, 반경 r_1, r_2, R과 압력 p의 함수로 나타내어라. 또한 τ_h 의 최대값이 내부 벽에서 일어남을 보여라.

6.52 문제 6.32의 벽이 두꺼운 튜브에 대해,

(a) 튜브의 8면체 전단응력의 최대값을 구하라. 끝단 밀폐의 국부적 효과는 무시한다.

(b) 반경에 따른 τ_h 의 변화를 그래프로 나타내고 추이를 설명하라.

6.53 그림 6.15(a)에 보인 고체의 평형에 근거하여, 8면제 수직 및 전단응력에 대한 식 6.32와 6.33을 구하라.(힌트: 3가지 주면(principal plane)에 σ_1, σ_2, σ_3 의 주응력이 실린다. 8면체 면에 수직한 힘을 합하여 σ_h 를 구하고, 이 면에 평행한 힘을 합하여 τ_h 를 구한다.)

【6.6절】

6.54 문제 6.16에서의 연강 부품의 자유표면에서 측정한 변형에 대해, 주 수직변형과 주 전단변형을 구하라. 항복은 일어나지 않는다고 가정하라.

6.55 τ_{xy} 가 0이 아닌 순수 면전단(pure planar shear)에 대해 그림 4.20에 보인 주응력, 주 변형과 주 면을 입증하라.

6.56 알루미늄 합금 부품의 자유표면에 그림 6.16(a)와 같이 변형게이지 로제트를 부착시켜 $\varepsilon_x = 2200 \times 10^{-6}$, $\varepsilon_y = 1800 \times 10^{-6}$, $\varepsilon_{45} = 1500 \times 10^{-6}$의 변형량을 얻었다. 주 수직변형과 주 전단변형을 구하라. 항복은 일어나지 않는다고 가정하라.

6.57 그림 6.16(a)에 보인 변형게이지 로제트로 알루미늄 합금부품의 자유표면에서 $\varepsilon_x = -1550 \times 10^{-6}$, $\varepsilon_y = 720 \times 10^{-6}$, $\varepsilon_{45} = -3800 \times 10^{-6}$의 변형량을 얻었다. 항복은 일어나지 않는다고 가정한 후, 이 점에서의 응력 σ_x, σ_y 와 τ_{xy} 를 구하고 최대 수직응력과 최대 전단응력을 구하라.

6.58 공업부품의 무부하(unloaded) 자유표면에 변형게이지 로제트를 부착시켰다. 그림 6.16(b)에 보인 바와 같이 x-방향에서 반시계방향으로 $\theta = 60^\circ$ 와 120° 방향으로 변형을 측정하였다. 변형량 ε_x, ε_{60}, ε_{120}을 통해 ε_y와 γ_{xy}를 얻을 수 있는 식을 유도함으로써 면내 변형 ε_x, ε_y, γ_{xy}을 완전하게 알 수 있도록 하라.

6.59 응력에 대한 식을 수정하여 8면체면에서의 수직 및 전단변형, ε_h와 γ_h를 구할 수 있는

식을 유도하라. 이것을 일반적인 3차원 변형상태의 성분 ε_x, ε_y, ε_z, γ_{xy}, γ_{yz}, γ_{zx}으로 나타내어라. ε_h는 왜 중요한가? 어떤 조건하에서 변형에 대한 8면체 면이 응력에 대한 8면체 면과 동일한가?

복합응력하에서의 항복과 파괴

07

목적

- 복합응력하에서 파손을 예측해 주는 최대 수직응력 파괴조건, 최대 전단응력 항복조건, 8면체 전단응력 항복조건 등의 3가지 기본조건에 대한 이해 및 적용
- 이러한 기본 조건들의 적용성과 한계에 대한 비교 및 고찰
- 인장 또는 전단의 2가지 파괴모드가 일어날 수 있는 인장 또는 압축성의 복합응력하에서 취성재료의 파괴에 대한 이해도 제고

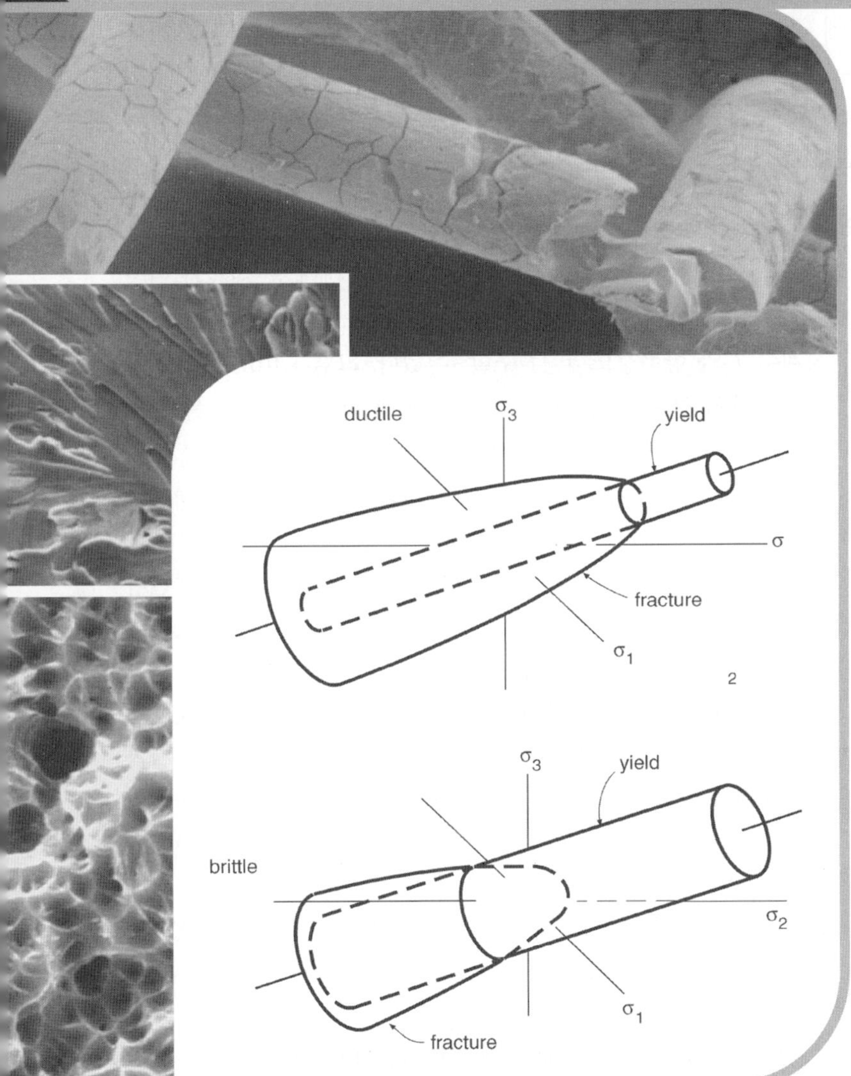

세부목차

7.1 서 론

공업부품은 인장, 압축, 굽힘, 비틀림, 압력 및 이들이 조합된 복합하중을 받게 되므로 재료의 주어진 점에서 응력이 여러 방향으로 일어날 수 있다. 복합하중이 너무 심해지면 재료가 항복 또는 파괴를 일으킬 수 있다. 그러므로 복합응력 하에서 재료를 안전하게 사용할 수 있는 한계를 예측하기 위해서는 파손조건(failure criterion)의 적용이 필요하다.

여러 가지 파손조건이 있으며 그중 일부는 항복에 의한 파손을, 나머지는 파괴에 의한 파손을 예측해 준다. 전자는 보다 구체적으로 항복조건(yield criteria)이라 하고 후자는 파괴조건(fracture criteria)이라 한다.

본 장에서는 파손조건을 응력값에 근거하여 고찰한다. 파손조건의 적용은 복합응력을 특정 지을 수 있는 응력의 유효값을 계산한 후, 이 값을 재료의 항복강도 또는 파괴강도와 비교하는 과정을 거친다. 주어진 재료가 항복 또는 파괴에 의해 파손되는 것은 재료물성과 응력상태에 의존하므로, 항복 또는 파괴 중 어느 형태가 먼저 일어날 가능성이 있는지 검토하여야 한다.

7.1.1 파손조건에 대한 필요성

파손조건에 대한 신중한 고찰의 필요성을 그림 7.1의 예로 나타내었다. 제시된 예에서, 재료가 연성재료라 가정할 때 그 거동은 근사적으로 이상적인 탄성, 완선 소성의 경우이다. 그림 7.1(a)에 보인 바와 같이, 단축 인장시험을 통해 탄성계수 E와 항복강도 σ_o를 구할 수 있다. 그림 7.1(b)에 보인 바와 같이, 세로방향으로 인장응력과 동일한 양의 압축을 가한다고 가정하면, 실험적으로 항복을 일으키는데 필요한 인장응력 σ_y는 단축응력 항복강도의 1/2 정도에 불과하다. 이러한 결과는 원하는 응력상태가 튜브 축에 45° 방향으로 놓여 있는 얇은 벽 두께를 갖는 튜브에 대한 간단한 비틀림 시험을 통해 쉽게 검증이 가능하다(그림 4.20 참조.).

다른 예로서, 그림 7.1(c)에 보인 바와 같이 인장응력 σ_y와 동일한 양의 세로방향 인장 σ_x를 가한다고 가정해 보자. 세로방향 압축이 항복강도를 낮추어주므로 직관적으로 세로방향 인장이 항복강도를 높일 것으로 예상할 수 있다. 하지만 실험을 통해 확인해 보면 세로방향 인장이 항복에 미치는 효과는 작거나 미미하다. 실험은 벽이 얇은 구형(spherical)용기를 항복이 일어날 때까지 압력을 가하거나, 벽이 얇은 튜브에 압력과 인장이 조합된 하중을 가해주는 방법을 통해서 수행한다. 재료가 회주철과 같이 취성을 갖는 재료로 바뀌면 인장성의 세로응력과 압축성의 세로응력 어느 것도 파괴에 큰 영향을 미치지 않는다.

또 다른 흥미로운 실험은 – 어렵기도 하고 아마도 불가능한 실험이지만 – 연성재료에 인장이나 압축상태의 정수압 응력 $\sigma_x = \sigma_y = \sigma_z$을 가해서 항복시키는 것이다. 그림 7.1(d)에 이것을 나타내었다. 정수압 인장은 실험적으로 구현하기 어렵지만 정수압 압축은 단순히 재료샘플을 챔버(chamber)에 넣고 압력을 가하면 된다.

따라서 복합응력상태 하에서 재료가 항복과 파괴를 일으키는지의 여부에 대한 예측을 위해 파손조건이 필요하다. 일반적으로 항복조건과 파괴조건 모두 적용이 가능하지만, 연성거동을 보이는 재료는 일반적으로 그 유용성을 항복조건에 국한시키며 취성재료의 경우는 파괴조건으로 유용성을 평가한다.

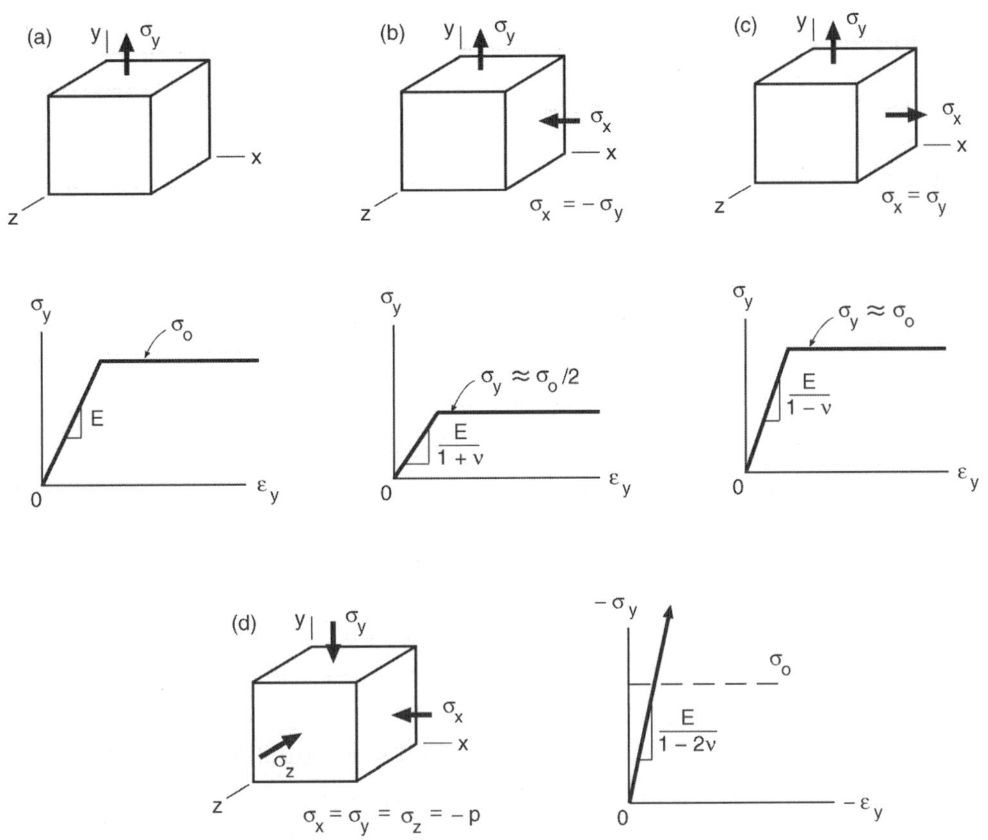

그림 7.1 여러 응력상태 하에서 연성재료의 항복강도: (a) 단축인장, (b) 인장+세로방향 압축, (c) 2축 인장, (d) 정수압 압축

7.1.2 추가적인 코멘트

응력에 기반을 둔 파손조건의 다른 대안으로 파괴역학(fracture mechanics)을 이용하여 재료 내의 균열을 구체적으로 분석하는 방법이 있다. 이러한 접근은 이 장에서는 다루지 않고 다음 장에 별도의 주제로 다루기로 한다.

대부분의 경우에 재료는 등방성이고 균질하다고 가정한다. 비등방성 재료에 대한 파손조건은 보다 복잡한 주제이며 제한적으로만 다루기로 한다. 복합응력상태가 항복에 앞서 일어나는 변형에 미치는 효과는 5장에서 이미 다루었다. 그림 7.1에 나타낸 초기 탄성기울기는 식 5.26에 나타낸 형태의 후크법칙을 통해 쉽게 구할 수 있다. 이 장에서 다루는 항복조건은 소성변형의 시작을 예측해 주며, 이 이상에서는 후크법칙이 응력-변형거동을 완전하게 묘사해 주지 못한다. 항복이후 응력-변형거동에 대한 구체적 사항을 다루는 것을 소성론(plasticity)이라 부르며 13장에서 다루게 된다.

이 장에서의 고찰은 이전 장에서 다루었던 복합응력 상태에 대한 복습에 중점을 두고자 하며, 특히 축의 변환, 모어원, 주응력, 8면체응력 등을 다룬다.

7.2 파괴조건의 일반적 형태

항복조건을 적용할 때 재료의 저항은 항복강도로 주어진다. 3.3절에 나타낸 것처럼 항복강도는 대개 단축시험을 통해 얻어지는 인장항복강도 σ_o를 통해 구한다. 파괴조건을 적용하기 위해서는 인장 및 압축 최대강도, σ_{ut}와 σ_{uc}가 필요하다. 취성거동을 보이는 재료의 인장시험에서는 대부분의 경우에 항복이 뚜렷하지 않고 최대강도와 파괴가 동시에 일어난다. 따라서 취성재료에서 σ_{ut}를 사용하는 것은 공칭파괴강도 σ_f를 사용하는 것과 동일하다.

등방성 재료의 파손조건은 수학적으로 다음과 같이 나타낼 수 있다.

$$f(\sigma_1, \sigma_2, \sigma_3) = \sigma_c \qquad \text{(at failure)} \tag{7.1}$$

여기서, 주 수직응력에 대한 특정 수학적 함수 f가 단축시험에서의 재료의 파손강도, σ_c와 동일해지면 파손(항복이나 파괴)이 일어나는 것으로 예측한다. 파손강도는 항복이나 파괴의 중요성에 따라 항복강도 σ_o를 선택하거나 최대강도, σ_{ut}와 σ_{uc}를 선택한다.

유효한 파손조건에 대한 필수요건은, 주어진 문제에 대한 초기 좌표계의 선택과 무관하게 동일한 결과를 나타내어야 한다는 점이다. 이 요구조건은 파손조건이 주응력으로 표현되면 만족시킬 수 있다. 이것은 또한 f가 하나 또는 그 이상의 식 6.29에 나타낸 응력 불변량(stress invariants)의 수학적 함수로 표현된 조건일 경우에도 만족된다.

식 7.1의 특별한 경우를 주 수직응력공간(principal normal stress space)인 3차원 좌표계 σ_1, σ_2, σ_3에 나타내었다면 함수 f는 파손표면(failure surface)라 불리는 면을 형성한다. 파손표면은 항복표면(yield surface)이나 파괴표면(fracture surface)중의 하나가 된다. 파손조건을 다루기 위해 다양하고 구체적인 수학함수 f와 이에 따른 파손표면들을 고찰하고자 한다.

가해진 하중으로 인해 주 수직응력 σ_1, σ_2, σ_3이 가해지고 있고, 재료물성 σ_c가 알려져 있으며 구체적인 함수 f가 선택되어 있는 공업부품의 한 점을 생각해 보자. 가해진 응력상태를 하나의 수학적 값으로 특정짓는 유효응력(effective stress: $\bar{\sigma}$)을 정의하면 매우 유용하다.

$$\bar{\sigma} = f(\sigma_1, \sigma_2, \sigma_3) \tag{7.2}$$

여기서 f는 식 7.1과 동일한 함수이다. 따라서 식 7.1은 식 7.3이 성립하면 파손이 일어난다는 것을 의미한다.

$$\bar{\sigma} = \sigma_c \qquad \text{(at failure)} \tag{7.3}$$

만약 $\bar{\sigma}$가 σ_c 보다 작으면 파손이 일어나지 않게 된다.

$$\bar{\sigma} < \sigma_c \qquad \text{(no failure)} \tag{7.4}$$

또한 파손에 대한 안전계수는

$$X = \frac{\sigma_c}{\bar{\sigma}} \tag{7.5}$$

다시 말하면, 파손이 일어나기 전에 가해준 응력은 X배 만큼 증가할 수 있다. 예를 들어 $X=2$이면 예상 파손응력보다 2배의 응력까지도 파손이 되지 않는다는 의미이다.

지금부터는 항복과 파괴를 예측해 주는 여러 가지 구체적인 파손조건을 설명한다.

별도로 거론하지 않는 한, 주응력의 하첨자 σ_1, σ_2, σ_3는 그 응력의 크기 순서에 따라 번호를 부여한 것이 아닌 것으로 가정한다.

7.3 최대 수직응력 파괴조건

가장 간단한 형태의 파손조건은 주 수직응력이 재료의 단축인장강도에 도달하면 파손이 일어난다고 하는 것일 것이다. 이 접근은 인장위주의 하중에서 취성재료의 파괴를 예측하는데 적합하다.

인장이든 압축이든 최대강도(ultimate strength) σ_u를 넘어서면 파괴를 일으키는 재료가 있다고 가정하자. 즉, $\sigma_{ut} = |\sigma_{uc}| = \sigma_u$라 임시로 가정한다. 여기서 σ_{ut}는 인장방향의 최대강도이고 $|\sigma_{uc}|$는 양의 값으로 나타낸 압축방향의 최대강도이다.

이러한 재료에서 최대수직응력 파손조건은 함수 f로 다음과 같이 나타낸다.

$$\sigma_u = \mathrm{MAX}(|\sigma_1|, |\sigma_2|, |\sigma_3|) \qquad \text{(at fracture)} \tag{7.6}$$

여기서 MAX는 콤마로 나타내어진 값들 중에서 최대값을 의미한다. 절대값은 압축성 주응력을 고려하기 위해 사용한다. 가해준 응력에 대한 특별한 조합을 유효응력으로 표기할 수 있다.

$$\bar{\sigma}_N = \mathrm{MAX}(|\sigma_1|, |\sigma_2|, |\sigma_3|) \tag{7.7}$$

여기서 하첨자는 최대수직응력조건을 의미한다. 따라서 $\bar{\sigma}_N$이 σ_u와 같아지면 파괴가 일어날 것으로 예상하지만 이 값보다 작으면 파손이 일어나지 않으며 파손에 대한 안전계수는 다음과 같다.

$$X = \frac{\sigma_u}{\bar{\sigma}_N} \tag{7.8}$$

7.3.1 수직응력조건에 대한 그래프 표현

$\sigma_3 = 0$와 같은 평면응력에 대해 이 파손조건을 그림 7.2(a)에 나타낸 바와 같이 σ_1과 σ_2의 그래프를 사각형으로 나타낼 수 있다. σ_1과 σ_2에 대한 어떠한 조합도 사각형 내에 놓이면 안전하며 경계에 놓이면 파괴를 일으킨다고 본다. 사각박스는 다음을 만족시키는 영역이다.

$$\mathrm{MAX}(|\sigma_1|, |\sigma_2|) \leq \sigma_u \tag{7.9}$$

안전구간의 경계를 형성하는 4가지 직선형태의 선은 그림 7.2(b)와 같이 구한다.

$$\sigma_1 = \sigma_u, \qquad \sigma_1 = -\sigma_u, \qquad \sigma_2 = \sigma_u, \qquad \sigma_2 = -\sigma_u \tag{7.10}$$

모든 3가지 주 수직응력이 0이 아닌 값을 가지는 일반적인 경우에, 식 7.6은 안전영역이 다음과 같은 경계를 가지게 된다.

$$\sigma_1 = \pm\sigma_u, \qquad \sigma_2 = \pm\sigma_u, \qquad \sigma_3 = \pm\sigma_u \tag{7.11}$$

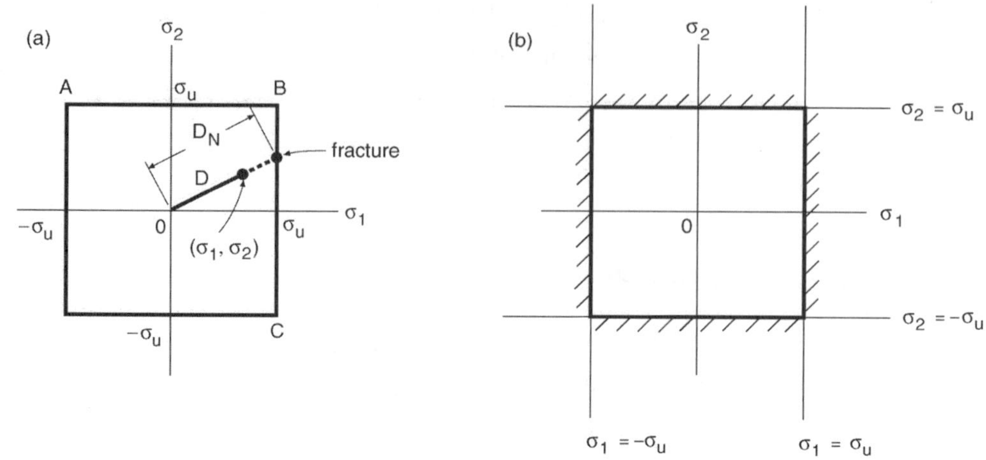

그림 7.2 평면응력에서 최대수직응력파괴조건의 파손궤적

각각의 등식은 주축에 수직한 평행한 면을 나타내며 각각 $+\sigma_u$ 와 $-\sigma_u$ 에서 교차한다. 따라서 파손표면은 그림 7.3과 같이 단순한 정사각형이 된다. 만약 σ_1, σ_2, σ_3 중의 하나가 0이라면 나머지 두 가지 주응력으로 만들어진 면의 사각형과 교차되는 2차원 영역을 고려해주면 된다. $\sigma_3 = 0$ 인 경우에 대한 이러한 교차영역을 그림 7.2에 사각형으로 나타내었다.

7.3.2 고찰

공업부품의 표면에 있는 한 점이 $\sigma_3 = 0$ 인 평면응력 상태에 놓여 있다. 또한 가해준 응력을 증가시킴에 따라 σ_1과 σ_2가 둘 다 증가하지만 그 비율 σ_2/σ_1은 일정하게 유지되는 비례하중(proportional loading)상태이다. 예를 들면, 끝단이 밀폐된 벽이 얇은 튜브에 압력을 가해주면 $\sigma_2/\sigma_1 = 0.5$가 유지된다. 여기서 σ_1은 원주(hoop)응력이고 σ_2는 길이(longitudinal)방향 응력이다.

이러한 경우 그림 7.2(a)에 나타낸 바와 같이 안전계수에 대한 그래픽 해석이 가능하다. 원점으로부터 가해준 응력점(σ_1, σ_2)까지의 직선거리를 D라고 하자. 이 직선을 파괴가 일어나는 선까지 확장시킨 거리를 D_N 이라 하자. 파괴에 대한 안전계수는 이 길이의 비율로 볼 수 있다:

$$X = \frac{D_N}{D} \tag{7.12}$$

식 7.12에 보인 안전계수에 대한 이러한 그래프적 표현은 그림 7.3에 나타낸 3차원의 경우에도 적용된다. 거리 D와 D_N은 직선으로 측정되지만 직선이 3개의 주축에 대해 기울어져 있는 모양이다. 물리적으로 합당한 파손표면이라면, 비례하중 하에서 길이비로 안전계수를 평가하는 것은 유효하다.

취성거동을 보이는 실제 재료를 가정할 경우, 압축방향의 최대강도는 대개 인장방향의 최대강도에 비해 훨씬 크며, 다축(multiaxial) 압축거동은 최대수직응력조건에 기반을 둔 어떠한 형태의 거동보다도 훨씬 복잡하다. 따라서 공학적 용도측면에서 방금 거론한 이상적인 파괴조건은 인장주도(tension-dominated) 하중상태에만 국한시켜 적용시킬 필요가 있다.

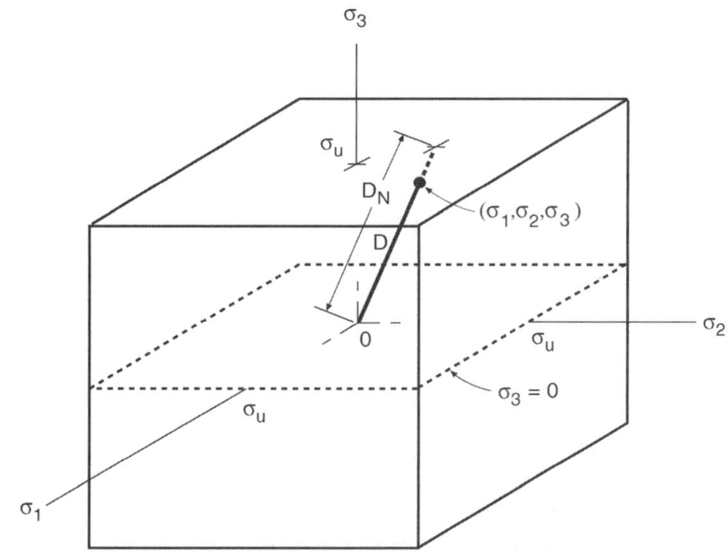

그림 7.3 최대수직응력파괴에 대한 3차원 파손표면

$$\bar{\sigma}_{NT} = \text{MAX}(\sigma_1, \sigma_2, \sigma_3), \qquad X = \frac{\sigma_{ut}}{\bar{\sigma}_{NT}} \qquad \text{(a)}$$
$$\text{where } \bar{\sigma}_{NT} > 0, \text{ and } |\sigma_{\max}| > |\sigma_{\min}| \qquad \text{(b)} \qquad (7.13)$$

이러한 수정조건은 최대 주 수직응력이 양의 값을 가져야 하고 또한 음(압축성)의 주 수직응력에 비해 그 값이 커야한다는 제약조건을 갖는다. 이러한 제약조건은 그림 7.2의 D_N선이 A–B–C 내의 파손조건과 만날 경우, 그림 7.3의 경우 입방체의 3가지 양의 면(positive–facing side)에 대해서만 유효하다는 것을 의미한다. 안전계수는 인장방향의 최대강도 σ_{ut}에 대해 수정 유효응력 $\bar{\sigma}_{NT}$을 비교하여 얻을 수 있다. 7.7절과 7.8절에서 취성재료의 압축거동과 파손조건에 대해 추가적으로 다루기로 한다.

예제 7.1

회주철 시편이 예제 6.3의 일반화된 평면응력 상태에 놓여 있다. 회주철은 대체적으로 취성거동을 보이며, 인장 및 압축 방향으로 최대강도, $\sigma_{ut}=214$와 $|\sigma_{uc}|=770$MPa를 각각 갖는다. 파괴에 대한 안전계수를 구하라.

【풀이】 예제 6.3에서 주어진 응력상태는 $\sigma_x=100$, $\sigma_y=-60$, $\sigma_z=40$, $\tau_{xy}=80$, $\tau_{yz}=\tau_{zx}=0$MPa이다. 이로부터 주 수직응력 $\sigma_1=133.1$, $\sigma_2=-93.1$, $\sigma_3=40$MPa이 얻어졌다. 따라서 식 7.13은

$$\bar{\sigma}_{NT}=\text{MAX}(\sigma_1,\ \sigma_2,\ \sigma_3)=\text{MAX}(133.1,\ -93.1,\ 40.0)=133.1\text{MPa}$$

$$X=\sigma_{ut}/\bar{\sigma}_{NT}=(214\text{MPa})/(133.1\text{MPa})=1.61 \qquad \text{(답)}$$

식 7.13에 대한 제약조건을 점검할 필요가 있다. 명백하게 $\bar{\sigma}_{NT}>0$이고, $|\sigma_{\max}|=133.1$MPa, $|\sigma_{\min}|=93.1$MPa이다. $|\sigma_{\max}|>|\sigma_{\min}|$이므로 위의 답은 유효하고 인장주도의 하중상태에 놓여 있다.

7.4 최대 전단응력 항복조건

연성재료의 경우, 재료내 결정면에서의 최대전단응력이 임계값 τ_o(재료물성)에 이르면 항복이 일어난다고 예측할 수 있다.

$$\tau_o = \tau_{\max} \qquad \text{(at yielding)} \tag{7.14}$$

이것이 최대전단응력 항복조건(maximum shear stress yield criterion)의 기본이론이며 Tresca 조건이라고도 한다. 금속의 경우, 미시적인 항복기구(yielding mechanism)가 전단응력에 기인한 전단변형, 즉 슬립(slip)현상이기 때문에 이러한 접근이 논리적으로 타당성을 갖는다(2장 참조).

7.4.1 최대전단응력 항복조건 이론

이전 장에서 최대전단응력은 3가지 주 전단응력 중에서 가장 큰 값을 의미하며 그림 6.8에 나타낸 바와 같이 주 수직응력축에 45° 방위를 갖는 면에서 일어난다. 이러한 주 전단응력은 식 6.18의 주 수직응력으로부터 구할 수 있으며 아래에 그 식을 나타내었다.

$$\tau_1 = \frac{|\sigma_2 - \sigma_3|}{2}, \qquad \tau_2 = \frac{|\sigma_1 - \sigma_3|}{2}, \qquad \tau_3 = \frac{|\sigma_1 - \sigma_2|}{2} \tag{7.15}$$

따라서 항복조건은 다음과 같이 나타낼 수 있다.

$$\tau_o = \text{MAX}\left(\frac{|\sigma_1 - \sigma_2|}{2}, \frac{|\sigma_2 - \sigma_3|}{2}, \frac{|\sigma_3 - \sigma_1|}{2}\right) \qquad \text{(at yielding)} \tag{7.16}$$

주어진 재료의 전단 항복응력, τ_o은 벽이 얇은 두께의 튜브를 이용한 단순전단시험을 통해 직접 구할 수 있다. 하지만 인장시험을 통한 단축 항복강도 σ_o는 쉽게 구할 수 있는 값이므로 σ_o로부터 τ_o를 구하는 것이 좀 더 편리하다. 단축인장시험에서 항복강도는 다음과 같다.

$$\sigma_1 = \sigma_o, \qquad \sigma_2 = \sigma_3 = 0 \tag{7.17}$$

이 값을 식 7.16의 항복조건에 대입해 주면

$$\tau_o = \frac{\sigma_o}{2} \tag{7.18}$$

단축인장시험에서 최대전단응력은 응력을 가해준 축과 45° 방위를 갖는 면에서 일어난다. 이러한 사실과 식 7.18은 그림 7.4에 보인 모어원을 이용하여 쉽게 검증할 수 있다.

따라서 식 7.16은 σ_o로 나타낼 수 있다.

$$\frac{\sigma_o}{2} = \text{MAX}\left(\frac{|\sigma_1 - \sigma_2|}{2}, \frac{|\sigma_2 - \sigma_3|}{2}, \frac{|\sigma_3 - \sigma_1|}{2}\right) \qquad \text{(at yielding)} \tag{7.19}$$

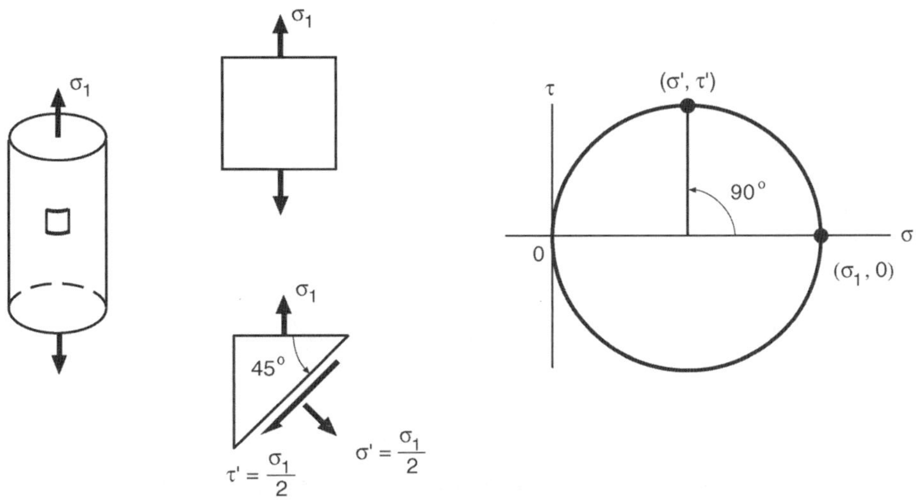

그림 7.4 단축인장시험에서 최대전단면

또는

$$\sigma_o = \mathrm{MAX}(|\sigma_1 - \sigma_2|, |\sigma_2 - \sigma_3|, |\sigma_3 - \sigma_1|) \qquad \text{(at yielding)} \tag{7.20}$$

유효응력은 식 7.3에서 가장 편리하게 정의하였으며 단축항복강도 σ_o와 동일하다. 따라서,

$$\bar{\sigma}_S = \mathrm{MAX}(|\sigma_1 - \sigma_2|, |\sigma_2 - \sigma_3|, |\sigma_3 - \sigma_1|) \tag{7.21}$$

여기서 하첨자 S는 최대전단응력 조건임을 의미한다. 항복에 대한 안전계수는

$$X = \frac{\sigma_o}{\bar{\sigma}_S} \tag{7.22}$$

7.4.2 최대전단응력조건의 그래프적 표현

$\sigma_3 = 0$와 같은 평면응력의 경우, 최대전단응력조건은 그림 7.5(a)에 나타낸 바와 같이 σ_1과 σ_2의 그래프로 나타낼 수 있다. 뒤틀어진 육각형 경계에 해당하는 점들이 항복을 의미하며 그 내부는 안전하다. 이러한 파손 궤적은 $\sigma_3 = 0$를 식 7.20에 대입하여 구할 수 있다.

$$\sigma_o = \mathrm{MAX}(|\sigma_1 - \sigma_2|, |\sigma_2|, |\sigma_1|) \tag{7.23}$$

항복이 일어나지 않는 $\bar{\sigma}_S < \sigma_o$ 영역은 선으로 둘러싸인 영역이다.

$$\sigma_1 - \sigma_2 = \pm\sigma_o, \qquad \sigma_2 = \pm\sigma_o, \qquad \sigma_1 = \pm\sigma_o \tag{7.24}$$

이러한 선은 그림 7.5(b)에 나타내었다. 첫 번째 식은 동일한 기울기를 갖는 평행한 선을 나타내며 나머지 두 식은 좌표축에 평행한 선을 나타낸다.

3가지 주 수직응력들이 0이 아닌 값을 갖는 일반적인 경우 항복을 일으키지 않는 영역의 경계는 식 7.20으로 구한다.

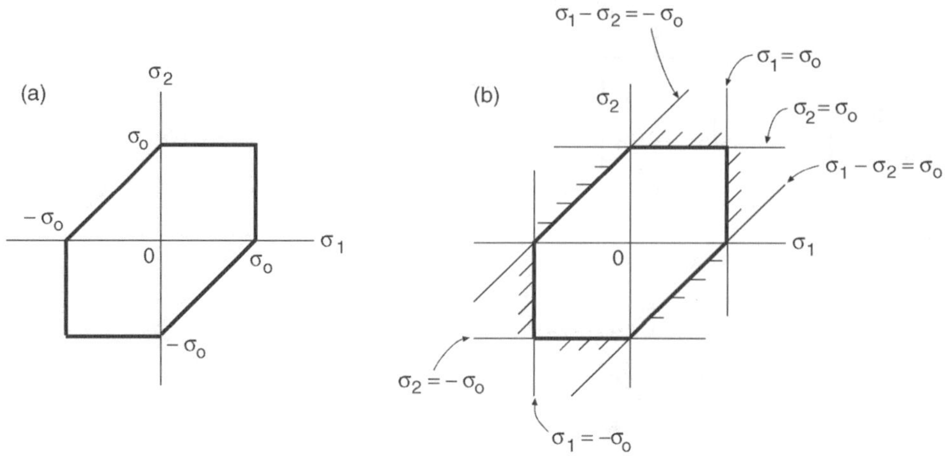

그림 7.5 평면응력에서 최대전단응력 항복조건의 파손궤적

$$\sigma_1 - \sigma_2 = \pm\sigma_o, \qquad \sigma_2 - \sigma_3 = \pm\sigma_o, \qquad \sigma_1 - \sigma_3 = \pm\sigma_o \tag{7.25}$$

이러한 각각의 식들은 식에 나타나지 않은 주응력방향에 평행한 경사진 면의 쌍을 나타내게 된다. 예를 들어, 첫 번째 식은 σ_3방향에 평행한 면의 쌍을 나타낸다. 이러한 3가지 면의 쌍들은 그림 7.6에 나타낸 육각형태 단면을 갖는 튜브를 형성한다. 튜브의 축은 $\sigma_1 = \sigma_2 = \sigma_3$인 선이다. 이 방향은 8면체면에서 주 수직응력이 모두 양의 값을 갖는 8분체에 수직한 방향이며, 보다 구체적으로는 그림 6.15의 $\alpha = \beta = \gamma$인 선이다. 만약 튜브를 선을 따라 나타낸다면 그림 7.6(b)와 같이 정육각형이 된다.

만약 σ_1, σ_2, σ_3 중의 어느 하나가 0 이면 나머지 두 응력면과 튜브의 교차점은 그림 7.5(a)에 나타낸 뒤틀어진 육각형상을 보이게 된다.

7.4.3 정수압 응력과 최대전단응력조건

주 수직응력이 모두 동일한 특별한 응력상태를 순수한 정수압 응력상태 σ_h라고 한다.

$$\sigma_1 = \sigma_2 = \sigma_3 = \sigma_h \tag{7.26}$$

예를 들어 재료가 단순 압력하중 p에 놓이게 되면 $\sigma_h = -p$가 된다. 이 경우는 그림 7.6의 육각기둥의 축을 따라 응력점이 놓여있는 것과 같다. 이 점에서는 식 7.21의 유효응력 $\bar{\sigma}_S$가 항상 0이고 항복에 대한 안전계수는 무한대가 된다.

따라서 최대전단응력조건은 정수압응력만으로는 항복을 일으키지 못하는 것으로 예측한다. 이것은 놀라워 보이지만 정수압 압축을 받는 금속에 대한 실험결과와 일치한다. 실제 정수압 인장시험은 불가능하지만, 높은 응력수준에서 항복없이 취성파괴를 일으킬 때의 상황이 이와 비슷하다고 할 수 있다.

앞에서 다루었던, 주응력 공간에서 원점으로부터의 직선길이로 안전계수를 해석하는 것은 최대전단응력조건에서도 유효하다. 응력은 육각튜브축으로부터 벗어난 만큼 항복에 영향을 미치게 되므로, 그림 7.6(b)에 보인 k와 같이 축에 수직한 투영길이도 사용될 수 있다.

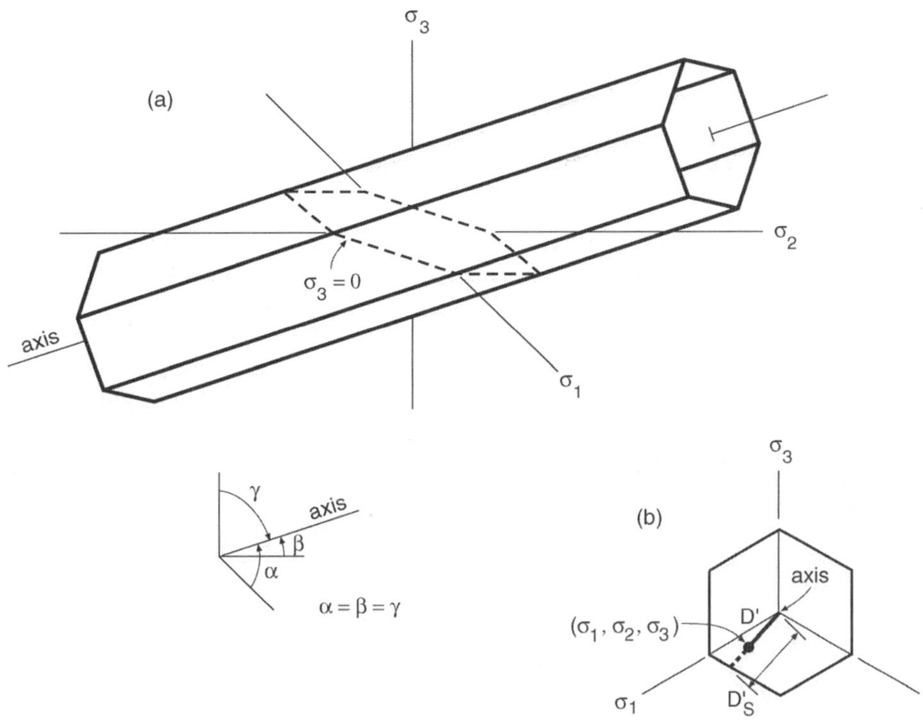

그림 7.6 최대전단응력 항복조건에 대한 3차원 파손표면

$$X = \frac{D'_S}{D'} \tag{7.27}$$

예제 7.2

예제 6.5의 벽두께 10mm, 내부직경 0.60m인 끝단이 밀폐된 파이프가 20MPa의 내압과 1200kN · m의 토오크를 받는다. 파이프가 표 4.2의 18Ni-마르에이징강으로 만들어졌다면 파이프 내벽에서의 항복에 대한 안전계수는 얼마인가?

【풀이】 예제 6.3에서 얻어진 원주, 길이, 반경방향 응력과 비틀림으로 인한 전단응력이 각각 $\sigma_t = 600$, $\sigma_x = 300$, $\sigma_r = -20$(내측), $\tau_{xy} = 205.3$ MPa이다. 이로부터 파이프 내벽에서의 주 수직응력을 구할 수 있다.

$$\sigma_1 = 704.3, \quad \sigma_2 = 195.7, \quad \sigma_3 = -20\text{MPa}$$

식 7.21로부터 최대전단응력조건을 위한 유효응력은

$$\bar{\sigma}_S = MAX(|\sigma_1 - \sigma_2|, |\sigma_2 - \sigma_3|, |\sigma_3 - \sigma_1|)$$

$$\bar{\sigma}_S = MAX(|704.3 - 195.7|, |195.7 - (-20)|, |(-20) - 704.3|) = 724.3\text{ MPa}$$

표 4.2로부터 재료의 항복강도는 1791MPa이고 내벽에서의 항복에 대한 안전계수는

$$X = \sigma_o / \bar{\sigma}_S = (1791\text{MPa})/(724.3\text{MPa}) = 2.47 \qquad \text{(답)}$$

【고찰】 외벽에 대해 $\sigma_r = \sigma_3 = 0$으로 앞에서와 동일한 계산을 해보면 $\bar{\sigma}_S = 704.3$MPa이고 $X = 2.54$가 된다. 따라서 이보다 조금 낮은 $X = 2.47$가 지배적인 안전계수가 된다.

예제 7.3

AISI1020강(압연상태)으로 만들어진 직경 d의 샤프트가 축방향 인장하중 200kN과 1.50kN · m의 토오크를 받는다.

(a) 직경이 50mm라면 항복에 대한 안전계수는 얼마인가?

(b) (a)의 상황에 대해, 항복에 대한 안전계수가 2.0이 되려면 직경을 얼마로 조정하여야 하는가?

【풀이】 (a) 가해준 축압력 P와 토오크 T로 인해 그림 E7.3에 보인 응력상태에 놓이게 되며 그림 A.1과 A.2에 근거하여 평가할 수 있다.

$$\sigma_x = \frac{P}{A} = \frac{4P}{\pi d^2}, \quad \tau_{xy} = \frac{T_c}{J} = \frac{T(d/2)}{\pi d^4/32} = \frac{16T}{\pi d^3}$$

σ_x는 균일하게 분포하며, τ_{xy}는 그 값이 가장 큰 샤프트이 표면에서 평가한다. 따라서 $\sigma_y = 0$인 평면응력이 된다.

주 수직응력은 $\sigma_3 = \sigma_z = 0$,

$$\sigma_1, \sigma_2 = \frac{\sigma_x + \sigma_y}{2} \pm \sqrt{\left(\frac{\sigma_x - \sigma_y}{2}\right)^2 + \tau_{xy}^2} = \frac{2P}{\pi d^2} \pm \sqrt{\left(\frac{2P}{\pi d^2}\right)^2 + \left(\frac{16T}{\pi d^3}\right)^2}$$

위의 식을 $\sigma_1, \sigma_2 = a \pm r$로 보면, $r > a$ 보다 크고 모어원이 그림 6.10(b)보다는 그림 6.10(a)로 그려져야 한다. σ_1과 σ_2가 최대전단응력을 결정하게 되므로

$$\bar{\sigma}_S = \text{MAX}(|\sigma_1 - \sigma_2|, |\sigma_2 - \sigma_3|, |\sigma_3 - \sigma_1|) = |\sigma_1 - \sigma_2|$$

$$\bar{\sigma}_S = 2\sqrt{\left(\frac{2P}{\pi d^2}\right)^2 + \left(\frac{16T}{\pi d^3}\right)^2} = \frac{4}{\pi d^2}\sqrt{P^2 + \left(\frac{8T}{d}\right)^2} = 159.1\text{MPa}$$

$P = 200{,}000$N, $T = 1.50 \times 10^6$N · mm, $d = 50$mm를 대입하면 N/mm^2 = MPa의 부호를 갖는 $\bar{\sigma}_S$를 구할 수 있다. 이 값과 표 4.2에 주어진 항복응력 $\sigma_o = 260$MPa로부터

$$X = \sigma_o / \bar{\sigma}_S = (260\text{MPa})/(159.1\text{MPa}) = 1.63 \qquad \text{(답)}$$

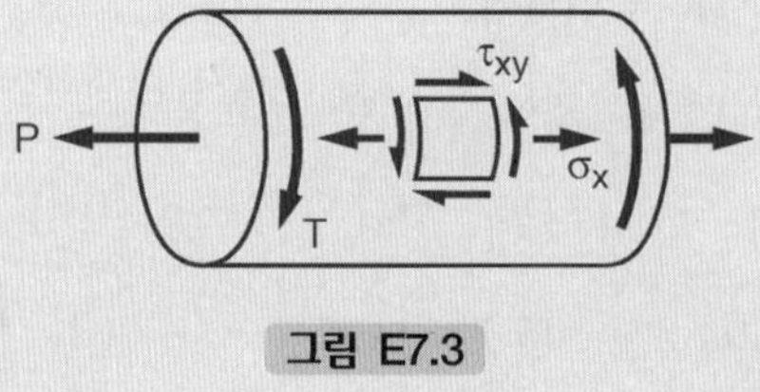

그림 E7.3

(b) 직경 d로 $X = 2.0$의 안전계수를 얻기 위해서는

$$\bar{\sigma}_S = \sigma_o/X = (260\text{MPa})/2.0 = 130\text{MPa}$$

이 값과 주어진 P와 T를 앞에서 구한 $\bar{\sigma}_S$ 식에 대입해주면

$$130\text{MPa} = \frac{4}{\pi d^2}\sqrt{(200{,}000\text{N})^2 + \left(\frac{8(1.50\times 10^6\ \text{N}\cdot\text{mm}}{d}\right)^2}$$

이 식에서 d를 바로 계산해 낼 수는 없으며 시행착오법을 이용하여 구해보면

$$d = 54.1\text{mm}$$ (답)

예상할 수 있듯이 안전계수를 (a)에서 얻은 값에서 2.0으로 증가시키려면 더 큰 직경을 필요로 한다.

7.5 8면체 전단응력 항복조건

연성금속에 주로 사용되는 또 다른 항복조건은 8면체면에서의 전단응력이 임계값에 도달하면 항복이 일어난다고 보는 것이다.

$$\tau_h = \tau_{ho} \qquad \text{(at yielding)} \tag{7.28}$$

여기서 τ_{ho}는 8면체 전단응력이고 τ_h는 항복을 일으키기 위한 응력이다. 8면체 전단응력 항복조건(octahedral shear stress yield criterion)은 von Mises 또는 변형에너지조건이라고도 한다.

이러한 접근에 대한 물리적 의미는 다음과 같다: 정수압 응력 σ_h는 항복에 영향을 미치지 않는 것으로 관찰되었으므로, 정수압 응력이 수직응력으로 일어나는 면을 찾은 후 정수압을 제외한 응력 τ_h를 파손조건으로 이용하는 것이 논리적이다. 또한 항복이 전단응력에 의해 일어나지만, τ_{max}는 재료 내 두 면에서만 일어나는 반면 τ_h는 4개의 면에서 일어나며 그렇게 작은 값이 아니라는 것도 의미가 있다(그림 6.8과 6.15를 비교.).

통계학적으로 τ_h가 슬립이 일어날 수 있는 결정면을 고려할 기회가 많으므로 이러한 점은 τ_{max}보다 다소 작은 값을 갖는다는 단점을 극복하는데 도움을 준다.

7.5.1 8면체 전단응력 항복조건 이론

이전 장과 같이, 식 6.33의 8면체면에서의 전단응력은 다음과 같다.

$$\tau_h = \frac{1}{3}\sqrt{(\sigma_1-\sigma_2)^2+(\sigma_2-\sigma_3)^2+(\sigma_3-\sigma_1)^2} \tag{7.29}$$

따라서 파손조건은

$$\tau_{ho} = \frac{1}{3}\sqrt{(\sigma_1-\sigma_2)^2+(\sigma_2-\sigma_3)^2+(\sigma_3-\sigma_1)^2} \qquad \text{(at yielding)} \tag{7.30}$$

최대전단응력에서와 같이, 인장시험으로부터 얻어진 항복응력으로 임계값을 나타내는 것이 유용

하다. 단축 응력상태 $\sigma_1 = \sigma_o$, $\sigma_2 = \sigma_3 = 0$를 8면체 전단응력 항복조건에 대입하면

$$\tau_{ho} = \frac{\sqrt{2}}{3}\sigma_o \tag{7.31}$$

이전 장에서 다루었던 8면체면의 3차원 형상으로부터, 단축응력이 작용하는 면은 그림 6.15의 각도 α 만큼 8면체면을 회전하는 것과 관계가 있다.

$$\alpha = \cos^{-1}\left(\frac{1}{\sqrt{3}}\right) = 54.7^\circ \tag{7.32}$$

단축인장시 8면체면에서의 수직응력을 아래 식으로 나타내면 동일한 결과를 모어원으로부터도 얻을 수 있다.

$$\sigma_h = \frac{\sigma_1 + \sigma_2 + \sigma_3}{3} = \frac{\sigma_1}{3} \tag{7.33}$$

이것을 만족시키는 점을 모어원에 나타내면, 그림 7.7과 같이, 앞서 거론하였던 α값과 τ_{ho}를 구할 수 있다.

식 7.30과 7.31을 조합하면 단축항복강도로 나타낸 원하는 형태의 항복조건을 얻게 된다.

$$\sigma_o = \frac{1}{\sqrt{2}}\sqrt{(\sigma_1 - \sigma_2)^2 + (\sigma_2 - \sigma_3)^2 + (\sigma_3 - \sigma_1)^2} \qquad \text{(at yielding)} \tag{7.34}$$

이전처럼, 이 이론의 유효응력을 매우 편리하게 정의할 수 있으며 이 값은 항복점에서의 단축강도 σ_o와 동일하다.

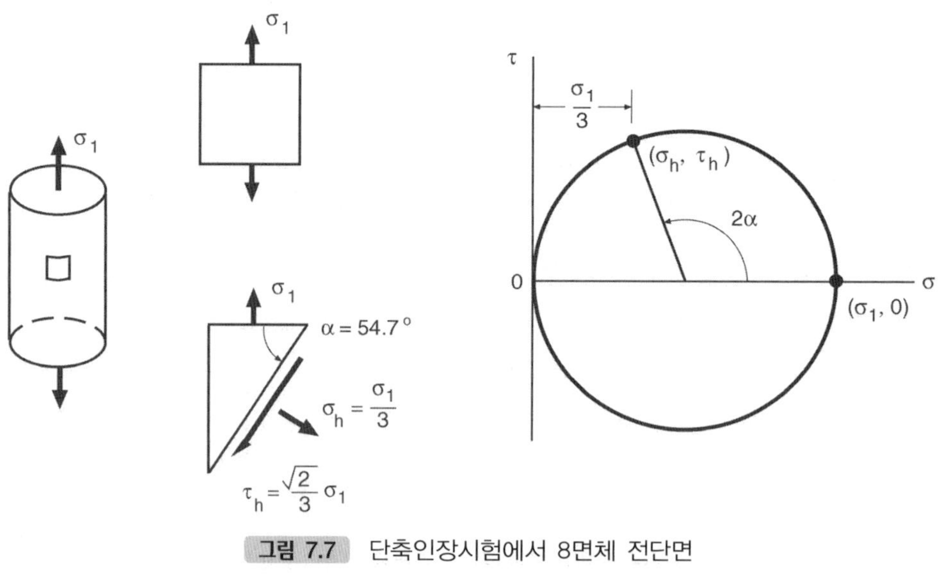

그림 7.7 단축인장시험에서 8면체 전단면

$$\bar{\sigma}_H = \frac{1}{\sqrt{2}}\sqrt{(\sigma_1 - \sigma_2)^2 + (\sigma_2 - \sigma_3)^2 + (\sigma_3 - \sigma_1)^2} \tag{7.35}$$

여기서 하첨자 H는 유효응력이 8면체 전단응력 항복조건에 의해 결정되었음을 의미한다. 또한 이에 대한 안전계수는 $X = \sigma_o / \bar{\sigma}_H$ 이다. 식 7.35를 식 6.33과 6.36으로 수정해주면, 별도로 주응력을 결정할 필요 없이, 모든 응력상태에서 유효응력을 구할 수 있다. 아래에 이 식을 나타내었다.

$$\bar{\sigma}_H = \frac{1}{\sqrt{2}}\sqrt{(\sigma_x - \sigma_y)^2 + (\sigma_y - \sigma_z)^2 + (\sigma_z - \sigma_x)^2 + 6(\tau_{xy}^2 + \tau_{yz}^2 + \tau_{zx}^2)} \tag{7.36}$$

7.5.2 8면체 전단응력 항복조건에 대한 그래프적 표현

$\sigma_3 = 0$인 평면응력에 대해, 8면체 전단응력 항복조건을 그림 7.8에 보인 바와 같이 σ_1과 σ_2로 나타내었다. 타원형상은 식 7.34 형태의 파손조건에 $\sigma_3 = 0$를 대입하면 얻어진다.

$$\sigma_o = \frac{1}{\sqrt{2}}\sqrt{(\sigma_1 - \sigma_2)^2 + \sigma_2^2 + \sigma_1^2} \tag{7.37}$$

양변을 제곱해 주면

$$\sigma_o^2 = \sigma_1^2 - \sigma_1\sigma_2 + \sigma_2^2 \tag{7.38}$$

이것은 주축(major axis)이 $\sigma_1 = \sigma_2$ 직선을 따르는 타원의 방정식이고 $\pm\sigma_o$ 점에서 축이 교차된다. 타원은 이전의 최대전단조건에서 보였던 뒤틀어진 육각형상을 안에 포함한다.

식 7.34에 나타냈듯이, 세 가지 주 수직응력이 0이 아닌 값을 가질 수 있는 일반적인 경우 항복을 일으키지 않는 경계는 $\sigma_1 = \sigma_2 = \sigma_3$ 직선을 따르는 원형의 실린더 표면이다. 이것을 그림 7.9에 나타내었다. 실린더 축을 따라 그림에 보인 바와 같이 원이 놓여 있다. σ_1, σ_2, σ_3 중의 하나가 0이면 나머지 두 주응력의 면과 실린더 표면의 교차로 인해 그림 7.8과 같은 타원이 얻어진다.

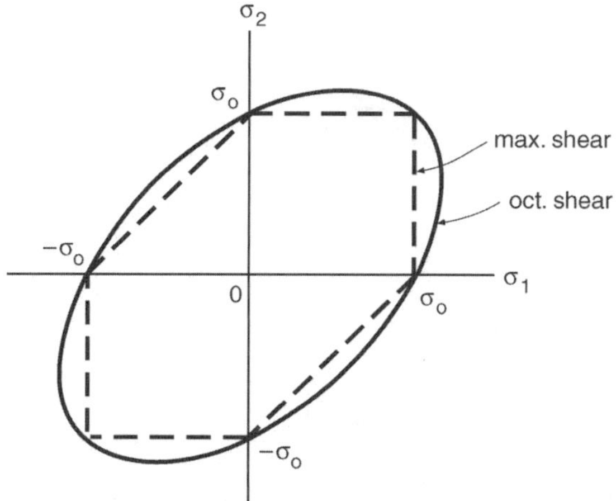

그림 7.8 8면체 전단응력항복조건에 대한 파손궤적과 최대전단응력조건과의 비교

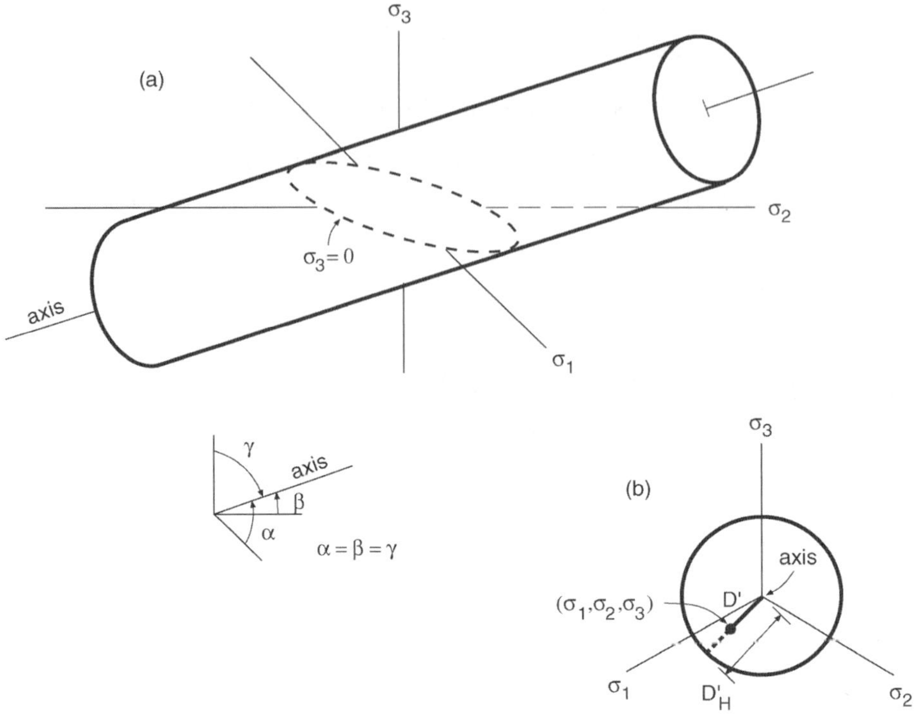

그림 7.9 8면체 전단응력항복조건에 대한 3차원 파손표면

따라서 정수압응력이 항복에 영향을 미치지 않는 최대전단조건과 유사한 상황을 얻게 된다. 특히 $\sigma_1 = \sigma_2 = \sigma_3 = \sigma_h$를 식 7.35에 대입하면 $\bar{\sigma}_h = 0$가 되고 항복에 대한 안전계수는 무한대가 된다. 항복에 대한 안전계수는 그림 7.9(b)에 나타내었듯이, 실린더 축으로부터의 거리로 해석할 수 있다. 최대전단조건에서 얻어지는 육각튜브 항복표면은 8면체 전단응력 항복조건의 실린더 표면 내에 놓인다. 그림 7.10에 동일축에서 두 조건을 비교하였다.

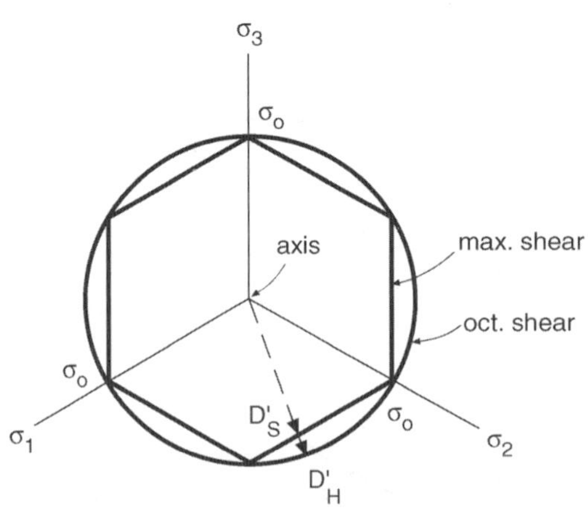

그림 7.10 최대전단과 8면체 전단응력에 대한 항복표면의 비교

7.5.3 변형에너지

재료의 요소에 응력을 가하기 위해서는 작동이 이루어져야 하며, 탄성재료의 경우 가해진 모든 일들이 위치에너지로 축적된다. 이러한 내부변형에너지의 일부는 체적변화로 또 다른 일부는 재료 요소의 형상을 변형시키는 것으로 분배된다. 정수압 응력은 그 자체로 항복을 일으키지 못하므로, 체적변화와 관련된 에너지이고 총 내부에너지의 나머지(변형)부분이 파손조건의 토대가 되는 논리적 근거가 된다. 이러한 변형에너지적인 접근에 의한 파손조건은 8면체 전단응력 항복조건도 동일한 결과를 나타낸다(자세한 내용은 Nadai(1950), Boresi(2003) 참조).

예제 7.4

8면체 전단응력 항복조건을 이용하여 예제 7.2를 다시 풀어라.

【풀이 1】 끝이 밀폐된 파이프의 경우, 내압으로 인한 원주, 길이, 반경방향 응력과 비틀림으로 인한 전단응력이 예제 6.5에서 계산되었다. 즉, $\sigma_t = 600$, $\sigma_x = 300$, $\sigma_r = -20$(내측), $\tau_{xy} = 205.3\,\text{MPa}$이다. 이로부터 파이프 내벽에서의 주 수직응력은 다음과 같다. $\sigma_1 = 704.3$, $\sigma_2 = 195.7$, $\sigma_3 = -20\,\text{MPa}$. 8면체 전단응력 항복조건에 대한 유효응력은 식 7.35로부터

$$\bar{\sigma}_H = \frac{1}{\sqrt{2}}\sqrt{(\sigma_1-\sigma_2)^2+(\sigma_2-\sigma_3)^2+(\sigma_3-\sigma_1)^2}$$

$$\bar{\sigma}_H = \frac{1}{\sqrt{2}}\sqrt{(704.3-195.7)^2+(195.7-(-20))^2+((-20)-704.3)^2} = 644.1\,\text{MPa}$$

표 4.2로부터 18Ni 마르에이징강의 항복강도는 1791MPa이며 내벽에서의 항복에 대한 안전계수는

$$X = \sigma_o / \bar{\sigma}_H = (1791\,\text{MPa})/(644.1\,\text{MPa}) = 2.78 \qquad \text{(답)}$$

【고찰】 외벽의 경우, $\sigma_r = \sigma_3 = 0$을 적용하여 다시 계산해보면 $\bar{\sigma}_H = 629.6\,\text{MPa}$이고 $X = 2.84$ 이다. 따라서 이보다 조금 낮은 $X = 2.78$ 이 지배적인 안전계수가 된다.

【풀이 2】 8면체 전단응력 항복조건에서는, 식 7.36에 나타낸 바와 같이 초기 $r-t-x$ 좌표계의 응력을 바로 적용할 수 있으므로 주 수직응력을 구할 필요가 없다.

$$\bar{\sigma}_H = \frac{1}{\sqrt{2}}\sqrt{(\sigma_r-\sigma_t)^2+(\sigma_t-\sigma_x)^2+(\sigma_x-\sigma_r)^2+6(\tau_{rt}^2+\tau_{tx}^2+\tau_{xr}^2)}$$

$$\bar{\sigma}_H = \frac{1}{\sqrt{2}}\sqrt{(-20-600)^2+(600-300)^2+(300-(-20))^2+6(0+205.3^2+0)} = 644.1\,\text{MPa}$$

예상대로 $\bar{\sigma}_H$는 풀이 1의 경우와 동일하며 $X = 2.78$ (답)이 내벽에서 동일하게 얻어진다.

예제 7.5

블록이 x방향 및 y방향으로 동일한 압축응력을 받으며 z방향으로는 변형이 일어나지 못하도록 제한되어 있다. 다이에 대해 마찰이 없고 재료가 단축 항복강도 σ_o 를 갖는 탄성-완전소성거동을 한다고 가정한다.

(a) 항복을 일으키는데 필요한 응력 $\sigma_x = \sigma_y$ 를 σ_o 와 재료의 탄성계수의 함수로 나타내어라.

(b) 재료가 단축 항복응력 $\sigma_o = 300\,\text{MPa}$와 표 5.2에 나타낸 탄성계수를 갖는 알루미늄 합금이라면 항복시 σ_y 는 얼마인가?

【풀이】 (a) 식 5.26(c)에 나타낸 z-방향으로의 후크탄성법칙에 대해, $\sigma_x = \sigma_y$ 와 z 방향으로는 변형이 일어나지 못하도록 제한되어 있으므로 ε_z 를 적용하면

$$\varepsilon_z = \frac{1}{E}\left[\sigma_z - \nu(\sigma_x + \sigma_y)\right], \quad 0 = \frac{1}{E}\left[\sigma_z - \nu(\sigma_x + \sigma_y)\right], \quad \sigma_z = 2\nu\sigma_y$$

여기서, ε_z 에 대한 두 번째 식을 풀면 세 번째 식을 얻을 수 있다. 전단응력이 없으므로 x-y-z축은 주축 1-2-3이 된다. 주 수직응력은

$$\sigma_1 = \sigma_x = \sigma_y, \quad \sigma_2 = \sigma_y, \quad \sigma_3 = \sigma_z = 2\nu\sigma_y$$

8면체 전단응력 항복조건에서의 유효응력은

$$\bar{\sigma}_H = \frac{1}{\sqrt{2}}\sqrt{(\sigma_1 - \sigma_2)^2 + (\sigma_2 - \sigma_3)^2 + (\sigma_3 - \sigma_1)^2}$$

$$\bar{\sigma}_H = \frac{1}{\sqrt{2}}\sqrt{(\sigma_y - \sigma_y)^2 + (\sigma_y - 2\nu\sigma_y)^2 + (2\nu\sigma_y - \sigma_y)^2} = \sigma_y(1 - 2\nu)$$

항복점에서 $\bar{\sigma}_H = \sigma_o$이므로 원하는 결과는

$$\sigma_y = \frac{\sigma_o}{1 - 2\nu} \qquad \text{(답)}$$

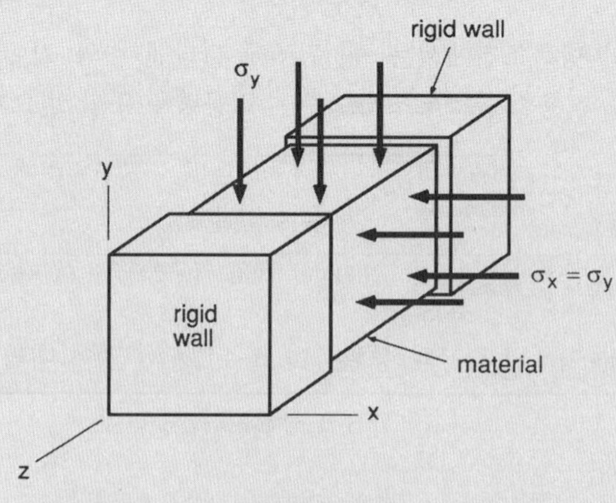

그림 E7.5

(b) 단축 항복강도 $\sigma_o = 300$MPa를 갖는 알루미늄 합금이면 단축압축방향으로 $\sigma_o = -300$MPa의 응력이 가해진다고 가정한다. 이 값과 표 5.2의 $\nu = 0.345$을 대입하여 항복을 일으키는 응력을 구한다.

$$\sigma_y = \frac{-300\text{MPa}}{1 - 2(0.345)} = -967.7\text{MPa} \qquad \text{(답)}$$

【고찰】 만약 동일한 블록이 z방향으로의 변형에 제한을 받지 않는다면 z방향으로의 응력은 0가 되고, 이전과 비슷하게 분석하면 $\sigma_y = \sigma_o$가 얻어진다. 하지만 z방향으로의 변형을 제한하면 $\sigma_z = 2\nu\sigma_y$의 응력이 발생하게 되며 이것은 항복시 $\sigma_x = \sigma_y$의 값을 단축항복강도보다 훨씬 크게 만든다. 따라서 변형을 제한시키면 재료의 항복이 억제됨을 알 수 있다. 이것은 응력 σ_x, σ_y, σ_z 모두가 동일한 부호를 가지고 이들이 작용하여 상당한 정수압 응력을 시키기 때문이며, 실제로 정수압 응력은 항복을 위해 가해주는 응력에서 빼주어야 할 부분이다. 이러한 특별한 상황에서는 최대전단응력조건도 동일한 결과를 나타낸다.

7.6 기본 파손조건에 대한 고찰

지금까지 거론된 세 가지 파손조건인 최대수직응력조건, 최대전단응력조건, 8면체 전단응력조건들은, 여러 파손조건들 중에서도 가장 기본적인 파손조건이다. 이 시점에서는 세 가지 기본적 접근을 고찰하는 것이 유용하며, 설계적인 관점과 기본 파손조건에 대한 수정 또는 조합수준의 기타 파손조건들을 다루기로 한다.

7.6.1 파손조건의 비교

최대 전단응력조건과 8면체 전단응력조건 모두 연성재료의 항복을 예측하는데 널리 사용한다. 두 조건 모두 정수압 응력은 항복에 영향을 미치지 못하며 최대 전단응력조건에서의 육각 튜브 항복표면은 8면체 전단응력조건의 원형 실린더 항복표면에 포함된다. 따라서 이러한 두 가지 조건은 복합응력하에서의 항복거동을 크게 차이나게 예측하지 않으며 그 차이가 최대 15%를 초과하지 않는다. 그림 7.10에 이를 나타내었는데 실린더 축에서 두 항복표면의 차이가 가장 큰 위치는 원이 육각형으로부터 가장 멀리 떨어져 있는 점이다. 기하학적으로 이 위치에서의 거리 비율은 $2/\sqrt{3} = 1.155$이다. 따라서 주어진 응력상태에서의 안전계수와 유효응력은 이 비율보다 큰 차이를 보이지는 못한다. $\sigma_3 = 0$인 평면응력에서는, 이러한 가장 큰 차이가 $\sigma_1 = -\sigma_2 = |\tau|$인 순수전단(pure shear)에서 일어나며, 양단이 밀폐된 벽이 얇은 튜브에 압력을 가하는 응력상태인 $\sigma_1 = 2\sigma_2$에서도 일어난다.

하지만 경우에 따라서는 최대 전단응력조건과 8면체 전단응력조건이 최대수직응력조건과 상당히 큰 차이를 나타낸다. 평면응력에서는 3가지 파손조건을 그림 7.11과 같이 비교할 수 있다. 하지만 만약 주응력의 부호가 반대일 경우에는 수직응력조건은 다른 두 조건과 많은 차이를 보인다. 실험적으로 파손조건을 비교하기에 가장 편리한 방법은 벽이 얇은 튜브를 축하중, 비틀림하중, 압력하중을 다양하게 조합하여 여러 가지 평면응력을 만들어 시험을 하는 것이다. 연성재료의 항복과 취성재료의

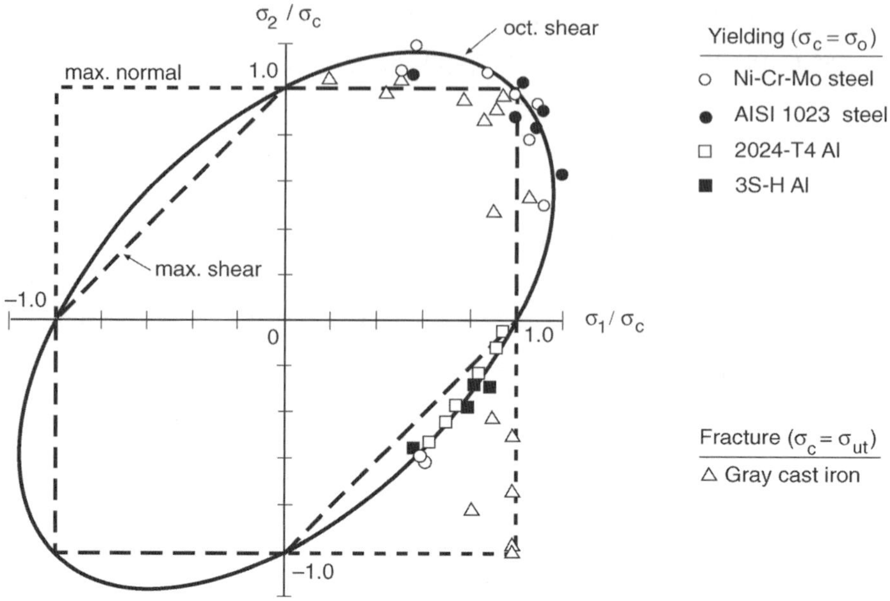

그림 7.11 3가지 조건에 대한 평면응력파손. 연강과 알루미늄합금에 대한 2축 항복데이터와 회주철에 대한 2축 파괴데이터를 이용하여 비교하였다.(출처: [Lessells 40], [Davis 45], [Naghdi 58], [Marin 40], [Coffin 50], {Grassi 49])

파괴에 대해 이러한 방법으로 얻어진 데이터를 그림 7.11에 나타내었다. 주철 데이터는 수직응력조건을 따르는 반면, 항복데이터는 두 항복조건 사이에 놓이며 대체적으로 8면체 전단응력조건과 잘 일치하고 있다.

최대 전단응력조건이 보다 보수적이며 그림 7.11에 보인 것과 유사한 연성금속에서 얻어진 실험데이터를 참고해 보더라도 거의 이 값을 벗어나지 않는 하한(lower limit)을 나타낸다. 두 항복조건 사이의 최대차이인 15%는 흔히 사용되는 안전계수와 기계설계시 포함되는 다양한 불확실성을 감안해 볼 때, 상대적으로 작은 수준이므로 어느 조건을 선택하든 문제가 되지 않는다. 보수적으로 예측하려면 최대 전단응력조건을 선택하는 것이 바람직하다.

7.6.2 하중인자 설계

거론되었던 안전계수는 허용응력설계(allowable stress design)를 따라 결정한 것으로, 이는 실제 가동시 걸리게 되는 하중에 대한 응력과 안전계수 X를 계산하여 모든 하중원(source of loading)에 획일적으로 적용하는 방법이다.

또 다른 방법으로는 하중인자설계(load factor design)로서 실제 가동시 걸리게 되는 각각의 하중에 하중인자 Y를 곱해주는 것으로, 안전계수와 비슷하다. 이렇게 하중인자를 곱해줌으로써 증가된 하중을 응력을 결정하는데 사용하고, 이 응력을 이후의 파손조건에 대한 분석에 적용한다. 항복과 파괴조건에서, 증가된 하중을 이용한 유효응력 $\bar{\sigma}$가 재료의 파손응력인 항복강도 σ_o 또는 최대인장강도 σ_{ut} 와 동일하면 파손이 되는 것으로 간주한다. 실제하중이 가해지는 서로 다른 환경상황을 고려해주기 위하여 하중원에 따라 하중인자 Y를 다르게 설정할 수 있다. 이상적으로는, 가동중 하중에 대한 통계분석을 통해 Y값을 정하는 것이 바람직하다.

이와 관련하여 다음과 같은 표기법을 사용한다. 실제 가동중 걸리게 되는 하중 P를 $\hat{P}$, 이 하중에 대한 하중인자를 Y_P로 표기한다. 파손조건의 분석에 사용되는 증가된 하중은 $P_f = Y_P \hat{P}$로 표기한다.

예제 7.6

예제 7.3(b)의 상황과 같이, AISI1020강(압연상태)으로 만들어진 직경 d의 샤프트가 축방향 인장하중 200kN과 1.50kN·m의 토오크를 받는다. 만약 하중 인자 $Y_P = 1.60$와 $Y_T = 2.50$가 축하중과 토오크에 각각 요구된다면 직경은 얼마로 하여야 하는가?

【풀이】 파손조건의 분석에 사용되는 하중인자를 고려한 하중은

$$P_f = Y_P \hat{P} = 1.60\,(200{,}000\text{N}) = 320{,}000\,\text{N}$$

$$T_f = Y_T \hat{T} = 2.50\,(1.50 \times 10^6\text{N}\cdot\text{mm}) = 3.75 \times 10^6\,\text{N}\cdot\text{mm}$$

예제 7.3의 풀이를 수정하여 P_f와 T_f를 이용하여 비슷하게 푼다.

$$\bar{\sigma}_S = \text{MAX}(|\sigma_1 - \sigma_2|,\ |\sigma_2 - \sigma_3|,\ |\sigma_3 - \sigma_1|) = |\sigma_1 - \sigma_2|$$

$$\bar{\sigma}_S = 2\sqrt{\left(\frac{2P_f}{\pi d^2}\right)^2 + \left(\frac{16T_f}{\pi d^3}\right)^2} = \frac{4}{\pi d^2}\sqrt{P_f^2 + \left(\frac{8T_f}{d}\right)^2} = \sigma_o = 260\,\text{MPa}$$

여기서 유효응력은 이미 하중인자를 반영한 값이므로 AISI1020강의 항복강도와 동일하다고 하였다. P_f와 T_f를 치환한 후 시행착오법으로 풀면 $d = 55.5\text{mm}$를 얻는다. (답)

【고찰】 만약 $Y_P = Y_T = 2.00$으로 문제를 다시 풀면 식 7.3에서 얻어진 답($d = 54.1\text{mm}$)과 동일한 답을 얻는다. 모두 동일한 하중인자를 갖는 경우는 수학적으로 안전계수와 동일하다.

7.6.3 응력집중 효과

공학부품은 복잡한 형상을 가지는 경우가 많으며 구멍, 필렛, 그루브, 키홈, 스플라인 등과 같이 국부적으로 응력을 일으키는 부분이 존재할 수 있다. 이러한 응력집중원(stress raiser)을 총칭하여 노치(notches)라고 한다(별첨 A, A.6절).

강, 알루미늄 합금, 티타늄 합금 및 기타 구조용 금속과 같은 연성재료와 여러 폴리머 재료로 만들어진 부품을 생각하자. 이 경우 재료는 부품의 강도를 크게 떨어뜨리지 않으면서도 작은 국부적 영역에서 항복을 일으킬 수 있다. 이것은 재료가 노치에서 변형을 일으키고 일부의 응력을 인접영역으로 이동시키는 응력 재분포(stress redistribution) 능력에 기인한다. A.7절의 완전 소성항복 부분에서 거론했듯이 최종 파손은 전체 단면에 걸쳐 항복이 전파된 후에 일어난다(그림 A.10과 A.14 참조).

연성재료는 국부항복을 버틸 수 있는 능력이 있다는 이유로, 정적 설계에서 항복조건을 적용할 때 응력집중효과는 대개 고려하지 않는다. 다시 말해서, 노치효과를 포함하는 국부응력 $\sigma = k_t S$이 아닌

그림 A.11과 A.12의 S와 같은 순수 단면 공칭응력(net section nominal stress)을 항복조건과 함께 사용한다(하지만 10장, 14장, 15장에 구체적으로 나타내었듯이, 반복하중이 피로균열을 발생시킬 수 있는 경우에는 응력집중효과를 반드시 고려하여야 한다).

근래에는 주요 부품에 대해서 유한요소(finite element)법과 같이 컴퓨터를 이용한 분석을 실시한다. 대개 선형탄성거동을 가정하며 8면체 유효응력($\bar{\sigma}_H$)인 von Mises 응력을 크기별로 색깔을 구분하여 나타내 준다. 이것은 항복응력을 초과하는 영역의 응력크기를 시각적으로 볼 수 있는 기회를 제공해준다. 항복이 우려되는 크기 이상으로 일어나면 설계변경이 필요하며, 설계변경후 다시 분석을 실시하여 변경사항이 성공적인지 여부를 확인해야 한다. 설계를 너무 보수적으로 하여 거의 일어나기 힘든 극심한 하중조건 하에서도 항복을 완전히 배제하는 것은 타당하지 않은 경우도 있다.

앞에서 거론한 내용은 유리, 암석, 세라믹, PMMA, 폴리머 재료, 회주철 및 기타 주조금속과 같은 취성(비연성)재료에는 적용되지 않는다. 취성재료는 충분히 변형할 수가 없어, 그림 A.10(e)에 나타낸 바와 같이, 국부적으로 높은 응력을 야기하게 된다. 따라서 국부적으로 상승된 응력, $\sigma = k_t S$, 이 파손조건과 비교되어야 한다. 인장주도의 상황에서 취성재료는, 그림 7.13에 나타낸 최대수직응력 파괴조건에 따라, 국부응력이 최대인장강도에 도달하면 파괴된다. 근사적으로 취성재료는 인장시험시 5% 이하의 연신을 보인다. 하지만 앞서 거론한 것에 대한 흥미로운 예외가 있다. 취성재료에 내재된 결함이 상대적으로 크면 작은 응력집중점의 효과를 압도하여 응력집중점의 영향이 미미해진다. 회주철이 작은 응력집중점에 대해 예민하지 않은 것이 그 예인데 상대적으로 큰 흑연 박편(flakes)에 의해 회주철의 거동이 지배되기 때문이다(부록 C의 그림 C.7 참조). 대조적으로 유리는 스크래치에 의해 약해진다.

7.6.4 비등방성 및 압력에 민감한 재료의 항복조건

8면체 전단응력조건을 비등방성(anisotropic) 또는 압력민감(pressure-sensitive) 재료에 적용할 수 있도록 다양한 경험학적 수정이 제안되었다. 비등방성 재료는 방향에 따라 그 물성이 다르다. 서로 90°로 배열된 3가지 면에 대한 대칭성을 갖는 직교이방성(orthotropic) 재료를 생각해 보자. 이러한 비등방성은 압연방향, 세로방향, 두께방향의 항복응력이 서로 다를 수 있는 압연된 금속판을 그 예로 들 수 있다. 이 경우 Hill(1998)에 의한 비등방성 항복조건은

$$H(\sigma_X - \sigma_Y)^2 + F(\sigma_Y - \sigma_Z)^2 + G(\sigma_Z - \sigma_X)^2 + 2N\tau_{XY}^2 + 2L\tau_{YZ}^2 + 2M\tau_{ZX}^2 = 1 \qquad (7.39)$$

여기서 X-Y-Z축은 재료 대칭면에 따라 배열하고 H, F, G, N, L, M 은 재료의 경험적 상수이다. σ_{oX}, σ_{oY}, σ_{oZ}를 3방향에 대한 단축항복강도라 하고 τ_{oXY}, τ_{oYZ}, σ_{oZX}는 각 직교면에서의 전단항복강도이다. 경험적 상수는 여러 항복강도를 이용하여 구할 수 있다.

$$\begin{aligned} H + G &= \frac{1}{\sigma_{oX}^2}, \qquad H + F = \frac{1}{\sigma_{oY}^2}, \qquad F + G = \frac{1}{\sigma_{oZ}^2} \\ 2N &= \frac{1}{\tau_{oXY}^2}, \qquad 2L = \frac{1}{\tau_{oYZ}^2}, \qquad 2M = \frac{1}{\tau_{oZX}^2} \end{aligned} \qquad (7.40)$$

거론한 바와 같이, Hill 조건은 직교이방성 복합재료의 파괴조건으로 성공적으로 적용할 수 있다.

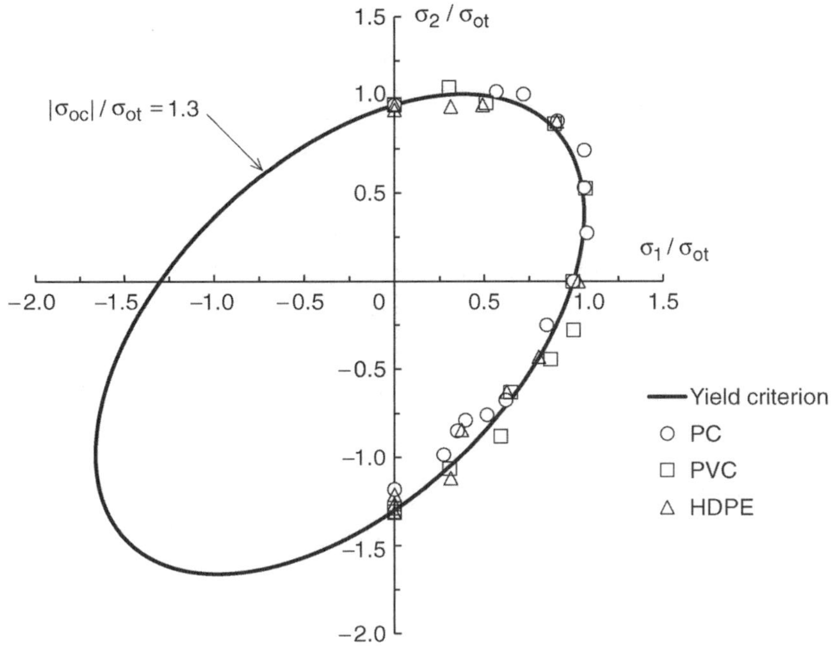

그림 7.12 여러 가지 폴리머에 대한 2축 항복데이터와 수정된 8면체전단응력이론의 비교(출처: [Raghava 72])

여러 항복강도라 이에 상응하는 최대(ultimate)강도로 대체되는 것을 제외하면 식의 형태가 동일하다. 하지만 일반적으로 인장과 압축에 대해 서로 다른 상수가 필요하며, 복합재료의 경우에는 이러한 조건만으로 완전하게 예측할 수 없는 다른 복합성이 존재한다.

만약 재료가 인장과 압축에 대해 서로 다른 항복강도를 갖는다면, 이는 정수압 응력에 대한 의존성이 추가되어야 함을 의미한다. 이러한 경우에 대해 제안된 항복조건은 다음과 같다.

$$(\sigma_1 - \sigma_2)^2 + (\sigma_2 - \sigma_3)^2 + (\sigma_3 - \sigma_1)^2 + 2\,(|\sigma_{oc}| - \sigma_{ot})\,(\sigma_1 + \sigma_2 + \sigma_3) = 2\,|\sigma_{oc}|\,\sigma_{ot} \qquad (7.41)$$

여기서 σ_{ot}와 σ_{oc}는 각각 인장과 압축에 대한 항복강도이며 σ_{oc}의 음의 부호는 절대값을 취하여 제거한다.

폴리머도 인장에 비해 압축항복강도가 더 큰 경우가 많으며 $|\sigma_{oc}|\,/\,\sigma_{ot}$의 비율이 1.2에서 1.35 사이에 주로 놓인다. 이것은 이러한 3가지 재료에 대한 2축시험 결과를 통해 그림 7.12에 나타내었다. $|\sigma_{oc}|\,/\,\sigma_{ot} = 1.3$에 대한 식 7.41에서 예상되는 거동을 나타내었다. 결과적으로 얻어진 중심이동된 타원이 이러한 데이터와 잘 일치하고 있다.

일부 예외적인 경우에, 연성재료의 항복강도가 정수압 압축에 의해 감소하는 것이 관찰되었다. Lawandowski(1998)는 이와 관련한 물리적 기구를 상부 및 하부 항복점 거동을 통해 자세하게 다룬 바 있다.

7.6.5 취성재료의 파괴

수직응력이 인장방향으로 가장 큰 절대값을 갖는 경우, 최대수직응력기준은 취성재료의 파괴를 정확하게 예측해 준다. 하지만 가장 큰 절대값을 갖는 응력이 압축성일 경우에는 이 조건의 예측값이 실제값과 차이를 보인다. 회주철에 대해 이러한 경향을 보이는 데이터를 그림 7.13에 나타내었다. 뚜렷한 차이의 특징은 압축방향의 최대강도가 인장방향의 경우보다 3배 이상 크다는 점이다.

2.4절, 3.4절, 4.2절에서 다루었듯이, 세라믹, 유리, 주조금속과 같은 취성재료들은 많은 수의 불규칙하게 배열된 미세균열이나 인장하중지지 능력이 미약한 면경계부(planar interface)를 포함하고 있음을 기술하였다. 회주철에 존재하는 흑연박편이 그러하듯이 자연석에 존재하는 수많은 결함이 이러한 효과를 나타내는 것이 그 예이다. 인장수직응력이 이러한 결함을 벌어지게 함으로써 결함을 키우게 만든다. 따라서 파손은 최대수직응력이 걸리는 면에서 일어나게 되며 이 응력에 의해서 제어된다. 그림 3.14와 4.21에 보인 사진처럼, 회주철은 인장과 비틀림하중에 대해 두 경우 모두 수직응력에 수직하게 파손을 일으킨다.

하지만 만약 지배적인 응력이 압축성이면, 면결함(균열 등.)이 서로 반대방향에서 압착되므로 이러한 거동에 영향을 덜 미치게 된다. 이것이 취성재료가 압축방향으로 높은 강도를 갖는 이유이다. 또한 주 수직응력이 걸리는 면에 경사지게 최대전단면에 근접하게 배열된 면을 따라 파손을 일으킨다(그림 4.2와 4.3에 나타낸 회주철과 콘크리트의 압축파괴사진 참조.).

인장과 압축방향으로 취성재료의 상이한 거동을 다루기 위한 한 가지 가능한 방법은 최대수직응력조건을 수정하여 압축과 인장 최고강도를 다르게 잡아주는 것이다. 이것은 그림 7.13에 나타낸 바와 같이 중심을 벗어난 사각형을 나타내는데 아직도 데이터와 잘 맞지 않는다. 또한 우수한 파손조건이라면 취성재료가 정수압 압축시 파손이 되지 않는다는 것도 예측해 주어야 한다.

따라서 취성재료의 거동을 예측해줄 수 있는 추가적인 파손조건이 필요하다. 이를 위한 몇 가지 파손조건이 제안되었으며, 이중 간단한 두 가지 경우에 대해 이 장에서 설명한다.

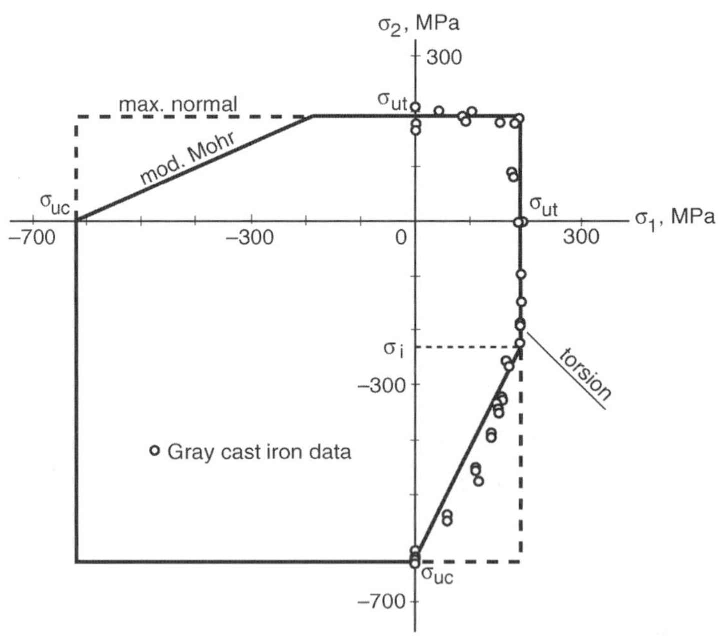

그림 7.13 회주철의 2축 파괴데이터와 2가지 파괴조건의 비교(출처: [Grassi 49])

7.7 Coulomb–Mohr 파괴조건

쿨롱-모어(C-M) 파괴조건에서는, 재료내의 주어진 면에 전단응력과 수직응력의 임계 조합응력이 작용할 때 파괴가 일어난다고 가정한다. 이 접근에 대한 가장 간단한 적용으로는 응력의 임계조합을 나타내는 수학적 함수가 선형적인 관계를 보이는 경우이다.

$$|\tau| + \mu\sigma = \tau_i \qquad \text{(at fracture)} \tag{7.42}$$

여기서 τ와 σ는 파괴면에 작용하는 응력이며 μ와 τ_i는 주어진 재료에 대한 상수이다. 그림 7.14에 보인 바와 같이 σ와 $|\tau|$ 의 도표는 직선모양을 보인다. τ축과의 교점은 τ_i가 되며 기울기는 $-\mu$가 된다. 여기서 τ_i와 μ는 모두 양의 값으로 정의한다.

가해준 응력을 주응력 σ_1, σ_2, σ_3으로 나타낸 후, 식 7.42와 동일한 축에 주면(principal plane)에 대한 모어원을 그린다. 파손조건은 3가지 원 중에서 가장 큰 원이 식 7.42의 선과 접하는 경우이다. 만약 가장 큰 원이 직선과 접하지 않으면 안전계수가 1보다 큼을 의미한다. 가장 큰 원과 선이 교차하는 점을 넘어섰다면 이미 파괴가 일어났다는 것을 의미한다. 따라서 직선은 모어원에 대한 파괴포락선(failure envelope)을 나타낸다.

가장 큰 원과 직선의 접점(σ', τ') 은 파괴면에서의 응력을 의미한다. 이러한 예측 파괴면의 방위는 가장 큰 원에 의해 결정된다. 특히, 최대 주응력(σ_1)에 수직한 면에 대해 각도 θ_c 만큼 회전된 면에서 파괴가 일어나게 된다. 여기서 재료의 회전은 모어원에서의 회전 $2\theta_c$의 1/2이다. 그림 7.14에 보인 것처럼, 2가지 가능한 면이 있다. 또한 기하학적 관계로부터 기울기 상수 μ는 각도 ϕ로 나타낼 수 있다.

$$\tan\phi = \mu, \qquad \phi = 90^\circ - 2\theta_c \qquad \text{(a, b)} \tag{7.43}$$

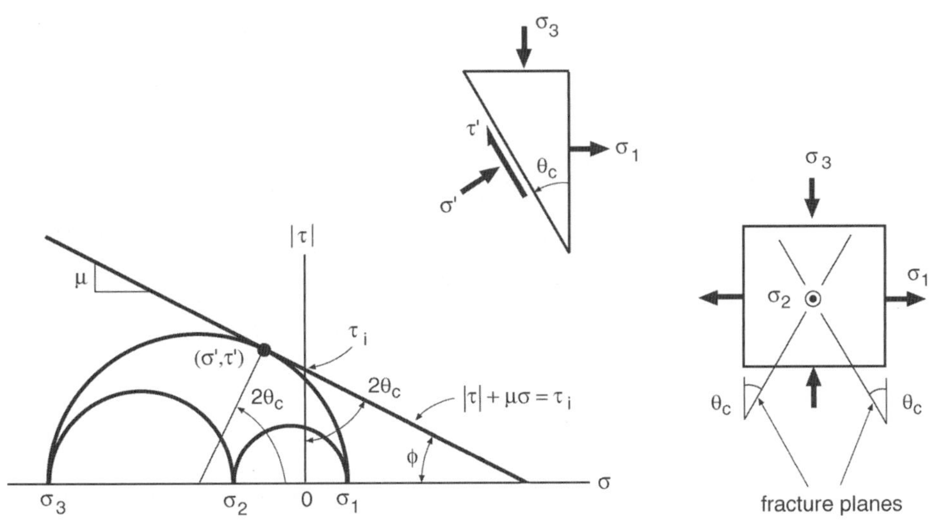

그림 7.14 모어원과 연계시킨 쿨롱-모어(C-M) 파괴조건과 예측된 파괴면

이와 같이 파손을 일으키는 전단응력 τ' 는 동일한 면에 작용하는 수직응력 σ'에 의해 영향을 받는다. 이러한 거동은 수많은 작고 불규칙하게 배열된 면결함들에 의해 취성 전단파괴를 일으키는 재료에 적합하다. 더욱 압축적인 σ'는 서로 맞닿은 면들 사이의 마찰을 증가시키게 되어 파괴를 일으키는 데 필요한 τ' 를 증가시킨다.

7.7.1 Coulomb-Mohr 파괴조건 이론

C-M 조건은 그림 7.14에 나타낸 주 수직응력으로 표현하면 편리하다. 여기서는 σ_1이 가장 큰 주 수직응력이고 σ_2는 중간값, σ_3는 가장 작은, $\sigma_1 \geq \sigma_2 \geq \sigma_3$의 응력상태를 가정하자. 가장 큰 모어원의 중심으로부터 (σ', τ') 점까지의 반경을 이용하여 σ'와 τ' 를 σ_1과 σ_3로 나타낼 수 있다.

$$\sigma' = \frac{\sigma_1 + \sigma_3}{2} + \left|\frac{\sigma_1 - \sigma_3}{2}\right| \cos 2\theta_c, \qquad |\tau'| = \left|\frac{\sigma_1 - \sigma_3}{2}\right| \sin 2\theta_c \tag{7.44}$$

이러한 관계식을 식 7.42에 치환하고 치환된 식에 다음에 나타낸 삼각함수들을 이용하여 추가적인 치환을 한다.

$$\cos 2\theta_c = \sin\phi, \quad \sin 2\theta_c = \cos\phi, \quad \mu = \tan\phi = \frac{\sin\phi}{\cos\phi}, \quad \sin^2\phi + \cos^2\phi = 1 \tag{7.45}$$

적절한 수학적 과정을 거쳐 다음의 식을 얻는다.

$$\begin{aligned} &|\sigma_1 - \sigma_3| + (\sigma_1 + \sigma_3)\sin\phi = 2\tau_i \cos\phi && \text{(a)} \\ &|\sigma_1 - \sigma_3| + m(\sigma_1 + \sigma_3) = 2\tau_i\sqrt{1 - m^2} && \text{(b)} \\ &|\sigma_1 - \sigma_3| + m(\sigma_1 + \sigma_3) = \left|\sigma'_{uc}\right|(1 - m) && \text{(c)} \end{aligned} \tag{7.46}$$

식 (a)에 새로운 상수 $m = \sin\phi$를 정의하여 식 (b)를 얻을 수 있으며 식 (c)는 식 (b)로 부터 간단하게 구할 수 있다. 식 7.45의 삼각함수 표현을 이용하면 다음과 같은 유용한 식을 얻게 된다.

$$m = \sin\phi = \frac{\mu}{\sqrt{1 + \mu^2}}, \qquad \mu = \frac{m}{\sqrt{1 - m^2}} \qquad \text{(a, b)} \tag{7.47}$$

주어진 재료에 대해 식 7.42나 7.46에 나타낸 것과 같은 파괴포락선이 알려져 있다고 가정하자. 그러면 단순압축에서 예상되는 강도인 σ'_{uc} (여기서 프라임(′) 기호는 포락선으로부터 계산된 값임을 의미)를 계산할 수 있으며, 이 값은 실제 실험을 통해 구한 σ_{uc}와는 구분된다. 이 경우의 주응력은 $\sigma_3 = \sigma'_{uc}$, $\sigma_1 = \sigma_2 = 0$이다. 이것을 식 7.46(b)에 대입하고 σ'_{uc}를 음의 값으로 나타내면

$$-\sigma'_{uc}(1 - m) = 2\tau_i\sqrt{1 - m^2}, \qquad \sigma'_{uc} = -2\tau_i\sqrt{\frac{1 + m}{1 - m}} \qquad \text{(a, b)} \tag{7.48}$$

식 7.48(a)의 수학적 처리를 통해 식 7.48(b)를 외연적 형태로 구할 수 있다. 이에 해당하는 모어원과 파괴면을 그림 7.15(a)에 나타내었다. 또한 식 7.48(a)를 식 7.46(b)에 치환하면 식 7.46(c) 형태의 포락

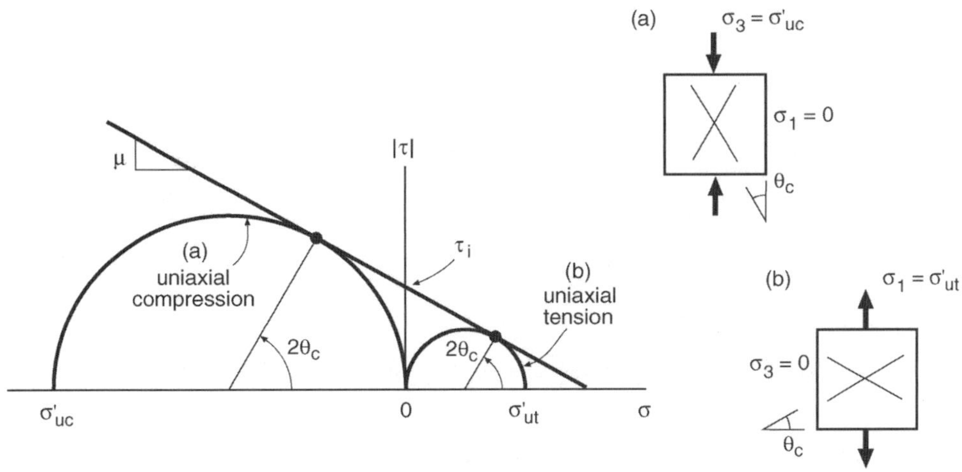

그림 7.15 인장 및 압축방향의 단축시험에 대해 쿨롱-모어(C-M)조건으로 예측된 파괴면

선에 관한 식을 얻게 된다. $\left|\sigma'_{uc}\right| = \sigma'_{uc}$를 적용하면, σ'_{uc}의 부호를 어떻게 부여하든 관계없이 정확한 값을 얻게 된다.

비슷하게, 단순인장에서 예상되는 강도인 σ'_{ut}를 주응력 $\sigma_1 = \sigma'_{ut}$, $\sigma_2 = \sigma_3 = 0$를 식 7.46(b)에 대입시켜 파괴포락선으로부터 계산할 수 있다.

$$\sigma'_{ut} = 2\tau_i\sqrt{\frac{1-m}{1+m}} \tag{7.49}$$

이에 해당하는 모어원과 파괴면을 그림 7.15(b)에 나타내었다.

또한 그림 7.16에 나타낸 단순 비틀림 시험을 보면, τ'_u는 파괴포락선에서 계산되는 전단에 대한 파괴강도이다. 주응력 $\sigma_1 = -\sigma_3 = \tau'_u$, $\sigma_2 = 0$를 식 7.46(b)에 대입시켜 다음 식을 얻는다.

$$\tau'_u = \tau_i\sqrt{1-m^2} \tag{7.50}$$

만약 다양한 응력에서의 3축 압축시험에 대한 데이터를 얻을 수 있다면 선형회귀분석을 통해 파괴포락선의 상수를 구할 수 있다. 2가지 상수가 필요하다: (1) μ, ϕ, θ_c, m 중의 하나로 나타낸 기울기와 (2) 절편 τ_i이다. 먼저 식 7.46(b)를 다음과 같이 나타낸다.

$$|\sigma_1 - \sigma_3| = -m(\sigma_1 + \sigma_3) + 2\tau_i\sqrt{1-m^2} \tag{7.51}$$

다시 선형적인 관계로 나타내면, $y = ax + b$ 이므로

$$y = |\sigma_1 - \sigma_3|, \qquad x = \sigma_1 + \sigma_3 \qquad \text{(a)}$$
$$a = -m, \qquad b = 2\tau_i\sqrt{1-m^2} \qquad \text{(b)} \tag{7.52}$$

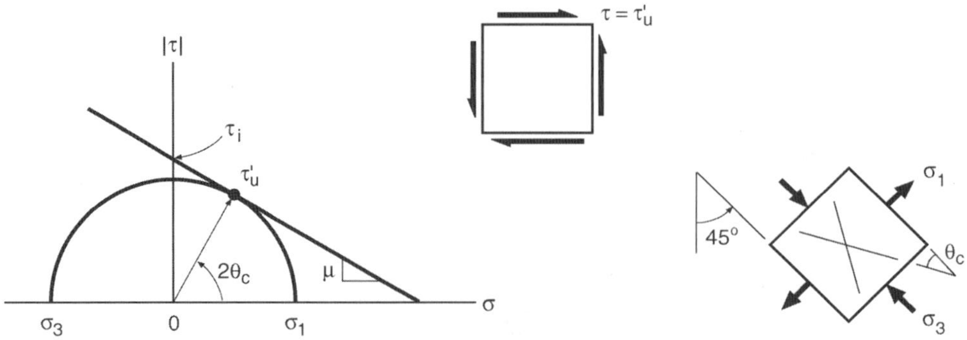

그림 7.16 순수 비틀림과 쿨롱-모어(C-M)조건으로 예측된 파괴면

표 7.1 일부 취성재료에 대한 강도와 쿨롱-모어(C-M)조건 상수

	Tension	Compression	Coulomb–Mohr Fit				
Material[1]	σ_{ut}, MPa	$\lvert\sigma_{uc}\rvert$, MPa	m	b, MPa	μ	τ_i, MPa	θ_c, deg
Siliceous sandstone[2]	3[7]	100	0.700	33.37	0.979	23.35	22.8
Granite rock[3]	13.4	143	0.824	22.00	1.455	19.42	17.3
Sand–cement mortar[4]	2.8[7]	31.8	0.497	17.11	0.573	9.86	30.1
Concrete[5]	1.7	45.3	0.631	17.90	0.814	11.54	25.4
Gray cast iron[6]	214	770	0.276	557.8	0.287	290.1	37.0

Notes: [1]The values listed will vary significantly depending on the origin of the material. Based on data from [2][Jaeger 69], [3][Karfakis 03], [4][Campbell 62], and [5][Hobbs 71]. [6]Values not fitted, but estimated from measured σ_{uc} and θ_c. [7]Value estimated from similar material.

여러 재료에 대해 그림 4,6과 유사한 시스템을 이용하여 이러한 과정을 거쳤다. 식 7.52(b)를 이용하여, 표 7.1에 나타낸 m과 τ_i 를 회귀분석을 통한 a과 b를 이용하여 계산하였다. 또한 식 7.47(b), 7.43, 7.48(b)를 이용하여 각각 구한 μ, θ_c , $\left|\sigma'_{uc}\right|$ 를 표 7.1에 함께 나타내었다.

예제 7.7

규토질 사암(siliceous sandstone)에 대해 실시한 단순인장, 단순압축, 시험편의 모든 측면에 걸쳐 측면압력 p를 가해주는 2가지 시험 등 4가지 정적파괴에 대한 시험데이터가 표 E7.7(a)에 주어져 있다. 파괴시 가해준 응력을 σ_3 라 하고 측면응력을 $\sigma_1 = \sigma_2 = -p$ 라 한다.

(a) 주어진 데이터를 식 7.51에 적용시켜 Coulomb–Mohr 파괴포락선을 나타내는 m과 τ_i를 구하라. 또한 μ, ϕ 및 θ_c를 계산하라.

(b) 각각의 시험에 대해, 얻어진 파괴포락선을 모어원과 함께 나타내어라. 직선이 시험데이터를 적절하게 나타내는가?

(c) 또한 얻어진 Coulomb–Mohr 파괴포락선에 대한 압축과 인장시 최고강도, σ'_{uc}와 σ'_{ut}를 계산한 후, 이것을 시험을 통해 얻은 실제값과 비교하라.

표 E7.7

(a) Given Stresses		(b) Calculated Values		
σ_3 MPa	$\sigma_1 = \sigma_2$ MPa	y $\|\sigma_1 - \sigma_3\|$	x $\sigma_1 + \sigma_3$	Center $(\sigma_1 + \sigma_3)/2$
3	0	—	—	1.5
−100	0	100	−100	−50
−700	−100	600	−800	−400
−1230	−200	1030	−1430	−715

Source: Data in [Jaeger 69] pp. 75 and 156.

【풀이】 (a) y와 x의 값은 식 7.53(a)로부터 계산하며 표 E7.7(b)에 나타내었다. 이 값들에 대한 (단순 인장시험 제외) 선형 최소자승법을 통해

$$a = -0.6995,\ b = 33.37\text{MPa}$$

식 7.53(b)로부터

$$m = -a = 0.6995,\ \tau_i = \frac{b}{2\sqrt{1-m^2}} = \frac{33.37\text{MPa}}{2\sqrt{1-0.6995^2}} = 23.35\text{MPa} \qquad (답)$$

추가적인 값은 식 7.47과 7.43으로부터 계산할 수 있다.

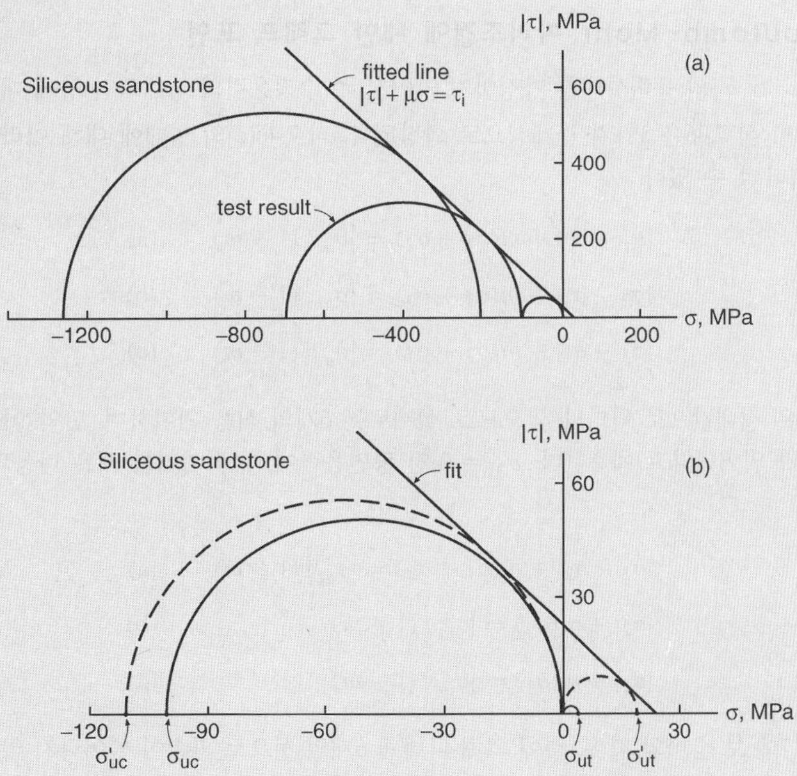

그림 E7.7

$$\phi = \sin^{-1} m = 44.39°,\ \ \mu = \tan\phi = 0.9789,\ \theta_c = \frac{90° - \phi}{2} = 22.81° \qquad \text{(답)}$$

(b) 파괴포락선은 얻어진 값들을 식 7.42에 대입하여 구한다.

$$|\tau| + 0.9789\,\sigma = 23.35\,\text{MPa} \qquad \text{(답)}$$

이 직선은 그림 E7.7(a)와 (b)에 나타내었는데 (b)는 원점에 가까운 영역을 더 자세하게 보여주고 있다. 각 시험으로부터 구한 가장 큰 모어원을 나타내었으며 각 원의 중심은 표 E7.7(b)에 편의상 나타내었다. 직선은 압축방향의 3가지 시험에 대한 원과 잘 일치하지만 단순 인장시험에 대한 원보다는 훨씬 위에 있다.

(c) 파괴포락선을 통한 단순 압축과 인장에 대한 강도값, σ'_{uc}와 σ'_{ut}는 m과 τ_i를 식 7.48과 7.49에 대입하여 구한다.

$$\sigma'_{uc} = -111.1,\ \sigma'_{ut} = 19.63\,\text{MPa} \qquad \text{(답)}$$

σ'_{uc} 값은 $\sigma_{uc} = -100$MPa보다 약 10% 정도 크며 이것은 통계학적 산포범위 내에 놓인다. 하지만 σ'_{ut}는 $\sigma_{ut} = 3$MPa보다 훨씬 크며 얻어진 파괴포락선도 명백하게 인장시험데이터와 일치하지 않는다.

7.7.2 Coulomb-Mohr 파괴조건에 대한 그래프 표현

$\sigma_1 \geq \sigma_2 \geq \sigma_3$의 응력상태를 가정하지 않아서 주 수직응력의 상대적인 양에 대한 어떠한 제한사항이 없다면, 식 7.46은 3가지 관계식으로 확장된다. 식 7.46(c)의 형태에 대해 이러한 관계식은 다음과 같이 나타낼 수 있다.

$$\begin{aligned} |\sigma_1 - \sigma_2| + m(\sigma_1 + \sigma_2) &= |\sigma'_{uc}|(1-m) && \text{(a)} \\ |\sigma_2 - \sigma_3| + m(\sigma_2 + \sigma_3) &= |\sigma'_{uc}|(1-m) && \text{(b)} \\ |\sigma_3 - \sigma_1| + m(\sigma_3 + \sigma_1) &= |\sigma'_{uc}|(1-m) && \text{(c)} \end{aligned} \qquad (7.53)$$

이 식들은 절대값으로 나타나 있으므로 실제로는 6개의 식을 의미하며, 만약 이중에 하나만 만족되면 파괴가 일어난다고 예측한다. $\sigma_3 = 0$ 인 평면응력에 대해 이러한 식은 다음과 같이 나타낼 수 있다.

$$\begin{aligned} |\sigma_1 - \sigma_2| + m(\sigma_1 + \sigma_2) &= |\sigma'_{uc}|(1-m) && \text{(a)} \\ |\sigma_2| + m(\sigma_2) &= |\sigma'_{uc}|(1-m) && \text{(b)} \\ |\sigma_1| + m(\sigma_1) &= |\sigma'_{uc}|(1-m) && \text{(c)} \end{aligned} \qquad (7.54)$$

그림 7.17에 보인 바와 같이, 식에 의해 나타낸 6개의 선으로 파손이 일어나지 않는 영역의 경계를 형성한다. 포락선과 관련된 인장과 압축방향의 상이한 파괴강도는 식 7.48과 7.49를 결합하여 관계지을 수 있다. $-|\sigma'_{uc}| = \sigma'_{uc}$를 치환하면

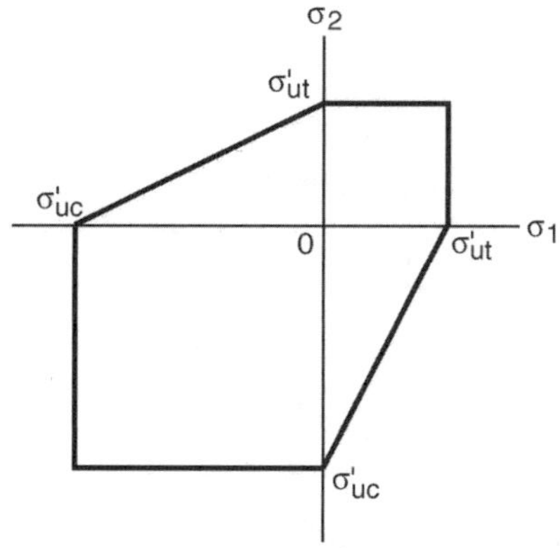

그림 7.17 평면응력에 대한 쿨롱-모어(C-M)조건의 파손궤적

$$\sigma'_{ut} = \left|\sigma'_{uc}\right| \frac{1-m}{1+m} \tag{7.55}$$

3차원 응력상태의 일반적인 경우에 대해, 식 7.53은 그림 7.18에 나타낸 파손표면을 제공해주는 6개의 면을 나타낸다. 표면은 $\sigma_1 = \sigma_2 = \sigma_3$ 선을 따라 정점을 형성한다.

$$\sigma_1 = \sigma_2 = \sigma_3 = \left|\sigma'_{uc}\right| \frac{1-m}{2m} \tag{7.56}$$

따라서 m 값과 μ 값에 의해 정점이 형성되는 위치가 결정된다. m 또는 μ 값이 클수록 6개의 면들이 서로 더욱 뒤틀어져 원점에 가까운 곳에 정점을 형성한다. 만약 σ_1, σ_2, σ_3 중의 하나가 0이면, 이 표면과 남아있는 두 주응력이 형성하는 면의 교차점은 그림 7.17과 같은 형태를 만든다.

식 7.25와 7.53의 비교를 통해 $m = 0$일 때의 C-M 조건은 최대 전단응력조건과 동일함을 명백하게 알 수 있다. 이 경우, 그림 7.17은 그림 7.5와 동일한 대칭적인 형상을 갖게 된다. 파손표면의 정점은 무한하게 이동하며 이것의 단면은 크기가 동일한 완전한 6각형상을 갖는다. 따라서 최대전단조건은 C-M 조건의 특별한 경우로 볼 수 있다.

7.7.3 Coulomb-Mohr 파괴조건에 대한 유효응력

C-M 조건에 대한 유효응력은 이 장의 다른 파손조건에서와 비슷하게 정의할 수 있다. 먼저 식 7.53가 파손표면을 묘사한다는 것을 생각하자. 만약 실제로 가해진 응력이 (a), (b), (c)의 왼쪽항이 $\left|\sigma'_{uc}\right|(1-m)$ 보다 작아지도록 가해진다면, 파괴에 대한 안전계수가 1보다 커진다. 식 7.53으로부터 파생된 다음의 3가지 값을 보자.

$$\begin{aligned} C_{12} &= \frac{1}{1-m}\Big[|\sigma_1 - \sigma_2| + m(\sigma_1 + \sigma_2)\Big] && \text{(a)} \\ C_{23} &= \frac{1}{1-m}\Big[|\sigma_2 - \sigma_3| + m(\sigma_2 + \sigma_3)\Big] && \text{(b)} \\ C_{31} &= \frac{1}{1-m}\Big[|\sigma_3 - \sigma_1| + m(\sigma_3 + \sigma_1)\Big] && \text{(c)} \end{aligned} \tag{7.57}$$

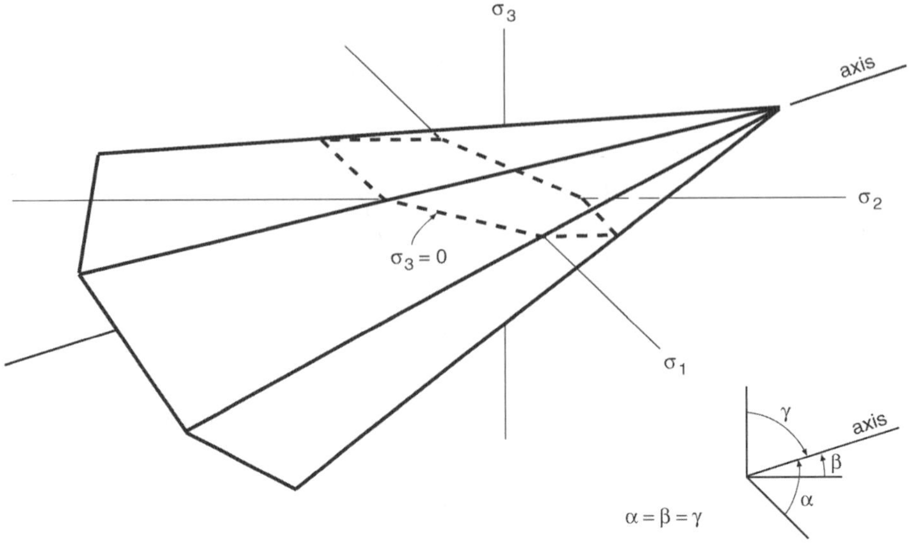

그림 7.18 쿨롱–모어(C–M)파괴조건의 3차원 파손표면

만약 가해준 응력이 이 값들 중 하나가 $|\sigma'_{uc}|$에 이르게 하면 파괴가 일어나는 것으로 예측한다. 따라서 유효응력 $\bar{\sigma}_{CM}$과 이에 상응하는 파괴에 대한 안전계수 X_{CM}는 다음과 같이 정의된다.

$$\bar{\sigma}_{CM} = \text{MAX}(C_{12}, C_{23}, C_{31}), \qquad X_{CM} = \frac{|\sigma'_{uc}|}{\bar{\sigma}_{CM}} \qquad \text{(a)}$$
$$\bar{\sigma}_{CM} = 0, \quad X_{CM} = \infty, \quad \text{if MAX} \le 0 \qquad \text{(b)} \qquad (7.58)$$

(b)와 같은 상황은, 가해진 응력의 조합으로 인해 원점으로부터 $(\sigma_1, \sigma_2, \sigma_3)$점까지의 직선이 그림 7.18에 나타낸 형태의 파손표면과 교차하지 않는 경우에 일어나는 상황이다. $\sigma_1 = \sigma_2 = \sigma_3 = -p$ (여기서, p는 압력)의 응력상태를 그 예로 볼 수 있다.

이상적으로는 이러한 식들에 사용될 σ'_{uc}와 m값은 파손포락선을 통해 구할 수 있지만 단순압축에서 얻은 시험데이터 σ_{uc} 만을 구할 수 있다. 이러한 경우에는 σ'_{uc}를 σ_{uc}와 동일하다고 간주한 후 m값을 구할 필요가 있다. 이것은 단순 압축시험을 통해 파괴각도 θ_c를 측정한 후, 식 7.43(b)와 7.47(a)에 적용시켜 $m = \sin\phi = \sin(90° - 2\theta_c)$를 통해 구한다. 근사적으로는 유사한 재료에 대해 알려진 값으로부터 m을 결정할 수도 있다. Paul(1961)의 논문에서 $\phi = 20°$인 회주철에 대한 일반적인 값으로 $\theta_c = 35°$와 $m = 0.342$를 제안한 것이 그 예이다.

7.7.4 고찰

그림 7.14에서 보인 하향 기울기의 파괴포락선을 나타내는, 0이 아닌 양의 μ를 갖는 C–M 조건에서 예측된 거동은 취성재료에서 관찰되는 거동과 많은 경우에 대해 일치한다. 먼저 압축방향의 파괴강도가 인장의 경우보다 크며 μ가 증가할수록 그 차이가 커진다. 인장과 압축방향으로 다른 강도를 나타내는 시험데이터는 회주철의 경우에 대해 그림 7.13에 이미 나타내었다. 세라믹 재료에 대한 데이터는 그림 7.19에 나타내었다(추가적인 재료에 대한 데이터는 표 3.4를 참조).

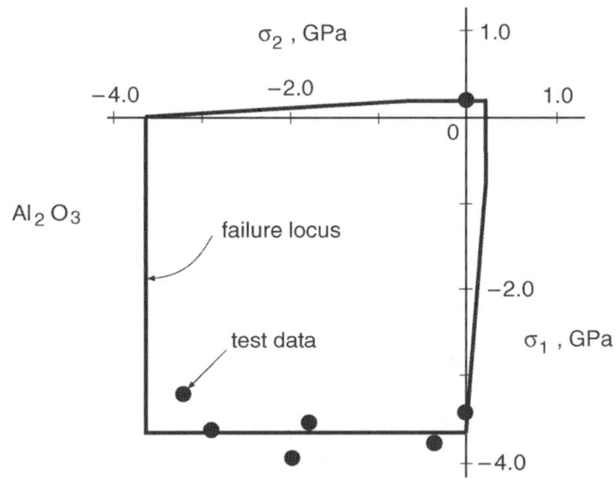

그림 7.19 세라믹 알루미나(Al_2O_3)의 2축 압축에 대한 시험데이터와 파손궤적(출처: [Sines 75])

압축시 파괴면을 관찰해 보면 하중축에 대해 $\theta_c = 20°\sim40°$의 예각을 보이는 경우가 많이 있다(그림 4.2와 4.3의 주철과 콘크리트의 파괴된 압축시편을 보고 그림 7.15와 비교하라). 식 7.43으로부터 이 값은 근사적으로 1.2~0.2 범위의 μ값에 해당한다.

하지만 인장시험에 대해 예측된 파괴면은 부정확하다. 취성재료는 일반적으로 최대인장응력에 수직한 면에 근접한 면에서 인장방향으로 파단되며 그림 7.15에 보인 면에서 일어나지 않는다. 비틀림시험에서의 취성재료의 파손도 일반적으로 최대인장응력에 수직한 면에서 일어나며, 그림 7.16에서처럼 C-M 이론에 의해 예측된 면에서 일어나지 않는다(그림 3.14와 4.21의 파손된 인장 및 비틀림 주철시험편 참조). 더군다나 인장, 압축, 전단시 파괴강도는 식 7.48과 7.50에 사용된 단일 m값에 의해 예측된 것과 같이 서로 연관이 되지는 않는다.

인장과 비틀림 거동을 조절하는 최대 인장응력의 상황은 C-M조건과 다른 상황이긴 하지만, 최대수직응력 파괴조건이 조합된 C-M조건을 사용하여 다룰 수 있다. 수정된 모어 파괴조건(modified Mohr fracture criterion)이라 불리는 이러한 조합은 7.8절에서 다루기로 한다.

식 7.46에 대해 다른 형태를 사용하기도 한다. $\sigma_1 \geq \sigma_2 \geq \sigma_3$ 을 가정하면 7.46(c)만 필요하므로 식 7.60을 수학적으로 구할 수 있다.

$$\sigma_3 = h\sigma_1 - |\sigma'_{uc}|, \qquad \text{where } h = \frac{1+m}{1-m} \tag{7.59}$$

선형적 관계가 데이터와 일치하지 않는 경우가 있으므로 식 7.59는 다음과 같이 일반화할 수 있다.

$$\sigma_3 = -k(-\sigma_1)^a - |\sigma_{uc}| \qquad (\sigma_3 \leq \sigma_2 \leq \sigma_1) \tag{7.60}$$

여기서 k와 a는 상수이고 σ_{uc}는 시험데이터로 얻은 단순 압축강도이다. 비선형 관계를 나타낼 필요가 있으면 a값이 1보다 작은 0.7~0.9 범위의 값을 갖도록 한다. σ_3와 σ_1 사이에 비선형 관계는 식 7.42와 그림 7.14에 나타낸 직선보다는 곡선형태의 파괴포락선을 의미한다. 취성재료의 파손이 파괴가 아닌 연성항복에 의해 좌우되는 큰 구속압력 하에서, 곡선형태의 파괴포락선이 실제로 관찰되기도 한다.

C-M 포락선을 얻기 위한 시험에서, 파손시 σ_3는 측면압력에 기인한 $\sigma_1 = \sigma_2$ 보다 큰 압축응력을 보이며 이를 예제 7.7에 보인 것처럼 Type I 시험이라 부른다. 또 다른 방법으로는 σ_1을 낮은 압축값으로 유지한 상태에서 $\sigma_3 = \sigma_2$를 파괴시점까지 증가시키는 것으로 이를 Type II 시험이라 부른다. Type II 시험의 C-M 포락선은 일반적으로 Type I 시험보다 위에 놓인다. 따라서 중간 주응력 σ_2가 영향을 미치게 된다. 보다 일반적인 접근이 바람직하지만 Type I 시험으로 얻은 포락선을 이용하는 것이 보수적인 근사측면에서 합리적인 것으로 알려져 있다.

7.8 수정된 모어(Mohr) 파괴조건

이미 거론한 바와 같이 C-M파괴조건은 인장 및 압축시 취성재료의 거동과 잘 맞지 않는다. 이러한 문제점은 그림 7.20에 보인 바와 같이, 최대 수직응력 파괴조건이 조합된 C-M조건을 사용하여 다룰 수 있다. 특히, 압축주도적 거동에서의 C-M파괴궤적을 삭제하고 최대 수직응력 파괴조건으로 대체할 수 있는데, 전자를 통한 예측이 후자의 값을 초과하는 어떤 경우에도 적용가능하다. 이러한 조합을 수정된 모어 파괴조건(M-M: modified Mohr fracture criterion)이라 한다.

7.8.1 수정된 모어 파괴조건 이론

그림 7.20(a)의 2축 응력에 대한 σ_1과 σ_2의 파괴궤적에 대해, 단순인장의 경우 또는 모두 양의 값을 갖는 2축응력의 경우, 파괴는 단순인장시험을 통해 측정한 σ_{ut}에 의해 좌우되며, C-M조건과 식 7.49나 7.55에서 예측된, 더 큰 값을 갖는 σ'_{ut}에 의해 좌우되지 않는다. 그림 7.20(b)에 나타낸 σ와 $|\tau|$의 파괴포락선을 보면 σ_{ut}에서의 수직선은 C-M조건의 경사선을 제거함으로써 σ'_{ut}가 다시 실제 거동에 관여하지 못하도록 만든다.

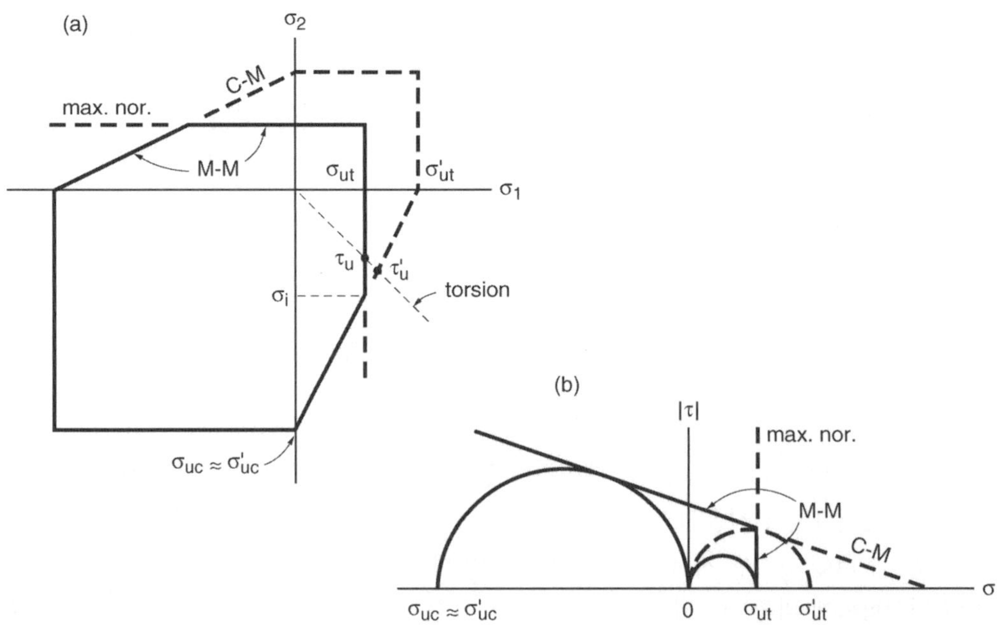

그림 7.20 쿨롱-모어(C-M)조건의 일부를 제거한 최대 수직응력조건으로 만든 수정된 모어(M-M) 파괴조건

단순 압축에 대해, $\sigma_{uc} \approx \sigma'_{uc}$가 그림 7.20(a)와 (b)에 표기되어 있다. 이 두 값은 실제 데이터의 통계학적 산포나 C-M 포락선에서의 압축주도적 거동으로 인해 생길 수 있는 미세한 차이에 해당하는 차이를 갖는다(만약 식 7.60을 적용하였을 때처럼 선형성에서 크게 벗어난다면, 보다 일반적인 접근이 필요하다). 일반적으로, 인장주도적 거동은 최소한 그림 7.20(a)의 단순 비틀림에 대한 $\sigma_1 = -\sigma_2$ 직선에 최소한 도달하거나 약간 넘어서기도 한다(그림 7.11과 7.13의 데이터 참조). 따라서, 비틀림시 파괴는 $\tau_u = \sigma_{ut}$에서 일어날 것으로 예측되며 C-M조건과 식 7.50으로부터 얻어진 큰 값의 τ'_u에서 일어나지는 않는다.

C-M 조건과 2축응력에 대한 M-M 파손궤적의 최대 수직응력 파괴조건 부분의 교차가, 그림 7.20(a)에 나타낸 바와 같이 응력 σ_i 에서 일어난다. 특히, C-M조건과 최대 수직응력 파괴조건 모두를 따르는 2축응력상태, $\sigma_1 = \sigma_{ut}$, $\sigma_2 = \sigma_i$, $\sigma_3 = 0$ (여기서, σ_i가 음의 값)가 존재하는 경우가 많으며, 이러한 응력 조합을 식 7.53(a)에 대입한 후 σ_i에 대해 풀면 다음 식을 얻는다.

$$\sigma_i = -|\sigma'_{uc}| + \sigma_{ut}\frac{1+m}{1-m} \qquad (\sigma_{ut} \le \sigma'_{ut}) \tag{7.61}$$

3차원에서의 M-M 파손궤적은 그림 7.21과 비슷하다. 최대수직응력 입방체에 있는 3가지 양(positive)의 면들로 인해 C-M 파손표면이 삭제된다(그림 7.21을 그림 7.3과 7.18와 비교해 보라). 수직응력 입방체에 있는 3가지 양(positive)의 면들은 다음과 같다.

$$\sigma_1 = \sigma_{ut}, \qquad \sigma_2 = \sigma_{ut}, \qquad \sigma_3 = \sigma_{ut} \tag{7.62}$$

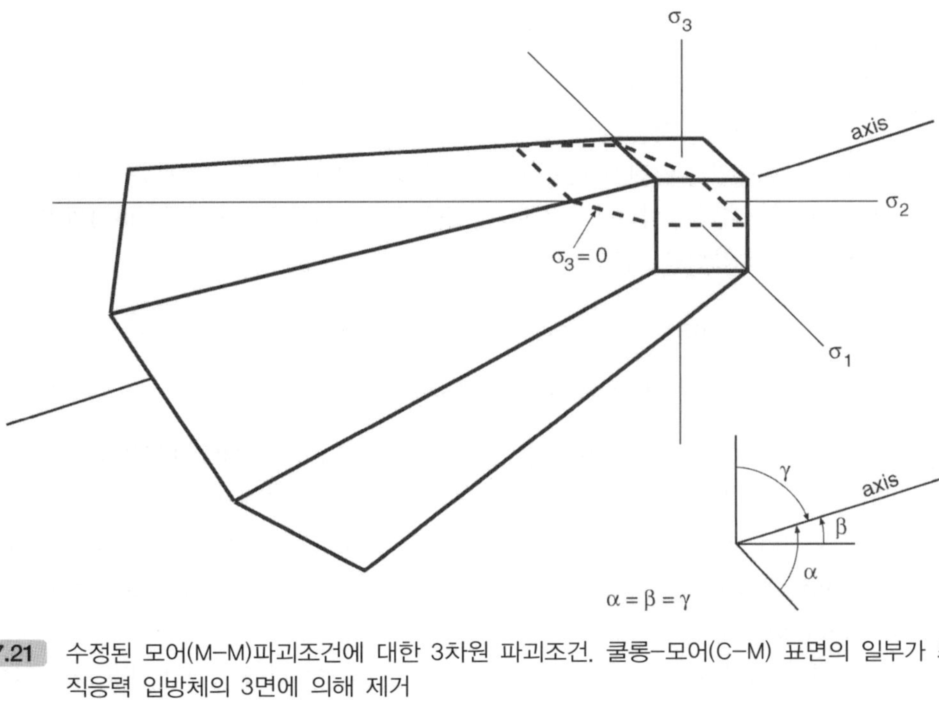

그림 7.21 수정된 모어(M–M)파괴조건에 대한 3차원 파괴조건. 쿨롱–모어(C–M) 표면의 일부가 최대 수직응력 입방체의 3면에 의해 제거

따라서 파손표면은 식 7.53에 대한 6가지 면들에 부가해서 이러한 3면들로 주어진다. 이러한 9가지 면들 중 어느 한 면이라도 도달되면 파괴가 예측된다. 이러한 면들의 6개의 모서리를 따라 2가지 파손표면이 교차한다(그림 7.21에 이러한 모서리 중 4개는 나타나있고 2개는 숨겨져 있다). 평면응력의 경우, 그림 7.20(a)에 보인 파손궤적인 실선은 파괴표면이 $\sigma_3 = 0$와 같은 면과의 교차에 의해 얻어진다.

M-M조건은 (1) μ, ϕ, θ_c, m 중의 하나로 표현되는 C-M 파괴포락선의 기울기; (2) 식 7.48과 함께 사용되는 σ'_{uc}로 표현되는 C-M 파괴포락선의 교차점 τ_i ; (3) 단순인장 시험데이터로부터 얻은 최대인장강도, σ_{ut}과 같은 3가지 재료상수를 필요로 한다. 이미 거론한 바와 같이, C-M 포락선을 만들기 위한 압축주도형 데이터가 불충분한 경우에는 예측된 $\sigma'_{uc} \approx \sigma_{uc}$을 적용할 수 있다. 하지만 m이나 단순압축시험을 통해 관찰된 파괴각도 θ_c와 같이 관련된 상수들 중의 하나를 알아야만 한다. 식 7.61은 m을 예측하기 위한 부가적인 기회를 제공한다. 특히, 그림 7.13에 나타낸 2축 데이터가 존재한다면 비교적 명확한 σ_i를 얻을 수 있으며 식 7.61을 이용하여 m을 구할 수 있다.

$$m = \frac{|\sigma'_{uc}| - \sigma_{ut} + \sigma_i}{|\sigma'_{uc}| + \sigma_{ut} + \sigma_i} \tag{7.63}$$

C-M 파괴포락선에 합당한 데이터를 이용하지 않고 얻어진 m값을 적용할 때는 유의할 필요가 있다.

선형적 C-M 파괴포락선을 필요로 하지 않는, 좀 더 일반적이지만 더욱 복잡한 방법도 있다. (Nadai(1950), Jaeger(2007), Chen(1988), Munz(1999) 참조.) 하지만, 암석의 3축 압축에 대한 ASTM 시험방법처럼 주로 선형적으로 가정을 한다.

7.8.2 수정된 모어 파괴조건의 유효응력과 안전계수

M-M조건에서, C-M과 최대 수직응력성분에 대한 유효응력을 계산할 수 있다. 각각은 파괴에 대한 안전계수를 제공해주며 이 중, 작은 값에 의해 좌우된다.

C-M조건에 대한 유효응력과 안전계수는 식 7.57과 7.58에 의해 이미 나타내었으며 여기에도 동일한 형태로 적용된다. 최대 수직응력성분의 경우, 수직응력 입방체의 3가지 양(positive)의 면을 포함하기 위해 식 7.13(a)의 유효응력을 적용한다.

$$\begin{aligned} &\bar{\sigma}_{NP} = \mathrm{MAX}(\sigma_1, \sigma_2, \sigma_3), \qquad X_{NP} = \frac{\sigma_{ut}}{\bar{\sigma}_{NP}} \qquad \text{(a)} \\ &\bar{\sigma}_{NP} = 0, \quad X_{NP} = \infty, \quad \text{if MAX} \le 0 \qquad \text{(b)} \end{aligned} \tag{7.64}$$

여기서, 식 7.13(b)의 제한사항이 제거되어 달라졌으므로 하첨자가 NP로 바뀌었다.

이제 수직응력조건을 C-M조건와의 교차점에 이르기까지 사용하게 되며, 그림 7.20의 응력 σ_i에서처럼, 일반적으로 이전의 한계를 조금이나마 초과하게 된다. 원점으로부터 (σ_1, σ_2, σ_3)점까지의 직선이 최대수직응력 입방체의 3가지 양(positive)의 면중 어느 하나와도 교차하지 않도록 하는 응력의 조합에서 식 7.64(b)의 상황이 일어난다.

M-M조건을 전체적으로 지배하는 안전계수는 식 7.58과 7.64로부터 얻어지는 가장 작은 값이 된다.

$$X_{MM} = \text{MIN}(X_{CM}, X_{NP}) \qquad \text{(a)}$$
$$\frac{1}{X_{MM}} = \text{MAX}\left(\frac{\bar{\sigma}_{CM}}{|\sigma'_{uc}|}, \frac{\bar{\sigma}_{NP}}{\sigma_{ut}}\right) \qquad \text{(b)} \tag{7.65}$$

수식 7.66(b)는 동일한 결과를 나타내며, $\bar{\sigma}_{CM}$과 $\bar{\sigma}_{NP}$ 모두 또는 둘 중의 하나가 0일 때 무한대가 되는 것을 방지하므로 수치해석에 편리한 형태이다.

예제 7.8

회주철을 이용하여 인장 및 압축시험을 각각 3회 행한 후 평균하여 구한 인장강도는 214MPa이고 압축강도는 770MPa이다. 또한 압축시험시 파괴는 하중방향과 $\theta_c = 37°$의 각도로 기울어진 면을 따라 일어났다.

(a) 수정된 모어(M-M)조건이 적용된다고 가정하고, 이 재료의 m과 σ_i 값을 계산하라.

(b) 이 재료로 만든 직경 30mm의 샤프트가 500N · m의 토오크를 받는다고 가정하고 파괴에 대한 안전계수를 구하라.

(c) 만약 토오크에 부가해서 100kN의 압축력이 가해진다면 파괴에 대한 안전계수는 얼마가 되는가?

【풀이】 (a) m값은 $\theta_c = 37°$와 식 7.43과 7.47로부터 얻는다.

$$\phi = 90° - 2\theta_c = 16°, \quad m = \sin\phi = 0.2756 \qquad \text{(답)}$$

σ_i 값을 계산하기 위해서 $\sigma'_{uc} = \sigma_{uc} = -770\text{MPa}$, $\sigma_{ut} = 214\text{MPa}$, 식 7.62의 m을 이용하여 계산한다.

$$\sigma_i = -\left|\sigma'_{uc}\right| + \sigma_{ut}\frac{1+m}{1-m} = -393.1\text{MPa} \qquad \text{(답)}$$

(b) 토오크 T로 인한 샤프트표면에서의 전단응력은 샤프트 반경 $r = 15\text{mm}$와 부록 A로 부터 구한다.

$$\tau_{xy} = \frac{T_r}{J}, \qquad J = \frac{\pi r^4}{2}$$

$$\tau_{xy} = \frac{2T}{\pi r^3} = \frac{2(500{,}000\,\text{N}\cdot\text{mm})}{\pi(15\text{mm})^3} = 94.31\text{MPa}$$

τ_{xy}와 $\sigma_x = \sigma_y = 0$가 평면응력상태를 만드므로, 식 6.7로부터 면내(in-plane) 주 수직응력은

$$\sigma_1, \sigma_2 = \frac{\sigma_x + \sigma_y}{2} \pm \sqrt{\left(\frac{\sigma_x - \sigma_y}{2}\right)^2 + \tau_{xy}^2} = 94.31, -94.31\text{MPa}$$

3번째 주 수직응력은 $\sigma_3 = 0$가 된다.

식 7.57에 나타낸 C_{12}, C_{23}, C_{31}를 얻기 위한 값들을 알고 있으므로

$$C_{12} = 260.4, \quad C_{23} = 94.31, \quad C_{31} = 166.09\text{MPa}$$

이 값들과 주 수직응력 $\sigma_1, \sigma_2, \sigma_3$ 로 부터 C-M조건의 유효응력과 안전계수를 구하고, M-M파손조건의 최대수직응력성분도 구한다.

식 7.58과 7.64로부터

$$\bar{\sigma}_{CM} = \text{MAX}(C_{12}, C_{12}, C_{12}) = 260.4\text{MPa}, \quad X_{CM} = \frac{|\sigma'_{uc}|}{\bar{\sigma}_{CM}} = \frac{770\text{MPa}}{260.4\text{MPa}} = 2.96$$

$$\bar{\sigma}_{NP} = \text{MAX}(\sigma_1, \sigma_2, \sigma_3) = 94.31\text{MPa}, \quad X_{NP} = \frac{\sigma_{ut}}{\bar{\sigma}_{NP}} = \frac{214\text{MPa}}{94.31\text{MPa}} = 2.27$$

최종적으로 식 7.65으로부터 두 값중 작은 값이 지배적인 안전계수가 된다.

$$X_{MM} = \text{MIN}(X_{CM}, X_{NP}) = 2.27 \qquad \text{(답)}$$

(c) 부가적인 압축력은 다음의 응력을 일으킨다.

$$\sigma_x = \frac{P}{A} = \frac{-100,000\text{N}}{\pi(15\text{mm})^2} = -141.47\text{MPa}$$

따라서 전반적인 평면응력과 결과적인 주 수직응력은

$$\sigma_x = -141.47, \quad \sigma_y = 0, \quad \tau_{xy} = 94.31\text{MPa}$$

$$\sigma_1 = 47.16, \quad \sigma_2 = -188.63, \quad \sigma_3 = 0\text{MPa}$$

주 수직응력과 앞에서의 m, σ'_{uc}, σ_{ut} 값을 식 7.57, 7.58, 7.64, 7.65에 적용하면

$$C_{12} = 271.7, \quad C_{23} = 188.63, \quad C_{31} = 83.05\text{MPa}$$

$$\bar{\sigma}_{CM} = \text{MAX}(C_{12}, C_{12}, C_{12}) = 271.7\text{MPa}, \quad X_{CM} = \frac{|\sigma'_{uc}|}{\bar{\sigma}_{CM}} = \frac{770\text{MPa}}{271.7\text{MPa}} = 2.83$$

$$\bar{\sigma}_{NP} = \text{MAX}(\sigma_1, \sigma_2, \sigma_3) = 47.16\text{MPa}, \quad X_{NP} = \frac{\sigma_{ut}}{\bar{\sigma}_{NP}} = \frac{214\text{MPa}}{47.16\text{MPa}} = 4.54$$

최종적으로 두 값중 작은 값이 지배적인 안전계수가 된다.

$$X_{MM} = \text{MIN}(X_{CM}, X_{NP}) = 2.83 \qquad \text{(답)}$$

【고찰】 (b)에서, X_{NP}는 두 안전계수 중에서 작은 값이므로 M-M파손조건의 최대수직응력성분이 지배적이 된다. 하지만 (c)에서는 X_{CM}이 작은 값이므로 C-M성분이 지배적이 된다.

예제 7.9

표 7.1의 대리석 블록이 위에 놓인 암석의 중량으로 인해 그림 E7.9(a)에 보인 바와 같이 모든 면에 대해 $p=150\text{MPa}$의 구속압력이 가해지고 τ_{xy}의 전단응력도 가해진다.

(a) 블록이 파괴되려면 어느 정도의 전단응력 τ_{xy}이 필요한가?

(b) 파괴에 대한 안전계수가 2.0이 되려면 허용가능한 최대 전단응력 τ_{xy}은 얼마인가?

【풀이】 (a) 표 7.1에 나타낸 상수를 얻기 위해 fitting을 하였기 때문에 단순압축시험으로 구한 표에 나타낸 σ_{uc} 보다는 식 7.48로부터 얻어진 σ_{uc}'를 적용하는 것이 바람직하다. 표 7.1의 $m=0.824$과 $\tau_i=19.42\text{MPa}$를 이용하여 σ_{uc}'를 구한다.

$$\sigma_{uc}' = -2\tau_i\sqrt{\frac{1+m}{1-m}} = -2(19.42\text{MPa})\sqrt{\frac{1+0.824}{1-0.824}} = -125.0\text{MPa}$$

주어진 응력상태는 $\sigma_x=\sigma_y=\sigma_z=-p=-150\text{MPa}$이고, τ_{xy}는 미지수이며 $\tau_{yz}=\tau_{zx}=0\text{MPa}$이다. 이것은 일반화된 평면응력이므로, 주 수직응력 중의 하나는 $\sigma_3=\sigma_z=-150\text{MPa}$가 된다. 다른 두 값은

$$\sigma_1,\sigma_2 = \frac{\sigma_x+\sigma_y}{2} \pm \sqrt{\left(\frac{\sigma_x-\sigma_y}{2}\right)^2+\tau_{xy}^2} = -150\pm\tau_{xy}\,\text{MPa}$$

σ_1과 σ_2는 $\sigma_3=-150\text{MPa}$를 기준으로 동일한 값을 더하거나 빼주어서 결정되는 값이므로, 3가지 모어원은 그림 E7.9(b)와 같으며 σ_1과 σ_2로 그려진 원이 가장 크다. 따라서 식 7.57과 7.58에 대해 C_{12}가 가장 크고 지배적인 값이 되며 C_{23}와 C_{31}는 무시할 수 있다. C-M성분이 지배적이라면

$$C_{12} = \frac{1}{1-m}\left[|\sigma_1-\sigma_2| + m|\sigma_1+\sigma_2|\right] = \bar{\sigma}_{CM} = \frac{|\sigma_{uc}'|}{X_{CM}}$$

$$|(-150+\tau_{xy})-(-150-\tau_{xy})| + 0.824(-300) = (1-0.824)(125.0)/1.00\text{MPa}$$

여기서 $X_{CM}=1.00$을 대입하여 파괴점을 분석한다. τ_{xy}에 대해 풀어주면

$$\tau_{xy} = 134.6\text{MPa} \qquad \text{(답)}$$

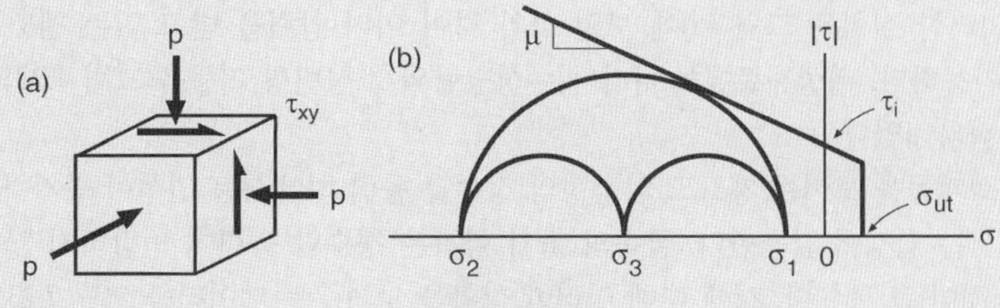

그림 E7.9

이 값을 이용하여 $\sigma_1, \sigma_2 = -150 \pm \tau_{xy} = -15.4, -284.6\text{MPa}$를 구한다. 따라서 식 7.64에서 $\bar{\sigma}_{NP} = 0$, $X_{NP} = \infty$가 되므로 최대수직응력성분이 지배적이지 못하므로 앞의 답은 유효하다.

(b) $X_{CM} = 2.00$를 대입하여 이전처럼 풀면 $\tau_{xy} = 129.1\text{MPa}$ (답)

이 값은 $\sigma_1, \sigma_2 = -20.9, -279.1\text{MPa}$를 나타내며 식 7.65로부터 다시 $\bar{\sigma}_{NP} = 0$가 되므로 답은 유효하다.

【고찰】 (b)에 대한 풀이에서 안전계수 $X_{CM} = 2.00$는 실제로 압력과 τ_{xy}에 적용된다. 증가된 압력으로 인해 파괴를 일으키기가 더욱 어려워지므로 안전계수를 만족시키기 위해 τ_{xy}를 약간만 줄일 필요가 있다. 공학적인 측면에서 압력이 변하지 않는다면, 변할 수 있는 소지가 많은 전단응력에만 안전계수 $X = 2.00$를 적용하는 것이 바람직하다. 따라서 (b)의 풀이는 $\tau_{xy} = 134.6/2.00 = 67.3\text{MPa}$가 된다. 이것은 $Y_p = 1.00$을 압력에 적용하고 $Y_\tau = 2.00$를 τ_{xy}에 적용하는 하중인자설계(load factor design) 접근과 동일하다. (7.6.2절 참조)

7.9 파손조건에 대한 부가적 코멘트

이 장의 주제와 관련하여 취성 및 연성거동과 시간의존적인 거동에 대해 추가적으로 거론하고자 한다.

7.9.1 취성 및 연성거동

연성재료로 분류되는 공업재료는 공업적 적용시 그 정적강도가 항복을 견딜 수 있느냐의 여부에 의해 일반적으로 사용여부가 결정된다. 많은 금속과 폴리머가 이러한 범주에 속한다. 반면에 취성재료로 분류되는 재료의 유용성은 일반적으로 항복이 아닌 파괴여부에 의해 결정된다. 인장시험시 취성재료는 뚜렷한 항복거동을 보이지 않으며 5% 이내의 적은 연신후에 곧 파단을 일으킨다. 회주철과 일부 주조금속, 암석, 콘크리트, 기타 세라믹, 유리 등이 그 예이다.

하지만 가해준 응력의 정수압 성분σ_h이 고압축성 하중일 경우에는 취성재료도 상당한 연성을 보일 수 있다. 이러한 실험은 그림 4.6에 보인 바와 같이 이미 압력을 받고 있는 챔버 내에서 재료시험을 수행하면 가능하다. 취성재료에서 나타나는 상당량의 소성변형 거동을 그림 7.22의 석회암의 응력-변형곡선에 나타내었다.

또한 연성거동을 보이는 재료도 압축성의 정수압 응력 하에서는 연성이 증가하며 인장성의 정수압 응력 하에서는 연성이 감소한다. 금속의 초기 항복은 정수압 응력에 민감하지 않지만 파괴응력은 영향을 받는 것이 그 예이다. 강에 대해 이러한 상황을 보여주는 데이터를 그림 7.23에 나타내었다. 그림 7.23에 진 파괴응력과 변형이 압력, 즉 정수압 압축과 함께 증가함을 보여주고 있으며, 파괴를 일으키는 점이 응력-변형곡선을 따라 오른쪽으로 상향함을 나타낸다.

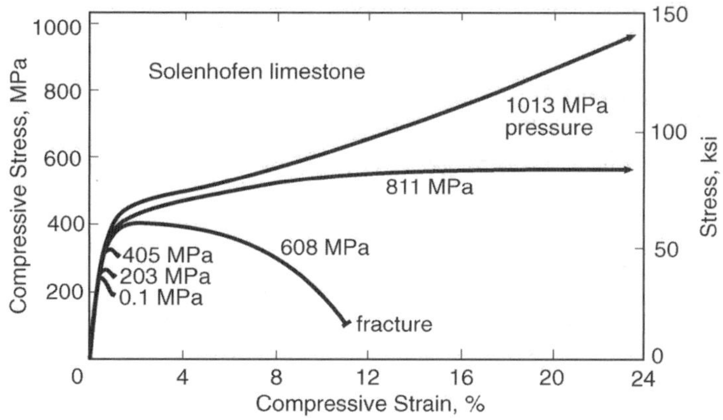

그림 7.22 1~10,000기압의 다양한 정수압 하에서 압축시험한 석회암 원통시험편의 응력-변형데이터 (출처: [Griggs 36])

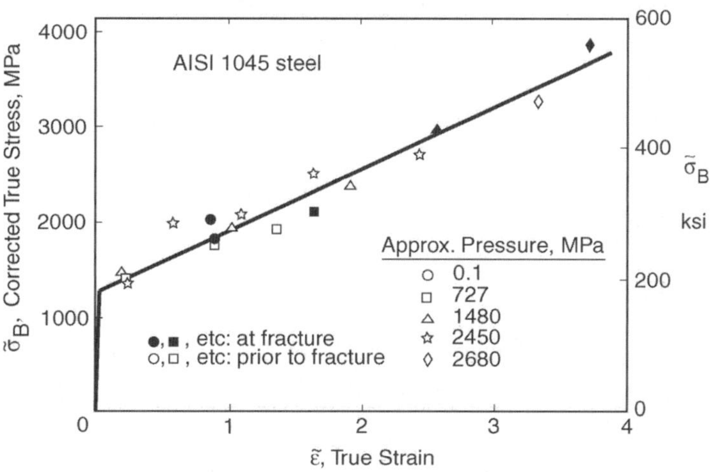

그림 7.23 AISI 1045강의 인장거동에 1~26,500기압의 압력이 미치는 효과(출처: [Bridgman 52])

이러한 거동을 설명하기 위해서는 파괴와 항복이 별도의 상황이며 주어진 재료와 응력상태에서 파괴와 항복 중 어느 것이 먼저 일어나느냐에 따라 결정된다. 3차원 주 수직응력공간에서, 항복(최소한 금속에 대해)에 대한 한계표면은 그림 7.6과 7.9에 나타난 표면들과 같이 $\sigma_1 = \sigma_2 = \sigma_3$ 축을 따라 대칭형의 원통형(cylinder) 또는 프리즘(prism) 형상을 갖는다. 파괴에 대한 한계표면은, 경계부가 실제로는 더욱 매끄러운 곡선일 수 있지만, 수정된 모어(modified Mohr)이론의 표면과 일반적으로 유사하다(그림 7.21 참조).

이러한 상황은 그림 7.24에 나타내었다. 주어진 응력상태에서 항복표면을 먼저 만나는 반면 또 다른 경우에는 파괴표면을 먼저 만나게 된다. 두 표면의 상대적인 크기는 재료에 따라 변한다. 연성재료의 경우, 큰 정수압 인장을 포함하는 응력상태가 없다면 항복에 앞서 파괴를 일으킬 수 없다. 항복이후 파괴가 일어나기 전까지 정수압 압축의 양에 따라 가변적으로 응력을 증가시킬 수 있다. 하지만 취성재료의 경우, 이와 대조적으로 큰 정수압 압축을 포함하는 응력상태가 없다면, 항복에 앞서 파괴를

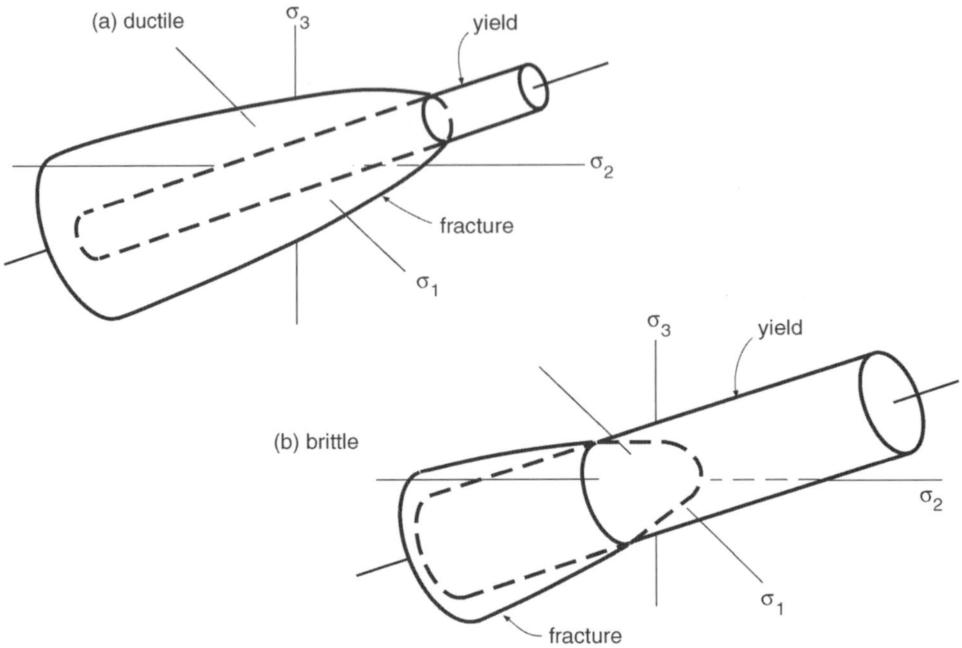

그림 7.24 재료의 항복과 파괴에 대한 한계파괴표면의 관계 (a) 연성재료, (b) 취성재료

일으키게 된다. 따라서 재료의 응력상태가 크게 변하는 경우에는 항복과 파괴 중에 어느 것이 먼저 일어날 것인지에 대한 가능성을 고려하는 것이 중요하다.

7.9.2 균열의 시간의존적 효과

이미 거론하였듯이 취성재료는 미세한 흠이나 작은 균열성의 결함들을 포함하거나 또는 쉽게 형성할 수 있다. 취성파괴는 일반적으로 이러한 작은 균열이 성장하고 연결되어 일어난다. 이러한 과정은 시간의존적인 경우가 많으며, 습기(수분)나 재료와 화학적으로 반응을 일으킬 수 있는 물질의 존재여부에 영향을 받는다. 시간의존적 균열은 파괴거동이 부하속도에 영향을 받게 한다. 또한 응력을 일정하게 유지할 경우, 일정시간이 경과된 후에 파손을 일으킬 수 있지만 짧은 시간의 유지만으로는 파괴를 일으키지 않는다. 따라서 이 장의 접근에서는 사용된 기계적 성질이 시간관련 효과가 고려된 것인지를 확인하고 적용해야 한다.

7.10 요 약

균열이 없는 재료에서 항복이나 파괴를 피할 수 있는 설계를 위해서는 복합 응력 상태를 유효 응력 $\bar{\sigma}$로 나타내어 재료의 강도와 비교할 수 있도록 해주는 파손조건이 필요하다.

연성재료의 항복에서 적절한 재료 강도 물성은 항복강도 σ_o이며 이에 따른 안전계수는 $X = \sigma_0 / \bar{\sigma}$로 계산한다. 등방성 재료에 무리 없이 적용 가능한 2가지 항복조건으로 최대전단 응력 조건과 8면체 전단응력조건이 있다. 이에 대한 유효응력 $\bar{\sigma}_S$ 와 $\bar{\sigma}_H$ 는 각각 식 7.21과 식 7.35로 주어진다. 이러한 2가지 조건으로부터 얻게 되는 유효응력과 안전계수는 15% 이상의 차이를 보이지 않는다. 2가지 식의 기본적인 형태에서 정수압 응력은 어떠한 효과도 미치지 못하는 것으로 예측한다. 비등방성이나 압력에 민감한 재료의 경우에는 항복예측식을 수정하여 적용한다.

취성재료의 경우 하나의 기본파손조건으로 파괴거동을 충분히 설명할 수 없다. 수정된 모어(M-M) 조건이 적절한 선택이라 할 수 있다. 이 조건은 응력들이 인장에 의해 지배되는 경우에 주로 사용되는 최대수직 응력 조건과 쿨롱-모어(C-M)조건을 조합한 것이다. C-M 조건은 재료 내 임의의 면의 수직 및 전단응력의 조합이 임계값, $|\tau| + \mu\sigma = \tau_i$ 에 이르면 파괴가 일어난다고 가정한다. 여기서 μ와 τ_i는 재료상수이다. C-M 조건은 한계전단응력이 큰 정수압 압축으로 인해 한계전단응력이 증가된 전단 응력조건으로 볼 수도 있다.

수정된 모어(M-M) 조건을 적용하려면 3가지 재료상수에 대한 값들이 필요하다. 이것은 인장 및 압축방향의 최대강도인 σ_{ut}와 σ_{uc}, 그리고 서로 밀접하게 관련된 μ나 m 중의 한 가지 값이다. μ나 m 값은 압축시험시 파괴면의 경사로부터 구한다.

높은 정수압 압축 하에서는, 즉 고압하에서는, 취성재료도 연성 거동을 보이인다. 또한, 연성재료는 압력에 무관하게 같은 응력에서 항복을 일으키지만, 압력이 증가할수록 더욱 높은 응력과 변형에서 파괴를 일으킨다. 이러한 거동은 서로 다른 파손표면을 갖는 항복과 파괴를 독립된 거동으로 보는 것으로 설명될 수 있는데, 두 가지 거동 중에 어느 것이 먼저 일어날 가능성이 큰지를 고려해야 한다.

새로운 용어 및 기호

(a) Terms

allowable stress design
anisotropic yield criterion
effective stresses: $\bar{\sigma}_{NT}, \bar{\sigma}_S, \bar{\sigma}_H, \bar{\sigma}_{CM}$
failure criterion (stress based)
failure surface
fracture criteria:
  Coulomb-Mohr
  maximum normal stress
  modified Mohr
load factor design
principal normal stress space
proportional loading
safety factor
ultimate strengths:
  compression, σ_{uc}
  shear, τ_u
  tension, σ_{ut}
yield criteria:
  maximum shear stress
  octahedral shear stress

(b) Constants for the Coulomb-Mohr (C-M) and Modified Mohr (M-M) Criteria

μ, τ_i	Slope and intercept, respectively, of the C-M failure envelope line
$m, \lvert\sigma'_{uc}\rvert$	Constants for the C-M criterion, expressed in terms of principal normal stresses
ϕ	C-M failure envelope slope angle, tan $\phi = u$, sin $\phi = m$
θ_c	Fracture angle, $\theta_c = (90^\circ - \phi)/2$
σ_i	For the modified Mohr criterion, stress where the maximum normal and C-M portions of the failure surface agree

참고문헌

ASTM. 2010. *Annual Book of ASTM Standards*, ASTM International, West Conshohocken, PA. See No. D7012, "Compressive Strength and Elastic Moduli of Intact Rock Core Specimens under Varying States of Stress and Temperatures," Vol. 04.09.

BORESI, A. P., and R. J. SCHMIDT. 2003. *Advanced Mechanics of Materials*, 6th ed., John Wiley, Hoboken, NJ. (See also the 2d ed. of this book, same title, 1952, by F. B. Seely and J. O. Smith.)

CHEN, W. F., and D. J. HAN. 1988. *Plasticity for Structural Engineers*, Springer-Verlag, New York.

HILL, R. 1998. *The Mathematical Theory of Plasticity*, Oxford University Press, Oxford, UK.

JAEGER, J. C., N. G.W. COOK, and R.W. Zimmerman. 2007. *Fundamentals of Rock Mechanics*, 4th ed., John Wiley, Hoboken, NJ.

LEWANDOWSKI, J. J., and P. LOWHAPHANDU. 1998. "Effects of Hydrostatic Pressure on Mechanical Behavior and Deformation Processing of Materials," *International Materials Reviews*, vol. 43, no. 4, pp. 145-187.

MUNZ, D., and T. FETT. 1999. *Ceramics: Mechanical Properties, Failure Behavior, Materials Selection*, Springer-Verlag, Berlin.

NADAI, A. 1950. *Theory of Flow and Fracture of Solids*, 2nd ed., McGraw-Hill, New York.

PAUL, B. 1961. "A Modification of the Coulomb-Mohr Theory of Fracture," *Jnl. of Applied Mechanics, Trans. ASME*, Ser. E., vol. 28, no. 2, pp. 259-268.

문제 및 질문

【7.3절】

7.1 표 3.4에 나타낸 실리콘 질화물(Si_3N_4)로 만들어진 공업부품이 있다. 가장 심하게 하중을 받는 점에서의 응력상태는 다음과 같다: $\sigma_x = 110$, $\sigma_y = -15$, $\tau_{xy} = -25$, $\sigma_z = \tau_{yz} = \tau_{zx} = 0$MPa이다. 파괴에 대한 안전계수를 구하라.

7.2 회주철로 만들어진 공업부품이 있다. 가장 심하게 하중을 받는 점에서의 응력상태는 다음과 같다: $\sigma_x = 80$, $\sigma_y = -30$, $\tau_{xy} = 20$, $\sigma_z = \tau_{yz} = \tau_{zx} = 0$MPa이다. 파괴에 대한 안전계수를 구하라. 회주철의 인장강도는 214MPa이고 압축강도는 770MPa이다.

7.3 표 3.4에 나타낸 실리콘 탄화물(SiC)로 만들어진 공업부품이 있다. 가장 심하게 하중을 받는 점에서의 응력상태는 다음과 같다: $\sigma_x = 50$, $\sigma_y = 10$, $\sigma_z = -20$, $\tau_{xy} = -15$, $\tau_{yz} = \tau_{zx} = 0$MPa이다. 파괴에 대한 안전계수를 구하라.

7.4 벽두께 5.0mm와 외경 120mm를 갖는, 끝이 밀폐된 파이프에 내압 4.0MPa 이 가해지고 있다. 재료는 회주철로서 인장강도는 214MPa이고 압축강도는 770MPa이다.

(a) 압력하에서 파괴에 대한 안전계수는 얼마인가?

(b) 파괴에 대한 안전계수가 3.0이 요구될 경우, 압력과 함께 가할 수 있는 가장 큰 토오크는 얼마인가?

【7.4~7.5절】

7.5 2024-T4 알루미늄으로 만들어진 공업부품이 있다. 가장 심하게 하중을 받는 점에서의 응력상태는 다음과 같다: $\sigma_x = 140$, $\sigma_y = 25$, $\tau_{xy} = -40$, $\sigma_z = \tau_{yz} = \tau_{zx} = 0$MPa이다. (a) 최대전단응력조건을 이용하여, (b) 8면체 전단응력조건을 이용하여 항복에 대한 안전계수를 구하라.

7.6 AISI 4142강(205℃ 템퍼링)으로 만들어진 공업부품이 있다. 가장 심하게 하중을 받는 점에서의 응력상태는 다음과 같다: $\sigma_x = 200$, $\sigma_y = 440$, $\sigma_z = -180$, $\tau_{xy} = 120$, $\tau_{yz} = \tau_{zx} =$0MPa이다. (a) 최대전단응력조건을 이용하여, (b) 8면체 전단응력조건을 이용하여 항복에 대한 안전계수를 구하라.

7.7 ASTM A514 (T1)구조용강으로 만들어진 공업부품이 있다. 가장 심하게 하중을 받는 점에서의 응력상태는 다음과 같다: $\sigma_x = -40$, $\sigma_y = 100$, $\sigma_z = 30$ $\tau_{xy} = -50$, $\tau_{yz} =$12MPa, $\tau_{zx} =$0MPa이다. 항복에 대한 안전계수를 구하라.

7.8 어떤 공업부품의 가장 심하게 하중을 받는 점에서의 응력상태는 다음과 같다: $\sigma_x = 280$, $\sigma_y = -100$, $\tau_{xy} = 120$, $\sigma_z = \tau_{yz} = \tau_{zx} =$0MPa이다. 항복에 대한 안전계수가 2.5라면 요구되는 재료의 최소항복강도를, (a) 최대전단응력조건을 이용하여, (b) 8면체 전단응력조건을 이용하여 구하라.

7.9 어떤 공업부품의 가장 심하게 하중을 받는 점에서의 응력상태는 다음과 같다: $\sigma_x = 160$ $\sigma_y = -50$, $\sigma_z = 60$, $\tau_{xy} = 75$ $\tau_{yz} = \tau_{zx} =$0MPa이다. 항복에 대한 안전계수가 2.0라면 요구되는 재료의 최소항복강도를, (a) 최대전단응력조건을 이용하여, (b) 8면체 전단응력조건을 이용하여 구하라.

7.10 그림 7.1에 나타낸 (a), (b), (c), (d)의 경우에 대해 주 전단응력에 대한 모어원을 그리고, 각 경우에 대해 최대전단응력조건을 이용하여 항복시 σ_y를 단축항복강도의 함수로 나타내어라. 얻어진 결과를 검증하라.

7.11 Ti-6Al-4V 티타늄 합금으로 만들어진 부품의 표면에서 측정한 변형은 다음과 같다: $\varepsilon_x = 3100 \times 10^{-6}$, $\varepsilon_y = -200 \times 10^{-6}$, $\gamma_{xy} = 1920 \times 10^{-6}$이다. 항복이 일어나지 않으며 표면에 어떠한 하중도 직접 가해지지 않는다고 가정하면 $\sigma_z = \tau_{yz} = \tau_{zx} = 0$MPa이 성립한다. 항복에 대한 안전계수는 얼마인가?

7.12 예제 6.9에 나타낸 변형게이지 로제트를 AISI1020강 (압연상태)로 만들어진 부품표면에 부착하였다. 항복이 일어나지 않으며 표면에 어떠한 하중도 직접 가해지지 않는다고 가정하면 $\sigma_z = \tau_{yz} = \tau_{zx} = 0$MPa이 성립한다. 측정된 변형은 다음과 같다: $\varepsilon_x = 190 \times 10^{-6}$, $\varepsilon_y = -760 \times 10^{-6}$, $\varepsilon_{45} = -135 \times 10^{-6}$이다. 항복에 대한 안전계수는 얼마인가?

7.13 예제 6.9에 나타낸 변형게이지 로제트를 7075-T6 알루미늄 합금으로 만들어진 부품표면에

부착하였다. 항복이 일어나지 않으며 표면에 어떠한 하중도 직접 가해지지 않는다고 가정하면 $\sigma_z = \tau_{yz} = \tau_{zx} = 0$MPa이 성립한다. 측정된 변형은 다음과 같다: $\varepsilon_x = 700 \times 10^{-6}$, $\varepsilon_y = -1750 \times 10^{-6}$, $\varepsilon_{45} = 1200 \times 10^{-6}$이다. 항복에 대한 안전계수는 얼마인가?

7.14 순수 비틀림하중을 받는 원형 샤프트를 안전계수 X를 가지고 항복을 일으키지 않도록 설계하여야 한다. 요구되는 직경을 토오크 T와 항복강도 σ_o의 함수로 구하되, (a) 최대전단응력조건을 이용하여, (b) 8면체 전단응력조건을 이용하여 구하라. 두 경우의 치수 차이는 어느 정도인가?

7.15 외부직경 80mm 벽두께 3.0mm를 갖는 양 끝단이 밀폐된 파이프가 내부압력 20MPa와 2.0kN · m의 굽힘모멘트를 받는다. 재료가 7075-T6 알루미늄이라 가정하고 항복에 대한 안전계수를 구하라.

7.16 내부반경 $r_1 = 80$mm 벽두께 $t = 6$mm를 갖는 양 끝단이 밀폐된 벽이 얇은 튜브가 있다. 이 튜브는 450℃에서 템퍼링된 AISI 4142강으로 만들었으며 20MPa의 내부압력, 60kN · m의 토오크와 200kN의 압축방향 축하중을 받는다. 항복에 대한 안전계수를 구하라.

7.17 예제 7.3(a)와 (b)를 8면체 전단응력 항복조건을 이용하여 풀어라.

7.18 18Ni 마르에이징강(250)으로 만든 50mm 직경의 환(circular)봉 샤프트가 300kN의 인장 축하중, 5.0 kN · m의 굽힘모멘트, 9.0 kN · m의 토오크를 받는다. 항복에 대한 안전계수를 구하라.

7.19 직경 d의 샤프트가 300kN의 인장 축하중과 5.0kN · m의 굽힘모멘트와 9.0kN · m의 토오크를 받으며, 항복에 대한 안전계수로 2.75가 요구된다. 만약 재료가 18Ni(250)마르에이징강이라면 허용가능한 최소직경은 얼마인가?

7.20 그림 A.4(a)에서 단순 지지빔의 중간부에 50kN의 수직력이 가해지고 있다. 빔은 압연된 AISI 1020강으로 만들어져 있으며 길이가 1.0m이고 I-형상의 단면을 가지고 있다. 그림 A.2(d)에 나타낸 바와 같이 치수는 $h_2 = 150$, $h_1 = 135$, $b_2 = 100$, $b_1 = 96$mm이며 A.2(d)의 y 방향으로 하중이 가해진다.

(a) 빔 길이를 따라 임의의 위치에 대해 굽힘응력의 변동과, 빔의 깊이에 따른 세로방향 전단응력의 변동을 정성적으로 그려라.

(b) 최대 응력이 걸리는 위치에서 항복에 대한 안전계수를 구하라. (힌트: 빔의 중심($y = 0$)에서의 세로방향 전단응력은 $\tau_{xy} = V/A_{web}$이다.)

7.21 원형튜브가 4.5kN · m의 굽힘모멘트와 7.0kN · m의 토오크를 받는다. 튜브는 ASTM A514, T1구조용강으로 만들어져 있으며 벽두께는 3.0mm이다.

(a) 외부직경 80mm일 때 항복에 대한 안전계수를 구하라.

(b) (a)의 상황에서, 항복에 대한 안전계수를 1.5로 하기 위해서는 외부직경은 얼마가 되어야 하는가? 벽두께는 동일하다고 가정한다.

7.22 원형튜브가 50KN의 인장 축하중과 700N · m의 토오크를 받는다. 튜브는 2024-T4 알루미

늄으로 만들어져 있으며 내부직경은 48.0mm이다.

(a) 벽두께가 2.5mm일 때 항복에 대한 안전계수를 구하라.

(b) (a)의 상황에서, 항복에 대한 안전계수를 2.0으로 하기 위해서는 벽두께가 얼마가 되어야 하는가? 내부직경은 동일하다고 가정한다.

7.23 원형샤프트가 굽힘과 비틀림 하중을 받아서 그림 P7.23에 나타낸 바와 같이 수직응력 σ_x와 전단응력 τ_{xy}을 받으며 다른 응력성분은 0인 응력상태에 놓인다. 항복강도, 안전계수, 굽힘모멘트 M, 토오크 T의 함수로 샤프트의 직경 d를 구하는 설계식을 유도하되, (a) 최대전단응력조건을 이용하여, (b) 8면체 전단응력조건을 이용하여 구하라.

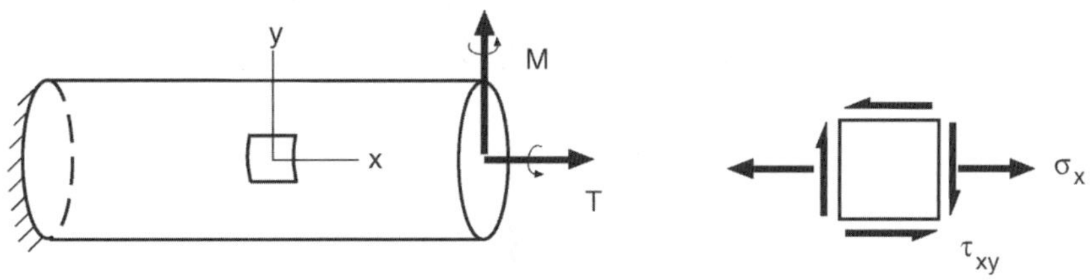

그림 P7.23

7.24 1.0m 길이의 원형샤프트가 $M=1.0\text{kN}\cdot\text{m}$의 굽힘모멘트와 $T=1.5\text{kN}\cdot\text{m}$의 토오크를 지지해야 한다. 항복에 대한 안전계수는 $X=2.0$이 요구된다.

(a) 재료가 AISI 1020강이라면 어느 정도의 샤프트 직경 d가 요구되는가? 이 경우에 샤프트의 중량은 얼마인가?

(b) 또한, 2024-T4 알루미늄, 7075-T6 알루미늄, 문제 4.7의 템퍼링된 AISI 4140 강으로 샤프트를 만든다고 할 때, 각각의 요구 직경과 중량을 계산하라.

(c) 샤프트가 가볍고 가격이 저렴해야하며 갑작스러운 파괴를 일으키지 않아야 한다는 전제조건 하에서 (a)와 (b)에서 고려된 샤프트 재료 중에서 최적의 재료를 한 가지 선택하라. 표 3.8(a)의 데이터를 참조하라.

7.25 내부반경 40mm 벽두께 2.5mm를 갖는 양 끝단이 밀폐된 벽이 얇은 튜브가 있다. 이 튜브는 10MPa의 내부압력과 3000N · m의 토오크를 받는다.

(a) 재료가 ASTM A514 (T1)구조용강일 때 항복에 대한 안전계수를 구하라.

(b) 이 설계가 적절한가? 적절하지 않다면 다른 재료를 제안하라.

7.26 그림 P7.26에 나타낸 바와 같이 견고한 다이로 연성재료 부품의 양 측면을 변형제한시킨 상태에서 균일한 압축응력 σ_z를 금속의 표면에 가한다. 다이에 대한 마찰이 없고 재료가 항복강도 σ_o를 갖는 탄성-완전소성거동을 한다고 가정한다. 항복을 일으키기 위한 σ_z를 구하는 식을 재료의 σ_o와 탄성계수의 함수로 나타내어라. 항복을 일으키는 σ_z가 뽀아송비에 의해 크게 영향을 받는가? (a) 최대전단응력조건을 이용하여, (b) 8면체 전단응력조건을 이용하여 구하라. (c) 만약 재료가 AISI 1020강 (압연상태)이라면 각 항복조건에서 항복을 일으키기 위해 필요한 σ_z는 얼마인가?

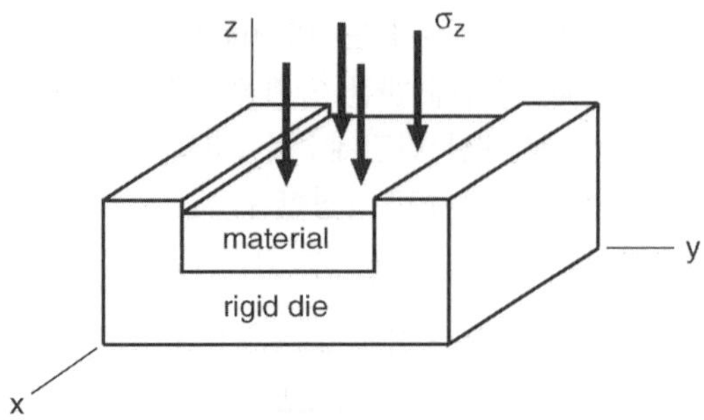

그림 P7.26

7.27 그림 P7.27에 보인 바와 같이, 다이가 재료의 모든 4측면, 즉 x-와 y- 방향으로 구속된 경우에 대해, 문제 7.26(a), (b)와 (c) 와 동일하게 풀어라.

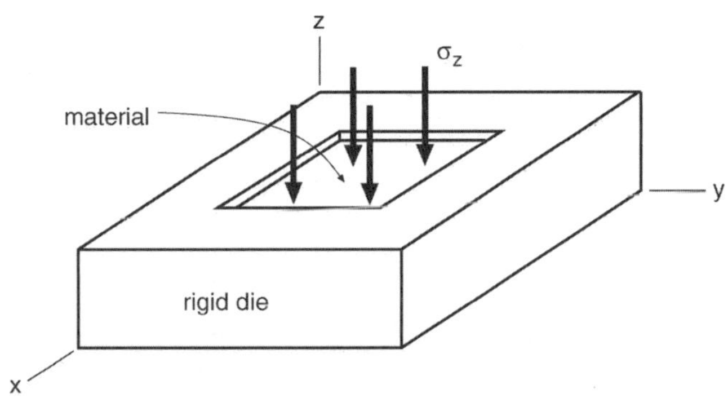

그림 P7.27

7.28 그림 E7.5와 같이, 어떤 재료가 두 방향으로 응력을 받고 제3의 방향으로는 부드럽지만 견고한 벽에 의해 변형이 제한된다고 생각할 때, 하중을 일반화시키면 $\sigma_x = \lambda\sigma_y$로 되고 λ는 +1과 −1 사이의 값을 갖는 것으로 된다. 예제 7.5(a)의 결과와 유사하게, 항복에서의 σ_y를 표현하는 식을 유도하라. 항복시 응력이 λ에 의해 어떠한 영향을 받는지 설명하라.

7.29 폴리 카보네이트 블록(표 3.3)이 그림 P7.29와 같이 모든 측면에서 제한압력 $p = 120\text{MPa}$과 τ_{xy}의 하중을 받고 있다.

(a) 8면체 전단응력조건을 이용하여, 항복에 대한 안전계수가 2.5가 되도록 하는 τ_{xy}의 최대값을 구하라.

(b) 항복을 일으키는데 필요한 τ_{xy}에 압력 p가 큰 영향을 미치게 되는가? 압력 p의 영향이 큰지, 작은지, 없는지에 대해 설명하라.

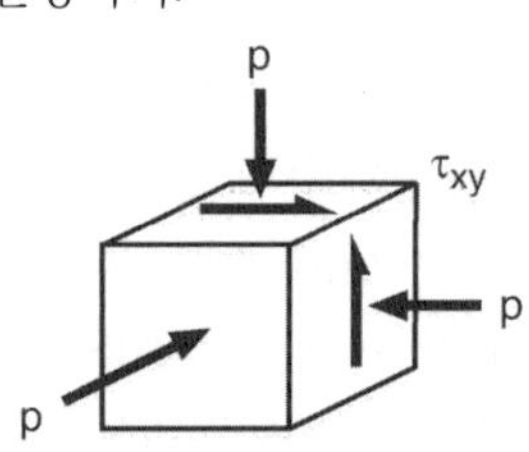

그림 P7.29

7.30 압연된 AISI 1020강 블록이 그림 P7.30과 같이 $\sigma_z = -120\,\text{MPa}$와 τ_{xy}의 전단능력을 받고 있다.

(a) 8면체 전단응력조건을 이용하여, 항복에 대한 안전계수가 2.0이 되도록 하는 τ_{xy}의 최대값을 구하라.

(b) 항복을 일으키는데 필요한 τ_{xy}에 σ_z가 큰 영향을 미치게 되는가? σ_z의 영향이 큰지, 작은지, 없는지에 대해 설명하라.

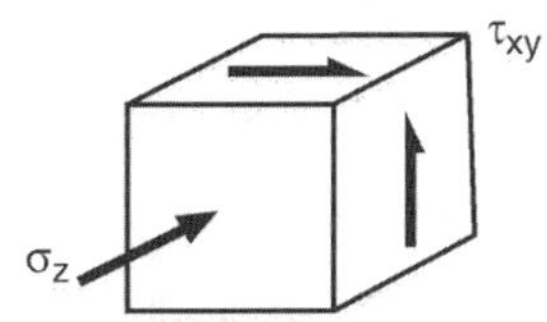

그림 P7.30

7.31 내부반경 40mm, 외부반경 60mm를 갖는 양 끝단이 밀폐된 벽이 두꺼운 튜브가 있다. 이 튜브는 180MPa의 내부압력과 35kN · m의 토오크를 받는다. 튜브는 450℃에서 템퍼링된 AISI 4142강으로 만들어졌다. 항복에 대한 안전계수는 얼마인가? (힌트: 가장 심하게 응력을 받는 위치가 알려져 있지 않으므로, 내경, 외경, 여러 중간 벽 두께부를 검토)

7.32 내부반경 25mm, 외부반경 50mm를 갖는 양 끝단이 밀폐된 벽이 두꺼운 튜브가 있다. 이 튜브는 80MPa의 내부압력과 50kN · m의 토오크를 받는다. 튜브는 표 15.1 에 나타낸 AISI 4340강(409HB)으로 만들어졌다. 항복에 대한 안전계수는 얼마인가? (힌트: 가장 심하게 응력을 받는 위치가 알려져 있지 않으므로, 내경, 외경, 여러 중간 벽 두께부를 검토)

7.33 내부반경 25mm, 외부반경 35mm를 갖는 양 끝단이 밀폐된 벽이 두꺼운 튜브가 있다. 이 튜브는 25MPa의 내부압력과 8.0kN · m의 토오크를 받는다. 튜브는 7075-T6 알루미늄으로 만들어졌으며 항복에 대한 안전계수는 2.0이 요구된다.

(a) 항복에 대한 안전계수는 얼마인가? 이것은 요구되는 수준을 만족하는가?

(b) 내부반경을 주어진 값으로 고정한다면 요구되는 안전계수를 얻기 위해 필요한 외부반경은 얼마가 되어야 하는가?

7.34 내부반경 r_1, 외부반경 r_2를 갖는 양 끝단이 밀폐된 벽이 두꺼운 튜브에 압력 p가 가해지고 있다. 설계상황에서, r_1과 p는 고정되어 있으며 항복에 대한 안전계수 X도 정해져 있다. 항복강도 σ_o를 갖는 대상재료도 선정되었다.

(a) 외부반경 r_2에 대한 식을 $r_2 = f(r_1, p, X, \sigma_o)$형태의 식으로 유도하라.

(b) $r_1 = 40\text{mm}$, $p = 100\text{MPa}$, $X = 4.0$, $\sigma_o = 1791\text{MPa}$ (표 3.2에 나타낸 18Ni 마르에이징 강)일 경우 요구되는 r_2는 얼마인가?

7.35 그림 A.9에 나타낸 회전 원형디스크는 내부반경 $r_1 = 50$, 외부반경 $r_2 = 200$, 두께 $t =$ 30mm를 가지며, 2024-T4알루미늄으로 만들어져 있고 $f = 230\text{rev/sec}$로 회전한다.

(a) 항복에 대한 안전계수는 얼마인가?

(b) 항복에 대한 안전계수로 2.0이 요구된다면 허용가능한 최대 f 값은 얼마인가?

【7.6절】

7.36 문제 7.21의 상황에서, 모멘트와 토오크에 대한 하중인자가 각각 $Y_M = 1.70$와 $Y_T = 1.55$이 요구될 때 외부직경은 얼마가 되어야 하는가?

7.37 문제 7.23과 같이, 샤프트가 굽힘과 비틀림하중을 받을 때, 항복강도, 굽힘모멘트 M, 토오크 T, 모멘트 및 토오크에 대한 하중인자 Y_M과 Y_T의 함수로 샤프트 직경 d의 설계식을 (a) 최대전단응력조건을 이용하여, (b) 8면체 전단응력조건을 이용하여 구하라.

7.38 회주철로 만든 샤프트가 비틀림하중을 받고 있으며 그림 A.12(d)에 보인 바와 같이 홈을 가지고 있다. 치수는 $d_2 = 52.5$, $d_1 = 50$, $\rho = 3.75$ mm이다. 회주철은 인장강도 214MPa와 압축강도 770MPa를 갖는다. 파괴에 대한 안전계수가 3.0이라면, 샤프트에 가해질 수 있는 최대 토오크는 얼마인가? 그림 A.12(d)의 S는 공칭전단응력이고 $k_t S$는 홈 바닥부에서의 전단응력이다.

7.39 표 3.3에 나타낸 폴리카보네이트(PC) 플라스틱으로 만든 블록이 그림 P7.26과 같이 압축하중을 받으며 두 측면이 견고한 다이로 변형이 제한되어 있다. 압축항복강도는 인장항복강도보다 20% 높다.

(a) 항복을 일으키는데 필요한 σ_z 값을 구하라.

(b) 평면응력, $\sigma_x = \sigma_3 = 0$에 대한 항복궤적을 정량적으로, 그리고 (a)에 대한 답에 해당하는 점의 위치를 나타내어라.

7.40 식 7.39에 나타낸 비등방성 항복조건을 평면응력의 경우에 맞추어 생각해 보자. 항복강도 σ_{oX}, σ_{oX}, τ_{oXY}가 알려져 있다면 필요한 상수들을 구해서 항복조건을 사용할 수 있는가? 그렇지 않다면, 필요한 추가적인 시험을 제시하고 그 결과를 필요한 상수를 계산하는데 어떻게 사용해야 하는지 설명하라.

7.41 정수압 응력의 절대값이 임계값을 넘어서면 파괴를 일으키는 특별한 신재료가 있다고 가정한다. 임계값은 다음과 같다.

$$\left| \frac{\sigma_x + \sigma_y + \sigma_z}{3} \right| = \sigma_{hc}$$

하지만, 재료가 최대수직응력 파손조건 또는 최대전단응력 파손조건중의 하나를 따를 가능성 또한 있다.

(a) 위 식은 가능한 파손이론을 구성하는가? 이유를 설명하라.

(b) 단축인장시험을 고려하여 이에 근거한 유효응력을 정의하라.

(c) 주어진 식에 대한 파손표면을 3차원 주 수직응력공간에 나타내어라. 또한 평면응력의 특별한 경우에 대한 파손궤적을 나타내어라.

(d) 하나 또는 그 이상의 기계적 시험으로 구성되고 최소의 시험을 통해 앞에서 거론된 3가지 파손조건 중에서 최종적인 선택을 할 수 있도록 해주는 임계실험에 대해 기술하라. 고려해 볼 만한 기계적 시험으로는 단축인장과 압축, 튜브와 봉의 비틀림, 양끝단이 밀폐된 튜브의 내부와 외부압력, 압력이 가해진 다이아프램의 2축 인장, 정수압 압축 등이 있다.

【7.7절】

7.42 실트암(siltstone)에 대한 두 가지 실험의 결과가 표 P7.42에 나타내 있다: (1) 단축압축시험, (2) 측면압력 $\sigma_1 = \sigma_2$ 하에서의 제한된 압축시험

(a) 쿨롱-모어 파괴조건이 적용된다고 가정하여, 이러한 시험의 결과를 사용하여 식 7.42에 대한 기울기 μ와 절편상수 τ_i를 결정하라.

(b) 결과로 얻어진 $|\tau_i|$와 σ 파괴포락선을 정확하게 그려라. 또한 그림 7.17과 비슷한 σ_1과 σ_2 (2축응력) 파손궤적을 정확하게 그려라.

표 P7.42

Test	σ_3, MPa	$\sigma_1 = \sigma_2$, MPa
A	−185.4	0
B	−392	−23.1

Source: Data in [Karfakis 03].

7.43 석회석을 이용한 단순인장, 단순압축, 측면압력 하에서의 압축시험 결과데이터를 표 P7.43에 나타내었다. σ_3 값은 파괴에 대한 값이다. (완전한 파괴를 수반하지 않고 최대하중에 도달하게 되는 가장 높은 측면압력의 경우는 제외.) 이 데이터를 이용하여 예제 7.7과 동일하게 문제를 풀어라.

표 P7.43

σ_3 MPa	$\sigma_1 = \sigma_2$ MPa
4	0
−83	0
−519	−100
−820	−200

Source: Data in [Jaeger 69] pp. 75 and 156.

7.44 버지니아산 암석을 이용한 단순인장, 단순압축, 및 측면압력 하에서의 압축시험 결과데이터를 표 P7.44에 나타내었다. σ_3 값은 파괴에 대한 값이다. 이 데이터를 이용하여 예제 7.7과 동일하게 문제를 풀어라.

표 P7.44

σ_3 MPa	$\sigma_1 = \sigma_2$ MPa
17.60	0
−226	0
−426	−10.34
−475	−19.31
−548	−30.3

Source: Data in [Karfakis 03].

7.45 테임즈 계곡의 자갈을 골재로 사용한 포틀랜드산 시멘트 콘크리트를 이용한 단순인장, 단순압축과 측면압력 하에서의 압축시험 결과데이터를 표 P7.45에 나타내었다. σ_3 값은 파괴에 대한 값으로서, 측면압축이 0과 2.5MPa일 경우에 뚜렷한 파괴를 일으킨다. 측면압력이 클 경우에는 상당한 비선형적 변형후에 최고 압축응력이 일어나며 내부균열이 관찰된다. 시험은 56일의 시효 후에 실시하고 압축시 생겨나는 수분은 시험편의 끝단부에서 배수시킨다. 이 데이터를 이용하여 예제 7.7과 동일하게 문제를 풀어라.

표 P7.45

σ_3 MPa	$\sigma_1 = \sigma_2$ MPa
1.70	0
−45.3	0
−58.8	−2.5
−72.0	−5.0
−96.2	−10.0
−117.6	−15.0
−137.5	−20.0
−155.2	−25.0

Source: Data in [Hobbs 71].

7.46 표 P7.45에 나타낸 시험데이터를 고려하되 첫째 줄의 단순인장은 무시하라.

(a) 식 7.59의 C-M조건의 다른 형태에 이 데이터를 fitting하여라. 여기서 h와 $|\sigma'_{uc}|$는 fitting 상수이다.

(b) 또한 이 데이터를 식 7.60에 fitting하라. 여기서 k와 a는 fitting 상수이다. 그리고 $|\sigma_{uc}|$는 단순 압축시험에서 얻은 값이다.

(c) 2가지 식에 대해 데이터 처리의 상대적인 유용성을 평가하라.

【7.8절】

7.47 예제 7.8의 상황에서, 그림 7.20(a)에 나타낸 평면응력에 대한 $\sigma_1 - \sigma_2$ 파손궤적을 정확하게 그려라. 이 그래프를 이용하여 2가지 안전계수를 검증하라.

7.48 취성재료가 300MPa의 최대인장강도를 가지며, 압축 주도형 거동에서 $\tau_i = 387$MPa과 $\mu = 0.259$로 주어지는 C-M 파괴포락선을 갖는다.

(a) σ와 $|\tau|$ 좌표계에 제한된 수정된 모어(M-M) 파괴포락선을 정확하게 그려라.

(b) σ'_{uc}와 σ_i를 계산하고 $\sigma_1 - \sigma_2$ 좌표계에 2축 파손궤적을 정확하게 그려라.

(c) 다음의 2축 주응력 경우에 대해 그래프를 이용하여 안전계수를 구하라.

(1) $\sigma_1 = 200,\ \sigma_2 = -100$ MPa

(2) $\sigma_1 = 100,\ \sigma_2 = -600$ MPa

(3) $\sigma_1 = -300,\ \sigma_2 = -600$ MPa

(d) 식 7.66을 적용함으로써 (c)의 값들을 검증하라.

7.49 압축시험에서 원통형 무강화(unreinforced) 콘크리트 시험편이 35MPa의 최고강도를 얻었으며 하중방향에 대해 $\theta_c = 24°$의 각도로 경사진 면에서 파괴가 일어나는 것으로 관찰되었다. 만약 동일한 콘크리트가 $\sigma_1 = \sigma_2 = -15$MPa의 측면(압축)응력을 받는다면 압축시 파손을 일으키는데 필요한 응력 σ_3는 얼마가 되는가? (힌트: 만약 인장강도가 필요하면 압축강도의 10%로 간주하라.)

7.50 표 7.1의 모르타르로 만든 원통이 축압축응력 $\sigma_z = 50$MPa와 동일한 측면 압축응력 $\sigma_x = \sigma_y$를 받는다.

(a) 측면 압축응력이 12MPa라면 파괴에 대한 안전계수는 얼마가 되는가?

(b) σ_z는 변하지 않고, 압축응력이 $|\sigma_x| = |\sigma_y| < 12$MPa처럼 감소한다고 가정한다. $\sigma_x = \sigma_y$이 파괴를 일으키지 않고 0에 접근할 수 있는가? $\sigma_x = \sigma_y$의 어느 값에서 파괴가 일어날 것으로 예측되는가?

7.51 표 7.1의 사암으로 만든 직경 400mm의 빌딩용 칼럼이 있다.

(a) 칼럼이 1250kN의 압축력을 받는다면 파괴에 대한 안전계수는 얼마가 되는가?

(b) 칼럼이 20kN · m의 토오크를 받는다면 파괴에 대한 안전계수는 얼마가 되는가?

(c) 칼럼이 1250kN의 압축력과 20kN · m의 토오크를 동시에 받는다면 파괴에 대한 안전계수는 얼마가 되는가?

(d) 위의 (a), (b), (c)에서 계산된 안전계수를 비교하고 이 값들의 경향을 설명하라.

7.52 표 7.1의 콘크리트로 만든 블록이 모든 면으로 압력 p를 받고 그림 P7.29에 나타낸 바와 같이 전단응력 $\tau_{xy} = 30$MPa도 받고 있다.

(a) $p =$ 40MPa라면 블록이 파괴되는가?

(b) 블록이 파괴를 일으키지 않는 최소압력 p는 얼마인가?

7.53 표 7.1의 모르타르로 만든 블록이 $\tau_{xy} = 1.0$MPa의 전단응력을 받으며 그림 P7.30에 보인 바와 같이 수직응력 σ_z도 받고 있다.

(a) $\sigma_z = 0$일 때 파괴에 대한 안전계수는 얼마가 되는가?

(b) σ_z가 압축방향으로 15MPa 걸린다면 파괴에 대한 안전계수는 얼마가 되는가?

(c) 안전계수가 2.5보다 작지 않으려면 가할 수 있는 가장 심한 압축응력 σ_z는 얼마인가?

7.54 표 7.1의 회주철로 만든 직경 50mm의 샤프트가 있다. 파괴에 대한 안전계수로 3.0이 요구된다면 250kN의 압축성 축하중과 함께 가할 수 있는 가장 큰 토오크는 얼마인가?

7.55 표 7.1의 사암으로 만든 직경 300mm의 빌딩용 칼럼이 있다. 칼럼은 P의 압축력과 $T =$ 15,000N · m의 토오크를 받고 있으며 파괴에 대한 안전계수로 4.0을 요구하고 있다.

(a) 허용가능한 가장 큰 압축력 P는 얼마인가?

(b) 비틀림하중만 가해진다면, 즉 $P = 0$, 안전계수 요구값을 만족시킬 수 있는가? 만약 그렇지 못하다면 안전계수 요구값을 만족시키기 위해 가해져야 할 최소 압축력 P는 얼마인가?

7.56 표 7.1의 회주철로 만든 내부직경과 외부직경이 각각 30mm와 50mm인 두께가 두꺼운 튜

브가 있다.

(a) 20MPa의 내부 압력이 가해질 때 파괴에 대한 안전계수는 얼마가 되는가?

(b) (a)부분의 내부압력에 부가하여 700kN의 압축성 축하중이 더해진다면 파괴에 대한 안전계수는 얼마가 되는가?

균열이 있는 구조물의 파괴

08

목적

- 재료에 대한 균열의 효과 및 파괴인성 K_{Ic}를 균열에 의해 발생하는 파손에 저항하기 위한 재료의 물성에 대한 측정값으로 사용하는지를 이해한다. 재료 및 온도, 하중 속도 그리고 공정에 따른 변수들에 대한 K_{Ic}의 경향을 탐구해 본다.
- 공학적인 요소 내에서 균열의 효과를 선형탄성파괴역학을 이용하고, 응력, 기하학적 형상 및 균열의 심각성을 묘사하는 균열 크기의 조합으로 이루어진 응력확대계수 K를 적용하여 평가해 보자.
- 균열이 있는 구조물에 대한 소성영역의 크기, 판의 두께에 따른 구속 효과 그리고 완전 소성 한계 하중들을 포함한 소성의 효과를 분석하고, 간략하게 진보된 파괴역학 방법에 대하여 소개해 보자.

세부목차

8.1 서 론

기계, 자동차 또는 구조물을 구성하는 부품 내부에 있는 균열의 존재는 부품을 약화시켜, 그것이 두 개 또는 그 이상의 조각들로 파괴되어 파손에 이르게 한다. 이는 일반적으로 파손이 발생하지 않는 항복강도보다 더 낮은 응력에서 파손이 발생하게 한다. 균열의 발생이 피하기 어려운 경우, 파괴역학이라 불리는 특별한 방법을 통해 파괴 가능성을 최소화하기 위한 재료선택 및 부품설계에 적용할 수 있다.

균열 이외에도 균열과 유사한 형태를 나타내는 다양한 결함들은 균열로 쉽게 발전할 수 있으며, 이들은 균열로 고려되어야 한다. 여기에는 표면의 깊게 긁힌 자국 또는 홈, 용접부의 기공, 주강 및 단조 강에 포함되어 있는 불순물 그리고 적층 구조 재료의 박리 등이 포함된다. 그림 8.1에 보인 바와 같이 잘못된 용접에 의해 균열과 같은 결함부에 파괴가 발생한 천연가스 파이프라인과 같은 예를 들 수 있다. 이 경우 파괴발생에 의해 폭발과 화재가 발생하여 근교에서 8명 사망과 많은 부상이 발생하였으며 38채의 집이 파손되고 70채 집이 손상을 입은 것으로 알려져 있다. 또 다른 예를 들어 그림 8.2의 균열 사진을 보면 단조로 제작된 포신의 벽에서 다량의 불순물이 포함된 곳에서부터 균열이 발생한 것을 알 수 있다.

파괴역학에 대한 연구 및 활용은 공학적으로 중요한데, 이는 균열 또는 균열과 유사한 결함들이 우리가 처음에 고려했던 것보다 좀 더 빈번하게 발생하기 때문이다. 예를 들면 거대한 사업용 항공기의 정기적인 검사에서 균열들이 빈번하게 발견되는데, 가끔 많은 균열이 존재하는 경우에는 보수를 수행해야 한다. 또한 균열 또는 균열과 유사한 결함들은 일반적으로 선체, 교량, 압력 용기 및 배관, 중장비 그리고 차량에서도 발생한다. 또한 이는 핵원자로를 구성하는 다양한 부품들에 대한 손상의 원인이 되기도 한다.

1950년대 및 1960년대 파괴 역학이 발전하기 전에는 공학 부품 내부에 위치한 균열에 대한 특정 해석이 불가능했다. 공학 설계는 주로 균열이 발생하지 않은 재료에 대하여 인장, 압축 그리고 굽힘 시험에 따른 파손 기준을 참고하여 수행되었다(이와 관련된 방법들은 7장에 논의되어 있다). 이와 같은 방법들은 재료의 샘플들에 선천적으로 존재하는 미시적 결함에 대한 효과를 자연히 포함한다. 그러나 이러한 방법들은 상대적으로 크기가 큰 균열들을 고려할 수 없으므로 불특정한 균열이 존재하지 않는다는 내재적인 가정을 수반한다. 4.4절에 설명되어 있는 노치-충격시험들은 균열을 고려하기 위한 대표적인 방법에 해당한다. 이러한 시험들은 균열에 의한 파손에 견디는 재료를 선정하기 위한 지침서를 제공하고, 특정 재료들의 취성화되는 온도를 확인하는 데 도움을 준다. 그러나 노치-충격시험에서 측정되는 파괴 에너지와 공학적 요소의 거동을 연계할 수 있는 직접적인 방법은 없다.

이와 대조적으로 파괴 역학에서는 요소의 거동과 연계될 수 있는 재료의 특성을 제공하고, 다양한 크기 및 형태를 가지는 결함들에 의해 제한되는 수명 및 강도에 대한 특정 해석을 수행할 수 있는 방법을 제시한다. 따라서 균열에 의한 파손의 가능성을 최소화할 수 있는 재료의 선정 및 세부적인 설계를 위한 기반을 제공한다.

파괴역학의 효율적인 사용은 부품들에 대한 검사를 요구하는데, 여기에는 존재하거나 존재할 가능성이 있는 균열의 크기 및 기하학적 형상이 무엇인지에 대하여 표기되어야 한다. 예를 들면 교량 및 항공기에서는 발견된 균열이 보수되기 이전에 위험한 크기로 성장하지 않기 위하여 주기적인 검사가 필요하다. 균열에 대한 검사 방법들은 일반적으로 비파괴시험 혹은 비파괴 평가로 알려져 있다.

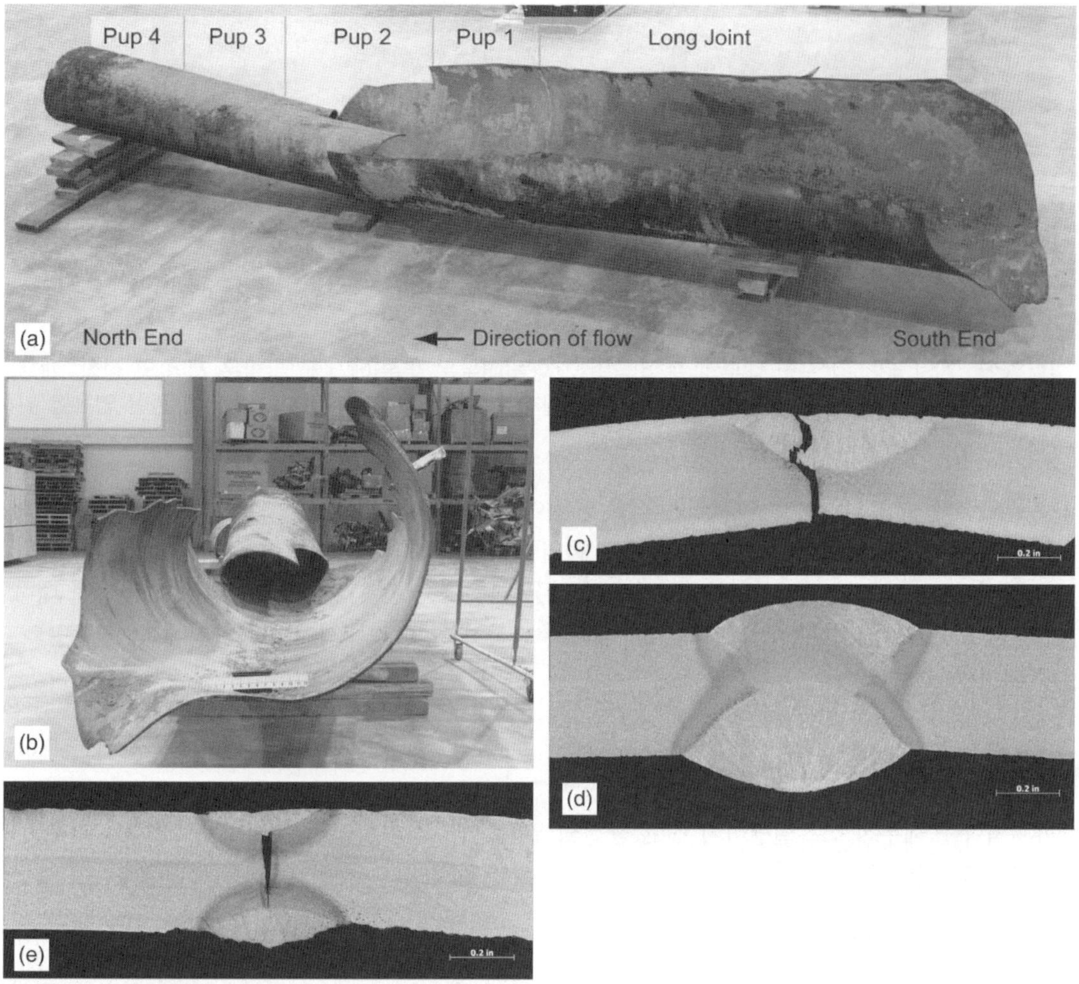

그림 8.1 미국 캘리포니아 산 브루노에서 2010년 9월 9일 발생한 천영연가스 운송파이프에서 큰 폭발과 화재의 원인이 된 파괴 부위 사진. 초기 파괴가 발생한 파이프 단면에 대한 전체적인 사진이 (a) 및 (b)에 보여져 있음. 파이프라인은 탄소강으로 만들어져 있으며, 직경은 762mm이고 두께는 9.53mm로 1956년에 설치됨. 파괴가 발생할 당시 파이프라인 압력은 2.66MPa으로 일반적인 작동압력인 2.48MPa보다 다소 높은 것으로 나타남. 파손이 시작된 종방향 용접부 "pup1" 단면이 (c)에 보여져 있음. (d)에서 보인 바와 같이 용접부가 완전용입으로 이루어져 있지 않고, 편면용접으로 구성되어 용접부 접합면이 두께의 절반 정도로만 나타나 있음. 이러한 부분용접부는 급격한 응력집중부로 작용함. 파괴가 발생하지 않은 다른 위치에서 단면을 (e)에 나타냄.

가장 명확히 균열을 판단할 수 있는 방법은 확대 또는 디지털 영상보조를 동반한 육안 검사가 있다. 또한 내부에 존재하는 결함을 발견할 수 있는 X-ray 촬영과 같이 보다 정교한 방법도 있다. 초음파 검사와 같은 방법은 부품에 높은 진동수를 가지는 음파를 전파시킨 후 결함으로부터 반사되는 전파를 통해 결함의 유무를 판단한다. 와전류탐상방법의 경우는 시험체에 코일을 통해 교류전류를 흐르게 하여 전류를 형성시킨 후, 비정상적인 반응의 유무에 따라 결함을 발견할 수 있다. 염료침투시험은 표면장력이 낮은 액체를 균열근처에 바르고 삼투압 작용에 의해 균열을 검출하는 방법이다. 그 외에도 다양한 방법들이 존재한다. 만약 균열이 발견되면, 균열이 발생한 부위의 보수는 부품의 교체 또는

그림 8.2 AISI 4335강 포신 내부의 큰 비금속 개재물(어두운 부분)에서 균열(밝은 지역)의 성장. 개재물은 검사에 의해 발견되었으며, 강관은 실제로 운용하지 않음. 하지만 거동에 관한 연구를 위하여 반복 하중을 통한 시험에 사용됨.

그 부위의 개선을 포함하는데 여기에는 작은 균열이 매끄러운 표면으로부터 떨어져 나가도록 기계가공을 하는 방법 또는 여러 방법을 사용하여 균열 부위를 강화하는 방법이 있다.

이 장에서는 파괴역학을 소개하고 정하중이 작용할 때 생기는 파손에 대한 적용 가능성에 대하여 연구할 것이다. 그리고 나중에 11장과 12장에서는 반복하중 및 적대적인 화학환경에 의한 균열의 진전에 관하여 고려할 것이다.

8.2 예비적 논의

파괴역학을 세부적으로 설명하기 전에 균열의 일반적인 특성 및 그들이 미치는 영향에 대하여 몇 가지 살펴볼 것이다.

8.2.1 응력집중원으로써의 균열

그림 8.3(a)에 나타낸 평판 재료의 타원형 구멍을 고려해 보자. 이에 대한 고찰을 위하여 구멍은 평판의 폭과 비교하여 작고, 평판의 주축에 수직한 방향으로 멀리 떨어진 위치에서 균일한 응력 S가 작용한다고 가정한다. 이러한 경우에 구멍 주위의 균일한 응력장은 그림 8.3(b)와 같이 특별한 응력장으로 바뀌게 된다.

구멍의 가장 주목할 만한 효과는 균일한 응력 S에 평행한 y 방향의 응력 σ_y에 의한 것이다. 구멍으로부터 떨어진 곳의 이 응력은 균일한 응력과 동일하다. 하지만 (b)의 x 축을 따라 응력을 평가하면, 균열 근처에서 y 방향의 응력값이 급격하게 증가하고 구멍의 가장자리에서 최대값을 가진다. 여기서 최대값은 타원의 형상에 비례하고 타원 끝단의 반경 ρ에 의존한다.

$$\sigma_y = S\left(1 + 2\frac{c}{d}\right) = S\left(1 + 2\sqrt{\frac{c}{\rho}}\right) \tag{8.1}$$

타원의 응력집중계수는 멀리 떨어진 거리에서의 공칭 응력과 최대응력의 비 $k_t = \sigma_y / S$로 정의할 수 있다.

타원의 반경 d가 0에 가까워지면서 균열의 반경 ρ 또한 0에 가까워지는 좁은 타원을 고려해 보자.

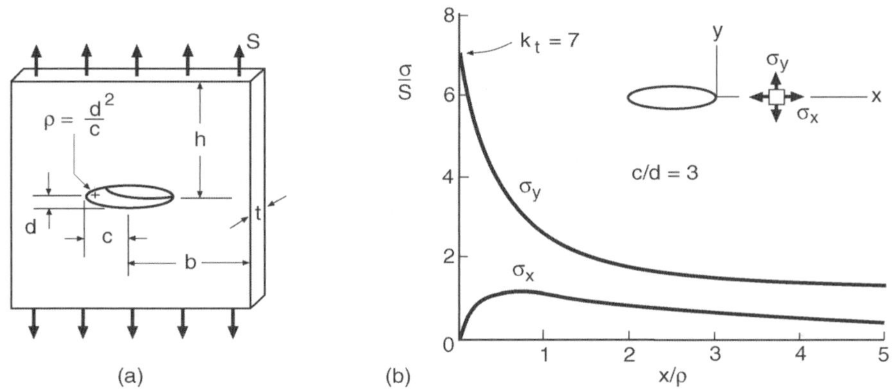

그림 8.3 원거리 균일 인장 하중을 받는 넓은 평판에 존재하는 타원형 구멍, 그리고 하나의 특별한 경우에 대한 구멍 근처에서 x축에 따른 응력분포

이러한 경우, y 방향 응력은 무한하게 되고 응력집중계수 또한 무한한 값을 가지게 된다. 따라서 예리한 균열은 심각한 응력집중을 유도하게 되고, 균열이 이상적으로 예리하다면 응력은 이론적으로 무한하게 된다.

8.2.2 실제 재료의 균열 선단 거동

실제 재료에서는 무한한 응력이 물론 존재할 수 없다. 만약 작용하는 하중이 작다면, 재료는 무한하게 예리한 초기 균열을 수용할 수 있고, 이는 이론적으로 무한한 응력값을 유한한 값으로 줄어들게 한다. 이를 그림 8.4에 표현하였다. 대부분의 금속에 해당하는 연성 재료의 경우, 균열 선단 부근에서 대량의 소성 변형이 발생한다. 여기서 재료에 이러한 항복이 발생하는 영역을 소성영역이라고 정의한다. 균열 선단에서의 상당한 변형은 예리한 균열 끝단을 둔화시켜 0이 아닌 작은 반경을 가지는 결과를 가져온다. 따라서 응력은 더 이상 무한하지 않게 되고 균열 선단 부근에서 균열 선단 개구 변위, CTOD로 정의된 유한한 양만큼의 균열이 열리게 된다.

다른 종류의 재료의 경우에도 연성 재료와 동일하게 예리한 균열 선단이 변화하여 이론적으로 무한한 응력을 완화시키는 거동이 발생한다. 고분자 복합체의 경우에는 가늘고 긴 기공들을 포함하는 영역이 균열 면들로 이어지는 섬유 구조로 정의된 크레이즈 영역(Craze zone)과 함께 진전한다. 세라믹과 같은 취성 재료의 경우에는 이러한 영역이 균열 선단의 아주 미세한 균열들이 고밀도로 밀집해 있는 부분에서 진전하게 된다.

세 종류 모두 균열 선단에서의 상당한 변형을 동반하고, 선단 부근에서 한정된 분리로 진전하게 된다. 균열 선단 근처에 이상적으로 존재하는 매우 높은 응력은 넓은 영역에 걸쳐서 펼쳐지게 되고 이를 재분포된다고 정의한다. 그러므로 재료가 견딜 수 있는 유한한 응력이 균열 선단 부근에 존재하고, 다소 멀리 떨어져 있는 응력은 이상적인 균열이 존재하는 경우의 응력보다 더 크게 나타나게 된다.

8.2.3 균열이 강도에 미치는 영향

만약 균열이 존재하는 구조물에 작용하는 하중이 매우 크다면, 균열은 급작스럽게 진전할 것이고 구조물에 소량의 소성변형을 동반하는 취성파괴가 발생하게 된다. 파괴역학 이론에서는 응력확대계수, K라는 유용한 개념을 정의할 수 있는데, 특히 K는 균열의 크기, 응력 그리고 기하학적 형상에 의하

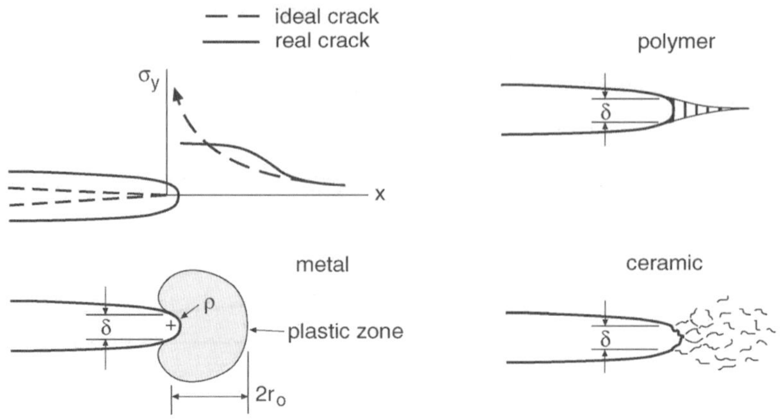

그림 8.4 실제 재료들의 균열 선단에서의 유한한 응력 및 영이 아닌 반경들. 소성, 크레이징 또는 미세 균열에 의한 극심한 변형 구역이 형성됨.

여 영향을 받는 균열 환경에 대한 심각성을 나타내는 척도로 사용된다. K를 정의함에 있어서 재료는 식 5.26의 Hooke 법칙에 따라 선형탄성거동을 보이는 것으로 가정하며, 이러한 접근법을 선형탄성파괴역학(LEFM)이라고 부른다.

특정 재료를 고려할 때 K가 그 재료의 한계값에 해당하는 파괴인성 K_c보다 낮은 경우에는 취성파괴가 발생하지 않은 상태로 재료가 균열에 저항할 수 있다. K_c 값들은 재료에 따라 다양하고, 온도, 하중 속도에 영향을 받으며 그리고 이차적으로 구조물의 두께에 의하여 영향을 받는다. 두께가 두꺼운 구조물은 평면변형률 파괴인성값이라고 불리며, K_{Ic}라고 나타낸 최저한계 값에 도달할 때까지 줄어드는 K_c 값을 가진다. 따라서 K_{Ic}는 주어진 재료에 균열이 존재하는 경우, 파괴에 저항할 수 있는 능력을 나타내는 척도이다. 다양한 재료들의 이러한 물성은 표 8.1과 8.2에 나타내었다.

예를 들면, 그림 8.5에 표현된 것처럼 응력이 작용하고 있는 넓은 평판의 중앙에 존재하는 균열을 고려해 보자. 이 경우에 K는 다음 식에 나타낸 것처럼 작용하는 원거리 응력인 S 및 중심선에서부터 측정되는 균열길이 a에 의존한다.

$$K = S\sqrt{\pi a} \qquad (a \ll b) \tag{8.2}$$

이 식은 구조물의 반폭 b와 비교하여 a가 작은 경우에만 유효한 식이다. 따라서 주어진 재료 및 두께를 고려한 파괴인성 K_c를 고려하면, 파괴를 유발하는 원거리 응력의 한계값은 다음과 같다.

$$S_c = \frac{K_c}{\sqrt{\pi a}} \tag{8.3}$$

따라서 재료의 강도에는 길이가 긴 균열이, 짧은 균열보다 좀 더 심각한 영향을 미치는 것을 예상할 수 있다.

다양한 균열의 길이가 강도에 미치는 영향을 증명하는 몇몇의 실험 데이터를 그림 8.5에 표현하였다. 이 데이터들은 두께가 1.5mm인 2014-T6 알루미늄 강재를 −195℃에서 실험하여 얻어진 것이다. 파손 데이터가 재료의 항복강도 σ_0가 더 낮게 나타나는 것을 확인할 수 있다. 이러한 거동은 단순히 항복 및 점선으로 표시된 균열에 의한 단면적의 감소만으로는 설명할 수 없다(그림 A.16(a)을 보면, 점선은 다음의 식 $S=P/(2bt)=\sigma_0(1-a/b)$으로 주어진다). 이를 고려한 K_c를 식 8.3에 대입하면 선형탄성파괴역학의 적용가능성 정도를 나타내는 데이터와 상당 부분 일치하는 실선을 얻을 수 있다. 그러나 응력 S가 재료의 항복강도 σ_0에 접근하는 경우에는 쇄선으로 표시된 것처럼, 데이터가 식 8.3의 아래로 위치하게 된다. 이러한 차이는 식 8.2에서의 가정처럼 선형탄성거동이고, 높은 응력이 짧은 균열에 작용하여 파손이 발생하는 경우가 아닌 소성영역의 크기가 작은 경우에만 유효하기 때문이다.

표 8.1 대표적인 금속들의 상온에서 파괴인성 및 인장 특성들

Material	Toughness K_{Ic}	Yield σ_o	Ultimate σ_u	Elong. $100\varepsilon_f$	Red. Area $\%RA$
	$MPa\sqrt{m}$ ($ksi\sqrt{in}$)	MPa (ksi)	MPa (ksi)	%	%
(a) Steels					
AISI 1144	66 (60)	540 (78)	840 (122)	5	7
ASTM A470-8 (Cr-Mo-V)	60 (55)	620 (90)	780 (113)	17	45
ASTM A517-F	187 (170)	760 (110)	830 (121)	20	66
AISI 4130	110 (100)	1090 (158)	1150 (167)	14	49
18-Ni maraging air melted	123 (112)	1310 (190)	1350 (196)	12	54
18-Ni maraging vacuum melted	176 (160)	1290 (187)	1345 (195)	15	66
300-M 650°C temper	152 (138)	1070 (156)	1190 (172)	18	56
300-M 300°C temper	65 (59)	1740 (252)	2010 (291)	12	48
(b) Aluminum and Titanium Alloys (L-T Orientation)					
2014-T651	24 (22)	415 (60)	485 (70)	13	—
2024-T351	34 (31)	325 (47)	470 (68)	20	—
2219-T851	36 (33)	350 (51)	455 (66)	10	—
7075-T651	29 (26)	505 (73)	570 (83)	11	—
7475-T7351	52 (47)	435 (63)	505 (73)	14	—
Ti-6Al-4V annealed	66 (60)	925 (134)	1000 (145)	16	34

Sources: Data in [Barsom 87] p. 172, [Boyer 85] pp. 6.34, 6.35, and 9.8, [MILHDBK 94] pp. 3.10–3.12 and 5.3, and [Ritchie 77].

표 8.2 폴리머 및 세라믹의 상온에서 파괴인성

Material Polymers[1]	K_{Ic} MPa$\sqrt{m}$	(ksi$\sqrt{in}$)	Material Ceramics[2]	K_{Ic} MPa$\sqrt{m}$	(ksi$\sqrt{in}$)
ABS	3.0	(2.7)	Soda-lime glass	0.76	(0.69)
Acrylic	1.8	(1.6)	Magnesia, MgO	2.9	(2.6)
Epoxy	0.6	(0.55)	Alumina, Al_2O_3	4.0	(3.6)
PC	2.2	(2.0)	Al_2O_3, 15% ZrO_2	10	(9.1)
PET	5.0	(4.6)	Silicon carbide SiC	3.7	(3.4)
Polyester	0.6	(0.55)			
PS	1.15	(1.05)	Silicon nitride Si_3N_4	5.6	(5.1)
PVC	2.4	(2.2)			
PVC rubber mod.	3.35	(3.05)	Dolomitic limestone	1.30	(1.18)
			Westerly granite	0.89	(0.81)
			Concrete	1.19	(1.08)

Notes: [1,2]See Tables 4.3 and 3.10, respectively, for additional properties of similar materials.
Sources: Data in [ASM 88] p. 739, [Karfakis 90], [Kelly 86] p. 376, [Shah 95] p. 176, and [Williams 87] p. 243.

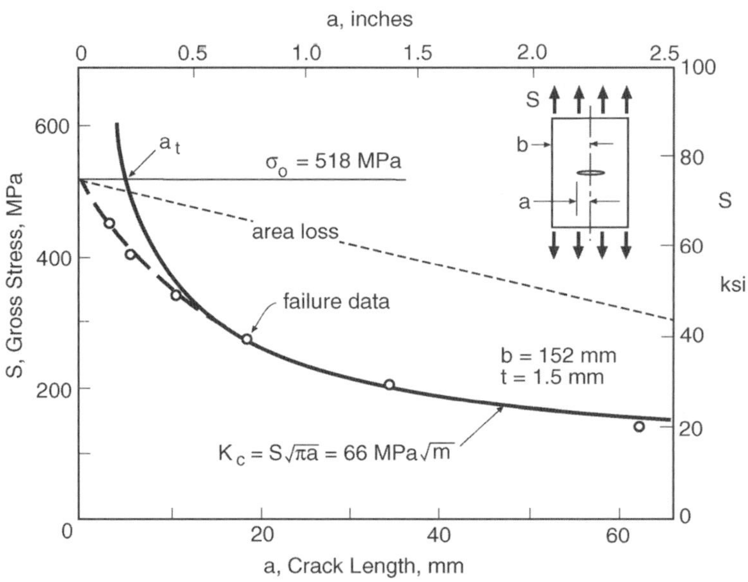

그림 8.5 2014–T6 알루미늄으로 제작된 균열이 있는 평판의 –195℃에서 파손 데이터

8.2.4 균열이 취성 및 연성 거동에 미치는 영향

선형탄성파괴역학에서 정의하는 파손 응력이 항복강도와 동일하며, 그림 8.5에 표현된 것처럼 a_t로 정의되는 균열 길이를 고려해보자. 식 8.3에 $S_c = \sigma_0$을 대입하면 다음과 같은 식으로 주어진다.

$$a_t = \frac{1}{\pi}\left(\frac{K_c}{\sigma_o}\right)^2 \qquad (8.4)$$

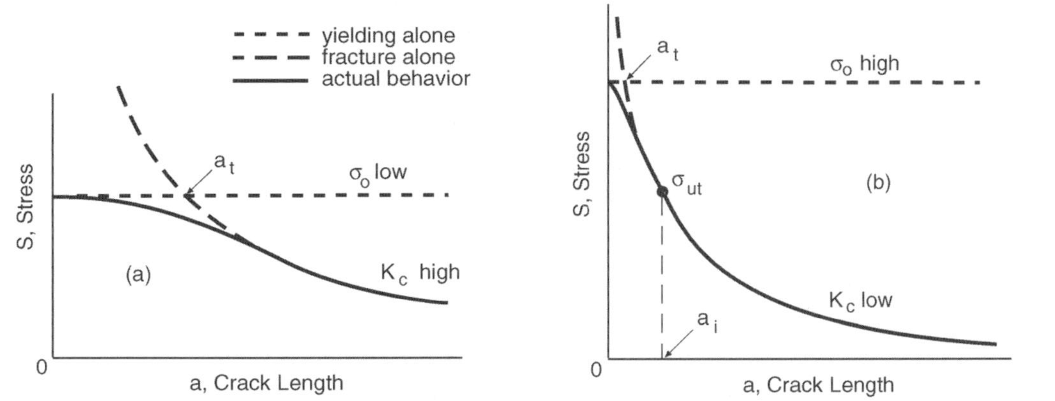

그림 8.6 낮은 강도 및 높은 인성 재료의 천이 균열 길이 a_t (a) 높은 강도 및 낮은 인성 재료 (b). 만약 (b)가 내부 결함 a_i를 가지고 있다면, 인장 하중 σ_{ut}에서의 강도는 취성 파괴의 제어를 받음.

근사적인 이론에 근거하여 이러한 천이균열 길이보다 더 긴 균열은, 항복보다는 취성 파괴에 의하여 강도에 제한을 받게 된다. 따라서 균열의 길이가 주어진 재료의 a_t보다 크거나 근접한 경우에는 균열을 육안으로 확인할 수 있으며, 설계 관점에서 파괴역학 이론이 반드시 고려되어야 한다. 이와 대조적으로 균열 길이가 a_t보다 작은 경우, 항복이 재료에 지배적인 거동이며 균열에 의한 강도의 감소가 없다.

식 8.4는 폭이 넓은 평판의 중심부에 균열이 발생한 경우에 대한 가정을 기반으로 하며, 기하학적 형상이 다른 경우에는 a_t가 달라진다는 것에 주의해야 한다. 그럼에도 불구하고 a_t 값을 다른 재료와 비교하기 위한 대표적인 정량적 양으로 사용하는 것은 유용하다.

하나는 낮은 σ_0와 높은 K_c를 가지고 다른 하나는 정반대의 조합인, 즉 높은 σ_0와 낮은 K_c를 가지는 두 종류의 재료를 고려해 보자. 이러한 물성들의 조합은 낮은 강도를 가지는 재료에서는 상대적으로 높은 a_t를 도출하지만, 높은 강도의 재료에서는 낮은 a_t를 도출한다. 그림 8.6(a)와 (b)를 비교해 보자. 이와 같이 적정 크기의 균열은 낮은 강도의 재료에 어떠한 영향도 주지 않지만, 높은 강도를 가지는 재료에서는 재료의 유용성을 심각하게 제한하게 된다. 항복강도와 파괴인성 사이에 이러한 대조적인 경향은 어느 재료에서나 공통적으로 나타나는 현상이다. 인장 시험에서 얻어지는 낮은 강도는 대개 높은 연성과 높은 파괴인성을 동반한다. 이와 대조적으로 높은 강도는 대개 낮은 연성과 낮은 파괴인성과 연관되어 있다. AISI 1045 강의 이러한 경향은 그림 8.7에 나타내었다.

다양한 재료의 a_t값들과 연관된 결함에 대한 상대적인 민감도는 1950년대와 1960년대에서 발생한 많은 공학적 파손을 설명하는데 도움을 준다. 항공 우주 분야에서 개발된 강 및 알루미늄 합금과 같은 새로운 고강도 재료들은 다소 작은 균열에 대하여 민감한 반응을 보이며 상당히 낮은 파괴인성을 가졌다. 한 가지 예로 1950년대에 영국제 Comet 여객기가 높은 고도에서 파손이 발생하였고 이로 인한 추락으로 상당한 인명손실이 발생하였다. 또 다른 예들로는 1950년대 후반에 Polaris 미사일의 로켓 모터 부품의 파손과 1969년에 F-111 항공기의 추락이 있다. 이와 같은 파손은 파괴역학의 이론개발을 가속화하였고 미 공군에서는 손상허용설계 요구사항의 기반으로 채택하였다.

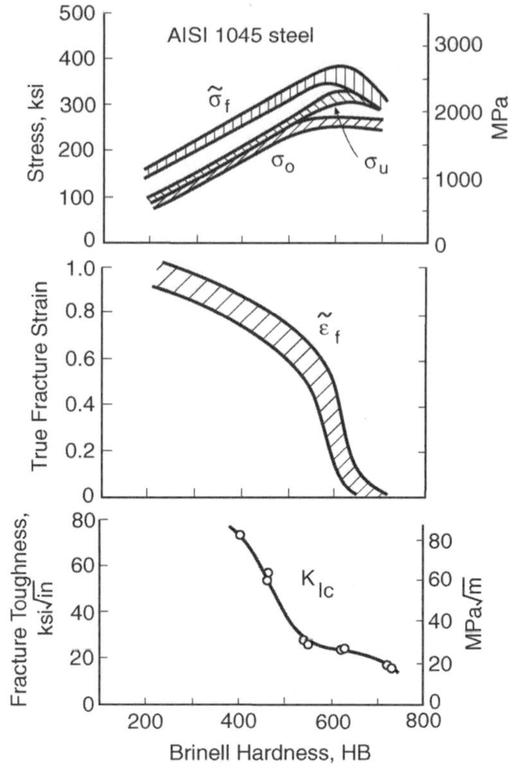

그림 8.7 다양한 열처리를 수행한 AISI 1045강의 인장 및 파괴인성 시험에서 얻은 물성들의 비교

또한 1940년대 및 그보다 이전 시기에 일반적인 연성 재료에서는 이해하기 힘든 취성파괴가 발생하였다. 이러한 현상들은 몇 년 뒤에 연성재료의 상대적으로 큰 a_t를 초과하는 크기의 균열에 의한 것임을 알게 되었다. 이것의 한 가지 예로 1919년 보스턴에 있었던 2백만 갤런의 당밀을 저장하고 있는 대략 직경 90 피트, 높이 50 피트의 거대한 탱크의 파손이 있다. 다른 예들로는 2차 대전을 전후로 하여 용접된 리버티선 및 유조선이 완전히 두 부분으로 파손된 경우, 그리고 다른 종류의 선체 및 교량의 파손등이 있다.

8.2.5 내부적인 결함을 가지는 재료들

앞선 장에서 이미 논의한 것처럼, 다양한 취성 재료들은 특성상 작은 균열 또는 균열의 특성을 보이는 결함들을 가지고 있다. 이는 일반적으로 유리, 암석, 세라믹 그리고 몇몇 주강들에 해당되는 사실이다. 이러한 설명은 이 재료들이 높은 항복강도를 가지지만, 작은 결함과 낮은 파괴인성으로 인한 예상보다 이른 파손 때문에 인장 하중에서 이러한 강도에 절대로 도달할 수 없다는 것을 이해할 수 있게 해준다. 이와 같은 관점은 취성 재료들이 인장보다는 압축 조건 하에서 상당히 높은 강도를 가지는 사실을 기반으로 하는데, 이는 단순하게 압축 조건에서는 균열이 닫히고 이로 인하여 상당한 감쇠 효과를 가져오기 때문이다.

이와 같은 재료에 내재하는 결함의 크기를 a_i로 나타내면, 식 8.3은 인장 조건에서 극한 강도를 $\sigma_{ut} = K_c / \sqrt{\pi a_i}$ 로 제하게 된다.이러한 상황을 그림 8.6(b)에 표현하였다. a_i보다 작거나 유사한 크기를 가지는 새로운 균열에서는 어떠한 영향도 나타나지 않았으며, 이전의 결함이 끼치는 영향보다 더 악화되지 않았다. 따라서 이 재료는 내재적 결함이 있는 것으로 정의된다. 또한 이러한 결함들은 실제 표본들 사이에 상당한 차이를 나타내고, 이는 일반적으로 σ_{ut} 관점에서 큰 확률적 오차를 보이게 된다.

8.3 수학적 개념들

균열이 있는 부재는 그림 8.8에 나타낸 것처럼 세 가지 하중 모드 중에서 하나 또는 두세 개가 결합된 하중을 받을 수 있다. 모드 I은 열림 모드라고 불리며 단순하게 분리하는 균열 면들로 구성되어 있다. 모드 II, 미끄럼 모드, 에서는 균열 면들이 상대적으로 균열 끝단에 수직한 방향으로 미끄러진다. 모드 III, 찢김 모드, 또한 균열 면들의 상대적인 미끄럼 현상을 포함하지만, 미끄럼 방향이 균열 선단에 평행한 방향이다. 모드 I은 인장 하중에 의하여 발생하는 반면, 다른 두 가지 모드는 그림에 보이는 것처럼 서로 다른 방향의 전단 하중에 의하여 발생한다. 대부분의 균열 문제에서의 공학적인 관심사는 주로 모드 I이고 인장 응력 조건 하에 있으므로 우리는 논의의 대부분을 이러한 경우로 제한할 것이다.

1920년 A.A. Griffith에 의하여 알려진 초기의 파괴 역학에서는 에너지 방법론이 이용되었다. 이러한 접근법은 변형률에너지, G라고 정의된 개념에 의하여 표현되었다. 후에 진행된 연구들은 응력확대 계수, K의 개념 및 G와 K가 직접적으로 연관되어 있다는 것에 관해 증명하였다.

8.3.1 변형률 에너지해방률, G

그림 8.9에 표현된 것처럼 균열이 a의 길이를 가지고 모드 I의 하중 P가 작용하는 균열이 있는 부재를 고려해보자. 재료의 거동은 하중과 변위 사이의 관계가 선형적인 선형탄성으로 가정하자. 이러한 선형 용수철 이론과 유사한 이론은 그림 8.9(a)에 표현된 것처럼 구조물 내부에 탄성변형률의 결과물로 포텐셜 에너지 U를 저장한다. 여기서 v는 하중 부하점에서의 변위이며, $U = Pv/2$는 P-v 선도의 아래쪽에 위치한 삼각형의 면적이다.

만약 변위는 일정하게 고정되어 있는 상태에서 균열이 소량의 양 da만큼 진전한다면, (b)에 보이는 것처럼 재료의 강성은 감소할 것이다. 이는 균열진전으로 인하여 발생하는 면적 dU에 의하여 전체 포텐셜 에너지가 감소하며, 이는 U가 이러한 에너지의 방출로 인하여 감소한 것을 의미한다. 균열면의 증가로 인한 포텐셜 에너지의 변화율은 변형률에너지해방률로 다음과 같이 정의된다.

$$G = -\frac{1}{t}\frac{dU}{da} \tag{8.5}$$

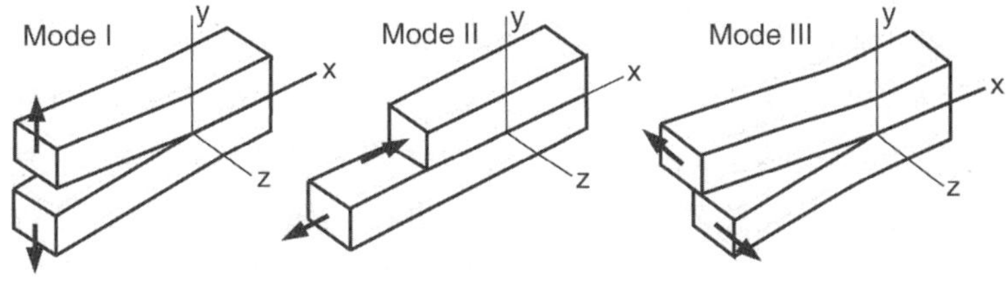

그림 8.8 균열 면 변위의 기본적인 모드들

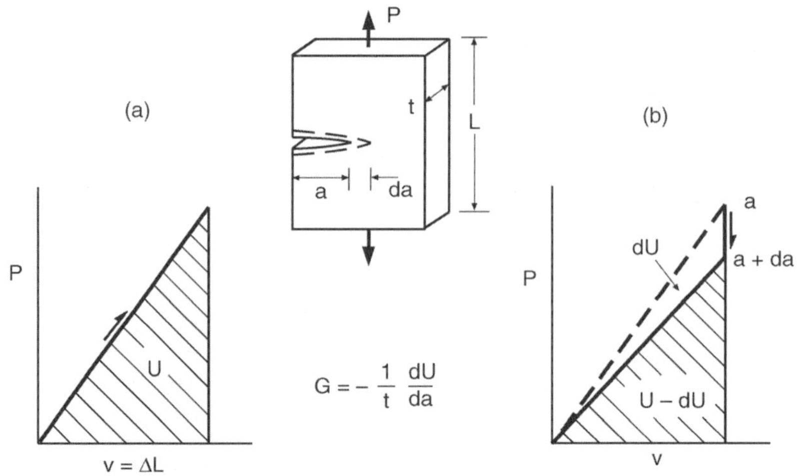

그림 8.9 두 개의 인접한 균열 길이들의 포텐셜 에너지 및 변형률에너지해방률 G를 정의하기 위해 사용되는 에너지 변화 dU

여기서 균열 면적의 변화는 $t(da)$이며 음의 부호는 G가 양의 값을 가질 수 있게 한다. 따리시 G는 확장된 균열에 요구되는 단위 균열면적당 에너지를 의미하며, 이는 균열의 거동을 다루기 위한 기초적인 물리량으로 사용될 것이다.

Griffith가 제안한 기초적인 이론에서 방출된 모든 포텐셜 에너지는 균열 면상에서 새로운 균열 면을 생성하는데 사용된 것으로 고려하였다. 이는 Griffith의 유리를 사용한 실험처럼 기본적으로 소성변형을 동반하지 않는 균열이 발생하는 대부분의 재료에 기정된 사실이다. 그러나 대부분의 연성 재료는 에너지 대부분이 균열 선단에서 재료가 소성변형을 일으키는데 사용된다. 1950년대에는 G를 금속에 대하여 적용하는 연구에서 G. R. Irwin이 소성영역의 크기가 작다면, 이러한 조건들 하에서 G가 적용가능하다는 것을 보여주었다.

참고문헌에 실린 것처럼 Barsom(1987)은 Griffith, Irwin 그리고 다른 연구자들에 의한 파괴역학에 대한 초기 연구 자료들을 보고서로 정리하여 제출하였다.

8.3.2 응력확대 계수, K

앞서 소개된 것처럼 응력확대 계수의 개념은 좀 더 복잡한 이론에 의하여 정의되어야 한다. 일반적인 관점에서, K는 선형탄성 및 등방성 재료에 존재하는 이상적으로 예리한 균열 부근에서의 응력의 크기(강도)에 관한 특성을 나타낸다.

그림 8.10에 균열 부근의 응력에 관하여 설명하는 좌표계를 나타내었다. 극좌표계의 r과 θ이 균열면에 수직한 $x-y$ 평면상에 놓여있고, z축은 균열 선단에 평행한 방향에 위치하고 있다. 모드 I 하중이 작용하는 어떠한 경우에도 균열 끝단 부근의 응력은 다음과 같이 r과 θ로 나타낼 수 있다:

이 식들은 선형탄성이론을 기초로 하여 유도되며, 이와 같은 주제를 다루는 다양한 기준에 설명되어 있는 것처럼 균열 끝단 부근의 응력장을 설명할 수 있다고 알려져 있다. 고차항들은 균열선단에서 상당히 낮은 값을 가지기 때문에 무시된다. 이 식들은 균열선단에서 급속도로 증가하는 균열을 예측한다. 응력장의 이러한 특성은 그림 8.11에서처럼 완전소성 시험편의 응력경로 사진에 의하여 확인할 수 있다.

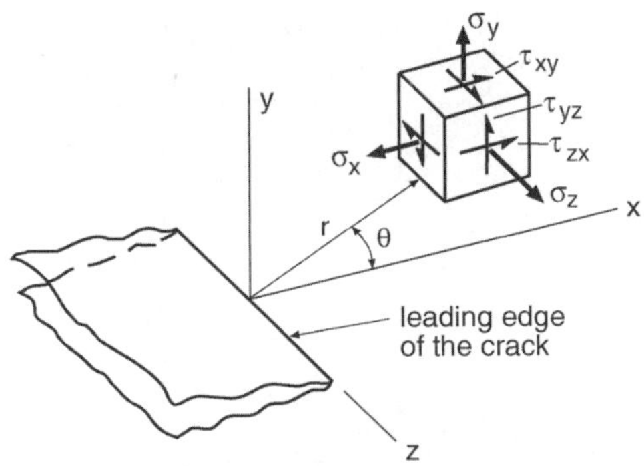

그림 8.10 균열 선단 구역의 3차원 좌표계 시스템

$$
\begin{aligned}
&\sigma_x = \frac{K_I}{\sqrt{2\pi r}}\cos\frac{\theta}{2}\left[1-\sin\frac{\theta}{2}\sin\frac{3\theta}{2}\right]+\cdots && \text{(a)}\\
&\sigma_y = \frac{K_I}{\sqrt{2\pi r}}\cos\frac{\theta}{2}\left[1+\sin\frac{\theta}{2}\sin\frac{3\theta}{2}\right]+\cdots && \text{(b)}\\
&\tau_{xy} = \frac{K_I}{\sqrt{2\pi r}}\cos\frac{\theta}{2}\sin\frac{\theta}{2}\cos\frac{3\theta}{2}+\cdots && \text{(c)}\\
&\sigma_z = 0 \qquad \text{(plane stress)} && \text{(d)}\\
&\sigma_z = \nu\left(\sigma_x+\sigma_y\right) \qquad (\text{plane strain; } \varepsilon_z = 0) && \text{(e)}\\
&\tau_{yz} = \tau_{zx} = 0 && \text{(f)}
\end{aligned}
\qquad (8.6)
$$

만약 균열이 있는 부재의 z 방향 두께가 얇다면, $\sigma_z = 0$인 평면응력이 적용된다. 하지만 상대적으로 두껍다면, 평면 변형률, $\varepsilon_z = 0$로 고려하는 것이 좀 더 합리적이며, Hooke의 법칙처럼 특히 식 5.26(c), σ_z가 식 8.7(e)에 따라 다른 응력들과 뽀아송비, υ에 의하여 결정되는 것을 필요로 한다.

식 8.6에서 0이 아닌 응력 성분들은 r이 0으로 접근할 때(균열 선단에 접근하는 경우), 모두 무한한 값에 다가가는 것처럼 보인다. 이러한 현상은 구체적으로 $\sqrt{r}$의 역수에 비례하는 응력들에 의하여 발생한다는 것을 알 수 있다. 따라서 균열 선단에서는 수학적 특이성(Singulariry)이 존재하며, 균열 선단에서는 어떠한 응력값도 도출할 수 없다. 또한 식 8.6의 0이 아닌 모든 응력 성분들은 정량적인 K_I에 비례하며, 나머지 요소들은 단지 r과 θ의 변화에 영향을 받는 요소이다. 따라서 균열선단 부근의 응력장의 크기는 요소 K_I을 도출함으로써 정의할 수 있다. 이러한 기본적인 이론에서 K_I은 균열의 심각성을 평가하는 측정값이 된다. 이전의 수학적 이론에서 이 값의 정의는

$$K_I = \lim_{r,\theta\to 0}\left(\sigma_y\sqrt{2\pi r}\right) \qquad (8.7)$$

K_I을 표현하기 위하여 식을 간략화하면

$$K_I = FS\sqrt{\pi a} \qquad (8.8)$$

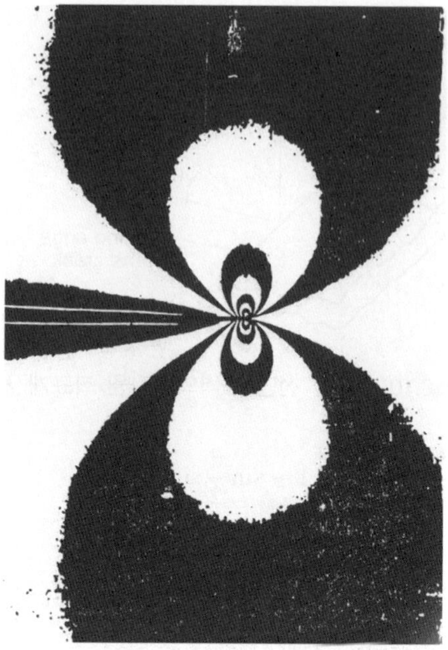

그림 8.11 균열 선단 부근의 최대 면내 전단응력 등고선들. 이들은 완전 소성 재료의 광탄성효과에 의해 형성됨. 왼쪽에서 들어오는 두 개의 얇은 흰 선들은 균열의 모서리에 있으며, 선단은 등고선의 수렴하는 점에 위치함.

여기서 F는 다양한 기하학적 형상을 고려해기 위해 필요한 요소이다. 예를 들면, 만약 평판의 중심부에 상대적으로 긴 균열이 존재하는 경우 시험편 모서리의 접근성이, F가 단위 값보다 커지도록 유도하는 것처럼 식 8.2를 수정해야 한다. 정량적인 F는 그림 8.12에 보이는 것처럼 a/b비율의 함수이다. 곡선 (a), 곡선 (b)와 (c)는 인장 하중이 작용하는 균열이 있는 부재 가운데, 특히 양 모서리 균열 평판과 단일 모서리 균열 평판인 두 가지 경우에 대하여 a/b에 따른 F의 변화를 나타내고 있다.

8.3.3 K와 G에 대한 추가적인 언급

모드 II와 III의 하중에는 유사하지만 분명하게 구분되는 응력장 식이 존재한다. 그리고 K_{II}와 K_{III} 또한 K_I과 유사한 방법을 사용하여 결정할 수 있다. 그러나 대부분의 현실적인 적용사례들은 모드 I을 다룬다. 여기서는 편의를 위하여 K_I의 하첨자를 제거할 것이며, 하첨자가 없는 K를 K_I과 동일한 개념으로 이해하면 된다.

정량적인 G와 K는 다음과 같은 관계를 가진다.

$$G = \frac{K^2}{E'} \tag{8.9}$$

여기서 E'은 재료의 탄성 계수와 Poisson 비에서 얻는다.

$$\begin{aligned} E' &= E && \text{(plane stress; } \sigma_z = 0) \\ E' &= \frac{E}{1-\nu^2} && \text{(plane strain; } \varepsilon_z = 0) \end{aligned} \tag{8.10}$$

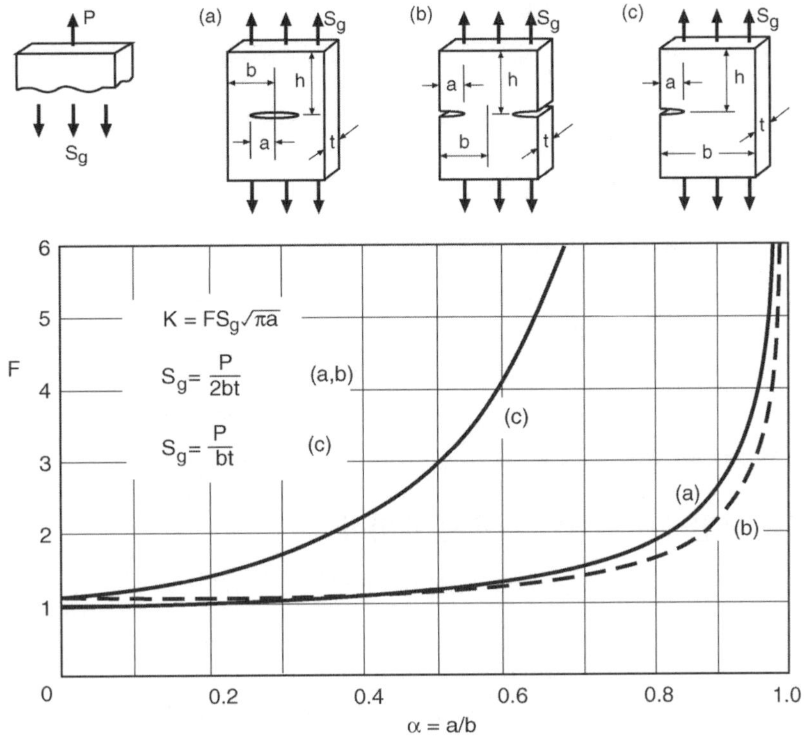

Values for small a/b and limits for 10% accuracy:

(a) $K = S_g\sqrt{\pi a}$ $(a/b \leq 0.4)$

(b) $K = 1.12S_g\sqrt{\pi a}$ $(a/b \leq 0.6)$

(c) $K = 1.12S_g\sqrt{\pi a}$ $(a/b \leq 0.13)$

Expressions for any $\alpha = a/b$:

$$\text{(a)}\quad F = \frac{1 - 0.5\alpha + 0.326\alpha^2}{\sqrt{1-\alpha}} \qquad (h/b \geq 1.5)$$

$$\text{(b)}\quad F = \left(1 + 0.122\cos^4\frac{\pi\alpha}{2}\right)\sqrt{\frac{2}{\pi\alpha}\tan\frac{\pi\alpha}{2}} \qquad (h/b \geq 2)$$

$$\text{(c)}\quad F = 0.265\,(1-\alpha)^4 + \frac{0.857 + 0.265\alpha}{(1-\alpha)^{3/2}} \qquad (h/b \geq 1)$$

그림 8.12 인장 하중을 받는 균열이 있는 평판의 세 가지 경우에 대한 응력확대 계수. 기하학적 형상, 선도 및 방정식 (a) 모든 같은 경우에 대응하는 경우 그리고 유사한 경우 (b), (c).

식 8.9와 하중 대비 변위 거동에서의 G의 상관성, 식 8.5는 K를 계산하기 위하여 사용될 수 있다. 그림 8.9에 나타낸 것처럼 P–v 곡선의 기울기는 컴플라이언스 방법을 사용하여 얻을 수 있다. 세부적인 사항은 파괴 역학과 관련된 다른 문헌 또는 Tada(2000)의 책을 참조하면 된다.

식 8.9에 따라 G와 K가 직접적인 연관성이 있기 때문에, 일반적으로 이 개념들 중에서 오직 하나의 값만을 필요로 한다. 우리는 대부분의 파괴역학을 다루는 공학분야 문헌과 동일하게 주로 K에 관하여 다룰 것이다.

8.4 설계 및 해석에 대한 K의 적용

파괴역학을 실용적으로 사용하기 위해서는, 구조물에 존재하는 균열의 기하학적 형상에 따라 반드시 응력확대 계수 K가 먼저 결정되어야 한다. 현재 광범위한 연구가 수행되고 있고, 여러 경우들에 대한 K값을 계산하기 위하여 방정식 또는 곡선들을 도출한 다양한 편람들이 정리되어 있다. 이 장의 마지막 부분에 있는 참고문헌 절에서 이와 같은 몇 개의 편람들에 대한 목록을 작성하였다. 이 장에서 이 부분에 대한 정리는 K를 계산하기 위한 기초적인 식을 제시하기 위한 것이며, 또한 편람들에서 이용 가능한 정보의 종류를 예를 들기 위함이다.

8.4.1 K를 표현하기 위하여 사용된 수학적 식

이미 언급된 바와 같이 K는 다음의 식에 의하여 적용 응력 및 균열 길이와 연관지을 수 있다.

$$K = FS_g\sqrt{\pi a}, \qquad F = F(\text{geometry}, a/b) \tag{8.11}$$

정량적인 F는 무차원 함수로 기하학적 형상 및 하중 구성에 의존하는 양이며, 또한 그림 8.12의 세 가지 경우에 정의된 것처럼 균열 길이와 구조물의 폭 또는 반폭, b와 같이, 다른 기하학적 치수의 비에 의존한다. F에 관한 추가적인 예가 그림 8.13과 8.14에 표현되어 있으며, 이는 굽힘 하중을 받는 단일모서리균열 평판 및 다양한 하중을 받는 원주방향균열 환봉에 관한 것이다. 이러한 예를 통하여, 균열길이 a는 표면 또는 하중이 작용하는 중심에서 측정되고, 폭 치수 b는 가능한 최대 균열 길이로 정의하는데, 이는 a/b=1인 경우이며 구조물이 완전히 파단되는 것을 의미한다. 그림 8.12부터 8.14에서 각각의 경우에 대하여 다양한 α=a/b 에서 약간의 오차범위를 가지는 F를 계산하기 위한 다항식 또는 다른 수학적 식들이 주어져 있다. 삼각함수가 사용되는 경우에는, 이를 계산하기 위한 단위로 라디안을 사용한다.

작용하는 하중 또는 굽힘 모멘트는 공칭응력 또는 평균응력을 결정함으로써 정의된다. 파괴역학에서는 편의를 위하여 균열이 존재하지 않는다는 가정 하에 단면공칭응력 S_g을 사용한다. 이와 같은 방식은 그림 8.12부터 8.14의 경우에도 적용된다. 하첨자 g는 단지 혼선을 피하기 위하여 사용된 것이며, 균열이 발생하지 않는 나머지 영역을 근간으로 하는 순단면공칭응력, S_n,을 사용하기 위한 것이다. S_n보다는 S_g의 사용이 다소 용이하며, 이는 균열 길이의 영향이 F와 $\sqrt{a}$ 계수들에 의하여 국한되기 때문이다. 일반적으로공칭응력 S는 임의적으로 결정될 수 있으나, F는 일관성 있게 정의되어야 한다. 만약 S 및 a 또는 b의 정의가 바뀌는 경우에는 함수 F는 반드시 재평가되어 그 값이 바뀌어야 한다.

요약하면, 응력확대계수 K는 균열길이 형상 그리고 작용응력에 영향을 받는 균열의 효과에 대한 척도이다. 주어진 재료에 대해, 응력확대계수 K가 파괴인성 K_{Ic}에 이르게 되면 파괴가 발생하게 된다. 따라서 취성파괴에 대한 안전계수는 아래와 같이 정의하게 된다.

$$X_K = \frac{K_{Ic}}{K} = \frac{K_{Ic}}{FS_g\sqrt{\pi a}} \tag{8.12}$$

위 식에서 S_g와 a는 실제구동 환경에서 예상되는 응력과 균열길이에 해당하면, F=F(a/b)는 물론 동일한 균열길이 a에 해당되는 값이다. 또한 $K = FS_g\sqrt{\pi a}$ 에 의해서 S_g와 K는 빌계 관계에 있으므로, X_K는 취성파괴 환경에서의 응력에 의한 안전계수도 될 수 있다.

가끔 편의를 위하여 작용 하중을 직접적으로 사용하는데, 이는 다음과 같이 평판의 기하학적 형상을 가지는 경우에 유용한 식이다.

$$K = F_P \frac{P}{t\sqrt{b}}, \qquad F_P = F_P(\text{geometry}, a/b) \tag{8.13}$$

여기서 P는 하중이고, t는 두께 그리고 b는 이전에 정의한 계수와 동일하다. 함수 F_P는 새로운 무차원 기하학적 계수이다. 그림 8.15와 8.16에 그 예시가 주어진다. 식 8.12와 8.13에서 정의한 K에 대한 방정식을 이용하여 이전에 정의된 F와 F_P가 연관되어 있음을 알 수 있다.

$$F_P = F\frac{S_g t\sqrt{\pi ab}}{P} \tag{8.14}$$

이 관계는 그림 8.12부터 8.14에서처럼 다양한 조건에 따라 주어진 F에 대하여 함수 F_P를 얻는데 사용될 수 있다. F_P의 관점에서 K를 표현하는 것은 균열 길이의 상관성이 무차원 함수 F_P에 의하여 국한되는 이점을 가지고 있다.

8.4.2 고찰

K에 대하여 수학적으로 닫힌 형태의 해는 a/b=0인, 즉 균열과 비교하여 큰(이상적으로 무한한) 부재들의 경우에 존재한다. 그러나 이러한 해들은 엄청나게 큰 a/b의 값을 가지는 경우에도 종종 상당히 정확한 것으로 알려져 있다. 그림 8.12에서부터 8.15에 주어진 K에 해당하는 방정식들은 $\alpha = a/b$의 제한에 따라 10% 이내의 오차범위를 가진다. 예를 들면, 중심부에 균열이 존재하는 평판인 경우에 그림 8.12에 명시되어 있듯이 F=1의 값을 적용하는 경우 $a/b \leq 0.4$에서 10%의 오차범위를 가진다. 두 번째 예로, 단일 모서리 균열이 존재하는 평판인 경우에 그림 8.12(c)에 명시되어 있듯이 $F = 1.12$를 적용하는 경우 $a/b \leq 0.13$에서 10%의 오차범위를 가진다.

그림 8.12(c)에 나타난 인장을 받는 부재에 모서리 균열의 경우 중심부에 균열이 존재하는 평판이 절반으로 나누어진 경우와 유사하다고 생각할 수 있다. 따라서 두 경우에서는 균열의 길이 a가 일관되게 정의되어 있기 때문에, 추가 계수인 1.12는 새로운 자유 평면에 의한 효과와 관련되어 있다. 실제로 모드 I 균열들이 균열 면부터 멀리 떨어진 하중을 받을 때, 평판에 존재하는 관통형태의 균열과 환봉에 존재하는 원주방향 균열에 대하여 이와 같은 $F = 1.12$의 값을 적용해야 한다. 그러므로 그림 8.14(c)의 모드 III의 경우를 제외하고는 그림 8.12에서부터 8.14에 해당하는 모든 평면 균열에 대하여 이를 적용한다.

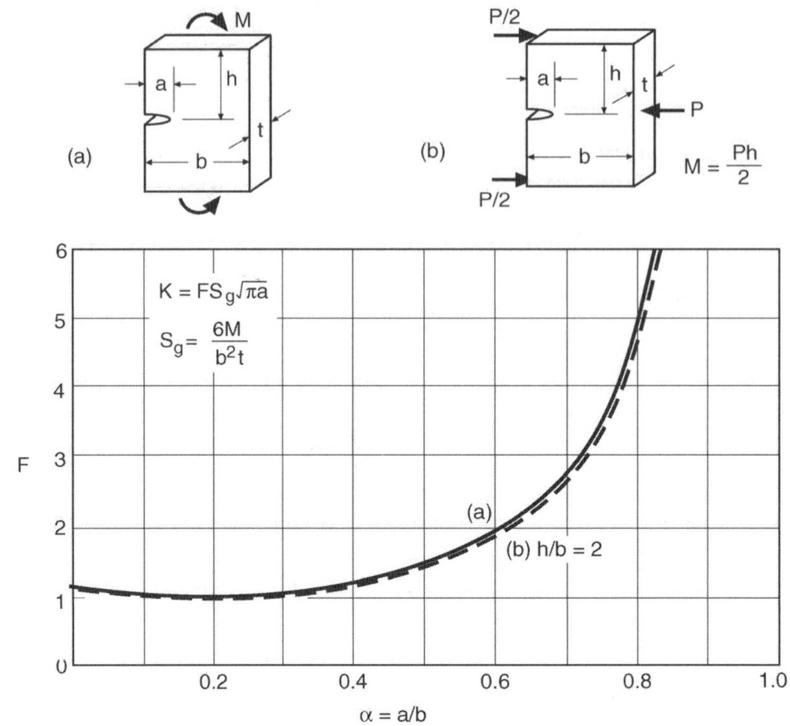

Values for small a/b and limits for 10% accuracy:

$$\text{(a, b)} \quad K = 1.12 S_g \sqrt{\pi a} \qquad (a/b \le 0.4)$$

Expressions for any $\alpha = a/b$:

$$\text{(a)} \quad F = \sqrt{\frac{2}{\pi\alpha}\tan\frac{\pi\alpha}{2}}\left[\frac{0.923 + 0.199\left(1 - \sin\frac{\pi\alpha}{2}\right)^4}{\cos\frac{\pi\alpha}{2}}\right] \qquad (\text{large } h/b)$$

(b) F is within 3% of (a) for $h/b = 4$, and within 6% for $h/b = 2$, at any a/b:

$$F = \frac{1.99 - \alpha(1-\alpha)\left(2.15 - 3.93\alpha + 2.7\alpha^2\right)}{\sqrt{\pi}\,(1+2\alpha)(1-\alpha)^{3/2}} \qquad (h/b = 2)$$

그림 8.13 굽힘에 대한 두 가지 경우에서의 응력확대 계수. 형상, 선도 그리고 식이 (a) 모든 경우에 대응하는 경우와 (b) 유사한 경우, (b) h/b = 2는 ASTM 표준 굽힘 시편

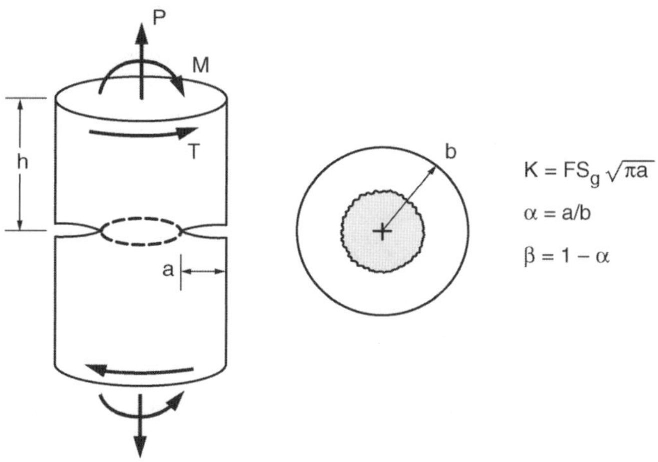

$$\textbf{(a) Axial load } \boldsymbol{P}\textbf{:} \quad S_g = \frac{P}{\pi b^2}, \qquad F = 1.12 \qquad (10\%,\ a/b \leq 0.21)$$

$$F = \frac{1}{2\beta^{1.5}}\left[1 + \frac{1}{2}\beta + \frac{3}{8}\beta^2 - 0.363\beta^3 + 0.731\beta^4\right]$$

$$\textbf{(b) Bending moment } \boldsymbol{M}\textbf{:} \quad S_g = \frac{4M}{\pi b^3}, \qquad F = 1.12 \qquad (10\%, a/b \leq 0.12)$$

$$F = \frac{3}{8\beta^{2.5}}\left[1 + \frac{1}{2}\beta + \frac{3}{8}\beta^2 + \frac{5}{16}\beta^3 + \frac{35}{128}\beta^4 + 0.537\beta^5\right]$$

$$\textbf{(c) Torsion } \boldsymbol{T}\textbf{, } \boldsymbol{K} = \boldsymbol{K}_{\text{III}}\textbf{:} \quad S_g = \frac{2T}{\pi b^3}, \qquad F = 1.00 \qquad (10\%, a/b \leq 0.09)$$

$$F = \frac{3}{8\beta^{2.5}}\left[1 + \frac{1}{2}\beta + \frac{3}{8}\beta^2 + \frac{5}{16}\beta^3 + \frac{35}{128}\beta^4 + 0.208\beta^5\right]$$

그림 8.14 정확성을 위한 상수 F의 10% 제한과 어떠한 α=a/b에 대한 표현을 포함하는 원주 균열을 가지는 환봉 축에 대한 응력확대 계수. (c) 비틀림에 대해 전단 모드 III의 응력확대 계수

단순무한체에 존재하는 상대적으로 긴 균열에 대한 해는 부정확하기 때문에 F 또는 F_P를 계산하기 위한 다항식들이 필요하다. 이는 많은 연구자들 및 편람 저자들이 다양한 상대균열길이(a/b)들에 대하여 수치해석을 수행함으로써 도출되었다. 수학적인 표현 F = F(a/b) 또는 $F_P = F_P(a/b)$는 계산값들이 근접하게 수렴하도록 수정되었다. 물론 이러한 수정된 식들은 해석이 수행된 a/b의 범위 내에서 유효하지만, 현재는 그림 8.12에서부터 8.15까지 각각의 경우에 대하여 0에서부터 1의 범위를 가지는 모든 a/b에 대하여 적용할 수 있다(그림 8.16에서는 $0.2 \leq a/b \leq 1$인 경우에서 식이 유효하다고 명시하고 있다). 이와 같은 해석을 수행하기 위한 수치적인 방법들 가운데는 유한요소, 경계적분방정식 그리고 가중함수와 같은 방법들이 있다. Anderson(2005)의 책에서 균열이 있는 부재들의 수치적인 해석에 대한 도입부를 참고할 수 있다.

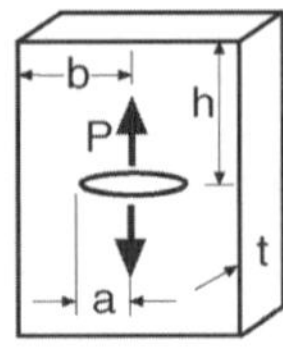

$$K = F_P \frac{P}{t\sqrt{b}}, \qquad \alpha = \frac{a}{b}, \qquad F_P = \frac{1}{\sqrt{\pi\alpha}} \qquad (10\%,\ \frac{a}{b} \leq 0.3)$$

$$F_P = \frac{1.297 - 0.297\cos\frac{\pi\alpha}{2}}{\sqrt{\sin\pi\alpha}} \qquad (0 \leq \frac{a}{b} \leq 1)$$

그림 8.15 h/b≥2인 판의 중앙 균열 면에 하중에 작용할 때의 응력확대 계수. 어떠한 α에 대해서도 유효한 α=a/b의 제한적 범위를 10% 이내에 가지는 F_p에 대해 간단하게 주어짐.

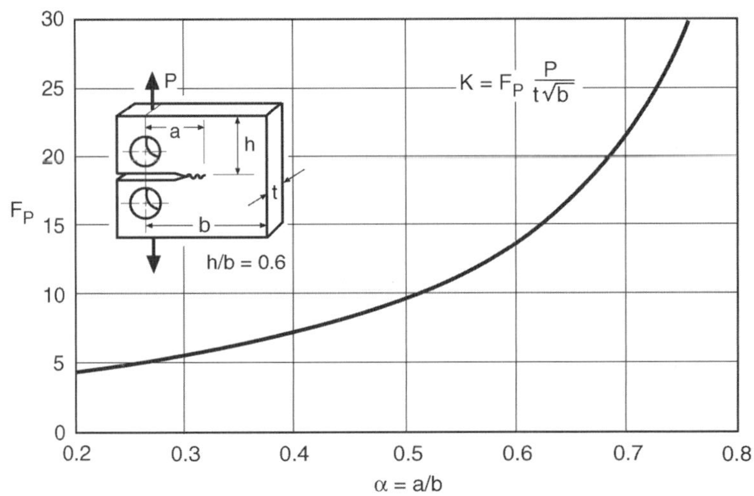

$$F_P = \frac{2+\alpha}{(1-\alpha)^{3/2}}(0.886 + 4.64\alpha - 13.32\alpha^2 + 14.72\alpha^3 - 5.6\alpha^4) \qquad (a/b \geq 0.2)$$

그림 8.16 α=a/b인 $F_p = F_p(\alpha)$로부터 결정된 ASTM 표준 컴팩트 시편에 대한 응력확대 계수

그림 8.13(b)를 제외하고 그림 8.12에서부터 8.14에 있는 수식들은 균열에서부터 무한한 거리 h에서 작용되는 단일, 굽힘 또는 비틀림 응력에 적용한다. 그러나 유한한 h에서의 오차들은 h/b=3에서 일반적으로 무시할 수 있고, h/b가 1 또는 2 주위의 값을 가질 경우에만 5% 이상의 오차가 발생하기 시작한다.

예제 8.1

그림 8.12(a)에서처럼 $b = 50\text{mm}$, $t = 5\text{mm}$ 그리고 큰 h를 치수로 가지고 있는 중앙-균열 평판을 고려해 보자. 이 때 $P = 40\text{kN}$ 의 하중이 작용하며, 이 평판은 2014-T651 알루미늄 재료로 만들어져 있다.

(a) 균열길이가 $a = 4.5\text{mm}$ 일 때 응력확대 계수 K와 취성파괴에 대한 안전계수는 얼마인가?

(b) 균열길이가 $a = 21\text{mm}$ 인 경우에 대하여 (a)와 동일하게 계산하라.
(c) 취성파괴에 해당하는 임계균열길이 a_c는 얼마인가?

【풀이】 표 8.1에 보인 바와 같이 2014-T651 알루미늄 재료의 항복응력 $\sigma_o = 415\text{MPa}$이고 파괴인성 $K_{IC} = 24\text{MPa}\sqrt{\text{m}}$ 이다.

(a) $a = 4.5\text{mm}$ 인 경우에 K를 계산하기 위하여 우리가 필요한 그림 8.12(a)를 사용하면

$$s_g = \frac{P}{2bt} = \frac{40,000N}{2(50\text{mm})(5\text{mm})} = 80\text{MPa},\ \alpha = \frac{a}{b} = \frac{4.5\text{mm}}{50\text{mm}} = 0.090$$

$\alpha \leq 0.4$이기 때문에 $F = 1$을 사용하는 것은 10% 이내의 오차율을 가진다. 따라서

$$K = FS_g\sqrt{\pi a} = (1.00)(80\text{MPa})\sqrt{\pi(0.0045\text{m})} = 9.51\text{MPa}\sqrt{\text{m}} \quad \text{(답)}$$

여기서 균열 길이 a는 K의 이상적인 단위 $\text{MPa}\sqrt{\text{m}}$ 를 얻기 위하여 미터 단위를 사용한다. 따라서, 취성파괴에 대한 안전계수는

$$X_K = \frac{K_{Ic}}{K} = \frac{24\text{MPa}\sqrt{\text{m}}}{9.51\text{MPa}\sqrt{\text{m}}} = 2.52 \quad \text{(답)}$$

(b) 균열의 길이가 21mm인 경우에는 $\alpha = a/b = (21\text{mm})/(50\text{mm}) = 0.420$ 이다. 이 값은 $F = 1$을 사용할 수 있는 $\alpha \leq 0.4$의 범위를 만족하지 않기 때문에 그림 8.12(a)의 일반적인 표현식을 사용해야 한다.

$$F = \frac{1 - 0.5\alpha + 0.326\alpha^2}{\sqrt{1-\alpha}} = \frac{1 - 0.5(0.42) + 0.326(0.42)^2}{\sqrt{1 - 0.42}} = 1.113$$

이에 따른 K와 X_K 값은

$$K = FS_g\sqrt{\pi a} = (1.113)(80\text{MPa})\sqrt{\pi(0.021\text{m})} = 22.9\text{MPa}\sqrt{\text{m}} \quad \text{(답)}$$

$$X_K = \frac{K_{Ic}}{K} = \frac{24\text{MPa}\sqrt{\text{m}}}{22.9\text{MPa}\sqrt{\text{m}}} = 1.050 \quad \text{(답)}$$

(c) 임계균열길이 a_c를 결정하기 위해서는, K와 K_{Ic}값을 동일하게 놓고 미지수에 해당하는 균열길이 a_c에 대하여 풀어야 한다.

$$K = FS_g\sqrt{\pi a_c} = K_{Ic},\quad a_c = \frac{1}{\pi}\left(\frac{K_{Ic}}{FS_g}\right)^2$$

여기서 $F = F(a_c/b)$의 a_c에 대한 의존성은 잠재적인 어려움을 유발한다.
따라서 먼저 $\alpha < 0.4$조건에 해당하는 $F = 1$의 근사치를 사용해 보고, 추후 해당 조건이 만족하는지 확인하는 과정을 거칠 수 있다.

$$a_c = \frac{1}{\pi}\left(\frac{K_{Ic}}{FS_g}\right)^2 = \frac{1}{\pi}\left(\frac{24\text{MPa}\sqrt{\text{m}}}{(1.00)(80\text{MPa})}\right)^2 = 0.0286\text{m} = 28.6\text{mm}$$

$$\alpha = \frac{a_c}{b} = \frac{28.6\text{mm}}{50\text{mm}} = 0.573$$

하지만 이 값은 $\alpha < 0.4$ 조건을 만족하지 않으므로, 최초 가정을 그대로 적용할 수 없으며, 앞서 계산된 임계균열길이 값은 정확하지 않다.
대신에, F에 대한 정확한 값을 아래와 같이 적용하여 구하여야 한다.

$$K = FS_g\sqrt{\pi a_c} = K_{Ic},\ K = \frac{1-0.5\alpha+0.326\alpha^2}{\sqrt{1-\alpha}}S_g\sqrt{\pi a_c} = K_{Ic},\ \alpha = \frac{a}{b}$$

$$\frac{1-0.5(a_c/50\mathrm{mm})+0.326(a_c/50\mathrm{mm})^2}{\sqrt{1-(a_c/50\mathrm{mm})}}(80\mathrm{MPa})\sqrt{\pi(a_c/1000)\mathrm{m}} = 24\mathrm{MPa}\sqrt{\mathrm{m}}$$

여기서 유일한 미지수는 두 번째 식의 a_c이며 mm 단위를 가지게 된다. 만약 정해가 없다면, 시행착오를 통한 반복계산이 필요하게 된다. 이 경우 처음 시도하는 a_c값을 바탕으로 왼쪽편 수식을 풀어 반복계산을 수행하여 최종 $K = K_{Ic} = 24\mathrm{MPa}\sqrt{\mathrm{m}}$ 값을 얻을 때까지 반복하면 된다.
이 과정이 표 E8.1에 나타나 있다. 최초 가정된 $a_c = 25\mathrm{mm}$는 K_{Ic}보다 큰 K 값에 해당되어 다음 단계에서는 보다 작은 값으로 20mm를 시도하게 되는데, 이는 오히려 K_{Ic}보다 큰 값을 주게 된다. 이와 같은 계산을 $K = K_{Ic}$가 되는 $a_c = 22.4\mathrm{mm}$까지 반복하게 된다.

(답)

표 E8.1

Trial No.	a mm	$\alpha = a/b$	F	$K = FS_g\sqrt{\pi a_c}$ MPa$\sqrt{\mathrm{m}}$
1	25	0.500	1.176	26.4
2	20	0.400	1.100	22.1
3	22.4	0.447	1.132	24.0

8.4.3 추가적인 안전계수

취성파괴에 대한 저항의 정도로 정의된 식 (8.12)의 안전계수, X_K에 추가하여 몇 가지 추가적인 안전계수를 고려할 수 있다. 일반적인 운전상태에서 허용된 균열길이와 취성파괴에 해당하는 균열길이의 비교를 통해 유용한 정보를 구할 수 있다. 또한 7장에서 설명한 항복에 대한 안전계수의 경우 균열의 존재에 대한 효과를 고려하지 않으므로, 취성 파괴에 대한 안전계수까지 적절히 고려되어야 한다.

운전 상태의 균열길이 a와 운전 응력, Sg에서 파단이 발생하는 균열길이 a_c를 비교하기 위한 a_c는 다음의 식에서 얻을 수 있다.

$$K_{Ic} = F_c S_g\sqrt{\pi a_c} \tag{8.15}$$

여기서 F_c는 a_c에 대한 값이다. 이 식을 식 (8.12)와의 조합을 통해, 균열길이에 대한 다음과 같은 안전계수식을 유도한다.

$$X_a = \frac{a_c}{a} = \left(\frac{F}{F_c}X_K\right)^2 \tag{8.16}$$

X_K는 제곱 값이기 때문에 균열길이에 대한 안전계수들은 합리적인 값을 얻기 위해 K와 응력에 대한 이상적인 안전계수들보다 다소 크게 나타나게 된다.

예를 들면, 만약 F가 a와 a_c사이에서 많이 변하지 않는다면, 식 8.17은 $X_a = X_K^2$로 줄어들게 될 것이다. 따라서 안전계수 $X_a = 4$에서는 $X_K = 2$, 안전계수 $X_a = 9$는 $X_K = 3$이 된다. 이것은 설계에서 매우 중요한데, 이는 균열길이가 반드시 파괴에 필요한 임계값 a_c와 비교하여 상당히 작은 값을 가져야 하는 것을 의미한다.

만약 실제 운영 상황에서 발생하는 균열길이가 상대적으로 작다면, 항복에 대한 안전계수는 단순히 운전 응력 S_g와 재료의 항복응력 σ_0의 비교를 통하여 계산할 수 있다.

$$X_o = \sigma_o / S_g \tag{8.17}$$

그러나 다축응력이 작용하는 경우에는 S_g는 반드시 7장의 응력 기준에 따라 유효 응력 $\bar{\sigma}$로 고려해야한다. S_g는 총 단면적에 대한 응력이기 때문에 이전의 계산 과정은 항복에 대한 안전계수를 균열이 존재하지 않은 상태인 것처럼 고려하여 산정한다.

항복에 대한 안전계수를 계산하기 위한 좀 더 개선된 방법은 완전 소성 한계 하중과 작용 하중을 비교하는 것이다. 후자는 균열 영역을 제외한 나머지 영역의 단면적에 걸쳐 항복을 유발하는데 필요한 하중을 평가하는 방법으로, 균열에 의한 단면적 감소의 효과가 포함된다. A.7.2절에서 좀 더 자세한 설명을 하고 있으며, 그림 A.16은 균열이 있는 부재의 여러 단순한 경우들에 대한 완전 소성 하중 및 모멘트, P_0와 M_0이다. 따라서 이러한 형태의 항복에 대한 안전계수는 다음식 중 하나로 구할 수 있다.

$$X_o' = P_o / P, \qquad X_o' = M_o / M \tag{8.18}$$

P와 M은 실제 운영상황에서의 하중과 모멘트 값이 주어진 경우에 적용할 수 있다.

안전계수로 선정된 값들은 파손의 결과들과 계산에 영향을 미치는 변수 값들이 잘 고려되었는지, 정확한 공학적인 판단인지 아닌지를 반영해야한다. 만약 가능하다면 응력, 균열크기 및 형태 그리고 재료의 물성들과 같은 변수들에 통계학적 해석 또한 고려해야 한다(B.4절에 있는 재료의 물성들에 대한 통계학적 변수에 대한 논의를 보라.). 또한, 안전계수의 최소값은 설계 코드, 회사 정책 또는 정부의 규정에 나타나 있다. 작용하는 하중을 잘 알고 있고 일반적인 상황에서는 응력에 대한 합리적인 안전계수의 값으로 파괴의 경우에는 3이고 항복의 경우에는 2다. 파괴에 대하여 더 큰 값이 제안된 이유는 항복강도와 비교하여 K_{Ic}의 값의 통계적 분포가 더 크고, 취성 파괴는 항복에 비하여 좀 더 갑작스럽고 재앙적인 모드의 파손이기 때문이다.

예제 8.2

예제 8.1의 상황을 고려해보자, 여기서 2014-T561 알루미늄의 중앙-균열 평판이 $b = 50\text{mm}$, $t = 5\text{mm}$의 치수를 가지고 운용 중에 $P = 40\text{kN}$의 하중이 작용한다.

(a) 응력 관점에서 파괴에 대한 안전계수가 3.0이면 허용할 수 있는 최대 균열 길이 a는 얼마인가?
(b) (a)에서의 구해진 응력에 대한 안전계수에 대한 결과로부터 얻어지는 균열에 대한 안전계수는 얼마인가?
(c) 항복에 대한 안전계수는 얼마인가?

【풀이】 (a) 식 8.12는 허용할 수 있는 K의 최대값을 제공한다:

$$K = \frac{K_{Ic}}{X_K} = \frac{24\mathrm{MPa}\sqrt{\mathrm{m}}}{3.0} = 8.0\mathrm{MPa}\sqrt{\mathrm{m}}$$

따라서 이 K는 허용할 수 있는 최대 균열 길이를 얻는데 사용된다.

$$K = FS_g\sqrt{\pi a},\ 8.0\mathrm{MPa}\sqrt{\mathrm{m}} = F(80\mathrm{MPa})\sqrt{\pi a}$$

$F = 1$로 가정하는 것은 정확하며, a에 대한 해는

$$a = 3.18\mathrm{mm} \qquad \text{(답)}$$

$\alpha = a/b = (3.18\mathrm{mm})/(50\mathrm{mm}) = 0.0637$ 이기 때문에 K의 10% 오차율 이내에 있으며, 이 결과값은 합리적으로 정확하다. 만약 F가 예제 8.1(c)의 경우처럼 변화하더라도 동일한 결과를 얻을 수 있다 : $a = 3.17\mathrm{mm}$ (답)

(b) 예제 8.1(c)에서는 운용 하중에서 파손을 유발하는 균열길이는 $a_c = 22.4\mathrm{mm}$ 로 계산되었다. 이를 본 예제의 (a)에서 도출된 값과의 비교는 균열길이에 대한 안전계수를 제공한다.

$$X_a = a_c/a = (22.4\mathrm{mm})/(3.17\mathrm{mm}) = 7.05 \qquad \text{(답)}$$

(c) 항복에 대한 안전계수는 균열의 존재를 고려하지 않고 계산된다. 식 8.17에서 제공하고 있으며, 이는

$$X_o = \sigma_o/S_g = (415\mathrm{MPa})/(80\mathrm{MPa}) = 5.19 \qquad \text{(답)}$$

여기서 항복강도의 값은 표 8.1에서 가져온 것이다. 식 8.18처럼 균열의 효과까지 포함하는 완전 소성 한계 하중을 사용하는 좀 더 상세한 계산이 선호된다. 이때 P_o를 위한 적절한 표현은 그림 A.16(a)에서 구할 수 있다.

$$P_o = 2bt\sigma_o\left(1 - \frac{a}{b}\right) = 2(50\mathrm{mm})(415\mathrm{MPa})\left(1 - \frac{3.17\mathrm{mm}}{50\mathrm{mm}}\right) = 194{,}300\mathrm{N}$$

$$X_o' = P_o/P = (194{,}300\mathrm{N})/(40{,}000\mathrm{N}) = 4.86 \qquad \text{(답)}$$

여기서 P_0는 그림 A.16(a)에서 얻으며, P는 실제 운용 하중이다.

【고찰】 균열 길이에 대한 안전계수는 기대했던 것보다 다소 크다. 항복에 대한 안전계수가 $X_K = 3.0$보다 크다는 것은 이 부재가 항복에 의한 취성파괴에 가까워진 것을 가리킨다. 다시 말하자면 $X_K = 3.0$은 지배 안전계수이다.

예제 8.3

티타늄 6Al-4V(열처리됨)로 제작된 공학적인 부재는 그림 8.12(c)에 표현된 것처럼 한쪽 모서리에 균열이 존재하며 인장 하중을 받는 평판이다. 작용하는 하중은 $P = 55\text{kN}$, 폭은 $b = 40\text{mm}$, 그리고 균열은 $a = 6.0\text{mm}$이다. 만약 응력에 대한 안전계수가 3.0이 요구된다면, 이를 만족하는 최소 판 두께는 얼마인가?

【풀이】 응력확대 계수 $K = FS_g\sqrt{\pi a}$는 안전계수 $X_K = 3.0$에 의하여 K_{Ic}보다 낮은 값을 가진다. 이 값과 그림 8.12(c)에 있는 S_g에 대한 식을 대체하는 것은

$$K = \frac{K_{Ic}}{X_K} = F\frac{P}{bt}\sqrt{\pi a}, \quad \frac{66\text{MPa}\sqrt{\text{m}}}{3.0} = F\frac{55{,}000\text{N}}{(40\text{mm})(t\text{mm})}\sqrt{\pi(0.006\text{m})}$$

여기서 K_{Ic}는 표 8.1에 제시되어 있다. $\alpha = 0.13$까지는 10%의 오차율을 가지는 $F = 1.12$를 사용하면 된다. 하지만 $\alpha = a/b = (6\text{mm})/(40\text{mm}) = 0.15$는 이러한 한계 값을 벗어나기 때문에 적절한 형태의 다항식에 이러한 α를 대입하여 F를 계산해야한다. 그 결과는

$$F = 0.265(1-\alpha)^4 + \frac{0.857 + 0.265\alpha}{(1-\alpha)^{3/2}} = 1.283$$

이 F를 대입하여 해를 구하면 $t = 11.01\text{mm}$이다(답).
그러나 우리는 항복에 대한 안전계수를 만족하는지 역시 확인할 필요가 있다. 그림 A.16(d)로부터 완전소성 한계하중은

$$P_o = bt\sigma_o\left[-\alpha + \sqrt{2\alpha^2 - 2\alpha + 1}\right]$$

$$P_o = (40\text{mm})(11.01\text{mm})(925\text{MPa})\left[-0.15 + \sqrt{2(0.15)^2 - 2(0.15) + 1}\right] = 290{,}400\text{N}$$

여기서 항복강도는 표 8.1에 제시되어 있다. 따라서 항복에 대한 안전계수는

$$X_o{}' = \frac{P_o}{P} = \frac{290.4\text{kN}}{55\text{kN}} = 5.28$$

이는 요구하는 값을 넘어서기 때문에, 계산된 결과인 $t = 11.01\text{mm}$는 최종 답이다.

8.5 K의 적용에 대한 추가적인 주제

이전 절에서의 기초적인 논의에 따르면, 설계와 해석에 있어 K의 적용에 대한 여러 추가적인 주제들을 다루는 것은 유용하다. 이 주제들은 어느 특별한 균열이 있는 부재 구성들, 복합 하중에 대한 처리를 위한 중첩법, 응력 방향으로 위치하고 있는 균열들 그리고 압력용기의 파단전 누설(Leak-before-break)들을 포함하여 다룰 것이다.

8.5.1 실용적인 적용을 위하여 특별하게 관심을 두어야 하는 경우

참고문헌에 정리되어 있는 편람들은 추가적으로 유용한 여러 가지 경우들을 다루고 있다. 이들은 3차원인 경우를 포함하여, 균열이 있는 평판 및 샤프트에 대한 경우뿐만 아니라 균열이 있는 튜브,

디스크, 보강재 판 등을 다룬다.

실제적인 적용에서는 그림 8.17에 나타낸 것처럼 원, 반원 또는 사분원과 유사한 형태를 가지는 균열이 발생한다. 특히 (b)와 (d)처럼 반원형태의 면 균열들이 일반적으로 많이 발생한다. 이와 같은 복잡한 3차원의 경우들에 대한 응력 확대에 대한 평가는, 균일한 응력 S가 작용하는 무한 평판에 있는 반지름이 a인 원형 균열에 대한 정확한 풀이의 도움을 받아 수행할 수 있다.

$$K = \frac{2}{\pi} S \sqrt{\pi a} \tag{8.19}$$

그림 8.17(a)에 보인 바와 같이 내재된 원형 균열들의 경우에 , 이 해는 $a/t < 0.5$이고 $a/b < 0.5$의 범위를 갖는 유한한 크기의 구조물에 대하여 10% 이내의 오차율을 가진다.

반원형태의 면 균열 또는 사분원형태의 모서리 균열 그리고 다른 치수들과 비교하여 작은 a 값을 가지는 경우에 응력확대 계수는 식 8.20과 비교하여 대략 1.13 또는 1.14 정도 상승하는데, 이는 응력확대 계수가 그림 8.17의 (b), (c), (d)에 나타낸 것과 같은 F값을 제시한다. 특히 이러한 F 값들은 균열선단과 표면이 교차하는 부분에 적용되는데 여기서 K는 최대값을 가진다. 그들은 인장 또는 굽힘 하중 조건에서 주어진 제한조건 이내에서 10%이내의 오차율을 가진다(원형 균열의 K에 적용되는 1.13 또는 1.14는 이전에 논의하였던 평판의 균열들에 대한 자유표면계수 1.12와 유사하다).

그림 8.18에서는 반원형태의 면 균열에 대한 세부사항들을 나타내고 있다. 주어진 방정식들은 유한요소 해석을 통해 보정한 Newman(1986)의 논문에 근거한 것들이다. K는 두 방향 가운데 근접한 경계조건에 대한 영향을 받고 균열 주위에서 다양한 값을 가진다; 다시 말하자면 K는 a/b와 a/t 그리고 θ에 따라 다양한 값을 가진다. 인장과 굽힘 하중에 대한 응력, S_t와 S_b,은 그림 8.17(b)에서처럼 정의되고, 세 종류의 함수 f_a, f_b 그리고 f_w가 요구된다.

그림 8.18에서는 f_w에 대한 방정식을 제시하는데 $a/b < 0.5$의 범위 내에서 유효하고, 여기서 a/b와 a/t 중에서 하나만 작거나 둘 다 작을 경우에는 $f_w = 1$이다. 또한 f_a 및 f_b에 대하여 $\theta = 0$와 180°인 표면에서와 θ가 90°인 가장 깊은 곳에서의 식이 주어진다. 그림 8.18(b)에서처럼 두 가지 a/t값에서 θ의 변화는 다소 작다. a/b와 a/t가 작은 값을 가지는 경우에 $f_w = f_b = 1$이고, f_a 값은 균열 면에서는 1.144이고 깊은 곳에서 1.04 값을 가진다. 이는 그림 8.17(b)에서 얻은 값 $F = 1.144(2/\pi) = 0.728$와 일치한다.

또한 균일 하중을 받는 무한체에서의 타원형 균열에 대한 바른 풀이가 있다. 그림 8.19(a)를 참고하면 이 해는 다음과 같다.

$$K = S\sqrt{\frac{\pi a}{Q}} f_\phi, \qquad f_\phi = \left[\left(\frac{a}{c}\right)^2 \cos^2\phi + \sin^2\phi\right]^{1/4} \qquad (a/c \le 1) \tag{8.20}$$

여기서 각 ϕ는 타원형 균열 선단에서의 특정한 위치 P를 명시한다. 정량적인 Q는 균열 형상 계수라고 불린다. 그것은 다음과 같이 명확하게 주어진다.

$$\sqrt{Q} = E(k) = \int_0^{\pi/2} \sqrt{1 - k^2 \sin^2\beta}\, d\beta, \qquad k^2 = 1 - \left(\frac{a}{c}\right)^2 \tag{8.21}$$

여기서 $E(k)$는 2종 타원 적분(elliptic integral of second kind)이며, 그 값은 많은 책 안에 있는 수학

적인 표들과 해석 컴퓨터 소프트웨어 패키지들에 수록되어 있다. 그러나 Q는 그림 8.19에 제시된 표현과 같이 엄밀한 근사값으로 나타낼 수 있다. 여기서 주목할 것은 원형 균열, $a/c = 1$,인 경우에서는 식 8.20이 식 8.19로 줄어든다는 것이다.

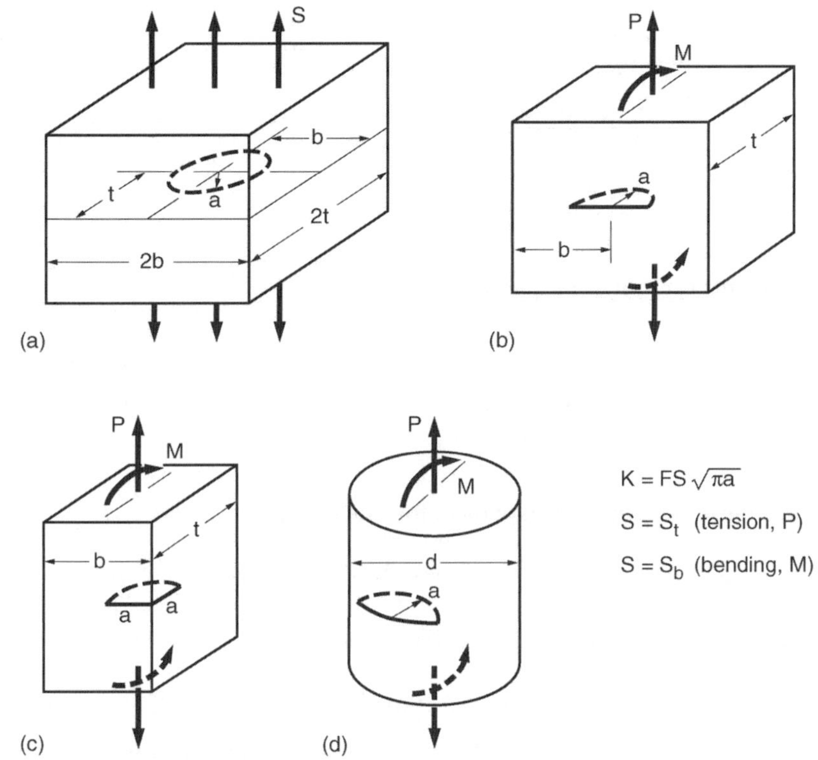

Case	S_t	S_b	F for small a	Limits for ±10% on F
(a)	$\frac{P}{4bt}$	—	$\frac{2}{\pi} = 0.637$	$\frac{a}{t}, \frac{a}{b} < 0.5$
(b)	$\frac{P}{2bt}$	$\frac{3M}{bt^2}$	0.728	$\frac{a}{t} < 0.4, \frac{a}{b} < 0.3$
(c)	$\frac{P}{bt}$	$\frac{6M}{bt^2}$	0.722	$\frac{a}{t} < 0.35, \frac{a}{b} < 0.2$
(d)	$\frac{4P}{\pi d^2}$	$\frac{32M}{\pi d^3}$	0.728	$\frac{a}{d} < 0.2$ or 0.35[1]

Note: [1]Different limits for tension or bending, respectively.

그림 8.17 (a) 균열 면에 수직한 방향의 균일한 인장을 받는 내재된 원형 균열 그리고 (b) 반 원형 표면 균열, (c) 1/4원형 모서리 균열 그리고 (d) 축의 반 원형 표면 균열의 응력확대 계수로 후자가 보다 정확하게 표면에 중심을 가진 원호 형상 부분

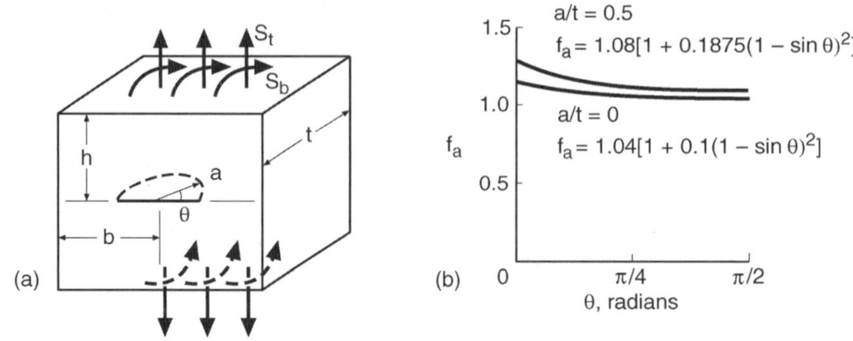

Functional forms for $a/b < 0.5$, $h/b > 1$:

$$K = f_a f_w \frac{2}{\pi}(S_t + f_b S_b)\sqrt{\pi a}, \qquad f_w = \sqrt{\sec\left(\frac{\pi a}{2b}\sqrt{\frac{a}{t}}\right)}$$

$$\text{where } f_a = f_a(a/t,\ \theta), \qquad f_b = f_b(a/t)$$

Expressions for $\theta = 0$ and 180° (surface) for any $\alpha = a/t$:

$$f_a = (1.04 + 0.2017\alpha^2 - 0.1061\alpha^4)(1.1 + 0.35\alpha^2)\,, \qquad f_b = 1 - 0.45\alpha$$

Expressions for $\theta = 90°$ (deepest point) for any $\alpha = a/t$:

$$f_a = 1.04 + 0.2017\alpha^2 - 0.1061\alpha^4\,, \qquad f_b = 1 - 1.34\alpha - 0.03\alpha^2$$

그림 8.18 직사각형 단면에 대한 응력확대 계수로 (a) 인장이나 굽힘에서의 반원형 표면 균열. 일반적인 K의 형태가 주어지고 또한 어떠한 a/t에 대해 표면과 가장 깊은 점에서의 특별한 방정식이 주어짐. 또한 (b)는 a/t = 0과 0.5에 대한 변수 θ를 f_a로 나타내고 있음.

그림 8.19에 나타나 있는 바와 같이 각 ϕ의 변화 관점에서 식 8.20로부터의 최대 K값은 $\phi = 90°$에서 나타나고, 여기서 $f_\phi = 1$, 이는 타원의 단축 위에 있는 점 D에 해당한다. 최소 K값은 $\phi = 0°$, 여기서 $f_\phi = \sqrt{a/c}$에서 발생하고, 타원의 장축에 있는 점 E이다. K_D로써 최대 K값을 표현하면, 이 값은 유한한 크기의 부재에서 도출되는데 범위는 $a/t < 0.4$이고, $c/b < 0.2$에서 10% 이내의 오차율을 가진다.

원형 균열에 적용된 유사한 방법을 고려해 보면, 내재된 타원 균열의 closed-form해가 수정이 된 형태로 연계된 상황들에 적용 가능하다. 예를 들면 균일 하중 하에서 반 타원 표면 균열은 K_D에 자유 표면 계수 1.12가 곱해진 것으로 근사한다. 그림 8.19의 경우 (b)에 10% 오차율에 대한 한계가 주어진다.

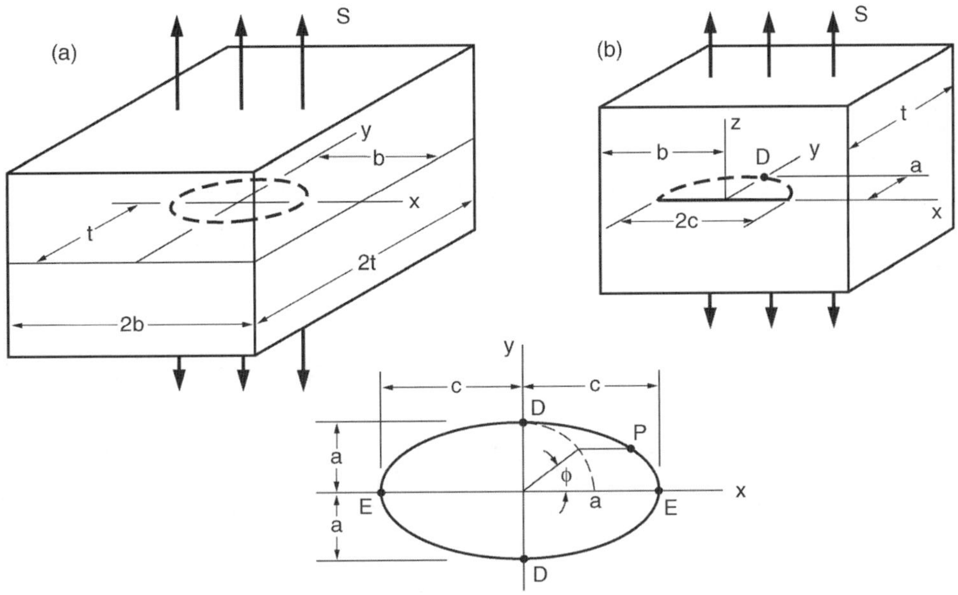

$$K_D = F_D S \sqrt{\frac{\pi a}{Q}}, \qquad Q \approx 1 + 1.464 \left(\frac{a}{c}\right)^{1.65} \qquad (a/c \le 1)$$

Case	Values for small a/t, c/b	Limits for 10% accuracy
(a)	$F_D = 1$	$a/t < 0.4,\ c/b < 0.2$
(b)	$F_D \approx 1.12$	$a/t < 0.3,^{1}\ c/b < 0.2$

Note: [1]Except limit to $a/t < 0.16$ if $a/c < 0.25$.

그림 8.19 (a) 내재된 타원형 균열과 (b) 유사하게 반 타원형 표면 균열에 대한 응력확대 계수. 방정식은 균열 면에 수직으로 균일한 인장을 받는 점 D에서의 K_D를 나타냄.

$a/c < 1$인 표면균열의 경우, 임의의 a/t에 대한 F_D에 대한 표현은 아래와 같다.

$$F_D = \left[g_1 + g_2(a/t)^2 + g_3(a/t)^4\right] f_w, \qquad g_1 = 1.13 - 0.09(a/c)$$

$$g_2 = -0.54 + \frac{0.89}{0.2 + a/c}, \qquad g_3 = 0.5 - \frac{1}{0.65 + a/c} + 14(1 - a/c)^{24} \tag{8.22}$$

$$f_w = \sqrt{\sec\left(\frac{\pi c}{2b}\sqrt{\frac{a}{t}}\right)} \qquad (c/b < 0.5)$$

하지만 식 (8.22)는 이러한 표면 균열들이 $a/c < 0.2$이고 $a/t < 0.75$에 해당하는 경우에만 적용된다. 앞서 말한 방정식들은 Newman (1986)에 의해 제안된 식이다. 이것과 다른 출처들은, 특히 Raju(1982, 1986) 그리고 Murakami(1987)가 공동으로 인장 및 굽힘 하중이 함께 작용하는 경우에 평판, 봉 그리고 관에 존재하는 타원형, 반 타원형 그리고 사분 타원형 균열들에 대한 폭이 넓은 경우에 대하여 K의

해들을 제시한 식들을 참고한다.

예제 8.4

ASTM A517-F 강으로 제작된 압력용기가 상온 근방에서 작동하며 벽의 두께는 $t = 50\text{mm}$ 이다. 검사하는 동안 용기의 벽에서 표면 균열이 발견되었다. 그림 8.19(b)에 표현된 것처럼 거의 반타원형 형태로 표면 길이 $2c = 40\text{mm}$ 이고 깊이 $a = 10\text{mm}$ 이다. 균열의 존재를 고려하지 않고 계산되는 균열 지역의 응력들은 두께방향으로 거의 균일하다. 응력은 균열 면에 수직한 경우에는 $S_z = 300\text{MPa}$ 이고 균열 면에 평행한 경우에는 $S_x = 150\text{MPa}$ 이며, 여기서는 그림 8.19의 좌표계가 사용되었다. 취성 파괴에 대한 안전계수는 얼마인가? 운용 중인 압력 용기의 사용을 중지해야 하는가?

【풀이】 표 8.1(a)로부터 이 재료의 상온에서 파괴인성은 $K_{Ic} = 187\text{MPa}\sqrt{\text{m}}$ 이고 항복강도는 $\sigma_o = 760\text{MPa}$ 이다. 주어진 응력과 균열에 대한 K는 그림 8.19(b)에서와 같이 구할 수 있다. $c = 20\text{mm}$ 이기 때문에 $a/c = 0.5$ 이다. 또한 $a/t = 0.2$ 이고 큰 b를 가지기 때문에 $F_D = 1.12$가 합리적인 근사치이다. 정량적인 Q가 필요하며, 이는 다음과 같다:

$$Q = 1 + 1.464\left(\frac{a}{c}\right)^{1.65} = 1.466$$

따라서 타원형 균열의 최대 깊이 지점에서 발생하는 최대 K는 거의

$$K = K_D = F_D S_Z \sqrt{\frac{\pi a}{Q}} \approx 1.12(300\text{MPa})\sqrt{\frac{\pi(0.010\text{m})}{1.466}} = 49.2\text{MPa}\sqrt{\text{m}}$$

취성 파괴에 대한 응력 기반 안전계수는

$$X_K = \frac{K_{Ic}}{K} = \frac{187}{49.2} = 3.80 \qquad \text{(답)}$$

이는 합리적으로 높은 값이라서 보수되기 전까지 안전한 조건에서 사용할 수 있다. 하지만 주기적으로 균열의 진전을 확인해야한다. 추가적으로 압력 용기에 대한 ASME 또는 다른 설계 코드에 적용될 수 있으며 이러한 상황에 대하여 고려되어야 한다.

【고찰】 균열면에 평행한 응력은 K에 영향을 주지 않으므로, 주어진 S_x는 식에 대입하지 않는다(여기에 대한 추가적인 논의는 8.5.4절을 참고하라).

8.5.2 노치에서의 균열 진전

종종 실용적인 관심을 보이는 또 다른 상황은 구멍, 노치 또는 필릿과 같은 응력 집중부에서의 균열이 진전되는 상황이다. 그림 8.20에 나타나 있듯이 넓은 평판에 있는 원형 구멍에서의 한 쌍의 균열 진전이 이러한 상황을 설명할 때 사용된다. 보이는 실선은 수치 해석을 통하여 얻으며 주어진 방정식에 의하여 근사한다. 만약 균열이 구멍의 반경보다 작으면, 해는 응력이 응력집중계수에 의하여 증가하는(이 경우에는 그림 A.11(a)에서부터 $k_t = 3$, $k_t S$인 경우를 제외하고) 무한체에 있는 표면 균열의 경우와 동일하다.

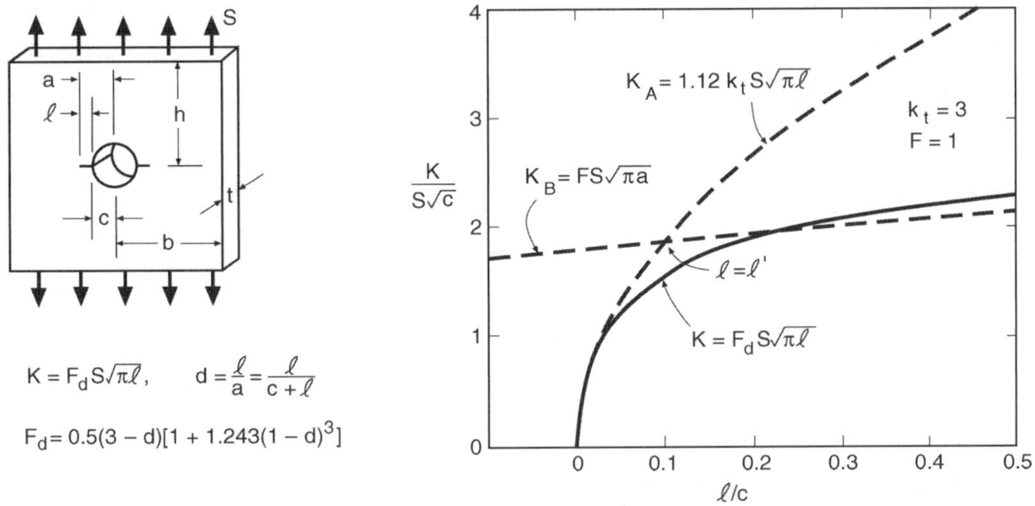

그림 8.20 a≪b,h인 넓은 평판에 원거리 하중이 원형 구멍에 작용함으로써 발생하는 균열 성장에 대한 응력확대 계수

$$K_A = 1.12\, k_t S\sqrt{\pi l} \tag{8.23}$$

이 식에서 l은 구멍의 표면에서부터 측정된 균열 길이이다. 일단 균열이 구멍에서부터 충분히 멀어진 거리까지 진전하면, 이 해는 선단에서 선단까지의 길이 $2a$의 단일 장 균열(single long crack)의 해와 동일하게 되며

$$K_B = FS\sqrt{\pi a} \tag{8.24}$$

여기서 $F = 1$이고, 이는 넓은 평판의 특별한 경우에 해당한다. 따라서 길이가 긴 균열들의 경우에는 구멍의 폭이 균열의 일부분으로 행동하며, 구멍을 만들기 위해 제거된 재료의 경우에는 균열면이 사라졌기 때문에 이는 전혀 중요하지 않다. K의 정해는 처음에는 K_A를 따라가다가 점차 그것보다 낮아지게 되고 K_B에 접근하는데, 이는 그림 8.20에 있는 그래프의 범위를 벗어나는 큰 l을 가지는 경우에 보다 정확해진다.

내부 및 표면 노치에 있는 균열의 대부분의 경우에는 K_A를 사용하여 근사할 수 있으며 균열 길이가 증가하여 $K_A = K_B$가 되면 K_B를 사용하여 모든 영역에서의 균열을 다룬다. 식 8.23과 8.24는 k_t와 특별한 경우에서의 $F = F(a/b)$ 그리고 그림 8.21에서 나타나 있는 용어를 고려하여 적용한다. 식

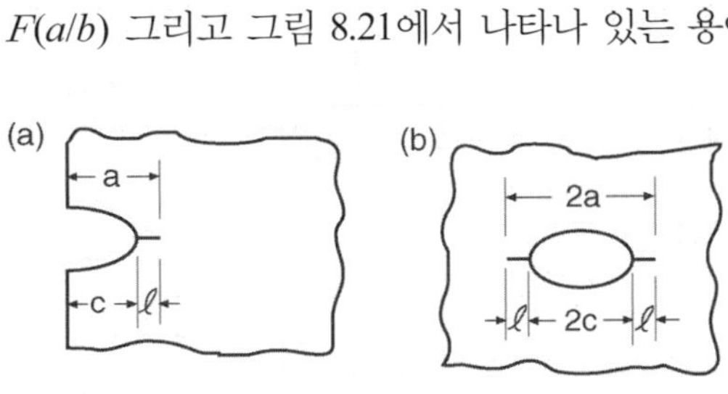

그림 8.21 노치에서의 균열 성장에 대한 기호

8.23에 있는 k_t와 S는 동일하게 정의되어야 하며, 식 8.24에 있는 F 또한 대개 총면적에서 계산된 S_g와 일치한다. 따라서 유효면적응력 S_n에 사용되는 k_{tn} 값은, S_g와 동일한 $k_{tn}S_n = k_{tg}S_g$ 관계를 사용하여 얻을 수 있는 S_g와 일치하는 k_{tg} 값으로 변환해야 한다. 그림 8.20에서처럼 $l = l'$로 표현되어있는 $K_A = K_B$인 경우의 균열 길이는 다음의 식으로부터 구할 수 있다.

$$l' = \frac{c}{\left(1.12\dfrac{k_{tg}}{F}\right)^2 - 1} \tag{8.25}$$

l'의 결과 값은 전형적으로 0.1ρ에서 0.2ρ 이내의 값을 가지며 여기서 ρ는 노치끝단의 반경이다.

노치에 있는 균열들의 K에 대하여 좀 더 개선된 평가방법들이 Kujawski(1991) 및 그의 이전 참고문헌에 제안되었다. 또한 다양한 참고문헌에서 특이한 경우에 대한 풀이들을 제시하고 있다.

8.5.3 조합하중에 대한 중첩법 적용

조합하중에 대한 응력확대 계수 해들은 중첩법을 통하여 얻을 수 있다. 즉, 독립적인 하중 요소에서부터의 K에 대한 값들을 더함으로써 얻을 수 있다. 예를 들어 그림 8.22에 나타낸 것처럼 특정 하중이 단일 모서리 균열이 있는 부재의 중심선으로부터 거리 e만큼 떨어진 곳에 작용하는 경우를 고려해보자. 이러한 편심 하중은 중심부에 작용되는 인장 하중 및 굽힘 모멘트의 조합과 정역학적으로 동일하다. 중심부에 작용하는 인장 하중으로부터 K값은 그림 8.12(c)에서 결정된다.

$$K_1 = F_1 S_1 \sqrt{\pi a}, \qquad S_1 = \frac{P}{bt} \tag{8.26}$$

굽힘 하중에 의한 값은 그림 8.13(a)에서 결정된다.

$$K_2 = F_2 S_2 \sqrt{\pi a}, \qquad S_2 = \frac{6M}{b^2 t} = \frac{6Pe}{b^2 t} \tag{8.27}$$

따라서 특이 하중에 의한 전체 응력확대 계수는 두 해의 합과 이전 방정식의 대체식을 사용하여 계산된다.

$$K = K_1 + K_2 = \frac{P}{bt}\left(F_1 + \frac{6F_2 e}{b}\right)\sqrt{\pi a} \tag{8.28}$$

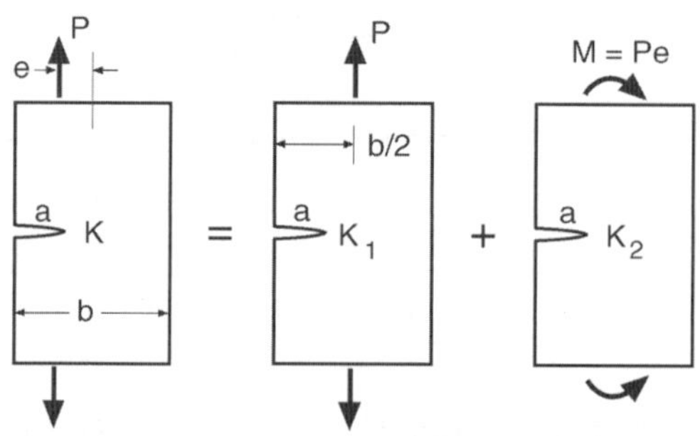

그림 8.22 모서리 균열을 가지는 판의 편심 하중과 K를 얻기 위해 사용되는 중첩법

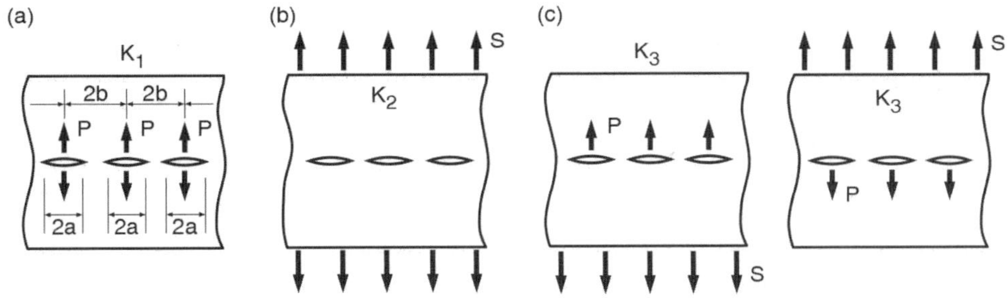

$$K_1 = \frac{P}{t\sqrt{b}}\frac{1}{\sqrt{\sin \pi\alpha}}, \qquad K_2 = S\sqrt{2b\tan\frac{\pi\alpha}{2}}, \qquad K_3 = \frac{P}{2t\sqrt{b}}\left(\frac{1}{\sqrt{\sin\pi\alpha}} + \sqrt{\frac{1}{2}\tan\frac{\pi\alpha}{2}}\right)$$

$$\text{Superposition: } K_1 + K_2 = K_3 + K_3, \quad K_3 = \frac{1}{2}(K_1 + K_2), \quad \text{where } S = \frac{P}{2bt}$$

그림 8.23 한 면에 하중이 작용할 때의 (a) 단일 균열의 경우에 대한 해를 얻기 위한 중첩법과 (b) 다중 균열의 경우에 대한 중첩법

여기서 특정 a/b는 인장과 굽힘 하중에 대한 각각의 F_1과 F_2를 결정하는데 사용된다.

중첩법을 적용한 또다른 예로 그림 8.23에 보인 바와 같은 동일한 선상에 무한개의 균열이 배열되어 있는 경우가 있다. 균열면에 작용하는 하중 (a)에 의한 K_1 과 원거리 인장하중 (b)에 의한 K_2를 중첩하여 (c)와 같은 경우에 대한 해 K_3를 구할 수 있다. 그림 8.23(c)는 그림 8.24에 보인 바와 같이 얇은 판에 인장 하중이 가해질 때 나사 또는 못 또는 한 줄로 되어 있는 나사 또는 못에 의하여 응력 집중을 유발하는 특이한 경우에 대한 적용 가능성을 나타낸다. 특히 이러한 K_3의 해는 그림 8.24에 제시된 긴 균열의 경우에 해당하는 K_B가 되어 한 개 또는 한 줄을 이루고 있는 구멍으로부터의 균열 진전에 대해 앞 절에서 설명한 바와 같이 적용 가능하게 된다.

8.5.4 작용하는 하중에 대하여 기울어져 있거나 평행한 균열

그림 8.25처럼 작용하는 하중에 대하여 기울어져 있는 균열을 고려해보자. 이와 같은 상황은 θ에 따라서 응력확대 계수 K_I 뿐만 아니라 K_{II}도 존재하기 때문에 다루기 어렵다. 이와 같은 경우에 대한 합리적인 접근방법(근사치이기는 하지만)은 그들을 다음과 같이 개구 모드(K_I)에서처럼 응력 방향에

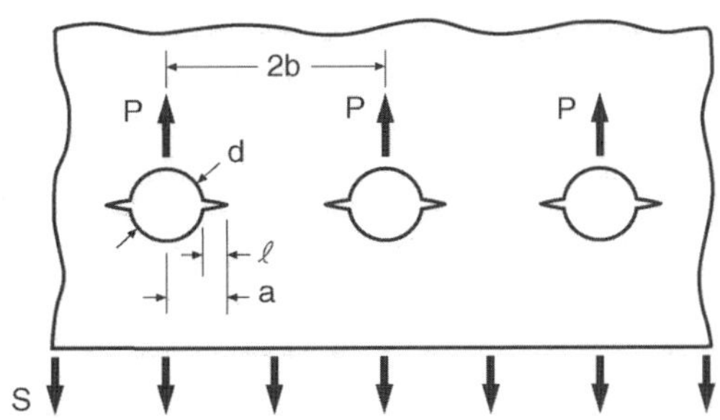

그림 8.24 각각의 구멍이 양측 균열을 가지는 한 면에 하중이 작용하는 경우

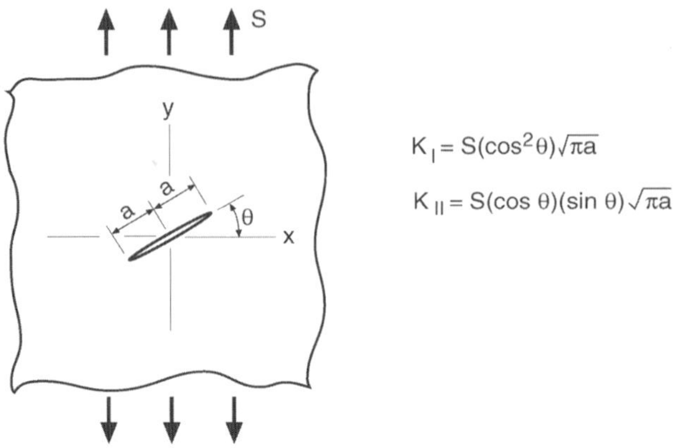

그림 8.25 원거리 인장에 대한 무한 평판의 경사진 균열과 응력확대 계수

수직하게 투영된 균열 길이를 가지는 경우로 다루는 것이다. 그림 8.25의 x축을 따라서

$$K = S\sqrt{\pi a \cos\theta} \tag{8.29}$$

여기서 $F = 1$이며 이 특정한 예는 평판에 대한 것이다.

일반적으로 균열에 평행한 응력들은 개구 모드 K를 계산하는데 있어서 무시할 수 있다. 이는 그림 8.25에 있는 경우처럼 $\theta = 90°$에서 K_I은 0인 것에 주목하라. 추가적인 예로서 그림 8.26에서처럼 압력 용기 벽에 있는 균열을 고려해보자. 오직 균열 면에 수직한 방향으로의 응력 σ_t만이 K에 영향을 주고, σ_x와 같이 균열에 평행한 응력은 K를 계산하는데 있어서 무시한다.

8.5.5 압력 용기의 배관파단전(leak-before-break) 누설 설계

얇은 벽을 가지는 압력용기의 벽에서 균열 진전이 발생한 경우에는 두 가지의 가능성이 존재한다: (1) 균열이 점차적으로 확장하면서 벽을 뚫고 진행하는데 이는 갑작스런 취성 파괴 이전에 누설이 발생할 수 있게 한다. (2) 용기의 누설이 있기 전에 갑작스런 취성파괴가 발생한다. 압력용기의 취성파괴는 용기 내용물의 폭발적인 방출을 포함하기 때문에 누설이 훨씬 선호된다. 또한 누설은 압력강하나 용기 내용물의 유출로부터 쉽게 발견할 수 있다. 따라서 압력 용기는 파괴 이전에 누설이 진행되도록 설계되어야 한다.

압력용기의 균열은 압력변화와 연관된 반복하중의 영향 또는 재료에 발생하는 화학적인 침식에 의하여 진전된다(11장과 12장을 참고하라). 균열은 대개 평면 결함에서부터 시작하며 그림 8.26(a)에 나타낸 것처럼 압력 용기의 벽면에 수직한 방향으로 최대응력이 작용할 때 진전된다. 진전 초기에 균열은 대략적으로 균열 깊이 a의 두 배의 값을 가지는 면 길이 $2c$를 가지면서 진전되는데, 이는 $c \simeq a$를 의미한다. 만약 취성파괴가 발생하지 않는다면, 균열의 진전은 (b)에 표현된 것처럼 면 길이 $2c$가 두께의 두 배의 값, $2t$을 가지는 결과적으로 관통 균열에 이르는 형태를 보이며 진전될 것이다. 그러나 만약 재료가 최소한의 관통 균열 크기를 견딜 수 있을 만큼 충분한 인성을 가지고 있지 않은 경우에는 균열이 벽을 관통하기 전에 갑작스런 취성 파괴가 발생할 것이다.

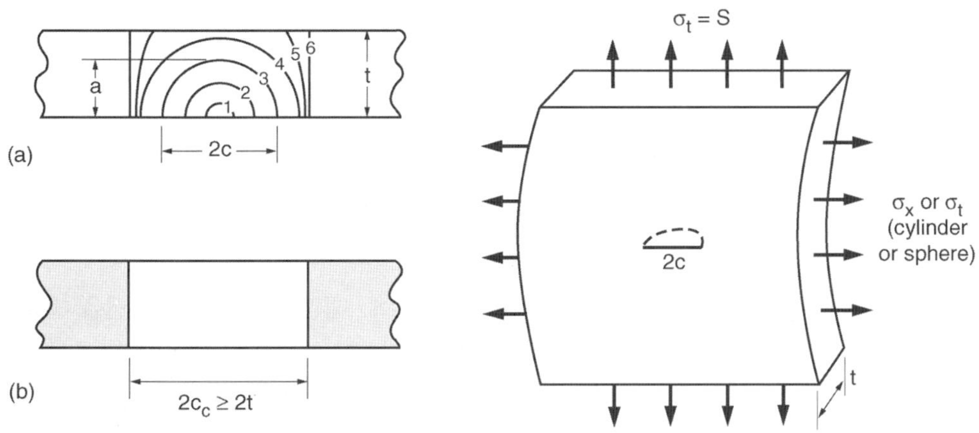

그림 8.26 압력 용기 벽면의 균열. (a) 작은 표면 결함으로부터의 균열 성장 그리고 (b)파괴 전 누출을 제공하기 위한 관통 균열의 최소 임계 크기

$$c_c \geq t \tag{8.30}$$

앞에서 언급한 관통 균열은 그림 8.12(a)에서처럼 평판의 중심부에 위치한 균열로 고려하여 해석할 수 있다. 균열 길이와 비교하여 평판의 폭이 넓기 때문에, $F=1$, 균열길이 a는 c_c이고 최대응력 σ_t는 S이다. 이를 $K=FS\sqrt{\pi a}$ 식에 대입하고 K를 K_{Ic}로 변환하고 c_c에 대하여 정리하면 우리는 다음과 같은 식을 도출할 수 있다.

$$c_c = \frac{1}{\pi}\left(\frac{K_{Ic}}{\sigma_t}\right)^2 \tag{8.31}$$

따라서 c_c는 계산되며, 이를 두께와 비교하여 배관파단전 누설 조건과 일치하는지 아닌지에 대하여 결정할 수 있다.

도출된 식은 작은 표면 결함에서 시작하는 균열에 적용한다. 만약 초기 균열이 벽의 내부에 위치하는 경우에는 관통 균열의 면 길이 $2c$가 두께의 두 배보다 더 작은 값을 가지면서 발생할 것이고, 따라서 식 8.32에서 계산된 c_c 값은 여유가 있을 것이다. 그러나 만약 초기 균열이 표면을 따라서 상당히 긴 길이를 가질 경우에는, 균열은 두께의 두 배보다 더 큰 $2c$ 값을 가지게 되고 이때 균열은 벽을 관통할 것이다. 이러한 경우에는 식 8.32로부터의 c_c는 배관파단전 누설을 하지 않을 것이다. 이러한 후자의 경우를 피하기 위해서는 적절한 관찰과 보수를 통하여 $c>t$에 접근하는 초기 표면 결함이 없도록 하는 것이 최선이다.

예제 8.5

ASTM A517-F 강으로 제작된 구형 압력용기가 상온에서 작동한다. 내부 직경은 1.5m 이고 벽의 두께는 $t=10\text{mm}$ 이며, 최대 압력은 6.0MPa 이다. 배관파단전 누설 조건은 만족하는가? K_{Ic}에 상대적인 K의 안전계수는 얼마인가? 그리고 항복에 대한 안전계수는 얼마인가?

【풀이】 그림 A.7(b)로부터 용기 벽에 걸리는 최대 하중은

$$\sigma_t = \frac{pr_1}{2t} = \frac{(6.0\text{MPa})(750\text{mm})}{2(10\text{mm})} = 225\text{MPa}$$

이 값과 표 8.1에서 얻은 $K_{Ic} = 187\text{MPa}\sqrt{\text{m}}$을 조합하면, 임계 균열 길이는

$$c_c = \frac{1}{\pi}\left(\frac{K_{Ic}}{\sigma_t}\right)^2 = \frac{1}{\pi}\left(\frac{187\text{MPa}\sqrt{\text{m}}}{225\text{MPa}}\right)^2 = 0.220\text{m} = 220\text{mm}$$

이는 벽 두께 $t = 10\text{mm}$를 상당히 초과하기 때문에, 배관파단전 누설 조건을 만족한다. 용기에 누수가 발생했을 때, 표면에 따른 균열 길이는 $2c = 2t$이기 때문에 $c = t = 10\text{mm}$이다. 이 지점에서 응력확대 계수는

$$K = FS\sqrt{\pi a} = 1(225\text{MPa})\sqrt{\pi(0.01\text{m})} = 39.9\text{MPa}\sqrt{\text{m}}$$

여기서는 그림 8.12(a)에서 표현된 것처럼 넓은 평판에 중심부 균열로 다루어지며, $F = 1$, $S = \sigma_t$ 그리고 $a = c$를 대입한다. 따라서 K에 대한 안전계수는

$$X_K = \frac{K_{Ic}}{K} = \frac{187\text{MPa}\sqrt{\text{m}}}{39.9\text{MPa}\sqrt{\text{m}}} = 4.69 \qquad \text{(답)}$$

이는 적절한 값이므로 용기는 취성파괴로부터 안전하다.

주응력이 $\sigma_1 = \sigma_2 = 225\text{MPa}$인 것을 알고 있으면, 식 7.21로부터 유효 응력 $\bar{\sigma}_S \approx 225\text{MPa}$이고 항복에 대한 안전계수는

$$X_o = \frac{\sigma_o}{\bar{\sigma}_S} = \frac{760\text{MPa}}{225\text{MPa}} = 3.38 \qquad \text{(답)}$$

항복강도는 표 8.1에서 얻으며 위의 결과에 따라 항복은 발생하지 않을 것이다.

8.6 파괴인성 값과 경향

파괴인성 평가는 이미 균열을 가지고 있는 관심 재료의 시험편을 파단이 발생할 때까지 변위를 증가시키며 이루어진다. 굽힘 시험편을 사용하는 시험이 그림 8.27에 표현되어 있다. 균열의 진전은 그림 8.28에서처럼 하중 대비 균열 거동을 관찰함으로써 측정된다. P-v 선도의 선형성 또는 급속한 균열 진전으로 인한 갑작스런 하중 강하로 인한 오차는 균열의 초기 단계인 점 P_Q에서 규명할 수 있다. 이때 K_Q로 표현된 K의 값은 해당 점에서 계산한다. 만약 최종 파단 이전에 약간의 균열 찢김이 존재한다면 시험편의 최종 파단과 일치하는 K_c값보다 다소 낮은 K_Q값을 가지게 될 것이다.

굽힘 시험편 이외에도 그림 8.16의 콤팩트 시험편 형상처럼 다양한 종류의 기하학적 형상을 가지는 시험편이 사용된다. 이와 같은 경우에 두께는 일반적으로 $t = 0.5b$이다. 그림 8.29 및 8.30은 시험을 진행한 것과 진행하지 않은 콤팩트 시험편에 대한 사진이다.

선형탄성파괴역학 이론을 기초로 하는 금속의 파괴인성시험은 특히 E399와 E1820과 같은 몇몇 ASTM 표준들에 따라 수행된다. 또한 플라스틱에 대한 D5045 및 세라믹에 대한 C1421처럼 다른 재료

들에 대한 유사한 실험들도 수행된다. 이러한 기준들에 설명되어 있는 것은 그림 8.31의 시험데이터를 통하여 증명된 것처럼 시험편의 두께 t가 증가할수록 K_Q가 감소한다는 것이다. 이러한 현상은 두께에 의존하여 결정되는 균열 선단의 소성영역이 재료 거동에 영향을 주기 때문이다. 일단 두께는 항복강도와 연관된 다음의 관계에 따라 결정되며 추가적인 감소는 없다:

$$t \geq 2.5\left(\frac{K_Q}{\sigma_o}\right)^2 \tag{8.32}$$

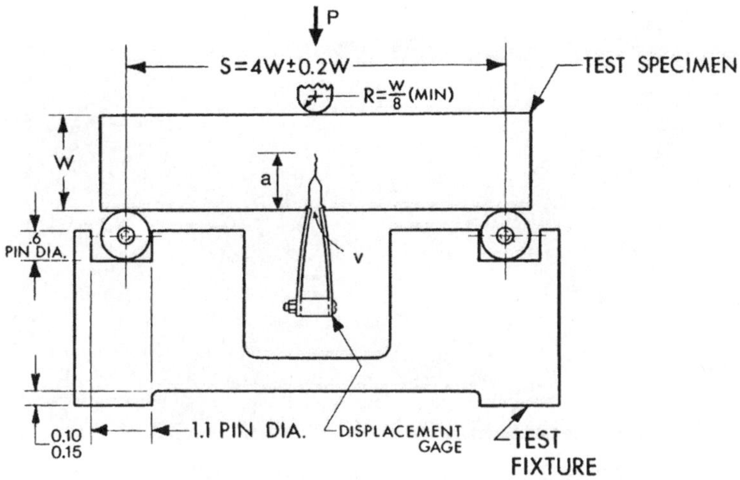

그림 8.27 굽힘 시편에서의 파괴인성 시험에 대한 구조물. 치수 W는 b에 대응함.

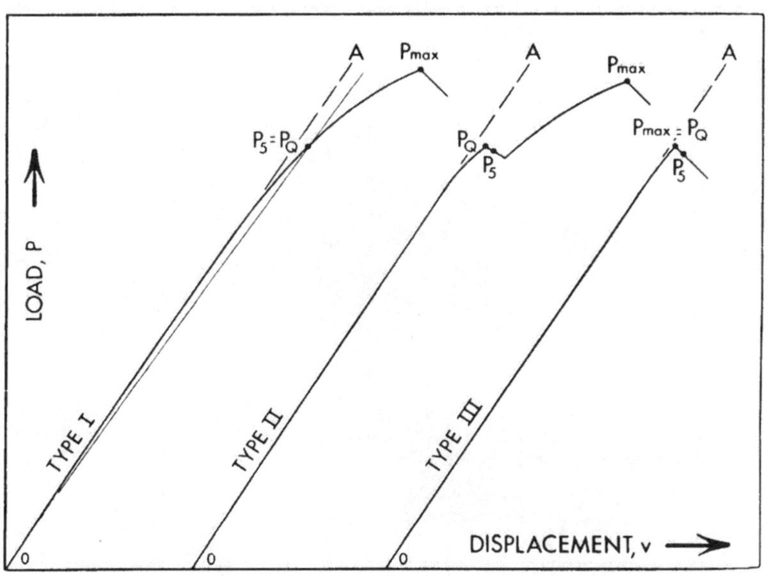

그림 8.28 파괴인성 시험에서 발생할 수 있는 힘 vs. 변위 거동의 형태 (ASTM 97 Std. E399에서 발췌함)

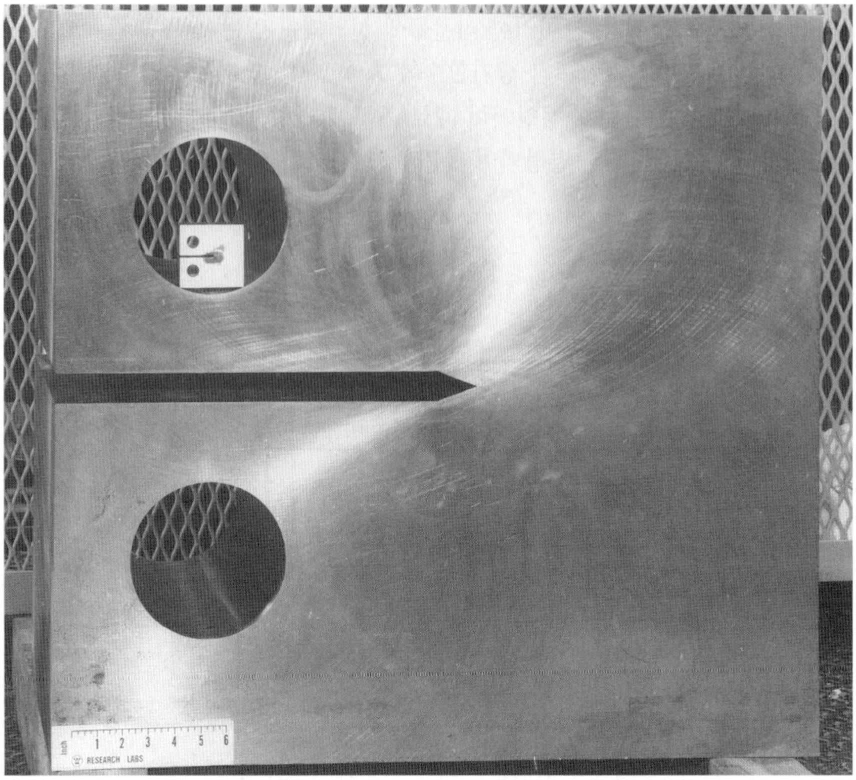

그림 8.29 b = 5.1과 61cm을 가지는 컴팩트 시험편

그림 8.30 치수 t = 25, b = 51cm을 가지는 A533B강의 컴팩트 시험편을 이용한 K_{Ic}시험으로부터의 파단면

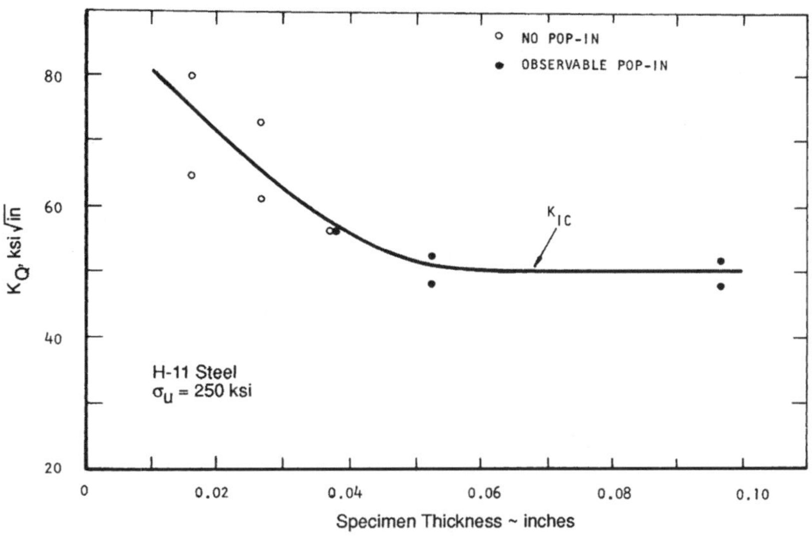

그림 8.31 $\sigma_u = 1720$MPa인 열처리된 합금 강의 파괴인성에 대한 두께효과

이러한 요구조건을 만족하는 K_Q 값은 최악의 경우를 고려한 값과 구별하기 위하여 K_{Ic}로 표현된다. K_Q가 K_{Ic}보다 다소 큰 경우와 같이 재료의 두께를 고려한 공학적인 설계에서는 K_{Ic}값을 사용할 수 있지만, 반면에 이러한 설계는 극도로 보수적인 관점을 가진다는 것을 인지해야한다. 종종 이와 같은 접근방법이 필요한데, 이는 표 8.1과 8.2에 표현된 것처럼 K_{Ic} 값만이 폭넓게 알려져 있기 때문이다.

이후의 절에서는 소성영역 크기의 효과 및 파괴인성시험의 다른 측면들에 대하여 좀 더 상세하게 고려할 것이다. 지금부터는 재료, 온도, 하중 속도 및 다른 영향들에 대한 K_{Ic}의 경향에 대하여 살펴보고자 한다.

8.6.1 재료에 따른 K_{Ic}의 경향

공학적 용도로 사용되는 금속의 K_{Ic} 값들은 일반적으로 20에서 200 $\mathrm{MPa}\sqrt{\mathrm{m}}$ 의 범위 안에 있다. 공학적 용도로 사용되는 금속이 주어진 등급 내에서 강도가 증가할 때, 연성과 함께 파괴인성이 감소하는 것은 이미 알려져 있는 사실이다. 그림 1.6과 8.7을 참고하라. 추가적인 예로 다양한 강도를 가지는 열처리 합금 AISI 4340의 K_{Ic}에 대한 영향을 그림 8.32에서 볼 수 있다.

공학적인 재료로 많이 사용되는 폴리머의 전형적인 K_{Ic} 값은 1에서 5 $\mathrm{MPa}\sqrt{\mathrm{m}}$ 의 범위 안에 있다. 비록 이 값들은 낮지만, 대부분의 폴리머는 그들의 낮은 인장 강도 때문에 낮은 응력이 걸리는 곳에서 사용되고, 따라서 대부분의 활용에 있어서 파괴 가능성은 금속의 것과 매우 유사하다. 고무와 같은 연성 재료를 낮은 연성을 가지는 폴리머와 같이 사용하는 것은 파괴인성의 증가를 가져온다. 짧은 개조 섬유 또는 다른 강성 강화제의 첨가는 균열 진전 경로가 강화제를 교차하지 않으면 재료의 인성을 감소시킨다. 이와 대조적으로 폴리머 기지 복합재료에 사용되는 긴 섬유, 또는 특별하게 연속적인 개체들은 그 점에서 균열 진전을 방해하기 때문에 금속과 동일한 범위의 인성 값이 나타난다.

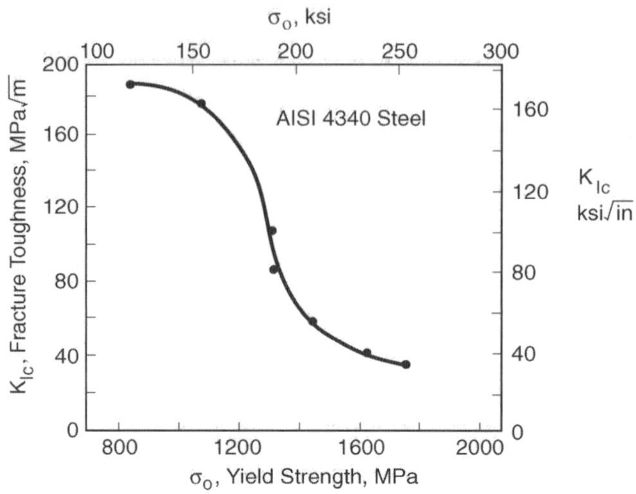

그림 8.32 다양한 강도 수준에서 조정된 AISI 4340 강에 대한 파괴인성 vs. 항복응력

세라믹 또한 낮은 연성에서 예측되는 것처럼 1에서 5MPa $\sqrt{m}$ 의 범위 안에서 낮은 파괴인성 값을 가진다. 이러한 K_{Ic} 값들의 범위는 폴리머의 경우와 유사하지만, 세라믹이 높은 강도의 재료라는 사실을 감안하면 상당히 낮은 값이다. 실제로 인장 하중에서 그들의 강도는 이 장의 초기에 다룬 것처럼, 대개 재료 안에 내재된 결함들에 의하여 제약을 받는다. 최근의 재료 개발에 대한 노력들로 인하여 세라믹이 다소 높은 인성을 가지도록 개선되었다. 예를 들면 15% 산화지르코늄(ZrO_2)의 두 번째 상으로 인하여 더욱 질겨진 알루미나(Al_2O_3)는 $K_{Ic} \simeq 10$MPa $\sqrt{m}$ 의 값을 가진다. 이것은 높은 응력이 산화지르코늄의 부피를 몇 퍼센트 정도 증가시키는 내부 상의 변태를 유도하였기 때문이다. 따라서 산화지르코늄 조직이 균열 선단과 만나는 경우에는 충분한 부피로 증가하여 국부 압축 응력을 유발하여 균열의 확장을 지연시킨다.

파괴인성은 인장 강도와 같은 다른 재료들의 물성보다는 확률적인 변수에 좀 더 많은 영향을 받는 것처럼 보인다. 변동 계수는 종종 10%에서 20%까지 도달한다. 전형적인 값으로 15%를 취하며, 이는 대량의 샘플로부터 얻어진 열 개의 값들 중 하나의 값이 평균보다 19% 아래에 있고, 백 개 중에서 하나의 값이 35% 보다 아래에 있으며 그리고 천 개 중에서 하나의 값이 46% 아래에 있는 것을 의미한다. 따라서 설계에 사용되는 안전계수는 이러한 불확실성을 반영해야 한다(이 책의 끝에 나와 있는 부록 B의 변동 계수 및 파괴인성의 통계적인 데이터 샘플들에 대한 추가적인 논의를 참고한다).

8.6.2 온도 및 하중속도의 효과

일반적으로 파괴인성 값은 온도에 증가에 따라 함께 증가하는 경향을 보인다. 그림 8.33 및 8.34에 저합금 금속 및 세라믹에 대하여 이를 증명할 수 있는 데이터를 표현하였다. 상대적으로 낮은 온도에서 갑작스런 인성 값의 변화는 체심입방 결정 구조를 가지는 금속에서 발생하며, 특히 페라이트-펄라이트 및 마르텐사이트 구조들이 강재 내부에 존재하는 경우에 발생한다. 급속도로 변화가 발생하는 온도 영역은 그림 8.35에 표현한 것처럼 금속에 따라 상당히 다르다. 대개 천이영역 아래에서는 하한계(lower shelf)로 표현되는 대략적으로 일정한 K_{Ic}를 가지며, 그보다 위의 영역에서는 상한계(upper shelf)로 좀 더 높으면서 일정한 K_{Ic}를 가진다(그림 8.35의 데이터 중 한 개의 집합만이 상한계를 증명하는 충분한 범위를 가진다). 이와 같은 온도-천이 거동은 4장 4절에서 논의된 샤르피(Charpy) 또는 다른 노치충격 시험들에서 관찰되는 것과 유사하다.

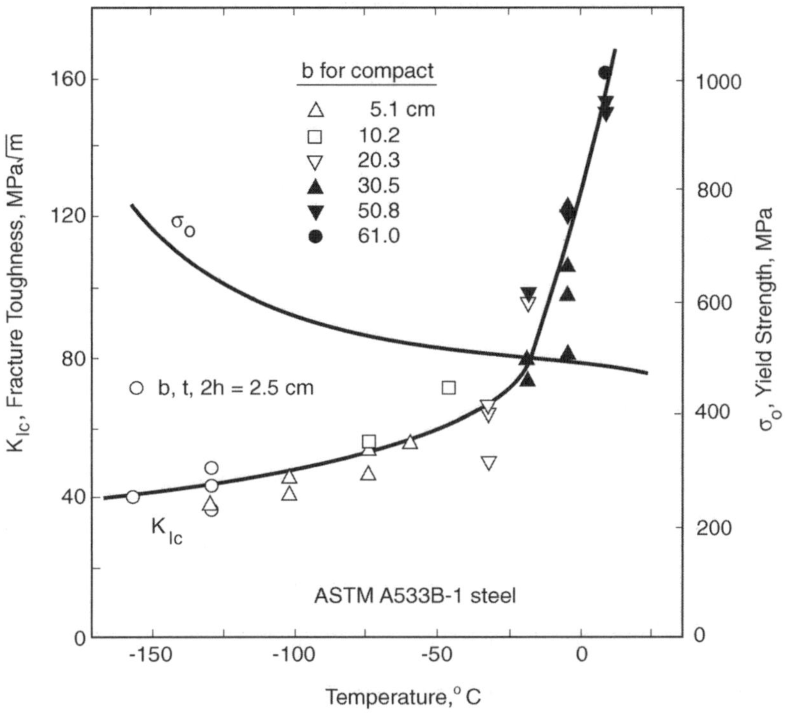

그림 8.33 원자력 압력 용기 강재에 대한 파괴인성과 항복응력 vs. 온도 선도. 컴팩트 시험편과 비표준 형상의 시험편을 사용함.

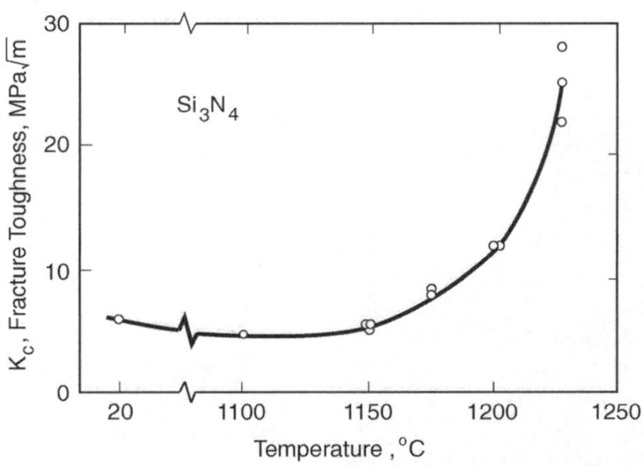

그림 8.34 실리콘 질화 세라믹에 대한 파괴인성 vs. 온도선도

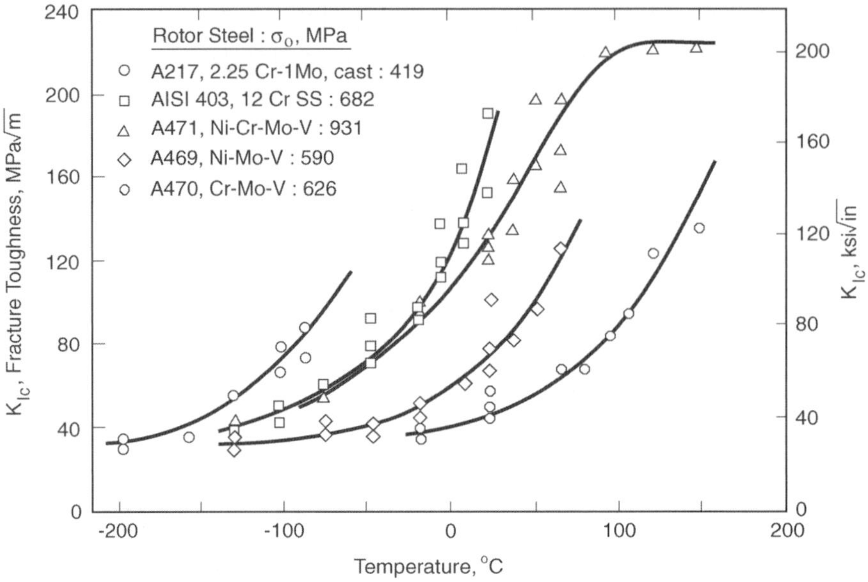

그림 8.35 터빈 발전 로터로써 사용되는 여러 강재에 대한 파괴인성 vs. 온도 선도

체심입방 금속의 명확한 온도-천이 거동은 관련된 온도 범위에서의 연성의 증가에 대한 이론만으로는 설명하기 어렵다. 그것은 실제로 파괴에 있어서 물리학적인 메커니즘의 변화로 인한 것이다. 온도 천이의 아래에서는 벽개파괴 메커니즘이 정의되고, 그 위의 영역에서는 기공파열로 정의된다. 이러한 메커니즘을 나타내는 파괴 단면의 미세구조 사진이 그림 8.36에 표현되어 있다. 벽개는 낮은 저항성을 가지는 특정한 결정 표면을 따라서 작은 소성변형을 동반하는 파괴이다. 한편 미세공공유착으로 정의되는 기공파열은 소성-유기 형태, 성장 그리고 재료 내부에 있는 미세 기공들의 조합을 포함한다. 이러한 과정은 사진에서 보이는 것처럼 거칠고 기공이 매우 많은 파손 형태로 남겨진다 (이러한 파면에 대한 연구하는 분야를 파면분석학(Fractography)이라고 한다).

철강 및 다양한 재료의 K_{Ic} 대비 온도 거동의 데이터는 운영 조건에서 특정 재료를 선정하는데 유용하고, 이는 그들의 파괴인성이 낮은 온도에서 높은 응력부에 대한 재료의 사용을 회피하는데 중요하다. 재료와 상한계에 있는 운영 온도에서의 조합은 어디서든지 적용이 가능해야 한다.

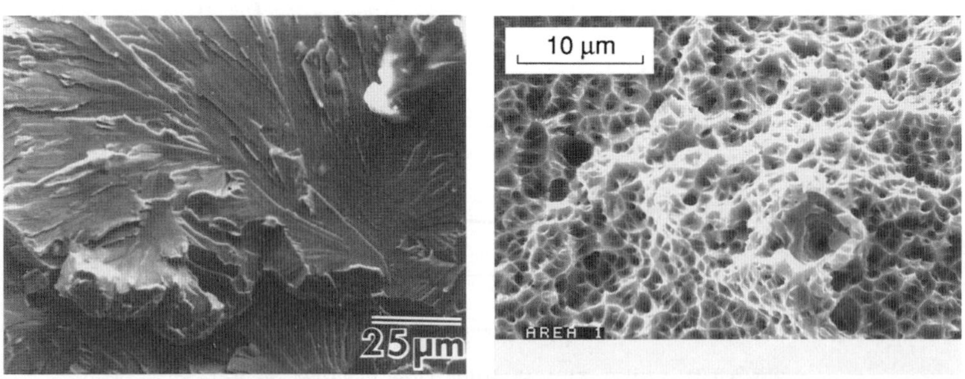

그림 8.36 49Co−49Fe−2V 합금의 벽개 파단면(좌측)과 저합금 강의 딤플 파괴(우측)

파괴인성에서 통계적인 변이성은 특히 온도 천이영역에서 크다. 예를 들면 그림 8.33 및 8.35에 있는 경향 선도들에 대한 산포에 주목하라. 또한 천이위치는 동일한 강에 있어서도 시험편 채취에 따라서 최대 50℃ 나 차이를 보일 수 있다. 따라서 온도 천이영역에서는 설계에 있어서 특별한 주의가 요구된다. 보수적인 방법은 하한계의 인성 값을 사용하는 것이며 이는 강의 경우에는 대략적으로 40 $\mathrm{MPa}\sqrt{\mathrm{m}}$ 부근이다.

높은 하중 속도는 대개 파괴인성을 낮추고 이는 온도가 감소하는 것과 유사한 효과를 가진다. 이 효과는 그림 8.37의 데이터에 표현된 것처럼 K_{Ic} 거동에서 온도의 변화를 유발하는 것으로 고려할 수 있다. 노치-충격 시험은 높은 하중 속도를 가지기 때문에 일반적인 속도에서 수행한 K_{Ic} 시험보다 더 높은 천이온도를 가진다. 몇몇 예시 시험 데이터들이 그림 8.38에 표현되어 있다.

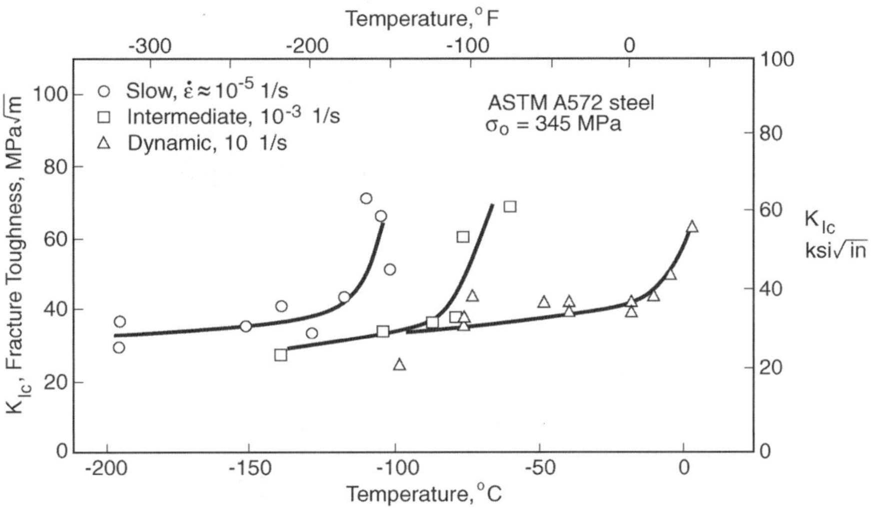

그림 8.37 구조 강의 파괴인성에 대한 재하 하중 속도의 효과. 소성영역의 가장자리 부분에서 대략적인 변형률 속도가 주어진다. 가장 낮은 속도는 일반적인 시험에 대응함.

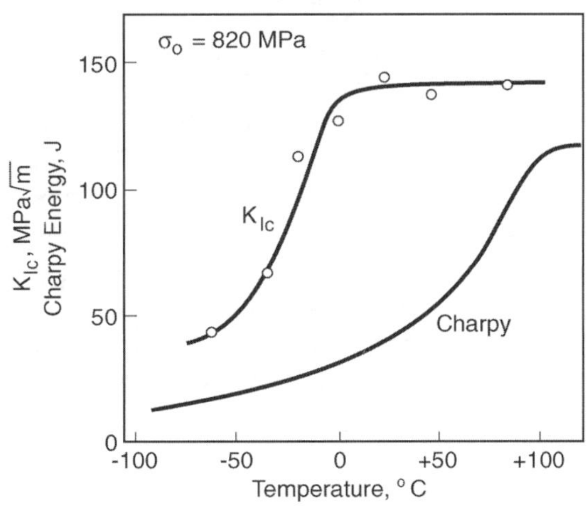

그림 8.38 2.25Cr−1Mo 강의 K_{Ic}와 샤르피 시험에 대한 온도 천이 거동의 비교

8.6.3 K_{Ic}에 대한 미세구조의 영향

고려 대상 재료의 화학적인 조성 또는 제조 공정에 대한 작은 변화에 의해서도 파괴인성은 상당한 영향을 받을 수 있다. 예를 들면 강에 있어서 황화개재물은 미세 조직 수준에서 파괴를 촉진시키는 영향을 미친다. 합금강의 인성에 있어서 황이 미치는 결과는 그림 8.39에 표현되어 있다.

파괴인성은 일반적으로 다른 기계적인 물성보다 이방성 및 공정에 의해 취약해진 평면에 민감하다. 예를 들면 단조, 압연 또는 사출 금속에서 결정 조직들이 특정한 방향으로 늘어나거나 펴지게 되고, 펴진 조직들의 평면과 평행하게 균열이 진전하는 곳에서 파손이 발생하기 쉽다. 비금속 불순물 및 기공들 또한 늘어나거나 펴지게 되고 이는 방향에 따라 파괴 물성이 달라지게 하는 원인이 된다. 따라서 파괴인성시험은 종종 원재료에서 다양한 방향의 시험편을 제작하여 수행한다. 직사각형 단면을 가지는 재료의 균열면 및 방향의 조합은 여섯 종류가 가능하며 이는 그림 8.40에 표현되어 있다. 이러한 가능성 중 세 가지 조합에 대한 알루미늄 합금의 파괴인성 데이터 또한 표현되어 있다.

중성자 방사는 재료의 결정 구조 내부에 많은 양의 점 결함들을 야기함으로써 핵 반응로에 사용되는 압력 용기용 강에 영향을 미친다. 이는 인장 강도의 증가를 가져오지만, 연성의 저하를 가져오며, 그림 8.41에 표현된 것처럼 파괴인성 천이온도를 실질적으로 증가시킨다. 그 결과, 온도 전 범위에 걸쳐서 파괴인성의 상당한 감소를 가져온다. 이러한 조사 취화는 핵발전소에서의 주요 관심사이며 그들의 운영 수명을 결정하는 데 있어 매우 중요한 요소이다.

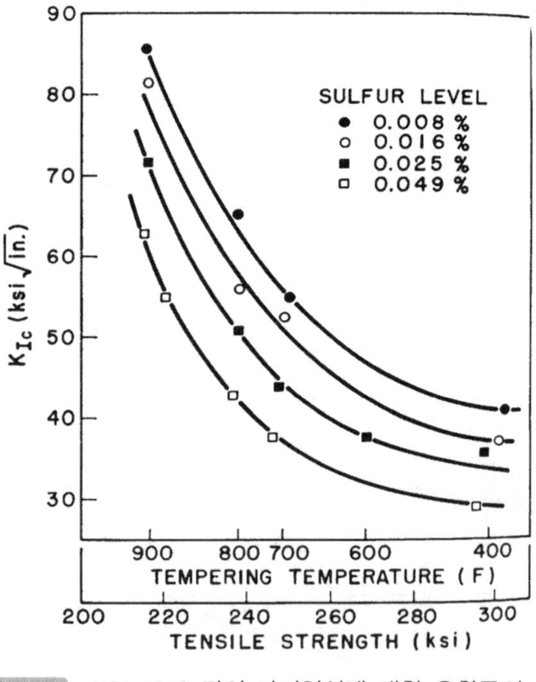

그림 8.39 AISI 4345 강의 파괴인성에 대한 유황물의 영향

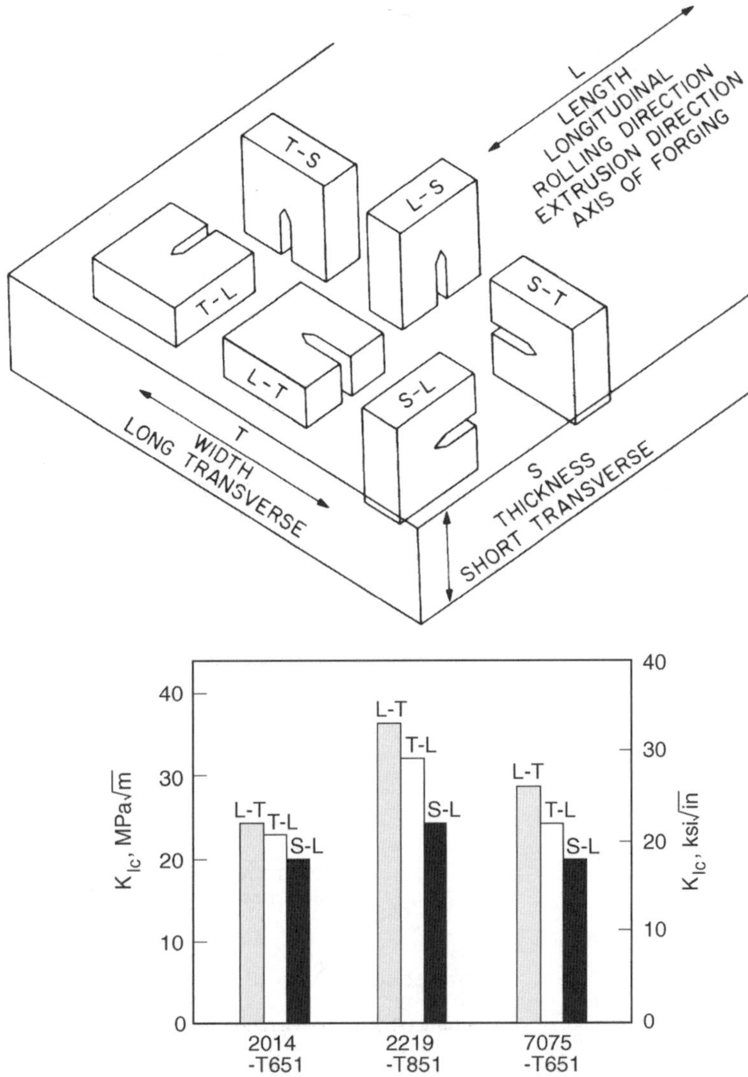

그림 8.40 직사각형 단면의 균열 면과 성장에 대한 명칭과 세 가지 알루미늄 합금판에서 파괴인성에 대응하는 효과

8.6.4 조합 모드의 파손

만약 균열이 작용하는 하중방향에 수직하지 않거나, 조합 응력 상태인 경우에는 파손 모드 I, II 그리고 III의 조합이 동시에 발생하는 상황이 가능하다. 예를 들어 조합된 모드 I과 II가 연계된 상황이 그림 8.25에 표현되어 있다. 이와 같은 상황은 균열이 방향을 바꾸면서 원래의 평면에서 진전되지 않으며 또한 두 종류의 파손 모두가 독립적으로 활동하지 않고 상호작용을 하기 때문에 복잡하다. K_{Ic} 시험과 유사한 시험으로 K_{IIc} 또는 K_{IIIc}를 결정하는 것은 어렵고, 또한 규정에 나와 있지 않기 때문에 다른 모드들의 인성값들은 일반적으로 알 수가 없다.

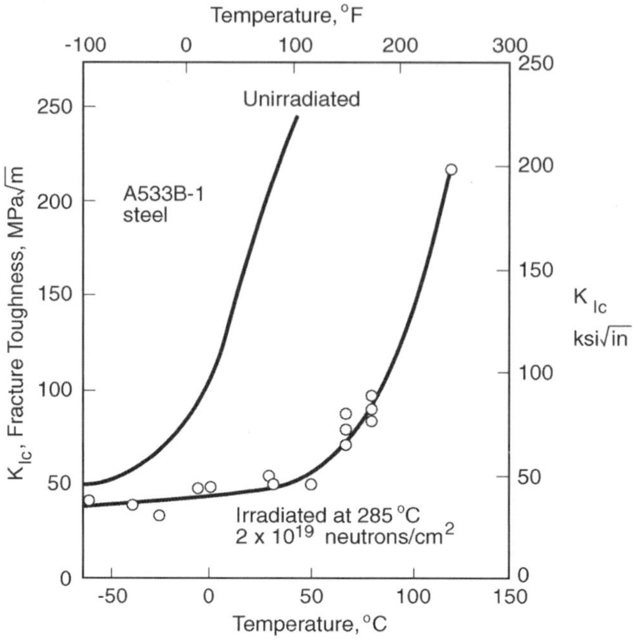

그림 8.41 원자력 압력 용기 강재의 파괴인성에 대해 중성자 방사의 영향

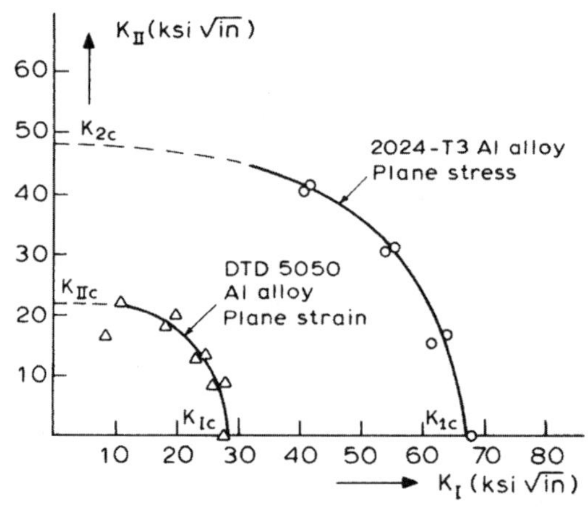

그림 8.42 두 가지 알루미늄 합금에 대한 파괴의 복합 모드

이러한 상황은 조합된 하중조건에서 항복 기준을 필요로 하는 것과 유사하다. 몇 가지 조합된 모드의 파손 기준이 존재하지만, 현재 최적의 보편적 기준은 없다. 성공적인 이론은 어떠한 경우라도 그림 8.42에 표현된 것처럼 혼합 모드 파괴 데이터의 종류들을 반드시 예측할 수 있어야 한다. 이러한 특정 데이터들은 타원형 곡선을 경험식처럼 사용할 수 있으며, K_{Ic} 및 K_{IIc}가 모두 알려진 곳에서 유용하다고 제안되고 있다.

$$\left(\frac{K_I}{K_{Ic}}\right)^2 + \left(\frac{K_{II}}{K_{IIc}}\right)^2 = 1 \tag{8.33}$$

8.7 선형탄성 파괴역학에서의 소성영역의 크기 및 소성 제한사항

이 장의 초기부분에서는 실제 재료가 예리한 균열 선단에서 이론적으로 무한한 응력을 지지할 수 없으며, 균열 선단은 무뎌지고 항복, 잔금, 미세균열 영역이 형성된다는 것을 기술하였다. 지금부터는 균열 선단의 항복에 관하여 설명할 것이다. 항복이 발생하는 지역, 즉 소성영역이라고 정의되는 영역은 선형탄성파괴역학 이론을 적용하고자 하는 경우 지나치게 커질 수 없다는 것이 중요하다.

8.7.1 평면응력에서의 소성영역 크기

평면응력 상태에서 소성영역의 크기를 평가하기 위한 방정식은 $\sigma_z = 0$인 선형응력장 방정식, 식 8.6으로부터 도출할 수 있다. 균열의 표면인 $\theta = 0$에서 이를 단순화시키면

$$\sigma_x = \sigma_y = \frac{K}{\sqrt{2\pi r}}, \qquad \sigma_z = \tau_{xy} = \tau_{yz} = \tau_{zx} = 0 \qquad \text{(a, b)} \tag{8.34}$$

$\theta = 0$을 따라서 모든 전단응력 요소는 0이기 때문에, σ_x, σ_y 그리고 σ_z는 주응력이 된다. 이전 장에서 설명했던 최대 전단응력 또는 8면체 전단응력 항복기준을 적용하면 $\sigma_x = \sigma_y = \sigma_0$ 지점에서 항복이 발생하는 것을 추정할 수 있으며, 여기서 σ_0는 항복강도이다. 이를 대입하고 r에 대하여 정리하면

$$r_{o\sigma} = \frac{1}{2\pi}\left(\frac{K}{\sigma_o}\right)^2 \tag{8.35}$$

이는 그림 8.43에서 예를 든 것처럼 평면응력 조건에서 선형응력 분포가 항복기준을 초과하는 곳을 나타내는 단순한 균열 선단 앞쪽으로의 거리이다. 여기서는 탄성, 완전소성거동을 가정하고 있음에 주목해야 한다.

소성영역 이내의 발생하는 항복 때문에 응력들은 탄성응력장 방정식에서의 값보다 더 낮게 나타난다. 따라서 항복이 발생한 재료는 기대한 것보다 더 낮은 저항성을 가지며 상당한 변형이 발생하는데 이로 인해

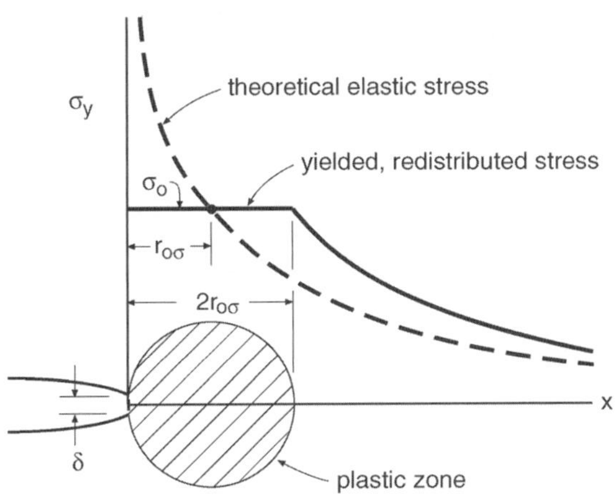

그림 8.43 평면 응력에 대한 소성영역의 크기를 측정하고 대략적인 응력 재분포의 영향을 보여줌.

$r_{0\sigma}$ 보다 더 멀리 항복이 확장된다. 이 때 응력이 그림 8.43에 보인 바와 같이 재분포되었다고 표현한다. 일반적으로 사용되는 측정 방법에서는 실제로 항복이 대략 $2r_{0\sigma}$ 정도 확장된다고 고려한다. 따라서 평면 응력 조건에서 최종적인 소성영역 크기의 측정값은

$$2r_{o\sigma} = \frac{1}{\pi}\left(\frac{K}{\sigma_o}\right)^2 \tag{8.36}$$

예상했던 대로 만약 응력(이런 이유로 K)이 증가하면 소성영역 크기 또한 증가하고, σ_0 이 높은 재료들에 동일한 K를 가지는 경우에는 소성영역의 크기는 작아진다. 균열 선단 근방의 평면응력 소성영역 및 응력의 상태는 그림 8.44(a)에 표현되어 있다.

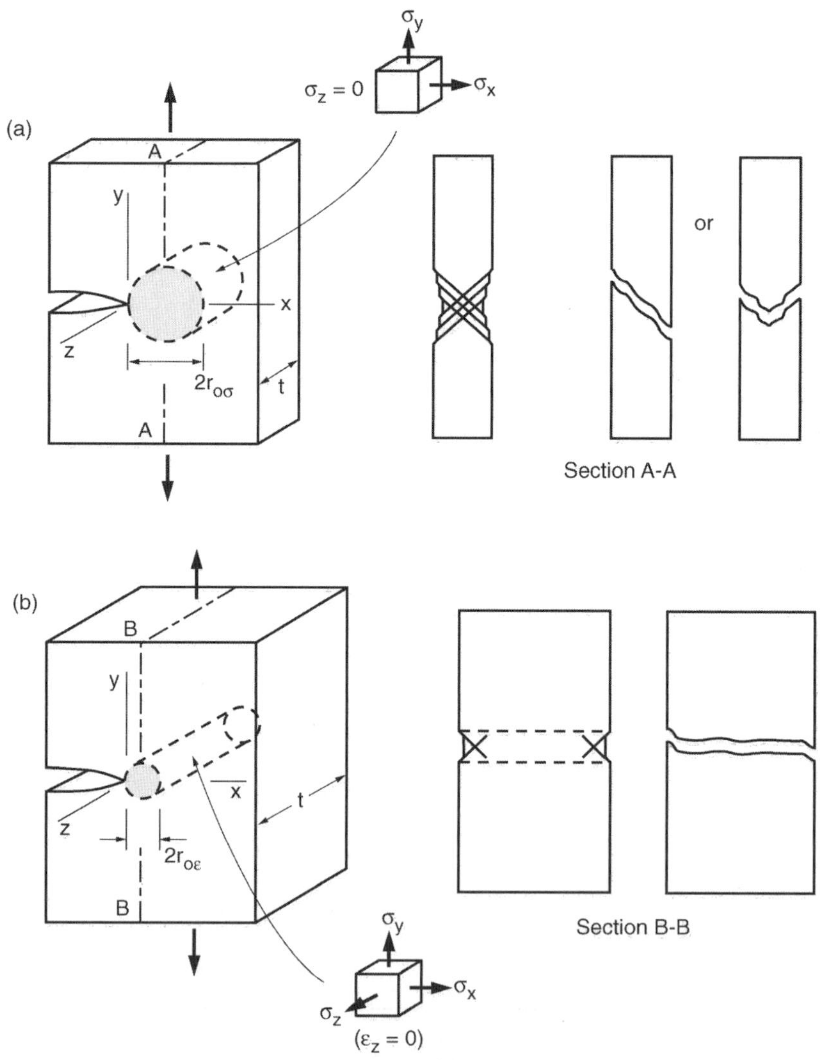

그림 8.44 (a) 평면 응력 상태와 (b) 평면 변형률 상태에 대한 소성영역, 응력 상태 그리고 파괴 모드

8.7.2 평면 변형률에서의 소성영역 크기

그림 8.44(b)에서처럼 소성영역에 비하여 두께가 큰 균열이 있는 부재를 고려해보자. 소성영역 바깥의 재료는 상대적으로 낮은 응력 σ_x와 σ_y를 받기 때문에 z-방향에 상대적으로 작은 포아송 수축(Poisson contraction)이 발생한다. 이는 소성영역 내부의 재료가 z-방향으로 변형하기 어렵게 만들며, 주변의 재료에 의하여 z-방향의 길이(두께)는 거의 변화하지 않게 된다. 따라서 이러한 거동을 $\varepsilon_z = 0$에 의하여 정의되는 평면 변형률이라고 부른다. 결과적으로 z-방향으로 인장 응력이 작용하게 되고 이에 따라 항복을 유도하기 위하여 필요한 $\sigma_x = \sigma_y$의 값이 상승하게 되는데, 이에 따라 소성영역 크기가 평면응력과 비교하여 상대적으로 작아지게 된다.

이를 좀 더 상세히 알아보기 위하여 $\varepsilon_z = 0$ 조건을, Hooke의 법칙인 식 5.26에 $\sigma_x = \sigma_y$을 대입하였을 때, z-방향의 응력은 $\sigma_z = 2\nu\sigma_y$와 같이 주어진다. 이러한 응력들을 8면체 전단응력 항복 기준 또는 최대 전단응력 항복 기준에 대입하면 항복에서의 응력은 $\sigma_x = \sigma_y = \sigma_0/(1-2\nu)$로 주어진다. 포아송비가 $\nu = 0.3$인 전형적인 값을 가지는 경우에는 $\sigma_x = \sigma_y = 2.5\sigma_0$이다. 이미 이러한 경우는 예제 7.5에서 해석을 수행하였고, 응력이 압축인 것을 경우를 제외하면 앞서 언급한 것처럼 인장응력을 고려한 경우와 동일한 결과가 얻어진다. 따라서 구속된 변형은 사실상 항복을 유발하는 작용응력 $\sigma_x = \sigma_y$을 뺀 인장 정수압을 생성하고 이는 항복강도의 명백한 상승을 가져온다.

G.R. Irwin이 좀 더 개선된 평가방법으로 제안한 바에 따르면 그 효과는 크지는 않으나, $\sigma_y = \sqrt{3}\,\sigma_0$ 정도에서 항복하는 것으로 산정하였다. 후자의 σ_y 값을 사용하는 것을 제외하면, 평면응력을 측정하는 방법으로써 다음이 구해진다.

$$2r_{o\varepsilon} = \frac{1}{3\pi}\left(\frac{K}{\sigma_o}\right)^2 \tag{8.37}$$

이 값은 평면응력 값의 1/3배 정도 크기인 것에 주목해야한다.

여기서 유도된 소성영역 크기 방정식은 단순한 가정을 기반으로 하고 있으므로 오직 대략적인 예측값으로만 고려되어야 한다. 본 절에서 주어진 추정은 G.R. Irwin의 초기 연구에 따른 것이다.

8.7.3 선형탄성파괴역학에서의 소성 제한사항

만약 소성영역이 충분히 작다면, 여전히 탄성응력장 방정식을 적용할 수 있는 외곽 지역이 존재하는 것으로 고려할 수 있으며, 여기서는 K-지배성 영역 또는 K-장이라고 정의한다. 이는 그림 8.45에 표현되어 있다. 이와 같은 영역의 존재는 선형탄성파괴역학 이론을 적용하기 위해 필요하다. K-장은 아직 완전히 이해되지 못한 “블랙 박스”로 고려되는 소성영역 및 균열 선단 영역을 둘러싸고 있으며 이들의 거동을 통제하는 것으로 이해할 수 있다. 따라서 K는 약간의 제한된 소성영역의 존재에도 불구하고 계속적으로 균열의 심각성에 대한 특징을 묘사하는데 사용한다. 그러나 만약 소성영역이 상당히 커서 K-장이 유효하지 않은 경우에는 K를 더 이상 적용할 수 없다.

실용적인 문제에서는 소성영역이 균열 선단으로부터 부재의 경계면과의 거리와 비교하여 충분히 작아야 하는데, 이와 같은 균열이 존재하는 평판에서 거리 a, (b−a) 그리고 h는 그림 8.46(a)에 표현되어 있다. 일반적으로 $8r_0$가 충분한 거리로 고려된다. 식 8.36 및 8.37에서 알아야 하는 것은 $8r_0$이 소성영역 크기의 네 배인 것이고, 소성영역 크기는 적용하는 조건에 따라서 $2r_{0\sigma}$ 또는 $2r_{0\epsilon}$을 사용할 수 있다. $2r_{0\sigma}$이 $2r_{0\epsilon}$보다 크기 때문에 선형탄성파괴역학의 적용에 대한 전반적인 제한은

$$a,\ (b-a),\ h \geq \frac{4}{\pi}\left(\frac{K}{\sigma_o}\right)^2 \qquad \text{(LEFM applicable)} \tag{8.38}$$

이 조건은 세 변수 a, $(b-a)$ 그리고 h 모두에 대하여 만족해야 한다. 그렇지 않은 경우는 그림 8.46(b), (c) 또는 (d)에 표현된 것처럼 넓은 항복 영역을 가지고 있는 소성영역이 확장하여 경계들 가운데 하나에 너무 근접한 경우에 해당하게 된다. 앞서 8.9절에서 논의된 것처럼 선형탄성파괴역학의 적용 범위를 넘어서 계산된 K 값은 균열의 심각성을 저평가 한다.

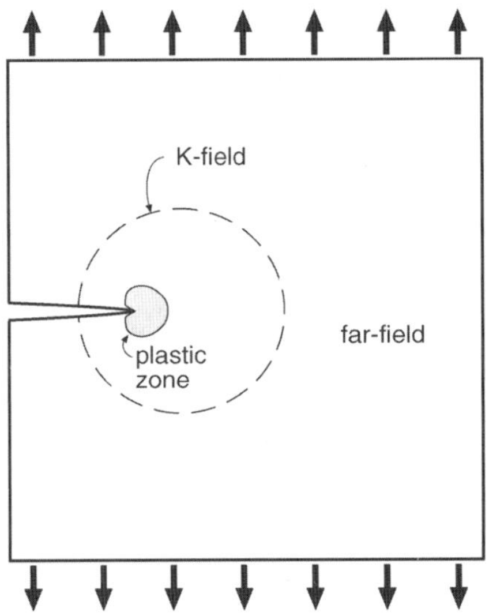

그림 8.45 균열과 소성영역 그리고 선형 탄성 파괴 역학을 적용할 수 있게 존재해야 하는 큰 K–field

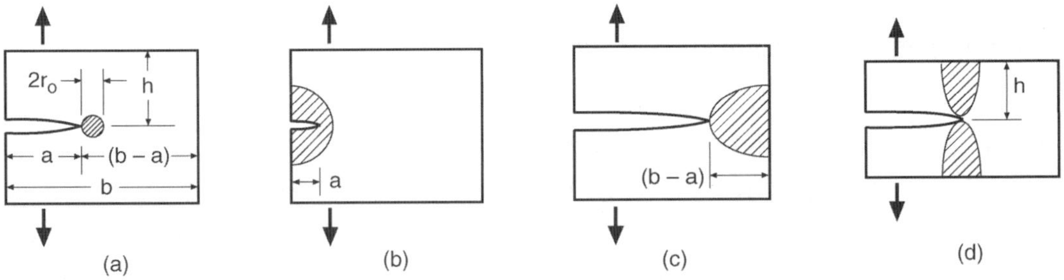

그림 8.46 (a) 평면 관점과 비교하는 작은 소성영역 그리고 (b)균열 길이를 비교하기에 너무 큰 소성영역이 존재하기 때문에 선형 탄성 파괴 역학이 유효하지 않는 상황 그리고 (c) 균열이 없는 잔여 부분과 (d) 부재의 높이

8.7.4 평면응력 대비 평면변형률

만약 소성영역과 비교하여 두께가 두껍지 않다면, 두께 방향으로의 포아송 수축이 균열 선단 부근에서 자유롭게 발생할 것이고 이는 그림 8.44(a)에 표현된 것처럼 두께를 관통하여 기울어진 전단면에서 항복이 발생하는 결과를 가져온다. 또한 평면응력 조건에서 파손은 이와 같이 기울어진 균열을 따라서 발생한다.

그러나 두꺼운 부재들의 경우에는 기하학적인 구속이 두께 방향으로 변형률 ϵ_z을 제한하여 횡방향 응력 σ_z을 증가시키게 된다. 앞서 논의된 것처럼 σ_z는 항복이 발생한 경우에 σ_y를 증가시키고 소성영역 크기를 감소시킨다. 두께를 관통하는 전단면에서의 항복은 더 이상 발생하지 않으며 그림 8.44(b)에 표현된 것처럼 평탄 파괴가 두께의 전 구간에 걸쳐서 발생할 것이다. 평면 응력, 평면 변형률 그리고 조합된 파괴를 보여주는 파단된 시험편들의 사진은 그림 8.47에 표현되어 있다.

파괴 거동의 경향에 대한 경험적인 관찰에 근거하면(특히 그림 8.31에 표현된 것처럼 인성에 대한 두께효과) 만약 두께가 앞서 주어진 식 8.32의 관계를 만족하지 않는다면 평면 변형률이 충분히 진전되는 상황은 발생하지 않는다는 것이 일반적으로 받아들여지고 있다. 추가적으로 균열 선단에서 면내 경계와의 거리는 소성영역보다 커야 한다. 만약 그렇지 않다면 그림 8.46에 표현된 것처럼 x- 및 y-방향으로의 변형이 발생할 것이고 이는 구속의 정도를 감소시킨다. 따라서 평면 변형률에 대한 전체적인 요구 사항은

$$t,\, a,\, (b-a)\,,\, h \geq 2.5\left(\frac{K}{\sigma_o}\right)^2 \qquad \text{(plane strain)} \tag{8.39}$$

식 8.37과의 비교는 다양한 치수들이 모두 $47r_{0\epsilon}$ 또는 평면 변형률의 소성영역 크기 $2r_{0\epsilon}$보다 24배

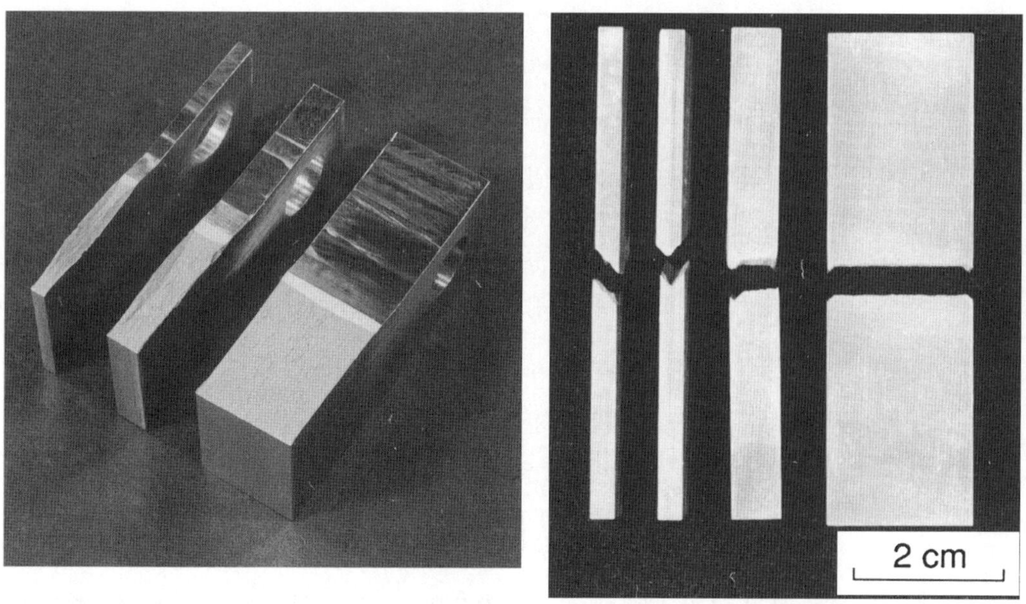

그림 8.47 7075-T651 알루미늄의 컴팩트 시험편(b = 51mm)의 인성 시험에 대한 파단면(좌측)과 파단의 개요를 보여주는 단면(우측). 가장 작은 두께의 시편은 경사진 면에 일반적인 평면 응력 파괴를 나타냄; 중간 두께의 시편은 복합 거동을 가지고 가장 두꺼운 시편은 평평한 평면 변형률 파괴를 가짐.

크다는 것을 의미한다. 식 8.38의 면내 치수에 대한 요구조건은 식 8.39보다 덜 까다롭기 때문에 만약 평면 변형률 조건을 만족한다면 선형탄성파괴역학 사용에 대한 제한은 자동적으로 만족하게 된다.

예제 8.6

예제 8.1의 경우에 대하여:

(a) $a = 4.5\text{mm}$ 인 경우에 평면 변형률의 적용가능성 유무 및 선형탄성파괴역학의 유효성 유무를 결정하라. 또한 소성역의 크기를 산정하라.

(b) 위와 동일하게 $a_c = 22.4\text{mm}$ 인 경우도 고려해 보자.

【풀이】 (a) 만약 식 8.39을 만족한다면 평면 변형률 조건을 적용한다. $t = 5\text{mm}$, $b = 50\text{mm}$ 그리고 예제 8.1에서 계산된 K, 그리고 2014-T651 알루미늄에 대한 $\sigma_0 = 415\text{MPa}$ 을 사용하면 얻을 수 있다.

$$t,\, a,\, (b-a),\, h \geq 2.5\left(\frac{K}{\sigma_o}\right)^2 = 2.5\left(\frac{9.51\text{MPa}\sqrt{\text{m}}}{415\text{MPa}}\right)^2$$

$$5,\, 4.5,\, 45.5,\, \text{large}\, h \geq 0.00131\text{m} = 1.31\text{mm}$$

결과는 LEFM 적용 조건을 성공적으로 만족하므로 평면 변형률을 적용하고 선형탄성파괴역학을 적용할 수 있다.(답) 소성영역 크기는 식 8.37로부터 평면 변형률인 경우의 값을 사용하면

$$2r_{o\varepsilon} = \frac{1}{3\pi}\left(\frac{K}{\sigma_o}\right)^2 = \frac{1}{3\pi}\left(\frac{9.51\text{MPa}\sqrt{\text{m}}}{415\text{MPa}}\right)^2 = 0.056\text{mm} \quad \text{(답)}$$

(b) $a_c = 22.4\text{mm}$ 이고 $K = K_{Ic} = 24\text{MPa}\sqrt{\text{m}}$ 인 경우에, 평면 변형률 시험을 적용하면

$$5,\, 22.4,\, 27.6,\, \text{large}\, h \geq 2.5\left(\frac{24\text{MPa}\sqrt{\text{m}}}{415\text{MPa}}\right)^2 = 8.4\text{mm}$$

이 경우 시험은 실패했으므로 평면 변형률을 적용할 수 없다.(답) 하지만 만약 식 8.38를 만족한다면 선형탄성파괴역학은 여전히 적용할 수 있다.

$$a,\, (b-a),\, h \geq \frac{4}{\pi}\left(\frac{K}{\sigma_o}\right)^2 = \frac{4}{\pi}\left(\frac{24\text{MPa}\sqrt{\text{m}}}{415\text{MPa}}\right)^2$$

$$22.4,\, 27.6,\, \text{large}\, h \geq 4.3\text{mm}$$

이 때 시험은 성공적이므로 선형탄성파괴역학은 적용가능하다.(답) 식 8.36의 평면 응력인 경우의 값을 사용하여 소성영역 크기를 구하면 :

$$2r_{o\sigma} = \frac{1}{\pi}\left(\frac{K}{\sigma_o}\right)^2 = \frac{1}{\pi}\left(\frac{24\text{MPa}\sqrt{\text{m}}}{415\text{MPa}}\right)^2 = 1.06\text{mm} \quad \text{(답)}$$

【고찰】 (b)에서는 평면 응력 조건 때문에 K_{Ic}의 사용은 보수적이다. 실제 K_c는 K_{Ic}보다 다소 높기 때문에 측정되는 a_c의 값도 커진다.

8.8 파괴인성시험에 대한 논의

소성영역 크기 및 평면 변형률 조건에 대한 이전의 논의는 파괴인성시험에 대한 특정 관점에서 좀 더 상세한 논의를 다룰 수 있게 한다.

8.8.1 표준 시험 방법

선형탄성파괴역학을 기반으로 하여 파괴인성을 평가하는 시험 방법은 K_{Ic}의 유효한 측정값으로 시험 결과의 검증을 위하여 식 8.39와 유사한 요구조건을 포함한다. 예를 들면 금속성 재료에 적용하는 ASTM E399에는 $(b-a)$ 값이 식 8.39의 관계를 만족할 것을 요구하며, 그 때 식 8.39의 나머지 값들은 a/b 및 t/b가 0.5 근방인 경우가 권장되며 h/b가 0.5 또는 더 큰 시험편의 기하학적 형상을 사용하는 것이 포함된다.

파괴인성시험에서 하중 대비 변위 $(P-v)$ 거동은 그림 8.28의 유형 I, II 또는 III과 유사하다. 식 8.39에서 소성영역이 상당히 작은 것을 요구하기 때문에, $P-v$ 선도에서 나타나는 비선형성은 균열의 진전에 의한 것이다. 유형 I처럼 유연한 곡선은 저속-안정 균열 진전(slow-stable crack growth)라 정의되는 정적 찢김 유형의 파괴에 의하여 발생한다. 다른 경우에는 팝인(*pop-in*, II)라고 불리는 균열이 갑작스럽게 짧은 거리를 진전하는 경우이거난, 또는 갑작스럽게 진전하여 완전한 파단에 이른다(III).

금속에 대한 K_{Ic} 시험 기준은 기울기가 초기 탄성 기울기$(O-A)$의 95% 정도의 크기를 가지는 직선을 그림으로써 균열의 발생을 정의한다. 하중 P_Q는 $P-v$ 선도와 이 선이 교차하는 지점 또는 교차점 이전에 존재하는 최대값으로 정의한다. 이 때 응력확대계수는 P_Q 및 초기 균열 길이를 통하여 평가한다:

$$K_Q = f(a_i, P_Q) \tag{8.40}$$

만약 이 K_Q가 식 8.39를 만족한다면, 이때 그 값은 유효한 K_{Ic}로 고려된다. 그러나 저속-안정 균열 진전을 보이며 갑작스러운 파괴를 수반하는 실험을 보장하기 위하여 한 가지 추가적인 요구사항이 존재하는데, 구체적으로 말하자면 최대로 도달하는 하중은 P_Q의 10%를 초과할 수 없다.

만약 시험에서 평면 변형률 조건을 만족하지 않는다면, 식 8.39에서 요구하는 조건을 좀 더 수월하게 만족하기 위하여 좀 더 큰 시험편이 필요하다. 결과적으로 상대적으로 항복강도는 낮지만 높은 파괴인성을 가지는 재료의 경우 상당히 큰 시험편들이 요구된다. 예를 들면 그림 8.33에 표현된 A533B 강재의 10℃에 나타낸 K_{Ic} 값을 구해야 위해 그림 8.29 (b=61cm)에 나타난 대형 컴팩트 시험편이 필요해진다.

성공적인 파괴인성시험은 자연 발생적인 균열과 동등한 예비 균열로 정의되는 초기의 날카로운 결함이 요구된다. 만약 그렇지 않다면 측정된 K_{Ic}는 부자연스럽게 높은 값으로 나타날 것이다. 금속의 경우에는 기계적 노치의 끝에 자연 발생적인 피로균열이 발생하도록 낮은 수준의 반복 하중을 적용하여 얻을 수 있다. 플라스틱(고분자) 재료의 경우에 일반적인 절차는 기계적 노치의 끝부분에서 재료를 면도날로 눌러주는 방법을 사용할 수 있다. 그림 8.30에 최종파괴가 발생한 영역 부근에서의 예비균열을 관측할 수 있다.

8.8.2 파괴 거동에 대한 두께 효과

평면 변형률의 매우 높은 구속 조건에서의 파괴는 다소 갑작스럽게 발생하는데, 최종 파괴가 일어나기 전까지 매우 작은 균열 진전을 동반한다. 또한 파단면은 다소 평평한 형태를 가지게 된다. 이와 대조적으로 평면 응력 파괴는 앞서 그림 8.44 및 8.47에 보인 바와 같이 최대 전단 응력면에 약 45°로 기울어진 경사가 나타나거나 V-형태의 표면을 가지는 경향을 보인다. 평면 응력에서의 최종 파괴는 상당히 저속-안정 균열 진전을 동반하며 진행하게 된다.이러한 거동은 그림 8.31에 표현된 것처럼 인성의 두께 효과와 관련되어 있다. 평평한 평면-변형률 파괴는 두께가 곡선의 하한계(최저 인성 K_{Ic})에 충분하게 도달하는 곳에서 발생한다. 기울어지거나 V-형태의 평면 응력 파괴는 상대적으로 얇은 부재에서 발생하는데, 여기서는 K_{Ic}보다 충분히 높은 인성을 가진다. 평면 변형률에서의 요구조건을 만족시키는 파괴인성 값 K_{Ic}는 다양한 두께에 대한 설계에 안전하게 사용할 수 있는 최소값으로 기대된다.

공학적인 응용에 사용되는 재료의 두께는 주어진 재료의 평면 변형률 파괴에서 요구하는 최소값보다 작은 값으로 구해지며, 이에 따른 K_{Ic}는 상당히 보수적이다. 이때는 관심 있는 특정 두께에 대한 K_Q 데이터의 사용하는 것이 유용하다. 또한 평면변형률 및 저속-안정 균열진전이 만족되지 않는 경우에서의 파괴인성 K_c는 최종 파괴가 발생하는 점에서 정의되는 값으로 K_{IC} 및 K_Q값도다 높게 나타나게 된다. 평면응력조건에서의 K_C를 구하는 방법은 ASTM Standard No. E561에 기술되어 있다.

8.9 선형 탄성을 넘어서는 파괴 역학 이론의 확장

만약 식 8.38을 만족하지 않고 항복을 과도하게 초과하여 선형탄성파괴역학을 적용할 수 없는 경우, 균열이 있는 부재를 해석하기 위한 다른 여러 가지 방법이 존재한다. 항복을 과도하게 초과하면 K가 더 이상 균열 선단 부근의 응력장의 크기를 정확하게 설명할 수 없다. 구체적으로 말하면 K가 균열의 심각성을 저평가하게 된다. 따라서 선형 탄성 영역을 벗어나는 확장된 파괴 역학 이론을 고려한 다양한 접근방법의 소개가 뒤에 나올 것이다.

그러나 진행하기 전에 완전 소성 항복 하중의 개념에 대해서 알고 가는 것이 유용하다. 주어진 균열이 있는 부재에 완전 소성 하중 P_0 혹은 모멘트 M_0는 균열이 발생하지 않은 전 영역 부분에 걸쳐서 항복을 발생시킬 수 있는 하중 및 모멘트로 정의된다. 일단 P_o 또는 M_0를 초과하는 경우에는 크고 불안정한 변형률 및 처짐이 발생한다. 만약 재료의 응력-변형률 선도가 탄성, 완전 소성으로 이상적인 경우라면 그 때는 부록 A의 A.7절에 나타난 것처럼 완전 소성 하중에서의 하한계 측정값이 생성된다. 몇몇 특정 결과 값은 그림 A.16에 주어져 있다.

이제 선형 탄성을 넘어서는 확장된 파괴 역학 이론의 다음 세 가지 접근 방법을 소개하고자 한다: (1) 소성영역 수정, (2) J-적분 그리고 (3) 균열선단개구변위(CTOD)

8.9.1 소성영역 수정

그림 8.43에 표현된 것처럼 소성영역 근처에서 재분포되는 응력을 고려해 보자. 소성영역 외곽의 응력들은 $a_e = a + r_{0\sigma}$의 길이를 가지는 가상 균열에 대한 탄성 응력장 방정식에서의 응력과 유사한데, 다시 말해 이는 소성영역 중심부 부근에 선단이 위치한 가상 균열이다. 이것은 K를 증가시키는

방향으로 수정하고 항복을 고려하기 위해 실제 균열 길이 a 대신에 a_e를 사용하게 된다.

여기서 $K = FS\sqrt{\pi a}$가 사용되었으며, 수정된 값은

$$K_e = F_e S\sqrt{\pi a_e} = F_e S\sqrt{\pi(a + r_{o\sigma})}, \qquad \text{where } r_{o\sigma} = \frac{1}{2\pi}\left(\frac{K_e}{\sigma_o}\right)^2 \tag{8.41}$$

사용된 F는 a_e/b에 해당하는 값이며 $r_{0\sigma}$는 식 8.35의 K_e를 이용하여 계산할 수 있다. 이러한 방정식은 반복적인 계산이 수반되며, $r_{0\sigma}$ 때문에 $F_e = F(a_e/b)$를 사전에 결정할 수 없는데 이는 a_e가 K_e에 의존하기 때문이다. 만약 F가 새로운 균열 길이 a_e에 따라 크게 변화하지 않는 경우라면 더 이상의 반복은 필요하지 않으며, 수정된 값인 K_e는 수정되지 않은 값인 $K = FS\sqrt{\pi a}$와 다음과 같은 관계를 가지게 된다.

$$K_e = \frac{K}{\sqrt{1 - \frac{1}{2}\left(\frac{FS}{\sigma_o}\right)^2}} \tag{8.42}$$

내재된 타원형 균열 또는 반 타원형 균열처럼 높은 정도의 구속을 가지는 경우에는 평면 변형률 소성영역 크기를 수정하여 사용하는 것이 적절할 것이다. 이전의 방정식에서 $r_{0\sigma}$의 $r_{0\epsilon}$로 대체하는 것은 식 8.42와 유사한 관계를 주는데, 달라지는 것은 $\frac{1}{2}$에서의 분모가 $\frac{1}{6}$이 되는 것이다.

이와 같이 수정된 K 값은 식 8.38에서 허용하는 한계치보다 다소 높아진 응력 수준으로 선형탄성 파괴역학이 확장되는 것을 가능하게 한다. 하지만 많은 양의 항복이 발생한 경우는 여전히 해석이 불가능하다. 만약 응력이 부재에 균열이 발생하지 않는 부분을 가로질러 완전한 항복을 유발하는 값에 접근한다면 수정된 균열 길이들을 사용하는 것은 신뢰도가 상당히 떨어지게 된다. 따라서 완전 소성 하중 또는 모멘트의 80%보다 낮은 하중, 다시 말하면 $0.8P_0$ 또는 $0.8M_0$에서만 소성영역을 수정하는 방법을 적용할 것을 제안하고 있다.

예제 8.7

연습 문제 8.50에서는 7075-T651 알루미늄으로 제작된 양단 모서리 균열 평판, $a = 5.7$, $b = 15.9$ 그리고 $c = 6.35\text{mm}$의 시험에 대하여 다룬다. $K_Q = 37.3\text{MPa}\sqrt{\text{m}}$는 하중 $P_Q = 50.3\text{kN}$인 경우에 계산된 값이지만, 선형탄성파괴역학의 적용가능성(식 8.38)에 대한 시험은 만족하지 않게 된다. 이 때 완전 소성 하중을 계산하라. 만약 적절하게 수행되었다면, K_Q의 개선된 값을 획득하기 위하여 소성영역 수정을 적용하라.

【풀이】 그림 A.16(a)를 그림 8.12(b)의 기하학적 형상에 적용하면 완전 소성 하중은

$$P_o = 2bt\sigma_o\left(1 - \frac{a}{b}\right)$$

$$P_o = 2(15.9\text{mm})(6.35\text{mm})(505\text{MPa})\left(1 - \frac{5.7\text{mm}}{15.9\text{mm}}\right) \qquad \text{(답)}$$

$$P_o = 65{,}400\text{N} = 65.4\text{kN}$$

여기서 7075-T651 알루미늄의 항복강도는 표 8.1에서의 값이 사용되었다. P_0와 P_Q의 비교

는 제공하는데

$$\frac{P_Q}{P_o} = \frac{50.3\text{kN}}{65.4\text{kN}} = 0.77$$

이 비가 0.80보다 작기 때문에, 소성영역 수정을 적용하기에 적절하다.

그림 8.12(b)에서 적용하는 $\alpha = a/b = 0.358$은 $\alpha \le 0.6$의 범위 이내에 위치하는데 여기서 $F \approx 1.12$이다. 따라서 F는 a_e에 따라 변화하지 않으며 식 8.42를 적용하면

$$K_{Qe} = \frac{K_Q}{\sqrt{1 - \frac{1}{2}\left(\frac{FS}{\sigma_o}\right)^2}} = \frac{37.3\text{MPa}\sqrt{\text{m}}}{\sqrt{1 - \frac{1}{2}\left(\frac{1.12 \times 249\text{MPa}}{505\text{MPa}}\right)^2}} = 40.5\text{MPa}\sqrt{\text{m}} \quad \text{(답)}$$

여기서 $S = S_g = P_Q/2bt$가 사용되었다.

【고찰】 조절된 K는 표 8.1에서의 값인 $K_{Ic} = 29\text{MPa}\sqrt{\text{m}}$ 보다 40% 더 크다. 이러한 차이에 대하여 가능한 설명은 K_{Qe}가 평면 응력 조건에서 증가된 인성에 대한 영향을 포함한다는 것이다.

8.9.2 J-적분

J-적분 개념을 기반으로 하는 파괴에 대한 개선된 접근 방법은, 많은 양의 항복이 발생하는 경우에도 적용할 수 있다. 수학적인 관점에서 J-적분은 균열선단을 에워싸는 경로 주위에 특별한 선 적분을 평가하여 얻는 정량적인 양으로 정의된다. 재료는 하중 제하 시에는 모든 변형률이 완전 회복되는 탄성인 것으로 가정하지만 응력-변형률 선도는 비선형이 될 수도 있다. 현재 우리의 목적을 위해 비선형-탄성응력-변형률 선도들의 경우에 변형률 에너지 해방률, G,을 일반화하는 것처럼 J를 정의하는 것이 가능하다. 이는 그림 8.48에 표현되어 있다. 그러나 공학적인 관심을 끄는 대부분의 경우에는 비선형 응력-변형률 (그리고 P-v) 거동은 대부분의 금속에서처럼 재료의 탄소성 거동에 기인한다. 탄소성 재료의 경우에는 J가 포텐셜 에너지와 관련이 있는 물리적인 값을 소실한다. 그러나 균열 선단 주위의 탄소성 응력 및 변형률 장의 세기에 대한 척도로써의 의미는 상당 부분 유지되고 있다. 이 값들은 그림 8.48에 표현되어 있는 것처럼 P-v 선도를 사용하여 실험적 또는 해석적으로 결정될

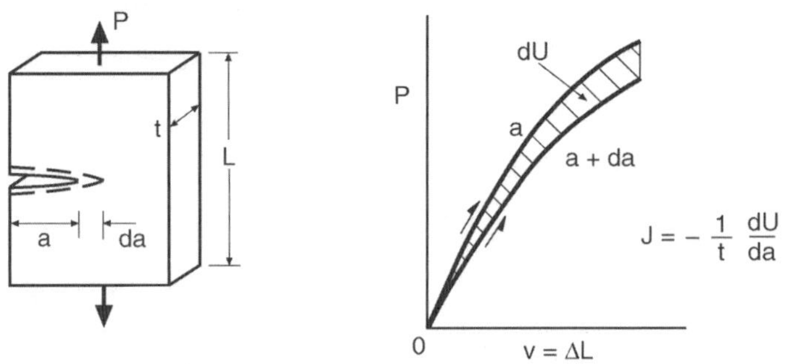

그림 8.48 미세하게 다른 길이의 균열에 대한 포텐셜 에너지로써 J-적분의 정의

수 있지만, 균열 길이 a 및 $(a+da)$에 대한 다른 두 종류의 P–v 선도들은 단일 부재가 하중을 받은 후에 균열 da가 확장하는 경우 대신에 두 종류의 부재에 대한 독립적으로 수행하는 실험을 통해서만 얻을 수 있다.

J-적분은 ASTM E1820에 따라 파괴인성 시험들의 기준으로 사용될 수 있다. 지금은 선형탄성파괴역학의 소성영역 크기에 대한 제한을 초과할 수 있기 때문에 대형 시험편에 대한 제약은 제외된다. 예를 들면 상온에서의 A533B 강의 경우에 대한 파괴인성 J_{Ic}은 그림 8.29에 있는 소형 시험편을 통하여 얻을 수 있어서, 대형 시험편에 대한 시험을 수행할 필요가 없다. 따라서 J_{Ic}는 식 8.9의 J를 G로 대체함으로써 K_{Ic}에 해당하는 값을 평가하는데 사용이 가능하다.

$$K_{IcJ} = \sqrt{J_{Ic}E'} \tag{8.44}$$

여기서 E'은 식 8.10(b)에서 얻을 수 있다. J_{Ic}를 결정하기 위한 파괴인성 시험은 다음 절에 요약되어 있다.

소성 하중 하에서의 확장된 균열 및 파괴를 고려할 필요가 있는 공학적인 응용들에 있어서, J-적분은 나중에 논의될 CTOD 접근법(8.9.4절에서 설명)처럼 공학적인 응용에 사용할 수 있는 하나의 계수이다. 이와 같은 적용이 중요한 분야는 압력 용기, 특히 원전 압력 용기를 들 수 있다. 유효한 범위를 벗어나는 K를 사용하려는 것은 비보수적인 공학적 계산 결과를 가져오는데, 다시 말하면 불안전한 상태에 놓이는 실수를 범하는 것이다. 예를 들어 그림 8.12(a)와 같이 균열 길이 a가 반폭 b와 비교하여 작은 균열이 중심부에 있는 평판의 경우를 고려해보자. 평면 응력의 경우에 소성 효과를 포함하여 수정된 K_J는 대략적으로

$$K_J = \sqrt{JE}, \qquad K_J \approx K\sqrt{1+\frac{\varepsilon_p}{\varepsilon_e\sqrt{n}}} \tag{8.45}$$

여기서 $K = S\sqrt{\pi a}$는 선형탄성파괴역학에서 제시되어 있고, ε_e 및 ε_p는 작용하는 응력에 상응하는 탄성 및 소성변형률에 해당한다 . 변형-경화지수 n은 응력 대비 소성변형률의 관계에서 $\sigma = H\varepsilon_p^n$의 형태로 나타나며, 금속의 경우에는 $n \approx 0.1$에서 0.2의 값을 가진다(이와 같은 응력 - 변형률 선도의 상세한 논의를 위하여 13장을 참고할 것). 만약 소성변형률 ε_p가 작다면, 두 번째 항은 무시할 수 있을 정도로 작아지며 $K_J = K$로 된다. 그러나 항복을 넘어서부터는 ε_p이 급속도로 증가하며, K_J는 K보다 더 커진다. 따라서 K의 사용은 실질적으로 비보수적일 수 있다.

공학적인 응용에 있어서 J-적분의 사용은 특정한 재료의 비선형 응력-변형률 곡선 및 다양한 기하학적 형상 및 균열의 길이에 대하여 J를 결정할 수 있어야 한다. Kumar(1981) 및 Zahoor(1989)의 핸드북에는 J를 계산하기 위한 다양한 표를 제공하고 있고 Anderson(2017) 및 Maiti(2015)의 책에서 또한 유용한 정보를 제공하고 있다.

8.9.3 J_{Ic}를 위한 파괴인성 시험

J_{Ic}시험에 있어서 한 가지 복잡한 특징은 균열 진전 및 소성 변형의 조합으로 인한 P–v 거동의 비선형성이다. 따라서 초기 예비 균열을 넘어서는 균열 진전의 시작은 P–v 선도를 사용하는 간단한 방법으로는 결정할 수 없고, 균열의 진전을 직접 측정하는 특별한 방법이 요구된다. 그러한 공통적인

방법은 표본에 주기적으로 소량의 하중 제하를 포함하는 제하 컴플라이언스 방법으로 그림 8.49에 표현된 것처럼 P–v 거동을 측정하는 동안 행해진다. m_5와 같이 하중 제하 및 재부하 하는 동안의 P–v 선도의 기울기는 표본의 탄성력 강성을 측정하는 것으로 균열의 길이가 증가할수록 그 값은 감소하며, 이 때 균열의 길이는 시험을 하는 동안 다양한 지점에서 계산되는 값을 사용한다(소량의 탄성 하중 제하는 균열 거동에 큰 영향을 미치지 않는다는 것에 주의해야 한다).

또 다른 접근법으로 포텐셜 저하 방법(Potential drop method)은 시험편의 전기 저항이 균열 진전으로 인하여 단면이 감소함에 따라 증가하는 것을 기반으로 한다. 시험편에 전류를 통하게 하고 균열을 가로지르는 전압을 측정하여 균열 길이를 계산하는데 사용한다. 하중 제하 컴플라이언스 및 포텐셜 감소 방법은 단일 표본으로부터 허용 균열 확장 데이터를 얻을 수 있는 이점을 가지고 있다. 그러나 좀 더 정확한 방법은 동일한 시험편을 가지고 시험을 여러 번 하거나 시험편에 따라 균열확장의 양을 다르게 한 후에 하중을 제거하는 것이다. 표본들에는 열을 가해서 약간의 산화를 유발시켜 파괴 단면의 색을 변하게 하여 좀 더 쉽게 관찰되게 하고, 그 다음에는 그들을 두 조각으로 쪼개고 최종적으로 현미경을 통하여 균열 진전의 양을 측정한다.

J-적분의 값들에는 그림 8.49의 균열의 길이가 결정되어 있는 5번 점과 같은 P–v 행적을 따르는 점들이 요구된다. 그림 8.13(b)의 $h/b = 2$인 기준 굽힘 시험편과 그림 8.16에 나타낸 기준 컴팩트 시험편의 경우에는 시험에서 얻어진 P–v 기록으로부터 J를 직접적으로 결정하기 위한 대략적인 절차가 개발되어 있다. 그러기 위해서는 현재 균열 길이, $a = a_i + \Delta a$,가 필요한데, 여기서 a_i는 초기 예비균열 길이이고 Δa는 확장된 균열이다. 또한 그림 8.50에 나타낸 바와 같은 면적 A_{pl}이 필요하게 된다. 이 때 면적은 하중-변위 곡선 상에서 정적(성장하지 않는) 균열 길이 $a = a_i + \Delta a$ 에 해당하는 가상의 시험편에 대해 얻어진다. 따라서 m_5와 같은 가상의 하중 기울기는 실제 초기 하중 기울기 m_i보다 다소 낮다. 또한 이 P–v 선도는 실제의 것과 다르며 더 아래쪽에 위치하는데, 실제의 선도는 점진적

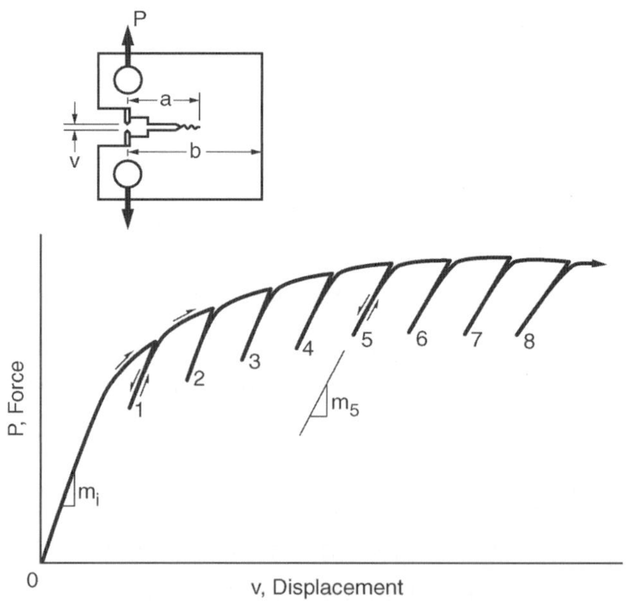

그림 8.49 주기적인 탄성 재하로 탄소성 파괴인성 시험 동안의 힘 vs. 변위(P–v) 거동

인 찢김에 의한 균열 진전에 의한 현재의 $\Delta\sigma$ 값을 동반하는 초기 균열의 길이 a_i와 일치한다. 현재 균열 길이 a 및 면적 A_{pl}이 주어지면 J 값은 다음과 같이 결정될 수 있다.

$$J = J_{el} + J_{pl}, \qquad J_{el} = \frac{K^2(1-\nu^2)}{E} \tag{8.45}$$

탄성 항 J_{el}은 표현되어 있는 것처럼 응력확대 계수 K 및 재료의 탄성 계수를 사용하여 얻는다. 더욱이 그림 8.13(b) 또는 그림 8.16과 같이 K는 항복 영역을 고려하지 않은 작용 하중 P 및 균열 길이 a로부터 계산된다. 소성 항 J_{pl}은 다음과 같이 주어진다.

$$J_{pl} = \frac{\eta A_{pl}}{t(b-a)} \tag{8.46}$$

여기서 t, a 그리고 b는 그림 8.13(b) 또는 8.16에서 정의된다. 굽힘 시험편의 경우에 변위 v가 하중 작용 지점에서의 처짐량일 때는, $\eta = 1.9$, 또는 만약 그림 8.27에서처럼 v가 균열 개구 변위이면 η는 a/b에 따라 달라지는 다소 큰 값을 가진다. 컴팩트 시험편의 경우에는 $\eta = 2 + 0.522(1 - a/b)$.

ASTM E1820에 두 개의 선택 가능한 절차들에 대하여 설명하고 있다. 기본적인 실험 방법(basic test method)의 경우에는 균열의 확장 Δa가 작다고 가정하면, $a = a_i + \Delta a$는 초기 균열 a_i와 동일한 값을 가지는 것으로 근사할 수 있으며, 이러한 이론을 토대로 하여 식 8.45 및 8.46에 적용한다. 그림 8.51의 A_{pl}의 면적은 소량의 균열 확장인 경우 실선 및 점선의 하중 곡선 A 및 B가 거의 일치하게 되며, 이 경우 실제 하중 선도 A를 사용할 수 있게 한다. 또한 실제 균열 확장 Δa의 효과를 고려하기 위해 작은 정정을 J값에 적용하여 값을 얻게 된다. ASTM E1820에 있는 좀 더 상세한 저항 곡선 시험 방법(Resistance curve test method)은 그림 8.49의 하중 제하 컴플라이언스와 같은 단일 시험편 시험들에 적용할 수 있다. 이러한 방법은 균열 길이를 측정하는 각 지점에서의 값을 갱신하는 점증적인 방법 및 그림 8.50에서의 B 선도처럼 새로운 정적 균열 P-v 선도를 기반으로 과정을 이용하여 J의 값을 계산한다. 각 방법을 이용하여 결정된 J의 계산 값은 균열 길이의 변화, Δa에 대비하여 그래프로

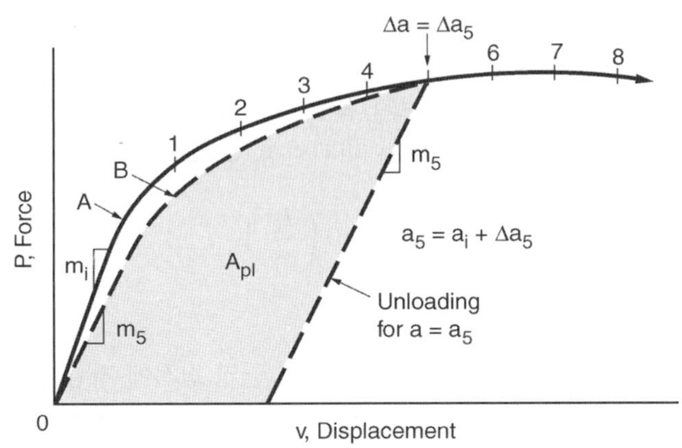

그림 8.50 J–적분의 계산을 위한 면적 A_{pl}. 선도 A는 균열 성장에 대한 실제 P–v 기록이고 선도 B는 정지된 균열 길이 a_5에 대한 가상적인 P–v 선도

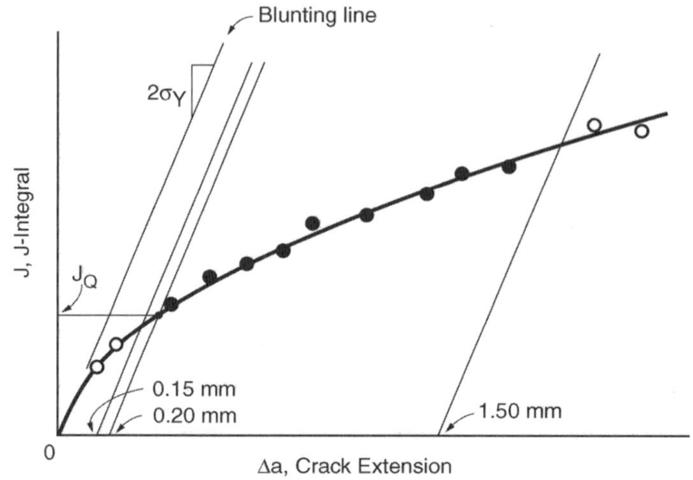

그림 8.51 탄소성 파괴인성 시험으로부터의 J-적분 vs. Δa 선도와 R-선도. 0.2mm 오프셋 선과의 교차점이 J_Q이고 잠정적인 J_{Ic}값

나타내게 되며 이는 그림 8.51에 형성된 바와 같은 곡선 형태로 나타나는데 이를 R-곡선이라 정의한다.

균열이 재료를 통과하는 찢김이 발생하기 전에 균열 선단에서의 상당한 국부 소성 변형은 그림 8.4에서의 균열선단 개구 변위, CTOD 또는 δ를 증가시킨다. 이러한 소성 둔화 효과는 균열의 선단이 앞쪽으로 대략 $\delta/2$ 정도의 거리를 이동하게 하며, J 대비 Δa 선도는 초기의, 또는 둔화된 선, 대략적인 기울기를 다음과 같이 제시한다.

$$\frac{J}{\Delta a} = 2\sigma_Y, \qquad \text{where } \sigma_Y = \frac{\sigma_o + \sigma_u}{2} \tag{8.47}$$

여기서 σ_0 및 σ_u는 재료의 인장하중에 대한 항복 및 인장강도이다.

J-Δa 선도에 그려진 선들은 이러한 둔화 선과 평행하며 0.15mm 및 1.5mm 지점에서 Δa 축과 교차한다. 이러한 선들 사이의 데이터를 통과하는 근사선을 그린 후, J_Q는 0.2mm에서 평행하게 그린 세 번째 평행한 선과 Δa 축과 교차점에서 구해진다. 따라서 J_Q는 0.2mm의 찢어짐에 의한 균열 확장에 상응하며, 이 값은 소성 둔화 때문에 겉보기 확장을 포함하지 않는다. 만약 시험이 다음의 크기 요구조건을 만족하는 경우에 최종적으로 J_Q는 파괴인성, J_{Ic}으로의 조건을 갖추게 된다.

$$t, (b-a) > 10\left(\frac{J_Q}{\sigma_Y}\right) \tag{8.48}$$

등가 K_{Ic}는 식 8.43의 J_{Ic}로부터 계산할 수 있다.

J_Q의 균열 확장이 상당히 작은 경우 재료는 찢어지는 균열 진전에 저항하기 위한 능력 때문에 J_{Ic}를 넘어서는 여유분의 인성을 가질 수도 있다는 것을 알아야 한다. 따라서 완전 R-선도를 사용하고 공학적인 응용에 이러한 거동을 고려하는 것은 유용하다.

8.9.4 균열선단 개구 변위(CTOD)

K를 구하기 위한 탄성 응력장 해석은 분리되는 균열면에서의 변위를 산정하는데도 사용할 수 있다. 소성영역 크기의 경우와 부분적으로 유사한 논리를 추구하다보면 CTOD 혹은 δ라고 표기된 선단 주위의 균열면의 분리에 대한 측정이 가능하다. 연성 재료의 경우에 이 측정값은

$$\delta \approx \frac{K^2}{E\sigma_o} \approx \frac{J}{\sigma_o} \tag{8.49}$$

여기서 δ는 그림 8.4에 표현되어 있다. 이 식에서 항복강도 σ_0는 가끔 식 8.47의 더 높은 응력 σ_Y로 대체될 수도 있다. 실험적으로 결정된 δ값은 또한 파괴인성 시험의 기준으로 사용되며 인성은 ASTM E1820에서와 같이 임계값 δ_c로 표현된다.

δ의 값들은 압력 용기의 벽에 결함이 존재하는 것과 같은 공학적인 흥미가 있는 상황에서 결정되어지며, δ_c와 비교될 것이다. 따라서 CTOD 개념은 또한 선형 탄성을 벗어나는 파괴에 대한 공학적인 접근법을 제공한다.

8.10 요 약

선형탄성파괴역학을 사용하는 것은 요소 내부에 있는 균열의 심각성을 응력확대 계수, $K = FS\sqrt{\pi a}$, 여기서 S는 응력이고 a는 균열길이, 및 무차원 계수 F를 통하여 일관성 있게 정의되는 특별한 변수의 값으로 설명이 가능하게 한다. K의 사용은 선형-탄성 변형에 지배되는 거동에 의존하며, 균열 선단에서의 항복 영역은 상대적으로 작아야 한다. 간단한 식 및 안내서는 균열이 있는 부재의 폭넓은 범위에 대하여 F의 값을 제공하고 있는데, 몇몇 예들이 그림 8.12에서 8.14 그리고 그림 8.17에서 8.20에 표현되어 있다. F의 값은 균열 및 부재의 기하학적 형상 및 인장 또는 굽힘과 같은 하중 구성 그리고 a/b 비와 같은 부재의 폭과 균열 길이의 비에 의존한다. 잘 알려진 F의 값들은 인장 응력에서의 상대적으로 짧은 균열에 대한 것이며 다음에 표현하였다.

$$\begin{aligned} F &= 1.00 && \text{(center-cracked plate)} \\ F &= 1.12 && \text{(through-thickness or circumferential surface crack)} \\ F &= 0.73 && \text{(half-circular surface crack)} \\ F &= 0.72 && \text{(quarter-circular corner crack)} \end{aligned} \tag{8.50}$$

식 8.13에 따라 다르게 정의된 무차원 계수 F_P를 사용하여 작용하는 하중 P 관점에서 K를 표현하는 것은 편리하다.

주어진 재료에 상당한 균열의 진전이 시작하는 시점에서의 K값은 K_Q로 정의되며 파손한 경우의 값은 K_c로 정의된다. 저속-안정 균열 진전은 K_Q를 따라서 K_c에 도달할 때까지이며 이 값들은 부재의 두께가 증가함에 따라 감소한다. 만약 균열 선단 주위의 소성영역이 두께에 비교하여 상당히 작고 부재의 경계와 상대적으로 잘 고립되어 있다면 평면 변형률 상태가 성립된다. 평면 변형률 조건에서는 오직 저속-안정 균열 진전에서만 발생하며 K_Q 및 K_c는 서로 유사한 값을 가지며 K_Q는 기준 평면 변형률 파괴인성, K_{Ic},이 된다. K_{Ic}의 값은 최악의 경우를 고려한 파괴인성을 대표하며 어떠한 두

께에서도 안전하게 사용될 수 있다. 그림 8.52의 순서도는 평면 변형률 및 소성영역 크기 그리고 K_{Ic}를 고려한 상황에 대한 요구조건들이 요약되어 있다.

주어진 재료의 K_{Ic} 값들은 만약 재료가 강도를 높이는 공정을 거치는 경우에는 일반적으로 연성과 함께 감소한다. 주어진 재료 및 공정에서 K_{Ic}는 일반적으로 온도와 함께 증가하며, 때때로 좁은 온도 범위에 걸쳐서 다소 갑작스런 변화를 보이고 또한 천이온도를 기준으로 낮은 온도 및 높은 온도 영역에서 상대적으로 일정한 하한계 및 상한계를 가진다. 하중 속도의 증가는 K_{Ic}를 감소시키며 이는 높은 온도로 천이가 옮겨가는 효과를 가진다. 재료의 미세 구조는 K_{Ic}에 몇몇 강 내부에서 황의 해로운 효과, 알루미늄 합금의 압연에 의한 결정 조직 배치의 효과 그리고 압력 용기용 강의 중성자 조사에 의한 취화와 같은 영향을 미친다.

만약 소성영역이 상당히 크다면, 선형탄성파괴역학은 더 이상 유효하지 않다. 적절한 양의 항복은 소성영역 크기의 절반을 균열 길이에 추가하여 계산되는 K_e 값의 조절을 통하여 다룰 수 있다. 그러나 완전 소성 하중 또는 모멘트, P_0 또는 M_0,의 80%를 넘어서는 경우에는 좀 더 일반적 방법인 J-적분 또는 균열개구 선단 변위(CTOD, δ)가 요구된다. 또한 그림 8.52의 순서도에서 주어진 상황에 요구되는 다양한 접근법을 결정하는 지침들을 제공하고 있다.

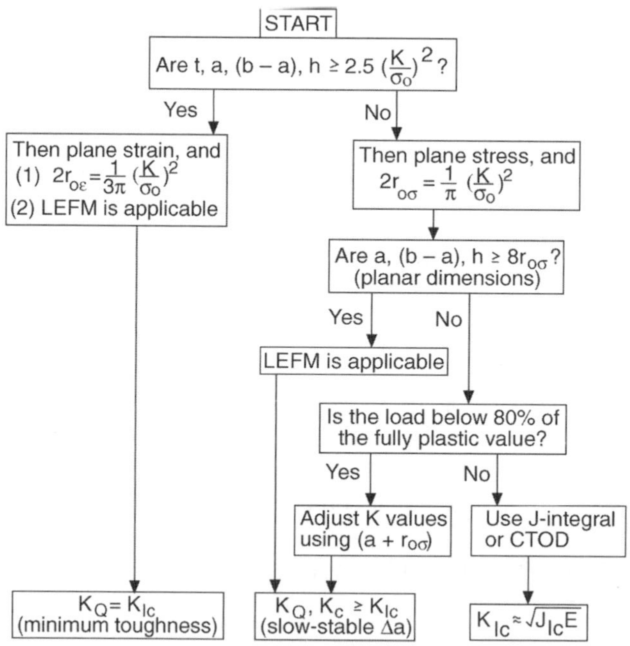

그림 8.53 파괴 역학적 접근법이 필요한 이유에 대한 결정과 인성 시험으로부터 기대하는 결과를 위한 평면 응력과 평면 변형률 사이를 구분하는 흐름도

새로운 용어 및 기호

(a) Terms

bend specimen
blunting line
cleavage
compact specimen
crack-tip opening displacement (CTOD): δ, δ_c
dimpled rupture
fracture modes I, II, and III
fracture toughness: K_c, K_{Ic}
fully plastic force, moment: P_o, M_o
internally flawed material
J-integral: J, J_{Ic}
K-field
linear-elastic fracture mechanics (LEFM)
mixed-mode fracture
plane strain constraint
plastic zone
pop-in
precrack
R-curve
slow-stable crack growth
strain energy release rate, G
stress intensity factor, K
stress redistribution
superposition
temperature transition
transition crack length, a_t
unloading compliance

(b) Nomenclature

a	Crack length
a_c	Critical (at fracture) crack length
a_e	Plastic-zone-adjusted crack length
b	Maximum possible crack length; member width or half-width
c	Major axis of elliptical crack; notch dimension analogous to a
F	Dimensionless function $F(a/b)$ for $K = FS\sqrt{\pi a}$
F_P	Dimensionless function $F_P(a/b)$ for $K = F_P P/(t\sqrt{b})$
h	Member half-height
J	Value of the J-integral
J_{Ic}	Plane strain fracture toughness in terms of J
K	Stress intensity factor for a Mode I crack
K_I, K_{II}, K_{III}	Stress intensity factors for the three fracture modes
K_{Ic}	Plane strain fracture toughness
K_c	Fracture toughness
K_e	Plastic-zone-adjusted K
K_J, K_{IcJ}	Plasticity-modified K based on J
K_Q	Provisional fracture toughness
P_c	Critical (at fracture) force
P_Q	Force for calculating K_Q
$r_{o\varepsilon}$	Half the estimated plastic zone size for plane strain
$r_{o\sigma}$	Half the estimated plastic zone size for plane stress

S_g	Gross section S (based on area before cracking)
t	Thickness
U	Potential strain energy
v	Displacement
α	Ratio a/b

참고문헌

(a) General References

ANDERSON, T. L. 2005. *Fracture Mechanics: Fundamentals and Applications*, 4th ed., CRC Press, Boca Raton, FL.

ASTM. 2016. *Annual Book of ASTM Standards*, ASTM International, West Conshohocken, PA. See: No. E399, "Standard Test Method for Plane-Strain Fracture Toughness of Metallic Materials," Vol. 03.01; also Nos. E561 and E1820 in Vol. 03.01; No. D5045 in Vol. 08.02; No. D6068 in Vol. 08.03; No. C1421 in Vol. 15.01.

BARSOM, J. M., ed. 1987. *Fracture Mechanics Retrospective: Early Classic Papers (1913–1965)*, RPS-1, ASTM International, West Conshohocken, PA.

BARSOM, J. M., and S. T. ROLFE. 1999. *Fracture and Fatigue Control in Structures*, 3rd ed., ASTM International, West Conshohocken, PA.

BROEK, D. 1988. *The Practical Use of Fracture Mechanics*, Kluwer Academic Pubs., Dordrecht, The Netherlands.

HERTZBERG, R.W., R.P. VINCI, and J.L. HERTZBERG. 2013. *Deformation and Fracture Mechanics of Engineering Materials*, 5th ed., John Wiley, Hoboken, NJ.

JOYCE, J. A. 1996. *Manual on Elastic-Plastic Fracture: Laboratory Test Procedures*, ASTM Manual Series, MNL 27, Am. Soc. for Testing and Materials, West Conshohocken, PA.

LAWN, B. 1993. *Fracture of Brittle Solids*, 2nd ed., Cambridge University Press, Cambridge, UK.

MAITI, S. K. 2015. *Fracture Mechanics: Fundamentals and Applications*, Cambridge University Press, Delhi, India.

MIEDLAR, P. C., A. P. BERENS, A. GUNDERSON, and J. P. GALLAGHER. 2002. *USAF Damage Tolerant Design Handbook: Guidelines for the Analysis and Design of Damage Tolerant Aircraft Structures*, 3 vols., University of Dayton Research Institute, Dayton, OH.

MILNE, I., B. KARIHALOO, and R. O. RITCHIE, eds. 2003. *Comprehensive Structural Integrity*, 10 vols., Elsevier Ltd., Oxford, England.

WACHtMAN, J. B., W. R. CANNON, and M. J. MATTHEWSON. 2009. *Mechanical Properties of Ceramics*, 2nd ed., John Wiley, Hoboken, NJ.

WILLIAMS, J. G. 1984. *Fracture Mechanics of Polymers*, Ellis Horwood Ltd., Hemel Hempstead, England.

(b) Handbooks and Other Sources of Stress Intensity and J-Integral Solutions

DOWLING, N. E. 1987. "J-Integral Estimates for Cracks in Infinite Bodies," *Engineering Fracture Mechanics*, vol. 26, no. 3, pp. 333–348.

KUJAWSKI, D. 1991. "Estimations of Stress Intensity Factors for Small Cracks at Notches," *Fatigue of Engineering Materials and Structures*, vol. 14, no. 10, pp. 953–965.

KUMAR, V., M. D. GERMAN, and C. F. SHIH. 1981. *An Engineering Approach for Elastic-Plastic Fracture Analysis*, EPRI NP-1931, Electric Power Research Institute, Palo Alto, CA.

MURAKAMI, Y., ed. 1987. *Stress Intensity Factors Handbook*, vols. 1 and 2, 1987; vol. 3, 1992, Pergamon Press, Oxford, UK. Also vols. 4 and 5, 2001, Elsevier, Amsterdam.

NEWMAN, J. C., JR., and I. S. RAJU. 1986. "Stress-Intensity Factor Equations for Cracks in Three-Dimensional Finite Bodies Subjected to Tension and Bending Loads," *Computational Methods in the Mechanics of Fracture*, S. N. Atluri, ed., Elsevier Science Publishers, New York.

RAJU, I. S., and J. C. NEWMAN, JR. 1982. "Stress-Intensity Factors for Internal and External Surface Cracks in Cylindrical Vessels," *Jnl. of Pressure Vessel Technology*, ASME, vol. 104, Nov. 1982, pp. 293–298.

RAJU, I. S., and J. C. NEWMAN, JR. 1986. "Stress-Intensity Factors for Circumferential Surface Cracks in Pipes and Rods Under Tension and Bending Loads," *Fracture Mechanics, Seventeenth Volume*, J. H. Underwood et al., eds., ASTM STP 905, American Society for Testing and Materials, West Conshohocken, PA.

ROOKE, D. P., and D. J. CARTWRIGHT. 1976. *Compendium of Stress Intensity Factors*, Her Majesty's Stationery Office, London.

TADA, H., P. C. PARIS, andG. R. IRWIN. 2000. *The Stress Analysis of Cracks Handbook*, 3rd ed., ASME Press, American Society of Mechanical Engineers, New York.

ZAHOOR, A. 1989. *Ductile Fracture Handbook*, 3 vols., EPRI NP-6301-D, Electric Power Research Institute, Palo Alto, CA.

(c) Sources for Material Properties and Databases

CES. 2016. *CES Selector 2016*, database of materials and processes, Granta Design Ltd, Cambridge, UK. (See *http://www.grantadesign.com.*)

CINDAS. 2016. *Aerospace Structural Metals Database (ASMD)*, CINDAS LLC, West Lafayette, IN. (See *https://cindasdata.com.*)

MMPDS. 2015. *Metallic Materials Properties Development and Standardization Handbook*, MMPDS-10, U.S. Federal Aviation Administration; distributed by Battelle Memorial Institute, Columbus, OH. (See *http://projects.battelle.org/mmpds replaces* MIL-HDBK-5.)

SKINN, D. A., J. P. GALLAGHER, A. F. BERENS, P. D. HUBER, and J. SMITH, compilers. 1994. *Damage Tolerant Design Handbook*, 5 vols., CINDAS/USAF CRDA Handbooks Operation, Purdue University, West Lafayette, IN. (See *https://cindasdata.com.*)

문제 및 질문

【8.2절】

8.1 그림 8.32를 보고 아래의 문제를 풀이하라.

(a) 항복강도 800과 1600MPa의 열처리된 AISI 4340강에 대한 파괴인성 K_{Ic}의 대략적인 값을 구하라.

(b) 각각의 항복강도에 대해 천이 균열 길이 a_t를 계산하고, 구해진 값의 의미에 대해 논하라.

8.2 그림8.33을 바탕으로 아래의 문제를 풀이하라.

(a) A533B 강재에 대하여 −150°0C 및 +10○C 온도에서의 개략적인 파괴인성치 KIc와 항복강도 σo를 추정하라.

(b) 그림 8.6에 보인 바와 같이 항복만 일어난 경우 및 파괴만 일어난 각각의 경우에 대하여 해당 온도에 대하여 응력대비 균열길이를 도식화하라.

(b) 이 도표들을 비교하고, 이 두 가지 온도에서 해당 강재의 공학적 사용에 대해 논하라.

8.3 표 8.1에서 각각의 금속에 대해, 아래의 문제를 풀이하라:

(a) 천이 균열 길이 a_t를 계산하라.

(b) 다른 기호를 사용해서 강, 알루미늄 합금, 그리고 티타늄 합금에 대해 데이터 점들은 로그 크기, 항복강도 σ_0는 선형 크기로 그래프를 그려라.

(c) 구한 값과 항복강도의 경향에 대해 논하라.

8.4 표 8.1과 8.2를 사용해서 아래의 문제를 풀이하라.

(a) 다음에 제시된 재료들에 대한 천이 균열 길이 a_t를 계산하라: AISI 1144강, ASTM A517, 그리고 300-M; 알루미늄 합금 2219-T851 그리고 7075-T651; 폴리머 ABS 그리고 접착제; 소다 석회 유리; 그리고 세라믹 Si_3N_4. 세라믹과 폴리머의 인장 특성은 표 3.10 또는 4.3을 참고하라. 취성재료에 대해 항복강도 σ_0를 사용할 수 없으므로 최대 인장 강도 σ_u로 대체하라.

(b) 위에서 구한 값들과 다른 종류의 재료에서 발견된 경향들에 대해 논하라. 당신이 생각하기에 특정 재료 중 어떠한 것들이 내부적으로 결함을 가지고 있는 것 같은가?

【8.3~8.4절】

8.5 다음 단어를 정의하라: (a) Mode I, II, 그리고 III (b) 균열 선단 특이성, (c) 응력집중계수 K, (d) 변형률 에너지 해방률 G, 그리고 (e) 파괴인성 K_{Ic}.

8.6 그림 8.12(a)에서처럼 중앙-균열 판에 인장이 작용하는 경우, 수치적인 결과로부터 F의 정확한 값은 이는 표 P8.6에 목록으로 정리되어 있는 것처럼 Tada(2000)의 편람에 주어져 있다.

(a) 그림 8.12(a)에 주어진 F에 대한 표현과 다양한 α에 대하여 권장하는 값들을 비교하라. $\alpha \leq 0.9$인 경우에 정확도는 얼마인가?

(b, c) 중앙-균열에 사용되는 F에 대한 두 가지 가정은 다음과 같다.

$$F = \sqrt{\sec\frac{\pi\alpha}{2}}, \qquad F = \sqrt{\frac{2}{\pi\alpha}\tan\frac{\pi\alpha}{2}} \qquad \text{(b, c)}$$

여기서 삼각함수에 대한 인수는 라디안이다. 수치적인 값들과 이를 비교하고 $\alpha \leq 0.9$인 경우에 각각의 정확도에 대하여 설명하라.

표 P8.6

$\alpha = a/b$	0	0.1	0.2	0.3	0.4	0.5	0.6	0.7	0.8	0.9
$F = F(\alpha)$	1.000	1.006	1.025	1.058	1.109	1.187	1.303	1.488	1.816	2.578

8.7 AISI 4130 강(σ_u =1150MPa)으로 제작된 공학적인 부재가 있다. 이 부재는 인장 하중이 작용하는 평판이며, 그림 8.12(c)에서 표현된 것처럼 한쪽 모서리에 균열이 있다. 치수는 폭 b = 50mm, 두께 t = 10mm 그리고 균열은 a = 8.0mm이다. 부재는 인장 하중 P = 90kN

를 견뎌야 한다. 다음을 결정하라. (a) 취성 파괴에 대한 안전계수, (b) 완전 소성 항복에 대한 안전계수 그리고 (c) 전반적인 안전계수

8.8 ASTM A470-8(Cr-Mo-V) 강으로 제작된 중앙-균열 판이 그림 8.12(a)에 정의된 치수, $b=45$mm 및 $t=5.0$mm를 가지고, $P=75$kN의 인장 하중을 받는다.

(a) 만약 균열 길이가 $a=6.0$mm이라면 취성 파괴와 완전 소성 항복에 대한 안전계수들은 얼마인가?

(b) (a)의 경우와 동일하게 진행하되, $a=23$mm를 사용하라.

(c) 이 판이 공학적인 요소라고 가정하고 두 가지 다른 균열 길이들에 대한 안전에 대하여 논하라.

8.9 직사각형 단면을 가지는 기둥이 그림 8.13(a)에 정의된 치수, $b=40$mm 및 $t=20$mm를 가지며 길이가 a인 관통 모서리 균열이 존재한다. 빔은 7475-T7351 알루미늄에 의하여 제작되었으며 $M=900$N·m의 굽힘 하중을 받는다.

(a) 만약 관통 모서리 균열의 길이가 $a=4.0$mm라면, 응력확대계수 K는 얼마인가? 취성 파괴에 대한 안전계수는 얼마로 달라지는가?

(b) (a)를 균열길이가 20mm인 경우에 대하여 고려하라.

8.10 문제 8.9와 같은 관통 모서리 균열이 존재하는 굽힘 부재에서, 아래의 문제를 풀이하라.

(a) 파괴에 대한 임계 균열 길이는 얼마인가?

(b) 만약 취성 파괴에 대한 안전계수로 3.0이 요구된다면 허용 가능한 균열 길이는 얼마인가?

(c) (b)에서 구한 균열 길이에 대하여, 완전 소성 항복에 대한 안전계수는 얼마인가?

8.11 2014-T651 알루미늄으로 제작된 인장 부재는 그림 8.12(c)에 정의된 치수, $b=30$ 및 $t=4.0$mm를 가진다. 취성 파괴 또는 완전 소성 항복에 대한 안전계수는 3.0이 요구된다.

(a) 만약 모서리 관통 균열 길이가 $a=6.0$mm라면, 운용 중에 허용할 수 있는 최대 인장 하중 P는 얼마인가?

(b) 만약 운용 중의 하중이 $P=6.0$kN이라면, 부재에 허용할 수 있는 최대 균열 길이는 얼마인가?

8.12 ABS 플라스틱으로 만들어진 직사각형 기둥은 $b=28$mm이고 $t=10$mm이다. 그림 8.13(a)처럼 굽힘 모멘트 M이 작용하고, 관통 모서리 균열이 존재한다. 응력에서 취성 파괴에 저항하는 안전계수 3.2에 대해, (a) $M=15$N·m, 그리고 (b) $M=4.0$N·m라면 허용되는 가장 큰 균열 길이 a는 얼마인가? 마지막으로, (c) (a)와 (b)에 대하여, 완전 소성 항복에 대한 안전계수들은 얼마인가?

8.13 공학적인 부재는 300-M(650℃ 담금질)강으로 제작되었다. 그림 8.12(c)에서처럼 인장 하중을 받는 판의 형태이며 한쪽 모서리에 균열을 가지고 있다. 치수는 폭 $b=110$mm 및 두께 $t=20$mm이며, 부재는 인장하중 $P=230$kN를 견뎌야 한다. 취성 파괴에 대한 안전계수가 3.5보다 작지 않고 또한 완전 소성 항복에 대한 안전계수가 2.5보다 작지 않을 때 허용할 수 있는 최대 모서리 균열 길이 a를 결정하라.

8.14 알루미늄 합금으로 제작된 기계용 부재가 있다. 그림 8.12(c)처럼 한쪽 모서리에 균열을 가지고 인장을 받는 판이다. 치수는 폭 $b=30$mm, 두께 $t=4.0$mm, 그리고 균열 $a=$

6.0mm이다. 부재는 인장 하중 $P=7.5$kN을 견뎌야 한다.

(a) 취성 파괴에 대한 안전계수가 2.8인 경우에 요구되는 가장 작은 파괴인성 K_{Ic}는 얼마인가?

(b) 완전 소성 항복에 대한 안전계수가 2.0인 경우에 요구되는 가장 작은 항복강도 σ_0는 얼마인가?

(c) (a)와 (b)에서 구한 결과로, 두 요구조건을 만족하는 알루미늄 합금을 표 8.1에서 선정하라.

8.15 폭 $b=40$mm 그리고 두께 $t=10$mm의 치수를 가지는 부재에 인장 하중이 작용하고 있다. 축 하중 P가 작용하고 그림 8.12(c)에 표현된 것처럼 부재에 $a=8.0$mm인 모서리 균열을 가지고 있다.

(a) 재료가 표 8.1에 있는 ASTM A517-F강인 경우에 파손하중 P를 구하라.

(b) 또한 재료가 표 8.1에 있는 AISI 4130강인 경우에 파손하중 P를 구하라.

(c) 만약 부재가 공학적인 용도로 사용된다면 어느 재료를 선정하는 것이 옳은 선택인가? 왜 그러한가?

8.16 그림 8.13(a)처럼 $b=50$mm 그리고 $t=10$mm인 휨재(Bending member)는 18-Ni 머레이징강(진공 용해)으로 제작되었다. 운용 중에 굽힘 모멘트는 $M=3.5$kN·m이고, 일반적으로 모서리 균열 $a=1.0$mm보다 큰 부재들이 검사 및 폐기된 부재들에서 발견된다.

(a) 이와 같은 상황에서 파손을 유발하는 모멘트 M값을 구하라. 안전계수는 얼마인가?

(b) 이 부재의 일부는 뜻하지 않게 검사하지 않았고 실제 운용 중에 균열 $a=5.0$mm보다 큰 균열이 발견되지 않았다고 가정하라. 교체 비용은 많이 든다. 당신을 교체에 대한 유무를 반드시 결정해야하는 기술자라고 가정해보자. 어떠한 결정할 것인가? 필요에 따라 추가적인 계산과 함께 결정을 지지하는 근거를 제시하라.

8.17 그림 8.13(a)에서 정의한 것처럼 직사각형 기둥은 $b=50$ 그리고 $t=20$mm의 치수를 가진다. 기둥은 2219-T851 알루미늄으로 만들어졌고 굽힘 모멘트 $M=900$N·M을 받는다. 길이 $a=4.0$mm인 모서리 균열이 존재한다. 항복에 대한 안전계수 및 취성파괴에 대한 안전계수로 2.0 및 3.5를 요구한다.

(a) 요구하는 안전계수를 만족하는가?

(b) 만약 만족하지 않는다면, t와 다른 주어진 값들은 변경되지 않는다고 가정하고 어느 정도의 새로운 기둥 깊이 b가 필요한가?

8.18 그림 8.14에서처럼 원형단면 균열이 존재하는 원형 샤프트의 경우, 다음의 경우들에 대한 방정식을 유도하라. (a) 완전 소성 하중 P_0 그리고 (b) 완전 소성 모멘트 M_0. 그리고 이 방정식들은 균열 길이 a, 샤프트의 반경 b 그리고 항복강도 σ_0의 함수로 표현하라.

8.19 50mm의 직경을 가지는 원형 샤프트는 굽힘 하중을 받고 그림 8.14에서처럼 깊이 $a=5.0$mm인 원형 단면 균열을 포함한다. 샤프트는 표 8.1에 있는 ASTM A517-F강으로 제작되었다. 샤프트에 파손을 유발할 수 있는 굽힘 모멘트를 구하라.

8.20 그림 P8.20처럼 박판 튜브는 내압 p를 받고 길이방향으로 균열 길이 $2a$를 가지고 있다. Tada(2000)는 이 경우에 대한 응력확대 계수를

$$K = F(pr_{avg}/t)\sqrt{\pi a}, \qquad \text{where } F = F(\lambda), \qquad \lambda = a/\sqrt{r_{avg}t}$$

$$F = \sqrt{1 + 1.25\lambda^2} \quad \text{for } \lambda \le 1, \qquad \text{and } F = 0.6 + 0.9\lambda \quad \text{for } 1 \le \lambda \le 5$$

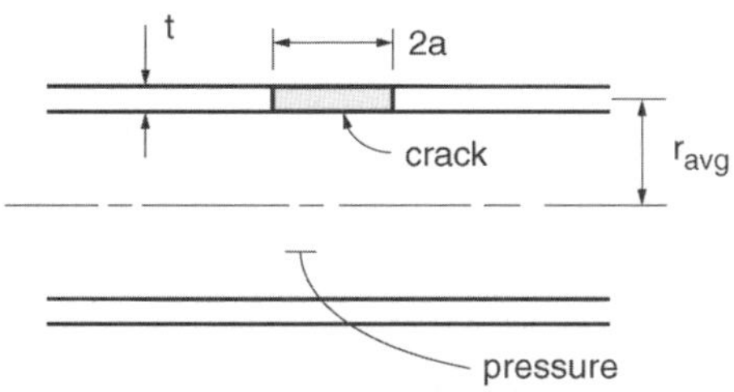

그림 P8.20

재료는 티타늄 6A1-4V 합금(열처리), 압력은 $p = 20$MPa이고 튜브 치수는 $r_{avg} = 25$ 그리고 $t = 2.0$mm이다. 그리고 균열길이 $2a = 10$mm가 존재한다. 파괴에 저항하는 안전계수는 얼마인가? 균열이 존재하지 않은 상태에서 항복에 저항하는 안전계수는 얼마인가? 파손이 안전에 대한 위험을 의미한다면 튜브를 사용하기에 안전한가?

8.21 구조 부재는 그림 P8.21의 치수와 2차 모멘트를 가지고, 균열 길이 $a = 15$mm를 포함한다. 이 부재는 A572 구조 강(그림 8.37)으로 만들어졌고 운용 중에 −30℃에서 동적하중을 받는다.

(a) x축에 대한 어떤 굽힘 모멘트가 기둥의 취성 파괴를 유발하는가? 인장 응력을 받는 균열에서 모멘트의 방향은 어디인가?(제안: 플랜지에 균열이 있는 기둥은 기본적으로 모서리 균열 인장 부재로써 K를 대략적으로 평가하라. 또한, 그림 8.37로부터 $K_{Ic} \approx 40\text{MPa}\sqrt{\text{m}}$ 를 확인하라.)

(b) 이 기둥에 대해 사용된 구조 설계 코드는 항복에 저항하는 안전계수 1.67을 기반으로 하여 운용 중에 모멘트 176kN·m까지 허용한다. 이 값과 (a)에 구한 결과를 비교하고 차이점을 논하라.

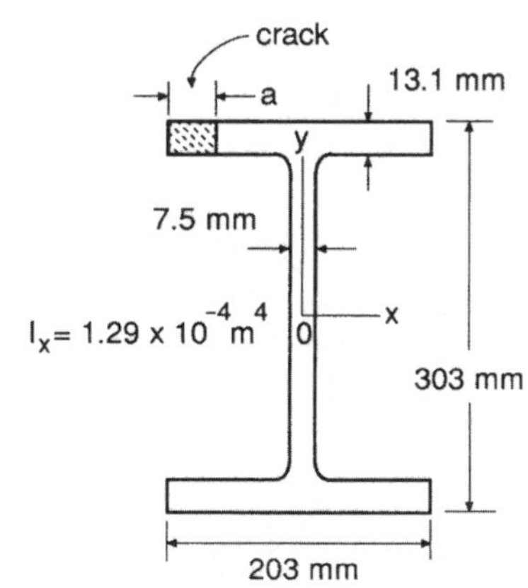

그림 P8.21

8.22 항공기 구조물에 있는 보강재는 그림 P8.22에 표현된 것처럼 T-단면이며, 7075-T651 알루미늄으로 제작되었다. 균열 길이 a는 보이는 것처럼 웹의 밑바닥에 존재한다. 180N·m의 굽힘 모멘트가 x-축에 대하여 작용하며, 여기서 균열은 인장 응력을 받는다.

(a) 응력 계산을 위하여 T-단면의 y방향 도심 위치를 찾아내고 x축의 중심에 대한 단면 2차 모멘트를 구하라. (정답 : $c = 25.36\text{mm}$, $\overline{I_x} = 31{,}538\text{mm}^4$)

(b) 만약 균열 길이가 $a = 1.5\text{mm}$인 경우에 취성 파괴에 대한 안전계수는 얼마인가?

(c) 취성 파괴에 대하여 적절하게 고려된 안전계수가 3.0이라면 허용할 수 있는 최대 균열 길이는 얼마인가?

(d) 재료가 좀 더 비싼 7475-T7351 알루미늄 합금으로 사용될 가능성을 고려해보자. 이러한 변화에서 발생할 수 있는 장점과 단점은 무엇인가? 가능한 계산들에 대한 의견을 제시하라.

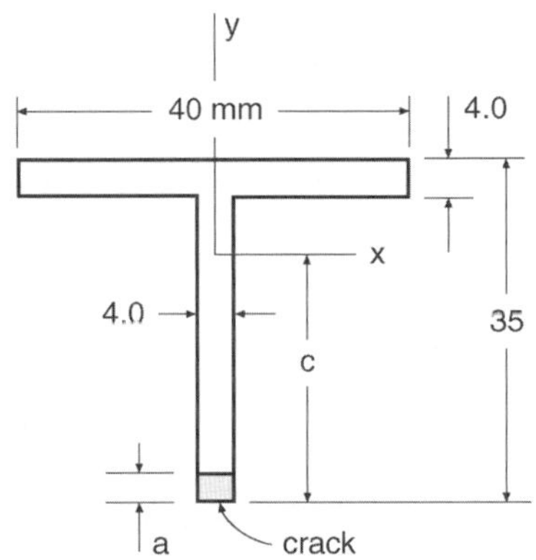

그림 P8.22

8.23 내부 직경 $r_1 = 56\text{mm}$이고 외부 직경 $r_2 = 60\text{mm}$인 배관에 10kN·m의 굽힘 하중이 작용한다. 이 배관은 풀림공정을 거친 티타늄 6Al-4V로 제작되었다. 그림 P.8.23에 표현된 것처럼 폭이 $2a = 12\text{mm}$인 관통 균열이 굽힘 축에 대하여 $\theta = 50°$에 위치해 있다. 취성 파괴 및 완전 소성 항복의 경우에 대한 고려한 안전계수를 구하라. 요구한 해에 도달하기 위하여 합리적인 근사값을 사용하라.

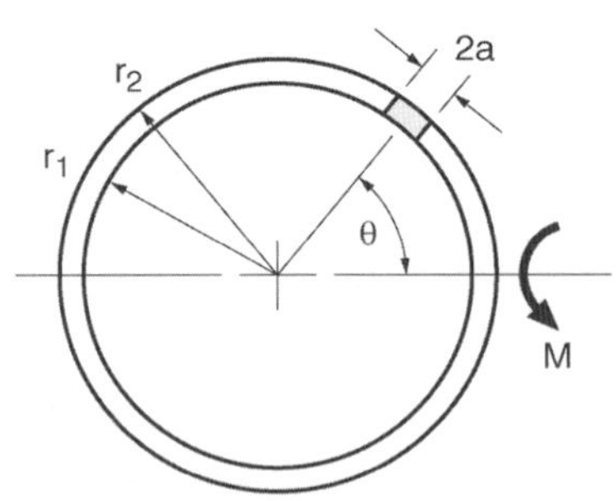

그림 P8.23

【8.5절】

8.24 터빈-발전기 장비에서 많은 부품은 상온 부근에서 운용되고 ASTM A470-8강으로 제작된다. 표면 균열이 반-타원형에 유사한 형태로 발견되었으며, 표면 길이 $2c = 50$mm이고 깊이 $a = 15$mm이다. 균열 면에 수직으로 작용하는 하중은 250MPa이고 부재의 폭과 두께는 균열의 크기와 비교하여 크다. 취성 파괴에 대한 안전계수는 얼마인가? 만약 이 부품에서의 손상이 나머지 장비들에 대한 금전적인 손실을 가져온다면 발전소에서는 이 장비를 계속해서 운용해야하는가?

8.25 강체 원형 샤프트의 직경은 40mm이고 300-M(300℃ 담금질)강으로 제작되었다. 3.5kN·m의 굽힘 모멘트를 받으며, 그림 8.17(d)에 표현된 것처럼 반-원형 표면 균열을 가지고 있다.

(a) 취성 파괴를 발생시키는 균열 크기 a_c는 얼마인가?

(b) 취성 파괴에 대한 응력 관점에서의 안전계수가 3.2이라면 검사에서 발견되어야 하는 균열 크기 a는 얼마인가?

(c) (a)의 균열 크기와 (b)의 균열 크기에 대한 비를 계산하고, 이 값의 중요성에 대하여 논하라.

8.26 그림 8.17(c)에 표현된 직사각형 단면을 가지는 기둥은 2219-T851 알루미늄으로 제작되었고, $M = 160$N·m의 굽힘 모멘트에 견뎌야 한다. 기둥의 두께는 $b = 10$mm이고 $a = 2.0$mm의 사분원 모서리 균열이 존재한다.

(a) 취성 파괴에 대한 안전계수를 3.0로 요구한다면 기둥의 두께 t는 얼마인가?

(b) (a)에서 계산된 빔의 두께 t는 발생 가능성이 있는 완전 소성 파손 관점에서 적절한 설계인가? (제안 : 균열이 전체 두께 b를 가로질러 확장한다고 가정하여 보수적인 관점에서 M_0를 평가하라)

8.27 질화 규소 세라믹의 원형 막대가 그림 A.4(b)에서 표현된 단순지지 빔처럼 균등한 분포하중을 받는다. 막대의 직경은 10mm이고 지지대 사이의 거리는 120mm이며 분포 하중 $w = 3.0$N/mm이다.

(a) 만약 0.5mm의 반-원형 표면 균열이 존재한다면 취성 파괴에 대한 안전계수는 얼마인가?

(b) 만약 안전계수로 4.0이 요구된다면, 반-원형 표면 균열의 최대 허용 깊이는 얼마인가?

8.28 진공 용해를 거친 18-Ni 머레이징 강으로 제작된 강체 원형 샤프트가 운용 중에 $M = 10.0$ kN·m의 굽힘 하중을 받고 있다. 그림 8.17(d)에 표현된 것처럼 반-원형 표면 균열이 부품에 존재한다. 비파괴 검사 결과 $a = 4.0$mm보다 큰 균열은 없다고 예상된다.

(a) 만약 균열이 존재하지 않는다면 항복에 저항하는 안전계수로 2.0을 요구하는 경우에 샤프트의 직경은 얼마인가?

(b) 육안으로 확인이 가능한 균열이 존재하고 취성 파괴에 저항하는 안전계수로 3.5를 요구하는 경우에 샤프트의 직경은 얼마인가?

(c) 실제로 사용되어야하는 샤프트의 직경은 얼마인가?

8.29 직경이 50mm인 샤프트는 그림 8.14에 표현된 것처럼 원형 단면 균열 깊이 $a = 5.0$mm을 가지고 있다. 샤프트는 표 8.1에 있는 18-Ni 머레이징 강(대기 용융)으로 제작되었다.

(a) 만약 샤프트가 1.5kN·m의 굽힘 모멘트를 받는 경우에 취성 파괴에 대한 안전계수는 얼마인가?

(b) 만약 120kN의 인장 하중이 굽힘 모멘트에 결합된다면, 안전계수는 얼마인가?

8.30 60mm의 직경을 가지는 강체 원형 샤프트가 7075-T651 알루미늄으로 제작되었다. 그림 8.17(d)에 표현된 것처럼 샤프트는 깊이 $a=10$mm인 반-원형 표면 균열을 가지고 있으며, $M=500$N·m의 굽힘 모멘트가 작용한다. 취성 파괴에 대한 안전계수가 4.0보다 크지 않은 경우에 M과 함께 작용할 수 있는 최대 축 하중 P는 얼마인가?

8.31 그림 8.22(왼쪽)와 같이 편심 하중을 받는 모서리 균열을 가진 인장 부재에 대하여, 아래의 문제를 풀이하라.

(a) 완전 소성 한계 하중에 관한 식을 $P_o = f(a, b, t, e, \sigma_o)$로 표기하여라.

(b) 풀이가 그림 A.16(c)와 (d)의 특수한 경우에 해당하는 식으로 올바르게 변환되는지 증명하라.

8.32 표 8.1에 있는 AISI 4130강으로 제작된 인장 부재는 그림 8.12(c)에서 정의된 치수, $b=$ 50mm및 $t=9.0$mm를 가진다. 그리고 취성 파괴에 대한 안전계수로 3.5를 요구한다.

(a) 만약 하나의 모서리에 $a=4.0$mm인 관통 균열이 존재한다면 운용중에 허용할 수 있는 최대 인장 하중 P는 얼마인가?

(b) 인장 하중 P는 부재의 폭 중심에서 5.0mm 정도 떨어진 곳에서 작용한다. 이와 같은 경우에 동일한 $a=4.0$mm에서 운용중에 허용할 수 있는 최대 인장 하중 P는 얼마인가?

8.33 소다 석회 유리로 제작된 배관은 내부 반경 $r_1=38$mm이고 두께 $t=4.0$mm이고, 0.56MPa의 내압을 받고 있다. 그림 P8.33에 표현된 반-원형 표면 균열이 존재하며 취성 파괴에 대한 안전계수로 3.0을 요구한다. 존재할 수 있는 균열의 최대 허용 깊이 a는 얼마인가?

8.34 소다 석회 유리로 제작된 배관은 내부 반경 $r_1=38$mm이고 두께 $t=4.0$mm이다. 그림 P8.33에 표현된 깊이 $a=2.0$mm인 반-원형 표면 균열이 존재한다. 배관의 파괴를 유발하는 내압은 얼마인가?

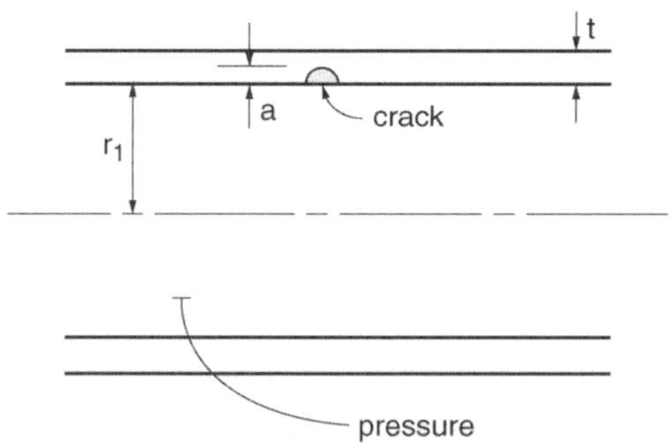

그림 P8.33

8.35 그림 8.20에 표현된 것처럼 Ti-6Al-4V 합금(열처리)으로 제작된 둥근 구멍이 있는 반폭 $b=40$mm, 구멍 직경 $c=10$mm, 두께 $t=6.0$mm인 판이 있다. 인장 하중 $P=60$kN가 작용할 때, 구멍 양쪽에 길이 $l=0.50$mm인 모서리 균열이 존재한다. 그림 A.11(a)를 참고하여 탄성 응력 집중 계수는 $k_{tn}=2.42$이다. 취성 파괴에 대한 안전계수는 얼마인가? (제안: $K_A = K_B$일 때 균열 길이 l'를 결정하는 것부터 시작하라.)

8.36 실린더형 압력 용기는 내부 직경은 150mm이고 벽의 두께는 5mm이며 압력은 20MPa이 작용한다. 항복에 대한 안전계수는 적어도 $X_0 = 2$이어야 한다. 또한 배관 파단 전 누설 기준을 만족해야하며 이는 $c_c \geq X_a t$를 만족하는 균열 길이에서의 안전계수는 적어도 $X_a = 9$이어야 한다.

(a) 만약 300-M(300℃ 담금질)강으로 제작되어도 안전한가?

(b) ASTM A517-F강의 경우에는?

(c) 이에 대한 적용을 위하여 재료에 요구되는 최소한의 파괴인성은 얼마인가?

(d) $X_a = 9$인 요구조건에 의한 K_{Ic}에 대하여 K의 상대적인 안전계수는 얼마인가?

8.37 내부 반경 $r_1 = 30$mm이고 외부 반경 $r_2 = 50$mm인 두꺼운 배관에 200MPa의 압력이 작용한다. 배관은 표 8.1에 있는 AISI 4130강으로 제작하였으며, 그림 P8.37에 표현된 것처럼 길이 방향의 균열, 폭 $2c = 10$mm 및 깊이 $a = 3.0$mm가 존재한다. 취성 파괴 및 항복에 대한 안전계수를 평가하라.

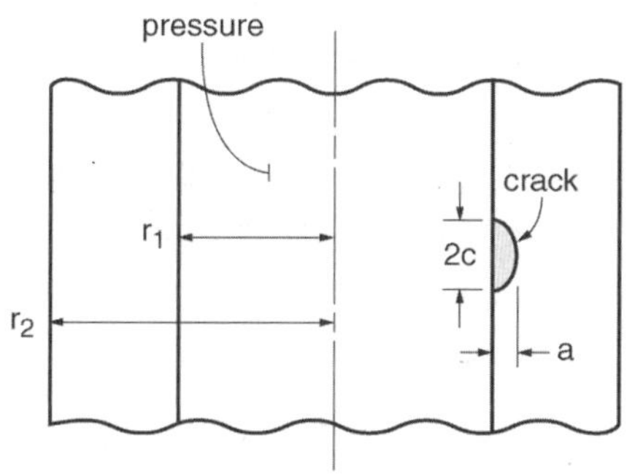

그림 P8.37

8.38 내부 반경 $r_1 = 110$mm이고 외부 반경 $r_2 = 440$mm인 원반이 초당 60회 회전하고 있다. 원반은 ASTM A470-8강으로 제작하였으며, 그림 P8.38에 표현된 것처럼 원반은 내부 반경 안쪽에 깊이 $a = 8.0$mm인 사분원형 모서리 균열을 가진다. 취성 파괴 및 항복 각각에 대한 안전계수를 평가하라.

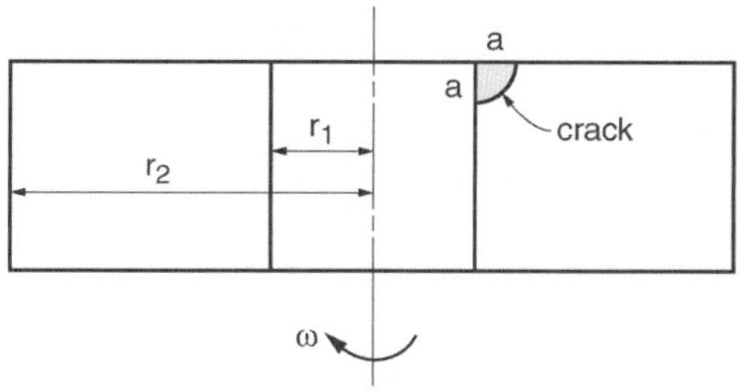

그림 P8.38

【8.6절】

8.39 그림 8.35에 나와 있는 회전용 강들 가운데 상온에서 사용되는 A217을 제외한 회전용 강들에 대하여 가정하라. 설계는 각각의 경우들에 있어서 최대응력이 항복강도의 절반을 초과하지 않는 범위에서 이루어질 것이다. 결함의 기하학적 형상을 반무한 고체에 존재하는 반-원형 표면 균열로 가정하고, 만약 취성 파괴에 대한 안전계수로 2.0을 요구하는 경우에 각각의 재료에 대하여 최대 허용 결함 크기를 결정하라. 또한 이러한 정보가 강의 선택에 어떠한 영향을 미치는지 논하라.

8.40 굽힘 부재는 그림 8.13(a)에 정의된 치수, 폭 $b = 50$mm 및 두께 $t = 20$mm를 가진다. $a =$ 10mm인 모서리의 관통 균열은 인장 응력을 받고 있다. 만약 재료가 AISI 4340강(그림 8.32)이며 항복강도가 (a) 800MPa 그리고 (b) 1600MPa인 경우에 파손을 유도하는 모멘트는 얼마인가? 가능한 파손 모드로는 취성 파괴 및 완전 소성 항복을 고려하라. 그리고 (c) 이 경우에는 더 높은 강도를 가지는 강을 쓰는 것이 이익인지 아닌지를 논하라.

8.41 A533B-1강(그림 8.33)으로 제작된 두 개의 판들이 서로 맞대어져 한쪽 면이 용접되어있고, 용접부는 그림 P8.41에 표현된 것처럼 절반 정도만 용접이 되었다. 운용중에는 압력용기에 균일 인장 응력이 적용된다. 취성 파괴 및 완전 소성 항복에서 발생할 수 있는 파손 모드를 고려해보고, 온도 (a) -75℃ 및 (b) 200℃에서 균열과 같은 결함에 의하여 영향을 받는 연결부의 강도를 구하라. 계산된 해답을 마치 연결부가 강체인 것처럼 계산된 전체 응력, $S_g = P/(bt)$ 값으로 표현하라. -75℃에서의 물성은 그림 8.33으로부터 얻을 수 있으며, $K_{Ic} \approx 52$Mpa이고 $\sigma_0 = 400$Mpa이다. 200℃의 경우에는 항복강도는 $\sigma_0 =$ 400Mpa이며 파괴인성은 $K_{Ic} = 200\text{Mpa}\sqrt{\text{m}}$ 이다. 용접 금속은 판과 유사한 물성을 가진다. 이때 (c) 이 두 종류의 온도에서 이 강을 사용하는 것이 적합한지에 대하여 논하라.

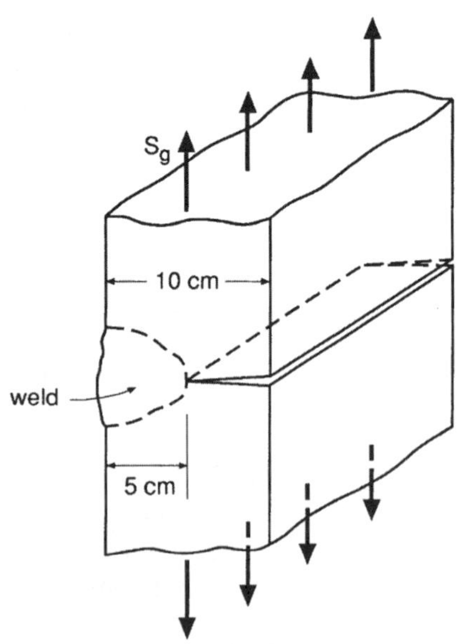

그림 P8.41

8.42 표 8.1에 제시된 300-M강의 담금질 온도가 650℃ 및 300℃인 경우의 물성을 고려해보자. 공학적인 적용을 위하여 강체 원형 샤프트는 현재 650℃에서 담금질을 수행한 재료이고 직경은 50mm이다. 샤프트에는 6.5kN·m의 굽힘 모멘트가 작용하며, 비파괴 검사를 통하여 $a = 2.0$mm를 초과하는 균열은 없는 것으로 확인되었다. 또한 설계에서는 항복에 대한 안전계수로 최소 2.0을 요구한다.

(a) 현재의 설계는 적절한가? 8.17(d)에서처럼 반-원형 표면 균열들이 존재하는 경우를 가정하라.

(b) 기존의 재료를 높은 항복강도를 가지며 더 작은 샤프트 직경을 사용하는 300℃ 담금질을 수행한 재료로 교체함으로써 무게 및 비용 절감을 현실화할 수 있다. 300℃ 담금질을 수행한 재료에 요구되는 최소 두께는 얼마인가? 300℃ 담금질을 수행한 재료로 교체하는 것을 권장할 수 있겠는가?

8.43 표 P8.43에 있는 유리 및 세라믹에 대한 급속 냉각을 고려하라.(추가적인 자료는 표 8.2에 있음) 재료의 얇은 표면층에 대한 급속 냉각은 식 5.41에 주어진 것처럼 응력을 유도한다.

표 P8.43

Material	α $10^{-6}/°C$	E GPa	ν
Soda-lime glass	9.1	69	0.20
MgO	13.5	300	0.18
Al_2O_3	8.0	400	0.22
SiC	4.5	396	0.22
Si_3N_4	2.9	310	0.27

Sources: Tables 3.10, 5.2, P5.30, and [Creyke 82] p. 50.

(a) 각각의 재료들이 깊이 $a = 1.0$mm인 작은 반-원형 표면 균열을 가지고 있다고 가정하고 파괴를 유도하는 표면 온도 변화 ΔT를 구하라. 어떤 재료가 열적 충격에 가장 뛰어난 저항성을 가지고 있는가? 가장 취약한 재료는 무엇인가?

(b) 열적 충격에 대한 저항성을 다루기 위한 함수 f_2를 제시하는 재료 물성들의 조합을 결정하기 위하여 3.7절의 방법을 적용하라. f_2에 따라 재료들의 순위를 평가하라. 물성치인 K_{Ic}, α, E 및 ν의 영향력에 대하여 논평하고, 각각의 물성들이 열적 충격의 저항성에 어떠한 영향을 미치는지를 합리적으로 해석하라.

8.44 그림 8.32에 AISI 4340강으로 제작된 강체 원형 샤프트가 있다. 이 봉은 $M = 3.8$kN·m인 굽힘 모멘트를 견뎌야하며 항복에 대한 안전계수는 2.0이다. 또한 깊이 $a = 1.0$mm인 반-원형 표면 균열이 존재하고 취성 파괴에 대한 안전계수로 3.0을 요구한다. 항복강도와 파괴인성의 조합은 그림 8.32에 주어진다.

(a) 열처리를 한 강의 항복강도가 800MPa인 경우에 균열을 무시하는 것이 가능하다면 항복에 저항하기 위한 샤프트의 직경은 얼마인가? 또한 1.0mm 균열에서 항복을 고려하지 않는 것이 가능하다면 파괴에 저항하기 위한 샤프트의 직경은 얼마인가?

(b) 파손이 발생하지 않기 위하여 (a)의 어떠한 값이 선정되어야 하는가?

(c) 항복강도와 파괴인성의 추가적인 조합에 대하여 (a)의 과정을 반복하라. 어떠한 항복강도와

파괴인성의 조합이 직경을 줄이는 것과 같은 가장 효율적인 설계를 보이는가?

(d) $a = 0.50$mm인 경우와 $a = 2.0$mm인 경우를 고려하여 이전의 해석을 반복하여 수행하라. 존재하는 균열 크기의 민감도에 따른 항복강도가 선정되었는가?

8.45 그림 8.40에는 알루미늄 합금의 압연된 강판에 대하여 다양한 방향에 따라 변하는 파괴인성이 표현되어 있다. 이러한 거동의 물리적인 이유와 왜 $L-T$ 방향의 인성이 가장 높고 $S-L$의 경우에 가장 낮은지에 대하여 설명하라.

8.46 그림 8.41의 방사선 조사를 받은 A533B-1강과 받지 않은 강에 대한 데이터의 중요성에 대하여 한 단락으로 써라.

8.47 알래스카 또는 시베리아와 같은 추운 환경에 설치된 원유 파이프라인에 사용되는 강의 선정에 대하여 고려하라. 이러한 선정을 위하여 가장 가치 있는 재료의 특성은 무엇인가? 후보 재료들에 대하여 어떠한 실험을 수행하는 것이 결정에 대한 근거로써의 역할을 할 것인가?

8.48 그림 8.14에 표현된 20mm의 직경을 가지는 축에 깊이 $a = 1.5$mm인 원형 단면 균열이 존재한다. 축은 표 8.1에 있는 AISI 4130강으로 제작되었으며 150N·m의 굽힘 하중과 300N·m의 회전력이 조합된 하중을 받는다. 취성 파괴에 대한 안전계수는 얼마인가? K_{IIIc}에 대하여 알려진 것이 없기 때문에, 식 8.33과 같은 형태의 관계를 이용하기 위하여 합리적으로 적절한 가정을 적용해야하므로 여기서 $K_{IIIc} = K_{Ic}/2$로 가정한다.

[8.7~8.9절]

8.49 주어진 응력 하에서 예제 8.4의 경우에 대하여 아래의 문제를 풀이하라.

(a) 평면 변형률 및 선형 탄성 파괴 역학의 적용 여부를 결정하라.

(b) 적용하는 경우에 따라 소성영역 크기가 $2r_{o\sigma}$ 또는 $2r_{o\varepsilon}$ 인지를 평가하라.

8.50 7075-T651 알루미늄으로 제작된 양-모서리-균열 판은 그림 8.12(b)에 정의된 치수, $b =$ 15.9mm, $t = 6.35$mm, 큰 h 그리고 $a = 5.7$mm인 예리한 예비 균열을 가진다. 인장 하중이 작용할 때 $P_{max} = 55.6$kN의 하중에서 갑작스럽게 파괴에 의한 파손이 발생한다. 이것이 발생하기 전에 그림 8.28의 $P-v$ 선도와 유사한 약간의 저속-안정 균열 진전이 있으며 5% 편차기울기는 $P_Q = 50.3$kN에서 교차한다.

(a) P_Q에 상응하는 K_Q를 계산하라.

(b) K_Q점에서 평면 변형률 및 선형 탄성 파괴 역학의 적용 여부를 결정하라.

(c) 계산된 K_Q가 중요한 이유는 무엇인가?

8.51 항복강도가 1380MPa인 AISI 4340강의 파괴인성 시험을 수행했다. 사용된 기준 컴팩트 시험편은 그림 8.16에 정의된 치수 $b = 50.8$mm, $t = 12.95$mm 그리고 $a = 25.4$mm인 예리한 예비 균열을 사용하였다. 파손은 $P_Q = P_{max} = 15.03$kN인 지점에서 갑자기 발생하였으며, $P-v$ 선도는 그림 8.28의 III 종류와 유사하다.

(a) 파괴 지점에서의 K_Q를 계산하라

(b) 이 값은 유효한(평면 변형률) K_{Ic}값으로의 조건을 갖추고 있는가?

(c) 파괴 지점에서의 소성영역 크기를 평가하라.

8.52 그림 8.52에 나와 있는 사진과 동일한 크기를 가지는 7075-T651 알루미늄의 컴팩트 시험편에 대한 데이터는 표 P8.47에 주어진다. 모든 시험편의 치수는 그림 8.16에 정의되어 있다. $b = 50.8$ 및 $h = 30.5$mm그리고 초기의 예리한 균열 길이와 두께는 표에 명시되어 있고 각각의 시험들에 대하여 다음과 같은 과제를 수행하였다.

(a) K_Q를 계산하고 그 값이 유효한(평면 변형률) K_{Ic} 값으로서의 조건을 갖추고 있는지를 결정하라.

(b) 적용 가능한 $2r_{o\sigma}$ 또는 $2r_{0\varepsilon}$를 사용하여 K_Q에서 소성영역 크기를 평가하라.

(c) 선형 탄성 파괴 역학에 의한 해석이 가능한지를 결정하라.

(d) K_Q대비 두께 t의 그래프를 그리고, 관찰된 경향 및 그림 8.47 안에 있는 파괴 표면과의 관계에 대하여 논하라.

(e) 각각의 시험에서 완전 소성 하중을 구하기 위하여 균열 길이 a_i 및 부록 A의 그림 A.16(c)를 이용하라. 그리고 파괴에 도달하기 이전에 가장 높은 하중 $P_{\max}$의 값을 비교해보라. 관찰된 경향이 중요한 이유는 무엇인가?

표 P8.52

Test No.	a_i mm	t mm	P_Q kN	Basis of P_Q (See Fig. 8.28.)	$P_{\max}$ kN
1	24.1	3.18	2.56	P_5 for Type I	3.96
2	24.7	6.86	4.96	Pop-in, Type II	6.16
3	23.3	19.35	12.00	$P_{\max}$ for Type III	12.00

8.53 그림 8.5의 파손에 상응하는 응력과 균열 길이의 조합은 표 P8.53에 주어진다.

(a) 그림 8.5에 표현한 것처럼 이 데이터들로 그래프, $\sigma_o = 518$MPa에 대한 직선 그리고 $K_c = S\sqrt{\pi a} = 66\text{MPa}\sqrt{\text{m}}$ 에 대한 곡선을 그려라.

(b) 또한 $K_c = 66\text{MPa}\sqrt{\text{m}}$ 에 대하여 소성영역이 수정된 곳에서 개선된 곡선을 그려라.

(c) 거동을 예측하는 곡선 (b)의 정확성에 대하여 논하라.

표 P8.53

Test No.	Crack Length a_c, mm	Gross Stress at Fracture S_g, MPa
1	3.00	453
2	5.35	405
3	10.70	342
4	18.43	276
5	34.60	202
6	62.19	142

Source: Data in [Orange 67].

재료의 피로 : 소개 및 응력기반의 접근법

09

목적

- 응력 수준, 기하학적 구조, 표면상태, 환경 및 미세구조와 같은 다양한 변수들에 대한 경향을 포함한 균열과 파단에 이르게 하는 점진적인 손상의 과정에 관한 재료의 주기적인 피로 거동에 대하여 탐구한다.
- 실험실에서 수행된 피로에 관한 검토, 그리고 S-N 선도를 얻기 위한 대표적 시험 자료와 평균응력 효과를 고려하기 위한 대표적인 시험 자료들을 해석한다.
- 피로 수명을 평가하기 위해 평균응력 효과와 다축응력 그리고 다양한 수준의 주기적 하중을 포함한 공학적 방법을 적용한다. 또한 응력과 수명에 대한 안전계수를 평가한다.

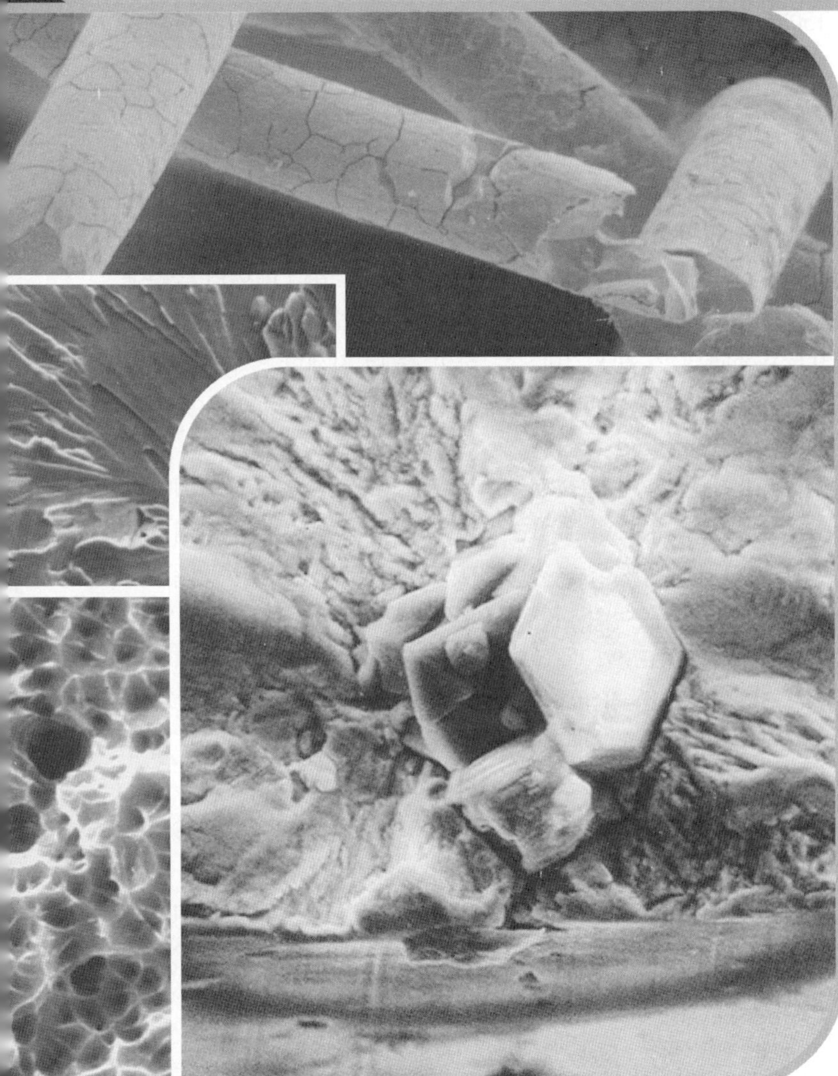

세부목차

9.1 서 론

기계, 차량 그리고 구조물은 주기적인 하중을 받는 대상이다. 그리고 주기적인 응력으로 인해 재료에 미세한 물리적 손상을 발생시킨다. 심지어 응력이 주어진 재료의 극한 강도보다 낮을 때에도 미세한 손상이 주기적으로 작용하여 균열을 발생시키거나 육안으로 보이는 손상을 발생시켜 결국 구조물이 파단에 이르게 된다. 이러한 손상과 파단에 대한 과정은 피로라고 일컫는 주기적인 하중 때문이다. 피로라는 용어는, 피로가 점차적이지만 순조롭게 관찰되지 않고 재료가 하중에 저항하는 능력을 변화시키는 결과가 주기적인 응력으로 인해 야기되었기 때문에 사용되었다. 예를 들어, 호수에 있는 경량 알루미늄 도크의 피로 파괴는 그림 9.1에 나타나 있다.

피로에 의한 기계적 파단 현상은 150년 이상 공학계가 노력하는 사안이 되어왔다. 1828년 독일의 광산 승강장치 체인에 대한 실험을 했던 W. A. J. Albert의 선행 연구에서 피로라는 용어는 꽤나 일찍부터 쓰이고 있었고 같은 경우로 1839년 프랑스의 J. V. Poncelet의 기계학 책에서도 쓰였다. 피로는 후에 1800년대 중반 여러 나라 다수의 연구자들에 의해 역마차나 철도의 차축, 기어, 기둥 그리고 다리의 대들보와 같은 구조물을 중심으로 연구되었다.

1850년에 철도의 축에 대한 파단에 영감을 받아 시작된 독일의 August Wöhler의 연구는 특히 주목할 만하다. 그는 피로에 의한 파괴를 피하기 위한 도인 개발에 착수하였고 철, 강 그리고 여러 금속에 대하여 축 하중, 비틀림, 굽힘시험을 진행하였다. 또한 그는 피로가 주기적인 응력뿐만 아니라 평균응력에 영향을 받는다는 것을 입증하였다. Wöhler의 연구를 기반으로 하여 좀 더 자세한 연구는 Gerber와 Goodman에 의해 평균응력을 예측하는 것이 있다. 초창기 피로에 대한 연구와 차후의 피로에 대한 영향은 1950년대 Mann에 의해 검토되었다(1958).

피로파괴는 공학적 설계단계에 있어 지속적으로 주요한 관심사이다. 1장의 내용으로부터 기술한 바와 같이 파괴와 파괴방지의 경제적 비용은 상당히 크며 주기적인 하중과 피로를 포함하는 이러한 비용들의 최소한의 기여 요인으로 인한 추산치가 80%이다. 결과적으로, 미국 경제에 있어 재료의 피로에 대한 연간 비용은 국민총생산량의 약 3% 수준이며 다른 산업국가에서도 비슷한 비율을 가질 것이라 예상된다. 이러한 비용은 육상 운송 수단, 철도, 항공기, 교량, 기중기, 발전 장치의 장비, 해양 구조물 그리고 가정에서 사용되는 물품, 장난감, 운동 장비와 같은 기타 잡다한 기계와 장비에 대해 점점 증가하고 있다. 예를 들어 그림 1.10에 풍력 발전용 터빈은 회전과 난기류로 인해 주기적인 하중을 받게 되고 터빈날개와 다른 가동부의 설계에 있어 피로는 주요한 설계 인자가 된다.

현재, 피로파괴에 대한 해석과 설계에 적용되는 세 가지 접근법이 있다. 응력 기반의 접근법은 1955년 기본적인 형태로 개발되었다. 여기서, 해석은 공학적 부품에서 하중의 영향을 받는 부분에서의 공칭응력을 기반으로 한다. 주기적인 하중에 저항하는 공칭응력은 평균응력과 홈이나 구멍, 필릿에서의 응력 상승을 고려하여 결정된다. 다른 방법은 변형률 기반의 접근법이다. 이 방법은 주기적인 하중 동안의 응력 상승으로 인한 국부 소성의 해석에 효과적이다. 마지막으로, 파괴역학적 접근법이 있다. 이 접근법은 파괴역학의 이론을 바탕으로 하여 균열 성장에 대해 다룰 수 있다.

이 장에서는 응력 기반의 접근법을 소개하고, 차후 10장에서 추가적인 내용을 다루고자 한다. 그리고 파괴역학적 접근법은 11장에서 다루겠다. 변형률 기반의 접근법은 15장에서 다루고 있고 먼저 13장과 14장에서 재료와 부품의 소성 변형에 대해 고려할 필요가 있다.

그림 9.1 왼쪽 상단, 경량 알루미늄 도크 연결부의 피로 파괴로 붕괴로 이어짐. 왼쪽 하단, 연결이 실패한 경우. 오른쪽, 파괴된 모습. 빗물이 가득 찬 도크에 계류된 보트와 풍하중이 합쳐진 여분의 무게가 고장을 일으킴.

9.2 개념과 정의

응력 기반의 접근법에 대한 논의는 개념과 기본적 정의의 필요성으로부터 시작한다.

9.2.1 주기적인 하중에 대한 서술

실제적인 피로문제나 재료에 대한 피로시험에 있어 최대와 최소치의 일정하고 주기적인 응력 수준을 고려하여 적용하게 된다. 이것을 일정 진폭응력이라고 하며 그림 9.2에 나타나 있다.

응력 범위($\Delta\sigma = \sigma_{max} - \sigma_{min}$)는 최대응력과 최소응력의 차의 값으로 나타낸다. 최대와 최소응력의 평균값은 평균응력(σ_m)으로 나타낸다. 평균응력이 0인 경우가 그림 9.2(a)에 나타나 있고 그렇지 않은 경우는 그림 9.2(b)에 나타나 있다. 응력 범위($\Delta\sigma$)의 절반에 해당하는 값을 응력진폭(σ_a)로 나타낸다. 이러한 기본적인 정의에 대한 수학적 표현은 아래와 같다.

$$\sigma_a = \frac{\Delta\sigma}{2} = \frac{\sigma_{max} - \sigma_{min}}{2}, \qquad \sigma_m = \frac{\sigma_{max} + \sigma_{min}}{2} \qquad \text{(a, b)} \tag{9.1}$$

교번응력이라는 용어는 몇몇 저자가 사용하고 있는데, 응력진폭과 같은 의미를 가진다.

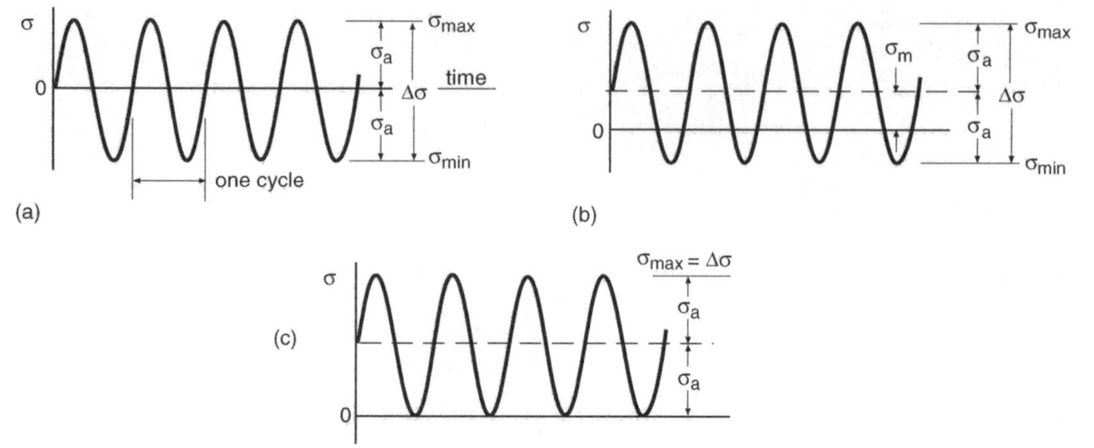

그림 9.2 일정 진폭 주기와 관련된 기호. (a)는 완전 교번응력, $\sigma_m = 0$. (b)는 평균응력 σ_m이 0이 아닌 상태, 그리고 (c)는 $\sigma_{min} = 0$인 0에서 인장까지의 응력 상태

아래 식 또한 유용하게 쓰인다.

$$\sigma_{max} = \sigma_m + \sigma_a, \qquad \sigma_{min} = \sigma_m - \sigma_a \tag{9.2}$$

인장이 양의 값으로 정의할 때, $\sigma_{max} > \sigma_{min}$이므로 σ_a와 $\Delta\sigma$은 항상 양의 값을 가진다. σ_{max}와 σ_{min}그리고 σ_m의 값은 양과 음의 값을 가질 수 있다.

아래와 같은 변수에 대한 비 또한 유용하게 사용되고 있다.

$$R = \frac{\sigma_{min}}{\sigma_{max}}, \qquad A = \frac{\sigma_a}{\sigma_m} \tag{9.3}$$

R은 응력비, A는 진폭비이다. 앞선 식을 통한 몇 가지 추가적인 관계식 또한 유용하다.

$$\begin{aligned} &\sigma_a = \frac{\Delta\sigma}{2} = \frac{\sigma_{max}}{2}(1-R), \qquad \sigma_m = \frac{\sigma_{max}}{2}(1+R) \qquad &\text{(a, b)} \\ &R = \frac{1-A}{1+A}, \qquad A = \frac{1-R}{1+R} \qquad &\text{(c, d)} \end{aligned} \tag{9.4}$$

평균응력이 0인 주기적인 응력은 응력진폭(σ_m) 혹은 최대응력(σ_{max})값을 수치적으로 같게 놓아 얻을 수 있다. 평균응력이 0이 아닌 경우에는 하중을 명시하는데 두 가지 독립적인 값이 필요하다. 사용할 수 있는 몇 가지 조합은 σ_a와 σ_m, σ_{max}와 R, $\Delta\sigma$와 R, σ_{max}와 σ_{min} 그리고 σ_a와 A이다. 반복 완전 교번이라는 용어는 그림 9.2(a)에서 보이는 바와 같이 $\sigma_m = 0$이나 R = −1일 때를 말한다. 또한, 반복 0-인장 그림은 9.2(c)에서 보이는 바와 같이 $\sigma_{min} = 0$이나 R = 0일 때를 말한다.

아래첨자나 Δ를 단어 앞에 붙이는 것은 다른 변수에 대해서도 변형률(ε), 힘(P), 굽힘 모멘트(M) 그리고 공칭응력(S)에 대해서도 유사한 방법으로 사용된다. 예를 들어 P_{max}와 P_{min}은 최대와 최소 힘을 나타내고 ΔP는 힘의 범위, P_m은 평균 힘 그리고 P_a는 힘의 진폭을 나타낸다. 만약 R과 A를 나타낼 때 혼란의 가능성이 있을 때는 R_ε과 같이 아래첨자를 분명히 해야 한다.

9.2.2 점응력과 공칭응력

한 점에서의 응력으로 정의되는(σ)과 공칭 혹은 평균응력(S)을 구분하는 것은 중요하다. 또 이를 위해 우리는 두 가지의 다른 부호를 사용한다. 공칭응력은 편리성을 위해 힘 혹은 모멘트 혹은 힘과 모멘트의 조합으로부터 계산되고 특정한 상황에서만 σ와 같아진다. 그림 9.3의 세 가지 경우를 고려하자. 단순 축 하중에 (a)에 대해 응력 σ는 어디에서나 같고 평균 값 $S = P/A$이며, A는 횡단면 면적이다.

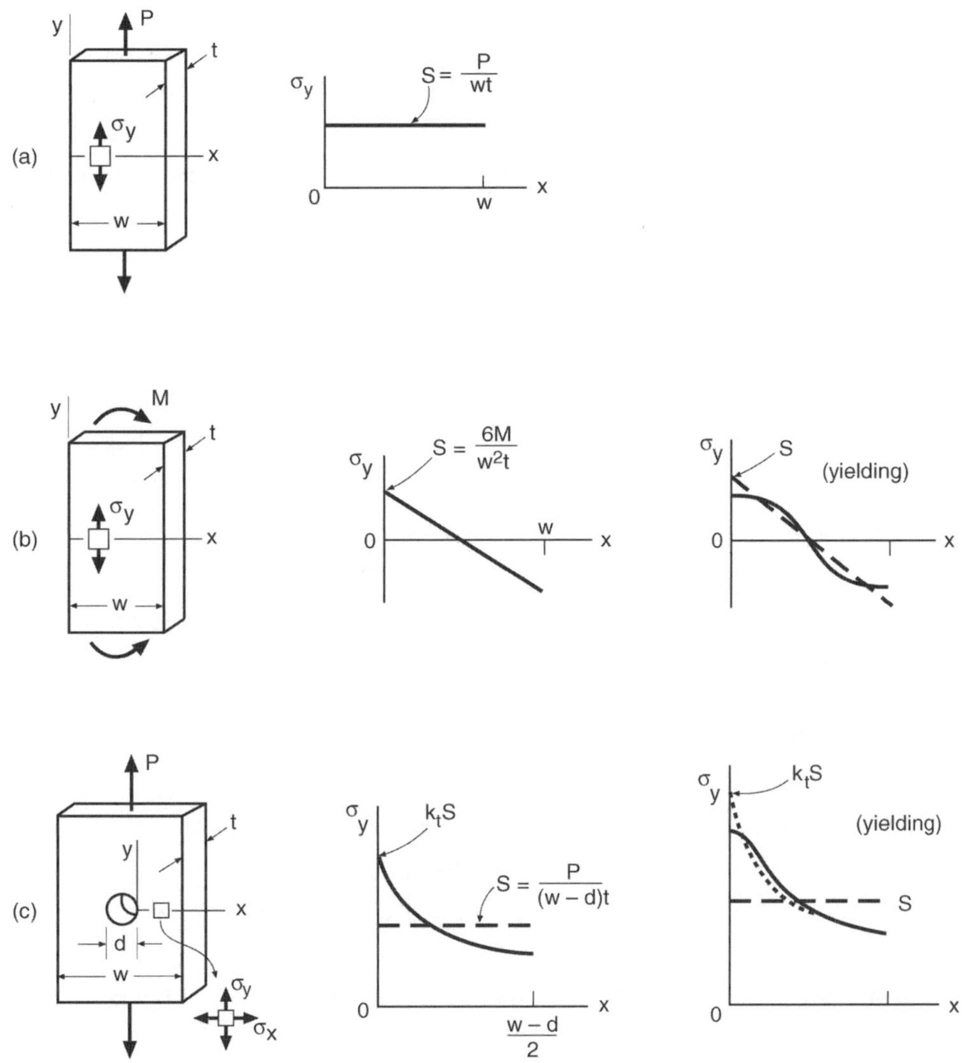

그림 9.3 (a) 단순 인장에 대한 진응력과 공칭응력, (b) 굽힘에서의 진응력과 공칭응력 그리고 (c) 노치가 있는 부재에서의 진응력과 공칭응력. 진응력 분포 σ_y vs. x는 실선으로 나타나고 공칭응력 S와 관련된 가상의 분포는 굵은 점선으로 나타냄. (c)에서 항복이 일어나지 않는 경우의 응력분포가 조밀한 점선으로 나타남.

굽힘에 있어서 탄성 굽힘 방정식인 $S = Mc/I$ 로부터 S를 계산하는 것이 일반적이다. 여기서 c는 중립 축에서부터 표면까지의 거리이고 I는 굽힘 축에 대한 면적 관성 모멘트이다. 이런 이유로, 그림 9.3(b)에 묘사된 것처럼 $\sigma = S$인 굽힘을 받는 부재의 끝단에서 σ는 작다. 그러나 항복이 발생하게 되면 실제 응력 분포는 비선형적으로 변하고 부재의 끝부분의 σ은 더 이상 S와 같지 않게 된다. 이것 또한 그림 9.3(b)에서 나타내고 있다. 탄성 거동에 대한 제한이 있음에도 불구하고 S와 같은 값은 항복을 넘은 부분에서도 종종 계산되는데, 이것이 혼란을 일으킬 수 있다. 항복구간을 넘은 곳에서의 굽힘응력 σ은 14장에서 설명한 것처럼 탄성 굽힘식을 일반적인 해석을 위해 대체함으로써 얻을 수 있다.

노치가 있는 부재에 대해 공칭응력 S는 노치부를 제외한 남아 있는 순면적에 대해 계산한다(여기서 노치라는 용어는 일반적으로 구멍, 홈, 필렛 등과 같이 응력이 상승하는 부분이다). 만약 단축 하중 상태라면 $S = P/A$가, 굽힘에서는 $S = Mc/I$가 순 면적에 대한 굽힘의 계산에 사용된다. 그림 9.3(c)에서 나타낸 것처럼 응력 상승효과로 인해 노치부에서의 최대응력을 구하고자 할 때 S에 탄성응력 집중 계수인 k_t값을 곱하여 $\sigma = k_t S$와 같이 나타낸다. 여기서 k_t값과 S의 정의에 해당하는 것은 부록 A, 그림 A.11과 A.12에 대표적인 경우에 대해 주어져 있다. 여기서 주의할 점은 k_t는 선형 탄성 재료의 거동이며 항복이 일어난 곳에서는 사용할 수 없다. 그림 9.3(c)에서 보는 바와 같이 항복이 노치부에서 국부적으로 발생하면 실제 응력 σ은 $k_t S$보다 낮다.

노치가 있는 부재나 복잡한 기하학적 구조를 가지는 부재에 대해서는 유한요소해석법 혹은 다른 수치적 방법을 이용하여 응력을 구한다. 위와 같은 해석법은 일반적으로 선형 탄성 재료 거동에 사용되고 만약 항복이 발생한 경우에 대해서는 계산된 응력값은 정확하지 않다. 즉 계산된 응력값은 항복응력 σ_o를 초과하게 된다.

혼란을 피하기 위해 알고자 하는 위치에서의 응력 σ과 공칭응력 S는 엄격하게 구분하여 사용해야 한다. 노치가 없는 부재의 축 하중에 대해서 $\sigma = S$이며 이 경우에는 σ을 사용한다. 하지만 노치가 있는 부재와 굽힘에 있어서는 S 혹은 $k_t S$가 사용되며 σ을 사용하지 않는다.

9.2.3 응력과 S-N 선도

만약 재료의 시험편이나 공학적 부품이 충분히 가혹한 주기적인 응력을 받는 상태라면 피로균열 혹은 다른 손상이 발생하여 부재가 완전한 파단에 이르게 한다. 특히 실험이 높은 응력 수준에서 반복적으로 시행된다면 파단에 이르는 주기의 횟수는 적어질 것이다.

또한 다른 응력 수준에서 얻어진 시험 결과를 포함하여 응력-수명 선도(S-N 선도)를 얻기 위해 그려진다.

그림 9.4와 9.5에서 볼 수 있듯이 응력과 공칭응력의 진폭 σ_a와 S_a는 일반적으로 파단에 이르는 주기의 횟수 N_f에 대응하여 그린다.

S-N 선도를 얻기 위한 피로시험은 평균응력 σ_m을 0인 상태로 전체 시험을 진행하거나 혹은 평균응력이 0이 아닌 상태로 일련의 시험을 진행한다. 또한 일반적으로 S-N 선도는 응력비 R을 일정한 값으로 두고 행해지게 된다. 응력은 주로 응력진폭으로 S-N 선도를 그리지만 때때로 $\Delta\sigma$ 혹은 σ_{max}를 대신 사용하는 경우도 있다. 식 9.1과 9.4는 S-N 선도를 다른 형태로 변환시켜 그려내는데 사용된다.

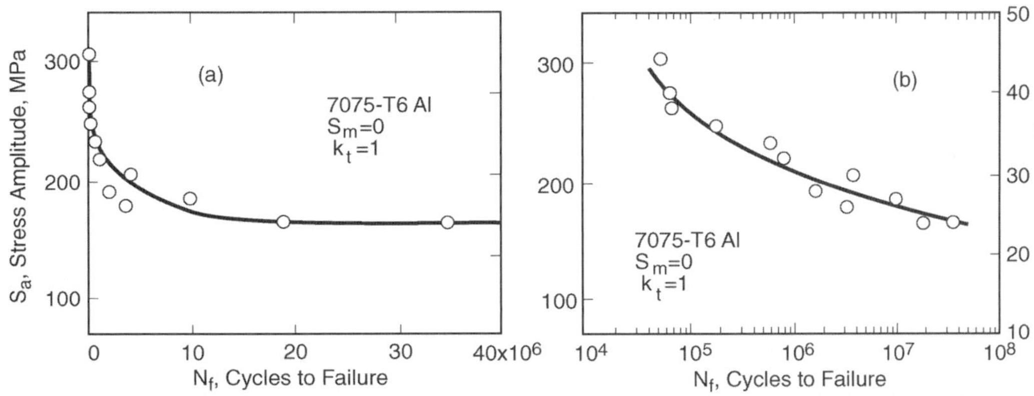

그림 9.4 알루미늄 합금에 대한 노치가 없는 시편의 회전 굽힘 시험으로부터의 응력 vs. 수명(S–N) 선도. 동일한 선형 응력 등급이 사용되었지만 (a)는 주기의 횟수로 그려졌고 (b)는 로그크기로 그려짐.

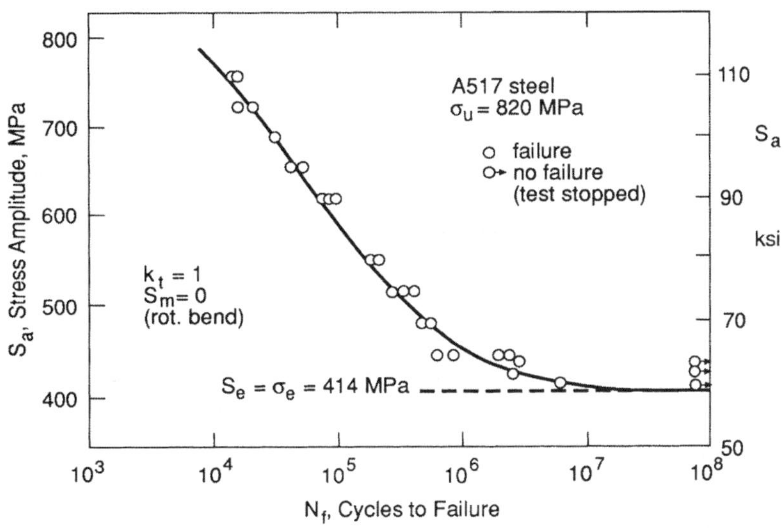

그림 9.5 구별되는 피로한도를 가진 강의 노치가 없는 시편에 대한 회전 굽힘 S–N 선도

파단에 이르는 주기의 횟수는 응력 수준에 따라 급격하게 변하고 몇 자릿수의 범위에 걸쳐 나타나게 된다. 이러한 이유로 주기 횟수는 종종 로그 눈금으로 그려진다. 그림 9.4에서 N_f에 대해 로그 크기와 일반적인 선형 형태의 S-N 선도가 그려져 있다. 여기서 선형눈금으로 그려내는 데의 어려움을 확인할 수 있다. 선형으로 그린 선도에서 짧은 수명에 대해서는 주기의 횟수를 정확하게 읽어내기 어렵다. 또한 로그 눈금은 응력 축에 대해서도 주로 쓰인다.

S-N 자료가 로그-선형 선도에서 대략적으로 직선이 그려진다면 아래의 식을 통해 선도에 대한 수학적 묘사를 얻을 수 있다.

$$\sigma_a = C + D \log N_f \tag{9.5}$$

이 식에서 C와 D는 피팅 상수이다. 로그 - 로그 선도에 대해 대략적인 자료가 직선일 때 대응하는 식은 다음과 같다.

$$\sigma_a = AN_f^B \tag{9.6}$$

이 두 번째 식은 종종 약간 다른 형태로 사용된다.

$$\sigma_a = \sigma'_f(2N_f)^b \tag{9.7}$$

두 가지 형태의 피팅 상수는 아래와 같은 관련성을 가진다.

$$A = 2^b\sigma'_f, \qquad B = b \tag{9.8}$$

식 9.6과 식 9.7의 상수는 몇 가지 공학적 금속에 대해 표 9.1에 주어져 있다. 이러한 것들은 노치가 없는 축 하중 시험편에 대해서 σ_m이 0인 완전 교번 하중 하에서 시험을 수행하여 얻은 피팅 시험 자료를 기반으로 한다. 식 9.7은 널리 사용되는 점이 주목할 만하고 $\sigma_m = 0$에 대한 σ'_f와 b의 값은 재료물성치로써 표에 정리되어 있다.

짧은 피로수명의 경우 13장과 15장에서 설명한 바와 같이 높은 응력을 사용하기 때문에 소성변형률이 수반된다. 그럼에도 불구하고 식 9.7은 변형률이 꽤 큰 값을 가질 때 진응력 진폭 $\tilde{\sigma}_a$이 필요한 경우를 제외하고는 노치가 없는 시험편의 단축 시험에는 계속적으로 사용될 수 있다. 또한 인장 시험

표 9.1 노치가 없는 축하중 시편에서 평균응력이 0일 때의 다양한 공학적 연성 금속에 대한 S-N 선도의 상수

Material	Yield Strength σ_o	Ultimate Strength σ_u	True Fracture Strength $\tilde{\sigma}_{fB}$	$\sigma_a = \sigma'_f(2N_f)^b = AN_f^B$ σ'_f	A	$b = B$
(a) Steels						
SAE 1015 (normalized)	228 (33)	415 (60.2)	726 (105)	1020 (148)	927 (134)	−0.138
Man-Ten (hot rolled)	322 (46.7)	557 (80.8)	990 (144)	1089 (158)	1006 (146)	−0.115
RQC-100 (roller Q & T)	683 (99.0)	758 (110)	1186 (172)	938 (136)	897 (131)	−0.0648
SAE 4142 (Q & T, 450 HB)	1584 (230)	1757 (255)	1998 (290)	1937 (281)	1837 (266)	−0.0762
AISI 4340 (aircraft quality)	1103 (160)	1172 (170)	1634 (237)	1758 (255)	1643 (238)	−0.0977
(b) Other Metals						
2024-T4 Al	303 (44.0)	476 (69.0)	631 (91.5)	900 (131)	839 (122)	−0.102
Ti-6Al-4V (solution treated and aged)	1185 (172)	1233 (179)	1717 (249)	2030 (295)	1889 (274)	−0.104

Notes: The tabulated values have units of MPa (ksi), except for dimensionless $b = B$. See Table 14.1 for sources and additional properties.

으로부터 상수 σ_f'은 종종 대략적으로 연성 재료에서 공학적 인장강도 σ_u보다 더 큰 것으로 알려진 진파괴 강도 $\tilde{\sigma}_f$와 같다.

탄소강이나 저합금강과 같은 몇 가지 재료에서는 일반적인 상태 하에서 피로파괴가 일어나지 않는 특정한 응력 수준을 관찰할 수 있다. 그림 9.5에서 이것을 확인할 수 있고 S-N 선도에서 편평하고 S_e 라고 나타난 부분에 접근한다. 이러한 낮은 응력진폭의 제한을 피로 제한 또는 피로한도라고 부른다. 노치가 없는 시험편과 부드러운 끝 표면에 대해 이러한 것을 σ_e로 표시하고 종종 재료의 물성으로 고려한다.

피로강도라는 용어는 S-N 선도에서 관심 있는 특정한 수명에서의 응력진폭 값을 명시할 때 사용된다. 이런 이유로 주기의 횟수가 10^5 에서의 피로강도는 간단하게 $N_f = 10^5$에 대응하는 응력진폭이다. S-N 선도에 사용되는 다른 용어들은 고주기 피로와 저주기 피로에 함께 쓰인다. 실험자들은 항복 효과가 기여하지 않는 충분히 낮은 응력에서의 거동이 긴 피로수명을 나타낸다는 것을 확인했다. 고주기 피로에 대한 수명은 재료마다 다양하나 평균적으로 10^2에서 10^4범위를 가진다. 저주기 피로 범위에서 15장의 일반적인 변형률 기반으로 한 접근법이 특히 유용하다. 이 방법은 소성 변형 효과를 다루는데 특히 유용하다.

예제 9.1

표 9.1의 AISI 4340 강에 대한 시험으로부터 얻은 응력진폭과 그에 대응하는 파단에 이르는 주기 값들이 주어져 있다. 시험은 표 E9.1에 노치가 없는 시험편에 대하여 평균응력이 0인 상태에서 진행되었다.

(a) 이 시험결과들을 로그-로그 크기로 그려라. 경향이 직선으로 나타난다면 선으로 그려진 자료의 멀리 떨어진 두 점으로부터 식 9.6의 상수 A와 B의 개략적인 값을 얻어라.

(b) $\log N_f$와 $\log \sigma_a$에 대해 선형 최소 자승법을 사용하여 A와 B에 대한 정제된 값을 얻어라.

표 E9.1

σ_a, MPa	N_f, cycles
948	222
834	992
703	6 004
631	14 130
579	43 860
524	132 150

Source: Data in [Dowling 73].

【풀이】 (a) 그림 E9.1에 그려진 자료들이 나타나 있다. 자료들은 직선을 따라 떨어지는 것처럼 보이며 첫 번째 점과 마지막 점이 직선위에 있다는 것을 보여준다. (σ_1, N_1)과 (σ_2, N_2)점을 이용하여 식 $\sigma_a = AN_f^B$에 적용하면

$$\sigma_1 = AN_1^B, \qquad \sigma_2 = AN_2^B$$

그리고 두 번째 식을 첫 번째 식에 대하여 나누고 양변에 로그를 취해주면

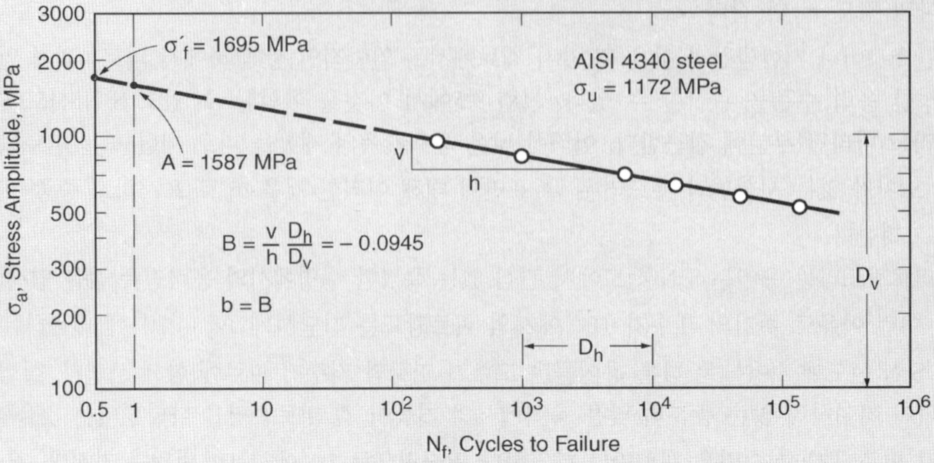

그림 E9.1

$$\frac{\sigma_1}{\sigma_2} = \left(\frac{N_1}{N_2}\right)^B, \qquad \log\frac{\sigma_1}{\sigma_2} = B\log\frac{N_1}{N_2}$$

B에 대해 풀면

$$B = \frac{\log\sigma_1 - \log\sigma_2}{\log N_1 - \log N_2} = \frac{\log(948\,\mathrm{MPA}) - \log(524\,\mathrm{MPA})}{\log 222 - \log 132,150} = -0.0928 \qquad \text{(답)}$$

B를 알면 A는 다른 점으로부터 계산된다.

$$A = \frac{\sigma_1}{N_1^B} = \frac{948\,\mathrm{MPa}}{222^{-0.0928}} = 1565\,\mathrm{MPa} \qquad \text{(답)}$$

(b) 각각의 시험에서 응력을 얻기 때문에 σ_a는 독립 변수이며 N_f는 종속 변수이다. 이런 이유로 최소 자승법으로 진행하기 위해서 N_f에 대해 식 9.6을 풀고 양변에 로그를 취해준다.

$$N_f = \left(\frac{\sigma_a}{A}\right)^{1/B}, \qquad \log N_f = \frac{1}{B}\log\sigma_a - \frac{1}{B}\log A$$

로그-로그에 대한 직선 식은 아래와 같이 나타낼 수 있으며

$$y = mx + c$$

y는 종속 변수, x는 독립 변수이다. 그리고

$$y = \log N_f, \qquad x = \log\sigma_a, \qquad m = 1/B, \qquad c = -\frac{1}{B}\log A$$

이것을 기반으로 선형 최소 자승법을 사용하면

$$m = -10.582, \qquad c = 33.87$$

그래서

$$B = 1/m = -0.0945, \qquad A = 10^{-cB} = 1587 \qquad \text{(답)}$$

결과는 그림 E9.1에 나타나 있다.

【고찰】 풀이 (a)와 (b)로 얻어진 A, B값은 많은 자료로 구성된 표 9.1의 값들과 대략적으로 일치하는 것처럼 보인다.

식 9.6으로부터 계수 A는 $N_f = 1$일 때 σ_a처럼 보인다. 이것은 그림 9.1에 나타나 있다. 지수 B는 두 축에 같은 크기의 로그-로그 선도에서 직접 측정한 기울기이다. 그림 E9.1에서 σ_a 축의 십진법 로그가 N_f축의 10진법 로그에 비해 두 배 크므로 $D_v/D_h = 2$이고 그래프에서 직접 측정된 기울기 v/h는 B 값을 자세하게 결정하기 위해 2로 나누어 주어야 한다.

또한 식 9.7의 σ'_f와 b는 A와 B로부터 직접 구할 수 있다. 최소 자승법으로부터 얻은 값을 가지고 식 9.8을 이용하여 얻을 수 있는 것은

$$b = B = -0.0945, \qquad \sigma'_f = \frac{A}{2^b} = \frac{1587\,\text{MPa}}{2^{-0.0945}} = 1695\,\text{MPa}$$

식 9.7로부터 상수 σ'_f는 반주기($N_f = 0.5$)로 σ_a가 되는 것이 주목되는데 이것 또한 그림 E9.1에 나타나 있다.

9.2.4 S-N 선도의 안전계수

실제 이용 중 발생할 것이로 예상되는 응력 수준 $\hat{\sigma}_a$과 주기의 횟수 $\hat{N}$를 고려하자. 그림 9.6에 나타나 있는 것처럼 이 조합은 파단에 대응하는 S-N 선도 $\sigma_0 = f(N_f)$보다 낮아야만 하며, 이를 위해서는 적절한 안전계수가 정의되어야 한다. 첫째, 기대 서비스 수명 $\hat{N}$에서의 파단에 대응하는 응력진폭 σ_{a1}. 그리고 서비스 중 응력 $\hat{\sigma}_a$과 σ_{a1}을 비교하여 응력에 대한 안전계수를 얻는다.

$$X_S = \frac{\sigma_{a1}}{\hat{\sigma}_a} \qquad (N_f = \hat{N}) \tag{9.9}$$

또 다른 방법으로, 서비스 중 응력 $\hat{\sigma}_a$에 대응하는 파괴 수명 N_{f2}를 서비스 수명 $\hat{N}$과 비교하여 얻는다.

$$X_N = \frac{N_{f2}}{\hat{N}} \qquad (\sigma_a = \hat{\sigma}_a) \tag{9.10}$$

피로에 대한 응력을 기반으로 한 안전계수는 다른 응력 기반의 안전계수와 크기 면에 있어 비슷한데, 파단의 결과에 따르거나 $\hat{\sigma}_a$와 $\hat{N}$가 잘 알려졌던 간에 보통 X_S가 1.5에서 3사이이다. 이는 이전 장에서 논의되었다. 하지만, 피로수명은 응력 값에 따라 꽤 민감하다, 그래서 수명에 있어 비교적

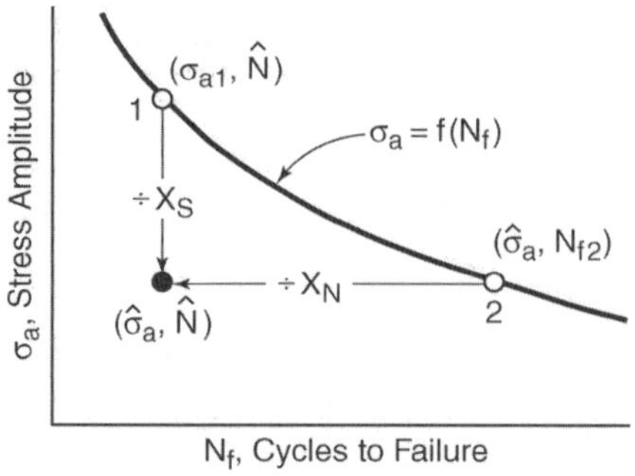

그림 9.6 S–N 선도와 실제 가동 중의 기대 응력진폭과 주기의 횟수, $\hat{\sigma}_a$와 $\hat{N}$,은 응력에 대한 안전계수 X_S와 수명에 대한 안전계수 X_N.

큰 안전계수가 응력에 대한 타당한 안전계수를 산정하는데 필요하다. 이로 인해 수명에 대한 안전계수는 좀 더 큰 범위인 X_N이 5에서 20 사이가 적당하다.

예를 들어, 식 9.6의 S–N 선도를 고려하고 그림 9.6에 대해 첫 번째와 두 번째 유사한 점에 대한 관계를 적용하면

$$\sigma_{a1} = A\hat{N}^B, \qquad \hat{\sigma}_a = A\,N_{f2}^B \qquad \text{(a, b)} \tag{9.11}$$

이것을 식 9.9에 대체시키고 식 9.10에 적용하면 X_S와 X_N의 관계는 다음과 같다.

$$X_S = \frac{A\hat{N}^B}{A\,N_{f2}^B} = \left(\frac{1}{X_N}\right)^B = X_N^{-B}, \qquad X_N = X_S^{-1/B} \qquad \text{(a, b)} \tag{9.12}$$

이로 인해서 S–N 선도 형태의 식 9.6에 대해 응력에 주어진 안전계수는 수명의 특정 안전계수에 해당한다. 식 9.7의 b를 B로 대체함으로써 대안의 식을 얻어 같은 관계를 적용할 수 있다. 다른 형태의 응력-수명 선도의 로그-로그 크기에서 직선을 형성하지 않는 것에 대해 주어진 X_S에 대응하는 X_N이 다를 수 있다.

표 9.1에서 볼 수 있듯이 공학적 금속에 대해 노치가 없는 축 방향 시험편의 S–N 선도에 있어서 B=−0.1 주위 값들이 일반적이다. 노치가 있는 공학적 부품에 대한 시험을 통해 얻은 S–N 선도는 일반적으로 지수 B가 −0.2를 가지며 강 부재의 용접 구조물은 지수 B가 −1/3을 가진다. B의 이러한 값들을 식 9.12에 적용하면 $X_S = 2$에 해당하는 수명 X_N의 안전계수를 얻을 수 있고 또한 $X_N = 10$일 때의 응력에 대한 안전계수를 얻을 수 있다.

B	$-1/B$	X_N for $X_S = 2$	X_S for $X_N = 10$
−0.1	10	1024	1.26
−0.2	5	32	1.58
−0.333	3	8	2.15

우리는 응력에 대한 보통의 안전계수보다 훨씬 큰 안전계수가 수명에 있어서 필요하다는 것을 알았다. 특히 −1/B가 큰 얕은 S–N 선도에서는 더더욱 그렇다.

부록 B의 표 B.4로부터 일반적으로 피로 강도의 변화에 따른 계수는 $\delta_x = 10\%$이다. 표 B.3을 참고하면 이것은 0.1% 파단율을 의미하고 응력은 $3.09 \times 10\% = 30.9\%$만큼 평균응력 아래에 있다. 이것은 평균응력의 69.1%의 응력에 차례차례 대응하고 $X_S = 1/0,691 = 1.45$의 응력에 대한 안전계수에도 차례차례 대응한다. 비슷하게 평균응력의 37.2% 아래에서 대응하는 파단율은 0.01%이고 안전계수가 $X_S = 1/0.628 = 1.59$라는 것을 의미한다. 물론 일반적으로 δ_x의 변화가 더하거나 덜한 특이한 경우도 있다. 또한 앞서 말한 논리는 S-N 선도에 이상이 없다는 것을 가정한다. 이런 이유로 파단율과 X_S에 대응하는 안전계수는 단지 개략적인 지침으로서 고려되어야 한다. 그렇지만 여기서는 피로에 있어 응력에 대한 안전계수는 일반적으로 1.5보다 크다고 제안한다.

예제 9.2

표 9.1의 AISI 4340 강에 대해 $\hat{\sigma}_a = 500\,\text{MPa}$의 응력진폭이 $\hat{N} = 2000$에서 적용되고 있다. 수명과 응력에 관한 안전계수는 얼마인가?

【풀이】 수명에 대한 안전계수는 식 9.6으로부터 결정된다. 그림 9.6에서 점 (2)에 대응하는 수명을 계산하기 위해

$$\sigma_a = \hat{\sigma}_a = AN_{f2}^B, \quad N_{f2} = \left(\frac{\hat{\sigma}_a}{A}\right)^{1/B} = \left(\frac{500\,\text{MPa}}{1643\,\text{MPa}}\right)^{1/(-0.0977)} = 1.942 \times 10^5\,\text{cycles}$$

$$X_N = \frac{N_{f2}}{\hat{N}} = \frac{1.942 \times 10^5}{2000} = 97.1 \qquad \text{(답)}$$

재료상수 A, B는 표 9.1에서 얻을 수 있다.

응력에 대한 안전계수는 점 (1)에 대응하는 응력진폭 σ_{a1}으로부터 계산되어진다. 식 9.6에 $\hat{N} = 2000$을 대입하여 얻을 수 있다.

$$\sigma_{a1} = AN_f^B = A\hat{N}^B = 1643(2000)^{-0.0977} = 782\,\text{MPa}$$

이리하여 응력에 대한 안전계수는

$$X_S = \frac{\sigma_{a1}}{\hat{\sigma}_a} = \frac{782\,\text{MPa}}{500\,\text{MPa}} = 1.564 \qquad \text{(답)}$$

하지만 식 9.6에서의 S-N 선도의 형태 때문에 식 9.12와 X_N으로부터 더 효율적인 계산이 가능하다.

$$X_S = X_N^{-B} = 97.1^{-(-0.0977)} = 1.564$$

【고찰】 응력에 대한 안전계수인 $X_S = 1.56$에 대응하는 꽤 큰 수명 $X_N = 97.1$에서의 안전계수는 보통의 값이고 S-N 선도에 대해 $-1/B = 10.2$의 꽤 큰 값을 기대한다.

9.3 주기적인 하중의 근원

일정한 진폭을 가지는 주기적인 하중을 수반하는 실질적인 문제도 있지만, 시간 흐름에 따라 하중이 불규칙적인 경우가 더욱 일반적이다. 그림 9.7과 9.10에 그 예시가 주어져 있다. 기계, 운송수단 그리고 구조물의 부품에 작용하는 하중은 그 근원에 따라 네 가지의 범주로 나누어진다. 정적하중은 변하지 않고 지속적이다. 사용하중은 시간에 따라 변하고 부품이 작동하는 결과에 의한 것이다. 진동하중은 환경으로부터 발생한 비교적 고주기 하중이거나 부품의 기능에 대한 이차적인 효과에 의한 것이다. 이러한 것들은 종종 유체의 난류에 의해 발생하거나 거친 고체 표면이 서로 접할 때 발생한다. 우발하중은 드문 경우로 보통의 환경에서는 발생하지 않는다.

예를 들어, 고속도로의 가교를 고려해보자. 정하중은 구조물과 도로의 무게로 항상 존재한다. 주기적인 사용하중은 무거운 트럭과 같이 가교를 건너는 차량의 무게로 인해 발생한다. 진동하중은 사용하중에 더해지며 타이어와 도로의 거친 표면의 상호 작용과 차량이 도로위의 움푹 패인 곳을 지날 때에 발생한다. 큰 폭을 가지는 가교의 경우 바람의 난기류로 인한 진동하중의 대상이다. 우발하중은 트럭이 고가도로 가교와의 충돌에 의해 발생하거나 지진에 의해 발생할 수 있다.

사용하중과 진동하중은 종종 함께 발생하고 피로파괴를 일으킬 수 있는 주기적인 하중이다. 하지만 정하중이 크다면 주기하중 때문에 발생하는 손상은 더 커지게 되며, 이러한 이유로 주기하중을 고려할 필요가 있다. 우발하중은 피로 파괴를 발생시키는데 추가적인 역할을 한다. 혹은 부품에 손상을 입히는 것 또한 일반적인 하중보다 피로에 있어 민감한 부분이다.

일정한 진폭 시험의 S-N 곡선은 불규칙한 부하 시간 이력에 대한 피로 수명을 추정하는데 사용될 수 있다. 그 방법은 이 챕터가 끝날 무렵에 소개될 것이다.

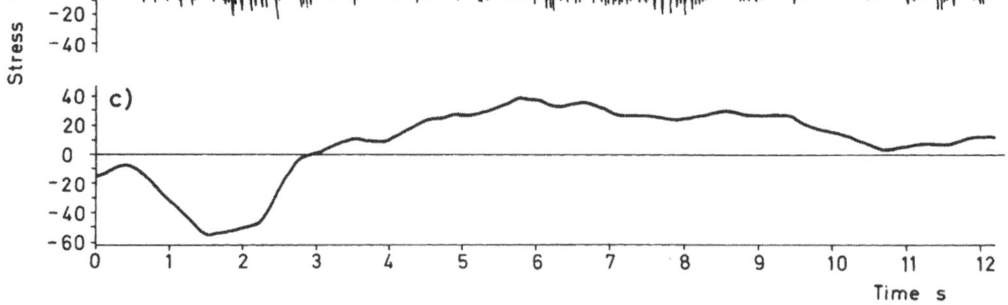

그림 9.7 (a) 원래의 응력-시간 이력을 포함한 차량의 조향 너클 팔에서의 응력에 대한 표본 기록 그리고 (b) 도로의 거칠기에 따른 진동하중의 분리, (c) 차량을 이동하는데 있어 발생하는 사용하중

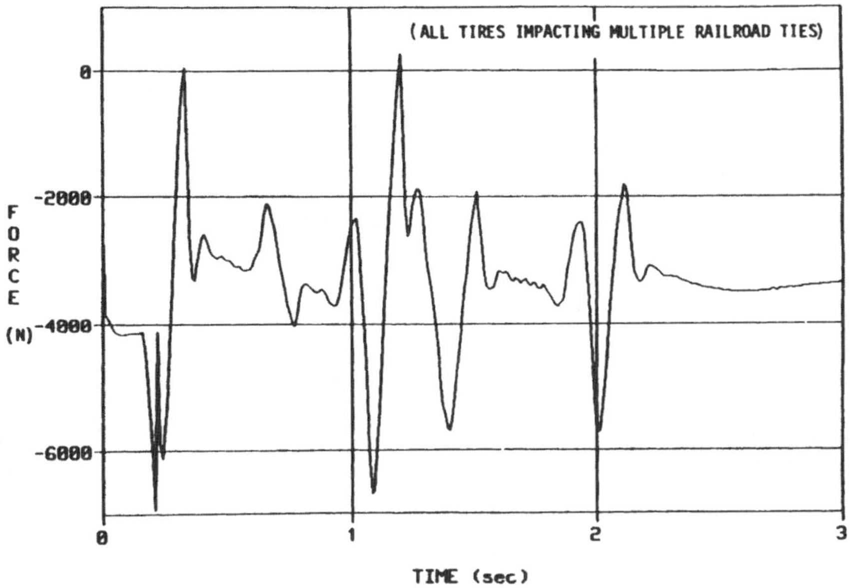

그림 9.8 타이어가 침목에 충격을 받을 때 측정된 기차의 서스펜션의 좌측 아래 볼 조인트에 대한 계산된 힘

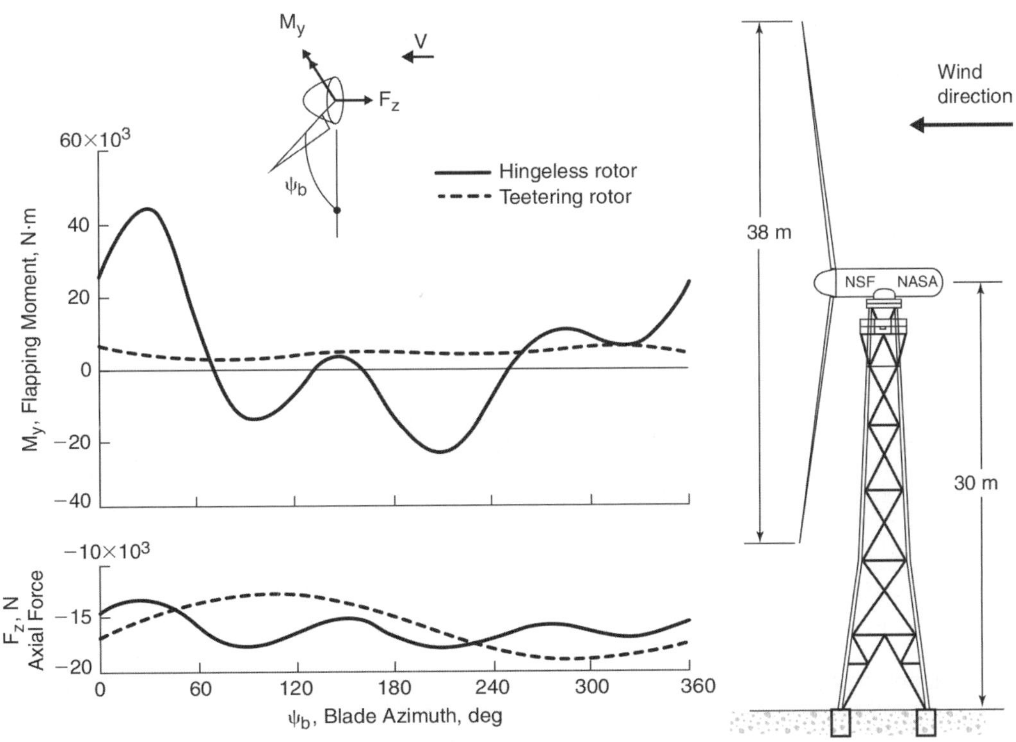

그림 9.9 풍속 8m/s에서 1회 완전 회전에 대해 표시한 풍력 터빈의 날개에서 계산된 축력과 회전운동 모멘트. 회전축이 수평으로 유지되는 것이 아니라 기울어(teetering rotor) 지도록 허용하면 모멘트가 크게 감소함.

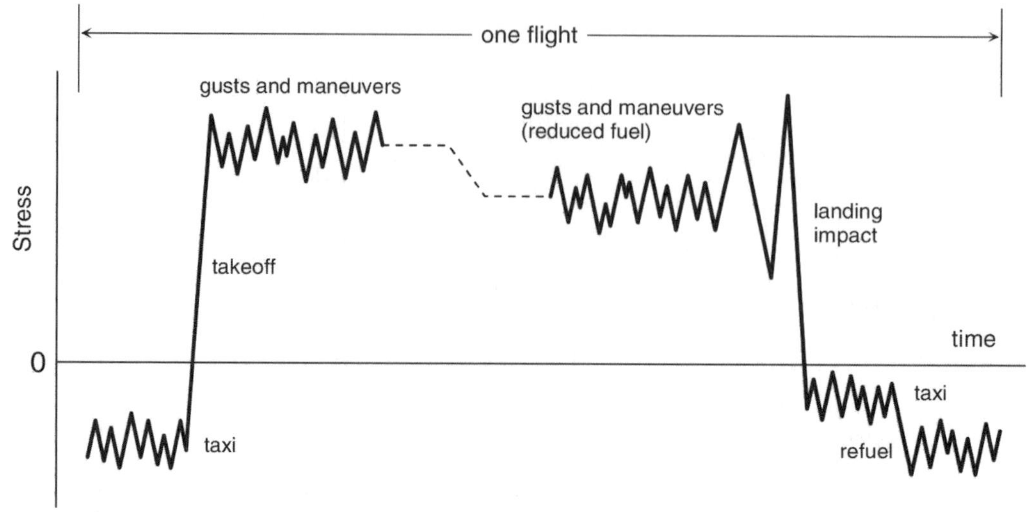

그림 9.10 고정된 날개를 가진 항공기의 한 번의 비행에 대한 굽힘 하중 개략도. 전체적인 순서는 ground-air-ground(GAG) 주기라고 불림.

9.4 피로 시험

S-N 선도를 얻기 위한 재료시험은 일반적으로 널리 사용되고 있다. ASTM E466과 같은 몇몇 ASTM 기준은 금속에 대해서 응력 기반의 시험을 다루고 있다. 결과 자료와 선도는 핸드북을 포함한 다양한 지침서와 같은 출판 문헌에서 제시되고 있다. 이러한 시험의 기본적 내용을 숙지하는 것은 공학적 목적에 대해 결과를 효과적으로 적용시키는 데에 있어 유용하다.

9.4.1 시험 장비

그림 9.11에 Wöhler에 의한 외팔보의 굽힘에 대한 회전 시험 시편을 시험하는 기계가 나타나 있다. 시편에 회전을 주기 위해 스프링이 베어링을 따라 일정한 힘을 전하고 굽힘 모멘트는 스프링의 길이

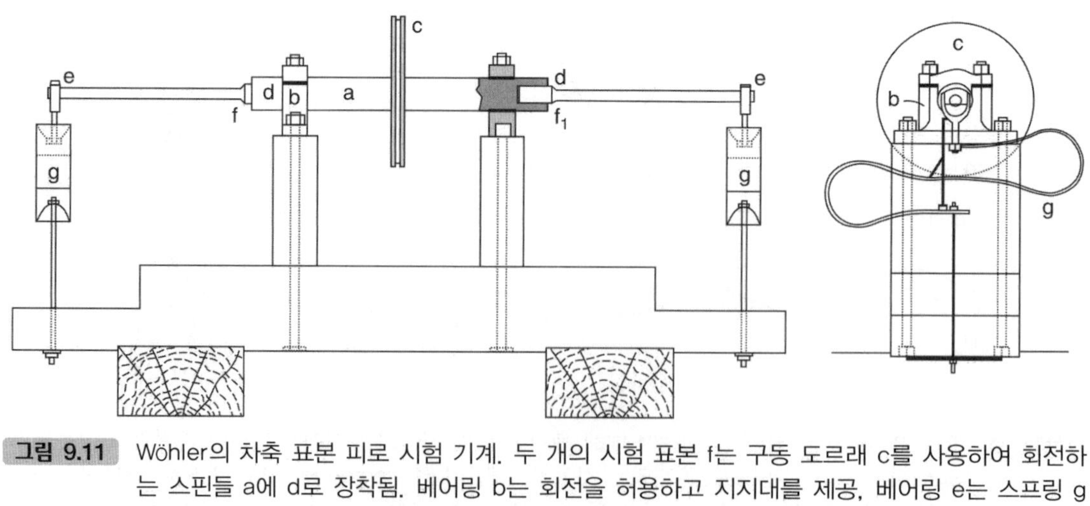

그림 9.11 Wöhler의 차축 표본 피로 시험 기계. 두 개의 시험 표본 f는 구동 도르래 c를 사용하여 회전하는 스핀들 a에 d로 장착됨. 베어링 b는 회전을 허용하고 지지대를 제공, 베어링 e는 스프링 g에 의해 힘이 가해지는 동안 시편의 단부가 회전할 수 있도록 함.

에 따라 선형적으로 변한다. 이러한 회전 굽힘 시험에서 각각 한 번의 완전한 주기마다 시험편이 360도 회전하고 응력은 인장과 압축을 받고 사인파형을 나타낸다.

회전 굽힘 시험에 대한 장비는 요즘 사용되는 방법과 여전히 유사하다. 그림 9.12에 나타나 있는 4점 굽힘 방법은 다른 형태의 피로시험기계 형태보다 더 널리 사용되는 방법이다. 시험편의 각 끝에 있는 두 개의 베어링이 시험편이 회전하는 동안 하중을 가할 수 있게 하고 바깥쪽 두 개의 베어링은 이를 지지한다. 무게추를 매달아 놓음으로써 일정한 하중을 가하게 된다. 4점 굽힘 시험은 일정한 굽힘 모멘트를 가할 수 있는 것에 장점이 있고, 이때 시편의 길이 방향으로의 전단력은 0이 된다. 회전 굽힘 시험의 모든 형태에 대해 주기적인 응력의 평균값은 0이다. 이는 시험편 표면에 주어진 지점에 대한 굽힘의 중립 축선으로부터의 거리가 0에 대해 대칭적인 원형 단면으로 회전하기 때문이다.

그림 9.13에 나타나듯이 회전하는 크랭크를 이용하여 평균응력이 0이 아닌 경우에 대한 반복 굽힘 시험을 수행할 수 있다. 변위 구동으로부터 연결 막대의 길이를 변화시킴으로써 기하학적 구조의 변화를 통해 평균 변위를 다르게 함으로써 다양한 평균응력을 부가할 수 있다. 시험편은 주로 일정한 굽힘응력을 줄 수 있도록 폭이 점점 가늘어지는 평평한 형태이다. 그림 9.14에서 이러한 형태의 시험편을 볼 수 있다.

또 다른 기계적인 장치의 수정과 정교화를 통해 비틀림, 굽힘과 비틀림 혼합 및 쌍축 굽힘 등에 대한 피로 시험을 할 수 있다. 예시는 Sines(1959)의 피로 시험 장을 참조하면 된다. 또한, 주기적인 응력은 테스트 샘플에서 공진 진동을 통해 얻을 수 있다. 이는 회전 편심 질량 또는 전자기, 압전 또는 음향 효과와 같은 다른 방법으로 얻을 수 있다. 이러한 일부 특수 기술을 사용하면 최대 100kHz까지 주기의 빈도가 가능하다. 이러한 매우 높은 빈도에서는 과열을 방지하기 위해 시편의 냉각이 필요하다. 회전 굽힘, 상호 굽힘, 공진 시험 장비와 같은 모든 시험 장비는 주기에 대한 일정한 주파수에서 일정한 하중 진폭에 대해 가장 적합하다. 하지만 응력 수준 혹은 천천히 변화하는 진폭을 구현하기 위해서는 이러한 기계에 추가의 복잡함이 더해질 수 있다.

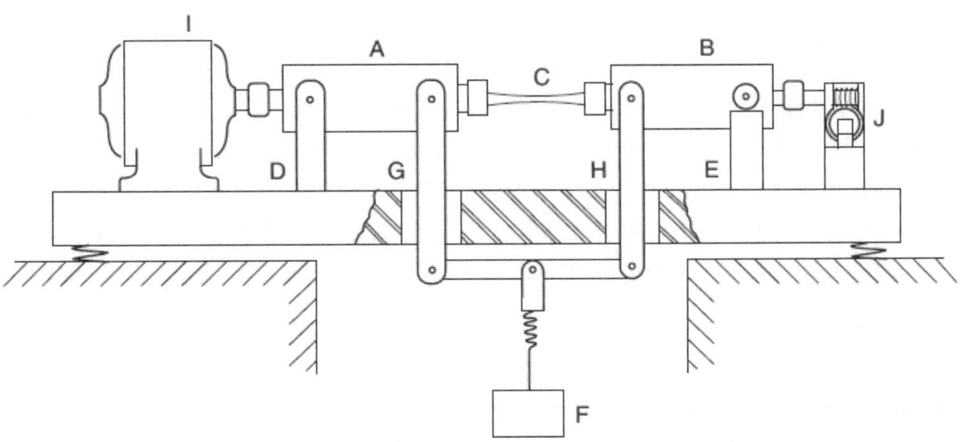

그림 9.12 회전-굽힘 피로 시험기. 하우징 A, B는 시편 C에 연결되고 단순한 빔 지지대 D, E를 갖는 스핀들(베어링 및 샤프트)을 포함. 무게 F 및 링크 G, H는 시편에서 순수한 굽힘을 유발. 모터 I은 스핀들을 회전시켜 시편을 만듬, 회전 계수기 J는 사이클 수를 제공 (ASTM 49 페이지 53에서 허가를 받아 발췌함).

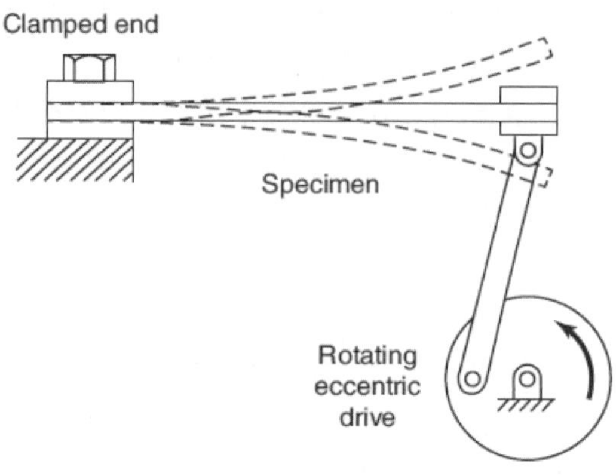

그림 9.13 편심 회전의 변형 제어를 기반으로 한 외팔보의 반복 굽힘 피로 시험 기계

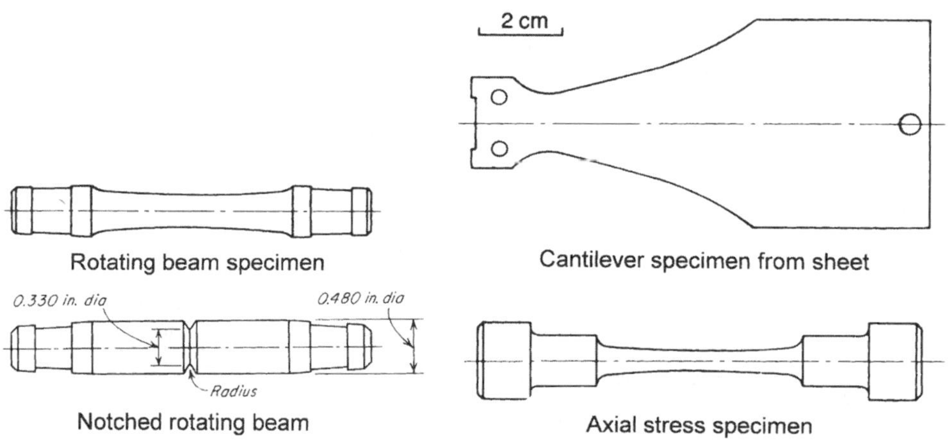

그림 9.14 다양한 피로 시험 시편, 모두 같은 비율로 나타냄 (왼쪽 그림은 [MacGregor 52] 및 오늘쪽 그림은 [Kaufman 08]에서에서 허가를 받아 발췌함).

그림 3.4의 폐루프 유압 시험 장비 또한 피로시험에 있어 널리 사용되고 있다. 이 장비는 고비용이며 복잡하지만 다른 유형의 피로 시험 장비와는 달리 중요한 장점이 있다. 시험편은 하중과 변형률과 변위제어를 통한 일정하고 주기적인 진폭의 대상이고 주기 주파수는 기계의 전자 제어에 의해 원하는 값을 설정할 수 있다. 또한, 시험편에 전기적 신호를 강요할 수 있기에 불규칙적인 하중 이력이 가능하다. 그림 9.7과 9.10에서 보인 바와 같이 매우 불규칙적인 이력은 실제 서비스 환경에서와 가깝게 하여 모의실험을 진행할 수 있다. 폐루프 장비는 주로 컴퓨터에 의해 제어되며 시험 결과 또한 컴퓨터에 의해 측정된다.

설명한 대부분의 시험 기구에서 주파수는 전자 모터의 속도에 의해 고정되거나 공진 진동 장치의 자연발생적인 주파수에 의해서 고정된다. 고정된 주파수는 대부분 10에서 100Hz 사이의 범위이다. 100Hz에서 10^7주기에 대한 시험은 28시간이 소요되고 10^8주기에 대한 시험은 12일, 10^9주기에 대한 시험은 거의 4달이 걸린다. 이러한 긴 시간 동안의 시험에 대해 현실적으로 조사된 수명범위의 한계를 배치한다. 만약 굉장히 긴 수명 동안에 대한 고려가 필요한 경우 특별한 고주파 공진 진동 시험 장비를 이용하는 것이 하나의 가능성이다.

그림 9.15 7075-T6 알루미늄 피로 시험 시편의 파단 사진. 7.6mm 직경을 가지는 노치가 없는 축 방향 시편(좌측)과 둥근 구멍이 있는 19mm 너비의 판(우측). 노치가 없는 시편에서는 균열이 다소 밝은 색을 가지는 평평한 지역에서 시작하고 노치가 있는 시편에서는 구멍의 양 끝부분에서 시작하였음.

9.4.2 피로 시험편

재료의 피로 저항 측정을 위한 시험편은 사용되는 시험 기구에 맞게 제작되어진다. 그림 9.14에 몇 가지 예시가 나타나 있고 그림 9.15에는 피로 시험에 의한 두 가지 파단형태를 볼 수 있다. 노치가 없거나 평활재라고 불리는 간단한 시험편의 경우 파단이 발생하는 곳에서의 응력 상승은 없다. 응력이 상승하는 다양한 노치가 있는 시험편 또한 사용된다. 이러한 재료의 평가에 대한 것은 실제 부품의 환경에 가깝기에 허용된다. 노치가 있는 시험편은 탄성응력 집중 계수 k_t 값에 의해 특징지을 수 있다.

볼트나 용접부와 같은 부품 또는 실제 구조물은 종종 피로시험의 대상이 된다. 때때로 전체 구조물이나 차량 등의 조립에 있어 시험하기도 한다. 예를 들면 항공기의 날개나 꼬리 날개 부분, 차량의 서스펜션 시스템과 같은 것이 있다. 실제적인 차량에 대한 피로시험은 앞서 그림 1.13에 나타나 있다.

9.5 피로손상의 물리적 환경

충분히 작은 크기로 고려할 때 모든 재료들은 이방성이며 균질하지 않다. 예를 들면 공학용 금속은 작은 결정립들의 집합체이다. 각 결정립 이내에서 거동은 결정립 면 때문에 이방성 거동을 하고, 입계선이 교차하는 경우에는 이러한 면들의 방향이 바뀌게 된다. 비균질성은 결정립의 구조뿐만 아니라 강에서의 경우와 같이 단단한 규산염 혹은 알루미늄과 같은 재료의 화학 성분과 같은 불순물 혹은 미세 공극 때문에 발생한다. 부록 C에서 언급한 바와 같이 결정립이 포함되어 있거나 화학 성분이 다수 포함된 지역에서 다수의 상 또한 일반적으로 존재한다. 미세구조적인 규모로 볼 때 균일하지 못한 미세구조와 같은 결과로서 응력 분포 또한 균일하지 못하게 된다. 극심한 응력이 작용하는 지역에서 종종 피로손상이 시작된다. 미세구조의 거동에 대한 세부사항은 재료마다 다른 기계적 특성 및 미세구조에 따라 다양하다.

연성 금속재료에 있어서는, 적용 응력에 대하여 부적절한 또는 비우호적인 방향을 가지는 결정 입자에 있어서 먼저 슬립 밴드가 발생한다. 2장에서 논의하였듯이, 슬립 밴드는 결정립 면 사이의 전단 거동으로 인해 집중적으로 변형이 나타나는 구역이다. 그림 9.16에서 이 과정이 연속 사진으로 나타나 있다. 또한 이전에 그림 2.24에서 나타낸 슬립 밴드 영역에서의 손상의 경우 주기적인 하중에 의해 발생한 것이다. 주기가 더 진행됨으로써 (주기의 횟수는 밴드의 형성이 늦을수록 더 많은 시간이 걸린다) 슬립 밴드는 포화에 이르게 된다. 개개의 슬립 밴드는 더 심해지고 몇몇 결정립들은 균열로 발전한다. 균열은 다른 결정립으로 퍼지고 주변 입자의 균열과 합쳐져서 점진적으로 파단으로 진전하는 큰 균열을 형성한다.

고강도 금속과 같이 다소 제한적인 연성을 가지는 재료의 경우에는 미세구조적 손상의 퍼지는 정도가 덜한 반면 재료의 결함에 집중하는 경향을 나타낸다. 기본적으로 작은 균열은 공극, 개재물, 슬립 밴드, 입계선, 표면의 긁힌 자국 혹은 초기부터 존재하는 날카로운 홈에서 발생한다. 일반적으로 인장 응력에 대해 이 균열은 파단에 이르기까지 성장하고, 때때로 이 과정에서 다른 균열들과 합쳐진다. 이러한 형태의 점진적인 손상에 대한 사진은 그림 1.8에서 이미 소개하였다. 개재물에 의한 피로 파괴의 시작의 예는 그림 9.17에서 볼 수 있다. 이와 같이 매우 연성이 큰 재료에서 발생하는 손상의 증대가 널리 퍼지는 것과 반대로, 제한된 연성을 가지는 재료의 과정에서는 조그마한 결함의 진전에 의해 나타나는 것으로 특정지을 수 있다. 섬유로 구성된 복합재료의 경우 일반적으로 피로 손상은 넓은 부분에 걸쳐 박리가 일어나고 파괴되는 섬유질의 수가 증가함에 의해 특정지을 수 있다. 마지막 파단에서는 뚜렷한 균열보다는 옆으로 빠져나온 섬유와 분리된 층의 불규칙한 기하학적 구조가 수반된다.

S-N 선도는 파괴에 대해서만이 아니라 그림 9.18에 보인 바와 같이 손상과정의 여러 단계에 이르는데 요구되는 주기의 횟수에 대해서도 그릴 수 있다. 그림에서 보여진 한 선도의 경우 열처리되거나 거의 순수한 알루미늄 합금에 있어서 슬립 밴드가 관여하는 손상에 대해 나타낸 선도이다. 또 다른 그림에서는 석출 경화된 알루미늄 합금과 같은 경우에 대해, 처음 균열이 감지된 경우와 파손에 이르게 된 경우에 대해 S-N 선도로 나타내었다.

거시적으로 균열의 성장에 의해 파단되는 경우는 일반적으로 시작점 근처 부분에 비교적 매끄러운 영역을 보인다. 이는 그림 9.15, 9.17, 9.19에서 볼 수 있다. 피로균열의 성장에 의한 파괴에 이른 파단면은 일반적으로 평평하고 적용된 인장 하중의 수직한 방향으로 나타나게 된다. 거친 표면에서는 일

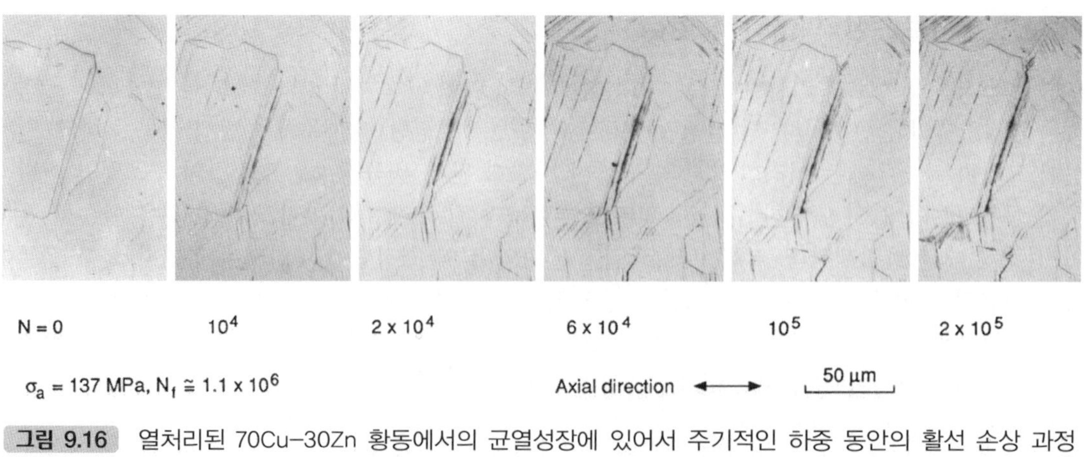

그림 9.16 열처리된 70Cu–30Zn 황동에서의 균열성장에 있어서 주기적인 하중 동안의 활선 손상 과정

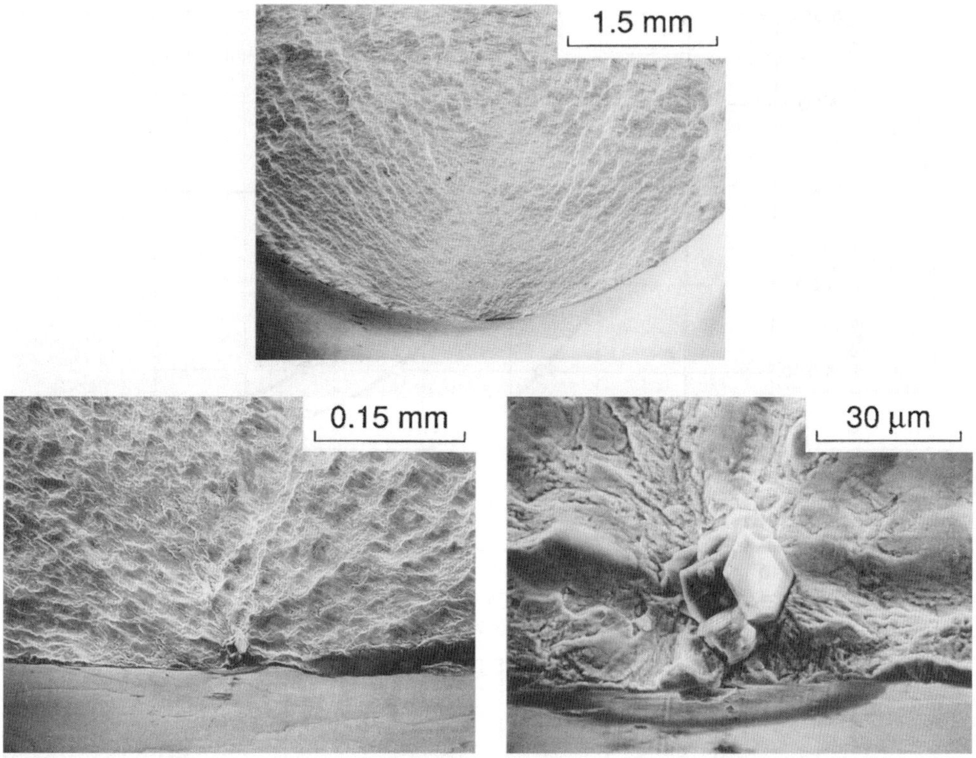

그림 9.17 $\sigma_u = 780$MPa를 가지고 $\sigma_a = 440$MPa, $\sigma_m = 0$에서 실험을 진행한 AISI 4340 강재의 노치가 없는 축방향 시험편에 대한 피로균열의 시작점. 균열의 시작하는 개재물은 두 가지의 고배율에서 볼 수 있음.

반적으로 균열이 진행됨에 따라 성장 속도가 증가하게 되며, 균열이 성장하면서 더욱 급격히 성장하게 된다. 그림 9.19에서 볼 수 있듯이 비치마크(beach mark)라 부르는 균열 시작점으로부터 중심이 같은 곡선이 주로 존재하고 다양한 단계에서 균열의 진행을 표시한다. 이는 그림 9.20에서 더욱 자세히 관찰 할 수 있다. 비치마크는 파단면의 질감에 대한 변화를 나타내며 응력 크기의 변화, 온도, 화학적 환경에 의해 균열의 지연이나 가속의 결과로 나타날 수 있다 . 비치마크는 또한 오래된 파단면 부분에서의 대량의 부식으로 인해 변색될 수 있다.

균열이 충분한 크기에 도달한 후에는 상당한 변형을 수반하는 연성파괴로 나타나거나 또는 작은 변형을 가지거나 변형이 거의 포함되지 않는 취성파괴로 나타나게 된다. 최종 파단부는 대체로 거칠며 연성 재료는 전단립을 형성하고 적용되는 응력에 약 45도 기울어진 형태로 나타난다. 이러한 특징은 그림 9.15, 9.19, 9.20에서 볼 수 있다. 연성파괴의 추가 예는 그림 9.21에 나타나 있는데, 지진에 의해 저사이클 피로와 좌굴의 조합에 의해 파손된 콘크리트 강화 철근을 보이고 있다. 연성 재료에 대한 피로 파단면의 현미경 검사는 종종 각 주기마다 균열의 진전에 의해 남겨진 흔적으로 나타난다. 이것들은 줄무늬(Striation)라고 불리며 그림 9.22에서 볼 수 있다.

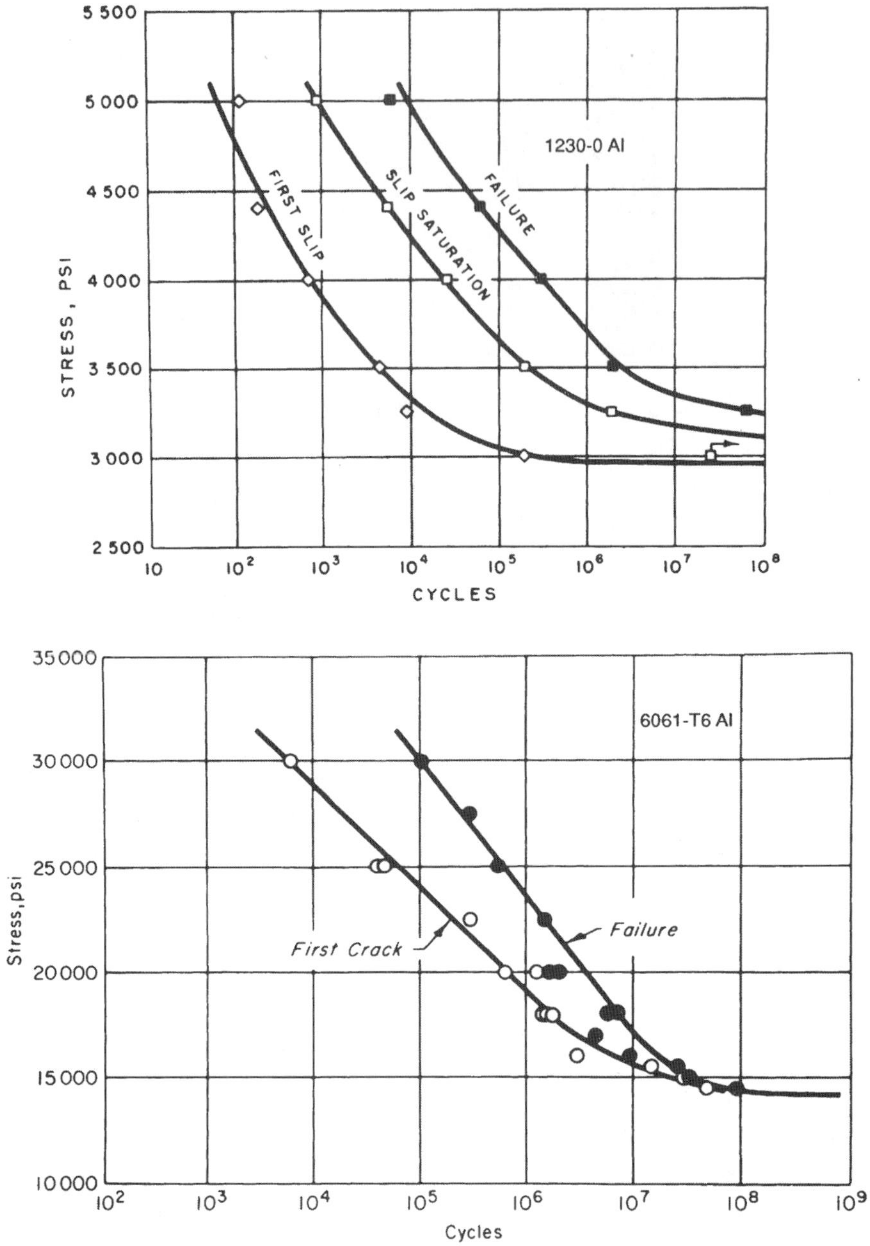

그림 9.18 열처리된 99% 알루미늄 (1230–0)과 경화된 6061–T6 알루미늄 합금의 피로 손상에 대해 다양한 단계를 나타내는 평활재를 사용한 완전 교번 굽힘에서의 응력–수명 선도

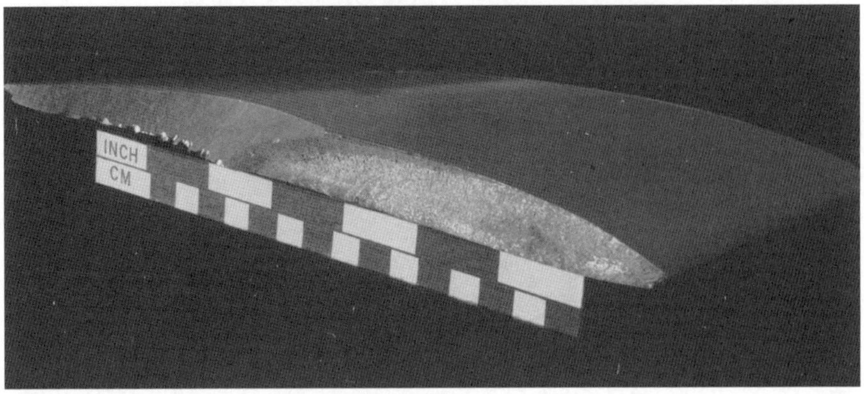

그림 9.19 항공기 프로펠러의 알루미늄 합금에 대한 피로파단. 파단은 비율로써 오른쪽 끝단으로부터 약 2cm인 아래쪽 모서리의 작고 둥근 홈으로부터 시작되었음.

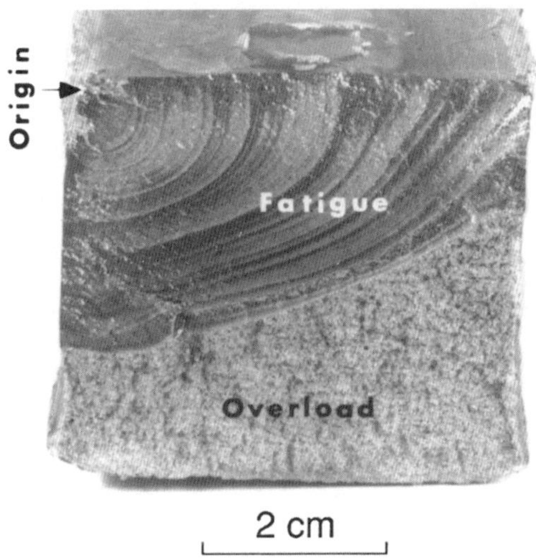

그림 9.20 18Mn 강재의 피로와 최종 취성 파괴에 대한 파단면

그림 9.21 교각 내 24mm 직경의 콘크리트 철근의 저사이클 피로와 좌굴에 의한 고장. 2016년 11월 뉴질랜드 남섬 카이코우라 근처에서 발생한 규모 $M_w = 7.8$의 지진.

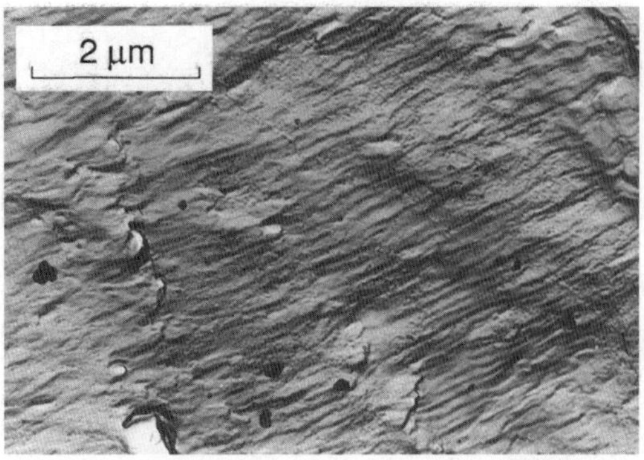

그림 9.22 Ni-Cr-Mo-V 강의 파단면에서 얻은 일정한 간격인 약 0.12μm 떨어진 피로 줄무늬

9.6 S-N 선도의 경향

S-N 선도는 재료의 특정 등급에 대해 다양하게 변하며, 여러 가지 요인에 의해 영향을 받는다. 정적인 기계적 특성 혹은 미세구조적 변화에 영향을 끼치는 다른 인자들도 S-N 선도에 영향을 주게 된다. 중요한 요인으로는 평균응력, 부재의 기하학적 구조, 화학적 환경, 온도 주기적인 주파수 그리고 잔류응력이 있다. 금속재료에 대한 몇몇 전형적인 S-N 선도는 이미 존재하고 몇몇 고분자 재료에 대한 선도는 그림 9.23에 나타나 있다.

9.6.1 인장강도, 평균응력과 기하학적 구조의 경향

평활재로 이루어진 강에 대한 피로한도는 주로 그림 9.24에서 나타나듯이 대략 인장강도의 절반 정도이다. 대부분 제한적 연성을 가지는 강은 고강도 수준에서 값은 $\sigma_e \approx 0.5\sigma_u$ 이하로 떨어진다. 이는 합리적인 수준의 연성은 주기적인 하중에 대한 저항력을 제공하는데 있어 유용하다는 것을 나타낸다. 이 사실에 대한 이해의 부족은 피로 문제가 없던 차량에 대하여 무게를 줄이기 위한 목적으로

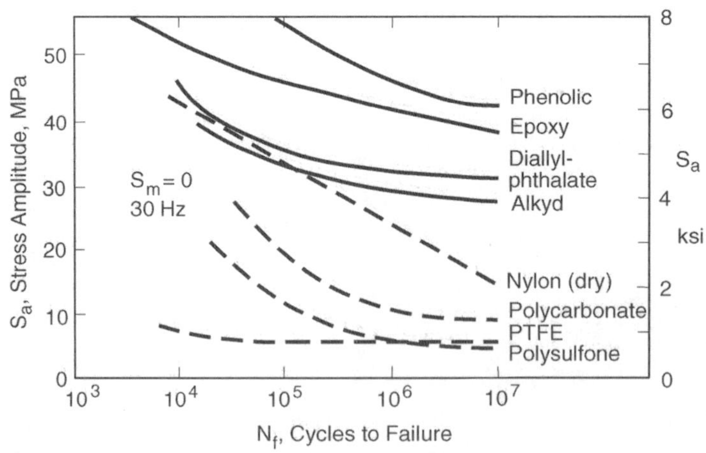

그림 9.23 광물과 유리가 채워진 열경화성 수지(실선)과 유리를 채우지 않은 열경화성 플라스틱(점선)의 외팔보의 굽힘 시험으로부터 얻은 응력-수명 선도

단순히 고강도 재료로 대체하는 경우 피로파괴를 초래할 수 있다. 다른 금속에 대해서도 비슷한 연관성이 존재하지만 피로한도는 일반적으로 극한 강도의 절반보다 작다. 그림 9.25에 알루미늄 합금에 대해 나타나 있다.

그림 9.24와 그림 9.25는 평균응력 0인 경우 단축상태 응력에 적용되며, 다른 상황에 대해서는 조정이 필요하다. 예를 들어, 비틀림에 의한 순수 전단응력 상태에서 평균응력이 0인 경우의 피로한도는 굽힘 값으로부터 식 (9.13)을 통해 추정된다.

$$\tau_{er} = \sigma_{erb}/\sqrt{3} = 0.577\sigma_{erb} \tag{9.13}$$

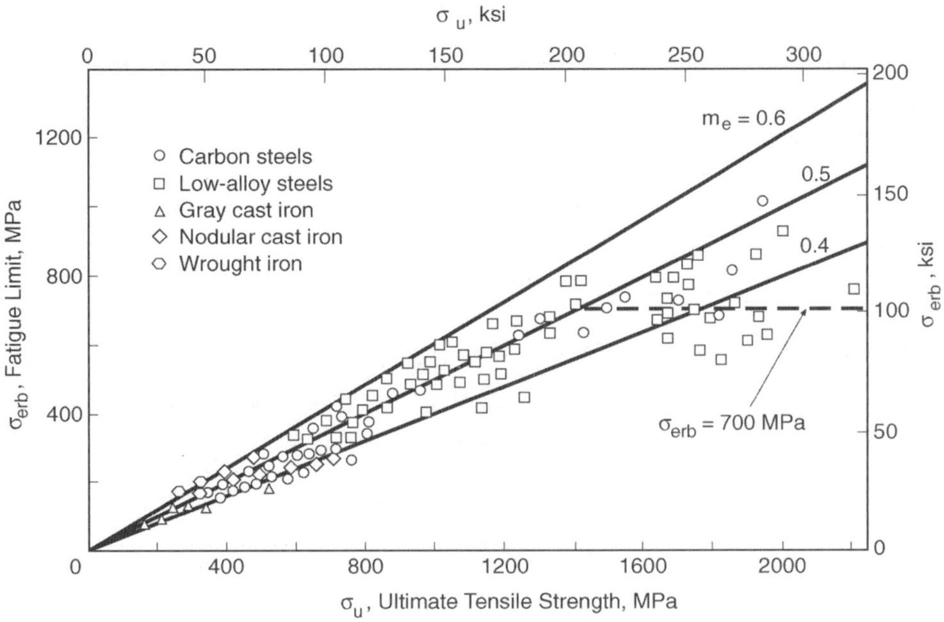

그림 9.24 다양한 철 금속의 순수한 시편으로부터의 회전 굽힘 피로한도 혹은 10^7과 10^8 주기 사이에 대한 파단 응력. $m_e = \sigma_{erb}/\sigma_u$는 $\sigma_u < 1400$MPa에 대한 자료의 평균과 개략적으로 치우친 기울기

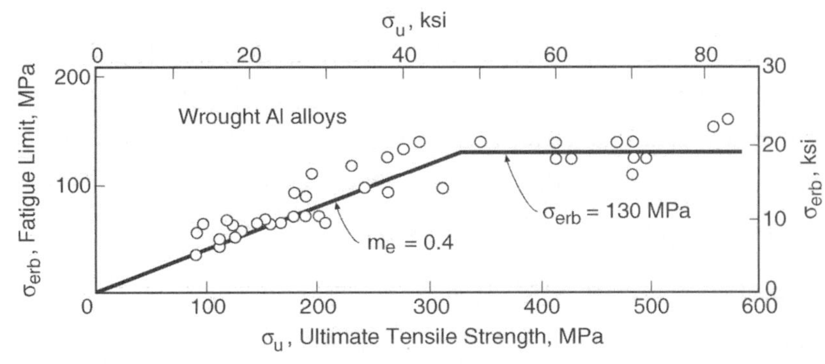

그림 9.25 일반적으로 가공된 알루미늄 1100, 2014, 2024, 3003, 50502, 6061, 6063과 7075합금의 다양한 성질에 대한 5×10^8 주기에서의 회전 굽힘에 대한 피로 강도. 기울기 $m_e = \sigma_{erb}/\sigma_u$는 $\sigma_u < 325$MPa일 때의 평균적인 거동을 나타냄.

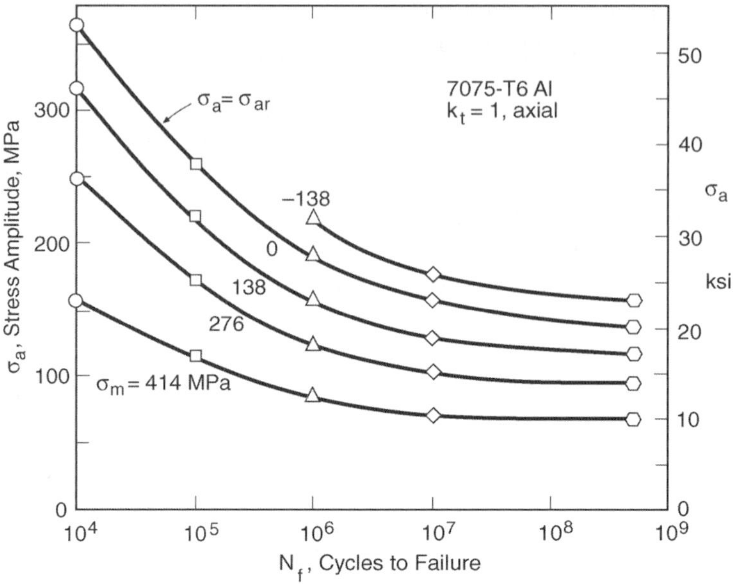

그림 9.26 축 하중을 받고 있는 노치가 없는 알루미늄 합금 시편에서 다양한 평균응력에 대한 S–N 선도

열가소성 강화 유리 섬유는 0에서부터 최대 인장 혹은 굽힘 하에서 실험한다. 이러한 복합재들은 연속적인 단일 방향 섬유나 섬유 매트를 무작위로 분쇄 혹은 짧게 분쇄하여 주형에 삽입하여 다양하게 강화되게 된다. $R \approx 0$에 대한 이들 재료들의 S-N 선도는 가끔 식 9.5 형태의 식에 의해 근사된다.

$$\sigma_{\max} = \sigma_u(1 - 0.1 \log N_f) \tag{9.14}$$

여기서 σ_u는 극한 인장 강도이다. 상수 0.1은 로그-선형 선도에 직선의 기울기를 결정한다. 세부사항에 대해서는 Adkin(1988)의 논문을 참조하도록 한다.

이 장 후반부에 자세히 다루어질 S-N 선도에 대한 중요한 영향은 평균응력의 영향이다. 주어진 응력진폭에 대해서 인장 평균응력은 평균응력이 0일 때보다 짧은 피로 수명을 가지고, 압축 평균응력은 더 긴 수명을 가진다. 이러한 효과에 대한 몇 가지 실험 자료들이 그림 9.26에 나타나 있다. 주어진 수명에 대해 이러한 평균응력 효과가 낮거나 높은 것에 주의해야 하며, 만약 평균응력이 인장일 때 허용 응력진폭은 낮고 혹은 평균응력이 압축일 때는 허용 진폭 응력이 높다는 것에 주의하여야 한다.

응력 상승(노치에 의한)은 탄성응력 집중 계수 k_t가 높을수록 수명을 짧게 만든다. 즉, 낮은 S-N 선도를 가진다. 이 효과의 예는 그림 9.27에서 볼 수 있다. 또 다른 중요한 경향은 고강도, 제한된 연성을 가지는 재료들에 있어서 노치가 상대적으로 더 심각한 효과를 가진다는 것이다. 노치 효과에 대해서는 다음 장과 이후 15장에서 자세하게 다루어진다.

9.6.2 환경과 주기의 주파수에 의한 효과

적대적인 화학적 환경은 피로균열의 발생과 성장을 가속화할 수 있다. 응력 상승으로서의 역할을 하는 부식에 의한 홈의 성장은 하나의 메커니즘으로 사용될 수 있다. 또 다른 경우에서 보는 바와 같이 균열선단에서는 재료의 화학적 반응과 용해에 의해 균열의 성장을 가속시킨다. 예를 들어, 그림 9.28에서 볼 수 있듯이 알루미늄 합금에서 해수와 비슷한 소금 용액에서의 시험은 S-N 선도의 저하를 야기한다.

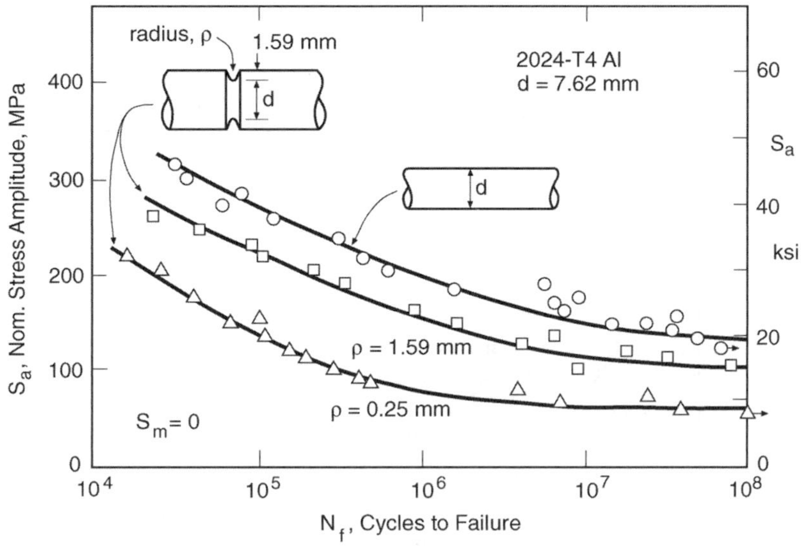

그림 9.27 알루미늄 합금이 $k_t = 1.6$, 3.1 노치 효과를 가질 때 회전 굽힘 시험에 대한 S–N 선도

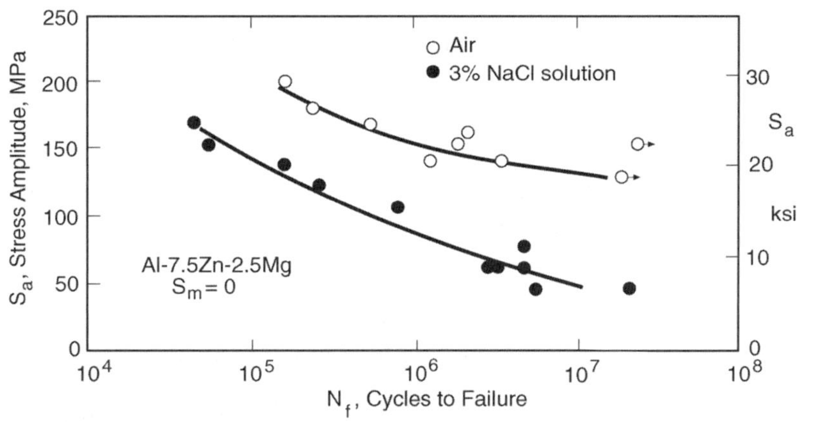

그림 9.28 알루미늄 합금의 굽힘 피로 시험에서 해수와 유사한 염수의 영향

특히 높은 온도에서 공기 중의 수분과 가스는 적대적 환경으로 작용할 수 있다. 크리프(creep)와 같은 시간 종속적인 변형은 높은 온도에서의 주기적인 하중과 개연성이 있고 예상외의 수명 저하에 대한 상승효과를 가질 수 있다. 일반적으로, 화학적 혹은 열적 효과는 더 많은 시간에 걸쳐 작용하는 경우 그 효과가 더 커진다. 이러한 상황에서 피로수명은 주기의 주파수에 따라 다양하게 나타나며, 느린 주파수인 경우 수명은 더욱 짧아진다. 이러한 효과는 그림 9.29에서 명확히 나타난다.

고분자 재료는 점탄성 변형과 수반되어 종종 상당한 내부 에너지를 생산하므로 주기적인 하중을 받는 동안 온도가 증가할 수 있다. 이러한 재료는 자신의 주변에 열을 전도시키는 능력이 낮아 영향이 악화된다. 시험편의 두께가 얇을수록 작을수록 더 효과적으로 열전도가 이루어지기 때문에 고분자 재료의 경우 주파수뿐만 아니라 시험편의 두께에 의해서도 S-N 선도에 영향을 미친다.

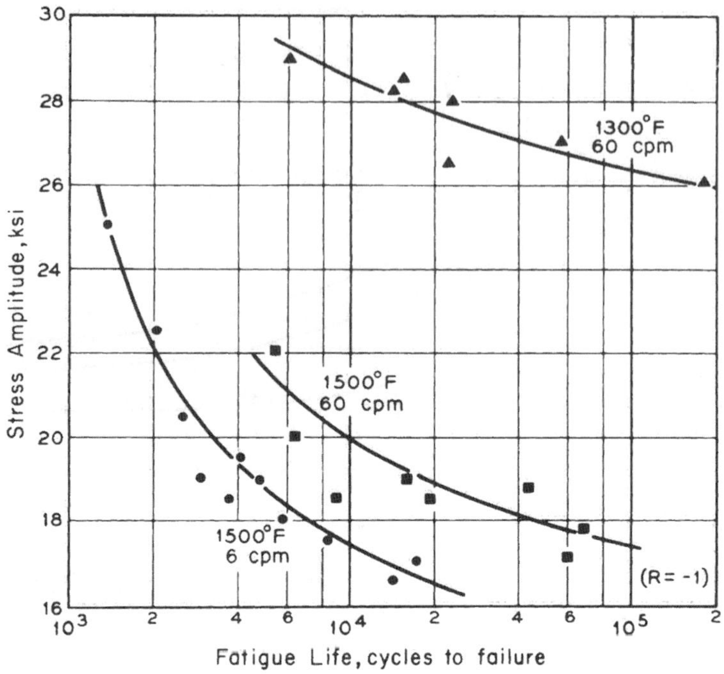

그림 9.29 니켈 기반의 인코넬 합금에 대한 온도와 주기의 영향을 고려한 축방향 S-N 선도

9.6.3 미세구조에 따른 효과

미세구조 혹은 표면 상태의 변화는 특히 긴 피로수명에 있어 S-N 선도를 변화시키는 잠재성을 가지고 있다. 금속에 있어서 피로에 대한 저항은 일반적으로 개재물과 공극의 크기를 작게 하거나, 결정립 크기를 작게 혹은 전위의 밀도를 증가시킴으로써 강화된다. 하지만, 미세구조에 의한 강화를 목적으로 하는 일련의 과정에 의해 만약 연성이 저하된다면 이는 바람직하지 않은 것이다. 그림 9.30에 황동에 대한 미세구조 효과에 따른 S-N 선도가 나타나 있다. 이 재료에서 드로잉에 의한 냉간 가공 정도가 높은 경우 전위 밀도의 증가 때문에 피로강도를 증가시킨다. 풀림을 적용한 경우 결정립 크기가 커짐에 따라 피로강도는 낮아지게 된다.

재료의 미세구조는 종종 금속판의 압연 방향 결정립 및 개재물의 신장으로 방향에 따라 달라진다. 피로에 대한 저항은 신장 또는 층상입자 구조의 길이 방향에 대해 응력이 수직으로 작용하는 경우 더 낮아지게 된다. 섬유 합성물의 특성과 구조가 방향에 대해 매우 의존하는 곳에서 비슷한 영향이 특히 알려져 있다. 많은 수의 섬유가 적용 응력과의 평행한 곳에서 피로저항은 커지고, 특히 적층된 구조물의 면에 수직한 응력에 대해서는 특히 낮은 피로저항을 가진다.

9.6.4 잔류응력과 그 밖의 표면 효과

잔류응력이라 불리는 재료의 내부 응력은 적용되는 평균응력과 비슷한 효과를 가진다. 이런 이유로, 압축 잔류응력은 유익하다. 이것은 얇은 표면층을 인장방향으로 항복에까지 영구적으로 늘림으로써 설명할 수 있다. 근본적으로 재료는 탄성 변형에 의해 본래의 크기로 회복하려 하고 표면층에 압축을 강제하는 것으로 설명할 수 있다.

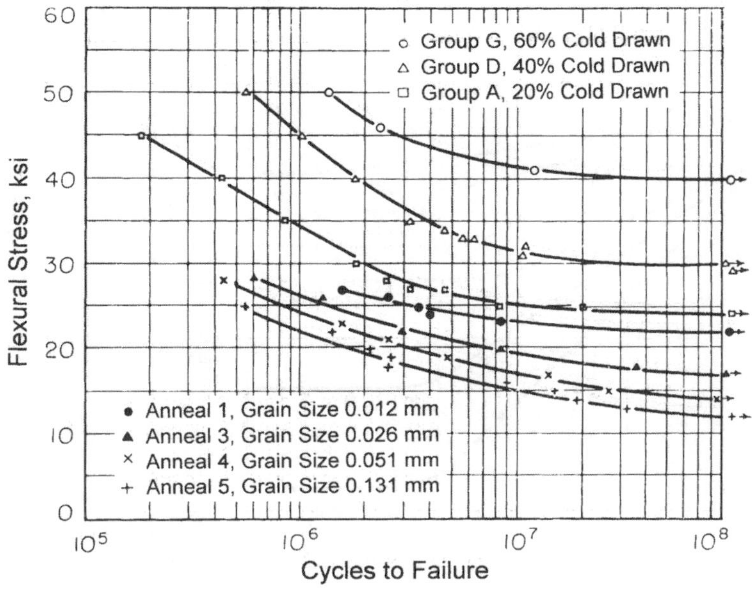

그림 9.30 70Cu-30Zn 황동에 있어서 결정립 크기와 상온 가공의 영향에 대한 회전 굽힘 S-N 선도

이런 작업의 한 수단은 쇼트 피닝(shot peening)이라 불리는 작은 강 또는 유리를 표면에 분사하는 것이다. 또 다른 방법은 얇은 표면층에 항복까지 충분한 굽힘을 가하는 것인데 이는 프리셋팅(presetting)이라 부른다. 하지만 후자의 방법은 굽힘을 받는 부재의 반대쪽에 해로운 영향을 끼칠 수 있다. 그래서 이 방법은 차량의 서스펜션에서의 판 스프링과 같이 사용 중에 굽힘이 주로 한 방향으로 예상될 때 유용하다. 그림 9.31에서 보이듯이 프리셋팅과 쇼트 피닝의 다양한 조합은 0에서 최대 굽힘 하에서 판 스프링 강의 S-N 선도에 영향을 미친다. 영향은 예상했던 대로 측정된 잔류응력과 밀접한 연관성이 있다.

몇몇 가공 공정이 해로울 가능성에도 불구하고 일반적으로 정교하게 가공된 매끈한 표면은 인장 잔류응력에 의해 피로에 대한 저항력을 강화한다. 강에 대해 침탄, 질화는 미세구조를 바꾸고 화학 조성 및 표면의 잔류응력은 피로에 대한 저항력에 영향을 미친다. 니켈이나 크롬도금을 한 판재는 일반적으로 인장 잔류응력을 가지므로 해로운 영향을 가진다. 또한 용착금속이 모재보다 피로 저항에 대해 좋지 못하다면 균열은 용접부에서 쉽게 발생하여 모재에까지 성장한다. 도금 후의 쇼트 피닝은 압축 잔류응력을 가지도록 변화시키는데 도움이 될 수 있다.

용접을 시행하는 경우 기하학적 변화에 따른 응력 상승과 용융상태로부터 냉각 불균일의 결과로 발생하는 잔류응력이 발생한다. 다공성 혹은 다른 작은 결함들 및 특이한 미세구조도 나타날 수 있다. 따라서 일반적으로 용접의 시행은 피로강도를 감소시키므로 특별한 주의를 요구한다.

9.6.5 피로한도 거동

많은 강들과 몇몇 재료들은 별개의 피로한도를 나타내는데 피로한도란 그림 9.5에서처럼 특정 응력이하에서 피로파단이 절대 발생하지 않는 안정한 응력범위를 나타낸다. 많은 비철 금속들과 같은 재료에 대해서 S-N 선도는 유효한 시험결과가 존재하는 한 연속적으로 감소하는 것을 관찰되어 있다. 그림 9.4와 9.27에서 알루미늄 합금에 대해, 그리고 그림 9.30에서는 황동에 대해서 각각 이러한 현상을 볼 수 있다.

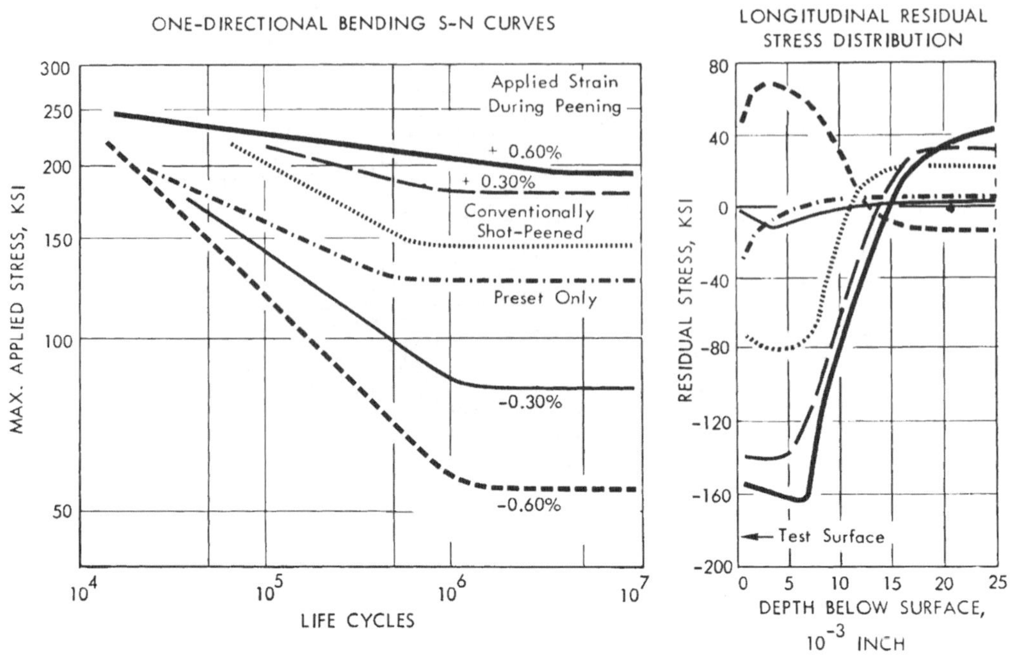

그림 9.31 인장조건의 굽힘, 잔류응력 그리고 다양한 쇼트 피닝을 거친 리프 스프링에 대한 S–N 선도

피로한도의 경향은 공학적 설계에 널리 적용된다. 뚜렷한 피로한도를 가지지 않는 재료에서조차도 설계 목적에 대해서는 그러한 거동을 가진다고 가정한다. 이러한 경우에 임의적인 S–N 선도를 넘어 점차적으로 감소하는 곳에서의 장수명을 가지는 피로강도는 피로한도로서 정의된다. 5×10^8의 수명에 대한 이러한 가정은 그림 9.25의 자료에 대해 기초로 한다.

10^7의 주기를 넘는 수명에 도달하기 위해 요구되는 긴 시험 시간 때문에 대부분의 유효한 피로의 자료는 이 범위 안에 제한된다. 하지만 최근 10^9의 주기나 그 이상까지 확장한 피로시험 데이터는 편평한 구역인 10^6과 10^7의 주기 범위를 넘어선 영역에서도 S–N 선도가 지속적으로 하락하는 거동을 나타내는 것으로 관측되었다. 이러한 거동은 많은 수의 강과 공학적 금속에서 관찰되며 그림 9.32에 나타내었다. 세부적인 연구로부터 피로파괴의 두 가지 대립되는 메커니즘이 있다는 것을 밝혀지고 있다. 즉 표면 결함으로부터 시작하는 파괴와 내부 비금속 개재물에 의해 나타나는 파괴에 대해 각각 연구되고 있다. 전자는 10^7 주기의 주변에서 기여하며 분명한 피로한도를 나타낸다. 하지만 후자는 낮은 응력 그리고 매우 긴 수명에서의 파괴를 야기한다. 이로 인하여, 매우 큰 주기의 횟수가 가동 중에 적용되는 곳은 안전 응력의 개념이 유효하지 않을 수도 있다. 세부사항은 Bathias(2005, 2014)의 책을 참고로 하면 된다.

피로한도의 개념에 있어 추가적인 문제가 있다. 이 문제는 피로한도가 존재하는 사실은 특정응력이 하에서는 점진적인 손상이 발생하지 않는다는 것에 기인한다. 하지만 만약 피로가 어떻게든 진행한다면 이것은 피로한도 아래에서 시작될 수 있다. 이로 인하여, 작은 홈을 발생시킬 수 있는 부식 혹은 다른 표면 손상은 피로균열이 개시하게 되어 부식된 재료의 S–N 선도를 일반적인 피로한도 보다 지속적으로 낮출 것이다.

낮은 응력이 긴 주기에 걸쳐 작용하는 중 가끔 극심한 주기와 하중 이력이 결합하여 나타나는 경우

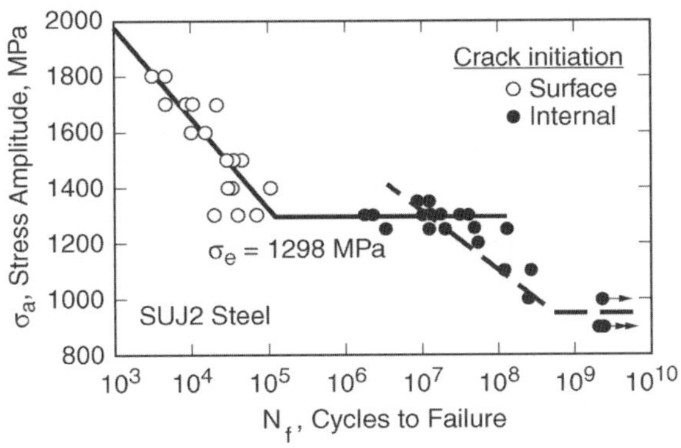

그림 9.32 $\sigma_u \approx 2350MPa$, 경도 HV = 778인 1% 카본과 1.45% 크롬을 함유한 베어링 강재에 대한 장수명 범위 까진 확대한 S-N선도. Ritsumeikan 대학의 T. Sakai와 M. Takeda가 외팔보 형태의 회전 굽힘 기구를 사용하여 52.5Hz 및 상온에서 실험을 진행하였음.

유사한 효과가 나타날 수 있다. 높은 응력 수준에서는 파단 수명 N_f보다 작은 부분인 주기 N에서 피로손상을 야기하는 경향이 있다. 이로 인해 적은 주기의 횟수에서 발생하는 심각한 크기의 응력은 일반적인 피로한도보다 낮은 응력에서도 파단으로의 진행이 될 수 있다.

그림 9.33에서는 저강도 강에 대한 시험 데이터를 나타내었다. 주기적인 과변형에 대응하는 데이터에 대해 재료는 10^5주기의 간격으로 극심한 주기에 노출되도록 하였다. 과변형 주기가 누적된 수명에 대해 $\sum N/N_f$, 매우 작은 부분을 차지함에도 불구하고 , 식 9.7에서의 선에 대한 외삽과 가깝게 피로한도 σ_e 아래에서도 파손이 발생하고 있음을 볼 수 있다. 여러 연구자에 의한 연구로부터의 시험 결과는 뚜렷한 피로한도를 가지는 모든 강에 발생한다고 밝혀졌으며, 또한 뚜렷한 피로한도를 가지는 다른 금속재료에서도 유사한 거동에 대해 발생한다고 제시한다.

위에 설명한 거동은 배열 효과의 한 가지 형태로서, 배열 효과는 첫 번째 응력 수준에서의 사전 하중이 두 번째 응력 수준의 거동에 영향을 끼치는 상황이다. 좀 더 많은 논의와 자료는 15.6 부분을 보자.

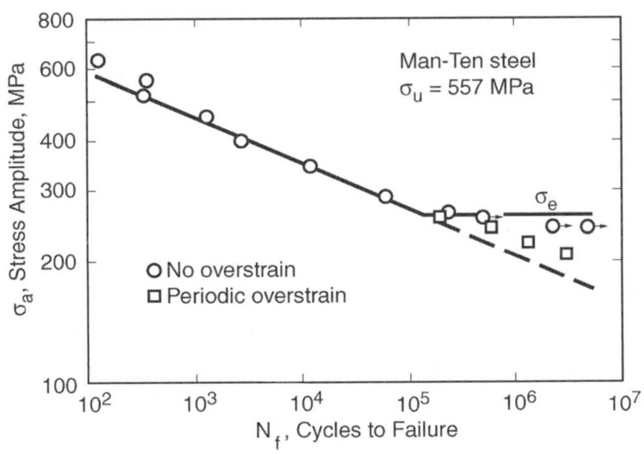

그림 9.33 평균응력이 0이고 일정한 주기 진폭을 이용해 저강도강에 대해 실험을 진행하여 얻은 S-N 데이터

9.6.6 통계적 산포

만약 다수의 피로시험을 하나의 응력 수준에서 진행한다면 피로수명에 대해 많은 통계적 산포를 가지게 된다. 이러한 설명을 위한 몇 개의 시험결과가 그림 9.34에 S-N 선도로 나타나 있다.

산포는 재료 특성인 내부 균열 크기 그리고 표면의 거칠기와 시험의 가변성에 의해 발생하거나 불완전한 시험 통제의 변화인 습도와 시험편의 정렬에 의해 발생한다. 만약 파단 주기인 N_f의 통계적 산포를 고려하면, 그림 9.35의 왼쪽에서 나타나듯 일반적으로 비스듬한 분포가 발생할 것이다.

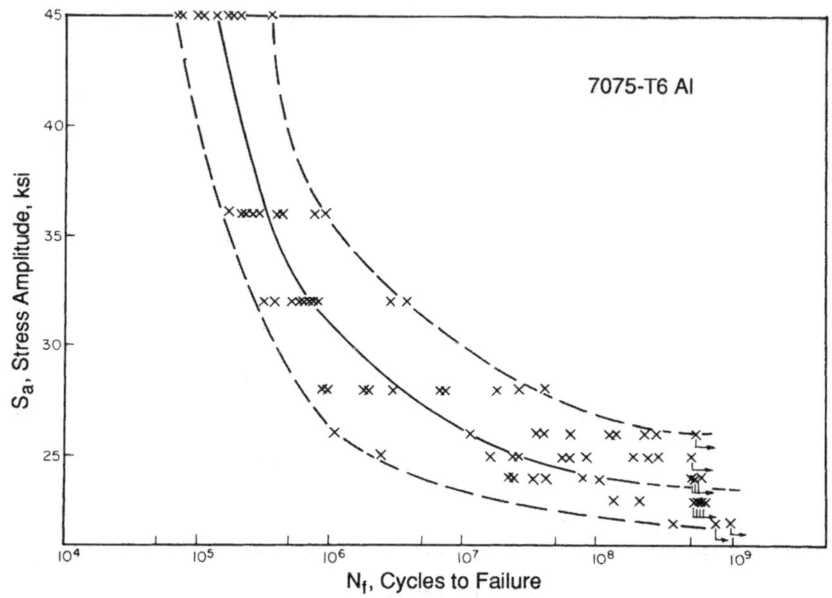

그림 9.34 노치가 없는 알루미늄 합금에 대한 회전 굽힘 S-N 데이터에 대한 산포

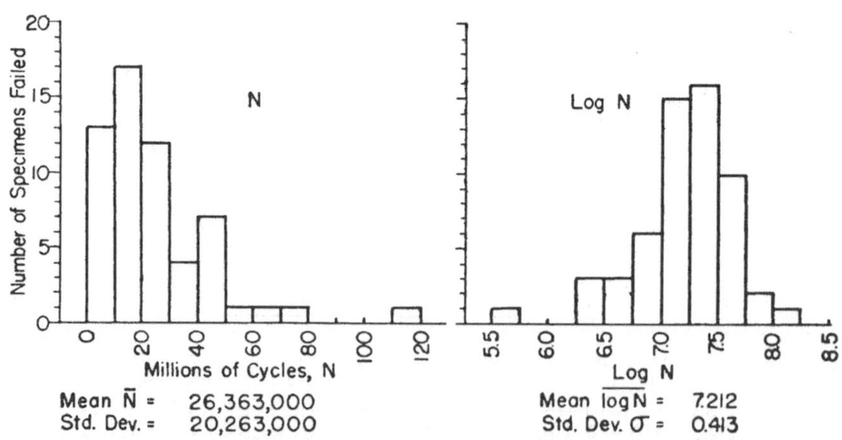

그림 9.35 57개의 작은 시편들에 대해 $S_a = 207$MPa(30ksi)에서 7075-T6 알루미늄에 대해 회전 굽힘 시험을 진행하여 얻은 피로 수명의 분포

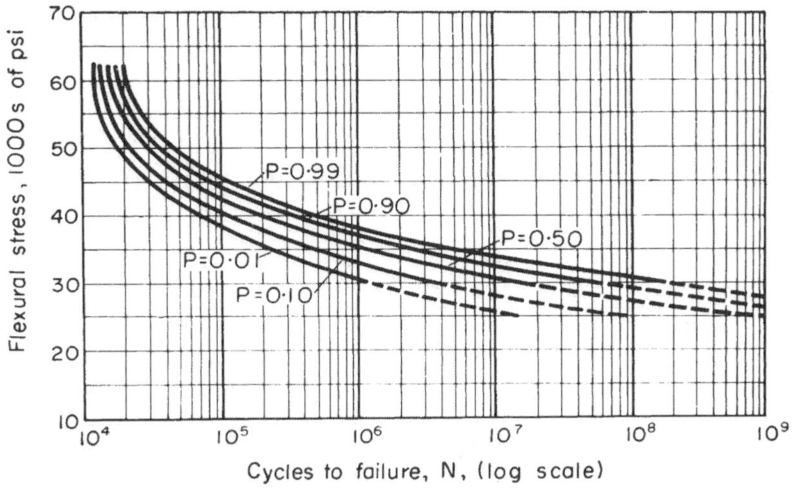

그림 9.36 노치가 없는 7075-T6알루미늄의 작은 시편들에 대한 데이터로부터 여러 가지 파단에서의 개연성(P)에 대한 회전 굽힘 S-N 선도군

하지만, 만약 N_f가 로그 크기의 변수로 취급된다면 일반적으로 그림 9.35의 오른쪽처럼 합리적이고 대칭적인 분포를 얻을 수 있다. 로그N_f의 가우시안 통계 분포 기준을 사용하면 N_f의 로그 정규분포와 동등한 값을 얻는 것이 가능하다. 다른 통계적 모델 또한 사용할 수 있는데 Weibull 분포와 같은 것이 있다. 로그N_f의 산포는 그림 9.34에서 볼 수 있듯이 수명이 증가함에 따라 거의 증가하는 경향을 나타낸다.

피로자료에 대한 통계적 분석은 파단의 여러 개연성에 대한 추가적인 S-N 선도와 함께 평균 S-N 선도의 수립을 허용한다. 이것에 대한 예시는 그림 9.36에서 볼 수 있다. 이러한 S-N-P 선도 군은 통계적 산포에 세부적인 자료를 제공한다. S-N 선도는 표면 마감, 주기의 주파수, 온도, 화학적 환경 및 잔류응력과 같은 다양한 변수에 의해 영향을 받기 때문에, 실험실 자료를 기반으로 결정된 S-N-P 선도로부터의 파단 가능성은 단지 추정치로서만 고려되어야 한다. 추가적인 안전성 여지는 복잡성과 불확실성을 설계에서 포함되지 않은 것인자들에 주로 요구된다.

9.7 평균응력

다양한 평균응력에 대한 자료를 포함한 S-N 선도는 흔히 공학적으로 사용되는 금속과 때때로 다른 재료에 대해 구해져 있다. 이번 부분에서는 평균응력에 대한 자료가 존재하지 않은 곳에서의 효과를 측정하기 위해 개발되어진 식들을 포함하여 평균응력의 영향을 보다 자세히 고려해 보고자 한다.

9.7.1 평균응력 데이터의 작성법

평균응력 효과의 자료를 개발하는데 사용되는 방법 중 하나는 몇 개의 평균응력 값들을 선택하여 다양한 응력진폭에서 시험을 진행하는 것이다. 각각 다른 평균응력에 대한 S-N 선도 군의 결과는 그림 9.26에서 나타나 있다.

동일 정보를 표시하는 또 다른 방법은 그림 9.37과 같은 일정 수명 도표 방법이다. 이 방법은 주기 수명을 나타내는 S-N 선도에서 다양한 값으로부터 점을 얻어 완료한다. 그때 각각의 수명에서 얻은 평균응력과 응력진폭의 조합으로써 그려낸다. 특정 선도에서 선 사이의 보간함으로써 다양한 적용 응력에 대해 피로 수명을 얻는데 사용될 수 있다. 일정 수명 도표로부터 동일한 수명에서 인장 방향의 평균응력이 상승하는 경우 응력진폭의 감소를 수반한다는 것을 명확히 보여주고 있다.

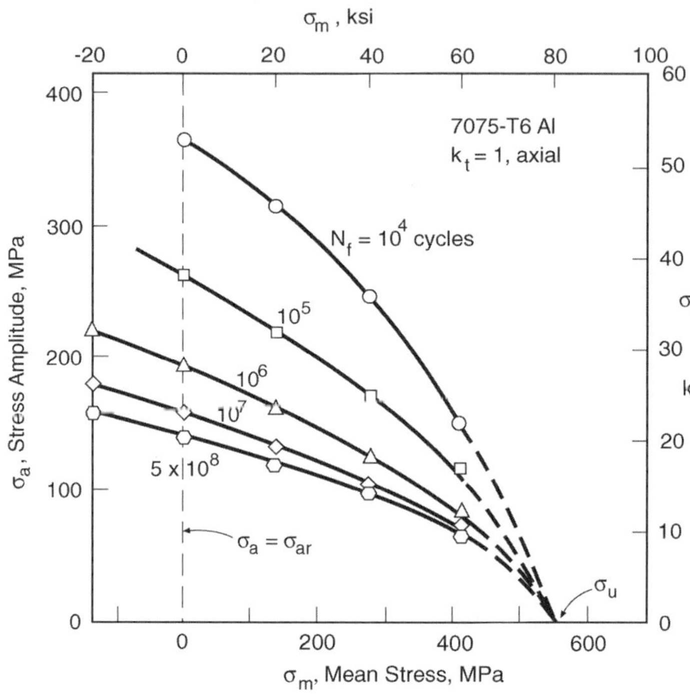

그림 9.37 그림 9.26의 S-N 선도에서 얻은 7075-T6 알루미늄에 대한 일정한 수명 도표

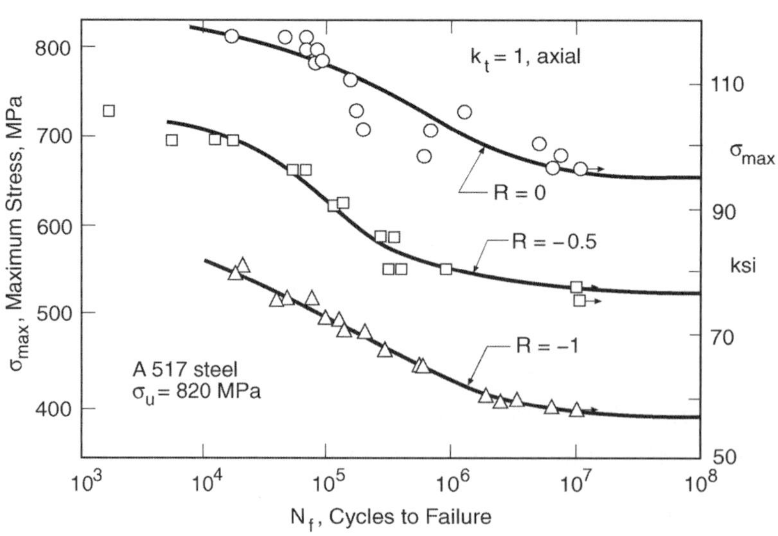

그림 9.38 일정한 응력비 R에 대해 노치가 없는 A517 강의 축 하중 실험에 대한 S-N 선도

평균응력 효과의 자료를 개발하는데 주로 사용되는 또 다른 방법은 응력비 $R = \sigma_{min}/\sigma_{max}$의 값을 몇 개 선택하여 각각에 대해 다양한 응력 수준에서 시험을 진행하는 것이다. 각기 다른 R값에 상응하는 S-N 선도 군이 얻어진다. 이것에 대한 예시가 그림 9.38에 나타나 있다. 이 예시에서 σ_{max} 값을 사용하였다. 일정한 R값에 대한 S-N 선도는 일정한 평균응력 값에 대한 S-N 선도와는 다른 형태를 가지지만 동일한 정보를 제공한다.

9.7.2 표준화된 진폭-평균 도표

평균응력이 0인 특정한 경우에 대한 응력진폭을 σ_{ar}라 두자. 일정 수명 도표에서 σ_{ar}은 어떤 특정한 수명에 대한 선도의 $\sigma_m = 0$에서의 교차점에 해당한다. 그리고 나서 그래프는 비율 σ_a/σ_{ar}과 평균응력 σ_m의 값으로 그려짐으로써 유용한 방법으로 표준화된다. 그림 9.37의 표준화된 결과는 그림 9.39에 나타난다. $\sigma_a/\sigma_{ar} = 1$에서 표준화된 진폭-평균응력 도표는 $\sigma_m = 0$에서의 값과 동일하게 되고 다양한 평균응력에서의 데이터들을 하나의 선도로 통합하게 되며, 수명은 하나의 선도로 나타난다. 이로써 다양한 평균응력에서의 데이터를 하나의 식으로 대표할 수 있는 기회를 제공한다. 응력진폭의 값들이 0으로 접근하는 것에 대해, 평균응력은 재료의 극한 강도 값에 다가가게 되고 이러한 자료를 대표하는 선형 혹은 곡선은 점 $(\sigma_m, \sigma_a/\sigma_{ar}) = (\sigma_u, 0)$을 지나게 된다.

그림 9.39에서 사용된 실선에서처럼 직선이 종종 사용된다. 이것은 인장 평균응력에서 그림 9.39의 경우처럼 연성재료에 대한 대부분의 시험 데이터들이 직선보다 바깥쪽에 위치하는 것을 관찰하여 확인할 수 있다. 하지만 이런 이유로 직선은 일반적으로 보수적이게 된다. 즉, 수명 산정에 있어 너무 보수적으로 되는 오류가 발생한다. 이 선에 대한 식은

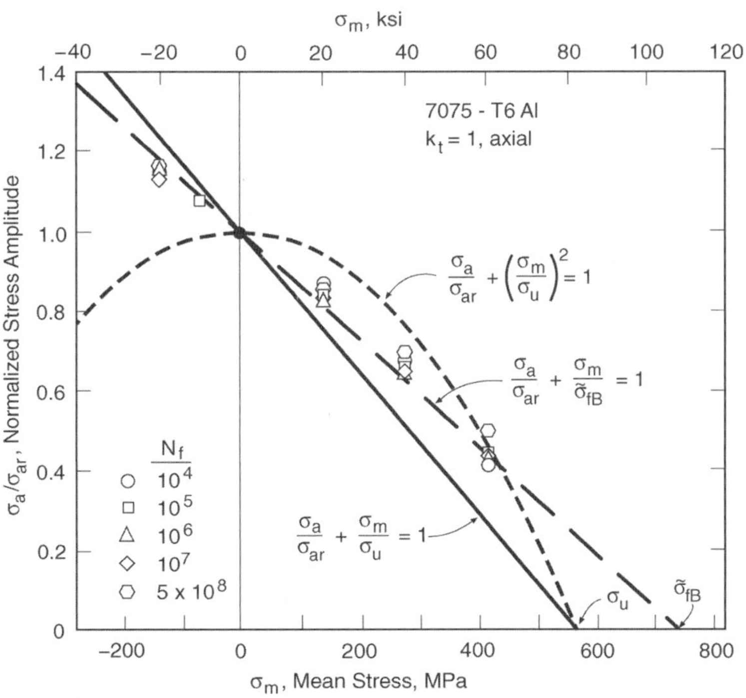

그림 9.39 그림 9.37을 기반으로 한 7075-T6 알루미늄의 표준화된 진폭-평균응력 도표

$$\frac{\sigma_a}{\sigma_{ar}} + \frac{\sigma_m}{\sigma_u} = 1 \tag{9.15}$$

이 관계식은 대체적으로 σ_a와 σ_{ar}이, σ_e와 σ_{er}으로 되는 피로한도의 산정에 사용된다. 식 9.15와 표준화된 좌표상의 직선식은, 초기의 Goodman에 의한 제안으로부터 Smith(1942)에 의해 발전된 형태로 수정된 Goodman 방정식과 선이라고 부른다.

9.7.3 추가적으로 사용되는 평균응력 방정식

이 형태의 데이터에 대한 중요한 경향을 좀 더 적합하게 만들고자 하는 시도는 여러 가지 방정식을 통해 제안되어왔다. 가장 최초에 제안된 것 중 하나는 Gerber 포물선이다. 이것은 그림 9.39에 나타나 있고 식은 다음과 같다.

$$\frac{\sigma_a}{\sigma_{ar}} + \left(\frac{\sigma_m}{\sigma_u}\right)^2 = 1 \qquad (\sigma_m \geq 0) \tag{9.16}$$

이 특별한 식은 압축 평균응력의 효과를 유해한 것으로 부정확하게 예측하므로, 인장 평균응력에 대해서만 적용이 제한되어 있다.

연성 금속에 대해 개선된, 보다 적합한 방법은 식 9.15에서 σ_u를 다음 중 하나로 대체함으로써 가능하다. (a) 3.6절부문에서 규명되어진 인장 시험으로부터의 수정된 진 파괴 응력 $\tilde{\sigma}_{fB}$ 혹은 (b) 식 9.7에서 $\sigma_m = 0$에 대해 노치가 없는 부재의 S-N 선도로부터 얻는 상수 σ'_f. 이에 해당하는 새로운 식은

$$\frac{\sigma_a}{\sigma_{ar}} + \frac{\sigma_m}{\tilde{\sigma}_{fB}} = 1, \qquad \frac{\sigma_a}{\sigma_{ar}} + \frac{\sigma_m}{\sigma'_f} = 1 \qquad \text{(a, b)} \tag{9.17}$$

Goodman 선도의 이러한 수정은 차량 기술자 협회(Society of Automotive Engineer)의 피로 설계 지침서(Graham, 1968) 첫 번째 판에서 J.Morrow에 의해 제안되었다. 상수 σ'_f은 주로 거의 $\tilde{\sigma}_{fB}$와 일치한다. 그리고 이 두 값들은 연성 금속에 있어서 σ_u보다 다소 높다. 이런 이유로 그림 9.39에 쇄선으로 나타난 바와 같이 σ_m축 상에 더 높은 값일수록, σ_u보다 인장 그리고 압축 평균응력에 대한 시험 데이터와 더 적합하게 나타나는 경향이 있다.

식 9.17(b)의 σ'_f은 일반적으로 강에 대해서 타당한 결과를 준다. 하지만, $\tilde{\sigma}_{fB}$와 σ'_f가 크게 다를 수 있는 몇몇 알루미늄 합금은 식 9.7의 형태와 S-N 자료가 단수명 영역에서 잘 맞지 않는다. 이러한 경우에 $\tilde{\sigma}_{fB}$을 식 9.17에 적용함으로 얻어지는 시험 데이터가 잘 들어맞게 된다.

흔히 사용되는 추가적인 관계는 Smith, Watson 그리고 Topper(SWT) 방정식이다. 두 가지 동등한 형태는

$$\sigma_{ar} = \sqrt{\sigma_{max}\sigma_a} \qquad (\sigma_{max} > 0) \qquad \text{(a)}$$

$$\sigma_{ar} = \sigma_{max}\sqrt{\frac{1-R}{2}} \qquad (\sigma_{max} > 0) \qquad \text{(b)} \tag{9.18}$$

둘 중 사용하기 편리한 쪽을 선택하여 사용한다. $\sigma_{max} = \sigma_m + \sigma_a$를 주의함으로써, (a) 식의 형태에서 다른 평균응력식으로서 같은 변수를 포함하고 있다는 것을 알 수 있다. (b) 식의 형태는 식 9.4(a)를 적용하여 σ_a를 제거하면 얻을 수 있다. SWT 관계식은 어떠한 재료 상수에도 의존하지 않는 장점을 가지고 있다.

고려해야 할 마지막 식은 재료 상수 γ를 사용하는 Walker 방정식이 있다. 두 가지 동등한 형태의 식은 아래와 같다.

$$\sigma_{ar} = \sigma_{max}^{1-\gamma} \sigma_a^{\gamma} \qquad (\sigma_{max} > 0) \qquad \text{(a)}$$

$$\sigma_{ar} = \sigma_{max} \left(\frac{1-R}{2} \right)^{\gamma} \qquad (\sigma_{max} > 0) \qquad \text{(b)} \tag{9.19}$$

10장에서 설명할 것과 같이 γ값을 얻기 위해 하나 이상의 평균응력 또는 R에 대한 데이터의 피팅이 필요하다. SWT 관계식은 $\gamma = 0.5$에 해당하는 Walker식의 한 특별한 경우로 생각될 수 있다. SWT 관계식이나 Walker 방정식 둘 다 σ_a/σ_{ar}에 대응하는 σ_m의 선도에서 하나의 곡선으로 나타나지 않는다는 것이 그림 9.39에 나타나 있다. 하지만 두 개 모두 σ_a/σ_{ar}에 대응하는 σ_m/σ_{ar}의 선도에서는 하나의 곡선을 형성한다. 즉 이것을 바탕으로 시험 데이터들의 비교가 가능하다.

주어진 평균응력 식 모두를 고려하면 Goodman과 Gerber 식 둘 다 매우 정확한 식은 아니며, 전자가 주로 지나치게 보수적이고 후자는 주로 보수적이지 않다. 식 9.17(a) 형태의 Morrow 관계는 주로 타당한 정확성을 가지나, 진파괴 응력 $\tilde{\sigma}_{fB}$가 항상 알고 있는 값이 아니라는 문제가 있다. 식 9.17(b)의 σ'_f은 강에 대해 적합하나 알루미늄 합금이나 비철금속에 대해서는 사용하기 어렵다. 식 9.18의 SWT는 일반적인 사용 또는 알루미늄합금에 대해 특히 적합한 선택이다. 식 9.19의 Walker 관계는 γ 값에 대해 데이터가 존재하는 곳에서 가장 좋은 선택이다.

최근의 논문(Dowling, 2009)에서 많은 수의 피로 시험 데이터를 바탕으로 평균응력 식을 비교하고 있다. 이 연구에서는 Walker 상수 γ은 고강도 금속에 대해 감소하고 평균응력에 대해 민감하게 증가하는 것으로 나타난다. 강에 대해서 해석된 데이터를 바탕으로 극한 인장 강도로부터 γ을 측정하기 위해 아래 식을 사용할 수 있다.

$$\gamma = -0.000200\,\sigma_u + 0.8818 \qquad (\sigma_u \text{ in MPa}) \tag{9.20}$$

9.7.4 평균응력을 이용한 수명 추정

식 9.17(b)와 같이 진폭-평균 거동을 나타내는 식을 완전 교번응력 σ_{ar}에 대해 풀면

$$\sigma_{ar} = \frac{\sigma_a}{1 - \dfrac{\sigma_m}{\sigma'_f}} \tag{9.21}$$

응력진폭 σ_a와 평균응력 σ_m을 대입하면 (σ_a, σ_m)의 조합으로써 평균응력이 0에서의 같은 수명을 가질 것이라고 예상되는 응력진폭 σ_{ar}을 얻는다. 이런 이유로 σ_{ar}은 등가 완전 교번응력 진폭으로 생각될 수 있다. σ_{ar}을 평균응력이 0에서의 S-N 선도에 대입하면, (σ_a, σ_m)의 조합에 대한 수명 또한

산정할 수 있다.

예를 들어, 완전 교번 하중에서의 S-N 선도를 알고 있고, 식 9.7과 같은 형태를 가진다고 하자. $\sigma_m = 0$ 에서의 시험 데이터로부터 상수 σ'_f와 b를 구할 수 있으며, 이때 응력진폭 σ_a는 σ_{ar}로 표시되는 특별한 경우에 해당한다. 즉 현재 목적으로 필요한 방정식을 쓰면

$$\sigma_{ar} = \sigma'_f(2N_f)^b \tag{9.22}$$

이를 식 9.21과 조합함으로써 평균응력이 0이 아닌 경우에 적용할 수 있는 일반적인 S-N 식은

$$\sigma_a = (\sigma'_f - \sigma_m)(2N_f)^b \tag{9.23}$$

이 식은 $\sigma_m = 0$인 특별한 경우에 대해 식 9.7을 줄인 것이라는 점에 주목하자. 로그-로그 선도에 있어서 식 9.23은 각각 다른 평균응력 값에 대한 σ_a-N_f 선도 군을 만들고 모두 평행한 직선으로 나타난다.

앞서 도출한 평균응력 방정식의 어떤 것도 S-N 식을 표준화하기 위해 유사하게 사용될 수 있다. 아래의 예시로서 식 9.22와 식 9.18의 SWT 관계식을 조합하여 얻는 아래의

$$\begin{aligned}
&\sqrt{\sigma_{max}\sigma_a} = \sigma'_f(2N_f)^b && (\sigma_{max} > 0) && \text{(a)}\\
&\sigma_{max}\sqrt{\frac{1-R}{2}} = \sigma'_f(2N_f)^b && (\sigma_{max} > 0) && \text{(b)}\\
&N_f = \infty && (\sigma_{max} \le 0) && \text{(c)}
\end{aligned} \tag{9.24}$$

(a)와 (b) 식 두 가지 형태 모두 편의에 의해 사용될 수 있다. (c)는 만약 σ_{max}가 0이고 또한 정의되지 않을 때 그리고 음수를 가질 때 식 9.18로부터 σ_{ar}이 0인 경우를 고려하기 위해 필요하다. 이러한 이유로 SWT 식은 주기적인 응력 범위가 인장이 아닌 경우 피로파괴가 불가능하다는 것을 예측한다.

완전 교번응력 σ_{ar}은 또한 분명한 수명 예측의 정확도를 높이는 법으로 주어진 평균응력식의 성공을 가늠하는데 유용하다. 피로수명 데이터 N_f가 응력진폭과 평균응력(σ_a와 σ_m)의 다양한 조합 혹은 σ_{max}와 R의 다양한 조합에 대해 존재한다고 가정하자. 이 경우 σ_{ar}의 값은 각각의 시험에 대해 계산할 수 있고, N_f값에 대응하는 모든 선도를 그릴 수 있다. 만약 평균응력 식이 성공적이라면, 식 9.22로써 σ_{ar}의 모든 자료는 평균응력이 0에 대한 S-N 선도에 거의 부합할 것이다. 이러한 사항을 아래의 예제를 통해 설명하였다.

예제 9.3

표 9.1의 AISI 4340 강이 $\sigma_m = 200\text{MPa}$ 인 인장 평균응력에서 주기적인 하중을 받고 있다고 하자.

(a) 응력진폭 $\sigma_a = 450\text{MPa}$ 일 때 수명을 예측하라.

(b) 이 σ_m값에 대한 σ_a와 N_f의 선도를 예측하라.

【첫 번째 풀이】 (a) 평균응력이 0인 표 9.1의 S-N 선도로부터 식 9.2에 의해 상수 $\sigma'_f =$

1758Mpa $b = -0.0977$을 얻을 수 있다. 식 9.7에 동등한 완전 교번응력 σ_{ar}의 값을 대입하여, 0이 아닌 σ_m에 대해 수명 측정이 될 수 있다:

$$\sigma_{ar} = \sigma'_f(2N_f)^b = 1758(2N_f)^{-0.0977}\,\text{MPa}$$

σ_{ar}를 식 9.21로부터 계산하면

$$\sigma_{ar} = \frac{\sigma_a}{1 - \dfrac{\sigma_m}{\sigma'_f}} = \frac{450}{1 - \dfrac{200}{1758}} = 507.8\,\text{MPa}$$

σ_{ar}를 대입하고 N_f에 대한 수명 식을 풀면 원하는 결과를 얻는다.

$$N_f = \frac{1}{2}\left(\frac{\sigma_{ar}}{\sigma'_f}\right)^{1/b} = \frac{1}{2}\left(\frac{507.8}{1758}\right)^{1/(-0.0977)} = 166{,}000\,\text{cycles} \qquad \text{(답)}$$

식 9.7과 9.21을 조합하여 식 9.23을 얻고 N_f에 대한 후자를 좀 더 적은 단계로 풀이함으로써 같은 결과를 얻는다.

$$N_f = \frac{1}{2}\left(\frac{\sigma_a}{\sigma'_f - \sigma_m}\right)^{1/b} = \frac{1}{2}\left(\frac{450}{1758 - 200}\right)^{1/(-0.0977)} = 166{,}000\,\text{cycles} \qquad \text{(답)}$$

(b) $\sigma_m = 200\text{MPa}$인 경우 σ_a와 N_f 선도는 식 9.23을 통해 얻을 수 있으며, σ_a는 좌변에 변수로 둔다.

$$\sigma_a = (\sigma'_f - \sigma_m)(2N_f)^b = (1758 - 200)(2N_f)^{-0.0977} = 1558(2N_f)^{-0.0977}\,\text{MPa} \quad \text{(답)}$$

【두 번째 풀이】 (a) $\sigma_{max} = \sigma_m + \sigma_a = 650$을 가지고 식 9.24를 사용하는 대안이다. 먼저, 식 9.24를 N_f에 대해 풀고 적절하게 대입하면

$$N_f = \frac{1}{2}\left(\frac{\sqrt{\sigma_{max}\sigma_a}}{\sigma'_f}\right)^{1/b} = \frac{1}{2}\left(\frac{\sqrt{650 \times 450}}{1758}\right)^{1/(-0.0977)} = 86{,}900\,\text{cycles} \qquad \text{(답)}$$

(b) $\sigma_m = 200\text{MPa}$에 대해 $\sigma_a - N_f$ 선도는 변수 형태에서 σ_a를 유지하여 앞선 식으로부터 얻을 수 있다.

$$N_f = \frac{1}{2}\left(\frac{\sqrt{(200 + \sigma_a)\sigma_a}}{1758}\right)^{1/(-0.0977)} \qquad (\sigma_a \text{ in MPa}) \qquad \text{(답)}$$

【고찰】 (a)에 대해서 Morrow와 SWT 평균응력 식을 기반으로 한 두 해법의 차이에서 N_f를 볼 수 있다. 일반적으로 이러한 접근법은 대략적으로 부합한다는 것을 예측할 수 있다. (b) 부분에 대한 $\sigma_a - N_f$ 식은 또한 다르다. 두 번째 해법에 대한 첫 번째 해법은 로그-로그 좌표에서 직선이라기보다는 점진적인 곡선형태를 나타낸다.

예제 9.4

알루미늄 합금 2024-T4가 $\sigma_{min} = 172\text{MPa}$와 $\sigma_{max} = 430\text{MPa}$ 사이의 주기적인 하중을 받고 있다. 이때 수명을 구하라.

【풀이】 SWT 관계식이 일반적으로 알루미늄 합금에 대해 부합하므로 여기서는 이 식을 사용한다. 식 9.24(b)의 형태가 사용하기에 가장 편리하다.

$$R = \frac{\sigma_{\min}}{\sigma_{\max}} = \frac{172}{430} = 0.40$$

상수 $\sigma'_f = 900$Mpa과 $b = -0.102$이 표 9.2로부터 이 재료에 대해 유효하다. 식 9.24(b)를 N_f에 대해 풀고 대입하면

$$N_f = \frac{1}{2}\left(\frac{\sigma_{\max}}{\sigma'_f}\sqrt{\frac{1-R}{2}}\right)^{1/b} = \frac{1}{2}\left(\frac{430}{900}\sqrt{\frac{1-0.40}{2}}\right)^{1/(-0.102)} = 255{,}000\,\text{cycles} \quad (\text{답})$$

예제 9.5

표 9.1에서의 AISI 4340 강에 대해 노치가 없는 부재에 대해 축 하중을 받는 시험편에 다양한 평균응력에서의 시험결과가 표 E9.5에 나타나 있다. 추가로 평균응력 0에 대해 시험된 피로자료들이 Ex.9.1에 주어져 있다. (a) Goodman, 식 9.15와 (b) σ'_f를 사용한 Morrow, 식 9.17(b)의 평균응력 식을 모든 자료에 대해서 $\sigma_a - N_f$를 그리라. 각각의 선도에 표 9.1의 상수로부터 S-N 선을 볼 수 있다. 각 식에 대한 성공적으로 적절한 자료인지 논의하라.

【풀이】 (a) 재료 특성인 $\sigma_u = 1172$MPa, $\sigma'_f = 1758$Mpa $b = -0.0977$이 표 9.1로부터 얻게 된다. 식 9.15로 Goodman 관계식을 풀면 σ_{ar}은

$$\sigma_{ar} = \frac{\sigma_a}{1 - \dfrac{\sigma_m}{\sigma_u}}$$

그리고 표 E9.5에서 각(σ_a, σ_m)의 조합에 대해 σ_{ar}을 계산한다. 예를 들어 첫 번째 시험 목록에서 $N_f = 73{,}780$의 주기일 때 값은

표 E9.5

σ_a, MPa	σ_m, MPa	N_f, cycles	σ_a, MPa	σ_m, MPa	N_f, cycles
379	621	73 780	310	414	445 020
345	621	83 810	552	207	45 490
276	621	567 590	483	207	109 680
517	414	31 280	414	207	510 250
483	414	50 490	586	−207	208 030
414	414	84 420	552	−207	193 220
345	414	437 170	483	−207	901 430
345	414	730 570			

Source: Data in [Dowling 73]. Note: All prestrained 10 cycles at $\varepsilon_a = 0.01$.

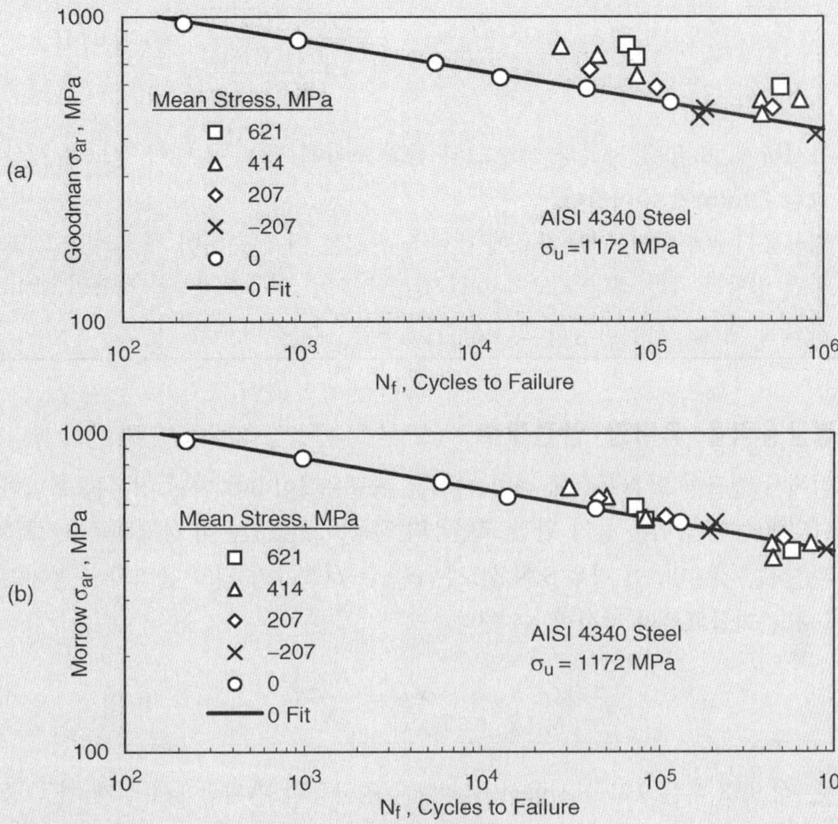

그림 E9.5

$$\sigma_{ar} = \frac{379\,\mathrm{MPa}}{1 - \dfrac{621\,\mathrm{MPa}}{1172\,\mathrm{MPa}}} = 806.1\,\mathrm{MPa}$$

유사하게 주어진 N_f에 대해 모든 σ_{ar} 값을 그려내어 계산한 것이 그림 E9.5(a)에 주어진다. 표 E9.1로 부터의 계산이 요구되지 않는 자료($\sigma_m = 0$으로 인해 $\sigma_{ar} = \sigma_a$)들 또한 그려져 있다. 또한 식 9.22인 $\sigma_{ar} = \sigma'_f(2N_f)^b$에 대응하는 로그-로그 직선을 볼 수 있다. 그림 E9.5(a)에서 갈수록 더 커지는 σ_m에 평균응력이 0인 식 9.22의 선 위쪽으로 인장 평균응력에 대한 자료들이 위치하고 있는 것을 볼 수 있다. 선 위에 있는 자료들은 Goodman 식이 인장 평균응력에 대해 보수적이라는 것을 나타낸다. 하지만 전체적인 연관성이 꽤 좋지 못한 것을 알 수 있다.(답)

(b) σ'_f를 사용한 Morrow 식에 대해, 이미 식 9.21로써 σ_{ar}에 대해 풀어진 식 9.17(b)의 사용을 제외하고 같은 절차를 따랐다. $N_f = 73{,}780$의 주기인 표 E9.5의 첫 번째 시험 목록에 대해 계산하면

$$\sigma_{ar} = \frac{\sigma_a}{1 - \dfrac{\sigma_m}{\sigma_f'}} = \frac{379\,\mathrm{MPa}}{1 - \dfrac{621\,\mathrm{MPa}}{1758\,\mathrm{MPa}}} = 586.0\,\mathrm{MPa}$$

유사하게, 표 E9.1 자료와 식 9.22의 선을 포함해서 N_f에 대한 선도와 계산된 모든 값들이 그림 E9.5(b)에 주어진다.

평균응력 0에 대한 선의 자료에 대한 연관성은 이제 충분히 개선되었고, 몇몇 산포를 제외하면 명확한 다른 경향을 보이고 있지 않다. 이런 이유로 σ'_f를 사용한 Morrow 식은 이러한 자료에 대해, 보다 타당하고 정확한 표현을 제공한다.(답)

9.7.5 평균응력을 고려한 안전계수

9.2.4 절에서 언급한 안전계수에 대한 논의는 평균응력이 0이 아닌 경우를 포함하여 표준화 될 수 있다. 하나의 가능한 방법은 등가 완전 교번응력 진폭 σ_{ar}을 단순히 응력진폭 σ_a로 나타낸 그림 9.6의 논리를 적용하는 것이다. 이 경우 S-N 선도는 $\sigma_{ar} = f(N_f)$가 되고 응력과 수명의 안전계수는 식 9.9와 9.10을 표준화함으로써 계산할 수 있다.

$$X_S = \left.\frac{\sigma_{ar1}}{\hat{\sigma}_{ar}}\right|_{N_f=\hat{N}}, \qquad X_N = \left.\frac{N_{f2}}{\hat{N}}\right|_{\sigma_{ar}=\hat{\sigma}_{ar}} \qquad \text{(a, b)} \tag{9.25}$$

$\hat{\sigma}_{ar}$값은 식 9.18 혹은 9.21을 사용하거나 다른 평균응력 관계식에서 실제 가동 중에 발생할 수 있는 응력진폭 $\hat{\sigma}_a$와 평균응력 $\hat{\sigma}_m$으로부터 계산할 수 있다. 또한 식 9.7 형태의 S-N 선도에 대해 식 9.12로부터 두 안전계수는 $X_S = X_N^{-b}$의 관계를 가진다.

다른 방법은 요구되는 가동 중의 수명 $\hat{N}$에서 S-N 선도를 초과할 수 없는 등가 완전 교번응력 σ'_{ar1}의 값을 계산하기 위해 하중 계수 Y_a와 Y_m에 $\hat{\sigma}_a$와 $\hat{\sigma}_m$를 곱하는 것이다. 즉, $\sigma'_{ar1} \leq f(\hat{N})$을 만족해야 한다. 예를 들어 식 9.21의 Morrow 식에서의 σ_{ar} 은 식 9.22의 S-N 선도에 사용되며 다음과 같다:

$$\sigma'_{ar1} = \frac{Y_a\hat{\sigma}_a}{1 - \dfrac{Y_m\hat{\sigma}_m}{\sigma'_f}}, \qquad \sigma'_{ar1} \leq \sigma'_f(2\hat{N})^b \qquad \text{(a, b)} \tag{9.26}$$

식 9.18에 $\sigma_{max} = \sigma_m + \sigma_a$를 대입하여 SWT 식은 다음과 같이 사용된다.

$$\sigma'_{ar1} = \sqrt{(Y_m\hat{\sigma}_m + Y_a\hat{\sigma}_a)Y_a\hat{\sigma}_a}, \qquad \sigma'_{ar1} \leq \sigma'_f(2\hat{N})^b \qquad \text{(a, b)} \tag{9.27}$$

하중계수 방법은 만약 $\hat{\sigma}_a$ 혹은 $\hat{\sigma}_m$ 둘 중 하나의 값에 다른 값에 비해 불확실성이 클 때, 보다 바람직한 결과를 얻기 위해 Y_a와 Y_m에 대해 각각 다른 값을 배정할 수 있다는 장점을 가진다.

같은 하중 계수가 $Y = Y_a = Y_m$처럼 응력진폭과 평균응력 모두에 적용된다고 가정하자. 이때 동일한 값의 하중 계수는 식 9.27에서 구할 수 있다. 즉 $\sigma'_{ar1} = Y\sqrt{\hat{\sigma}_{max}\hat{\sigma}_a} = Y\hat{\sigma}_{ar}$이다.

식 9.25(a)과 비교를 통해 $Y = X_S$가 주어지고 이 때 응력에서의 하중 계수와 안전계수는 만약 SWT를 사용한다면 동일하게 된다. 이러한 $Y = X_S$ 등가는 식 9.19인 Walker 평균응력 관계식에 대해 적용된다. 하지만 후자의 수학적인 형태는 유사한 계수에 대해 허용되지 않으므로 Morrow와 Goodman 식에 대해서는 적용할 수 없다. .

예제 9.6

가동 중의 Man-Ten 강에 대하여 응력진폭이 180MPa이고 주기가 20,000일 때의 평균응력이 100MPa인 경우를 고려하자.

(a) 수명과 응력에 있어서 안전계수는 각각 무엇인가?

(b) 주기가 20,000일 때의 가동 수명에 대응하는 $Y = Y_a = Y_m$ 하중 계수는 무엇인가?

【풀이】 (a) 이 재료에 대한 상수는 표9.1의 데이터에서 필요에 따라 사용될 수 있다. 만약 Morrow 평균응력 식을 선택한다면 σ_{ar}은 식 9.21로부터 계산되고 대응하는 수명은 식 9.22로부터 유효하다.

$$\hat{\sigma}_{ar} = \frac{\hat{\sigma}_a}{1 - \dfrac{\hat{\sigma}_m}{\sigma'_f}} = \frac{180\,\text{MPa}}{1 - \dfrac{100\,\text{MPa}}{1089\,\text{MPa}}} = 198.2\,\text{MPa}$$

$$N_{f2} = \frac{1}{2}\left(\frac{\hat{\sigma}_{ar}}{\sigma'_f}\right)^{1/b} = \frac{1}{2}\left(\frac{198.2\,\text{MPa}}{1089\,\text{MPa}}\right)^{1/(-0.115)} = 1.359 \times 10^6\ \text{cycles}$$

이로 인하여 식 9.25(b)로부터 수명에 대한 안전계수는

$$X_N = \frac{N_{f2}}{\hat{N}} = \frac{1.359 \times 10^6}{20{,}000} = 67.93 \qquad \text{(답)}$$

$B = b$에 대해 응력에 대한 안전계수는 이 값과 식 9.12(a)로부터 얻을 수 있다.

$$X_S = X_N^{-b} = (67.93)^{-(-0.115)} = 1.624 \qquad \text{(답)}$$

(b) 하중 계수를 얻기 위해 식 9.26(b)를 사용하여 σ'_{ar1} 등가를 적용하여 파단 점에 대해 계산하면

$$\sigma'_{ar1} = \sigma'_f (2\hat{N})^b = (1089\,\text{MPa})(2 \times 20{,}000)^{-0.115} = 322.0\,\text{MPa}$$

그때, 식 9.26(a)에 구해진 값을 대입하여

$$\sigma'_{ar1} = \frac{Y_a \hat{\sigma}_a}{1 - \dfrac{Y_m \hat{\sigma}_m}{\sigma'_f}}, \qquad 322.0\,\text{MPa} = \frac{\mathrm{Y_a}(180\,\text{MPa})}{1 - \dfrac{\mathrm{Y_m}(100\,\text{MPa})}{1089\,\text{MPa}}}$$

명확히 해결된 $Y = 1.536$을 $Y = Y_a = Y_m$에 적용한다.(답)

【고찰】 예상했던 대로, 하중 계수 Y는 X_S와 같은 값을 가지지 않는다. 만약 SWT 평균응력 방정식을 사용하여 이 문제에 대해 다시 수행한다면 $X_S = Y$가 동일한 값인 1.434를 가진다.

9.8 다축응력

공학적 부재에 대해 응력의 복잡한 상태를 일으키는 주기적인 하중은 많이 존재한다. 이 경우에 대한 몇 가지 예로는 주기적인 압력상태에 놓인 튜브나 파이프, 굽힘과 비틀림이 한꺼번에 작용하는 축 그리고 여러 방향에 대해 굽힘을 받는 얇은 판 혹은 판을 들 수 있다. 평균응력을 발생시키는 정적 하중은 이러한 주기적인 하중과 결합할 수 있다. 이러한 문제에 있어서 추가로 고려해야 할 복잡성은 주기적인 하중의 다양한 요소들, 즉 위상이나 주파수 혹은 그 두 가지 모두 동시에 다를 수 있다는 것이다. 예를 들어, 만약 주기적인 압력 하에서 얇은 튜브에 정적인 굽힘응력이 적용되고 있다면 그림 9.40에서와 같이 두 방향으로 각기 다른 응력진폭과 평균응력이 작용하게 된다. 축과 둘레 방향은 주 응력과 압력변동이 남아있는 방향이다.

만약 정적인 비틀림이 대신 적용한다면 그림 9.41에서처럼 보다 복잡한 상황이 발생한다. 압력이 순간 0이 되는 시점에서 주 응력의 방향은 전단응력에 의해 결정되며, 튜브 축의 45도에 해당한다. 하지만 압력이 0이 아닌 경우 이러한 방향의 회전은 축과 둘레 방향에 좀 더 가깝게 정렬되지만, 비틀림에 의해 발생하는 τ_{xy}와 비교하여 큰 압력에 의한 σ_x와 σ_y가 제한된 경우를 제외하고 절대 둘레와 축 방향과 일치하지는 않는다.

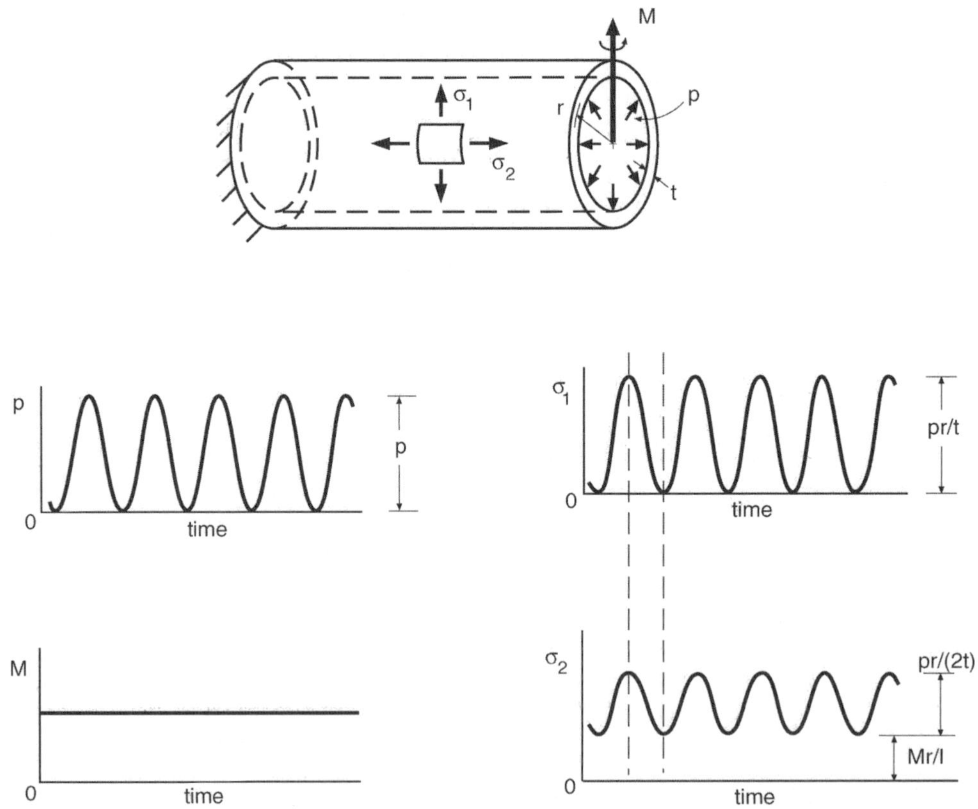

그림 9.40 한쪽 끝이 닫힌 얇은 튜브의 안정된 굽힘과 주기 압력의 결합. 주응력 방향은 일정함.

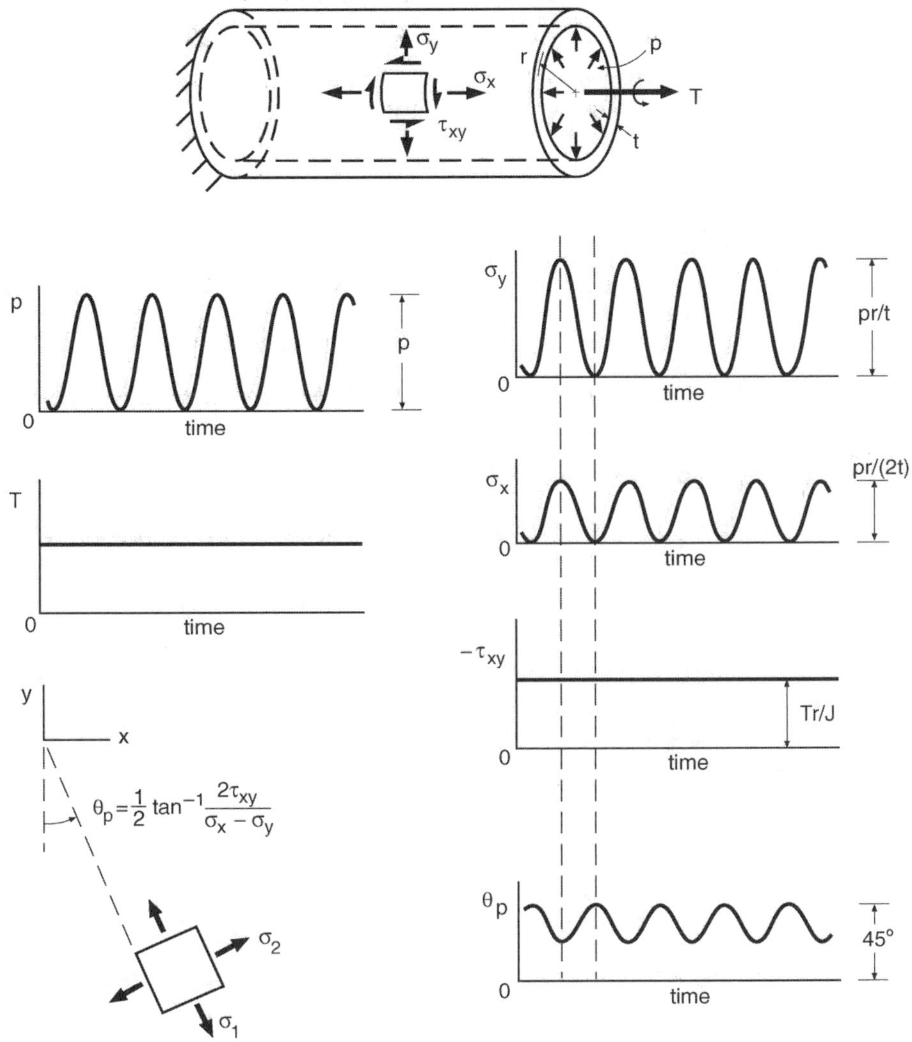

그림 9.41 한쪽 끝이 닫힌 얇은 튜브의 안정된 비틀림과 주기 압력의 결합. 주응력방향은 각 주기 동안 변동함.

또한 추가적인 복잡성이 존재할 수 있다. 예를 들어 그림 9.40의 굽힘 모멘트 혹은 그림 9.41의 토크 또한 정적하중이 아니라 주기적인 하중이 되는 경우 굽힘 혹은 비틀림 주기의 주파수가 압력의 주파수와 다른 경우 등이 한 예이다.

9.8.1 다축 피로에 대한 접근법

모든 주기적 하중이 완전 교번이고 같은 빈도를 가지면서 같은 위상을 가지거나 180도 위상이 다른 상황을 고려하자. 또한 정적인(비주기적) 하중이 작용하고 있지 않다고 가정하자. 이때 연성 금속의 경우 팔면체 전단응력(Octahedral shear stress)의 주기적인 진폭에 의해 피로 수명이 제어된다는 가정은 이러한 경우에 대해 타당하다. 주 응력 σ_{1a}, σ_{2a}와 σ_{3a}의 진폭은 8면체 전단 항복 기준에 대해 사용되는 관계식과 유사한 유효 응력진폭을 계산하기 위해 사용된다.

$$\bar{\sigma}_a = \frac{1}{\sqrt{2}}\sqrt{(\sigma_{1a}-\sigma_{2a})^2+(\sigma_{2a}-\sigma_{3a})^2+(\sigma_{3a}-\sigma_{1a})^2} \tag{9.28}$$

이것은 모든 응력량이 진폭이라는 것을 제외하고 식 7.35와 동일하다. 이 식을 적용하는데 있어 진폭은 동일 위상인 경우 양의 값을 가지고 180도 다른 위상인 경우 음의 값을 가진다.

수명은 완전 교번 단축 응력에 대한 S-N 선도에 맞게 $\bar{\sigma}_a$를 사용함으로써 측정된다. 굽힘이나 축하중이 각각 작용하는 단축상태에 대한 S-N 선도는 대부분 일반적으로 많이 알려져 있으며, 따라서 이 경우 $\bar{\sigma}_a$값을 직접 사용할 수 있다(하지만, 굽힘시험 중 항복에 발생하는 곳에 대해 S-N 선도를 적용하는 데에는 어려움이 발생한다). 평면 응력이 $\sigma_3 = 0$에 대해 식 9.28은 σ_{1a}에 대응하는 σ_{2a}의 선도를 타원형 궤적 형태로 예측하고 8면체 전단 항복 기준에 대해 유사한 형태를 가진다. 몇 개의 실험적 자료가 그림 9.42에서의 궤적과 비교되어 있다.

만약 정적인(비주기적) 하중이 존재하면, 단축 하중 아래의 평균응력 효과와 유사한 방법으로 유효 응력진폭 $\bar{\sigma}_a$이 변한다. 하나의 접근법은 제어된 평균응력 변수가 정적인 정수압 응력값에 비례하는 것으로 가정할 수 있다. 이것을 기반으로, 유효 평균응력은 세 가지 주 방향에서의 평균응력으로부터 계산될 수 있다.

$$\bar{\sigma}_m = \sigma_{1m} + \sigma_{2m} + \sigma_{3m} \tag{9.29}$$

6장에서 논의되었던 응력불변량(Stress invariant)을 사용하여 편리한 축에 대해 응력 성분의 평균과 진폭으로부터 이러한 유효 응력진폭과 평균응력을 계산할 수 있다.

$$\bar{\sigma}_a = \frac{1}{\sqrt{2}}\sqrt{(\sigma_{xa}-\sigma_{ya})^2+(\sigma_{ya}-\sigma_{za})^2+(\sigma_{za}-\sigma_{xa})^2+6(\tau_{xya}^2+\tau_{yza}^2+\tau_{zxa}^2)}$$
$$\bar{\sigma}_m = \sigma_{xm} + \sigma_{ym} + \sigma_{zm} \tag{9.30}$$

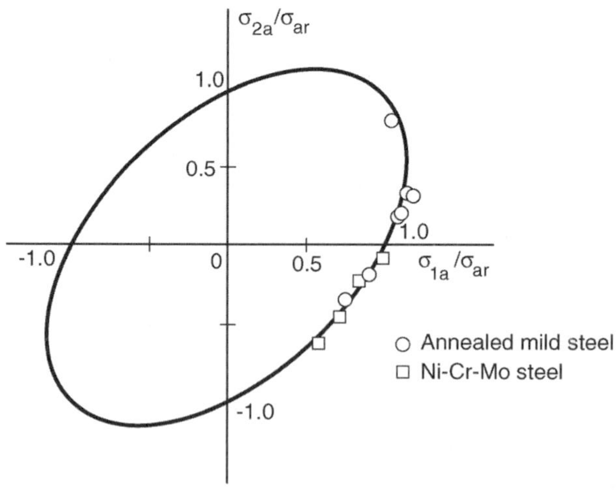

그림 9.42 완전 교번 2축 하중에 대해 10^7 주기의 피로 강도와 8면체 전단 응력 기준의 비교

$\overline{\sigma}_a$와 $\overline{\sigma}_m$ 양은 식 9.21 혹은 다른 평균응력 관계식을 표준화함으로써 등가 완전 교번 단축응력에 결합할 수 있다.

$$\sigma_{ar} = \frac{\bar{\sigma}_a}{1 - \dfrac{\bar{\sigma}_m}{\sigma'_f}} \tag{9.31}$$

σ_{ar}값은 식 9.22처럼 단축응력에 대한 완전 교번 S-N 선도를 넣어 사용할 수 있고 수명 또한 결정할 수 있다.

σ_{1a}, σ_{1m}의 두 응력이 0이 아닌 평균응력의 단축 하중이 작용하는 경우에 있어서는 식 9.31은 식 9.21과 같이 간단히 된다. 비틀림에서와 같이 순수 전단 상태에서는 전단응력의 진폭과 평균,τ_{xay}와 τ_{xym},이 0이 아니다. 이로 인하여 식 9.30은 다음과 같이 간단하게 주어진다.

$$\bar{\sigma}_a = \sqrt{3}\tau_{xya}, \qquad \bar{\sigma}_m = 0 \tag{9.32}$$

평균 전단응력이 존재함에도 불구하고 $\overline{\sigma}_m$이 0이라는 것을 주의하자. 이와 같이 평균 전단 응력의 영향을 무시할 수 있다는 다소 놀라운 결과는 실험적 관찰에서도 부합하는 사실이다. 이 점에 대한 세부사항과 일반적인 다축응력 효과는 Sines(1959)와 Socie(2000)을 참고하라.

9.8.2 고찰

주기적인 하중이 작용하는 동안 주축이 회전하는 경우에는 앞서 주어진 방정식을 적용할 수 있는 가능성에 대해서, 보다 자세한 검토가 필요하다. 또한 만약 주기적인 하중이 하나 이상의 위상으로 작용하거나 180도 외의 위상의 차이가 나는 경우에 대해서도 추가적으로 검토되어야 한다. 이런 경우 많은 다양한 접근법이 존재한다. 예를 들어, 임계면 접근법은 최대 전단 변형률 진폭과 이것이 적용되는 면 그리고 이 면에 작용하는 평균응력 효과를 얻기 위해 최대 법선 응력 거동이 사용되는 것을 포함한다. 이 방법에 대한 논의는 15장에서 주어진다.

예제 9.7

표 9.1에 Ti-6A1-4V 합금으로 만들어진 노치가 없는 직경 50mm의 입체 원형 축이 있다. 최소 0에서 최대($R=0$)주기적인 토크 $T=10$kN · m와 최소 0에서 최대 주기적인 굽힘 모멘트 $M=7.5$kN · m가 동시에 같은 위상으로 주기적인 하중이 적용되고 있다. 이 때 피로파괴가 일어나기까지의 하중 주기를 산정하라.

【풀이】 부록 A의 그림 A.1과 그림 A.2를 사용하여, 토크와 모멘트가 최대 값에 도달하는 시간에서 축 표면의 응력 값은

$$\tau_{xy\,\max} = \frac{Tc}{J} = \frac{Tr}{\pi r^4/4} = \frac{2(0.010\,\mathrm{MN} \cdot \mathrm{m})}{\pi(0.025\,\mathrm{m})^3} = 407.4\,\mathrm{MPa}$$

$$\sigma_{x\,\max} = \frac{Mc}{I} = \frac{Mr}{\pi r^4/4} = \frac{4(0.0075\,\mathrm{MN} \cdot \mathrm{m})}{\pi(0.025\,\mathrm{m})^3} = 611.2\,\mathrm{MPa}$$

이 경우 모든 응력 요소인 σ_y, σ_z, τ_{yz}와 τ_{zx}은 0이다. 이러한 응력들은 $R=0$에서 적용되고 있기 때문에 응력진폭과 평균은

$$\tau_{xya} = \tau_{xym} = \frac{407.4}{2} = 203.7, \qquad \sigma_{xa} = \sigma_{xm} = \frac{611.2}{2} = 305.6\,\text{MPa}$$

유효 응력진폭과 평균은 식 9.30으로부터 계산할 수 있다.

$$\bar{\sigma}_a = \frac{1}{\sqrt{2}}\sqrt{(305.6-0)^2 + 0 + (0-305.6)^2 + 6(203.7^2+0+0)} = 466.8\,\text{MPa}$$

$$\bar{\sigma}_m = 305.6 + 0 + 0 = 305.6\,\text{MPa}$$

등가 완전 교번 응력진폭 σ_{ar}은 식 9.31에서 얻을 수 있고 수명은 식 9.22에 σ_{ar}을 대입함으로써 측정할 수 있다.

$$\sigma_{ar} = \frac{\bar{\sigma}_a}{1-\dfrac{\bar{\sigma}_m}{\sigma'_f}} = \frac{466.8}{1-\dfrac{305.6}{2030}} = 549.5\,\text{MPa}$$

$$N_f = \frac{1}{2}\left(\frac{\sigma_{ar}}{\sigma'_f}\right)^{1/b} = \frac{1}{2}\left(\frac{549.5\,\text{MPa}}{2030\,\text{MPa}}\right)^{1/(-0.104)} = 1.43\times 10^5\,\text{cycles} \qquad \text{(답)}$$

재료 상수 $\sigma_f{}'$와 b는 표 9.1로부터 얻는다.

【고찰】 최대 하중에서 항복의 가능성이 있다. 이 때 최대응력은 굽힘과 토크가 절정 값에 이르렀을 때 발생한다(τ_{xy} = 407.4MPa와 σ_x = 611.2MPa). 이것을 식 7.36에 대입하면 유효 응력 $\bar{\sigma}_H$=933.5MPa가 주어진다. 표 9.1로부터 항복강도를 비교하면 X_0=1.27의 항복에 저항하는 안전계수를 얻는다. 이로 인하여 항복은 없지만 안전계수는 매우 크지 않음을 알 수 있다.

9.9 변동진폭하중

이 장에 앞서 논의된 것과 같이, 피로하중은 실질적인 적용에 있어 종종 불규칙적인 방법으로 변하는 응력진폭을 포함한다. 이제 이러한 하중에 대해 수명을 측정하는 방법에 대해 고려한다.

9.9.1 Palmgren-Miner 규칙

그림 9.43과 같이 가변적 하중 진폭의 상황을 고려하자. 확실한 응력진폭 σ_{a1}이 σ_{a1}에 대한 S-N 선도로부터의 파단에 대한 주기의 횟수 N_{f1}인 곳에서 주기의 횟수 N_1에 대해 적용된다. 수명에 사용되는 부분은 N_1/N_{f1}이다. 이제 S-N 선도 상의 N_1에 대응하는 또 다른 응력진폭 σ_{a2}를 N_2 주기에 대해 적용하자. N_2/N_{f2} 수명의 추가적인 부분이 사용된다. 피로파단에 대해 간단한 상태의 Palmgren-Miner 규칙은 각각 수명의 부분에 대한 합이 1이 되는 경우 피로파손이 일어나는 것으로 고려하며 이는 피로수명 100% 소진된 경우에 해당한다.

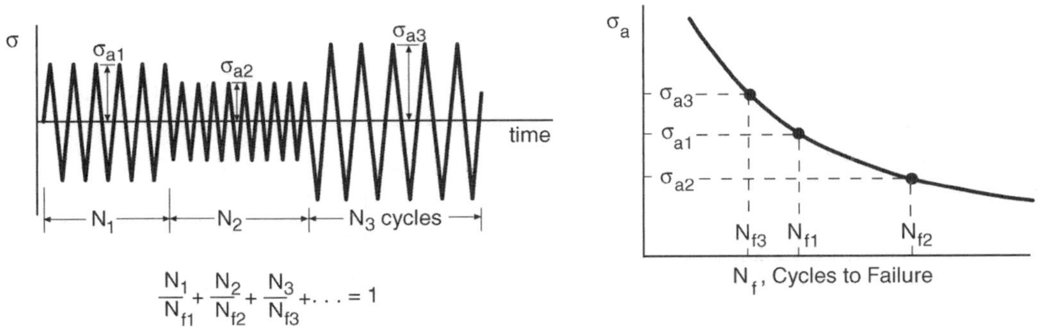

그림 9.43 다양한 완전 교번 하중 진폭에 대한 수명 예측에 있어서 Palmgren–Miner 규칙의 사용

$$\frac{N_1}{N_{f1}}+\frac{N_2}{N_{f2}}+\frac{N_3}{N_{f3}}+\cdots=\sum\frac{N_j}{N_{fj}}=1 \tag{9.33}$$

이 간단한 규칙은 1920년대에 볼 베어링에 대한 수명을 예측하기 위해 스웨덴의 A. Palmgren에 의해 사용되었고 1937년에 B.F Langer에 의해 좀 더 표준화되어 적용되었다. 하지만 이 규칙은 널리 알려지지 않았고 M.A Miner의 논문이 1945년에 발표되고 나서 사용되기 시작했다.

하중의 특정한 배열은 공학적 부품에 반복적으로 적용될 수 있다. 혹은 연속적으로 변하는 하중 이력에 대해 전형적인 표본이 유효할 수 있다. 이러한 환경 아래, 하나의 주어진 하중 배열에 반복된 주기 비율을 합한 후 그 결과를 총합의 1이 되도록 반복횟수로 곱하는 방법이 편리하게 사용될 수 있다.

$$B_f\left[\sum\frac{N_j}{N_{fj}}\right]_{\text{one rep.}}=1 \tag{9.34}$$

여기서, B_f는 파단에 이르는 반복적인 횟수이다. 그림 9.44에 식의 적용 가능성을 나타내고 있다.

변동 하중의 몇몇 주기는 평균응력을 포함할 수 있다. 등가 완전 교번응력은 완전 교번 S-N 선도에 적용하기 이전에 미리 계산을 마칠 필요가 있다. 혹은 식 9.23과 식 9.24에서처럼 이미 평균응력 효과가 포함된 수명 식을 적용할 수 있다. 게다가 평균응력 수준의 변화에 의해 발생하는 응력 범위 또한 주기 비율을 합하는데 있어 고려되어야 한다. 예를 들어 그림 9.44에서, $(\sigma_{a1}, \sigma_{m1})$와 $(\sigma_{a2}, \sigma_{m2})$의 조합에서 진폭-평균의 주기는 명백하다. 하지만 $(\sigma_{a3}, \sigma_{m3})$에 의해 추가적으로 발생하는 주기에 대해 고려할 필요성이 발생한다. 실제로, 만약 σ_{a1}과 σ_{a2}가 작다면 피로 손상의 대부분은 이 추가적으로 발생한 주기에 의해 생기게 되며, 따라서 이에 대한 고려가 되지 않는다면 지극히 비보수적인 수명산정이 되게 된다. 이러한 추가적으로 발생하는 주기를 구하기 위해 일반적으로 사용되는 주기계산 방법에 대해서는 다음 세부항목에서 설명한다.

높은 수준과 낮은 수준에서 크기가 대비되는 응력 수준을 포함하는 가동 하중을 고려하자. 비교적 가혹한 응력주기는 Palmgren-Miner 규칙에 의해 주기 비율의 합산을 통해 적은 횟수로 작용하지만 산정하는 수명에 매우 큰 효과를 끼칠 수 있다. 하지만 9.6.5 부분에서 논의하였듯이, 추가적인 가혹한 주기에 대한 순서에 따른 효과가 있다. 특히, 가혹한 주기의 횟수가 적더라도 피로손상이 야기되어

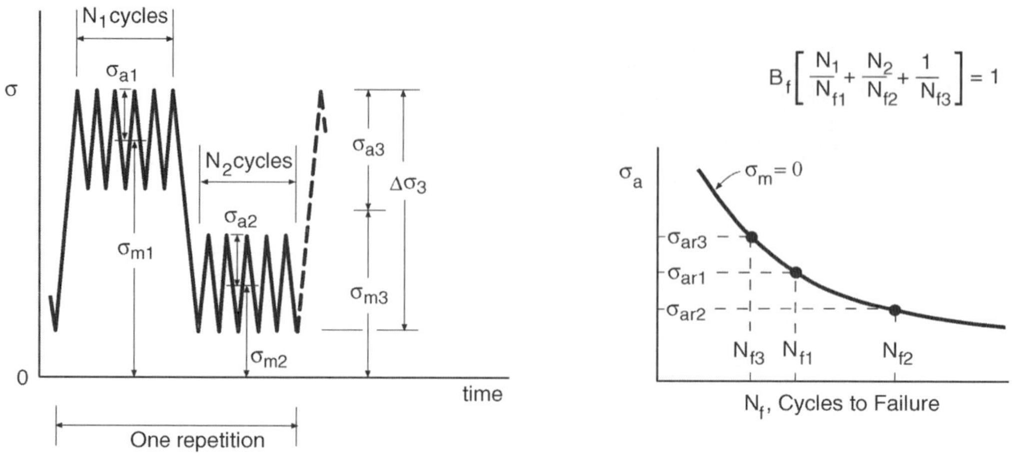

그림 9.44 평균수준의 변화에 따른 반복 응력 이력에 대한 수명 예측

심지어 일정한 진폭 시험으로부터 피로한도보다 낮은 응력에 의해서도 손상이 전파될 수 있다. 그러므로 피로한도보다 높거나 낮은 응력이 발생하는 경우 수명 측정을 하기 위해 로그-로그 선도에서 직선으로써 외삽하으로써 피로한도 아래에서 추정되는 식 9.6 혹은 9.7의 형태에 대한 S-N 관계식이 추천된다. 이런 이유로, 피로한도보다 낮은 응력에서는 무한한 수명을 가진다고 더 이상 가정하지 않는다. 실험적 결과로부터의 얻은 하나의 절차는, 일정한 진폭 시험으로부터 얻어진 피로한도의 절반에 해당하는 값을 피로한도로 가정할 수 있다고 알려져 있다(추가적인 언급과 참고 문헌에 대한 것은 4.3장의 Ritchie(2003)를 참고하자).

예제 9.8

그림 E9.8에서 볼 수 있는 응력에 대한 이력이 표 9.1의 AISI 4340 강으로 만들어진 노치가 없는 부재에 단축 응력으로써 반복적으로 적용되고 있다. 피로파단을 발생시키기 위해 요구되는 반복 횟수를 추정하라.

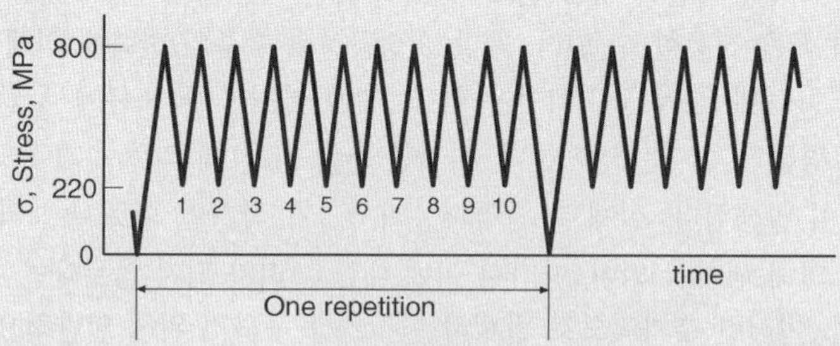

그림 E9.8

【풀이】 이력의 한 번의 반복에서, 응력은 0에서 800MPa까지 상승하고 이후 0으로 복귀한다. 한 주기는 $\sigma_{min} = 0$에서 $\sigma_{max} = 800$MPa까지의 형태를 보인다. 또한, 주기가 10일 때 $\sigma_{min} = 220$MPa와 $\sigma_{max} = 800$MPa가 있다. 모든 응력 값에 대해 표는 유용하다.

j	N_j	$\sigma_{\min}$	$\sigma_{\max}$	σ_a	σ_m	N_{fj}	N_j/N_{fj}
1	1	0	800	400	400	1.36×10^5	7.37×10^{-6}
2	10	220	800	290	510	1.54×10^6	6.51×10^{-6}
							$\Sigma = 1.388 \times 10^{-5}$

주기의 두 가지 수준에 대하여 각각 표에서 선을 형성한다. 응력진폭 σ_a와 평균응력 σ_m 그리고 수명 N_f에 대응하는 값은 식 9.1과 9.23으로부터 계산된다.

$$\sigma_a = \frac{\sigma_{\max} - \sigma_{\min}}{2}, \qquad \sigma_m = \frac{\sigma_{\max} + \sigma_{\min}}{2}, \qquad N_f = \frac{1}{2}\left(\frac{\sigma_a}{\sigma'_f - \sigma_m}\right)^{1/b}$$

상수인 $\sigma'_f = 1758\text{MPa}$ $b = -0.0977$이 표 9.1로부터 사용된다. 파단 B_f의 반복에 대한 수명은 식 9.34의 형태에서 Palmgre－Miner 규칙을 사용함으로써 표의 값 N과 N_f으로부터 추정된다.

$$B_f = 1 \Big/ \left[\sum \frac{N_j}{N_{fj}}\right]_{\text{one rep.}} = 1/1.388 \times 10^{-5} = 72{,}000 \text{ repetitions} \qquad \text{(답)}$$

9.9.2 불규칙 이력에 대한 주기 계산

그림 9.7에서 9.10까지 시간에 대해 매우 불규칠한 변화를 가지는 하중의 경우 Palmgre-Miner 규칙을 적용하기 위해 주기를 어떻게 개별적인 사건으로 분리할 것인지 또는 정의할 것인지가 명백하지 않다. 과거에는, 상당한 불확실성과 적절한 절차에 대한 토론이 있었고 여러 가지 방법들이 제안되고 사용되었다. 하지만 합의점이 나타났고 가장 적합한 방법은 레인플로우(Rainflow) 집계, 혹은 근본적으로 유사한 특정한 다른 절차이며, 1968년 경 일본의 T. Endo 교수와 그의 동료가 개발한 방법이다.

그림 9.45에서 나타나듯이 불규칙한 응력 이력은 하중 방향이 변화하는 곳에 해당하는 절정과 계곡으로 구성되어 있다. 관심을 가질 것은 절정과 계곡 사이에서의 응력범위 즉 절정과 계곡 또는 계곡과 절정 사이에서의 응력값의 차이이다. 간단한 범위(Simple range)는 절정에서 다음 계곡까지, 혹은 계곡에서 다음 절정까지 측정하는 것이다. 한편 전체적인 범위(Overall range)는 계곡에서 그 다음 절정까지를 측정하는 것이 아니라, 하나가 그 다음에 발생할 때까지 측정하거나 혹은 계곡에서 이후의 절정 사이를 측정하는 것이다. 그림 9.45에서, $\Delta\sigma_{AB}$와 $\Delta\sigma_{BC}$는 간단한 범위이고 $\Delta\sigma_{AD}$와 $\Delta\sigma_{DG}$는 전체 범위에 해당한다.

레인플로우 집계를 수행하는데 있어, 그림 9.46에서 나타난 것처럼 기준에 적합할 때 절정과 계곡 사이에서 하나의 주기로 산정된다. 절정-계곡-절정 혹은 계곡-절정-계곡까지의 하중 이력에서의 X-Y-Z 조합을 고려할 때 만약 두 번째 범위인 $\Delta\sigma_{YZ}$가 첫 번째 범위인 $\Delta\sigma_{XY}$보다 크거나 혹은 같다면 주기로 고려된다. 만약 두 번째 범위가 확실히 크거나 같다면 첫 번째 범위($\Delta\sigma_{XY}$)에 해당하는 주기는 집계되게 된다. 이 주기에 대한 σ_X와 σ_Y의 평균값 또한 고려되어야 한다.

그림 9.47의 예시의 사용을 가지고 전반적인 절차를 설명하면, 주어진 응력 이력이 반복적으로 적

용된다고 가정하고 임의의 절정 혹은 계곡에서 시작하여 얻을 수 있다. 이를 기반으로, 배열이 가장 높은 절정 혹은 가장 낮은 계곡의 시작점에서 끝점으로부터 이루어질 수 있도록 일정 부분의 이력은 뒷부분으로 이동시키는 것이 편리하다. 그림 9.47(a)와 (b)에서 이를 묘사하고 있다. 재배열된 이력의 초기점에서부터 그림 9.46의 기준을 사용함으로써 주기 계산에 대해 진행할 수 있다. 만약 주기를 계산할 때 이 정보가 기록되고 (c)에 E-F에서 나타나듯이, 절정과 계곡이 계산의 목적으로 존재하지 않으면 다음 계산이 가능 할 때 까지 이동하게 된다. 예를 들어, (d)에서 E–F가 집계된 후 집계 조건은 다음 A–B에서 만족하게 된다.

집계는 모든 이력이 소진될 때까지 진행한다. 이에 대한 예제로부터 집계된 주기는 E–F, A–B, H–C와 D–G이고 그것들은 그림 9.47의 아래 부분에 표로써 범위와 평균값으로 정리되어 있다. 특히 E–F와 A–B에서 기존의 이력에서 간단한 범위와 H–C와 D–G 전체의 범위에 대해 대응하는 몇 가지 집계된 주기를 주의하자. 집계된 가장 큰 범위는 항상 가장 높은 절정에서 가장 낮은 계곡까지이다. 이에 대한 예시는 D–G로 나타난다.

매우 긴 이력의 경우에는, 레인플로우 집계의 결과를 주어진 범위와 평균의 다양한 조합에서 발생하는 주기의 횟수를 행렬로써 나타내는 것이 편리하다. 이것에 대한 예시가 그림 9.48에 나타나 있다. 범위와 평균의 값은 주어진 처리할 수 있는 크기의 행렬의 분산 값을 마무리 지을 수 있다는 것을 주의하자. 주기의 집계는 주로 하중 이력에 직접적으로 적용하게 되며 이는 그림 9.48에 있다.

주기의 집계에 대한 추가적인 정보는 ASTM 기준 E1049에서 찾을 수 있고 SAE 피로 설계 지침 (Rice, 1997)에서 또한 찾을 수 있다. 후자의 참조는 또한 적절한 컴퓨터 프로그램을 포함하고 있다.

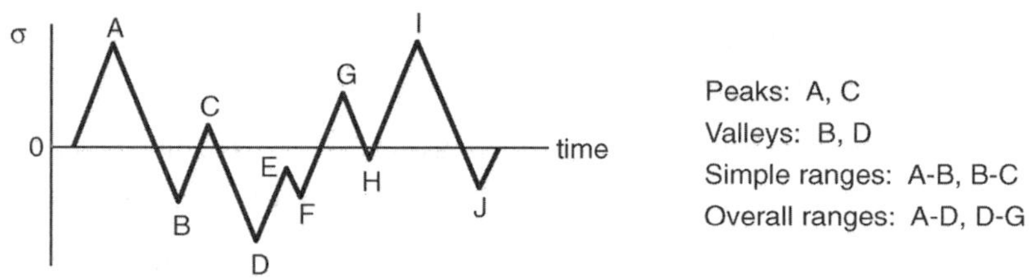

그림 9.45 불규칙 하중의 정의

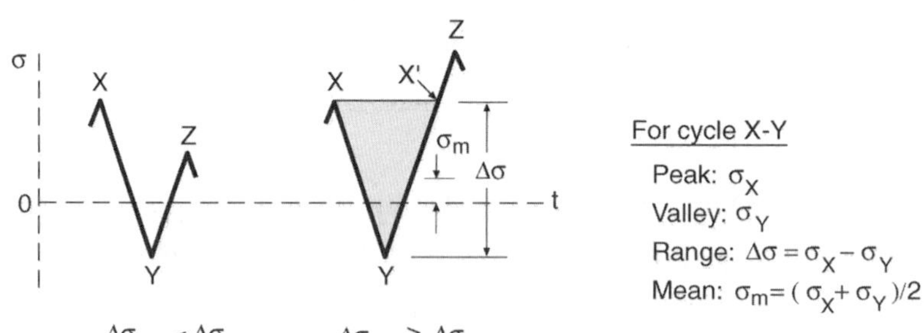

그림 9.46 레인플로우법을 사용하여 주기를 집계한 상태

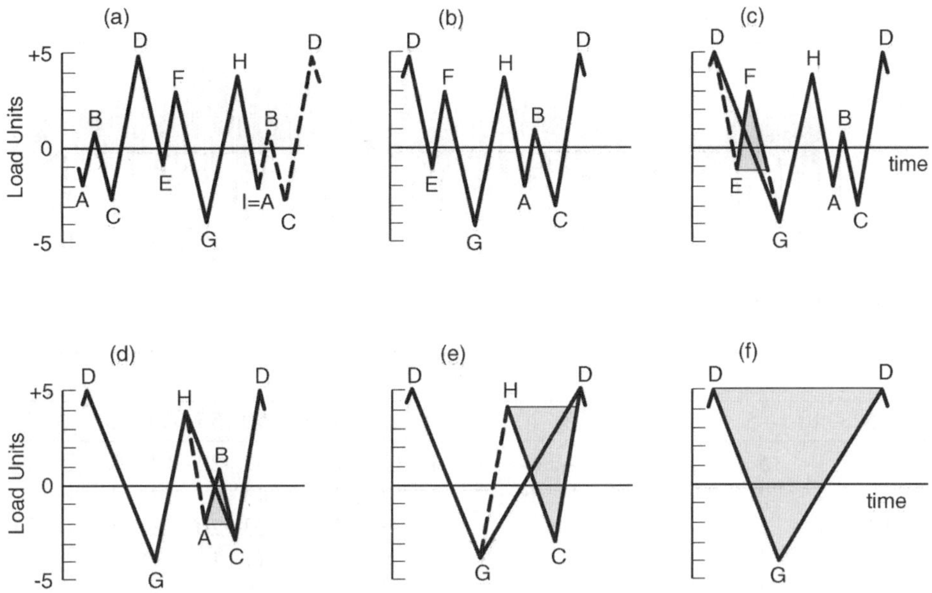

Cycle	Range	Mean
E-F	4.0	1.0
A-B	3.0	-0.5
H-C	7.0	0.5
D-G	9.0	0.5

그림 9.47 레인플로우 집계법의 예시

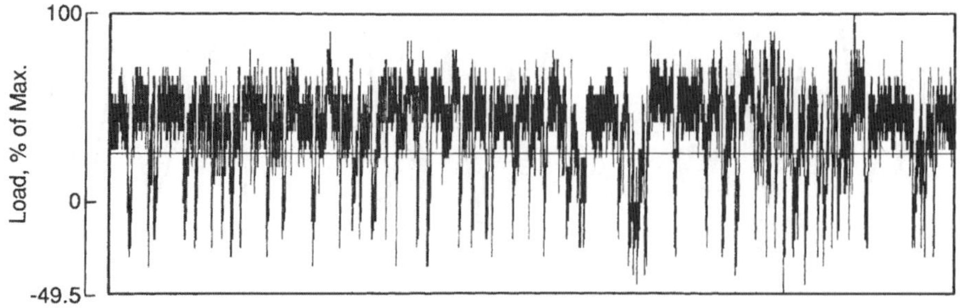

	Mean																			
Range	−15	−10	−5	0	5	10	15	20	25	30	35	40	45	50	55	60	65	70	75	All
20	4	1	5	2	2	5	—	—	3	6	15	27	29	32	22	12	6	2	—	173
25	2	4	3	9	8	10	4	6	2	7	17	37	36	43	33	13	7	1	2	244
30	1	1	5	3	1	1	4	3	—	4	13	20	20	23	20	8	6	1	—	134
35	1	1	4	2	3	2	—	1	3	2	8	17	16	11	11	7	2	—	—	91
40	—	1	1	1	2	1	1	—	—	4	7	15	16	9	8	2	—	—	—	68
45	—	1	—	4	3	—	—	—	—	2	1	9	7	2	3	1	—	—	—	33
50	—	—	2	2	2	1	—	—	—	2	2	3	3	1	1	1	1	—	—	21
55	—	—	1	1	—	—	—	—	—	2	2	4	4	2	—	1	—	1	—	18
60	—	1	1	—	—	—	—	—	—	1	1	3	2	1	—	—	—	—	—	10
65	—	—	—	—	—	—	—	—	—	—	2	1	—	—	—	—	—	—	—	3
70	—	—	—	—	—	—	—	—	—	—	2	—	1	—	—	—	—	—	—	3
75	—	—	—	—	—	—	1	—	—	—	1	2	—	—	—	—	—	—	—	4
80	—	—	—	—	—	—	—	—	—	—	—	—	—	—	—	—	—	—	—	—
85	—	—	—	—	1	—	1	3	3	—	—	—	—	—	—	—	—	—	—	8
90	—	—	—	—	—	—	—	—	4	—	—	—	—	—	—	—	—	—	—	4
95	—	—	—	—	—	1	—	1	4	1	—	—	—	—	—	—	—	—	—	7
100	—	—	—	—	—	—	—	5	3	1	—	—	—	—	—	—	—	—	—	9
105	—	—	—	—	—	—	—	3	3	3	—	—	—	—	—	—	—	—	—	9
110	—	—	—	—	—	—	—	—	2	3	—	—	—	—	—	—	—	—	—	5
115	—	—	—	—	—	—	—	—	3	—	—	—	—	—	—	—	—	—	—	3
120	—	—	—	—	—	—	1	—	1	1	—	—	—	—	—	—	—	—	—	3
125	—	—	—	—	—	—	—	—	2	—	—	—	—	—	—	—	—	—	—	2
130	—	—	—	—	—	—	—	—	—	—	—	—	—	—	—	—	—	—	—	—
135	—	—	—	—	—	—	—	1	—	—	—	—	—	—	—	—	—	—	—	1
140	—	—	—	—	—	—	—	—	—	—	—	—	—	—	—	—	—	—	—	—
145	—	—	—	—	—	—	—	—	—	—	—	—	—	—	—	—	—	—	—	—
150	—	—	—	—	—	—	—	—	1	—	—	—	—	—	—	—	—	—	—	1

그림 9.48 차량 변속기의 불규칙 하중 vs. 시간 이력 행렬로써 범위와 평균값의 다양한 조합의 레인플로우 주기 횟수를 나타냄.

예제 9.9

표 9.1의 Ti−6A1−4V 합금으로 만든 부재에 대해 , 재료는 그림 E9.9(a)와 같은 단축 응력 이력을 반복적으로 받는 대상이다. 피로파괴에 이르기까지의 필요한 반복 횟수를 추정하라.

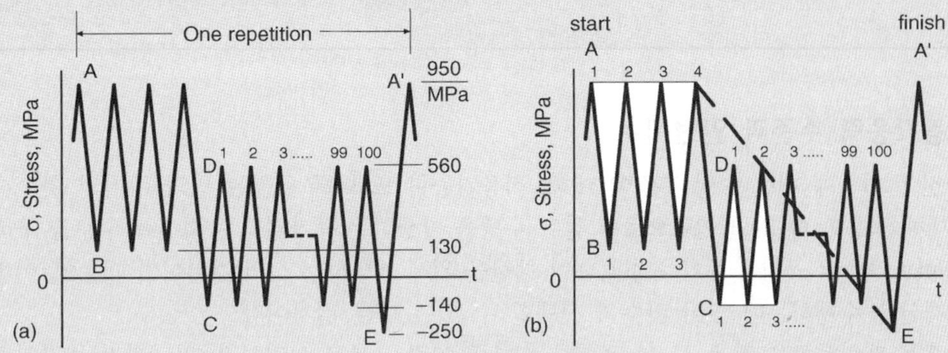

그림 E9.9

【풀이】 그림 E9.9(b)에서 나타나듯이 주기의 집계가 필요하다. 이 경우 점 A가 가장 높은 응력값을 가지고 있으므로 재배열할 필요가 없다. 따라서, 첫 번째 점 A에서 집계를 시작 할 수 있고 이력이 돌아오는 점 A''에서 끝낸다. $A_1-B_1-A_2$의 사건을 고려함으로써 주기 A_1-B_1이 집계되고, 두 가지 추가의 유사한 주기인 A_2-B_2와 A_3-B_3또한 집계된다. 다음으로, $A_4-C_1-D_1$을 고려하지만 집계된 주기가 없다. 그때, $C_1-D_1-C_2$에서 C_1-D_1주기를 얻고 추가의 유사한 방법으로 $C-D$에 대해 총 100주기가 집계된다. 이 점에서 A_4,E 그리고 A'을 제외한 모든 절정과 계곡은 주기에 참여하게 된다. 마지막 가장 높은 절정과 가장 낮은 계곡 사이의 주요 주기가 이러한 형태가 된다.

표 E9.9

Cycle	j	N_j	σ_{min}	σ_{max}	σ_a	N_{fj}	N_j/N_{fj}
A-B	1	3	130	950	410	4.21×10^4	7.12×10^{-5}
C-D	2	100	−140	560	350	1.14×10^6	8.74×10^{-5}
A-E	3	1	−250	950	600	6.75×10^3	1.481×10^{-4}
							$\Sigma=3.068\times10^{-4}$

표 E9.9에서 주기의 세 가지 수준에 대한 각각의 최대와 최소 응력주기 집계에 대한 결과가 요약되어 있다. 응력진폭 σ_a는 식 9.1(a)로부터 표에서 각각의 선에 대해 계산된다.(응력의 모든 단위는 MPa로 나타나 있다) N_f값은 SWT 식과 표 9.1로부터의 Ti−6A1−4V에 대한 재료 상수 σ'_f와 b를 기반으로 σ_{max}와 σ_a로부터 결정된다. 이런 이유로 식 9.24(a)는 계산을 위해 N_f에 대해 풀이된다:

$$N_f=\frac{1}{2}\left(\frac{\sqrt{\sigma_{max}\sigma_a}}{\sigma'_f}\right)^{1/b}$$

다음으로, N_j/N_{fj} 비는 주기의 각 수준에 대해 계산되고 이것들의 합은 식 9.34에서 마지막으로 파단까지 반복의 횟수를 추정하는데 사용된다.

$$B_f = 1 \Big/ \left[\sum \frac{N_j}{N_{fj}} \right]_{\text{one rep.}} = 1/3.068 \times 10^{-4} = 3259 \text{ repetitions} \qquad \text{(답)}$$

9.9.3 등가응력 수준과 안전계수

가변 진폭 하중에 대한 수명 추정에 대해, 적용가능한 또 다른 절차는 만약 주기의 횟수가 같은 경우에 대해 적용할 때 가변 이력으로써 같은 수명을 발생하는 등가일정 응력진폭 수준을 구하는 것이다. Palmgre-Miner 규칙이 등가응력에 대한 계산을 위해 개발하는 식의 기본이기 때문에, 이 방법은 동일한 계산을 수행하는데 있어 단순히 선택할 수 있는 다른 절차이다.

반복 혹은 레인플로우 집계 N_B를 포함하는 하중 이력 표본을 고려하자. 파단까지 주기의 횟수는 $N_f = B_f N_B$이고 여기서 B_f는 파단까지 반복 횟수이다. 각각의 주기에 대해서, 등가 완전 교번응력 진폭 σ_{ar}은 응력진폭과 평균응력으로부터 계산할 수 있다. 계속 진행하기 위해, 식 9.34의 형태를 가지는 Palmgren-Miner 규칙을 적용한다.

$$B_f \left[\sum_{j=1}^{N_B} \frac{N_j}{N_{fj}} \right] = 1, \qquad N_{fj} = \frac{1}{2} \left(\frac{\sigma_{arj}}{\sigma'_f} \right)^{1/b} \qquad \text{(a, b)} \qquad (9.35)$$

여기서, 각각의 σ_{arj}에 대한 수명 N_{fj}는 식 9.22로부터 계산된다. 그때 각각의 주기는 개별적으로 취급하고 각각의 $N_j = 1$에 N_{fj}값을 (b)로부터 (a)에 대입하여 얻는다.

$$\frac{N_f}{N_B} \left[\sum_{j=1}^{N_B} 2 \left(\frac{\sigma_{arj}}{\sigma'_f} \right)^{-1/b} \right] = 1, \qquad \sigma'_f (2N_f)^b \left[\sum_{j=1}^{N_B} (\sigma_{arj})^{-1/b} \Big/ N_B \right]^b = 1 \qquad \text{(a, b)} \qquad (9.36)$$

N_f/N_B를 B_f와 (a)에 대입하는 곳에서 재배열되고 (b)를 얻기 위해 b의 승에 비례하여 증가시킨다.

식 9.7로부터, σ_{aq}로 표시할 등가일정 응력진폭은 $\sigma_{aq} = \sigma'_f (2N_f)^b$에 의해 파단까지 주기의 횟수와 분명한 관련이 있음을 주목하자. 이로 인해, 만약 $\sigma'_f (2N_f)^b$을 식 9.36(b)의 다른 쪽으로 분리하면 다른 쪽에서 σ_{aq}값을 구할 수 있다

$$\sigma_{aq} = \left[\sum_{j=1}^{N_B} (\sigma_{arj})^{-1/b} \Big/ N_B \right]^{-b}, \qquad \sigma_{aq} = \left[\sum_{j=1}^{k} N_j (\sigma_{arj})^{-1/b} \Big/ N_B \right]^{-b} \qquad \text{(a, b)} \qquad (9.37)$$

등가 형태 (b)는 각각 다른 수준 k에 대해 N_j 반복적 주기가 집계되는 곳에서적용하기 편리하다. 이것은 (a)로부터 각각의 수준에서의 주기를 결합함으로써 유도되고, $N_j (\sigma_{arj})^{-1/b}$ 는 다른 수준의 k에 대해 합하여 구해진다. 식 9.37은 $\sigma_{aq} = A N_f^B$이고 B는 b를 대체하면 식 9.6과 같이 멱함수 형태를 가지는 어떠한 S-N 선도형태의 식에도 적용할 수 있다.

안전계수를 결정하기 위해서, 응력진폭 σ_a를 σ_{aq}로 일반화하고 S-N 선도를 $\sigma_{aq} = \sigma'_f(2N_f)^b$로 하면 그림 9.6의 논리가 적용될 수 있다. 응력과 수명에 대한 안전계수는 식 9.9와 9.10의 일반화를 통해 계산된다.

$$X_S = \left.\frac{\sigma_{aq1}}{\hat{\sigma}_{aq}}\right|_{N_f=\hat{N}}, \qquad X_N = \left.\frac{N_{f2}}{\hat{N}}\right|_{\sigma_{aq}=\hat{\sigma}_{aq}} \qquad \text{(a, b)} \tag{9.38}$$

$\hat{\sigma}_{aq}$값은 식 9.37을 사용함으로써 가동 중의 예상되는 응력 이력으로부터 계산된다. 또한 식 9.12는 두 안전계수에 연관되어 있다($X_S = X_N^{-b}$).

하중 계수 접근법 또한 적용될 수 있다. 전체적인 응력 이력은 단일 하중 계수 Y에 의해 조정될 수 있다. 혹은 다른 하중요소에 대하여 별도의 다른 하중 계수를 부과할 수도 있다. 계수화된 응력 이력으로부터의 수명은 가동 중의 기대 수명 $\hat{N}$보다 작지 않아야 한다.

예제 9.10

예제 9.8의 재료와 응력 이력을 고려하라.

(a) 등가일정 응력진폭법을 사용하여 수명을 추정하라.

(b) 만약 주어진 응력 이력이 가동 중에 1000번의 반복에 대해 적용될 것으로 예상된다면, 응력과 수명에 대한 안전계수는?

【풀이】 (a) 주기의 다른 수준에서 반복된 주기가 있기 때문에, $k = 2$인 경우에는 식 9.37(b)가 편리하다. 응력진폭과 평균응력의 주기 집계와 계산은 예제 9.8에 대해 같고 AISI 4340 강에 대한 재료 상수 σ'_f와 b 또한 동일하다. 이때, σ_{ar}은 식 9.21의 Morrow 평균응력 관계식으로부터 주기의 각각의 수준에 대해 계산된다. 표 E9.10에 값들이 주어져 있고 모든 응력의 단위는 MPa이다. 다음으로, 대응하는 $N_j(\sigma_{arj})^{-1/b}$가 계산되고 이것의 합으로 식 9.37(b)에 대해 얻어진다. 또한, N_j값의 합산으로 N_B가 주어진다.

여기서 σ_{aq}를 계산하기 위해 식 9.37(b)가 사용되고, 표로부터 합을 대입하고 N_B와 재료 상수 b에 따라:

표 E9.10

j	N_j	σ_{min}	σ_{max}	σ_a	σ_m	σ_{arj}	$N_j(\sigma_{arj})^{-1/b}$
1	1	0	800	400	400	517.8	6.036×10^{27}
2	10	220	800	290	510	408.5	5.330×10^{27}
$N_B = 11$							$\Sigma = 1.137 \times 10^{28}$

$$\sigma_{aq} = \left[\sum_{j=1}^{k} N_j(\sigma_{arj})^{-1/b} \middle/ N_B\right]^{-b} = [1.137 \times 10^{28}/11]^{-(-0.0977)} = 435.8\,\text{MPa}$$

마지막으로, 식 9.7에 σ_a값을 대입하고 N_f에 대해 풀면

$$N_f = \frac{1}{2}\left(\frac{\sigma_{aq}}{\sigma'_f}\right)^{1/b} = \frac{1}{2}\left(\frac{435.8\,\text{MPa}}{1758\,\text{MPa}}\right)^{1/(-0.0977)} = 792{,}300 \text{ cycles}$$

$$B_f = \frac{N_f}{N_B} = \frac{792{,}300}{11} = 72{,}000 \text{ repetitions} \qquad \text{(답)}$$

파단까지의 반복횟수 또한 계산된다. 예상했던 대로 예제 9.8에 대해 같은 결과가 얻어진다.

(b) 수명에 대한 안전계수는 식 9.38(b)로부터 계산될 수 있고 응력에 대한 안전계수는 식 9.12(a)로부터 계산된다.

$$X_N = \frac{N_{f2}}{\hat{N}} = \frac{B_{f2}}{\hat{B}} = \frac{72{,}000}{1000} = 72.0, \qquad X_S = X_N^{-b} = (72.0)^{-(-0.0977)} = 1.52 \text{(답)}$$

【고찰】 식 9.12의 사용함으로써, 두 안전계수가 σ_{aq}값의 적용없이 예제 9.8의 본래의 해로부터 얻어질 수 있다. 대안으로, 응력에 대한 안전계수는 식 9.7에 $\sigma_{aq1} = 661.9$MPa를 얻기 위해 $\hat{N} = \hat{B}N_B = 11{,}000$주기를 대입함으로써 식 9.38(a)로부터 계산될 수 있다. $\hat{\sigma}_{aq} = 435.8$MPa를 (a)와 비교하면 $X_S = 1.52$라는 같은 값을 얻는다.

9.10 요 약

재료의 피로는 누적된 손상과 주기적인 하중에 의한 파단의 과정이다. 피로파괴를 방지하고자 하는 목적에서의 150년이 넘는 공학적 노력은 처음으로, 응력 기반의 접근법을 개발하는데로 이어졌다. 이 접근법은 응력과 수명 선도 그리고 공칭응력에 대해 강조했다. 좀 더 복잡한 접근법으로는 변형률 기반의 접근법, 파괴역학적 접근법이 근래에 대두되고 있다.

일정한 최대 최소값 사이의 주기적인 응력은 응력진폭이나 평균응력인 σ_a나 σ_m으로 설명할 수 있다. 대안으로, $\sigma_{\max}$나 $\Delta\sigma$ 혹은 비율 응력비 R, $R = \sigma_{\min}/\sigma_{\max}$과 같이 명시할 수 있다. 이러한 변수들 간의 유용한 관계식은 식 9.1에서 9.4까지 주어져 있다. 점에서의 실제 응력 σ와 측정된 공칭(평균) 응력 S를 구분하는 것은 중요하다.

S-N 선도는 일반적으로 응력진폭 대 파단에 대한 주기로써 그려진다. 이러한 선도는 정교한 폐루프 유압 장비 혹은 간단한 회전 굽힘 기계의 범위처럼 다양한 시험 기구로부터 얻을 수 있다. S-N 선도의 가장 기본은 회전 굽힘의 평균에 의해 시험될 수 있는 경우에 대한 평균응력 0에 대해 고려하는 것이다.

S-N 선도는 재료와 재료의 사전 처리에 따라 변한다. 선도는 평균응력과 노치의 존재와 같은 기하학적 구조 그리고 표면 마감, 화학적 열적 환경, 주기의 빈도 그리고 잔류응력 등에 의해 영향을 받는다. 로그-선형 좌표에 직선을 형성하는 S-N 데이터를 나타내려면 식 9.5를 사용해야한다. 그리고 로그-로그 좌표의 직선의 경우, 식 9.6 또는 9.7이 적용된다.

평균 응력 효과의 추정치는 Morrow 관계식 식 9.21 또는 SWT 관계 식 9.18에서처럼 등가 완전 교번응력 진폭 σ_{ar}를 계산하여 구할 수 있다. 그런 다음 σ_{ar}값은 식 9.22를 사용하여 완전 교번(평균응력 0) 시험에서 도출된 S-N 곡선과 결합된다. 앞의 식은 또한 단순한 경우의 다축 하중에 대한 수명 추정치를 만들기 위해 일반화될 수 있다.만약 진폭 혹은 응력 수준에 있어 하나 이상인 경우에 대한 수명 추정은 식 9.33 Palmgren－Miner 규칙의 주기 비의 합으로써 나타낼 수 있다.

식 9.34에 의해 주어진 대안의 형태는 반복적으로 발생하는 하중의 배열에 대해 유용하다. 평균응력 수준의 변화에 의한 주기는 이러한 수명 추정을 고려할 필요가 있고, 레인플로우 집계(Rainflow counting)는 시간 이력에 따른 매우 불규칙한 하중에 대해 필요하다. 피로한도보다 아래의 응력 주기를 고려하는 경우에도 만약 피로한도보다 상당히 높은 응력이 몇 번 이상 주기로써 같은 하중이력에서 발생한다면 무한한 수명을 가진다고 할 수 없다. Palmgren－Miner 규칙은 식 9.37과 같이 등가일정 응력진폭 σ_{aq}을 계산함으로써 적용이 가능하다.

새로운 용어 및 기호

beach marks
completely reversed cycling
constant amplitude
constant-life diagram
cycles to failure, N_f
elastic stress concentration factor, k_t
equivalent completely reversed stress amplitude, σ_{ar}
equivalent constant amplitude stress, σ_{aq}
fatigue (of materials)
fatigue limit, σ_e
fatigue strength
fracture mechanics approach
Gerber parabola
high-cycle fatigue; low-cycle fatigue
maximum stress, $\sigma_{\max}$
mean stress, σ_m
minimum stress, $\sigma_{\min}$
modified Goodman line
Morrow equation
nominal stress, S
normalized amplitude-mean diagram
notch (stress raiser)
Palmgren－Miner rule
peak, valley
point stress, σ
rainflow cycle counting
repetitions to failure, B_f
residual stress
rotating bending test
safety factor in life, X_N
safety factor in stress, X_S
sequence effect
S-N curve
static load
strain-based approach
stress amplitude, σ_a
stress-based approach
stress range, $\Delta\sigma$
stress ratio, R
striations
SWT equation
vibratory load
Walker equation
working load
zero-to-tension cycling

참고문헌

(a) General References

ASTM. 2016. *Annual Book of ASTM Standards*, ASTM International, West Conshohocken, PA. See: No. E466, "Standard Practice for Conducting Force Controlled Constant Amplitude Axial Fatigue Tests of Metallic Materials," Vol. 03.01; No. E739, "Standard Practice for Statistical Analysis of Linear or Linearized Stress-life(S-N) and Strain-Life(ε-N) Fatigue Data," Vol. 03.01; No. E1049, "Standard Practices for Cycle Counting in Fatigue Analysis," Vol. 03.01; No. F1801, "Standard Practice for Corrosion Fatigue Testing of Metallic Implant Materials," and others in Vol. 13.01; and No. D3479, "Standard Test Method for Tension-Tension Fatigue of Polymer Matrix Composite Materials," Vol. 15.03.

BATHIAS, C. 2014. *Fatigue Limit in Metals,*John Wiley, Hoboken, NJ, AND ISTE Ltd. London, UK.

BATHIAS, C., and P. C. PARIS. 2005. *Gigacycle Fatigue in Mechanical Practice*, Marcel Dekker, New York.

DOWLING, N. E., C. A. CALHOUN, and A. ARCARI. 2009. "Mean Stress Effects in Stress-Life Fatigue and the Walker Equation," *Fatigue and Fracture of Engineering Materials and Structures*, vol. 32, no. 3, pp. 163–179. Also, *Erratum*, vol. 32, no. 10, p. 866.

DRAPER, JOHN. 2008. *Modern Metal Fatigue Analysis*, Engineering Materials Advisory Services, Cradley Heath, West Midlands, England.

GRAHAM, J. A., J. F. MILLAN, and F. J. APPL, eds. 1968. *Fatigue Design Handbook*, SAE Pub. No. AE-4, Society of Automotive Engineers, Warrendale, PA.

LAMPMAN, S. R., ed., 1996. *ASM Handbook, Vol. 19: Fatigue and Fracture*, ASM International, Materials Park, OH.

MANN, J. Y. 1958. "The Historical Development of Research on the Fatigue of Materials and Structures," *The Jnl. of the Australian Inst. of Metals*, Nov. 1958, pp. 222–241.

RICE R. C., ed. 1997. *Fatigue Design Handbook*, 3d ed., SAE Pub. No. AE-22, Society of Automotive Engineers, Warrendale, PA.

RITCHIE, R. O., and Y. MURAKAMI, eds. 2003. *Cyclic Loading and Fatigue*, Vol. 4 of *Comprehensive Structural Integrity: Fracture of Materials from Nano to Macro*, I. Milne, R. O. Ritchie, and B. Karihaloo, eds., Elsevier Ltd., Oxford, UK.

SINES, G. and J. L. WAISMAN. 1959. *Metal Fatigue*, McGraw-Hill, New York.

SMITH, J. O. 1942. "The Effect of Range of Stress on the Fatigue Strength of Metals," Bulletin No. 334, University of Illinois, Engineering Experiment Station, Urbana, IL. See also Bulletin No. 316, Sept. 1939.

SMITH, K. N., P. WATSON, and T. H. TOPPER. 1970. "Stress-Strain Function for the Fatigue of Metals," *Journal of Materials*, ASTM, vol. 5, no. 4, Dec. 1970, pp. 767–778.

SOCIE, D. F. and G. B. MARQUIS. 2000. *Multiaxial Fatigue*, Society of Automotive Engineers, Warrendale, PA.

(b) Sources of Material Properties and Databases

ADKINS, D. W. and R. G. KANDER. 1988. "Fatigue Performance of Glass Reinforced Thermoplastics," Paper No. 8808-010, *Proc. of the 4th Annual Conf. on Advanced Composites*, Sept. 1988, Dearborn, MI. Sponsored by ASM International, Materials Park, OH.

BASAN, R. 2016. *MATDAT Materials Database.* (See *https://www.matdat.com;* author is affiliated with the Faculty of Engineering, University of Rijeka, Rijeka, Croatia.)

BOLLER, C. and T. SEEGER. 1987. *Materials Data for Cyclic Loading*, 5 vols., Elsevier Science Pubs., Amsterdam. See also *Supplement 1*, 1990, by A. Baumel and T. Seeger.

CINDAS. 2016. *Aerospace Structural Metals Database (ASMD)*, CINDAS LLC, West Lafayette, IN. (See

https://cindasdata.com.)
HOLT, J. M., H. MINDLIN, and C. Y. HO, eds. 1996. *Structural Alloys Handbook*, CINDAS LLC, West Lafayette, IN. (See *https://cindasdata.com.*)
KAUFMAN, J. G. 2008. *Properties of Aluminum Alloys: Fatigue Data and the Effects of Temperature, Product Form, and Processing*, ASM International, Materials Park, OH.
MCKEEN, L. W. 2010. *Fatigue and Tribiological Properties of Plastics and Elastomers*, 3rd ed., William Andrew (Elsevier), Cambridge, MA.
MMPDS. 2015. *Metallic Materials Properties Development and Standardization Handbook*, MMPDS-10, U.S. Federal Aviation Administration; distributed by Battelle Memorial Institute, Columbus, OH. (See *http://www.mmpds.org;* replaces MIL-HDBK-5.)
NIMS. 2016. *NIMS Metallic Materials Database (Kinzoku)*, National Institute of Materials Science, Tsukuba, Ibaraki, Japan. (See *http://metallicmaterials.nims.go.jp.*)
SHIOZAWA, K. and T. SAKAI, eds. 1996. *Data Book on Fatigue Strength of Metallic Materials*, 3 Vols., Elsevier Science, Amsterdam.

문제 및 질문

【9.2절】

9.1 식 9.4의 선행 항목이나 식 9.1과 9.3으로부터 식 9.4의 각 항목을 입증하라.

9.2 식 9.5 형태의 S–N 선도에 대해, 두 점 (N_1, σ_1)과 (N_2, σ_2)가 알려져 있다.
(a) 이러한 값의 함수로써 상수 C와 D에 대해 식을 전개하라.
(b) $N_f < 10^6$주기에 대해 그림 9.5의 (a) 데이터로부터 결과에 적용하고, 이 데이터를 타당하게 대표하는 식을 얻기 위해 C와 D를 추정하라.

9.3 알루미늄 합금 2024-T4이 식 9.6형태의 S–N 선도를 가진다고 가정하자. 평균응력이 0이고 축 응력 하에서의 노치가 없는 부재에 대한 시험 데이터가 표 P9.4에 주어져있다.
(a) 이 데이터를 로그-로그 좌표에 나타내라. 그리고 상수 A, B에 대한 근사값을 결정하라.
(b) 선형 최소 자승으로 피팅한 $\log N_f - \log \sigma_a$를 사용하여 A, B에 대한 개선된 값을 얻어라. 그때 식 9.7에 대한 σ'_f와 b를 계산하라.

표 P9.3

σ_a, MPa	N_f, cycles
393	1 000
365	9 000
316	23 800
237	159 000
221	839 000
200	1 560 000
186	3 290 000
172	6 340 000

Source: Data in [Lazan 52].

9.4 연습문제 9.3과 같이 진행하지만, 노치가 없고, 평균응력이 0인 조건에서 시험되고 있는 6Al-4V 티타늄의 축 방향 하중 시편의 데이터가 표 P9.4에 나타나있고, 이 데이터를 사용하여라. (시험에 사용된 재료는 표 9.1의 것과는 다른 공정을 거쳤다. 인장 특성은 σ_o =1006MPa, σ_u=1034MPa 추정된 $\tilde{\sigma}_{fB}$=1271MPa 이고, 14.5% 신장을 보인다.)

표 P9.4

σ_a, MPa	N_f, cycles
1001	214
892	706
749	3 000
688	9 500
576	28 000
472	78 000
385	500 000
361	1 100 000

Source: Data in [Baumel 90].

9.5 연습문제 9.3과 같이 진행하지만, 노치가 없고, 평균응력이 0인 조건에서 시험되고 있는 50CrMo4 강의 축 방향 하중 시편의 데이터가 표 P9.5에 나타나있고, 이 데이터를 사용하여라. (인장 특성은 σ_o=970MPa, σ_u=1086MPa, $\tilde{\sigma}_{fB}$=1609MPa 이고, 면적은 49% 감소하였다.)

표 P9.5

σ_a, MPa	N_f, cycles
1071	52
914	290
806	1 385
725	3 100
657	6 730
630	17 500
557	70 200
549	205 000
506	380 000

Source: Data in [Baumel 90].

9.6 연습문제 9.3과 같이 진행하지만, 노치가 없고, 평균응력이 0인 조건에서 시험되고 있는 열경화성 폴리머 매트릭스에서 질량의 37%가 유리섬유 매트로 구성된 SRIM (structural reaction injection molding) 복합 재료의 축 방향 하중 시편의 데이터가 표 P9.6에 나타나있고, 이 데이터를 사용하여라.

표 P9.6

σ_a, MPa	N_f, cycles
92	634
87	1 850
65	7 860
65	21 800
50	254 300
50	187 300
50	158 700
50	154 900
40	1 958 000

Source: Data in [Berns 91].

9.7 노치가 없고, 평균응력이 0인 조건에서 불림처리(Normalized) 된 SAE 1015강에 대하여 축방향 하중시험에 의해 구해진 데이터를 바탕으로 연습문제 9.3과 동일하게 진행하시오.

표 P9.7

σ_a, MPa	N_f, cycles
558	52
455	242
362	1 650
245	15 750
228	30 000
207	90 000
172	393 000
158	800 000

Source: Data in [Keshavan 67] and [Smith 70].

9.8 표 9.1의 SAE 1015강에 대해, 평균 응력이 0인 조건에서 운용 중에 응력진폭 σ_a = 200MPa이 발생할 수 있다. 파단이 일어나지 않을 것이라고 확인하기 위해서, 주기수가 이 수명의 1/3에 도달했을 때 이 부분이 대체되어야 한다고 제안되었다.

(a) 이 제안에 대응하는 수명과 응력에서의 안전계수는 무엇인가?

(b) 제안은 수용할 만한가? 해답에 대한 논리를 간단히 설명하라.

9.9 2024-T4 알루미늄으로 만들어진 부분은 운용 중에 응력진폭 σ_a = 250MPa 하에 있고 기대 운용 수명은 30,000 주기이다.

(a) 응력과 수명에 대한 안전계수는 얼마인가? 이것이 실제의 공학적 적용에 대해 타당한가? 타당한가, 타당하지 못한가에 대해 설명하라.

(b) 만약 응력의 안전계수가 1.6이 적절하다고 고려될 때, 이 부분을 대체하기 전까지 운용 중에 얼마나 많은 주기가 적용되겠는가?

9.10 표 9.1의 6A1-4V 티타늄 합금으로 만들어진 부품이 운용 중에 응력진폭 σ_a = 400MPa 하

에 있다. 만약 응력에 대한 안전계수가 1.5가 적절하다고 고려될 때, 이 부분을 교체하기 전까지 얼마나 많은 주기가 운용 중에 적용되겠는가? 또한 대응하는 수명의 안전계수는 얼마인가?

【9.3절~9.6절】

9.11 범선의 돛대에 대한 주기적인 하중의 요소가 될 수 있는 것을 설명하라. 정적 하중, 사용 하중, 진동 하중 그리고 우발 하중을 고려하자.

9.12 자전거 핸들에 대해서 연습문제 9.11과 같이 답하라.

9.13 회전 굽힘 피로 시험기의 작동방법을 설명하고, 주요 장점과 단점을 알아보라.

9.14 폐루프 서보하이드로우릭 피로시험기의 작동방법을 설명하고, 주요 장점과 단점을 알아보라.

9.15 그림 9.18의 S-N 선도에 대해, 두 가지 알루미늄 합금에 대한 손상이 어떻게 따로 발달하는지와 합금의 선 처리와 어떤 연관성이 있는지 설명하라. 식별할 만한 손상이 발달하는데 요구되는 파단 수명의 부분에 대해 논의하라. (부록 C.2 및 C.4 참고.)

9.16 Beach mark와 Striations을 정의하고 이것들의 차이점을 설명하라.

9.17 피로 수명에 대한 통계적 산포의 중요성을 설명하라. 특히, 공학적 목적에 대한 S-N선도의 사용에 어느 정도 영향을 미치는지 설명하라.

【9.7절】

9.18 표 9.1의 SAE 1015 강은 $\sigma_a = 160$MPa의 응력진폭 하에 있다. Morrow 식을 사용하여 평균응력 σ_m이 (a) 0일 때, (b) 70MPa 인장, 그리고 (b) 70MPa 압축일 때의 수명을 평가하라.

9.19 연습문제 9.18과 같이 진행하되, SWT 식을 사용하여 구하라.

9.20 연습문제 9.18과 같이 진행하되, $\gamma = 0.735$인 Walker 식을 사용하여 구하라.

9.21 표 9.1의 SAE 4142 (450HB) 강은 $\sigma_a = 650$MPa의 응력진폭의 주기적인 하중 하에 있다. Morrow 식을 사용하여, 평균응력 σ_m이 (a) 0일 때, (b) 200MPa 인장, 그리고 (b) 200MPa 압축 일 때의 수명을 평가하라.

9.22 연습문제 9.21과 같이 진행하되, SWT 식을 사용하여 구하라.

9.23 연습문제 9.21과 같이 진행하되, 연습문제 9.20으로부터 추정된 γ값으로 Walker 식을 사용하여 구하라.

9.24 2024-T4 알루미늄 합금은 $\sigma_a = 220$MPa의 응력진폭 하에 있다. 진파괴 강도 형태의 Morrow 식을 사용하여, 평균응력 σ_m이 (a) 0일 때, (b) 110MPa 인장, 그리고 (b) 110MPa 압축일 때의 수명을 평가하라.

9.25 연습문제 9.24와 같이 진행하되, SWT 식을 사용하여 구하라.

9.26 RQC-100 강에 대해서 Morrow 식을 사용하여 평균응력 σ_m이 (a) 100MPa 인장, (b) 0, (c) 100MPa 압축일 때에 응력진폭 σ_a와 수명 N_f에 관련된 식을 얻어라. 그때 로그-로그 좌표에 나타내고, 경향을 관찰하여 논하라.

9.27 연습문제 9.26과 같이 진행하되, SWT 식을 사용하여 구하라.

9.28 표 E9.1과 E9.5로부터 다양한 평균응력일 때 AISI 4340 강에 대한 데이터를 고려하자.
(a) 그림 9.39와 유사하게 이 데이터를 그리기 위해 준비하라. (제안: 표 9.1의 상수를 사용하여 각 N_f값으로부터 σ_{ar}를 계산함으로써 시작하라)
(b) 선도 (a)상에 식 9.15, 9.16, 9.17(a) 그리고 9.17(b)에 대한 선을 추가하고 데이터를 대표하는 이 식의 성과에 대해 간단히 고찰하라.

9.29 표 E9.1과 E9.5로부터 다양한 평균응력일 때 AISI 4340 강에 대한 데이터를 고려하자.
(a) 두 표로부터 조합된 데이터의 SWT 평균응력 관계식(식 9.18)에 대한 σ_{ar}값을 계산하고 σ_{ar} -수명 선도를 그려라. 표 9.1의 상수로부터 $\sigma_{ar} - N_f$ 선을 추가하고 이 연관성의 성과에 대해서 논하라.
(b) $\gamma = 0.65$의 Walker 식(식 9.19)에 대한 σ_{ar}값을 사용하여 (a)를 다시 구하라.

9.30 축 하중이 적용된 노치가 없는 6A1-4V 티타늄 시험편에 대해, 표 P9.4에 평균응력이 0일 때의 피로시험 데이터가 주어져있고, 표 P9.30에 평균응력이 0이 아닌 다양할 때의 추가적인 데이터들이 주어진다. 표 P9.4와 표 P9.30으로부터의 데이터를 결합하여 단일 데이터로 나타내고 아래와 같이 진행하라.
(a) 식 9.15의 Goodman 식에 대해, 각 시험에 대한 σ_{ar}를 계산하고 $\sigma_{ar} - N_f$를 그려라. 연습문제 9.4의 평균응력이 0인 데이터를 피팅하여 선을 추가하고 연관성의 성과에 대해 논하라.
(b, c, d) (a)를 진행하면서 (b) $\tilde{\sigma}_{fB}$ Morrow의 평균응력 관계식과 (c) σ'_f Morrow 식 그리고 (d) SWT를 사용하여 나타내라.

표 P9.30

σ_a, MPa	σ_m, MPa	N_f, cycles	σ_a, MPa	σ_m, MPa	N_f, cycles
293	592	45 000	778	−130	4 500
241	646	90 000	594	−312	132 000
207	668	160 000	529	−354	540 000
174	685	700 000			

Source: Data in [Baumel 90].

9.31 축 하중이 적용된 노치가 없는 50CrMo4 강으로 만든 시험편에 대해, 표 P9.5에 평균응력이 0일 때의 피로시험 데이터가 주어져있고, 표 P9.31에 평균응력이 0이 아닌 다양할 때의 추가적인 데이터들이 주어진다. 표 P9.5와 표 P9.31으로부터의 데이터를 결합하여 단일 데이터로 나타내고 아래와 같이 진행하라.
(a) 식 9.15의 Goodman 관계식에 대해, 각 시험에 대한 σ_{ar}를 계산하고 $\sigma_{ar} - N_f$를 그려라. 연습문제 9.5의 평균응력이 0인 데이터를 피팅하여 선을 추가하고 연관성의 성과에 대해 논하라.

(b, c, d) (a)를 진행하면서 (b) $\tilde{\sigma}_{fB}$ Morrow의 평균응력 관계식과 (c) σ'_f Morrow 식 그리고 (d) SWT를 사용하여 나타내라.

표 P9.31

σ_a, MPa	σ_m, MPa	N_f, cycles	σ_a, MPa	σ_m, MPa	N_f, cycles
537	125	38 000	675	−225	14 000
447	267	140 000	578	−193	55 000
475	475	45 000	600	−200	58 000
463	463	47 000	559	−135	61 000
450	450	185 000	563	−188	165 000
438	438	190 000	540	−180	270 000

Source: Data in [Baumel 90].

9.32 축 하중이 적용된 노치가 없는 SAE 1015 강재 시험편에 대해, 표 P9.7에 평균응력이 0일 때의 피로시험 데이터가 주어져있고, 표 P9.32에 평균응력이 0이 아닌 추가적인 피로시험 데이터들이 주어져 있다.표 P9.3과 표 P9.32로부터의 데이터를 결합하여 단일 데이터로 나타내고 아래와 같이 진행하라.

(a) 식 9.15의 Goodman 식을 적용하여, 각 시험에 대한 σ_{ar}를 계산하고 $\sigma_{ar} - N_f$를 그려라. 표 9.1에 제시된 상수를 바탕으로 제시된 $\sigma_{ar} - N_f$를 추가하고 연관성의 성과에 대해 논하라.

(b, c, d) (a)를 진행하면서 (b) σ'_f를 적용한 Morrow의 평균응력 관계식과 (c) SWT 그리고 (d) γ = 0.71을 적용한 Walker 식을 적용하시오..

표 P9.32

σ_a, MPa	σ_m, MPa	N_f, cycles	σ_a, MPa	σ_m, MPa	N_f, cycles
228	34.5	21 000	193	103.4	52 880
207	34.5	42 000	179	103.4	73 940
186	34.5	128 000	152	103.4	377 000
207	69.0	29 500	241	–34.5	29 000
193	69.0	54 000	207	–34.5	44 700
186	69.0	74 480	186	–34.5	223 600
172	69.0	162 800	228	–69.0	127 380
165	69.0	113 000	207	–69.0	172 250
152	69.0	683 970	193	–69.0	473 250

Source: Data in [Smith 70].

9.33 SAE 4142 (450HB) 강은 운용 중에 응력진폭 σ_a = 500MPa과 평균응력 σ_m = 400MPa 하에 있다. 20,000주기의 운용 수명을 원한다. S-N 선도에 대한 안전계수는 얼마인가?

9.34 2024-T4 알루미늄 합금은 운용 중에 응력진폭 σ_a = 120MPa과 평균응력 σ_m = 180MPa 하에 있다. 10,000주기의 운용 수명을 원한다. S-N 선도에 대한 안전계수는 얼마인가?

9.35 표 9.1의 AISI 4340 강은 운용 중에 응력진폭 σ_a = 400MPa과 평균응력 σ_m = 100MPa 하에 있다. 5,000주기의 운용 수명을 원한다. 응력과 수명에 대한 안전계수는 얼마인가?

9.36 표 9.1의 Ti-6Al-4V 합금은 운용 중 응력진폭 $\sigma_a = 400$MPa로 고정되어 있는 상태이지만, 평균응력은 변화한다. 운용 시 평균응력 $\sigma_m = 250$MPa로 운용 수명은 10,000 주기로 예상된다.

(a) 수명에 대한 안전계수는 얼마인가?

(b) 예상되는 주기의 운용 수명에 대응하는 하중 계수 Y_m은 얼마인가?

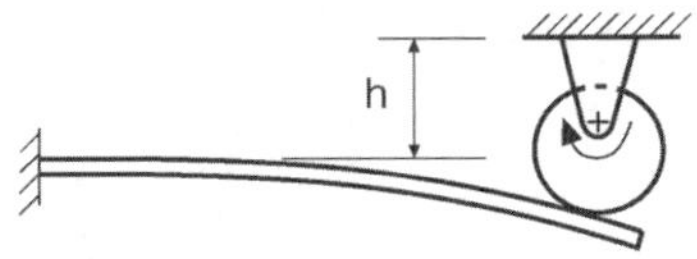

그림 P9.36

9.37 Man-Ten강은 운용 중에 응력진폭 $\sigma_a = 120$MPa과 평균응력 $\sigma_m = 190$MPa 하에 있다. 5,000주기의 운용 수명을 원한다. 진폭의 값은 확실히 평균응력의 값보다 적으므로 진폭에 대한 하중 계수는 평균보다 두 배를 원한다. $Y_a = 2Y_m$.

(a) 수명에 대한 안전계수는 얼마인가?

(b) 운용 수명에 대응하는 $Y_a = 2Y_m$ 하중 계수는 얼마인가?

【9.8절】

9.38 표 9.1의 Ti-6Al-4V 합금은 두께가 2.5mm이고 내부 직경이 250mm인 닫힌 형태의 원통형 압력 용기를 만드는데 사용된다.

(a) 어떤 반복적인 적용 압력이 10^5주기에서 피로파단을 발생시킬 것인가? (다른 기하학적 불연속부나 마감부의 응력 상승효과를 무시한다.)

(b) (a)의 압력에 대한 항복에 저항하는 안전계수는 얼마인가?

9.39 노치가 없는 고체 원형 샤프트는 SAE 4142 강 (450HB)로 만들어진다. 직경은 50mm이고 0에서 20kN · m의 회전력으로 주기적인 비틀림을 받는다.

(a) 피로파괴에 이르기까지 예상되는 비틀림의 주기는 얼마인가?

(b) 항복에 저항하는 안전계수는 얼마인가?

(c) 만약 운용 중 100,000주기를 예상하고 수명에 대한 안전계수가 적어도 20이 되기 위한 샤프트의 직경은 얼마인가?

(d) 만약 항복에 저항하는 안전계수가 적어도 1.5가 되어야 한다면 샤프트의 직경은 얼마인가?

(e) 만약 위의 (c)와 (d)를 모두 만족시키기 위한 샤프트의 직경은 얼마인가?

【9.9절】

9.40 표 9.1의 AISI 4340 강으로 만든 노치가 없는 부재는 평균응력이 0인 1축의 주기적인 응력 하에 있다. 진폭은 처음에 3000주기에서 $\sigma_a = 650$MPa이고 10,000주기에서 $\sigma_a = 600$MPa이다. 만약 응력이 700MPa로 변할 때 피로파단이 일어나기 이전, 이 세 번째 레벨에 적용될 것이라 예상되는 주기는 얼마인가?

9.41 2024-T4 알루미늄으로 제작된 공학적 부품에 관심 있는 위치에서 재료가 그림 P9.41에서 보듯이 1축 응력 이력을 반복적으로 받고 있다. 이 때 피로파단이 발생시키기 위해 필요한 반복 횟수를 평가하라.

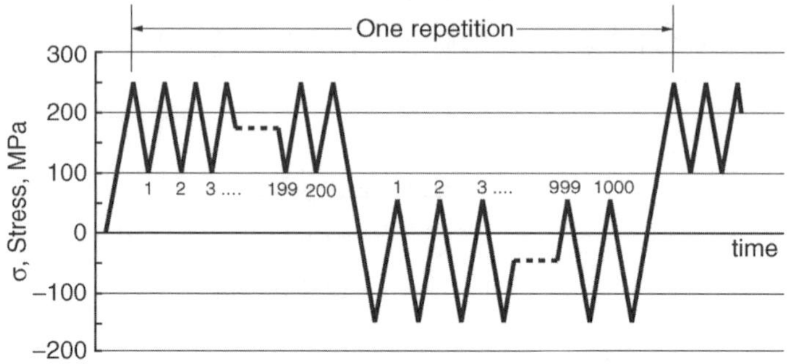

그림 P9.41

9.42 공학적 부품에 관심 있는 위치에서 재료는 그림 P9.42에서 보듯이 1축 응력 이력을 반복적으로 받는다. 부품은 SAE 4142강 (450HB)로 만들어져 있다. 피로파단을 발생시키기 위해 필요한 반복 횟수를 평가히리.

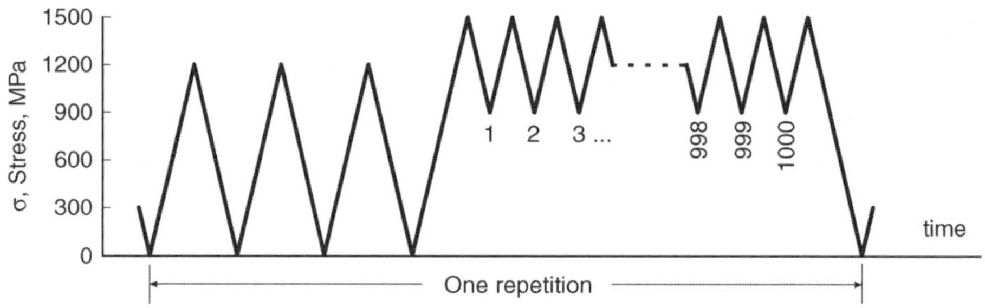

그림 P9.42

9.43 표 9.1의 Ti-6A1-4V 합금으로 만들어진 부재에 관심 있는 위치에서 재료는 그림 P9.43에서 보듯이 1축 응력 이력을 반복적으로 받는다. 피로파단을 발생시키기 위해 필요한 반복 횟수를 평가하라.

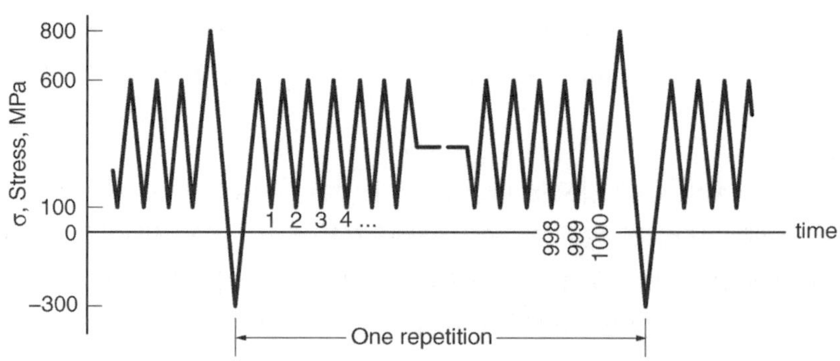

그림 P9.43

9.44 표 9.1의 Ti-6Al-4V 합금으로 만들어진 부재에 관심 있는 위치에서 재료는 그림 P9.44에서 보듯이 1축 응력 이력을 반복적으로 받는다. 피로파단을 발생시키기 위해 필요한 반복 횟수를 평가하라.

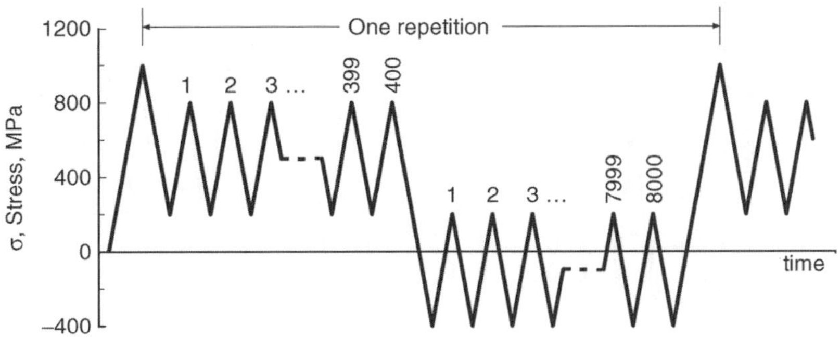

그림 P9.44

9.45 표 9.1의 SAE 1015 강으로 만들어진 부재에 관심 있는 위치에서 재료는 그림 P9.45에서 보듯이 1축 응력 이력을 반복적으로 받는다. 피로파단을 발생시키기 위해 필요한 반복 횟수를 평가하라.

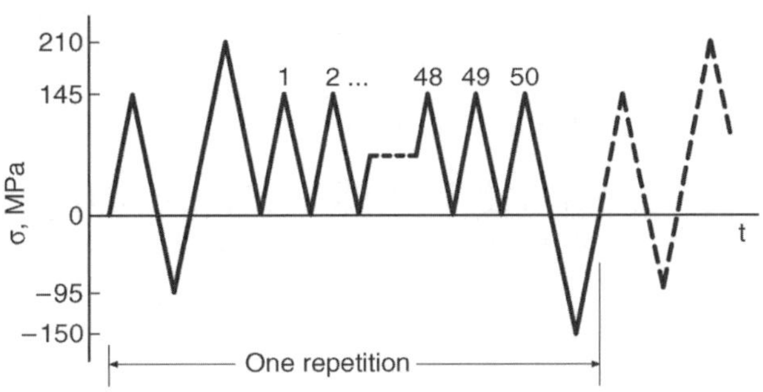

그림 P9.45

9.46 공학적 부품에 관심 있는 위치에서 재료는 그림 P9.46에서 보듯이 1축 응력 이력을 반복적으로 받는다. 부품은 RQC-100 강으로 만들어져 있다. 피로파단을 발생시키기 위해 필요한 반복 횟수를 평가하라.

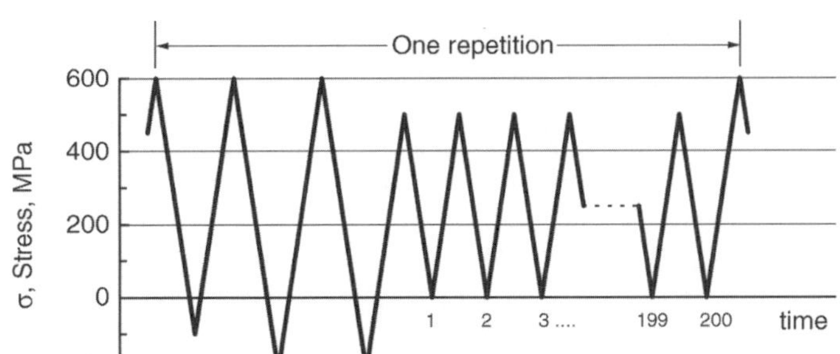

그림 P9.46

9.47 공학적 부품에 관심 있는 위치에서 재료는 그림 P9.47에서 보듯이 1축 응력 이력을 반복적으로 받는다. 부품은 AISI 4340 강으로 만들어져 있다. 피로파단을 발생시키기 위해 필요한 반복 횟수를 평가하라.

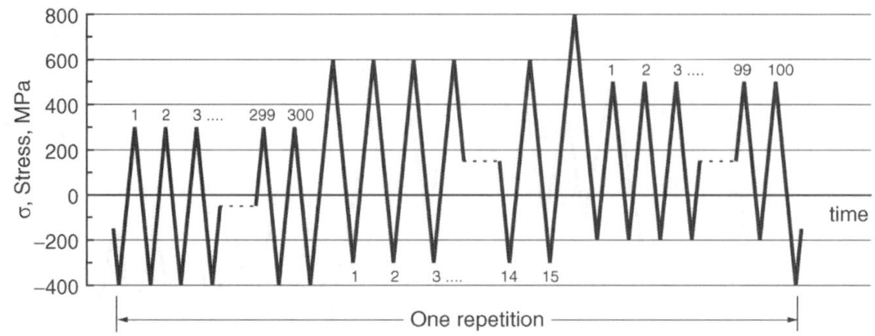

그림 P9.47

9.48 그림 9.47(a)의 이력은 Man-Ten 강의 노치가 없는 부재에 1축 응력으로써 반복적으로 적용되고, 응력 값 σ는 1 unit = 60MPa이다.

(a) 피로파단을 발생시키기 위해 요구되는 반복 횟수를 평가하라.

(b) 만약 운용 중 1,000번의 응력 이력 반복이 예상될 때, 응력과 수명에 대한 안전계수는 얼마인가?

9.49 9.9.3절의 등가 응력법을 사용하여 예제 9.9를 해결하라.

9.50 예제 9.9의 경우에 대해, 운용 중 500번의 응력 이력 반복이 주어진다. 응력과 수명에 대한 안전계수는 얼마인가? 이 값들이 실제 공학적 상황에 대해 적절하다고 보이는가?

응력 기반으로 한 피로 접근법 : 노치가 있는 부재 10

목적

- 피로강도와 관련된 노치(응력 집중부)의 영향들에 대하여 이해하고, 긴 수명의 피로강도를 평가하거나, S-N 곡선을 추정하기 위한 기존의 공학적인 방법을 적용해본다.
- 노치 부재에 대한 평균응력 효과들을 추정해본다.
- 실제의 부품들을 사용한 시험으로부터 얻을 수 있는 S-N 곡선들에서 피로강도와 수명을 분석해 본다.

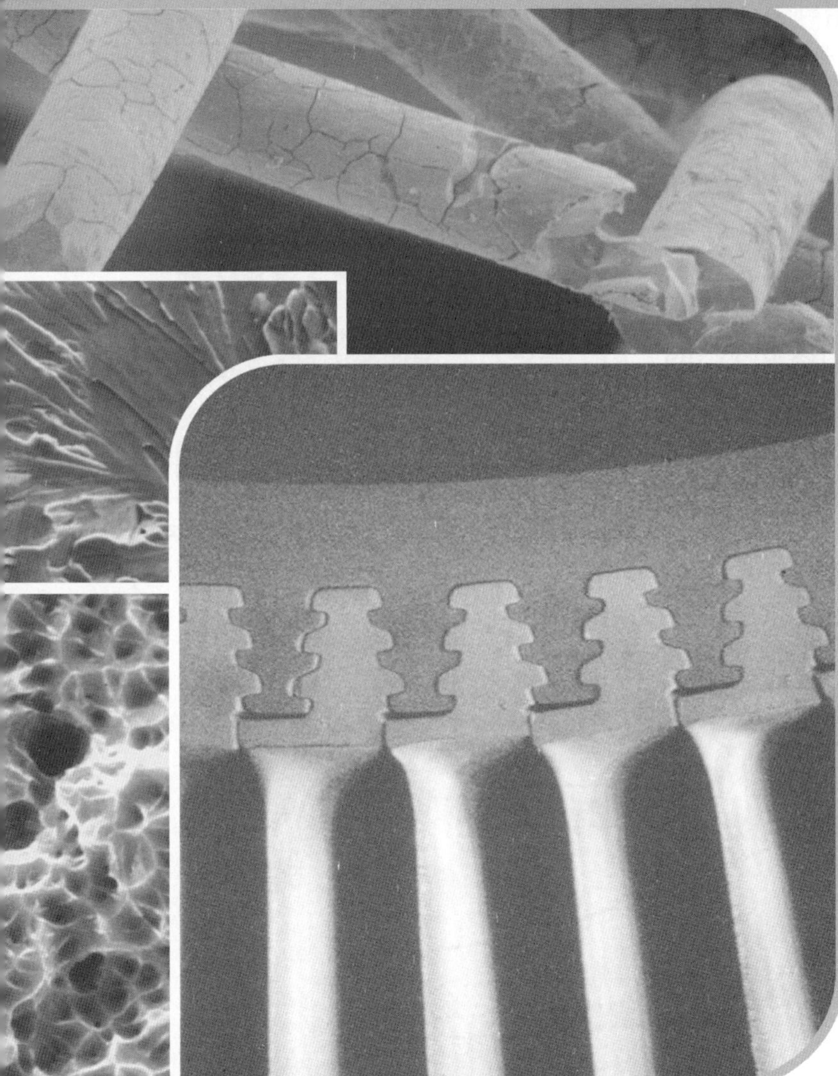

세부목차

10.1 서 론

설계 과정에서 불가피하게 존재하는 구멍, 필릿, 그루브 그리고 키 홈과 같은 기하학적 불연속부들은 국부적인 응력 상승을 유발하여 응력 집중부라고 부른다. 응력 집중부, 여기서는 줄여서 노치라고 정의하는 부분은, 부품의 피로 파손에 대한 저항력을 낮추기 때문에 특별한 주의가 요구된다. 단순하게 보면 이것은 이와 같은 위치에서 국부적인 응력 상승으로 인하여 피로균열이 발생하도록 유발하기 때문이다.

그림 10.1에는 공학 부품들에 존재하는 노치의 예 가운데, 증기 터빈의 내부 날개에 존재하는 노치를 나타내었다. 노치의 존재가 불가피한 경우, 응력 집중부 효과를 최소화 하기 위해 신중한 설계가 필요하다. 그림 10.2는 알루미늄 합금의 회전 굽힘 시험을 수행하여 얻은 S-N 선도 상에서 노치 효과를 보여준다. 평활 부재와 노치 부재에 관한 공칭굽힘 응력대비 수명으로 표현하여 노치에 의하여

그림 10.1 날개가 부착된 증기터빈 로터(왼쪽)와 날개 뿌리 부분에서의 전나무 형태의 연결부(오른쪽)

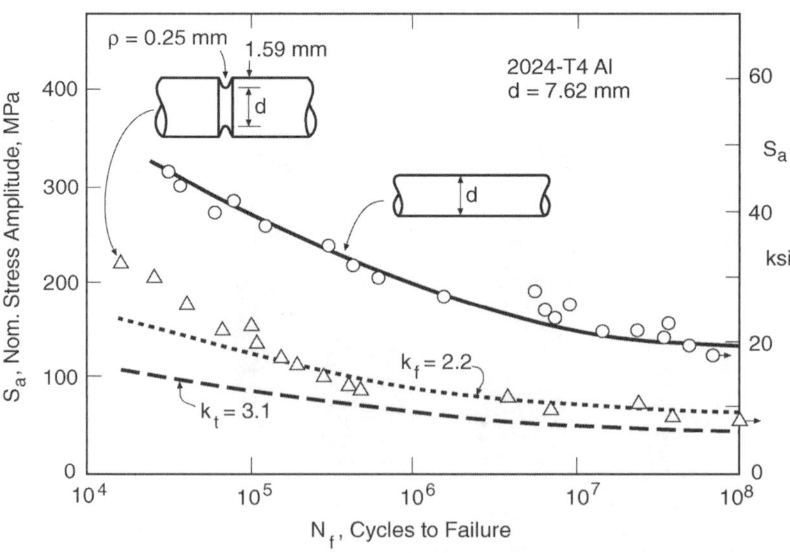

그림 10.2 알루미늄 합금의 회전 굽힘 S-N 거동에서의 노치 효과와 k_t 및 k_f를 이용한 강도감소 비교

실질적으로 피로강도가 감소하는 것을 보여준다. 이와 같은 영향들은 공학적 설계 및 해석에 명확하게 반영되어야 한다.

노치 부재의 피로에 관하여 기계설계 문헌 및 이와 관련된 자료들에서는, 응력을 기반으로 하는 기존의 방법들에 대하여 설명하고 있다. 이 장에서 가장 먼저 등장하는 검토 및 논의는 이러한 기존의 방법들에 대한 내용이다. 이어서 이러한 기존의 방법을 사용하여 경험적으로 추정하는 것에 대한 대안으로 우리는 노치가 있는 공학 부품들의 피로시험 데이터를 사용하는 것을 고려한다. 15장에서는 노치 부재의 피로와 관련된 다양한 응력기반 접근법을 다루기보다는 좀 더 세부적이고 철저하게 노치 부재를 고려하는 변형률 기반 방법에 대하여 설명하고 있다.

10.2 노치 효과

탄성응력집중계수 k_t는 노치의 심각성을 나타내기 위하여 사용되는데, 여기서 $k_t = \sigma/S$는 국부 노치(점) 응력 σ와 공칭(평균) 응력 S의 비이다. (이들의 정량적인 양은 이미 그림 9.3과 9.2.2절에서 논의되었다. 또한 부록 A의 그림 A.11과 A.12에는 대표적인 경우에 대한 k_t 값을 나타내었다.) 비록 피로에서는 k_t의 개념이 단순히 노치 효과를 분석하기 위하여 사용되지만, 우리가 이제부터 논의할 노치의 영향에 대한 추가적인 고려가 필요하다.

10.2.1 피로노치 계수 k_f와 $k_f < k_t$인 이유

단순한 관점에서 본다면, 평활 부재의 응력값 $\sigma = S$과 노치 부재의 노치에서의 응력값 $\sigma = k_t S$이 동일하다면, 두 부재의 피로수명 역시 동일하다고 볼 수 있다. 따라서 노치 효과는 S 대비 수명 N_f 선도에서 k_t 계수에 의해 주어진 선도와 일치하도록 응력진폭을 줄이는 부분에 기여한다. 이러한 추정의 예시가 그림 10.2의 제일 아래쪽에 위치한 선이다. 하지만 실제 실험 데이터는 이러한 추정 값들보다 위쪽에 위치하고 있으므로, 실제 노치 효과는 k_t를 기반으로 추정하는 것보다 더 작은 것으로 나타난다. 긴 피로수명(특히, $N_f = 10^6 \sim 10^7$ 주기 또는 그보다 더 큰)에서의 이러한 실제 감소 계수를 피로노치 계수라 부르고, k_f로 표기한다. 이는 다음과 같이 표현된다.

$$k_f = \frac{\sigma_{ar}}{S_{ar}} \tag{10.1}$$

여기서 k_f는 오직 완전 교번응력에서만 정의되며, σ_{ar}은 평활 부재의 응력이고, S_{ar}은 노치 부재의 응력이다.

노치 끝단의 반경 ρ가 크다면, k_f와 k_t는 기본적으로 같을 것이다. 하지만 반경 ρ가 작다면, 앞서 언급한 차이가 상당히 커지므로, k_f가 k_t보다 상당히 작아진다. 그림 10.3에는 노치가 있는 연강 봉에서 ρ의 이러한 변화를 반영하는 k_f 값들이 표현되어있다. 다음 절들에서 논의하겠지만, 이러한 거동의 물리적 원인은 여러 가지 요인으로 설명할 수 있다.

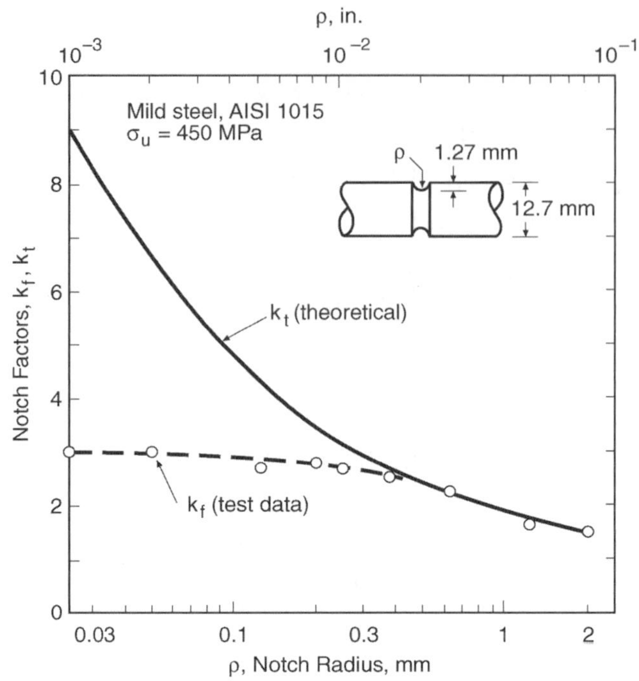

그림 10.3 연강의 회전 굽힘에 대한 피로한도를 기반으로 다양한 노치 반경의 피로노치 계수

10.2.2 진행영역(Process Zone) 크기와 취약부(Weakest-Link) 효과

그림 10.4에 표현된 것처럼 노치로부터의 거리가 멀어질수록 노치 부재의 응력은 급격히 감소한다. 이러한 응력분포에 대한 $d\sigma/dx$ 곡선을 응력구배라 부르고, 이러한 응력구배는 특히 예리한 노치 부근에서 큰 값을 가진다. 일반적으로 $k_f<k_t$ 효과는 응력구배와 연관되어 있으며, 이러한 이론을 기반으로 몇 가지 논거들이 제안되었다.

이론을 기반으로 제안된 논거들 가운데 하나로 재료는 최대응력에 민감하게 반응하기보다는, 오히려 작지만 유한한 영역에 작용하는 평균응력에 더 민감하다는 것이다. 다시 말해서, 재료의 피로 손상 과정이 어느 특정한 유한체적 내에서만 진행된다는 것이다.

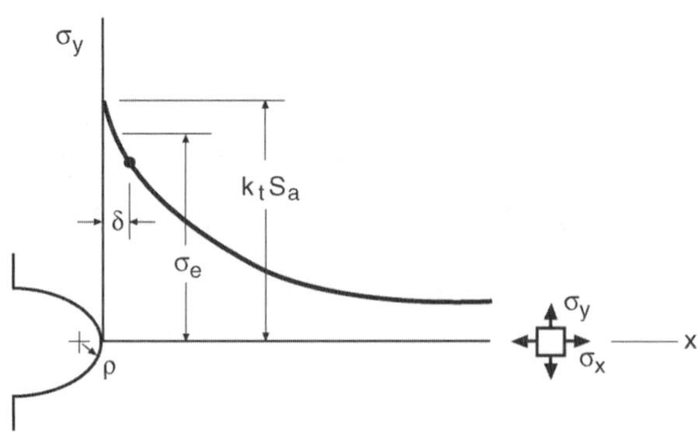

그림 10.4 노치 끝단에서 유한한 거리 δ에 걸친 평균응력으로써 피로한도의 해석

그림 10.4에 표현된 것처럼 활성화된 영역의 크기는 진행영역의 크기, δ에 의해 결정된다. 따라서 초기 피로 손상을 조절하는 응력은 $x=0$에서 최대응력이 아니라, 다소 낮은 $x=\delta$ 떨어진 거리에서의 평균응력 값이다. 이 평균응력을 평활 부재의 피로한도 σ_e로 고려하면, k_f는 다음과 같이 표현된다.

$$k_f = \frac{(\text{average } \sigma_y \text{ out to } x=\delta)}{S_a} = \frac{\sigma_e}{S_a} \tag{10.2}$$

이는 k_t보다 작은 값을 가진다. 만약 노치 반경 ρ이 작아지면 k_f/k_t 비는 1보다 더 작은 값이 된다. 즉, 그 두 값의 차이는 증가할 것이다. 노치에서 떨어진 거리 x의 증가에 따른 응력의 감소는 ρ가 작아질수록 더 급격하게 변화한다. 이러한 경향은 그림 10.3에서 확인할 수 있다.

이러한 유형의 결과는 최대응력을 낮추기 위하여 미세 구조의 범위를 넘어서 응력을 균등하게 하려는 효과를 가지는 결정 입자와 같은 불연속 미세 구조 때문인 것으로 예상된다. 그러나 이러한 미세 구조의 특징 및 관련된 k_f의 경향에 관한 상관관계는 아직 확립되어 있지 않다.

또 다른 가능성이 있는 응력 구배 효과는 통계학을 기반으로 하는 취약부와 관련된 논거이다. 피로 손상 과정이 작용하는 전단응력 평면을 기준으로 미끄럼 평면이 이상적이지 않은 방향을 가지고 있거나, 개재물, 기공 또는 다른 미세한 응력을 증가시키는 결정 입자에서 시작된다는 것을 상기해 보자. 대부분의 잠재적인 손상은 평활 부재 내부에서 발생하기 시작한다. 그러나 예리한 노치에서는 손상 초기 위치가 아닌 최대응력이 존재하는 작은 영역 주위에서 발생한다. 따라서 국부적 노치응력 $\sigma_a = k_t S_a$에 기초하여 피로에 대한 저항력을 비교하면, 노치 부재는 예상했던 것보다 피로에 대해 더 큰 저항력을 가진다.

10.2.3 균열 진전 효과

세 번째 가능한 효과는 반복하중이 작용하는 예리한 노치를 가지는 부재에서 균열이 빠르게 발생하는 것과 연관되어 있으므로, 피로 거동은 균열 진전에 지배적인 영향을 받는다. 공칭응력 S의 반복하중이 작용하는 노치 부재를 고려해 보자. 평활 부재가 노치 부재의 노치에 작용하는 응력 $\sigma_s = k_t S$과 동일한 응력 σ_s의 반복하중을 받는다고 가정하면, 평활 부재와 노치 부재는 동일한 피로수명을 가지는 것을 예상할 수 있다. 그러나 노치 부재의 경우에는 그림 10.4와 같이 응력이 빠르게 감소하는 지역으로 균열이 성장하는 반면에, 평활 부재의 경우에는 응력이 균등하게 작용하는 지역으로 균열이 성장한다. 그 결과 평활 부재와 비교하여 노치 부재는 균열이 진전하기 위해 더 많은 반복하중이 요구되며, 이는 노치 부재의 수명을 증가시키고 $k_f < k_t$ 효과를 초래한다.

좀 더 구체적인 설명은 파괴 역학에 나오는 응력확대 계수 K를 사용하여 반복하중을 받는 균열의 진전을 고려하는 경우에 가능하다. 그림 8.20과 같이 노치 부분의 균열 진전에 따라 변화하는 K를 고려해 보자. 축 방향 응력 σ_s를 받는 평활 부재에 존재하는 길이가 l인 짧은 표면균열인 경우, 그림 8.12(c)를 참고하여 K를 구할 수 있다.

$$K_s = 1.12\sigma_s\sqrt{\pi l} \tag{10.3}$$

이번엔 노치 부재에 존재하는 균열을 고려하여 8.5.2절에서 설명한 상황에 적용해보자. 특히, 응력확대는 식 8.25를 통하여 계산한 균열 길이 l'에 대한 K_A와 l'을 넘어서는 부분에 대한 K_B에 의해 계산된다. 평활 부재의 응력이 노치에서의 $\sigma_s = k_t S$와 같다면 $l = l'$까지 평활 부재의 K_s는 노치가 있는 부재의 K_A와 유사하다. 그러나 l' 이후에는 노치 부재의 K는 더 이상 급속도로 증가하지 않고, 평활 부재에 대한 K보다 낮은 값을 가진다.

그러므로 낮은 K 값에서 노치 부재는 평활 부재보다 균열이 천천히 진전하기 때문에 수명이 길어지고, 이는 S-N 선도 상에서 k_t를 기준으로 한 선도보다 위쪽에 위치한다. 여기서 l'의 범위는 일반적으로 $0.1\rho \sim 0.2\rho$이다. 이 값은 예리한 노치일수록 작아지기 때문에 노치가 예리해질수록 작은 균열 길이에서의 평활 부재와 노치 부재의 K값에서 차이가 발생한다. 이것은 예리한 노치에 대한 $k_f < k_t$ 효과를 설명한다. 게다가 예리한 노치 부재의 경우, 노치 끝단에서의 높은 응력과 변형률 때문에 균열이 발생하지만, K값이 매우 낮기 때문에 성장하지 않는다. 따라서 정류균열(Nonpropagating crack)이 존재하는 응력보다 낮은 값을 가지는 응력은 예리한 노치 부재의 피로한도를 결정한다.

10.2.4 압축 항복(Reversed yielding) 효과

마지막으로 노치에 반복하중이 작용하는 동안 압축 항복에 의해 나타나는 효과이다. 이 경우, 그림 10.5와 같이 소성변형률은 노치에서 $k_t S_a$보다 낮은 실제 응력진폭 σ_a를 유발한다. 이는 S-N 선도를 상승시키는 효과를 동반하며, $k_t S_a$을 사용하여 예상했던 수명보다 더 긴 수명을 가져다준다. 대부분의 금속재료에서 나타나는 이와 같은 거동은 짧은 피로수명이 발생하는 높은 응력에서 나타나며, 심지어 연성이 큰 일부 금속재료의 경우에는 수명을 증가시킨다. 그러나 10^6 또는 10^7의 긴 수명에서는 항복이 발생하지 않기 때문에, 이러한 설명을 뒷받침하기에는 불충분하다(짧은 수명에서의 항복효과는 변형률 기반 접근법을 사용하는 15장에서 좀 더 상세하게 다루어진다).

요약해 보면, 균열 진전에 대한 파괴역학적인 분석을 통하여 노치에서 균열의 존재는 $k_f < k_t$ 효과에 의해 나타나는 주요 원인임을 제안하고 있다. 이러한 주장은 예리한 노치 부재의 정류균열 발생에 의해 더욱 지지를 얻는다. 압축 항복은 명백히 짧은 수명에서 다루는 요소이며, 진행영역과 취약부 효과 또한 어느 정도의 역할을 할 것이다. 그러나 이러한 현상은 상당히 복잡하고 완벽하게 이해할 수도 없다. 이러한 상황에서 다음에 고려하게 될 몇몇 경험식이 개발되었다.

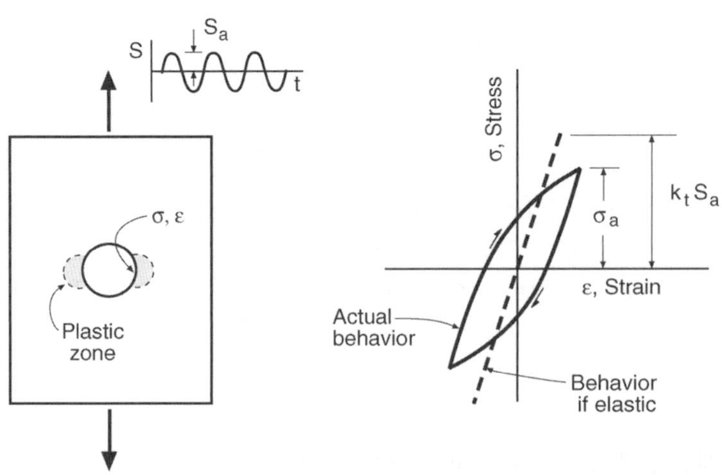

그림 10.5 응력진폭 상의 노치와 근접한 작은 영역에서의 압축 항복 효과

10.3 노치 민감도와 k_f의 경험적 예측

노치 효과를 다루는 유용한 개념은 노치 민감도(notch sensitivity)이다.

$$q = \frac{k_f - 1}{k_t - 1} \tag{10.4}$$

노치에 의한 효과가 가장 크게 나타난다면, 이때의 $k_f = k_t$이고 $q = 1$이다. 만약 $k_f < k_t$라면 q값은 1보다 작아지며, $k_f = 1$일 때 노치 효과를 나타나지 않는 가장 작은 값인 $q = 0$이 된다. 그러므로 0과 1사이의 q값을 통하여 노치에 의한 효과가 어느 정도인지를 편리하게 측정할 수 있다. 그림 10.6에서 다양한 재료에 대하여 노치 민감도 대 노치 선단반경의 관계를 선도로 나타내었다. 주어진 재료에 대해 q값은 노치 반경이 증가함에 따라 증가하며, 동종 재료에서 인장강도가 증가할수록 그 값이 증가한다. 따라서 k_f와 k_t의 차이는 연성이 크고 노치가 예리할수록 큰 값을 가지며, 연성이 낮고 노치가 둔화할수록 작은 값을 가진다.

q와 k_f값은 경험적 재료 상수로부터 구할 수 있다. Peterson은 다음과 같은 실험식을 사용하였다.

$$q = \frac{1}{1 + \dfrac{\alpha}{\rho}} \tag{10.5}$$

여기서 α는 재료상수이고 길이의 차원을 가지게 되며 일반적인 값은 다음과 같다.

$$\begin{array}{ll} \alpha = 0.51\,\text{mm}\ (0.02\,\text{in}) & \text{(aluminum alloys)} \\ \alpha = 0.25\,\text{mm}\ (0.01\,\text{in}) & \text{(annealed or normalized low-carbon steels)} \\ \alpha = 0.064\,\text{mm}\ (0.0025\,\text{in}) & \text{(quenched and tempered steels)} \end{array} \tag{10.6}$$

이 값들은 그림 10.6의 선도와 일치한다.

또한 그림 10.7에는 Peterson이 제공한 강의 강도에 따른 α의 변화를 나타내었다. 이 선도에서 α값은 어느 정도의 확률에 관한 정확성을 가지고 계산되었다.

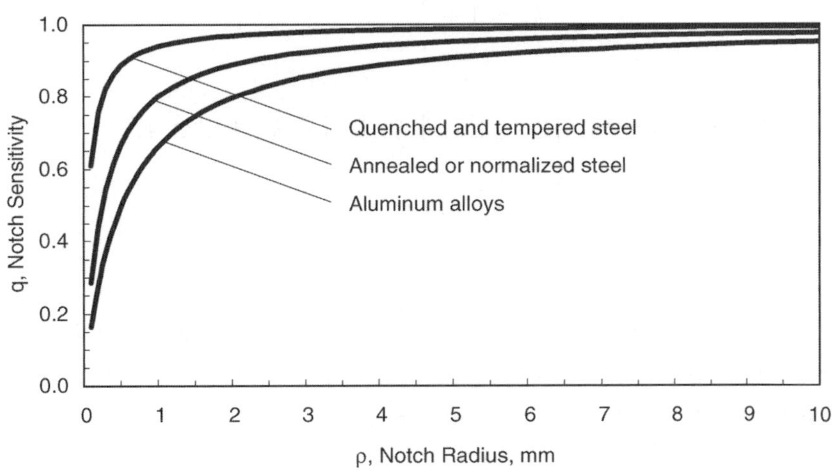

그림 10.6 식 10.6에서 Peterson의 일반적인 α값에 대한 노치 민감도 q

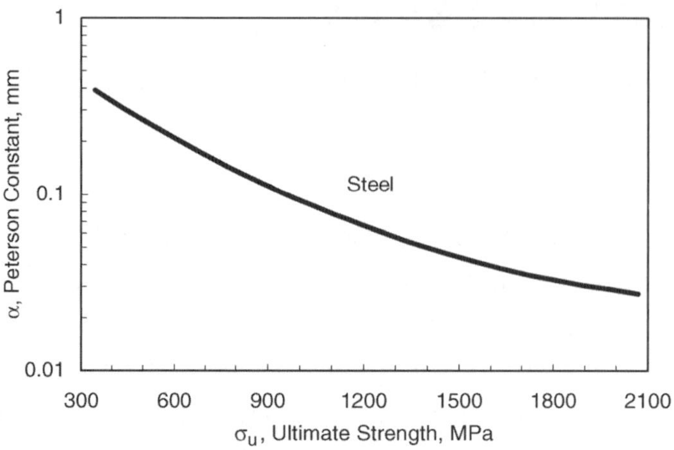

그림 10.7 카본과 저합금강에서 최대인장강도의 함수로서 Peterson 상수 α. [Peterson 59]에서 곡선으로 피팅된 일반적인 값들을 보여줌.

$$\begin{aligned}&\log\alpha = 2.654\times10^{-7}\sigma_u^2 - 1.309\times10^{-3}\sigma_u + 0.01103\\&\alpha,\ \text{mm} = 10^{\log\alpha}\qquad (345\le\sigma_u\le 2070\,\text{MPa})\end{aligned}\tag{10.7}$$

여기서 σ_u는 인장강도이며 MPa의 단위를 가진다. 그림 10.7과 식 10.7은 축 하중과 굽힘 하중에 적용되며 비틀림에 대한 근사값 σ는 식 10.7에서 도출된 값에 0.6을 곱하여 얻는다.

그러므로 실험적 선도에서 주어지는 q 또는 α을 사용하여 k_f를 얻을 수 있다. 이는 k_f에 대한 식 10.4의 계산을 편리하게 한다.

$$k_f = 1 + q(k_t - 1)\tag{10.8}$$

식 10.8과 식 10.5의 결합으로 k_f를 α로부터 바로 구할 수 있다.

$$k_f = 1 + \frac{k_t - 1}{1 + \dfrac{\alpha}{\rho}}\tag{10.9}$$

빈번하게 사용되는 q에 관한 또 다른 경험식과 이에 따른 k_f의 방정식은

$$q = \frac{1}{1+\sqrt{\dfrac{\beta}{\rho}}},\qquad k_f = 1 + \frac{k_t - 1}{1+\sqrt{\dfrac{\beta}{\rho}}}\tag{10.10}$$

여기서 β는 또 다른 재료 상수이다. 위의 특별한 식은 Neuber에 의해 간결하게 표현되었다. 그림 10.8에는 강과 열처리된 알루미늄 합금에 대한 전형적인 β값을 나타내었다. MPa 단위의 σ_u을 가지는 강에 대한 선도의 피팅은 다음과 같은 식을 제시한다.

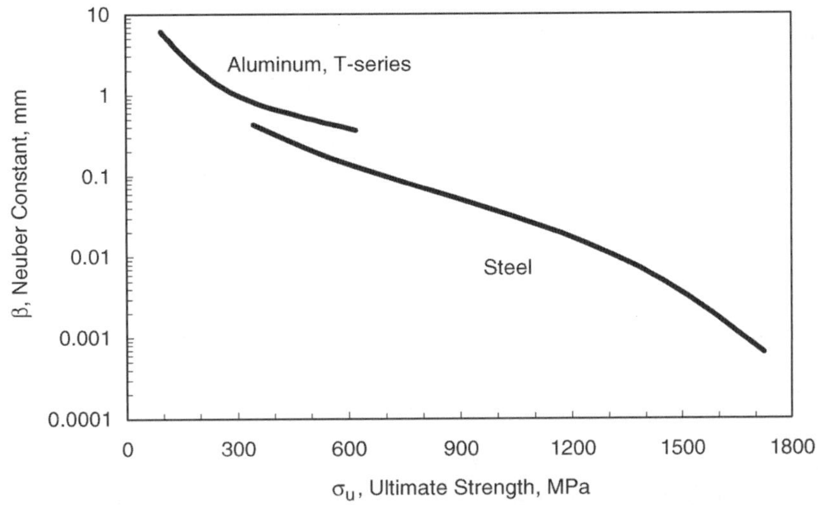

그림 10.8 카본과 저합금강 그리고 용액 처리와 노후화 된(T-series) 알루미늄 합금의 최대인장강도의 함수로서 Neuber 상수 β. 곡선은 [Kuhn 52]와 [Kuhn 62]로부터 다시 그려졌음.

$$\log\beta = -1.079\times 10^{-9}\sigma_u^3 + 2.740\times 10^{-6}\sigma_u^2 - 3.740\times 10^{-3}\sigma_u + 0.6404$$
$$\beta,\ \mathrm{mm} = 10^{\log\beta} \qquad (345 \le \sigma_u \le 1725\,\mathrm{MPa}) \tag{10.11}$$

그리고 알루미늄에 대한 피팅은 다음과 같이 주어진다.

$$\log\beta = -9.402\times 10^{-9}\sigma_u^3 + 1.422\times 10^{-5}\sigma_u^2 - 8.249\times 10^{-3}\sigma_u + 1.451, \qquad \beta,\ \mathrm{mm} = 10^{\log\beta} \tag{10.12}$$

그림 10.8에서 다시 표현된 것처럼 이 수식들에서 β의 정확성은 Kuhn이 제안한 기존의 그래프와 비교하여 일정 퍼센트 범위 안에 있다.

식 10.9, 10.10과 이 책에서 표현된 다른 식들은 Peterson 검토결과에서와 같이 진행영역, 취약부 이론과 유사한 가설을 기초로 하고 있다. 그러나 k_f에 관한 연구는 Harkegard (2010)의 논문과 같이 계속 진행되고 있다. 여기서 제안하는 식들과 다른 유사한 식들은 실험 데이터를 기반으로 추정한 대략적인 값이다. k_f를 추정하기 위한 식들은 기계 설계에 사용되는 일반적인 노치에 관한 식이다. 노치가 상대적으로 깊고 예리해서 균열의 형태와 유사할수록, 노치가 이미 균열이라고 단순하게 가정하는 것에 대한 정확성이 높아진다. 이러한 거동은 파괴역학 이론을 사용하여 예측할 수 있다.

예제 10.1

그림 10.3에 있는 노치 반경이 $\rho = 0.4\mathrm{mm}$인 회전굽힘부재를 고려하자.

(a) k_t를 결정하고 k_f를 평가하라.

(b) 10^6 주기에 해당하는 완전 교번 굽힘모멘트 진폭을 평가하라.

【풀이】 (a) 형상과 하중은 그림 A.12(c)와 일치한다. d_2/d_1 비의 값과 ρ/d_1값은 결정되고 이

그래프에서 k_t를 얻기 위해 사용된다. 해당되는 값들은 다음과 같다.

$$d_2 = 12.7\text{mm}, \quad \rho = 0.4\text{mm}, \quad d_1 = 12.7 - 2(1.27) = 10.16\text{mm}$$

$$\frac{d_2}{d_1} = \frac{12.7}{10.16} = 1.25, \quad \frac{\rho}{d_1} = \frac{0.4}{10.16} = 0.0394, \quad k_t = 2.7 \qquad \text{(답)}$$

$d_2/d_1 = 1.11$과 1.43 사이의 선을 보간하는데 사용된다.

k_f값은 Peterson 상수 α 또는 Neuber 상수 β에서 얻어진다. 그림 10.7의 인장강도 $\sigma_u = 450\text{MPa}$에서 $\alpha \approx 0.3\text{mm}$가 주어지고 식 10.9에서 다음과 같이 계산된다.

$$k_f = 1 + \frac{k_t - 1}{1 + \frac{\alpha}{\rho}} = 1 + \frac{2.7 - 1}{1 + \frac{0.3\text{mm}}{0.4\text{mm}}} = 1.97 \qquad \text{(답)}$$

기본적으로 같은 결과가 Petersion 선도, 식 10.7과 $\alpha = 0.299\text{mm}$에 의해 얻어진다. Neuber의 식을 이용하면 $\beta = 0.259\text{mm}$를 식 10.11로부터 얻어지고 그 결과 $k_f = 1.94$는 식 10.10으로부터 계산된다.

(b) 노치가 없는 재료의 완전 교번 하중($\sigma_m = 0$)에 대한 피로한도는 그림 9.24에서 극한강도의 반 또는 $\sigma_{er} = 225\text{MPa}$로 평가된다. k_f에 의해 노치 효과가 포함된 피로한도는 다음과 같다:

$$S_{er} = \frac{\sigma_{er}}{k_f} = \frac{225\text{MPa}}{1.97} = 114.1\text{MPa}$$

S의 정의는 그림 A.12(c)로부터 무한수명에 대한 모멘트 진폭은

$$M_a = \frac{\pi d_1^3 S_{er}}{32} = \frac{\pi(10.16\text{mm})^3(114.1\text{N/mm}^2)}{32} = 11{,}740\text{N}\cdot\text{mm} = 11.74\text{N}\cdot\text{m}$$

(답)

실제 현장에서, 안전계수가 요구된다. 예를 들어, 안전계수 $X_s = 2$일 때, 실질적으로 허용되는 가장 큰 모멘트는 $\widehat{M_a} = M_a/2 = 5.87\text{N}\cdot\text{m}$.

【고찰】 (a)에서 계산된 두 가지 다른 k_f 값들의 차이가 근소한 것이 이상적인 예측 결과지만, 일반적으로 종종 발생하는 경우는 아니다. 이와 같은 값들은 그림 10.3에서 제시하는 실험 값 $k_f \approx 2.5$와 거의 일치한다.

10.4 장수명 피로강도 예측(피로한도)

많은 주기에서 고려하는 상대적으로 낮은 하중을 적용하는 경우, 피로설계는 10^6에서 10^8사이의 피로수명을 가지는 피로강도가 요구된다. 문헌에서 제시하는 이와 같은 값들은 흔히 부드럽고 연마된 표본에 관한 회전 굽힘 피로시험으로부터 구해진다. 하중, 크기, 표면처리와 같이 표준 시험 조건과 다른 상황에 대해, 수정된 값들은 흔히 존재하는 데이터의 동향을 기반으로 추정된다.

10.4.1 평활 부재 시편의 피로한도 추정

S-N 선도 상의 분명한 피로한도는 장수명에서 수평이며, 대부분의 저강도 탄소강, 합급강, 스테인리스강, 철, 몰리브덴 합금, 티타늄 합금 그리고 폴리머에서 발견된다. 그러나 알루미늄, 마그네슘, 구리, 니켈 합금, 몇몇의 스테인리스강, 고강도 탄소강과 합금강의 재료에 관한 S-N 선도는 일반적으로 장수명에서 피로한도가 계속적으로 천천히 감소한다. 부드럽게 연마된 시편의 회전굽힘 피로시험 장수명에서 피로강도는 일반적인 재료 물성처럼 표로 만들어진다. S-N 선도에서 특별하게 구분되는 수평영역이 없더라도 이 피로강도는 일반적으로 피로한도라 불린다.

편리성을 위해 인장강도에 대한 피로한도의 비로 아래와 같이 고려할 수 있다.

$$m_e = \frac{\sigma_{erb}}{\sigma_u} \tag{10.13}$$

여기서 σ_{erb}는 교번하중 굽힘이 작용하는 경우에 연마된 시편의 피로한도이다. 9.6.1절에서 고찰했던 것과 m_e값은 그림 9.24처럼 일반적으로 낮거나 중간 강도의 강에 대해 약 $m_e = 0.5$이다. $N_f = 5\times10^8$ 주기에서 가공용 알루미늄 합금의 피로강도에 대한 도표는 그림 9.25에 주어져 있다. 알루미늄 합금과 같은 낮은 강도를 가지는 재료에는 $m_e = 0.4$를 적용한다. 강과 알루미늄에 대하여 인장강도 이상에서는 m_e가 감소한다. 즉, 피로한도는 증가하는 정적강도만큼 증가하지 못한다. 대부분의 강에 대한 피로한도는 약 700MPa이고 가공용 알루미늄 합금에 대해서는 약 130MPa이다. 이 경향은 연성의 정도와 연관되어 있고 높은 강도의 합금은 일반적으로 연성에 제한적이다.

$N_f = 10^7$ 주기에서 주철의 m_e는 0.4, $N_f = 10^8$ 주기에서 가공용 마그네슘 합금의 m_e는 0.35, 그리고 $N_f = 10^7$ 주기에서 티타늄 합금의 m_e는 0.5이다. 데이터는 다양한 재료물성에 관한 자료들에 주어져 있다(9장 참고문헌을 참고). 이러한 피로강도 데이터는 일반적으로 잘 사용하지 않는 금속 재료 또는 폴리머와 복합소재에 대해서는 적합하지 않으며, 이와 같은 특별한 재료에 관한 데이터는 문헌에서 가끔씩 찾을 수 있다.

10.4.2 장수명 피로강도에 영향을 미치는 요인들

만약 노치가 존재한다면, 10.3절에서 상세하게 설명한 것처럼 k_f에 의해 피로강도가 감소한다. 다양한 부가적인 요인들 또한 장수명 피로강도에 영향을 주는데, 주로 피로강도를 감소시키는 작용을 하게 된다. 예를 들면 일반적으로 축 하중은 굽힘 하중보다 10% 정도 또는 그 이상 낮은 피로강도를 가진다. 이는 진행영역, 취약부 또는 굽힘 하중에서 응력구배와 같은 관련 효과들 때문으로 예상된다. 이와 같은 효과들은 재료의 피로강도에 이로운 역할을 하며, 재료의 깊이와 따른 응력변화 때문에 굽힘(또는 비틀림)을 유발한다. 그러나 균일한 응력의 축 하중에서는 이와 같은 효과가 발생하지 않는다. 또 다른 요인은 경미하지만 응력계산 $S = P/A$에서 미리 고려되지 못해 제외된 편심에 의해 굽힘을 유발하는 응력에 의한 것이다.

또한 9장에서 설명되어 있듯이 응력 상태는 피로강도에 영향을 미친다. 팔면체 전단응력 기준은 연성재료에 대하여 제안한 기준이다. 예를 들어, 순수 비틀림에 대한 이러한 접근법은 식 9.13에서 도출된 전단 피로한도 추정치를 구체적으로 $\tau_{er} = 0.577\sigma_{erb}$로 제시한다.

굽힘 또는 비틀림을 받는 크기가 큰 부재에 대한 응력 구배 효과는 부재가 커질수록 피로강도가

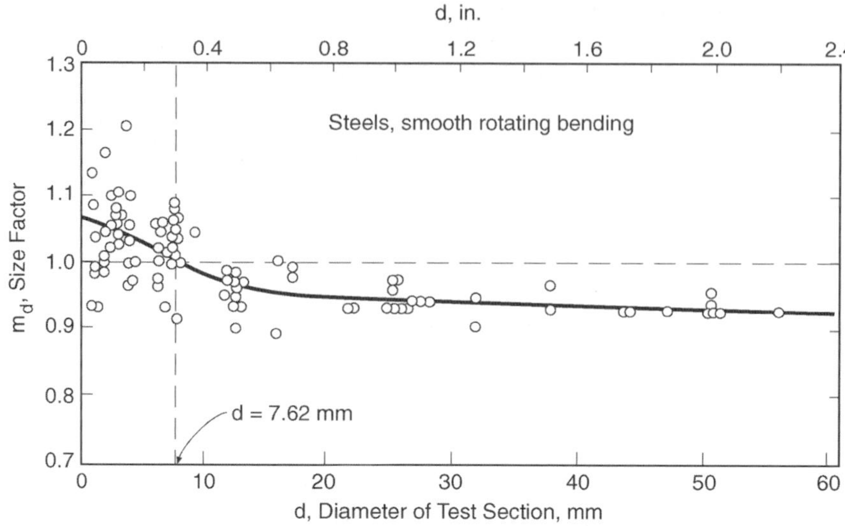

그림 10.9 회전 굽힘 시험을 수행한 부드럽게 연마된 강 시편의 피로한도에 대한 크기효과. m_d값과 주로 사용된 지름이 7.62mm(0.3in)인 시편에 대하여 피로한도의 비율은 도표에 그려져 있음.

감소할 것이라고 예상하며, 이러한 크기효과는 실제로도 관측된다. 구체적으로 말하면 크기효과는 큰 횡단면에서 깊이에 따른 응력의 감소가 점진적으로 진행하기 때문인 것으로 예상되며, 부피가 큰 재료는 상대적으로 높은 응력을 받는다. 강으로 제작된 샤프트에 대한 몇 개의 실험 데이터가 그림 10.9에 나타나 있다. 이러한 효과 때문에 작은 회전 굽힘 시험편(일반적으로, 지름 8mm)으로부터 얻은 피로한도 값을 직경이 큰 구조물에 적용하기 위해서는 그 값을 감소시키는 것이 필요하다.

표면처리가 평활 부재 시험편의 연마된 표면보다 거칠면 장수명 피로강도는 감소한다. 꼼꼼한 표면처리는 피로한도를 약 10% 그리고 기계가공은 약 20% 정도 또는 그 이상 효과를 낸다. 단조 또는 주조 후에 비교적 거친 표면은 평활 부재 시편의 피로한도보다 절반 이상 작을 수 있다. 강의 다양한 표면 상태에 대한 전형적인 피로한도 감소 요소들은 그림 10.10에 나타내었다. 피로한도의 감소는 인장강도가 커질수록 더 크다. 이러한 현상은 표면 거칠기가 응력 집중부(노치)와 같이 작용하고 높은 응력 재료들은 비교적 노치에 더 민감하기 때문에 발생한다. 표면 처리 효과는 기계가공 또는 열처리로부터 발생하는 잔류응력, 표면구성, 열간압연 또는 단조과정에서 미세 구조의 변화와 같은 다른 요소들에 의하여 복잡해진다.

10.4.3 피로한도 감소 요인들

공학적인 상황에서 이러한 효과들은 일반적으로 조합적으로 작용하게 된다. 여기서는 σ_{erb}보다 작은 값을 가지는 조정된 피로한도 σ_{er}를 얻기 위해 다양한 효과를 고려하는 감소인수를 곱하여 사용한다:

$$\sigma_{er} = m_t m_d m_s m_o \sigma_{erb} \quad \text{(a)}$$
$$\sigma_{er} = m_e m_t m_d m_s m_o \sigma_u = m\sigma_u \quad \text{(b)} \qquad (10.14)$$

여기서, (a)는 굽힘 피로강도 σ_{erb}를 알고 있을 때 사용되고 (b)는 오직 최대강도 σ_u를 알고 있을 때 사용된다. (b)에서, m은 식 10.13으로부터 m_e를 포함한 결합된 감소요인이다.

명확하게,

$$m = m_e m_t m_d m_s m_o \tag{10.15}$$

다양한 요인들은 하중(m_t), 크기(m_d), 표면처리(m_s) 그리고 증가된 온도와 부식 등과 같은 다른 영향들(m_o)로 구성되어 있다. 만약 요소 값이 1이라면 이러한 요인들에 의한 영향이 없고, 0.9라면 10% 감소에 해당한다. 몇 가지 예로는 식 9.13으로부터 비틀림에 대한 $m_t = 0.58$, 그림 10.9로부터 지름에 약 25mm의 지름에 대한 $m_d = 0.95$ 그리고 그림 10.10으로부터 저강도강에서 기계 가공된 표면에 대한 $m_s = 0.8$이다.

설계도서인 Juvinall(2012)과 Budynas(2015)에서 추천하는 요소 값들은 표 10.1에 주어져 있다. 주의할 사항은 전자는 몇 가지 금속에 대한 값을 나타냈지만 후자는 오직 강에 관한 값을 나타내었다(표 10.1은 10.7절에서 추정된 S–N 선도에 대해 사용된다).

노치 부재에 대한 공칭응력 기준 피로한도 S_{er}은 k_f를 적용하여 식 10.14에 의해 얻어진다.

$$S_{er} = \frac{\sigma_{er}}{k_f} = \frac{m\sigma_u}{k_f} \tag{10.16}$$

피로한도 추정에 대한 고찰에 추가해서, 몇몇 재료들의 경우 S–N 선도 상의 장수명 영역에서 피로수명이 급격히 감소하여 피로한도 아래에서도 발생한다는 9.6.5절과 9.9.1절의 내용을 기억해야 한다. 또한, 부식 손상과 가끔 발생하는 심각한 응력의 주기는 일정한 진폭 시험에서 S–N 선도 상의 피로한도 아래에서도 파손이 발생하게 한다.

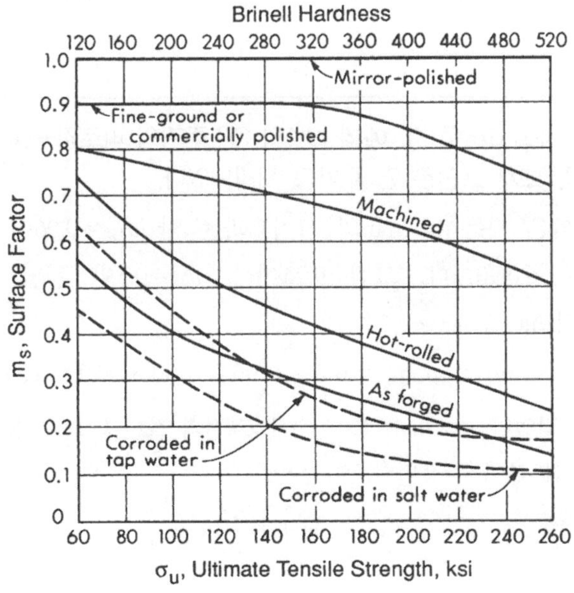

그림 10.10 강의 피로한도에 대한 다양한 표면 마무리 효과. m_s 값과 연마된 시편들에 대해서 피로한도의 비는 도표에 나타냄.

표 10.1 평가된 피로한도에 대한 매개변수들

Parameter	Applicability	Juvinall (2006)	Budynas (2011)
Bending fatigue limit factor: m_e	Steels, $\sigma_u \leq 1400$ MPa[1]	0.5	0.5
	High-strength steels	≤ 0.5	$\sigma_{erb} = 700$ MPa
	Cast irons; Al alloys if $\sigma_u \leq 328$ MPa	0.4	—
	Higher strength Al	$\sigma_{erb} = 131$ MPa	—
	Magnesium alloys	0.35	—
Load type factor: m_t	Bending	1.0	1.0
	Axial	1.0	0.85
	Torsion	0.58	0.59
Size (stress gradient) factor: m_d	Bending or torsion[2,3,4]	1.0 ($d < 10$ mm) 0.9 ($10 \leq d < 50$)	$1.24d^{-0.107}$ ($3 \leq d \leq 51$ mm)
	Axial[2,3]	0.7 to 0.9 ($d < 50$)[5]	1.0
Surface finish factor: m_s	Polished	1.0	1.0
	Ground[6]	See Fig. 10.10	$1.58\sigma_u^{-0.085}$
	Machined[6]	See Fig. 10.10	$4.51\sigma_u^{-0.265}$
Life for fatigue limit point: N_e, cycles	Steels, cast irons	10^6	10^6
	Aluminum alloys	5×10^8	—
	Magnesium alloys	10^8	—

Notes:[1] Juvinall specifically gives a hardness limit, $HB \leq 400$. [2]Diameter d is in mm units. [3]For Juvinall, for $50 \leq d < 100$ mm, decrease the values of m_d by 0.1 relative to the values for $d < 50$ mm, and for $100 \leq d < 150$ mm decrease by 0.2. [4]For Budynas, use $1.51d^{-0.157}$ for $51 < d \leq 254$ mm, and for nonrotating bending, replace d with $d_e = 0.37d$ for round sections, and with $d_e = 0.808\sqrt{ht}$ for rectangular sections (Fig. A.2). [5]Use 0.9 for accurately concentric loading, and a lower value otherwise. [6]For Budynas, substitute σ_u in MPa.

예제 10.2

그림 10.3의 노치 굽힘부재를 고려하자. 예제 10.1의 10^6 주기의 피로강도(피로한도)를 추가적인 요인을 포함해서 수정하자. 노치 표면은 연삭 가공 처리되었다.

【풀이】 그림 10.9에서 짧은 지름 12.7mm의 크기효과는 약 $m_d = 0.96$이고 그림 10.10에서 표면 마무리는 $m_s = 0.90$이다. 그림 9.24에서 $m_e = 0.5$와 결합하여 노치 재료의 식 10.14(b)에 적용하면:

$$\sigma_{er} = m_e m_d m_s \sigma_u = 0.5 \times 0.96 \times 0.90 \times 450 = 194.4\text{MPa}$$

m_t와 m_o는 생략되었다. 즉, $m_t = 1$, $m_o = 1$. 그전과 같은 k_f를 사용하면 노치 부재에 대한 피로한도는 다음과 같이 추정된다.

$$S_{er} = \frac{\sigma_{er}}{k_f} = \frac{194.4\text{MPa}}{1.97} = 98.7\text{MPa} \qquad \text{(답)}$$

【두 번째 풀이】 AISI (SAE) 1015 강은 표 9.1에 포함되어 있기 때문에 $m_e = 0.50$은 10^6 주기에서 식 9.7에 의해 계산된 피로강도는 건너뛸 수 있다:

$$\sigma_a = \sigma'_f (2N_f)^b = 1020(2\times 10^6)^{-0.138} = 137.7\text{MPa}$$

크기, 표면 마무리와 k_f에 대한 수정한 값은 노치 부재의 피로한도에 대해 두 번째 추정에 사용된다.

$$S_{er} = \frac{m_d m_s \sigma_a}{k_f} = \frac{0.96\times 0.90\times 137.7\text{MPa}}{1.97} = 60.4\text{MPa} \qquad \text{(답)}$$

【고찰】 두 번째 값은 첫 번째 값보다 상당히 낮게 나타난다. 다른 점은 표 9.1의 재료의 최대 강도가 그림 10.3의 명목상 같은 유형의 재료보다 낮다는 점이다. 또한, 표 9.1 상수들이 피로강도가 굽힘보다 약 10% 낮은 축하중에 일치한다. 나머지 차이는 이러한 유형의 개략적인 현상 추정을 강조하여 약 35%이다.

10.5 중간과 단수명에서 노치 효과

그림 10.5의 역방향 항복 효과는 연성재료의 중간과 단수명에서 높아지는 응력과 그에 따라 짧아지는 수명에서 고려하기 때문에 점차적으로 중요해진다. 이 거동의 한 가지 결과는 평활 부재 시편의 피로강도와 노치 부재 시편 피로강도의 비가 k_f보다 작고, 그 결과 다양한 수명에 대한 피로노치 계수 k'_f를 정의하는 것이 매우 유용하다.

$$k'_f = f(N_f) = \frac{\sigma_{ar}}{S_{ar}} \tag{10.17}$$

이러한 효과를 나타내는 데이터는 그림 10.11에 나타내었다. 전형적인 연성 재료에 대해서, k'_f는 장수명에서의 k_f로부터 단수명에서의 1 근처의 값까지 감소한다.

완전 교번 하중을 고려해 보자. 이러한 경향은 그림 10.12에서 볼 수 있듯이 탄성, 항복강도에서의 완전소성과 같이 재료거동을 이상화함으로써 합리화될 수 있다. 여기에 세 가지 가능한 상황들을 고려할 수 있다 : (a) 항복 없음, (b) 국부항복, 그리고 (c) 완전항복. 노치에서의 응력이 절대로 항복강도를 넘지 않으면, $k_t S_a \le \sigma_0$, 즉 이것은 항복이 없는 상황에 해당한다. 이 경우에 항복의 영향을 무시하면, k'_f는 k_t와 같아진다:

$$k'_f = k_t \qquad (\text{no yielding; } k_t S_a \le \sigma_o) \tag{10.18}$$

적어도 국부적인 노치에서는 하중이 항복을 충분히 유발한다고 가정하자, 즉 $k_t S_a > \sigma_0$. 완전 교번 하중은 그림 10.12(b)에 나타낸 것처럼 각 하중 주기에 대해 인장과 압축에서 항복을 유발한다. 이 역방향 항복은 전체 단면에 걸쳐 발생하지 않으면 국부항복이 발생한다. 노치에서 응력진폭이 σ_0와 같기 때문에 k'_f는 다음과 같다.

$$k'_f = \frac{\sigma_o}{S_a} \qquad (\text{local yielding; } k_t S_a > \sigma_o) \tag{10.19}$$

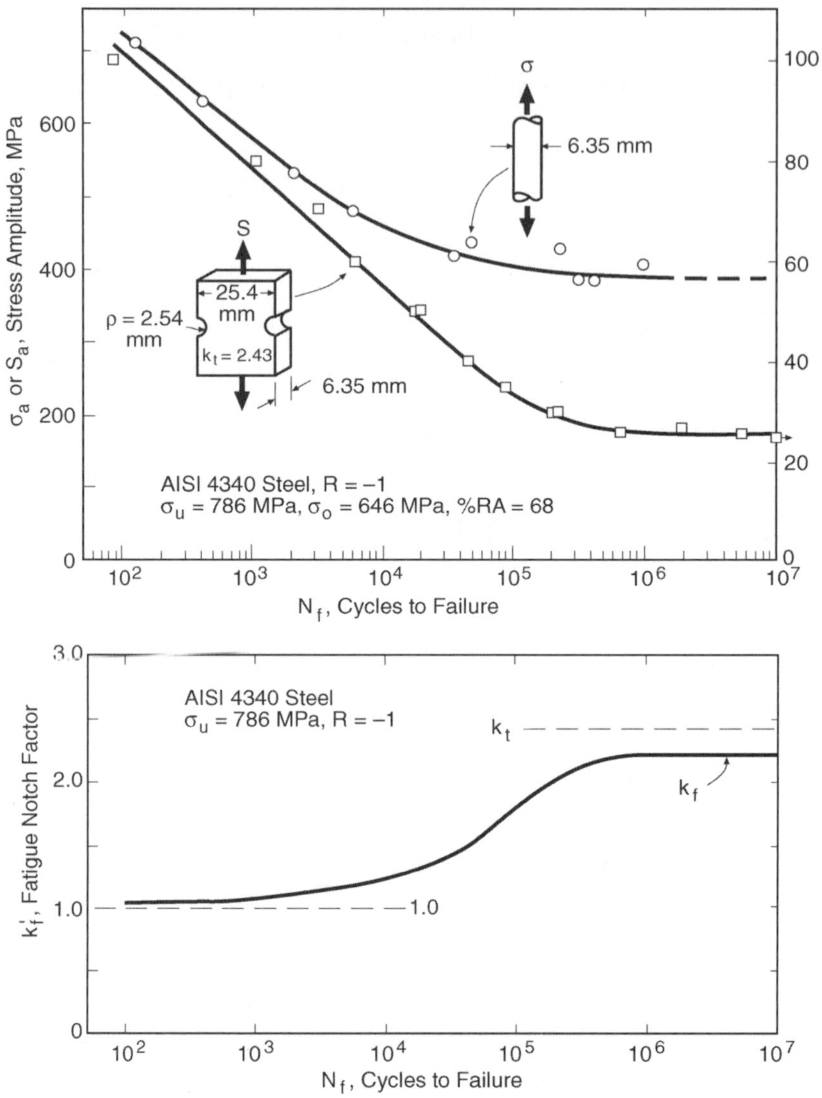

S_a, MPa	696	617	538	459	379	300	231	193	176	176
N_f, cycles	10^2	$10^{2.5}$	10^3	$10^{3.5}$	10^4	$10^{4.5}$	10^5	$10^{5.5}$	10^6	10^7

그림 10.11 연성 금속에 대해 수명과 피로노치 계수의 변화를 나타낸 시험 데이터. S–N(맨 위) 데이터는 $k_f' = \sigma_a / S_a$(맨 아래)를 얻는데 사용한다. 노치는 반 원형 모양으로 세공되었고 공칭응력 S는 그림 A.11(b)처럼 순면적에 기초하여 정의됨.

극단적인 경우의 완전소성이 일어나는 경우 역방향 항복이 (c)처럼 전체 단면에 걸쳐 나타난다. 이것은 균일하고 σ_0와 같은 순수 단면에 걸쳐서 응력진폭을 유발한다. 그래서 공칭응력진폭은 항상 σ_0와 같다. 그런 이유로, 노치는 영향의 거의 없고

$$k_f' \approx 1 \qquad \text{(full yielding; } S_a \approx \sigma_o\text{)} \tag{10.20}$$

이러한 거동은 부록 A의 그림 A.10에서 정적하중을 받는 단면의 점진적 항복과 비슷하다. 각 하중에 대한 주기에서는 인장과 압축이 작용할 때 역방향 항복을 포함하는 것을 제외한다.

세 가지 상황에 대한 k'_f의 예상되는 경향은 그림 10.12(d)에서 나타낸 것처럼 앞서 언급한 식들에 의해 요약되었다. k'_f의 응력에 따라 나타난 경향은 그림 10.11의 낮은 선도와 유사한 수명의 변화를 나타낼 것이다. 그러나 장수명에서 k_f와 k_t의 차이는 항복을 포함하여 적어도 한 개의 효과가 나타나는 것을 보여준다.

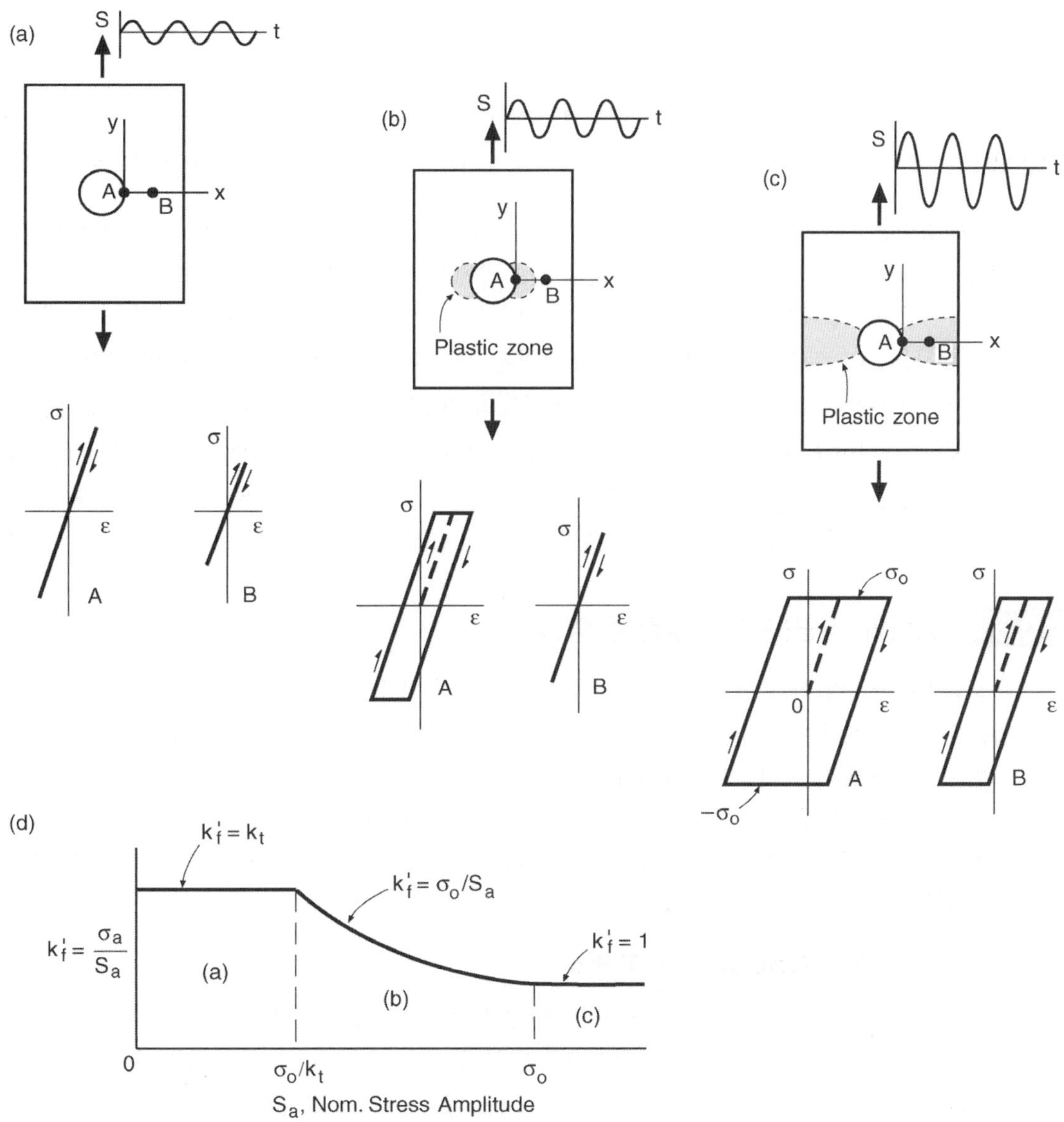

그림 10.12 이상적인 탄성, 완전소성 재료의 노치가 있는 부재에 대한 반복 항복. 3가지 가능성이 있다. (a) 항복 없음, (b) 국부항복 그리고 (c) 완전항복. (d)에서처럼 피로노치 계수는 응력수준에 따라 다양하게 예상됨.

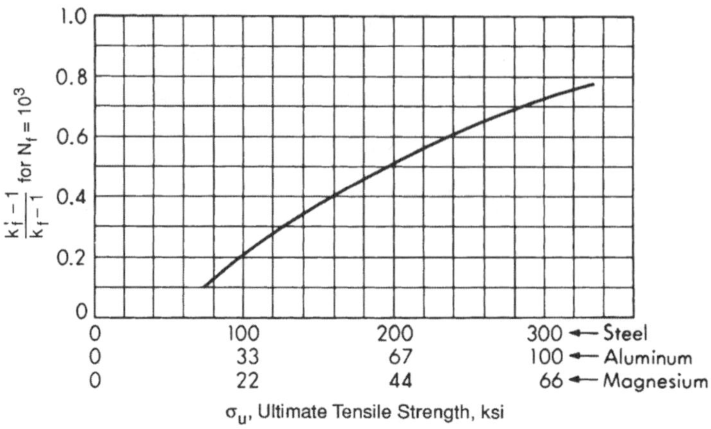

그림 10.13 $N_f = 1000$ 주기에서 피로노치 계수 k_f'를 평가하기 위해 실험적 데이터를 기반으로 한 곡선

응력기반 방법을 적용하는 경우에는 노치 부재의 S-N 선도에 대한 추정이 필요하다. 방금 설명한 연구 방법이 아닌 경험적 방법은 때때로 중간과 단수명에서 항복효과에 대해 조정하기 위해 사용된다. 예를 들어 장수명에 대한 k_f는 추정되며, $N_f = 10^3$ 주기에서 k'_f는 그림 10.13과 같이 시험 데이터를 기반으로 하는 선도로부터 추정된다. 도표의 보간은 $N_f = 10^3$ 주기와 10^6 주기 사이의 수명에 대한 k'_f를 얻기 위해 사용된다.위에서 보여준 특별한 선도의 연구는 $N_f = 10^3$에서 k'_f가 고강도(취성, 낮은 연성)금속에 대하여 k_f에 접근하는 것을 나타내고, 저강도(대개 연성)금속에 대한 k'_f는 1로 접근한다. 이것은 역방향 항복 효과를 기반으로 예상되는 것이다. 실험적으로 추정된 노치 부재의 S-N 선도에 대해서는 이 장의 다음 절에서 고찰한다.

10.6 노치와 평균응력의 결합된 영향

k_f와 k'_f에 대한 경험식과 선도는 경향 분석과 완전 교번 하중에서의 데이터를 기반으로 한다. 따라서 평균응력이 존재하면 이 값들을 바로 적용할 수 없다. 노치 부재의 평균응력을 다루는 가장 일반적인 방법으로 공칭응력과 식 9.15의 Goodman 관계식을 적용하는 것이다. 그러나 노치 부재의 평균응력수정은 노치에서 발생하는 국부항복의 효과 때문에 복잡해진다. 식 9.18의 Smith, Watson 그리고 Topper (SWT) 방법 그리고 식 9.19의 Walker 관계식은 이러한 상황에 대하여 유용한 대처 방법을 제공한다. 지금부터 이에 대한 상세한 설명을 이어서 논의하고자 한다.

10.6.1 노치 부재의 Goodman 관계식

그림 A.10과 A.7절에서 고찰된 노치 부재의 완전소성항복거동을 고려하자. 많은 공학적 금속처럼 재료가 상당한 연성을 가진다면, 응력의 재분배로 인하여 파손 시점에서는 거의 균일한 응력이 작용하게 된다. 따라서 노치 부재의 인장강도는 노치에 의한 영향을 크게 받지 않고, 노치가 없는 재료의 σ_u 값과 비교했을 때 약간 증가한다.

이 논리는 그림 10.14에서 연성을 나타내는 선에 Goodman 관계식을 적용할 수 있게 한다. 해당하는 식은 다음과 같다.

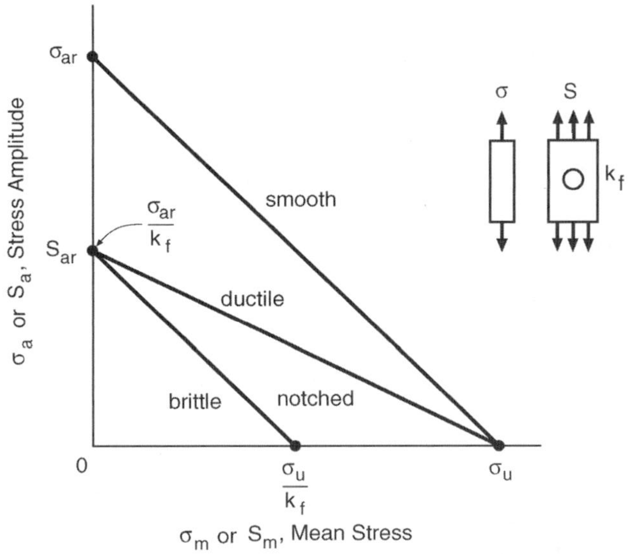

그림 10.14 취성과 연성 재료의 평활재와 노치가 있는 부재에 대한 Goodman 진폭–평균응력 선도

$$S_{ar} = \frac{\sigma_{ar}}{k_f} = \frac{S_a}{1 - \dfrac{S_m}{\sigma_u}} \qquad \text{(연성 재료)} \tag{10.21}$$

노치가 없는 재료와 비교해 보면, 완전 교번 공칭응력 S_{ar}은 노치계수 k_f에 의해 감소된다. 그러나 평균응력 축에 대응하는 감소 요소가 없기 때문에 이전 식에서 평균응력에 대한 노치 계수 $k_{fm}=1$임을 암시한다.

그러나 낮은 연성 재료에서는 응력의 재분배가 발생하지 않고 노치 부재의 인장강도는 감소한다. 이것은 그림 10.14에서 표시한 취성을 나타내는 선을 제안하며, 이를 다음 식과 같이 나타난다.

$$S_{ar} = \frac{\sigma_{ar}}{k_f} = \frac{S_a}{1 - \dfrac{k_{fm} S_m}{\sigma_u}} \qquad \text{(취성 재료)} \tag{10.22}$$

평균응력에 대한 노치 계수 k_{fm}은 일반적으로 응력진폭과 같은 값을 가진다. 즉, $k_{fm}=k_f$이다.

앞서 설명한 식들은 식 9.16의 Gerber 관계식과 함께 널리 사용되고 있다. 그러나 이러한 이전의 식들을 적용하기에는 몇 가지 문제점이 존재한다. 첫 번째 문제는 취성 대비 연성의 선택에 관한 것이다. 예를 들어 다소 제한된 연성을 가지는 고강도 강과 고강도 알루미늄 합금과 같은 금속 재료의 경우, 평균응력에 대한 노치 효과가 발생하기는 하지만 주로 장수명에서 발생한다. 따라서 k_{fm}을 수명종속변수로 다루는 식 10.22를 선택해야하는데, 이를 적용하기에는 매우 복잡하다. 두 번째로 실험 데이터에 대한 S_{ar} 대비 수명 N_f 선도의 상관관계가 좋지 않은 경우, 취성 재료의 식이 아닌 연성 재료에 관한 식 10.21을 선택하는 것이 논리적이다.

세 번째로 공칭응력 S는 임의로 정의된 양이고, 복잡한 형상에 대한 S를 정의하기 위해서 다양한 방법이 존재하지만 모두 그 값을 분명하게 정의하지 못한다. 임의로 정의한 S는 S_m/σ_u 비에 영향을 주기 때문에 S를 정의하는 방법에 따라 수치적인 결과가 달라질 것이다. 이러한 조건 때문에 재료상수와 비율이 있는 공칭응력에 평균응력 식을 적용함에 있어서 심각한 논리적 문제를 만든다.

첫 번째와 두 번째 어려움은 단지 노치에서의 국부항복으로부터 발생하는 거동과 연관되어 있다. 따라서 이는 다음에 다루어지는 문제를 추구하는데 유용하다.

10.6.2 국부항복 영향

식 10.22의 평균응력에 대한 집중계수를 변수로 고려하자.

$$k_{fm} = \frac{\sigma_m}{S_m} \tag{10.23}$$

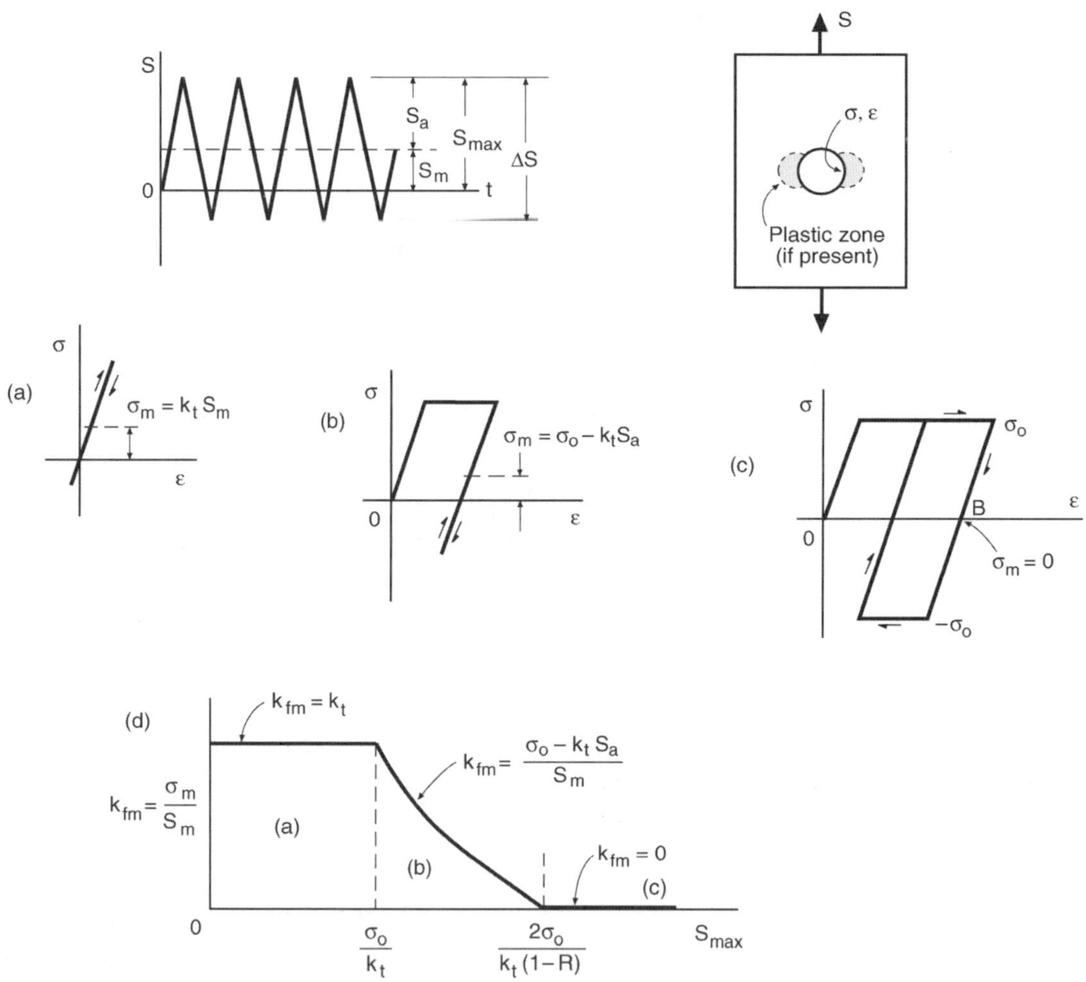

그림 10.15 평균수준이 0이 아닌 반복하중을 받는 탄성, 완전소성 재료의 노치가 있는 부재. 노치에서 세 가지 가능성의 응력-변형률 거동이 있다. (a) 항복 없음, (b) 초기항복이지만 탄성 반복 그리고 (c) 역방향 항복. (d)에서 보여주는 것처럼 평균응력에 대한 집중계수 k_{fm}는 S_{max}와 함께 다양하게 예상됨.

S_m은 공칭응력에 대한 평균값이고 σ_m는 노치에서 국부적 응력에 대한 평균값이다. 또한 재료의 거동이 탄성, 완전소성이고 평균응력이 존재함을 가정한다. 그림 10.15에서 설명하고 있듯이 세 가지 가능한 상황이 있다: (a) 항복 없음, (b) 초기항복 그리고 (c) 역방향 항복. 최대 또는 최소 하중이 작용할 때 노치에서 항복응력을 초과하는 응력 $k_t S$를 유발하지 않는 경우 항복은 발생하지 않는다. 이 경우에 노치에서 평균응력은 k_t에 의해 증가하고, 따라서 $k_{fm}=k_t$가 예상된다.

최대 또는 그와 유사한 값을 가지는 하중이 항복을 유발한다고 가정하자, $k_t|S|_{max} > \sigma_0$. 그러나 추가적으로 작용하는 하중이 역방향 항복을 발생시키는데 충분히 크지 않다고 가정하자. 그러면 그림 10.15(b)와 같은 초기항복조건을 가지게 된다. 반복응력이 탄성이기 때문에 노치응력진폭은 $\sigma_a = k_t S_a$로 계산된다. 각각의 응력주기에서, 최대응력은 첫 번째 최대 하중에서와 동일한 항복강도 σ_0로 돌아간다. 따라서 인장에서 초기항복에 대한 평균응력은 다음과 같다.

$$\sigma_m = \sigma_{max} - \sigma_a = \sigma_o - k_t S_a \tag{10.24}$$

만약 하중이 $k_t \Delta S > 2\sigma_0$를 만족하기에 충분하다면, (c)에서 보여주듯이 역방향 항복이 발생한다. 이때 노치에서 응력은

$$\sigma_m = \sigma_o, \quad \sigma_{min} = -\sigma_o, \quad \sigma_m = \frac{\sigma_{max} + \sigma_{min}}{2} = 0 \tag{10.25}$$

여기서 $k_{fm} = 0$이 된다.

따라서, 다음과 같이 정리할 수 있다.

$$\begin{aligned} k_{fm} &= k_t && (\text{no yielding; } k_t|S|_{max} < \sigma_o) \\ k_{fm} &= \frac{\sigma_o - k_t S_a}{|S_m|} && (\text{initial yielding; } k_t|S|_{max} > \sigma_o) \\ k_{fm} &= 0 && (\text{reversed yielding; } k_t \Delta S > 2\sigma_o) \end{aligned} \tag{10.26}$$

절대값은 인장 또는 압축 S_m을 적용하기 위한 식을 만드는 데 사용된다. S_{max}에 따른 k_{fm}의 변화는 그림 10.15(d)와 유사하다. 노치에서 국부항복은 k_t보다 작은 k_{fm}을 유발하는데, 최악의 경우에는 그 값이 0이다.

이러한 관점에서 식 10.26에 따라 지속적으로 변화하는 k_{fm}을 사용하여 식 10.22를 연성 재료에 적용할 수 있다. 식 10.21에 의해 암시된 $k_{fm}=1$은 0에서부터 이 식에서 주어진 k_t의 범위 내에서 만족한다. 그러나 이 값 또는 다른 단일 값은 대략적인 근사치의 대표하는 값이다. 이것은 Juvinall (1967)에 의해 논의된 문제로 제안한 대안 중에서 k_t가 k_f로 대체되는 방법을 제외하면 식 10.26을 사용하는 방법과 유사하다.

10.6.3 노치 부재에 적용하기 위한 SWT와 Walker 관계식

식 10.21에서 간략하게 표현된 Goodman 관계식을 적용하는 데 있어 발생하는 문제점에 대해서 다시 고려해보면, 이 식들은 일반적으로 사용하기에 최적화되어 있지 않다는 것을 알 수 있다. 따라서

식 10.26에서 k_{fm}을 적용한 식 10.22는 이러한 식에 대한 개선을 제시한다. 그러나 그 관계가 복잡하기 때문에 Goodman 관계식에 내재하는 부정확성의 관점에서는 정의되지 않는다(예제 9.5를 참고하라). 또한, 식 10.27에 대한 항복강도는 반복하중에 따라 변경되며 이는 13.5절에서 고찰된다. 변형률 수명 방법은 노치에서의 국부항복 영향에 대해, 보다 완벽한 해석을 제공하며 이는 15.5절에서 다루어진다. 국부항복 영향을 포함하고자 하는 경우 이 방법을 선정하는 것이 좀 더 바람직하다. 따라서 현재로써는 다른 방법을 고려하는 것이 적절하다.

한 가지 가능성은 식 9.18의 두 가지 동일한 형태로, S에 변수를 변경한 공칭응력에 SWT 식을 적용하는 것이다:

$$S_{ar} = \sqrt{S_{\max} S_a}\,, \qquad S_{ar} = S_{\max}\sqrt{\frac{1-R}{2}} \qquad \text{(a, b)} \qquad (10.27)$$

강과 알루미늄 합금에 대한 여러 세트의 노치 시편 데이터에 대해, S_{ar} 대비 수명 N_f 도표는 Goodman 관계식보다 향상된 결과를 준다(Dowling(2000)와 이 장이 끝나는 부분의 문제를 참고할 것).

또 다른 옵션은 공칭응력과 Walker관계식인 식 9.19을 사용하는 것이다:

$$S_{ar} = S_{\max}^{1-\gamma}\, S_a^{\gamma}, \qquad S_{ar} = S_{\max}\left(\frac{1-R}{2}\right)^{\gamma} \qquad \text{(a, b)} \qquad (10.28)$$

상수 γ를 구하기 위해서는 관심 있는 노치 부재의 데이터를 상세하게 피팅해야 한다. 다음 절에는 이러한 절차에 관한 소개가 되어있다. γ는 관심 있는 하나의 조건에 대한 데이터로는 알 수 없기 때문에 SWT 관계식이 사용되어야 하지만, 여기서는 Walker의 기본값 $\gamma = 0.5$와 동일한 값을 사용한다.

식 10.27 또는 10.28에서 재료 물성에 따른 S의 비가 없기 때문에 Goodman 관계식을 적용하는데 있어서의 논리적 어려움은 제거된다. 또한 피로수명선도와 SWT 또는 Walker 관계식은 힘 P 또는 굽힘모멘트 M과 같이 작용 하중에 관해 표현하기 때문에 공칭응력이 필요하지 않다. 예를 들어 SWT 식과 힘 P에 대하여 다음 식을 제안한다.

$$P_{ar} = \sqrt{P_{\max} P_a}\,, \qquad P_{ar} = P_{\max}\sqrt{\frac{1-R}{2}} \qquad \text{(a, b)} \qquad (10.29)$$

합리적인 S의 정의는 작용 하중에 비례하고, 여기서 추정된 피로수명은 S 대신에 변수 P를 사용해도 영향을 받지 않는다.

예제 10.3

표 9.1의 RQC-100 강이 그림 A.11(d)처럼 폭의 변화를 주어 아래로 굽힘을 받는 평판에 사용된다. $w_2 = 88$, $w_1 = 80$, $\rho = 4$, 그리고 $t = 10$mm이다. 10^6 주기의 피로수명을 가지기 위한 굽힘 모멘트 M_a의 진폭을 구하라. 이 때 평균 모멘트는 mm=4kN·m이다.

【첫 번째 풀이】 한 가지 접근법은 이 연성 재료에 대해 식 10.21을 사용하는 것이다. 이용 가능한 데이터는 노치가 없는 재료이기 때문에, 식 10.21은 다음과 같은 형태로 사용된다.

$$\sigma_{ar} = k_f S_{ar} = \frac{k_f S_a}{1 - \dfrac{S_m}{\sigma_u}}$$

k_f, S_m과 σ_{ar}은 증가가 요구되고 나서 M_a가 주어지고 S_a를 해결할 수 있다. k_f를 평가하기 위해, 첫 번째로 그림 A.11(d)에서 k_t를 결정한다:

$$\frac{w_2}{w_1} = \frac{88\mathrm{mm}}{80\mathrm{mm}} = 1.1, \quad \frac{\rho}{w_1} = \frac{4\mathrm{mm}}{80\mathrm{mm}} = 0.05, \quad k_t = 1.85$$

Peterson 상수 α는 식 10.7에서 주어지고 표 9.1에서 $\sigma_u = 758$ MPa을 사용한다.

$$\log\alpha = 2.654 \times 10^{-7}(758\mathrm{MPa})^2 - 1.309 \times 10^{-3}(758\mathrm{MPa}) + 0.01103 = -0.8287$$

$$\alpha = 10^{\log\alpha} = 10^{0.8287} = 0.148\mathrm{mm}$$

식 10.9에서 k_f가 주어진다.

$$k_f = 1 + \frac{k_t - 1}{1 + \dfrac{\alpha}{\rho}} = 1 + \frac{1.85 - 1}{1 + \dfrac{0.148\mathrm{mm}}{4\mathrm{mm}}} = 1.82$$

다음에 그림 A.11(d)의 S로부터 S_m을 계산한다:

$$S_m = \frac{6M_m}{w_1^2 t} = \frac{6(4.0 \times 10^6 \mathrm{N\cdot mm})}{(80\mathrm{mm})^2(10\mathrm{mm})} = 375\mathrm{MPa}$$

표 9.1에서 상수 A와 B는 이 금속의 평활 부재 시편에 대한 $N_f = 10^6$에서 완전 교번 하중진폭 σ_{ar}이 주어진다:

$$\sigma_{ar} = AN_f^B = 897(10^6)^{-0.0648} = 366\mathrm{MPa}$$

이제 첫 번째 식 S_a를 계산할 수 있다. 결정된 값을 대체하고 최종적으로 S값을 이용하여 M_a를 얻는다:

$$S_a = \frac{\sigma_{ar}}{k_f}\left(1 - \frac{S_m}{\sigma_u}\right) = \frac{366\mathrm{MPa}}{1.82}\left(1 - \frac{375\mathrm{MPa}}{758\mathrm{MPa}}\right) = 102\mathrm{MPa}$$

$$M_a = \frac{w_1^2 t S_a}{6} = \frac{(80\mathrm{mm})^2(10\mathrm{mm})(102\mathrm{MPa})}{6} = 1.088 \times 10^6 \mathrm{N\cdot mm}$$

$$M_a = 1.09\mathrm{kN\cdot m} \qquad \text{(답)}$$

【두 번째 풀이】 SWT 관계식 또한 사용할 수 있다. 이미 수행된 계산으로부터 다음을 얻는다.

$$S_{ar} = \sigma_{ar}/k_f = 366/1.82 = 201\mathrm{MPa}$$

주어진 평균모멘트로부터 $S_m = 375$MPa을 얻고 식 10.28에 적용할 수 있다:

$$S_{ar} = \sqrt{S_{max} S_a} = \sqrt{(S_m + S_a)S_a}, \quad 201 = \sqrt{(375 + S_a)S_a}\ \mathrm{MPa}$$

후자를 반복적으로 해결하여 $S_a = 87.5\text{MPa}$을 얻고 해당하는 모멘트진폭을 계산하면 $M_a = 0.993\text{kN}\cdot\text{m}$(답)을 얻는다.

10.6.4 Walker 방정식 피팅

앞서 언급한 바와 같이 Walker 관계식 사용은 특별한 상수 γ값이 요구된다. 여기서 다양한 평균응력 또는 응력비 R에 대한 피로수명 데이터는 노치 부재 또는 노치가 없는 재료시편에 대해 유효하다. 모든 데이터는 단일 피팅 절차를 통해 평균응력 영향을 포함한 응력수명선도를 얻기 위해 사용할 수 있다. 데이터에 맞게 γ를 조정하는 것은 평균응력영향에 관하여 정확하게 표현할 수 있게 한다.

식 9.6과 같은 형태를 가지기 위해서 공칭응력 대비 평균응력이 0인 노치 부재 피로수명선도는 로그-로그에서 직선임을 가정하자.

$$S_{ar} = AN_f^B \tag{10.30}$$

위의 식과 식 10.29를 결합하고 N_f에 대해 풀면:

$$S_{ar} = AN_f^B = S_{\max}\left(\frac{1-R}{2}\right)^{\gamma}, \qquad N_f = \left[S_{\max}\left(\frac{1-R}{2}\right)^{\gamma}\frac{1}{A}\right]^{1/B} \qquad \text{(a, b)} \tag{10.31}$$

이어서 양쪽에 상용로그를 취해주면:

$$\log N_f = \frac{1}{B}\log S_{\max} + \frac{\gamma}{B}\log\left(\frac{1-R}{2}\right) - \frac{1}{B}\log A \tag{10.32}$$

이제 독립변수 x_1, x_2과 종속변수 y를 가지고 다중 선형 회귀 분석을 수행할 수 있다.

$$y = m_1 x_1 + m_2 x_2 + c \tag{10.33}$$

$$y = \log N_f, \qquad x_1 = \log S_{\max}, \qquad x_2 = \log\left(\frac{1-R}{2}\right) \tag{10.34}$$

$$m_1 = \frac{1}{B}, \qquad m_2 = \frac{\gamma}{B}, \qquad c = -\frac{1}{B}\log A \tag{10.35}$$

일단 피팅 상수 m_1, m_2 그리고 c를 알게 되면, 원하는 값은 쉽게 결정된다.

$$B = \frac{1}{m_1}, \qquad \gamma = Bm_2 = \frac{m_2}{m_1}, \qquad A = 10^{-cB} = 10^{-c/m_1} \tag{10.36}$$

따라서 피팅이 끝나면 A, B 그리고 γ를 구할 수 있게 된다. 수명 N_f는 다양한 $S_{\max}$와 R값을 가지는 반복하중에 대해 식 10.31(b)로 계산되어 진다.

γ값은 0에서 1.0 사이로 제한되어 있으며, γ는 평균응력 또는 R에 대한 민감도에 역비례하는 관계를 나타내는 변수로 생각할 수 있다. 따라서 작은 γ값은 높은 민감도를 가지며, 값이 1.0에 다가갈수록 낮은 민감도를 가지게 된다. 식 10.28에서 $\gamma = 1$로 치환하면 평균응력영향이 없는 $S_{ar} = S_a$에 해당

한다.

1970년에 Walker방정식의 기본적 수식은 0에서 최고응력까지의 (R = 0) 응력 폭에 적용되었다, $\overline{\Delta S}$. 교차로 사용되는 두 가지 형태는

$$\overline{\Delta S} = S_{\max}^{1-\gamma}\,\Delta S^{\gamma}, \qquad \overline{\Delta S} = S_{\max}(1-R)^{\gamma} \qquad \text{(a, b)} \tag{10.37}$$

식 10.28의 (b)와 위 식의 (b)의 비교는 다음의 관계식을 제시한다.

$$\overline{\Delta S} = 2^{\gamma} S_{ar} \tag{10.38}$$

따라서 단지 동일한 개념에 대해 다르게 표현된 $\overline{\Delta S}$ 또는 S_{ar}을 선택한다. 앞서 말한 절차와 유사한 방법으로 $\overline{\Delta S}$을 이용하여 피팅하는 경우, 동일한 값의 γ와 B가 얻어지고 식 10.30은 아래의 식으로 대체된다.

$$\overline{\Delta S} = A' N_f^{B}, \qquad \text{where } A' = 2^{\gamma} A \tag{10.39}$$

예제 10.4

2024-T3 알루미늄의 이중노치 판재가 축하중을 받고 있는 경우에 대해서, 다양한 최대응력 $S_{\max}$와 평균응력 S_m의 결합에 대한 파단까지 주기 데이터가 표 E10.4(a)에 주어져 있다. 이 데이터는 또한 그림 E10.4(a)에 그려져 있다. A, B 그리고 γ를 얻기 위해 식 10.28에서 주어진 S_{ar}과 식 10.30을 이용하여 Walker 방정식에 이 데이터를 피팅하라. 이 시편의 치수는 w_1 = 38.10, w_2 = 57.15, 노치 반경 ρ = 8.06 그리고 두께 t = 2.29mm, 순면적에 기초하여 k_t = 2.15이다. 재료의 항복강도는 372 MPa이고 최대인장강도는 503 MPa이다.

표 E10.4(a)

$S_{\max}$, MPa	S_m, MPa	N_f, cycles	$S_{\max}$, MPa	S_m, MPa	N_f, cycles
241	0	3 500	362	138	3 100
207	0	6 500	338	138	9 300
172	0	17 400	338	138	6 000
138	0	70 000	310	138	21 800
103	0	754 000	276	138	48 300
103	0	210 000	241	138	82 200
303	69	3 000	214	138	128 500
276	69	6 500	214	138	218 700
241	69	14 900	414	207	4 500
207	69	35 000	372	207	9 600
207	69	43 400	345	207	25 700
172	69	124 200	310	207	63 500
152	69	168 700	293	207	152 900
145	69	507 400	276	207	315 500

Source: Data in [Grover 51b].

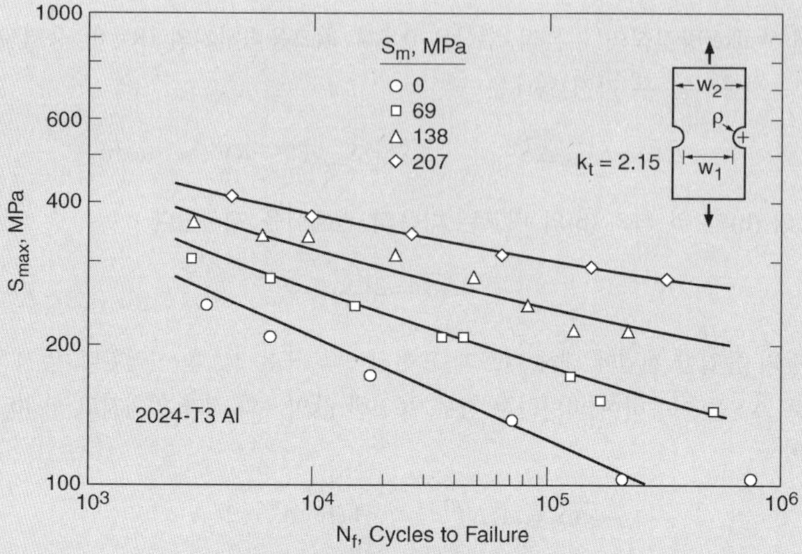

그림 E10.4(a)

표 E10.4(b)

(a) Given Data				(b) Variables for Fitting and Calculated S_{ar}			
				y	x_1	x_2	S_{ar} for
$S_{\max}$	S_m	R	N_f	$\log N_f$	$\log S_{\max}$	$\log \frac{1-R}{2}$	$\gamma = 0.7326$
241	0	−1.000	3 500	3.544	2.382	0	241.0
207	0	−1.000	6 500	3.813	2.316	0	207.0
.....	.....	.....	.....	.....	.....	.....	.....
303	69	−0.545	3 000	3.477	2.481	−0.1122	250.7
276	69	−0.500	6 500	3.813	2.441	−0.1249	223.6
.....	.....	.....	.....	.....	.....	.....	.....

【풀이】 이 절에서 설명한 절차를 이용하면, 식 9.4(b)를 사용하여 각각의 시험에 대해 R을 계산한다. 식 10.34는 각각의 시험에 대한 y, x_1 그리고 x_2값을 준다. 표 E10.4(b)에 대표 값들이 나와 있다. 식 10.33의 다중 선형 회귀는 널리 이용되는 컴퓨터 소프트웨어에 의해 수행할 수 있다.

다중 회귀의 결과는

$$m_1 = -4.598, \quad m_2 = -3.369, \quad c = 14.644$$

식 10.36은 원하는 값 A, B, 그리고 γ을 제공한다:

$$B = \frac{1}{m_1} = -0.2175, \quad \gamma = \frac{m_2}{m_1} = 0.7326, \quad A = 10^{-c/m_1} = 1531\text{MPa}$$

그러므로 식 10.28와 10.30은 다음과 같아진다.

$$S_{ar} = S_{\max}\left(\frac{1-R}{2}\right)^{0.7326}, \quad S_{ar} = 1531 N_f^{-0.2175}\text{MPa} \qquad \text{(답)}$$

각각의 시험과 N_f에 대한 첫 번째 식으로부터 계산된 S_{ar}은 그림 E10.4(b)에서 표시한 데이터 점들에 해당한다. 두 번째 식에 의해 구한 선도 또한 나타내고 있다. 데이터가 알맞게 잘 정리되어 직선 추세를 따르는 것을 볼 수 있으며, 따라서 만족스러운 피팅결과를 구할 수 있다. 또한, 식 9.4(b)에 의해 식 10.31(b)로부터 R 추정은 S_m과 $S_{\max}$의 함수로 N_f를 준다:

$$N_f = \left[\frac{S_{\max}}{A}\left(1 - \frac{S_m}{S_{\max}}\right)^{\gamma}\right]^{1/B}$$

상수에 대한 값들과 함께 이것의 사용은 그림 E10.4(a)와 같이 선들이 그려진다.

【고찰】 S_{ar} 대비 N_f 데이터를 바탕으로 로그-로그 직선 라인으로 그려지지 않거나 Walker 방정식을 통해 하나의 추세로 데이터 통합이 안되는 경우, 또 다른 수학적 형태가 사용된다. 몇 가지 가능성에 대해 MMPDS-05(9장 참고문헌)를 보라.

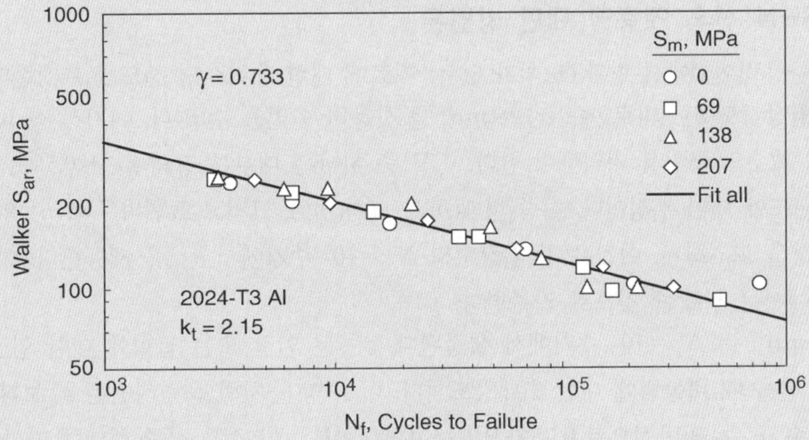

그림 E10.4(b)

10.7 S–N 선도의 예측

대부분의 기계공학설계 도서에서 언급하고 있는 피로한도의 추정 방법은, 전체 S–N 선도의 추정에 대해 적용하기 위한 하나의 절차로 사용될 수 있다. 첫째로 그림 10.16에서 적용되는 일반적인 방법을 고려하자. 그리고 Juvinall(2012)과 Budynas(2015)에서 추천하는 방법들을 요약하고자 한다. 후자는 Shigley 책에서 현재 제시하고 있는 방법이다.

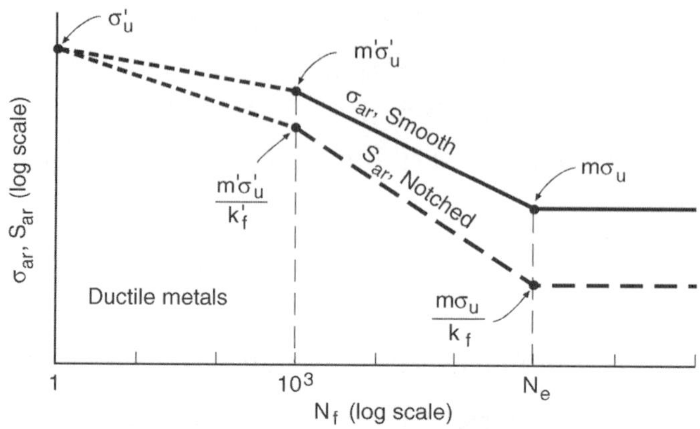

그림 10.16 평활재와 노치가 있는 부재에 대해 Juvinall 또는 Budynas에 의해 제안된 절차에 따라서 추정한 완전 교번 S-N 선도

10.7.1 S-N 선도 예측에 대한 방법론

먼저 평균응력이 0에서 평활 (노치가 없는) 재료에 대한 응력수명 선도를 추정한다. 10.4절에서 설명했듯이 인장강도 σ_u, 피로한도 $\sigma_{er} = m\sigma_u$를 사용하여 얻을 수 있다. 여기서 식 10.15에서 계수 m은 몇 개의 계수의 곱임을 기억해야 한다. 이들 중 하나는 대부분 강의 $m_e = 0.5$와 같이 연마된 굽힘 시편 피로한도에 대한 추정이다. 하중 형태(m_t), 크기(m_d), 그리고 표면마무리(m_s)와 같이 추가 감소 요인의 영향을 고려하자. 이것은 강의 장수명 $N_e = 10^6$ 주기에서 σ_{er}을 제공한다. 여기서 선도는 N_e 주기 이상에서는 편평한 것으로 간주한다.

$\sigma'_{ar} = m'\sigma'_u$는 $N_f = 10^3$ 주기에서 설정된다. σ'_u는 인장 또는 굽힘에 대한 인장강도 σ_u이거나 전단 τ_u을 받을 때 비틀림에 대한 최대강도이다. 이 수명 근처의 응력레벨은 σ_u보다 매우 낮은 값은 아니며, 계수 m'는 일반적으로 0.75와 0.9 사이의 값이다. 이 값은 하중 형태에 따라 달라질 수 있다. 예를 들어 응력수명 선도의 10^3 주기 근방에서 고려할 때 축 하중의 경우 굽힘 하중보다 낮게 나타난다. 주로 크기계수와 표면마무리계수는 10^3 주기에서는 적용되지 않고, 장수명에서 주로 적용된다는 것이 관찰되었다.

10^3과 N_e 주기는 로그-로그 도표에서 $\sigma_{ar} = AN_f^B$의 관계식을 가진 직선의 형태로 나타난다. 매우 짧은 수명에 관심이 있다면, 10^3 주기 점과 $N_f = 1$ 주기에서 σ'_u와 또 다른 직선으로 연결할 수 있다. 따라서 응력수명 관계식을 형성하는 세 가지 점들은 아래와 같다.

$$(\sigma_u',\ 1), \qquad (\sigma_{ar}', N_f) = (m'\sigma_u',\ 10^3), \qquad (\sigma_{er}, N_f) = (m\sigma_u,\ N_e) \tag{10.40}$$

노치 부재에 대한 응력수명선도는 그림 A.11과 A.12에서 다양한 경우로 정의된 공칭(평균)응력 S로 표현된다. 장수명 N_e에서 응력은 k_f로 나누어져, 공칭응력은 $S_{er} = m\sigma_u / k_f$가 된다. 10^3 주기에서의 응력은 단수명 노치 계수 k'_f로 나누어져, $S'_{ar} = m'\sigma'_u / k'_f$가 된다. 일반적으로 $N_f = 1$ 주기에서의 노치는 아무런 영향이 없는 것으로 가정할 수 있으므로 σ'_u 값은 변하지 않는다. 따라서 공칭응력 대 수명관계를 형성하는 로그-로그 도표에 대한 세 가지 점들은 다음과 같다.

$$(\sigma_u',\ 1),\qquad (S_{ar}',N_f)=\left(\frac{m'\sigma_u'}{k_f'},\ 10^3\right),\qquad (S_{er},N_f)=\left(\frac{m\sigma_u}{k_f},\ N_e\right)\tag{10.41}$$

실험 데이터와의 일관성을 위해서는, 10.5절에서 설명한 항복의 효과를 반영하기 위해 k'_f는 k_f보다 약간 작은 값으로 나타나야 한다. 강, 알루미늄 합금, 그리고 마그네슘 합금에 대한 k'_f의 경험적 값은 그림 10.13에서 각각 얻을 수 있다. 그래프는 인장강도 σ_u, 각각의 재료에 대한 다양한 크기를 바탕으로, k'_f를 얻기 위해 k_f와 사용할 수 있는 다양한 값들을 제시하고 있다.

다양한 설계 교과서에서는 k'_f를 다루기 위한 매우 다양한 방법들을 제시하고 있으며, 심지어 동일한 교과서의 서로 다른 버전에서도 이에 관하여 상이한 방법을 설명하고 있다. 이 값은 10^3 주기에서 노치 효과가 없음을 나타내는 $k'_f=1$과, 노치 효과의 차이가 없는 경우에 해당하는 $k'_f=k_f$의 극한 범위 값 사이 구간에서 존재한다. 계산과정을 간결하게 하기 위하여 $k'_f=k_f$를 선택하기도 하는데, 이 경우에는 단수명에서 지나치게 보수적인 응력수명관계를 가져다 준다.

10.7.2 Juvinall 또는 Budynas의 방법에 의한 추정

Juvinall(2012)은 다양한 공학적 금속에 적용할 수 있는 절차를 제안하였고 강에 관하여 유사한 접근법이 Budynas(2015)에 의해 제안되었다. 이 접근법은 피로한도(N_e)점에 대해 자세하게 제시한 표 10.1과 10^3 주기에 해당하는 점에 대하여 표 10.2에 각각 요약되어 있다. 표 10.1에 있어서, 두 저자는 강에 대해 $m_e=0.5$를 사용하는 반면에, 그림 9.24에서 보인 바와 같이 고강도 강에 대해서는 보다 낮은 m_e 값을 사용하도록 제시하였다. Budynas는 700MPa 이상의 강도를 가지는 강에 있어서는 굽힘 피로한도를 추정하는 데 앞서 방법을 사용하지 못하도록 제한하고 있다. Juvinall은 알루미늄 합금의 피로한도가 131MPa을 초과하지 않는 경우에 한해서 다른 금속에 대해서 m_e를 적용하였다(그림 9.25를 참고할 것).

두 저자에 의해 사용되는 하중 형태 계수 m_t는 굽힘과 비틀림에 대해서는 비슷하나, 축 하중의 경우 다르게 나타난다. 그러나 이러한 축 하중에 대한 m_t의 차이는 크기(응력 구배)를 위해 사용된 계수 m_d를 사용함으로써 다소 줄어든다. 굽힘과 비틀림에 대하여 Juvinall은 그림 A.11과 A.12의 다양한 경우에서 다양한 범위의 지름 d를 고려하여 단계별로 m_d를 감소시켰다. Budynas는 m_d에 대하여 연속적으로 변화하는 방정식을 사용하였고 또한 비회전 굽힘과 직사각형 단면에 대하여 별도의 특별한 규정을 만들었다(표 항목과 표 아래에 있는 각주를 참고할 것).

표 10.2 10^3 주기에서 S-N 선도 점의 추정

Juvinall (2006)[1]	$m'=0.9,\ k_f'=k_f$ (bending; torsion with τ_u replacing σ_u)
	$m'=0.75,\ k_f'=k_f$ (axial)
Budynas (2011)[2]	$m'=0.90$ ($\sigma_u<$ 483 MPa)
(steel only)	$m'=0.2824x^2-1.918x+4.012,\quad x=\log\sigma_u$ ($\sigma_u\geq$ 483 MPa)
	$k_f'=k_f$

Notes: [1]Use the estimate $\tau_u\approx 0.8\sigma_u$ for steel, and $\tau_u\approx 0.7\sigma_u$ for other ductile metals. [2]The equation for m' is a fit to the curve given in Budynas (2011).

표면마무리 계수 m_s에 대하여 Juvinall은 강에 관해서는 그림 10.10을 이용하였고, 회주철에 대하여 $m_s = 1.0$를 제안했지만 다른 금속에 관해서는 정확한 값을 제시하지 않았다. Budynas는 강에 관하여 σ_u의 함수로 정의된 m_s 식을 제안하였으며, 이 중 두 개의 식이 표 10.1에 정리되어 있다. 두 저자는 강과 주철에 대하여 $N_e = 10^6$ 주기를 사용하고 있으며, Juvinall은 추가적으로 다른 금속에 대한 값들을 제안하였다. 두 저자는 또한 온도와 다양한 통계의 신뢰성 레벨에 대하여 추가적인 감소계수를 제시하였지만, 표 10.1에서는 나타내지 않았다.

표 10.2를 참조하면 10^3 주기에 대하여 Juvinall은 고정된 m'값을 사용하였다. Budynas는 저강도 강에서는 $m' = 0.9$를 사용하였고, 고강도 강에 대해 m'값이 감소하는 선도를 제안하였다. 이 선도를 나타내는 식은 표 10.2에 나타내었다. 두 저자는 굽힘, 축 그리고 비틀림 하중 가운데 하나 이상의 하중이 복합적으로 작용하는 하중을 다룰 때 발생하는 수학적 복잡성을 피하기 위하여 보수적으로 가정하는 $k'_f = k_f$를 사용하도록 제시하였다.

이러한 계산을 수행하기 위하여 두 저자는 국부적 노치 응력, $\sigma = k_f S$,과 평균응력이 0인 평활(노치가 없는) 재료에 대해 σ_{ar} 대비 N_f의 응력수명선도를 적용한다. 어느 저자도 직접적으로 σ_{ar} 대비 N_f 선도를 사용하지 않지만, 이러한 방법 중 하나는 식 10.41의 세 점에 사용하는 선도를 얻기 위해 사용될 수 있다.

평균응력이 0이 아닌 경우, 두 저자는 국부적 노치 응력진폭과 평균응력을 사용한다.

$$\begin{aligned} &\sigma_a = k_f S_a\,, \qquad \sigma_m = k_f S_m \qquad (\sigma_{\max} \le \sigma_o) \qquad &(a) \\ &\sigma_a = k_f S_a\,, \qquad \sigma_m = k_{fm} S_m \qquad (\sigma_{\max} > \sigma_o) \qquad &(b) \end{aligned} \qquad (10.42)$$

여기서 $\sigma_{\max} = \sigma_a + \sigma_m$은 항복강도 σ_0을 초과하며, 국부적 항복은 그림 10.15(b) 또는 (c)처럼 예상되기 때문에 식 10.42(b)를 사용해야 한다. 이러한 경우, Juvinall는 식 10.26에서 k_t를 대체하여 k_f를 사용하는 방법을 사용하였다. Budynas는 식 10.26에서 k_t를 대신해서 k_f 또는 $k_{fm} = 1$을 사용하는 두 가지 방법을 제안하였다.(그림 10.15 참고, $k_{fm} = 1$ 추정은 응력레벨에 따라 보수적인 정도가 변화한다.)

Juvinall은 식 10.42에서 주어진 σ_a와 σ_m 값을 Goodman 평균응력 관계식인 식 9.15를 사용해서 구하였다. Budynas는 Goodman 관계식, Gerber 관계식 및 ASME 타원방정식 가운데 하나를 사용하는 것을 제안하였다.

예제 10.5

표 9.1에 제시된 항공기용 AISI 4340 강으로 제작한 환봉은 비회전 굽힘 하중을 받고, 환봉의 접지면에는 원주방향 홈이 존재한다. 그림 A.12(c)에서 $d_1 = 32$, $d_2 = 35$, 그리고 $\rho = 1.5$mm이다. 여기서 알고 있는 재료 상수는 항복과 최대강도이다.

(a) 홈이 파인 바의 완전 교번 S-N 선도를 평가하라.

(b) 공칭응력진폭 $S_a = 150$MPa에서 반복하중에 대한 수명을 예측하라. 이때 평균응력 $S_m =$ 200MPa

(c) 실제로 5000 주기의 수명이 예상된다면, 응력과 수명에 대한 안전계수를 구하라.

【첫 번째 풀이】 (a) 한 가지 접근법은 Budynas의 방법을 이용하는 것이다. 첫 번째로 노치 계수 k_f는 이전의 예제에서 α 또는 β를 사용하여 k_t로부터 계산된다. 그림 A.12(c)은 k_t를 제공한다:

$$\frac{d_2}{d_1} = 1.094, \quad \frac{\rho}{d_1} = 0.047, \quad k_t = 2.35$$

식 10.7과 10.9에서 k_f를 얻는다. 그것은

$$\alpha = 0.069\text{mm}, \quad k_f = 2.29$$

표 9.1에서 최대강도 $\sigma_u = 1172\text{MPa}$이 요구된다. 그리고 다양한 m_i는 표 10.1의 Budynas 칼럼에 의해 평가된다. 그리하여 다음의 값을 얻는다.

$$m_e = 0.5, \quad m_t = 1.0$$

크기계수에 관하여 비회전 굽힘 하중이기 때문에 표 10.1의 각주 4를 적용한다. 최소 직경 d_1을 사용하여 다음의 값을 얻는다.

$$d_e = 0.37d_1 = 11.84\text{mm}, \quad m_d = 1.24d_e^{-0.107} = 0.952$$

표면마무리계수는

$$m_s = 1.58\sigma_u^{-0.085} = 0.867$$

따라서 전체 감소계수와 추정된 피로한도는

$$m = m_e m_t m_d m_s = 0.412$$

$$\sigma_{er} = m\sigma_u = 0.412(1172\text{MPa}) = 483\text{MPa}, \quad S_{er}\frac{m\sigma_u}{k_f} = \frac{483\text{MPa}}{2.29} = 211\text{MPa}$$

여기서 σ_{er}과 $N_e = 10^6$ 주기는 노치가 없는 재료에 대한 응력수명선도 상에서 하나의 점을 제공하고, S_{er}은 노치 부재에 대해 선도 상에 그에 대응하는 위치의 점을 제공한다. 표 10.2는 10^3 주기에서의 점을 찾기 위해 요구되는 값을 계산하는데 이용된다.

$$m' = 0.2824x^2 - 1.918x + 4.012, \quad x = \log\sigma_u \quad (\sigma_u \geq 483\text{MPa})$$

$$m' = 0.2824(\log 1172)^2 - 1.918(\log 1172) + 4.012 = 0.786$$

$$k'_f = k_f = 2.29$$

따라서 노치의 유/무에 따른 경우에 대한 $N_f = 10^3$ 주기에서의 값은,

$$\sigma'_{ar} = m'\sigma'_u = 0.786(1172\text{MPa}) = 921\text{MPa}, \quad S'_{ar} = \frac{m'\sigma'_u}{k_f} = \frac{921\text{MPa}}{2.29} = 402\text{MPa}$$

예제 9.1(a)와 같이 진행하며, 노치가 없는 재료에 대한 식 $\sigma_{ar} = AN_f^B$에서

$$B = \frac{\log\sigma'_{ar} - \log\sigma_{er}}{\log N_f - \log N_e} = \frac{\log 921 - \log 483}{\log 10^3 - \log 10^6} = -0.0933$$

$$A = \frac{\sigma'_{ar}}{N_f^B} = \frac{921}{1000^{-0.0933}} = 1754\text{MPa}$$

$$\sigma_{ar} = 1754 N_f^{-0.0933}\text{MPa} \quad (10^3 \le \text{N}_\text{f} \le 10^6) \qquad \text{(답)}$$

그림 E10.5(왼쪽)에는 응력수명관계를 나타내었다. 또한 Juvinall의 방법을 적용하여 얻은 유사한 선도를 보여준다. 세부적인 사항은 표 10.1과 10.2에 나타내었다.

노치 부재에 대하여 10^3에서 10^6 주기 간격에서 $k'_f = k_f$ 조건이 동일하게 작용하기 때문에 이에 일치하는 응력수명관계는

$$S_{ar} = \frac{A}{k_f}N_f^B, \quad S_{ar} = 766 N_f^{-0.0933}\text{MPa} \quad (10^3 \le \text{N}_\text{f} \le 10^6) \qquad \text{(답)}$$

공칭응력대비 수명관계는 그림 E10.5(오른쪽)에 나타내었다. Juvinall의 방법과 유사한 관계를 나타낸다.

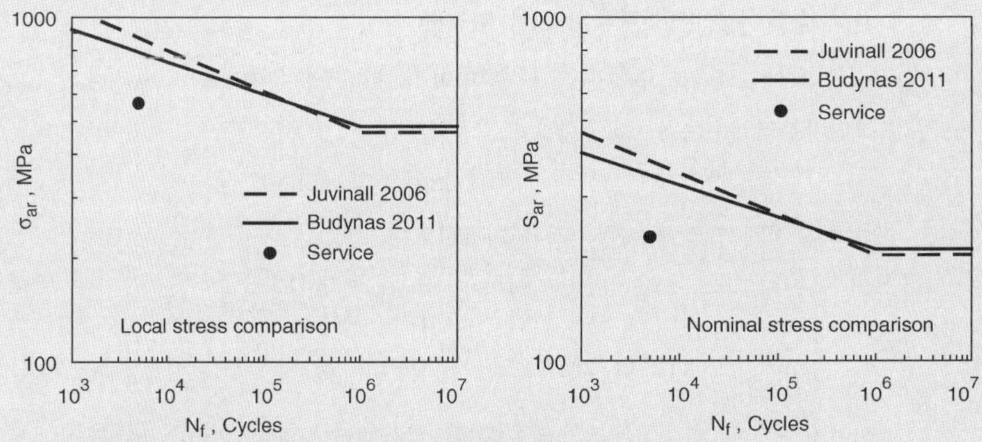

그림 E10.5

(b) 주어진 공칭응력에 대한 수명을 얻기 위해, 첫 번째로 노치에서 국부응력을 얻기 위해 주어진 S_a 및 S_m과 k_f를 곱한다.

$$\sigma_a = k_f S_a = 2.29(150) = 344, \qquad \sigma_m = k_f S_m = 2.29(200) = 458$$

$$\sigma_{max} = \sigma_a + \sigma_m = 802\text{MPa}$$

σ_{max}가 표 9.1의 항복강도 σ_0 = 1103MPa보다 작아서, 그림 10.15(a)와 비슷한 상황이기 때문에 항복의 영향을 설명하기 위해 특별한 조치는 필요하지 않다. Budynas의 방법에서 평균응력을 고려하는 방법 중 하나는 식 9.15로부터 등가 완전 교번응력을 제시하는 Goodman 관계식을 사용하는 것이다.

$$\sigma_{ar} = \frac{\sigma_a}{1 - \sigma_m/\sigma_u} = \frac{344}{1 - 458/1172} = 564\text{MPa}$$

(a)에서 개선된 응력수명관계에서 해당하는 수명은

$$N_f = \left(\frac{\sigma_{ar}}{A}\right)^{1/B} = \left(\frac{564\text{MPa}}{1754\text{MPa}}\right)^{1/(-0.0933)} = 1.914\times 10^5\text{cycles} \qquad \text{(답)}$$

(c) 수명에서 안전계수는 식 9.24(b)를 이용해서 사용기간 $\hat{N}=5000$ 주기로부터 계산되어지고 응력에서 안전계수는 식 9.12(a)를 따른다.

$$N_N = \frac{N_{f2}}{\hat{N}} = \frac{1.914\times 10^5}{5000} = 38.3,\quad X_S = X_N^{-B} = 38.3^{-(-0.0933)} = 1.405 \qquad \text{(답)}$$

운용하중(service load)에 해당하는 점 $(\sigma_{ar}, \text{N}) = (564\text{MPa}, 5000)$은 그림 E10.5(왼쪽)에 나타내었으며, 이러한 안전계수들을 육안으로 확인할 수 있다.

【두 번째 풀이】 (a, b) 대체 방법은 이미 개선된 공칭응력 대비 수명관계식인 $S_{ar} = (A/k_f)N_f^B$를 사용하는 것이다. Goodman의 관계식과 유사한 평균응력관계식의 난해한 부분은 공칭응력의 SWT 관계식을 적용한다.

$$S_{ar} = \sqrt{S_{\max}S_a} = \sqrt{(S_m + S_a)S_a} = \sqrt{(200+150)150} = 229\text{MPa}$$

해당하는 수명은

$$N_f = \left(\frac{S_{ar}}{A/k_f}\right)^{1/B} = \left(\frac{(229\text{MPa})2.29}{1754\text{MPa}}\right)^{1/(-0.0933)} = 4.14\times 10^5\text{cycles} \qquad \text{(답)}$$

(c) 안전계수는 이전과 같이 따른다.

$$X_N = \frac{N_{f2}}{\hat{N}} = \frac{4.14\times 10^5}{5000} = 82.8,\quad X_S = X_N^{-B} = 82.8^{-(-0.0933)} = 1.510 \qquad \text{(답)}$$

운용하중에 해당하는 점 $(S_{ar}, \text{N}) = (229\text{MPa}, 5000)$은 그림 E10.5(오른쪽)에 나타내었으며, 이러한 안전계수들을 육안으로 확인할 수 있다.

【고찰】 첫 번째 풀이는 $k'_f = k_f$를 사용하므로 매우 보수적이다. 그림 10.13에 $\sigma_u = 1172\text{MPa} = 170\text{ksi}$와 $k_f = 2.29$를 적용하면 $k'_f = 1.55$를 얻을 수 있다. 이 값과 함께 추정된 S_{ar} 대비 N_f 선도를 수정하는 것은 $N_f = 10^3$ 주기에서 S–N 선도 상의 점의 위치를 위쪽으로 이동시키기 때문에 큰 안전계수를 가진다. 또한 9.7절과 10.6절에서의 Goodman 관계식에 관한 고찰에 주목하면, 두 번째 풀이에서 SWT 관계식을 사용하는 것은 상당한 정확성을 제공한다.

10.7.3 고찰

S–N 선도를 추정하기 위하여 앞서 설명한 두 가지 방법 및 그 외에 제시된 다른 유사한 방법들은 설계에 사용하기 위한 개략적인 추정값을 제시하는 선도 그 이상의 역할은 하지 않는다. 고찰된 두 가지 방법 가운데, Juvinall의 방법은 비철금속에도 적용할 수 있기 때문에 가장 완벽하다고 할 수 있다. 하지만 Budynas의 방법은 강에 적용할 때 전자의 방법과 비교하여 좀 더 자세한 결과를 얻을 수

있다. 특히 크기와 표면마무리 같은 감소계수는 많은 양의 실험 데이터가 적합한지를 반영한다.

이러한 추정은 S-N 선도가 장수명 N_e 이상에서는 감소하지 않는 피로한도가 존재한다는 가정을 기반으로 하고 있다. 하지만 9.6.5절에서 고찰했던 것을 다시 생각해보면, 이러한 측면의 추정에 관해 주의가 필요하다. 여기에는 부식 또는 가끔 심각한 주기가 작용하는 경우가 포함되며 편평한 영역의 시작이 아닌 추정된 S-N 선도 상의 점(S_{er}, N_e)을 고려하는 것이 현명한 방법이 된다. 즉 로그-로그 직선위의 점이 계속해서 이 점 아래쪽으로 이동하는 것으로 고려하는 것이다.

실험을 통해 얻은 실제 피로데이터는 S-N 선도를 추정하는 방법으로 바람직하다. 따라서 S-N 선도의 실험 데이터가 존재하는 경우는 앞서 소개한 추정방법을 사용하기 보다는 실험 데이터를 적용하는 것이 바람직하다. 하지만 이 때 필요한 데이터는 문헌에서 찾을 수 없기 때문에 데이터를 얻기 위하여 시간과 금전적인 요인이 필요하다. 사실 공학적 관행에서 실험에서 얻은 S-N 선도를 공학적 요소에 적용하는 것이 보다 일반적이며, 다음 절에서 설명하기로 한다.

10.8 구성 요소의 S-N 데이터 사용

때때로 기계 또는 자동차 부품 또는 구조물 결합부와 같이 흥미로운 공학적 부품과 유사하거나 동일한 부재들에 대한 S-N 데이터를 실험으루부터 언는 것은 유용하다. 자동현가장치와 같은 하위부품에 대한 피로 시험이 수행되며, 피로 시험 수행 대상에는 구조물의 일부분 또는 기계, 운송수단 또는 구조물의 전체가 포함된다.

10.8.1 Bailey 다리

그림 10.17에 나타낸 것처럼 구조용 강으로 만들어진 Bailey 다리 패널이 한 가지 예이다. 이것은 제 2차 세계대전 때 영국이 군사적인 용도와 민간인을 위하여 만든 다리의 모듈식 트러스 패널이다. Bailey 다리는 전쟁이 종료된 이후에도 제작되어 오랫동안 여러 환경에서 사용되었고 설계자가 예상한 수명보다 장시간(10년 또는 그 이상)동안 사용되었다. 따라서 1970년 Webber 논문에서 작성한 허용 수명과 다리 운용의 심각성의 정보를 제공하기 위한 피로시험 프로그램이 착수되었다.

이 과정에서 일정진폭에 대한 S-N 데이터와 이에 따른 선도는 그림 10.18에 나타내었다. 실험은 조립된 패널에 반복하중을 적용하여 수행하였으며, 하중은 그림에서 다리에 수직 방향으로 작용하는 수직하중과 일치하는 평면을 향하게 하였다. 여기서 균열은 트러스의 완전히 갈라진 부분인 수직 브레이스의 구멍 근처 용접부에서 시작되고 수명의 절반이 지나는 동안 육안으로 확인할 수 있을 정도로 커졌다. 여기에 작용하는 공칭응력은 굽힘응력으로 패널 전체를 보로 고려하고, 능구(bracing)를 웹으로 고려하여 계산하였다. 여기서 임계 구멍의 위치는 이 보의 중립축에서의 거리이다. 모든 시험은 다리의 자체 중량과 동일한 최저하중으로 수행되었다.

이와 같은 선도는 Bailey 다리의 기대수명을 평가하는데 유용하다. 특히 피팅한 선도에서 파단까지의 주기는 운송수단 무게와 다양한 적용하중의 조합하중이 작용하는 부재의 수명을 예측하기 위한 Palmgren-Miner 방법을 사용하였다. 이 선도는 특정 최소하중에서 반복하중을 받은 특정 부분만 적용할 수 있다는 점에서 일반적으로 사용하기에는 적절하지 않다. 그러나 형상의 복잡성, 표면마무리, 제작할 때 생기는 잔류응력, 그리고 용접부의 특이한 야금학적인 효과를 자동적으로 포함하는 장점을 가지고 있다. 이와 같은 요인으로 인하여 요소의 시험 이외의 방법으로는 평가하기 어렵다.

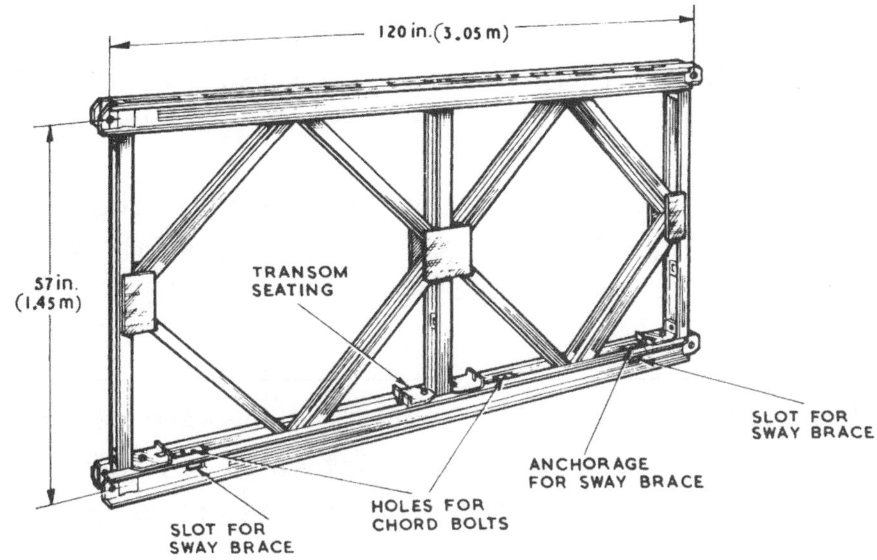

그림 10.17 Bailey 가교 패널

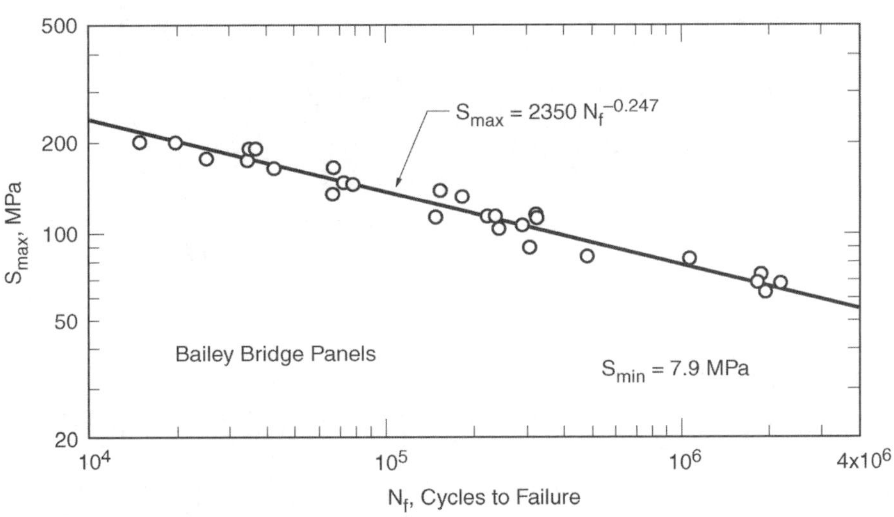

그림 10.18 상수 Smin에서 피로 데이터와 피팅 선, 수직 굽힘에서 Bailey 다리 패널에 대해 트러스 부재가 완전히 분리될 때를 파단으로 정의함.

Bailey 다리의 경우처럼 다른 요소의 S-N 선도 또한 일반화하기에 부족한 단점을 가지고 있지만 평가하기 어려운 형상과 세부적인 구성에 관련된 사항을 자동적으로 포함할 수 있는 장점이 있다.

10.8.2 평균응력 영향과 구성 요소에 대한 다양한 진폭수명

Bailey 다리에 대한 예시처럼 S-N 데이터와 실제로 작용하는 응력은 모두 고정된 최소응력과 동일하기 때문에 평균응력의 변동을 고려할 필요가 없다. 그러나 평균공칭응력 S_m의 영향을 평가하기 위해 S-N 데이터를 이용하는 많은 응용 방법들이 요구될 것이며, 여기서 R의 영향은 다음과 같이 표현된다. R = S_{min}/S_{max}. 이를 위해 SWT 관계식은 식 10.27에서의 변화하기 쉬운 공칭응력 S 또는 식 10.29에서의 작용하는 힘 또는 모멘트를 사용한다. 데이터가 평균응력 또는 R 가운데 하나의 값보다 크다면 식 10.28의 Walker 관계식을 권장한다. 10.6.4절에서 설명했듯이 γ는 보간을 위해서 필요한 변수이고, S 또는 작용하중이 다시 변수가 될 수 있다. 여기서는 Goodman, Gerber, 그리고 이와 유사한 관계식이 권장되지는 않는다.

가변진폭하중에 대하여 구성요소의 수명은 주기 집계와 9.9절에서 설명된 Palmgren-Miner 법칙을 사용하여 추정된다. 공칭응력 대비 수명선도 또는 하중 대비 수명선도는 단순히 노치가 없는 재료에 대한 응력수명선도로 대체한다. 이것의 대안은 15장에서 변형률 기반의 접근법을 이용하는 것이다.

예제 10.6

2024-T3 알루미늄 합금(k_t = 2.15)재질의 이중선단노치 판재는 식 10.30 형태의 공칭응력 대비 수명 관계를 가지고 있다. S_{ar}은 식 10.28의 Walker 관계식을 통해 주어진다. 피팅 상수는 A = 1530MPa, B = −0.217, 그리고 γ = 0.733이다. 이 판재는 그림 E10.6처럼 반복적인 공칭응력을 받는다고 가정한다.

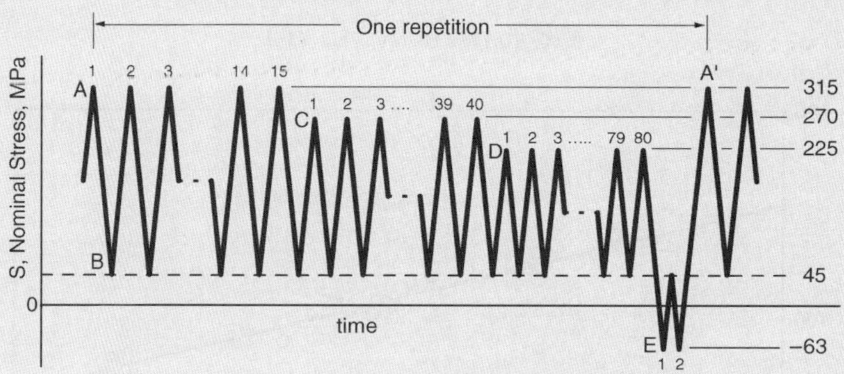

그림 E10.6

(a) 피로파괴를 유발하는 주기수를 평가하라.

(b) 사용기간중 60번의 하중 반복이 예상되면 수명과 응력의 안전계수는 얼마인가?

표 E10.6

j	N_j	S_{min}	S_{max}	R	S_{ar}	N_{fj}	N_j/N_{fj}
1	14	45	315	0.143	169.3	2.55×10^4	5.50×10^{-4}
2	40	45	270	0.167	142.1	5.70×10^4	7.02×10^{-4}
3	80	45	225	0.200	114.9	1.52×10^5	5.28×10^{-4}
4	1	−63	45	−1.400	51.4	6.17×10^6	1.62×10^{-7}
5	1	−63	315	−0.200	216.6	8.17×10^3	1.22×10^{-4}
							$\Sigma = 1.902 \times 10^{-3}$

【풀이】 (a) 레인플로우 사이클집계(Rainflow cycle counting) 이력이 우선적으로 요구되고, 결과는 표 E10.6의 첫 번째 4열에서 볼 수 있다. 최대 A_1은 이력에서 가장 높은 응력레

벨이고 집계를 위한 적절한 출발점이다. 첫 번째 주기는 A_1-B_1이고 이어서 A_2-B_2 등 A_{14}-B_{14}까지 이 레벨에서 14주기이다. 이 때 40주기 B-C와 80주기 B-D가 집계되며, 다음 1주기는 E_1-B이다. 최대/중간점 A_{15}와 E_2는 사용되지 않고, 시작점 A'으로 돌아와 주 주기 A_{15}-E_2-A'를 형성한다.

그 다음은 식 10.28의 Walker 관계식을 식 10.30의 응력수명선도와 주어진 상수 A, B, 그리고 γ함께 적용한다. 각각의 응력레벨에 대하여 계산하면

$$R = S_{\min}/S_{\max}, \quad S_{ar} = S_{\max}\left(\frac{1-R}{2}\right)^{\gamma}, \quad N_f = \left(\frac{S_{ar}}{A}\right)^{1/B}$$

여기서 모든 응력은 MPa단위이다. 결과값은 표 E10.6에 나타내었다. 주기 비 N_j/N_{fj}를 계산하고 더하라. 최종적으로 파단까지의 반복수는 식 9.34의 Palmgren-Miner 법칙을 적용하여 평가된다.

$$B_f = 1/\left[\sum \frac{N_j}{N_{fj}}\right]_{\text{one rep.}} = 1/1.902\times10^{-3} = 526\,\text{repetitions} \qquad \text{(답)}$$

(b) 사용기간중 60번의 반복수가 예상되고, 수명의 안전계수는 식 9.10으로 계산되고 응력의 안전계수는 식 9.12로 계산된다.

$$X_N = \frac{N_f}{\hat{N}} = \frac{B_f}{\hat{B}} = \frac{526}{60} = 8.76, \quad X_S = X_N^{-B} = 8.76^{-(-0.217)} = 1.60 \qquad \text{(답)}$$

10.8.3 구성 요소와 노치 시험편 데이터의 관계

MMPDS-05(9장 참조)를 포함한 다양한 편람에는 구성 재료에 대한 노치 판재 또는 환봉 시편의 S-N 데이터가 존재한다. 여기서는 유사한 탄성응력집중계수 k_t를 가지는 경우를 찾아서 요소와 S-N 데이터가 비슷한 경향을 가지도록 유도한다. 그러나 이것은 10.2절에서 설명한 노치 크기(응력 구배) 영향을 제대로 다루지 못한다. 비록 k_t값들이 크게 차이가 나더라도 요소와 유사한 노치 반경 ρ을 가지는 시험편을 동일하게 하는 방법이 더 선호되며, 이 때 응력은 탄성거동에 대한 국부적 노치 응력 k_tS값과 관련되어 있다.

또 다른 접근법은 ρ 대신에 식 8.25에서 언급한 파괴역학 길이매개변수 l'과 연관시키는 방법이다. 노치 부재들이 동일한 k_tS의 하중을 받고 유사한 l' 값을 가지는 것에 대하여, 노치 근방의 균열길이에 대한 응력확대 계수 K의 변화는 비슷할 것이다. 이것은 두 개의 노치 부재에 대해 동일한 그래프 상에서 $K/(k_{tg}S_g)$ 대비 균열길이를 표현함으로써 검증할 수 있다. 여기서는 식 8.23과 8.24의 근사치가 사용된다. 즉, l' 까지 K_A, 그리고 l' 이후의 K_B.를 적용한다(F와의 일관성을 위해, 총 단면응력 S_g가 사용된다. 해당하는 응력집중계수 k_{tg}는 실사면적을 바탕으로 k_{tn}값에서 얻을 수 있다. $k_{tg}S_g = k_{tn}S_n$). S-N 선도와 유사하게 하려는 l' 방법은 노치와 구멍에는 적용할 수 있지만, 필렛 형태의 노치에 적용하기 위해서는 더 많은 연구가 요구된다. 세부적인 사항과 고찰을 위해 Dowling and Wilson (1981) 논문을 참고하라.

10.8.4 용접 부재에 대한 S-N 선도

금속 부품들의 연결은 주로 용접을 통하여 이루어진다. 이는 높은 열을 적용하여 용가재를 녹이는 동시에 두 재료의 합쳐질 작은 영역을 녹이게 되는데, 이와 같은 냉각과 응고에 의해 단단한 결합이 형성된다. 몇 개의 일반적인 용접부를 그림 10.19에 나타내었으며, 용접부를 포함하는 세부적인 구조물을 그림 10.20에 나타내었다.

용접된 구조적 부재는 용접부 근처에서 복잡한 형상과 야금학적인 특성을 가지고 있으며 기공 또는 여러 결함들을 포함한다. 이러한 결함들은 응력집중계수의 결정 및 용접되지 않은 시험 부재와의 거동과 관련성을 알아보는 것을 어렵게 한다. 이러한 결과 때문에 용접 구조 부재를 다루기 위하여 대부분의 설계코드에서 실재 용접부재의 광범위한 실험을 기반으로 하는 S-N 선도를 사용한다. 몇 개의 설계코드를 이 장 끝에 있는 참고문헌 부분에 소개하고 있다.

설계코드의 개발에 사용된 용접 구조 부재에 관해 몇 개의 피로 데이터는 그림 10.21에 나타내었다. 여기에는 굽힘 하중에서 공칭응력의 반복 범위 ΔS 대비 파단까지의 주기 수를 나타내었다. 종방향으로만 용접된 부재는 보강재의 끝부분에서 횡방향으로 용접된 부재보다 상당히 높은 피로강도를 가지

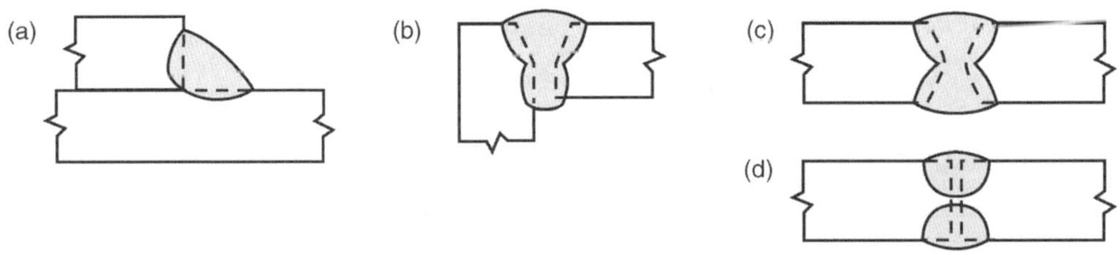

그림 10.19 일반적인 용접인 (a) 필릿 용접, (b) 단일-V-홈 용접에 의해 형성된 모서리 이음, (c) 양면-V-홈 용접에 의해 형성된 맞대기 이음 그리고 (d) 부분 용입을 한 I형 홈 용접에 의해 형성된 맞대기 이음. 점선은 용접 이전의 모재형태를 나타내고 어두운 부분은 용해되고 재 고체화된 재료를 나타냄.

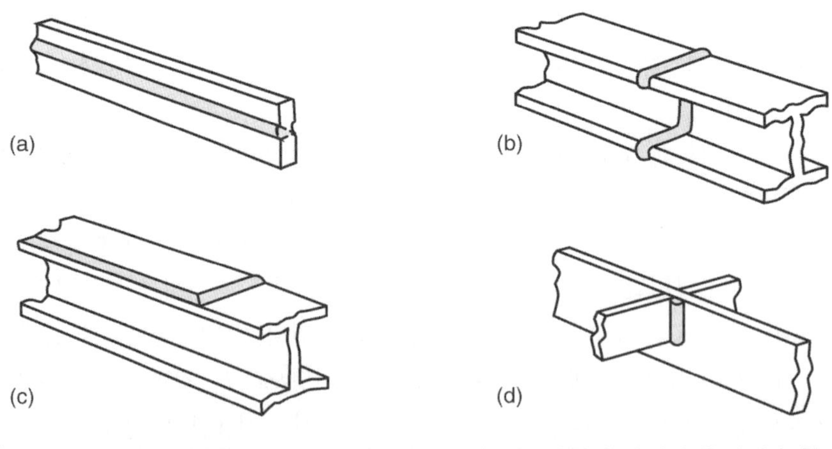

그림 10.20 용접이 포함된 다양한 구조설계의 표본으로 (a) 길이방향의 맞대기 용접, (b) 횡방향의 맞대기 용접, (c) 필릿 용접으로 부착된 덧판, 그리고 (d) 필릿 용접으로 옆으로 부착

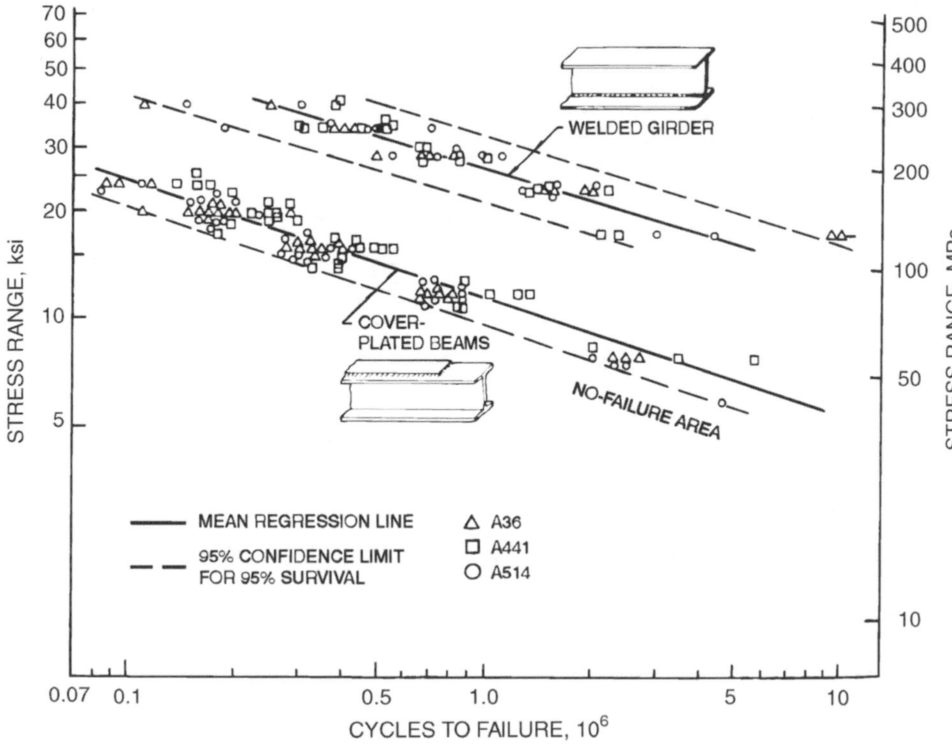

그림 10.21 세 가지 다른 구조강에 용접된 구조부재의 굽힘시험에 대한 공칭응력 범위 대 파단까지의 백만 주기. 길이방향의 용접(맨 위)에 대한 데이터는 AWS 분류 B와 일치하고 덧판 빔(맨 아래)에 대해 분류 E에 일치함.

는 것으로 나타났다. 비록 종류가 다른 세 가지 구조강에 대한 데이터를 나타내었지만, 구조강의 종류에 따른 차이는 크지 않다. 하지만 세부적인 형상에 대해서는 매우 민감한 결과를 보여주었다. 이 데이터에서 분명하게 나타나는 통계적 분산에 주목하면, S-N 선도는 평균거동뿐만 아니라 95% 신뢰도 안에 위치하고 있는 것을 보여준다. 여기서 후자의 선도는 두 시험데이터에 대한 분산의 하한계 근처에 위치하고 있는 것을 볼 수 있다.

다양한 경우에 대한 유사한 데이터들이 구조설계에 사용하는 S-N 선도의 발전을 위해 사용된다. 예를 들어 인장 그리고/또는 굽힘을 받는 관형태가 아닌 구조용강에 대해, 미국용접협회(AWS) 구조용접설계코드에서는 다음과 같은 피로선도를 제시하고 있다.

$$\Delta S = \left(\frac{C}{N_f}\right)^{0.333}, \qquad \Delta S \geq \Delta S_{TH} \qquad \text{(ksi units)} \qquad \text{(a)}$$

$$\Delta S = \left(\frac{329C}{N_f}\right)^{0.333}, \qquad \Delta S \geq \Delta S_{TH} \qquad \text{(MPa units)} \qquad \text{(b)} \qquad (10.43)$$

여기서 응력은 범위로 주어지고 ΔS_{TH}는 임계응력범위, 즉 피로한도에 해당한다. 세부적인 구조형상에 대해서는 응력집중효과의 정도에 따라 분류하였다. 식 10.43에 따른 S-N 선도는 그림 10.22에

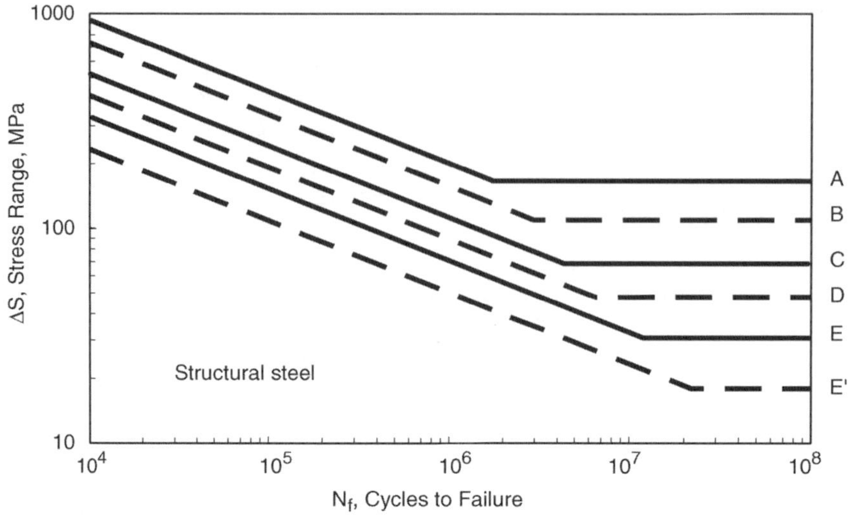

그림 10.22 비관형 연결부의 다양한 분류에 대한 AWS 설계코드의 응력-수명 선도

나타내었다. 식 10.43에 해당하는 상수는 표 10.3에 있으며, 이 상수들은 다음과 같은 수식으로 표현되는 이러한 동일한 선도들에 대한 것들이다.

$$\Delta S = A' \, N_f^B, \qquad \Delta S \geq \Delta S_{TH} \tag{10.44}$$

그림 10.22의 선도와 표 10.3은 그림 10.21처럼 95% 신뢰성을 가진다.

용접부 및 응력을 증가시키는 요소가 없는 일반 구조용 강재는 범주 A에 적용된다. 추가적인 분류는 AWS 코드에 지정한대로 형상에 따라 배정한다. 예를 들어 범주 B는 그림 10.20(a)에서 길이방향의 맞대기 용접과 같이 오직 낮은 응력집중이 존재하는 경우에만 적용한다. 그림 10.21에 있는 용접된 거더(welded girder)의 데이터 또한 범주 B인 경우이다. 범주 C는 그림 10.20(b)에서 하나의 이어진 보에 존재하는 횡방향 용접과 같이 다소 심각한 경우에 적용되는데, 인접 금속과 높이가 같아서 용접부가 편평하여 범주 B를 사용하는 경우는 제외한다. 그림 10.20(d)와 유사한 횡방향 용접 또한 범주 C이다. 특히 그림 10.20(c)처럼 부분 길이를 가지는 덧판 끝부분의 횡방향 용접에 의해 높은 응력집중이 발생하고, 그림 10.21의 아래쪽에 위치한 덧판 데이터에 대해서도 동일한 경우가 발생한다. 만약 플랜지 두께가 20mm보다 작으면 범주 E를 적용한다. 그렇지 않으면 불리한 범주 E'가 사용된다.

표 10.3 비관형부의 AWS 피로 선도에 관한 상수

Category	C, cycles	B	A', MPa	ΔS_{TH}, MPa
A	2.50×10^{10}	−0.3330	19 987	166.0
B	1.20×10^{10}	−0.3330	15 653	110.0
C	4.40×10^{9}	−0.3330	11 207	69.0
D	2.20×10^{9}	−0.3330	8 897	48.0
E	1.10×10^{9}	−0.3330	7 063	31.0
E′	3.90×10^{8}	−0.3330	5 001	18.0

적절한 범주와 그에 따른 S-N 선도를 선택하는 것은 세부적인 구조와 AWS 코드의 그림과 설명이 포함된 도표와 일치시키기 위함이다. B'와 전단하중에 대한 특별 범주 F와 같이 중간단계의 범주도 존재한다. 동일한 기울기를 가지는 선도들의 세트가 모든 일반 강재에 사용되며, 평균응력에 대한 조정은 적용되지 않는다. AWS는 용접으로 연결된 파이프처럼 배관연결에 대해 다른 조합의 별도의 선도를 제시하고 있다.

식 10.43 및 식 10.44에 나타난 임계 응력 ΔS_{TH}과 관련하여 예상되는 응력이 임계 응력보다 낮다고 하여서 피로수명이 무한한 수준으로 안전하다고 해석하여서는 안된다. 작용하는 응력의 일부가 ΔS_{TH} 에 도달하게 되면 ΔS_{TH} 보다 낮은 응력에서도 피로손상을 야기하는 상호작용 효과가 발생할 수 있다. 이러한 경우 가변 진폭 하중에 대해 Palmgren-Miner rule을 적용하고 멱함수 방정식을 외삽함으로써 ΔS_{TH} 보다 낮은 응력에서의 수명을 계산할 수 있다. 이러한 외삽을 무한히 낮은 응력까지 확장하기 보다는 $\Delta S_{TH}/2$ 이하의 응력에서는 수명이 무한하다고 가정하는 것이 합리적인 접근법이다. 앞서 9.6.5절과 9.9.1절에서 논의하였던 바와 같이 ΔS_{TH} 값은 피로한도와 같다.

10.8.5 용접 부재의 S-N 선도에 대한 추가적인 고찰

AASHTO(The American Association of State Highway and Transportation Officials)에서는 기본적으로 B=-1/3로 기울기가 동일한 선도들을 이용하는 반면에, 다리설계와 같이 구체적인 경우에 대해서는 적용하기 위한 별도의 값을 명시한다. 유한피로수명을 포함한 설계에서 S-N 선도들은 임계값(피로한도) 아래로 연장되고, 하중계수 0.75는 법적으로 제한하는 트럭 무게의 90%에 의해 발생한 응력에 대하여 적용된다. 이 계수는 트럭의 설계 하중보다는 상대적으로 가벼운 트럭의 무게 하중에 대한 스펙트럼을 고려한 Palmgren-Miner법칙의 수명 계산에서 발생한다. 그러나 임계값을 사용하여 무한수명을 가정하면, 요구되는 하중계수는 1.50로 이전 값의 두 배가 된다. 이 기준에서 피로손상은 설계트럭보다 법적으로 제한하는 35%를 초과하는 50% 무거운 트럭에서 발생할 것으로 예상한다. 9.6.5절에서 고찰했던 것을 다시 생각해보면, 보수적 피로한도를 다루는 것은 다리들이 받게 되는 다양한 진폭하중에 대한 설계로 적합하다.

추가적인 S-N 선도를 포함하는 용접설계코드들은 다른 국가기관과 국제기관에서도 발행하였으며, 몇 가지 관련 코드가 이 장 끝에 소개되어있다.

AWS 설계선도는 95% 신뢰성을 가지고 있다. 이 선도들을 수명이 2.0배인 데이터의 평균에 해당하는 선도에 대하여 옮기면, B=-1/3 때문에 응력이 약 1.25가 된다.(식 9.12에서 $X_N=2.0$과 B=-1/3으로 대체하는 것은 $X_S=2.0^{1/3}=1.26$ 제시한다.) 비록 AWS는 95% 생존 선도에서 제시하는 안전계수를 넘어서는 부분에 대해서는 명시하지 않지만, 추가적인 안전 여유를 고려하는 것이 바람직하다. 예를 들어 95% 생존 선도의 수명에서 안전계수 2.5를 고려해보자. 앞서 언급한 계수 2.0과 결합하면, 약 $X_N=2.5\times2.0=5.0$인 데이터의 평균에 대하여 수명에 대한 안전계수를 제시한다. 식 9.12의 적용은 응력에 대한 안전계수를 $X_N=5.0^{1/3}=1.71$로 만든다.

9장에서 알 수 있듯이 가변진폭하중에 대해 Palmgren-Miner 법칙의 적용은 동일한 피로수명, 다양한 하중이 예상되는 등가 응력레벨을 계산할 수 있다. 식 10.44의 S-N 선도에 식 9.37을 대입하면, 등가 응력범위 ΔS_q와 수명을 다음 식을 통하여 얻을 수 있다.

$$\Delta S_q = \left[\sum_{j=1}^{k} N_j (\Delta S_j)^{-1/B} \Big/ N_B \right]^{-B}, \qquad N_f = B_f N_B = \left(\frac{\Delta S_q}{A'} \right)^{1/B} \qquad \text{(a, b)} \qquad (10.45)$$

이 과정은 다른 응력레벨의 k에 따른 N_B 주기를 포함하는 하중의 반복하는 배열에 적용한다. 각각 응력레벨 j = 1, 2, 3, ⋯, k에 대하여 N_j는 주기수이고 ΔS_j는 응력폭이다. 파단까지 전체 주기수 N_f는 파단까지의 반복횟수 B_f와 연관되어 있다. $B_f = N_f / N_B$.

$f_j = N_j / N_B$는 응력폭 ΔS_j에서 발생하는 총 주기수의 일부분이다. 이 치환값을 식 10.45 (a)에 대입하면 다음 식을 얻는다.

$$\Delta S_q = \left[\sum_{j=1}^{k} f_j (\Delta S_j)^{-1/B} \right]^{-B}, \qquad \sum_{j=1}^{k} f_j = 1 \qquad (10.46)$$

여기서 f_j의 합은 1이다. $B = -\dfrac{1}{3}$인 특별한 경우에 대해 $-B = \dfrac{1}{3}$, $-1/B = 3$이 식 10.45와 10.46에 적용될 수 있다.이러한 유사한 식은 용접설계코드와 문헌에서 소개되고 있다.

10.9 피로파괴를 방지하기 위한 설계

설계할 때 피로파괴에 대해 고려해야 하는 경우 또는 실제로 파괴가 발생하고 있는 경우, 이러한 문제를 줄이거나 제거하기 위해 사용된 한 가지 전략은 응력 집중부를 최소화하는 것이다. 이는 탄성 응력집중계수 k_t를 최소화하는 것과 일치한다. 이것은 다시 피로노치 계수 k_f를 감소시켜 피로한도와 S-N 선도 전체를 증가시킨다. 굽힘을 유발하는 이심률(eccentricity)을 감소시키는 것도 또한 피로파괴에 이로운 것이다. 또 다른 전략은 압축평균응력과 같이 유익한 효과를 갖도록 잔류응력을 도입하여 평균응력의 효과를 이용하는 것이다. 여기서는 좀 더 상세한 고찰을 이어서 설명한다.

10.9.1 상세형상 설계

공학적 부품의 설계에서 피로파괴의 저항은 형상에 대해 주의 깊은 상세한 설계에 의해 향상시킬 수 있다. 홈, 필렛, 그리고 비원형 구멍과 같은 노치에 대하여 부록 A에 있는 그림 A.11과 A.12에서 확인할 수 있듯이 응력집중계수는 노치 반경이 증가하는 경우 감소하게 된다. 다른 형상적인 측면들은 노치가 있는 판의 폭 또는 다단축의 두 지름 비에 관한 영향이다. 따라서 기능적 요구사항, 형상에 의해 부과된 제약조건 내에서 탄성응력집중계수 k_t가 최소화하도록 조정될 수 있다. 이는 주어진 재료에 대한 k_f를 최소화 할 것이다. 하나 이상의 물질이 고려되고 있다면 이들의 다양한 노치 민감도 q도 시험할 필요가 있다.

그림 10.23의 예를 고려해보자. 비교적 작은 반경을 가지는 샤프트의 직경이 변하는 곳에서 (a)와 같은 상황이 발생한다. 여기서 응력집중계수 k_t는 다른 치수가 동일하게 유지되는 동안 필렛 반경을 증가시켜 줄일 수 있다. (b)와 같이 테이퍼를 적용함으로써 반경을 제거할 수도 있다. 기능적인 요구사항이 단순히 테이퍼를 배제하는 것이라면 (c) 형상은 (a)보다 낮은 k_t를 가지면서 사용될 수 있을 것이다.

이와 비슷한 원리는 그림 10.24의 키홈과 같은 다른 설계에도 적용된다. 또 다른 예는 그림 10.1에

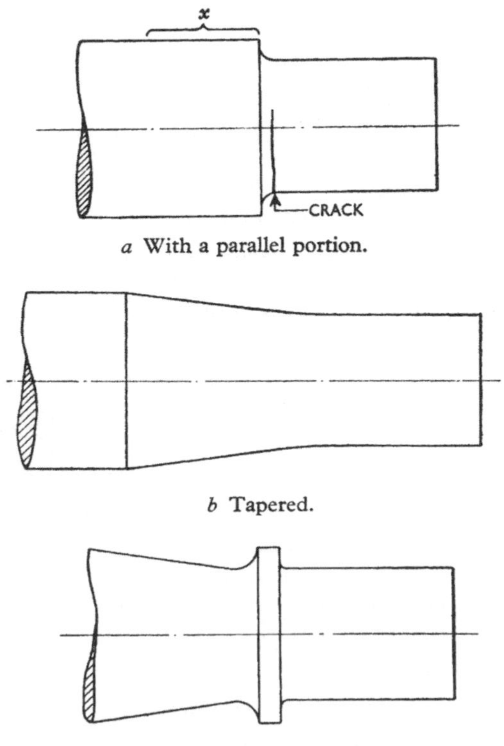

c Tapered and with shoulder.

그림 10.23 (a) 일반적인 다단축 피로균열의 위치, 그리고 (b) 응력집중 감소의 효과를 가진 점점 가늘어 지는 형상, (c) 어깨부를 가지는 가늘어 지는 형상

서 터빈날개의 루트부를 연결하기 위한 일반적인 fit tree설계이다. 꽉 찬 공간에서 허용하는 만큼의 큰 반경을 가진 부드러운 곡선이 사용되고, 전체적인 테이퍼는 날개 루트 돌기 사이의 하중을 균등하게 분산시키는 경향이 있다.

꽉 조이게 딱 맞는 금속 요소 사이에서의 작은 움직임은 프레팅(fretting)이라 불리는 문제를 유발한다. 일반적으로 분말 형태의 금속 산화물이 존재하고, 이것은 균열을 유발하고 성장하게 하는 표면손상을 가져온다. 따라서 그림 10.25에서 보인 바와 같은 압입 적용 샤프트 연결부와 같은 기계적 연결부를 설계할 때 상당한 주의가 요구된다. 응력을 감소시키는 변경된 형상과 압입에 점진적인 변화를 만드는 것은 어느 정도의 가능성이 있는 도움이 된다. 재료의 특정 조합들은 이 문제에 특히 민감하게 반응하기 때문에 재료 중 하나를 변경하거나 또는 조인트에 부싱(bushing) 또는 표면 코팅을 사용하는 것이 도움이 된다. 숏피닝(shot peening)처럼 압축 잔류응력을 의도적으로 만드는 방법도 종종 사용된다.

볼트는 나사선을 포함한 여러 곳에서 심각한 응력 집중부를 포함하고, 볼트 연결부의 밀착된 표면은 프레팅을 받는다. 볼트에서 피로균열이 시작할 가능성이 있는 위치와 내피로성을 향상시키기 위한 고려에 따른 피로저항에 있어서 약간의 변화는 그림 10.26에 나타내었다. 고도로 전문화된 볼트와 리벳 설계는 극한 상황에서 가끔 사용된다. 금속 항공기 구조에서 찾을 수 있는 몇 가지 볼트 연결을 그림 10.27에 나타내었다. 향상된 내피로성은 연결되어있는 부재의 굽힘응력을 최소화하는 대칭형상에 의해 제공되므로 볼트에서도 유효하다. 테이퍼나 스카프(scarf) 이음부는 볼트 사이의 하중을 균등

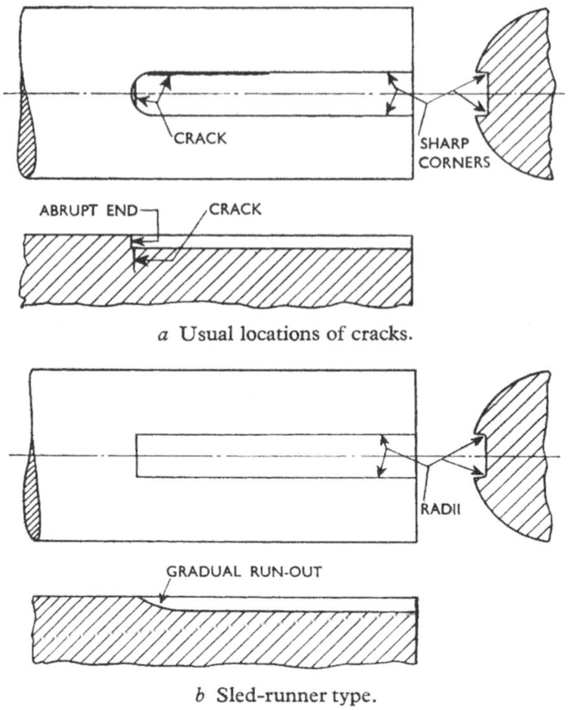

그림 10.24 (a) 일반적인 키 홈에서의 피로균열 위치 그리고 (b)슬레드-러너라 불리는 향상된 키홈 설계

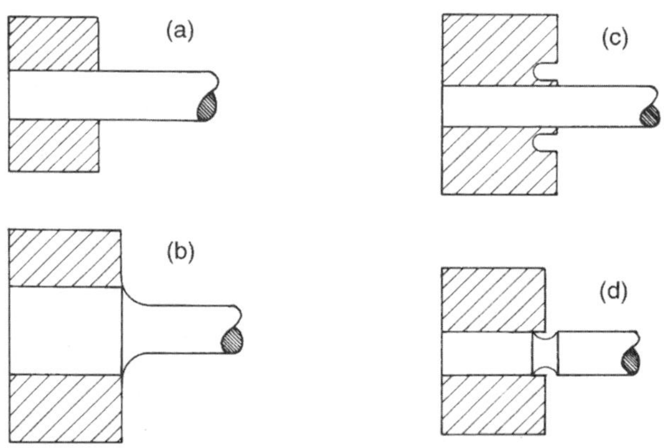

그림 10.25 프레스 피트(Press fit)된 축에 응력집중을 완화하기 위한 몇 가지 설계. 일반적인 축은 심각한 응력집중부(a)를 포함하고 프레팅(Fretting)에 취약하다. 향상을 위한 몇 가지는 축 끝을 확대(b), 이음 고리의 수정(c), 또는 축에 홈(d)을 파냄으로써 가능함.

하게 분산시켜서 이 기능 또한 일반적으로 유용하게 사용된다.

용접 이음부에서는 응력 집중부를 최소화하기 위해 특별한 주의가 요구된다. 응고한 용접 금속의 불규칙한 모양을 연마하여 부드럽게 하는 것이 도움 된다. 용접은 수축균열, 다공성, 또는 용접 선단에서의 그루브(언더컷)와 같은 다양한 결함을 가지고 있다. 결함을 찾는 검사와 결함이 존재하는 경우 그 후에 보수는 중요하다. 또한 그림 8.1 및 10.19(d)의 부분 용입 용접은 기본적으로 균열을 구성하고

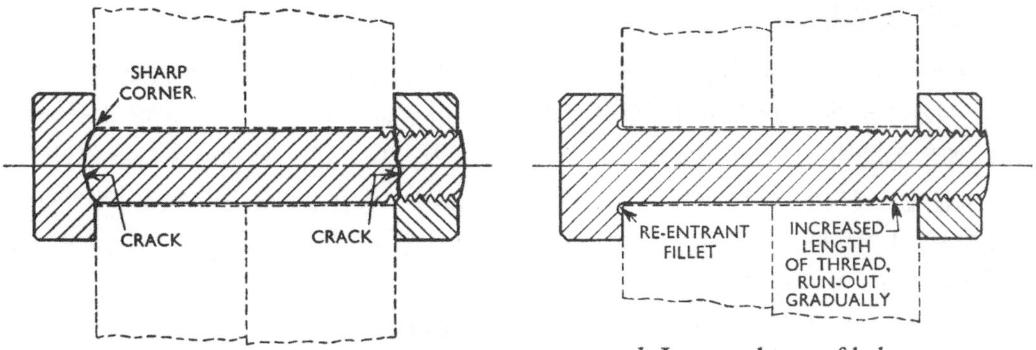

a Usual locations of cracks.

b Improved type of bolt.

그림 10.26 (a) 일반적인 볼트에서 피로균열의 위치와 (b) 내피로성 향상을 위한 몇 가지 방법(b)

있기 때문에 치명적인 부분에 대해서는 적용할 수 없다.

이음부, 스피링, 기어, 베어링, 샤프트 등과 같은 각종 기계적 요소의 설계특징에 대한 추가적인 정보는 기계 설계에 관한 교과서에서 찾을 수 있고, 참고문헌에서 이와 관련된 구조설계코드에 대한 정보를 찾을 수 있다.

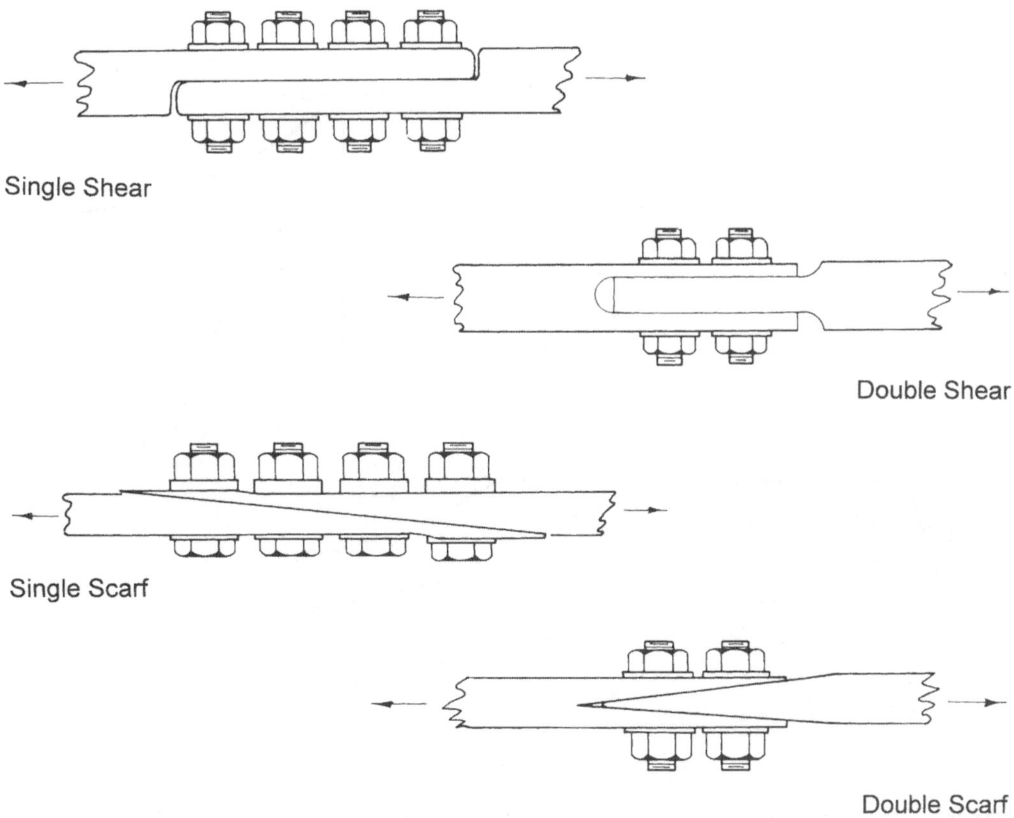

그림 10.27 몇 가지 볼트 이음 설계. 일면 전단 이음은 테이퍼를 적용함으로써 향상될 수 있다. 양면 전단 이음은 굽힘을 최소화하고 테이퍼를 가질 수 있음.

10.9.2 표면 잔류응력

그림 10.28의 노치 부재에 대하여 부재가 국부항복이 발생하기에 충분한 인장하중을 받는 경우를 고려하자. 여기서 하중을 제거하면 소성영역 주위에 항복이 없는 재료는 원래의 모양으로 돌아가려고 시도하기 때문에 항복이 일어난 영역의 재료는 압축을 받게 된다. 노치에서 떨어진 다른 영역은 인장을 받기 때문에 요구되는 응력분포의 응력의 합은 0이다. 이 고정된 응력을 잔류응력이라 한다. 노치에서 압축하중이 작용하는 경우에는 반복하중을 받는 동안 압축방향의 평균응력이 편향되어 피로균열이 지연되는 효과가 발생한다.

재료가 탄성, 완전소성거동을 하고 잔류응력이 남아 있다면, 공칭응력 S' 제거한 후에는 다음과 같이 된다.

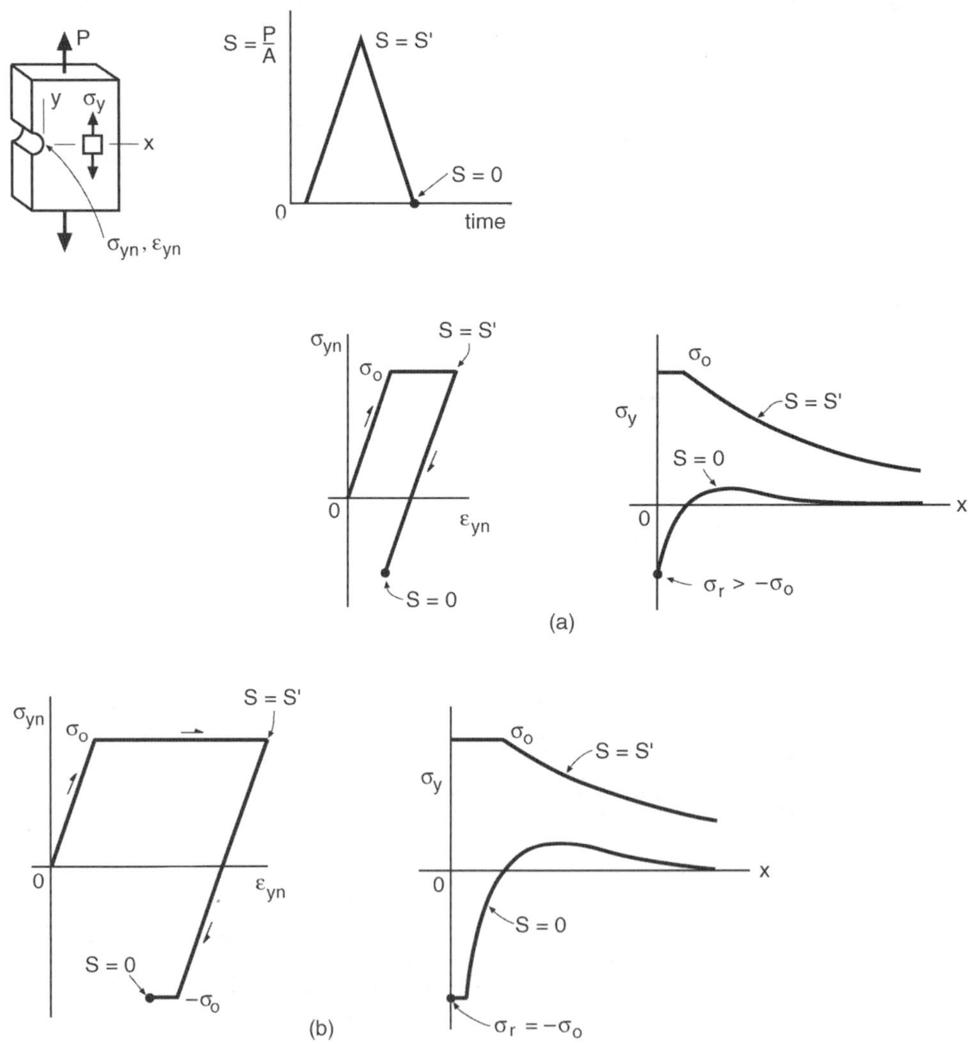

그림 10.28 국부적 항복 후 노치 부재의 제하. 노치와 잔류응력 분포에서 응력–변형률 거동이 제하 중에 탄성거동(a) 대해서, 그리고 제하 중 압축항복(b)에 대해서 나타냄.

$$\sigma_r = \sigma_o - k_t S' \qquad (\sigma_o < k_t S' \leq 2\sigma_o)$$
$$\sigma_r = -\sigma_o \qquad (k_t S' > 2\sigma_o) \qquad (10.47)$$

첫 번째 경우, 그림 10.28(a)와 일치하며 압축항복이 하중을 제거하는 동안 발생하지 않는다. 그러나 두 번째 경우(b), 압축항복이 발생하고 잔류응력에서 이 결과는 압축을 받을 때 항복강도와 같다. 과부하가 압축이라면, 유사하지만 반대의 효과가 발생하며, 즉 인장방향으로 유해한 잔류응력이 발생하게 된다. σ_0가 $-\sigma_0$로 대체되거나 S'가 음의 값이 사용된다면 위의 방정식은 여전히 유효하다.

압축인 표면잔류응력은 장수명에서 피로강도를 향상시키기 위하여 기계부품에 가끔씩 적용되고 있다. 인장이 작용하는 표면에서의 항복에 관한 방법은 노치의 경우와 유사한 형태로 압축잔류응력이 발생할 것이다. 노치 인장 과부하에 추가로 사용되는 방법은 숏피닝, 표면의 냉간 압연, 그리고 프리세팅이라 불리는 굽힘 과부하가 사용된다(그림 9.31을 참고하라). 숏피닝은 가장 일반적으로 사용되는 방법으로 작고 단단한 강의 구슬을 표면에 분사함으로 행해진다. 충격을 받은 각각의 점에서 인장으로 2축 항복을 발생시키게 되며, 여기서 항복을 넘지 않은 재료의 탄성회복 때문에 2축 압축잔류응력이 발생한다. 리프 스프링(leaf spring), 기어, 크랭크샤프트, 그리고 터빈 날개를 포함하는 부품들에 대해서 일반적으로 숏피닝 방법을 적용한다.

표면압축 잔류응력은 침탄 또는 강의 질화, 또는 열처리, 샤프트의 급랭과 같은 표면 경화처리에 의해 생성될 수 있다. 그라인딩과 크롬 도금과 같은 다른 표면처리는 유해한 인장 잔류응력을 유발한다. 인장 잔류응력은 주로 용접 후에도 남으며, 이러한 인장 잔류응력을 제거하기 위해 응력완화 열처리를 일반적인 관행으로 시행한다.

표면 잔류응력은 하중으로 인한 항복이 발생하지 않는 곳에 도움이 된다, 이것은 압축 잔류응력을 제거하거나 유해한 인장하중으로 바꾼다. 피로에 대한 잔류응력 효과의 추가적 고찰은 Stephens(2001)과 SAE Fatigue Design Handbook(Rice, 1997)을 참고하라.

10.10 고 찰

몇 가지 경우에 대하여 공학적 부품은 기하학적으로 부드러운 윤곽과 비교적 큰 노치 반경을 가지고 있어서, 피로에 치명적 위치에서의 응력은 응력집중계수 k_t의 적용 또는 유한요소해석에 의해 자세히 분석될 수 있다. 그러나 k_t는 탄성거동을 기반으로 하며, 설계 환경에서 사용되는 유한요소해석 또한 탄성거동의 가정에 근거하여 수행된다. 이러한 결과로 항복응력을 초과하는 경우에 해당하는 응력 값에는 오류가 발생한다. 그러나 조금 또는 항복이 없다면, 9장의 방법론을 이용하여 피로수명을 추정하는 것은 합리적이며 여기에 국부응력을 적용함으로써 해석을 수행한다.

그러나 복잡한 상황이 종종 발생할 수 있으며, 특히 국부적으로 항복이 발생하는 경우를 고려해보자. 예를 들어 볼트 이음부 또는 용접부의 경우와 같이 상대적으로 예리한 노치나 복잡성이 존재하는 경우, 국부응력의 자세한 분석이 어렵기 때문에 추정된 S–N 선도 또는 구성 요소의 S–N 선도가 요구된다. 그러나 이전의 고찰을 다시 생각해보면, 오직 개략적인 초기 추정치를 얻기 위해 추정된 S–N 선도가 권장되었다. 이는 가능한 실제 구성 요소 또는 유사한 구성 요소의 노치 부재에 대한 S–N 데이터로 교체되어야 한다.

10.8절에서 고찰된 바와 같이, 구성 요소의 S–N 선도는 형상과 제작 세부사항 등과 같이 직접적으

로 평가하기에 어려운 사항들을 자동적으로 포함하는 장점이 있다. 그러나 단점도 있다. 첫 번째로 실제 구성 요소와 쉽게 사용할 수 있는 데이터는 완벽하게 일치하지 않는다. 두 번째로 불규칙한 하중 이력에 대한 수명예측의 정확성은 운용중에 노치에 국부적인 항복을 유발하는 심각한 하중에 영향을 받을 수 있다. 그림 10.28에서처럼 국부적 항복은 잔류응력을 발생시킨다. 이러한 과부하에 의한 잔류응력 이후의 반복 하중 시 국부적 평균응력을 이동시켜 수명에 영향을 미칠 수 있다. 이 효과는 공칭응력 또는 하중을 유발하는 평균응력 식으로는 설명되지 않는다. 이에 대한 결과로서 요소 S-N 선도를 사용할 때, 불규칙 하중이력은 Palmgren–Miner 법칙에 의해 수명을 예측할 수 없게 된다. 이것은 상대적인 형태의 P-M 법칙을 이용함으로써 어느 정도 극복될 수 있으며, $\sum(N_j/N_{fj}) = D$에서 이 경우 D는 1과 다를 수 있으며, 구성 요소의 형태와 사용중 비슷한 하중이력에 대한 시험 데이터를 기반으로 하는 값을 가진다. 또 다른 방법으로는 Corten-Dolan 누적손상과정을 적용하는 것으로 이는 5.3절의 Graham(1968)에 요약되어있다.

공칭응력기반 또는 하중기반의 접근법에 대한 어려움을 가지는 국부항복효과는 15장에서 설명된 변형률 기반 접근법에 의해 분석할 수 있다(15.6절의 고찰 참조).

일부 경우에 균열은 피로수명의 초기에 기본적으로 존재한다. 따라서 파괴역학을 기반으로 한 균열 진전 접근법의 사용이 명시되어 있으며 이것은 11장에서 다루어진다. 내우 예리한 노치에서는 수명이 균열 성장에 의해 지배받고 있는 초기균열을 유발한다. 특히 k_f가 k_t로부터 상당한 조정을 요구하는 곳에서 될 가능성이 높다.

최상의 품질을 제외한 모든 용접부에서는 심각한 결함을 포함할 수 있으며 수명은 균열 성장에 지배받는다는 것은 상당한 정당성을 가지는 주장이다. 용접부재의 피로에 있어서 균열진전 접근법이 촉망되지만, 이 접근법은 복잡한 형상을 고려해야 하는 어려움 때문에 아직 완전하게 이용되지 않고 있다. 기하학적 복합성 또한 어려운 부재에 변형률 기반 접근법을 적용하는 것을 어렵게 하기 때문에, 구성 요소의 S-N 선도는 현재 용접부재에 대해 권장하는 방법이다.

10.11 요 약

응력 집중부(노치)는 피로강도를 감소시키기 때문에 설계에 있어서 세심한 주의가 요구된다. 강도의 감소는 종종 탄성응력집중계수 k_t 만으로는 예상하기 어렵다. 따라서 경험식으로부터 제시된 피로 노치 계수를 사용한다. 식 10.9의 Peterson 식은 k_t, 재료상수 α, 노치 반경 ρ로부터 k_f의 추정치를 제시하고 있다. 다른 방법으로는 식 10.10의 Neuber 관계식이 있으며, Neuber 관계식은 다른 수학적 형태를 이용하여 재료상수 β를 제시하고 있다. 연성재료에서 항복은 단수명에서 k_f 감소의 원인이다. 수명에 따라 변하는 좀 더 일반적인 변수 k'_f가 요구된다.

공학적 상황에서는 많은 수의 낮은 응력이 작용한다. 설계는 10^6 주기 또는 그 이상의 장수명에서의 피로강도를 기초로 하며, 완전 교번 하중에 대한 피로한도는 σ_{er} 이다. 특정 실험 데이터가 존재하지 않는 경우, 일반적으로 사용되는 금속에 대한 σ_{er} 은 인장강도 σ_u 와의 상관관계로부터 추정될 수 있다. 공학적 요소에 σ_{er} 을 적용할 때, 피로노치 계수 k_f는 노치 부재의 공칭응력인 S_{er} 을 얻기 위해 하중 형태, 크기, 그리고 표면마무리와 같은 추가적 수정계수와 함께 사용된다. Juvinall 또는 Budynas의 방법과 같이 추가적인 실험적 가정은 전체 S-N 선도의 대략적인 추정을 만들기 위해 사용될 수 있다. 그러나 가끔 심각한 주기 또는 부식으로 인한 손상은 기준 레벨 아래의 응력에서 파단이 일어나기 때문에 피로한도응력의 개념과 함께 주의가 요구된다.

노치 부재에 대한 평균응력영향을 고려할 때, Goodman 또는 Gerber 관계식은 종종 공칭응력에 적용된다. 그러나 이것의 적용은 노치에서 국부항복, 부정확성, 그리고 임의로 정의된 공칭응력 S에 대한 민감도 때문에 복잡하다. 따라서 식 10.27의 Smith, Watson, 그리고 Topper(SWT) 관계식 또는 식 10.28의 Walker 관계식을 사용하는 것이 바람직하다. 또한, 이러한 방법은 작용하는 응력에 바로 적용됨으로써 공칭응력 S의 사용을 피할 수 있다.Walker 관계식을 적용하기 위해서는 경험적으로 얻어지는 상수 γ값이 필요하며, 이는 하나 이상의 평균응력 또는 응력비 데이터로부터 얻을 수 있다.

관심 있는 실제 공학적 요소에 대한 시험 데이터로부터 얻은 S-N 선도로 추정한 것이 바람직하다. 가능하다면 유사한 구성 요소 또는 노치 부재의 데이터를 사용해야 한다. 노치 시험편 데이터와 부재가 일치하는 것은 편람에서 찾을 수도 있다. 부재요소에 해당되는 노치 시험편 데이터를 찾기 위해서는 식 8.25의 유사한 노치 반경 ρ 또는 유사한 길이 매개변수 l'에 대한 데이터를 찾아보고 $k_t S$에 관한 응력과 비교함으로써 가능하다. 용접구조부재에 대한 설계코드는 다양한 구조적인 세부사항을 가지는 S-N 선도를 포함하고 있다.

피로파괴를 최소화하기 위한 설계 전략은 예리한 노치 반경을 피하고 의도적으로 유익한 표면 잔류응력을 유발시키는 것을 포함한다.

새로운 용어 및 기호

component S-N curve
equivalent stresses, $\overline{\Delta S}$, S_{ar}
estimated S-N curve
fatigue limit:
- polished bend, σ_{erb}
- adjusted, σ_{er}
- notch, S_{er}

fatigue limit life, N_e
fatigue limit ratio, $m_e = \sigma_{erb}/\sigma_u$
fatigue limit reduction factors:
- load type, m_t
- size, m_d
- surface, m_s

fatigue notch factor:
- long life, k_f
- short life, k'_f
- mean stress, k_{fm}

fretting
initial yielding
local yielding
Neuber constant, β
nonpropagating crack
notch sensitivity, q
Peterson constant, α
process zone effect
relative P-M rule
residual stress
reversed yielding
shot peening
size effect
stress gradient, $d\sigma/dx$
stress raiser
surface finish
weakest-link effect

참고문헌

(a) General References

BUDYNAS, R. G., and J. K. NISBETT. 2015. *Shigley's Mechanical Engineering Design*, 10th ed.,

McGraw-Hill, New York.

DOWLING, N. E., and S. THANGJITHAM. 2000. "An Overview and Discussion of Basic Methodology for Fatigue," *Fatigue and Fracture Mechanics: 31st Volume*, ASTM STP 1389, G. R. Halford and J. P. Gallagher, eds., ASTM International, West Conshohocken, PA, pp. 3-36.

DOWLING, N. E., and W. K. WILSON. 1981. "Geometry and Size Requirements for Fatigue Life Similitude Among Notched Members," *Advances in Fracture Research*, D. Francois et al., eds., Pergamon Press, Oxford, UK, pp. 581-588.

GRAHAM, J. A., J. F. MILLAN, and F. J. APPL, eds. 1968. *Fatigue Design Handbook*, SAE Pub. No. AE-4, Society of Automotive Engineers, Warrendale, PA.

HARKEGARD, G., and G. HALLERAKER. 2010. "Assessment of Methods for Prediction of Notch Size Effects at the Fatigue Limit Based on Test Data by Bohm and Magin," *International Journal of Fatigue*, vol. 32, no. 10, pp. 1701-1709.

JUVINALL, R. C. 1967. *Stress, Strain, and Strength*, McGraw-Hill, New York.

JUVINALL, R. C., and K. M. MARSHEK. 2012. *Fundamentals of Machine Component Design*, 5th ed., John Wiley, Hoboken, NJ.

LASSEN, T., and N. RECHO. 2006. *Fatigue Life Analyses of Welded Structures: Flaws*, Wiley-ISTE, London.

LEE, Y.-L., M. E. BARKEY, and H.-T. KANG. 2012. *Metal Fatigue Analysis Handbook: Practical Problem-Solving Techniques for Computer-Aided Engineering*, Elsevier Butterworth-Heinemann, Oxford, UK.

LEE, Y.-L., J. PAN, R. B. HATHAWAY, and M. E. BARKEY. 2005. *Fatigue Testing and Analysis: Theory and Practice*, Elsevier Butterworth-Heinemann, Oxford, UK.

MARSH, K. J. 1988. *Full-Scale Fatigue Testing of Components and Structures*, Butterworths, London.

PETERSON, R. E. 1959. "Notch-Sensitivity," *Metal Fatigue*, G. Sines and J. L. Waisman, eds., McGraw-Hill, New York, pp. 293-306.

PETERSON, R. E. 1974. *Stress Concentration Factors*, John Wiley, New York. See also W. D. Pilkey and D. F. Pilkey, *Peterson's Stress Concentration Factors*, 3d ed., John Wiley, New York, 2008.

RICE, R. C., ed. 1997. *Fatigue Design Handbook*, 3d ed., SAE Pub. No. AE-22, Society of Automotive Engineers, Warrendale, PA.

STEPHENS, R. I.,A. FATEMI, R. R. STEPHENS, and H. O. FUCHS. 2001. *Metal Fatigue in Engineering*, 2d ed., John Wiley, New York.

WALKER, K. 1970. "The Effect of Stress Ratio During Crack Propagation and Fatigue for 2024-T3 and 7075-T6 Aluminum," *Effects of Environment and Complex Load History on Fatigue Life*, ASTM STP 462, Am. Soc. for Testing and Materials, West Conshohocken, PA, pp. 1-14.

WRIGHT, D. H. 1993. *Testing Automotive Materials and Components*, Society of Automotive Engineers, Warrendale, PA.

(b) Design Codes and Methods for Welded Structure

AASHTO. 2014. *AASHTO LRFD Bridge Design Specifications*, 7th ed., Am. Assoc. of State Highway and Transportation Officials, Washington, DC.

ALUMINUM ASSOCIATION. 2010. *Aluminum Design Manual*, 9th ed., The Aluminum Association, Arlington, VA.

API. 2014. *Recommended Practice for Planning, Designing, and Constructing Fixed Offshore Platforms-Working Stress Design*, API RP-2A-WSD, 22nd ed., Am. Petroleum Institute, Washington, DC. See also API RP-2A-LRFD, 1st ed., 2003.

AWS. 2015. *Structural Welding Code*: Steel, 23rd ed., AWS D1.1/D1.1M:2010, American Welding Society,

Miami, FL.

DONG, P., J. K. HONG, D. OSAGE, and M. PRAGER. 2002. "Master S-N Curve Method for Fatigue Evaluation of Welded Components," *WRC Bulletin 474*, ISSN 043-2326, Welding Research Council, New York.

NUSSNAUMER, A., L. BORGES, and L. DAVAINE. 2011. *Fatigue Design of Steel and Composite Structures*, ECCS-European Convention for Constructional Steel work, Brussels, Belgium

문제 및 질문

【10.2절과 10.3절】

10.1 다음 단어를 정의하라 : (a) 탄성응력집중계수 k_t; (b) 응력집중계수 K; (c) 피로노치 계수 k_f; (d) 노치 민감도 q

10.2 그림 10.3의 연강의 노치 반경이 ρ = 1.0mm일 때 k_t를 결정하고 k_f를 평가하라. 주어진 값에 동의하는가? 왜 k_f의 차이가 있을 수 있을까?

10.3 그림 9.27의 노치 부재가 $\rho = 1.59$mm일 때 k_t를 정의하고 k_f를 평가하라. 노치 부재에 대한 S_{er}을 평가하기 위해 10^8주기에서의 노치가 없는 부재 피로강도를 사용하고, 실제 데이터와 비교하라.

10.4 그림 10.11의 노치 부재에 대해 답하라.

(a) k_t값을 결정하고 k_f를 평가하라. ($w_1 = w_2 - 2\rho$의 반원형 노치모양이다.).

(b) 10^6주기에 대해, 노치 시험편의 강도를 결정하기 위해 S-N 선도로부터 평활재 시험편 피로강도의 k_f값을 사용하라. 얼마나 시험데이터와 잘 맞는가?

10.5 그림 A.11(b)처럼 이중-선단-노치 평판은 표 9.1의 SAE 1015강으로 만들어졌고 축 방향 힘 P를 받는다. 치수는 $w_1 = 36.0$, $w_2 = 54.0$, $\rho = 6.30$, 그리고 $t = 5.00$mm이다. 노치가 없는 재료의 완전 교번 하중($\sigma_m = 0$)에 대한 피로한도는 그림 9.24로 평가할 수 있다.

(a) k_t를 결정하고 그때의 k_f를 평가하라.

(b) 응력의 안전계수가 2.5인 노치 부재에 대해 피로 수명이 10^6일 때 완전 교번 하중 P를 결정하라.

10.6 그림 A.12(b)처럼 샤프트는 크기가 다른 지름인 $d_1 = 50$, $d_2 = 60$, 그리고 $\rho = 1.25$mm로 연결되어 있다. 샤프트는 굽힘을 받고 있고 최대인장강도 950MPa인 담금질과 뜨임된 저합금강이다. 노치가 없는 재료의 완전 교번 하중($\sigma_m = 0$)에 대한 피로한도는 그림 9.24를 이용해서 평가할 수 있다.

(a) k_t를 결정하고 k_f를 평가하라.

(b) 10^6주기일 때 노치가 있는 샤프트에는 어떤 완전 교번 굽힘 모멘트 진폭 M_a가 적용되는가? 응력에 대한 안전계수는 2.0이 요구된다.

10.7 원형구멍이 있는 판은 표 9.1의 2024-T4 알루미늄으로 만들어졌고 치수는 그림 A.11(a)처럼 $d = 6$, $w = 30$, 그리고 $t = 5$mm이다. 노치가 없는 재료의 완전 교번 하중($\sigma_m = 0$)에 대한 피로한도는 그림 9.25로 평가할 수 있다.

(a) 인장 하중에 대한 k_t를 결정하고 k_f를 평가하라.

(b) 피로파괴 없이 5×10^8주기에 대해 어떤 완전 교번 하중 진폭 P_a가 적용되는가? 응력에 대한 안전계수는 2.5이 요구된다.

10.8 폭 감소 평판은 표 9.1의 AISI 4340강으로 만들어졌다. 부록 그림 A.11(d)에서 처럼 봉의 치수는 $w_1=28$, $w_2=42$, $t=10$, 그리고 $\rho=1.40$mm이다.

(a) 굽힘 하중에 대한 k_t를 결정하고 k_f를 평가하라.

(b) 피로파괴 없이 10^6주기에 대해 어떤 완전 교번 굽힘 모멘트 진폭 M_a가 적용되는가? 응력에 대한 안전계수는 2.5가 요구된다.

【10.4절】

10.9 그림 9.24에 따르면, 최대인장강도 $\sigma_u=1400$MPa 이상 대부분의 강은 최대인장강도의 반보다 낮은 피로한도를 가진다. 그러나 소수의 고강도강 ($\sigma_u=1700$에서 2000MPa)은 일반적인 강보다 더 높은 피로한도를 가지고 $\sigma_{erb}=0.5\sigma_u$선 근처에 있다. 이러한 강의 σ_u이외 인장특성을 더 일반적인 고강도강과 비교하는 방법에 대해 추측하라.

10.10 표 9.1의 SAE 4142 (450 HB)강으로 만들어진 원형봉은 굽힘 하중을 받고 지름이 다른 것끼리 연결되어 있다. 그림 A.12(b)에서 보인 바와 같이 치수는 $d_1=16$, $d_2=22.5$, 그리고 $\rho=1.20$mm이고 필렛 반경은 기계가공되었다. 안전계수가 2.0일 때 10^6주기에 적용되는 가장 큰 완전 교번 굽힘 모멘트 진폭을 평가하라.

10.11 7075-T6 알루미늄(표 3.2)으로 만들어진 원주방향으로 홈이 파인 둥근 봉은 5×10^8주기의 완전 교번 굽힘을 받고 있다. 그림 A.12(c)처럼 봉의 치수는 $d_1=15$, $d_2=21.5$, 그리고 $\rho=0.75$mm이다. 계수 $m_s=0.8$의 재료(그림 9.25를 참고할 것)에 대한 연마된 시편 피로한도를 감소시키기 위해서 노치 반경 ρ는 표면을 완만하게 처리한 것으로 예상된다. 응력에 대한 안전계수는 1.5가 요구된다.

(a) 실제 사용중인 이 봉에 어떤 완전 교번 굽힘 모멘트 진폭 M_a가 적용되는가?

(b) 사용 중에 완전 교번 모멘트 진폭 $M_a=13$ N·m가 작용한다면 설계가 바람직한가? 만약 아니라면, 봉에 요구되는 안전계수를 만족시키기 위한 새로운 노치 반경 ρ값을 구하라.

10.12 표 9.1의 AISI 4340강으로 만들어진 원주방향으로 홈이 파인 둥근 샤프트가 비틀림을 받고 있다. 그림 A.12(d)처럼 샤프트의 치수는 $d_1=20$, $d_2=29$, 그리고 $\rho=1.20$mm이다. 노치 반경 ρ는 그라인딩 표면 처리하였다. 응력에 대한 안전계수는 2.0이 요구된다. 실제 사용 중인 이 샤프트에서 10^6주기에 대해 적용할 수 있는 완전 교번 비틀림 진폭 T_a를 구하시오.

【10.5절~10.6절】

10.13 연성재료의 노치 부재에 대해, 왜 k'_f는 짧은 피로수명에서 1로 접근하는 경향이 있고 왜 k_{fm}은 짧은 피로수명에서 0으로 접근하는 경향이 있는지 설명하라.

10.14 그림 10.11(a)에서 AISI 4340강의 피로데이터를 고려하는데, 특히, 노치 부재의 $S-N$ 선

도를 고려하라.

(a) 10^2와 10^5주기 사이의 S_a와 N_f가 관련한 선에 대해 대략적인 관계식을 얻어라. (응력 축은 선형이고 수명 축은 로그이다.)

(b) 동일한 노치 부재 중 하나는 일정한 진폭 주기에서 힘의 진폭 $P_a = 32$ kN과 평균 힘의 $P_m = 25$ kN을 받고 있다. 주기 중에서 피로수명을 예상하라.

10.15 그림 10.11의 노치 부재에 대해, $N_f = 10^5$주기의 수명과 일치하는 반복적으로 작용하는 0–최대값의 공칭응력 S_{max}을 평가하라. : (a) 식 10.21을 사용 (b) 식 10.27을 사용

10.16 2024-T4 알루미늄의 노치 반경 $\rho = 1.59$mm 봉에 대한 그림 9.27의 S–N선도를 고려하자. 공칭응력 S는 그림 A.12(c)처럼 정의되었다. 만약 유사한 봉이 평균 굽힘 모멘트 $M_m = 5.0$ N · m을 받고 있다면 10^5주기에 파단이 발생하는 굽힘 모멘트 진폭 M_a를 평가하라.

(a) 식 10.21을 사용 (b) 식 10.27을 사용

10.17 표 9.1의 알루미늄 합금 2024-T4가 그림 A.11(a)처럼 중앙에 구멍이 있는 판으로 사용되고 축 하중을 받고 있다. 치수는 $w = 60$, $d = 9.0$, 그리고 $t = 20$mm이다. $N_f = 10^7$주기의 수명에 대해, 하중 진폭 $P_a = 55$ kN인 경우에 대하여 평균 하중 P_m을 평가하라. (a) 식 10.21을 사용 (b) 식 10.27을 사용

10.18 그림 10.11의 노치 부재 AISI 4340강은 공칭응력 진폭 $S_a = 220$MPa에서 2000주기를 버틸 수 있게 요구되는 부품으로 가정한다. 평균 레벨은 $S_m = 140$MPa이다. 응력과 수명의 안전계수에 대한 대략적인 값을 얻어라.

10.19 연습문제 10.11의 노치 반경 $\rho = 0.75$mm인 7075-T6 알루미늄 굽힘 부재를 고려하자. 표면처리 영향이 포함된 재료의 완전 교번 하중 피로한도는 $\sigma_{er} = 94$MPa이고 피로노치 계수는 $k_f = 1.98$이다. 응력에 대한 안전계수가 1.50인 평균 모멘트 N · m와 함께 5×10^6주기에 대해 작용하는 모멘트 진폭 M_a는?

10.20 폭 감소 판은 표 4.2의 ASTM A514 구조강으로 만들어졌다. 평균 힘 $P_m = 9$kN과 함께 축 방향 힘 진폭 $P_a = 16$ kN에서 10^6주기를 견딜 수 있도록 요구된다. 그림 A.11(c)처럼 판 치수는 $w_1 = 20$, $w_2 = 24$, $t = 10$, 그리고 $\rho = 0.50$mm이다. 노치 반경 ρ은 완만하게 표면처리되었다.

(a) 응력에 대한 안전계수는 얼마인가?

(b) 만약 응력에 대한 안전계수 1.8이 요구된다면, 봉에 딱 맞게 이 요구조건을 만족시키기 위한 새로운 노치 반경 ρ값은 얼마인가?

10.21 예제 10.4의 2024-T3 알루미늄인 노치가 존재하는 판에 대한 데이터를 고려하자. 식 10.301에서 0–평균–응력에 대한 데이터 피팅은 A = 976MPa과 B = –0.1750을 제공한다.

(a) 식 10.21의 Goodman 식을 사용하여, 모든 데이터에 대한 $S_{ar} - N_f$를 그려라. 또한 0–평균–응력선을 그리고 결과가 성공적으로 연관되었는지에 대해 논하라.

(b) 식 10.27의 SWT 식을 사용해서 (a)에 대한 답을 찾아라.

(c) 식 10.22의 Goodman 식과 식 10.26의 k_{fm}를 이용하여 (a)에 대한 답을 찾아라. 단 k_t를 k_f로 대체하는 것은 제외한다.

10.22 축 방향 하중을 받는 7075-T6 알루미늄의 이중-선단-노치 판에 대해, 최대응력 S_{max}와 평균응력 S_m의 다양한 결합에 대한 파단까지 주기 데이터는 표 P10.22에 주어져있다. 그림 A.11(b)처럼 시편 치수는 $w_1 = 38.10$, $w_2 = 57.15$, 노치 반경 $\rho = 1.45$, 그리고 $t = 2.29$mm이고 순 단면적을 기반으로 하는 $k_t = 4.00$로 주어져있다. 또한, 재료의 인장 특성은 항복강도가 521MPa 그리고 최대인장강도는 572MPa이다. 식 10.30의 0-평균-응력에 대한 데이터 피팅은 A = 676MPa 그리고 B = −0.1822를 제공한다.

(a) 식 10.21의 Goodman 관계식을 사용하여, 모든 데이터로 $S_{ar} - N_f$를 그려라. 또한 0-평균-응력인 선을 그리고 결과가 성공적으로 연관되었는지에 대해 논하라.

(b) 식 10.27의 SWT 관계식을 사용해서 (a)에 대한 답을 찾아라.

표 P10.22

S_{max}, MPa	S_m, MPa	N_f, cycles	S_{max}, MPa	S_m, MPa	N_f, cycles
276	0	136	138	69	32 000
224	0	329	121	69	48 500
207	0	917	379	138	169
172	0	2 228	345	138	309
138	0	5 300	310	138	756
112	0	17 800	241	138	2 500
103	0	30 000	224	138	5 500
86.2	0	70 000	207	138	10 500
69.0	0	274 000	190	138	16 800
63.8	0	339 200	172	138	179 000
58.6	0	969 200	155	138	566 500
276	69	374	293	207	4 000
241	69	955	276	207	7 800
207	69	2 000	276	207	10 000
172	69	6 823	259	207	15 000
155	69	13 000	241	207	32 700

Source: Data in [Grover 51b], [Illg 56], and [Naumann 59].

10.23 예제 10.22에서 7075-T6 알루미늄의 노치 축 방향 시편에 대한 세 가지 피로 시험 데이터 점은 표 P10.23에 주어져있다. 데이터를 $S_{ar} = A N_f^B$로 나타낼 수 있다고 가정하면, S_{ar}은 식 10.28의 Walker 식에서 주어진다. 세 점을 사용하여, 피팅상수 A, B 그리고 λ에 대한 근사값을 결정하라. 세 가지 데이터 점에 대해 S_{ar}값의 계산은 결과 값 λ을 사용하고 로그-로그 좌표에서 $S_{ar} - N_f$를 그려라. 세 점은 직선으로 그려지는가?

표 P10.23

S_{max}, MPa	S_m, MPa	N_f, cycles
207	0	917
63.8	0	339 200
259	207	15 000

10.24 노치가 없는 SAE 1015 강에 축방향 시험을 통해 구해진 연습문제 9.5와 9.32로부터 주어진 세 가지 피로시험 데이터 결과가 표 P10.24에 주어져 있다. 데이터는 $\sigma_{ar} = AN_f^B$로 나타낼 수 있다고 가정하면, σ_{ar}은 식 9.19의 Walker 식에서 주어진다. 세 점을 사용하여, 피팅상수 A, B 그리고 γ에 대한 근사값을 결정하라. 결과 값 γ을 사용하여 세 가지 데이터 점에 대해 σ_{ar}값을 계산하고 로그-로그 좌표에서 σ_{ar}-N_f를 그려라. 이 때 세 점이 직선 상에 존재하는가?

표 P10.24

σ_a, MPa	σ_m, MPa	N_f, cycles
455	0	242
158	0	800 000
152	103.4	377 000

10.25 표 P10.22의 7075-T6 알루미늄에 대한 노치 시편 데이터를 고려하자. 이 데이터는 Walker 식을 이용하여, 모든 데이터를 하나의 데이터로 그린다. $S_{ar} = A\,N_f^B$를 이용하면, S_{ar}은 식 10.28에서 주어지고, A, B, 그리고 γ값을 얻는다. 또한 S_{ar}-N_f의 그래프에서 데이터를 나타내고 선으로 피팅하며, 피팅의 성과에 대해 논하라.

10.26 예제 9.1과 9.5의 AISI 4340강에 대해 노치가 없는 시편의 데이터를 고려하자. 두 예제의 데이터를 하나의 데이터로 결합하고 다음과 같이 진행하라 :

(a) σ_{ar}는 식 9.19의 Walker 식에서 주어지고, $\sigma_{ar} = A\,N_f^B$ 형태의 식으로 데이터를 피팅하라. 세 가지 피팅 상수 A, B, 그리고값 γ을 얻어라.

(b) σ_{ar}- N_f의 로그-로그 그래프에서, 선과 데이터를 그리고 피팅의 성과에 대해 논하라.

10.27 표 P9.4와 P9.30의 티타늄 6A1-4V에 대한 노치가 없는 시편의 데이터를 고려하자. 두 표의 데이터를 하나의 데이터로 결합하고 연습문제 10.26의 (a)와 (b)를 진행하라.

10.28 표 P9.5와 P9.31의 50CrMo4 강에 대한 노치가 없는 시편의 데이터를 고려하자. 두 표의 데이터를 하나의 데이터로 결합하고 연습문제 10.26의 (a)와 (b)를 진행하라.

10.29 표 P9.7과 P9.32에 제시된 노치가 없는 SAE 1015 강재에 대한 시험편의 데이터를 고려하자. 두 표의 데이터를 하나의 데이터로 결합하고 연습문제 10.26의 (a)와 (b)를 진행하라.

【10.7절】

10.30 예제 10.3의 σ_u = 758MPa인 RQC-100강으로 만들어져 굽힘을 받는 노치가 있는 판은 k_f= 1.82값을 가진다. 노치는 기계적 가공이 되었다고 가정하라.

(a) Budynas에 따라서 노치가 없는 재료에 대한 S-N 선도를 평가하라.

(b) 평균레벨 M_m = 2.00 kN · m일 때 작용하는 모멘트 진폭 M_a = 1.5 kN · m에 대한 예상 수명은 얼마인가?

10.31 연습문제 10.17의 축 방향 하중을 받는 구멍이 있는 판은 표 9.1의 2024-T4 알루미늄으로

만들어졌고 $k_f = 2.46$ 값을 가지며, 구멍은 부드럽게 연마되었다.

(a) Juvinall의 과정에 따라서 노치가 없는 재료에 대한 S-N 선도를 평가하라.

(b) 평균레벨 $P_m = 40$ kN일 때 작용하는 축 방향 힘의 진폭 $P_a = 32$ kN에 대한 예상 수명은 얼마인가?

10.32 표 9.1의 SAE 4142(450HB)강으로 만들어진 원형봉은 축 방향으로 하중이 작용하고 지름이 변화한다. 그림 A.12(a)처럼 치수는 $d_1 = 15$, $d_2 = 18$, 그리고 $\rho = 1$mm이고, 필릿 반경은 완만하게 처리하였다. Budynas의 S-N 선도 평가를 사용해서, 만약 $P_{max} = 70$ kN인 0 - 인장 하중일 때 예상되는 사용 하중이 30,000주기라면 응력과 수명에 대한 안전계수를 평가하라.

10.33 그림 10.11에서 보여진 AISI 4340강의 노치가 있는 부재에 대해, S-N 선도 위의 몇 개의 점은이 표 P그림 10.3311 아래에 주어져 있다. 노치 표면은 부드럽게 연마되었다. (a) Juvinall과 (b) Budynas의 과정에 따라 공칭응력-수명 S-N 선도를 구하시오평가하라. 평가된 두 데이터산정된 두 S-N선도를 데이터 위에 그리고, 평가의 성과에결과에 대해 논하라.

10.34 항복강도 $\sigma_0 = 679$MPa과 최대인장강도 $\sigma_u = 807$MPa인 SAE 4130강의 노치가 있는 부재가 완전 교번 하중(R = -1) 상태일 때 공칭응력 진폭-파단까지 주기 데이터는 표 P10.34에서 주어져있다. 축 방향 하중을 받는 시험 시편은 그림 A.11(b)처럼 이중-선단-노치 판이고, 공칭응력 S도(순 단면적) 정의되어 있다. 치수는 $w_1 = 38.10$, $w_2 = 57.15$, 노치 반경 $\rho = 1.45$, 그리고 $t = 1.905$mm이고 탄성응력집중계수 $k_t = 4.00$이다. 노치 표면은 전자 연마되었다. (a) Juviall과 (b) Budynas의 과정에 따라 공칭응력-수명 S-N 선도를 평가하라. 평가된 두 데이터를 그리고 평가의 성과에 대해 논하라.

표 P10.34

S_a, MPa	N_f, cycles
621	104
448	682
293	8 440
259	19 700
224	30 500
186	94 300
155	269 000
121	537 900
103	1 719 000
86.2	>10 325 000

Source: Data from [Grover 51] and [Illg 56].
Note: No failure indicated by ">".

10.35 2014-T6 알루미늄의 노치가 있는 부재가 완전 교번 하중($R = -1$) 상태일 때 공칭응력 진폭-파단까지 주기 데이터는 표 P10.35에서 주어져있다. 축 방향 하중을 받는 시험 시편

은 원주 노치가 있는 환봉이다. 치수는 바닥 노치 $d_1 = 10.16$, 주요 지름 $d_2 = 12.70$, 그리고 노치 반경 $\rho = 0.813$mm이고 탄성응력집중계수 $k_t = 2.65$이다. 공칭응력 S는 d_1과 일치하는 순 단면적을 기초로 정의되었고, 노치 표면은 전자 연마되었다. 재료의 인장 특성은 항복강도가 438MPa이고 최대인장강도는 494MPa이다. Juviall과 Budynas의 방법에 따라 공칭응력-수명 $S-N$ 선도를 평가하고 데이터와 평가된 것을 그래프로 비교하라.

표 P10.35

S_a, MPa	N_f, cycles
262	2 100
200	13 300
138	137 000
124	661 000
100	2 420 000
82.7	17 200 000
79.3	27 600 000

Source: Data in [Lazan 52].

10.36 실제로 발생하는 공학적 파괴에서, 그림 P10.36의 샤프트는 양끝에서 베어링에 의해 지지받고 광산 밖으로 광석을 들어올리기 위해 호이스트를 사용한다. 이것은 나타나 있는 힘만큼 회전 굽힘 하중을 받고 15년 사용 후 파괴가 일어나며 2.5×10^7 회전한다. 충격계

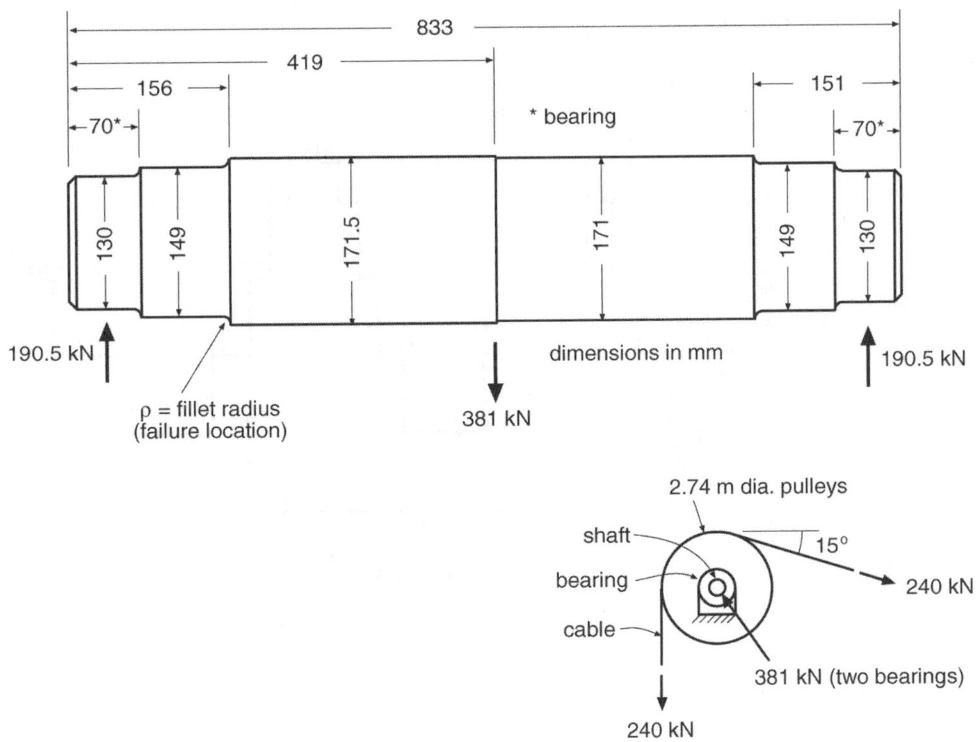

그림 P10.36

수 1.5는 주어진 광석, 케이블, 그리고 양동이의 재화중량을 초과하는 힘을 대략 설명하기 위해 이미 이 힘을 포함한다.(충격계수는 광산의 하단에서 적재하는 동안 튀고 광석을 위로 움직이기 시작하는 가속과 같은 효과 때문에 요구된다.) 샤프트는 AISI 1040강으로 만들었고, $\sigma_u = 620\text{MPa}$, $\sigma_0 = 310\text{MPa}$인 인장특성을 가지며 면적의 25%가 축소되었다. 설계 도면은 파단 위치일 때 기계 표면 처리한 필렛 반경이 6.35mm를 나타내지만 파단 후 샤프트에 대한 측정은 반경이 오직 2mm인 것을 나타내고 있다. 의도된 것과 실제 필렛 반경에 대해 응력의 안전계수를 평가하라. 제조 중 이 오류는 파단에 대해 설명되는가?

【10.8절】

10.37 이 책에서 설명된 Bailey 다리 공사에 대해 다양한 진폭 시험이 수행되었다. 이들 중 한 시리즈에서, 주기 수는 그림 P10.37에서의 패턴처럼 일정한 값 $S_{min} = 7.9\text{MPa}$와 함께 다양한 응력레벨을 적용받는다. 이 하중 블록은 24,000주기를 가지고 있고 피로파괴가 발생할 때까지 역 시퀀스로 블록이 교대하며 반복적으로 적용된다. 표 P10.37(a)에서 가장 높은 값은 S_{max}로 표현되고 하중레벨은 최대응력의 백분율로 표현될 때, 다양한 하중레벨에 대한 각각의 하중블록의 총 주기수를 제공한다. 시험 데이터는 각각의 두 최대응력 값에서의 여러 시험을 통해 파단까지 평균 블록수로 나타내어 표 P10.37(b)에 주어진다.

(a) 두 최대응력 값 240과 209MPa에 대해 예상되는 수명을 계산하라. 그림 10.18에서 나타나듯이 일정한 진폭 데이터에 자신의 계산을 기반으로 한 $S_{max} - N_f$ 식을 피팅하라.

(b) 시험 데이터와 풀이에서 도출될 결과를 비교하라. 실제 수명과 계산된 결과의 비교에서 어떤 경향에 대한 이유를 생각할 수 있는가?

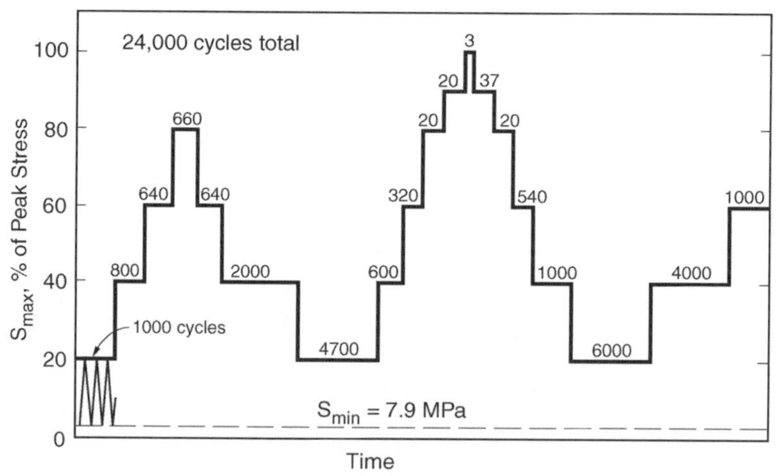

그림 P10.37

표 P10.37(a)

S_{max} Level, % of Peak Stress	Number of Cycles
20	11 700
40	8 400
60	3 140
80	700
90	57
100	3
All	24 000

표 P10.37(b)

Peak Stress, MPa	Blocks to Failure
240	33
209	100

Source: Data in [Webber 70].

10.38 예제 10.4처럼 $k_t = 2.15$인 2024-T3 알루미늄 합금의 이중-선단-노치 판을 고려하자. S_{ar}는 식 10.28 Walker식에 의해 주어질 때, 공칭응력 - 수명 선도는 $S_{ar} = A N_f^B$의 형태를 가지며, 피팅상수는 A = 1530MPa, B = −0.217, γ= 0.733 이다. 이 판은 사용 중에 그림 P10.38처럼 반복적으로 공칭응력을 받는다.

(a) 파단까지 반복횟수를 평가하라.

(b) 만약 사용 중 300번 반복이 예상된다면, 수명과 응력에 대한 안전계수는 얼마인가?

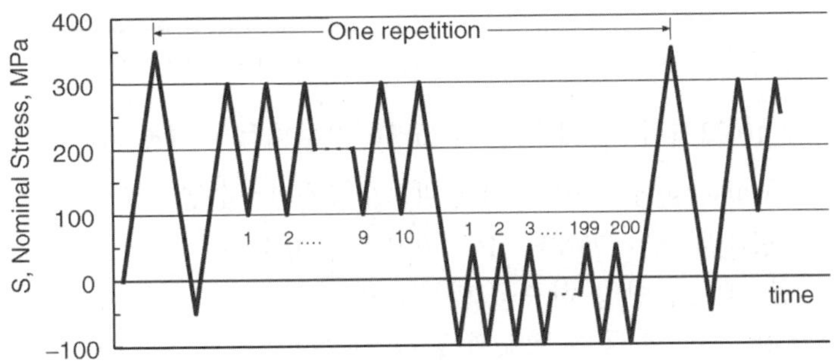

그림 P10.38

10.39 연습문제 10.38처럼, 같은 형상과 재료의 노치가 있는 부재는 그림 P10.39처럼 공칭응력을 받는다.

(a) 파단까지 반복횟수를 평가하라.

(b) 만약 사용중 600번 반복이 예상된다면, 수명과 응력에 대한 안전계수는 얼마인가?

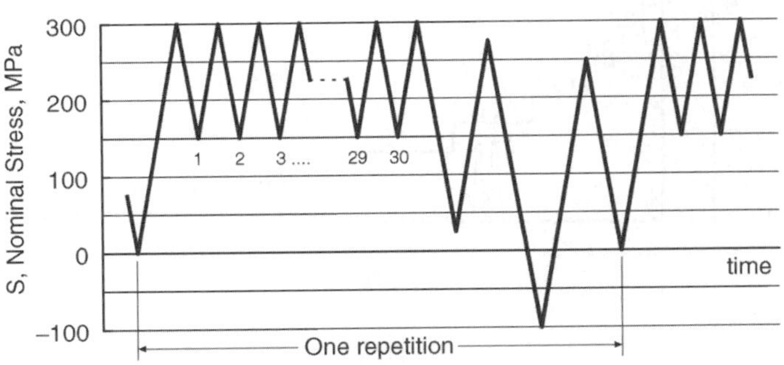

그림 P10.39

10.40 연습문제 10.22처럼 $k_t = 4.00$인 7075-T6 알루미늄 이중-선단-노치 판을 고려하자. S_{ar}는 식 10.28 Walker식에 의해 주어질 때, 공칭응력-수명 선도는 $S_{ar} = A\,N_f^B$의 형태를 가지며, 피팅 상수는 A = 779MPa, B = −0.197, γ = 0.486이다. 이 판의 일부는 표 P10.40(a)처럼 공칭응력을 반복적으로 받았다. 모든 하중 주기는 공통의 최소레벨을 가지고 있다. 각각의 최대응력레벨은 주어진 주기 수에 대해 적용받았고 전체 과정은 파단이 발생할 때까지 반복되었다. 6개 시험이 수행되었고, 파단이 발생할 때까지 하중의 반복수는 표 P10.40(b)에서 주어졌다.

(a) 파단까지 반복횟수를 평가하라.

(b) 계산된 수명과 시험 데이터를 비교하고 평가의 성과에 대해 논하라.

표 P10.40(a)

S_{min}, MPa	S_{max}, MPa	No. of Peaks
48.3	303	47
48.3	231	268
48.3	159	810
48.3	86.2	1810

표 P10.40(b)

Test No.	Repetitions to Failure
1	18.7
2	18.0
3	18.0
4	18.0
5	16.0
6	15.0

Source: Data in [Naumann 62].

10.41 연습문제 10.22처럼 $k_t = 4.00$인 7075-T6 알루미늄 이중-선단-노치 판을 고려하자. S_{ar}는 식 10.28 Walker식에 의해 주어질 때, 공칭응력-수명 선도는 $S_{ar} = A\,N_f^B$의 형태를 가지며, 피팅 상수는 A = 779MPa, B = −0.197, γ = 0.486이다. 이 판의 일부는 그림 P10.41처럼 다양한 진폭의 축 방향 하중을 반복적으로 받았다. 모든 하중의 경우에서 시작 후 기본 레벨 S = 48.3MPa로 돌아왔고, 항공기 기동하중에서의 공칭응력 레벨과 주기 수는 기본 레벨을 대표로 고려하였다. 응력 레벨과 경우의 수는 표 P10.41(a)에 열거되어 있다. 6개 실험이 수행되었고 파단이 발생할 때까지 하중의 반복수는 표 P10.41(b)에 주어졌다.

(a) 파단까지 반복횟수를 평가하라. (제안 : 레인플로우 사이클 카운팅을 적용하고 336MPa 레벨 또는 −67.6MPa 레벨에서 시작과 끝에 대한 이력을 고려하라.)

(b) 계산된 수명과 시험 데이터를 비교하고 평가의 성과에 대해 논하라.

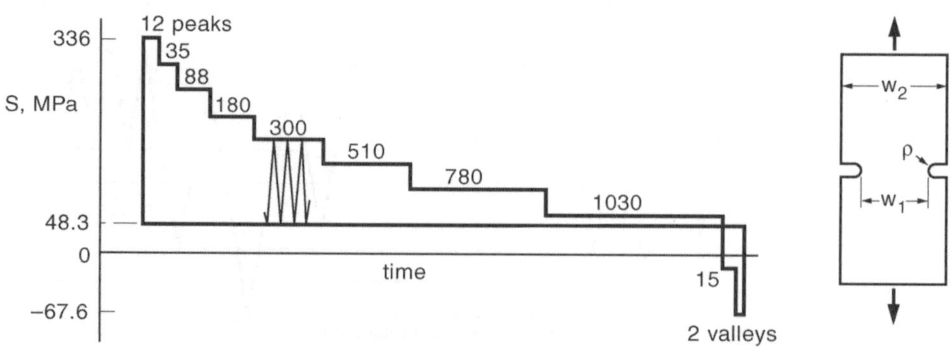

그림 P10.41

표 P10.41(a)

S_{max} or S_{min} MPa	No. of Peaks or Valleys[1]
336	12
292	35
255	88
219	180
181	300
143	510
105	780
67.6	1030
−19.3	15
−67.6	2

Note: [1]All events start at and return to $S = 48.3$ MPa.

표 P10.41(b)

Test No.	Repetitions to Failure
1	13.7
2	12.1
3	12.1
4	11.0
5	11.0
6	10.0

Source: Data in [Naumann 62].

10.42 그림 P10.42처럼 Man-Ten강의 몇 개의 노치가 있는 부재는 완전 교번 일정 진폭 하중에서 시험하였다. 이 데이터의 피팅은 힘-수명 관계식을 산출한다.

$$\Delta P = 379(2N_f)^{-0.223}\ \text{kN} \qquad (R = -1)$$

여기서 N_f는 노치 위의 균열길이가 2.5mm가 발견될 때의 주기 수이다. 이력이 854주기를 담고 있고 다양한 범위 사이와 평균 분배를 보여줄 때, 유사한 노치가 있는 부재는 반복적으로 그림 9.48의 불규칙한 하중 이력을 받는다. 시험결과는 표 P10.42에 주어져있다. 균열이 2.5mm에 도달할 때까지 반복수의 이력은 세 가지 다른 최대 힘의 값에 대해 주어지며 각각의 경우에 대한 세 번씩 중복으로 시험을 했다.

(a) 표 P10.42에서 각각의 세 가지 최대 힘 레벨에 대한 예상된 피로 수명을 계산하기 위해 주어진 힘-수명 관계식을 이용하라. 그림 9.48의 행렬에 대한 범위와 평균값은 최대 힘의 백분율로 표현된다.

(b) 가급적이면 균열이 발생할 때까지 최대 힘-반복에서 더 나은 로그-로그 플롯에서 계산값과 시험 데이터를 비교하고, 어떤 경향에 대해 간단하고 분명하게 고찰하라.

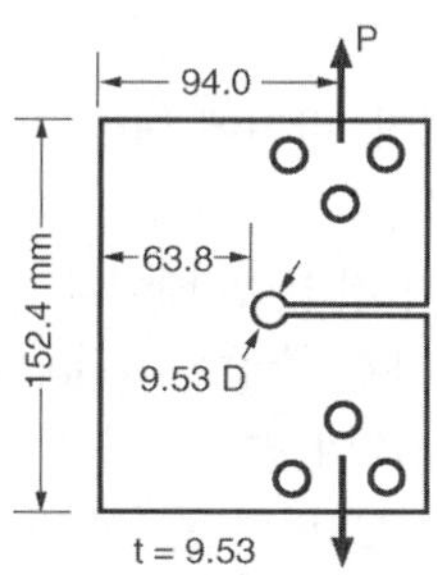

그림 P10.42

표 P10.42

Peak Force kN	Repetitions to 2.5 mm Crack		
	Test 1	Test 2	Test 3
71.17	8.4	12.8	12.5
35.58	420	154	74
15.57	5800	4270	3755

Source: Data in [Wetzel 77] pp. 7–13.

10.43 그림 10.20(c)의 구조-강 덮개판 보에 대해, 가장 가능성 있는 파단 지점은 덮개판 끝이다. 다리에서 하나의 보에 대해, ΔS가 보의 덮개 판 끝에서 공칭 굽힘응력 범위일 때, 적용된

분류 E'에 대한 AWS설계 S-N 선도가 적용된다고 가정하라, 매일 다양한 중량의 많은 차량이 다리 위를 지나다니고, 결과적으로 하루에 상당한 크기인 대략 1000 응력 주기가 작용한다. 자세한 응력 값과 각각의 응력레벨에서 하루당 주기 수는 표 P10.43에 나와 있다.

(a) 설계 S-N 선도를 기초로 하여 피로파괴 전에 예상되는 사용연한을 평가하라. 식 10.44를 사용하고 수명은 $\Delta S_{TH}/2$이하에서 무한하다고 가정한다.

(b) 만약 75년 사용을 목표로 만들어졌다면, 수명과 응력에 대한 안전계수는 얼마인가?

(c) $\Delta S_{TH}/2$ 이하에서 수명이 무한하지 않을 때 (a)와 (b)를 계산하고 그 변화에 대해서 설명하라. 그리고 계산된 값이 더 현실적인 이유를 설명하라.

표 P10.43

ΔS, MPa	Cycles per day
1.8	121
5.4	335
9.0	255
12.6	136
16.2	76
19.8	48
23.4	16
27.0	9
30.6	3
34.2	1
All	1000

10.44 20년간 사용되는 고속도로 다리의 구조적 세부 사항은 AWS 분류 E에 적합하다. 다리가 설계되었을 때, 1 ton = 2000 lb = 8.896 kN일 때, 30ton의 트럭에 무게 제한이 적용되었다. 다리가 만들어진 1년 뒤 교통량 평균은 하루에 800대의 트럭으로 나타났고, 트럭의 수와 중량에 대한 주기 응력 범위는 자세하게 정의되어 표 P10.44에 열거되어있다. (자동차나 다른 가벼운 운송수단은 미미한 응력을 유발한다.)

(a) 만약 주기가 동일하다면 주어진 응력에서처럼 같은 수명을 유발하여 예상되는 주기 응력 ΔS_q의 당량 일정 레벨을 계산하라.

(b) 주어진 응력에 대해, 년의 세부 사항의 수명을 평가하라. 다리에 대한 일반적인 설계 수명이 75년으로 주어진다면, 수명과 응력에 대한 안전계수는 얼마인가?

(c) 다리 위의 교통량은 점진적으로 증가하여 현재는 초기 값의 두 배이다. 즉, 하루에 1600대의 트럭 교통량을 가진다. 게다가, 주의 입법부는 다리 제한 중량을 40 ton으로 높여달라는 로비를 받고 있다. 만약 이 제안이 받아들여진다면 다리의 잔여수명을 평가하라.(제안 : 표 P10.44에서 새로운 하중은 기존의 하중에서 40/30 = 1.333비로 증가한다.) 그 제안은 바람직한가?

표 P10.44

ΔS, MPa	% of trucks
2	2.1
6	10.5
10	15.1
14	21.0
18	18.5
22	11.8
26	10.9
30	5.9
34	2.1
38	1.3
42	0.8
Σ	100

【10.9절】

10.45 내연 기관의 크랭크축을 검토하라.

(a) 크랭크축을 그리고 피로파괴 방지에 도움이 되는 설계 특징을 지적하라.

(b) 피로저항을 향상시킬 수 있는 설계 변경을 제안하라.

(c) 어떤 재료가 이 부분을 만들기 위해 좋은가? 기능, 비용, 그리고 피로 저항, 마모, 그리고 파단을 유발하는 다른 가능성들 측면에서 재료 선정을 설명하라.

10.46 작은 보트 트레일러의 차축 서스펜션 시스템의 나선형 스프링을 검토하라. 연습문제 10.45처럼 (a), (b), (c)에 대해 답하라.

10.47 슬리브와 코터 조인트를 검토하라. 연습문제 10.45처럼 (a), (b), (c)에 대해 답하라.

11 피로균열 진전

목적

- 파괴 역학의 응력확대계수 K를 피로균열 진전에 적용하고, 시험 방법 및 거동의 경향을 이해한다.
- 일반적인 식으로 피팅 된 곡선과 R-ratio(평균응력) 효과의 평가를 포함한 피로균열 진전속도 곡선(da/dN - ΔK 곡선)을 분석한다.
- 수치 적분이 필요하거나 가변 진폭 하중이 작용하는 경우를 포함하여, 파단에 이르기까지 피로균열 진전 수명을 계산한다. 이 계산법을 안전계수 및 검사 주기의 평가에 사용한다.

세부목차

11.1 서 론

이미 8장에서 고찰했듯이, 균열의 존재는 공학적 부재에 취성파괴가 발생하게 되는 강도를 상당히 줄일 수 있다. 하지만, 위험한 크기의 균열이 처음부터 존재하는 경우는 드물며, 이것이 존재할 경우도 있지만 이때는 재료의 큰 결함과 같은 요소가 된다. 더 일반적인 상황에서는, 초기에 존재했던 작은 결함이 균열로 발전하고 그것이 취성파괴에 대한 임계 크기에 도달할 때까지 진전하게 된다.

균열 진전은 주기적인 하중에 의해 유발되고, 이러한 거동을 피로균열 진전이라 한다. 하지만, 만약 적대적인 화학적 환경이 주어진다면, 일정한 하중에서도 환경적 균열 진전이 일어날 수 있다. 균열 진전의 두 가지 유형은 적대적 환경에서 반복 하중이 작용하는 경우에도 발생 가능하며, 특히 주기가 길거나, 주기를 방해하는 일정하중이 작용하는 시기가 있는 경우에도 발생 가능하다. 이 장에서는 주로 피로균열 진전에 대하여 고려하고자 한다. 환경적 요인에 의한 피로균열 진전은 다음 장에서 자세히 다루기로 한다.

균열 진전에 대한 공학적인 해석은 종종 필요하며, 파괴 역학의 응력확대 계수 개념 K를 통해 사용될 수 있다. 8장의 내용을 떠올려 보면, K값은 균열의 심각성을 수량화한 것이다. 특히 K는 균열 길이, 하중과 기하학적 형상에 의해 결정되며 다음과 같다.

$$K = FS\sqrt{\pi a} \tag{11.1}$$

여기서 a는 균열 길이, S는 공칭응력, F는 형상 및 상대적 균열길이 $\alpha = a/b$에 대한 무차원 함수다. 피로균열 진전속도는 K에 의해 제어된다. 그러므로 a와 F에 의존한 K는 이들이 커짐에 따라 균열의 진전을 가속화 한다. 주기에 따른 균열길이의 변화는 그림 11.1(a)와 유사한 형태를 가지게 된다.

피로균열 진전에 대한 분석과 예측은 특히 큰 항공기와 핵발전소의 일부분과 같이, 안전이 매우 중요한 곳에서 많은 설계 항목 중에서 중요한 문제로 인식된다. 9장과 10장에서 피로에 대한 응력 기반 접근법은 균열을 구체적이고 상세하게 고려하지 않았다. 이런 이유로, 이번 장에서는 재료 시험법, 재료 거동에 대한 경향, 균열이 진전해서 파괴되기까지의 수명의 예측법을 포함한 균열 진전에 대해 소개할 것이다.

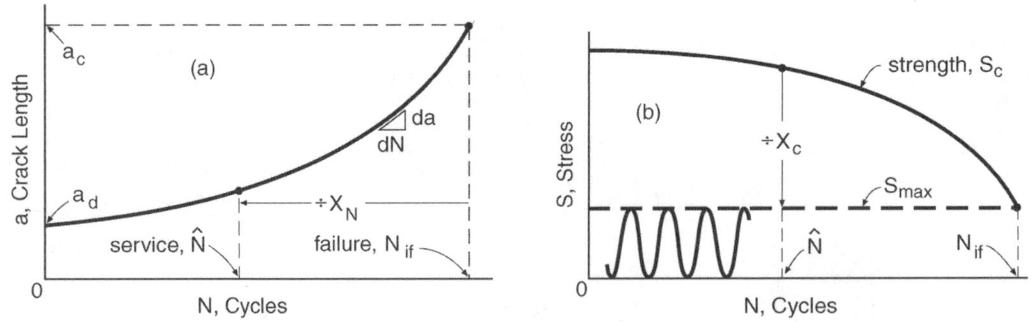

그림 11.1 (a)는 발견 가능한 최소 길이 a_d에서 파단까지의 최악의 경우에 대한 균열 성장이고, (b)는 최악의 경우에서 강도의 변화 결과임.

11.2 예비 고찰

자세한 내용을 다루기 전에, 균열 진전 해석의 일반적인 유형과 이에 대한 필요성에 대한 소개는 유용하며, 더 나아가 몇 가지 정의를 소개하고자 한다.

11.2.1 균열 진전 해석의 필요성

경험으로부터 장비의 정밀 검사에서 종종 균열이 발견되는 경우를 찾을 수 있다. 예를 들면 압력용기, 교량 그리고 선박과 같은 대형 용접구조물의 경우, 큰 비행기와 같은 금속구조물의 경우, 발전소의 발전자 및 터빈의 회전자와 같은 대형 단조품과 같은 경우를 들 수 있다. 균열은 특히 실제 장비가 일정기간 사용된 이후에 찾아내기 쉽다. 균열의 가능성은 파괴 역학 기반의 특별한 해석이 적절함을 강력히 제안한다.

어떤 구조 요소에 균열이 포함되어 있다고 가정하면, 최소 발견이 가능한 길이 a_d만큼 균열이 커지기 전까지는 균열의 존재여부를 알 수 없다. 이 상황은 a_d보다 큰 균열을 찾을 수 있는 검사의 결과로부터 구해질 수 있으며, 이와 같이 발견된 균열의 경우 보수되거나 일부분이 폐기된다(균열 검사는 육안검사, X-선 사진, 초음파 반사, 전류의 적용을 통해 수행되며, 마지막 항목은 균열이 전압장에 교란을 유발하는 경우다). 최악의 경우 초기 길이 a_d의 균열은 N_{if} 이후에 취성파괴가 발생하는 임계 길이 a_c에 도달할 때까지 진전한다. 만약 실제 운영 중 기대되는 수명을 $\hat{N}$ 이라고 할 때, 수명에 대한 안전계수는

$$X_N = \frac{N_{if}}{\hat{N}} \tag{11.2}$$

이러한 현상은 그림 11.1(a)에 나타나 있다. 이러한 안전계수는 실제 운영 중 발생하는 응력 및 정확한 a_d를 찾는 데 있어 재료의 균열 진전속도에 대해 불확실성이 존재하기 때문에 필요하다.

부재에서 취성 파괴 시 임계강도는 재료 특성, 두께가 포함된 파괴인성 K_c와 현재 균열 길이에 의해 결정된다.

$$S_c = \frac{K_c}{F\sqrt{\pi a}} \tag{11.3}$$

최악의 경우에 균열 진전은, 길이 증가에 따라 최악의 경우의 강도 S_c가 감소하게 되며, 이에 의해 S_c가 실제 운용 중에 작용하는 반복하중에 대한 최대값 S_{max}에 도달할 때, 파괴가 발생한다. 이를 그림 11.1(b)에 나타내었다. 작용하는 반복 하중으로 인한 급격한 취성 파괴와 비교하여 응력에 대한 안전계수는 아래 식과 같다.

$$X_c = \frac{S_c}{S_{max}} \tag{11.4}$$

X_N에 더하여 일반적인 안전계수는 정상적인 반복 하중을 초과한 예상치 못한 높은 하중의 발생 가능성 때문에 필요하다. 예상된 실제 운영 수명 내에서, X_c는 감소하며 운영 수명 중 마지막에서 최소값을 가진다.

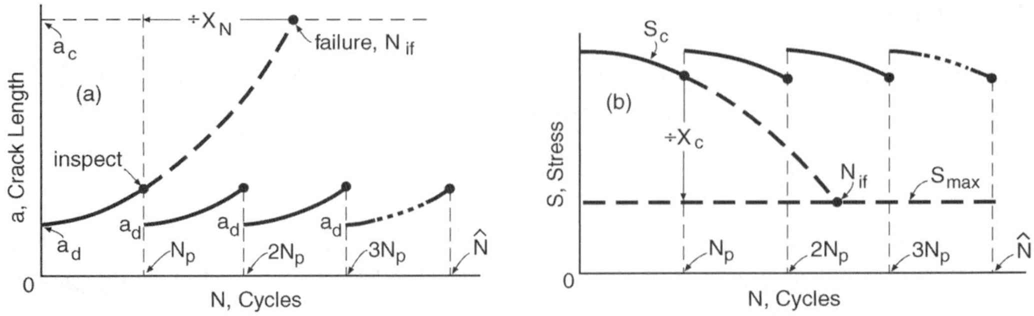

그림 11.2 주기적인 검사가 필요한 최악의 경우에 대해 (a) 균열 길이의 변화와 (b) 강도의 변화

가끔 최소발견 균열길이 a_d와 반복 응력의 조합은 X_N과 X_c으로 표현된 안전 여유가 충분하지 못한 경우가 있다. 이는 예상되는 파괴가 실제 운영 수명보다 앞서는 $X_N < 1$ 경우에 해당한다. 이 경우 균열에 대한 주기적인 검사가 필요하게 되며, a_d를 초과하는 균열에 대해서는 보수하거나 일부를 교체하여야 한다. 특히 검사 이후에 a_d보다 큰 균열이 없어야 한다. N_p 주기 간격으로 검사한다고 가정하면 최악의 상황에서 균열 길이는 검사 기간 중에 진전할 것이며, 이와 같은 변화를 그림 11.2에 나타냈다. 수명에 대한 안전계수는 검사 간격에 대해 다음과 같이 정의된다.

$$X_N = \frac{N_{if}}{N_p} \tag{11.5}$$

각 검사가 끝난 후에, 부재의 최악의 상황에서 강도가 일시적으로 증가하는데, 이를 그림 11.2(b)에 나타내었다. 응력에 대한 안전계수는 각 검사 직전에서 최소값이다.

파괴 역학 기반 해석은 추정되는 균열 길이와 강도의 변화를 허용하여, 안전계수가 평가될 수 있도록 한다. 주기적인 검사가 필요한 곳에서, 이와 같은 파괴 역학 해석을 바탕으로 안전 검사 주기를 결정할 수 있다. 예를 들어 대형 군용기 또는 민간기에서 균열은 보통 정기 검사중에 발견되며, 안전 운항 및 경제적 유지비용 두 가지 모두 파괴 역학 해석에 따라 좌우된다. 손상내성설계 접근법은 진전하는 균열이 존재하는 경우에도 구조물이 유지될 수 있는지에 대한 판단을 바탕으로 설계하는 방법이다.

실제로 균열 크기에 대해 검사중 균열을 찾을 수 있는 확률이 균열 크기에 따라 증가하게 되므로, 발견 가능한 길이 a_d는 절대적인 한계치가 아니며 절대로 100% 확률이 될 수는 없다. 예를 들어 항공산업에서, 다양한 검사 방법에 대한 a_d 값은 일반적으로 신뢰 수준 95%에서 90%의 확률로 찾을 수 있을 때의 크기로 정한다. 이를 기반으로 더 나은 검사 방법은 일반적인 상황에서 대략 1~2mm의 a_d 값을 제공한다. 그림 8.17과 8.19에 나타난 전형적인 결함을 바탕으로 a_d는 보통 표면 균열의 깊이 또는 내부 균열 너비의 절반으로 정의되는 것을 주목하자. a = 0.1mm만큼 작은 균열이 발견될 수도 있지만, 작은 a_d값은 특별한 경우에만 정의된다.

설계에 적용하는 것 이외에, 균열 진전 수명에 대한 해석은 기계, 운송수단, 구조물의 부품에 예상치 못한 균열이 발견된 상황에서 유용하게 사용된다. 잔여 수명은 균열을 무시해도 되는지, 즉시 수리 또는 부품의 대체가 필요한지, 추후 용이한 시간까지 연기해도 되는지 결정하는 경우에 계산될 수 있다. 이 유형의 상황은 갑작스러운 기계의 정지가 작업을 방해하고 많은 노동자의 업무가 중지될 수 있는 제강 기계에서 발생하고 있다. 유사한 상황은 대형 강 부품의 파괴로 인해 정전을 일으키고 수백만 달러의 지출이 생길 수 있는 주요 전기 발전소의 터빈 발전기 장치 등에서 발생할 수 있다.

11.2.2 피로균열 진전에 대한 정의

주기 ΔN에 따라 Δa만큼 증가하는 진전하고 있는 균열에 대해 생각해 보자. 주기에 따른 진전속도는 $\Delta a/\Delta N$의 비율 또는 작은 간격에서의 도함수 da/dN으로 나타난다. 피로균열 진전속도값 da/dN은 그림 11.1(a)에 나타난 바와 같이 a와 N에 대한 곡선의 한 점에서 기울기 값이다.

작용하는 하중의 크기가 P_{max}와 P_{min}로 일정한 반복 하중이라고 가정하자. 단면에 작용하는 공칭응력 S_{max}와 S_{min} 또한 일정하다. 피로균열 진전상태에 대해, 식 9.1 및 9.3으로 정의된 응력 범위 ΔS와 응력비 R을 사용하는 것은 일반적이다.

$$\Delta S = S_{\max} - S_{\min}, \qquad R = \frac{S_{\min}}{S_{\max}} \tag{11.6}$$

균열의 진전속도에 영향을 주는 1차 변수는 응력확대 계수의 범위다. 이는 응력 범위 ΔS를 통해서 계산되며,

$$\Delta K = F\,\Delta S\sqrt{\pi a} \tag{11.7}$$

K값은 기하학적 형상 및 균열 길이의 비 $\alpha = a/b$에 의해 결정되며, 반복 하중이 아니더라도 관계없다. 그러므로 식 11.1에 따라 K와 S는 주어진 균열 길이, 최대, 최소, 범위에 비례하며, 하중이 작용하는 동안 K에 대한 응력비는 각각 주어진 바와 같다.

$$\begin{aligned} K_{\max} &= F S_{\max}\sqrt{\pi a}, \qquad & K_{\min} &= F S_{\min}\sqrt{\pi a} \\ \Delta K &= K_{\max} - K_{\min}, \qquad & R &= \frac{K_{\min}}{K_{\max}} \end{aligned} \tag{11.8}$$

또한 8장의 식 8.13과 관련되어, 시험편의 경우 하중 P가 작용할 때 대체가능한 식을 사용하여 K를 구하는 것이 좀 더 편리하다.

$$\Delta K = F_P \frac{\Delta P}{t\sqrt{b}}, \qquad R = \frac{P_{\min}}{P_{\max}} \tag{11.9}$$

11.2.3 재료의 피로균열 진전거동 묘사

주어진 재료와 준비된 시험 조건에서, 균열 진전거동은 응력확대 계수범위 ΔK와 반복 균열 진전속도 da/dN 사이의 관계로 나타낼 수 있다. 한 가지 재료에 대한 시험 데이터와 피팅된 곡선이 그림 11.3에 로그 좌표계로 나타나 있다. 이 같은 경우 ΔK가 중간 부분일 때, 로그-로그 좌표계에서는 보통 직선으로 나타난다. 이 영역에서의 선을 나타내는 관계식은 다음과 같다.

$$\frac{da}{dN} = C(\Delta K)^m \tag{11.10}$$

여기서 C는 상수이고 m은 로그-로그 좌표계에서 기울기이며, 물론 로그 좌표계에서 10승은 같은 길이로 나타난다. 1960년대 초반, 피로에 파괴 역학을 처음 적용한 것에 영향을 미친 Paul Paris가 이 식을 처음으로 제안하였다.

낮은 진전속도에서는, 일반적으로 곡선이 가파르고 피로균열 진전 하한계값이라고 불리는 ΔK_{th} 근처에서 수직 점근선에 가까워지는 것으로 나타난다. 이 하한계값 이하에서는 균열 진전이 대개 일어나지 않는 것을 의미한다. 시험편의 최종 파단 전 급격하고 불안정한 균열 진전 때문에 높은 진전속도에서도 곡선이 역시 가파르다. 이러한 거동은 소성영역이 작은 곳에서 발생하며, 곡선은 K_{max}가 관심 있는 두께 및 재료에 대한 파괴인성인 K_c와 일치하는 점근선에 접근한다. 높은 ΔK 영역에서 급격하고 불안정한 진전은, 가끔 완전 소성 항복을 포함하는 경우도 발생한다. 이 경우에는 완전항복이 일어난 영역에서의 ΔK의 사용은 부적절하며, 이는 K 개념의 이론적 한계를 넘어서기 때문이다.

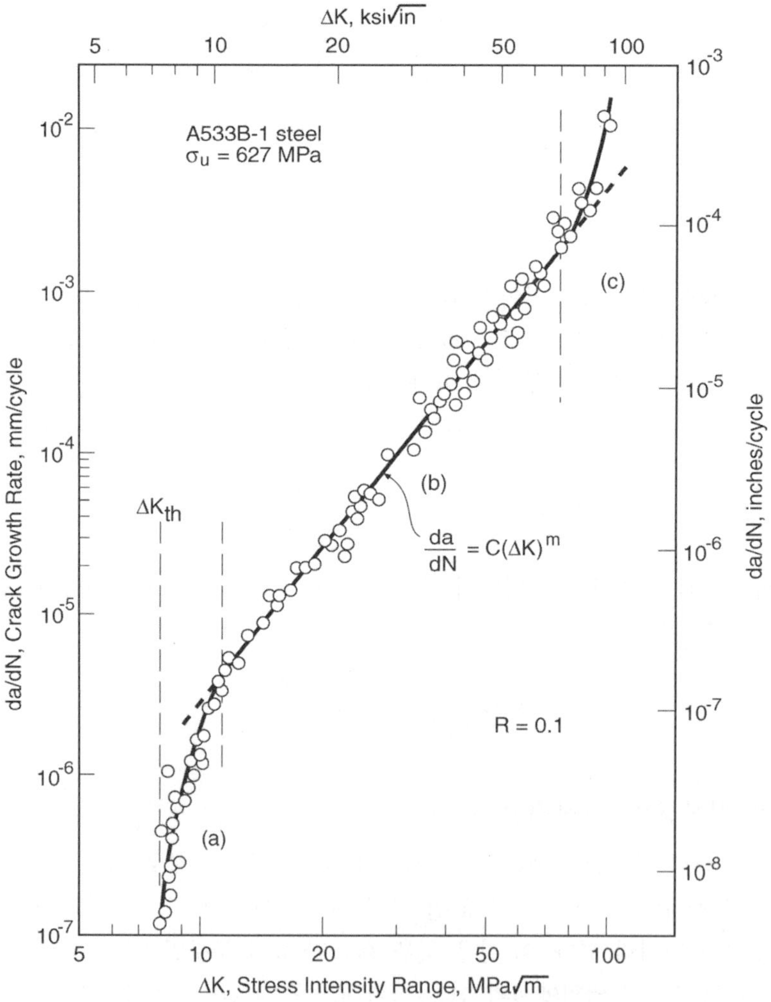

그림 11.3 연성인 압력 용기 강에 대한 넓은 응력확대 범위에서 피로균열 진전속도. 이 거동은 3가지 영역으로 나타났는데, (a)는 ΔK_{th} 근처의 느린 진전을, (b)는 중간 영역으로 멱 방정식을 따랐고, (c)는 불안정하고 급격히 진전하는 영역임.

응력비 R의 값이 균열 진전속도에 영향을 미치는 것은 S-N 선도에서 평균응력 또는 R의 값이 영향을 미치는 것과 어느 정도 유사하다고 할 수 있다. 주어진 ΔK에 대해 R의 증가는 진전속도의 증가로 나타나며, 반대의 경우도 마찬가지의 결과를 나타낸다. 강에 대하여 이와 같은 효과를 나타낸 몇 가지 데이터를 그림 11.4에 나타내었다.

Barsom(1999)는 식 11.10이 적용되는 중간 영역에 대한 상수 C와 m을 다양한 종류의 강재에 대해 제안하였다. 이들은 $R\approx 0$에서 적용 가능하며, 표 11.1에 그 값을 나타내었다.

m값은 응력에 대한 진전속도의 민감도를 나타내기 때문에 중요하다. 예를 들어 $m=3$일 때, 응력범위 ΔS가 두 배가 되면 응력확대 범위 ΔK도 두 배가 되며, 따라서 진전속도는 $2^m=8$의 비율로 증가한다.

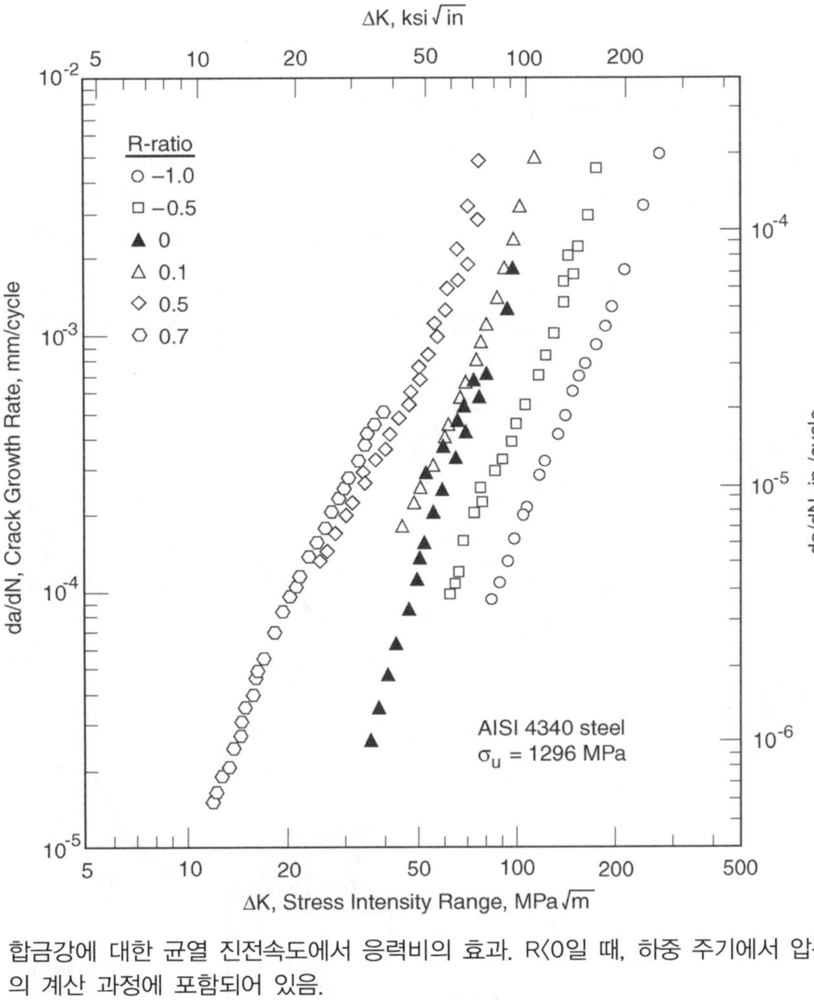

그림 11.4 합금강에 대한 균열 진전속도에서 응력비의 효과. R〈0일 때, 하중 주기에서 압축 부분은 ΔK의 계산 과정에 포함되어 있음.

표 11.1 Barsom(1999)이 제안한 R≈0일 때 다양한 종류의 강에 대해 최악의 경우를 고려한 da/dN vs. △K 곡선에서의 상수

	Constants for $da/dN = C(\Delta K)^m$		
Class of Steel	$C, \frac{\text{mm/cycle}}{(\text{MPa}\sqrt{\text{m}})^m}$	$C, \frac{\text{in/cycle}}{(\text{ksi}\sqrt{\text{in}})^m}$	m
Ferritic-pearlitic	6.89×10^{-9}	3.6×10^{-10}	3.0
Martensitic	1.36×10^{-7}	6.6×10^{-9}	2.25
Austenitic	5.61×10^{-9}	3.0×10^{-10}	3.25

Note: For use with the Walker equation for $R > 0.2$, it is suggested that the given constants be employed as C_0 and m along with an approximate value of $\gamma = 0.5$.

11.2.4 고찰

재료의 균열 진전거동 평가 및 주어진 정보를 포함한 논리적인 절차가 그림 11.5에 요약되어있다. 첫 번째로 간단한 형상의 시험편을 여러 가지 다른 하중 범위에서 사용하며, 넓은 범위에서 피로균열 진전속도를 얻을 수 있다. 진전속도는 *da/dN*-△*K* 곡선을 얻기 위해, △*K*와 함께 도시화되고 평가될 수 있다. 이 곡선은 이후에 관심 있는 부분의 형상에 대해 적절하게 계산된 △*K*를 이용하여 공학적으로 적용하는데 이용될 수 있다. 특정 초기 균열 길이에서 균열 길이와 주기에 대한 곡선은 앞서 논의된 부품의 수리 주기, 안전계수의 결정 및 수명 평가의 예측에 이용될 수 있다.

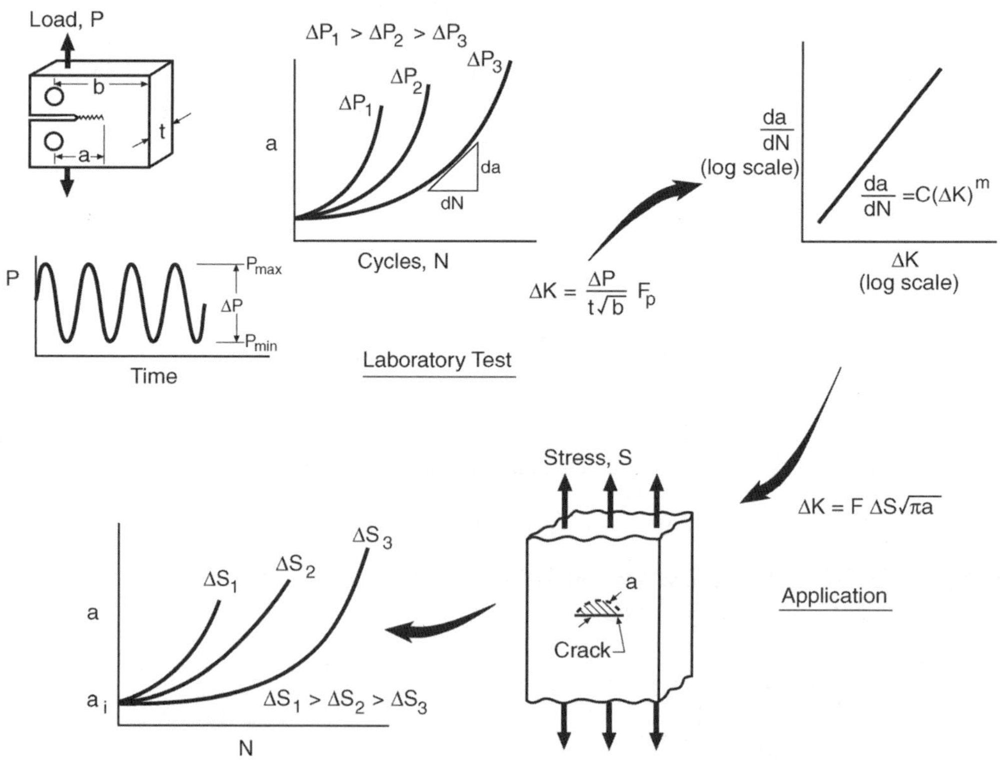

그림 11.5 da/dN vs. △K 데이터를 얻어, 이 데이터를 공학적으로 적용하는 과정임.

예제 11.1

그림 11.4의 R = 0.1에서 데이터에 대해, 정확한 상수 C와 m값을 얻고 식 11.10과 같이 나타내어라.

【풀이】 이 데이터는 로그-로그 좌표계에서 직선으로 나타나므로, 식 11.10을 적용하는 것이 타당하다. 주어진 데이터를 직선으로 정렬하면 아래 두 점을 통과한다.

$$\left(\Delta K, \frac{da}{dN}\right) = (21, 10^{-5}) \quad \text{and} \quad (155, 10^{-2})$$

여기서, $\mathrm{MPa}\sqrt{\mathrm{m}}$ 과 mm/cycle 단위가 사용된다. 이제 이 두 점을 식 11.10을 적용하여, 이들을 $(\Delta K_A,\ da/dN_A)$와 $(\Delta K_B,\ da/dN_b)$이라고 하자:

$$da/dN_A = C(\Delta K_A)^m, \qquad da/dN_B = C(\Delta K_B)^m$$

위의 첫 번째 식을 두 번째 식으로 나누어 C를 제거하고 하나의 식으로 정리하면:

$$\frac{da/dN_A}{da/dN_B} = \left(\frac{\Delta K_A}{\Delta K_B}\right)^m$$

양변에 로그를 취하고, m에 대해 풀면:

$$m = \frac{\log(da/dN_A) - \log(da/dN_B)}{\log(\Delta K_A) - \log(\Delta K_B)} = \frac{\log 10^{-5} - \log 10^2}{\log 21 - \log 155} = 3.456$$

다음, m과 한 점의 데이터를 식 11.10에 대입하여 C를 얻으면:

$$10^{-5}\frac{\mathrm{mm}}{\mathrm{cycle}} = C(21\mathrm{MPa}\sqrt{\mathrm{m}})^{3.456}, \qquad C = 2.696 \times 10^{-10}\frac{\mathrm{mm/cycle}}{(\mathrm{MPa}\sqrt{\mathrm{m}})^m}$$

C는 지수 m을 포함한 흔치 않은 단위로 나타남을 주목하자. 이런 이유로, 소수점 셋째자리에서 반올림한 숫자를 통해 원하는 관계를 나타내면,

$$\frac{da}{dN} = 2.70 \times 10^{-10}(\Delta K)^{3.46} \qquad (\mathrm{mm/cycle}, \mathrm{MPa}\sqrt{\mathrm{m}}) \qquad \text{(답)}$$

일반적으로 일련의 $da/dN - \Delta K$에 대해 $y = mx + b$ 형태의 로그-로그 최소 자승 직선을 이용하여 전체 데이터를 얻을 수 있다. 이것은 식 11.10의 양변에 로그를 취하여 다음을 얻음으로써 수행된다.

$$\log\frac{da}{dN} = m\log(\Delta K) + \log C$$
$$y = \log\frac{da}{dN}, \quad x = \log(\Delta K), \quad m = m, \quad b = \log C \qquad (11.11)$$

11.3 피로균열 진전속도 시험

피로균열 진전 시험을 수행하기 위한 표준화된 방법이 개발되었으며, 그 중 ASTM E647이 있다. 일반적으로 사용되는 시편 형상은 두 가지인데 하나는 그림 8.16의 표준 컴팩트 시편이고, 다른 하나는 그림 8.12(a)에 나타낸 중앙에 균열이 있는 판이다.

11.3.1 시험 방법과 데이터 분석

일반적인 시험에서는 폭(8장에서 정의) b가 50mm 정도인 크기의 시험편에 일정 진폭 반복 하중을 가하게 된다. 시험을 시작하기 전에 예비 균열이 필요하다. 이는 기계 가공을 통해 날카로운 노치를 만들고, 낮은 크기의 반복하중으로 균열을 내는 것으로 완료된다. 그 이후 진행되는 시험을 위해 높은 크기의 반복하중이 가해진다. 균열의 진전은 그 길이가 10, 20mm 또는 다른 값에 도달할 때 해당하는 주기 수로 기록되며, b≈50mm에 대해서는 1mm 간격으로 이를 기록한다. 균열 길이 데이터의 결과는 그림 11.6과 같이 각각의 주기 수에 일치하는 점으로 그래프에 나타난다.

균열 길이를 측정하기 위한 한 가지 접근법은 낮은 배율(20~50배)의 현미경을 통해 시험편에 미리 각 위치마다 표시한 곳에 도달할 때를 육안으로 관찰하여 기록하는 것이다. 이러한 방식은 그림 11.7에

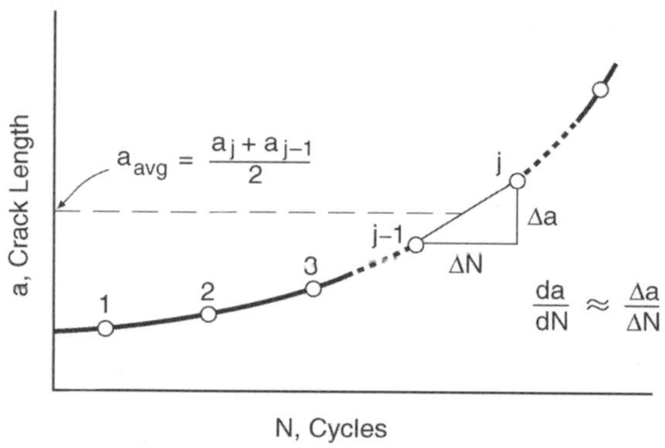

그림 11.6 N번째 데이터 점과 인접 점으로부터 얻은 균열 성장 속도

그림 11.7 현미경과 섬광전구를 사용하여 균열 진전을 육안으로 관측한 컴팩트 시편(b = 51mm)의 균열 성장 속도 시험임(좌측). 주기 수는 그은 선에 각각 도달할 때의 숫자를 기록하였음(우측).

나타내었다. 균열 길이를 측정하는데 조금 더 세련된 방법도 이용되고 있다. 예를 들면, 시험편에서 균열의 진전에 따라 강성의 감소를 초래하는 처짐량이 증가하는데, 이 때 강성의 변화는 측정될 수 있으며, 균열 길이의 계산에 이용될 수 있다. 또 다른 접근법은 시험편에 전기 전류를 통과시키는 것으로, 균열의 진전에 따른 전압장의 변화를 측정하여 길이를 얻을 수 있다. 초음파의 반사 역시 균열 길이를 측정하는데 사용할 수 있다.

균열길이 대 사이클 데이터에서 진전속도를 얻기 위하여, 간단하면서 대부분의 경우에 적합한 접근법은 그림 11.6에 나타난 바와 같이 데이터 점 사이의 직선에 대한 기울기를 구하는 것이다.

데이터에 1, 2, 3, …, j으로 번호를 붙인다면, 마지막 부분 점 j에서의 진전속도는 아래와 같다.

$$\left(\frac{da}{dN}\right)_j \approx \left(\frac{\Delta a}{\Delta N}\right)_j = \frac{a_j - a_{j-1}}{N_j - N_{j-1}} \tag{11.12}$$

대응하는 ΔK는 그 구간에서 평균 균열 길이로부터 계산되며, 두 가지 식으로 계산한다.

$$\Delta K_j = F\ \Delta S\sqrt{\pi a_{\text{avg}}}, \qquad \Delta K_j = F_P \frac{\Delta P}{t\sqrt{b}} \tag{11.13}$$

첫 번째 식에서,

$$a_{\text{avg}} = \frac{a_j + a_{j-1}}{2} \tag{11.14}$$

$\alpha = a/b$일 때, 기하학적 계수 $F = F(\alpha)$ 또는 $F_P = F_P(\alpha)$는 동일한 평균 균열 길이에서 평가되었다.

$$\alpha_{\text{avg}} = \frac{a_{\text{avg}}}{b} = \frac{a_j + a_{j-1}}{2b} \tag{11.15}$$

앞서 말한 과정은 균열 길이가 상당히 짧은 간격으로 측정될 때에 한해 유효한 과정이다. 그렇지 않으면, 진전속도와 K가 달라져서 평균에 포함된 다음 관찰 값과 매우 큰 차이가 나게 된다. 이에 대한 자세한 세부 조건은 ASTM 규정에 주어져 있다. 또한 단순하게 점과 점의 기울기보다 세련된 방법인 *da/dN* 평가를 위한 곡선 피팅 방법은 분산된 a대 N 데이터를 매끄럽게 하는 데 사용된다. 시험 데이터를 다항식으로 피팅하는 것은 보통 효과가 좋지 않으나, 증분하는 부분의 데이터에 적용되면 효과가 있음이 ASTM 표준에 소개되어 있다.

예제 11.2

7075-T6 알루미늄으로 만든 중앙 - 균열 판 시험편에 대한 시험으로부터 균열 길이 - 주기 데이터가 표 E11.2(a)에 주어져있다. 그림 8.12(a)에 정의된 것처럼, 시험편의 치수는 h = 445, b = 152.4 그리고 t = 2.29mm이다. 하중은 0에서부터 최대값 P_{max} = 48.1 kN까지 주기적으로 작용한다. 이 데이터로부터 ΔK와 da/dN을 얻어라.

【풀이】 점 1에서 2사이의 평균 진전속도는 j = 2일 때 식 11.11을 적용하여 얻는다.

$$\left(\frac{da}{dN}\right)_2 = \frac{a_2 - a_1}{N_2 - N_1} = \frac{7.62 - 5.08}{18{,}300 - 0} = 1.388 \times 10^{-4}\text{mm/cycle} \qquad \text{(답)}$$

대응하는 ΔK는 j = 2일 때 식 11.13과 11.14로부터 평균 균열 길이를 사용하여 평가한다.

$$a_{avg} = \frac{a_2 + a_1}{2} = \frac{7.62 + 5.08}{2} = 6.35\text{mm}, \quad \alpha_{avg} = \frac{a_{avg}}{b} = \frac{6.35\text{mm}}{152.4\text{mm}} = 0.0417$$

이 형상에 대한 F 값을 계산하기 위하여 그림 8.12(a)를 이용했다. α_{avg}에 대응하는 값은

$$F = \frac{1 - 0.5\alpha + 0.326\alpha^2}{\sqrt{1-\alpha}} = \frac{1 - 0.5(0.0417) + 0.326(0.0417)^2}{\sqrt{1 - 0.0417}} = 1.001$$

표 E11.2

(a) Given Data			(b) Calculated Values				
j	a mm	N cycles	da/dN mm/cycle	a_{avg} mm	α_{avg}	F	ΔK $\text{MPa}\sqrt{\text{m}}$
1	5.08	0	—	—	—	—	—
2	7.62	18 300	1.39×10^{-4}	6.35	0.0417	1.001	9.74
3	10.16	28 300	2.54×10^{-4}	8.89	0.0583	1.002	11.53
4	12.70	35 000	3.79×10^{-4}	11.43	0.0750	1.003	13.09
5	15.24	40 000	5.08×10^{-4}	13.97	0.0917	1.004	14.49
6	17.78	43 000	8.47×10^{-4}	16.51	0.1083	1.006	15.78
7	20.32	47 000	6.35×10^{-4}	19.05	0.1250	1.008	16.99
8	22.86	50 000	8.47×10^{-4}	21.59	0.1417	1.010	18.13
9	25.40	52 000	1.27×10^{-3}	24.13	0.1583	1.013	19.21
10	30.48	57 000	1.02×10^{-3}	27.94	0.1833	1.017	20.77
11	35.56	59 000	2.54×10^{-3}	33.02	0.2167	1.025	22.74
12	40.64	61 000	2.54×10^{-3}	38.10	0.2500	1.034	24.65
13	45.72	62 000	5.08×10^{-3}	43.18	0.2833	1.045	26.52

Source: Data in [Hudson 69].

여기서, 식 11.12에 $\Delta S = \Delta P/(2bt)$를 사용하면, 아래의 식을 얻을 수 있다.

$$(\Delta K)_2 = F \Delta S \sqrt{\pi a_{avg}}$$

$$(\Delta K)_2 = 1.001 \frac{48{,}100\text{N}}{2(152.4\text{mm})(2.29\text{mm})} \sqrt{\pi(0.00635\text{m})} = 9.74\text{MPa}\sqrt{\text{m}} \qquad \text{(답)}$$

j = 3일 때와 j = 4 일 때 식 11.11, 식 11.14에 비슷하게 적용하여 얻은 값들을 표 E11.2(b)에 나타냈다.

11.3.2 시험 변수

균열 진전 시험은 보통 0-인장 하중인 R = 0 또는 R = 0.1과 같이 낮은 R값인 인장-인장 하중에서 시험된다. 0~0.2 범위의 R의 변화에 따른 효과는 대부분의 재료들에 있어 크지 않으며, 관례적으로 이 범위에 적용된 시험 결과는 표준으로 인정되어 다양한 재료, 환경 등의 효과에 대해 비교된다. 넓은 범위에 걸친 진전속도를 얻기 위해 보통 각각의 하중 단계를 다르게 하여 시험한 시편 데이터가 필요하다. 그림 11.8과 그림 11.9에 강에 대한 이러한 결과를 나타내었다. 보다 완벽한 데이터를 얻기 위해, 다양한 R값에

대해 여러 시험 그룹이 수행될 수 있다. 또한, $\triangle K_{th}$의 범위의 데이터를 원한다면, ASTM E647에 설명되어있는 특별한 하중 감소 시험을 필요로 한다.

다양한 변수들이 주어진 재료의 피로균열 진전속도에 영향을 미칠 수 있기 때문에 시험 조건은 재료가 앞으로 사용될 상황을 포함하여 유사하게 예측한 것을 선택해야 한다. 이러한 변수들은 온도, 반복 하중의 진동수 그리고 화학적 환경등이 있다. 재료에서의 성분이나 공정 중의 작은 변화도 결과와 다른 미세구조 때문에 피로균열 진전속도에 영향을 미칠 수도 있다. 이런 이유로 재료의 다른 변수에 대한 시험은 피로균열 진전에 가장 저항이 높은 재료를 개발하기 위해 수행되는 경우도 있다.

11.3.3 기하학적 형상에 독립적인 da/dN−△K 곡선

주어진 재료에 대해 특정한 R값, 시험 진동수 및 환경 등이 동일한 시험 조건에 대한 진전속도는 오직 $\triangle K$에만 의존한다. 이것은 $\triangle K$가 기하학적 형상, 하중 그리고 균열 길이의 조합의 심각성을 나타내는 파라메터이기 때문이며, 반복하중에 대하여 동일한 역할을 한다. 그러므로 하중 레벨, 균열 길이, 시편의 형상에 관계없이 주어진 시험 조건에 대한 모든 $da/dN-\triangle K$ 데이터는 예상되는 몇 가지 통계학적 산포를 제외하고 하나의 곡선으로 나타나야 한다. 그림 11.8과 11.9에 다른 하중 레벨과 균열 길이를 포함하여 나타나 있다. 이러한 경향은 하나 이상의 시편 형상에 시험을 진행했을 때에도 같은 경향이 나타나야 한다. 기하학전 형상에 독립적임을 보여주는 데이터를 그림 11.10에 나타내었다.

이러한 다양한 형상에 대한 $da/dN-\triangle K$ 곡선의 고유성은 재료 시험과 공학적 응용에 대해 K 개념의 적용 하는데 있어서 매우 중요한 시험이다.(그림 11.5를 상기하라) 이 고유성은 충분히 확인되어서, 일반적으로 재료 데이터를 얻기 위해 하나 이상의 시편 형상을 포함하는 것이 필요하지 않다. 하지만 지나친 항복이나 11.9절에서 고찰할 매우 작은 균열에 대한 경우, $\triangle K$의 적용가능성에 대한 어려움이 발생할 수 있다.

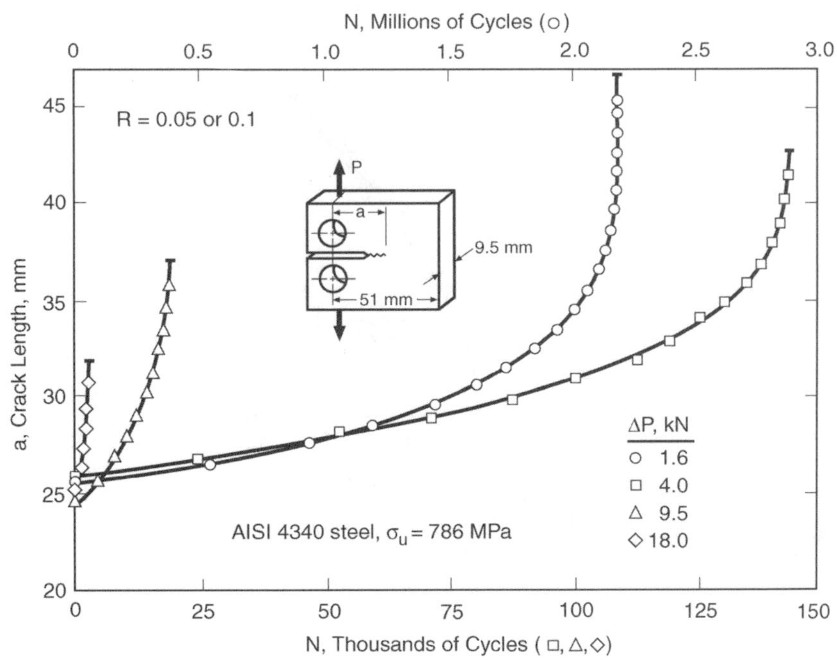

그림 11.8 합금강으로 만든 컴팩트 시편에 4가지의 다른 반복 하중에 대한 균열 길이 vs. 주기 데이터

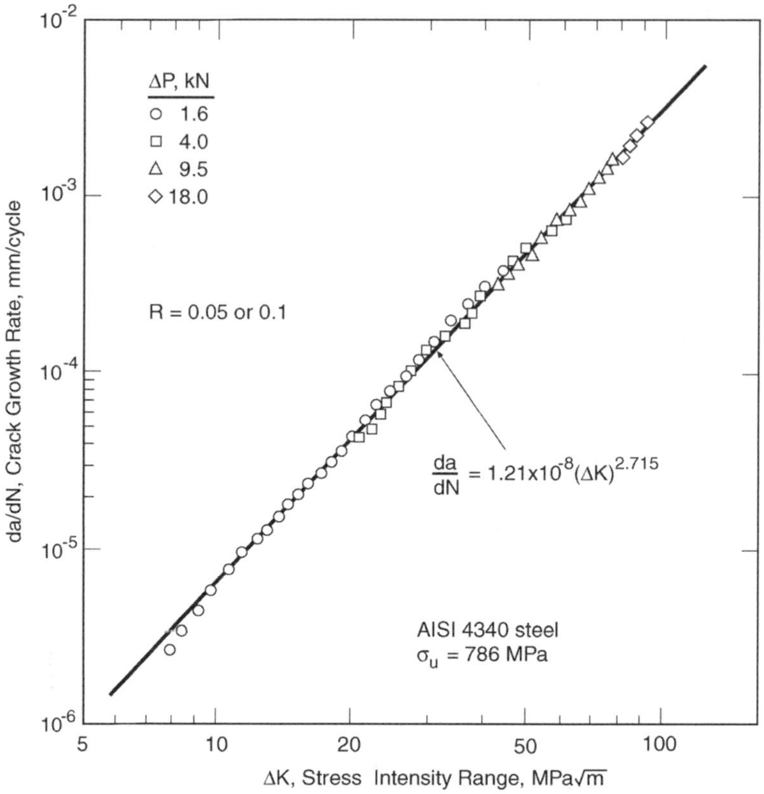

그림 11.9 그림 11.8의 a vs. N에 대한 데이터로부터 da/dN vs. △K의 데이터와 최소자승법으로 그린 선

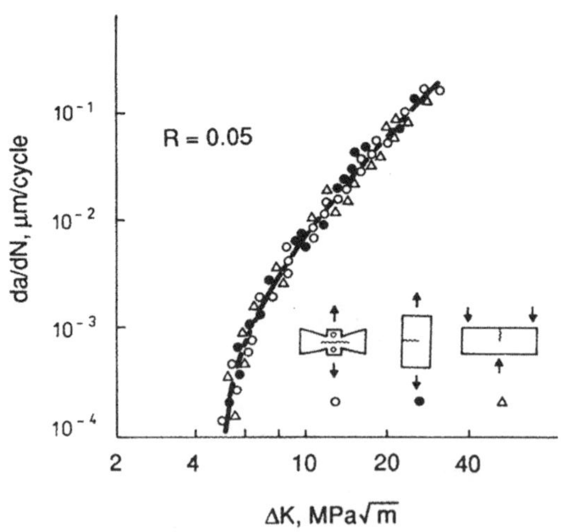

그림 11.10 0.65% 카본 강에 대한 피로균열 성장 속도 데이터이고, 형상에 독립적임을 나타냄.

11.4 피로균열 진전에서 R = S_{min}/S_{max} 효과

앞서 그림 11.4에 나타나 있듯이 반복 하중에서 응력비의 증가는 주어진 ΔK에 대해 진전속도의 증가를 발생시킨다. 이 효과는 취성재료에 가까울수록 더 확연하게 나타난다. 예를 들어 그림 11.11에서 보인 granite 암석의 균열 진전속도 평가 결과에서와 같이 R을 0.1에서 0.2로 약간 증가시킴에 따라 민감하게 균열 진전속도가 변화하는 것을 볼 수 있다. 이에 반해 연강이나 비교적 낮은 강도와 높은 연성을 가지는 구조용 강재의 경우 $da/dN-\Delta K$ 곡선에서의 진전속도 중간 범위에서는 R 효과가 다소 약하게 나타났다.

11.4.1 Walker 방정식

다양한 경험적 관계가 $da/dN-\Delta K$ 곡선에서 R효과를 나타내는 데 사용되었다. 가장 널리 사용된 식 중 하나는 Walker 관계인 식 10.37을 기반으로 응력확대 계수 K를 구한 식 11.16이다.

$$\overline{\Delta K} = K_{\max}(1-R)^{\gamma} \tag{11.16}$$

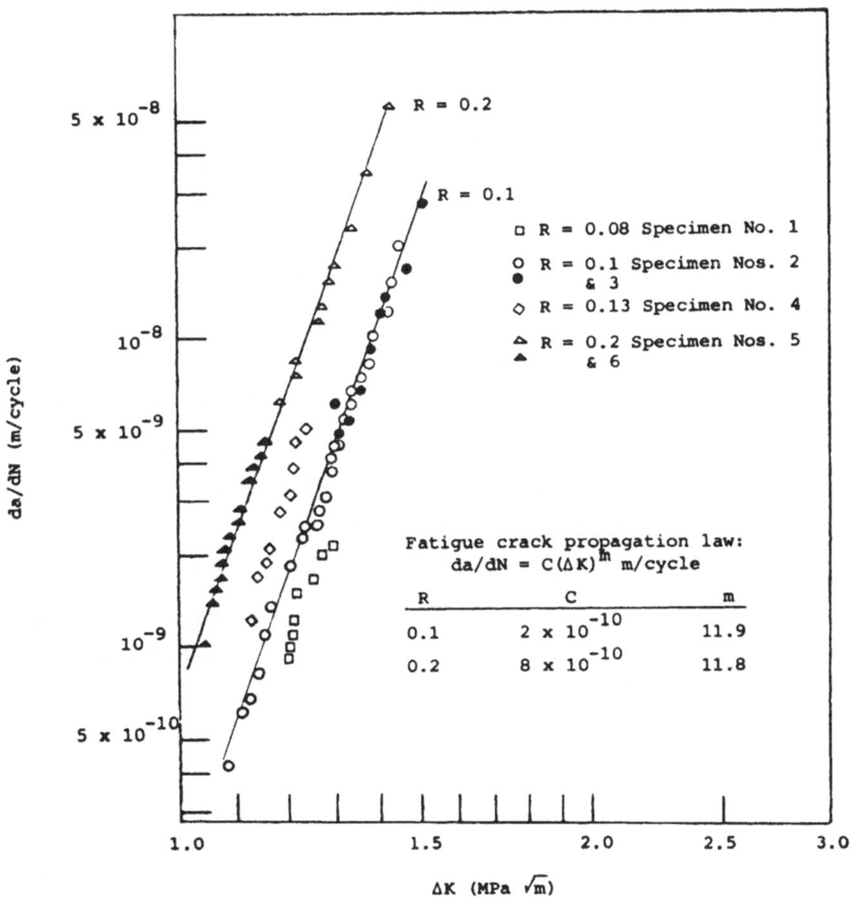

그림 11.11 3점 굽힘 시편으로 시험한 Waterly 화강암에 대한 균열 진전속도의 응력비 효과

여기서, γ는 재료상수이고, $\overline{\Delta K}$는 실제 K_{max}와 R이 조합되어 같은 진전속도를 유발하는 0-인장(R=0)의 등가 응력확대 계수다. $\Delta K = K_{max}(1-R)$로 주어질 때, 식 9.4(a)를 K에 적용하면 식 11.16는 식 11.17로 나타낼 수 있다.

$$\overline{\Delta K} = \frac{\Delta K}{(1-R)^{1-\gamma}} \tag{11.17}$$

식 11.10에서 상수 C를 $R=0$일 때 경우에 대해 C_0로 나타내자.

$$\frac{da}{dN} = C_0\,(\Delta K)^m \qquad (R=0) \tag{11.18}$$

$R=0$일 때의 $\overline{\Delta K}$는 ΔK이기 때문에, 식 11.18에서 $\overline{\Delta K}$를 ΔK로 대체할 수 있다.

$$\frac{da}{dN} = C_0\left[\frac{\Delta K}{(1-R)^{1-\gamma}}\right]^m \tag{11.19}$$

위 식은 로그-로그 플롯에서 기울기 m인 직선과 평행한 $da/dN-\Delta K$ 곡선을 대표한다. 식 11.19은 다시 정리하여 식 11.20처럼 정리된다.

$$\frac{da}{dN} = \frac{C_0}{(1-R)^{m(1-\gamma)}}\,(\Delta K)^m \tag{11.20}$$

식 11.10과 비교하면, m은 R에 영향을 받지 않는다고 예상할 수 있으나, C는 R의 함수로 나타낼 수 있다.

$$C = \frac{C_0}{(1-R)^{m(1-\gamma)}} \tag{11.20}$$

식 11.19를 통한 유용한 방법은 0-인장($R=0$)의 등가 응력확대 계수 $\overline{\Delta K}$를 da/dN에 대해 하나의 직선으로 도식화 할 수 있다는 것이다. 그림 11.4의 데이터 중 $\gamma=0.42$일 때를 위 방법을 사용하여 그림 11.12에 나타내었다. 모든 데이터가 하나의 선에 꽤 가깝게 모여 있기 때문에, 식은 합리적이며 성공적이다. 하지만 $R<0$일 때의 압축이 포함된 하중을 다루는 것이 필요한데, $R<0$에서 $\gamma=0$을 사용하여 주기 내 압축 부분이 효과가 없다고 가정하여 $\overline{\Delta K}=K_{max}$로 나타내게 된다.이것이 타당한 이유는 하중이 0에서 균열이 닫히게 되고, 이보다 낮은 하중에서는 균열이 더 이상 진전하지 않는다는 논리를 기반으로 하기 때문이다. 많은 연성 금속재료에서는 하중의 압축영역 부분에서도 균열이 진전하는 경우도 있으므로, $R<0$에 대해서 0이 아닌 γ이 필요하다. .

다양한 금속에서의 상수 γ값은 일반적으로 약 0.5쯤 되지만, 0.3에서부터 0.1에 가깝게 변하기도 한다. $\gamma=1$로 주어지면 단순하게 $\overline{\Delta K}=\Delta K$이며, R 효과가 나타나지 않는 경우에 해당한다. γ값이 감소할 때, R 효과는 서서히 강해진다. 그림 11.12에 나타난 AISI 4340 강을 포함하여, 표 11.2에 각각의 금속에 대한 Walker식 상수들을 나타냈다. $R<0$일 때 가능한 데이터에서, $\gamma=0$은 3가지 경우에 대해 모두 적용할 수 있지만, $\gamma=0.22$에서 압축 하중이 균열 진전에 기여하는 매우 큰 연성의 Man-Ten steel의 경우에 대해서는 그렇지 않다는 점을 주목하자.

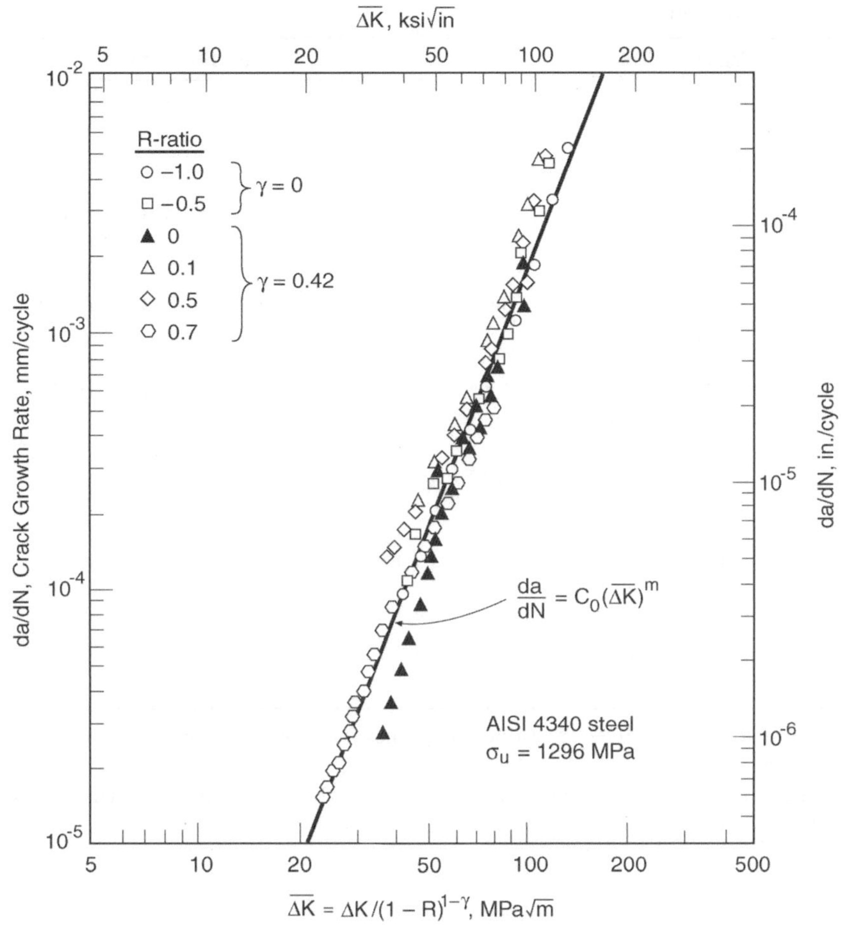

그림 11.12 Walker식을 기본으로 하여 그림 11.4의 대표 데이터를 하나의 관계로 나타냄.

다양한 R에서의 시험 데이터로부터 γ값을 얻을 수 있으며, 바람직한 γ값은 $da/dN-\Delta K$을 직선이나 곡선으로 나타낸 그래프를 하나의 선으로 가장 잘 통합할 수 있는 값에 해당한다. 로그-로그 플롯에서 직선을 기대할 때, 다음에 나타낼 예제 11.3과 같이 초기에 잘 추정한 γ은 두 가지의 다르고 대조적인 R값을 사용함으로 얻을 수 있다. 하지만, 보다 정확한 절차는 식 11.19 각 항에 로그를 취하므로 시작되는 다중 선형 회귀를 수행하는 것이다.

$$\log(da/dN) = m\log(\Delta K) - m(1-\gamma)\log(1-R) + \log C_0 \tag{11.22}$$

종속 변수는 $y = \log(da/dN)$고, 독립 변수는 $x_1 = \log(\Delta K)$와 $x_2 = \log(1-R)$이다. 10.6.4 절과 예제 10.4에서 비슷한 해석을 볼 수 있다.

식 11.16 또는 11.17의 형태에서 Walker의 $\overline{\Delta K}$는 $da/dN-\Delta K$식에서 어떤 수학적인 형태에 대해서도 사용될 수 있다. 하지만, 기본적으로는 식 11.10이 유효한 중간 부분의 진전속도에 대해 적용하도록 되어 있다.

표 11.2 몇몇의 금속에 대한 Walker식의 상수

Material	Yield	Toughness	Walker Equation				
	σ_0	K_{Ic}	C_0	C_0	m	γ	γ
	MPa (ksi)	MPa $\sqrt{m}$ (ksi$\sqrt{in}$)	$\frac{mm/cycle}{(MPa\sqrt{m})^m}$	$\frac{in/cycle}{(ksi\sqrt{in})^m}$		$(R \geq 0)$	$(R < 0)$
Man-Ten steel	363 (52.6)	200[1] (182)	3.28×10^{-9}	1.74×10^{-10}	3.13	0.928	0.220
RQC-100 steel	778 (113)	150[1] (136)	8.01×10^{-11}	4.71×10^{-12}	4.24	0.719	0
AISI 4340 steel ($\sigma_u = 1296$ MPa)	1255 (182)	130 (118)	5.11×10^{-10}	2.73×10^{-11}	3.24	0.420	0
17-4 PH steel (H1050, vac. melt)	1059 (154)	120[1] (109)	3.29×10^{-8}	1.63×10^{-9}	2.44	0.790	—
2024-T3 Al[2]	353 (51.2)	34 (31)	1.42×10^{-8}	7.85×10^{-10}	3.59	0.680	—
7075-T6 Al[2]	523 (75.9)	29 (26)	2.71×10^{-8}	1.51×10^{-9}	3.70	0.641	0

Notes: [1]Data not available; values given are estimates. [2]Values for C_0 include a modification for use in [Hudson 69] of k, where $K = k\sqrt{\pi}$.
Sources: Original data or fitted constants in [Crooker 75], [Dennis 86], [Dowling 79c], [Hudson 69], and [MILHDBK 94] pp. 3–10 and 3–11.

예제 11.3

그림 11.4의 AISI 4030강에 대한 Walker식 상수의 근사 값을 구하라.

【풀이】 Walker식에서 모든 응력비에 대해 같은 요소 m을 적용한다고 가정하면, 로그-로그 선도에서 평행한 직선을 가진다는 것을 주의하라. 대조적인 R 값에 대해 이러한 두 평행선은 근사값 C_0, m 그리고 γ을 얻기에 충분하다. 예제 11.1에서 이미 정의한 R=0.1에 대한 선은 아래의 식처럼 사용될 수 있다.

$$\frac{da}{dN} = 2.70 \times 10^{-10} (\Delta K)^{3.46} \qquad (R = 0.1)$$

이 식의 단위는 $\mathrm{MPa}\sqrt{\mathrm{m}}$과 mm/cycle이 사용된다. 두 번째 평행선과 R=0.7 데이터를 통과하는 선은 아래의 점을 대략적으로 지나간다.

$$\left(\Delta K, \frac{da}{dN}\right) = (11, 10^{-5})$$

R=0.7일 때의 데이터는 R=0.1 데이터와 거의 평행을 이루므로, 대략 m=3.46이라 할 수 있다. 두 번째 선에서의 상수 C는 식 11.10에서 구한 점과 m을 이용하여 얻을 수 있다.

$$10^{-5} = C(11)^{3.46}, \quad C = 2.49 \times 10^{-9}$$

위의 결과로, 선의 방정식은 아래와 같다.

$$\frac{da}{dN} = 2.49 \times 10^{-9}(\Delta K)^{3.46} \quad (R = 0.7)$$

이제 두 가지의 C값을 식 11.21에 따라 대입한다.

$$C_{0.1} = \frac{C_0}{(1-R)^{m(1-\gamma)}}, \quad C_{0.7} = \frac{C_0}{(1-R)^{m(1-\gamma)}}$$

알고 있는 m값을 따라 대표된 C와 R 값을 대체하고, C_0와 γ값을 대입하면:

$$2.70 \times 10^{-10} = \frac{C_0}{(1-0.1)^{3.46(1-\gamma)}}, \quad 2.49 \times 10^{-9} = \frac{C_0}{(1-0.7)^{3.46(1-\gamma)}}$$

여기서 두 식의 C_0값에 대해 풀어서 제거하면:

$$\frac{2.70 \times 10^{-10}}{2.49 \times 10^{-9}} = \left(\frac{0.3}{0.9}\right)^{3.46(1-\gamma)}$$

양변에 로그를 취하고 항복 γ를 구하면

$$\log\frac{2.70 \times 10^{-10}}{2.49 \times 10^{-9}} = 3.46(1-\gamma)\log\frac{0.3}{0.9}, \quad \gamma = 0.415 \qquad \text{(답)}$$

C_0를 포함하는 다른 식에 γ를 대입하고 계산하면 상수가 결정된다.

$$C_0 = 2.70 \times 10^{-10}(0.9)^{3.46(1-0.415)} = 2.18 \times 10^{-10}\frac{\text{mm/cycle}}{(\text{MPa}\sqrt{\text{m}})^m} \qquad \text{(답)}$$

마지막 상수 m값은 앞에서 사용했듯이, m = 3.46 (답)이다.

【고찰】 이 상수의 근사값은 표 11.2에서의 재료에 대해 각각 R값의 모든 데이터를 사용하여 피팅된 것에 거의 일치한다.

11.4.2 Forman식

R 효과를 포함하기 위한 또 다른 제안식으로 Forman식이 있다.

$$\frac{da}{dN} = \frac{C_2(\Delta K)^{m_2}}{(1-R)K_c - \Delta K} = \frac{C_2(\Delta K)^{m_2}}{(1-R)(K_c - K_{\max})} \qquad (11.23)$$

여기서, K_c는 대상으로 하는 두께와 재료에 대한 파괴인성이다. 두 번째 식은 첫 번째 식 분모의 ΔK에 식 9.4(a)를 대입하여 만들어졌다. $K_{\max}$가 K_c에 가까워질수록, 분모는 0에 가까워지고 da/dN은 커지게 된다. 특히, $\Delta K/(1-R) = K_{\max} = K_c$일 때 점근선이 존재한다. 이와 같이 이 식은 식 11.10의 ΔK가 낮아질 때, 최종 파괴인성 근처에서의 진전 가속도를 예측할 수 있는 흥미있는 특징을 가지고 있다. 이런 이유로, 이 식은 높은 진전속도 영역과 중간영역을 동시에 피팅하는 데 사용될 수 있다.

균열 진전 데이터가 다양한 R값에 대해 존재한다면, 각 데이터의 값을 식 11.23에 대입함으로써 이를 피팅할 수 있다.

$$Q = \frac{da}{dN}[(1-R)K_c - \Delta K] \tag{11.24}$$

만약 로그-로그 선도에서 Q값에 상응하는 ΔK값으로 표를 그려 보이면, 직선으로 나타날 것으로 예상된다. 이를 7075-T6 알루미늄에 대해 그림 11.13에 나타냈다. 로그-로그 선도에서 Q-ΔK 그래프의 기울기는 m_2이고, $\Delta K = 1$에서 Q값은 C_2이다.

주어진 재료에 대해 Forman식은 다양한 ΔK, R의 조합이 로그-로그 선도의 Q-ΔK 그래프에서 직선으로 나타나는 영역의 정도에 따라 유용성을 판단할 수 있다. 그림 11.13(a) 데이터에 대해 (b)와 같은 직선으로 통합된 것은 성공적이다. 이 데이터에 해당하는 Forman식의 상수는 표 11.3에 주어졌다.

11.4.3 ΔK_{th} 효과

일반적으로 응력비는 낮은 진전속도에서 강한 효과를 보이기 때문에, ΔK_{th}값에도 강한 영향을 미친다. 이는 중간 진전속도 영역에서 상대적으로 영향을 덜 받는 낮은 강도 금속의 경우에도 나타난다. 다양한 금속의 응력비에 따른 몇 가지 ΔK_{th}값은 그림 11.14에 나타내었다. 분산된 ΔK_{th}에 대한 하한계값은 다음과 같다. 주어진 강재에서 R이 증가함에 따라 ΔK_{th}는 감소하면시 인장하중의 정도가 ΔK_{th}에 강한 영향을 미치고 있다. 이와 유사한 경향은 알루미늄이나 티타늄과 같은 다른 금속에서도 나타난다. 그림 11.14에 나타난 강재의 경우, 낮은 R에서 항복강도가 높을수록 ΔK_{th}이 감소하지만, 높은 R에서는 모든 강재의 ΔK_{th}이 비슷하다는 점에 주목해야한다.

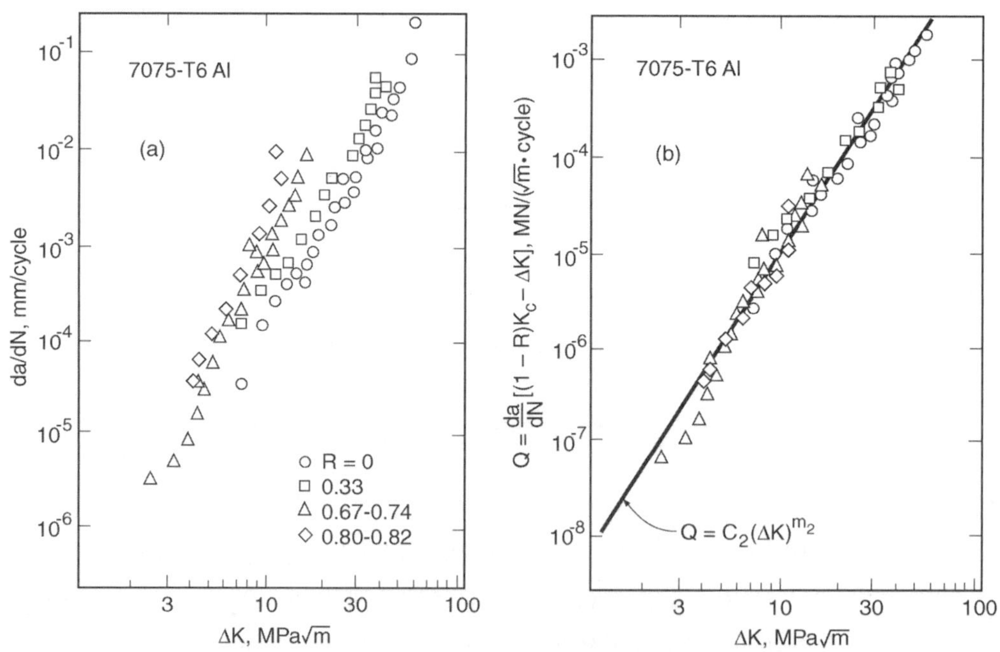

그림 11.13 (a)는 7075-T6 알루미늄의 응력비 효과를 고려한 진전속도이고, (b)는 이 데이터와 표 11.3에 있는 상수와 Forman식을 바탕으로 연관성을 나타냄.

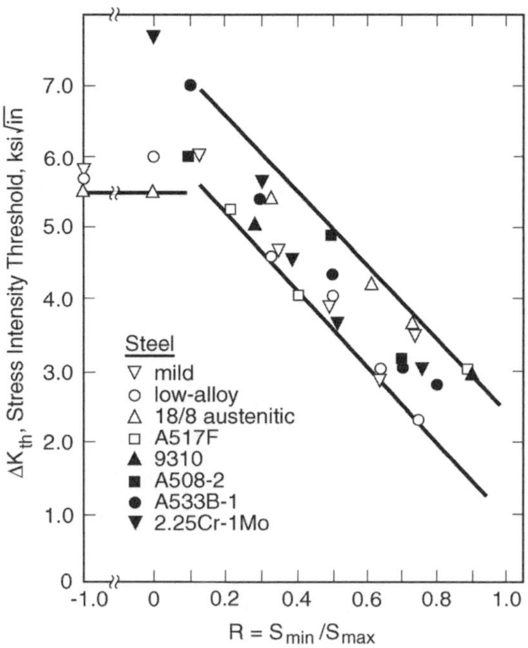

그림 11.14 다양한 강에 대한 ΔK_{th}의 응력비 효과를 나타냄. $R = -1$일 때, 반복 하중의 압축 부분은 ΔK_{th}의 계산에서 제외하였음.

표 11.3 몇몇의 금속에 대한 Forman식의 상수

Material	Yield σ_o	Toughness K_{Ic}	Forman Equation C_2	C_2	m_2	K_c
	MPa (ksi)	$MPa\sqrt{m}$ ($ksi\sqrt{in}$)	$\frac{mm/cycle}{(MPa\sqrt{m})^{m_2-1}}$	$\frac{in/cycle}{(ksi\sqrt{in})^{m_2-1}}$		$MPa\sqrt{m}$ ($ksi\sqrt{in}$)
17-4 PH steel (H1025)	1145 (166)	—	1.40×10^{-6}	6.45×10^{-8}	2.65	132 (120)
Inconel 718 (Fe-Ni-base, aged)	1172 (170)	132 (120)	4.29×10^{-6}	2.00×10^{-7}	2.79	132 (120)
2024-T3 Al[1]	353 (51.2)	34 (31)	2.31×10^{-6}	1.14×10^{-7}	3.38	110 (100)
7075-T6 Al[1]	523 (75.9)	29 (26)	5.29×10^{-6}	2.56×10^{-7}	3.21	78.7 (71.6)

Notes: [1] Values for C_2 and K_c include a modification for use in [Hudson 69] of k, where $K = k\sqrt{\pi}$. The K_c values are for 2.3 mm thick sheet material; replace with K_{Ic} for thick material.
Sources: Values in [Hudson 69], [MILHDBK 94] pp. 2–198 and 6–59, and [Smith 82].

식 11.16의 형태인 Walker식은 때때로 주어진 재료의 ΔK_{th}에 대한 응력비 효과를 나타내는데 사용된다.

$$\Delta K_{th} = \overline{\Delta K}_{th}(1 - R)^{1-\gamma_{th}} \tag{11.25}$$

여기서 $\overline{\Delta K}_{th}$와 γ_{th}는 다양한 R에 대한 ΔK_{th} 데이터를 피팅하는 경험적인 상수이다. $\overline{\Delta K}_{th}$값은 $R=0$일 때 ΔK_{th}값과 일치함을 주목하자. γ_{th}값은 일반적으로 진전속도의 중간영역 부분에서 Walker식의 γ과 일치하지 않는다. 특히 낮은 진전속도나 한계점 근처에서는 응력비에 대한 민감도가 증가한다.

11.4.4 고찰

다소 복잡하고 다양한 수학적인 표현이 da/dN-ΔK 곡선을 나타내기 위하여 사용되고 있다. 이것들은 단지 경험에 의거한 것뿐만 아니라, 균열 닫힘의 모델과 균열 진전에 영향을 미치는 물리적인 현상 등을 포함하여 시도되었다. 대부분 곡선 형태의 그림 11.3과 유사하며, 진전속도가 느리거나 빠를 때 가파른 곡선으로 나타나게 된다. 만약 응력비 효과가 진전속도가 빠른, 중간, 느린 범위의 da/dN-ΔK 거동에 포함될 때, 10개나 되는 경험적인 상수가 주어진 재료의 거동을 정확하게 표현하는데 요구되는 경우도 있다.

경험적 상수로 곡선 피팅을 하는 것에 대안으로 표 검색 절차를 사용할 수 있다. 이 경우에, 다양한 응력비에 대해 da/dN-ΔK를 수치화한 데이터는 컴퓨터를 사용하여 표로 정리된 형태로 유지시키고, 보간법은 ΔK와 R의 조합으로 da/dN를 결정하는 데 사용된다. da/dN-ΔK 거동을 자세히 나타낸 것을 Forman(2005), Grandt(2004) 그리고 Henkener(1993)에서 볼 수 있다.

da/dN-ΔK의 거동을 단순하지만 근사적으로 사용할 수 있는 접근법을 그림 11.15에 나타내었다. 중간 구역에서, 식 11.20의 Walker식을 사용하여 재료상수 C_0, m과 γ로 적당하게 나타낼 수 있다. 급격한 변화가 나타난다고 가정되는 한계 영역 ΔK_{th}는 식 11.25 또는 다른 유사한 관계로 주어졌다. 이때 $\overline{\Delta K}_{th}$, γ_{th}와 같은 추가적인 재료상수가 필요하다. 하지만 점선으로 나타난 한계 영역을 단순히 무시하는 것은 너무 보수적이다. 최종적으로 다른 수직 한계로 부터 불안정하고 급격한 진전속도 영역을 대표하게 된다. 이 한계는 파괴인성 또는 균열이 있는 부재의 단면적 감소에 따라 발생하는 완전 소성 한계 하중에 도달하여 발생한다. 이 중 한 가지가 먼저 발생할 수 있다.

종종 관심있는 재료의 데이터가 0-인장 또는 비슷한 하중(즉, R은 0~0.2)에 대해서만 주어져 있는 상황인 경우가 있다. 이 경우 공학적 재료에서 진전속도 중간 범위에는, $\gamma=0.5$값으로 추정하여 Walker식 같은 데이터를 이용하는 것이 합리적이다. 일반적으로 양의 응력비에서 거동은 보수적으로 추정된다.

Forman 또는 다른 균열 진전 식에서 사용되는 파괴인성 상수 K_c는 높은 진전속도의 거동을 정확하게 나타내는데 필요하다. 하지만 사용하는데 몇 가지를 고려해야 할 사항이 있다. 첫 번째로 K_c는 K_{Ic}가 적용되는 평면변형률 거동일 때를 제외하고 두께에 따라 변한다. 게다가 취성 파괴가 발생하기 전에 균열 진전 시험의 끝에서 심각한 반복 하중은 어떤 재료에서는 증가하고 또 다른 재료에서는 감소하여 K_c를 변화시키게 된다. 더 나아가 연강과 같은 연성과 인성이 높은 재료의 경우 피로균열 진전 시험은 취성파괴 보다는 항복 때문에 끝날 수도 있다. 이와 같은 경우 시험 데이터로부터 얻은 K_c값은 적절하지 못하게 된다.

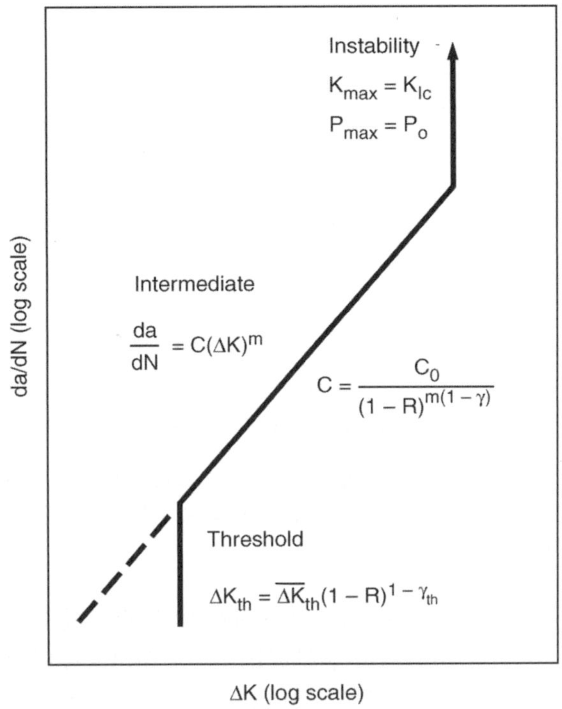

그림 11.15 응력비 효과를 포함한 da/dN vs. △K의 대략적인 묘사. Walker식은 중간 영역에 대해 사용하였는데, 낮은 진전속도에서는 가능한 임계값 제한을 따라 사용하였음. 또한 취성 파괴이거나 완전 소성 항복 때문에 높은 진전속도에서는 불안정한 제한이 있음.

11.5 피로균열 진전거동의 경향

피로균열 진전거동은 재료의 종류에 따라 많이 다르다. 또한 때때로 온도나 해로운 화학물질 등의 환경적 변화에 크게 영향을 받는다.

11.5.1 재료에 따른 경향

상온에서의 공기중 균열 진전거동은 재료의 종류에 따라 좁은 폭 안에서 약간씩 변화할 수 있다. 예를 들면 몇 가지 페라이트-펄라이트 강의 $R \approx 0$에서 데이터가 그림 11.16에 나타나 있다. 식 11.10과 같은 형태의 식은 여러 강에 대해 최악의 경우를 고려하여 시험된 것을 보여주며, 이 식에 대응하는 상수는 표 11.1에 나타나 있다. 3장을 상기해보면 페라이트-펄라이트 강은 낮은 카본을 함유하며, 낮은 강도의 강으로 구조용 부재, 압력 용기 그리고 이와 비슷하게 적용되는 부분에 사용되었다 (부록 C 참고).

최악의 경우를 고려한 $da/dN - \Delta K$ 식은 Barsom(1999)이 마르텐사이트 강, 오스테나이트 강에 대해 제시하였다. 이에 대한 상수는 앞서 표 11.1에 제시되어 있다. 마르텐사이트 강은 담금질과 뜨임의 열처리를 성공하여 매우 낮은 합금강에 속했고, 또한 400계열의 스테인리스강보다 15% 크롬함량을 줄였다. 오스테나이트 강은 주로 부식에 대한 저항이 중요할 때 사용되는 300계열 스테인리스강이다. 이 식은 R값이 0에 가깝거나 $R = 0.2$까지 적용된다. 높은 응력비에서, $\gamma = 0.5$가 가정된 Walker식의 상수 C_0과 m의 사용을 제안하였다.

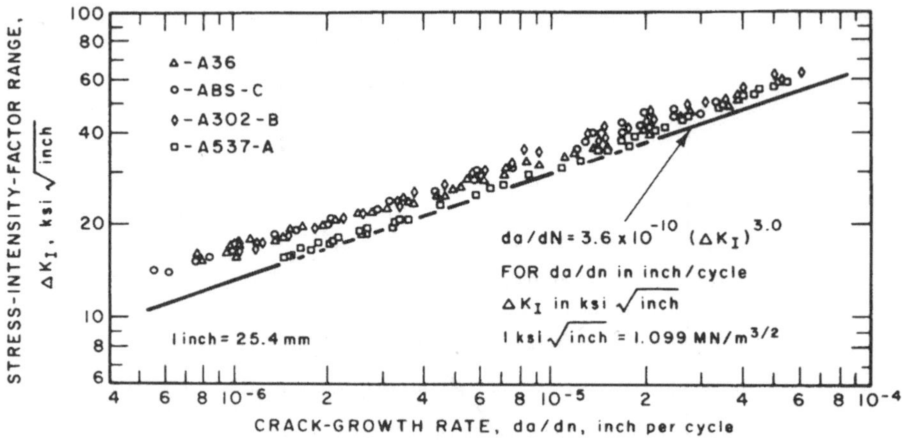

그림 11.16 4가지 페라이트–펄라이트 강에 대해 R≈0일 때, 피로균열 진전속도 데이터이고, 선은 최악의 경우를 고려한 성장 속도로 주어짐. 축들은 반대로 되어 있고, 주어진 다른 da/dN vs. ΔK 그래프와 비교하였음.

이 일반적인 용도의 식은 적용성에 있어 예외가 존재하는 몇 가지 경우에는 주의를 기울여 사용되어야 한다. 예를 들어, 만약 널리 사용되는 마르텐사이트 강 AISI 4340을 매우 높은 응력을 포함한 다양한 응력 레벨에서 열처리 하였다면, 균열 진전속도는 제시한 최악의 경우를 고려한 경향을 넘을지도 모른다.

만약 강, 알루미늄, 티타늄 합금과 같은 다양하고 주요한 종류의 금속이 고려된다면, 균열 진전속도는 $da/dN-\Delta K$ 선도에서 비교하였을 때 많이 다르게 나타나게 된다. 하지만 주어진 진전속도에 대응하는 ΔK값은 탄성 계수 E에 따라 크기가 조정될 수 있다. 그러므로 $da/dN-\Delta K$/E 선도는 그림 11.17에 나타난 것과 같이 다양한 금속들의 큰 차이가 줄어들게 된다. 고분자 재료의 경우 넓은 범위의 진전속도에 대해 ΔK의 기반으로 비교하였으며, 이를 그림 11.18에 나타내었다. 주어진 어떤 ΔK 레벨에 대해, 진전속도는 대부분의 금속보다 상당히 높게 나타남을 알 수 있다.

한 가지 주목할만한 경향은 낮은 연성(큰 취성)의 재료에서 균열 진전속도 지수 m이 높다는 사실이다. 연성 금속에 대해, m은 일반적으로 2~4의 범위를 가지며 대부분 약 3이다. 보다 취성의 주조금속, 짧은 섬유로 강화된 복합물질, 콘크리트를 포함한 세라믹의 경우 높은 m을 가진다. 예를 들어, m은 그림 11.11의 화강암 바위의 경우 약 12의 값을 가진다.

비슷한 거동을 보이는 재료 부류 내에서 일반화할 수 있음에도 불구하고, 때로는 작은 차이가 중요한 영향을 미칠 수 있다. 예를 들면, 강재의 결정립 크기 감소는 낮아진 ΔK_{th}에 해로운 영향을 나타내며, 반면에 낮은 진전속도 영역의 바깥쪽 거동은 거의 영향을 받지 않는다. 또한 그림 11.19의 예시에 기대된 바와 같이, 복합재료 강화재의 변화는 종종 균열 진전에 중요한 영향을 미친다. 균열진전 하한계값 ΔK_{th}는 강재의 종류에 따라 다양하며, 대표적인 값들이 그림 11.14에 나타나 있다. 강도가 낮거나 중간정도인 강재는 낮은 응력비(약 0.1)에서 $\Delta K_{th} = 6 \sim 8MPa\sqrt{m}$ 의 값을 가진다. 알루미늄 합금의 경우 낮은 응력비에서 일반적으로 $\Delta K_{th} = 2 \sim 3.5MPa\sqrt{m}$ 의 값을 가진다. 일반적으로 낮은 균열진전과 ΔK_{th} 영역에서의 거동은 중간 정도의 균열진전 영역의 거동보다 미세구조 및 응력비의 영향을 더 크게 받는다. 또한, 다양한 금속에 대한 균열진전 하한계값은 K_{th}/E에 따라서 대략

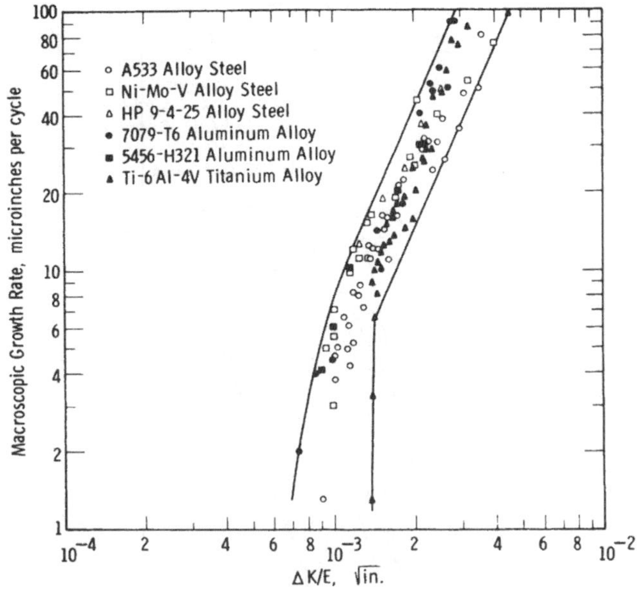

그림 11.17 다양한 금속에 대한 피로균열 진전 경향과 △K/E와의 상관관계

적으로 조정된다. 알루미늄 합금의 탄성계수 E는 강재의 약 1/3에 해당하기 때문에 이러한 경향은 앞서 언급한 낮은 응력비에서의 일반적인 값들과 일치한다.

11.5.2 온도와 환경에 따른 경향

보통 온도의 변화는 피로균열 진전속도에 영향을 미치며, 높은 온도에서는 종종 빠른 진전이 발생한다. 오스테나이트(FCC) 스테인리스강 AISI 304에 대한 이러한 거동을 데이터로 그림 11.20(왼쪽)에 나타내었다. 하지만 BCC 금속에서는 반대의 경향이 발생할 수 있는데, 그 이유는 저온에서 피로균열 진전에 영향을 미치는 벽개 이론 때문이다(8.6절을 참고할 것). Fe-21Cr-6Ni-9Mn 합금의 이러한 경향은 그림 11.20(오른쪽)에 나타나있다. 이 합금은 상온에서는 오스테나이트이지만 낮은 온도에서는 마르텐사이트(BCC)이고, 따라서 벽개가 일어날 수 있어 온도에 대한 효과가 대부분 반대로 나타난다. BCC철과 강에서 이 벽개 효과는 그림 11.21에 보이듯이 피로균열 진전 지수 m에 큰 영향을 미칠 수 있다. 이 효과를 막기 위해서는 충분한 니켈이 첨가함으로써 낮은 온도에서 높은 진전속도를 피할 수 있다.

해로운 화학 환경은 재료와 큰 영향을 유발하는 환경적 요인의 조합에 의해 피로균열 진전속도를 증가시킨다. 부식 피로는 종종 해수와 같은 부식 매질이 포함된 환경에서 사용된다. 이와 같은 거동을 AISI 4340강을 두 가지 강도에 따라 바닷물과 비슷한 소금물의 환경을 적용하여 그림 11.22에 나타냈다. 이 효과는 높은 강도 강의 경우에서 보다 높게 나타났다. 주기 당 전파 속도인 *da*/*dN*에서 주어진 해로운 환경의 효과는 환경에서 더 많은 시간을 보내는 낮은 주파수에서 크다. 이 경향의 데이터는 그림 11.23에 나타나있다.

가스와 습한 공기가 해로운 환경으로 작용할 수 있으며, 공기 중 불활성 기체에 대한 데이터와 진공 중의 데이터를 비교하여 이를 입증할 수 있다. 이러한 비교는 그림 11.24에서 금속과 세라믹에 대해

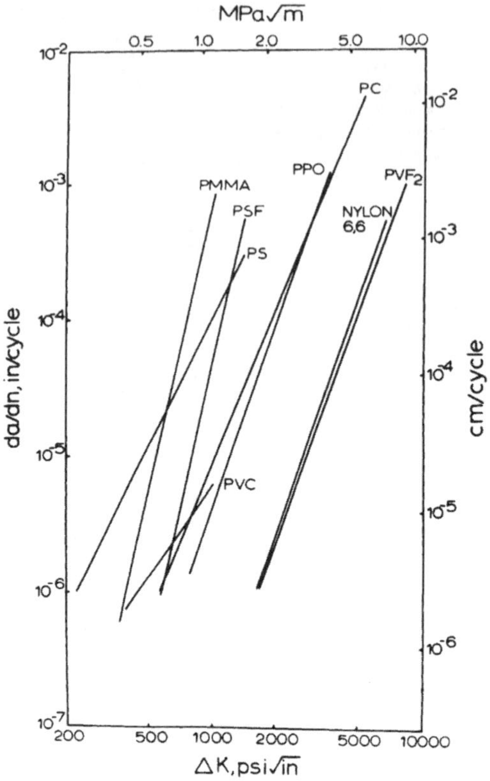

그림 11.18 다양한 결정체와 비결정성 중합체에 대한 피로균열 진전 경향

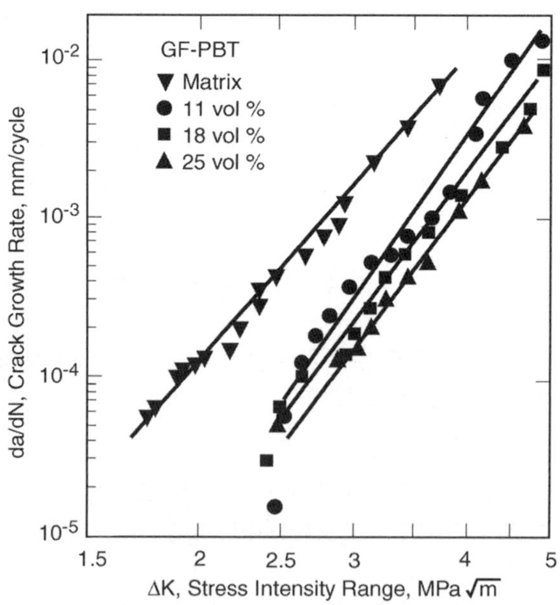

그림 11.19 열가소성 수지 PBT 매트릭스에서 mold-fill 방향에 수직으로 균열이 전파되는 다양한 짧은 유리 섬유의 양에 대한 R = 0.2일 때의 균열 진전속도에 대한 효과

나타내었다. 주파수 효과에 대한 결과는 몇몇 재료의 주변 공기에 따라 발생했다. 온도에 따라 화학적 활동이 증가하기 때문에, 온도에 대한 진전속도가 증가하는 일반적인 경향을 주변 공기가 해로운 효과를 가지기 때문이라고 설명할 수 있다.

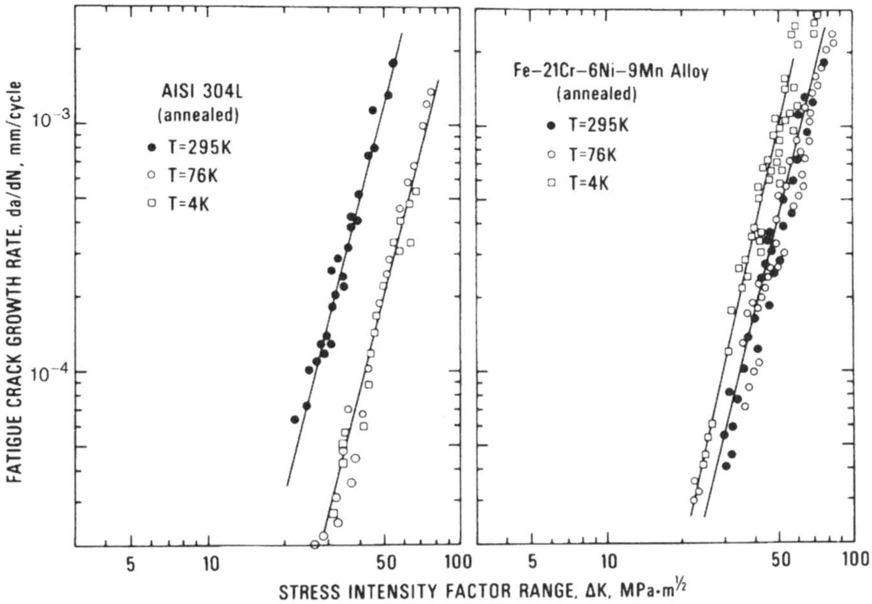

그림 11.20 두 가지 금속에서의 피로균열 진전속도에 대한 온도 효과

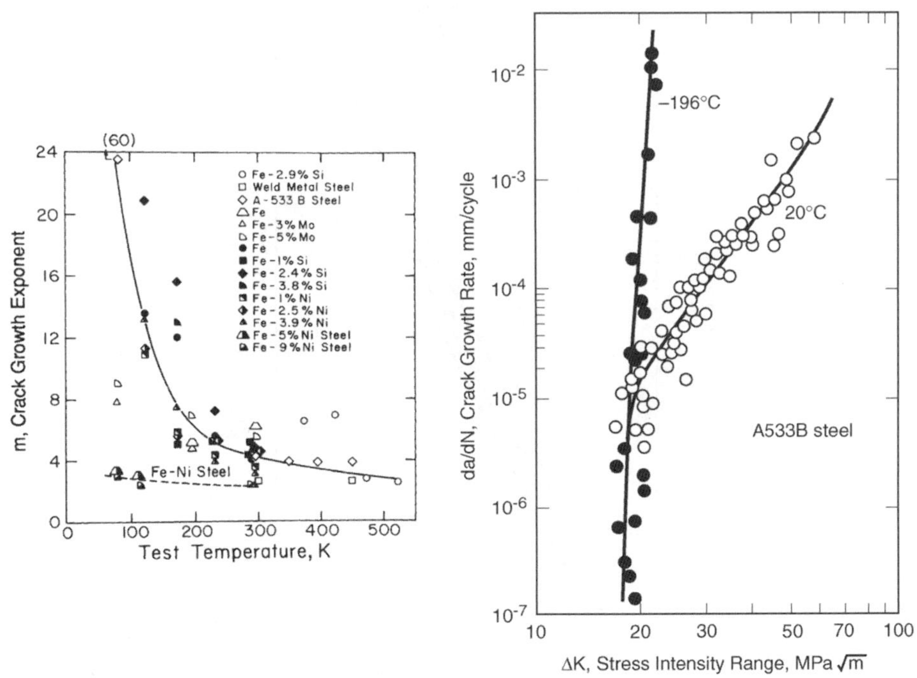

그림 11.21 응력비가 0에 가까울 때, 철과 다양한 강에 대한 시험 온도에 대해 Paris식의 지수 m의 변화(좌측). R = 0.1일 때, A533B 강에 대한 전파 속도가 낮은 온도에서 급격하게 증가하는 것을 나타냄.

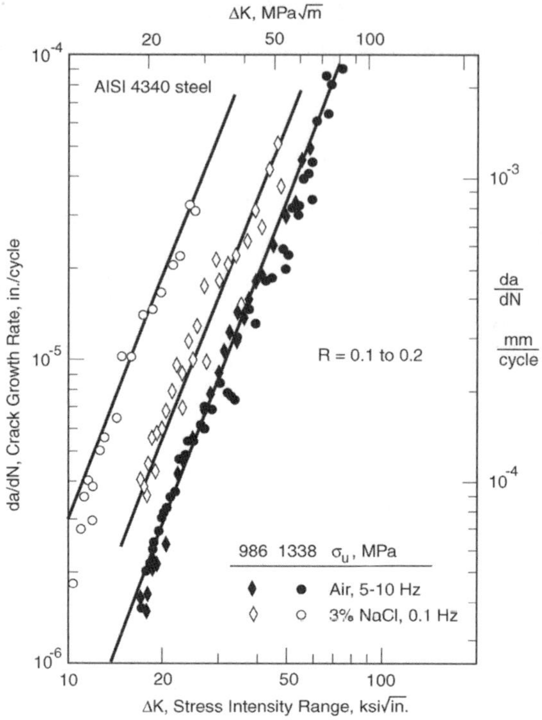

그림 11.22 합금강에서 두 가지 강도 수준에 대해 부식 피로균열 진전 민감도 비교

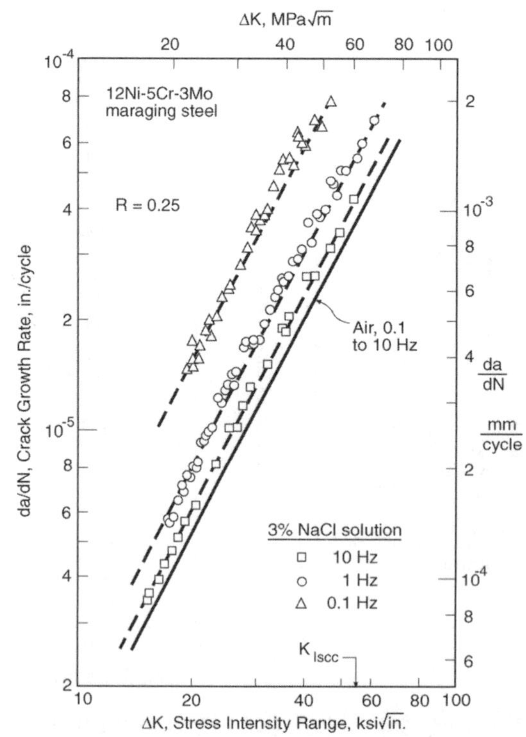

그림 11.23 Maraging 강에서 부식 피로균열 진전속도에 대한 주파수 효과

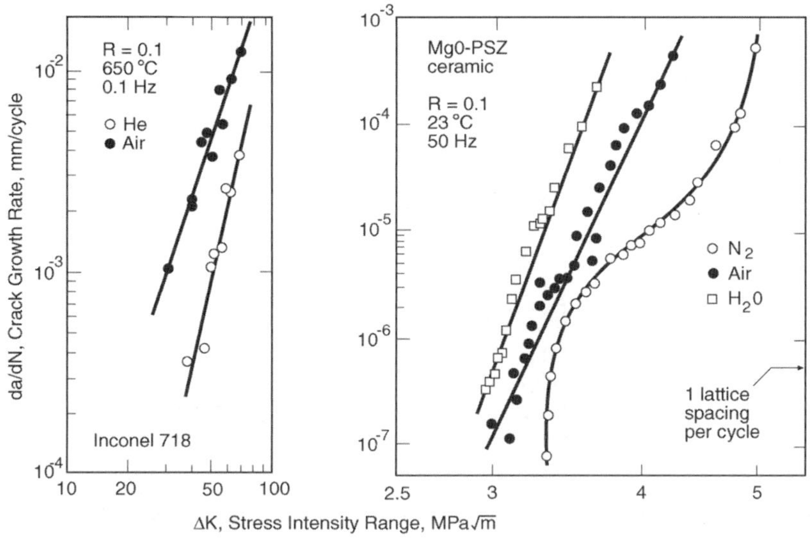

그림 11.24 높은 온도에서의 Ni을 기본으로 한 합금 Inconel 718에 대한 피로균열 진전은 공기중이 불활성 가스에서보다 더 빠르고(좌측), 산화마그네슘에 대해 산화지르코늄 세라믹은 부분적으로 안정적임(우측).

11.6 일정 진폭 하중에서 수명 예측

일정 진폭 응력 ΔS가 작용하는 동안 균열 길이에 따라 ΔK가 증가하고, 균열 진전속도 da/dN이 ΔK에 의존하기 때문에, 균열 길이는 증가하지만 진전속도가 일정하지 않았다. 다시 말해 그림 11.8의 데이터와 같이 균열은 증가함에 따라 가속된다. 이와 같이 da/dN이 변화되는 상황은 균열 성장에 따라 요구되는 수명을 얻기 위해 적분 절차의 사용이 필요하게 만든다.

재료와 응력비의 조합으로 얻어진 균열 진전속도 da/dN은 ΔK의 함수인 식 11.10, 11.19과 11.23 그리고 다른 비슷한 식을 대표하여 일반적으로

$$\frac{da}{dN} = f(\Delta K, R) \tag{11.26}$$

환경, 주파수 등의 효과는 재료상수에 포함된 것으로 가정한다. 균열 진전에 따라 요구되는 수명은 위 식의 양변을 적분하고 dN에 대한 식을 풀어 계산할 수 있다

$$\int_{N_i}^{N_f} dN = N_f - N_i = N_{if} = \int_{a_i}^{a_f} \frac{da}{f(\Delta K, R)} \tag{11.27}$$

이 주기에 대해 주어진 적분은 초기에 크기 a_i일 때 주기 N_i부터 마지막 크기 a_f일 때 주기 N_f까지의 균열 진전에 대해 요구된다. $N_f - N_i$의 주기를 대표하여 간편하게 N_{if}로 사용한다.

진전속도의 역수 dN/da는 단위 균열 길이 a 진전당 주기 누적 속도 N이다. 식 11.26으로부터 식 11.28이 주어졌다.

$$\frac{dN}{da} = \frac{1}{da/dN} = \frac{1}{f(\Delta K, R)} \tag{11.28}$$

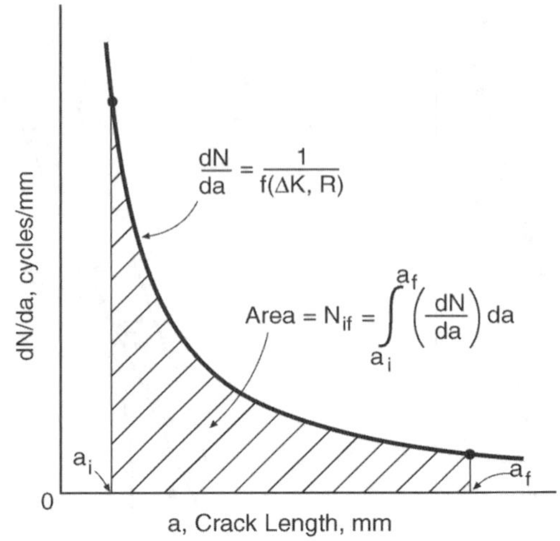

그림 11.25 dN/da vs. △K의 곡선 아래의 부분을 사용하면 초기 크기 a_i에서 마지막 크기 a_f까지 주기수 vs. 균열 성장을 추정한다.

또한 식 11.27은 다음과 같이 쓸 수 있다.

$$N_{if} = \int_{a_i}^{a_f} \left(\frac{dN}{da} \right) da \tag{11.29}$$

이런 이유로, 만약 식 11.28로부터 da/dN이 a의 함수로 나타난다면, 수명 N_{if}은 이 곡선의 a_i와 a_f사이의 아래면적이 된다. 이를 그림 11.25에 나타내었다.

특정한 경우에 적분을 수행하기 위해, 재료와 관심 있는 R에 대해 특정한 da/dN식에 대입하는 것이 필요하며, 관심 있는 기하학적 형상에 따른 ΔK에 대한 구체적인 식의 대체를 필요로 한다. 몇몇 유용한 해석적 방법은 존재하지만, 많은 경우에서 수치적분법을 필요로 한다.

11.6.1 해석적 방법

식 11.10의 전파 속도와 식 11.7의 $F = F(a/b)$일 때를 고려한 상황은 균열 길이 a_i에서 a_f범위에 대한 상수를 근사할 수 있다.

$$\frac{da}{dN} = f\,(\Delta K, R) = C\,(\Delta K)^m, \qquad \Delta K = F\,\Delta S \sqrt{\pi a} \tag{11.30}$$

사용된 C값은 식 11.21을 사용한 Walker 접근법으로부터 응력비 $R = S_{min}/S_{max}$ 효과를 포함할 수 있다. S_{max}와 S_{min}을 일정하다고 가정하면, ΔS와 R 둘 다 일정하게 된다. 식 11.27에 $f(\Delta K, R)$을 위 식으로 대입하고, ΔK에도 위 식을 대입하면

$$N_{if} = \int_{a_i}^{a_f} \frac{da}{C\,(\Delta K)^m} = \int_{a_i}^{a_f} \frac{da}{C\left(F\,\Delta S \sqrt{\pi a}\right)^m} = \int_{a_i}^{a_f} \frac{1}{C\left(F\,\Delta S \sqrt{\pi}\right)^m} \frac{da}{a^{m/2}} \tag{11.31}$$

C, F, ΔS, m 모두 상수이고 변수는 a이며, 적분하여 간단하게 나타내면

$$N_{if} = \frac{a_f^{1-m/2} - a_i^{1-m/2}}{C\left(F\ \Delta S\sqrt{\pi}\right)^m (1 - m/2)} \qquad (m \neq 2) \tag{11.32}$$

만약 $m=2$일 때, 이 식은 수학적으로 불능한 경우가 된다.

a_f가 a_i보다 상당히 크고 m이 약 3이거나 더 큰 경우, 식 11.32의 분자에서는 a_i항이 지배하고 수명은 a_f값에 둔감하다. 이 경향은 m값이 큰 경우 더욱 뚜렷이 나타난다. 그림 11.25를 참고하면, 곡선 아래의 넓이 N_{if}는 정확하게 선택한 a_f에는 약간 영향을 받는다. 또한, 대부분의 주기와 면적은 a_i근처에서 증가하기 때문에, 식 11.32에서 선택된 상수 F값은 a_f에 대응하는 F_f보다 a_i에 대응하는 F_i와 더 비슷하다. 그러므로 F_i 또는 중간 값보다 약간 높은 값을 사용한다.

추가적인 해석적 풀이 방법은 이 장 마지막의 문제에 포함된 $m=2$인 경우와 같은 문제의 해결에 있어서 유용하다. 하지만 $F=F(a/b)$가 변수로 다뤄져야 할 때, 이들의 다양성은 식 11.31의 분모에 있는 F의 지수 m의 존재 때문에 엄격하게 제한되게 된다.

이전의 식들은 일정 진폭 하중에 대해 구해졌기 때문에, 총 단면 공칭응력 S_{max}와 S_{min}는 주기 동안 일정하다. 만약 이들이 변한다면, 식 11.27의 적분과 이로부터 얻을 수 있는 다른 식은 하중 레벨이 일정하게 유지되는 동안의 균열 진전 영역에 대해 구분한 계산으로 사용될 수 있다. 각각의 영역에서 주기 횟수를 더하면 총 수명을 얻을 수 있다. 하지만 이에 대해 11.7절에서 변동 진폭 하중에 대해 추가적으로 고찰할 것이다.

11.6.2 파단 시 균열 길이

식 11.27을 사용하여 균열 진전 수명을 추정하면, 마지막 균열 길이 a_f는 종종 알 수 없거나 식을 적용하기 전에 결정되어야 한다. 또한 만약 식 11.32에서 F가 일정할 때, $F_f=F(a_f/b)$을 결정하는 것이 필요하고 이 값이 $F_i=F(a_i/b)$로부터 크게 다르지 않다는 것을 나타내야 한다. 만약 F_f와 F_i의 차이가 15~20% 이상이라면, 사용하는 상수 값이 일반적으로 받아들이기 어려울 정도로 크기 때문에 N_{if}에서 결과의 오류가 생긴다. 이 경우 11.6.3절에서 설명하는 수치적분법이 필요하게 된다.

일정 진폭 주기 하중에서, S_{max}에 해당하는 K_{max}값은 균열이 진전하면서 같이 증가한다. 그리고 K_{max}가 재료와 해당 두께의 파괴인성인 K_c에 도달하였을 때, 취성파괴 임계균열 길이 a_c에서 파손이 예상된다.

$$a_c = \frac{1}{\pi}\left(\frac{K_c}{F\,S_{max}}\right)^2 \tag{11.33}$$

F가 변함에 따라, 예제 8.1(c)에 나타낸 것과 같이 그래픽 또는 반복 해결법으로 얻은 풀이로부터 a_c를 얻을 수 있게 된다.

게다가 균열 진전은 단면적의 손실에 따라 발생되므로, 균열이 없는 남은 면적에 작용하는 응력은 점차 증가하게 된다. 재료와 부재형상, 크기에 의존하는 완전 소성 항복은 $K_{max}=K_c$ 이전에 도달할 수도 있다. 이것은 아마 낮은 강도와 높은 파괴인성을 가지는 연성 재료에 해당하게 된다. 그런 이유로, a_f가 a_c와 a_0보다 적으며, 후자는 균열 길이가 완전 소성 항복과 일치하는 경우우다. a_0의 값은 부록 A의 A.7.2절에서 논의된 완전 소성 거동을 기반으로 추정될 수 있다. 몇몇 단순한 2차원 상황에 대해, a_0에 대한 유용한 식은 그림 A.16에 주어진 방법으로 얻을 수 있다.

완전 소성 항복에 해당하는 균열 길이 a_0까지 선형탄성 파괴 역학을 사용하는 것은 8장에서 고찰한 LEFM의 소성영역 크기 제한에 위배된다. a_0에 도달하기 전까지 항복에 대한 효과는 균열 속도가 계산된 값보다 높은 값으로 증가하고 계산된 것보다 실제수명이 짧게 주어진다. 하지만 그림 11.25을 상기하면 균열이 진전하는 동안에 균열은 가속화되므로, 대부분의 주기는 균열이 짧을 때 많은 부분을 차지하고, 균열이 마지막 길이에 가까워졌을 때는 작은 부분을 차지한다. 이로부터 구한 수명의 오차는 보통 작으며, a_c와 a_0 중 작은 값을 선택하기 위해 제안된 절차는 공학적 목적에 대해 유용하며 적절하다.

수명 추정에서 발생할 수 있는 오차의 또 다른 이유는, 반복 하중 끝에서의 파괴인성 K_c가 정적인 시험에서 얻어진 표준값과 다를 수도 있기 때문이다. 하지만 만약 a_f가 a_i보다 상당히 크다면, 그림 11.25에 나타난 상황처럼 변화된 K_c값에 따른 수명에 끼치는 효과는 크지 않을 것이다.

예제 11.4

표 11.2의 AISI 4340강(σ_u = 1296MPa)으로 만든 중앙-균열 판에 대한 치수는 그림 8.12(a)에 정의된 것과 같이 b = 38과 t = 6mm이고, 초기 균열 길이 a_i = 1mm가 포함되어 있다. 최대, 최소의 일정한 값 P_{min} = 80과 P_{max} = 240kN인 인장 - 인장 주기적 하중을 받는다.

(a) 균열 길이 a_f가 언제일 때 파단이 예상되는가? 그리고 그 이유는 항복 파괴 또는 취성 파괴인가?
(b) 파단이 발생하기 전 주기는 얼마인가?
(c) 이 부재의 운용 수명은 150,000 주기 아래로 예상되고, 수명에서 요구되는 안전계수가 3으로 추정된다. 만약 a_f = 1mm가 검사로 최소 발견할 수 있는 a_d라면, 주기적인 검사가 요구되는가? 만약 그렇다면 검사 주기는 얼마인가?
(d) 초기 검사의 발전으로 주기적인 검사를 회피할 수 있는 가능성을 고려하기 위해 a_i보다 작음을 증명하자. 새롭게 요구되는 $a_i = a_d$는 얼마인가?

【풀이】 (a) 완전 소성 항복에서 균열 길이는 그림 A.16(a)으로부터 평가할 수 있다 :

$$a_0 = b\left(1 - \frac{P_{max}}{2bt\sigma_0}\right) = (38\text{mm})\left(1 - \frac{240,000\text{N}}{2(38\text{mm})(6\text{mm})(1255\text{MPa})}\right) = 22.1\text{mm}$$

항복강도(그리고 K_{Ic})는 표 11.2.로부터 얻었다.
취성 파괴에서 균열 길이 a_c는 식 11.33으로 주어졌다:

$$a_c = \frac{1}{\pi}\left(\frac{K_{Ic}}{FS_{max}}\right)^2$$

그림 8.12(a)를 참고하여, 초기 평가 a_c는 $a_c/b \le 0.4$로 가정될 수 있으므로 $F \approx 1$이다. 그리고 아래와 같은 식을 얻을 수 있다.

$$S_{max} = \frac{P_{max}}{2bt} = \frac{240,000\text{N}}{2(38\text{mm})(6\text{mm})} = 526\text{MPa}$$

$$a_c \approx \frac{1}{\pi}\left(\frac{K_{Ic}}{FS_{max}}\right)^2 = \frac{1}{\pi}\left(\frac{130\text{MPa}\sqrt{\text{m}}}{1(526\text{MPa})}\right)^2 = 0.0194\text{m} = 19.4\text{mm}$$

표 E11.4

Calc. No.	Trial a mm	$\alpha = a/b$	F	$K_{max} = FS_{max}\sqrt{\pi a}$ MPa$\sqrt{m}$
1	15	0.395	1.097	125.3
2	16	0.421	1.114	131.3
3	15.77	0.416	1.110	130.0

$F \approx 1$에 대한 범위의 정확도가 10%를 넘을 때 $a_c/b = 0.51$이다. 그러므로 예제 8.1(c)와 같이 시험과 오차 해결법은 그림 8.12(a)로부터 F가 필요하다. 이것은 표 E11.4에 나타내었다. 마지막 K 값은 $K_{Ic} = 130\ \mathrm{MPa}\sqrt{\mathrm{m}}$ 이고, $a_c = 15.8$mm이다. a_c가 a_0보다 작아질 때, 취성파괴는 제어값 a_f으로 정의되고,

$$a_f = 15.8\mathrm{mm} \qquad \text{(답)}$$

(b) 만약 F가 거의 일정할 때, 식 11.32에 초기 F나 초기의 방향으로 편중된 중간 값을 대체해서 N_{if}를 계산하면 :

$$N_{if} = \frac{a_f^{1-m/2} - a_i^{1-m/2}}{C(F\Delta S\sqrt{\pi})^m(1-m/2)}$$

이 경우, 값은 $F_i = 1.00$에서 $F_f = 1.11$로 증가한다. 그래서 상수 F의 합리적인 추정에 따라 변화가 충분히 작으므로, N_{if} 계산에 대해 $F = 1.00$을 사용할 수 있다. 만약 표 11.2에 Walker식에 대한 상수가 주어진다면, 적용된 하중에 대해 0이 아닌 응력비를 식 11.20으로부터 C값을 계산하여 다룰 수 있다 :

$$R = \frac{S_{min}}{S_{max}} = \frac{P_{min}}{P_{max}} = \frac{80}{240} = 0.333$$

$$C = \frac{C_0}{(1-R)^{m(1-\gamma)}} = \frac{5.11\times10^{-10}}{(1-0.333)^{3.24(1-0.42)}} = 1.095\times10^{-9}\,\frac{\mathrm{mm/cycle}}{(\mathrm{MPa}\sqrt{\mathrm{m}})^m}$$

만약 ΔK에 대한 모든 양의 단위를 일관되게 $\mathrm{MPa}\sqrt{\mathrm{m}}$ 로 사용한다면 N_{if}에 대한 대체식은 대부분 편리하겠지만, 아래와 같이 C에 대한 단위 변환이 요구되어진다.

$$C = 1.095\times10^{-9}\,\frac{\mathrm{mm/cycle}}{(\mathrm{MPa}\sqrt{\mathrm{m}})^m}\times\frac{1\mathrm{m}}{1000\mathrm{m}} = 1.095\times10^{-12}\,\frac{\mathrm{m/cycle}}{(\mathrm{MPa}\sqrt{\mathrm{m}})^m}$$

두 가지 추가적인 계산은 N_{if}를 계산하기 전에 유용하다. :

$$\Delta S = S_{max}(1-R) = 526(0.667) = 351\mathrm{MPa}$$

$$\left(1-\frac{m}{2}\right) = \left(1-\frac{3.24}{2}\right) = -0.62$$

마침내 주어진 N_{if}의 여러 가지의 수치를 적용하면

$$N_{if} = \frac{(0.0158\mathrm{m})^{-0.62} - (0.001\mathrm{m})^{-0.62}}{\left(1.095\times10^{-12}\,\dfrac{\mathrm{m/cycle}}{(\mathrm{MPa}\sqrt{\mathrm{m}})^m}\right)(1.00\times351\mathrm{MPa}\times\sqrt{\pi})^{3.24}(-0.62)}$$

$$N_{if} = 77,600\text{cycles} \qquad \text{(답)}$$

대체과정 중, 모든 단위는 미터, MPa 또는 이것들의 복합이란 걸 주의해야 한다. "주기"만 남겨두고 모든 것을 없앤 뒤 꼼꼼히 확인한 후 나타내라.

(c) 주기적인 검사가 없다면, 식 11.2로부터 수명에 대한 안전계수는

$$X_N = \frac{N_{if}}{\hat{N}} = \frac{77,600}{150,000} = 0.52$$

이와 같이 파단은 운용 수명이 끝나기 전에 예상되므로, 검사는 분명히 필요하다. 요구된 $X_N = 3$으로부터, 검사 간격은 식 11.5로부터 각각 얻을 수 있다.

$$N_p = \frac{N_{if}}{X_N} = \frac{77,600}{3} = 25.900\text{cycles} \qquad \text{(답)}$$

(d) 주기적인 검사 회피와 $X_N = 3$을 위해, 더 작고 새로운 $a_i = a_d$가 필요하고 N_{if}는

$$N_{if} = X_N \hat{N} = 3(150,000) = 450,000\text{cycles}$$

식 11.32는 다시 필요하지만, 이번에 N_{if}를 알고 a_i를 모른다. (b)에 적용된 것과 같이 a_f, C, m, F 그리고 ΔK는 같고, 난위를 맞추기 전에 아래와 같이 대체한다.

$$450,000 = \frac{(0.0158)^{-0.62} - a_i^{-0.62}}{(1.095 \times 10^{-12})(1.00 \times 351\sqrt{\pi})^{3.24}(-0.62)}$$

주어진 a_i를 계산하면

$$a_i = a_d = 7.63 \times 10^{-5}\text{m} = 0.0763\text{mm} \qquad \text{(답)}$$

일찍이 고찰한 11.2.1장의 고찰에 따르면, 이 작은 a_d는 아마 어떤 합리적인 검사 한계 밑에 있다. 그러므로 이 경우 주기적인 검사는 재설계를 통해 적용되는 하중을 가능한 낮추거나 사용하는 요소 제한을 하지 않는 한 회피하는 것은 어렵다.

【고찰】 또한 N_{if}의 계산에 대한 F값은 조금 높은 것이 합리적이고 보수적인 선택이다. 예를 들어 (b)에서 $N_{if} = 70,500$ 주기에 $F = 1.03$으로 주어지면, (d)에서 $a_i = 0.0657$mm이다.

11.6.3 수치 적분법에 의한 해법

이미 고찰했듯이, 식 11.32와 균열 진전 수명을 계산하기 위해 유도된 식은 F가 일정하다고 가정하며, 만약 F가 초기와 마지막 균열 길이 a_i와 a_f사이에서 지나치게 변하는 경우에는 사용할 수 없다. 만약 F를 변수로 다루면 식 11.27의 해석적 적분이 가능하지 않기 때문에, 수치 적분이 필요하게 된다. 또한 $da/dN-\Delta K$곡선을 피팅하는데 사용되는 몇몇 정교한 수학적인 형태는 상수 F에 대한 해석적 해에 대해 적분을 할 수 없으며, 또 다시 수치적분을 필요로 하게 된다.

수치 적분을 수행하기 위해, 식 11.29 형태의 식 11.27을 사용하는 것이 유용하다. 먼저 균열 길이 a_i와 a_f사이에 번호를 매긴다.

$$a_i, a_1, a_2, a_3, \ \ldots \ a_f$$

이들 각각에 따라 관심 있는 재료, 형상, 하중에 대해 ΔK와 dN/da을 얻기 위한 da/dN을 계산한다. 마침내 a_i와 a_f 사이의 $dN/da-a$곡선 아래의 면적으로 N_{if}를 구한다. 수치 적분은 어떠한 ΔK와 da/dN 식의 수학적인 형태에 대해서도 수행될 수 있다. 예를 들어 F의 변화가 허용된 식 11.30의 형태에 대해, 주어진 어떤 균열 길이 a_j에 대한 dN/da는

$$\left(\frac{dN}{da}\right)_j = \frac{1}{C\left(\Delta K_j\right)^m} = \frac{1}{C\left(F_j\ \Delta S\sqrt{\pi a_j}\right)^m} \tag{11.34}$$

여기서 F_j는 각각의 a_j에 대한 엄밀한 계산이 필요하다.

a_j사이의 간격인 Δa는 같게 만들 수 있지만 필수적이지는 않다. dN/da 곡선에 대해 정확히 묘사하기 위해서는 Δa가 충분히 작은 것이 중요하다. 이는 일반적으로 곡선이 가장 가파를 때 균열 길이가 충분히 작은지에 대해 문제가 될 가능성이 있다. 하나의 대안으로 작은 Δa가 필요한 곳에, 각 간격에 대한 비율을 고정시켜 a를 증가시키는 것이다. 각 간격에 대한 10%(1.10의 비율) 증가는 전형적인 m의 값에 대해 충분히 작다.

$$a_{j+1} = r a_j, \qquad r \approx 1.10 \tag{11.35}$$

N_{if}에 대해 수계산 방법은 그래프 용지에 수행할 수 있다. 또한 컴퓨터의 간단한 프로그램으로 근사 영역의 면적을 계산할 수 있다. 수치적분에 대한 표준 방법과 컴퓨터 프로그램 또한 사용할 수 있다.

보통 수치해석 교재에 표현되어 있는 수치 적분에 대한 비교적 간단한 방법은 Simpson 법칙이다. 이것을 사용하기 위해 그림 11.26과 같이 인접한 세 가지 균열 길이 a_j, a_{j+1}과 a_{j+2}를 고려한다. a_j와 a_{j+1} 사이의 y=dN/da 곡선 아래의 영역 추정은 세 가지 점 $(a_j,\ y_j)$, $(a_{j+1},\ y_{j+1})$, $(a_{j+2},\ y_{j+2})$를 포물선으로 지난다고 추정하여 만들 수 있다. 만약 점들이 같은 간격 Δa로 떨어져 있다면, 추정된 면적은 아래와 같다.

$$\int_{a_j}^{a_{j+2}} y\, da = \frac{\Delta a}{3}\left(y_j + 4y_{j+1} + y_{j+2}\right) \tag{11.36}$$

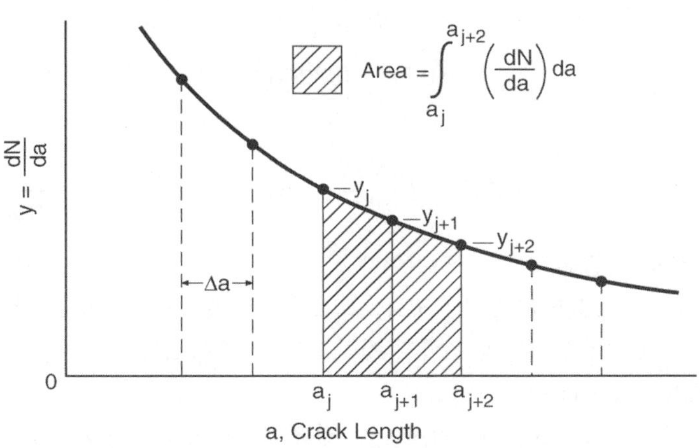

그림 11.26 dN/da vs. a 곡선 아래 부분의 면적은 두 간격 Δa에 걸쳐 Simpson's rule을 적용하여 구함.

이 식은 $j=0, 2, 4, 6...(n-2)$와 같이 n이 짝수일 때 적용된다. a_i와 a_f 사이에 있는 각각의 계산값을 모두 더함으로써 a_i에서 a_f 사이 전체 면적의 근사값을 얻을 수 있으며, $a_f=a_n$이다.

균열 진전 해석에 대해, 간격의 수는 만약 a값이 범위가 고르지 않다면 합리적으로 작게 유지될 수 있지만, 대신에 식 11.35의 상수 r이 다를 수도 있다. 그때

$$a_i, \qquad a_1 = ra_i, \qquad a_2 = r^2 a_i, \qquad \ldots a_n = r^n a_i = a_f \tag{11.37}$$

세 점을 지나는 포물선의 면적은 다음과 같이 주어진다.

$$\int_{a_j}^{a_{j+2}} y\,da = \frac{a_j\left(r^2-1\right)}{6r}\left[y_j r(2-r) + y_{j+1}(r+1)^2 + y_{j+2}(2r-1)\right] \tag{11.38}$$

a_n까지의 적분은 새로운 영역 공식에 사용을 제외하고 Simpson 법칙 계산과 유사한 방식으로 수행될 수 있다.

예제 11.5

예제 11.4(b)에서 평가된 근사 수명에 대해 수치적분법을 사용하여 계산하라.

【풀이】 식 11.38의 수정된 Simpson의 법칙을 사용할 수 있다. a의 상승에 대한 요소는 $r=1.1$ 근처일 때 첫 번째로 선택되고, 예제 11.4에서 정의한 a_f가 $a_f=15.8$mm일 때 끝점으로 하여 적분한다. 식 11.37로부터 $a_i=1.0$mm로 주어질 때 $a_f=r^n a_i$를 가진다. $r=1.10$과 a_f와 a_i를 대체하고 $n=28.96$이 주어졌을 때 푼다. 그러므로 n값이 짝수의 정수 근처일 때 짝수의 정수를 원한다. $n=30$을 선택하고 주어진 r에 대해 풀면

$$r^n = \frac{a_f}{a_i}, \qquad r^{30} = \frac{15.8mm}{1.0mm}, \qquad r = 1.09637$$

$n=30$ 간격에 대한 균열 길이는 식 11.35의 r을 사용하여 바로 계산할 수 있고, 첫 번째 값인 $a_0=a_i=0.001$m에서 시작했다. 표 E11.5에 몇몇 값들을 나타냈고, 단위는 미터이다. 그림 8.12(a)로부터 중앙-균열 판 형상에 대한 적절한 F와 S를 사용할 때, $j=0$에서 30까지 각각의 a_j에 따라 계산을 수행할 수 있다.

$$\alpha = \frac{a}{b}, \qquad F = \frac{1-0.5\alpha+0.326\alpha^2}{\sqrt{1-\alpha}}$$

$$\Delta K = F\Delta S\sqrt{\pi a} = F\frac{\Delta P}{2bt}\sqrt{\pi a}, \qquad y = \frac{da}{dN} = \frac{1}{C(\Delta K)^m}$$

예제 11.4로부터의 값이 필요하므로 이때 C는 $R=0.333$ 효과를 포함할 때, $b=0.038$ m, $t=0.006$ m, $\Delta P=0.160$ MN, $m=3.24$ 그리고 $C=1.095\times10^{-12}$이다. 단위는 미터, MPa = MN/m^2, 주기, 그리고 이것들의 조합된 것이고, 이때 C를 포함한 모든 수량을 사용한다. 몇몇 계산 결과는 표 E11.5에 나타냈다.

그 다음, 균열이 a_j에서 a_{j+2}로 진전할 때의 주기 수 ΔN을 얻기 위해 각각의 간격 대한 수치적분을 식 11.38 적용을 통해 수행할 수 있다.

$$\triangle N_{j+2} = \int_{a_j}^{a_{j+2}} y\,da$$

특히, 식 11.38에 $j=0$에서 $j+2=2$로부터 두 간격을 위해 첫 번째로 적용하고, 다음은 $j=2$에서 $j+2=4$, 그 다음은 $j=4$에서 $j+2=6$ 등을 적용해서 $j=28$에서 $j+2=30$까지 적용한다.

표 E11.5

j	a m	$\alpha=a/b$	$F=F(a/b)$	ΔK MPa$\sqrt{m}$	$y=dN/da$ cycles/m	ΔN cycles	$\Sigma(\Delta N)$ cycles
0	1.000×10^{-3}	0.0263	1.0003	19.67	5.869×10^{7}	0	0
1	1.096×10^{-3}	0.0289	1.0004	20.60	5.055×10^{7}	—	—
2	1.202×10^{-3}	0.0316	1.0005	21.57	4.354×10^{7}	10 203	10 203
3	1.318×10^{-3}	0.0347	1.0006	22.59	3.750×10^{7}	—	—
4	1.445×10^{-3}	0.0380	1.0007	23.66	3.229×10^{7}	9 098	19 300
5	1.584×10^{-3}	0.0417	1.0008	24.77	2.781×10^{7}	—	—
6	1.737×10^{-3}	0.0457	1.0010	25.94	2.395×10^{7}	8 110	27 410
⋮	⋮	⋮	⋮	⋮	⋮	⋮	⋮
26	1.094×10^{-2}	0.2878	1.0464	68.05	1.052×10^{6}	2 304	72 020
27	1.199×10^{-2}	0.3155	1.0572	71.99	8.770×10^{5}	—	—
28	1.314×10^{-2}	0.3459	1.0708	76.35	7.249×10^{5}	1 935	73 955
29	1.441×10^{-2}	0.3792	1.0881	81.23	5.931×10^{5}	—	—
30	1.580×10^{-2}	0.4158	1.1101	86.78	4.789×10^{5}	1 573	**75 528**

첫 번째부터 세 번째 값은 아래에 계산했다.

$$\triangle N_2 = \int_{a_0=a_i}^{a_{②}} y\,da = 10{,}203, \quad \triangle N_4 = \int_{a_2}^{a_4} y\,da = 9098$$

$$\triangle N_6 = \int_{a_4}^{a_6} y\,da = 8110\text{cycles}$$

또한 $\triangle N$ 값의 누적되는 합은 표의 마지막 줄에 나타난 것처럼 계산했다. 예를 들어, 균열 길이 a_6에 도달할 때 주기수는

$$\sum(\triangle N)_6 = 10{,}203 + 9098 + 8110 = 27{,}410\text{cycles}$$

$a_{30}=a_f$일 때 마지막 누적 합은 균열 진전에 대한 수명을 계산한다.

$$\sum(\triangle N)_{30} = N_{if} = 75{,}500\text{cycles} \qquad \text{(답)}$$

【고찰】 선택한 $F=1.00$로 인해 영향을 미친 수치적분으로부터의구한 수명은 예제 11.4의 $N_f=$ 77,600주기에 대한 근사 결과와 비슷하게 보인다. 예제 11.4 또는 표 E11.5처럼 $F=1.00$에서 $F=1.11$까지 변화 한다면, 이 경우 수치적분법은 꼭 필요하지 않다

11.7 가변 진폭 하중에서 수명 예측

만약 응력 레벨이 균열 진전 동안 변하는 경우에 대해서도, 수명 예측은 가능하다. 하나의 단순한 접근법은 진전에 대해 주어진 주기가 이전의 이력에 영향을 받지 않는다는 가정이다. 즉, 시퀀스 효과가 없는 것으로 고려하는 것이다. 큰 시퀀스 효과는 특별한 상황 안에서 발생하지만, 앞선 가정은 종종 유용하고 시퀀스 효과를 무시할 수 있을 만큼 상당히 정확하다.

11.7.1 균열 증가분의 합

각각의 주기에 대한 변동 진폭 하중에서 균열 진전 Δa는 재료의 $da/dN-\Delta K$ 곡선으로부터 추정될 수 있다. 주기의 수가 유지되는 동안에 Δa의 합을 통해 수명 추정으로 이어진다. 이러한 과정은 N보다는 a를 종속변수로 고려한 수치적분과 같다.

이런 이유로, 만약 현재 균열 길이가 a_j이고 증가량은 Δa_j라 하면, 다음 주기에 대한 새로운 균열 진전 값 a_{j+1}은

$$a_{j+1} = a_j + \Delta a_j = a_j + \left(\frac{da}{dN}\right)_j \tag{11.39}$$

하나의 주기가 $\Delta N = 1$이기 때문에, Δa는 da/dN과 수치적으로 같다. 초기 균열 길이를 a_i로 나타내면 N 주기 이후 균열 길이는

$$a_N = a_i + \sum_{j=1}^{N} \left(\frac{da}{dN}\right)_j \tag{11.40}$$

특정한 주기에 대한 ΔS와 현재 균열 길이 a_j로부터 얻은 ΔK 및 특정한 주기에 대한 R로부터 각 da/dN을 계산할 수 있다. 변화하는 $F = F(a/b)$로 표현되는 형태와 $da/dN-\Delta K$ 관계식 형태는 이 과정에서 손쉽게 사용될 수 있다. 매우 불규칙한 하중에서 9장에서 설명된 레인플로우 사이클 카운팅 방법이 주기를 확인하는데 사용될 수 있다.

앞서 과정을 통한 합산은 심각한 완전 소성 항복 또는 취성 파괴를 일으키는 하중의 정점에 가까워질 때까지 계속된다. 이 지점에서 계산은 중지되며, 누적된 주기의 수를 통해 균열 진전 수명을 추정한다.설명된 과정은 11.6.3절의 수치 적분 접근법에 대한 대안으로 일정 진폭 하중일 때에도 적용이 가능함을 주목하자.

그림 8.17에서 8.19에 나타난 원형의 일부 또는 타원과 같은 형태로 나타나는 곡선 균열의 경우, 균열 경계에서의 위치에 따라 응력확대 계수 K가 변한다. 이는 진전속도가 주변에서 변화하기 때문에 발생하며, 균열은 진전함에 따라 형상도 변하게 된다. 이러한 복잡성은 균열 형상 갱신과 균열 증분의 합에 따라 적절하게 조정된 기하학적 함수 F에 의해 다뤄질 수 있다. 상세한 F는 8장의 다양한 참고자료, 특히 Newman(1986)에서 찾을 수 있다. 이는 컴퓨터 프로그램 NASGRO와 AFGROW 안에 포함되어 있으며, LexTech(2010)과 SWRI(2010)을 참고하라.

11.7.2 반복하거나 정지된 이력에 대한 특별한 방법

몇몇 경우에 있어 유한한 길이의 하중 시퀀스의 반복된 적용을 통해 실제 하중 이력과 동등하게

근사할 수 있다는 가정을 적용하는 것은 타당하다. 이것은 크레인에 대한 리프팅 주기, 전투기와 같은 구조와 같이 변하지 않는 반복된 하중이 작용하는 경우에 유용하다. 또는 시간에 따라 일정한 특징을 가지는 랜덤하중과 같이 반복되는 작업이 발생하는 곳에 유용할 수 있다. 균열 진전 수명은 균열 증분의 합과 등가의 대체 과정에 의해 추정될 수 있다.

먼저 $da/dN - \Delta K$ 거동이 식 11.10의 형태인 관계로 가정한다. 주기($\Delta N = 1$)에 대한 균열 길이의 증분은 아래와 같이 주어진다.

$$\Delta a_j = C_0 \left(\overline{\Delta K_j}\right)^m \tag{11.41}$$

이때 다른 응력비에 대해서는 식 11.16로 사용한 Walker 접근법인 등가 0-인장(R = 0) 값인 $\overline{\Delta K}$를 계산함으로써 다룰 수 있다. C_0에 대응하는 $R = 0$은 ΔK를 사용하기 때문에 적용된다는 사실을 주목하자. 만약 N_B 주기를 포함하는 하중 이력이 반복된다면, 한 번의 반복 동안 균열 길이 증분은 다음의 합산으로부터 얻을 수 있다.

$$\Delta a_B = \sum_{j=1}^{N_B} \Delta a_j = \sum_{j=1}^{N_B} C_0 \left(\overline{\Delta K_j}\right)^m \tag{11.42}$$

한 번의 반복 이력 동안 주기 당 진전속도 평균은

$$\left(\frac{da}{dN}\right)_{\text{avg.}} = \frac{\Delta a_B}{N_B} = \frac{C_0 \sum_{j=1}^{N_B} \left(\overline{\Delta K_j}\right)^m}{N_B} \tag{11.43}$$

C_0는 상수이므로 합산기호부터 빠질 수 있다. 정리하면

$$\left(\frac{da}{dN}\right)_{\text{avg.}} = C_0 \left(\left[\frac{\sum_{j=1}^{N_B} \left(\overline{\Delta K_j}\right)^m}{N_B}\right]^{1/m}\right)^m = C_0 \left(\Delta K_q\right)^m \tag{11.44}$$

이때

$$\Delta K_q = \left[\frac{\sum_{j=1}^{N_B} \left(\overline{\Delta K_j}\right)^m}{N_B}\right]^{1/m} \tag{11.45}$$

ΔK_q의 값은 N_B의 주기수가 같이 적용될 때 변동 진폭 이력과 동일한 균열 진전이 발생하게 되는 등가 0-인장 응력 확대 범위인 것으로 설명할 수 있다.

K와 공칭응력 S가 주어진 어떠한 균열 길이에 대해서도 비례하기 때문에, 등가 0-인장 응력 레벨은 다음과 같이 정의될 수 있다.

$$\Delta S_q = \frac{\Delta K_q}{F\sqrt{\pi a}} = \left[\frac{\sum_{j=1}^{N_B} \left(\overline{\Delta S_j}\right)^m}{N_B}\right]^{1/m} \tag{11.46}$$

이 식에서, 이력 안의 각 주기에 대한 ΔS는 같은 0-인장 값을 응력비 효과에 대해 수정한 것이다.

만약 Walker 접근법을 사용한 식 11.16을 기반으로 수행했다면, 그 값은 아래로부터 얻는다.

$$\overline{\Delta S} = S_{\max}(1 - R)^{\gamma} \tag{11.47}$$

이때, γ은 표 11.2에 나타낸 균열 진전에 대한 값이다.

ΔS_q가 균열 길이에 대해 독립적이기 때문에, 이것은 균열 진전 수명 내내 적용할 수 있다. 그러므로 식 11.32에 의해 $R=0$에서 일정 진폭인 것과 같이 ΔS_q를 이용하여 수명 추정을 할 수 있다. 하지만 완전 소성 항복이나 취성 파괴를 유발하는 최종 균열길이 a_f를 결정하기 위해, 이력 내 한번 반복에서 실제 최대응력 $S_{\max}$가 사용되어야 한다.

이와 같은 ΔS_q의 사용은 길이 N_B의 하중 이력이 균열진전수명 동안 수차례 반복됨을 가정한다. 만약 반복 이력이 길어서 단지 몇 번의 반복만이 발생하는 경우에는, 특별하게 마지막 반복에 대해 자세히 다루는 것이 파단이 발생하는데 필요한 하중 정점을 확인하고, a_f를 결정하는데 필요하다.

식 11.46은 식 9.37과 매우 비슷해서 응력-수명 선도를 사용하여 등가 응력진폭을 계산하는데 적용된다. 만약 후자가 응력 범위와 등가 0-최대응력부분으로 표현되면, m=—1/b로 대체해야 둘은 같아진다.

예제 11.6

AISI 4340강(표 11.2)으로 만든 중앙-균열 판에 대한 치수는 그림 8.12(a)에 정의된 것처럼 b=38과 t=6mm 그리고 초기 균열 길이는 a_i=1mm이다. 이 판에 그림 E11.6에 보인 축 방향 힘 이력이 여러 차례 반복하여 작용한다. 피로파괴가 발생하기 전까지 얼마나 이 이력 반복을 적용할 수 있는가?(예제 11.4에서처럼 같은 상황이지만, 하중 이력은 제외된다.)

【풀이】 첫 번째로 식 11.46으로부터 하중 이력에 대한 등가 0-인장 응력 단계를 계산해야 한다. 만약 단순한 0-인장($R=0$) 하중이라면, 이 ΔS_q는 식 11.32 안의 수명 N_{if}를 계산하기 위해 적용할지도 모른다. 하지만 a_f는 ΔS_q에 대응하는 것이 아니라, 이력 안 대부분의 제한된 하중 $P_{\max}$=240kN에 대응한다. $P_{\max}$는 예제 11.4와 같기 때문에 다시 계산한 값이 필요한 것이 아니라, a_f값과 예제 11.4로부터 근사한 F가 필요하므로 아래와 같다.

$$a_f = 15.8\text{mm}, \quad F = 1.00$$

게다가, 표 11.2로부터 필요한 재료 특성은 :

$$C_0 = 5.11\times 10^{-13}\frac{\text{m/cycle}}{(\text{MPa}\sqrt{\text{m}})^m}, \quad m = 3.24, \quad \gamma = 0.42$$

주어진 하중의 이력에서 레인플로우 사이클 카운팅으로부터 표 E11.6의 첫 번째부터 네 번째까지의 결과를 얻었다. $j=4$에 대한 단일 주기는 레인플로우 사이클 카운팅의 가장 높은 정점과 낮은 최소점 사이 주요한 주기로부터 발생한다(9.9.2절을 참고).

각 하중 단계 j에 대한 필요한 것을 계산에 따르면:

$$R = \frac{P_{\min}}{P_{\max}}, \qquad S_{\max} = \frac{P_{\max}}{2bt}, \qquad \overline{\Delta S} = S_{\max}(1-R)^{\gamma}$$

여기서, S는 그림 8. 12(a)에 정의되었다.

다양한 주기는 각각의 $k=4$인 하중 단계에서 발생했고, 식 11.46에 대한 합계는 아래와 같은 형태를 취할 수 있다.

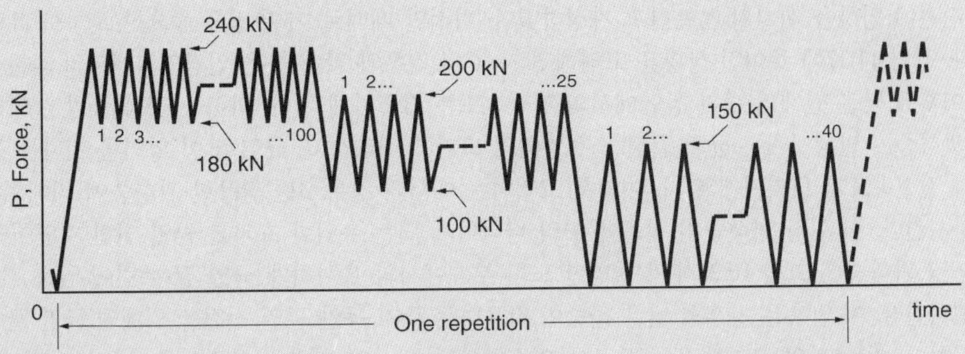

그림 E11.6

표 E11.6

j	N_j cycles	P_{max} kN	P_{min} kN	R	S_{max} MPa	$\overline{\Delta S}_j$ MPa	$N_j(\overline{\Delta S}_j)^m$
1	100	240	180	0.75	526.3	294.0	9.94×10^9
2	25	200	100	0.5	438.6	327.8	3.54×10^9
3	40	150	0	0	328.9	328.9	5.72×10^9
4	1	240	0	0	526.3	526.3	6.56×10^8
Σ	166						1.986×10^{10}

$$\sum_{j=1}^{N_B}\left(\overline{\Delta S_j}\right)^m = \sum_{j=1}^{k} N_j\left(\overline{\Delta S_j}\right)^m$$

자세한 부분은 표 E11.6에 주어졌고 아래에 합산 결과를 나타냈다. $N_b = \sum N_j = 166$ 주기이고, 이제 ΔS_q를 계산하자:

$$\Delta S_q = \left[\frac{\sum_{j=1}^{k} N_j\left(\overline{\Delta S_j}\right)^m}{N_B}\right]^{1/m} = \left[\frac{1.986\times10^{10}}{166}\right]^{1/3.24} = 311.3\text{MPa}$$

이 값은 식 11.32에 적용하면 균열 진전에 대한 주기수를 얻을 수 있다.

$$N_{if} = \frac{a_f^{1-m/2} - a_i^{1-m/2}}{C_0(F\Delta S_q\sqrt{\pi})^m(1-m/2)} = \frac{0.0158^{-0.62} - 0.001^{-0.62}}{5.11\times10^{-13}(1.00\times311.3\sqrt{\pi})^{3.24}(-0.62)}$$

$$N_{if} = 2.45\times10^5\text{cycles}$$

여기서 대체되는 모든 양의 단위는 예제 11.4처럼 미터와 MPa이다. 또한 C_0는 $R=0$에서의 값이고, 응력비 효과는 이미 $\overline{\Delta S}$값에 포함되어 있다. 마침내, 파단까지 반복되는 수는

$$B_{if} = \frac{N_{if}}{N_B} = \frac{2.45\times10^5}{166} = 1477\text{repetitions} \qquad \text{(답)}$$

11.7.3 시퀀스 효과

지금까지 모든 변동 진폭 하중에 대한 기술에 있어서 이전에 작용한 하중이력은 주어진 주기의 균열 진전에 영향을 끼치지 않는다고 가정하였다. 하지만 때때로 이 추정은 중요한 오차를 유발할 수도 있다. 그림 11.27에 주어진 상황을 고려해 보자. *C*의 경우와 같이 높은 인장영역에서의 과하중이 적용된 이후에 낮은 단계의 주기 동안에서의 진전속도는 감소하게 된다. 과하중 영향을 받은 영역의 크기는 과하중이 발생시키는 균열 끝단 소성영역의 크기에 비례하고, 균열이 이 영역을 지나는 동안 평소보다 진전속도가 느려지게 된다. 여기서 고려하는 예시의 경우, 3번 작용한 과하중에 의해 수명을 8배 증가시킨다. 이 인장 과하중의 작용에 따라 나타나게 되는 유익한 효과를 균열 진전 지연이라 부른다.

인장 과하중은 그림 10.28에서 설명한 노치 부재에서와 유사하게 균열 끝 주변에 압축 잔류응력을 발생시킨다. 이 압축은 차후의 낮은 하중이 작용하는 주기 동안 균열 진전을 억제해 균열 끝의 닫힘을 유지한다. 이 효과의 크기는 S_{max2}/S_{min1}에 의존하는데, S_{max2}은 과하중 응력이고 S_{min1}은 낮은 단계 주기의 최대값이다. 이 비율이 2.0보다 높은 경우에는, 균열 진전이 멈출 수도 있다. 정반대로 만약 비율이 1.4보다 작은 경우 그 효과는 작다. 압축영역으로 과하중이 작용하는 경우 반대의 경향을 나타내지만 그 효과는 더 작다. 이 효과는 과하중 동안 균열이 닫히려 하고, 균열 표면이 대부분의 압축 하중을 지지하며 균열 끝단에서 이 효과를 상쇄시키므로 그 효과는 크지 않다. 또한, 만약 그림 11.27의 B 경우와 같은 한 번의 압축을 받으면, 인장 과하중 효과는 현격히 줄어든다.

과하중으로 인한 시퀀스 효과를 고려하여 균열 진전에 따른 수명을 계산하기 위한 몇 가지 방법이 개발되어 왔다. 일반적으로 사용되는 접근법은 이전에 식 11.39와 11.40과 연관되어 설명된 각 주기에 대한 균열 진전 증분 계산을 수명 예측의 기본으로 한다. 하지만 *da*/*dN*값 사용은 앞선 과하중의 이력에 정의된 방법으로 수정된다. 이는 일반적으로 잔류응력장 또는 균열 닫힘 레벨에 관련된 이론을 바탕으로 수정된 유효 ΔK로부터 *da*/*dN*을 결정함으로 수행된다. 더 자세한 설명은 Broek(1986, 1988), Grandt(2004)와 Suresh(1998)에서 찾을 수 있다.

과하중 시퀀스 효과는 높은 과하중이 대개 한쪽 방향으로만 발생할 때 중요하다. 이는 가끔 심한 바람이 몰아쳐 발생한 하중 또는 비행중 하중이 시퀀스 효과를 발생시키는 항공기의 작동 중에 발생한다.

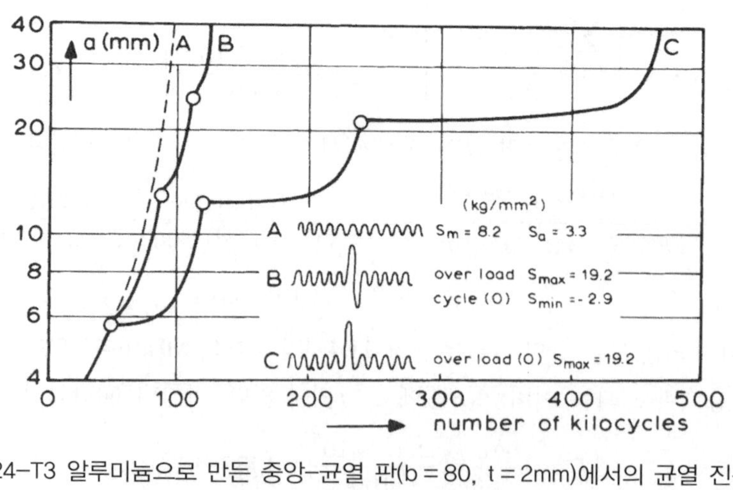

그림 11.27 2024-T3 알루미늄으로 만든 중앙-균열 판(b = 80, t = 2mm)에서의 균열 진전에 대한 과하중의 효과

하지만 만약 과하중이 두 방향으로 발생하거나, 이력이 매우 고르지 못하거나, 과하중이 비교적 가볍다면 그 효과가 줄어들 것으로 예상된다. 이 효과는 주로 균열 진전을 지연시키는데, 시퀀스 효과를 무시하면 보통 균열 진전 수명에 대해 보수적인 추정을 하게 되므로, 이는 많은 대부분의 경우의 공학적인 목적에 대해 충분할 것이다. 심각한 압축 과하중을 포함한 하중 이력의 경우에는 예측된 것보다 빠른 균열 진전이 발생할 가능성 때문에 경고하는데 필요하다.

11.8 설계 시 고려사항

이 장에서 설명된 바와 같이 기계, 운송수단, 그리고 구조물의 적절한 작동수명을 결정하기 위해 균열 진전 계산을 기반으로 한 방법이 점차 일반화되고 있다. 균열 진전을 바탕으로 하는 방법은 특히 개인의 안전 또는 높은 비용이 요인이 되는 주기하중이 작용하는 큰 구조물에 적합하고, 흔히 장비에 균열이 관찰되는 경우에도 적합하다. 교량, 대형 항공기, 우주선, 핵 또는 다른 압력 용기 등을 예로 들 수 있다. 이러한 손상에 대한 저항성을 바탕으로 하는 접근법은 균열에 대한 초기와 주기적인 검사가 매우 중요한 역할을 한다.

특히 작은 크기의 균열을 검출하기 위해 수행하는 검사는 과정이 비싸고, 일반적으로 대량으로 제작되는 값싼 부품의 경우에는 실현가능하지 않다. 만약 운영 응력이 매우 크다면, 손상 내성 접근법(damage tolerant approach)을 사용하여 찾아야 하는 균열의 필요성은 매우 작아서 제품에 대한 가격이 검사 비용 때문에 상승할 수도 있다. 주기적인 검사는 초기에는 큰 균열의 존재를 허용하지만, 부품의 경우에는 주기적인 검사를 이용할 수 없을지도 모른다. 예를 들어 한 부분을 여러 분류로 나누어 자동차 엔진, 조종 장치, 서스펜션 부분, 자전거용 프론트 포크와 페달 크랭크, 집안 기기 부분으로 나누자. 이에 대한 피로 수명 추정은 보통 S-N 접근법을 기반으로 만들거나 변형률 기반 접근법과 관련되어 있으며 이 경우 어느 방법도 특별하게 균열을 고려하지 않게 된다. 개인의 안전이 포함된 경우에 대한 안전계수의 결정은 이 사실을 반영하며, 보통은 손상 내성 접근법이 사용될 때보다 높다. 설계 세부사항 및 결함이 있는 부분을 제거하기 위한 초기 검사를 포함한 제조 품질 수준에 대해 주의깊게 살펴봄으로써 파단을 최소화하게 된다.

한편 어떠한 접근법을 사용하는지와 상관없이, 항상 파단의 가능성이 존재한다. 손상 내성 접근법은 최소 발견할 수 있는 균열 길이 a_d를 정하는데 어려움이 있고, 정확히 결정하는 것도 쉽지 않다. S-N 및 관련된 접근법의 경우에는 작지만 초기 파단으로 연결될 수 있는 결함을 포함한 일부가 검사를 통과할 수 있기 때문에 파단 발생 가능성이 증가한다. 또한 적절한 수명을 보장하기 위한 모든 접근법은 (1) 제공된 하중에 대한 추정치가 너무 낮을 때, (2) 제조과정 중 잘못된 재료로의 돌발적인 대체, (3) 밝혀지지 않은 제조 과정에서 발생하는 문제, (4) 일반적인 부식과 환경적 균열 진전을 포함한 예측보다 해로운 환경의 효과와 같은 추가적인 불확실성 하에 있다.

손상 내성 접근법을 사용할 때, 주요부품에 대해서는 반드시 검사를 위해 접근이 가능하도록 설계해야 한다. 예를 들어 고정시키기 위한(리벳이나 볼트) 구멍에서의 균열은 항공기 분야에서 주요 관심사이고, 그림 11.28에 나타난 것과 같은 상황에 기체나 날개 구조물의 내부에 접근하는 것이 필요할지도 모른다. 만약 주기적인 검사가 요구된다면 설계 시 검사가 필요할 때 분해할 수 있는 공간을 제공해야 한다. 예를 들어 주기적인 검사가 필요하다면 큰 비행기 안의 승객 자리, 내부 판, 심지어 페인트 제거와 많은 비용을 들여서 몇몇 구조물 부분을 분해해야 할 수도 있다.

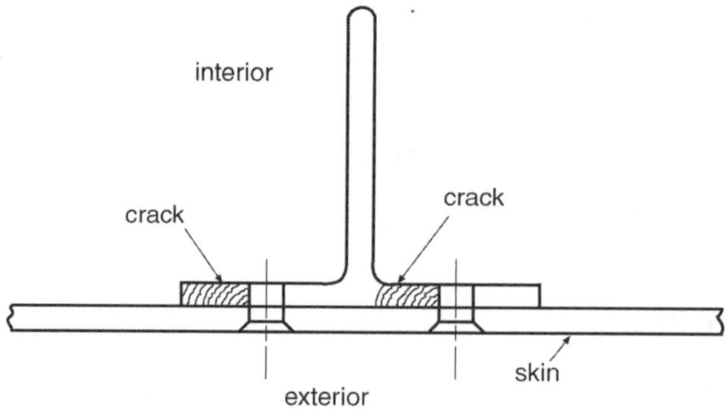

그림 11.28 항공기 외피 구조의 내부 균열

또한 큰 균열이 진전하고 있음에도 불구하고 갑작스러운 파괴 없이 구조물이 기능을 수행할 수 있도록 하기 위한 방법이 설계자에 의해 고려되어야 한다. 항공기 구조에 적용한 몇몇 예에 대하여 그림 11.29과 그림 11.30에 나타나 있다. 보강재는 균열을 지연시키고 판 표면에 있는 연결부위에 고의로 균열을 발생시켜 균열이 다음으로 진전되기 어렵게 할 수 있다. 비슷하게 균열 정지판의 적용은 임계 영역 내의 응력을 낮추며, 만약 균열이 시작할지라도 여분의 강도를 제공한다.

이 장의 전반부 및 균열 진전에 대한 파괴 수명 N_{if}에 대해 예상되는 수명 $\hat{N}$의 비율인 안전계수 X_N에 대한 식 11.2를 생각해 보자. N_{if}의 값은 발견될 수 있는 균열 a_d뿐만 아니라, 재료와 응력 레벨에 대해서도 의존한다. 만약 1보다도 작은 경우와 같이 안전계수가 충분하지 않다면, 상황을 해결할 다른 선택이 존재한다. 가장 분명한 선택은 낮은 응력에 대해 설계를 변경함으로써, N_{if}와 X_N에 대해 계산된 수명을 증가시킬 수 있다. 또 다른 선택 가능한 방법은 균열에 대한 초기 검사를 조금 더 자세히 하면, a_d가 감소하고 최악의 상황을 고려한 파단 수명 N_{if}는 증가한다. 그렇지 않으면 $da/dN-\Delta K$ 곡선으로 비교하여 낮은 피로균열 진전속도를 가지는 재료로 변경할 수 있다. 취성 파괴나 항복에 의해 파괴가 발생한다면, 재료의 항복강도나 파괴인성 중 하나를 증가시킨 재료를 사용함으로써 마지막 균열 길이 a_f가 증가하여 수명이 증가하도록 해야 한다. 그러나 일반적으로 수명은 a_f값에 둔감하기 때문에 효과는 대개 작다.

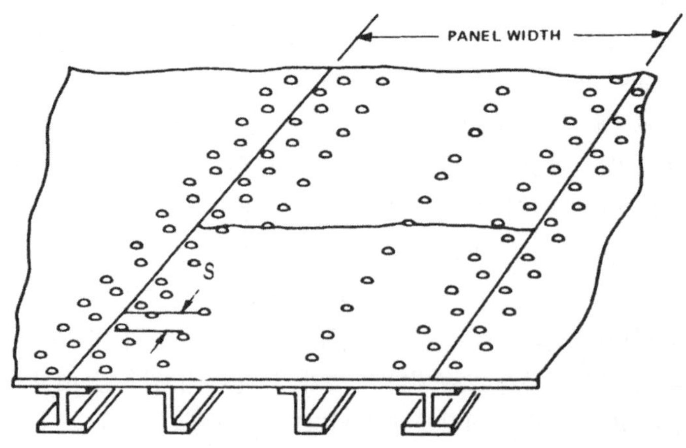

그림 11.29 인접한 판의 균열을 지연시키는 항공기 구조의 보강판. 리벳 공간의 치수는 38mm임.

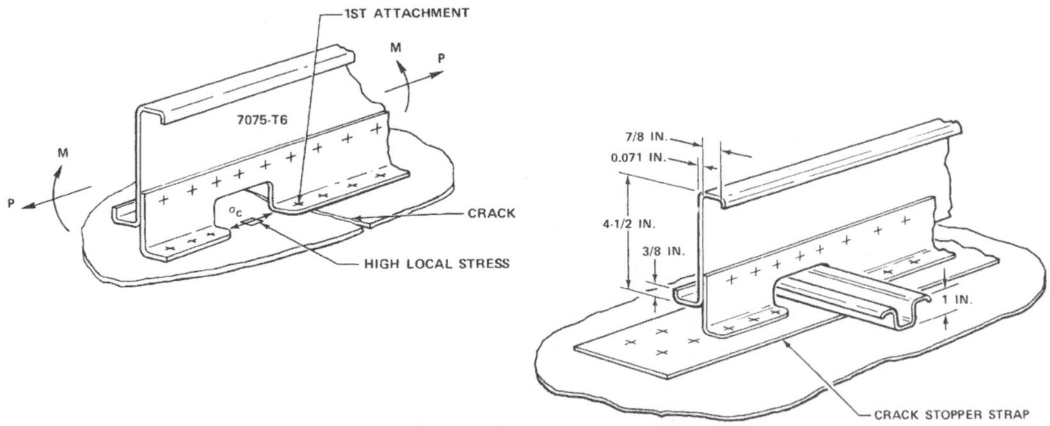

그림 11.30 선실 압력 하중으로 인한 DC-10 기체의 길이방향 균열(좌측)과 균열스토퍼 스트랩(우측). 리벳 위치는 (+)로 나타나고, 모자 모양의 횡단면인 세로 뼈대 부재는 왼쪽에 명확하게 나타나 있으므로 생략함.

만약 설계 변화나 향상된 초기 검사가 충분하지 않을 때, 주기적인 검사의 수행이 필요하고, 식 11.5의 검사 기간 N_P에 허용되는 안전계수를 계산한다.

11.9 피로균열 진전에서 소성에 의한 영향 및 선형탄성 파괴역학의 한계

반복 하중 동안, 교번하중에 따른 항복 영역이 균열 끝에 존재하며 이 영역의 크기는 8.7장의 정하중에 적용한 유사한 과정으로 추정될 수 있다. 이것을 기반으로 피로균열 진전에 대한 선형탄성역학에서 소성변형에 따른 제한을 분석할 수 있다. 이 제한은 또한 만약 균열이 매우 작아 재료의 미세구조 특성과 비슷한 경우 필요하다.

11.9.1 균열 끝에서의 소성

균열 끝에 인접한 곳에서, 앞서 8장에서 고찰한 균열 표면 사이의 거리는 δ로 나타낸다. 반복 하중 동안 균열이 재료를 관통하여 얼마나 진전하는지 거동은 δ의 크기에 따라 결정된다. 이 기구에 대해 아직 완전히 이해되지는 못했지만, δ는 재료에 따라 변하고 주어진 재료의 K 레벨에 따라서도 변화한다. 연성 금속에서 주기 동안 균열 진전 과정은 그림 11.31과 비슷하다고 생각할 수 있다. 결정면의 미끄러짐에 의한 국부적인 변형이 발생하며 균열면 위와 아래 영역에서 가장 심하다. 균열 끝은 앞으로 움직이고 최고 하중에 도달하면 뭉툭해지며, 하중이 줄어드는 동안 다시 날카로워진다. 이는 앞서 그림 9.22에서 나타낸 것과 같이 파단면의 줄무늬 모양으로부터의 나타난 과정과 동일하다.

또 다른 메커니즘은 각 주기 동안 취성 벽개의 작은 증가에 의해 균열이 진전하는 것이다. 이것은 K_{max}가 K_c에 근접한 높은 진전속도에서 벽개 영역이 줄무늬 영역의 성장함에 따라 섞이는 파단면을 가지는 금속에 있어 드물지 않게 나타난다. 또 다른 경우는 결정 사이의 경계가 금속에서 가장 약한 영역이므로, 균열 진전은 결정의 경계를 따라 진전하게 되는 경우이다. 이것을 입계파괴라 하고 줄무늬 모양이나 벽개에 의한 입내파괴와 구별한다. 예를 들어 입계 피로균열은 그림 11.11의 화강암 바위에서 발생한다. 금속의 경우에 입계 균열은 해로운 환경의 영향이 존재하는 경우 유사하게 발생할 수 있다.

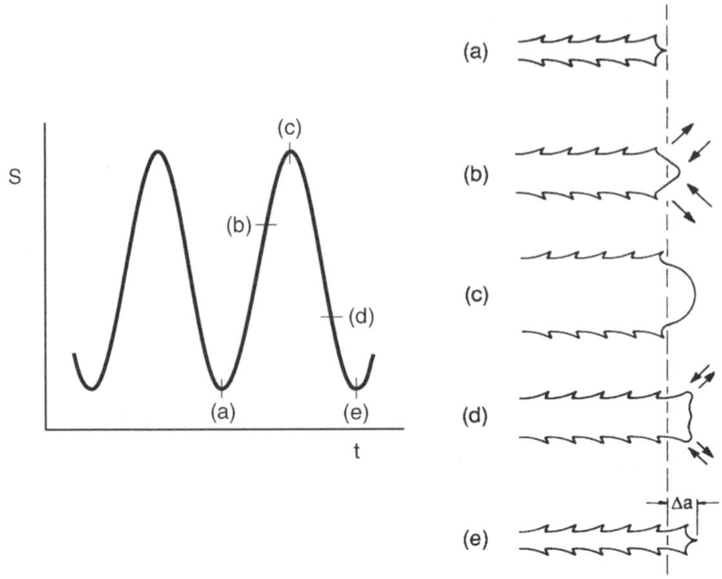

그림 11.31 주기 하중 동안 진전하는 피로균열의 소성 변형 거동이 끝단에서 발생한다고 가설을 세우자. 회살표로 나타낸 최대 전단이 발생하는 곳의 방향을 따라 결정체 면의 미끄러짐과 소성 무딤 과정은 각 주기에 대한 종류로 하나의 점선(Δa)에 결과가 나타남.

만약 재료가 비교적 연성이라면, 균열 끝 소성영역은 δ보다 상당히 크게 존재할 것이다. 반복 하중에서 K_{max}를 결정하는 최대응력은 식 8.36 또는 8.37에 대입되어 균열보다 앞에 있는 항복의 크기를 추정하기 위해 사용된다. 예를 들어, 평면 응력에 대해

$$2r_{o\sigma} = \frac{1}{\pi}\left(\frac{K_{\max}}{\sigma_o}\right)^2 \tag{11.48}$$

이것을 단순 소성영역(monotonic plastic zone)이라 부른다. 주기 내에서 최소 하중이 될 때, 주기 소성영역이라고 하는 압축 항복은 작은 크기의 영역에 발생하고, 이를 그림 11.32에 나타내었다.

이상적인 탄성, 완전 소성 재료에 대해, $K = K_{max}$에서 제하 동안의 거동을 고려하자. 압축 항복은 ΔK의 양에 따라 K가 변하고 균열 끝 근처의 응력 σ_0가 $-\sigma_0$ 또는 항복강도의 2배인 $2\sigma_0$로 변하기 때문에 발생한다. K_{max}의 상대적인 변화에 따라 항복강도는 2배가 된다. 항복이 발생할 때 주기 소성영역의 크기는 인장뿐만 아니라 압축에도 발생하기 때문에 식 11.48에서 K를 ΔK로, σ_0를 $2\sigma_0$로 사용하여 단조 소성영역의 크기를 근사할 수 있다.

$$2r'_{o\sigma} = \frac{1}{\pi}\left(\frac{\Delta K}{2\sigma_o}\right)^2 \tag{11.49}$$

$\Delta K = K_{max}$일 때 0-인장($R = 0$) 하중에 대해, 주기 소성영역은 하나의 단순 소성영역의 1/4 크기로 추정할 수 있다. 주기 소성영역은 또한 평면 변형률 경우에도 추정될 수 있다. 8.7절의 이론을 사용하여, $r'_{o\varepsilon}$의 크기는 대응하는 평면 응력 영역의 1/3임을 볼 수 있다.

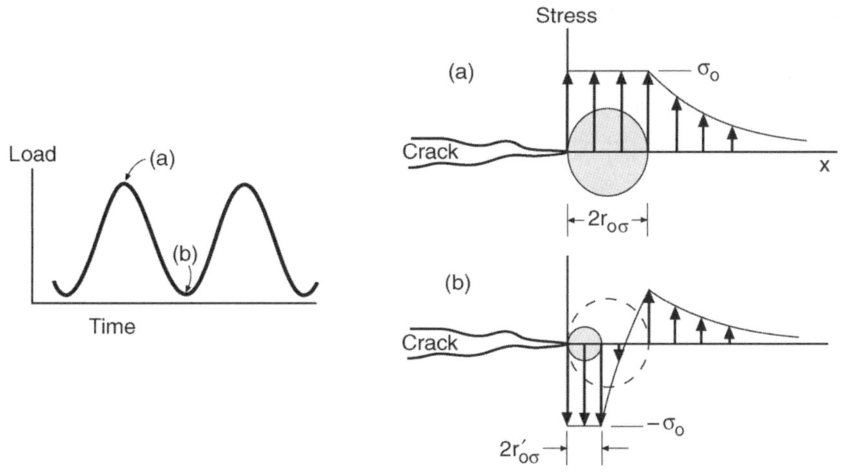

그림 11.32 단순 (a)와 주기(b) 소성영역

그림 11.33에 표시한 바와 같이 균열 주변 재료의 한 점에서 응력-변형률 이력을 고려하는 것에 의해 단조 및 주기 소성영역을 더 이해할 수도 있다. 해당 관측하고자 하는 점이 단순 소성영역 밖인 경우에는 항복이 발생하지 않았다. 단순 소성영역 경계를 점이 지날 때 항복이 시작하게 되며 이때 오직 인장방향으로만 발생한다. 주기 소성영역을 지나가는 경우, 각 하중 주기 동안 압축과 인장을 포함한 항복이 발생한다.

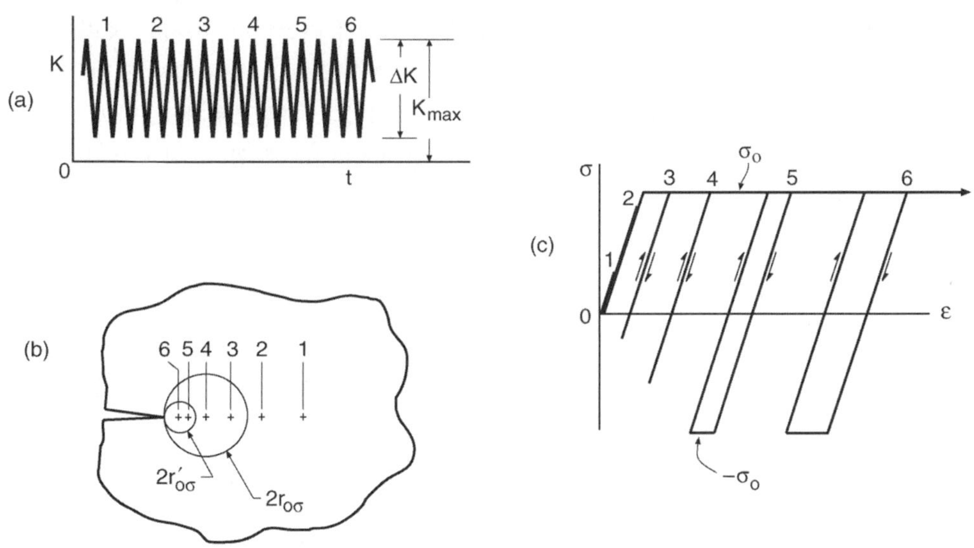

그림 11.33 진전하는 피로균열 접근법에 대한 끝단에서의 응력 vs. 변형률 거동. 선택적 주기(a)에 대해, 한 점에 대한 위치와 균열 선단을 비교했으며(b), 응력 vs. 변형률 응답을 나타내었음(c).

11.9.2 두께효과와 소성의 제한

만약 단순 소성영역이 두께에 비교해서 작지 않은 경우, 평면 응력 상태가 되고, 이 때 전단 모드로 피로균열이 진전할 수 있으며, 하중이 작용하는 표면에 45°로 파괴된다. 응력확대 계수 K와 소성영역 크기는 균열 길이에 따라 증가하기 때문에, 그림 11.34에 나타낸 바와 같이 균열 진전 동안 이 거동에 변화가 발생할 수 있다. 부재의 두께에 따라 평면 응력과 평면 변형률에 대해 다른 거동의 결과가 나타나기 때문에 부재의 두께에 의해 균열 진전속도는 어느 정도 영향을 받는다. 하지만 이 효과는 충분히 작아서 일반적으로 무시되므로 하나의 두께에 대한 균열 진전 데이터는 다른 두께에도 사용할 수 있다.

만약 반복 하중 동안 많은 양의 소성변형이 발생하면, 균열 진전속도를 급격하게 상승시키고 da/dN $-\Delta K$ 곡선으로부터 예상되는 값을 넘게 된다. 앞서 8.7절에서 논의한 바와 같이, K의 사용은 부재의 평면 치수와 비교하여 소성영역이 작게 제한되는 것을 요구하는 이론을 바탕으로 이 상황이 발생한다. 완전 소성 항복의 80%를 넘는 최고 하중에서만 이러한 큰 효과가 발생하므로 대부분의 경우에서 이 단계에 대한 소성 한계를 충분히 나타내는 것으로 고려할 수 있다. 낮은 레벨에서는 보통의 효과가 발생한다. 만약 상당히 엄격한 제한이 바람직한 경우라면, 정적 하중에 대해 사용된 것과 같은 면내 치수에 대한 식 8.38의 제한을 최대응력에 적용할 수 있다:

$$a, (b-a), h \geq 8r_{o\sigma} = \frac{4}{\pi}\left(\frac{K_{\max}}{\sigma_o}\right)^2 \tag{11.50}$$

피로균열 진전에 대해 두께 효과와 소성의 제한에 대한 고려는 파괴인성의 적용에서와 같이 매우 중요한 주제는 아니다. 피로균열 진전 단계가 근본적으로 끝나는 수명의 마지막 부분을 제외하고 공칭응력 주변이나 항복을 넘어서는 일이 공학적 상황에서 드물기 때문이다. 하지만 응력이 상승하는 곳의 국부적인 항복은 꽤 흔하므로, 만약 국부적인 소성의 영향을 받는 노치에서 진전 중인 균열이 작을 때 파괴 역학의 사용이 필요한 경우 적용의 어려울 수 있다. 다행스럽게도, 만약 노치 반경의 10~20%보다 균열이 작을 때, 균열은 노치의 국부 응력장 영향 아래에 있다. 식 8.25와 그림 8.20을 참고하라.

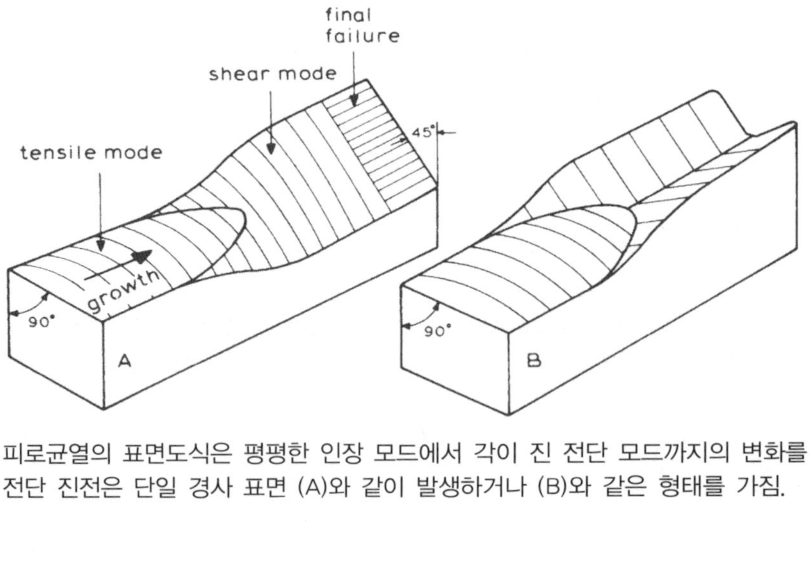

그림 11.34 피로균열의 표면도식은 평평한 인장 모드에서 각이 진 전단 모드까지의 변화를 나타낸다. 전단 진전은 단일 경사 표면 (A)와 같이 발생하거나 (B)와 같은 형태를 가짐.

11.9.3 작은 균열에 대한 제한

지금까지 고려된 형태의 파괴 역학은 등방성 및 균질성 고체에 대한 응력 해석을 기반으로 한다. 재료의 미세조직 특성에 의한 효과는 평균적인 거동으로 고려해야 할 필요성이 작은 크기에서 발생할 때로 가정되었다. 하지만 만약 균열이 충분히 작으면, 미세조직과 상호작용을 일으켜 예상한 것과 차이가 있는 거동이 발생할 수 있다. 그림 11.35에 나타난 것과 같이 공학용 금속에서 작은 균열은 긴 균열을 가지고 있는 시험편의 $da/dN-\Delta K$ 곡선과 비교하여 빠르게 진전하는 경향을 나타낸다.

이 경우 작은 균열과 짧은 균열을 구분하는 것은 유용하다. 작은 균열에 있어서 모든 치수는 가장 큰 결정립의 크기를 가지고 있는 것의 치수에 비해 비슷하거나 작다. 하지만 짧은 균열의 경우 미세구조와 비교해서 치수가 크다. 작은 균열의 거동은 미세구조에 큰 영향을 받을 수도 있다. 예를 들어 균열이 금속의 단일 결정립 안에 있을 동안 진전속도는 그림 11.35(a)와 같이 보통의 $da/dN-\Delta K$ 곡선보다 매우 빠르다. 결정 경계에 접할 시, 진전은 일시적으로 지연된다. 균열이 여러 차례 결정 크기보다 커질 때, 결정 경계와 격자면 안의 결정의 영향을 받은 평균 진전속도는 보통의 $da/dN-\Delta K$ 곡선보다 많이 위에 있다.

그림 11.35(b)에 나타낸 것처럼 균열이 단지 하나의 치수에서 짧고 다른 치수에서 미세 구조와 비교해서 클 때 다소 덜 극적인 효과가 발생할 수 있다. 금속에서의 이러한 균열에 대한 진전속도는 낮은 ΔK를 제외하고 식 11.10의 중간 영역을 외삽하여 얻을 수 있는 중간 영역에서의 $da/dN-\Delta K$ 곡선과 비슷하다. 이 경우에 특별한 거동의 원인은 균열면이 응력 주기의 일부 동안 팁 뒤에서 일반적으로 간섭한다는 사실과 관련이 있다. 특히, 균열은 열리고 닫히며, 균열이 닫혀있는 동안 발생하는 응력 주기는 균열의 성장에 기여하지 않는다. 만약 팁 뒷부분에 간섭이 일어나기에 충분한 길이가 없다면 이러한 현상은 발생하지 않는다. 그러므로 균열 닫힘 효과가 특히 중요한 낮은 ΔK 영역에서는 짧은 균열은 예상보다 빠르게 진전한다.

보통의 $da/dN-\Delta K$ 곡선 아래의 균열 크기를 확인하는 근사적인 방법의 적용이 용이하지 않은 경우에 대해 그림 11.36에 나타내었다. 노치가 없는 시험편의 피로한도는, 작은 균열 효과에 의한 성장이 포함된 재료에서 자연스럽게 발생한 작은 결함이 진전하지 않을 때보다 응력 레벨이 낮다. 다양

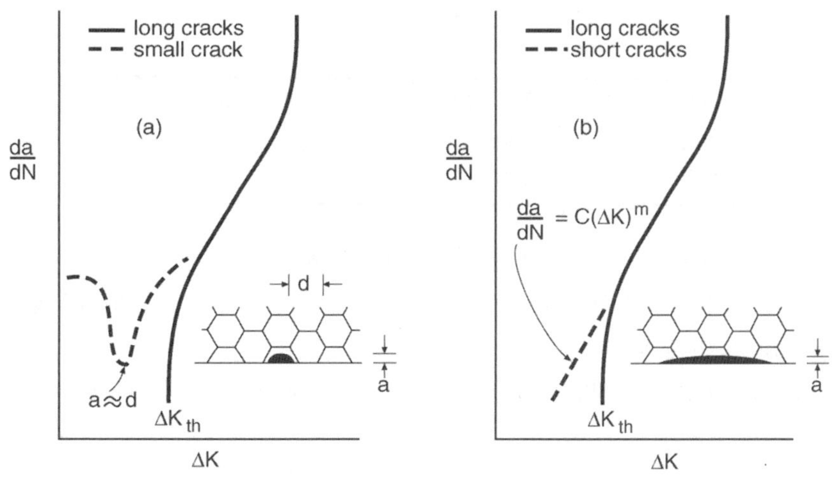

그림 11.35 모든 치수에서 작은 균열에 대한 거동(좌측)과 미세구조와 비교해서 큰 치수를 가지는 균열(우측)

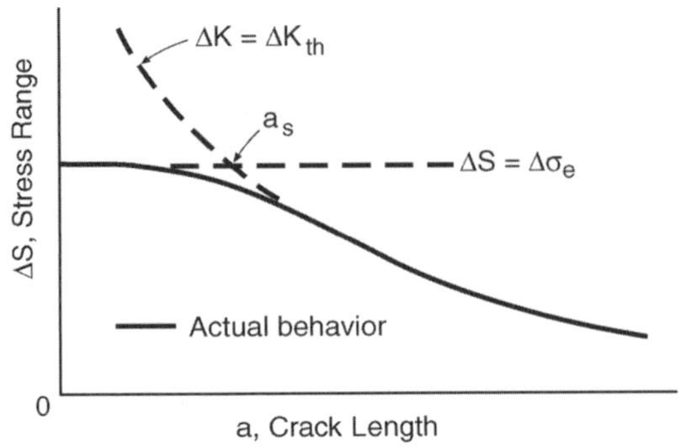

그림 11.36 균열 길이와 천이 길이 a_s에 대한 함수로써 피로한도 응력은 특별한 작은 균열 효과가 예상될 때 아래에 위치함.

한 크기의 균열을 포함한 부재의 경우 균열 길이가 증가함에 따라서 피로한도가 감소하는 것을 주의해야 한다. 상대적으로 긴 균열의 경우, 긴 균열의 $da/dN-\Delta K$ 곡선으로부터 ΔK_{th}인 임계값과 LEFM으로 예상되는 거동을 따라간다.

ΔK_{th}의 예측이 노치가 없는 시험편의 피로한도를 초과하는 곳에 해당하는 균열 길이 a_s는 두 식의 선이 교차하는 곳이다.

$$\Delta S = \Delta\sigma_e, \qquad \Delta K_{th} = \Delta S\sqrt{\pi a} \tag{11.51}$$

완전 교번($R=-1$)에 해당하는 피로한도는 응력 범위 $\Delta\sigma_e = 2\sigma_{er}$로 주어졌고, ΔK_{th}는 $R=-1$일 때의 값이며, 기하학적 지수는 $F=1$로 근사하였다. 이들을 조합하여 균열길이 a에 대해 풀면

$$a_s = \frac{1}{\pi}\left(\frac{\Delta K_{th}}{\Delta\sigma_e}\right)^2 \tag{11.52}$$

모든 치수가 a_s보다 큰 균열인 경우에는 긴 균열 데이터를 기반으로 한 파괴 역학은 합리적으로 정확하게 예측된다. 예를 들어 두 가지 강에 대한 $\Delta\sigma_e$와 ΔK_{th}의 근사값, 극한 인장 강도, a_s를 아래와 같이 나타냈다.

σ_u, MPa	$\Delta\sigma_e = 2\sigma_{er}$, MPa	ΔK_{th}, MPa$\sqrt{\text{m}}$	a_s, mm
500	500	12	0.18
1500	1400	9	0.013

낮은 강도의 강에 대해 a_s는 상대적으로 큰 값을 가지며 공학적인 응용성이 있는 균열 크기의 범위에 해당한다. 반대로 고강도강의 경우 a_s가 너무 작아서 짧은 균열 거동이 파괴 역학을 적용한 공학적 응용에 영향을 끼치지 않게 된다.

작은 균열 효과에 고찰은 추가적인 참고문헌을 포함하여 Suresh(1998)와 Milne(2003, 4권)에 주어져 있다.

11.10 요약

주어진 조건 아래 피로균열 진전에 재료의 저항은 $da/dN-\Delta K$ 곡선으로 나타낼 수 있다. 중간 진전속도에서 거동은 종종 식 11.10의 Paris 식 $da/dN=C(\Delta K)^m$ 으로 나타난다.여기서 지수 m의 값은 일반적으로 연성재료는 2~4의 범위에 있지만, 때때로 높은 취성재료는 10이 넘는 값을 가질 수도 있다.

균열진전 속도는 응력비 $R=S_{min}/S_{max}$의 값에 영향을 받는다. 주어진 ΔK에서 R이 상승하면 da/dN도 상승하는데, 이는 S-N 곡선에서 평균응력 효과와 유사한 방식이다. 이 효과를 da/dN에 포함한 다양한 식들이 개발되었다. 예를 들어 만약 Walker식을 사용한다면, 식 11.10의 C는 식 11.21처럼 R에 의존한다. 해로운 화학적 환경은 특히 낮은 진동수의 반복 하중에서 da/dN을 증가시킬 수도 있다. 낮은 진전속도에서, 일반적으로 $da/dN-\Delta K$ 곡선의 임계값 ΔK_{th} 아래에서는 보통 균열 진전이 발생하지 않는다. 곡선에서 낮은 진전속도 영역은 특히 응력비 효과 및 입자 크기와 열처리한 금속과 같은 재료의 변화에 민감하다.

주어진 응력, 재료, 기하학적 요소를 적용했을 때, 균열 진전 수명 N_{if}은 초기 균열 크기 a_i와 마지막 균열 크기 a_f에 의존한다. 수명 N_{if}는 특히 a_i값에 매우 민감하고 a_f에 대해서는 훨씬 덜 민감하다. N_{if} 계산을 위해서는 주어진 재료에 대해 $da/dN-\Delta K$ 곡선에 대한 식이 필요하다. 또한 $K=FS\sqrt{\pi a}$와 같이 하중 조건에 관련해서 기하학적 형상에 대한 응력확대 계수에 대한 수학적인 표현이 필요하다. 예를 들어 F가 일정하거나 거의 같을 때, 식 11.10에 따른 거동의 수명은 식 11.32와 같이 주어진다. 설계 고려사항에서 초기 균열 크기 a_i는 종종 검사로부터 신뢰성 있게 발견할 수 있는 가장 작은 크기 a_d로 된다. 최종 균열 크기 a_f는 취성 파괴(a_c)나 완전 소성 항복(a_0) 중 더 작은 값에 따른다.

$da/dN-\Delta K$ 식에 대하여 F가 크게 변하고 수학적인 복잡성에 의해 해석적 해 형태의 N_{if}를 얻기 힘들 수 있다. 이 경우 수치 적분을 행하여 먼저 ΔK를 첫 번째로 평가하는 것이 필요하고, 여러 다른 균열 길이 대한 da/dN이 필요하다. 그림 11.25에 나타나듯이 균열 진전 수명은 da/dN-a 선도에서 a_i와 a_f사이 아래의 면적으로 구할 수 있다. 이 영역은 주어진 적분으로 나타낸다.변동 진폭 하중에서, $da/dN-\Delta K$ 곡선은 각 주기에 대한 균열 길이 Δa의 증분을 추정하는데 사용할 수 있다. 균열 진전 수명의 마지막에 균열 길이가 증가하면, 하중의 최대점에서 취성 파괴 또는 완전 소성 항복 중 하나가 발생한다. 또 다른 과정으로는 대표하는 하중 이력을 확인하고, 식 11.46을 적용하여 등가 0-최대응력 레벨 ΔS_q를 얻는 것이다. 이 때 ΔS_q는 일정 진폭 하중에 대한 주기를 추정하는데 사용될 수 있다. 만약 심각한 과하중이 발생하면, 시퀀스 효과가 발생할 수도 있으며, 이 경우에는 수명 추정에 시퀀스 효과를 포함하는 것이 필요하다.

발견할 수 있는 최초 균열 길이 a_d로부터 균열 진전 수명 추정은 충분한 안전계수 X_N로부터 예상된 실제 예상수명보다 길어야 한다. 만약 X_N이 불충분한 경우에는, 낮은 응력에 대해 다시 설계하거나 a_d를 줄여 초기 검사를 향상시키거나 재료를 바꾸거나 또는 마지막 방법으로 주기적인 검사를 하여 상황을 해결할 수 있다. 항공기 구조물 설계에서 사용되는 것과 같이 특별한 균열 멈춤 설계 특성은 보다 향상된 안전에 기여한다.

지나친 소성으로 인한 LEFM을 사용하는데 제한은 식 11.50에 따라 소성영역의 크기를 정하는 기반이 될 수 있다. 하지만 일반적으로 80%의 완전 소성 항복에 해당하는 제한만으로도 충분하다. 만약 균열이 너무 작아 모든 치수가 재료의 미세조직 특성과 비슷하거나 작다면 균열의 진전은 보통의

$da/dN-\Delta K$ 곡선에서 예상된 것보다 상당히 빠르게 된다. 식 11.52는 이러한 거동이 예측될 때, 균열 길이 추정을 위해 사용한다.

새로운 용어 및 기호

crack growth life, N_{if}
crack growth retardation

cyclic plastic zone size, $2r'_o$
damage-tolerant design

equivalent zero-to-maximum stress, ΔS_q
fatigue crack growth rate, *da/dN*
fatigue crack growth threshold, ΔK_{th}
Forman equation constants: C_2, m_2, K_c
initial and final crack lengths: a_i , a_f
inspection period, N_p

intergranular fracture
minimum detectable crack length, a_d
monotonic plastic zone size, 2ro
Paris equation constants: *C*, *m*
small crack; short crack
small crack transition length, a_s
stationary loading

stress intensity range, ΔK_{th}
transgranular fracture
Walker equation constants: C_0, *m*, γ

참고문헌

(a) General References

ASTM. 2016. *Annual Book of ASTM Standards*, Vol. 03.01, ASTM International, West Conshohocken, PA. See No. E647, "Standard Test Method for Measurement of Fatigue Crack Growth Rates,"

BARSOM, J. M., and S. T. ROLFE. 1999. *Fracture and Fatigue Control in Structures*, 3d ed., ASTM International, West Conshohocken, PA.

BROEK, D. 1986. *Elementary Engineering Fracture Mechanics*, 4th ed., Kluwer Academic Pubs., Dordrecht, The Netherlands.

BROEK, D. 1988. *The Practical Use of Fracture Mechanics,* Kluwer Academic Pubs., Dordrecht, The Netherlands.

FISHER, J. W. 1984. *Fatigue and Fracture in Steel Bridges: Case Studies*, John Wiley, New York.

GRANDT, A. F. 2004. *Fundamentals of Structural Integrity: Damage Tolerant Design and Nondestructive Evaluation*, John Wiley, Hoboken, NJ.

HERTZBERG, R.W., R. P. Vinci, and J. L. Hertzberg. 2013. *Deformation and Fracture Mechanics of Engineering Materials*, 4th ed., John Wiley, Hoboken, NJ.

LAMPMAN, S. R., ed., 1996. *ASM Handbook, Vol. 19: Fatigue and Fracture*, ASM International, Materials Park, OH.

LEXTECH. 2015. *AFGROW: Fracture Mechanics and Fatigue Crack Growth Analysis Software Tool*, LexTech, Inc., AFGROW Training, Centerville, OH. (See *http://www.afgrow.net.*)

MILNE, I., R. O. RITCHIE, and B. KARIHALOO, eds. 2003. *Comprehensive Structural Integrity: Fracture of Materials from Nano to Macro*, 10 vols., Elsevier Ltd., Oxford, UK. See vol. 4, *Cyclic Loading and Fatigue*, and vol. 6, *Environmentally Assisted Failure.*

RICE, R. C., ed. 1997. *Fatigue Design Handbook*, 3d ed., SAE Pub. No. AE-22, Soc. of Automotive Engineers,

Warrendale, PA.

SCHIJVE, J. 2009. *Fatigue of Structures and Materials*, 2nd ed., Springer, New York.

SURESH, S. 1998. *Fatigue of Materials*, Cambridge University Press, 2d ed., Cambridge, UK.

SWRI. 2016. *NASGRO: Fracture Mechanics and Fatigue Crack Growth Analysis Software,* Southwest Research Institute, San Antonio, TX. (See *http://www.nasgro.swri.org.*)

TIFFANY, C. F., J. P. GALLAGHER, and C. A. BABISH, IV. 2010. "Threats To Aircraft Structural Safety, Including a Compendium of Selected Structural Accidents / Incidents," Report No. ASC-TR-2010-5002, Aeronautical Systems Center, U.S. Air Force, Wright-Patterson Air Force Base, OH.

(b) Sources of Material Properties and Databases

CINDAS. 2016. *Aerospace Structural Metals Database (ASMD)*, CINDAS LLC, West Lafayette, IN. (See *https://cindasdata.com.*)

FORMAN, R. G., et al. 2005. "Fatigue Crack Growth Database for Damage Tolerance Analysis," Report No. DOT/FAA/AR-05/15, Office of Aviation Research, Federal Aviation Administration, U.S. Department of Transportation, Washington, DC.

HENKENER, J. A., V. B. LAWRENCE, and R. G. FORMAN. 1993. "An Evaluation of Fracture Mechanics Properties of Various Aerospace Materials," R. Chona, ed., *Fracture Mechanics: Twenty-third Symposium*, ASTM STP 1189, Am. Soc. for Testing and Materials, West Conshohocken, PA, pp. 474–497.

MMPDS. 2015. *Metallic Materials Properties Development and Standardization Handbook*, MMPDS-05, 5 vols., U.S. Federal Aviation Administration; distributed by Battelle Memorial Institute, Columbus, OH. (See *http://projects.battelle.org/mmpds* replaces MIL-HDBK-5.)

SKINN, D. A., J. P. GALLAGHER, A. F. BERENS, P. D. HUBER, and J. SMITH, compilers. 1994. *Damage Tolerant Design Handbook*, 5 vols., CINDAS/USAF CRDA Handbooks Operation, Purdue University, West Lafayette, IN. (See *https://cindasdata.com.*)

TAYLOR, D. 1985. *A Compendium of Fatigue Thresholds and Growth Rates*, Engineering Materials Advisory Services Ltd., Cradley Heath, Warley, West Midlands, UK.

TAYLOR, D., and L. JIANCHUN. 1993. *Sourcebook on Fatigue Crack Propagation: Thresholds and Crack Closure*, Engineering Materials Advisory Services Ltd., Cradley Heath, Warley, West Midlands, UK.

문제 및 질문

【11.2절】

11.1 그림 11.3의 직선 부분 데이터로부터 상수 C와 m을 평가하라.

11.2 그림 11.19를 보고 11.10을 사용하여 GF-PBT 매트릭스 재료의 균열 진전에 대한 상수 C와 m을 결정하라. 얻어진 상수 m값과 그것의 중요성을 논하라.

11.3 그림 11.22에 제시된 공기중에서의 AISI 4340 강재의 피로균열성장 데이터를 바탕으로 식 11.10에 제시된 균열 진전 관계에 대한 상수 C와 m을 계산하라. 얻어진 상수 m값과 그것의 중요성을 논하라.

11.4 그림. 8.12(c)에서 정의된 것처럼 단일 모서리 균열 판의 치수는 $b = 75$, $t = 10mm$, 균열 길이 $a = 5.0mm$이다. 오스테나이트 스테인리스 강으로 만들어진 판(표 11.1)은 0-최대 주기 하중에서 시험했다.

(a) $P = 60\text{kN}$ 일 때, 균열 진전속도를 구하라.

(b) $P = 120\text{kN}$ 일 때, 균열 진전속도를 구하고 (a)에서 얻은 값과 비교하라.

11.5 2124-T851 알루미늄에서 $R = 0.1$의 시험 결과로부터 대표되는 데이터 점을 표 P11.5에 나타냈다.

(a) 로그-로그 좌표에 이 점들을 그리고 식 11.10에서 상수 C와 m의 근사값을 얻어라.

(b) 로그-로그 최소 제곱법을 사용하여 상수 C와 m의 개선된 값을 얻어라.

표 P11.5

da/dN, mm/cycle	ΔK, MPa$\sqrt{\text{m}}$
1.26×10^{-6}	2.99
2.41×10^{-6}	3.64
4.84×10^{-6}	5.02
1.02×10^{-5}	6.04
1.99×10^{-5}	7.68
3.74×10^{-5}	9.95
6.69×10^{-5}	12.0
1.77×10^{-4}	15.9

Source: Data in [Ruschau 78]

11.6 AISI 4340 강 ($\sigma_u = 786\text{MPa}$)에 $R = 0.05$일 때의 시험 결과값으로부터 대표되는 데이터 점을 표 P11.6에 나타냈다. 이 데이터를 사용하여 연습문제 11.5(a)와 (b) 같이 진행하라.

표 P11.6

da/dN, mm/cycle	ΔK, MPa$\sqrt{\text{m}}$
3.03×10^{-5}	18.7
7.32×10^{-5}	24.7
1.50×10^{-4}	31.8
2.90×10^{-4}	40.5
5.31×10^{-4}	54.9
1.11×10^{-3}	66.3

11.7 2124-T851 알루미늄에 $R = 0.5$일 때의 시험 결과값으로부터 대표되는 데이터 점을 표 P11.7에 나타냈다. 이 데이터를 사용하여 연습문제 11.5(a)와 (b) 같이 진행하라.

표 P11.7

da/dN, mm/cycle	ΔK, MPa$\sqrt{\text{m}}$
1.25×10^{-6}	2.18
2.00×10^{-6}	2.75
3.57×10^{-6}	3.53
6.62×10^{-6}	4.52
1.49×10^{-5}	5.48
3.38×10^{-5}	6.97
8.16×10^{-5}	9.20
1.65×10^{-4}	11.7

Source: Data in [Ruschau 78]

11.8 17-4 PH 스테인리스강에 $R = 0.04$일 때의 시험 결과값으로부터 대표되는 데이터 점을 표 P11.8에 나타냈다. 이 데이터를 사용하여 연습문제 11.5(a)와 (b) 같이 진행하라.

표 P11.8

da/dN, mm/cycle	ΔK, MPa$\sqrt{m}$
9.98×10^{-6}	11.2
2.84×10^{-5}	15.6
8.03×10^{-5}	22.4
1.83×10^{-4}	32.9
3.18×10^{-4}	42.3
7.92×10^{-4}	65.1
1.60×10^{-3}	90.8
3.68×10^{-3}	124

Source: Data in [Crooker 75]

【11.3절】

11.9 예제 11.2처럼 7075-T6 알루미늄으로 만든 중앙-균열 판을 이용하여 시험을 했다. 힘이 $P_{min} = 48.1$과 $P_{max} = 96.2$kN로 주기적임을 제외하고 모든 자세한 부분은 같다. 얻은 데이터는 표 P11.9에 나열했다. 이 데이터로부터 da/dN과 ΔK의 값을 결정하고, 로그-로그 좌표 위에 $da/dN-\Delta K$의 결과를 그리며, 그린 데이터와 식 11.10으로 상수 C와 m을 얻어라. 식 11.10이 데이터를 잘 대표하고 있는가?

표 P11.9

a, mm	N, 10^3 cycles	a, mm	N, 10^3 cycles
5.08	0	20.32	21.5
7.62	9.5	22.86	22.3
10.16	14.3	25.40	22.9
12.70	17.1	30.48	23.5
15.24	19.1	35.56	24.0
17.78	20.5		

Source: Data in [Hudson 69]

11.10 그림 8.12(a)에 정의된 것처럼 2024-T3 알루미늄으로 만든 중앙-균열 판의 치수는 $b = 152.4$와 $t = 2.29$mm이다. 시험은 $P_{min} = 12.03$과 $P_{max} = 36.09$ kN 사이의 주기적 하중 아래에서 진행했다. 얻은 균열 길이-주기 데이터는 표 P11.10에 나열했다.

(a) 이 데이터로부터 da/dN과 ΔK의 값을 결정하고, 로그-로그 좌표 위에 $da/dN-\Delta K$ 결과를 그려라. 그 다음 식 11.10으로 상수 C와 m을 구하라. 식 11.10은 데이터를 잘 대표하고 있는가?

(b) 그린 결과에서 ΔK의 좌표를 선형으로 바꾸어라. 대표된 데이터보다 더 낫게 나타나는가? 나타난다면 그 이유는 무엇인가? 만약 그렇지 않다면 왜일까?

(c) da/dN과 ΔK의 좌표를 선형으로 바꾸고, 결과에 대해 (b)질문을 풀어라.

표 P11.10

a, mm	N, cycles	a, mm	N, cycles
5.08	0	22.86	600 000
7.62	230 000	25.40	620 000
10.16	350 000	30.48	670 000
12.70	450 000	35.56	690 000
15.24	500 000	40.64	710 000
17.78	540 000	45.72	720 000
20.32	570 000		

Source: Data in [Hudson 69]

11.11 극한 인장 특성은 2200MPa 1.7% 신장을 보이는 단단한 공구강에서 균열 길이-주기 데이터는 표 P11.11에 주어져있다. 그림 8.16에 정의된 것처럼 표준 컴팩트 시편의 치수는 $b = 50.8$이고 $t = 6.35$mm이다. $P_{min} = 44.5$와 $P_{max} = 1379$ N 사이의 주기적 하중과 30 Hz의 진동수에서 시험하였다. 핀 구멍의 중심선으로부터 측정한 균열 길이 a에 대응하는 주기수는 표 P11.11에 주어졌다. 이 데이터로부터 da/dN과 ΔK 값을 정의하고, 로그-로그 좌표위에 $da/dN - \Delta K$ 결과를 그리며, 그린 데이터와 식 11.10으로 상수 C와 m을 얻어라. 식 11.10은 데이터를 잘 대표하고 있는가?

표 P11.11

a, mm	N, 10^3 cycles	a, mm	N, 10^3 cycles
19.86	0	27.43	1122
21.13	300	27.89	1148
22.15	508	28.32	1167
22.94	658	29.08	1191
23.80	792	29.85	1221
24.61	892	30.71	1241
25.37	976	31.01	1251
26.54	1070	31.29	1259

Source: Data in [Luken 87]

11.12 AISI 4340강($\sigma_u = 786$MPa)으로 만든 컴팩트 시편의 치수는 그림 8.16에 정의된 것처럼 $b = 50.8$과 $t = 9.525$mm이다. $P_{min} = 211.5$과 $P_{max} = 4230$ N 사이의 주기적 하중 아래에서 시험했다. 얻은 균열 길이-주기 데이터는 표 P11.12에 나열했다. 이 데이터로부터 da/dN과 ΔK의 값을 결정하고, 로그-로그 좌표 위에 da/dN-ΔK 결과를 그리고, 그린 데이터와 식 11.10으로 상수 C와 m을 얻어라. 식 11.10은 데이터를 잘 대표하고 있는가? (이 데이터는 그림 11.8과 그림 11.9에 일치한다.)

표 P11.12

a, mm	N, 10^3 cycles	a, mm	N, 10^3 cycles	a, mm	N, 10^3 cycles
25.40	0	31.95	1786	39.12	2151
25.91	283	32.99	1881	40.13	2163
26.92	694	34.01	1969	41.15	2170
27.99	1044	35.03	2029	42.16	2175
28.98	1322	36.14	2077	43.18	2178
29.95	1514	37.16	2110		
30.99	1676	38.05	2134		

【11.4절】

11.13 RQC-100강에 대해 표 11.2에서 Walker식에 대한 균열 진전 상수를 고려하라.

(a) $R=0$, $R=0.5$, $R=0.8$일 때의 식 11.10의 형태를 가진 $da/dN-\Delta K$ 식을 결정하라. 이 세 가지 식에 대해 같은 로그-로그 좌표위에 그래프를 그려라.(제안 : 각 R에 대한 ΔK의 범위는 10에서 $120MPa\sqrt{m}$ 이다.)

(b) 만약 R이 0에서 0.5로 증가할 때 주어진 ΔK에 대한 da/dN을 증가시키는 요소는 무엇인가? R이 0에서 0.8일 때는? 이 요소는 달라지는 ΔK값에 대해 일정한가?

11.14 연습문제 11.9에서 R=0.5일 때 7075-T6 알루미늄에 대한 시험 결과를 적용하여 로그-로그 좌표 위에 $da/dN-\Delta K$ 데이터를 그리고, 그린 선이 표 11.2에 나와 있는 Walker식에 대한 상수와 대응되는지 보여라. 데이터와 선은 일치하는가?

11.15 식 11.19를 $da/dN=C_0(\Delta K)^p(K_{max})^q$로 나타낼 수 있는데, 주어진 형태에서 m과 γ를 통해 새로운 상수 p와 q를 결정하라, 즉, $p=f(m, \gamma)$과 $q=g(m, \gamma)$을 찾아라.

11.16 2124-T851 알루미늄에서 두 가지의 다른 응력비에서 세 가지 $da/dN-\Delta K$의 데이터 점을 표 P11.16에 나타냈다.

(a) Walker식 적용을 가정하고, 이 점들을 사용하여 상수 C_0와 m, γ를 평가하라.

(b) a)의 γ값을 사용하여 각 데이터 점의 $\overline{\Delta K}=\Delta K/(1-R)^{1-\gamma}$를 계산하라. 그리고 로그-로그 좌표위에 $da/dN-\overline{\Delta K}$를 그려라. (b)의 C_0와 m를 적용하여 $da/dN=C_0(\overline{\Delta K})^m$선을 보여라. 데이터와 선을 일치하는가?

표 P11.16

da/dN, mm/cycle	ΔK, MPa$\sqrt{m}$	R
1.77×10^{-4}	15.9	0.1
1.26×10^{-6}	2.99	0.1
8.16×10^{-5}	9.20	0.5

11.17 표 P11.17에 있는 7075-T6 알루미늄의 데이터를 사용하여 연습문제 11.17과 같이 진행하라.

표 P11.17

da/dN, mm/cycle	ΔK, MPa$\sqrt{m}$	R
5.08×10^{-3}	26.5	0
1.39×10^{-4}	9.74	0
1.27×10^{-3}	14.5	0.5

11.18 RQC-100강에서 세 가지 다른 양의 응력비일 때 몇몇 $da/dN-\Delta K$ 데이터가 표 P11.18에 주어졌다.

(a) 로그-로그 좌표 위에 주어진 $da/dN-\Delta K$ 그리고, 각 R값에 대한 데이터를 지나는 평행한 선을 그려라. 평행선들은 데이터들을 타당하게 대표하는가?

(b) 만약 그렇다면, 식 11.22를 기초로 한 단일 다항 회귀 피팅에 모든 데이터를 사용하여 Walker식에 대한 상수 C_0와 m, γ를 얻어라.

(c) (b)의 γ값을 사용하여 각 데이터 점의 $\overline{\Delta K} = \Delta K/(1-R)^{1-\gamma}$를 계산하라. 로그-로그 좌표위에 $da/dN-\overline{\Delta K}$ 를 그려라, (b)의 C_0와 m를 적용하여 $da/dN = C_0(\overline{\Delta K})^m$선을 보여라. 데이터가 통합되는가? 선이 잘 대표하고 있는가?

표 P11.18

ΔK MPa$\sqrt{m}$	da/dN mm/cycle	R	ΔK MPa$\sqrt{m}$	da/dN mm/cycle	R
20.1	3.10×10^{-5}	0.1	25.4	1.51×10^{-4}	0.5
25.2	7.54×10^{-5}	0.1	30.3	2.65×10^{-4}	0.5
30.2	1.68×10^{-4}	0.1	40.7	8.33×10^{-4}	0.5
40.5	5.02×10^{-4}	0.1	51.5	2.90×10^{-3}	0.5
49.8	1.56×10^{-3}	0.1	64.9	6.86×10^{-3}	0.5
65.7	5.08×10^{-3}	0.1	11.6	1.70×10^{-5}	0.8
81.4	1.27×10^{-2}	0.1	13.5	3.28×10^{-5}	0.8
99.0	2.34×10^{-2}	0.1	16.5	8.91×10^{-5}	0.8
114.0	4.87×10^{-2}	0.1	20.0	1.64×10^{-4}	0.8
11.2	8.72×10^{-6}	0.5	24.0	4.13×10^{-4}	0.8
15.2	2.78×10^{-5}	0.5	27.1	5.58×10^{-4}	0.8
19.5	4.94×10^{-5}	0.5			

Source: Data for [Dowling 79c].

11.19 $R=0$과 0.5일 때 7075-T6 알루미늄의 시험 결과가 표 P11.5와 표 P11.7에 나타나 있다. 이 데이터들을 하나로 나타내라. 그리고 이 데이터들을 사용하여 연습문제 11.18과 같이 진행하라.

11.20 $R=0.67$과 $R=0.8$일 때 17-4 PH 스테인리스강의 시험 결과로부터 대표되는 데이터 점을 표 P11.20에 나타내었다. 이 데이터들과 표 P11.8에 $R=0.04$일 때의 데이터와 합쳐서 하나로 나타내라. 그리고 이 데이터를 사용하여 연습문제 11.18과 같이 진행하라.

표 P11.20

da/dN, mm/cycle	ΔK, MPa$\sqrt{m}$	R	da/dN, mm/cycle	ΔK, MPa$\sqrt{m}$	R
4.57×10^{-5}	15.8	0.67	2.45×10^{-5}	11.2	0.8
7.70×10^{-5}	20.1	0.67	5.23×10^{-5}	14.7	0.8
1.39×10^{-4}	25.4	0.67	7.75×10^{-5}	17.6	0.8
2.36×10^{-4}	32.6	0.67	1.30×10^{-4}	22.7	0.8
4.47×10^{-4}	41.1	0.67	2.46×10^{-4}	28.4	0.8
1.42×10^{-3}	53.6	0.67	4.67×10^{-4}	35.8	0.8
2.67×10^{-3}	66.2	0.67	9.14×10^{-4}	45.5	0.8

Source: Data in [Crooker 75].

11.21 Forman식과 표 11.3의 2.3mm 두께의 2024-T3 알루미늄에 대한 상수를 사용하라:

(a) $R=0$와 $R=0.5$를 적용하여 $da/dN-\Delta K$ 곡선을 그려라. 로그-로그 좌표를 사용하고 $\Delta K=5$MPa 부터 진전속도가 0.1mm/cycle을 초과할 때 까지 그려라.

(b) 곡선의 모양은 무엇인가? R이 0에서 0.5로 증가하면서 주어진 ΔK에 대한 da/dN의 계수 증가에 대하여 설명하라.

11.22 표 P11.22에 AISI 1020 강의 다양한 응력비에 따른 피로균열 진전 한계점이 제시되어있다. 이 데이터를 식 11.25로 피팅하고 데이터를 비교하며 적절하게 그려라. 결과는 제공된 데이터에 합리적으로 맞는가?

표 P11.22

R	0.10	0.30	0.50	0.70
ΔK_{th}, MPa$\sqrt{m}$	9.20	8.10	7.00	6.00

Source: Data in [Taylor 93] p. 30.

11.23 주어진 유용한 $da/dN-\Delta K$ 곡선식을 따르면

$$\frac{da}{dN} = \frac{C_4\,(\Delta K - \Delta K_{th})^{m_4}}{(1-R)K_c - \Delta K}$$

C_4와 m_4는 새로운 재료상수이고, K_c와 ΔK_{th}는 앞에서 결정된 재료상수의 양을 나타내고, ΔK_{th}는 R에 관한 함수로 나타냈다.

(a) $da/dN-\Delta K$곡선의 모양을 로그-로그에서 묘사하라. 질적으로, R의 변화가 얼마나 영향을 미쳤는가? ΔK_{th}는 바뀌었는가? K_c는 바뀌었는가?

(b) K_c를 알고 있고, 다양한 R에 대해 ΔK_{th}를 알고 있다고 가정하라. 각각의 다른 응력비에서 균열 진전 시험으로부터 로그-로그로 그려진 데이터를 사용하여 얻은 C_4와 m_4의 값은 얼마인가?

【11.5절】

11.24 왜 해로운 화학적 환경이 높은 진동수보다 낮은 진동수의 하중에서 da/dN에 큰 효과를 보이는지 당신만의 단어로 설명하라. 주파수가 일정하게 유지되는 경우 일반적으로 온도의 증가가 진전속도에 추가적인 경향에 관련이 있는가? 왜 그런지 설명하라.

11.25 그림 8.32와 11.22의 AISI 4340강의 파괴인성과 균열 진전속도에 대한 데이터를 고려해 보자. 더욱이, C.3절로부터 AISI 4340강의 강도(항복과 극한)와 비슷한 강은 열처리로 바꿔서 다양할 수 있다는 것을 주의하라. 인용된 데이터에서 볼 수 있는 동향을 요약해서 한 단락으로 작성하라. 또한 선택된 강도 수준이 강재의 사용 제한에 미치는 영향에 대해 논하라.

【11.6절】

11.26 식 11.32와 유사하지만 $m=2$인 특별한 경우에 적용되는 균열 진전 수명 N_{if}에 대한 식을 추론하라. 이 결과는 N_{if}가 재료 상수 C, 응력 범위 ΔS, 상수에 가까운 F 그리고 초기 또는 마지막 균열 길이 a_i와 a_f들이 남아 있는 함수로 주어질 것이다.

11.27 그림 8.15에서 작은 a/b에 대해 탐색 하중으로서 식 11.10의 $K=P/(t\sqrt{\pi a})$에 따라 $da/dN-\Delta K$의 거동을 고려했다. 재료 상수 C와 m, 하중 범위 ΔP, 기하학적 치수, 초기와 마지막 균열 길이 a_i와 a_f에 대한 함수로서 균열 진전 수명 N_{if}에 대한 식을 추론하라.

11.28 식 11.23과 Forman식에서 주어진 da/dN이지만, F가 거의 일정할 때 식 11.32와 유사하게 균열 진전 수명 N_{if} 계산에 대한 식을 추론하라. N_{if}를 재료 상수 C_2, m_2와 K_c, 응력 범위 ΔK, 응력비 R, 상수 F, 초기와 마지막 균열 길이 a_i와 a_f에 대한 함수로 만들어라.

11.29 식 11.23과 Forman식에서 주어진 da/dN이지만, F가 거의 일정할 때 식 11.32와 유사하게 균열 진전 수명 N_{if} 계산에 대한 식을 추론하라. N_{if}를 재료 상수 C_2, m_2와 K_c, 응력 범위 ΔK, 응력비 R, 상수 F, 초기와 마지막 균열 길이 a_i와 a_f에 대한 함수로 만들어라.

(a) 균열 진전거동이 식 11.10의 $m=2$인 경우일 때, 초기 길이 a_i부터 마지막 길이 a_f까지의 주기 수 N_{if}에 대한 해석적 해를 유도하라. 결과는 N_{if}는 재료 상수 C와 m, 응력 범위 ΔS, 기하학적 치수, 균열 길이 a_i와 a_f에 대한 함수로 나타나야 한다.

(b) 다른 m값에 대한 closed-form 해결법이 가능한가? 그렇다면 어떤 것에 가능한가? (제안 : 표의 적분을 참고하라)

11.30 2024-T3 알루미늄으로 만든 중앙-균열 판의 치수는 그림 8.12(b)에 정의된 것처럼 $b=60$, $t=7.5$mm 그리고 h가 크고, 초기 균열 길이 $a_i=2$mm이다. $P_{min}=36$과 $P_{max}=120$ kN에서 균열이 진전하여 완전 소성 항복 또는 취성 파괴 중 하나의 파단이 될 때까지 요구되는 주기는 얼마인가?

11.31 AISI 4340 강($\sigma_u=1296$MPa)의 굽힘 부재는 직사각형 단면적을 가졌고, 그림 8.13에 정의된 것처럼 치수는 $b=40$과 $t=8$mm이다. 초기 끝 균열 길이 $a_i=0.7$mm이고, 부재에 작용하는 주기적 굽힘 하중은 $M_{min}=800$와 $M_{max}=1200$ N · m이다. 균열이 진전하여 파단될 때까지 필요한 주기 수를 평가하라.

11.32 RQC-100강으로 만든 양-모서리-균열 판의 치수는 그림 8.12(b)에 정의된 것처럼 $b=100$과 $t=8.0$mm이다. 두 개의 끝단 균열 길이는 $a=1.0$mm이고, 부재에 작용하는 주기적 하중은 $P_{min}=-150$과 $P_{max}=600$ kN이다. 균열이 진전하여 파단될 때까지 필요한 주기 수를 평가하라.

11.33 7075-T6로 만든 직사각형 단면적을 가진 굽힘 부재의 치수는 그림 8.13에 정의된 것처럼 $b = 50$과 $t = 10$mm이다. 검사는 $a = 0.25$mm보다 클 경우 확실하게 균열을 찾을 수 있으므로, 이 크기의 가장자리 균열이 두께를 관통하여 존재한다고 가정해야 한다. 주기적 굽힘 모멘트는 $M_{min} = -200$과 $M_{max} = 450$ kN · m이다.

(a) 균열이 진전하여 파단되는 주기를 평가하라.

(b) 만연 제공된 수명이 200,000 주기일 때, 수명에서 안전계수는 얼마인가?

(c) 수명에서 안전계수가 3.00으로 요구된다. 주기적인 검사가 필요한가? 만약 그렇다면, 주기의 범위는 얼마인가?

11.34 그림 8.17(d)처럼, 17-4 PH 스테인리스강에 대해 반원형 표면 균열이 포함되어 있는 원형 샤프트의 직경은 60mm이고, 초기 균열 크기는 $a_i = 0.5$mm이다. 적용된 주기적 굽힘 모멘트는 $M_{min} = 2.0$과 $M_{max} = 14.0$kN · m이다. 균열이 진전하여 파단될 때까지 필요한 주기 수를 평가하라. (제안 : 부록 A는 이 경우에 대해 완전 소성 항복을 가지지 않고, 그림 A.16(b)로부터 직사각형을 원형 단면적 분석으로 바꾸어(동일한 a, $b = d$ 사용 S_{max}를 사용하여 t를 구하라) 대략적인 a_0를 평가하라.)

11.35 항공기 구조 부재로 사용되는 7075-T6의 단면적은 그림 P11.35로 나타났다. 1/4의 구석에 원형 균열 크기는 $a = 0.5$mm로 존재하고, 부재는 인장 응력 S 지배하에 있다. $S_{min} = -68$MPa과 $S_{max} = 336$MPa이 적용되어 파단 전까지 예상되는 주기 수는 얼마인가? (논평 : 1/4 원형 균열은 균열이 진전할 동안 거의 유지된다고 합리적으로 가정한다. 또한, 균열 깊이 a를 가정하는 보수적으로 근사한 완전 소성 한계 하중은 부재의 두께 15mm 전체에 균등하게 확장한다.)

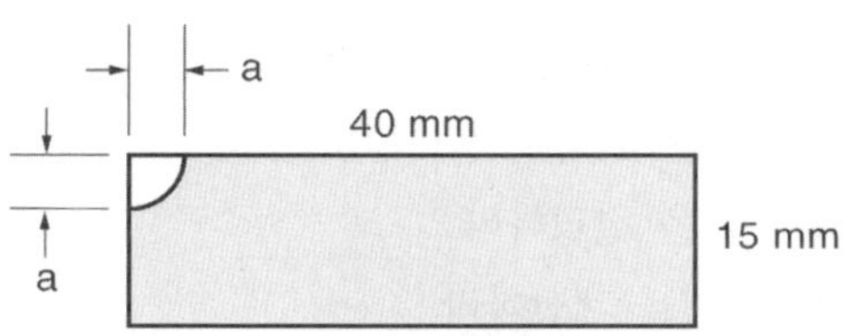

그림 P11.35

11.36 직사각형의 단면적을 가진 굽힘 부재의 치수는 그림 8.13에 정의된 것처럼 깊이 b = 60과 두께 $t = 12$mm이다. 표 11.2의 AISI 4340로 만들었고, 주기적 모멘트는 $M_{min} = 0.8$과 $M_{max} = 4.0$ kN · m이 적용된다. 파단은 두께 끝에서 관통하는 균열이 깊이 방향으로 15.4mm 확장하여 하중 60,500주기 후에 취성 파괴가 발생한다. 반복 하중에서 존재하는 초기 균열 길이를 평가하라.

11.37 그림 8.14와 같은 직경이 120mm이고 원주에 표면 균열이 있는 환봉이 있다. 재료는 ASTM A572의 페라이트-펄라이트 구조의 강은 항복강도 $\sigma_0 = 345$MPa과 두께에 대한 평면 응력 파괴인성은 적어도 $K_{Ic} = 100\text{MPa}\sqrt{m}$ 이다. 하중 범위 ΔP와, $R = 0.4$을 적용할 때, 균열 진전이 500,000 주기에서 $a_i = 1.0$mm에서 $a_f = 12$mm이라면 하중 범위는 얼마인가?

11.38 연습문제 11.30에서 주어진 2024-T3 알루미늄의 중앙-균열 판과 하중을 고려하라. 초기

균열 크기는 $a_i = 2$mm이고 취성 파괴로 인해 수명이 끝났을 때 길이 $a_f = 18.6$mm일 때, 수명 $N_{if} = 74{,}000$ 주기이다.

(a) 만약 파단 전에 150,000 주기를 이겨냈다면 검사 회피를 허락할 수 있는 가장 큰 초기 균열 크기 a_i는 얼마인가?

(b) (a)로부터 당신이 정한 a_i를 검사로 찾아내는 것이 가능하다고 가정하면, 주어진 판의 수명에서 합리적인 안전계수에 맞는 검사 주기는 얼마인가? 판은 임계 항공기 산업 분야로 가정하라.

11.39 2024-T3로 만든 굽힘 부재의 직사각형의 단면적의 치수는 그림 8.13에서 정의된 것처럼 $b = 40$과 $t = 5.0$mm이다. 이 부재에 주기적 굽힘은 $M_{min} = 46$과 $M_{max} = 184$ N · m이 적용된다.

(a) 초기 끝단 균열 길이 $a_i = 1.0$mm가 존재한다고 가정할 때, 균열이 진전하여 파단될 때까지 필요한 주기 수를 평가하라.

(b) 검사 주기가 50,000 주기로 계획되고, 수명에 대한 안전계수가 3.0으로 요구되었다. 주기 검사로 찾을 수 있는 균열 길이 a_d는 얼마인가?

11.40 연습문제 8.22의 그림 P8.22의 균열 길이 $a = 1.5$mm를 포함한 T-단면을 고려하라. 이 부재는 x방향으로 주기 굽힘을 $M_{min} = 117$과 $M_{max} = 180$ N · m이고, 균열은 굽힘 방향의 인장부분에 있다. 균열이 진전하여 파단될 때까지의 주기 수를 평가하라. 7075-T651 알루미늄 재료는 표 11.2의 7075-T6 합금의 균열 진전 특성과 같다고 가정하라.

11.41 그림 8.20에 정의된 것처럼 2024-T3 알루미늄으로 만든 원형구멍을 가진 판의 치수는 $b = 50$mm, 홀 반경 $c = 12.5$mm와 두께 $t = 5.0$mm이다. 이 부재에 주기 인장하중은 $P_{max} = 62.5$과 $P_{min} = 15.0$ kN이 적용된다. 구멍 끝단 모서리 균열 길이 $l = 0.10$mm이다. 탄성응력집중계수 $k_{tn} = 2.42$이다.(그림 A.11(a))

(a) $K_A = K_B$일 때, 균열길이 l'을 결정하라.

(b) 균열길이가 l'이 될 때의 주기를 계산하라.

(c) 균열길이 l'에서 파단에 이를 때까지 주기를 계산하라. 그리고 (b)의 결과를 포함한 전체 주기를 계산하라.

【11.6.3절】

11.42 예제 11.4에서 AISI 4340강에 대한 초기 균열 크기 $a_i = 1$mm로 같지만 반복 하중의 절반인 $P_{min} = 40$과 $P_{max} = 120$ kN이 적용된 중앙-균열 판을 고려해보자.

(a) 파단 시 균열 길이를 평가하라.

(b) 수치 적분을 이용하여 수명을 계산하라.

11.43 연습문제 11.31의 상황으로부터, 파단 시 주기 수를 수치 적분에 변화가 허용된 F를 사용하여 평가하라.

11.44 변화가 허용된 F를 이용한 수치적분으로부터 계산된 N_{if}로 연습문제 11.37의 a_i값을 확인하라. 만약 결과가 60,000 주기에 가깝지 않다면, $N_{if} = 60{,}000$까지의 a_i값을 적용하여 얻어라.

11.45 인장 하중에서의 단면-끝-균열 판의 치수는 그림 8.12(c)에 정의된 것처럼 $b = 75$, $t =$ 5mm 그리고 큰 h, 초기 균열 길이 $a_i = 4$mm이다. 0 - 최대치 주기적 하중이 20 kN이 적용되고, 재료는 Men-Ten강이다. 피로 파괴가 나타나기 전에 주기는 얼마인가?

11.46 구모양의 압력 용기의 안쪽 반경이 0.6 m이고 벽두께는 50mm이다. 재료는 적어도 파괴인성이 200 MPa $\sqrt{m}$ 인 오스테나이트 스테인리스강이다. 비파괴검사는 벽 안쪽의 표면에 있는 균열 길이 $2c = 8$mm와 깊이 $a = 2$mm를 밝혀냈다. 비록 균열이 진전하여 $a/c =$ 0.5로 바뀔지라도, 예비 분석에 대한 합리적인 근사치는 균열 진전의 깊이 a에 대해 a/c가 일정하게 남아있을 거라 가정된다. 이 경우에, 그림 8.19(b)의 F_D는 식 8.32에 주어진 것과 같이 균열 깊이 a/t에 연관되어 바뀐다.

(a) 파괴가 일어나기 전에 용기에 압력이 20MPa 가해지고 감압하는 횟수는 얼마인가?

(b) 파괴는 용기에 누수로 인해 발생되거나 취성 파괴로 인해 발생되는가? 만약 전자라면, 용기에 누수가 있을 때, 취성파괴에 반대하는 안전계수는 얼마인가?

11.47 연습문제 10.36의 샤프트에 대해, 깊이 1.mm의 다수의 작은 균열은 필렛 반경의 바탕에 존재한다. 균열이 진전하여 파괴될 때의 주기 수(샤프트 회전)를 평가하라. 해결책에 도달이 불가피하면 합리적인 근사치를 사용하라. 강은 페라이트 - 펄라이트 미세구조(표 11.1)이다. Walker 식을 사용하여 K_{Ic}와 γ를 평가하라. 항복과 극한 강도는 대략 Man-Ten강과 비슷하다(표 11.2).

【11.7절】

11.48 연습문제 11.30 재료와 부재에 대해, 그림 P11.48에 나타난 축 방향 힘 이력의 반복적인 적용이 하중을 대체한다. 균열이 $a_i = 2$mm에서 파단될 때까지 균열이 진전한다면 어느 정도의 반복이 요구되는가?

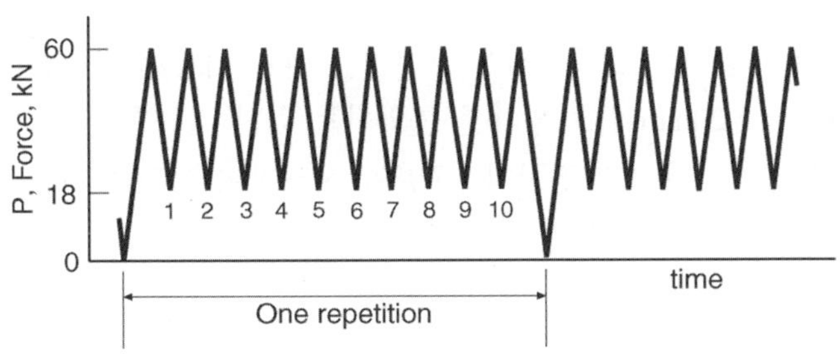

그림 P11.48

11.49 7075-T6 알루미늄에 대한 양-모서리-균열 부재의 치수는 그림 8.12(b)에 정의된 것처럼 $b = 28.6$과 $t = 2.3$mm이고, 양 부분은 같은 초기 균열 길이 $a_i = 2.0$mm이다. 그림 P11.51에 나타난 하중 이력이 적용되어 균열 진전하여 파단될 때 까지 얼마나 반복되어야 하는지 평가하라. 재료 상수는 표 11.2에 있는 것을 적용하고, 파괴인성은 제외하라. 두께의 파괴인성은 $K_c = 78.7$MPa $\sqrt{m}$ 이다.

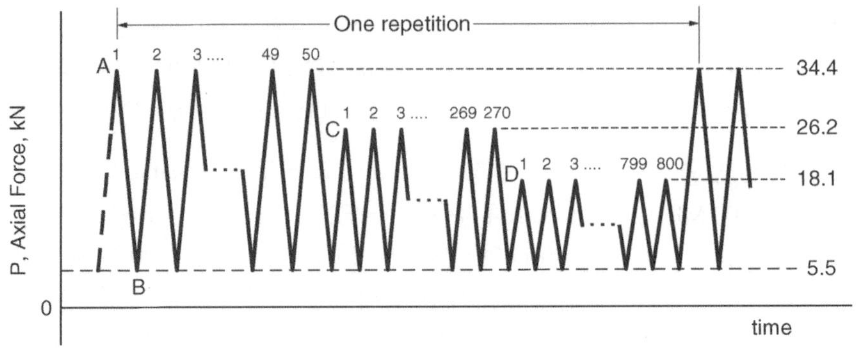

그림 P11.49

11.50 표 11.2의 RQC-100 강의 굽힘 부재는 직사각형 단면적을 가졌고, 그림 8.13에 정의된 것처럼 치수는 $b = 65$와 $t = 15\text{mm}$이다. 그리고 두께를 통과하는 초기 균열 $a_i = 0.5\text{mm}$를 포함한다. 그림 P11.52에 나타나듯 하중 이력을 반복적으로 적용하여 차례로 배열한다. 파단까지 얼마나 반복해야하는지 평가하라.

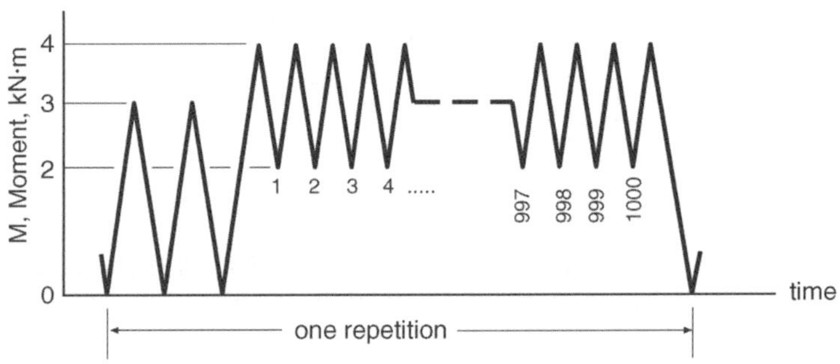

그림 P11.50

11.51 Man-Ten강으로 만든 직사각형의 단면적을 가진 기둥의 치수는 그림 8.13에 정의된 것처럼 $b = 40$과 $t = 20\text{mm}$이다. 두께를 통과하는 검사 가능한 크기의 균열 길이 $a_d = 1.00\text{mm}$가 초기에 존재한다고 가정하라. 균열이 진전하여 파단될 때까지 그림 P11.51에 나타난 굽힘 모멘트 이력이 얼마나 반복되어야 하는가?

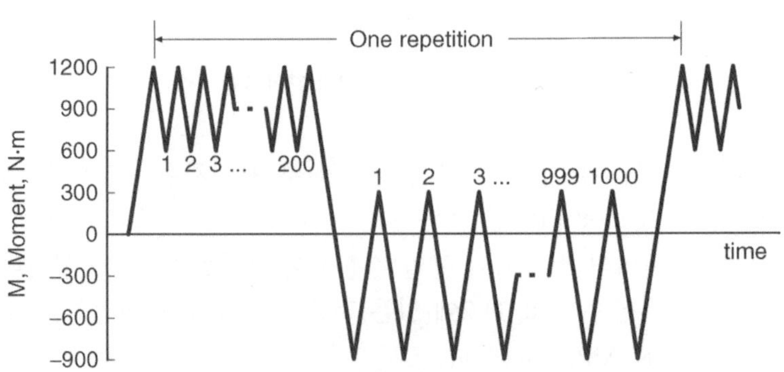

그림 P11.51

11.52 그림 8.17(d)와 같은 7075-T6의 원형 샤프트는 직경이 50mm이고, 반원형 표면 균열을 포함하고 있고, 초기 균열 $a_i = 1.0$mm이다. 균열이 진전하여 파단될 때까지 그림 P11.52에 나타난 굽힘 모멘트 이력이 얼마나 반복되어야 하는가? 파단은 취성 파괴이고, 균열이 진전하면서도 균열의 모양은 유지된다고 가정하라.

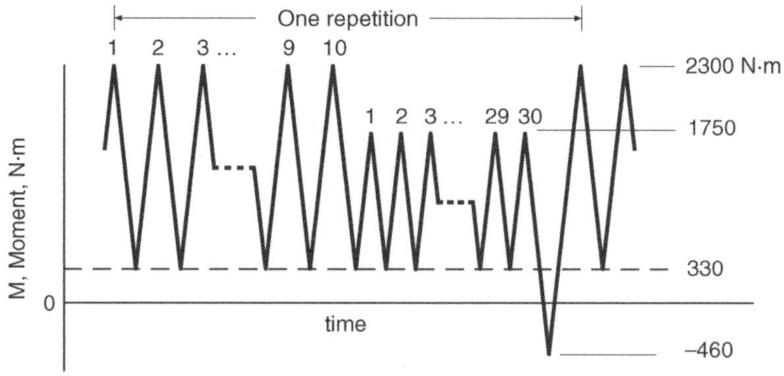

그림 P11.52

【11.8절】

11.53 예제 11.4의 AISI 4340강과 중앙-균열 판을 고려하라. 예제. 11.4(c)에 결정된 $a_d = 1$mm이고 매 25,900 주기마다 주기적은 검사를 한다고 가정하라.

(a) 취성 파괴 및 완전 소성 항복일 때, 검사 전에 존재할 수 있는 최악의 상황 균열에 대한 안전계수는 얼마인가?

(b) 이 안전계수 충분해 보이는가, 아니면 검사 주기를 줄여야 하는가? 그 외에 안전을 확보하는데 필요한 다른 행동은 무엇인가?

11.54 표 11.2에서 AISI 4340강의 판은 인장하중이 작용하고, 끝단 균열을 포함하고 있다. 치수는 그림 8.12(c)에 정의되었고 이 중, 너비 $b = 250$과 두께 $t = 25$mm이다. 반복 하중은 $P_{min} = 1.7$과 $P_{max} = 3.4$MN이 발생한다.

(a) 균열이 진전하여 파단될 때까지의 주기 수를 평가하는데, 균열은 발견할 수 있는 최소크기 $a_d = 1.3$mm에서 시작한다.

(b) 실제 제공되는 수명이 60,000 주기를 원하고, 수명에 대한 안전계수는 3.0으로 요구된다. 이 설계는 충분한가?

(c) 만약 그렇지 않다면, 향상된 검사로 a_d를 찾아야 하는가?

(d) 만약 $a_d = 1.3$mm 이상 증가하지 않을 때, 검사 주기는 얼마로 요구되는가?

(e) 만약 향상된 검사도 주기적인 검사도 가능하지 않을 경우, R = 0.5로 유지될 때 얼마나 하중을 낮춰야 하는가?

11.55 직사각형 단면을 가진 기둥의 치수는 그림 8.13에 정의된 것처럼 $b = 40$과 $t = 20$mm이다. 만약 균열이 $a = 1.00$mm보다 클 때 검사는 균열을 확실히 찾을 수 있으므로, 두께를 관통하는 끝단 균열이 이 크기 정도 존재한다고 가정한다. 주기 굽힘 모멘트는 $M_{min} = 480$과

$M_{max} = 1200\text{N} \cdot \text{m}$가 적용되고, 재료는 Man-Ten강이다.

(a) 균열이 진전하여 파단될 때까지의 주기 수를 평가하라.

(b) 만약 운용 수명이 1,000,000 주기로 요구된다면, 수명에서 안전계수는 무엇인가?

(c) 수명에서 안전계수가 3.00으로 요구되었다. 주기적인 검사가 필요한가? 만약 그렇다면, 주기 간격은 얼마인가?

(d) 어떤 $a > 1.00\text{mm}$이면 확실하게 찾을 수 있는 검사의 검사주기가 (c)의 검사주기일 때, 이전 검사가 이루어지기 전에 존재하는 가장 큰 균열 크기에 대해 평가하라.

(e) (d)로부터 균열 크기(최악의 상황)에 대해, 취성 파괴에 대항하는 안전계수와 완전 소성 항복에 대항하는 안전계수는 얼마인가? 그것들은 적절한가?

12 환경을 고려한 균열 진전

목적

- EAC의 존재와 결과에 대해서 이해한다.
- 균열 경로 및 파손 외관을 통해 EAC 파손 모드에 대해 인식한다.
- K_{IEAC} 임계값과 균열 속도의 개념을 이해한다.
- EAC 균열이 파손될 때까지의 시간을 계산한다.

세부목차

12.1 서 론

환경에 의한 균열 진전(EAC: Environmentally Assisted Cracking)은 취약한 재료가 항복 강도보다 충분히 낮은 인가 또는 잔류 인장 응력 하에서 해로운 환경에 노출될 때 발생할 수 있는 균열 성장 메커니즘이다. 피로균열 진전의 결과와 유사하게 EAC 균열은 재료의 파괴 인성 또는 항복 강도를 초과 할 때 임계 길이에 도달하고 균열이 성장한다. EAC는 특정 환경과 특정 재료에 국한되며 피로 균열과 달리 주기 하중이 아닌 정적 하중 하에서 성장한다. 균열 성장은 명백한 기능 저하 없이 일정 기간 동안 발생하기 때문에, 최종 파손은 예상하지 못한 경우가 많다. 피로 균열과 마찬가지로 EAC는 고성능의 재료나 내식성을 가진 재료에서 발생하여 예상하지 못한 파손이 발생할 수도 있다.

EAC는 다양한 종류의 구조 재료에서 관찰되어 왔다. 금속재료에서 EAC는 응력 부식 균열(SCC: Stress Corriosion Cracking), 수소 취화(Hydrogen-induced embrittlement) 그리고 액체 금속 취화(LME: Liquid Metal embrittlement)로 분류된다. 폴리머, 유리 및 세라믹 재료 또한 환경적인 작용으로 인해 시간의존적인 파손이 발생한다. 폴리머에서 EAC는 환경 응력 균열(ESC: Environmental stress cracking), 유리 및 세라믹 재료에서는 정적 피로라고 한다. 이외에도 EAC를 표현하기 위해 다양한 용어들이 사용되고 있다. 예를 들어 EAC는 구리 니켈-아연 합금(물론 은을 포함하고 있지 않지만 니켈-은 혹은 독일-은이라고 부르기도 한다)의 폭발과 유사한 파손을 설명 할때는 화재 균열(Fire cracking)이라 한다. 용어가 혼동될 수 있지만 이러한 현상은 모두 EAC의 범위에 있다. 이 장에서는 재료 내에서 EAC에 일반적으로 허용되는 용어에 따라 특정 메커니즘을 고찰할 것이다.

EAC(Moore, 1921)에 대해서 처음 기록된 사례는 몬순 기후 동안 황동 탄약 카트리지 케이스의 균열을 설명하기 위해 시즌 균열이라고 했다. 이는 그림 12.1에 나타내었다. 덥고 습한 조건에서 미량의 암모니아와 함께 냉간 가공된 황동의 조사에서 발견되었다. 이후 70%의 구리 30%의 아연함량의 카트리지 황동의 제조 공정에서 잔류응력이 시즌 균열의 발생을 방지할 수 있는 것이 발견 되었다. 예를 들어 황동의 강도를 감소시키지 않는 1시간 동안의 275℃의 저온의 어닐링 공정을 통해 이러한 효과를 만들 수 있다. 이 과정에서 중요한 두 가지 사항은 다음과 같다.

- 재료의 내부 또는 잔류응력만이 필요하다.

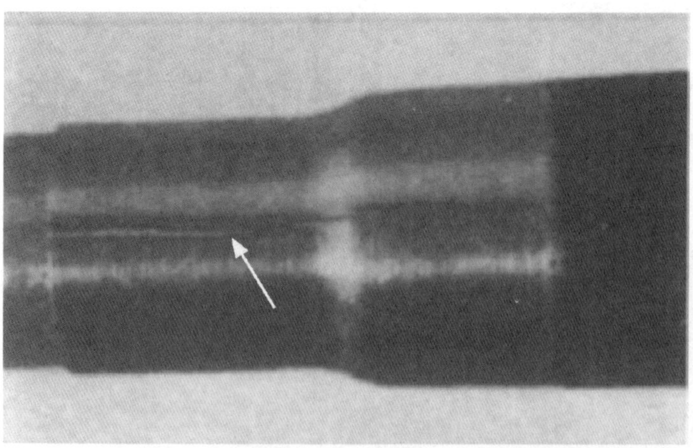

그림 12.1 황동 탄약 카트리지 케이스의 시즌 균열.

• 암모니아가 필요한 특정 환경이여야 한다. 즉, 암모니아가 존재하는 환경이어야 한다.

EAC의 발생에는 환경 및 야금학적 변수가 영향을 미치지만, EAC 발생을 위해 아래 세 가지 동시 요인이 반드시 필요하다.

• 인장 응력
• 해로운 환경
• 취약한 재료

이는 그림 12.2에 도식적으로 표현하였다. EAC가 발생하려면 세 가지 요소가 동시에 작용하여야 하므로 이를 방지하기 위한 방법은 이러한 요소 중 하나를 제거하는 것이다. 재료와 환경은 상황에 따라서 달라진다. 즉 한 재료에 해로운 환경이 다른 재료에 이로운 환경일 수 있기 때문에 재료와 환경은 동시에 영향을 미친다. 응력은 서비스 기간이나 제조 공정에 의해 항상 존재한다. 이러한 응력을 외부 또는 내부 응력이라고 한다.

향후 발생가능한 재료의 파손을 방지하기 위해 기존 파손이 발생한 부품에 대한 EAC에 대해 파악하는 것이 중요하다. EAC는 다른 균열의 성장 특히 피로 균열의 성장 메커니즘과 다르기 때문에 금속조직학적 단면과 주사전자현미경 등을 이용한 파단면 분석을 통해 식별할 수 있다.

모든 구조 재료에서 EAC는 발견되었다. 따라서 엔지니어 혹은 설계자가 EAC에 취약한 재료로 판단하고 이에 영향을 끼치는 환경이 존재한다고 판단하는 경우, EAC는 파손 모드 및 영향 분석(FMEA: failure mode and effects analysis)에서 고려되어야 한다. 취약한 재료 및 환경 조합, 잔류응력 최소화, 표면 마감 제어, 코팅과 같은 전략을 통해 위험을 줄이거나 정량화할 수 있다. 본 장의 목적은 (1) 일반적으로 알려진 EAC 시스템을 식별하고 (2) 미세구조 및 파면을 통해 EAC를 파악하고 (3) 균열 성장과 파손을 예측하기 위해 분석 방법을 제시하고 (4) 학습 결과를 사용하여 분석 및 예방법을 제공하는 것이다.

12.2 정의, 개념, 분석

피로균열에 사용한 유사한 개념을 이용하여 EAC를 설명할 수 있다. 이 책의 이전 장에는 피로 균열이 어떻게 시작되고, 기존의 결함으로부터 어떻게 성장할 수 있는지에 대해 설명했다. 파괴역학 이론

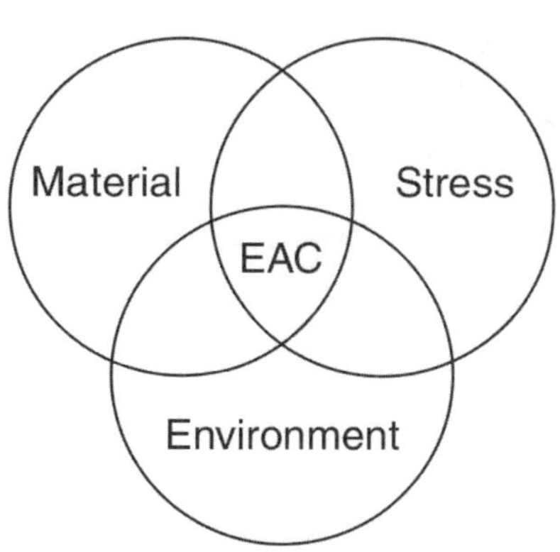

그림 12.2 취약한 재료가 인장 응력과 해로운 환경에 노출될 때 EAC 균열이 발생함을 나타내는 중첩원

을 이용하여 응력 확대 계수 범위가 임계값 ΔK_{th} 이상인 경우 피로 균열 성장이 발생한다. 동일한 개념이 EAC에도 적용된다. 취약한 재료에는 임계 응력 강도 K_{IEAC}(in $\mathrm{MPa}\sqrt{\mathrm{m}}$ units)가 있으며, 그 이상에서 균열이 성장할 수 있다. 그림 12.3은 예비 균열이 존재하는 재료의 외팔보 형태의 시편이 예상되는 해로운 환경에 노출되는 동안 중량 W의 일정한 힘을 받는 시험 배치의 예를 보여준다. 다양한 중량을 사용하여 다수의 초기 값 K를 얻는다. 또한 표시된 바와 같이, 장기간에 걸쳐 고장이 발생하지 않는 표 아랫부분의 K값은 K_{IEAC}로 식별된다. 이 유형의 시험은 ASTM Standard No. E1681에 주어져있다. 실제로는 서비스 시간이 시험 시간보다 훨씬 더 길기 때문에 실제 임계값은 판단하기 어렵다.

시간 기반 균열 성장 속도 $da/dt = \dot{a}$ (in m/s units)를 측정하기 위해 보다 정교한 시험을 사용할 수 있다. 인공 해수에 노출된 7075-T6 알루미늄에 대한 데이터 사례를 그림 12.4(왼쪽)에 나타내었다. K_{IEAC} 위에서 이러한 데이터를 사용할 수 있는 경우, 그림 12.4(오른쪽)에 이상화된 세 가지 기본 영역이 있음을 알 수 있다.

- 영역 I: K_{IEAC} 위에서, 상대적으로 낮은 K에서 $\dot{a}$는 K에 크게 의존한다.
- 영역 II: $\dot{a}$가 상대적으로 일정한 지역이 존재할 수 있다
- 영역 III: K가 파괴 인성 K_{Ic}에 접근할수록 취성 파괴 메커니즘이 지배적이게 된다.

금속에서 영역 II의 균열 속도는 용해 또는 취화에 의해 진전하는 균열과, 소성 또는 부식에 의한 균열선단의 둔화(무뎌짐)로 인해 주기적으로 구속되는 균열 사이의 균형에 의해 설명될 수 있다. 일정한 균열 성장 속도 $\dot{a}$는 균열 팁으로 운반되는 유해한 물질의 제한적인 확산속도 때문일 수 있으며, 균열은 이 물질이 공급될수록 빠르게 성장할 수 있으며 이 때 응력의 영향을 받지 않는다.

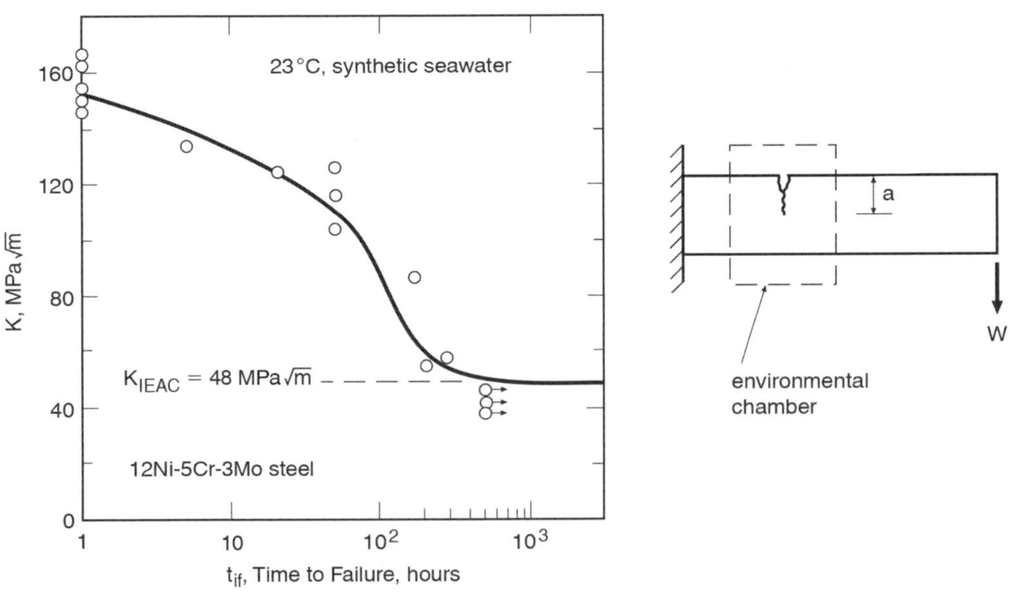

그림 12.3 재하 중량의 하중을 받는 캔틸레버 보에서의 K_{IEAC} 결정

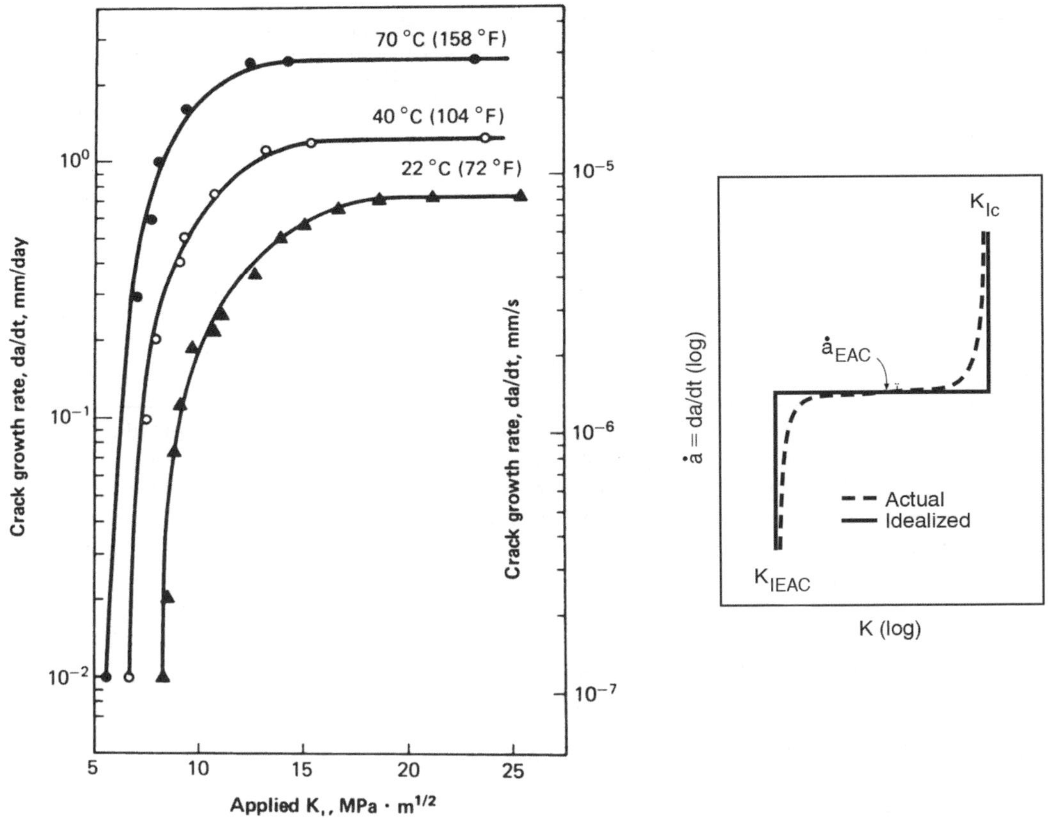

그림 12.4 해수와 유사한 3.5% NaCl 용액 내 7075-T6 알루미늄에 대한 균열 속도 데이터(왼쪽), K_{IEAC} K_{Ic}사이의 일정한 균열 속도를 이용한 거동의 근사 값(오른쪽).

12.2.1 EAC 데이터

Speidel(1975) 에 알루미늄 합금에 대한 많은 데이터가 있다. 일반적인 엔지니어링 합금에 대한 일부 선택된 데이터는 표 12.1에 나타내었다. 합금 조성, 열처리, 야금학적 조건(입자 크기, 2상 분율, 조성변화), 대기 온도, 환경 조성의 변화와 같은 여러 변수가 독립적 또는 복합적으로 K_{IEAC} 및 $\dot{a}$값에 영향을 미친다. 주어진 합금 및 환경에서 균열 속도는 응력 상태 및 조직내부에서의 균열 방향에 따라 달라질 수 있다. 따라서 특정 고려가 필요한 상황에 대한 시험 결과가 늘 존재하지 않을 수 있다.

표 12.1의 데이터를 검토하면 EAC 과정이 상대적으로 빠르고 임계 응력 강도 K_{IEAC}가 K_{Ic}와 비교할 때 상대적으로 낮다. 응력 확대계수가 임계값 K_{IEAC}를 초과 한다면 EAC 과정은 계속 작동한다. 예를 들어 표 12.1에 나온 상대적으로 느린 균열 속도를 가진 2024-T351 Al의 균열을 고려할 때 1년에 약 250mm 성장할 수 있다. 물론 주기 하중과 결합될 때 문제가 더욱 복잡해 진다. 이 경우 부식 피로가 발생하며 이는 두 메커니즘이 단독으로 작용 할 때 보다 심각할 수 있다. 따라서 EAC에 대한 가장 실용적인 접근 방식은 EAC의 발생 위험이 있는지 여부를 미리 확인하고 설계단계에서 피하는 것이다. 회피가 불가능 한 경우 다음과 같은 데이터를 바탕으로 한파괴 역학적 접근법이 적용 가능하다.

표 12.1 다양한 환경에서 여러 합금에 대한 EAC 임계값 및 균열 팁 속도 데이터

Material	Environment	K_{IEAC}, MPa$\sqrt{m}$	$\dot{a}$, m/s	K_{Ic}, MPa$\sqrt{m}$
2024-T351 Al, T-L	3.5% NaCl, wet 3 times a day	8	7.4×10^{-9}	22
7075-T651 Al, T-L	saturated NaCl, 23°C	7	1.5×10^{-8}	16.5
7075-T651 Al, T-L	liquid mercury, 23°C	1	1.8×10^{-1}	16.5
7079-T651 Al, T-L	saturated NaCl, 23°C	5	1.5×10^{-5}	16.5
AISI 304L stainless steel, annealed	22% NaCl, 105°C	19.5	3.6×10^{-9}	>200
Ti-8Al-1Mo-1V, annealed	liquid mercury, 24°C	11	5.0×10^{-2}	82
Ti-8Al-1Mo-1V, annealed	10M HCl, 24°C	19	4.6×10^{-4}	82

Notes: See Fig. 8.40 for explanation of T-L crack orientation. All NaCl solutions are aqueous. The designation 10M indicates aqueous solution molarity.
Sources: Aluminum alloy data in [Speidel 71] and [Speidel 75], with K_{Ic} from Table 2 of [Hyatt 72], bottom of range for "short transverse." Stainless steel data in [Speidel 81]. Titanium alloy data in [Feeney 71].

- 응력 부식 균열 성장에 대한 응력에 대한 영향 평가
- 응력 부식 균열 성장에 대한 환경의 영향 평가
- EAC에 대한 저항성에 따른 합금의 등급 구분
- EAC 균열이 시작된 구조물의 남은 유효 수명 추정

12.2.2 정적하중에서의 수명 추정

설계 시 사용할 수 있는 두 가지 전략이 있다. (1) 알려진 서비스 수명 동안 허용 가능한 균열 성장 속도를 결정한다. (2) 무한수명을 고려하여 응력확대계수의 상한값을 K_{IEAC}임계값 이하로 유지한다. 후자의 전략은 기계적 손상 및 부식으로 인해 표면이 시간이 지남에 따라 열화되기 때문에 주의해서 사용해야 한다.

변동 없는 정하중이 작용하는 동안 환경적인 영향에 의해 균열이 진전하는 상황에서의 균열 진전 수명은 이전에 일정 진폭 하중에서의 피로균열 진전에 대한 과정으로 설명된 파괴 역학을 기반으로 한 유사한 방법으로 추정할 수 있다. 균열 진전에 대한 변수는 단순히 현재 균열 길이와 응력을 적용하여 정의되어 고정된 응력 확대 계수 K값이다. 재료에 대한 진전속도는 $\dot{a}-K$곡선을 사용했다.

응력 강도가 임계값 이상이고 균열 진전속도가 일정하고 알려진 경우 수명은 다음과 같이 추정된다.

$$t_{if} = \frac{a_f - a_i}{\dot{a}} \tag{12.1}$$

여기서, t_{if}는 초기 길이 a_i에서 최종 길이 a_f까지의 균열의 진전에 대해 요구되는 시간이다. 11장의 내용과 같이 a_f는 완전 소성 항복일 때 a_0 또는 취성 파괴일 때 a_c 중 하나로 추정할 수 있다.

12.3 금속의 EAC: 기본 메커니즘

스테인리스 강, 알루미늄, 구리, 니켈 및 티타늄 합금과 같이 부동태 산화 층으로 인해 일반적으로 내식성이 우수한 합금 서비스에서 발생하는 EAC 시스템이 있다. 구체적인 예로는 암모니아에 노출된 카트리지 황동, 낮은 농도의 염화 이온에 노출된 300시리즈 스테인리스 강 합금, 바닷물(염화 이온)에 노출된 5000시리즈 알루미늄 합금이 있다. 이는 일반적으로 응력부식균열(SSC)로 알려져 있다. SSC는 균열 팁에서 부식에 의해 재료가 제거되는 메커니즘으로 정의할 수 있다. 수십 년간의 연구를 통해 여러 메커니즘이 제안되었지만 어느 한 이론만으로 모든 금속의 SSC를 설명하지는 못하고 있다. 하지만 제안된 이론적 메카니즘 설명이 SSC 기구를 설명하기에 부정확하다는 것을 아니다. 즉 SSC를 설명하기 위한 단일이론이 존재하지 않는 이유는 SCC가 금속과 환경의 다양한 조합에서 발생 할 수 있기 때문이다. 예를 들어 금속의 SSC는 결정립계 화학 결합의 응집 강도 감소(취성), 결정립계를 따른 양극상의 용해(감작), 결정립 내의 면을 따른 균열 진전으로 발생할 수 있다.

금속에서 SSC의 일반적인 특성을 예를 들면 아래와 같다.

- 금속 또는 합금의 경우 특정 환경만이 파손에 기여한다.
- 순수 금속은 그렇지 못한 금속보다 SSC에 덜 취약하지만 황동(구리-아연합금) 및 오스테나이트 강, 스테인리스 강과 같은 비교적 순수한 합금은 SSC에 취약하다.
- Halide 이온(Cl^-, Br^-, F^-)은 균열에 가장 흔한 원인이지만 압력, 온도, pH 및 수용액 조성과 같은 다른 환경적 요인도 영향을 미친다.
- 야금학적 요인으로는 입자 크기, 존재하는 상, 냉간 가공이 영향을 미칠 수 있다.
- 파손은 입상 파단, 입계 파단 혹은 둘 다의 형태일 수 있다.

12.3.1 스테인리스 강의 SSC

가장 일반적으로 사용되는 스테인리스 강은 결정구조가 FCC인 오스테나이트계인 AISI(American Iron Steel Institue)300시리즈이다. 예를 들어 18%의 크롬과 8%의 니켈이 함유된 AISI304 스테인리스 강, 이와 유사하지만 몰리브데넘이 2~4%함유된 AISI316이 있다. 이러한 합금은 일반적으로 패스너, 튜브, 파이프 및 건축용 패널로 사용된다. 이 합금은 다음과 같은 세 가지 특징이 있다. (1) 부식을 방지하는 얇은 부동태 산화층을 형성한다. (2) 0.03wt%의 최대 탄소 함량으로 지정되어 저탄소 합금으로 분류되며 AISI034L 또는 AISI316L로 불린다. (3) 물에 노출되거나 응축된 수분 박막에 의해 500ppm 미만의 염화물 농도에 노출될 때 EAC에 취약하다.

이러한 강의 SSC파손은 화학 및 식품 가공 산업에서 의도하지 않게 염화물 이온에 노출될 때 일반적으로 발생한다. 또한 자연적으로 발생하는 염소 농도가 높기 때문에 해양 환경의 건축 분야에서 발생한다. AISI304 강의 응력 부식 균열로 인한 파손 사례는 1985년 스위스 Uster 실내 수영장이서 발생한 사고이다. 콘크리트 천장이 여러 개의 스테인리스 강으로 이루어진 막대(바)로 염소 처리된 수영장 위에 매달려 있었고 몇 년 후 막대의 일부가 부러지고 지붕이 무너져 여러 명의 수영 선수가 사망했다.

염화 이온에 노출될 때 스테인리스 강에서 발생하는 SSC는 두 가지 유형이 있다. 하나는 과도한 염화물 농도와 잔류 또는 인장 응력으로 인해 오스테나이트 결정립을 통해 균열이 진전되는 응력 부식 균열이며, 입상응력부식균열(TGSCC: Transgranular Stress Corrosion Cracking)이라고도 한다. 다른 유형은 결정립계를 따라 균열이 진전되기 때문에 입계응력부식(IGSCC: Intergranular Stress Corrosion Cracking)이라고 한다. IGSCC는 탄소 함량이 0.03wt%를 초과하고 650℃ 범위의 온도에서 일정 기간 노출될 때 발생할 수 있다. 이러한 온도에서 사전에 충분한 시간 노출되면(용접, 열처리 또는 주조 공정의 냉각) 1장의 그림 1.7처럼 크롬 탄화물($Cr_{23}C_6$) 입자가 형성된다. 이 과정을 민감화라고 한다. 민감화는 300시리즈 스테인리스 강에서 결정립계에 인접한 재료의 매트릭스 크롬 함량을 감소시켜 부식에 의해 국부적인 공격에 취약하게 만든다. 스테인리스 강의 민감화는 1950년경부터 연구 대상이 되었지만 저탄소 합금(<0.03wt%)의 사용이 증가하면서 이로 인한 파손이 감소했다.

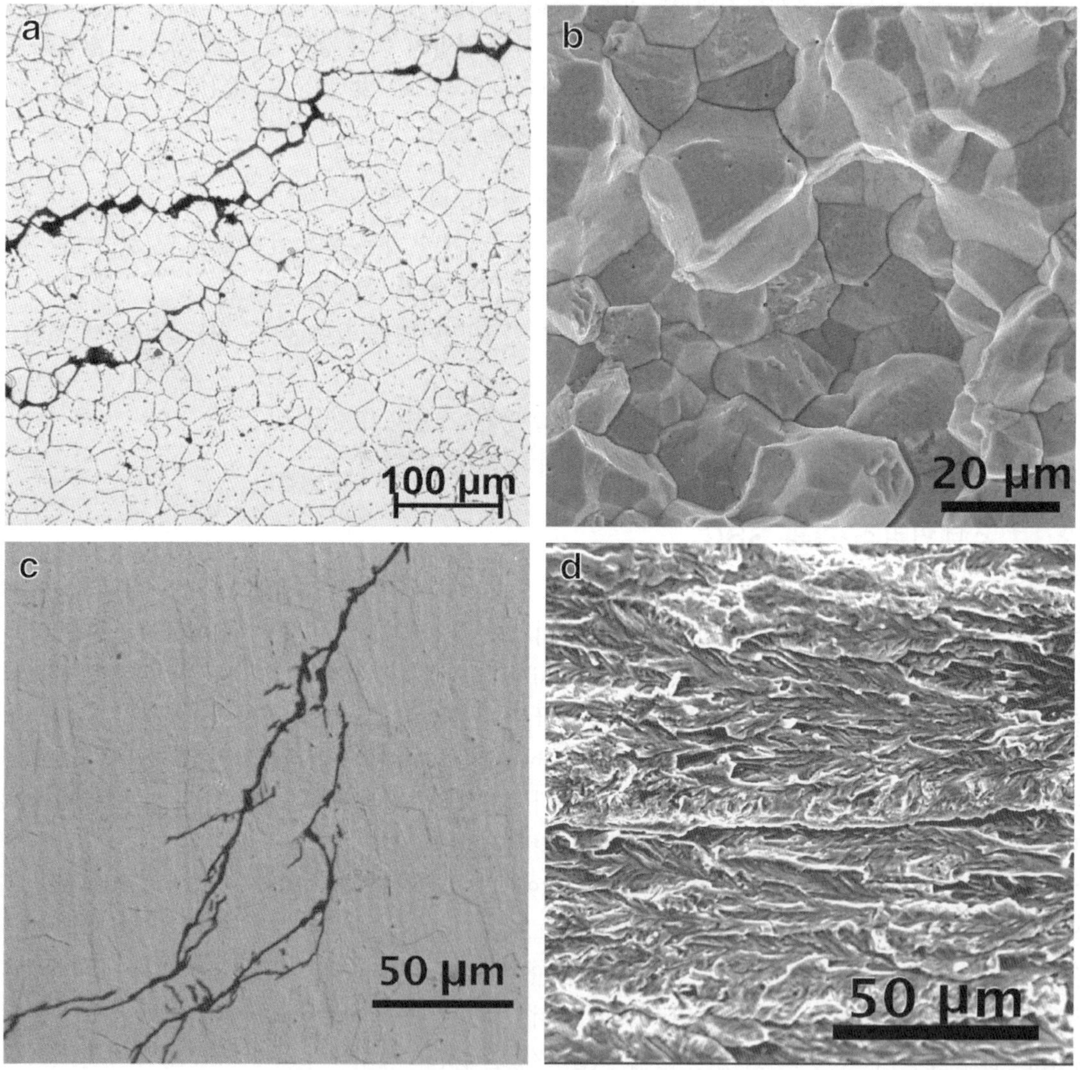

그림 12.5 300시리즈 스테인리스 강에서 응력 부식 균열(SCC)의 특징적인 모습. 입계 균열의 금속 조직학적 단면(a), 파단면의 주사전자현미경 사진(b), 입상 균열의 금속조직학적 단면(c), 주사전자현미경 사진(d)

그림 12.5에 금속에서 SCC의 두 가지 외관을 나타내었다. 그림 12.5(a)는 균열 경로가 결정립 사이 또는 입계균열(intergranular)임을 나타낸다. 이러한 균열은 일반적으로 결정립계 네트워크를 따라 진전되며 부식 피트 또는 다른 표면 손상으로 인해 발생하는 구성 요소 표면으로 다시 추적 될 수 있다. 여기서 입계 균열 성장은 템퍼 취화 또는 수소 취화와 같은 민감화(입계취화) 메커니즘으로 설명할 수 있다. 파면분석기법을 사용하면 그림 12.5(b)와 같이 주사형 전자현미경에서 동일한 구성요소의 파단면을 관찰할 수 있으며 개별 결정립계가 노출되어 세분화된 모양을 나타냄을 알 수 있다. 그림 12.5(c)의 금속조직학적 단면은 입상균열 형태(transgranular)를 보여준다. 입상 균열은 결정면을 통해 진전한다. 그림 12.5(d)와 같이 파단면의 모양은 깃털 모양을 나타낸다. 피로와 마찬가지로 파단면은 적용된 잔류 또는 인장 응력에 수직으로 형성되며 연성은 관찰되지 않는다.

12.3.2 알루미늄 합금의 SSC

표 12.1과 같이 해수 및 염화수용액의 알루미늄 합금에 대한 많은 데이터가 존재한다. 알루미늄 합금은 에탄올 및 증류수와 같은 다양한 용매를 비롯한 다른 환경에 취약하다. Aluminum Association(AA) 5000계열 알루미늄 합금의 경우 50°C의 낮은 온도에 장기간 노출되면 β상(Al3Mg2)이 결정립계에 석출된다. 이것은 알루미늄 결정립계가 β상의 필름으로 부분적으로 또는 완전히 덮혀진다. 야금학적 조건으로는 결정립계 상의 형성을 수반하기 때문에 미세조직이 민감화되는 것으로 간주되나 300계 스테인리스 강과 달리 결정립계 상의 선택적 용해로 인해 입계 파손이 일어난다. 2000년대 초반 미국 해안경비대는 태평양 북서부에서 건조된 여러척의 보트의 선체 외판에서 민감화로 인한 EAC를 발견되었다. 이 경우 약 100만 파운드의 인증이 되지 않은 5083-H321알루미늄 강화판을 사용한 결과로 밝혀졌다.

12.3.3 여러 합금의 SSC

금속의 SCC를 유발할 수 있는 재료와 환경의 조합은 무수히 많다. 표 12.2에 일반적으로 알려진 조합이 나열되어 있다. 니켈 기반 합금은 저렴한 오스테나이트 스테인리스 강의 SCC에 저항하기 위해 사용된다. 특정 합금 및 환경에 대한 자세한 내용은 Jones (2017)를 참조하라.

SSC는 파이프라인의 주요 고장 원인으로 인식되고 있다. 예를 들어 SSC는 1995년 7월 매니토바주 래피드시티 근처의 캐나다 횡단 송유관에 큰 폭발을 일으켰다. 저합금 탄소강은 저렴한 비용 때문에

표 12.2 일반적으로 관찰되는 일부 SSC 시스템

Alloys	Environments
Carbon and low alloy-steels with yield strength less than 1240 MPa (180 ksi)	Aqueous chlorides, hydrogen sulfide (sulfide stress cracking), ammonium nitrate, and sodium hydroxide (caustic cracking)
Commercial titanium alloys	Seawater, nitric acid, and organic liquids (such as methanol)
Copper alloys	Ammonia
Nickel-based alloys	Hydrogen sulfide

긴 파이프 라인의 가스, 물 및 오일 운송에 사용된다. 코팅 및 음극 보호 시스템에도 불구하고 국부적인 토양조건에 의해 SCC를 유발할 가능성이 높은 탄산수소염(CO_3-HCO_3) 용액이 이러한 파이프라인에서 생성될 수 있다.

12.4 수소 취화

수소 취화는 항복 강도가 1240MPa(180ksi)보다 큰 강에서 지배적인 EAC 메커니즘이다. 수소는 일반적으로 금속의 물성에 상당히 해로운 영양을 미치고 구성 요소의 하중 전달 능력을 감소시키며 연성이 있지만 환경에 취약한 재료의 항복 응력 아래에서 치명적인 취성 파괴로 이어지는 균열을 유발한다. 가장 영향을 많이 받는 재료는 고강도 저합금 강, 담금질 및 뜨임된 강, 티타늄 합금, 알루미늄 합금과 같은 고강도 손상발생에 대한 내성을 가진 엔지니어링 응용 분야에 사용되는 재료이다. 수소는 날카로운 균열의 끝 부분과 같이 금속 구조가 확장된 3축 인장 응력이 높은 영역에서 주로 집적되는 것으로 알려져 있다. 티타늄과 같은 일부 금속에서 수소는 부서지기 쉬운 금속간 화합물을 형성한다. 이는 균열 팁 또는 균열 전면에서 화합물이 형성된다는 말이다. 강철에서는 상 변태나 부식이 일어나지 않는다. 일반적으로 증가된 수소 함량은 강의 파괴 인성저하로 연결되기 때문에 수소는 가소성을 향상시키거나 벽괘를 발생시키는 데 필요한 에너지를 줄이거나 결정립계의 응집 강도를 감소시키는 것으로 이론화되었다. 강철에서 수소 취화 현상은 1871년 처음 발견되었다. Johnson(1874)의 논문에서는 다음과 같이 기술한다.

"약 3년 전 염산과 황산에 일시적으로 담그면 철의 물리적 성질이 현저하게 변한다는 사실에 주목했습니다. 이러한 변화는 철의 인성과 파괴 변형률이 비정상적으로 감소함으로써 누구에게나 분명하게 드러납니다... "

금속의 수소 공급원은 서비스 조건(외부) 또는 가공공정 또는 제조과정(내부)에서 발생할 수 있다. 수소 함량은 합금 조성의 구성 요소로 나열되지 않지만 항상 존재한다. 원자 수소는 모든 원소 중에서 가장 작으며 정상적인 주변 온도에서도 쉽게 이동한다. 확산성으로 알려진 이동성 측정은 Arrhenius 유형 방정식으로 계산할 수 있다.

$$D = D_0 e^{-Q_d/(RT)} \tag{12.2}$$

R = 8.314 J/(mol·K)이고 T는 켈빈(K) 단위이다. BCC 철의 확산에 대한 몇 가지 상수와 계산된 D 값은 표 12.3에 나와 있다. 이 식에서 25ºC에서 강철의 수소는 초당 약 10μm의 속도로 확산된다는 것을 알 수 있다. 이는 질소보다 약 10배, 탄소보다 12배 빠른 속도이다. 이 현상은 거의 150년 동안 알려져 왔지만 여전히 널리 받아들여지는 수소 취성에 대한 일반적인 모델은 없다.

표 12.3 BBC 철의 침투 원자에 대한 확산 계수

Element	Atomic Radius, pm	D_0, mm²/s	Q_d, kJ/mol	D at 25°C, mm²/s
C	70	1.1	87	6.18×10^{-16}
N	65	0.47	77	1.50×10^{-14}
H	53	0.12	15	2.82×10^{-4}

12.4.1 수소의 공급원

금속 내 수소의 영향에 대한 풍부한 자료에도 불구하고 실제로 수소를 측정하는 방법에는 어려움이 많다. 수소는 용융되어 완전히 소멸되거나, 또는 600ºC와 같은 비교적 높은 온도에서 방출되는 수소를 측정하는 열 탈착 분석(TDA)을 사용하는 방법 등을 통한 확산성 수소를 감지하는 시도도 불가능하다. 재료를 가열함으로써 수소를 분리하고 수집하는 것은 가능하다. 특히 재료가 다른 수소 공급원을 설명할 수 있는 진공 상태에서 재료를 가열하는 경우나 시험 시편에서 방출된 수소와 구별할 수 있는 경우 가능하다. 최근까지 수소를 직접 관찰한 사람은 없었지만 원자단층촬영으로 중수소를 관찰할 수 있게 되었다. 균열 선단 부근에서 수소 자체를 직접 관찰할 수 있도록 하려면 기술의 비약적인 발전이 필요하다.

실온에서 강의 평형상태에서의 수소 함량은 원자 분율로 약 0.03ppm이며 약 900℃ 의 페라이트-오스테나이트 변태 온도에서 최대 3ppm이다. 5ppm 미만의 농도에서도 연성의 상당한 손실과 취성 효과과 관찰되고 있다. 과량의 수소(> 5ppm)는 최소한 아래 4가지 방식으로 도입할 수 있으며, 모두 정상적인 엔지니어링 또는 제조 공정에서 발생할 수 있다.

(1) H_2를 포함하는 대기에 고온 노출 후 담금질
(2) 고압 외부 수소와의 평형
(3) 산성 부식 또는 그 보완 과정
(4) 음극 충전

고강도강의 취성에 대한 한 연구(항복강도 $\sigma_0 \geq 900\,\mathrm{MPa} = 130\,\mathrm{ksi}$)에서는 인, 니켈, 실리콘 및 주석을 포함하는 구 오스테나이트(prior austenite) 결정립계로의 편석이 수소 함량과 연결되어 입계파괴 경향을 증가시키는 것으로 나타났다(Takeda, 1982 참조). 성능 향상을 위한 조성의 제어가 권장되지만 이같은 방법은 많은 문제가 발견되는 용접에서는 달성하기 어렵다. 용접 전 가열 및 용접 후 가열의 목적 중 하나는 수분과 과도한 수소를 제거하는 것이다.

12.4.2 식별 및 예방

강철부품이 일정 기간 동안 사용되었고 균열 표면이 입계파괴인 경우 파괴 분석에서 수소 유발 취성으로 종종 진단된다. 입계파괴에 의한 수소 보조 균열(metric 등급 10.9 볼트)의 한 예를 그림 12.6(왼쪽)에 나타내었다. 이 경우의 재료는 뜨임 및 담금질(Q&T) 저합금강이며 담금질 마르텐사이트 구조가 있다. 저탄소 합금강의 입계균열은 구 오스테나이트 결정립계에서 발생하였다. 이 용어는 그림 12.6(오른쪽)과 같이 오스테나이트 자체가 마르텐사이트로 대체되어 Q&T 미세조직에 더 이상 존재하지 않지만 금속조직학으로 오스테나이트 경계의 흔적을 감지할 수 있다는 사실에 기반하고 있다. 고강도 고박장치(약 33HRC의 최소 경도)는 수소 취성에 취약하다. 이는 ASTM A354-11 등급 BD, SAE 등급 8 또는 ISO(Metric) 등급 10.9 및 12.9에 지정된 볼트에 적용된다. 이러한 볼트는 수소 공급원에 노출될 때 지연된 균열을 발생할 수 있다, 즉, 그들은 불확실한 시간 후에 정적 하중 하에서 갑자기 파손될 수 있다. 또한 볼트의 수소는 세척 또는 도금 공정에서 발생할 수 있다. 게다가, 아연 부식 과정에서 수소 가스가 발생하기 때문에 고강도강 구속장치 는 용융 또는 기계적 방법으로 아연 도금해서는 안된다.

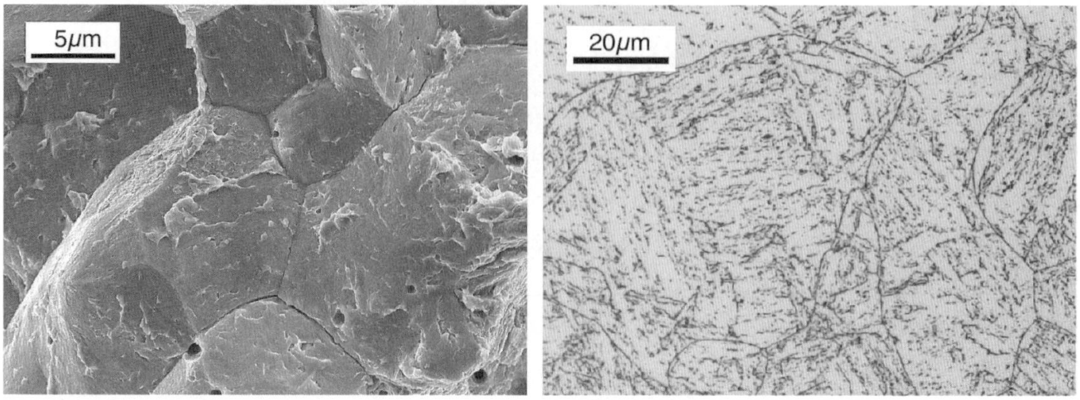

그림 12.6 기계적으로 아연 도금된 패스너의 수소 취화 파괴(왼쪽), 오스테나이트 결정립계를 나타내기 위해 에칭된 강철의 미세구조(오른쪽)

12.4.3 예측 및 분석

수소 유발 취성은 그림 12.4(오른쪽)에 보인 바와 같이 다른 EAC 메커니즘과 동일하게 응력확대계수 의존성을 갖는 균열 성장 속도 $\dot{a}$를 나타내며 임계값, 응력확대계수에 영향을 받지 않는 안정한 영역 및 K_{Ic}에 접근함에 따라 급격한 상승을 보이는 경향을 보인다. 수소 취성 파괴에 필요한 응력 수준과 시간은 온도, 수소 함량 및 야금 조건에 따라 다르다. 인장 강도가 약 900MPa(130ksi) 이상인 강철은 수소로 인한 균열 전파에 취약하며 균열이 발생할 수 있는 임계 응력 강도는 수소 함량과 연관이 있다. 그림 12.7을 참조해라. 일반적으로 항복강도와 극한강도가 증가할수록 재료의 파괴인성은 감소한다.

12.5 액체금속취화

액체금속취화(LME)는 일반적으로 연성이 있는 금속의 취성 파괴이며, 특정 낮은 융점 금속이 인장

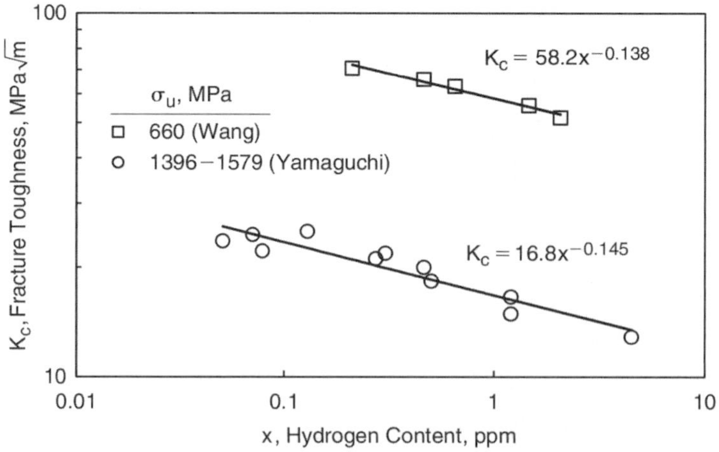

그림 12.7 극한 인장 강도가 대비되는 두 강재의 파괴 인성에 대한 수소 함량의 영향.

응력에 노출될 때 발생한다. LME에 대한 여러 이론적 메커니즘이 제안되었지만 다른 EAC 현상과 마찬가지로 일반적으로 통일된 이론은 없다. LME 프로세스가 발생하는 데 필요한 몇 가지 추가 기준이 제안되었다.

- 액체 금속은 취화된 고체 금속의 표면에 젖혀들 수 있어야 한다.
- 두 금속은 일반적으로 제한적인 상호 용해도를 가진다.
- 고체 표면의 모든 산화막은 파괴되어야 한다.

알려진 LME조합 중 일부가 표 12.4에 나와 있다. 운영 중 LME에 의한 파손이 발생한 경우는 비교적 드물다. 그러나 다른 모든 EAC 메커니즘과 마찬가지로 LME에 의한 파손은 치명적인 사고로 이어질 가능성이 있다. 예를 들어, 2004년 남호주에 있는 뭄바 천연가스 처리 공장에서 발생한 폭발은 알루미늄이 액체 수은에 노출되어 발생한 것으로 추정된다. 또한 철도차량 차축이 청동 부싱의 과열 및 용융 때문에 구리에 의해 취화되어 탈선 및 유출로 인한 환경 재해가 발생한 경우도 있다.

그림 12.8에 보인 바와 같이 LME 파손에 의한 균열은 일반적으로 분기 모양에 입계 내부에서 보인다. 이 경우 헬리콥터의 충돌 후 화재 중에 카드뮴(Cd) 도금 나사가 과열되었다. 파단면의 결정립계와 금속 단면의 분기된 균열에서 공격적인 금속 종류가 감지되고 있다. 이 파괴에 대한 자세한 내용과

표 12.4 주어진 용융 온도 T_M 일부 알려진 액체금속취화 조합

Solid Metal (T_M °C)	Liquid Metal (T_M °C)						
	Hg (−38)	Ga (30)	Sn (232)	Cd (321)	Zn (420)	Al (660)	Cu (1085)
Al (660)	•	•	•		•		
Cu (1085)	•	•					
Fe (1538)	•	•		•	•	•	•
Ti (1668)	•			•			

그림 12.8 액체 카드뮴에 노출되어 파괴된 탄소강 나사의 파단면에 대한 전자 현미경 사진(왼쪽). 오른쪽 사진은 카드뮴으로 채워진 2차 입계 균열을 보여주는 연마된 금속 조직 단면의 전자 현미경 사진이다. 삽입된 그림은 카드뮴이 풍부한 밝은 영역에 대한 에너지 분산 X선 스펙트럼을 보여준다.

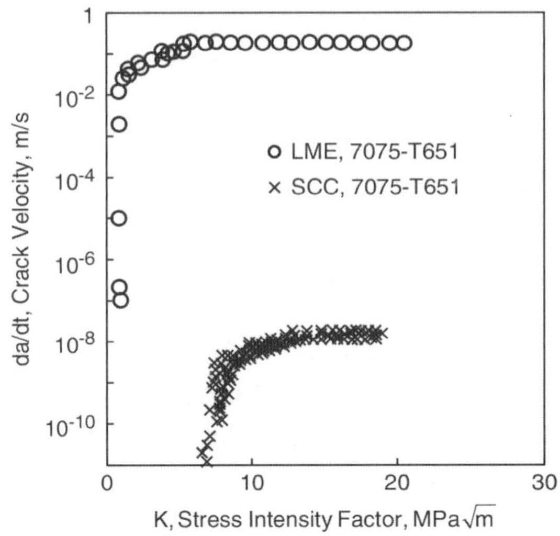

그림 12.9 T–L 균열 방향에 대해 액체 수은(LME)과 3.5% NaCl 용액(SCC) 두 가지의 환경과 비교한 7075 알루미늄 합금의 환경 지원 균열 데이터.

LME의 다른 사례에 대한 설명은 Lynch(2008)의 논문을 참조하라. 다른 EAC 현상과 마찬가지로 LME 메커니즘이 활성화되는 임계 응력 강도와 그림 12.9에서와 같이 균열 속도가 거의 일정한 응력 강도 독립(안정기) 영역이 있다. LME의 두드러진 특징 중 하나는 균열의 진행 속도이다. 예를 들어, 7075 알루미늄은 수은에 노출될 때 200mm/초의 균열 선단 속도가 발생할 수 있다. 그림 12.9의 데이터에서 LME의 안정기 영역 성장률은 동일한 합금의 염수로 인해 SCC의 경우보다 약 천만 배 더 빠르다.

12.6 폴리머 재료의 EAC

폴리머 재료에서 EAC는 일반적으로 문헌에서 환경 응력 균열 (ESC: Environment Stress Cracking)이라고 한다. 특정 유체 또는 증기에 노출되면 폴리머 구성요소의 분해 및 파손이 발생한다. 플라스틱 서시스의 실패의 최소 25%는 ESC에 의해 발생한다. 금속과 동일하게 ESC가 발생하기 위해서는 인장 응력, 취약한 재료, 해로운 환경의 조합이 필요하다. 제조 과정에서 잔류응력의 발생이 불가피하기 때문에 응력 작용이 반드시 필요한 것은 아니다(즉 응력이 작용하지 않는 경우도 ESC가 발생할 수 있다). 엔지니어는 ESC로 인한 파손 모드를 고려해서 모든 응용 분야에서 폴리머를 선택해야 한다. ESC로 인한 파손 위험을 평가하거나 예측하기 위해 가능한 화학 작용제와 폴리머 조합을 구상해야한다. 그리나 여기에는 수만 가지의 유체 또는 증기상 화학 물질과 폴리머가 존재한다.

12.6.1 플라스틱에서 ESC의 특징

가장 일반적으로 영향을 받는 폴리머는 다음과 같은 유리질의 무정형 열가소성 수지이다.

- Poly(methyl methacrylate) (PMMA) - 또한 아크릴, 아크릴 계열 유리 및 Plexiglas, Acrylite, Lucite, Perpex로 알려진 재료
- Polycarbonate (PC) 또는 Lexan이나 Perspex로 알려진 재료
- Acrylonitrile butadiene styrene (ABS)

• Poly(vinyl chloride) (PVC)

ESC를 발생 시킬 수 있는 운영환경의 간단한 리스트는 아래를 포함한다.

• 유기 액체 - 아세톤, 벤젠, 사염화탄소, 클로로포름, 에틸 알코올, 가솔린, 이소프로필 알코올, 등유, 메틸 알코올, 트리클로로 에틸렌 및 톨루엔과 같은 용매
• 합성유
• 동물성, 식물성 또는 광물성 천연 오일
• 세제 및 계면활성제
• 실런트, 코킹제 및 접착제

유기 액체에 의한 비정질 고분자의 환경 응력 균열에 대한 연구는 오랜기간 시행되어져 왔다. 몇몇 주요 연구에서는 특정 환경에서 응력을 받거나 변형된 폴리머의 계면에서 발생하는 물리적 또는 화학적 현상의 관점에서 ESC에 대한 설명을 제시한다.

플라스틱에서 ESC에 대해 가장 널리 알려진 메커니즘은 응력을 받는 폴리머의 표면층이 가소화되어 사슬 분자 운동 능력이 증가한다는 것이다. 응력으로 인해 보이드가 형성되고, 이는 확산을 위한 국소적 영역 역할을 하여 텅빈공간이 합쳐져 craze로 알려진 미세한 균열 네트워크를 형성한다. 생성된 파단면은 그림 12.10에서 볼 수 있듯이 피로 무늬와 유사하게 나타난다.

폴리머에서 ESC의 예측은 당연히 필요하지만, 성공적으로 예측하기 위한 매개변수는 알려져 있지 않거나 널리 받아 들여지지 않았다. 가장 성공적인 예측은 용해도 매개변수와 관련된 것이다. 용해도 매개변수는 특정 용매 또는 폴리머의 상대적 용해도 거동을 나타내며 표 12.5에 나타내었다. 이는 용매의 응집 에너지 밀도에서 파생된 Van der Waals 힘과 관련되며, 기화열에서 파생된다. 폴리머와 작용제가 유사한 용해도 매개변수를 가진다면 그림 12.11과 같이 ESC에 대한 임계 변형률이 낮게 된다. 그러나 강력한 응력 크래킹 작용제는 팽윤을 유발하는 비용매인 것으로 밝혀졌다. 또한 모든 용매 또는 용매 혼합물의 정확한 용해도 매개변수가 알려져 있지는 않다. 따라서 용해도 매개변수를 사용한 예측은 실용적이지는 않지만, 파손 문석 및 예방에 대한 가이드를 제공할 수 있다. 특정 데이터 및 논의는 White(1982)를 참조하라.

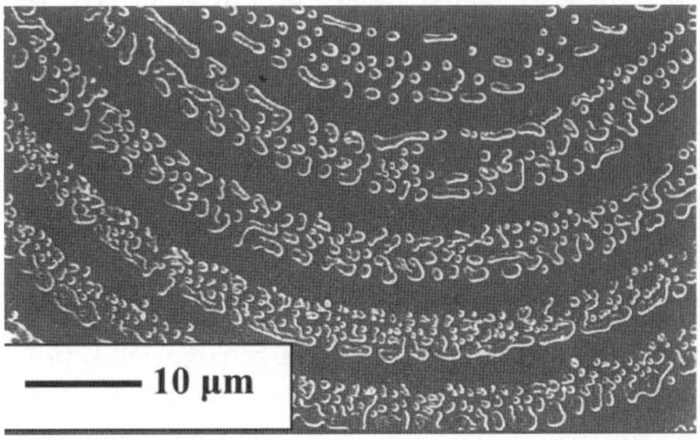

그림 12.10 폴리에스터 카보네이트의 EAC 파괴 표면의 주사현미경 사진

표 12.5 용해도 매개변수의 예

Solvent	δ_e, MPa$^{1/2}$	Polymer	δ_p, MPa$^{1/2}$
Turpentine	16.6	PTFE	12.7
Olive Oil[1]	16.8	Polyethylene	16.8
Toluene	18.3	ABS	18.0
Benzene	18.7	Polystyrene	18.7
Chloroform	18.7	PMMA	19.0
Trichloroethylene	18.7	PVC	19.4
Acetone	19.7	Polycarbonate	19.9
Ethyl alcohol	26.2		
n-Butyl alcohol	28.7		
Methyl alcohol	29.7		
Ethylene glycol	34.9		
Glycerol	36.2		
Water	48		

Sources: Data in [Barton 75], [1][Hansen 01]

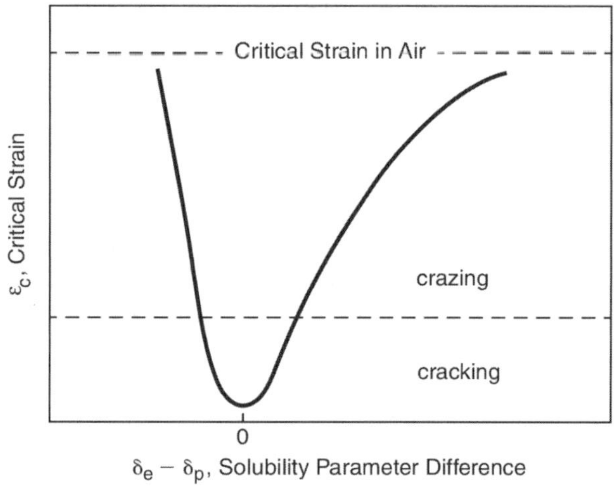

그림 12.11 임계 변형률과 용해도 매개변수의 관계, δ_e는 환경 액체의 용해도 매개변수, δ_p는 폴리머의 용해도 매개변수 값이다. 두 차이가 작으면 크랙이 발생하기 쉽다.

12.6.2 시험 방법

금속 재료에 비해 ESC용 폴리머 시험은 평평한 시트 또는 스트립으로 제공되며 구성 요소가 상대적으로 작고 모양을 지정하거나 절단이 용이해 비교적 쉽다. ASTM 또는 ISO standard가 있으며 시험 개념은 이해하거나 적용하기 쉽다. 변형된 재료는 제어할 수 있는 조건에서 합리적인 기간 동안 의심되는 해로운 화학 물질의 증기상에 노출된다. 시험 사진은 그림 12.12에 나와 있다. 이러한 시험에서 ESC는 환경에서 정의된 시간동안 변형된 시편의 균열 또는 변형으로 표시된다. 이는 파손에 대한 순서를 판별하기 위한 테스트이므로 설계 또는 성능 예측에 사용해서는 안 된다.

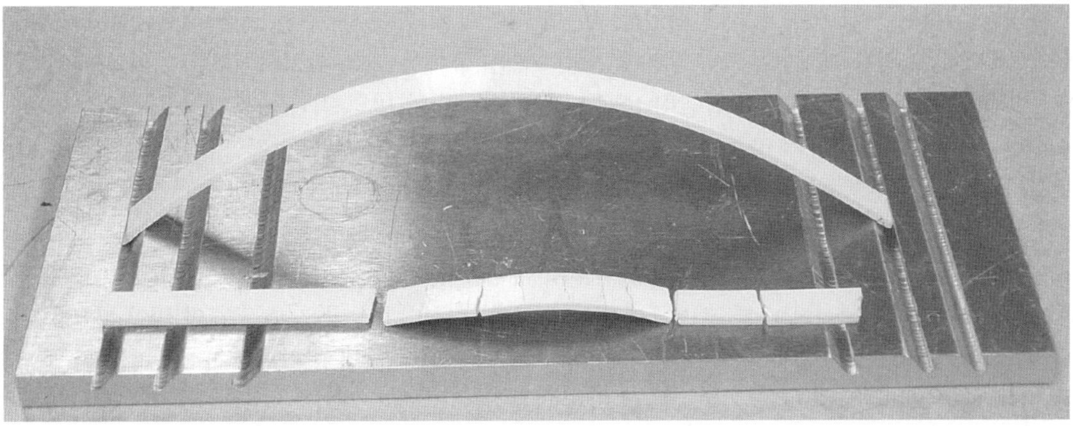

그림 12.12 폴리머 재료 스트립을 다양한 수준으로 굽힘 변형시킨 다음 원하는 환경에 노출시킬 수 있는 시험방법의 예시

12.6.3 사례 연구

ESC를 예방하기 위한 가장 실용적인 방법은 재료의 선택, 잔류 및 서비스 응력의 최소화, 잠재적 환경을 인식하는 것이다. 예를 들어 PC-ABS 블렌드가 주방 기기 트림 구성요소에 사용하기 위해 선택 된 경우를 고려해 보자. 고객 보고서와 현장 반품은 그림 12.13에서 볼 수 있듯이 서비스 중에 심하게 갈라진 것으로 나타났다. 결과 조사에서 폴리머 제조업체의 데이터에 따르면 이 재료는 염소화 탄화수소 및 여러 구리스 및 오일과 같은 물질에 내성이 없음을 보였다. 성분이 세척액과 식용유에 노출되는 것으로 알려져 있기 때문에 이러한 액체의 세 가지 예(농축 유리 세제, 범용 세제, 카놀라유)

그림 12.13 다양한 위치에서 서비스 중 금이 간 오븐 제어판 엔드 캡

가 균열 가능성이 있는 것으로 확인되었다. 이 형태로 시험 했을 때 구성 요소 재료는 유리 세제에 취약하지 않았고 범용 세제에는 다소 취약했으며 카놀라유에는 매우 취약하여 5분 이내 균열이 발생했다(그림 12.12참조). 이 예에서와 같이 ESC 파손모드에 대한 미리 적극적인 대응을 했었다면 보증에 대한 요구나 소비자의 불만족에 의한 제품선택이 줄어드는 경우를 방지할 수 있었을 것이다.

또 다른 예로는 원통형 가로등 하우징 형태의 폴리메틸 메탈크릴레이트(PMMA)로 조립 중에 유리 세제로 닦은 다음 O-링으로 밀봉하고 양쪽 끝에 페인트로 칠한 금속 부품으로 덮어졌다. 하지만 사용 기간 동안 밀봉 후 부품은 계속해서 가스를 배출하여 휘발성 유기 화합물(VOC), 특히 페인트 용제를 방출했다. 이로 인해 실린더 내부 표면에서 빠르게 균열이 나타나고 이 경우 문제의 원인 파악을 위해 ESC에 대한 인식과 도료에서 VOC 방출이 경화 후에도 일정기간 발생한다는 사실을 인지하게 되었다. 이에 대한 해결 방안으로는 페인트 칠한 부위를 열처리하고 환기 시키는 것으로 제시되었다.

이러한 사례를 포함한 폴리머의 ESC와 관련된 다른 예들은 비용이 많이 들거나 불편한 것으로 인식되었고, 대부분의 사람들은 선글라스 프레임, 옷걸이 또는 자동차 트림의 일부와 같은 폴리머 부품이 예상치 않게 고장나는 것을 경험했다. 그러나 ESC에 의한 폴리머의 파손은 그냥 간단한 인지보다 중요한 의미가 될 수 있다. 예를 들어 의료 상황에서 폴리카보네이트 카테터 커넥터에 발생한 균열에 의해 감염을 일으켜 심각한 부상을 입은 사례가 있다.

모든 경우 실패의 예방 또는 완화는 폴리머의 어닐링과 같은 잔류응력 감소, 응력 집중 감소, 해로운 환경에서의 재료 격리, 회피 또는 제거를 통해 달성할 수 있다. 그림 12.12와 같이 폴리머의 경우 간단한 시험으로 화학 물질 노출에 대한 호환성을 확인할 수 있으므로 이 과정은 반드시 필요하다.

12.7 유리, 세라믹 재료의 EAC

유리 및 세라믹의 EAC는 금속의 EAC와 유사한 것으로 보인다. 특히, 때때로 균열 속도 안정기를 보이기도 하지만 항상 그런 것은 아니다. 물이 있는 상태에서는 결함이 커져서 일정한 하중에서 고장이 발생할 수 있다. 정적 피로라는 용어는 때때로 유리 및 세라믹의 EAC에 사용되지만 응력이 주기적이기보다는 일정하기 때문에 다소 잘못된 이름이다. 유리와 세라믹은 활성 슬립 시스템이 없기 때문에 전위 운동이 발생할 수 없어 기본 메커니즘이 금속과 다르다. 따라서 균열 팁에 둔화 현상이 없으며 균열 속도는 응력확대계수와 매우 관련 있다. 예를 들어, 그림 12.14와 같이 두 개의 유리에 대한 데이터는 $\dot{a}$ 대 K의 로그-로그 플롯에 직선의 특성을 가지므로 다음 형식을 갖는다.

$$\dot{a} = \frac{da}{dt} = AK^n \tag{12.3}$$

여기서 A와 n은 특정 환경에 의존하고 온도의 영향을 받는 재료 상수다.

$\dot{a}$와 K 관계의 알려지면 피로 균열 성장에 대한 11장에서와 유사하게 엄밀해 또는 수치 적분을 사용하여 수명 추정을 진행할 수 있다. 예를 들어, $F = F(a/b)$가 균열 성장 동안 실질적으로 변하지 않고 식 12.3에 따른 거동에 대해 식 11.10 및 12.3의 수학적 형태가 동일하기 때문에 식 11.32와 유사한 관계가 얻어진다.

$$t_{if} = \frac{a_f^{1-n/2} - a_i^{1-n/2}}{A\left(FS\sqrt{\pi}\right)^n (1-n/2)} \qquad (n \neq 2) \tag{12.4}$$

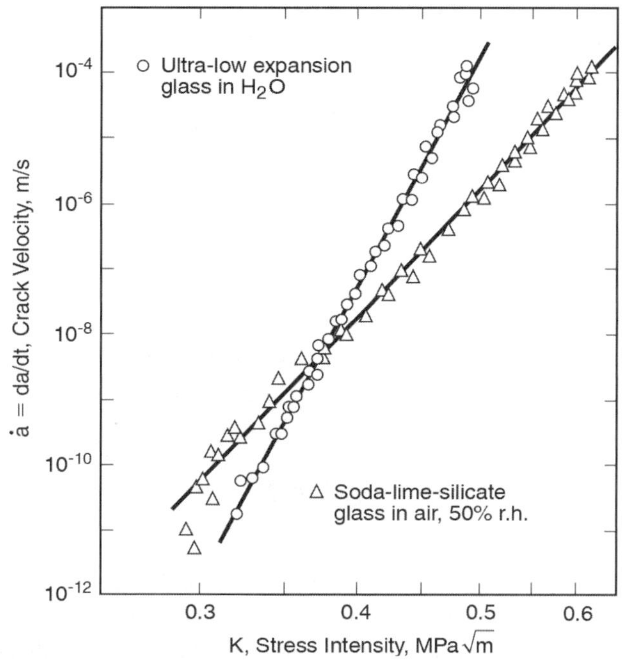

그림 12.14 상온 환경에서 두 이산화 규소 유리의 균열 속도 데이터

여기서, t_{if}는 크랙이 초기 크기 a_i에서 최종 크기 a_f까지 성장하는 데 필요한 시간이다. 11장에서와 같이 a_f는 완전 소성 항복으로 인한 a_0또는 취성 파괴로 인한 a_c중 더 작은 것으로 추정할 수 있으며 후자는 본질적으로 항상 세라믹 및 유리의 경우 파손을 결정하는 인자가 된다.

거동이 식 12.3을 따르는 경우, n의 값은 상당히 높을 수 있다. 예를 들어, 다양한 환경에서 석영 유리의 대한 값은 보통 10이고 더 높을 수 있다. 높은 n 값은 균열이 빨리 가속되거나 균열 비율 da/dt가 K값에 매우 민감하게 나타나므로 보통의 응력 증가가 큰 효과로 이어질 수도 있다.

12.8 추가적인 논평 및 예방법

부식 피로와 같은 환경에서 반복 하중이 가해질 때 환경 및 피로 균열 성장이 함께 발생할 수 있다. 이러한 경우 수명을 추정하는 간단한 접근 방식은 da/dN 대 ΔK 및 da/dt 대 K 곡선을 모두 사용하여 균열 성장에 대한 두 가지 정보를 추가하는 것이다. 그러나 이것이 항상 정확한 것은 아니며 수명 추정에 통합하기 어려운 많은 복잡성이 존재한다. 일부 논의는 Suresh(1998)에 나와 있다.

환경적 균열 문제를 제거를 통해 앞서 설명한 수명추정이 불필요하게 되는 경우도 존재한다 . 물론 이것은 가능한 경우 선호되는 솔루션이다. 잔류 압축 응력 적용, 응력 완화 열처리 수행, 표면 마감 개선과 같은 균열성장을 줄이기 위해 여러 전략을 사용할 수 있다. 수분에 노출된 폐쇄회로시스템에서 특정 화학 물질은 금속 파이프 및 열교환기에서 SCC를 억제할 수 있다(예: 구리-아연 합금용 벤조트리아졸). 재료를 환경노출로부터 격리하는 것이 효과적일 수 있지만, 이는 코팅 무결성이 유지되는 동안에만 효과적이다.

새로운 용어 및 기호

crack velocity, $\dot{a} = da/dt$
delayed fracture
EAC threshold, K_{IEAC}
environment stress cracking (ESC)
environmentally assisted cracking (EAC)
fractography
hydrogen-induced embrittlement
intergranular fracture
liquid metal embrittlement (LME)
metallography
prior austenite grains
sensitization
solubility parameter
static fatigue
stress corrosion cracking (SCC)
transgranular fracture

참고문헌

(a) General References

ASM. 2002. *ASM Handbook, Vol. 11, Failure Analysis and Prevention,* 2002, and *Vol. 13A, Corrosion: Fundamentals, Testing, and Protection,* 2003, ASM International, Materials Park, Ohio.

ASTM. 2016. *Annual Book of ASTM Standards,* ASTM International, West Conshohocken, PA. See No. E1681, "Standard Test Method for Determining Threshold Stress Intensity Factor for Environment- Assisted Cracking of Metallic Materials," Vol. 03.01; No. D1693, "Standard Test Method for Environmental Stress-Cracking of Ethylene Plastics," Vol. 08.01; No. F1624 "Standard Test Method for Measurement of Hydrogen Embrittlement Threshold in Steel by the Incremental Step Loading Technique," Vol. 15.03.

HERTZBERG, R.W., R. P. VINCI,andJ.L.HERTZBERG. 2013. *Deformation and Fracture Mechanics of Engineering Materials,* 5th ed., John Wiley, Hoboken, NJ.

JOHNSON, W. H. 1874. "On Some Remarkable Changes Produced in Iron and Steel by the Action of Hydrogen and Acids," *Proceedings of the Royal Society of London,* vol. 23, pp. 166–168.

JONES, R. H., ed. 2017. *Stress Corrosion Cracking: Materials Performance and Evaluation,* 2nd ed., ASM International, Materials Park, OH.

LYNCH, S. P. 2008. "Failures of Structures and Components by Metal-Induced Embrittlement," *Jnl. of Failure Analysis and Prevention,* vol. 8, pp. 259–274.

NICHOLAS, M. G., and C. F. OLD. 1979. "Liquid Metal Embrittlement," *Jnl. of Materials Science,* Vol. 14, No. 1, pp. 1–18.

MILNE, I., R. O. RITCHIE, and B. KARIHALOO, eds. 2003. *Comprehensive Structural Integrity: Fracture of Materials from Nano to Macro, Vol. 6, Environmentally Assisted Failure,* Elsevier Ltd., Oxford, UK.

MOORE, H, S. BECKINSALE, and C. E. MALLINSON. 1921. "The Season-Cracking of Brass and Other Copper Alloys," *Journal of the Institute of Metals,* vol. 25, pp. 35–152.

ROBESON, L. M. 2013. "Environmental Stress Cracking: A Review," *Polymer Engineering and Science,* vol. 53, no. 3, pp. 453–467.

SURESH, S. 1998. *Fatigue of Materials,* 2nd ed., Cambridge University Press, Cambridge, UK.

TAKEDA, Y., and C. J. MCMAHON. 1982. "Effects of Compositional Variations and Aging Treatments on the Fracture Behavior of HY130 Steel in Air and Hydrogen," *Metallurgical Transactions A,* vol. 13, no. 1, pp. 111–116.

WACHTMAN, J. B., W. R. CANNON, and M. J. MATTHEWSON. 2009. *Mechanical Properties of Ceramics,*

2nd ed., John Wiley, Hoboken, NJ.

WHITE, S. A., S. R. WEISSMAN, and R. P. KAMBOUR. 1982. "Resistance of a Polyetherimide to Environmental Stress Crazing and Cracking," *Journal of Applied Polymer Science,* vol. 27, no. 7, pp. 2675–2682.

WRIGHT, D. C. 1996. *Environmental Stress Cracking of Plastics,* Rapra Technology Ltd., Shawbury, Shrewsbury, Shropshire, UK.

(b) Sources of Material Properties and Databases

SPEIDEL, M. O. 1975. "Stress Corrosion Cracking of Aluminum Alloys," *Metallurgical Transactions A,* vol. 6, no. 4, pp. 631–651.

SKINN, D. A., J. P. GALLAGHER, A. F. BERENS, P. D. HUBER, and J. SMITH, compilers. 1994. *Damage Tolerant Design Handbook,* 5 vols., CINDAS LLC, West Lafayette, IN. (See *https://cindasdata.com.*)

문제 및 질문

【12.2, 12.3절】

12.1 7075-T651 알루미늄 합금 부재가 일정 인장 응력을 받으며 포화 NaCl 수용액에 담겨져 있다. 길이 $a_i = 1.0$mm인 관통형태의 모서리 균열이 T-L 방향으로 인장응력에 수직한 면에 배열되어 있다. 그림 8.12(c)를 참고하면, 부재의 폭 b는 균열의 길이와 비교하여 크다. 응력에 대해 2.0의 안전계수가 요구된다. 응력 부식 균열 진전을 방지하기 위하여, 가동시 허용될 수 있는 최대 응력은 얼마인가?

12.2 7075-T651 알루미늄 합금 판이 일정 인장 응력을 받으며 포화 NaCl 수용액에 담겨져 있다. 최대 균열은 길이 $a_i = 1.5$mm인 반원형태의 면 균열이며, 이는 T-L 방향으로 인장응력에 수직한 면에 배열되어 있다. 그림 8.17(b)를 참고하면, 부재의 폭과 두께는 균열의 길이와 비교하여 크다.

(a) 적용된 최대 인장 하중이 150MPa일 때, 재앙적인 파손이 발생하기 전까지 얼마의 기간이 걸리는가?

(b) 포화 NaCl 수용액, 하중 조건이 동일한 균열 상황에서 합금을 7079-T651 알루미늄으로 바꾸었을 때, 재앙적인 파손이 발생하기 전까지 얼마의 기간이 걸리는가?

12.3 인터넷에서 EAC (SCC) 파손에 대해 조사하고, 파손 사례와 그 경우에 SCC가 원인임을 나타내는 증거를 한 단락으로 써라.

【12.4절】

12.4 관련 문헌에서 수소취화로 인한 파손 분석의 사례를 찾아라. 인장 응력의 원인, 영향을 받기 쉬운 재료 그리고 파손을 일으키는 환경에 대하여 간략히 설명하라.

12.5 100°C의 강에서 수소와 질소의 확산도를 비교하였을 때 어느 것이 더 빨리 확산되는가?

12.6 그림. 8.12(a)의 넓은 중앙 균열을 가진 판은 인장 하중을 받고 $a_i = 0.50$mm 길이의 균열을 포함하고 있다. 판은 그림. 12.7 의 인장강도가 $\sigma_u = 1396$ 사이의 1579MPa인 강으로 만들어지고, 2.0ppm의 수소 농도를 갖는다. 수소 균열 파손이 일어나는 응력을 결정하라.

【12.5절】

12.7 표 12.1의 7075-T651 알루미늄 합금으로 만들어진 굽힘 부재가 있다. 그림 8.13(a)와 같이 직사각형 단면을 가지고 있으며, 부재 폭 b의 작은 부분을 연장하는 두께를 관통하는 끝단 균열의 길이 a를 포함하고 있다. 굽힘응력이 200 MPa일 때, 수은으로 인한 액체 금속 취하를 피할 수 있는 최대 균열 크기 a를 결정하라. 또한, 계산된 값의 의미에 대해서도 논하라.

12.8 그림 8.12(a)와 같이 넓은 중앙-균열판에 인장하중이 작용하고 있다. 작용하는 응력은 250 MPa이고 균열 길이는 $a_i = 80$mm이다. 표 12.1을 사용하여 액체 수은에 노출된 합금 Ti-8Al-1V-1Mod의 time to failure을 구하라.

12.9 적당한 양의 갈륨을 얻어라($T_m = 29.8$°C. 액상 갈륨이 압출, 막대 또는 튜브와 같은 냉간 가공 알루미늄에 미치는 LME 효과를 입증하기 위한 시험을 고안하라. 또는, 약 16°C 이상의 액체인 공융합금(약 75wt% Ga 그리고 25wt% In)을 생성하기 위해 갈륨과 인듐을 얻고, 이 합금을 LME제로 사용해라.

【12.6절】

12.10 용해도 계수를 조사하고, 폴리머에 영향을 미치는 물질을 예측하라. 이용 가능한 재료로 ESC의 효과를 입증하기 위한 체계적인 시험을 고안하고 수행하라.

12.11 인터넷에서 폴리머의 ESC 파손에 대해 조사하고, 파손 사례와 그 경우의 ESC 증거를 설명하라.

12.12 폴리머의 ESC 파손으로 생각되는 개인적인 경험을 설명하라.

【12.7절】

12.13 그림 12.14의 두 가지 데이터로부터 식 12.3에서의 상수 A와 n의 근사값을 얻어라. 얻어진 n값에 대해 논하라. 각 경우에서, 만약 K가 25% 증가한다면 요소 $\dot{a}$는 얼마나 증가하는가?

12.14 소다 석회 유리에 대하여 식 12.3에 나타난 상수값 A와 n은 각각 A=1.67 그리고 n=20.3으로 주어져 있으며, 이 값들은 K 및 a에 대하여 각각 MPa$\sqrt{m}$ 및 m/s 단위에 해당한다. 이 유리재질이 반원형태의 표면균열형상의 초기균열길이 ai = 10μm를 가지고 있다고 가정하자.

(a) 식 12.4를 적용하여 응력과 파손시간에 대한 관계를 도출하시오. (참고사항: 파손에 이르는 시간이 최종균열길이 af에 큰 영향을 받는지 고려하시오)

(b) 유사한 식을 초기균열길이 ai = 5μm 및 ai = 20μm에 대하여 각각 도출하시오. 그리고 세가지 응력값에 대한 응력 대비 수명 관계를 log-log 좌표에 그리고, 응력크기와 초기균열크기가 수명에 미치는 영향에 대하여 간단히 고찰하시오.

재료의 소성변형 거동과 모델 13

목적

- 시험결과의 피팅 및 용수철-미끄럼판 유동학적 모델로 나타내는 것을 포함한 응력-변형률 관계의 기본적인 형태에 친숙
- 소성변형 이론을 이용하여 응력-변형률 거동에서 다축응력 상태의 효과 분석
- 반복 응력-변형률 선도, 시간에 대한 변형률의 불규칙적인 분포 그리고 평균응력 완화와 같은 천이 거동을 포함한 유동학적 모델과 실제 재료에 대하여 제하, 반복 하중 시 거동 분석

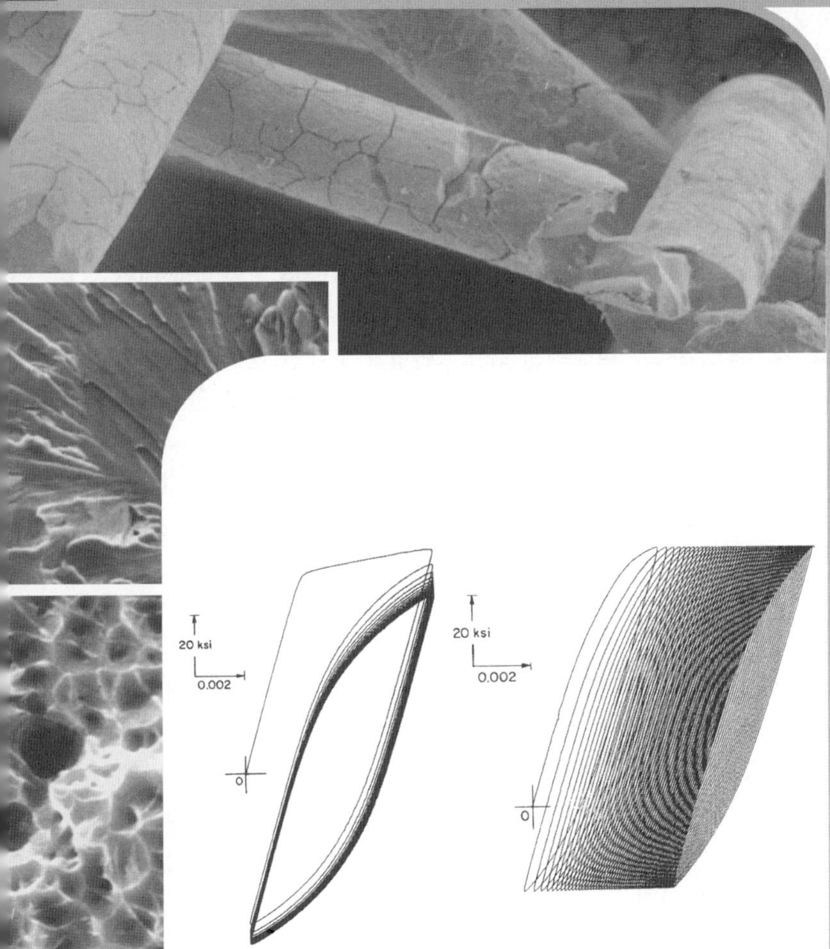

세부목차

13.1 서 론

항복점을 벗어난 이후의 거동이 시간에 독립적인 경우 이 거동은 소성거동이라 불린다. 이러한 소성거동은 공학적 구성요소에서 주로 발생되며 설계 또는 파손의 원인을 파악하기 위해 주로 분석되어야 한다. 소성변형을 하는 동안 응력과 변형률은 비선형성을 나타내며, 따라서 응력-변형률 거동의 적절한 모사를 제공하기 위해 Hook의 법칙(식 5.26)보다 더 일반화된 관계가 필요하다.

13.1.1 소성변형의 중요성

소성변형은 대규모의 영구적인 변형을 일으킴으로써 공학적 구성요소의 유용성을 악화시킬 수 있다. 또한, 10장에서 논의되었던 것처럼, 소성변형은 제하 후에도 잔류응력을 야기시킬 수 있다(그림 10.28 참고). 잔류응력의 종류가 인장 또는 압축이냐에 따라서 구성요소의 추후 피로 또는 환경적 균열에 대한 저항력이 증가 또는 감소에 영향을 끼치게 된다. 게다가 10장의 응력 기반 피로에 대한 접근법은 주로 탄성 해석에 기반을 두고 있다. 이러한 한계 때문에, S-N 선도 평가방법에 기초한 기존의 방법과 평균응력 효과는 소성변형의 효과를 설명하기 위해 대략적인 경험적 수정방법을 적용하게 된다.

영구변형 및 잔류응력과 반복 하중 시 항복에 대한 보다 향상된 이해와 분석은 소성변형에 대한 연구를 바탕으로 가능해진다. 이번 장에서는 앞서 5장에서 간단히 소개한 재료의 소성변형 거동에 대해 좀 더 자세히 기술한다. 그리고 본 장의 주제는 14장에서 응력-변형률에 대한 분석을 보, 축, 노치 부재에 대해 더 확장하여 설명한다. 이 장과 14장의 내용은 15장에서 더욱 엄밀하고 완벽하게 피로에 대한 소성효과를 고려한 변형률 기반의 피로에 대한 접근에 사용된다.

소성변형은 일반적으로 시간에 독립적으로 고려된다. 이런 단순한 가정은 시간에 종속적인 변형(크리프)이 상대적으로 작은 경우에는 공학적으로 합리적인 것으로 판단된다. 한편 시간에 종속적인 거동은 16장에서 별도로 설명하기로 한다.

13.1.2 이번 장의 간단한 소개

재료의 소성변형 거동을 특정화 하는데 있어서, 명백한 출발점은 단순 부하에 따른 응력-변형률 선도를 고려하는 것이다. 즉, 그림 13.1(a)와 같이 오직 한 방향으로만 부하되는 과정을 말한다. 후에 14장에서 구성요소들에 대한 분석을 할 때 이용될 이러한 선도들에 대한 수학적 표현 $\varepsilon = f(\sigma)$이 필요하다. 7장을 상기할 때 항복은 응력상태에 영향을 받으며, 응력-변형률 선도의 항복점을 넘어선 부분에도 영향을 받는 것으로 예상할 수 있다. 이는 실제의 경우에 관측되며, 여기서 응력의 상태에 따라 응력-변형률 선도에 미치는 영향에 대해 보다 자세히 고려해 보고자 한다.

항복 이후 변형의 방향이 인장에서 압축 혹은 압축에서 인장방향으로 반대로 일어난다면, 그 이후의 응력-변형률 경로는 그림 13.1(b)에서와 같이 초기의 단순 응력-변형률 궤적과는 다르게 나타난다. 제하 시 항복은 단순 압축 항복응력 σ_{oc}보다 더 낮은 응력에 해당하는 점 A에서 먼저 발생하게 된다. 이렇게 항복이 먼저 일어나는 현상을 1880년대에 최초로 연구한 독일의 과학자 이름을 따라 Bauschinger 효과(Bauschinger effect)라 부른다. 제하 응력-변형률 궤적은 잔류응력을 예측할 때와 같이, 가혹한 하중이 작용한 이후 제하될 때의 거동을 예측하기 위해 수학적으로 묘사되어야 한다.

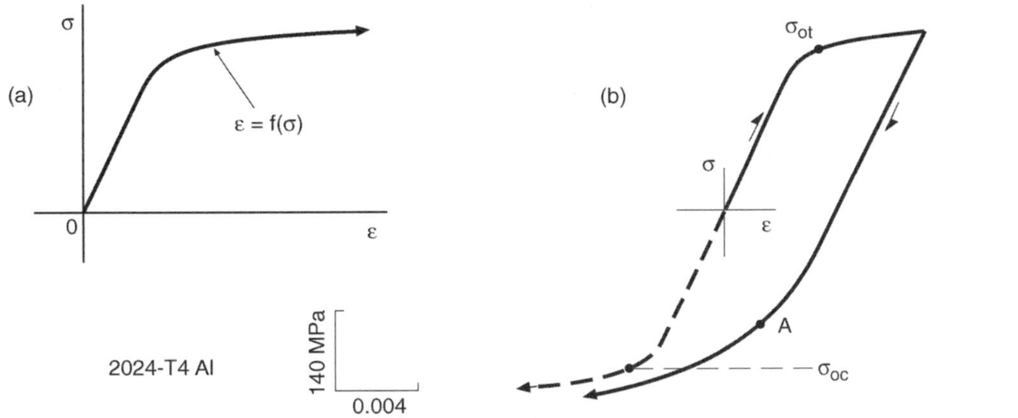

그림 13.1 단순 응력-변형률 선도(a)와 제하 응력-변형률 선도(b), 여기서 Bauschinger 효과에 따라 단순 압축에서 측정되는 항복 응력 σ_{oc}에 도달하기 전의 점 A에서 발생함.

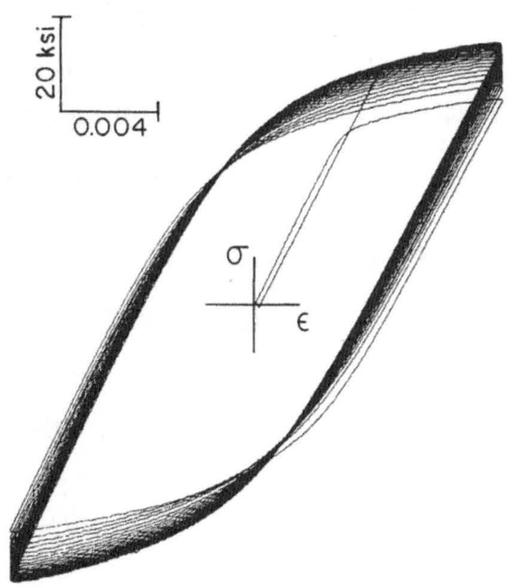

그림 13.2 2024-T4 알루미늄의 $\varepsilon_a = 0.01$일 때, 완전 교번 변형률의 20 주기에서 응력-변형률 응답

반복 하중을 통한 응력-변형률 거동은 몇 가지 복잡성을 나타내게 된다. 실험 자료를 통한 몇몇 예가 그림 13.2에 나타나 있다. 이 경우, 알루미늄 합금 시험편이 축방향 하중을 통해 최대변형률 $\varepsilon_{\max} = 0.01$과 최소변형률 $\varepsilon_{\min} = -0.01$을 주기적으로 변형되고 있다. 항복은 부하시 반주기마다 발생하며, 주기가 지남에 따라 그 거동이 점점 변하고 있는 것을 관찰할 수 있다. 적어도 이러한 거동의 계략적 모델링은 변형률 기반의 피로해석을 위해 필요하다. 5장에 소개된 유동학적 모델은 선형 용수철과 마찰 미끄럼판으로 구성되어있으며, 이러한 목적에 매우 유용하게 사용될 수 있다.

13.1.3 추가 논평

더 자세히 설명하기에 앞서, 이번 장과 다음 장에서 소성학이란 주제에 대해 간단한 소개하고자 한다. 여기서 적용하는 유동학적 모델과 반복 하중에 대한 강조는 일반적으로 기존 대학원 과정에서 사용되는 Mendelson(1968)의 이론과는 비교하여 다소 비전통적인 방식으로 설명된다. 그러나 Khan

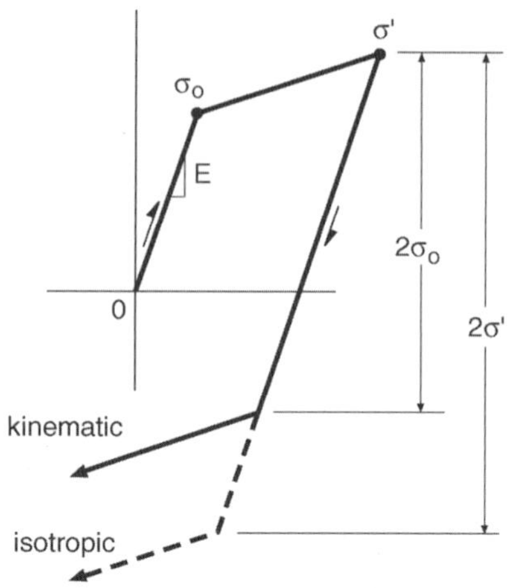

그림 13.3 운동학적 및 등방성 경화에서 제하 거동의 차이

(1995)과 Skrzypek(1993)와 같은 최근의 서적들은 반복 하중에 대한 보다 많은 내용을 포함하고 있다. 여기서는, 증분이론(Incremental theory) 보다는 변형 이론(Deformation theory)이라 불리는 소성의 총 변형률에 대한 이론을 비탕으로 하고자 한다. 또한, 현실의 재료에 적용성이 빈약한 등방성 경화(isotropic hardening)를 적용하는 대신 운동학적 경화(Kinematic hardening)로 일관성 있는 결과를 주는 유동학적 모델을 이용하기로 한다.

이 두 가지 경화에 대한 법칙에 대한 제하 거동 시 형태는 그림 13.3에 각각 나타나 있다. 운동학적 경화는 항복이 제하 시 단순방향 항복의 두배가 되는 지점($\Delta\sigma = 2\sigma_0$)에서 예측된다. 이와 반대로, 등방성 경화는 부하 전 가장 높은 응력인 σ'의 두배인 $\Delta\sigma = 2\sigma'$ 지점에서 항복이 예측된다. 그러므로 운동학적 경화는 실제 재료에서 관측되는 Bauschinger 효과를 예측하지만, 등방성 경화는 예측하지 못한다.

13.2 응력 – 변형률 선도

두 가지 간단한 탄소성 응력-변형률 선도와 이에 해당하는 유동학적 모델이 그림 13.4에 나타나 있다. 유동학적 모델(선형 용수철과 마찰 미끄럼판 두 가지만 존재)이 5장의 내용의 따르는 것을 참고하면, 시간에 종속적인 완충장치가 없다는 것을 알 수 있다. 이러한 모델에서 하중은 모델링된 재료의 응력에 비례하며, 변위는 변형률에 비례한다. 비선형 경화를 표현하기 위한 추가적인 선도는 그림 13.5에 나타나 있다.

13.2.1 탄성, 완전소성 관계

탄성, 완전소성 응력-변형률 관계는 그림 13.4(a)와 같이 항복점 이후 평평하게 나타나며, 이에 대한 수학적 표현은 다음과 같다. (σ_o : 항복응력)

$$\begin{aligned} \sigma &= E\varepsilon \qquad (\sigma \le \sigma_0) \\ \sigma &= \sigma_0 \qquad \left(\varepsilon \ge \frac{\sigma_0}{E}\right) \end{aligned} \tag{13.1}$$

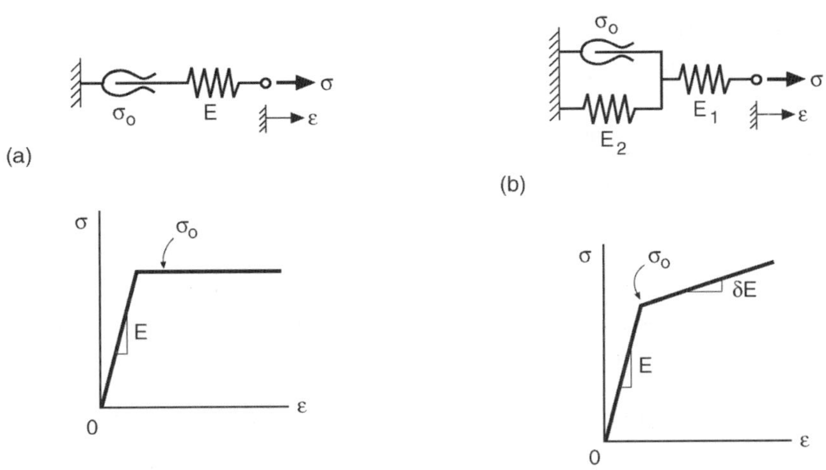

그림 13.4 탄성, 완전 소성거동(a)과 탄성, 선형-경화 거동에서 응력-변형률 선도와 유동학적 모델

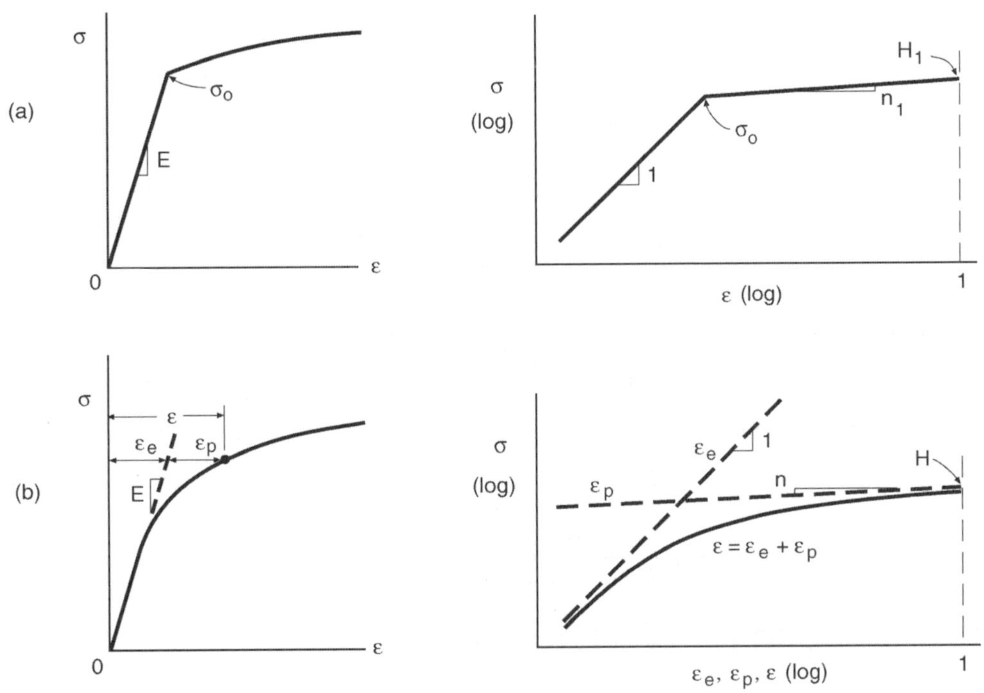

그림 13.5 탄성, 멱-경화 관계(a)와 Ramberg-Osgood 관계(b)의 선형 및 로그 좌표계에서 응력-변형률 선도

이 형태는 특정 금속과 몇몇 다른 재료의 초기 항복 거동에 관해 합리적인 근사이다. 또한, 이는 응력-변형률 선도가 더 복잡한 모양을 띠는 경우에도 간단한 예측에 이상화하여 종종 사용된다.

항복을 넘어서면, 변형률은 탄성부분과 소성부분의 합으로 이루어진다.

$$\varepsilon = \varepsilon_e + \varepsilon_p = \frac{\sigma}{E} + \varepsilon_p \qquad \left(\varepsilon > \frac{\sigma_0}{E}\right) \tag{13.2}$$

이러한 유동학적 모델에서, 탄성변형률 ε_e은 강성 E를 가지는 선형 용수철의 변형과 유사하며, 소성변형률 ε_p는 마찰 미끄럼판의 움직임과 유사하다.

13.2.2 탄성, 선형-경화 관계

그림 13.4(b)와 같이 항복 이후 눈에 띄는 증가를 보이는 응력-변형률 선도는 탄성, 선형-경화 거동 근사에 유용하다. 이러한 관계에서 추가적인 상수, δ가 필요하다. 이는 항복 이후 기울기의 감소 인자(slope reduction factor)이며, 항복이전 기울기인 탄성계수 E와 항복 이후 기울기 δE에 사용된다. δ의 값은 0부터 1까지 다양하며, 값이 작을수록 항복 이후 거동이 평평해 진다. 또한, $\delta = 0$은 탄성, 완전소성관계와 같은 특별한 경우에 해당된다.

항복 이후의 방정식은 항복점과 항복 이후의 임의의 점을 통해 구할 수 있다.

$$\delta E = \frac{\sigma - \sigma_0}{\varepsilon - \varepsilon_0} \tag{13.3}$$

항복 변형률 $\varepsilon_0 = \sigma_0 / E$을 이용하여 응력에 관하여 계산하면 전체 관계가 다음과 같이 특정화 된다.

$$\begin{aligned} &\sigma = E\varepsilon && (\sigma \leq \sigma_0) \\ &\sigma = (1-\delta)\sigma_0 + \delta E\varepsilon && (\sigma \geq \sigma_0) \end{aligned} \tag{13.4}$$

또한 두 번째 식을 다음과 같이 변형률에 관해 표현하여 쉽게 이용할 수 있다.

$$\varepsilon = \frac{\sigma_0}{E} + \frac{(\sigma - \sigma_0)}{\delta E} \qquad (\sigma \geq \sigma_0) \tag{13.5}$$

유동학적 모델의 결과는 탄성변형률 용수철 E_1과 소성변형률 용수철-미끄럼판 (E_2, σ_o)의 병렬 합으로 나타낸다. 미끄럼판의 항복응력 σ_o이후에도 소성 변형이 일어나지 않는다면 항복점을 넘어선 소성변형은 용수철 E_2의 변형과 같을 것이다. 항복 이후 용수철 E_2는 $(\sigma - \sigma_o)$의 응력을 받을 때, 총 변형률을 두 개의 용수철의 변형을 합쳐서 얻을 수 있다.

$$\varepsilon = \frac{\sigma}{E_1} + \frac{(\sigma - \sigma_0)}{E_2} \qquad (\sigma \geq \sigma_0) \tag{13.6}$$

식 13.5와 13.6이 동일하다면 다음과 같이 표현할 수 있다.

$$E = E_1, \qquad \delta E = \frac{E_1 E_2}{E_1 + E_2} \tag{13.7}$$

기울기 δE는 두 개의 스프링 E_1과 E_2이 직렬연결된 합으로 표현할 수 있다.

13.2.3 탄성, 멱-경화 관계

실제 재료의 응력-변형률 선도를 보다 정확하게 표현하려면 앞서 언급된 관계보다 더욱 복잡한 수학적 표현이 일반적으로 요구된다. 한 가지 형태로 이용되는 방법으로 응력이 변형률 증가에 따라 멱법칙으로 증가하는 방법이 있는데, 이는 항복응력 σ_0 이후에만 적용된다.

$$\begin{aligned} \sigma &= E\varepsilon \qquad (\sigma \le \sigma_0) \qquad \text{(a)} \\ \sigma &= H_1\varepsilon^{n_1} \qquad (\sigma \ge \sigma_0) \qquad \text{(b)} \end{aligned} \tag{13.8}$$

여기서 변형률 경화지수 n_1과 변형률 경화계수 H_1은 추가적으로 필요한 상수이다.

이러한 특정한 응력-변형률 자료의 관계를 피팅하는 가장 편리한 방법은 항복 이후 일직선으로 나타날 것으로 예상될 때 응력과 변형률을 로그-로그 크기로 그래프를 그리는 것이다. 이는 그림 12.5(a)의 오른쪽에 나타나 있다. $\varepsilon = 1$이면 σ의 값은 H_1이 된다. 상용로그가 양쪽으로 크기가 같다고 가정하면, 선도의 기울기가 n_1임을 알 수 있다. 같은 그래프에서, 탄성영역의 방정식 $\sigma = E\varepsilon$ 또한 직선 형태로 나타낼 수 있으며 이 경우 기울기는 1이고, 두 개의 선은 항복점($\sigma = \sigma_0$)에서 만나게 된다. 지수 n_1의 값은 금속의 경우 대부분 0.05와 0.4 사이에 존재한다.

식 13.8(b)는 변형률의 식으로 쉽게 표현할 수 있다.

$$\varepsilon = \left(\frac{\sigma}{H_1}\right)^{1/n_1} \qquad (\sigma \ge \sigma_0) \tag{13.9}$$

또한, 항복점은 독립적인 상수가 아니며 σ_o, H_1, n_1 중 두 개는 나머지 하나를 계산하는데 이용된다. 이러한 관계는 식 13.8(a)와 13.8(b)에 $(\varepsilon_o,\ \sigma_o)$를 대입하여 합침으로 다음과 같은 결과를 얻을 수 있다.

$$\sigma_0 = E\left(\frac{H_1}{E}\right)^{1/(1-n_1)} \tag{13.10}$$

13.2.4 Ramberg-Osgood 관계

1943년 Ramberg와 Osgood에 의해 발표된 것과 유사한 다음과 같은 관계가 많이 이용되고 있다. 탄성변형률과 소성변형률을 따로 고려하고 합을 한다면, 지수형식으로 나타내 이용할 수 있다. 하지만 이는 총 변형률을 표현하기 전인 소성변형률의 관계에 적용된다.

$$\sigma = H\varepsilon_p^n \tag{13.11}$$

여기서 n은 변형률 경화 지수이며 앞에서 나온 n_1과는 다르다.

탄성변형률은 응력에 비례하며 소성변형률은 그림 13.5(b)와 같이 기울기 E에 관계한다. 식 13.11을 이용하여 총 변형률을 탄성변형률과 소성변형률의 합으로 표현하면 다음과 같다.

$$\varepsilon = \varepsilon_e + \varepsilon_p, \qquad \varepsilon = \frac{\sigma}{E} + \left(\frac{\sigma}{H}\right)^{1/n} \tag{13.12}$$

이 관계는 응력에 대한 엄밀해를 구할 수 없다. 이 식은 모든 응력값에 대응하는 하나의 연속적인 선도를 제공하며 뚜렷한 한 점을 통해 항복점을 표현하지 않는다. 따라서 이는 항복점에서 뚜렷한 불연속을 이루는 앞서 기술한 탄성, 멱-경화 관계와는 대조된다. 하지만 항복강도는 그림 3.1(a)와 같이 소성변형률 오프셋 $\varepsilon_{po} = 0.002$에 대응하는 점으로 정의될 수 있다. 식 13.11을 통해 구해지는 오프셋 항복강도는 다음과 같다.

$$\sigma_o = H(0.002)^n \tag{13.13}$$

특정한 응력-변형률 자료를 통해 그림 13.5(b)의 오른쪽 그림처럼 식 13.12의 상수는 응력과 소성변형에 대한 로그-로그 크기로 변환시켜 구할 수 있다. 상수 H는 $\varepsilon_p = 1$일 때의 응력이며 n은 로그-로그 크기에서 상용로그의 양쪽 방향 길이가 같을 때의 그래프에서 기울기이다. 작은 변형률에서는 이 선도는 탄성에 대응하기 때문에 기울기가 1이며, 큰 변형률 영역에서는 소성변형률의 기울기는 n이다.

Ramberg-Osgood 식과 멱-경화 관계는 탄성영역이 무시할 만큼 변형률이 충분히 큰 소성 지배구간에서는 필수적으로 같게 된다.

인장시험에서 Ramberg-Osgood형태는 앞서 논평되었던 식 3.28와 같이 진응력-진변형률에도 종종 적용할 수 있다.

예제 13.1

7075-T651 알루미늄 1축의 단순 응력-변형률 선도의 실험 데이터가 표 E13.1에 나타나 있다. 식 13.12의 Ramberg-Osgood 형태를 이용하여 응력-변형률 선도 피팅에 필요한 상수 H와 n을 구하라.

【풀이】 H와 n을 구하기 위해서는 탄성계수가 필요하다. 피팅하기 전, 백분율로 나타난 변형률을 무차원화시키는 작업이 필요하다. 그리고 모든 데이터를 그림 13.1(a)의 곡선 1과 같이 선형 좌표계의 좌표평면에 그린다. 전체적인 경향은 연속되는 선도이며, 탄성구간의 기울기를 점차적으로 벗어나기 때문에 식 13.12를 이용하는 것이 합리적이다. 첫 3개의 점은 원점으로부터 직선으로 그려지며, 곡선 2에 더 정밀한 변형률 크기로 표현하였다. 피팅 후 Hook의 법칙을 사용하여 탄성계수의 값은 약 $E = 71{,}000$MPa가 나온다.

이제 식 13.11의 관계를 이용하여 상수 H와 n을 계산해 보자. 첫째로, 소성변형률은 곡선 1에서 비선형이 나타나는 점들의 데이터를 이용하여 계산한다.

$$\varepsilon_p = \varepsilon - \frac{\sigma}{E}$$

표 E13.1

Test Data		Calculations				Comment
σ, MPa	ε, %	ε	ε_p	$\log \sigma$	$\log \varepsilon_p$	
0	0	0	—	—	—	Used for E
135.3	0.191	0.00191	—	—	—	Used for E
270	0.381	0.00381	—	—	—	Used for E
362	0.509	0.00509	—	—	—	Used for E
406	0.576	0.00576	4.17×10^{-5}	—	—	Not used
433	0.740	0.00740	0.001301	2.636	−2.886	Used for H, n
451	0.895	0.00895	0.002598	2.654	−2.585	Used for H, n
469	1.280	0.01280	0.006194	2.671	−2.208	Used for H, n
487	2.290	0.02290	0.01604	2.688	−1.795	Used for H, n
505	4.570	0.04570	0.03859	2.703	−1.414	Used for H, n

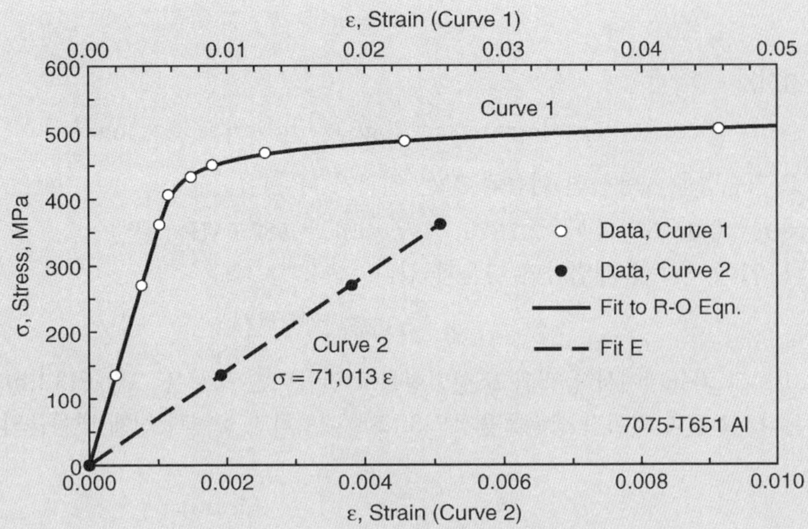

그림 E13.1(a)

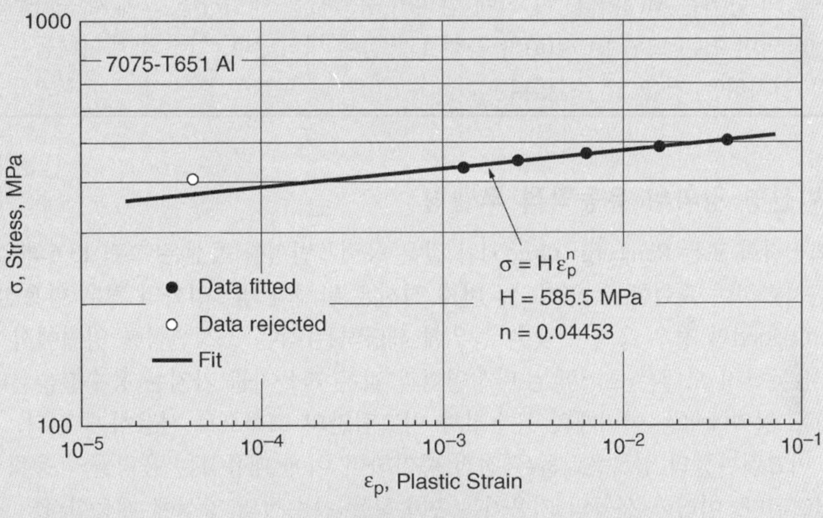

그림 E13.1(b)

결과값은 표 E13.1에 나타나 있다(식 13.12는 소성변형률이 모든 응력값에 존재한다고 가정한다. 하지만 낮은 응력 구간에서는 소성변형률이 너무 작아 실험으로 계산하기엔 너무 적으므로 무시하도록 한다). 다음, 그림 E13.1(b)와 같이 응력과 소성변형률 데이터를 로그-로그 좌표계에 표시한다. 가장 작은 소성변형률 값은 선형의 경향에서 약간 벗어나 있으며 너무 작기 때문에 정확도에 의문점이 생긴다. 따라서, 이 데이터는 피팅 과정에서 제외한다. 남은 데이터들을 식 13.11에 따라 피팅한다. 식 13.11에서 양변 모두 로그로 변환하면 다음과 같다.

$$\log\sigma = n\log\varepsilon_p + \log H$$

이는 로그-로그 좌표계에서 $y = mx + b$ 형태의 1차 함수이다.

$$y = mx + b$$

여기서,

$$y = \log\sigma, \quad x = \log\varepsilon_p, \quad m = n, \quad b = \log H$$

최소 자승법을 사용하면 다음과 같은 결과가 나온다.

$m = n = 0.04453, \quad b = 2.7675, \quad H = 10^b = 585.5\text{MPa}$ (답)

【고찰】 식 13.11에 상수를 대입하면 다음과 같다.

$$\sigma = 585.5\varepsilon_p^{0.04453}\text{MPa}$$

로그-로그 좌표계에서 응력과 소성변형률로 만들어진 직선은 그림 E13.1(b)와 같은 결과가 나온다. 그 결과 얻어진 상수들을 식 13.12에 대입하면 응력과 전체 변형률의 관계가 완성된다.

$$\varepsilon = \frac{\sigma}{71,000} + \left(\frac{\sigma}{585.5}\right)^{1/0.04453}$$

응력의 단위는 MPa이다. 이 식에 임의의 응력값을 대입하면 그에 대응하는 전체 변형률이 계산되며 이는 그림 E13.1(a)의 곡선 1과 같이 나타난다. 기존의 데이터들은 피팅된 곡선과 잘 일치하는 것을 알 수 있다.

13.2.5 비선형 경화의 유동학적 모델링

탄성, 멱-경화 또는 Ramberg-Osgood와 같은 응력-변형률 곡선은 그림 13.6과 같이 직선들의 합을 통해 근사화하여 표현할 수 있다. 첫 번째 직선은 탄성과 멱-경화의 경우 항복점에서 끝이 나며, Ramberg-Osgood의 경우 응력이 낮은 경우에 해당하는 작은 소성변형률 영역에서 끝이 난다. 이에 대응하는 유동학적 모델은 초기에는 탄성영역과 같은 기울기를 가지는 용수철을 사용하고, 그 이후 비선형 거동 영역에서는 여러개의 용수철과 미끄럼판의 조합으로 사용하게 된다.

이러한 미끄럼판들의 항복응력들은 점점 증가하며 이에 대응하는 응력들의 응력-변형률 선도의 끝에서 연결된다. 이러한 선들의 기울기는 연속하는 용수철의 강성에 대응한다.

$$\delta_j E = \frac{1}{\dfrac{1}{E_1} + \dfrac{1}{E_2} + \dfrac{1}{E_3} + \cdots + \dfrac{1}{E_j}} \tag{13.14}$$

여기서 δ는 선도의 시작점인 σ에서 기울기 감소 요소이다.

모델의 변형률은 각 단계의 변형률 합이며 다음과 같이 나타낸다.

$$\varepsilon = \varepsilon_1 + \varepsilon_2 + \varepsilon_3 + \cdots + \varepsilon_j \tag{13.15}$$

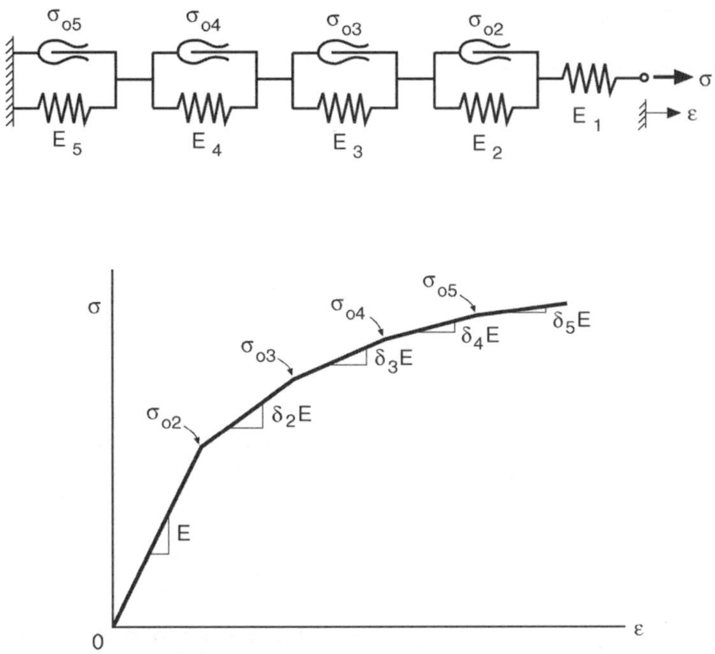

그림 13.6 비선형-경화 응력-변형률 선도에서 다단계의 용수철과 미끄럼판 모델

모든 응력은 미끄럼판이 항복할 때까지 모두 흡수하게 되며, 그 구간에 해당하는 용수철은 해당하는 변형률이 0이므로 흡수하는 응력은 없다. 하나의 미끄럼판이-즉 i번째에서-움직이고, 이 때 항복을 초과한 응력은 그 구간에서 연계된 용수철에 의해 작용되게 된다. 따라서 총 응력은

$$\sigma = \sigma_{oi} + E_i \varepsilon_i \qquad (\sigma > \sigma_{oi}) \tag{13.16}$$

이 식을 변형률에 대해 나타내면

$$\varepsilon_i = \frac{\sigma - \sigma_{oi}}{E_i} \qquad (\sigma > \sigma_{oi}) \tag{13.17}$$

이 식은 각 단계의 항복 시 적용되며 j번째 미끄럼판이 항복을 할 때 해당하는 변형률은 다음과 같다.

$$\varepsilon = \frac{\sigma}{E_1} + \frac{\sigma - \sigma_{o2}}{E_2} + \frac{\sigma - \sigma_{o3}}{E_3} + \cdots + \frac{\sigma - \sigma_{oj}}{E_j} \tag{13.18}$$

$d\sigma/d\varepsilon$을 계산함으로써 식 13.14의 기울기를 얻을 수 있다.

13.3 3차원 응력-변형률 관계

5장과 7장에서 기술한 바와 같이, 한 방향 이상의 응력이 존재하면 재료의 탄성계수와 항복응력에 모두 영향을 끼치게 된다. 소성변형 동안, 응력의 상태는 거동에 계속 영향을 준다. 그러므로 응력과 변형률의 관계는 일반적인 3차원의 경우 소성변형을 고려해야 한다.

탄성재료의 일반화된 Hook의 법칙은 5장의 식 5.26과 식 5.27에서 이미 소개하였다. 이러한 관계는 항복 이전 뿐만 아니라 항복 이후에도 적용되는데 항복 이후의 경우 변형률의 탄성구간에만 적용이 된다.

$$\begin{aligned} \varepsilon_{ex} &= \frac{1}{E}[\sigma_x - \nu(\sigma_y + \sigma_z)] && \text{(a)} \\ \varepsilon_{ey} &= \frac{1}{E}[\sigma_y - \nu(\sigma_x + \sigma_z)] && \text{(b)} \\ \varepsilon_{ez} &= \frac{1}{E}[\sigma_z - \nu(\sigma_x + \sigma_y)] && \text{(c)} \\ \gamma_{exy} = \frac{\tau_{xy}}{G}, \quad \gamma_{eyz} &= \frac{\tau_{yz}}{G}, \quad \gamma_{ezx} = \frac{\tau_{zx}}{G} && \text{(d)} \end{aligned} \tag{13.19}$$

아래첨자 e는 탄성변형률을 의미하며 탄성계수 E, ν, G는 일반적인 방법과 동일하게 정의된다. 다양한 변형률들은 소성변형률 부분과 탄성변형률 부분을 더하여 전체 변형률 부분을 구하게 된다.

$$\begin{aligned} &\varepsilon_x = \varepsilon_{ex} + \varepsilon_{px}, \quad \varepsilon_y = \varepsilon_{ey} + \varepsilon_{py}, \quad \varepsilon_z = \varepsilon_{ez} + \varepsilon_{pz} \\ &\gamma_{xy} = \gamma_{exy} + \gamma_{pxy}, \quad \gamma_{yz} = \gamma_{eyz} + \gamma_{pyz}, \quad \gamma_{zx} = \gamma_{ezx} + \gamma_{pzx} \end{aligned} \tag{13.20}$$

전단 변형률 γ_{xy} 등은 공학적 전단 변형률로 5장과 6장에서 이용되었으며 대부분의 재료역학 책에서 볼 수 있다. 이 값들은 교과서들에 종종 사용되고 있는 바와 같이 전단 변형률 텐서의 2배 값이 된다.

13.3.1 변형 소성 이론

7장에서, 재료의 항복은 다양한 응력상태에서 비슷한 값으로 나타나는 특정 유효응력 값에서 발생하는 것을 설명하였다. 식 7.35는 유효응력을 수직 주응력의 함수로 표현하고 있다.

$$\bar{\sigma} = \frac{1}{\sqrt{2}}\sqrt{(\sigma_1 - \sigma_2)^2 + (\sigma_2 - \sigma_3)^2 + (\sigma_3 - \sigma_1)^2} \tag{13.21}$$

유효응력을 상기해볼 때, 8면체 응력에 비례하며 1축 응력상태의 경우에는 $\bar{\sigma} = \sigma_1$이 된다.

유효응력에 해당하는 변형률 값이 필요하다. 유효 소성변형률은 주방향 소성변형률의 함수로 표현할 수 있으며 다음과 같다.

$$\bar{\varepsilon}_p = \frac{\sqrt{2}}{3}\sqrt{(\varepsilon_{p1} - \varepsilon_{p2})^2 + (\varepsilon_{p2} - \varepsilon_{p3})^2 + (\varepsilon_{p3} - \varepsilon_{p1})^2} \tag{13.22}$$

여기서 아래첨자 (1, 2, 3)은 주응력 방향에 해당하는 (x, y, z)축을 가리킨다. 이 유효 소성변형률은 8면체 평면의 소성 전단변형률에 비례하며 이를 1축의 경우를 고려하면 $\bar{\varepsilon}_p = \varepsilon_{p1}$이 된다. 총 유효변형률은 탄성 부분과 소성 부분의 합으로 표현할 수 있다.

$$\bar{\varepsilon} = \frac{\bar{\sigma}}{E} + \bar{\varepsilon}_p \tag{13.23}$$

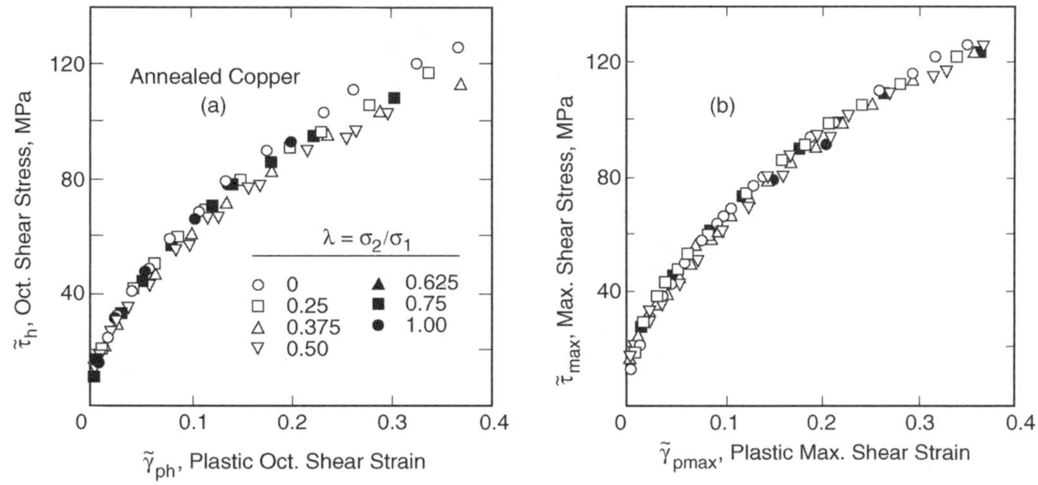

그림 13.7 얇은 판 형태인 구리 튜브의 축과 압력의 복합 하중에서 진응력과 진소성변형률의 상관관계, (a) 8면체 전단응력 및 변형률, (b) 최대 전단응력 및 변형률

이전과 같은 방법으로, $\bar{\varepsilon}$는 1축의 경우 ε_1이 된다. 변형이론의 가장 중요한 부분은 모든 응력의 상태에서대하여 하나의 유효응력-유효변형률 선도로부터 예측이 가능하다는 것이다. 얇은 판 형태인 구리 튜브에 관한 몇몇의 실험 데이터가 그림 13.7(a)에 나타나 있다(8면체 전단응력은 유효 수직응력에 비례하며 소성 8면체 전단응력은 유효소성변형률에 비례함을 주목하라.).

Hook의 법칙과 유사한 식들은 응력과 소성변형률 관계에 적용될 수 있다.

$$\begin{aligned} \varepsilon_{px} &= \frac{1}{E_p}[\sigma_x - 0.5(\sigma_y + \sigma_z)] && \text{(a)} \\ \varepsilon_{py} &= \frac{1}{E_p}[\sigma_y - 0.5(\sigma_x + \sigma_z)] && \text{(b)} \\ \varepsilon_{pz} &= \frac{1}{E_p}[\sigma_z - 0.5(\sigma_x + \sigma_y)] && \text{(c)} \\ \gamma_{pxy} = \frac{3}{E_p}\tau_{xy}, \quad \gamma_{pyz} &= \frac{3}{E_p}\tau_{yz}, \quad \gamma_{pzx} = \frac{3}{E_p}\tau_{zx} && \text{(d)} \end{aligned} \tag{13.24}$$

이 식을 식(13.19)의 Hook의 법칙과 비교하면, 탄성계수를 소성계수로 변환할 수 있다.

$$E_p = \frac{\bar{\sigma}}{\bar{\varepsilon}_p} \tag{13.25}$$

도식적으로 설명하면 E_p 소성계수는 그림 13.8과 같이 유효응력과 유효소성변형률 선도 위의 한 점에서의 시컨트 계수에 대응한다. 따라서, E_p는 재료의 유효응력과 유효소성변형률 선도에서 소성변형이 진행되는 동안 감소하는 변수이다.

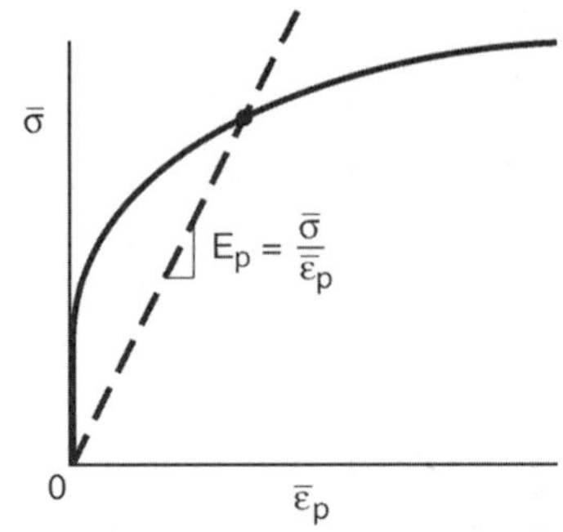

그림 13.8 유효응력과 유효소성변형률 선도에서 시컨트 계수로서 소성 계수의 정의

13.3.2 논평

Hook의 법칙에서 푸아송 비 υ는 식 13.24에서 0.5로 바뀌는데, 이는 소성 변형이 부피 변화에 기여를 하지 않는다는 가정에 기인한다. 이는 금속의 실험을 통해서 뒷받침되며, 2장에서 논의되었던 것처럼 결정면에서의 슬립이 소성변형이 되는 물리학 메커니즘과 일치한다. 따라서 소성변형률이 존재하는 경우에도 체적 변형률 ε_v은 식 5.35로 주어진다. 식 13.19와 식 13.24를 비교해 보면, 탄성 전단 계수 G를 $E_p/3$으로 바꿀 수 있다. 이는 식 13.24에 소성 전단 계수 G_p를 5.3.3절의 $G = E/[2(1+\upsilon)]$로 바꿔 유도하는 방식으로 확인할 수 있다. 이 식에서 υ를 0.5로 바꾸는 방법을 통해 $G_p = E_p/3$이 된다.

식 13.19와 식 13.24를 결합하여 총변형률의 구성요소와 Hook의 법칙의 형태로 표현할 수 있다. 이를 유도하기 위해, 식 13.19 (a)부터 (d)까지의 탄성 요소와 이에 대응하는 식 13.24 (a)부터 (d)까지의 소성 요소를 더한다. 수직 변형률에서, x방향을 예로 들면 다음과 같은 식을 구할 수 있다.

$$\varepsilon_x = \varepsilon_{ex} + \varepsilon_{px} = \frac{1}{E}[\sigma_x - \nu(\sigma_x + \sigma_z)] + \frac{1}{E_p}[\sigma_x - 0.5(\sigma_y + \sigma_z)] \quad (13.26)$$

$E_p = \bar{\sigma} / \overline{\varepsilon_p}$로 바꾸고 식 13.23에 적용하면 x방향 표현으로 바꿀 수 있으며 y방향, z방향도 유사한 방법으로 구할 수 있다.

$$\varepsilon_x = \frac{1}{E_t}[\sigma_x - \tilde{\nu}(\sigma_y + \sigma_z)] \quad (a)$$
$$\varepsilon_y = \frac{1}{E_t}[\sigma_y - \tilde{\nu}(\sigma_x + \sigma_z)] \quad (b)$$
$$\varepsilon_z = \frac{1}{E_t}[\sigma_z - \tilde{\nu}(\sigma_x + \sigma_y)] \quad (c) \qquad (13.27)$$
$$\text{where} \quad E_t = \frac{\bar{\sigma}}{\bar{\varepsilon}}, \quad \text{and} \quad \tilde{\nu} = \frac{\nu\bar{\sigma} + 0.5E\bar{\varepsilon}_p}{E\bar{\varepsilon}} \quad (d, e)$$

여기서 변수 E_t는 유효 응력 대 유효 총 변형률 선도의 시컨트 계수이다. 그리고 $\tilde{\upsilon}$는 일반화된 뽀아송 비로, 총 유효변형률을 탄성요소와 소성요소로 나누는 방법에 따라 υ와 0.5의 평균으로 대체될 수 있다. 이런 이유로, 탄성요소가 지배적인 작은 변형률 범위에서 $\tilde{\upsilon} = \upsilon$로 계산할 수 있으며 $\tilde{\upsilon}$가 점점 증가하여 0.5가 되는 큰 변형률 범위에서는 소성 요소가 지배적이다.

또한, 유효 총 변형률 $\bar{\varepsilon}$은 식 13.23에 대한 대안으로 총변형률 요소에 관하여 직접적으로 표현할 수 있다. 먼저, *x-y-z*축을 1-2-3 주응력 축의 경우로 고려한다. 그리고 식 13.27(a), (b), (c)를 푸는데 이때, 주응력 σ_1, σ_2, σ_3을 주방향 총 변형률인 ε_1, ε_2, ε_3의 함수로 표현한다. 계산된 응력과 $E_t = \bar{\sigma} / \bar{\varepsilon}$를 식 13.21에 대입하면 다음과 같은 결과가 나온다.

$$\bar{\varepsilon} = \frac{1}{\sqrt{2}\,(1+\tilde{\nu})}\sqrt{(\varepsilon_1 - \varepsilon_2)^2 + (\varepsilon_2 - \varepsilon_3)^2 + (\varepsilon_3 - \varepsilon_1)^2} \tag{13.28}$$

이상과 같은 내용은 8면체 전단응력과 소성 전단 변형률로부터 구해진다. 그러나 최대 전단응력과 소성 전단 변형률을 기반으로 유사한 소성 이론을 공식화할 수도 있다. 그림 13.7의 특정한 시험 결과는 (b)에서처럼, 이러한 근거에 훨씬 더 연관성을 보이고 있다. 그러나 $\bar{\sigma}$와 $\bar{\varepsilon_p}$의 사용은 더 일반적으로 적용될 수 있으나, 여기서는 이 방법만을 사용하고자 한다.

13.3.3 유효 응력-변형률 선도

주어진 재료의 1축의 응력-변형률이 다음과 같이 주어졌다고 가정한다.

$$\varepsilon_1 = f(\sigma_1) \qquad (\sigma_2 = \sigma_3 = 0) \tag{13.29}$$

주어진 형태의 변형 소성이론에서 유효 응력, 유효 변형률과 관계된 선도는 1축의 경우와 같으며 다음과 같다.

$$\bar{\varepsilon} = f(\bar{\sigma}) \tag{13.30}$$

이는 식 13.21에 $\bar{\sigma} = \sigma_1$을 대입하여 1축($\sigma_2 = \sigma_3 = 0$)인 경우 성립한다. 이 경우 *x-y-z*축이 1-2-3 주방향이 되고, 식 13.24는 소성변형률은 2-, 3- 방향인 경우 음수이며 응력방향에 대해 소성변형률의 반값이 된다. 즉 $\varepsilon_{p2} = \varepsilon_{p3} = -0.5\varepsilon_{p1}$이 된다. 이를 식 13.22에 대입하면 $\bar{\varepsilon_p} = \varepsilon_{p1}$이 되며 식 13.23의 유효 총 변형률은 $\bar{\varepsilon} = \varepsilon_1$이 된다. 마지막으로, 식 13.30은 식 13,29에 $\bar{\sigma} = \sigma_1$과 $\bar{\varepsilon} = \varepsilon_1$을 대입함으로써 확인된다.

이런 이유로 만약 주어진 재료의 1축의 응력-변형률 선도를 알고 있다면, 이는 유효 응력-변형률 선도로 간주할 수 있다. 이런 일반화를 바탕으로 응력-변형률 선도는 관심 있는 다른 응력 상태를 구하는데 이용된다. 평면응력과 같은 특별한 경우의 세부사항은 다음과 같다.

13.3.4 평면 응력에 적용

전단 요소가 0이 되며 좌표축이 주축인 평면 응력의 경우를 고려해 보자.

$$\sigma_x = \sigma_1, \qquad \sigma_y = \sigma_2 = \lambda\sigma_1, \qquad \sigma_z = \sigma_3 = 0 \tag{13.31}$$

여기서 편의를 위해 비 $\lambda = \sigma_2/\sigma_1$를 사용한다. 식 13.21의 유효응력을 이 경우에 적용하면

$$\bar{\sigma} = \sigma_1\sqrt{1 - \lambda + \lambda^2} \tag{13.32}$$

σ_1방향에 해당하는 총 변형률은 탄성부분과 소성부분의 합으로 이루어진다.

$$\varepsilon_1 = \varepsilon_{e1} + \varepsilon_{p1} \tag{13.33}$$

탄성 부분은 식 13.19(a)로부터 구해지며 소성부분은 식 13.24(a)에서 $E_p = \overline{\sigma} / \overline{\varepsilon_p}$일 때 다음과 같이 구해진다.

$$\varepsilon_{e1} = \frac{\sigma_1}{E}(1 - \nu\lambda), \qquad \varepsilon_{p1} = \frac{\sigma_1 \bar{\varepsilon}_p}{\bar{\sigma}}(1 - 0.5\lambda) \tag{13.34}$$

$\overline{\varepsilon} = f(\overline{\sigma})$를 특정 1축의 선도에 적용하면 식 13.23은 다음과 같이 된다.

$$\bar{\varepsilon}_p = \bar{\varepsilon} - \frac{\bar{\sigma}}{E} = f(\bar{\sigma}) - \frac{\bar{\sigma}}{E} \tag{13.35}$$

식 (13.33)에 식 (13.34)와 식 (13.35)를 대입하면 다음과 같다.

$$\varepsilon_1 = \frac{1 - \nu\lambda}{E}\sigma_1 + \frac{(1 - 0.5\lambda)\sigma_1}{\bar{\sigma}}\left[f(\bar{\sigma}) - \frac{\bar{\sigma}}{E}\right] \tag{13.36}$$

여기서 $\overline{\sigma}$는 식 13.32에서 구한다.

이를 바탕으로 어떤 특정한 1축의 선도 $\overline{\varepsilon} = f(\overline{\sigma})$와 λ로 주어지는 응력의 특정 2축 상태에서 이 식은 같은 방향에서 σ_1과 변형률 ε_1의 관계를 제공할 수 있다. 이 식들은 σ_1과 λ의 함수로 다른 변형률 요소인 ε_2와 ε_3의 관계도 유사하게 표현할 수 있다. σ_3이 0이 아닌 경우에서 더 일반적인 식들로 표현하는 방법의 과정은 유사하다.

식 13.36은 탄성-완전 소성 재료의 경우 항복을 넘어서면 $\overline{\varepsilon} = f(\overline{\sigma})$로 정의되지 않아 더 이상 적용할 수 없다. 이 경우에는 식 13.19를 항복까지 적용하고 새로운 항복응력에 $\overline{\sigma} = \sigma_o$(여기서, σ_o는 1축 항복응력)를 식 13.32에 적용하여 추정할 수 있다. 이를 표현하면 다음과 같다.

$$\sigma_1 = \frac{E}{1 - \nu\lambda}\varepsilon_1 \qquad (\bar{\sigma} \le \sigma_o) \qquad \text{(a)}$$

$$\sigma_1 = \frac{\sigma_o}{\sqrt{1 - \lambda + \lambda^2}} \qquad \left(\bar{\varepsilon} \ge \frac{\sigma_o}{E}\right) \qquad \text{(b)} \tag{13.37}$$

분명한 항복응력을 갖는 다른 불연속 응력-변형률 선도에서 식 13.37(a)를 탄성구간에 적용하였을 때, 항복을 넘어서면 식 13.36을 적용한다.

식 13.36을 적용되는 한 예로, 식 13.12인 Ramberg-Osgood 형태로 그려지는 1축의 선도를 고려해 보면 다음과 같다.

$$\bar{\varepsilon} = f(\bar{\sigma}) = \frac{\bar{\sigma}}{E} + \left(\frac{\bar{\sigma}}{H}\right)^{1/n} \tag{13.38}$$

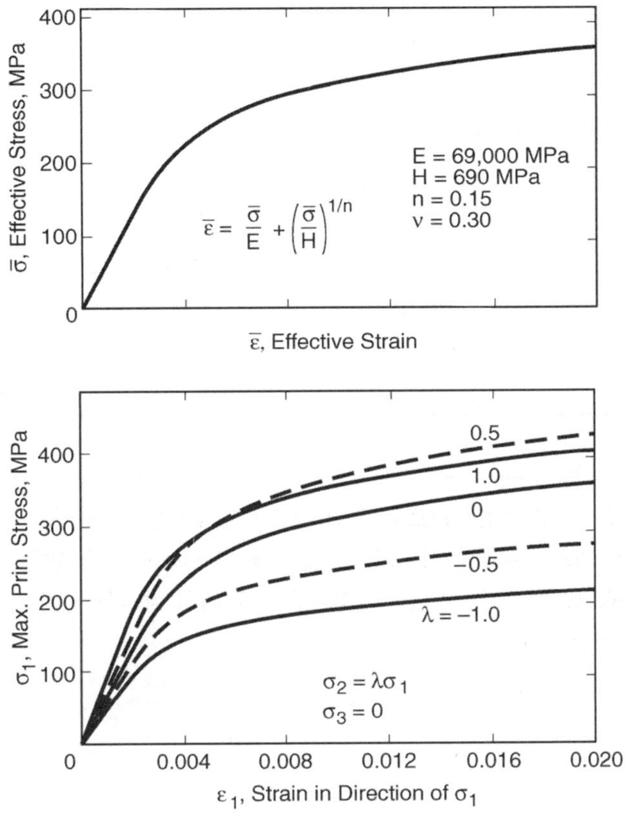

그림 13.9 Ramberg–Osgood 응력–변형률 선도를 바탕으로 2축 응력에 대하여 추정된 효과(예측된 알루미늄 합금의 상수이다)

이 식 $\bar{\varepsilon} = f(\bar{\sigma})$을 식 13.36에 대입하고 식 13.32의 $\bar{\sigma}$를 적용하면

$$\varepsilon_1 = (1 - \nu\lambda)\frac{\sigma_1}{E} + (1 - 0.5\lambda)\left(1 - \lambda + \lambda^2\right)^{(1-n)/(2n)}\left(\frac{\sigma_1}{H}\right)^{1/n} \tag{13.39}$$

식 13.39 이용의 예로 σ_1과 ε_1의 선도에 다양한 횡방향 응력의 효과를 추정한 것이 그림 13.9에 주어져 있다. 응력-변형률 선도에서 $\lambda > 0$이면 횡방향 인장이 증가하며 $\lambda < 0$이면 감소이다.

예제 13.2

Ramberg-Osgood 1축의 응력-변형률 선도를 가지는 재료에서 각 상수는 그림 13.9에 주어져 있다. 평면응력의 경우인 $\sigma_3 = 0$과 $\lambda = \sigma_2/\sigma_1 = 1.0$을 적용하여 주응력과 주변형률의 관계식을 나타내어라.

【풀이】 식 13.39를 적용할 수 있다. 1축의 응력-변형률 선도의 각 상수는 그림 13.9에 나타나 있는 것과 같다.

$$E = 69{,}000\text{MPa}, \quad H = 690\text{MPa}, \quad n = 0.15, \quad \nu = 0.3$$

이 값들과 $\lambda = 1.0$을 식 13.39에 대입하면 다음과 같다.

$$\varepsilon_1 = 0.700\frac{\sigma_1}{69,000} + 0.500\left(\frac{\sigma_1}{690}\right)^{1/0.15}$$

각 계수를 계산하면 다음과 같다.

$$\varepsilon_1 = \frac{\sigma_1}{98,570} + \left(\frac{\sigma_1}{765.6}\right)^{1/0.15} \qquad \text{(답)}$$

이 식의 그래프는 그림 13.9에서 $\lambda = 1.0$의 선과 같다. 이 식은 식 13.12의 본래 1축 선도의 형태와 같으며 상수 E와 H만 변경된다.

예제 13.3

반지름이 r이고 두께 t를 가지는 얇은 관으로 되어 있으며 끝부분은 막혀 있는 압력용기가 식 13.12의 Ramberg-Osgood 형태의 1축의 응력-변형률 선도를 가지는 재료로 만들어져 있다. 만약 내부 압력 p가 점진적으로 증가하는 경우, 압력 p의 함수로 반지름의 상대적인 변화량($\Delta r/r$)을 압력용기와 관련된 변수들의 식으로 나타내어라.

【풀이】 주응력들은 다음과 같이 나타난다.

$$\sigma_1 = \frac{pr}{t}, \quad \sigma_2 = \frac{pr}{2t}, \quad \sigma_3 \approx 0$$

여기서 σ_1은 원주 방향으로 작용하며, σ_2는 길이 방향으로 작용한다. 원주 방향의 변형률 ε_1은 본래의 원주와 변화한 원주의 비로 나타내며 다음과 같다.

$$\varepsilon_1 = \frac{\Delta(2\pi r)}{2\pi r} = \frac{\Delta r}{r}$$

평면 응력이기 때문에, $\lambda = \sigma_2/\sigma_1 = 0.5$를 식 13.39에 대입하면 다음과 같다.

$$\frac{\Delta r}{r} = \varepsilon_1 = (1-0.5\nu)\frac{\sigma_1}{E} + (0.75)(0.75)^{(1-n)/(2n)}\left(\frac{\sigma_1}{H}\right)^{1/n}$$

σ_1을 대입하여 식을 변형하면 원하는 결과를 다음과 같이 얻을 수 있다.

$$\frac{\Delta r}{r} = \left(1-\frac{\nu}{2}\right)\frac{pr}{tE} + \frac{\sqrt{3}}{2}\left(\frac{\sqrt{3}\,pr}{2tH}\right)^{1/n} \qquad \text{(답)}$$

예제 13.4

응력의 상태가 $\sigma_2 = \sigma_3 = 0.5\sigma_1$인 경우에 대하여 식 13.12의 Ramberg-Osgood 1축의 응력-변형률 선도를 따르는 재료에 대하여 고려하여 보자. σ_1방향에 대한 변형률 ε_1의 식을 σ_1, 상수 E, H, n과 푸아송비 ν의 함수로 유도하라.

【풀이】 **이 경우** 평면 응력의 경우가 아니기 때문에, 식 13.36과 식 13.39를 적용할 수 없다. 13.3.4절의 유도과정을 이용하여 다음과 같은 과정으로 식을 유도한다. 첫째로, 식 13.19(a)와 식 13.24(a)에 1-2-3 축을 x-y-z로 적용한다.

$$\varepsilon_{e1} = \frac{1}{E}[\sigma_1 - \nu(\sigma_2 + \sigma_3)] = \frac{1}{E}[\sigma_1 - \nu(0.5\sigma_1 + 0.5\sigma_1)] = \frac{(1-\nu)\sigma_1}{E}$$

$$\varepsilon_{p1} = \frac{1}{E_p}[\sigma_1 - 0.5(\sigma_2 + \sigma_3)] = \frac{1}{E_p}[\sigma_1 - 0.5(0.5\sigma_1 + 0.5\sigma_1)] = \frac{\sigma_1}{2E_p}$$

변수 $E_p = \bar{\sigma} / \bar{\varepsilon}_p$를 구하기 위해 Ramberg-Osgood 형태의 $\bar{\varepsilon}_p$의 표현이 필요하며 이는 식 13.23과 식 13.38을 이용하면 다음과 같다.

$$\bar{\varepsilon}_p = \bar{\varepsilon} - \frac{\bar{\sigma}}{E} = \left(\frac{\bar{\sigma}}{H}\right)^{1/n}$$

따라서, 다음과 같은 식이 나온다.

$$E_p = \frac{\bar{\sigma}}{\bar{\varepsilon}_p} = \frac{\bar{\sigma}}{(\bar{\sigma}/H)^{1/n}}$$

그리고 $\bar{\sigma}$를 결정하기 위해 식 13.21에 적용한다. 여기서 $\sigma_2 = \sigma_3 = 0.5\sigma_1$이다.

$$\bar{\sigma} = \frac{1}{\sqrt{2}}\sqrt{(\sigma_1 - 0.5\sigma_1)^2 + (0.5\sigma_1 - 0.5\sigma_1)^2 + (0.5\sigma_1 - \sigma_1)^2} = 0.5\sigma_1$$

이 식을 E_p의 식에 대입하고 ε_{p1}의 식에 결과를 적용하면

$$E_p = \frac{0.5\sigma_1}{(0.5\sigma_1/H)^{1/n}}, \quad \varepsilon_{p1} = \frac{\sigma_1}{2E_p} = \left(\frac{\sigma_1}{2H}\right)^{1/n}$$

이 되며, 마지막으로 탄성 부분과 소성 부분을 결합하여 총 변형률 ε_1을 구할 수 있다.

$$\varepsilon_1 = \varepsilon_{e1} + \varepsilon_{p1}, \quad \varepsilon_1 = (1-\nu)\frac{\sigma_1}{E} + \left(\frac{\sigma_1}{2H}\right)^{1/n} \qquad \text{(답)}$$

【고찰】 이러한 3차원 응력의 상태에서 ε_1과 σ_1의 선도는 탄성구간의 기울기가 $1/(1-\upsilon) \approx 1.4$인 1축의 경우보다 더 가파르다. 게다가 큰 소성변형률에서 응력은 1축의 경우보다 2배 크다.

13.3.5 변형소성이론과 증분소성이론

실험결과들을 보면 소성변형률은 응력 값뿐만 아니라 응력의 이력에 의존함을 알 수 있다. 예를 들어, 얇은 벽의 관이 항복을 충분히 일으킬 만한 축 하중 $P = P'$와 토크 $T = T'$의 상태에 있다고 고려해 보자. 만약 항복을 넘어선 축 응력이 처음 적용되고 비틀림이 그 다음에 적용된다면, 소성변형률은 비틀림이 먼저 적용되는 경우와 다른 결과를 나타내게 된다. 또한, 인장과 비틀림이 비례하여 증가하는 경우 세 번째의 또 다른 결과가 얻어지며 P/T의 비가 P'와 T'에 동시에 다다를 때까지 상수로 유지될 것이다.

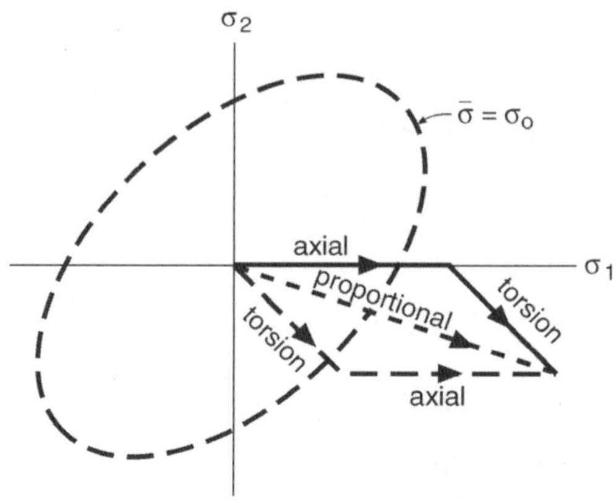

그림 13.10 얇은 두께의 관에서 축과 비틀림의 복합 하중에서 가능한 세 가지 경로

응력의 이력에 따른 이러한 과정은 그림 13.10의 주응력들의 변화와 일치한다. 여기서 보이는 실선을 부하 궤적이라 하며 원점에 직선으로 나오는 부하 궤적을 비례 부하라 한다. 최종 응력상태가 같을지라도 소성변형률들의 상태가 달리 나타나는 현상을 부하 궤적 의존성이라고 나타낸다. 이러한 궤적 의존 거동을 분석하기 위해 작은 단계로 나누어 부하 궤적을 따르면서 적용하기 위한 증분소성이론이 필요하게 된다. 증분소성이론의 식들은 앞의 소성이론에서 나온 식인 13.21과 13.25와 유사하며, 소성 변형률 $\overline{\varepsilon_p}$, ε_{px}를 대신해서 미분값인 $d\overline{\varepsilon_p}$, $d\varepsilon_{px}$로 대체한다.

그러나 만약 모든 응력이 동일한 비율로 적용되고 제하가 발생하지 않는 경우에 대해서는, 증분소성이론은 변형소성이론과 동일한 결과를 주게 된다. 그러므로 이전에 논평된 내용은 단순한 비례 부하의 경우로 제한되게 된다. 비례하중의 수학적 정의는 변형하는 고체재료의 한 점에서 주응력들이 일정한 방향과 주응력들 간의 일정한 비율을 유지하며 증가하는 경우에 해당된다. 즉,

$$\frac{\sigma_2}{\sigma_1} = \lambda_2, \qquad \frac{\sigma_3}{\sigma_1} = \lambda_3 \tag{13.40}$$

여기서 λ_2와 λ_3는 재료가 변형하는 점과 점 사이에서는 다양하게 변화할 수 있지만, 특정한 최종 점 또는 상태에서는 변하지 않고 일정해야 한다.

실용적인 방법으로, λ_2와 λ_3가 그다지 크지 않은 차이라면 변형소성이론 상에서 큰 문제가 되지 않는다. 또한, 반복 하중에서 만약 비가 일정한 상태로 제하가 일어난다면 변형소성이론은 여전히 이용 가능하며 이에 대해서는 추후에 더 논의하기로 한다. 하지만 몇몇 실질적 문제들은 명백히 비례하지 않는 부하를 포함하며 이 경우는 증분소성이론의 사용이 요구된다. 증분 및 변형소성이론의 자세한 사항과 적용은 참고문헌에 수록된 소성이론에 관한 책을 참고하도록 한다.

13.4 유동학적 모델을 바탕으로 한 제하 및 반복 하중 시 거동

용수철-미끄럼판 유동학적 모델들은 시간에 종속적인 효과는 포함하고 있지 않으며, 실제 재료에서 관찰되는 것처럼 다른 복잡한 거동도 나타나지 않는다. 그럼에도 불구하고 이 모델들은 공학적 재료나 다른 재료들에 대하여 반복 하중을 포함한 이상적인 거동으로 묘사하는 데 유용하다.

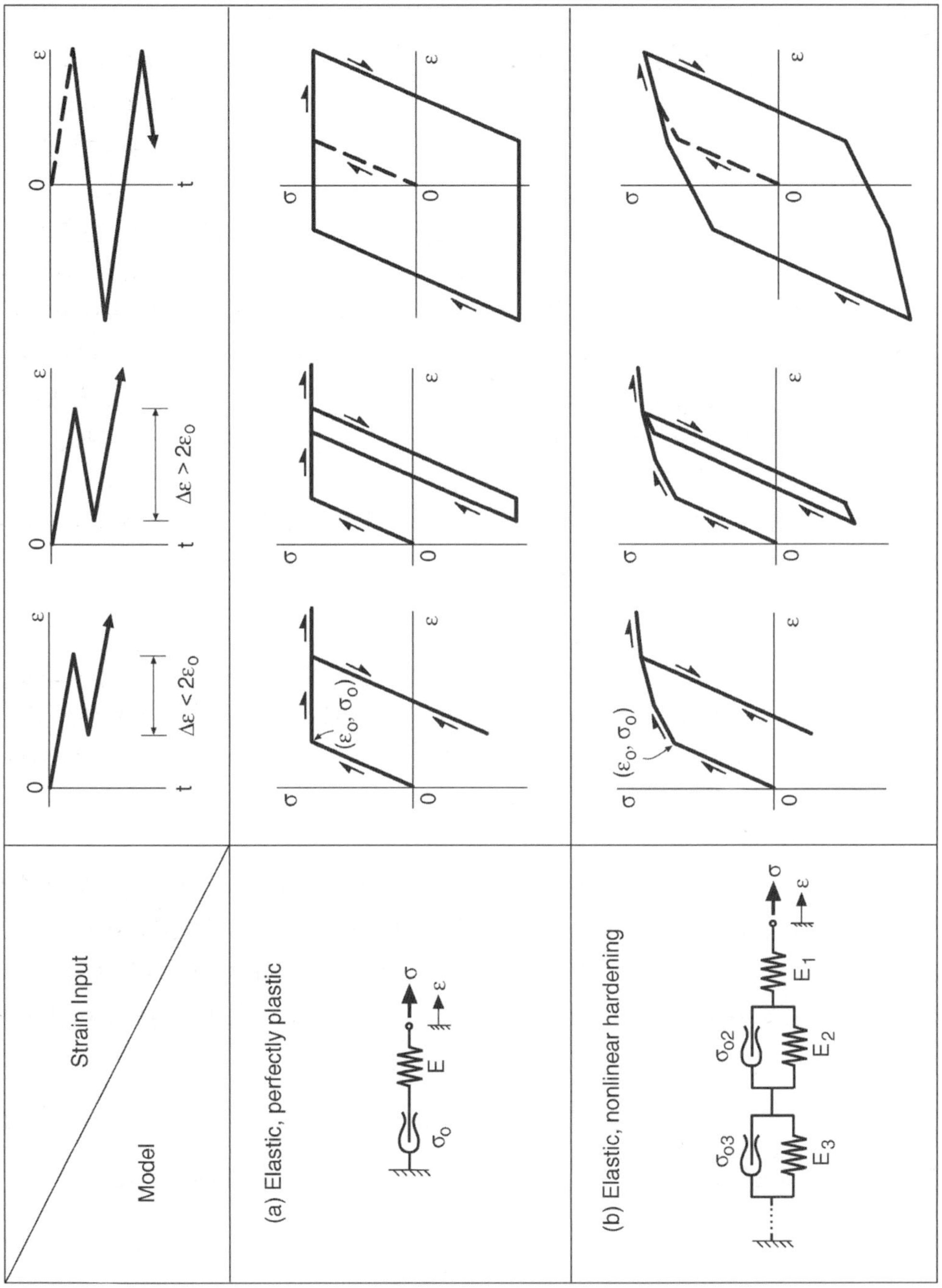

그림 13.11 두 가지 유동학적 모델에서 제하와 재부하 거동. 첫 번째 변형률 이력은 제하시 오직 탄성 변형이 일어나지만, 두 번째 그림은 압축 항복을 일으키기에 충분함. 세 번째 이력은 완전 교번으로 원점에 대해 대칭인 히스테리시스 루프가 만들어짐.

이 모델들의 거동의 몇몇 특징은 그림 13.11에 묘사되어 있다. 첫째로 간단한 탄성, 완전 소성 모델 (a)를 고려해 보자. 만약 부하 시 방향이 반대라면, 항복 이전까지는 탄성의 거동을 보이며 재부하 시에도 같은 현상이 반복될 것이다. 하지만, 만약 제하-재부하 시 변형률 이동이 충분히 클 때, 항복이 역으로 일어날 것이다. 더 자세히 보면, 항복이 역으로 일어나려면 부하시 응력 변화가 $\Delta\sigma = 2\sigma_o$에 이르러야 할 것이다. 완전 교번 하중 시, $\Delta\varepsilon$의 응답은 항복이 역으로 일어나기에 충분할 것으로 보인다. 거동은 원점을 기준으로 대칭이며 부하의 주기마다 같은 거동을 반복할 것이다.

만약 모델이 하나 또는 그 이상으로 용수철-미끄럼판 조합을 가지고 있다면, 거동은 그림 13.11의 모델 (b)와 같이 유사하지만, 보다 복잡한 거동을 나타낼 수 있다. 제하-재부하 거동은 항복에서 역으로 일어나는 시점은 $\Delta\sigma = 2\sigma_0$와 유사하며, 이는 그림 13.3의 운동학적 경화와 유사하다. 두 번째 변형률 이력에서 나타낸 바와 같이, 항복이 역으로 일어날 때 작은 루프가 형성되며 응력-변형률 궤적이 처음의 궤적과 다시 만나게 되고 작은 루프는 다시는 생기지 않는다. 이 특별한 거동을 기억효과(memory effect)라 부르며 실제 재료의 거동과 유사하다. 완전 교번 변형률 시, 루프는 원점에 대해 대칭이며 그림 13.2의 재료의 거동과 닮은 형태로 된다.

지금부터 더 많은 용수철-미끄럼판이 연결된 모델들의 거동을 자세히 고려할 것이며 제하 거동에 대해 공부하고, 더 나아가 반복 하중 거동에 대해서 논평할 것이다.

13.4.1 제하 거동

그림 13.12와 같은 여러 개의 용수철-미끄럼판이 연결된 모델의 임의의 지점(no. i)에 대해 고려해 보자. 해당 지점에서 단순 부하로 인해 항복이 일어난 다음, 해당 지점의 응력과 변형률은 식 13.16에 의해 나타내어진다. 그 다음 특정 응력-변형률 지점(ε', σ')은 다음과 같이 표현할 수 있다.

$$\sigma' = \sigma_{oi} + E_i\varepsilon_i' \tag{13.41}$$

여기서 ε_i'는 i번째에서만의 변형률에 해당하게 된다. 점 (ε', σ')에서 부하 방향이 반대로 발생한다면, 미끄럼판의 응력이 σ_{oi}에 이르기 전까지 변형률의 변화는 일어나지 않는다. 따라서, ε_i'은 처음 상태로부터 변화하지 않고 응력 $E_i\,\varepsilon_i'$도 동일한 상태로 남아 있게 된다. 미끄럼판의 저항력이 견뎌낼 때까지 이 지점을 고정되었다(locked)라고 표현한다. i번째 지점에서 역으로 항복이 일어난다면, 응력은 다음과 같다.

$$\sigma'' = -\sigma_{oi} + E_i\varepsilon_i' \tag{13.42}$$

응력의 변화는 i번째 지점에서 항복을 역으로 일으키기에 충분하며 다음과 같다.

$$\Delta\sigma'' = \sigma' - \sigma'' = 2\sigma_{oi} \tag{13.43}$$

i번째 지점에서 항복이 역으로 일어난 뒤에, 미끄럼판의 응력은 $-\sigma_{oi}$로 남아 있으며 응력의 변화는 σ''($\Delta\sigma - 2\sigma_{oi}$와는 다름) 이상이며 이는 용수철에 작용함으로써 탄성 변형을 일으킨다. 이는 i번째 지점에서 변형률 변화의 원인이 되며 다음과 같다.

$$\Delta\varepsilon_i = \frac{\Delta\sigma - 2\sigma_{oi}}{E_i} \tag{13.44}$$

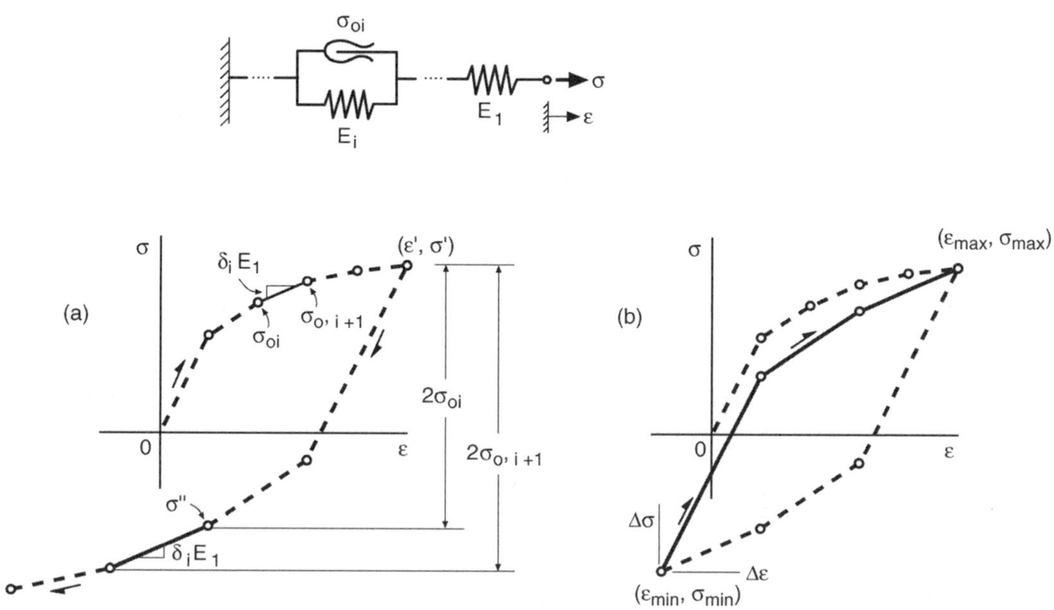

그림 13.12 스프링과 유동학적 모델의 제하 거동으로 (a)기울기가 변형되지 않고 길이가 두 배 늘어났으며 (b)재부하 시 유사한 거동이 나타남.

변형률의 총 변화는 각 지점의 항복 시 변형률의 합과 같으며 다음과 같다.

$$\Delta\varepsilon = \frac{\Delta\sigma}{E_1} + \frac{\Delta\sigma - 2\sigma_{o2}}{E_2} + \frac{\Delta\sigma - 2\sigma_{o3}}{E_3} + \cdots + \frac{\Delta\sigma - 2\sigma_{oj}}{E_j} \tag{13.45}$$

j번째 미끄럼판 들은 모두 역으로 항복하였다. 응력과 변형률의 값을 기존의 (σ, ε)에 관하여 표현하면

$$\sigma = \sigma' - \Delta\sigma, \qquad \varepsilon = \varepsilon' - \Delta\varepsilon \tag{13.46}$$

여기서 (ε', σ')는 역방향으로 부하 시 지점이다. 식 13.45와 식 13.46을 조합하여 미분식 $d\sigma/d\varepsilon$을 고려하면 응력-변형률 응답 시 기울기를 구할 수 있다.

$$\frac{d\sigma}{d\varepsilon} = \frac{1}{\dfrac{1}{E_1} + \dfrac{1}{E_2} + \dfrac{1}{E_3} + \cdots + \dfrac{1}{E_j}} \tag{13.47}$$

그러므로, 식 13.14를 주목함으로써 기울기는 동일한 수의 미끄럼판이 항복한 영역에서 단순 응답 구간에서의 기울기와 같아지는 것을 알 수 있다.

또한, 식 13.43에서 역으로 항복하는 미끄럼판의 지점은 단순 항복응력의 두 배 $\Delta\sigma$라는 점을 통해, 역으로 항복하는 경우의 간격은 각각의 단순 항복이 발생하는 크기의 두 배만큼 크다. 달리 표현하면, 역방향 부하 시 지점인 (ε', σ')만큼 원점을 이동시킨 것에 관한 응력-변형률 궤적은 단순 응력-변형률 선도와 같은 모양을 가지고 있으나 단지 단순히 두 배로 확장한 것과 같게 된다. 제하 시 각각 직선 구간은 단순 응답 시와 같은 기울기를 가지고 있으며 단지 그 길이는 두 배가 된다.

만약 식 13.18의 형태로 단순 응답이 다음과 같이 표현된다면

$$\varepsilon = f(\sigma) \tag{13.48}$$

식 13.45의 제하 응답은 다음과 같게 된다.

$$\frac{\Delta\varepsilon}{2} = f\left(\frac{\Delta\sigma}{2}\right) \tag{13.49}$$

분모에서의 2는 이전에 나온 2배 커진 현상에 대한 수학적 표현이다. $\Delta\sigma$와 $\Delta\varepsilon$ 값의 반은 단순 응력-변형률 선도의 σ와 ε와 동일한 관계를 가진다.

인장 부하 다음에 나타나는 압축 시 첫 부하 시에 유사한 거동이 일어난다. 압축 시 첫 부하는 다음과 같이 표기하며 $\varepsilon = -f(-\sigma)$, 인장방향으로 식 13.49를 적용할 수 있다.

13.4.2 제하에 대한 고찰

첫 번째 미끄럼판의 역방향 항복 지점에서 식 13.43을 따르기 때문에, 첫 역방향 항복은 $\Delta\sigma = 2\sigma_0$에서 일어나며 $\sigma_o = \sigma_{o2}$는 모델의 단순 항복응력이다.

이런 이유로, 처음 역방향 항복은 그림 13.3과 같이 운동학적 경화(kinematic hardening)를 따른다. 만약 제하 시 항복이 일어난 것보다 부하 시 더 많은 미끄럼판에서 항복이 많이 진행된다면, 응력-변형률 경로가 단순 압축방향에 해당하는 경로와 만날 때까지 식 13.49가 적용된다. 그 점 이후에는 단순 항복경로에 따라 진행하게 된다.

만약 모델의 단계가 상대적으로 많아진다면, 응답이 부드러운 선도 형태의 응력-변형률 선도로 근접할 것이다. 그러므로 식 13.48과 식 13.49로 부드러운 형태의 선도를 표현할 수 있다.

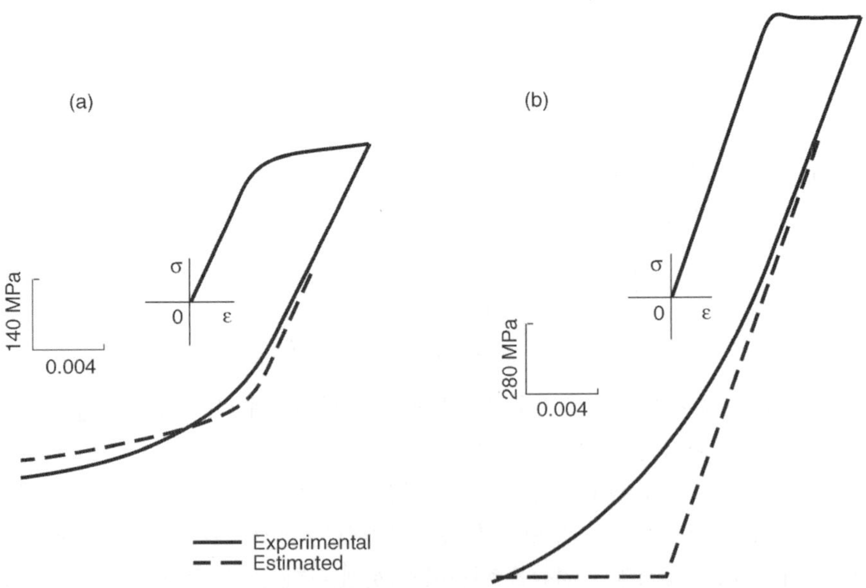

그림 13.13 압축하중 이후 단순인장 거동 (a)알루미늄 합금과 (b)퀜칭 및 템퍼링 된 AISI 4340강. 단순인장 선도의 두 배 확장된 예측된 제하 선도 또한 나타나 있음.

그림 13.13은 실험을 통한 두 가지 공학적 재료의 제하 시 응력-변형률 궤적을 보여준다. 또한 식 13.49를 기반으로 예측된 제하 시의 곡선도 보여주고 있다. 강은 아니지만 알루미늄 합금에서는 일치하는 좋은 결과를 얻을 수 있었다. 단순 부하 시 갑자기 항복하는 재료는, 제하 시 거동과 전혀 유사하지 않다. 대신 강의 경우는 더 부드러운 선도가 이뤄진다. 이런 실험을 통해 구해진 선도들에서, 압축 시 항복은 초기의 인장 항복응력에서 보다 절대값이 더 낮은 경우에 이뤄지는데 즉, Bauschinger 효과가 나타난다. 알루미늄 합금의 경우, 유동학적 모델에서 더 예측이 잘된다.

13.4.3 반복 하중 거동

그림 13.12(b)에서 나타난 바와 같이, 제하는 점 $(\varepsilon_{min}, \sigma_{min})$에서 끝이 나는 경우, 인장 방향으로 재부하가 일어난다. 이에 따른 유동학적 모델은 원점을 $(\varepsilon_{min}, \sigma_{min})$로 하여 제하 시와 같이 2배만큼 확장된 선도를 따른다. 이 거동은 제하가 시작되는 점 (ε', σ')에 이를 때까지 지속되며 응력-변형률 폐 루프가 형성된다. 이 제하가 시작되는 점을 $(\varepsilon_{max}, \sigma_{max})$라 하며 변형률은 ε_{max}와 ε_{min} 사이를 왕복하게 된다. 일정 진폭으로 왕복운동을 하는 동안, 응력-변형률 루프는 ε_{max}와 ε_{min} 각 주기마다 왕복하며 이를 히스테리시스 루프(hysteresis loop)라 부른다. 이는 그림 13.14에 더 자세히 나와 있다. 이 경우, 부드러운 선도를 얻기 위해 많은 수의 모델 단계가 사용된 것으로 가정할 수 있다.

초기의 (σ, ε) 좌표축에 대해서, 히스테리시스 루프의 제하와 재부하 시 응력-변형률 궤적은 다음과 같이 나타낸다.

$$\varepsilon = \varepsilon_{max} - 2f\left(\frac{\sigma_{max} - \sigma}{2}\right), \qquad \varepsilon = \varepsilon_{min} + 2f\left(\frac{\sigma - \sigma_{min}}{2}\right) \qquad \text{(a, b)} \tag{13.50}$$

제하 시 식 (a)는 $\varepsilon = \varepsilon_{min} - \Delta\varepsilon$과 식 13.49를 조합하여 얻을 수 있으며 재부하 시에 식 (b)는 $\varepsilon = \varepsilon_{min} + \Delta\varepsilon$과 식 13.49를 조합하여 얻을 수 있다. 그림 13.14와 같이 인장방향으로 편심된 반복 하중에 대하여 점 $(\varepsilon_{max}, \sigma_{max})$에서의 응력-변형률 궤적은 아래와 같이 $\varepsilon = f(\sigma)$로 표현할 수 있다. 한편 압축방향으로 편심된 반복 하중의 경우 초기 부하 지점은 $(\varepsilon_{min}, \sigma_{min})$이며 $\varepsilon = -f(-\sigma)$로 나타낸다. 이에 따른 식은 다음과 같다.

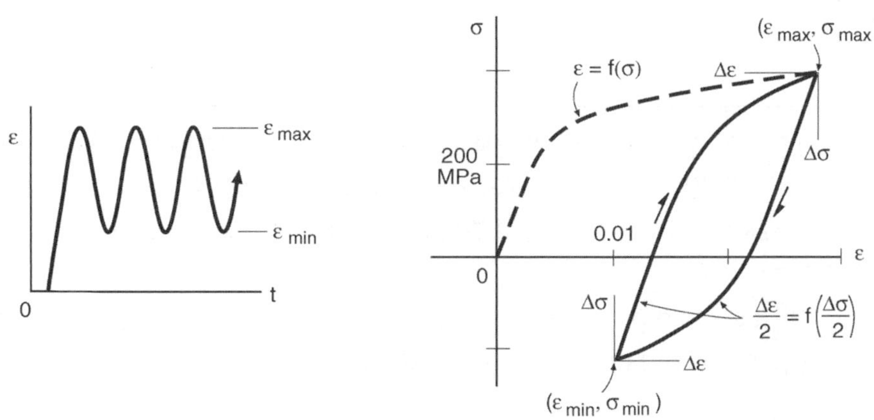

그림 13.14 응력-변형률 제하와 재부하 거동은 용수철과 미끄럼판 유동학적 모델과 일치함. Ramberg-Osgood 응력-변형률 선도에서 상수의 예시 선도를 그림 13.9에 나타냄.

표 13.1 네 가지 공학적 금속재료의 반복 응력–변형률 곡선에 필요한 재료 상수

Material	Yield σ_o	Ultimate σ_u	Cyclic σ-ε curve E	H'	n'
RQC-100 steel	683 (99)	758 (110)	200,000 (29,000)	903 (131)	0.0905
AISI 4340 steel	1103 (160)	1172 (170)	207,000 (30,000)	1655 (240)	0.131
2024-T351 Al	379 (55)	469 (68)	73,100 (10,600)	662 (96)	0.070
7075-T6 Al	469 (68)	578 (84)	71,000 (10,300)	977 (142)	0.106

Notes: Units are MPa (ksi), except for dimensionless n'. See Table 14.1 for additional properties and sources.

$$\begin{aligned} \varepsilon_{\max} &= f(\sigma_{\max}) & |\varepsilon_{\max}| &> |\varepsilon_{\min}| & \text{(a)} \\ \varepsilon_{\min} &= -f(-\sigma_{\min}) & |\varepsilon_{\min}| &> |\varepsilon_{\max}| & \text{(b)} \end{aligned} \tag{13.51}$$

식 13.50은 히스테리시스 루프의 위, 아래 각각의 경우의 궤적을 표현하고 있다.

예를 들어 $\varepsilon = f(\sigma)$가 식 13.12로 주어진 Ramberg–Osgood 응력-변형률 관계를 따르는 재료에 대해서 식 13.50를 적용한 히스테리시스 루프의 제하와 제부하에 대한 식은 다음과 같다.

$$\varepsilon = \varepsilon_{\max} - 2\left[\frac{\sigma_{\max} - \sigma}{2E} + \left(\frac{\sigma_{\max} - \sigma}{2H}\right)^{1/n}\right], \varepsilon = \varepsilon_{\min} + 2\left[\frac{\sigma - \sigma_{\min}}{2E} + \left(\frac{\sigma - \sigma_{\max}}{2H}\right)^{1/n}\right] \tag{13.51}$$

(a,b)

공학적 금속은 일반적으로 반복 하중에서 Ramberg–Osgood 응력–변형률 관계를 주로 따른다. 표 13.1에 주요 금속에 대한 몇몇 계수가 나타내어져 있으며, 기호 H', n'는 단순 부하 시 선도와 구분하기 위해 반복 하중 시 선도를 표현할 때 이용한다. 이러한 반복 응력–변형률 선도들은 이번 장의 다음 절인 13.5에서 더 자세히 다룰 것이다.

예제 13.5

그림 13.9에 주어진 바와 같이 1축 응력–변형률 선도와 같은 상수를 가지는 재료가 있다. 또한 반복 하중을 받으며 응력–변형률 거동은 여러 개의 용수철-미끄럼판 모델과 유사하다고 가정한다. 응력–변형률 거동은 원점에서부터 시작하며 최대 변형률은 0.028이며 최소 변형률은 0.01로 가정한 경우에 대하여 응력–변형률 거동을 예측하라.

【풀이】 이 예제의 응력–변형률 응답은 그림 13.14에 나타나있다. 처음 단순 부하 시, 0부터 최대 변형률까지는 식 13.12를 이용하여 그림 13.9의 E, H, n을 구한다.

$$\varepsilon = f(\sigma) = \frac{\sigma}{69{,}000} + \left(\frac{\sigma}{690}\right)^{1/0.15}$$

σ_{max}를 구하기 위해 최대 변형률(ε_{max}) 0.028을 대입한다. Newton 수치해석 방법인 반복 및 시행착오법을 이용하여 해를 구하면 다음과 같다.

$$\sigma_{max} = 390.1\text{MPa} \quad \text{(답)}$$

(ε_{max}, σ_{max})로부터 제하 거동은 식 13.49를 이용한다.

$$\Delta\varepsilon = 2f\left(\frac{\Delta\sigma}{2}\right) = \frac{\Delta\sigma}{69,000} + 2\left(\frac{\Delta\sigma}{2\times 690}\right)^{1/0.15}$$

이 식은 그림 13.14에서 볼 수 있듯이 초기 점인 (ε_{max}, σ_{max})로부터 제하 거동을 나타낸다. 점 (ε_{min}, σ_{min})으로부터 변형률의 방향은 바뀌게 되며, 여기서

$$\Delta\varepsilon = \varepsilon_{max} - \varepsilon_{min} = 0.018, \quad \Delta\sigma = \sigma_{max} - \sigma_{min}$$

$\Delta\varepsilon$을 위 식에 대입한 후 다시 반복법을 사용하면 $\Delta\sigma$를 구할 수 있다.

$$\Delta\sigma = 614.5\text{MPa}$$

따라서, σ_{min}도 다음과 같이 구할 수 있다.

$$\sigma_{min} = \sigma_{max} - \Delta\sigma = 390.1 - 614.5 = -224.4\text{MPa} \quad \text{(답)}$$

ε_{max}로 재부하 할 때, (ε_{min}, σ_{min})을 원점으로 식 13.49와 같은 궤적을 따라 $\Delta\sigma$-$\Delta\varepsilon$ 응답을 보인다. 따라서 예측된 선도는 이전과 같이 (ε_{max}, σ_{max})에 도달하며 차후의 주기 역시 예측된 궤적을 따라 움직여 히스테리시스 루프가 형성된다.

【고찰】 만약 응력-변형률 거동을 정확히 예측하고 싶다면, 0과 σ_{max}사이의 응력값이 여러 개가 필요하며 식 13.12의 $\varepsilon = f(\sigma)$의 형태로 각 응력값에 대응하는 변형률 값을 계산하여 선도에 표시한다. 그리고, 히스테리시스 루프의 σ_{max}와 σ_{min}사이에 존재하는 여러 개의 응력값에 대응하는 변형률 값을 식 13.50 및 13.52(a)와 (b)를 이용하여 계산하고 선도에 표시한다.

13.4.4 불규칙한 변형률-시간 이력에 적용

시간에 따른 불규칙한 변형률의 변화에 적용하기 위한 그림 13.6에 나타낸 여러 개의 용수철-미끄럼판 유동학적 모델의 거동은 몇 개의 규칙으로 요약할 수 있다. 이 규칙은 아래의 직선 거동의 부분으로 계략적인 단순 부하 선도로 나타내져 있다. 그림 13.15(a)처럼 각 부분들은 원점에서부터 번호가 붙여져 있다.

1. 처음과 변형률의 방향이 전환될 때마다 각 구간은 처음 변형률로부터 시작하여 순서대로 이용된다.
2. 처음엔 단순 부하 시의 길이와 같은 길이로 각 구간은 한번만 이용할 수 있다. 그 이후부터 길이는 두 배이며 기울기는 유지한다.
3. 첫 번째 규칙의 예외로, 만약 가장 최근에 사용된 구간이 이전의 사용된 구간과 반대 방향에 사용된 적이 없다면 그 구간은 생략한다.

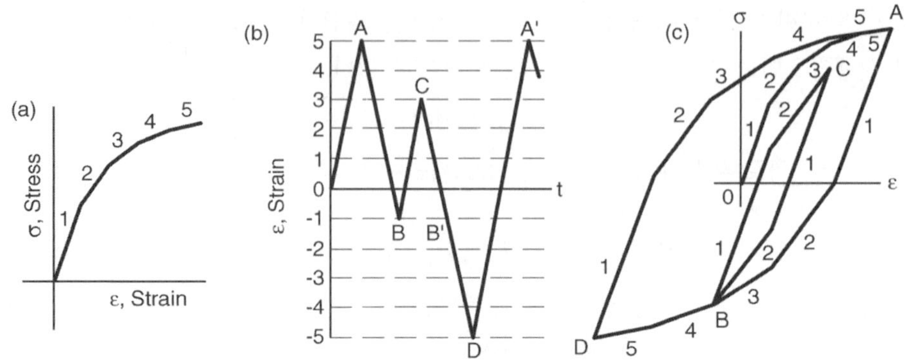

그림 13.15 불규칙한 변형률 이력에서 다단계의 용수철-미끄럼판 유동학적 모델의 거동. 모델은 (a)단순 응력-변형률 선도, (b)변형률 이력과 (c)응력-변형률 응답의 결과로 나타냄.

이 규칙이 사용된 그림 13.15가 아래에 나타나 있으며, (b)의 변형률 이력의 응력-변형률 응답은 (c)와 같이 나타난다. 1부터 5까지 각 구간은 처음 A에 도달할 때까지 한 번씩 사용되었으며 더 많은 구간은 이번 예에서는 필요하지 않다. 단지, 두 배의 길이를 가진 구간만 나머지 변형률 이력을 나타내는 데 더 사용되었다. 변형률 이력의 점 B'에서 직선 3은 그 이전의 반대 방향으로 사용되지 않았기 때문에 생략되어야 하며, 따라서 C와 D 사이 구간에서는 직선 1-2-4-5만 사용한다.

처음 가장 높은 변형률에 도달한 후 두 배 길이의 직선만이 사용된다. 그러므로 이 점 이후에는 식 13.49에 따라 단순 부하 시 선도에 두 배로 확장된 응력-변형률 선도 하나의 모양에 따라 움직인다. 규칙3은 기억효과를 일으켜 이전에 응력-변형률 궤적이 형성된 것처럼 다음에 돌아갈 때 같은 직선을 생략하는 결과를 일으킨다. 다양한 $\Delta\sigma - \Delta\varepsilon$ 선도들의 원점은 변형률이 변하는 위치, 기억효과에 의해 결정되는 선도의 특정한 지점에 위치한다.

만약 변형률 이력이 차후 가장 큰 값으로 생성되면, 응력-변형률 궤적은 닫힌 응력-변형률 히스테리시스 루프를 따라 생성될 것이다. 이러한 경우는 그림 13.15의 B-C-B′, A-D-A′에 해당한다. 만약 같은 변형률 이력이 적용된다면, 같은 루프를 따라 기억효과에 의해 응력-변형률 궤적이 생성될 것이다.

13.5 실제 재료의 반복 응력-변형률 거동

저주기 피로 실험에서 반복 응력-변형률 거동을 특정화하기 위한 실험실 차원에서의 특별한 몇 가지 실험 방법이 발전되어 왔다. 이는 ASTM E606과 Landgraf(1969)에 묘사되어 있다. 결과적으로 많은 자료가 공학적 재료에 대하여 이미 구축되어 있으며, 일부 다른 재료에 대해서도 한정적으로 자료가 구축되어 있다.

13.5.1 반복 응력-변형률 실험과 거동

대부분의 일반적인 실험은 그림 13.16과 같은 일정한 변형률 한계 사이의 반복 완전 교번(R=-1) 조건으로 한다. 변형률 진폭으로 $\varepsilon_a = \Delta\varepsilon/2$이 선정되며 축방향 하중을 받는 시험편에서 인장 변형률은 최대값은 $\varepsilon_{max} = +\varepsilon_a$이다. 그리고 하중을 반대방향으로 받을 경우 변형률의 최소값은 $\varepsilon_{min} = -\varepsilon_a$이며, 변형률이 $+\varepsilon_a$와 $-\varepsilon_a$로 하중의 방향이 매번 바뀌면서 실험이 계속된다. 위의 경계값의 변형률의 속도는 상수로 고정되며, 때때로 주파수가 고정된 사인함수의 모양으로 형성된다.

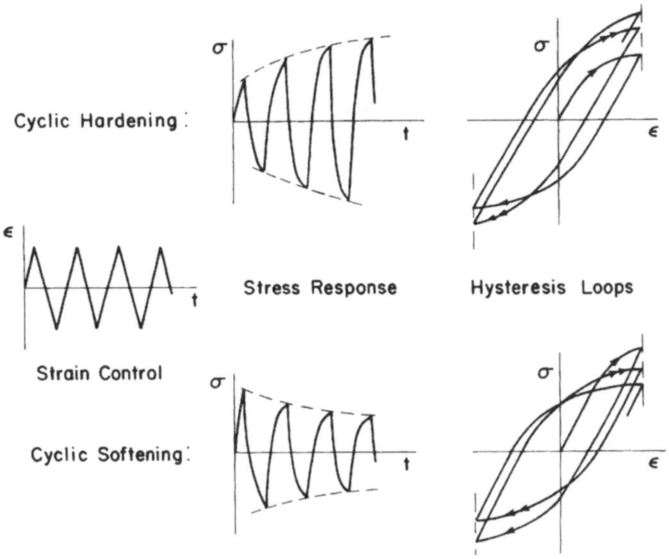

그림 13.16 완전 교번으로 제어되는 변형률 실험과 두 가지 발생 가능한 응력 응답, 주기에 의존적인 경화와 연화

실험의 속도 또는 주파수는 온도에 따른 크리프 특성을 보이는 재료의 경우 큰 영향을 미치게 된다. 일반적으로 상온에서 수행하는 공학적 금속의 실험에서는 이러한 속도의 영향은 일반적으로 작다.

이런 주기적 변형률 실험은 피로에 의한 파단이 발생할 때까지 계속된다. 설정된 변형률 범위를 발생시키기 위해 필요한 응력은 실험과정에서 계속 변화하게 된다. 몇몇 재료들은 주기에 종속적인 경화현상을 일으키며 이는 그림 13.16의 윗부분에 나타나 있는 그림처럼 작용한 ㄴ응력이 증가함을 볼 수 있다. 그림 13.16의 아랫부분에 나타나있는 또 다른 종류의 재료는 주기에 종속적인 연화현상을 나타내며 이는 응력이 작용하는 주기가 증가할수록 작용하는 응력은 감소한다. 공학적 금속에서는 주기적 경화, 연화 현상이 처음에는 뚜렷이 나타나지만 응력이 작용하는 주기가 증가할수록 이러한 현상은 감소한다. 종종, 거동은 매우 적게 변화하는 안정화가 되기도 한다. 이러한 경향은 그림 13.2의 알루미늄 합금의 경화현상에서 볼 수 있다.

만약 한 주기 동안 안정화된 거동의 응력–변형률 분포가 그려지면, 그림 13.17처럼 각 주기마다 닫힌 히스테리시스 루프가 형성된다. 양 또는 음의 변형률 한계에서 하중의 방향이 변하고 난 뒤, 초기에 응력–변형률 궤적의 기울기는 일정하며 인장실험을 통해 얻어지는 탄성계수 E에 근접하다. 그 다음 궤적은 소성 변형이 발생함에 따라 점점 선형에서 벗어나는 형태를 띈다. 히스테리시스 루프의 각 궤적은 위와 아래가 서로 대칭이며 시작 지점이 각 루프의 끝으로 이동하여 분리된 응력–변형률 선도로써 생각할 수 있다. 이 히스테리시스 루프 거동은 앞에서 논평한 유동학적 모델과 유사함에 주목하라. 완전 교번의 경우인 그림 13.11(b)와 그림 13.17을 비교해 보아라.

한 주기에서 직선을 연장시켜 만나는 지점에서 탄성구간을 제외한 부분이 소성변형률 구간이며 그림 13.17에 $\Delta\varepsilon_p$로 표시되어 있다. 응력의 범위는 $\Delta\sigma$이며 변형률 범위의 탄성 부분은 탄성계수 E와 $\Delta\sigma$와 관련되어 있다. 탄성 부분과 소성부분을 합쳐서 총 변형률 구간($\Delta\varepsilon$)이라 부르며 다음 식과 같다.

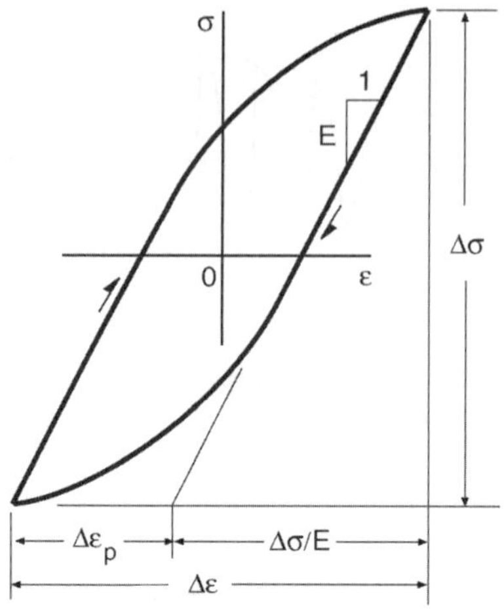

그림 13.17 안정화된 응력-변형률 히스테리시스 루프

$$\Delta\varepsilon = \frac{\Delta\sigma}{E} + \Delta\varepsilon_p \tag{13.53}$$

이 식은 변형률 진폭(변형률 범위의 절반)을 이용하여 유용하게 쓰이는데 각 진폭은 $\varepsilon_a = \Delta\varepsilon/2$, $\sigma_a = \Delta\sigma/2$, $\varepsilon_{pa} = \Delta\varepsilon_{pa}/2$이며 아래의 식과 같이 표현할 수 있다.

$$\varepsilon_a = \frac{\sigma_a}{E} + \varepsilon_{pa} \tag{13.54}$$

대부분의 공학적 금속에서 인장과 압축에서 안정화된 히스테리시스 루프는 대칭으로 나타난다. 한 가지 예외는 회주철인데 인장 압축에서 흑연조각의 거동은 비대칭 거동을 일으킨다. 연성의 고분자 복합재료에서 또한 비대칭 히스테리시스 루프가 나타나며 이는 그림 13.18에 나타나 있다.

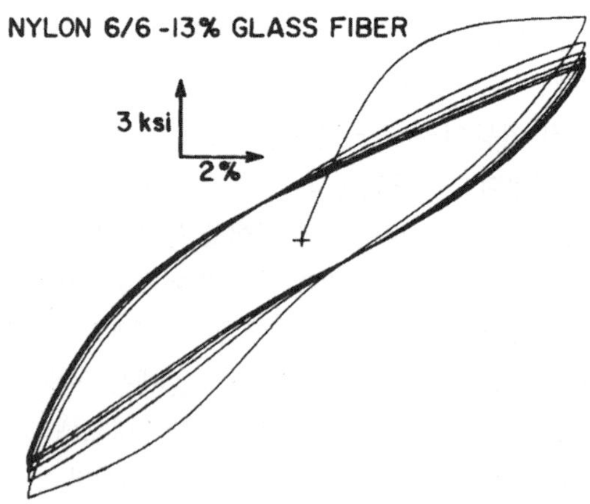

그림 13.18 13% 유리섬유로 강화된 나일론 6-6의 주기에 종속적인 연화와 비대칭 히스테리시스 루프. 여기서 변형률 속도는 일정한 상수로 $\dot{\varepsilon}$=0.01 1/s임.

13.5.2 반복 응력–변형률 선도와 그 경향

피로수명의 절반쯤에서 구해진 히스테리시스 루프는 일반적으로 안정화된 거동을 나타낼 때 이용된다. 실험을 통한 이러한 루프는 다양한 변형률 진폭으로 그림 13.19와 같이 나타낼 수 있다. 원점과 각 루프의 끝단을 지나는 직선(O-A-B-C를 연결한 선)을 반복 응력–변형률 선도라 부른다. 인장, 압축 시 선도는 크게 다르지 않으며 평균값을 사용한다. 그러므로 반복 응력–변형률 선도는 반복 하중을 받는 응력진폭과 변형률 진폭의 관계를 나타내게 된다.

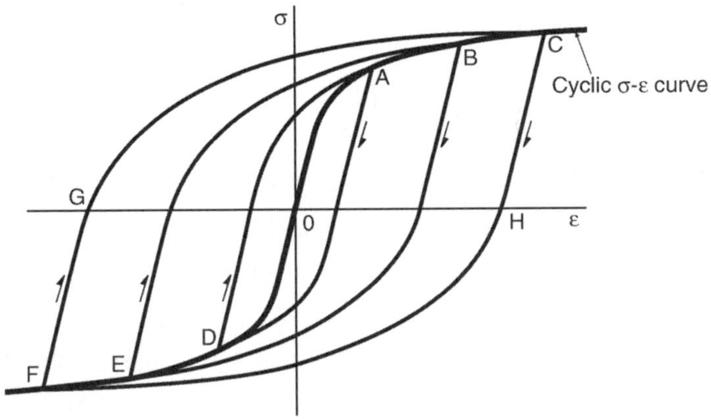

그림 13.19 세 가지 루프(A–D, B–E, C–F)의 끝단의 궤적으로 정의되는 반복 응력–변형률 선도. 반복 응력–변형률 선도의 인장 부분은 O–A–B–C이며 압축 부분은 O–D–E–F임.

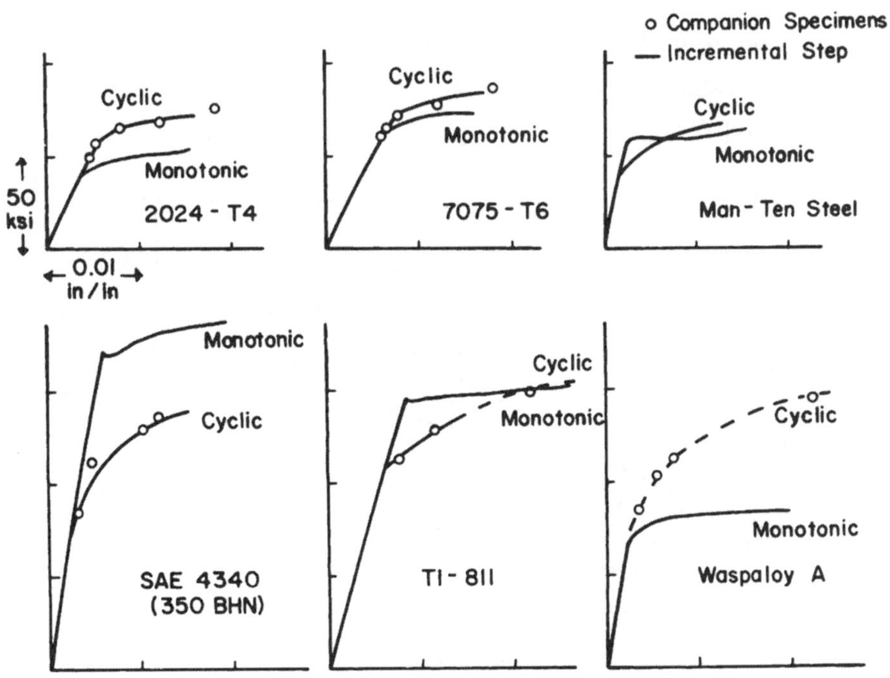

그림 13.20 몇 가지 공학적 재료에 대한 반복 및 단순 응력–변형률 선도

몇몇 공학적 금속에서 반복 응력-변형률 선도는 그림 13.20과 같이 단순 인장 선도와 비교된다. 반복 응력-변형률 선도가 단순 인장 선도의 위에 위치하면, 재료는 주기적으로 경화한다고 하며 반대의 경우는 주기적으로 연화한다고 한다. 반복 응력-변형률 선도가 단순 인장선도와 교차되며 만나는 혼합된 거동 역시 일어날 수 있는데 이는 몇몇 변형률 범위에서는 연화하며 다른 변형률 범위에서는 경화하는 재료의 경우에 해당한다. 사실상 반복 응력-변형률 선도는 직선에서 부드럽게 벗어나며 단순 인장의 경우 항복점 근처에서 갑자기 값이 감소하거나 벗어나는 것과는 구분된다.

Ramberg-Osgood 형태의 식이 이러한 특징을 잘 나타내므로, 반복 응력-변형률 선도를 나타내는데 종종 이용되며 해당 식은 다음과 같다.

$$\varepsilon_a = \frac{\sigma_a}{E} + \left(\frac{\sigma_a}{H'}\right)^{1/n'} \tag{13.55}$$

여기서 소성부분의 상수에 사용된 프라임 표시는 단순 응력-변형률이 아닌 반복 응력-변형률 관계로부터 구해졌음을 나타낸다. 반복 응력-변형률 선도에서 오프셋 항복응력 σ_o'는 식 13.13과 H', n'를 사용하여 구할 수 있다. 공학적 금속에서 n'는 주로 0.1과 0.2 사이의 범위에 있으므로 대표값은 0.15(1/7)이다. 단순 인장에서 n이 낮은 값, 즉 0.05 정도를 가지는 경우는 완전히 평평한 응력-변형률 선도에서 얻을 수 있다. 낮은 n을 가지는 금속은 주기적으로 연화하는 경향을 가지나, 0.1과 0.2 사이의 n' 값을 가지는 경우 가파른 형태를 나타낸다. 높은 n을 가지는 금속(급격하게 증가하는 단순 인장 선도)은 평평하지만 더 높게 경화하는 경향을 가지며 n' 값은 전과 같이 0.1과 0.2 사이의 값을 가진다. 몇몇 공학적 금속에서 H'와 n'의 값은 표 12.1에 주어져 있으며 더 많은 값들은 15장의 표 15.1에 나타나 있다.

합금의 구성과 금속의 처리 과정은 반복 응력-변형률 거동에 영향을 미치며 때때로 단순 인장의 특성에 다르게 영향을 미친다. 예를 들어, 냉간가공을 통해 만들어진 금속은 주기에 종속적인 상당한 연화 현상을 보인다. 이와 반대로, 풀림을 통해 연화된 금속은 일반적으로 상당히 경화된다. 알루미늄

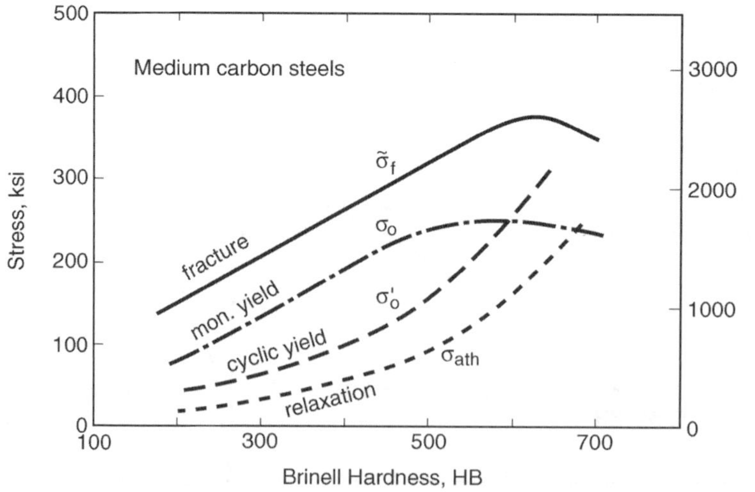

그림 13.21 SAE 1045강의 진파괴강도와 단순 및 반복 항복강도를 포함한 평균값의 경향과 다른 탄소강의 단순 및 반복 항복응력. 그리고 평균응력의 완화에서 임계 응력진폭

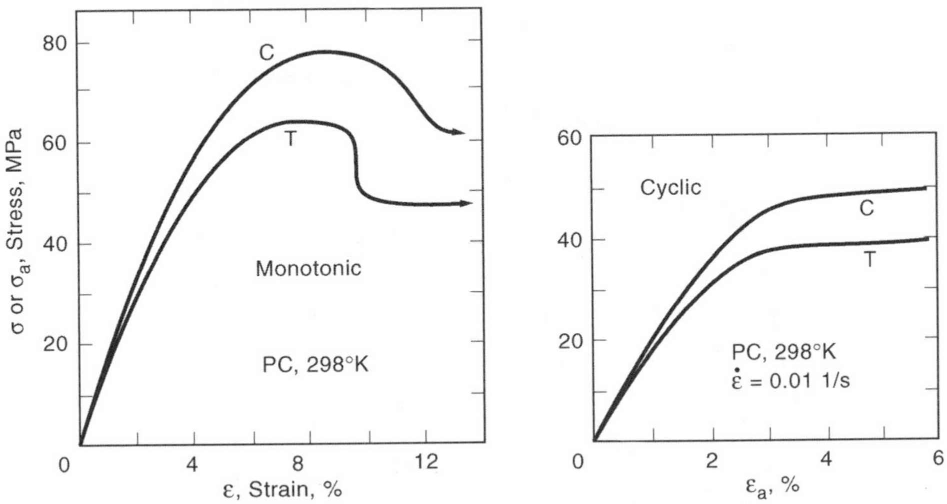

그림 13.22 인장(T)과 압축(C)에서 폴리카보네이트의 단순(좌측) 및 반복(우측) 응력-변형률 선도

합금에서 주로 볼 수 있는 미세한 석출물에 의한 경화는, 유지되는 경향을 가지나 종종 반복 하중을 받을 때 증가한다. 그림 13.20에 SAE 7671 강의 선도가 예시로 제공되어있다. 몇몇 강에서 단순, 주기적 항복응력 σ_o, σ_o'에서 경도에 따른 평균값 분포는 그림 13.21에 나타나 있다. 높은 경도를 제외하고 σ_o'가 σ_o보다 낮을 때 주기적으로 경화함을 볼 수 있다.

연성 복합재료는 주로 반복 하중을 받을 때 연화한다. 7.6.4절을 되돌아 볼 때 복합재료는 단순 항복강도에서 인장보다 압축 시 20%에서 30% 높은 강도를 가지는 경향이 있으며, 이는 정수압 응력에 더 민감함을 가리킨다. 압축 대비 인장 시 항복강도의 비가 반복 응력-변형률 선도에서 유지된다면 이러한 거동은 그림 13.22에서의 폴리카보네이트 거동을 통해 알 수 있다. 연성 복합재료의 반복 응력-변형률 선도는 상온에서 변형률 속도에 영향을 받는다.

13.5.3 히스테리시스 루프 선도의 형태

한 가지 흥미로운 점은 그림 13.19의 히스테리시스 루프 선도의 형태에서 C-H-F, F-G-C이다. 만약 안정된 거동이 이전에 논평되었던 여러 개의 용수철-미끄럼판으로 구성된 유동학적 모델을 따른다면, 히스테리시스 루프에서 응력-변형률 궤적은 식 13.49에 따라 두 배로 확장되어 반복 응력-변형률 선도와 같은 모양을 가져야 한다. 그러므로 식 13.55와 같은 Ramberg-Osgood 형태의 $\varepsilon = f(\sigma)$ 반복 응력-변형률 선도는 $\Delta\varepsilon/2 = f(\Delta\sigma/2)$ 관계식을 통해 아래 식과 같이 나타낼 수 있다.

$$\Delta\varepsilon = \frac{\Delta\sigma}{E} + 2\left(\frac{\Delta\sigma}{2H'}\right)^{1/n'} \tag{13.56}$$

여기서 변수 $\Delta\sigma$와 $\Delta\varepsilon$은 각각 루프의 끝에서 끝까지의 변화량을 나타낸다.

이와 같이 예측된 거동은 반복 응력-변형률 선도를 두 배로 확장한 실제 거동과 비교될 수 있으며 실제 루프의 결과와 비교할 수 있다. 강에 대한 이러한 비교는 그림 13.23에 나타나 있다. 이런 비교를

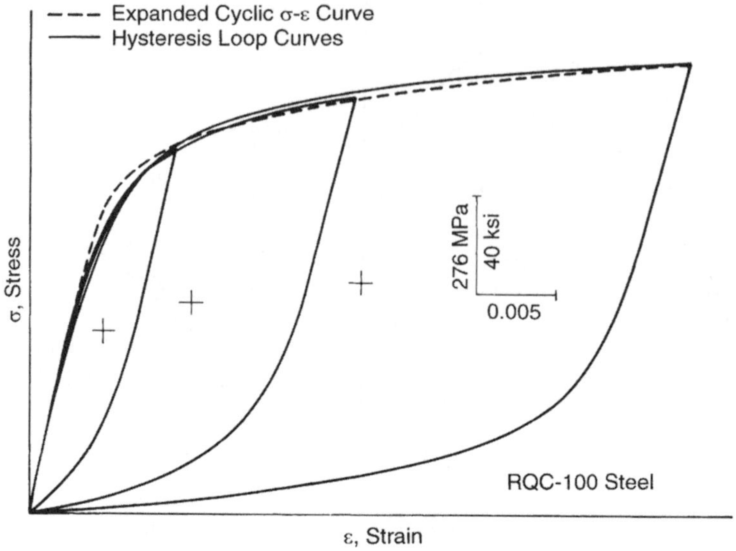

그림 13.23 강의 안정된 히스테리시스 루프이며 압축의 끝단을 같게 평행이동 하였음. 루프는 점선 근처에 있으며 이 점선은 반복 응력-변형률 선도($\Delta\varepsilon/2 = f(\Delta\sigma/2)$)로 확장됨.

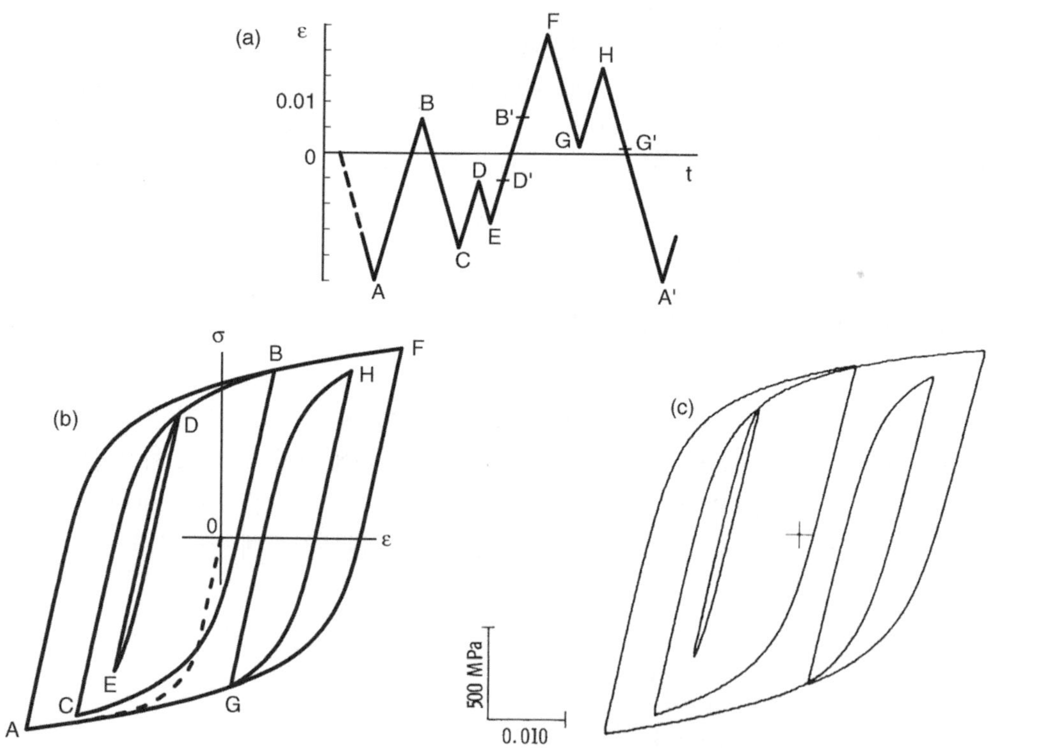

그림 13.24 AISI 4340강(σ_u =1158MPa)의 (a)와 같이 불규칙한 반복 변형률 이력에서 안정된 응력-변형률 응답. 예측된 응답은 (b)에 나타나 있으며 실제 실험 데이터는 (c)에 나타냄.

가능하게 하기 위해, 식 13.56를 통해 그래프를 그리면 원점에서 떨어져 있기 때문에 실험적 데이터를 통한 3개의 실제 히스테리시스 루프를 원점으로 평행이동시켜 나타내었다. 이 경우에 실제와 예측된 히스테리시스 루프가 잘 맞음을 알 수 있다. 다른 공학적 금속에서도 이와 유사한 거동이 나타나지만 몇몇 경우에는 잘 맞지 않다. 그럼에도 불구하고 공학적 목적에서 식 13.56는 금속에서 루프의 모양에 타당한 예측을 제공한다.

시간에 따른 변형률의 불규칙적인 분포를 고려할 땐, 안정된 거동에서 히스테리시스 루프 선도는 식 13.56에 의해 두 배로 확장된 반복 응력-변형률 선도와 그 모양이 잘 일치함을 알 수 있다. 따라서, 이러한 거동은 이전에 논의된 그림 13.15의 용수철-미끄럼판 유동학적 모델과 유사함을 알 수 있다. 이를 뒷받침하는 합금강의 데이터가 그림 13.24에 나타나 있다. 유동학적 모델의 짧고 불규칙한 이력 (a)의 예측된 응력-변형률 응답이 (b)에 나타나 있다. 안정된 거동에서 실제 측정된 응답은 (c)에 나타나 있으며 그 결과가 (b)와 거의 일치함을 볼 수 있다.

1축이 아닌 응력의 상태에 대해서는, 평면응력 상태에만 한정된 식이 아닌 식 13.39와 그와 관련된 일반적인 식들을 사용하여 반복 응력-변형률 선도를 예측할 수 있다. 이 때 재료의 1축 상태의 반복 응력-변형률 선도에서의 상수들(E, H', n')을 사용한다. 이 경우 히스테리시스 루프가 다음과 같이 $\Delta\varepsilon/2 = f(\Delta\sigma/2)$ 모양을 가지고 있다는 동일한 가정을 적용해도 무방하게 된다. 여기서 $\varepsilon_a = f(\sigma_a)$는 1축이 아닌 응력의 상태에서 특정한 방향에서 반복 응력-변형률 선도이다. 이러한 과정은 변형 소성 이론을 반복 하중에 적용할 수 있게 하지만, 적어도 일정 부분의 비례하중에서만 이용되는 한계가 있다.

예제 13.6

표 E13.6(a)는 변형률 이력을 나타내며 그림 13.24의 응력-변형률 응답과 같이 반복적으로 작용하고 있다. 이 재료에서 주기적 연화 이후 안정화된 거동에서 응력 응답을 예측하시오. AISI 4340 강 (σ_u =1158MPa)의 재료상수는 안정화된 반복 응력-변형률 응답 상태에서 식 13.55에 따라 E= 201,300MPa, H′ =1620MPa, n′ =0.112이다.

【풀이】 용수철-미끄럼판 유동학적 모델과 유사한 거동을 예측할 수 있다. 시작점은 변형률 절대값이 가장 큰 마루 또는 골에서 시작되며, 이 경우에는 점 A에 해당한다. 만약 단순 인장 선도라면, 점 A를 설정하기 위해 하중은 식 13.55의 반복 응력-변형률 선도 $\varepsilon_a = f(\sigma_a)$를 따른다고 가정한다. 식 $\varepsilon = f(\sigma)$는 인장 시, $\varepsilon = -f(-\sigma)$는 압축 시에 사용한다. 초기의 방향이 인장 방향이면 변수 ψ=+1로 정의하고, 압축 방향이면 변수 ψ=-1로 정의하여 식 13.55에 적용하면 다음과 같다.

$$\varepsilon_A = \frac{\sigma_A}{E} + \psi\left(\frac{\psi\sigma_A}{H'}\right)^{1/n'}$$

이 경우 ψ = -1이다. ε_A =-0.0248을 대입하여 반복법으로 계산하면 σ_A =-1043.0MPa가 나오며 표 E13.6의 첫 번째 줄에 나와 있는 값과 같다.

점 A 이후의 응력-변형률 경로는 식 13.56의 $\Delta\varepsilon/2 = f(\Delta\sigma/2)$을 이용하여 계산하였으며, 이에 따른 부드러운 곡선 형태의 히스테리시스 루프가 X-Y 범위에서 얻어진다.

표 E13.6

(a) Strain History		(b) Calculated Values					
Point (Y)	Strain ε	Origin (X)	Origin Strain, ε	Direction ψ	$\Delta\varepsilon$ to Point	$\Delta\sigma$ MPa	Stress σ, MPa
A	−0.0248	—	—	−1	—	—	−1043.0
B	0.0067	A	−0.0248	+1	0.0315	1953.1	910.1
C	−0.0184	B	0.0067	−1	0.0251	1883.3	−973.1
D	−0.0056	C	−0.0184	+1	0.0128	1642.4	669.3
E	−0.0136	D	−0.0056	−1	0.0080	1394.2	−724.9
F	0.0232	A	−0.0248	+1	0.0480	2076.6	1033.6
G	0.0014	F	0.0232	−1	0.0218	1838.0	−804.4
H	0.0167	G	0.0014	+1	0.0153	1713.8	909.5

$$\Delta\varepsilon_{XY} = |\varepsilon_Y - \varepsilon_X|, \quad \Delta\varepsilon_{XY} = \frac{\Delta\sigma_{XY}}{E} + 2\left(\frac{\Delta\sigma_{XY}}{2H'}\right)^{1/n'}$$

특히, 닫힌 응력-변형률 히스테리시스 루프에서 X-Y 범위는 D-E, B-C, G-H, A-F로 다양하며 또한 루프의 시작점의 위치 또한 A-B, C-D, F-G로 다양하다. 이러한 범위를 알아보기 위해서, 응력-변형률 궤적의 정성적인 형태로 나타낸 그림 13.24(b)가 도움이 될 것이다. 변형률이 이전과 같은 값에 도달하였을 때 기억효과가 작동하여 루프가 시작하기 전과 같은 선도로 응력-변형률 궤적이 형성되며 히스테리시스 루프는 닫힌 형태가 된다. 이러한 경우, 루프는 점 D′, B′, G′, A′에서 닫혀 있다(이러한 점들은 또한 변형률 이력의 레인플로우 사이클 카운팅에 의해 확인될 수 있다).

계산 결과는 표 E13.6(b)에 나타나 있다. 각 이력의 최대점 (Y)에서 부드러운 히스테리시스 루프 선도의 시작점 (X)는 각 변형률 값별로 표가 만들어져 있다(예를 들어, 점 F의 위치를 구하기 위해서 A-F 범위가 분석되어야 하며, 루프 B-C가 점 B′와 근접한 것과 같이 점 F에서 연속하는 선도의 원점은 A가 된다). 다음, 만약 변형률이 증가하는 구간이면 ψ는 +1이며 감소하는 구간이면 ψ는 -1이다. 앞의 식을 이용하여 각각의 변형률 범위 $\Delta\varepsilon_{XY}$를 계산하면 그 값은 응력 범위 $\Delta\sigma_{XY}$를 구하는데 쓰인다. 예를 들어 변형률 범위가 $\varepsilon_A = -0.0248$에서 $\varepsilon_B = 0.0067$이면 $\varepsilon_{AB} = 0.0315$이다. 이 값을 두 번째 식에 대입하여 반복법으로 계산하면 $\Delta\sigma_{AB} = 1953.1$MPa이다.

모든 루프와 시작점의 범위를 분석하면 변형률 이력의 모든 점에서 응력을 계산하는데 충분한 정보를 준다. 시작점 A로부터 계산이 시작되며 이에 따른 적절한 응력의 범위를 더하거나 빼면서 응력을 계산한다. 이때 다음 식을 이용한다.

$$\sigma_Y = \sigma_X + \psi\Delta\sigma_{XY}$$

여기서 이용되는 ψ는 변형률이 증가하거나 감소함에 따라서 σ_X에서 $\Delta\sigma_{XY}$를 더하거나 뺄 때 이용되며 그 계산 결과는 σ_Y이다.

$$\sigma_A = -1043.0, \quad \Delta\sigma_{AB} = 1953.1, \quad \psi = +1, \quad \text{so that } \sigma_B = 910.1\text{MPa}$$
$$\sigma_B = 910.1, \quad \Delta\sigma_{BC} = 1883.3, \quad \psi = -1, \quad \text{so that } \sigma_C = -973.1\text{MPa}$$

점 F의 응력을 평가하기 위해 점 A를 이용하는 것처럼 올바른 원점으로부터 응력범위를 계산하는 것이 중요하다. 이 과정을 통해 계산된 모든 마루와 골에서의 데이터는 표 E13.6의 마지막 열에 나타나 있다.

【고찰】 만약 응력-변형률 응답의 정량적인 표시가 필요하다면, 식 13.56을 이용하여 선도 상의 수많은 점들을 계산할 수 있다. 식 13.52(a)와 (b)를 각각의 히스테리시스 루프에 적용하여 계산할 수 있으며, 여기서 주목할 점은 식 13.56은 본래의 (σ, ε) 좌표 축 기준이다.

13.5.4 천이 거동; 평균응력 완화

용수철-미끄럼판 유동학적 모델은 주기하중에서 안정된 거동만을 보여준다. 즉, 각 주기마다 동일한 히스테리시스 루프의 연속적인 반복만 보여준다. 이러한 모델에서는 주기에 종속적인 경화나 연화 현상과 같은 천이거동은 예측되지 못한다. 또한, 이러한 모델들은 평균응력이 0이 아니더라도 여전히 안정된 거동만 나타난다. 즉, 만약 루프가 인장이나 압축에 편향되더라도 안정된 거동만 나타난다.

하지만 실제 재료가 0이 아닌 평균응력을 받는다면, 추가적인 부류의 천이거동이 관측될 수 있다. 강에서 나타나는 이러한 거동의 예로 아래 그림 13.25가 있다. 만약 왼쪽 그림처럼 편향된 변형률 한계가 적용되고 변형률 범위가 충분히 커서 주기적으로 소성변형이 발생한다면, 그에 따른 평균응력은 주기가 증가할수록 점점 0을 향하여 움직일 것이다. 때때로 0이 아닌 값에서 안정화되거나 소성의 정도가 크다면, 평균응력은 근본적으로 0으로 이동할 것이다. 이러한 거동을 주기에 의존적인 완화라 부른다. 이런 종류의 거동은 그림 13.26에 더 나타나 있다.

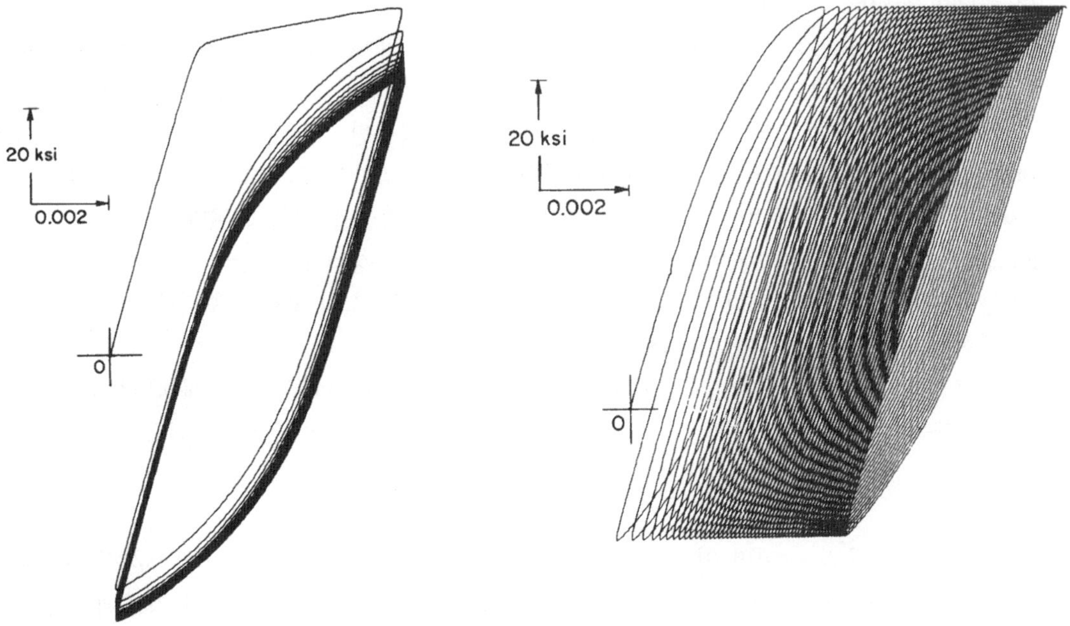

그림 13.25 AISI 1045강의 평균응력의 주기에 의존적인 완화(좌측)와 주기에 의존적인 크리프(우측). 오른쪽에서 시험편은 이미 항복하였으므로 단순 선도는 나타내지 않았음.

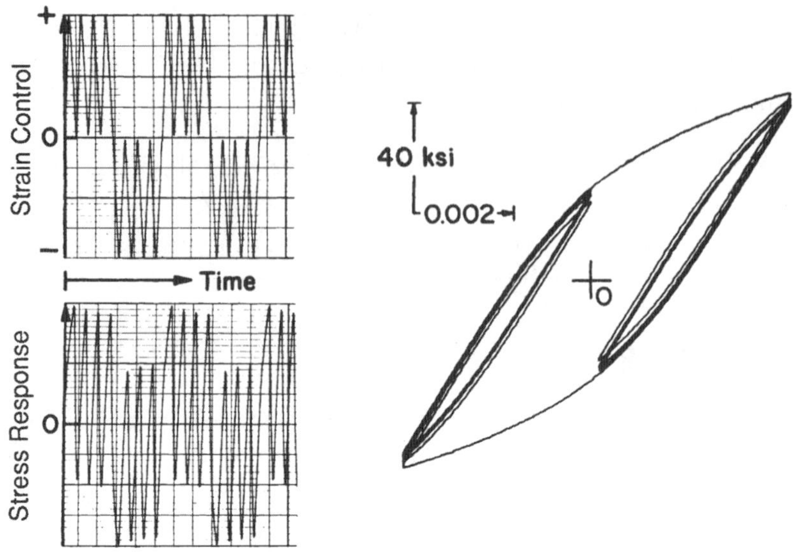

그림 13.26 그림 13.25와 같은 강의 변화하는 평균응력과 변형률에 대한 주기에 의존적인 완화. 우측에 응력-변형률 응답 중 변형률 이력의 전형적인 결과가 나타냄.

만약 충분히 큰 범위의 편향된 응력 한계가 부과된다면, 그림 13.25의 오른쪽 그림처럼 평균 변형률은 주기가 증가하면서 함께 증가할 것이다. 평균 변형률의 이동은 속도가 줄어들고 멈추거나, 일정한 속도로 확립되거나 또는 가속되어 인장시험과 유사하게 파단에 이를 것이다. 이러한 거동을 주기에 의존적인 크리프 또는 라체팅(Ratchetting)이라 한다. 주기적 크리프와 완화는 서로 다른 현상으로 보이지만 하나의 동일한 현상이다.

주기적 크리프-완화는 주기적 경화 또는 연화와 함께 일어나며, 두 가지 현상은 상호작용이 일어날 수도 있다. 완화 효과는 특히 그림 13.25의 왼쪽 경우처럼 주기적 연화가 일어날 때 더 잘 나타난다. 주기 의존 및 시간 의존 효과의 조합이 명백하게 정의되는 상황뿐만 아니라 시간 의존 효과가 상당히 작을 때 재료와 온도의 조합으로 인하여 크리프-완화 거동이 발생한다. 그러나 미묘한 시간 의존 거동은 심지어 주로 주기에 의존적인 것으로 판단되는 거동에도 영향을 끼치게 된다.

Martin(1971)의 논문에 주기에 의존적인 거동을 다루기 위한 수정된 용수철-미끄럼판 모델의 꽤 간단한 접근이 묘사되어 있다. 또한 더 일반적인 3차원의 증가하는 소성 모델은 주기에 의존하는 천이 거동을 표현하기 위해 고안되어 있다.(Skrzypek, 1993)

SAE 1045강의 주기에 의존적인 완화에 대한 자세한 연구는 Landgraf와 Chernenkoff (1988)에 묘사되어 있다. 다음 식은 완화의 주기 N 이후의 평균응력 σ_{mN}을 결정하는데 이용된다.

$$\sigma_{mN} = \sigma_{mi} N^{r} \tag{13.57}$$

이 식에서 σ_{mi}에서 $N=1$이면 평균응력의 초기값이다. 지수 r은 일반적으로 0과 0.2 사이의 값을 가지며 주기적 변형률의 정도와 재료에 따라 다양하다. SAE 1045 강에서 다양한 강도에서 열처리 되었을 때 r의 값은 다음과 같이 다양하게 나타난다.

$$r = 0.085\left(1 - \frac{\varepsilon_a}{\varepsilon_{ath}}\right) \qquad (\varepsilon_a > \varepsilon_{ath})$$

$$r = 0 \qquad (\varepsilon_a \le \varepsilon_{ath}) \tag{13.58}$$

$$\varepsilon_{ath} = e^{-8.41+0.00536(HB)}$$

여기서 ε_a는 적용된 변형률 주기이며 ε_{ath} 완화가 일어나기 이전의 한계값이다. 또한 HB는 브리넬 경도이며 단위는 kg/mm^2이다.(4.3절 참조) 반복 응력-변형률 선도에서 ε_{ath}에 대응하는 σ_{ath}는 주기적 항복응력보다 약간 낮다. 이런 경향은 그림 13.21에 나타나있다.

또한 식 13.57과 식 13.58은 다른 열처리 강의 평균응력 완화에서 타당한 추정치를 제공한다. 다른 공학적 금속에서 만약 특정 재료의 실험 데이터에 기초로 한 수치적 상수들이 이용된다면 유사한 식들은 유용할 것이다.

예제 13.7

그림 13.24(a)의 변형률 이력을 G부터 H까지의 주기만 다르며 이 주기는 20번 반복되는 경우에 해당하는 그림 E13.7로 대체하자. 이 수정된 변형률 이력에서 응력 응답을 (a)용수철-미끄럼판 유동학적 모델에 따라서, (b)평균응력 완화의 천이효과를 포함해서 각각 시뮬레이션하라.

【풀이】 (a) 용수철-미끄럼판 모델에 따른 거동은 그림 13.24(b)의 히스테리시스 루프가 20번 단순 반복되는 현상이 예상된다. 그러므로 새로운 계산이 필요없고 표 E13.6(b)의 결과를 간단히 적용하면 20주기에서 각각 G에서 응력 σ_G=−804.4MPa이며 H에서 응력 σ_H=909.5MPa이 된다.

(b) 평균응력의 완화는 20주기 동안 일어날 가능성이 있다. 예제 13.6의 결과는 오직 평균응력의 초기 값을 제공하는 것으로 간주된다.

$$\sigma_{mi} = \frac{\sigma_G + \sigma_H}{2} = \frac{-804.4 + 909.5}{2} = 52.6\text{MPa}$$

차후의 값들은 식 13.57과 식 13.58을 통해 계산할 수 있다. 이후 브리넬 경도 HB(식 4.4를 통해 추정가능)와 예제 13.6에 나와 있는 최대 인장응력이 필요하다.

$$HB = \frac{\sigma_u, \text{MPa}}{3.45} = \frac{1158MPa}{3.45} = 336kg/mm^2$$

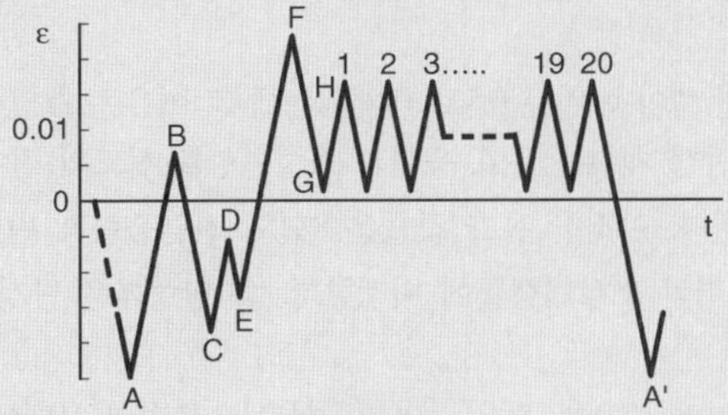

그림 E13.7

표 E13.6(b)에서 $\varepsilon_a = \Delta\varepsilon_{GH}/2 = 0.0153/2 = 0.00765$ 이며 식 13.58에 대입하면

$$\varepsilon_{ath} = e^{-8.41+0.00536(HB)} = e^{-8.41+0.00536(336)} = 0.001346$$

$$r = 0.085\left(1-\frac{\varepsilon_a}{\varepsilon_{ath}}\right) = 0.085\left(1-\frac{0.00765}{0.001346}\right) = -0.398$$

식 13.57은 이 경우에 평균응력 완화에서 구체적인 관계를 제공한다.

$$\sigma_{mN} = \sigma_{mi}N^r = 52.6N^{-0.398}$$

총 주기 20에서 다양한 숫자를 이 관계에 대입하면 다음과 같은 결과가 나온다.

N, cycles	1	2	5	10	15	20
σ_{mN}, MPa	52.6	39.9	27.7	21.0	17.9	15.9

(답)

평균응력은 20주기가 지난 후에 초기 값보다 30%가 감소한다. 그러나 모든 평균응력 값들은 상대적으로 작으며, 20주기 동안 G-H 구간이 약간 아래로 내려가는 것을 제외하고는 응력-변형률 응답은 그림 13.24와 유사해 질 것이다.

13.6 요 약

특정한 항복점 σ_o까지 선형-탄성 거동을 포함한 응력-변형률 선도를 그리기 위해 몇 개의 관계식이 일반적으로 이용된다. 만약 σ_o 이후 선도가 평평하다면 탄성-완전 소성이라 부르며 식 13.1을 적용한다. σ_o 이후 증가하는 선형 거동이 나타나면 탄성-선형 경화 관계라 부르며 식 13.4를 적용한다. σ_o이후 멱 관계가 이용되면 식 13.8을 적용한다. Ramberg-Osgood 관계 식 13.12는 뚜렷한 항복점이 없는 점에서 다른 관계들과는 다른 특징을 갖고 있다.

모든 응력의 값에서 탄성과 소성변형률을 합쳐서 총 변형률을 얻으며 부드럽고 연속적인 선도로 나타난다. 소성변형률과 응력은 멱 관계가 있다. 선형 용수철과 마찰 미끄럼판의 유동학적 모델은 이러한 응력-변형률 선도의 어떠한 모델에도 이용될 수 있다.

응력의 3차원 상태를 고려하면, Hook의 법칙을 항복 이후에도 적용하고 있으나 오직 변형률의 탄성 부분만 나타낸다. 소성 부분은 Hook의 법칙과 유사한 식을 이용한 소성 변형 이론에 의한 응력과 관련이 있다.

식 13.24를 적용하면 뽀아송 비는 0.5로 대체되는데 그 이유는 소성변형률이 부피 변화에 기여를 하지 못하기 때문이다. 탄성 계수는 유효 응력과 소성변형률 선도의 점에서 시컨트(secant) 계수인 변수 $E_p = \bar{\sigma}/\bar{\varepsilon}_p$로 대체된다. 이러한 유효 값들은 8면체 전단응력과 변형률과 이와 관련된 식 13.21과 식 13.22에 의한 주응력과 소성변형률에 비례한다. 총 변형률은 탄성부분과 소성부분을 더함으로써 구한다.

변형 소성 이론의 가장 중요한 점은 $\bar{\sigma}$와 $\bar{\varepsilon}_p$ 선도는 응력의 상태에 독립이고 한 상태에서 구해진 응력-변형률 선도는 다른 응력의 상태에서의 응력의 상태를 추정할 때 이용된다. 여기서 이용된 것

처럼, 유효 응력 - 변형률 선도 $\bar{\sigma} = f(\bar{\varepsilon})$는 1축의 선도 $\sigma = f(\varepsilon)$와 동일하다. 평면 응력에서 응력 - 변형률 선도의 추정에서 $\lambda = \sigma_2/\sigma_1$의 함수로 식 13.36처럼 주어지며 탄성-완전 소성과 Ramberg - Osgood 재료와 같은 더 특정한 관계는 식 13.37과 식 13.39에 각각 나와있다.

항복 이후의 제하와 반복 하중에 용수철-마찰 미끄럼판 유동학적 모델에서 항복은 응력의 범위가 단순 인장-응력 선도의 두배의 항복 응력($\Delta\sigma = 2\sigma_o$)에 이르면 발생한다. 게다가, 이러한 상태에서 응력 - 변형률 궤적은 단순 응력 - 변형률 선도의 두배 확장된 궤적을 따를 것으로 예측된다. 즉, $\Delta\varepsilon/2 = f(\Delta\sigma/2)$이고여기서 $\varepsilon = f(\sigma)$는 단순 응력 - 변형률 선도이다. 앞의 식에서 $\Delta\sigma$와 $\Delta\varepsilon$은 부하 방향이 변하는 점을 시작점으로 측정되며 그 결과 대칭된 응력 - 변형률 히스테리시스 루프가 형성된다. 만약 변형률이 시간에 불규칙한 방식으로 다양하다면, 응력 - 변형률 경로는 같은 히스테리시스 루프를 형성한다. 루프가 완성된 후에 응력 - 변형률 거동은 이전에 형성된 궤적으로 돌아가는 기억효과가 나타난다.

대부분의 주기에 의존하는 경화 또는 연화가 완성된 반복 하중에서 여러 단계의 용수철 - 미끄럼판 유동학적 모델로 예측되는 거동은 공학적 금속에서 꽤 정확하다. 단순 응력 - 변형률 선도를 특별한 반복 응력 - 변형률 선도로 바꿀 필요가 있는데 이 때, Ramberg - Osgood 형태가 이용된다.식 13.55에서, 응력과 변형률의 진폭이 나타나며 상수 H'와 n'는 단순 응력 - 변형률 선도의 것과는 다르다. 경화와 연화 이외에 천이의 두 번째 종류인 주기에 의존적인 거동은 공학적 금속에서 발생한다. 즉, 주기적 크리프 완화이다.

새로운 용어 및 기호

(a) Terms

Bauschinger effect
cycle-dependent creep (ratchetting)
cycle-dependent hardening
cycle-dependent relaxation
cycle-dependent softening
cyclic stress-strain curve
cyclic yield strength, σ_o'
deformation plasticity theory
hysteresis loop
incremental plasticity theory
isotropic hardening
kinematic hardening
memory effect
monotonic loading
power-hardening $\sigma - \varepsilon$ curve: σ_o, H_1, n_1

memory effect
monotonic loading
power-hardening $\sigma - \varepsilon$ curve: σ_o, H_1, n_1
proportional loading
proportional loading
Ramberg - Osgood $\sigma - \varepsilon$ curve
 monotonic: E, H, n
 cyclic: E, H', n'
slope reduction factor, δ
strain-hardening exponent: n_1, n, n'
Ramberg - Osgood $\sigma - \varepsilon$ curve
 monotonic: E, H, n
 cyclic: E, H', n'
slope reduction factor, δ
strain-hardening exponent: n_1, n, n'

(b) Nomenclature for Three-Dimensional Stresses and Strains

Plastic modulus
Total shear strains on orthogonal planes

E_p	Elastic shear strains
$\gamma_{xy}, \gamma_{yz}, \gamma_{zx}$	Plastic shear strains
$\gamma_{exy}, \gamma_{eyz}, \gamma_{ezx}$	Total normal strains in orthogonal directions
$\gamma_{pxy}, \gamma_{pyz}, \gamma_{pzx}$	Elastic normal strains
$\varepsilon_x, \varepsilon_y, \varepsilon_z$	Plastic normal strains
$\varepsilon_{ex}, \varepsilon_{ey}, \varepsilon_{ez}$	Normal strains in the principal directions
$\varepsilon_{px}, \varepsilon_{py}, \varepsilon_{pz}$	Elastic strains in the principal directions
$\varepsilon_1, \varepsilon_2, \varepsilon_3$	Plastic strains in the principal directions
$\varepsilon_{e1}, \varepsilon_{e2}, \varepsilon_{e3}$	Effective total strain
$\varepsilon_{p1}, \varepsilon_{p2}, \varepsilon_{p3}$	Effective plastic strain
$\bar{\varepsilon}$	Ratio σ_2/σ_1 for plane stress $(\sigma_3 = 0)$
$\bar{\varepsilon}_p$	Generalized Poisson' ratio
λ	Normal stresses in orthogonal directions
$\tilde{\nu}$	Principal normal stresses
$\sigma_x, \sigma_y, \sigma_z$	Effective stress
$\sigma_1, \sigma_2, \sigma_3$	Shear stresses on orthogonal planes
$\bar{\sigma}$	
$\tau_{xy}, \tau_{yz}, \tau_{zx}$	

참고문헌

ASTM. 2010. *Annual Book of ASTM Standards*, Vol. 03.01, ASTM International, West Conshohocken, PA. See No. E606, "Standard Practice for Strain-Controlled Fatigue Testing."

CHEN, W. F., and D. J. HAN. 1988. *Plasticity for Structural Engineers*, Springer-Verlag, New York.

HILL, R. 1998. *The Mathematical Theory of Plasticity*, Oxford University Press, Oxford, UK.

KHAN, A. S., and S. HUANG. 1995. *Continuum Theory of Plasticity*, John Wiley, New York.

LANDGRAF, R. W., J. MORROW, and T. ENDO. 1969. "Determination of the Cyclic Stress-train Curve," *Journal of Materials*, ASTM, vol. 4, no. 1, Mar. 1969, pp. 176-188.

LANDGRAF, R. W., and R. A. CHERNENKOFF. 1988. "Residual Stress Effects on Fatigue of Surface Processed Steels," *Analytical and Experimental Methods for Residual Stress Effects in Fatigue*, ASTM STP 1004, R. L. Champous et al., eds., Am. Soc. for Testing and Materials, West Conshohocken, PA, pp. 1-12.

MARTIN, J. F., T. H. TOPPER, and G. M. SINCLAIR. 1971. "Computer Based Simulation of Cyclic Stress-train Behavior with Applications to Fatigue," *Materials Research and Standards*, ASTM, vol. 11, no. 2, Feb. 1971, pp. 23-29.

MENDELSON, A. 1968. *Plasticity: Theory and Applications*, Macmillan, New York. (Also reprinted by R. E. Krieger, Malabar, FL, 1983.)

NADAI, A. 1950. *Theory of Flow and Fracture of Solids*, McGraw-Hill, New York.

SKRZYPEK, J. J., and R. B. HETNARSKI. 1993. *Plasticity and Creep: Theory, Examples, and Problems*, CRC Press, Boca Raton, FL.

문제 및 질문

【13.2절】

13.1 558℃에서 뜨임질한 AISI 4140 강의 인장시험 초기 응력-변형률 데이터가 표 13.1에 주어져 있다. 이 데이터를 이용하여 응력-변형률 응답을 나타내라. 식 13.1, 13.4, 13.8, 13.12 중 데이터를 가장 잘 나타내는 것을 선택하고, 피팅을 이용하여 재료상수를 평가하라. 데이터와 피팅된 곡선을 함께 나타내고, 얼마나 피팅이 잘 되었는지 논하라.

표 P13.1

σ, MPa	ε	σ, MPa	ε
0	0	1167	0.00776
331	0.00156	1177	0.01294
669	0.00315	1193	0.0216
1022	0.00493	1207	0.0298
1140	0.00554	1217	0.0385
1175	0.00581		

13.2 649℃에서 뜨임질한 AISI 4340강에 대해 표 P3.6의 공칭응력-변형률 데이터를 고려하라. 이 데이터를 이용하여 변형률이 2% 보다 작은 경우의 응력-변형률 응답을 나타내라. 식 13.1, 13.4, 13.8, 13.12 중 데이터를 가장 잘 나타내는 것을 선택하고, 피팅을 이용하여 재료상수를 평가하라. 데이터와 피팅된 곡선을 함께 나타내고, 얼마나 피팅이 잘 되었는지 논하라.

13.3 427℃에서 뜨임질한 AISI 4140강의 인장시험에 대해 공칭응력-변형률 데이터가 표 P3.9에 주어져 있다. 이 데이터를 이용하여 변형률이 3.5% 보다 작은 경우의 응력-변형률 응답을 나타내라. 식 13.1, 식 13.4, 식 13.8, 식 13.12 중 데이터를 가장 잘 나타내는 것을 선택하고, 피팅을 이용하여 재료상수를 평가하라. 데이터와 피팅된 곡선을 함께 나타내고, 얼마나 피팅이 잘 되었는지 논하라.

13.4 γ티타늄 알루미나이드에 가까운 Ti-48Al-2V-2Mn-Cr에 대한 공칭응력-변형률 데이터를 표 P3.11에서 고려한다. 이 데이터를 이용하여 응력-변형률 응답을 나타내라. 식 13.1, 13.4, 13.8, 13.12 중 데이터를 가장 잘 나타내는 것을 선택하고, 피팅을 이용하여 재료상수를 평가하라. 데이터와 피팅된 곡선을 함께 나타내고, 얼마나 피팅이 잘 되었는지 논하라.

13.5 6061-T6 알루미늄에 대한 공칭응력-변형률 데이터를 표 P3.7에서 고려한다. 이 데이터를 이용하여 변형률이 7.5% 보다 작은 경우의 응력-변형률 응답을 나타내라. 식 13.1, 식 13.4, 식 13.8, 식 13.12 중 데이터를 가장 잘 나타내는 것을 선택하고, 피팅을 이용하여 재료상수를 평가하라. 데이터와 피팅된 곡선을 함께 나타내고, 얼마나 피팅이 잘 되었는지 논하라.

13.6 고온 압연된 AISI 1095 강의 인장시험에 대해 초기 응력-변형률 데이터가 표 P13.6에 주어져 있다. 이 데이터를 이용하여 응력-변형률 응답을 나타내라. 식 13.1, 13.4, 13.8, 13.12

중 데이터를 가장 잘 나타내는 것을 선택하고, 피팅을 이용하여 재료상수를 평가하라. 데이터와 피팅된 곡선을 함께 나타내고, 얼마나 피팅이 잘 되었는지 논하라.

표 P13.6

σ, MPa	ε	σ, MPa	ε
0	0	671	1.000
138	0.070	772	1.700
276	0.138	865	2.50
414	0.207	946	3.50
517	0.260	992	4.50
572	0.500		

13.7 회주철의 공칭응력 - 변형률 데이터를 표 P3.8에서 고려한다. 이 데이터를 이용하여 응력-변형률 응답을 나타내라. 식 13.1, 13.4, 13.8, 13.12 중 데이터를 가장 잘 나타내는 것을 선택하고, 피팅을 이용하여 재료상수를 평가하라. 만약, 이 식들이 데이터를 잘 나타내지 못한다면 다른 식을 제시하고 피팅하라. 데이터와 피팅된 곡선을 함께 나타내고, 얼마나 피팅이 잘 되었는지 논하라.

13.8 PMMA 복합재료 인장시험의 공칭응력 - 변형률 데이터를 표 P3.14에서 고려한다. 이 데이터를 이용하여응력 - 변형률 응답을 나타내라. 식 13.1, 식 13.4, 식 13.8, 식 13.12 중 데이터를 가장 잘 나타내는 것을 선택하고, 피팅을 이용하여 재료상수를 평가하라. 만약, 이 식들이 데이터를 잘 나타내지 못한다면 다른 식을 제시하고 피팅하라. 데이터와 피팅된 곡선을 함께 나타내고, 얼마나 피팅이 잘 되었는지 논하라.

【13.3절】

13.9 식 13.26과 식 13.27을 고려하여 다음을 진행하라: 식 13.26으로부터 식 13.27(a)를 유도하고 식의 탄성계수와 푸아송비 자리에 있는 E_t와 $\tilde{\nu}$에 관한 식 13.27(d), (e)을 확인하라.

13.10 반지름 r과 벽두께 t를 가지는 얇은 구형 압력용기에 대하여 예제 12.3을 수행하라.

13.11 양쪽 끝이 막히고 반지름 r, 판두께 t, 그리고 길이 L의 얇은 판으로 이루어진 관 구조물이 식 13.12에 주어진 Ramburg-Osgood 응력-변형률 관계를 가지는 재료로 제작되어 있다. 이 때 내부압력 p가 점진적으로 증가하는 경우 내부부피의 상대변화에 해당하는 dVe/VedV_e/V_e식을 압력 p 및 관련된 다양한 상수의 함수 형태로 도출하시오 (연습문제 5.21을 참고하시오).

13.12 1축 응력-변형률 선도가 식 13.8과 같이 탄성-멱 경화 형태를 가지고, σ_1, $\sigma_2 = \lambda\sigma_1$, $\sigma_3 = 0$을 가지는 평면 응력 상태의 재료에 대해 고려하라. σ_1와 λ 및 재료상수 E, H_1, n_1, ν의 함수로 ε_1에 대해 식으로 전개하라.

13.13 주 수직응력 σ_1, $\sigma_2 = \lambda\sigma_1$, $\sigma_3 = 0$을 가지는 평면 응력을 고려하라. 응력 - 변형률 선도를 Ramberg - Osgood 형태로 가정하고, 주 변형률 ε_2, ε_3을 σ_1, λ, 재료 상수의 함수로

식 13.39와 유사한 관계로 유도하라.

13.14 주어진 재료에서 식 12.12의 Ramberg-Osgood 형태로 1축의 응력-변형률 선도에 대해 상수 E, H, n을 알고 있다고 가정하라. 순수 평면 전단응력의 상태에 대한 응력-변형률 선도 $\gamma = f_\tau(\tau)$의 평가가 필요하다.

(a) 다음의 식을 증명하라.

$$\gamma = \frac{\tau}{G} + \left(\frac{\tau}{H_\tau}\right)^{1/n}$$

여기서 $G = E/[2(1+v)]$와 $H_\tau = H/3^{(n+1)/2}$이다. 순수 전단에 대한 주응력과 변형률은 그림 4.40에 주어져있다.

(b) 그림 13.9의 재료에서, 1축의 응력-변형률 선도와 순수 전단응력-변형률 선도의 0부터 0.04 까지 변형률을 포함한 여러 개의 점을 계산하라. 그 후, 두 개의 선도를 같은 그래프에 나타내고 비교하라.

13.15 식 13.12의 Ramberg-Osgood 형태의 1축 응력-변형률 선도를 따르고, $\sigma_2 = \sigma_3 = 0.5\sigma_1$의 응력 상태인 재료에 대하여 예제 13.4를 수행하라. σ_2 방향의 ε_2에 대하여 σ_1와 선도로부터 얻은 재료상수 E, H, n 및 ν의 함수로 나타내어라.

13.16 식 12.12의 Ramberg-Osgood 형태의 1축의 응력-변형률 선도를 가지는 재료를 고려하라. 응력의 상태는 다음과 같다.

$$\sigma_1 = \sigma_2, \qquad \sigma_3 = \alpha\sigma_1 \qquad (-1 \le \alpha \le 1)$$

여기서 σ_1, σ_2, σ_3는 주 수직응력이며 α는 상수이다.

(a) σ_1, α, 재료상수E, H, n 및 ν 의 함수로 주 수직 변형률 ε_1에 관한 식을 유도하라.

(b) 예제 13.1의 7075-T651 알루미늄 재료라 가정하고, 푸아송 비 $\nu = 0.33$이다. 변형률을 0부터 0.04에 걸쳐 $\alpha = -1, -0.5, 0, 0.5, 1$에 대한 선도들을 그래프로 나타내고 관찰된 경향에 대해 논하라.

13.17 평면 응력($\sigma_3 = 0$)의 상황에서 작용 응력은 σ_1이고 다른 면내 방향으로 변형은 일어나지 않는다. ($\varepsilon_2 = 0$) (예를 들어, 그림 E5.3과 같이 재료가 부하되고 구속되어 있으면 발생한다.)

(a) x-y-z 축을 주응력 축인 1-2-3이라 두고, 식 13.27을 적용하여 다음과 같은 표현을 전개하라: (1) σ_2는 σ_1와 일반화 된 푸아송 비 $\tilde{\nu}$의 함수이다. (2) σ_1은 유효 응력 $\bar{\sigma}$과 $\tilde{\nu}$의 함수이며 식 13.21 또한 필요하다. (3) ε_1은 유효 변형률 $\bar{\varepsilon}$과 $\tilde{\nu}$의 함수이다.

(b) 예제 13.1에서 푸아송 비는 0.33이며 Ramberg-Osgood 형태의 유효(1축과 같음) 응력-변형률 선도가 있다. 이때 $\bar{\varepsilon}$의 범위 0부터 0.04까지 여러 개의 점(ε_1, σ_1)을 계산하라.

(c) $\bar{\sigma}$-$\bar{\varepsilon}$의 선도를 그래프로 그리고 같은 그래프에 σ_1-ε_1의 그래프를 그려라. 두 개의 선도를 비교하여 논하라. 이러한 경향의 원인도 설명하라.

【13.4절】

13.18 티타늄 합금에서 응력-변형률 관계가 탄성, 완전 소성이라 가정하고 상수는 $E = 120$ GPa, $\sigma_o = 840$MPa이며 거동은 그림 13.4(a)와 같은 용수철-미끄럼 유동학적 모델이라고 가정하라.

(a) 만약 재료가 응력 0에서부터 부하되어 $\varepsilon_{max} = 0.012$까지 진행된 다음 ε_{max}와 $\varepsilon_{min} = -$ -0.012 사이를 주기적으로 반복할 때 응력-변형률 응답을 결정하고 그래프로 나타내어라.

(b) $\varepsilon_{max} = 0.012$와 $\varepsilon_{min} = 0.003$에 대해 (a)와 같이 진행하라.

(c) $\varepsilon_{max} = 0.012$와 $\varepsilon_{min} = -0.004$에 대해 (a)와 같이 진행하라.

13.19 식 13.4에 대해 탄성, 선형 경화 재료가 탄성 계수 $E = 250$GPa, 항복강도 $\sigma_o = 500$MPa, $\delta = 0.1$을 가진다. 거동은 예제 그림 13.4(b)의 유동학적 모델을 따른다고 가정하고 아래에 대해 응력-변형률 응답을 그래프로 나타내고 평가하라.

(a) $\varepsilon_a = 0.008$일 때, 반복 완전 교번 변형률

(b) 변형률이 0부터 0.010까지 증가한 다음 $\varepsilon = 0.003$까지 감소하며 다시 $\varepsilon = 0.013$까지 증가한다.

13.20 탄성, 선형 경화 응력-변형률 선도를 가지는 그림 13.4(b)의 유동학적 모델에 따라 강이 거동하고 식 13.4에서 상수 $E = 208$GPa, $\sigma_o = 523$MPa, $\delta = 0.0535$를 가진다고 가정하라.

(a) 만약 재료가 응력 0에서부터 부하되어 $\varepsilon_{max} = 0.010$까지 진행된 다음 ε_{max}와 $\varepsilon_{min} = 0.006$ 사이를 주기적으로 반복할 때 응력-변형률 응답을 결정하고 그래프로 나타내어라.

(b) $\varepsilon_{max} = 0.010$와 $\varepsilon_{min} = 0.003$에 대해 (a)와 같이 진행하라.

13.21 그림 13.6과 같은 단계적인 용수철-미끄럼 유동학적 모델이 3개의 용수철-미끄럼 병렬 조합으로 있다. 모델 상수는 아래의 표에 주어져 있으며, 변형률이 0부터 0.016까지 증가하였다. 다시 0으로 돌아오는 응력-변형률 응답을 그래프로 그리고 결정하라.

Stage No.	1	2	3	4
E_i, GPa	200	120	150	50
σ_{oi}, MPa	0	800	1100	1300

13.22 연습문제 13.21의 유동학적 모델이 변형률 0부터 시작하여 $\varepsilon_{max} = 0.016$까지 변형되며 ε_{max}와 $\varepsilon_{min} = 0$ 사이를 주기적으로 반복한다. 응력-변형률 응답을 결정하고 그래프로 나타내어라.

13.23 연습문제 13.21의 유동학적 모델에서, 변형률 0부터 시작하여 아래 표와 같은 순서로 응력-변형률 응답을 결정하고 그래프로 나타내어라.

Peak or Valley	A	B	C	D	A'
ε, Strain	0.012	−0.012	0.004	−0.004	0.012

13.24 알루미늄 합금 2024-T351에 하중이 0에서부터 부하되고 변형률은 $\varepsilon_{max} = 0.0150$까지 진행된 다음 ε_{max}와 $\varepsilon_{min} = 0.0025$ 사이를 주기적으로 반복한다. 응력-변형률 거동은 표 13.1에서 주어진 상수를 가지며 Ramberg-Osgood 형태의 안정된 주기적 응력-변형률

선도를 따르는 단계적인 용수철 - 미끄럼 모델과 유사하다고 가정하라. 주기적 하중에 대해 최대와 최소응력 σ_{max}와 σ_{min}을 평가하라. 그 후, 주기적 하중 동안 응력 - 변형률 응답을 그래프로 나타내어라.

13.25 하중이 0에서부터 부하되고 변형률은 $\varepsilon_{min} = -0.0150$까지 진행된 다음 ε_{min}와 $\varepsilon_{max} = -0.0025$ 사이를 주기적으로 반복하는 경우에 대하여 연습문제 13.24를 수행하라.. 식 13.51(b)를 따라 ε_{min}이 부하된다.

13.26 AISI 4340강($\sigma_u = 1172$MPa)에 하중이 0에서부터 부하되고 변형률은 $\varepsilon_{max} = 0.0110$까지 진행된 다음 ε_{max}와 $\varepsilon_{min} = 0.003$ 사이를 주기적으로 반복한다. 응력 - 변형률 거동은 표 13.1에서 주어진 상수를 가지며 Ramberg - Osgood 형태의 안정된 주기적 응력 - 변형률 선도를 따르는 단계적인 용수철 - 미끄럼 모델과 유사하다고 가정하라. 주기적 하중에 대해 최대와 최소응력 σ_{max}와 σ_{min}을 계산하라. 그 후, 주기적 하중 동안 응력 - 변형률 응답을 그래프로 나타내어라.

13.27 알루미늄 합금 7075-T6에 하중이 0에서부터 부하되고 변형률은 $\varepsilon_{max} = 0.035$까지 진행된 다음 ε_{max}와 $\varepsilon_{min} = 0.005$ 사이를 주기적으로 반복한다. 응력 - 변형률 거동은 표 13.1에서 주어진 상수를 가지며 Ramberg - Osgood 형태의 안정된 주기적 응력 - 변형률 선도를 따르는 단계적인 용수철 - 미끄럼 모델과 유사하다고 가정하라. 주기적 하중에 대해 최대와 최소응력 σ_{max}와 σ_{min}을 계산하라. 그 후, 주기적 하중 동안 응력 - 변형률 응답을 그래프로 나타내어라.

【13.5절】

13.28 알루미늄 합금 2024-T351에 대하여 단순과 반복 응력 - 변형률 선도가 각각 식 13.12와 식 13.55에 따라 Ramberg - Osgood 형태로 피팅된다. 단순 응력- 변형률 선도에서 상수는 $E = 73.1$GPa, $H = 527$MPa, $n = 0.0663$이며 반복 응력-변형률 선도의 경우 표 13.1에 주어져 있다.

(a) 변형률 $\varepsilon = 0.02$ 이상의 구간에 대하여 동일한 선형 좌표계에 두 선도를 나타내어라.

(b) 이 재료는 주기적으로 경화하는가? 또는 연화하는가? 두 선도를 비교하였을 때, 항복강도는 어떻게 나타나는가?

13.29 SAE 4142강의 4가지 강도 특성에 대하여 15장 표 15.1에 E, H', n'을 포함한 다양한 특성이 주어져 있다.

(a) 변형률 진폭이 0부터 0.04까지 변화할 때 위의 4가지 주기적 응력 - 변형률 선도를 동일한 그래프 위에 나타내어라.

(b) 이 선도들의 경향과 인장 실험에서 강도와 연성에 어떤 상관관계가 있는지 논하라. 단순 응력-변형률 선도에서의 항복강도와 주기적 응력-변형률 선도에서의 0.2% 오프셋 항복강도를 비교하라.

13.30 고온 압연된 SAE 1045강의 완전 교번 변형률 주기($\sigma_m \approx 0$)에 대하여 변형률 진폭에 따른 안정화된 응력 진폭, 소성 변형률, 피로수명이 표 P13.30(a)에 주어져 있다. 이 강의 인장

특성 중 항복강도는 382MPa,인장강도는 621MPa이고 면적 감소는 51%이다.

(a) 이 데이터들의 응력-변형률 선도를 나타내어라. 그 후, 데이터를 피팅하여 $E=20$GPa에 대해 식 13.55의 Ramberg-Osgood 형태의 주기적 응력-변형률 선도를 얻어라. 데이터와 피팅된 곡선을 함께 나타내고, 얼마나 피팅이 잘 되었는지 논하라.데이터를 피팅하여 선도를 그린 후, 데이터와 얼마나 잘 맞는지 논하라.

(b) 재료의 전형적인 단순 응력-변형률 선도의 대표 점들이 표 P13.30(b)에 주어져 있다. 이 데이터들을 (a)의 응력-변형률 선도와 함께 나타내고 재료의 거동에 대해 논하라.

표 P13.30(a)

ε_a	σ_a, MPa	ε_{pa}	N_f, cycles
0.0200	524	0.01741	257
0.0100	459	0.00774	1 494
0.0060	410	0.00398	6 749
0.0040	352	0.00227	19 090
0.0030	315	0.00144	36 930
0.0020	270	0.00067	321 500
0.0015	241	0.00031	2 451 000

Source: Data in [Leese 85].

표 P13.30(b)

ε	σ, MPa
0	0
0.00218	441
0.00218	379
0.01200	379
0.01400	402
0.01600	422
0.01800	433
0.02000	438

13.31 인장강도 $\sigma_u = 1172\text{MPa}$인 AISI 4340강의 완전 교번 변형률 주기($\sigma_m \approx 0$)에 대하여 변형률 진폭에 따른 안정화된 응력 진폭, 소성 변형률, 피로수명이 표 P13.31(a)에 주어져 있다.

표 P13.31(a)

ε_a	σ_a, MPa	ε_{pa}	N_f, cycles
0.02000	948	0.01495	222
0.01000	834	0.00570	992
0.00500	703	0.00150	6 004
0.00400	631	0.00085	14 130
0.00318	579	0.00036	43 860
0.00270	524	0.00015	132 150

주의 : 마지막 세 데이터는 $\varepsilon_a = 0.01$에서 10cycle 동안 예비 변형되었다.

Source: Data in [Dowling 73].

표 P13.31(b)

ε	σ, MPa
0	0
0.00495	1025
0.00520	1070
0.00556	1109
0.00625	1097
0.00675	1091
0.01000	1091
0.02000	1148

(a) 이 데이터들의 응력-변형률 선도를 나타내어라. 그 후, 데이터를 피팅하여 $E=207$GPa에 대해 식 13.55의 Ramberg-Osgood 형태의 주기적 응력-변형률 선도를 얻어라. 데이터와 피팅된 곡선을 함께 나타내고, 얼마나 피팅이 잘 되었는지 논하라.

(b) 재료의 전형적인 단순 응력-변형률 선도의 대표 점들이 표 P13.31(b)에 주어져 있다. 이 데이터들을 (a)의 응력-변형률 선도와 함께 나타내고 재료의 거동에 대해 논하라.

13.32 인장 강도 2248MPa, 경도 $HB=595$인 뜨임 및 담금질된 SAE 1045강에 대하여 변형률 진폭에 따른 안정화된 응력 진폭, 소성 변형률, 피로수명이 표 P13.32에 주어져 있다.

(a) 이 데이터들의 응력-변형률 선도를 나타내어라. 그 후, 데이터를 피팅하여 $E = 206.7\text{GPa}$에 대해 식 13.55의 Ramberg-Osgood 형태의 주기적 응력-변형률 선도를 얻어라. 데이터와 피팅된 곡선을 함께 나타내고, 얼마나 피팅이 잘 되었는지 논하라.

(b) 이 재료의 단순 응력-변형률 선도 또한 식 13.12의 Ramberg-Osgood 형태를 가지며, 이때 상수 $E = 206.7\text{GPa}, H = 2894\text{MPa}, n = 0.0710$을 가진다. 이 데이터들을 (a)의 응력-변형률 선도와 함께 나타내고 재료의 거동에 대해 논하라.

표 P13.32

ε_a	σ_a, MPa	σ_m, MPa	ε_{pa}	N_f, cycles
0.0177	2089	−55	0.00720	20
0.0150	1972	0	0.00490	40
0.0125	1931	−34	0.00300	91
0.0095	1751	28	0.00110	245
0.0090	1586	76	0.00070	476
0.0075	1524	0	0.00020	1 130
0.0072	1379	138	—	800
0.0050	1034	0	—	18 950
0.0040	827	0	—	386 500

Source: Data in [Landgraf 66] and [Landgraf 68].

13.33 고온 압연 및 불림된 SAE 1045강으로 만든 얇은 관의 변형률 제어 주기적 비틀림 실험에 대하여적용된 전단 변형률 진폭 γ_a과 이에 따른전단응력의 진폭 τ_a와 소성 전단 변형률 γ_{pa}이 표 P13.33에 주어져 있다(τ_a와 γ_{pa}의 값은 피로수명 N_f의 절반 정도에서 얻어졌으며, 주기적으로 안정된 상태이다.).

(a) 이 데이터들의 전단응력-변형률 선도를 나타내어라.그 후, Ramberg-Osgood 형태의 주기적 응력
-변형률 선도로 피팅하라. $G = 79.1\text{GPa}$를 사용하고, H_τ'와 n'는 $\tau_a = H_\tau' \gamma_{pa}^{n'}$를 피팅하여 얻는다. 데이터와 피팅된 곡선을 함께 나타내고, 얼마나 피팅이 잘 되었는지 논하라.

(b) 1축 응력 하에서 이 재료의 주기적 응력-변형률 선도의 상수 E, H', n'가 표 15.1에 주어져 있다. 연습문제 13.14를 기반으로 1축 응력 하에서의 상수를 이용하여 전단응력이 작용할 때 주기적 응력-변형률 거동을 평가하라. 푸아송 비는 $\nu = 0.277$이다. 평가된 데이터들을 (a)의 응력-변형률 선도와 비교하고 결과에 대해 논하라.

표 P12.33

γ_a	τ_a, MPa	γ_{pa}	N_f, cycles
0.0250	267	0.0217	502
0.0150	234	0.0120	1 372
0.0082	197	0.0057	6 998
0.0050	165	0.0029	33 840
0.0040	158	0.0020	70 020
0.0030	148	0.0012	546 000

Source: Data in [Leese 85].

13.34 표 13.1의 RQC-100강에 대하여 응력이 0에서부터 부하되고 변형률은 $\varepsilon_{max} = 0.010$까지 진행된 다음 ε_{max}와 $\varepsilon_{min} = 0.006$ 사이를 주기적으로 반복한다.

(a) 주기적 하중에서 최대와 최소응력 σ_{max}, σ_{min}을 계산하고 응력-변형률 응답을 그래프로 나타내어라.

(b) 평균응력의 주기적 완화를 고려하라. 주기 $N = 5 \times 10^4$ 이상에서 평균응력을 평가하고 그래프로 나타낸 뒤, 관찰된 경향을 논하라.

13.35 경도 HB = 500인 열처리된 SAE 1045강의 주기적 응력-변형률 선도(식 13.55)에서 상수 $E = 206\text{GPa}$, $H' = 2636\text{MPa}$, $n' = 0.12$를 가진다. 이 재료 부재의 축 방향 부하는 ε_{max}와 $\varepsilon_{min} = 0.008$ 사이를 주기적으로 반복한다.

(a) 주기적으로 안정된 재료 거동의 응력-변형률 응답을 평가하고 그래프로 나타내어라.

(b) 평균응력의 주기적 완화를 고려하라. 주기 $N = 10^4$ 이상에서 평균응력을 평가하고 그래프로 나타낸 뒤, 관찰된 경향을 논하라,

13.36 알루미늄 합금 2024-T351에 대하여 응력과 변형률이 0에서부터 부하되고 아래의 표와 그림 P13.36에 따라 변형이 차례로 진행된다.. 최소점 A는 11번 발생하고 최내섬 B는 10번 발생한다. 응력-변형률 응답을 평가하고 그래프로 나타내어라. 응력-변형률 거동은 안정되어 있다(주기적 경화 또는 연화는 이미 완료되었다)고 가정하고, 표 13.1에 주어진 상수를 바탕으로 Ramberg-Osgood 주기적 응력-변형률 선도를 이용하라.

Peak or Valley	A_1	B_1	A-B	A_{10}	B_{10}	A_{11}	C	A'
ε, Strain	−0.016	−0.005	repeats	−0.016	−0.005	−0.016	−0.002	−0.016

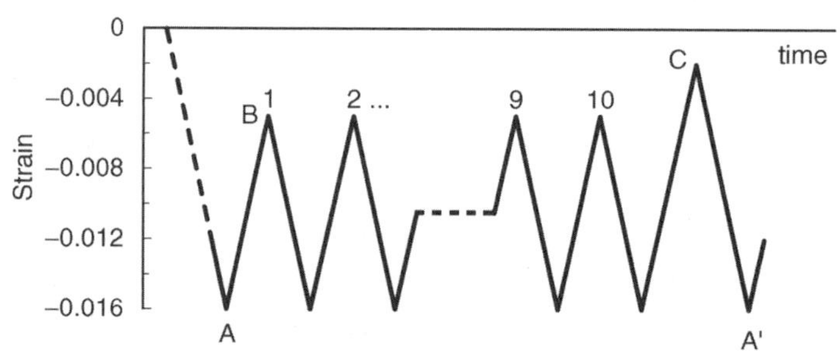

그림 P12.36

13.37 알루미늄 합금 2024-T351에 대하여 응력과 변형률이 0에서부터 부하되고 아래의 표에 따라 변형이 차례로 진행된다. 최소점 B는 11회 발생하고 최대점 C는 10회 발생한다. 응력-변형률 응답을 평가하고 그래프로 나타내어라. 응력-변형률 거동은 안정되어 있다고(주기적 경화 또는 연화는 이미 완료되었다) 가정하고 표 13.1에 주어진 상수를 바탕으로 Ramberg-Osgood 주기적 응력-변형률 선도를 이용하라.

Peak or Valley	A	B_1	C_1	B-C	B_{10}	C_{10}	B_{11}	A'
ε,Strain	0.020	0.004	0.016	repeats	0.004	0.016	0.004	0.020

13.38 알루미늄 합금 7075-T6에 대하여 응력과 변형률이 0에서부터 부하되고 아래의 표에 따라 변형이 차례로 진행된다. 최소점 B와 최대점 C는 각각 50회씩 발생한다. 응력-변형률 응답을 평가하고 그래프로 나타내어라. 응력-변형률 거동은 안정되어 있다(주기적 경화 또는 연화는 이미 완료되었다)고 가정하고 표 13.1에 주어진 상수를 바탕으로 Ramberg-Osgood 주기적 응력-변형률 선도를 이용하라.

Peak or Valley	A	B_1	C_1	B-C	B_{50}	C_{50}	D	A'
ε, Strain	0.035	0.010	0.025	repeats	0.010	0.025	0.005	0.035

13.39 AISI 4340강(σ_u = 1172MPa)에 대하여 응력과 변형률이 0부터 부하되고 아래의 표에 따라 변형률 차례로 진행된다. 최대댐 C와 최소점 D는 각각 5회씩 발생한다. 응력-변형률 응답을 평가하고 그래프로 나타내어라. 응력-변형률 거동은 안정되어 있다고(주기적 경화 또는 연화는 이미 완료되었다) 가정하고 표 13.1에 주어진 상수를 바탕으로 Ramberg-Osgood 주기적 응력-변형률 선도를 이용하라.

Peak or Valley	A	B	C_1	D_1	C-D	C_5	D_5	A'
ε, Strain	0.010	−0.001	0.008	0.002	repeats	0.008	0.002	0.010

소성 변형에 대한 응력 –변형률 해석

14

목적

- 다양한 형태의 응력–변형률 선도에 대하여, 굽힘과 비틀림의 탄소성 응력–변형률 해석을 수행해 본다.
- 국부 소성 변형이 있는 노치의 응력과 변형률을 평가하기 위해 Neuber 방법 등을 적용해 본다.
- 불규칙한 하중을 포함하는 반복 하중과 굽힘, 비틀림, 노치가 있는 부재에 대한 잔류응력과 변형률을 탐구하기 위해, 폭넓은 분석을 수행해 본다.

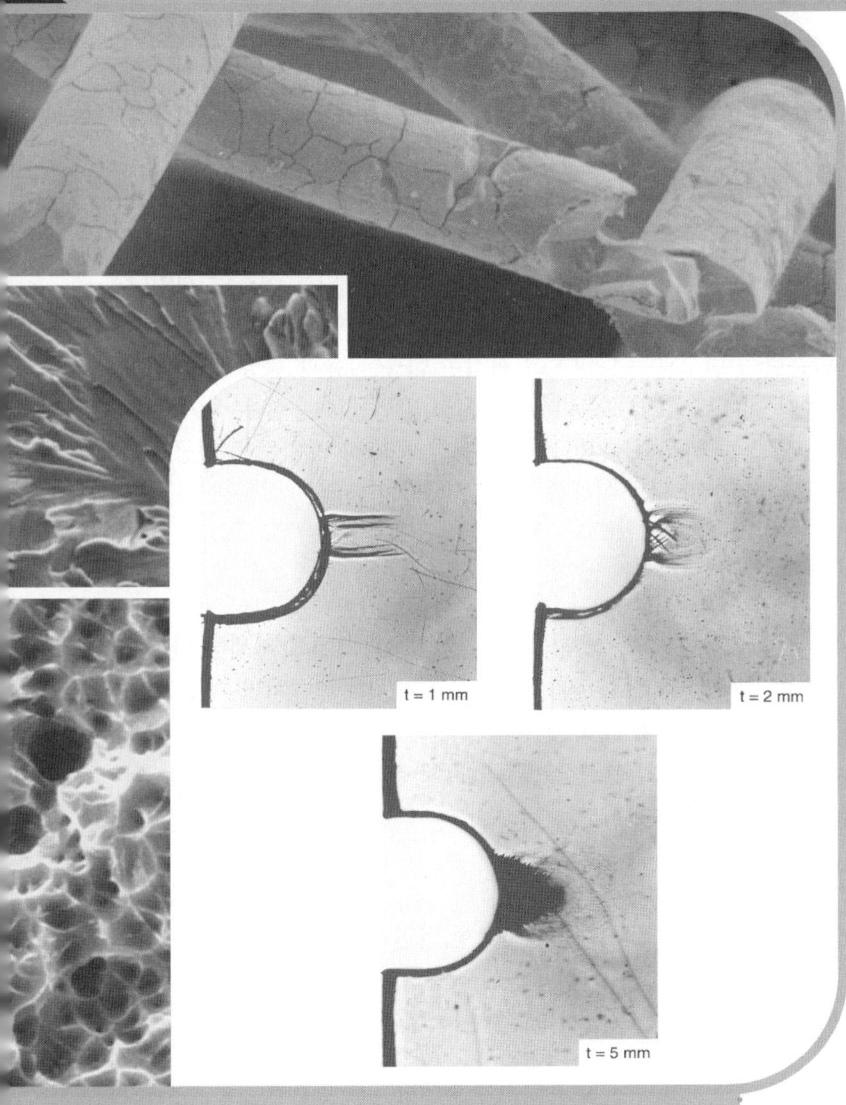

세부목차

14.1 서 론

기계, 운송수단, 구조물 등의 구성 요소에 대한 소성 변형을 분석하는 것은 공학적 관점에서 유용하다. 이는 특히 두 가지 상황에서 유용하다. 첫 번째는 때때로 소성 붕괴라고 정의되는 전반적인 소성 변형을 유발하는 하중을 알 수 있기 때문이다. 갑작스런 초과하중으로 인해 발생하는 파손에 대한 안전계수는 구성 요소의 운용 기간 중 받는 하중과 파손 하중을 비교하여 계산할 수 있다. 두 번째는 보의 끝단 또는 응력 집중부와 같이 소성변형을 동반하는 국부적인 영역에서의 응력과 변형률에 관하여 알기 위해서이다. 이러한 변형은 잔류응력을 발생시키며 이는 소성변형의 분석을 통해 평가할 수 있다. 반복 하중을 통하여 발생하는 국부적인 소성 변형은 상당히 중요하며, 이는 종종 피로균열과 연관되어 있다.

응력이 집중되는 부분(노치)에서 국부 소성은 Neuber 방법과 같은 근사적인 방법을 통해 해석할 수 있다. 실제로 보의 굽힘 또는 원형단면 축의 비틀림과 같이 소성 변형이 빈번하게 발생하는 경우에, 이러한 소성 변형을 재료 역학적 접근 방법으로 간단하게 해석할 수 있다. 여기에서는 다음의 3가지 조건이 요구된다: (1) 변형률 분포를 가정한다. (2) 힘의 평형을 적용한다. (3) 특정한 응력-변형률 관계를 선택하고, 분석을 완성하기 위해 이를 사용한다.

앞으로 우리는 정적 하중뿐만 아니라 하중 제기와 반복 하중에서도 이러한 방법을 적용할 것이다. 반복 하중에 대한 적용 방법은 다음 장인 피로에 대한 변형률 기반 접근 방법에서 사용될 것이다. 이번 장에서 서술하고 있는 비교적 단순한 방법으로는 다양하고 복잡한 하중 작용과 형상에 대한 자세한 분석이 불가능하다. 그러한 경우에는 유한요소법 또는 다른 수치적 방법을 이용한 분석이 추가적으로 요구된다. 본 장에서는 단순한 방법을 사용하는 몇 가지 유용한 공학적 방법들을 제공하고 있다. 지금부터 다루는 내용은 13장에 대한 전반적인 이해를 필요로 한다.

14.2 소성 굽힘

선형 탄성적인 거동을 보이는 보의 굽힘은 재료 역학 교재의 기본 및 심화과정에서 자세히 다루고 있다. 여기에는 소성 굽힘 또한 종종 소개되지만, 주로 탄성과 완전 소성 거동에 대해서만 다루고 있다. 이 절에서는 다양한 응력-변형률 선도에 대하여, 소성 변형을 수반하는 굽힘에 대해 알아본다. 해석적 해를 만드는 과정이 소개되며, 몇 가지 경우의 완전한 해들도 주어질 것이다. 이 절에서는 단면이 대칭인 면에 하중이 작용하는 경우만 고려할 것이다.

14.2.1 탄성 굽힘에 대한 재고

선형 탄성 굽힘의 간단한 재고를 위해, 그림 14.1에 나타낸 정사각형 단면을 가지고 있는 3점 굽힘 보의 단순한 예를 고려해 보자. 여기서 하중은 대칭면인 $x-y$ 평면에 작용하며, 보에서 탄성응력 분포는 단면의 중심축(도심)과 일치하는 중립축($N-N$)을 포함한다.

선형 탄성 굽힘에서 수직 응력은

$$\sigma = \frac{My}{I_z} \tag{14.1}$$

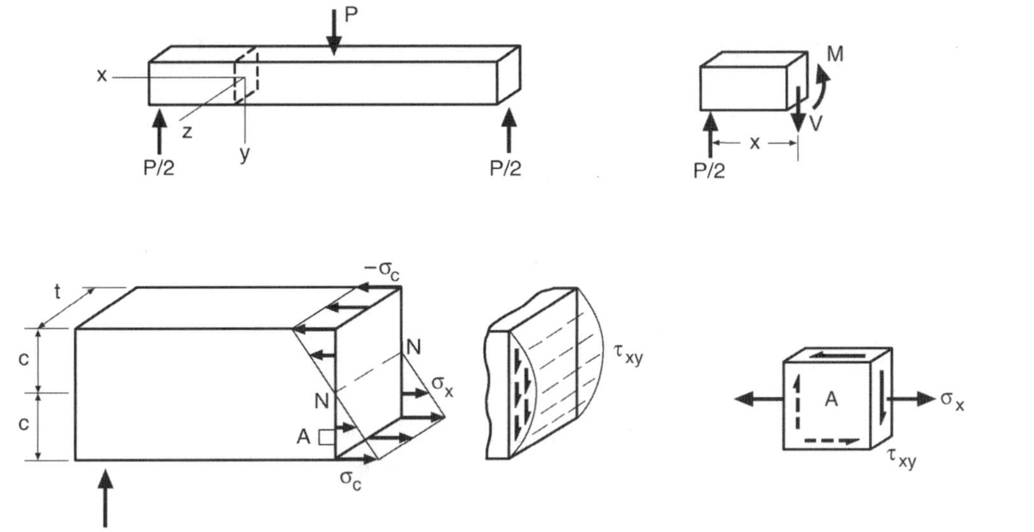

그림 14.1 정사각형 보의 탄성 굽힘과 전단. 단면은 위에 나타나 있으며, 응력은 그림과 같이 분포되어 있다.

여기서, M은 그림 14.1에 나타낸 것과 같이 $M = Px/2$인 단면에서의 굽힘 모멘트이다. I_z는 단면에서 중립축에 대한 관성 모멘트이며, y는 중립축으로부터의 거리이다. y의 양의 방향은 중립축에서 양의 σ(인장 응력)가 나타나는 방향으로 선택된다. 위의 식은 중립축으로부터 거리 y에서 수직 응력의 선형적인 분포 $\sigma = \sigma_x$를 나타내며, 이는 다음의 두 가지 중요한 가정으로부터 도출된다: (1) 선형탄성 응력-변형률 거동과 (2) 변형이 일어난 이후에도 선형 응력 분포를 가지는 단면.

두께가 t이고 깊이가 $2c$인 정사각형 단면에서 식 14.1을 이용하여 최대 인장 응력을 구할 수 있다.

$$\sigma_c = \frac{3M}{2tc^2} \tag{14.2}$$

여기서, 아래 첨자는 $y = c$에서의 응력을 나타낸다. 이 경우는 중립축을 기준으로 위, 아래가 대칭이기 때문에 $y = -c$에서 동일한 압축응력 $-\sigma_c$가 발생한다.

순수 굽힘인 경우를 제외하고, 이러한 수직 응력들은 전단응력을 동반하는데 이는 부록 A의 A.2절을 통해 계산할 수 있다. 단면이 정사각형인 경우에는 탄성 범위 내의 전단응력 $\tau = \tau_{xy}$이 중립축에서 최대값을 가지며 포물선의 형태로 변화한다.

$$\tau = \frac{3V(c^2 - y^2)}{4tc^3} \tag{14.3}$$

여기서 V는 전단력, 즉 그림 14.1의 단면에서 $V = P/2$이다.

단면 형상이 중립축에 대해 대칭이 아님에도 불구하고, 하중이 작용하는 면이 대칭면의 조건을 만족하면 식 14.1을 적용한다. 이러한 경우는 그림 14.2(a)에 나타나 있다. 그러나 만약 하중이 작용하는 면이 더 이상 대칭하지 않는다면, 응력은 그림 14.2(b)와 같이 두 개의 축에 대한 굽힘을 고려하여 결정된다. 만약 비대칭 굽힘의 면이 단면의 전단 중심을 지나지 않는다면 비틀림 응력을 반드시 추가적으로 고려해야 한다.

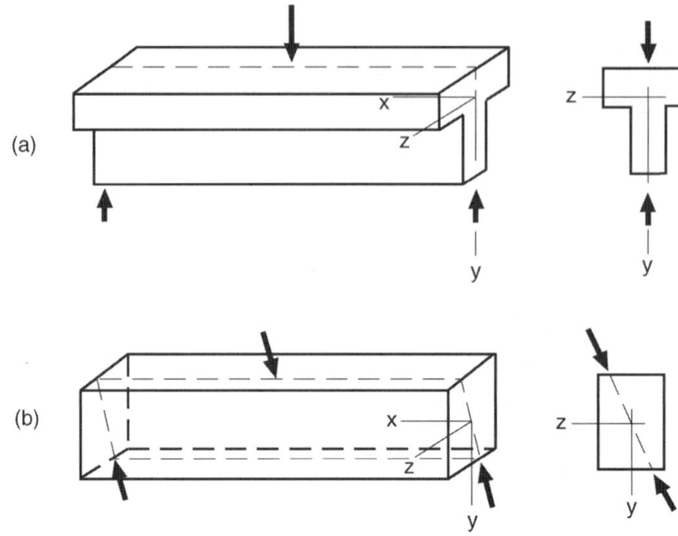

그림 14.2 (a)단면에 대칭으로 작용하는 하중에 의한 굽힘과 (b)면에 비대칭으로 작용하는 하중에 의한 굽힘

14.2.2 적분에 의한 소성 굽힘 해석

이제 대칭면을 가지는 보의 굽힘에 대한 경우만에 대하여, 소성 변형을 고려하는 문제에 대하여 일반화하고자 한다. 여기서 전단응력은 존재하지 않거나, 혹은 존재하더라도 그 영향은 미미하다고 가정한다. 이와 같은 경우에는 소성 변형이 발생하더라도 기존의 단면을 평면으로 남겨두는 것이 물리적으로 합리적인 가정이다. 이러한 결과값들은 중립축에서의 거리를 고려한 변형률의 선형 분포 상에서 다음과 같이 주어진다.

$$\frac{\varepsilon}{y} = \frac{\varepsilon_c}{c} \quad \frac{\varepsilon}{y} = \frac{\varepsilon_c}{c} \tag{14.4}$$

여기서 ε은 길이 (x)방향 변형률이며 ε_c는 보의 끝단인 $y=c$에서 변형률이다. 따라서 항복이 발생한다면, 비선형 응력-변형률 선도는 그림 14.3에 나타낸 것처럼 응력이 비선형적으로 분포하게 될 것이다. 응력-변형률 선도에서의 $\varepsilon = \varepsilon_c$까지 응력 분포는 선형 변형률 분포이기 때문에 동일한 모양을 나타낸다.

그림 14.4에 나타낸 것과 같이, 단면의 미소 요소를 고려함으로써 굽힘 모멘트를 유도할 수 있다.

$$dM = (\mathrm{stress})(\mathrm{area})(\mathrm{distance}) = (\sigma)(\mathrm{t\,dy})(\mathrm{y}) \tag{14.5}$$

여기서 두께 t는 y가 변함에 따라 변한다. 모멘트를 구하기 위해 적분을 하면 다음과 같다.

$$M = \int_{-c_2}^{c_1} \sigma t y \, dy \tag{14.6}$$

단면은 x축에서 위, 아래로 대칭이 아니며 응력-변형률 선도 또한 인장과 압축에 대하여 대칭이 아니다. 만약 이러한 비대칭 조건 가운데 하나가 존재한다면, 중립축의 위치는 소성 변형이 진행함에 따라 단면의 중심에서 약간 이동하기 때문에 적분이 진행되기 전에 정확하게 그 위치를 정의해야 한다. 아래에 나타난 식은 응력분포의 인장과 압축 일부를 받는 체적은 같아야 하고 힘들은 반대라는 것을 의미하며, 즉, 합이 0이 되어야 한다. 이에 대응하는 축 방향 힘 P는 0이다.

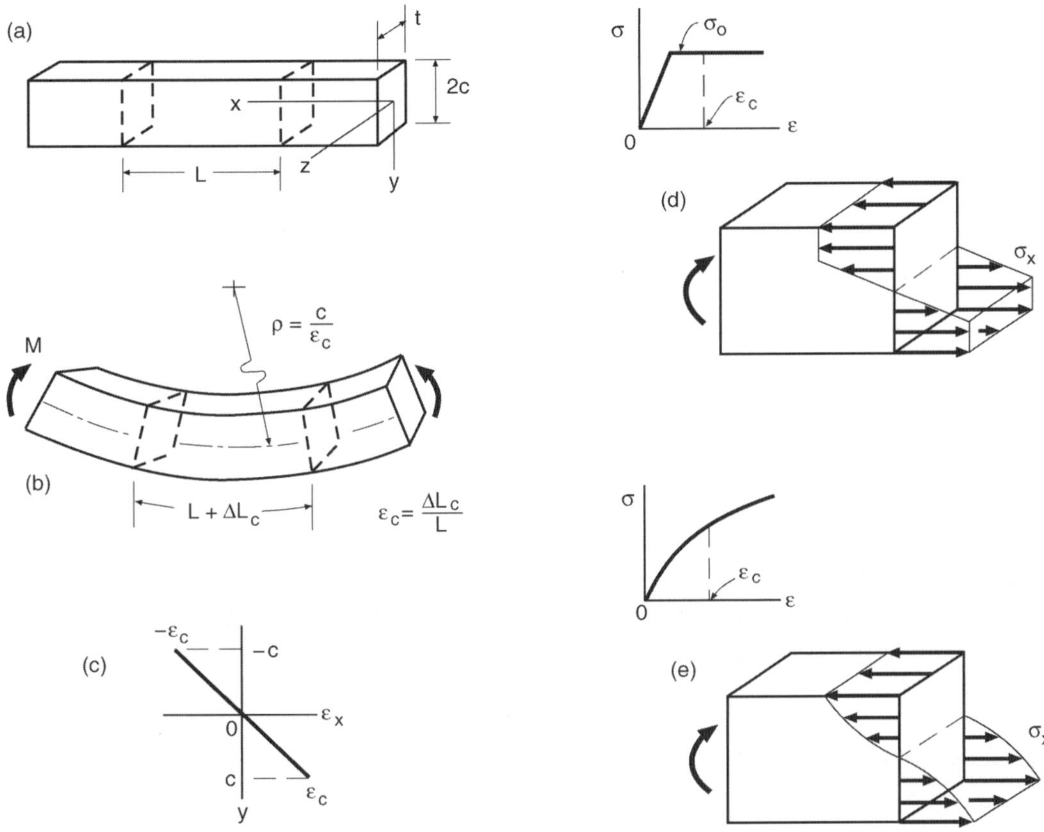

그림 14.3 (a)정사각형 보와 (b)항복을 유발하는 순수 굽힘을 받는 보. (c)단면은 선형 변형률 분포를 가지지만 응력 분포는 (d) 또는 (e)와 같이 비선형 분포이며, 응력–변형률 선도의 ε_c까지의 모양은 같다.

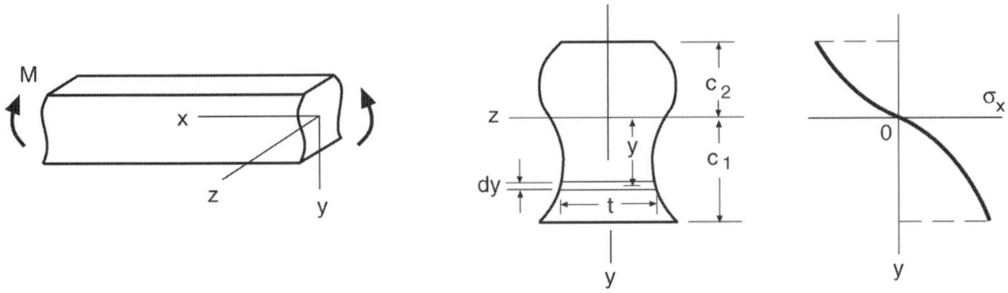

그림 14.4 굽힘 모멘트 M을 응력과 변형률로 나타내기 위해서는 면 요소($t\,dy$)와 응력 분포에 대한 적분이 필요하다.

$$P = \int_{-c_2}^{c_1} \sigma\, t\, dy = 0 \tag{14.7}$$

식 14.4, 14.6, 14.7, 그리고 응력-변형률 선도 $\varepsilon = f(\sigma)$는 구체적인 문제를 풀기 위해 요구된다. 특정한 경우에 대해 식 14.6의 적분을 실행하기 위해서 부재 두께 t와 응력 σ를 y의 함수로 표현할 필요가 있다. 형상에 두께의 변화와 같은 불연속성이 있는 경우 적분을 여러 단계로 나누어 적용할 수 있다. 적용되는 응력-변형률 관계 $\varepsilon = f(\sigma)$가 변형률 함수로서의 응력 $\sigma = h(\varepsilon)$로 표현될 수 있는 경우, 변형률 ε에 대한 식 14.4의 치환을 사용하여 이 형식을 사용해야 한다.

$$\sigma = h(\varepsilon) = h\left(\frac{\varepsilon_c}{c}y\right) \tag{14.8}$$

단면이 직사각형이며, 재료가 대칭인 응력-변형률 곡선을 가지는 간단한 경우를 고려해보자. 여기서 t는 상수, $c_1 = c_2 = c$,와 중립축은 도심에 존재한다. 단면이 대칭이면 중립축의 한 부분에 대한 적분을 수행한 후 그 값에 두 배를 취한다.

$$M = 2t\int_0^c \sigma\, y\, dy \tag{14.9}$$

예제 14.1

그림 14.3과 같은 깊이 $2c$, 두께 t인 직사각형 단면을 가진 순수 굽힘을 받는 보를 고려해보자. 재료는 탄성영역이 없는 단순한 멱-경화 응력-변형률 선도를 따른다.

$$\sigma = H_2\varepsilon^{n_2}$$

굽힘 모멘트 M을 $y=c$에서의 변형률 ε_c와 상수 H_2, n_2, t, c에 관한 식으로 도출하라. 또한, M을 $y=c$에서 응력 σ_c에 관한 식으로 표현하라.

【풀이】 식 14.4의 선형 변형률 분포로부터, 응력을 y에 관한 함수로 정의할 수 있다.

$$\varepsilon = \frac{\varepsilon_c}{c}y, \quad \sigma = H_2\left(\frac{\varepsilon_c}{c}y\right)^{n_2}$$

식 14.9에 σ를 대입하고 적분을 수행하면 다음을 얻을 수 있다.

$$M = 2t\int_0^c \sigma\, y\, dy = 2t\int_0^c H_2\left(\frac{\varepsilon_c}{c}y\right)^{n_2} y\, dy$$

$$M = 2tH_2\left(\frac{\varepsilon_c}{c}\right)^{n_2}\int_0^c y^{n_2+1}dy = 2tH_2\left(\frac{\varepsilon_c}{c}\right)^{n_2}\frac{y^{n_2+2}}{n_2+2}\Bigg|_0^c$$

$$M = \frac{2tc^2H_2\varepsilon_c^{n_2}}{n_2+2}, \qquad M = \frac{2tc^2\sigma_c}{n_2+2} \quad \text{(답)}$$

σ_c로 표현된 두 번째 식은 $y=c$에서의 원래의 응력-변형률 관계를 적용하여 첫 번째 식에 대입함으로써 얻어진다.

14.2.3 불연속적인 응력-변형률 선도

명확한 선형 탄성 영역의 끝에서 수학적인 관계의 변화로 인한 불연속적인 응력-변형률 선도를 고려해보자. 이미 13장에서 이와 같은 세 가지 관계(완전소성, 선형-경화, 멱-경화 거동)에 대하여 구체적으로 다루었다. 보는 탄성-소성 경계가 명확하게 구분되며, 중립축의 양 끝단의 영역에서는 오직 탄성 변형만 발생하는 재료로 만들어진다. 예를 들면 항복을 넘어선 완전 소성 거동에 관한 응력분포는 그림 14.3(d)와 유사하다.

불연속성 때문에 적분은 두 단계로 나누어 수행되어야 한다. 대칭적인 응력-변형률 선도와 직사각형 단면에 대하여 식 14.9가 적용된다. 적분은 중립축으로부터 항복이 시작되는 점까지의 거리 y_b를 기준으로 나눈다.

$$M = 2t\left[\int_0^{y_b} \sigma\, y\, dy + \int_{y_b}^{c} \sigma\, y\, dy\right] \tag{14.10}$$

적분을 수행하기 위해, 우선 식 14.4를 적용하여 $\varepsilon = \varepsilon_0$인 점에서 $y = y_b$일 때의 y_b를 구한다.

$$\frac{\sigma_0}{y_b} = \frac{\sigma_c}{c} \tag{14.11}$$

항복응력과 변형률은 $\sigma_0 = E\,\varepsilon_0$으로 주어진다.

$$y_b = \frac{\sigma_0\, c}{\mathrm{E}\,\varepsilon_c} \tag{14.12}$$

$y = 0$과 $y = y_b$ 사이에서의 응력분포는 선형 탄성응력-변형률 관계인 $\varepsilon = \sigma/E$이므로 선형이다. 이 구간에서 y의 함수인 σ를 구하기 위하여, $y < y_b$인 경우의 식 14.4를 적용한다.

$$\frac{\sigma/\mathrm{E}}{y} = \frac{\varepsilon_c}{c}, \qquad \sigma = \frac{\mathrm{E}\,\varepsilon_c}{c}\,y \qquad (0 \le y \le y_b) \tag{14.13}$$

적분의 두 번째 단계에서 응력 σ를 대체하기 위해 $y = y_b$와 $y = c$ 사이에 적용되는 특정 응력-변형률 관계 $\varepsilon = f(\sigma)$를 사용할 필요가 있다. 이를 수행하기 위해서 관계를 $\sigma = h(\varepsilon)$로 표현하고 구간 $(y_b \le y \le c)$에 대해 식 14.8을 적용해야한다.

예제 14.2

그림 14.3과 같은 깊이 $2c$, 두께 t인 직사각형 단면을 가진 순수 굽힘을 받는 보를 고려해 보자. 재료는 식 13.1의 탄성, 완전 소성 응력-변형률 관계를 갖는다. $y = c$에서의 변형률 ε_c와 상수 E, σ_0, t, c를 사용하여 굽힘 모멘트 M에 관한 식을 도출하라.

【풀이】 보의 거동이 그림 14.5에 나타나 있다. 초기 항복 모멘트 M_i에 이르기까지, $\sigma = E\varepsilon$의 선형 탄성 거동을 한다.

$$\sigma = \frac{My}{I_z}, \quad \sigma_c = \frac{Mc}{2tc^3/3} = \frac{3M}{2tc^2} \qquad (\sigma_c \le \sigma_o)$$

M에 관하여 풀이하는 것은 탄성 거동 영역의 관계를 나타낸다.

$$M = \frac{2tc^2\sigma_c}{3}, \quad M = \frac{2tc^2 E\varepsilon_c}{3} \qquad (\sigma_c \le \sigma_o,\ \varepsilon_c \le \sigma_o/E) \qquad \text{(답)}$$

따라서, 두 번째 식은 $\sigma_c = E\varepsilon_c$를 대입함으로써 얻어진다. 이 관계는 $\sigma_c = \sigma_o$일 때 $M = M_i$에 적용된다.

$$M_i = \frac{2tc^2\sigma_o}{3}$$

다음, 그림 14.5의 참고자료에 따라, 항복 하에서의 거동에 대해 고려해보자. 식 13.1의 응력-변형률 관계식 때문에 응력 분포는 $y = y_b$인 탄성-소성 경계 내에서 선형이다. 따라서, 식 14.10의 두 단계의 적분이 필요하다. $(0 \le y \le y_b)$인 첫 번째 단계에서는, 식 14.13으로부터 응력 σ을 대입한다. 그리고 $(y_b \le y \le c)$인 두 번째 적분 단계에서는, 단순하게 $\sigma = \sigma_o$를 대입하고, 적분을 진행한다.

$$M = 2t\left[\int_0^{y_b} \sigma\, y\, dy + \int_{y_b}^{c} \sigma\, y\, dy\right] = 2t\left[\int_0^{y_b} \frac{E\varepsilon_c}{c} y^2\, dy + \int_{y_b}^{c} \sigma_o\, y\, dy\right]$$

$$M = 2t\left[\frac{E\varepsilon_c}{c}\frac{y^3}{3}\bigg|_0^{y_b} + \sigma_o \frac{y^2}{2}\bigg|_{y_b}^{c}\right] = 2t\left[\frac{E\varepsilon_c}{3c} y_b^3 + \frac{\sigma_o}{2}\left(c^2 - y_b^2\right)\right]$$

그러고 나서 식 14.12로부터 y_b를 소거하기 위해 일련의 계산 과정을 수행하면, 아래와 같은 결과가 도출된다.

$$M = \left[\frac{E\varepsilon_c}{3c}\left(\frac{\sigma_o c}{E\varepsilon_c}\right)^3 + \frac{\sigma_o}{2}\left(c^2 - \left(\frac{\sigma_o c}{E\varepsilon_c}\right)^2\right)\right]$$

$$M = tc^2\sigma_o\left[1 - \frac{1}{3}\left(\frac{\sigma_o}{E\varepsilon_c}\right)^2\right] \qquad (\varepsilon_c \ge \sigma_o/E) \qquad \text{(답)}$$

탄성 거동 $(\varepsilon_c \le \sigma_o/E)$을 이전의 결과와 결합하여 해를 얻을 수 있다.

【고찰】 만약 $\varepsilon_c \le \sigma_o/E$을 하한에 대응되는 초기 항복 $(\varepsilon_c \ge \sigma_o/E)$로 표현된 M에 대입하면, 이전에 구해진 M_i과 동일한 식이 도출된다. 또한, 변형률 값이 큰 경우에 대하여 초기 항복 표현의 극한값은 다음과 같다.

$$M_o = tc^2\sigma_o \qquad (\varepsilon_c \gg \sigma_o/E)$$

이는 그림 A.14의 완전 탄성 모멘트와 동일하다. 게다가, 그림 14.5에 보여진 것과 같이, M에 대한 탄성 및 초기 항복에 대한 표현이 M_i의 연장선으로 보여지고, 초기 항복은 M_o로 수렴한다.

앞에 실시했던 예시 및 그림 14.5에서는 굽힘 모멘트와 빔의 변형률이 증가함에 따라 탄성 영역이 수축되고, 그 경계 $y = y_b$가 중립축에 근접하게 된다. (14.12 식의 y_b은 ε_c가 증가할수록 감소하고 큰 ε_c의 경우 0에 접근한다.) 그림 14.6에 나타낸 것과 같이 3점 굽힘의 경우 모멘트가 소성값에 가까워질수록 큰 변형이 발생한다. 소성 힌지가 점점 더 큰 영역으로 발전하면 결국 빔이 붕괴하게 된다.

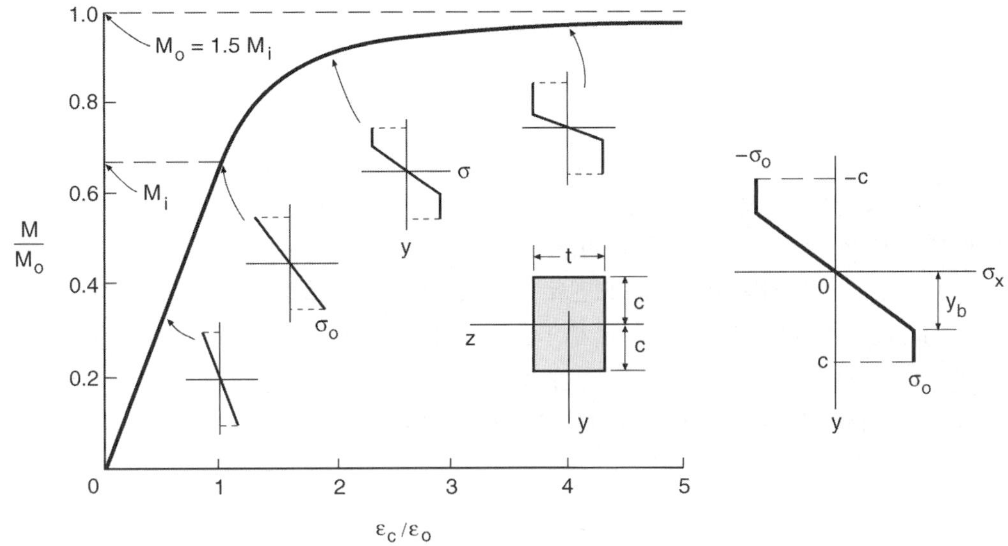

그림 14.5 탄성, 완전 소성 재료인 정사각형 보에서 모멘트와 변형률의 거동. 하중이 가해질수록, 응력 분포는 그림과 같이 변한다.

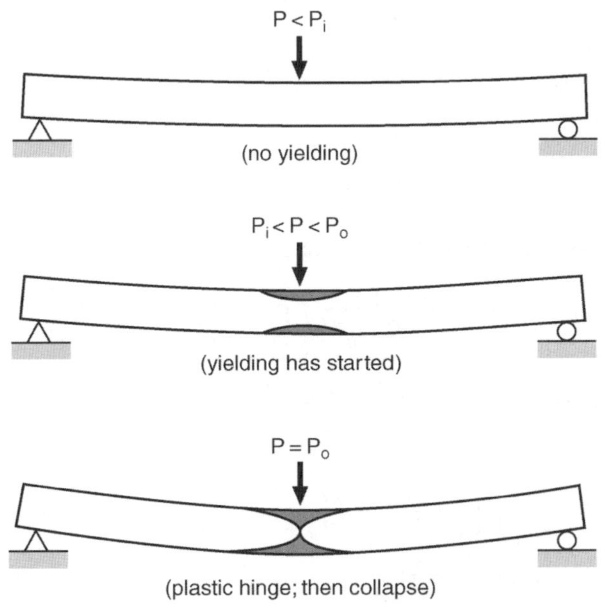

그림 14.6 3점 굽힘에서 소성 힌지의 발전. 초기 항복 하중 P_i와 완전 소성 하중 P_o에 대응하는 모멘트는 각각 M_i와 M_o이다. P_o에 도달하면 큰 변형이 발생한다.

14.2.4 Ramberg-Osgood 응력-변형률 선도

식 13.12의 Ramberg - Osgood 응력 - 변형률 선도의 장점은 다양한 재료의 응력 - 변형률 선도를 보다 정확하게 나타낼 수 있는 것이다. 비록 이 관계식은 응력에 대해 명시적으로 풀이할 수 없지만, y에서 σ로 적분 변수를 변화시키면서 특정 경우에 대한 폐쇄형(Closed - form) 적분을 수행할 수 있다. 이것은 다음 예제의 직사각형 단면을 사용하여 설명할 수 있다.

예제 14.3

그림 14.3과 같은 깊이 $2c$, 두께 t인 직사각형 단면을 가진 순수 굽힘을 받는 보를 고려해보자. 재료는 식 13.12의 Ramberg-Osgood 응력-변형률 관계 $\varepsilon = f(\sigma)$를 갖는다. $y = c$에서의 응력 σ_c와 상수 E, h, n, t, c를 사용하여 굽힘 모멘트 M에 관한 식을 도출하라.

【풀이】 식 14.9를 적용하여야 하지만, 예제 14.1과 14.2에서 알 수 있듯이 응력-변형률 관계식은 응력 σ에 관하여 풀이하고 대입할 수 없다.

따라서, 다른 전략이 필요하다. 우선, 변형률에 관하여 정의된 y와 미분된 dy를 얻기 위하여 식 14.4의 선형 변형률 분포를 사용한다.

$$y = \frac{c}{\varepsilon_c}\varepsilon, \quad dy = \frac{c}{\varepsilon_c}d\varepsilon$$

식 14.9에 이를 대입하면 M은 응력과 변형률의 적분으로 표현된다.

$$M = 2t\int_0^c \sigma\, y\, dy = 2t\left(\frac{c}{\varepsilon_c}\right)^2 \int_0^{\varepsilon_c} \sigma\, \varepsilon\, d\varepsilon$$

다음으로, 식 13.12를 미분하면 응력-변형률 관계식이 얻어지고, ε와 $d\varepsilon$를 σ에 관한 식으로 표현할 수 있다.

$$\varepsilon = f(\sigma) = \frac{\sigma}{E} + \left(\frac{\sigma}{H}\right)^{1/n}, \quad d\varepsilon = \left[\frac{1}{E} + \frac{1}{n\sigma}\left(\frac{\sigma}{H}\right)^{1/n}\right]d\sigma$$

응력의 함수로 주어진 변형률을 적분식에 대입하면 다음을 얻을 수 있다.

$$M = 2t\left(\frac{c}{\varepsilon_c}\right)^2 \int_0^{\sigma_c} \sigma\left[\frac{\sigma}{E} + \left(\frac{\sigma}{H}\right)^{1/n}\right]\left[\frac{1}{E} + \frac{1}{n\sigma}\left(\frac{\sigma}{H}\right)^{1/n}\right]d\sigma$$

이 적분 식은 괄호 안의 식을 우선적으로 계산하고, 적분을 수행하면 간단하게 계산된다. 이렇게 몇 단계의 계산 과정을 수행하면 다음을 얻을 수 있다.

$$M = 2t\sigma_c\left(\frac{c}{\varepsilon_c}\right)^2\left[\frac{1}{3}\left(\frac{\sigma_c}{E}\right)^2 + \frac{n+1}{2n+1}\left(\frac{\sigma_c}{E}\right)\left(\frac{\sigma_c}{H}\right)^{1/n} + \frac{1}{n+2}\left(\frac{\sigma_c}{H}\right)^{2/n}\right] \qquad \text{(답)}$$

식 13.12에 $\varepsilon_c = f(\sigma_c)$을 대입하면 $y = c$에서의 응력 σ_c로 표현된다.

$y = c$에서의 탄성 및 소성 변형률에 대한 반복되는 표현을 이용하여 유용한 형태를 얻을 수 있다. 계속해서, $\varepsilon_c = f(\sigma_c)$를 대입하고, 분모와 분자를 $(\sigma_c/E)^2$로 나눈 후 나머지를 대입한다.

$$\varepsilon_{ec} = \frac{\sigma_c}{E}, \quad \varepsilon_{pc} = \left(\frac{\sigma_c}{H}\right)^{1/n}, \quad \beta = \frac{\varepsilon_{pc}}{\varepsilon_{ec}}$$

이는 다음과 같다.

$$M = \frac{2tc^2\sigma_c}{3}\left[\frac{1+\frac{3n+3}{2n+1}\beta+\frac{3}{n+2}\beta^2}{(1+\beta)^2}\right] \qquad \text{(답)}$$

$\varepsilon_c = \varepsilon_{ec} + \varepsilon_{pc}$와 더불어, 이는 M과 ε_c사이의 매개변수적 관계를 나타낸다.

【고찰】 해의 두 번째 형태로부터, 만약 탄성 변형률이 소성 변형률에 비해 작다면($\beta = 0$), 식 14.2의 탄성 굽힘과 같은 결과를 얻을 수 있다. 반대로, 소성 변형률이 탄성 변형률에 비해 작다면($\beta \gg 1$), 예제 14.1의 단순한 멱-경화 경우와 같은 극한값이 도출된다. 예제를 통해 도출한 $M-\varepsilon_c$ 곡선은 그림 14.7에서 보이는 것과 같이 연속곡선으로 표현된다. 변형률이 작은 경우에는, 곡선이 탄성 해에 근접한다. 또한 변형률이 큰 경우에는, 곡선이 단순 멱 경화로 근접한다.

응력-변형 곡선 및 단면 형상의 다양한 다른 조합에 대해 방금 제공한 것과 유사한 추가 분석을 수행할 수 있으며, 그 중 일부는 이 장의 끝에 있는 연습문제에 있다. 적분을 항상 분석적으로 수행할 수는 없다; 때로는 수치적 적분이 필요하다. 또한, 부록 A는 추가 사례에 대해 완전한 소성 하중을 제공한다.

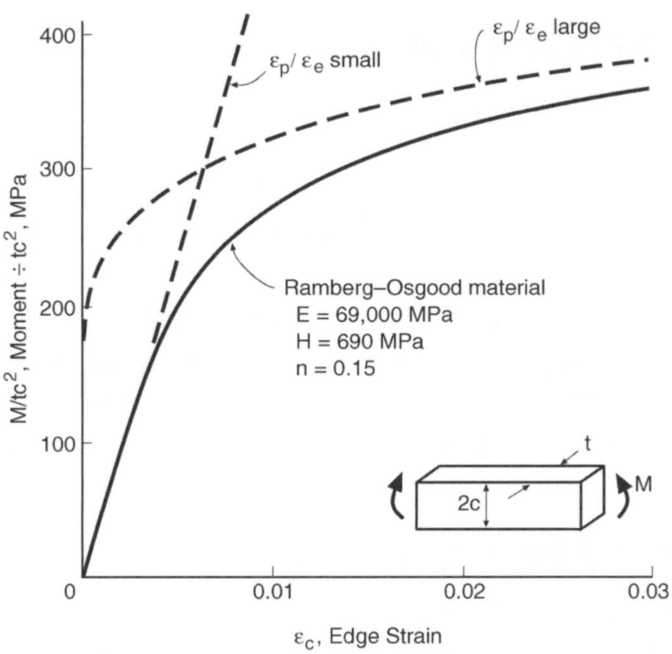

그림 14.7 특정한 Ramberg–Osgood 응력–변형률 선도를 가지는 재료에서 모멘트와 변형률의 관계. 이 곡선은 작은 변형률에서 탄성 해의 극한의 경우에 도달하며 다른 극한의 경우는 상당한 변형률에서 간단한 멱–경화에 대응한다.

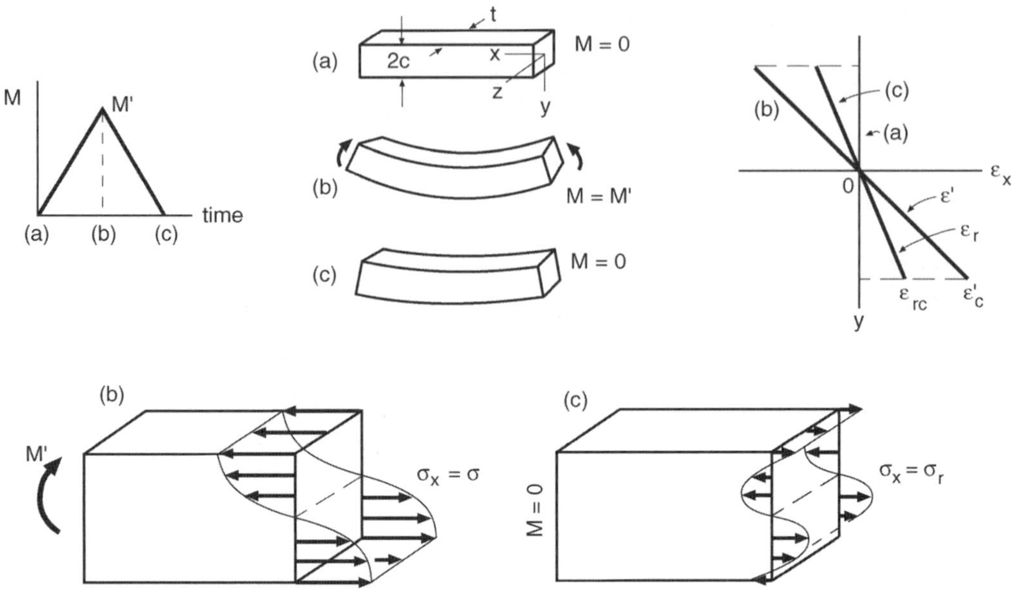

그림 14.8 정사각형 보의 항복점을 넘을 때까지의 하중 작용과 하중 제거. 모멘트가 0인 시간(a)에서 하중 작용이 시작되며 시간(b)에서 최대 모멘트 M′에 도달한다. 시간(c)에서 하중 제거가 완료되었을 때, 잔류 변형률 ε_r은 선형 분포로 잔류하며 잔류응력 σ_r은 그림과 같이 분포한다.

14.3 굽힘에서의 잔류응력과 변형률

그림 14.8에는 소성 변형이 일어난 후에 굽힘 모멘트가 제거된 보를 나타내었다. 이 때 재료가 소성 변형 이외에도 하중을 제거하는 동안 회복되는 탄성변형을 보여준다고 하자. 보의 하중을 제거하면 변형률은 감소하지만 0이 되지는 않기 때문에 영구 변형이 남게 된다. 그러므로 값이 변화하지 않거나 잔류하는 응력(Locked in stress 혹은 residual stress)이 보에 존재할 것이다.

하중을 제거하는 동안에 단면은 평면으로 유지되기 때문에 변형률의 가장 큰 변화가 나타나는 곳은 보의 선단이다. 여기서 잔류응력은 최대 하중에서 이전에 존재했던 응력과 부호가 반대로 나타나게 된다. 재료에 발생하는 하중은 인장에 의해 영구 변형이 일어난 보의 선단에서 하중이 제거된 경우에는 보가 스프링처럼 돌아오면서 압축으로 바뀐다. 반대로 압축항복을 받는 보의 선단에서 재료는 하중 제거 시 인장을 받게 된다.잔류응력은 중립축에 가까이 위치할수록 이전에 작용한 응력과 같은 부호를 가진다.

14.3.1 탄성, 완전 소성 재료의 직사각형 단면보

탄성, 완전 소성 재료에 있어서 항복을 넘는 하중을 받은 직사각형 단면에 대하여 고려해보자. 그림 14.9에 이를 나타내었다. 가장 큰 모멘트 M'에 이르렀을 때 응력 분포는 그림 14.9(a)와 유사하다. 모멘트 M'은 예제 14.2에서 제시한 보의 끝단에서의 변형률 $\varepsilon_c{}'$와 관련이 있다.

$$M' = tc^2\sigma_0[1 - \frac{1}{3}(\frac{\sigma_0}{E\varepsilon_c'})^2] \tag{14.14}$$

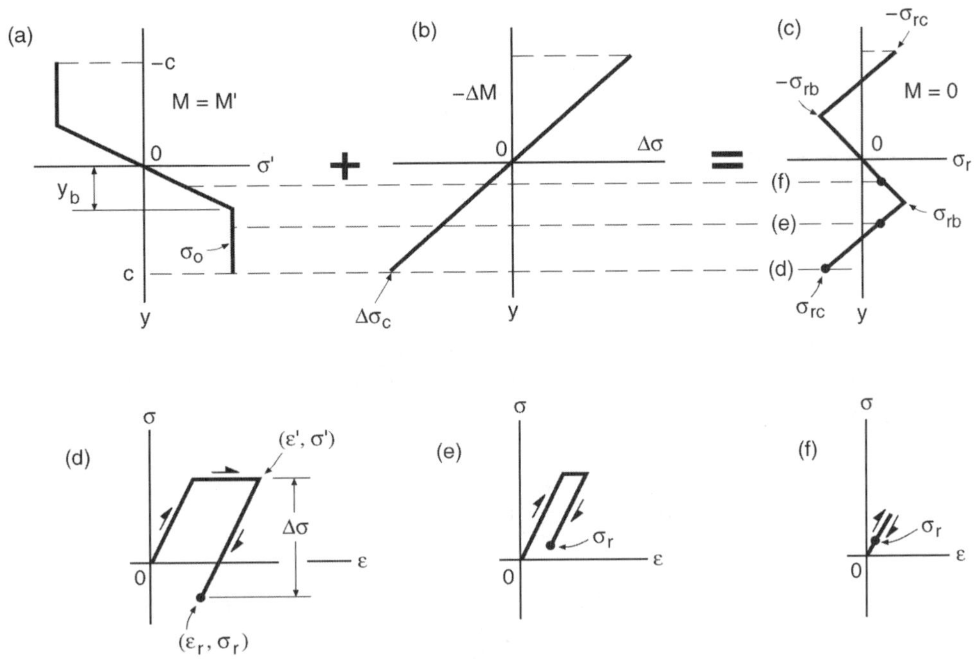

그림 13.9 탄성, 완전 소성 재료의 정사각형 보에서, (a)와 같이 최대 모멘트에서 응력은 하중이 제거되는 동안 (b)와 같이 변하며 잔류응력은 (c)와 같다. 위치에 따라서, 잔류응력은 그림 (d)와 같이 부호가 반대가 될 수 있고 (e, f)와 같이 같은 부호일 수도 있다. 특별한 경우는 $M' = 0.95M_o$일 때 대응한다.

하중을 제거하는 동안에는 항복이 발생하지 않는 선형 탄성 거동을 가정하여 풀이를 진행하고, 추후에 이 가정을 확인해 본다. 이 경우에서 하중 제거 중에 모멘트의 변화 ΔM은 탄성 해인 식 14.2에 의해 보의 끝단에서의 응력 변화 $\Delta\sigma_c$와 관계가 있다.

$$\Delta M = \frac{2tc^2\Delta\sigma_c}{3} \tag{14.15}$$

보에 발생하는 모멘트가 0이 되도록 하중을 제거하면 $M' - \Delta M = 0$이 된다. 이전의 두 식을 $\Delta\sigma_c$에 대해 정리하면

$$\Delta\sigma_c = \frac{\sigma_0}{2}\left[3 - \left(\frac{\sigma_0}{E\varepsilon_c'}\right)^2\right] \tag{14.16}$$

$y = c$에서의 잔류응력과 변형률은 M'에서 제하 중에 변하는 모멘트를 뺀 값이고, 여기서 변형률의 변화는 탄성 제하 거동을 가정했기 때문에 $\Delta\varepsilon_c = \Delta\sigma_c/E$이다.

$$\sigma_{rc} = \sigma_c' - \Delta\sigma_c, \qquad \varepsilon_{rc} = \varepsilon_c' - \Delta\sigma_c/E \quad \text{(a, b)} \tag{14.17}$$

M'에서 보가 항복에 도달했기 때문에 $\sigma'_c = \sigma_0$인 것에 유의하여 (a)와 식 14.16을 조합해보면, $y = c$일 때의 잔류응력을 얻을 수 있다.

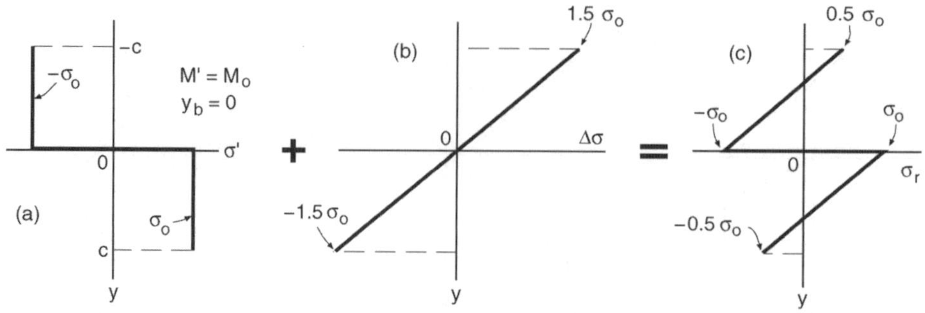

그림 14.10 정사각형 보의 완전 소성 항복인 특별한 경우에서, 그림 (a)에 하중이 제거되기 전 최대응력이 나타나 있으며, 그림 (b)에 하중이 제거되는 동안 응력의 변화가 나타나 있다. 그리고 그림 (c)에 잔류응력이 나타나 있다.

$$\sigma_{rc} = -\frac{\sigma_0}{2}[1-(\frac{\sigma_0}{E\varepsilon_c'})^2] \tag{14.18}$$

유사한 방법으로 식 14.17에 (b)를 통해 얻은 $y=c$에서의 잔류 변형률은

$$\varepsilon_{rc} = \frac{\sigma_0}{2E}[-3+2(\frac{E\varepsilon_c'}{\sigma_0})+(\frac{\sigma_0}{E\varepsilon_c'})^2] \tag{14.19}$$

$E\varepsilon_c'/\sigma_0 = \varepsilon_c'/\varepsilon_0$는 계산된 변형률의 최대값과 항복 변형률의 비이며, 이 값은 초기 항복에 도달한 보의 단위 값보다 커야 한다. 이 비와 그 역수는 식 14.18과 14.19에 각각 나타내었다. 여기서 $y=+c$에서의 σ_{rc}는 음이고 ε_{rc}는 양이며, 이는 보의 선단에서 인장 하중에 의한 항복이 발생한 경우와 일치한다는 결론을 내릴 수 있다. $y=-c$에서는 $y=+c$인 경우와 비교하여 크기는 같지만, 부호는 서로 반대이다.

변형률이 최대값에 도달하는 극단적인 경우에는 이 값이 항복 변형률보다 크게 된다. 식 14.18에서는 항복강도의 절반이 잔류응력인 것을 의미하고, 식 14.19에서는 하중 제거 시에 변형률이 변화하지 않는 것을 의미한다.

$$\sigma_{rc} = -\frac{\sigma_0}{2}, \qquad \varepsilon_{rc} = \varepsilon_c' \qquad (\varepsilon_c'/\varepsilon_0 \gg 1) \tag{14.20}$$

그림 14.10에서는 이에 해당하는 응력분포를 나타내었다. 위의 경우와 반대로 보의 선단이 항복응력에 도달한다면, $\varepsilon'_c/\varepsilon_0 = 1$, 이 식들은 $\sigma_{rc} = \varepsilon_{rc} = 0$인 것을 의미한다. 식 14.18와 14.19는 제한된 두 가지 경우들 사이에서의 완만한 변화를 나타낸다. 여기서 압축에서 항복이 발생하지 않는다는 초기 가정이 식 14.20의 가장 극단적인 경우를 통하여 검증되었기 때문에, 이러한 해석 방법은 유효하다고 할 수 있다.

14.3.2 보의 내부에 대한 추가적인 분석

이제 보의 내부를 고려해보자. 잔류응력분포는 그림 14.9(c)에 나타낸 것처럼 $y = \pm y_b$에서 기울기가 변화하는 직선들로 구성되어있다. 이러한 사실에 근거하여 잔류응력분포는 σ' 및 $\Delta\sigma$ 분포들의 합인 것을 알 수 있다. σ' 분포에서는 $y = \pm y_b$에서 기울기가 변하지만, $\Delta\sigma$ 분포에서는 이러한 기울

기의 변화가 없다. 따라서 그들의 합 σ_r은 오직 $\pm y_b$에서만 기울기의 변화가 있게 된다. 그림 14.9(a)와 (c)를 비교해보면, 보에서 항복이 발생한 점들은, $y > y_b$인 경우, 잔류응력 부호에 의존하는 (d) 또는 (e)와 유사한 응력-변형률 선도를 따른다. $y < y_b$ 상의 점들은 항복을 넘지 않고 탄성 선도를 따라서 변형하지만, 응력은 (f)에서처럼 0으로 돌아가지 않는다.

보 단면 끝단에서의 응력 σ_{rc}에 추가하여 탄-소성 경계에서의 응력값 σ_{rb}를 구한다면 잔류응력분포를 완벽하게 묘사할 수 있다. 탄-소성 경계인 y_b의 위치는 식 14.12에 의한 최대 변형률과 관련되어 있는 것을 상기해 보자. 여기서 σ_{rb}는 항복 응력에는 도달하지만 항복 응력을 초과하지는 않기 때문에, 이를 탄성계수를 사용한 $\sigma_{rb} = E\varepsilon_{rb}$ 식을 사용하여 해당하는 잔류 변형률을 계산한다. 평면단면은 평면이어야 한다는 조건으로부터 잔류 변형률의 분포가 선형인 것이 요구된다.

$$\frac{\varepsilon_{rb}}{y_b} = \frac{\varepsilon_{rc}}{c}, \qquad \frac{\sigma_{rb}/E}{y_b} = \frac{\varepsilon_{rc}}{c} \qquad \text{(a, b)} \tag{14.21}$$

식 14.14의 $\varepsilon_c = \varepsilon'_c$ 조건에서 얻은 y_b를 (b)에 대입하여 산출하면,

$$\sigma_{rb} = \frac{\sigma_0 \varepsilon_{rc}}{\varepsilon'_c} \tag{14.22}$$

따라서, σ_{rb}는 식 14.19에 주어진 ε_{rc}로부터 쉽게 얻을 수 있으므로, 전체의 잔류응력분포는 그림 14.9(c)와 같이 나타낼 수 있다. 여기서 변형률 ε'_c는 $\varepsilon'_c / \varepsilon_0 = 1$에서부터 $\varepsilon'_c / \varepsilon_0 \gg 1$인 경우까지 증가하고, σ_{rb}는 0부터 σ_o까지 증가한다. 그림 14.10에 나타낸 것처럼 $\sigma_{rb} = \sigma_o$인 후자의 경우는 $y_b = 0$일 때의 완전 소성 항복과 일치한다,

이와 유사한 잔류응력분포를 다른 단면들과 탄-소성 응력-변형률 선도의 종류에 대해 나타낼 수 있다. 몇 가지 경우에 대해서는 위에서 설명한 것과 유사한 폐쇄형태의 해석을 사용하여 설명할 수 있지만, 다른 경우에 대해서는 수치해석이 요구되기도 한다.

14.4 비틀림을 받는 원형축의 소성

속이 차있거나 비어있는 원형 축에 항복점 위의 비틀림 하중이 작용하는 경우에는 이전의 굽힘이 작용했을 때와 유사한 과정을 통하여 해석한다. 즉 단면이 평면으로 유지된다는 가정이 계속해서 적용된다(이 가정은 원형이 아닌 단면에는 적용되지 않기 때문에, 이를 위하여 더 정교한 분석이 요구되지만 여기서 다루지는 않는다). 원형 축의 비틀림 해석은 순수 전단에 대한 응력-변형률 선도를 요구한다. 이는 잘 알려져 있지 않지만, 일반적으로 사용되는 단축 응력-변형률 선도로부터 산정할 수 있다. 따라서 원형 축의 해석을 진행하기 전에 전단응력-전단변형률 선도의 평가에 관한 논의가 필요하다.

14.4.1 전단응력-변형률 선도

비틀림을 받는 원형 축은 순수 전단 평면상의 모든 점에서 응력이 발생한다. 그림 14.11(a)에 나타낸 것처럼 x-y 평면은 원형 축의 표면에 접하고 z축은 표면에 수직한 방향이며, 이 상태의 응력 성분 중 0이 아닌 요소의 유일한 응력 성분은 τ_{xy}이다. 이 경우에는 단축응력-변형률 선도를 사용한 응력-변형률 선도의 산정을 위하여 주응력과 주변형률을 산정하고, 이를 이전의 장에서 설명된 소성 변형이론을 기반으로 한 식과 함께 사용할 수 있다.

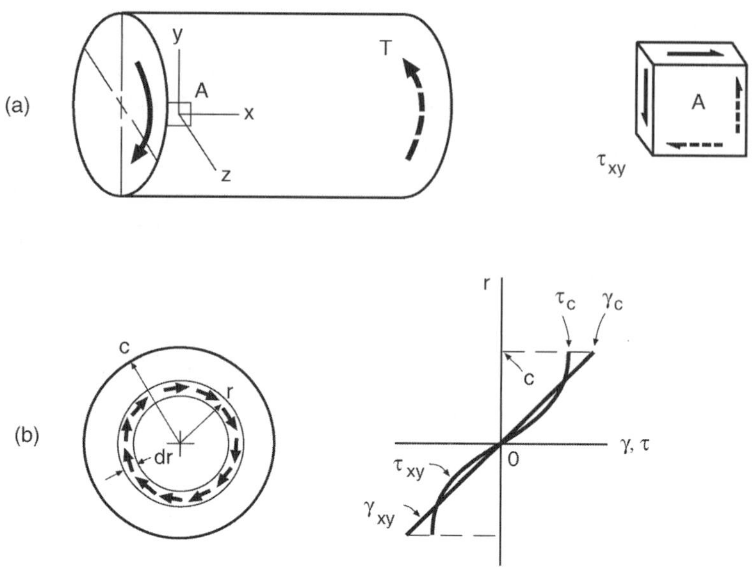

그림 14.11 원형 축이 순수 비틀림을 받고 있다. 순수 전단응력의 상태가 발생하면, 전단 변형률의 선형 분포에 따른 반지름 r에 의해 전단응력의 값이 결정된다.

순수 전단 τ_{xy} 같은 경우의 주축은 z축과 $x-y$ 평면상에서 기존의 $x-y$ 축에 45° 회전한 다른 두 개의 축으로 구성되어 있다. 주 수직응력은 아래 식과 같이 τ_{xy}와 관련되어 있고

$$\sigma_1 = -\sigma_2 = \tau_{xy}, \qquad \sigma_3 = 0 \tag{14.23}$$

위 식은 그림 4.20에 나타나 있다. 등방성 및 균질한 재료가 τ_{xy}를 받으면, 0이 아닌 변형률 성분은 오직 γ_{xy} 뿐이다. 이 때 주축을 따르는 변형률은

$$\varepsilon_1 = -\varepsilon_2 = \frac{\gamma_{xy}}{2}, \qquad \varepsilon = 0 \tag{14.24}$$

이 주응력, 주변형률의 방향은 6.2절과 6.6절에 설명된 변환식 또는 Mohr 원을 사용하여 확인할 수 있다.

순수전단은 평면응력의 특이한 경우이기 때문에, 전단에 대한 이상적인 응력-변형률 선도는 $\lambda = \sigma_2/\sigma_1 = -1$을 사용한 식 13.36 또는 식 13.37으로부터 얻을 수 있다. 앞에서 정의한 σ_1과 ε_1에 이 λ를 대입하면, 다양한 형태의 단축 응력-변형률 선도와 일치하는 $\tau-\gamma$ 관계식을 얻을 수 있다.

식 13.12에 나타낸 Ramberg-Osgood 형태의 단축 선도를 예로 들면, 식 13.39의 특별한 형태인 식 13.36을 사용한다.

$$\gamma_{xy} = \frac{\tau_{xy}}{G} + \left(\frac{\tau_{xy}}{H_\tau}\right)^{1/n}, \qquad H_\tau = \frac{H}{3^{(n+1)/2}} \tag{14.25}$$

여기서 n은 단축의 경우와 동일하고, 새로운 상수 H_τ는 단축 선도의 H와 관련되어 있다. 또한 G는 식 5.28에서 사용된 전단계수이다.

탄성, 완전 소성 응력-변형률 선도에 대한 순수 전단의 항복강도 τ_0는 식 13.32에 $\lambda = -1$을 적용

함으로써 단축 값과 관련지을 수 있다. 항복점에서는 $\bar{\sigma} = \sigma_0$과 $\sigma_1 = \tau_{xy} = \tau_0$이므로 $\tau_0 = \sigma_0 / \sqrt{3}$ 이다. 따라서 관계식은

$$\begin{aligned} \tau_{xy} &= G\gamma_{xy} && (\tau_{xy} \le \tau_0) && \text{(a)} \\ \tau_{xy} &= \tau_0 = \frac{\sigma_0}{\sqrt{3}} && (\gamma_{xy} \ge \frac{\tau_0}{G}) && \text{(b)} \end{aligned} \tag{14.26}$$

항복점이 분명한 불연속 응력-변형률 선도의 경우에는 $\tau_0 = \sigma_0 / \sqrt{3}$ 과 식 14.26(a)는 계속해서 적용되지만, 식 14.26(b)는 식 13.36에서 유도한 적절한 수식으로 대체되어야 한다.

14.4.2 원형 축의 분석

항복점 위의 비틀림 하중을 받는 원형 축에 대한 해석은 이전에 설명한 굽힘 하중의 경우와 유사하게 진행된다. 그림 14.11(b)의 축 단면을 고려해보자. 방사대칭(Radial symmetry)이기 때문에, 전단응력 $\tau_{xy} = \tau$는 축과의 거리가 r인 모든 점에서 동일하다. 구역 내 원형 요소에 있어서의 토크의 분포는

$$dT = \text{(stress)(area)(distance)} = (\tau)(2\pi r dr)(r) \tag{14.27}$$

$r = 0$부터 $r = c$인 외부 표면까지의 적분으로부터 토크를 얻을 수 있다.

$$T = 2\pi \int_0^c \tau r^2 \, dr \tag{14.28}$$

내경 c_1과 외경 c_2인 속이 빈 축의 경우에는 식 14.28을 다음과 같이 수정하여 사용한다.

$$T = 2\pi \int_{c_1}^{c_2} \tau r^2 \, dr \tag{14.29}$$

적분을 수행하기 위하여 단면은 비틀림을 받는 동안 평면을 유지한다는 가정과 전단이 $\gamma = f_\tau(\tau)$인 경우에 대한 특별한 응력-변형률 선도가 요구된다. 이것은 $\gamma_{xy} = \gamma$ 조건이거나 아래와 같은 전단 변형률의 선형 분포가 필요하다.

$$\frac{\gamma}{r} = \frac{\gamma_c}{c} \tag{14.30}$$

여기서 γ_c는 $r = c$에서의 전단 변형률이다.

뚜렷한 항복점이 없는 단순 멱급수 경화 거동을 고려해보자; 즉

$$\tau = H_3 \gamma^{n_3} \tag{14.31}$$

$r = c$에서 변형률 γ_c 또는 응력 τ_c의 함수로써 속이 차있는 축의 토크 T에 대한 식을 구하려면 γ을 식 14.30에서 14.31로 치환하여 τ를 r의 함수로 구한다. 이를 식 14.28로 치환하고 예제 14.1의 해당 굽힘 케이스에 해당하는 과정과 유사한 과정을 사용하여 적분을 수행한다. 결과는

$$T = \frac{2\pi c^3 H_3 \gamma_c^{n_3}}{n_3 + 3}, \qquad T = \frac{2\pi c^3 \tau_c}{n_3 + 3} \tag{14.32}$$

두 번째 형태는 $r = c$에서 식 14.31을 적용한 첫 번째 형태로부터 얻는다.

속이 차 있는 축과 식 14.26에 나타낸 탄성, 완전 소성 응력-변형률 선도의 경우는 유사한 응력-변형률 선도를 가지는 굽힘에 관한 식 14.2를 유도하는 해석절차와 매우 유사하다. 그 결과는

$$T = \frac{\pi c^3 \tau_c}{2} \qquad (\tau_c \le \tau_0)$$
$$T = \frac{\pi c^3 \tau_c}{6}\left[4 - \left(\frac{\tau_0}{G\gamma_c}\right)^3\right] \qquad (\gamma_c \ge \tau_0 / G) \tag{14.33}$$

마지막으로 속이 차 있는 축과 식 14.25에 나타낸 Ramberg-Osgood 형태 응력-변형률 선도를 가지는 경우에는 굽힘에 관한 식 14.3을 도출하기 위한 해석과 유사하다.

$$T = 2\pi c^3 \tau_c \left[\frac{\frac{1}{4} + \frac{2n+1}{3n+1}\beta_\tau + \frac{n+2}{2n+2}\beta_\tau^2 + \frac{1}{n+3}\beta_\tau^3}{(1+\beta_\tau)^3}\right] \tag{14.34}$$

여기서 β_τ는 축의 표면인 $r = c$에서 소성과 탄성 전단 변형률의 비이다.

$$\gamma_{ec} = \frac{\tau_c}{G}, \quad \gamma_{pc} = \left(\frac{\tau_c}{H_\tau}\right)^{1/n}, \quad \beta_\tau = \frac{\gamma_{pc}}{\gamma_{ec}}, \quad \gamma_c = \gamma_{ec} + \gamma_{pc}$$

따라서 식 14.34는 분명하게 정의할 수 있는 표면 전단응력과 토크 사이의 관계를 구성하며, 또한 비틀림과 표면 전단변형률 사이의 관계를 포함하고 있다.

비틀림에 대한 잔류전단응력은 굽힘에 대한 것과 유사하게 거동하며, 유사한 절차를 사용하여 해석할 수 있다.

14.5 노치가 있는 부재

노치가 있는 기계 부재는 종종 작용하는 하중에 의하여 국부적인 항복을 일으킨다. 피로 수명을 평가하기 위해 변형률 기반 접근법으로 추정하는 소성변형률에서 도출된 결과는 다음 장에서 다루도록 한다. 또한 노치가 있는 부재는 초과 하중에 대하여 충분한 안전계수를 포함하는 공학적 설계를 통해, 부재 전체의 소성 변형을 반드시 피해야 한다. 이 장에서는 이전의 내용을 설명하기 위한 공학적 방법을 제공한다. 계속해서 진행하기 전에, 독자는 부록 A의 A.6절과 A.7절의 탄성응력 집중 계수와 완전 소성 항복 하중에 대한 내용을 재고하길 바란다.

노치 부재에 대하여 적용 하중에 따른 거동을 그림 14.12에 나타내었다. 낮은 하중에서의 거동은 모든 부분에서 탄성 거동이며, 일반적으로 단순한 선형적인 관계를 보인다. 국부적인 소성 변형은 노치에서 응력이 재료의 항복강도를 넘었을 때 나타난다. 하중이 증가함에 따라 소성 변형 영역 또한 증가하고 넓어지며, 부재의 전체 단면적이 항복에 이를 때까지 증가한다. 그림 14.13에는 세 가지 영역에 대응하는 세 가지 종류의 거동을 나타냈다 : (a) 항복이 일어나지 않았을 때, (b) 국부적인 항복 그리고 (c) 완전 소성 항복. 그림에서는 폴리카보네이트 플라스틱의 노치에서 몇몇 국부적인 항복의 소성영역을 나타내었다.

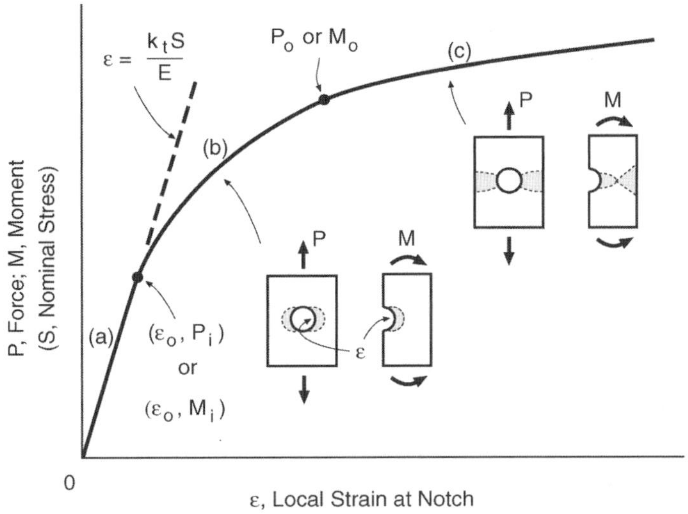

그림 14.12 노치가 있는 부재의 하중에 따른 국부 변형률의 거동은 3가지 영역으로 나누어진다. (a) 항복이 일어나지 않았을 때, (b) 국부 항복이 일어났을 때, (c) 완전 소성 항복이 일어났을 때. 작용 하중은 힘 P, 모멘트 M, 공칭응력 S와 같은 양으로 나타낸다.

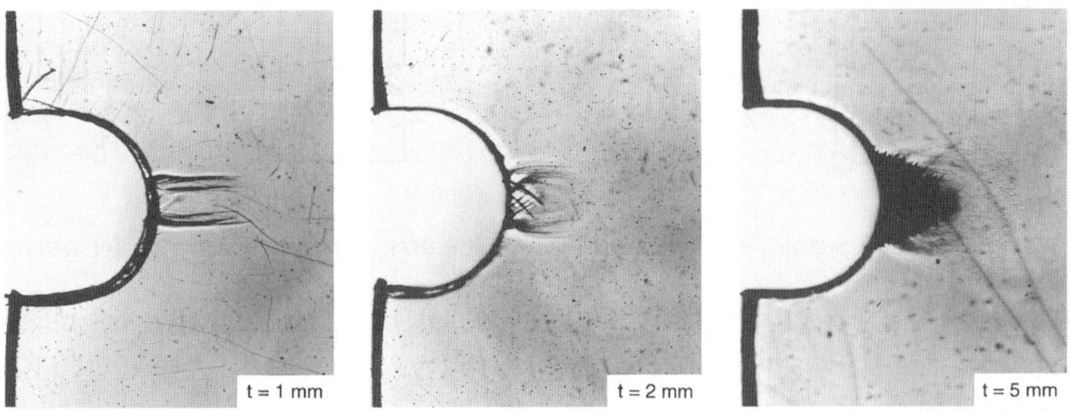

그림 14.13 폴리카보네이트 플라스틱의 노치에서 소성영역. 노치는 3mm의 깊이이며 반지름은 2mm이고, 두께는 왼쪽 1mm, 가운데 2mm, 오른쪽 5mm이다. 두께는 소성영역의 변화에 영향을 미치고, 횡 방향 구속의 정도에 따라 응력의 상태가 변한다.

14.5.1 탄성 거동과 초기 항복

탄성 거동에서는 노치 응력 σ를 공칭응력 S와 탄성응력 집중 계수 k_t로 정의할 수 있다.

$$\sigma = k_t S \qquad (\sigma \le \sigma_0) \tag{14.35}$$

축 방향 또는 굽힘 하중에서의 σ는 S와 평행한 방향인 노치 아래 부분의 하중이고, 그림 14.14에 나타낸 σ_y이다. k_t의 값은 다양한 문헌을 참고하여 부록 A의 그림 A.11과 그림 A.12에 명시되어 있다.

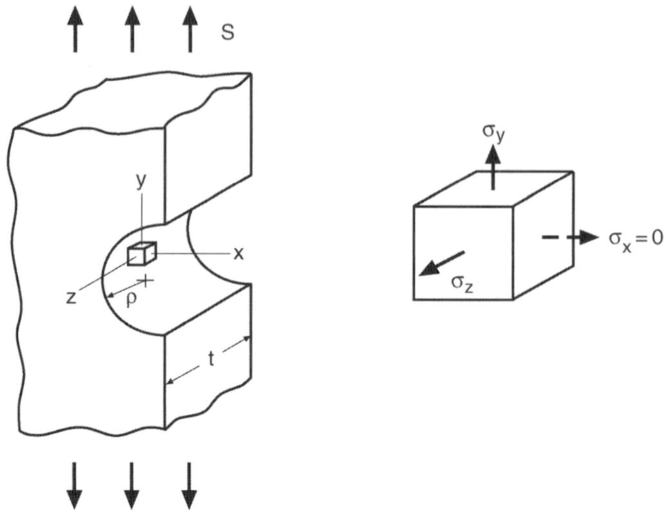

그림 14.14 노치에서 국부 응력과 변형률의 좌표계

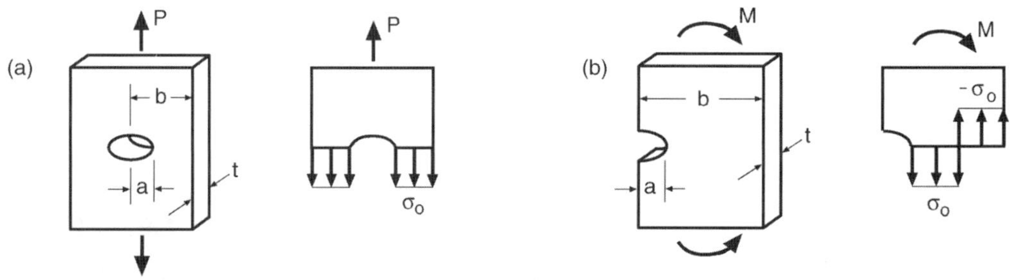

그림 14.15 두 가지 경우의 노치가 있는 부재에 대한 형상과 완전 소성항복이 발생하였을 때의 응력분포

두께 t에 비해 노치 반경 ρ가 작은 경우를 제외하고, 두께 방향 응력 σ_z는 σ_y보다 작다. 또한 x 방향에 수직인 자유 표면 때문에 $\sigma_x = 0$이므로, 응력은 단축 상태인 $\sigma_y = \sigma$와 거의 유사하다. 이에 해당하는 변형률은 아래와 같다.

$$\varepsilon = \frac{k_t S}{E} \qquad (\varepsilon \leq \frac{\sigma_0}{E}) \tag{14.36}$$

S/E는 공칭 변형률로 고려되며, k_t는 응력 집중 계수만이 아니라 변형률 집중 계수로도 사용된다. 식 14.35와 14.36은 σ가 항복강도 σ_0에 도달하는 경우까지만 적용하고, 항복을 넘어서는 경우에는 유효하지 않으므로 적용할 수 없다. 전단 하중을 받는 경우에도 항복 응력을 넘지 않는 조건에서 위와 유사하게 τ, γ와 G의 관계에 적절한 k_t값이 사용된다.

그림 14.15(a)와 같은 치수를 가지는 중심에 구멍이 있는 판에 축 방향 힘 P가 작용하는 경우를 고려해 보자. 여기서 k_t는 순 단면적의 공칭응력을 기준으로 정의된다고 가정하면,

$$S = \frac{P}{2(b-a)t} \tag{14.37}$$

8장의 균열 부재에서 사용했던 것과 동일하게 a와 b를 정의할 수 있다. 또한 노치 끝단은 어떤 유한한 반경 ρ를 가지는 둔화된 형태라고 가정한다. 항복이 처음으로 발생할 때 힘은 P_i이고, 식 14.37에서의 $k_t S = \sigma_0$를 이용하면

$$P_i = \frac{2\,(b-a)\,t}{k_t}\,\sigma_0 \qquad (14.38)$$

이를 초기 항복 하중이라 부른다.

굽힘 하중을 받는 노치 부재에서의 공칭응력은 일반적으로 노치가 제거된 후 남아 있는 단면적 깊이 $(b-a)$에 대한 탄성 굽힘 식으로부터 정의된다. 그림 14.15(b)와 같이 한쪽 끝에 노치가 있는 직사각형의 굽힘 부재에서,

$$S = \frac{6\,M}{(b-a)^2\,t} \qquad (14.39)$$

이는 식 14.2에 $c = (b-a)/2$를 대입하여 얻을 수 있다. 초기 항복 모멘트는 $k_t S = \sigma_0$일 때, 발생하므로

$$M_i = \frac{(b-a)^2\,t}{6k_t}\,\sigma_0 \qquad (14.40)$$

특정한 공칭응력을 기반으로 하여 정의된 유사한 식들은 다른 경우들에 대해서도 얻을 수 있다.

14.5.2 완전 소성 항복

항복점을 넘어서면 국부 노치 변형률은 탄성 해석으로 추정한 것보다 더 크다(그림 14.12에서 나타낸 직선과 점선을 비교해 보자). 초기에 발생하는 항복은 상대적으로 재료의 작은 영역에 국한되지만, 하중이 증가하면서 항복이 발생하는 영역이 점차적으로 커진다. 단면적 전체로 항복이 진행되었을 때를 완전 소성 항복이라 칭한다. 이 지점을 넘어서면 하중이 조금만 증가하더라도 노치 변형률이 크게 생성된다. 또한 전체적인 변위는 이 지점까지는 선형성을 가지지만, 이 지점을 지나면 하중이 증가함에 따라 급속도로 증가한다. 탄성, 완전 소성인 재료에서는 하중이 더 이상 증가하지 않기 때문에 하중-변형률 곡선은 평평해진다.

완전 소성 항복 하중 또는 모멘트의 계략적인 추정은 그림 14.15와 같이 완전 소성 재료의 응력분포에 기초하여 쉽게 예측할 수 있다. 그림 14.15에 나타낸 특별한 경우들에서 (a)의 완전 소성 하중 P_o와 (b)의 완전 소성 모멘트 M_o는 각각 다음과 같다.

$$P_0 = 2\,(b-a)\,t\,\sigma_0, \qquad M_0 = \frac{(b-a)^2\,t\,\sigma_0}{4} \qquad (\text{a,b}) \qquad (14.41)$$

이 식들은 부록 A.7절에 유도되어 있으며 또한 추가적인 경우의 결과도 나타나 있다. 이와 같은 완전 소성 하중의 예측은 하한값이므로 노치 부재의 실제 파손 하중은 조금 더 높게 측정된다. A.7.3에 언급된 것처럼 이런 현상의 원인은 두 가지가 있다: (1) 실제 대부분의 응력-변형률 선도에서 항복점 이상에서 나타나는 변형률 경화, (2) 노치에서 실질적으로 상승하는 항복강도에 대한 기하학적 구속효과

14.5.3 국부 항복에서 노치 응력과 변형률의 예측

소성 변형이 발생하는 동안에 노치 변형률을 정의하는 몇 가지 해석적 해가 존재한다. 유한 요소법을 통한 수치해석을 이용할 수 있지만, 비선형 탄소성 응력–변형률 관계의 해석은 선형 탄성 분석과 비교해 상대적으로 복잡하고 비용의 소모가 크다. 때로는 비선형 수치해석이 요구되는 경우에도 노치 응력과 변형률을 근사적으로 예측하기 위한 다양한 방법이 개발되어 왔다. 그 중 Neuber 방법이 가장 널리 이용되며 여기서는 이에 대해서 설명하도록 한다.

그림 14.16(a)에서의 단순 증가 하중이 작용하는 경우에 탄소성 응력–변형률 선도를 가지는 노치 부재에 대해 고려해보자. 노치에서 최대응력 σ_y와 이에 대응하는 변형률 ε_y에 대해 살펴보자(앞으로는 간단하게 σ와 ε이라고 표현한다). 노치에서 소성 변형이 시작될 때, 선형 탄성 거동을 하는 노치 응력과 공칭응력의 비는 k_t값보다 낮게 나타나게 된다. 앞서 그림 14.12에서 나타낸 것과 같이 변형률은 이와 반대의 경향을 나타내고, 탄성 거동에 대응하는 값을 초과한다. 그러므로 응력과 변형률 집중 계수를 분리하여 정의할 필요가 있으며 이는 아래와 같다.

$$k_\sigma = \frac{\sigma}{S}, \qquad k_\varepsilon = \frac{\varepsilon}{e} \tag{14.42}$$

여기서 e는 공칭 변형률(특히, 재료의 응력–변형률 선도에서 S에 대응하는 값)이다. 노치 변형률이 증가할 때, 이 값들의 경향은 그림 14.16(b)에 나타나 있다.

Neuber 방법에서는 응력과 변형률 집중계수의 기하 평균을 소성 변형이 일어나는 동안의 k_t와 같다고 간단히 정의한다.

$$\sqrt{k_\sigma k_\varepsilon} = k_t \tag{14.43}$$

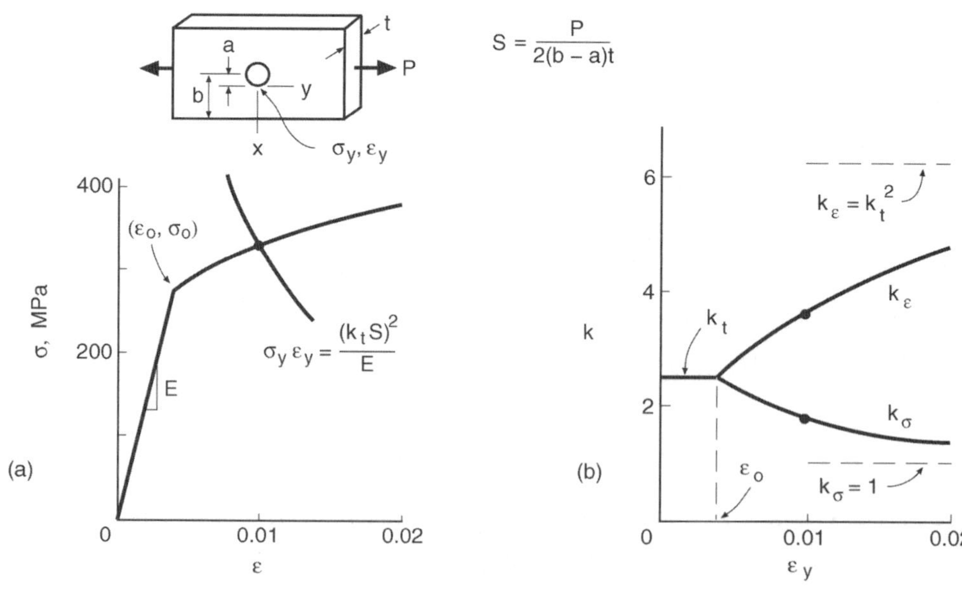

그림 14.16 주어진 노치가 있는 부재와 응력–변형률 선도(a)에서, Neuber 방법은 특정 공칭응력 S와 대응하는 국부 노치 응력과 변형률(σ, ε)을 계산할 때 이용된다. 응력과 변형률 집중 계수는 (b)와 같이 다양하다.

좌우 대칭으로 작용하는 축 방향 하중에서, 완전 소성 항복에서의 개략적인 균일 응력 분포는 σ와 S가 유사한 값들을 가지도록 한다. 이러한 이유에서 k_σ는 변형률이 큰 경우에 일정한 경향을 나타내고 있고, 앞선 식의 k_ϵ은 k_t^2으로 점점 접근하게 된다.

만약 완전 소성 항복이 일어나지 않는다면 $e = S/E$를 적용한다. 이는 국부 항복의 경우에 $e = S/E$와 식 14.42를 식 14.53에 대입함으로써 Neuber 방법으로부터 유용한 식을 얻을 수 있게 해준다. 간단한 계산을 통해 다음과 같은 결과가 나온다.

$$\sigma\varepsilon = \frac{(k_t S)^2}{E} \tag{14.44}$$

주어진 재료, 형상, 적용 하중과 알고 있는 E, k_t, S를 통해 응력과 변형률의 결과를 상수로 도출할 수 있다. 또한 응력과 변형률은 재료의 응력-변형률 선도와 관련 되어있기 때문에 선도를 통해 해를 얻을 수 있다. $\sigma\varepsilon$이 상수이기 때문에 단순한 쌍곡선임에 주목하면 그림 14.16(a)와 같이 도식적인 방법을 통해 해를 쉽게 구할 수 있다. 만약 국부 노치 응력이 항복 응력을 초과하지 않는다면, 식 14.44는 선형 탄성 거동에서 정확한 해를 구할 수 있다. 다양한 S값들에 대하여 식 14.44를 이용하면 ε은 그림 14.12의 (a)와 (b)영역과 같은 경향이 나타난다. 만약 (c)영역과 같이 완전 소성 항복이 있다면, 식 14.44를 적용할 수 없으며 변형률은 낮게 평가될 것이다. 크기에 상관없이, 힘 또는 모멘트(P 또는 M)의 공칭응력 S에 대해 변형률 ε을 그래프로 그리면 동일한 선도가 나온다. 이는 식 14.37 또는 식 14.39에 나타낸 것과 같이, S가 P, M 또는 다른 적용되는 힘의 크기에 비례하기 때문이다. 사실 공칭응력 S는 단지 적용 하중을 나타내는 편리한 여러 방법들 중에 하나로 고려되어야 한다.

탄성, 항복점을 넘어선 완전 소성 재료에 대하여 변형률은 $\sigma = \sigma_o$를 식 14.44에 대입함으로써 간단히 계산할 수 있으며 이는 다음과 같다.

$$\varepsilon = \frac{(k_t S)^2}{\sigma_0 E} \qquad (\varepsilon \geq \sigma_0 / E) \tag{14.45}$$

항복을 넘은 멱-경화 재료의 경우에 유용한 해석적 식은 식 13.8(b)의 응력과 변형률을 식 14.44에 대입한 후, 나머지 값들을 구함으로써 얻을 수 있다.

$$\sigma = H_1 [\frac{(k_t S)^2}{E H_1}]^{n_1/(n+1)}, \qquad \varepsilon = [\frac{(k_t S)^2}{E H_1}]^{1/(n_1+1)} \qquad (\sigma \geq \sigma_0) \tag{14.46}$$

만약 Ramberg-Osgood 응력-변형률 선도를 이용한다면, 응력과 변형률의 해석적 해는 사용할 수 없다. 이 경우에는 식 13.12와 식 14.44에서 ϵ을 소거하여 S와 σ를 포함한 식을 구할 수 있으며, 이를 σ에 대한 시행착오 법이나 다른 수치적 방법을 통해 풀면 다음과 같다.

$$S = \frac{1}{k_t}\sqrt{\sigma^2 + \sigma E (\frac{\sigma}{H})^{1/n}}, \qquad k_t S = \sqrt{\sigma^2 + \sigma E (\frac{\sigma}{H})^{1/n}} \qquad (a, b) \tag{14.47}$$

σ를 식 13.12에 대입하면 ϵ을 구할 수 있다. (b) 형태는 탄성 거동($\sigma_{elas} = k_t S$)에서 국부 응력을 유한요소법으로 직접 계산할 때 유용하다. 압축 방향으로 하중이 작용할 경우에는 식 14.44로부터 식 14.47의 식들에 존재하는 $(\sigma,\ \varepsilon,\ S)$를 $(-\sigma,\ -\varepsilon,\ -S)$로 대체해야 하며 재료의 응력-변형률 선

도 $\varepsilon = f(\sigma)$를 $\varepsilon = -f(-\sigma)$로 수정해야 한다.

예제 14.4

그림 14.16의 노치 부재는 탄성응력 집중 계수 k_t가 2.5이며 재료는 식 13.8의 멱-경화 응력-변형률 선도를 따른다. 재료상수는 $E = 69\text{GPa}$, $H_1 = 834\text{MPa}$, $n_1 = 0.200$이다. 부재에 공칭응력 $S = 200\text{MPa}$이 작용할 때, 노치에서 y방향으로의 응력과 변형률을 계산하라.

【풀이】 첫째로, 노치에서 항복의 발생 시기를 $k_t S = 2.5 \times 200 = 500\text{MPa}$과 식 13.10의 항복 응력을 비교하여 결정해야 한다.

$$\sigma_o = E\left(\frac{H_1}{E}\right)^{1/(1-n_1)} = (69{,}000\text{MPa})\left(\frac{834\text{MPa}}{69{,}000\text{MPa}}\right)^{1/(1-0.200)} = 276.5\text{MPa}$$

$k_t S$가 이 항복 응력을 초과하는 경우, 노치응력은 $k_t S$와 같지 않으며 Neuber 방법을 통해 항복을 고려하여 예상치를 계산한다. 그러므로 응력과 변형률은 응력-변형률 선도의 탄소성 부분과 Neuber 방법을 동시에 만족해야한다.

$$\sigma = H_1 \varepsilon^{n_1}, \quad \sigma = 834\varepsilon^{0.200}\text{MPa}$$

$$\sigma\varepsilon = \frac{(k_t S)^2}{E}, \quad \sigma\varepsilon = \frac{(2.5 \times 200)^2}{69{,}000} = 3.623\text{MPa}$$

첫 번째 식의 σ를 두 번째 식에 대입하고 ε을 구한다. 다음, σ를 첫 번째 식에서 계산하면 결과는 다음과 같다.

$$\varepsilon = 0.01075, \quad \sigma = 336.9\text{MPa} \qquad \text{(답)}$$

【고찰】 이 값들은 풀이에 나와 있는 식 두 개를 통해 유도된 식 14.46을 통해 바로 구할 수 있다. 또한 도식적인 풀이방법을 사용하면, 그림 14.16의 쌍곡선과 응력-변형률 선도의 교차점인 $\sigma\varepsilon = 3.623\text{MPa}$에서 원하는 값을 구할 수 있다.

14.5.4 고찰

응력은 종종 유한요소해석 또는 다른 수치적 방법으로 계산되며 항상 탄성 재료 거동으로 가정한다. 그러므로 이런 해석적 결과들은 탄성조건에서 $k_t S$ 값으로 정의할 수 있는 응력 σ_{elas}을 제공하며, 이는 Neuber 방법에 직접적으로 사용된다. 탄성조건에서 계산된 국부 응력을 얻기 위한 수치해석에서는 관심 있는 부분의 최대응력을 구하기 위해 충분히 높은 공간적 해상도의 기하학적 세부사항을 분석하는 것이 중요하다.

식 14.44 형태의 Neuber 방법을 완전 소성 항복의 경우를 제외한 모든 하중에서 적용하는 것은 합리적이다. 그러나 S값이 σ_o를 초과하는 경우에도 적용되는 경우가 있다. 예를 들어 정사각형 단면의 굽힘 시, 완전 소성 항복은 $S = 1.5\sigma_o$가 될 때까지 일어나지 않는다(식 14.41(b)의 M_o를 식 14.39에 대입하면 앞의 결과가 나온다). 완전 소성 항복이 일어나는 경우에는 특별한 형태의 Neuber 방법이 사용된다. 이에 대해서는 Seeger(1980)의 논문에 자세한 내용이 나타나 있다.

Neuber 방법은 비틀림 하중을 받는 노치 축의 전단응력과 변형률을 구할 때에도 사용된다. 식 14.44

를 적용하기 위하여, 여기서 σ와 ε은 τ와 γ로 대체하며, k_t와 S를 특정한 경우에 대하여 적절하게 정의한다. 굽힘과 비틀림이 결합되거나 또는 다른 다축방향 하중이 결합된 경우와 같은 더 복잡한 상황에서 Neuber 방법 또는 이와 관련된 방법이 적용된다. 하지만 응력이 작용하는 동안에 다양한 방향의 주응력 축과 비례하지 않는 하중에서는 적용하기는 어렵다. 이는 Hoffmann(1989), Chu(1995), Reinhardt(1997)의 논문을 보면 자세한 내용이 나타나있다.

Neuber 방법은 예측이라는 것에 유의하는 것이 중요하다. 일반적으로 예측된 변형률은 명확하고 정밀한 비선형 수치해석 또는 세밀한 변형률 측정보다 약간 큰 경향이 있다. 이는 Harkegard(2003)의 논문을 참조하면 Neuber 방법의 정확성을 확인할 수 있다.

Neuber 방법과 유사한 다른 예측 방법으로 Glinka(1985)에 의한 변형률 에너지 밀도 방법이 있다. 변형률 에너지 밀도는 응력-변형률 선도의 현재 응력과 변형률 값의 아래 면적(그림 14.17의 W_p)을 이용한다. 이 방법에서 W_p는 항복이 없을 때 발생하는 에너지 밀도 W_e와 같다고($W_e = W_p$) 가정한다. 이 방법은 일반적으로 Neuber 방법과 유사한 방법이며, 국부 노치 응력과 변형률(σ와 ε)을 예측할 수 있다.

14.5.5 노치에서 기하학적 구속에 의한 효과

그림 14.14에서 만약 노치 반지름(ρ)이 두께 t에 비해 작다면, 노치에서 두께(z) 방향 변형은 어려울 것이다. 횡 방향 변형에서 이런 기하학적 구속의 물리적 원인은 8.7.2절에 설명되어 있는 균열 부재의 경우와 같다. 이런 이유로 응력의 상태는 이전에 가정한 것처럼 단일 방향이 아니며 평면 변형률 ($\varepsilon_z = 0$)이 될 것이다. 노치가 있는 비대칭 형상(예를 들면 홈이 있는 축)에서 만약 노치 반지름이 직경보다 작은 경우 유사한 상황이 일어날 수 있다.

노치 표면의 이러한 평면 변형률은 자유 표면 때문에 (즉, $y-z$ 평면 응력) $\sigma_x = 0$이고, 또한 $\varepsilon_z = 0$이다. 이러한 경우에는 식 13.27(c)에서의 인장 응력 σ_z를 다음과 같이 전개한다.

$$\sigma_z = \tilde{\nu}\,\sigma_y, \qquad \text{where} \qquad \tilde{\nu} = \frac{\nu\bar{\sigma} + 0.5\,\mathrm{E}\,\bar{\varepsilon}_{\mathrm{p}}}{\mathrm{E}\,\bar{\varepsilon}} \tag{14.48}$$

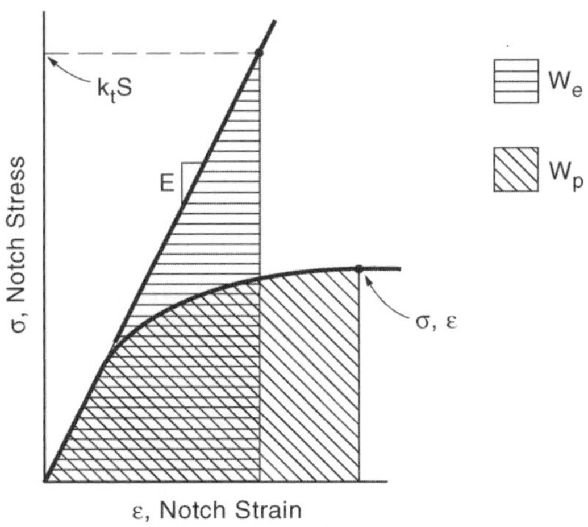

그림 14.17 Glinka의 노치 변형률 평가 방법, 여기서 $W_e = W_p$는 노치 응력과 변형률 (σ, ε)의 계산에 주어진다.

$\tilde{v}$는 식 13.27(e)에 제시된 일반화된 포아송 비이다. 노치에서 공칭 인장 응력 S를 발생시키는 하중의 경우에는 그림 14.14의 x-y-z 축에서의 전단응력이 없으므로, 이 방향들에서의 각 응력은 수직방향 주응력이다. 그러므로 $\sigma_1 = \sigma_y$, $\sigma_2 = \sigma_z$, $\sigma_3 = \sigma_x = 0$으로 두며, 식 13.31의 $\tilde{v} = \sigma_2/\sigma_1 = \lambda$이다. 이를 식 13.32와 식 13.27(b)에 적용하면 다음과 같다.

$$\sigma_1 = \sigma_y = \frac{\bar{\sigma}}{\sqrt{1 - \tilde{\nu} + \tilde{\nu}^2}}, \qquad \varepsilon_1 = \varepsilon_y = \frac{\bar{\varepsilon}\,(1 - \tilde{\nu}^2)}{\sqrt{1 - \tilde{\nu} + \tilde{\nu}^2}} \tag{14.49}$$

그러므로 재료의 유효한(단축과 같은) 응력-변형률 선도에서 여러 가지 점($\bar{\sigma}$, $\bar{\varepsilon}$)을 골라서 $\tilde{\nu}$를 평가할 수 있으며, 이에 대응하는 노치 표면에서의 응력 변형률 선도 위의 점인 (σ_1, ε_1)을 계산할 수 있다. 즉, 수정된 응력-변형률 선도는 Neuber 방법을 적용하여, 노치에서의 응력과 변형률을 구하는데 이용할 수 있다.

평면 응력과 평면 변형률의 사이에서 정의되는 경우에 관해서는 Hoffman(1989)의 연구에서 다루고 있다.

14.5.6 노치에서 잔류응력과 변형률

만약 노치 부재에 국부 항복이 일어날 만큼 충분한 하중이 작용하고, 그 후 하중이 제거된다면 잔류응력이 남아 있게 된다. 이에 관해 인장 하중이 항복을 일으킬 만큼 과하게 작용하는 경우를 그림 14.18에 나타내었다. 공칭응력 S가 (a)로 증가하고 계속 이어서 (b)로 증가할 때, 노치에서 국부 항복이 발생한다. 하중이 (c)로 제거되면 인장 잔류 변형률과 압축 잔류응력이 그림과 같이 남게 된다. 또한, 세 가지 상황 (a), (b), (c)에서 응력 분포도 나타나 있다. 만약 압축 하중이 작용한다면, 인장 잔류응력의 결과와 유사한 거동이 발생한다.

이러한 거동은 앞서 논의된 굽힘 하중의 경우와 유사하다. 이전과 동일하게 하중을 제거하면, 재료의 탄성 회복 거동은 최대응력과 반대 부호의 잔류응력을 가지는 매우 큰 변형을 일으키는 영역을 생성한다. 하중이 제거된 후에는 힘의 평형을 유지하기 위하여 응력의 총 합이 0이 되어야 하기 때문에, 몇몇 내부 영역은 하중이 작용 할 때와 동일한 방향의 응력을 유지한다.

노치에서 잔류응력과 변형률은 하중 제거 시에 적용하는 Neuber 방법을 확대하여 적용함으로써 계산된다. 특히 Neuber 방법에서는 하중이 제거 되는 동안 $\Delta\sigma$, $\Delta\varepsilon$, ΔS의 변화를 적용한다.

$$\Delta\sigma\,\Delta\varepsilon = \frac{(k_t\,\Delta S)^2}{E} \tag{14.50}$$

하중 제거 시의 응력-변형률 선도와 조합해보면, $\Delta\sigma$와 $\Delta\varepsilon$이 결정된다. 이 값들을 응력과 변형률이 최대에 도달했을 때의 값(σ', ε')에서 감하면 잔류응력과 변형률(σ_r, ε_r)을 구할 수 있다.

$$\sigma_r = \sigma' - \Delta\sigma, \qquad \varepsilon_r = \varepsilon' - \Delta\sigma \tag{14.51}$$

만약 초기 하중이 압축 방향이면, σ'와 ε'는 음의 값이며 $\Delta\sigma$와 $\Delta\varepsilon$을 더해서 잔류응력과 변형률을 구할 수 있다. 그리고 이러한 거동은 그림 14.18에서 (σ, ε, S)를 ($-\sigma$, $-\varepsilon$, $-S$)로 대체한 것과 같다.

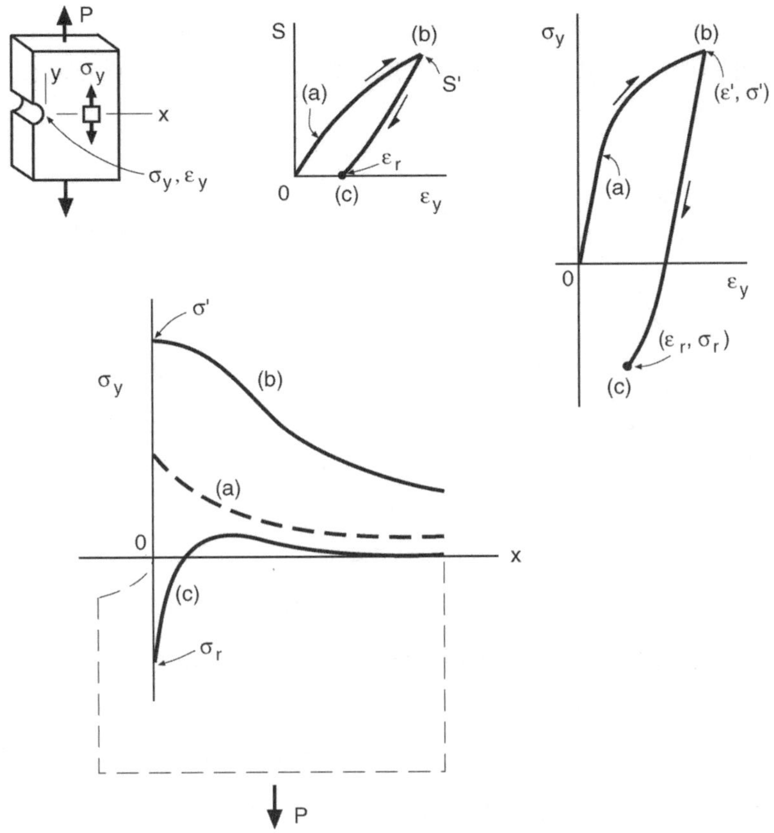

그림 14.18 노치가 있는 부재에서 잔류응력과 변형률은 국부 항복 이후 생성된다. (a)와 같은 하중에서는 항복이 발생하지 않지만, (b)에서는 응력 분포를 평탄하게 만든다. 하중 제거 후 (c)에서는, 최대 잔류 변형률과 압축 잔류응력이 노치 표면에 남게 된다.

예제 14.5

그림 14.16의 노치 부재는 탄성응력 집중 계수 k_t가 2.5이며 재료는 식 13.8의 멱-경화 응력-변형률 선도를 따른다. 재료상수는 $E = 69\text{GPa}$, $H_1 = 834\text{MPa}$, $n_1 = 0.200$이다. 부재에 공칭응력 S'가 (a), (b)와 같이 부하되고 제하되었을 때 노치에서 잔류응력과 변형률을 계산하여라. (a) $S' = 200\text{MPa}$, (b) $S' = 260\text{MPa}$

【풀이】 (a) 응력-변형률 응답은 질적인 측면에서 그림 14.18(b)와 유사할 것으로 예상된다. 초기 부하 시의, $S' = 200\text{MPa}$일 때, 응력과 변형률은 예제 14.4에서 이미 계산되었다.

$$\sigma' = 336.9\text{MPa}, \quad \varepsilon' = 0.01075$$

제하 시 정확한 응력-변형률 궤적이 주어져 있지 않기 때문에, 단순 응력-변형률 선도에서 표현된 $\varepsilon = f(\sigma)$를 이용하여 $\Delta\varepsilon/2 = f(\Delta\sigma/2)$로 나타낸다. 13.4절에서 논의한 대로 이 식은 단순 응력-변형률 선도를 두 배로 확장한 것이다. 그러므로 제하 시에 항복은 응력이 $2\sigma_o$ 이상 변하였을 때 발생한다. 여기서 단순 항복 응력은 예제 14.4에 나타낸 것처럼 $\sigma_o = 276.5\text{MPa}$ 이다. 만약 제하 시에 $\Delta S = 200\text{MPa}$ 임에 주목하면, 탄성 거동의 가정하고 계산함으로써 얻은 제하 동안의 노치 응력 변화를 $2\sigma_o$와 비교할 필요가 있다.

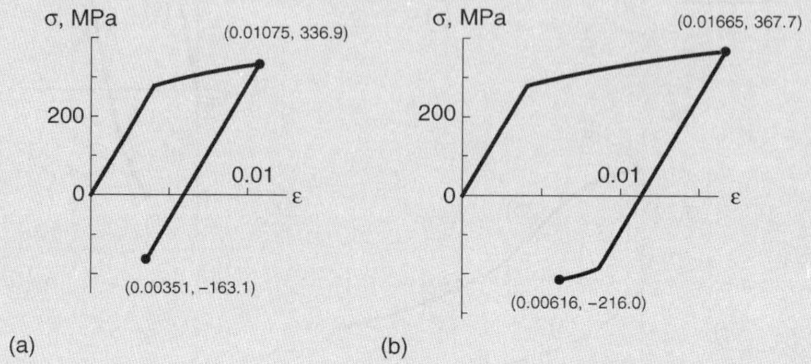

그림 E14.5

$$k_t \Delta S = 2.5 \times 200 = 500\text{MPa}, \quad 2\sigma_o = 2 \times 276.5 = 553.1\text{MPa}, \quad k_t \Delta S < 2\sigma_o$$

이런 이유로 응력 변화가 $2\sigma_o$보다 작고 제하 시 소성변형이 발생하지 않는다면 응력과 변형률에서 변화는 탄성 거동으로 주어진다.

$$\Delta\sigma = k_t \Delta S = 500\text{MPa}, \quad \Delta\varepsilon = \Delta\sigma / E = 500/69{,}000 = 0.00725$$

식 14.51에 따라 잔류응력과 변형률을 구하면 다음과 같다.

$$\sigma_r = \sigma' - \Delta\sigma = 336.9 - 500, \quad \sigma_r = -163.1\text{MPa}$$
$$\varepsilon_r = \varepsilon' - \Delta\varepsilon = 0.01075 - 0.00725, \quad \varepsilon_r = 0.00351 \qquad \text{(답)}$$

응력-변형률 응답은 그림 E14.5(a)에 주어져 있다. 초기 부하 동안 σ_o에서 항복이 일어난다는 점에 주목하면 제하 거동은 단순히 탄성 계수인 E를 따른다.

(b) 초기 하중이 $S' = 260\text{MPa}$에서 응력과 변형률은 예제 14.4과 같은 방법으로 결정된다. 이에 대응하는 값은 다음과 같다.

$$\sigma' = 367.7\text{MPa}, \quad \varepsilon' = 0.01665$$

새로운 $\Delta S = 260\text{MPa}$로 제하하는 경우에 탄성 거동의 가정에서 계산된 $k_t \Delta S = 650\text{MPa}$이며 이는 $2\sigma_o$보다 높다. 이런 이유로, 제하 시 소성 변형이 발생하며 식 14.50의 Neuber 방법 형태를 이용하여 제하 응력-변형률 궤적$\Delta\varepsilon/2 = f(\Delta\sigma/2)$을 계산해야 한다.

$$\frac{\Delta\sigma}{2} = H_1\left(\frac{\Delta\varepsilon}{2}\right)^{n_1}, \quad \Delta\sigma = 2 \times 834\left(\frac{\Delta\varepsilon}{2}\right)^{0.200}\text{MPa}$$

$$\Delta\sigma\Delta\varepsilon = \frac{(k_t \Delta S)^2}{E}, \quad \Delta\sigma\Delta\varepsilon = \frac{(2.5 \times 260)^2}{69{,}000} = 6.123\text{MPa}$$

첫 번째 식의 $\Delta\sigma$를 두 번째 식에 대입하여 계산하면 $\Delta\varepsilon$을 구할 수 있다. 이어서 $\Delta\sigma$를

첫 번째 식에서 계산하면 결과는 다음과 같다.

$$\Delta\varepsilon = 0.01049, \quad \Delta\sigma = 583.7\text{MPa}$$

마지막으로 식 14.51를 통해 잔류응력과 변형률을 계산한다.

$$\sigma_r = \sigma' - \Delta\sigma = 367.7 - 583.7, \quad \sigma_r = -216.0\text{MPa}$$

(답)

$$\varepsilon_r = \varepsilon' - \Delta\varepsilon = 0.01665 - 0.01049, \quad \varepsilon_r = 0.00616$$

응력-변형률 응답은 그림 E14.5(b)에 나타나 있다. 이러한 응답이 발생하기 이전에 초기 부하 동안 항복이 σ_o에서 발생한다. 제하는 압축 항복이 일어날 때까지 탄성 계수 E를 따르며, 이때 압축 항복은 $2\sigma_o$를 초과하면 발생한다.

14.6 반복 하중

반복 하중에서 응력과 변형률의 해석은 진동 하중, 지진 하중, 피로와 같은 공학적 상황을 다룰 때 필요하다. 이전에 논의한 소성 변형 분석을 앞 장의 용수철과 미끄럼판 유동학적 모델에 따라 재료의 응력-변형률 거동을 이상화하여 반복 하중으로 확장할 수 있다. 여기서는 주기에 의존적인 경화 또는 연화와 크리프-완화 거동은 없다고 가정한다. 이런 이상적인 재료는 동일한 반복 응력-변형률 선도 $(\varepsilon = f(\sigma))$와 반복 응력-변형률 선도$(\varepsilon = f(\sigma))$를 두 배로 가정한 히스테리시스 루프선도 $(\Delta\varepsilon/2 = f(\Delta\sigma/2))$를 가지고 있다. 적용단계에서 안정적인 반복 응력-변형률 선도가 $\varepsilon = f(\sigma)$에 적용된다. 이러한 기준에 따라 일정한 진폭의 반복 하중과 시간에 불규칙한 분포를 가진 하중이 기본적으로 고려될 것이다.

14.6.1 굽힘

반복 하중을 다루기 위한 방법을 개발하기 위하여 우선적으로 하중이 보의 평면에 대칭으로 작용하고, 이 하중이 반복적으로 작용하는 예를 고려해 보자. 단순화를 위해 단면은 중립축에 대칭이라고 가정한다. 모멘트는 그림 14.19에 나타낸 것처럼 두 값(M_{max}와 M_{min}) 사이에서 반복적으로 변한다. 여기서 관성의 영향은 작다고 가정하며, 힘의 평형이 항상 유지되어야 하고 식 13.6의 적분식을 항상 만족해야 한다. 그러므로 식 14.6에 두 배수를 취한 다음과 같은 형태로 M_{max}와 M_{min}을 정의한다.

$$M_{max} = 2\int_0^c \sigma_{max}\, t\, y\, dy, \qquad M_{min} = 2\int_0^c \sigma_{min}\, t\, y\, dy \qquad \text{(a,b)} \tag{14.52}$$

여기서 σ_{max}는 y의 함수이고, $M = M_{max}$의 한 배수에 대응하는 응력 분포가 된다. 그리고 유사하게 σ_{min}은 $M = M_{min}$에서의 응력 분포이다. 이런 분포는 그림 14.19(b)에 나타내었다. 반복 하중이 적용되는 동안 단면은 평면으로 유지될 것으로 예상되기 때문에, 그림 14.19(c)와 같이 M_{max}와 M_{min}에서 선형 변형률 분포가 예상된다. 따라서 변형률 범위($\Delta\varepsilon$)의 분포 또한 선형이다.

모멘트의 범위(ΔM)을 고려하면, 적분식의 특성은 다음과 같다.

$$\Delta M = M_{max} - M_{min} = 2\int_0^c \Delta\sigma\, t\, y\, dy \tag{14.53}$$

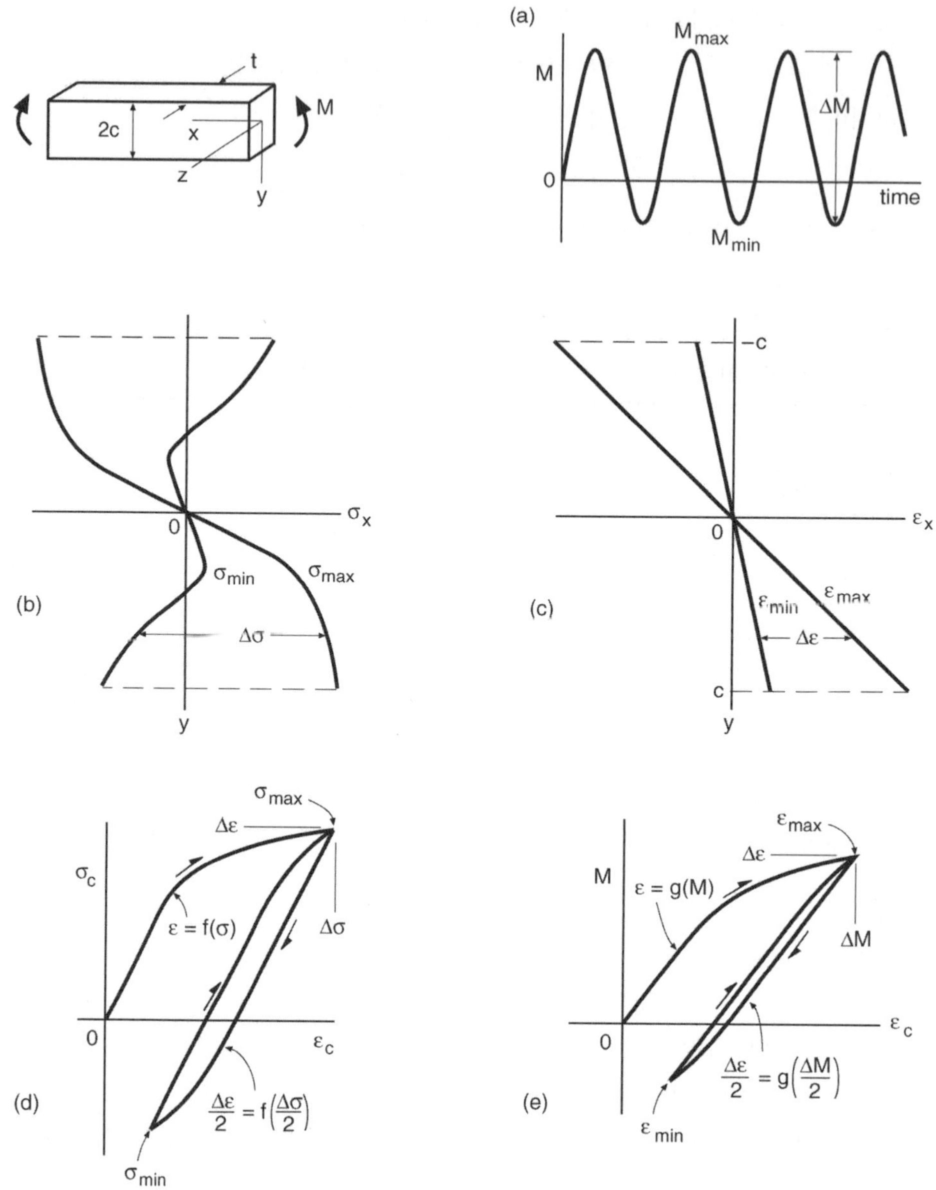

그림 14.19 반복 모멘트(a)가 적용되는 보에서 응력과 변형률 분포는 각각 (b), (c)와 같이 변화한다. 응력과 변형률 거동은 (d)에 나타나 있으며 모멘트와 변형률 거동은 (e)에 나타나 있다.

여기서 $\Delta\sigma = \sigma_{\max} - \sigma_{\min}$은 y축에서 응력 범위의 분포이다. 진폭 값은 2로 나누어 $M_a = \Delta M/2$와 $\sigma_a = \Delta\sigma/2$가 된다. 그러면 등가 형태인 두 종류의 식이 얻어진다.

$$\frac{\Delta M}{2} = 2\int_0^c \frac{\Delta\sigma}{2}\,t\,y\,dy, \qquad M_a = 2\int_0^c \sigma_a\,t\,y\,dy \qquad \text{(a, b)} \tag{14.54}$$

이 식은 반복 하중 동안 응력 범위와 진폭에서 응력-변형률 해석을 나타내며, 이는 정적 하중에서의 해석과 유사하게 간단한 방식으로 계산할 수 있다.

재료 거동을 용수철과 미끄럼판 유동학적 모델에 따라 다음과 같은 안정적인 거동으로 이상화해 보자. 13.4절에서 논의한 것처럼 이러한 재료는 단순 응력-변형률 선도 $\varepsilon = f(\sigma)$를 가지며 이는 $\Delta\varepsilon/2 = f(\Delta\sigma/2)$와 $\varepsilon_a = f(\sigma_a)$로 표현되는 반복 응력-변형률 선도와 같다. 식 14.54와 이 응력-변형률 선도를 조합하고 변형률의 y에 대한 선형 분포에 조합하면, $\varepsilon = g(M)$인 관계식이 얻어지며 $\Delta\varepsilon/2 = g(\Delta M/2)$ 또는 $\varepsilon_a = g(M_a)$처럼 반복 하중에 적용할 수 있게된다. 이 분석은 정적 부하와는 다르며 오직 반복 응력-변형률 선도에만 이용된다.

이렇게 주어진 정적 해석은 반복 응력-변형률 선도와 M_{max}, M_{min}에 대응하는 보의 끝단(y = c)에서 응력과 변형률을 계산할 때 이용되며 다음과 같은 결과가 나온다.

$$\varepsilon_{cmax} = g(M_{max}), \qquad \varepsilon_{cmax} = f(\sigma_{cmax}) \qquad \text{(a)}$$

$$\Delta\varepsilon_c/2 = g(\Delta M/2), \qquad \Delta\varepsilon_c/2 = f(\Delta\sigma_c/2) \qquad \text{(b)} \qquad (14.55)$$

$$\varepsilon_{cmin} = \varepsilon_{cmax} - \Delta\varepsilon_c, \qquad \sigma_{cmin} = \sigma_{cmax} - \Delta\sigma_c \qquad (c)$$

(a)는 M_{max}에 대한 초기 하중을 제공하며, (b)는 반복 하중에서 절반의 범위(진폭)을 제공하며, (c)는 최대값에서 응력 범위를 빼서 최소값을 계산한다. 만약 주기 값으로 바로 계산하기를 원한다면, 다음의 값을 대입한다: $M_a = \Delta M/2$, $\varepsilon_{ca} = \Delta\varepsilon/2$, $\sigma_{ca} = \Delta\sigma_c/2$.

예제 14.6

탄성 완전 소성 재료인 정사각형 보에 작용하는 반복 하중을 고려해 보자. 초기 하중은 항복을 일으키기에 충분하다고 가정하며, 이 때 주기 하중에 대한 $y = c$에서의 최대/진폭/최소응력, 변형률을 식으로 표현하라.

【풀이】 식 14.2의 탄성 해와 예제 14.2의 항복 이후의 해를 결합한 식 $\varepsilon = g(M)$을 사용할 수 있다. 앞의 식에 $\sigma_c = E\varepsilon_c$을 대입하여 ε_c에 관하여 정리한다:

$$\varepsilon_c = \frac{3M}{2tc^2E}, \qquad \varepsilon_c = \frac{\sigma_o}{E}\sqrt{\frac{tc^2\sigma_o}{3(tc^2\sigma_o - M)}} \qquad \text{(a,b)}$$

이 식에서 (a)는 $\varepsilon_c \le \sigma_o/E$인 경우에 적용하며 (b)는 $\varepsilon_c \ge \sigma_o/E$인 경우에 적용한다. 초기 하중에서 항복이 발생하기 때문에, (b)를 식 14.55(a)에 적용하면 다음과 같다.

$$\sigma_{cmax} = \sigma_o, \qquad \varepsilon_{cmax} = \frac{\sigma_o}{E}\sqrt{\frac{M_o}{3(M_o - M_{max})}} \qquad (\varepsilon_{cmax} \ge \sigma_o/E) \qquad \text{(답)}$$

여기서 예제 14.2의 완전 소성 모멘트 $M_o = tc^2\sigma_o$는 편의를 위해 나타내었다.

주기적 항복이 발생하거나 발생하지 않는 경우가 있다. 각각의 가능성을 고려하여 식 14.55(b)에 주기 값을 적용하면 다음과 같다.

$$\sigma_{ca} = E\varepsilon_{ca}, \quad \varepsilon_{ca} = \frac{3M_a}{2tc^2E} \qquad (\varepsilon_{ca} \le \sigma_o/E)$$

(답)

$$\sigma_{ca} = \sigma_o, \qquad \varepsilon_{ca} = \frac{\sigma_o}{E}\sqrt{\frac{M_o}{3(M_o - M_a)}} \qquad (\varepsilon_{ca} \ge \sigma_o/E)$$

만약 주기적인 항복이 없다면 첫 번째 식을 적용하고, 만약 주기적인 항복이 존재한다면 두 번째 식을 적용한다. 각각의 경우에 $M_{\min}$ 값은 식 14.55(c)에서 구할 수 있다.

$$\varepsilon_{c\min} = \varepsilon_{c\max} - 2\varepsilon_{ca}, \quad \sigma_{c\min} = \sigma_{c\max} - 2\sigma_{ca} \qquad \text{(답)}$$

$y = c$에서 응력-변형률 응답에서 만약 주기적인 항복이 없다면, 그림 E14.6(a)와 유사하며 주기적 항복이 있다면 그림 E14.6(b)와 유사하게 된다.

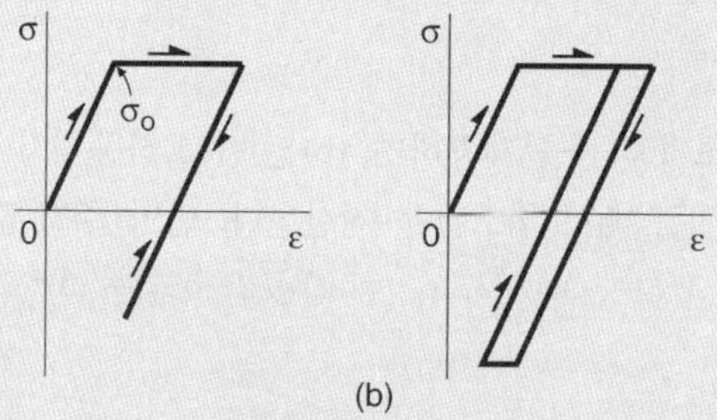

그림 E14.6

14.6.2 다른 경우들에 적용하기 위한 일반화된 방법

주기적 굽힘 하중 해석에서 언급된 방법은 단순 부하에서 수행한 해석의 결과와 동일한 방법을 이용한다. 이러한 방법은 다른 형상과 하중모드에 적용 가능하며 소성 이론의 관점에서 관련 있는 이론적 논의와 증명들은 Mroz(1967, 1973)의 논문에 제시되어 있다. 이 때 다음의 제한 사항과 지적사항이 적용 된다: 응력-변형률 거동의 동일한 이상화 형태가 반드시 유지되어야 한다. 다시 말해, 안정된 거동은 항상 $\Delta\varepsilon/2 = f(\Delta\sigma/2)$에 의한 반복 응력-변형률 선도와 히스테리시스 루프 선도를 따라야한다. 또한 다양한 하중이 적용 되는 경우에 항복 영역에서는 비례하지 않는 하중이 나타나서는 안 된다. 즉 주응력들의 비는 적어도 개략적인 상수로 유지되어야 한다. 응력의 상태는 단축과는 다르게 13장의 단순 선도에서와 같은 방법으로 변형 소성 이론을 반복 응력-변형률 선도에 적용함으로써 다룰 수 있다.

이전에는 굽힘을 받는 보의 끝단과 같은 몇몇 관심 있는 위치에서 변형률을 고려했지만, 이제부터는 원형 축의 표면 또는 노치가 있는 부재의 노치 표면 등과 같은 다른 경우의 변형률도 포함시켜 보자. 또한 ε로 표시한 변형률은 명시적 또는 암시적으로 이번 장의 앞에서 주어진 몇몇의 식을 사용하는 소성 변형을 고려한 응력-변형률 해석에서 작용하는 하중과 관련이 있다고 가정해 보자.

$$\varepsilon = g(S) \tag{14.56}$$

여기서 축 힘, 굽힘 모멘트, 토크, 압력 또는 이들의 조합으로 적용된 하중은 일반적으로 공칭응력

S로 표현한다.

반복 하중의 최대값 S_{max}와 진폭 $S_a = \Delta S/2$는 $\varepsilon = g(S)$를 이용하여 계산할 수 있다. $\varepsilon = g(S)$를 얻기 위한 해석은 이미 특정 응력 상태와 일치하도록 조절된 응력 변형률 선도 $\varepsilon = f(\sigma)$를 사용하는 단순 부하에서 수행되었다. 여기서 사용된 특정 선도는 관심 있는 재료와 응력의 상태에서 안정된(반 수명) 반복 응력-변형률 선도와 동일하다. 따라서 단순 부하의 해석적인 결과인 $\varepsilon = g(S)$는 반복 하중에서 최대값과 응력과 변형률의 주기적 변화를 얻기 위한 과정에 사용될 수 있다. 반복 하중을 받는 경우에 평균 하중이 양수(인장, $R > -1$)라 가정하면

$$\begin{aligned} \varepsilon_{max} &= g(S_{max}) = f(\sigma_{max}) && \text{(a)} \\ \varepsilon_a &= g(S_a) = f(\sigma_a) && (b) \\ \frac{\Delta\varepsilon}{2} &= g\left(\frac{\Delta S}{2}\right) = f\left(\frac{\Delta\sigma}{2}\right) && (c) \end{aligned} \tag{14.57}$$

여기서 (b)와 (c)는 같지만, 진폭 또는 범위를 알기 위해 주어졌으며 여기서 진폭은 범위의 반에 해당한다. S_{min}에서 값은 S_{max}에서 범위 값을 감하여 구할 수 있다.

$$\varepsilon_{min} = \varepsilon_{max} - \Delta\varepsilon, \qquad \sigma_{min} = \sigma_{max} - \Delta\sigma \tag{14.58}$$

식 14.57과 식 14.58에 나타난 과정과 굽힘 하중인 경우에 대응하는 응력-변형률과 하중-변형률 경로를 그림 14.19(d)와 (e)에 나타내었다.

만약 완전 교번 하중($R = -1$)인 경우에는 진폭과 최대값은 같으며, 식 14.57(a)와 (b)의 결과도 동일하다. 만약 반복 하중의 인장에서 음(압축)의 방향으로 더 커진다면($R < -1$), 식 14.57(a)는 다음과 같이 바뀌어야 한다.

$$\varepsilon_{min} = -g(-S_{min}) = -f(-\sigma_{min}) \tag{14.59}$$

이 때 구해진 범위에 최소값을 더함으로써 최대값을 얻을 수 있다.

노치가 있는 부재와 Neuber 방법을 이용한 노치 응력과 변형률의 개략적인 해석을 고려해 보자. 만약 반복 응력-변형률 선도가 Ramberg-Osgood 형태를 따른다면, $\varepsilon = g(S)$는 식 13.58과 식 12.54인 Neuber 방법과 응력-변형률 선도로 주어진다. 수치적 해에서 식 14.44와 식 13.55의 조합은 사용이 편리하게 식 14.47에 제시되어있다. $S = S_{max}$를 식 14.47에 대입하고 반복적인 계산을 수행하면, 식 13.55에서 $\varepsilon = \varepsilon_{max}$로 주어진 $\sigma = \sigma_{max}$가 구해진다. 유사하게 $S = S_a$를 식 14.47에 대입하고 반복적인 계산을 수행하면, 식 13.55에서 $\varepsilon = \varepsilon_a$로 주어진 $\sigma = \sigma_a$가 구해진다. 만약 더 정확한 해석이 요구된다면, $\varepsilon = g(S)$는 반복 응력-변형률 선도의 사용을 제외하고 단순 부하에서 수행하는 소성 변형에 대한 유한 요소 해석으로 구할 수 있다.

예제 14.7

표 13.1의 AISI 4340 강으로 만들어진 노치가 있는 판은 탄성응력 집중 계수 $k_t = 2.80$을 가진다. 공칭응력의 경우에는 $S_{max} = 750$과 $S_{min} = 50\text{MPa}$ 사이에서 변화한다. 여기서 응력-변형률 거동은 안정된 응력-변형률 선도와 용수철과 미끄럼판 유동학적 모델의 거동과 유사한 방법으로 계산

될 수 있다. 이를 바탕으로 응력-변형률 거동을 예측하라.

【풀이】 Neuber 방법과 식 14.57의 반복 응력-변형률을 이용하여 국부 노치의 최대/진폭 응력과 변형률을 계산한다. 반복 응력-변형률 선도를 따른다고 가정하고 초기 단순 응답에서 식 13.55와 식 14.47을 식 14.57(a)에 적용한다.

$$\varepsilon_{\max} = \frac{\sigma_{\max}}{E} + \left(\frac{\sigma_{\max}}{H'}\right)^{1/n'}, \quad \varepsilon_{\max} = \frac{\sigma_{\max}}{207,000} + \left(\frac{\sigma_{\max}}{1655}\right)^{1/0.131}$$

$$S_{\max} = \frac{1}{k_t}\sqrt{\sigma_{\max}^2 + \sigma_{\max}E\left(\frac{\sigma_{\max}}{H'}\right)^{1/n'}},$$

$$750 = \frac{1}{2.80}\sqrt{\sigma_{\max}^2 + 207,000\sigma_{\max}\left(\frac{\sigma_{\max}}{1655}\right)^{1/0.131}}$$

여기서 E, H', $\sigma_{\max}$, $S_{\max}$는 MPa 단위이다. 두 번째 식을 통해 $\sigma_{\max}$를 얻기 위해 반복적인 계산을 수행한다. 이어서 $\varepsilon_{\max}$를 첫 번째 식으로 계산한다. 결과는 다음과 같다.

$$\sigma_{\max} = 972\text{MPa}, \quad \varepsilon_{\max} = 0.02192 \quad \text{(답)}$$

반복 하중에서는 공칭응력의 진폭이 필요하다.

$$S_a = \frac{S_{\max} - S_{\min}}{2} = 350\text{MPa}$$

식 13.55와 식 14.47에서의 진폭 값을 식 14.57(b)에 적용한다.

$$\varepsilon_a = \frac{\sigma_a}{E} + \left(\frac{\sigma_a}{H'}\right)^{1/n'}, \quad \varepsilon_a = \frac{\sigma_a}{207,000} + \left(\frac{\sigma_a}{1655}\right)^{1/0.131}$$

$$S_a = \frac{1}{k_t}\sqrt{\sigma_a^2 + \sigma_a E\left(\frac{\sigma_a}{H'}\right)^{1/n'}}, \quad 350 = \frac{1}{2.80}\sqrt{\sigma_a^2 + 207,000\sigma_a\left(\frac{\sigma_a}{1655}\right)^{1/0.131}}$$

앞의 방법과 동일한 방법으로 계산한다.

$$\sigma_a = 755\text{MPa}, \quad \varepsilon_a = 0.00615 \quad \text{(답)}$$

마지막으로 반복 하중에서의 최소값은 다음과 같다.

$$\begin{aligned}\sigma_{\min} &= \sigma_{\max} - 2\sigma_a = -538\text{MPa} \\ \varepsilon_{\min} &= \varepsilon_{\max} - 2\varepsilon_a = 0.00962\end{aligned} \quad \text{(답)}$$

여기서 주기에 의존적인 완화와 크리프는 발생하지 않는다고 가정한다.

예측된 응력-변형률 응답은 그림 E14.7에 나타나 있다. 이 그림에서 단순 부분인 $\varepsilon = f(\sigma)$와 히스테리시스 루프의 양쪽인 $\Delta\varepsilon = 2f(\Delta\sigma/2)$가 그려져 있다. 주기 하중동안 평균응력 σ_m 또한 나타나 있으며 그 값은 다음과 같다. 평균응력은 다음 장에서 추가적으로 다루어질 것이다.

$$\sigma_m = \sigma_{\max} - \sigma_a = 972 - 755 = 217\text{MPa}$$

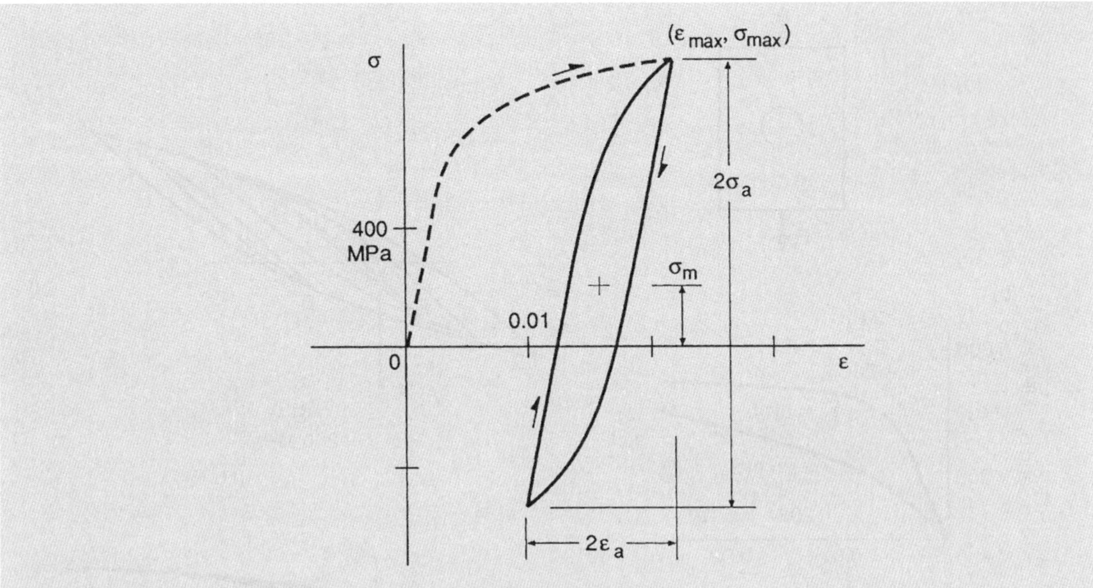

그림 E14.7

14.6.3 불규칙 하중에 대한 적용

반복 하중에서 응력-변형률 응답의 평가는 시간에 대해 불규칙한 분포를 가지는 하중에 관련해서도 확장이 가능하다. 응력-변형률 해석은 단순 하중 작용에만 적용되었지만, 반복 응력-변형률 선도를 사용하기 위해서도 여전히 필요하다. 이런 해석은 불규칙한 하중 이력인 (특히, $\Delta\varepsilon/2 = f(\Delta\sigma/2)$와 같은 선도 형태를 따르는 응력-변형률 궤적에 대응하는 모든 하중 이력) $\Delta\varepsilon/2 = g(\Delta\sigma/2)$형태에도 적용할 수 있다.

그림 14.20의 예를 고려해 보자. (a)와 같은 노치가 있는 부재는 (b)와 같이 반복 응력-변형률 선도 ($\varepsilon_a = f(\sigma_a)$)를 가지는 재료로 만들어져 있다. 여기에는 Neuber 방법을 통해 구한 하중-변형률 선도 ($\varepsilon_a = g(S_a)$) 또한 제시되어 있다. 하중 이력인 (c)는 반복적으로 적용되며, 하중에 대비하여 노치 변형률 응답인 (d)와 국부 노치 응력-변형률 응답인 (e)의 결과가 제시되어 있다. 편의상 하중 이력은 하중이 가장 큰 절대값에서 시작하는 것으로 재배치한다. 13장의 유동학적 모델의 거동을 상기해보면, 이는 다음의 모든 응력-변형률 경로가 $\Delta\varepsilon/2 = f(\Delta\sigma/2)$를 따르는 결과를 도출한다.

해석은 다음과 같은 과정으로 진행한다: 첫째, 점 A에서 응력과 변형률은 식 14.57(a) 또는 식 14.59에 S_A를 통해 구한다.

$$
\begin{aligned}
\varepsilon_A &= g(S_A) = f(\sigma_A) && (S_A > 0) \\
\varepsilon_A &= -g(-S_A) = -f(-\sigma_A) && (S_A < 0)
\end{aligned}
\tag{14.60}
$$

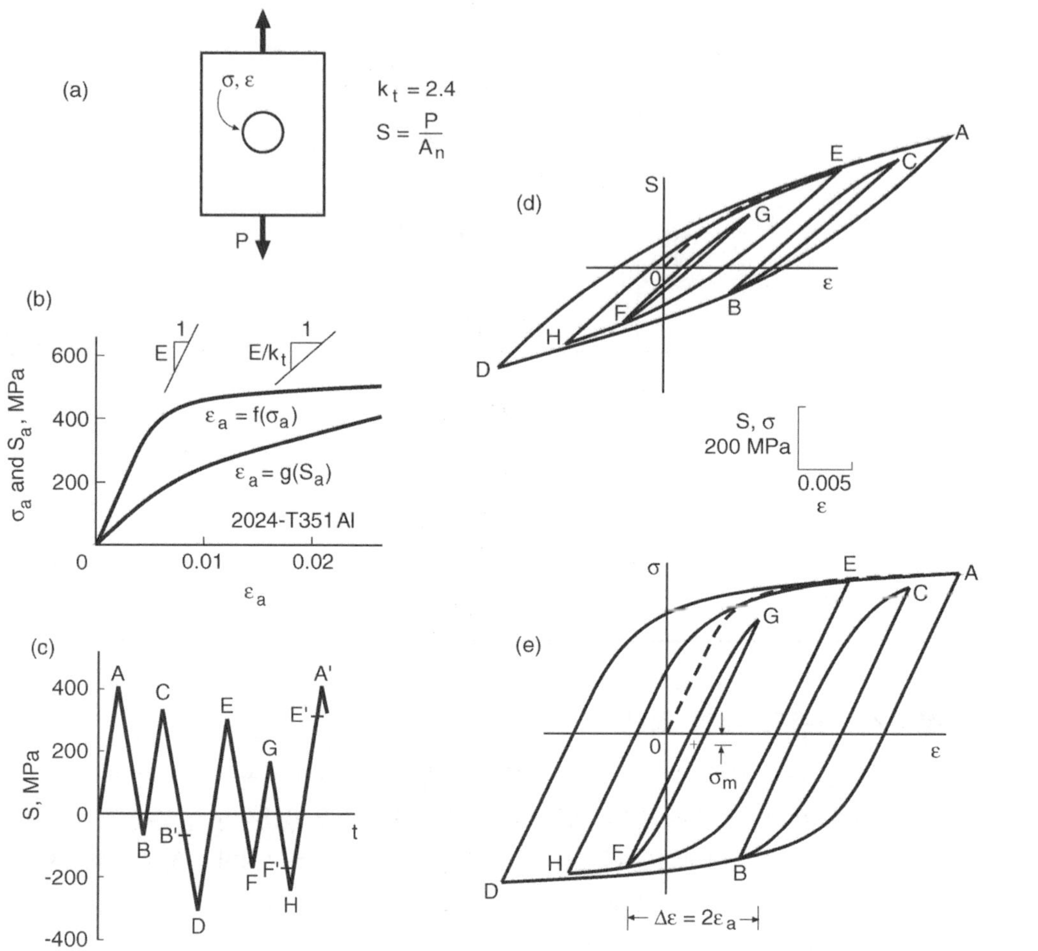

그림 14.20 노치가 있는 부재의 해석을 불규칙 하중 대 시간 이력에 적용하였다. 노치가 있는 부재(a)는 (b)와 같은 반복 응력-변형률 선도와 하중=변형률 선도를 가지고 있으며 하중 이력은 (c)와 같다. 하중과 조치 변형률의 결과는 (d)에 나타나 있으며 노치에서 국부 응력-변형률 응답은 (e)에 나타나 있다.

다음 식 14.57(c)를 주어진 이력에서 하중의 범위에 적용한다.

$$\frac{\Delta \varepsilon_{AB}}{2} = g\left(\frac{\Delta S_{AB}}{2}\right) = f\left(\frac{\Delta \sigma_{AB}}{2}\right), \qquad \frac{\Delta \varepsilon_{BC}}{2} = g\left(\frac{\Delta S_{BC}}{2}\right) = f\left(\frac{\Delta \sigma_{BC}}{2}\right) \tag{14.61}$$

이와 유사하게 다음의 추가 범위를 구한다: ΔS_{AD}, ΔS_{DE}, ΔS_{EF}, ΔS_{FG}, ΔS_{EH}. 응력범위 $\Delta S_{CB'}$, $\Delta S_{GF'}$, $\Delta S_{HE'}$, $\Delta S_{DA'}$는 앞에서 계산된 히스테리시스 루프의 다른 하나의 결과와 동일하기 때문에 추가로 해석할 필요가 없다. 이 해석의 결과만으로 하중 이력에서 최대/최소응력과 변형률을 구하기 위해 충분하다. 전반적인 범위에 해당하는 ΔS_{AD}는 소규모의 하중 이력(여기서는 $B-C-B'$)을 무시함으로써 분석할 수 있다. 이러한 경우는 기억 효과(Memory effect)가 B'를 넘어선 응력-변형률 경로에서는 $B-C-B'$가 발생하지 않은 경우와 동일하도록 하기 때문이다. 점 F'와 E'에서도 유사한 기억 효과가 나타난다. 그러나 이 식을 ΔS_{CD}에서 적용하지 않는 이유는 응력-변형률 경로가 하나보다 많은 히스테리시스 루프의 부분을 포함하고 있으며, $\Delta\varepsilon/2 = f(\Delta\sigma/2)$를 따르지 않기 때문이다.

동일한 논리가 다른 임의의 길이(안정된 재료 거동의 가정하며, 개략적으로 하중에 비례할 때 만족한다)의 하중 이력을 완전히 해석하는데도 적용될 수 있다. 그리고 대부분의 하중 해석은 최대값에서 시작하는 것이 편리하다. 만약 용수철-미끄럼판 유동학적 모델을 기반으로 하는 좀 더 일반적인 논리를 사용한다면, 다양한 출발점에 대한 해석을 수행할 수 있다.

위에서 설명한 불규칙한 하중 이력의 해석은 변형률-기반 접근을 이용하여 피로 수명을 예측할 때 요구된다. 이 주제는 다음 장에서 설명한다.

예제 14.8

표 E14.8(a)는 그림 14.20에서 공칭응력 S의 이력을 나타낸다. 안정된 거동에서의 국부 노치 응력-변형률 응답을 계산하라. 응력집중계수는 $k_t = 2.40$이고 재료는 2024-T351 알루미늄이다.

【풀이】 재료의 반복 응력-변형률 선도 $\varepsilon_a = f(\sigma_a)$에서 상수는 식 13.55와 표 13.1을 사용하면 $E = 73{,}100\,\mathrm{MPa}$, $H' = 662\,\mathrm{MPa}$, $n' = 0.070$로 도출된다. 재료 거동은 용수철-미끄럼판 유동학적 모델과 유사하다고 가정한다. 점 A를 분석하기 위하여 S가 가장 큰 절댓값을 갖는 점에서부터 분석을 시작한다. 그리고 식 14.47에 나타난 Neuber 방법을 적용하고, 식 13.55를 조합하여 구한다.

$$S_A = \psi\frac{1}{k_t}\sqrt{\sigma_A^2 + \psi\sigma_A E\left(\frac{\psi\sigma_A}{H'}\right)^{1/n'}}, \qquad \varepsilon_A = \frac{\sigma_A}{E} + \psi\left(\frac{\psi\sigma_A}{H'}\right)^{1/n'}$$

여기서 $\psi = +1$은 양의 방향인 경우, $\psi = -1$은 음의 방향인 경우이다. 처음 식에 $S_A = 414\,\mathrm{MPa}$를 대입하여 반복적인 계산을 수행하면 $\sigma_A = 503.3\,\mathrm{MPa}$가 구해지며, 이 값을 두 번째 식에 대입하면 $\varepsilon_A = 0.02683$이 구해진다.

점 A를 벗어나는 점들에 대한 해석은 히스테리시스 루프 선도의 완만한 부분에 대응하는 범위를 적용함으로써 수행한다. 우선 기억 효과가 작용하며, 응력-변형률 히스테리시스 루프가 닫힌 이력에서의 점들을 확인한다. 또한 이 점들은 레인플로우(Rainflow) 주기가 완

표 E14.8

(a) Load History		(b) Calculated Values							
Point (Y)	S MPa	Origin (X)	Origin S MPa	Direction ψ	ΔS to Point	$\Delta\sigma$ MPa	$\Delta\varepsilon$	Stress σ, MPa	Strain ε
A	414	—	—	+1	—	—	—	503.3	0.02683
B	−69	A	414	−1	483	900.3	0.02042	−397.0	0.00642
C	345	B	−69	+1	414	857.3	0.01575	460.3	0.02217
D	−310	A	414	−1	724	983.4	0.04200	−480.0	−0.01517
E	310	D	−310	+1	620	954.6	0.03173	474.5	0.01656
F	−172	E	310	−1	482	899.8	0.02034	−425.3	−0.00378
G	172	F	−172	+1	344	784.9	0.01188	359.6	0.00810
H	−241	E	310	−1	551	930.6	0.02571	−456.0	−0.00915

성된 점들이며, 여기서는 B', F', E', A'이다. 이어서 식 13.55와 식 14.47을 각각 닫힌 루프 $B-C$, $F-G$, $E-H$, $A-D$에 적용하고 또한 루프의 시작점에 위치한 범위$A-B$, $D-E$, $E-F$)에도 적용한다.

계산은 표 E14.8(b)에 나타내었다. 각각의 이력에서 최대 또는 최소(Y)인 경우에 완만한 히스테리시스 루프의 시작점(X)는 S 값에 따라 표로 만들어져 있다. (예를 들면 루프 $B-C$는 점 B'에서 닫혀있으며, 계속되는 선도에서의 시작점은 A이며 범위 $A-D$는 점 D의 위치에서 해석된다.) 이어서 ψ는 변형률이 증가하는 범위에서는 $+1$이며, 반대의 경우는 -1이다. 각 하중 범위 ΔS_{XY}가 계산되면 이에 대응하는 각 응력과 변형률 범위($\Delta\sigma_{XY}$와 $\Delta\varepsilon_{XY}$)가 결정된다.

$$\Delta S_{XY} = |S_Y - S_X|$$

$$\frac{\Delta S_{XY}}{2} = \frac{1}{k_t}\sqrt{\left(\frac{\Delta\sigma_{XY}}{2}\right)^2 + \frac{\Delta\sigma_{XY}E}{2}\left(\frac{\Delta\sigma_{XY}}{2H'}\right)^{1/n'}}$$

$$\frac{\Delta\varepsilon_{XY}}{2} = \frac{\Delta\sigma_{XY}}{2E} + \left(\frac{\Delta\sigma_{XY}}{2H'}\right)^{1/n'}$$

예를 들어 $S_A = 414$와 $S_B = -69$의 범위를 구하면 $\Delta S_{AB} = 483\text{MPa}$이다. 이 값을 두 번째 식에 입력하여 반복적인 계산을 수행하면 $\Delta\sigma_{AB} = 900.3\text{MPa}$이 도출된다. 후자의 값을 세 번째 식에 대입하면 $\Delta\varepsilon_{AB} = 0.02042$가 계산된다.

마지막으로 각각의 이어진 점들에서 초기 점 A를 시작으로 각 이력에서 응력과 변형률을 계산함으로써 최대/최소 값을 결정할 수 있다. 아래 식을 사용하여 적절한 범위를 더하거나 빼서 계산한다.

$$\sigma_Y = \sigma_X + \psi\Delta\sigma_{XY}, \quad \varepsilon_Y = \varepsilon_X + \psi\Delta\varepsilon_{XY}$$

여기서 ψ의 사용은 $\Delta\sigma_{XY}$를 σ_X와 σ_Y에 더하거나 빼도록 유도하며, 이는 변형률에 유사하게 적용한다. 예를 들어 점 B와 C에서 결과는 다음과 같다.

$$\sigma_A = 503.3, \quad \Delta\sigma_{AB} = 900.3, \quad \psi = -1, \quad \text{so that} \quad \sigma_B = -397.0\text{MPa}$$
$$\varepsilon_A = 0.02683, \quad \Delta\varepsilon_{AB} = 0.02042, \quad \psi = -1, \quad \text{so that} \quad \varepsilon_B = 0.00642$$

$$\sigma_B = -397.0, \quad \Delta\sigma_{BC} = 857.3, \quad \psi = +1, \quad \text{so that} \quad \sigma_C = 460.3\text{MPa}$$
$$\varepsilon_B = 0.00642, \quad \Delta\sigma_{BC} = 0.01575, \quad \psi = +1, \quad \text{so that} \quad \varepsilon_C = 0.02217$$

【고찰】 하중이력에서 최대/최소응력과 변형률 값(A, B, C 등)은 그림 14.20(e)와 같이 응력-변형률 좌표계에 그릴 수 있다. $\Delta\varepsilon/2 = f(\Delta\sigma/2)$형태의 식 13.55는 기억 효과가 관찰되는 동안 각각의 최대-최소 점을 연결하는 부드러운 선도 상에서 여러 개의 점을 계산하기 위해 사용할 수 있다. (예제 13.52의 마지막 식을 사용한다.) 최대-최소 점은 손으로 선도를 그릴 때 기준으로 이용될 수 있으며, 오직 하나의 선도 형태만 필요하다는 점에 주목하라.

14.6.4 고찰

반복 하중에서 제시된 방법은 이전에 다룬 잔류응력 해석과 일치한다. 공칭응력 S'에 대해 0부터 특정 하중까지 그리고 다시 0으로 돌아오는 하중 작용에 대해 고려해 보자. 이러한 경우의 해석은 $R=0$에서 $S_{max}=S'$(따라서 $S_{min}=0$)을 가지는 일정한 진폭 하중의 첫 번째 주기와 같다. σ_{min}과 ε_{min}의 결과값은 잔류응력과 변형률인 σ_r, ε_r이 된다.

명시적으로 설명된 방법은 이상화된 재료의 거동에 대해 적용가능하다. 주기에 의존적인 경화 또는 연화에 의한 효과는 안정된 반복 응력-변형률 선도를 사용함으로써 최소한으로 고려된다. 그러나 이러한 접근 방법은 주기에 의존적인 크리프 완화 또는 경화 또는 연화 거동의 세부사항에 포함되지 않는다. 특이한 경우를 제외하면 천이 거동을 포함하지 않는 근사적 방법은 문제가 되지 않는다. 제시한 접근 방법의 적용은 유용한 공학적 방법이며 이것의 피로에 대한 변형률 기반 접근 방법은 15장에 제시되어 있다.

만약 소성 변형이 발생한 동안에 적용된 다수의 하중이 과도하게 비례하중이 아닌 하중을 야기한다면, 보다 심각한 제한에 마주하게 될 것이다. 시간에 의존적인 크리프 완화 거동(높은 온도에서 금속) 또한 앞서 언급된 방법의 범위 밖에 있다. 만약 이런 복잡한 사항들을 해석해야 한다면, 유한요소 해석에서 재료 거동의 정교한 모델을 포함하는 많은 컴퓨터 프로그램들이 이용가능하다. 그러나 특정 재료와 관심 있는 상황에 대하여 적절한 응력-변형률 모델링을 보장하기 위한 주의가 필요하다. 컴퓨터 프로그램은 때때로 수학적으로 편리한 응력-변형률 모델을 사용할 수 있지만, 실제 재료의 거동을 명확하게 나타내지 못할 수도 있다.

14.7 요 약

보의 대칭적인 굽힘과 속이 차 있거나 비어 있는 축의 비틀림에서 소성 변형이 일어난 상황에서의 응력과 변형률은 간결하게 해석될 수 있다. 여기서 단면은 평면으로 남겨져 있다고 가정하며, 적분식은 반드시 관심 있는 응력-변형률 선도의 특별한 형태를 통해 평가되어야 한다. 이런 종류의 해석은 잔류응력과 변형률의 결정하는 것으로 확장될 수 있다. 노치를 포함한 부재에 대하여 노치에서 응력과 변형률은 식 14.44의 Neuber 방법을 이용하여 계산할 수 있다. 여기서 Neuber 방법과 특정 응력-변형률 선도를 모두 만족하면 해를 얻을 수 있다. 또한 이 과정은 노치에서 잔류응력과 변형률의 계산으로 확장될 수도 있다.

굽힘 또는 비틀림의 소성 변형과 노치의 국부 소성 변형은 주어진 하중에서 탄성 분석으로부터 얻은 변형률을 초과하는 값을 야기한다. 특정한 분석 결과는 표 14.1에 표시되어 있으며, 추가적인 경우는 예제에 주어져 있다.

반복 하중은 만약 재료의 거동이 안정화된(반 수명) 반복 응력-변형률선도로 이상화되어 있으면 쉽게 해석할 수 있다. $\varepsilon=f(\sigma)$ 형태의 선도에서 히스테리시스 루프 선도는 $\Delta\varepsilon/2=f(\Delta\sigma/2)$를 따른다. 이 유용한 방법은 천이 주기 의존인 응력-변형률 거동 또는 경화/연화를 무시함으로써 가능하다.

이를 기반으로 하면, 응력-변형률 해석을 안정화 된 반복 응력-변형률 선도의 사용을 제외한 단순 하중에서 수행할 수 있다. 변형률은 $\varepsilon=g(S)$ 형태로 표현되는 해석적 결과는 S와 함수적 관계를 가진다. 완전 교번 하중 또는 인장의 평균값($R\geq-1$)을 가지는 반복 하중에서, 응력과 변형률의 최대와 진폭은 식 14.57의 결과를 통해 구해진다.

응력과 변형률의 최소값은 최대값에서 범위 값을 대입하여 얻어진다. 이와 비슷한 분석이 압축 방향($R < -1$)으로 편향된 하중에도 적용된다.

반복 하중의 분석은 $\Delta\varepsilon/2 = f(\Delta\sigma/2)$와 같은 응력–변형률 경로에 대응하는 모든 하중의 분산에 대해 $\Delta\varepsilon/2 = g(\Delta\sigma/2)$를 적용함으로써 시간 이력에 대한 불규칙 하중의 분포로 확장될 수 있다. 이러한 기억 효과는 루프가 응력과 변형률이 루프의 시작 지점으로 돌아온 후 응력–변형률 히스테리시스 루프가 닫히는 지점에서 나타난다.

표 14.1

Case	Equation No.
Bending of Rectangular Beams	
(a) Simple power-hardening material	(Example 14.1)
(b) Elastic, perfectly plastic material	(Example 14.2)
(c) Ramberg–Osgood material	(Example 14.3)
(d) Residual stress–strain for case (b)	14.18, 14.19
Torsion of Solid Circular Shafts	
(e) Simple power-hardening material	14.32
(f) Elastic, perfectly plastic material	14.33
(g) Ramberg–Osgood material	14.34
Local σ-ε in Notched Members	
(h) Elastic, perfectly plastic material	14.45
(i) Elastic, power-hardening material	14.46
(j) Ramberg–Osgood material	14.47

새로운 용어 및 기호

elastically calculated stress, σ_{elas}
finite element method
fully plastic force or moment: P_o, M_o
fully plastic yielding
initial yielding
initial yield force or moment: P_i, M_i
local notch stress and strain
local yielding
Neuber's rule
residual stress and strain, σ_r and ε_r
stress and strain concentration factors, k_σ and k_ε

참고문헌

CHU, C.-C. 1995. *Incremental Multiaxial Neuber Correction for Fatigue Analysis*, Paper No. 950705, Soc. of Automotive Engineers, SAE International Congress and Exposition, Detroit, MI, Feb. 1995.

CRANDALL, S. H., N. C. DAHL, and T. J. LARDNER, eds. 1978. *An Introduction to the Mechanics of Solids: SI Units*, 2nd ed., McGraw-Hill, New York.

GLINKA, G. 1985. "Energy Density Approach to Calculation of Inelastic Stress-strain Near Notches and Cracks," *Engineering Fracture Mechanics*, vol. 22, no. 3, pp. 485–508. See also vol. 22, no. 5, pp. 839–854.

HARKEGARD, G., and T.MANN. 2003. "Neuber Prediction of Elastic-Plastic Strain Concentration in Notched

Tensile Specimens Under Large-Scale Yielding," *Journal of Strain Analysis*, IMechE, vol. 38, no. 1, pp. 79–94.

HILL, R. 1998. *The Mathematical Theory of Plasticity*, Oxford University Press, Oxford, UK.

HOFFMANN, M., and T. SEEGER. 1989. "Stress–Strain Analysis and Life Predictions of a Notched Shaft Under Multiaxial Loading," G. E. Leese and D. Socie, eds., *Multiaxial Fatigue: Analysis and Experiments*, AE-14, Soc. of Automotive Engineers, Warrendale, PA.

MROZ, Z. 1967. "On the Description of Anisotropic Workhardening," *Jnl. of the Mechanics and Physics of Solids*, vol. 15, May 1967, pp. 163–175.

MROZ, Z. 1973. "Boundary-Value Problems in Cyclic Plasticity," *Second Int. Conf. on Structural Mechanics in Reactor Technology*, W. Berlin, Germany, Vol. 6B, Part L, Paper L7/6.

REINHARDT, W., A. MOFTAKHAR, and G. GLINKA. 1997. "An Efficient Method for Calculating Multiaxial Elasto-Plastic Notch Tip Strains and Stresses Under Proportional Loading," R. S. Piascik, J. C. Newman, and N. E. Dowling, eds., *Fatigue and Fracture Mechanics: 27th Volume*, ASTM STP 1296, Am. Soc. for Testing and Materials, West Conshohocken, PA.

SEEGER, T., and P.HEULER. 1980. "Generalized Application of Neuber's Rule," *Jnl. of Testing and Evaluation*, ASTM, vol. 8, no. 4, pp. 199–204.

SKRZYPEK, J. J., and R. B. Hetnarski. 1993. *Plasticity and Creep: Theory, Examples, and Problems*, CRC Press, Boca Raton, FL.

문제 및 질문

【14.2절】

14.1 그림 P14.1에 나타나듯, 대칭적인 다이아몬드 모양의 단면적을 가진 보의 재료는 예제 14.1와 같은 단순 멱-경화 응력-변형률 곡선을 따른다. 중립축처럼 z-축의 순수 굽힘에 대해 주어진 굽힘 모멘트 M 에 대한 식을 $y=c$일 때 변형률 ε_c와 상수 H_2, n_2, b 그리고 c의 함수로 추론하라. (제안: y의 함수로 표현된 두께 변수 t를 나타내기 위한 형상과 b와 c 치수를 채택하라.)

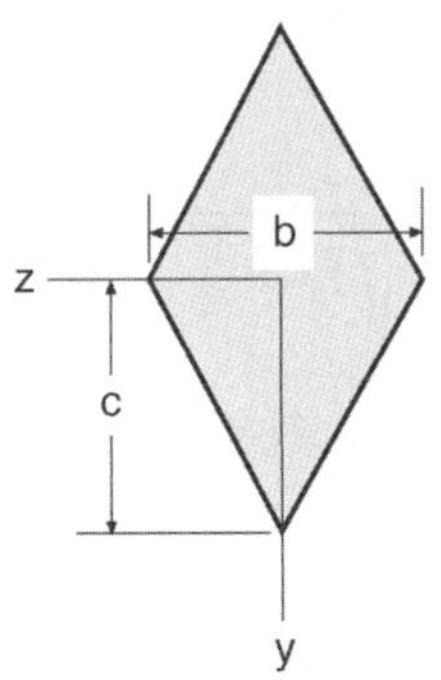

그림 P14.1

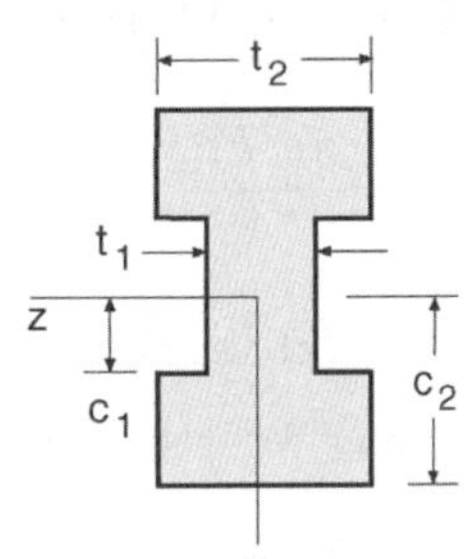

그림 P14.2

14.2 그림 P14.2에 나타나듯, I 모양의 단면적을 가진 보의 재료는 식 14.1와 같은 단순 멱-경화 응력-변형률 곡선을 따른다.

(a) 중립축처럼 z-축의 순수 굽힘에 대해 주어진 굽힘 모멘트 M에 대한 식을 $y=c_2$ 일 때 변형률 ε_{c2}와 상수 H_2, n_2, t_1, t_2, c_1, 그리고 c_2의 함수로 추론하라. 그림 A.2(d)의 상자 모양 단면에 결과를 적용할 수 있는가? (제안: 두께 변화를 나타내기 위해 두 단계로 적분하라.)

14.3 깊이가 $2c$이고 두께가 t인 직사각형 보는 그림 14.3과 같은 순수 굽힘 하에 있다. 재료는 식 13.4.와 같은 탄성, 선형-경화 응력-변형률 곡선을 따른다. 굽힘 모멘트 M이 $y=c$에서의 변형률 ε_c와 관련 있음을 아래와 같이 나타내라.

$$M=\frac{2tc^2E\varepsilon_c}{3},\qquad M=\frac{tc^2\sigma_o}{3}\left[(1-\delta)\left(3-\frac{1}{\alpha^2}\right)+2\delta\alpha\right]\qquad (\mathrm{a,b})$$

여기서, (a) $(\varepsilon_c\le\varepsilon_o)$를 적용할 때, (b) $(\varepsilon_c\ge\varepsilon_o)$를 적용할 때이고, $\varepsilon_o=\sigma_o/E$는 항복 변형률을 나타내고, $\alpha=\varepsilon_c/\varepsilon_o$이다. 항복 이후 거동에 대한 해답 (b)는 보의 모서리에서 막 시작한 항복에 대한 탄성 경우를 줄였는가? $\delta=0$에 대한 예제 14.2의 결과를 줄였는가?

14.4 연습문제 14.3과 같이 재료가 탄성, 선형 - 경화 응력-변형률 곡선을 갖고 순수 굽힘을 받는 사각형 단면을 가진 보를 고려해보자. 단면적 치수는 깊이 $2c=30\text{mm}$, 두께 $t=10\text{mm}$이다. 재료는 $E=200{,}000\text{MPa}$, $\sigma_o=703\text{MPa}$, $\delta=0.00816$인 강으로 가정하라.

(a) $\varepsilon_c=0.03$에 근사한 모서리 변형률 값의 범위에 대한 굽힘 모멘트 M을 계산하고, 선형-선형 좌표위에 ε_c에 관한 함수로 M을 그려라.

(b) $M-\varepsilon_c$의 거동을 관찰하여 간결하게 고찰하라. $M-\varepsilon_c$경향에서 뚜렷한 항복 경우가 보이는가? 왜 그런가? 왜 그렇지 않은가? 큰 변형률에 대해 항복 이후 거동에 대한 해답의 제한적인 경우는 무엇인가? 이 경우 예상하는 대로 곡선이 접근하는가?

14.5 반경이 c인 원형 단면적을 가진 보는 순수 굽힘 하에 있고, 재료는 식 13.1과 같이 탄성, 완전 소성 응력-변형률 곡선을 따른다. 모멘트 M이 $y=c$일 때 변형률 ε_c와 관계됨을 아래와 같이 나타내라.

$$M=\frac{\pi c^3E\varepsilon_c}{4},\qquad M=\frac{c^3\sigma_o}{6}\left[2\left(1-\frac{1}{\alpha^2}\right)^{3/2}+3\sqrt{1-\frac{1}{\alpha^2}}+3\alpha\sin^{-1}\frac{1}{\alpha}\right]\qquad (\mathrm{a,b})$$

여기서, (a) $(\varepsilon_c\le\varepsilon_o)$를 적용할 때, (b) $(\varepsilon_c\ge\varepsilon_o)$를 적용할 때이고, $\varepsilon_o=\sigma_o/E$는 항복 변형률을 나타내고, $\alpha=\varepsilon_c/\varepsilon_o$이다.

14.6 연습문제 14.5의 경우에서, 단면적 반경이 $c=20\text{mm}$이고. 재료는 알루미늄 합금강에 $E=120{,}000\text{MPa}$과 $\sigma_0=600\text{MPa}$로 가정하라.

(a) $\varepsilon_c=0.03$에 근사한 모서리 변형률 값의 범위에 대한 굽힘 모멘트 M을 계산하고 선형-선형 좌표위에 ε_c에 대한 함수로 M을 그려라.

(b) $M-\varepsilon_c$의 거동을 관찰하여 간결하게 고찰하라. $M-\varepsilon_c$의 경향에서 뚜렷한 항복 경우가 보이는가? 왜 그런가? 왜 그렇지 않은가? 큰 변형률에 대해 항복 이후 거동에 대한 해답의 제한적인 경우는 무엇인가? 이 경우 예상하는 대로 곡선이 접근하는가?

14.7 재료에 대한 예제 14.1의 단순 멱-경화 응력-변형률 선도를 고려하라.

(a) 반경 c인 원형 단면적 기둥에 대해 $y=c$일 때 변형률 ε_c과 상수 H_2, n_2, c에 대한 함수인 굽힘 모멘트 M에 대한 식을 추론하라 (제안: 적분 표에서 정적분 부분을 찾아보고, closed-form 해결법은 표준 Gamma 함수의 형태를 얻을 수 있고, 더 자세히 하려면 Beta 함수를 사용하라).

(b) 안쪽 반경이 c_1, 바깥 반경이 c_2인 관 모양의 단면적을 가진 더 일반적인 상황에 대해 (a)로부터 결과를 확장시켜라.

【14.3절】

14.8 깊이 $2c=40$이고, 두께 $t=20\text{mm}$인 세 개의 동일한 직사각형 보가 대칭적인 순수 굽힘을 하중을 받고 있다. 이것들은 항복강도 $\sigma_0=400\text{MPa}$, 탄성 계수 $E=200\text{GPa}$이고 탄성, 완전 소성 재료로 만들어졌다. 첫 번째 보는 모서리 변형률 $\varepsilon_c'=0.002$로 부하되었다가 제하하며, 두 번째 기둥은 $\varepsilon_c'=0.004$, 세 번째 기둥은 $\varepsilon_c'=0.008$로 적용된다. 각 세 개의 보에 대해, 아래의 문제들을 해결하라.

(a) ε_c'에 도달하기 위한 모멘트 M'과 제하된 이후 남아 있는 잔류응력과 변형률, σ_{rc}와 ε_{rc}을 계산하라.

(b) 최대 모멘트 M'과 이후 *M'이 제거되었을 때*에 대한 응력 분포를 그리고 결정하라.

(c) 세 가지 경우를 분석하고 이들 사이의 차이점을 논하라.

14.9 깊이 $2c=40$과 두께 $t=20\text{mm}$인 직사각형의 보는 $E=70\text{GPa}$, $\sigma_0=350\text{MPa}$이고 탄성, 완전 소성 응력-변형률 거동을 가진 알루미늄 합금으로 만들어졌다. 굽힘 모멘트 $2{,}300\text{N}\cdot\text{m}$가 적용되고 이후 제거하였다.

(a) 잔류응력을 결정하고, 중립축으로부터 거리 y-그것들의 분포를 그려라. 또한 같은 그래프에서, 최대 모멘트에 대한 응력 분포를 나타내라.

(b) 즉, 보의 각 모서리에 대해($y=c$와 $y=-c$에 대해) 응력-변형률 경로를 그려라.

【14.4절】

14.10 식 14.33을 추론하라.

14.11 식 14.34을 추론하고, 작은 소성 변형률에 대해 정확한 탄성 경우로 감소함과 큰 소성 변형률에 대해 식 14.32로 감소함을 보여라.

14.12 식 14.31의 전단에서의 단순 멱-경화 응력-변형률 곡선에 대하여, 내부 반경 c_1과 외부 반경 c_2를 가진 두꺼운 벽의 관에 대해 아래를 따라 완성해라:

(a) 최대 전단 변형률 γ_{c2}에 대한 함수로 회전력 T의 식을 추론하라.

(b) c_1이 0에 가까지면 식 14.32의 결과가 줄어드는 것을 확인하라.

14.13 내부 반경 c_1과 외부 반경 c_2를 가진 두꺼운 벽의 관에 단순 회전력이 작용한다. 재료는 탄성, 완전 소성 응력-변형률과 관계를 가지고 전단 변형률 G와 전단에서의 항복강도 τ_o를 가진다.

(a) c_1과 c_2 사이에서 탄소성 경계가 발생함을 가정하고, $r = c_2$일 때 전단 변형률 γ_{c2}와, 재료 상수 G, τ_0, c_1, c_2에 대한 함수로 회전력 T에 대해 식을 추론하라.

(b) 항복이 아닌 상황에서, 그림. A.1(c)의 탄성 분석을 적용하여 T와 γ_{c2}에 연관된 적용 가능한 식을 도출하라.

(c) 완전 소성 항복에 대해, 적용되는 T에 대한 식을 도출하라. (제안 : 그림. A.15(e)에서, 관이 비었기 때문에 잃어버린 회전력을 빼라).

(d) (b)와 (c)의 결과가 (a)의 식으로 제한된 경우와 일치하는지 확인하라.

14.14 알루미늄 합금 2024-T351은 식 13.12의 Ramberg-Osgood 형태의 단순 하중에 대한 1축의 응력-변형률 곡선을 가졌고, $E = 73.1\text{GPa}$, $H = 527\text{MPa}$, $n = 0.0663$, 뽀아송 비의 값은 $\nu = 0.33$ 이다.

(a) 이 재료에 대한 전단응력-변형률 곡선을 평가하라.

(b) 이 재료로 만든 둥근 고체 샤프트의 반경이 $c = 9.53\text{mm}$이고 회전력을 받는다. 회전력 T와 $\gamma_c = 0.1$을 초과한 표면 전단 변형률과 관련한 곡선을 그리고 평가하라.

(c) 측정 길이 $L = 152.4\text{mm}$에 대해 상응하는 회전력-비틀림 각 데이터는 표 P14.14에 주어져 있다. 이 데이터를 (b)의 곡선에 그리고, 비교하여 논평해라. (힌트: 라디안 단위인 비틀림 각 θ는 $\theta = \gamma_c L/c$로부터 전단 변형률과 연관되어 있다.)

표 P14.14

T, N·m	θ, degrees
0	0
82.5	2
164	4
229	6
297	10
339	15
377	25
407	40
438	60
467	90

14.15 반경이 c인 원형 샤프트는 회전력 아래에 있고, 재료는 전단응력-전단변형률에 대한 탄성, 멱-경화 곡선을 가졌다. 특히, $(\tau \le \tau_o)$일 때 $\tau = G\gamma$, $(\tau \ge \tau_o)$일 때 $\tau = H_4\gamma^{n_4}$이다. 회전력 T가 $r = c$일 때 변형률 γ_c와 관련이 있음을 아래와 같이 나타내라.

$$T = \frac{\pi c^3 G\gamma_c}{2}, \qquad T = \frac{2\pi c^3}{n_4 + 3}\left[\frac{G\gamma_o^4(n_4 - 1)}{4\gamma_c^3} + H_4\gamma_c^{n_4}\right] \qquad \text{(a, b)}$$

여기서, (a) ($\gamma_c \le \gamma_o$)를 적용하고, (b) ($\gamma_c \ge \gamma_o$)를 적용하며, $\gamma\gamma_o = \tau_o / G$는 항복 변형률을 나타낸다. 항복 이후 거동에 대한 해답 (b)는 $r = c$에서 항복이 막 시작됨에 대한 탄성 경우를 줄이는가? 큰 변형률에 대한 식 14.32도 줄이는가?

14.16 연습문제 14.15의 경우에 대해, 샤프트의 반경은 $c = 50\text{mm}$이고, $G = 26\text{GPa}$, $H_4 = 300\text{MPa}$, $n_4 = 0.100$인 티타늄 합금으로 가정하라.

(a) 약 $\gamma_c = 0.05$까지 최대 변형률 값의 범위에 대한 회전력 T를 계산하고, 선형-선형 좌표위에 γ_c에 대한 함수 T를 그려라.

(b) $T - \gamma_c$의 거동을 관찰하여 간결하게 고찰하라. $T - \gamma_c$의 경향은 뚜렷한 항복 경우를 보이는가? 왜 그런가? 왜 그렇지 않은가? 큰 변형률에 대해 항복 이후 거동에 대한 해답의 제한적인 경우는 무엇인가? 이 경우 예상하는 대로 곡선이 접근하는가?

【14.5절】

14.17 노치가 있는 부재와 그림 14.16의 응력-변형률 곡선을 고려하자. 예제 14.4과 14.5에서 Neuber의 법칙으로 추정한 응력과 변형률 값 사용하여 하중 (a) $S = 200$과 (b) $S = 260\text{MPa}$에 대한 응력과 변형률 집중 계수, k_σ와 k_ε를 계산하라. 그림 14.16(b)의 그래프와 일치하는 값인가?

14.18 노치가 있는 부재가 탄성응력 집중 계수 $k_t = 2.30$이고, 탄성 계수 $E = 70\text{GPa}$, 항복강도 $\sigma_0 = 245\text{MPa}$를 가지는 탄성, 완전 소성 재료로 만들어졌다. 만약 부재에 공칭응력 S'이 (a) 80, (b) 160 그리고 (c) 240MPa로 적용될 때, 노치에서의 응력과 변형률을 평가하라. 각각의 경우에서 응력-변형률 경로를 그리고 응력 집중 계수(k_σ)와 변형률 집중 계수(k_ε)를 계산하라. 또한, (d)에서 보이는 거동을 간단하게 고찰하라.

14.19 노치가 있는 부재가 탄성응력 집중 계수 $k_t = 3.00$ 이고, 탄성 계수 $E = 200\text{GPa}$, 항복강도 $\sigma_o = 1000\text{MPa}$를 가지는 탄성, 완전 소성 재료로 만들어졌다. 만약 부재에 공칭응력 S'이 (a) 300, (b) 550, (c) 800MPa로 적용될 때 노치에서의 응력과 변형률을 평가하라. 각각의 경우에서 응력-변형률 경로를 그리고 응력 집중 계수(k_σ)와 변형률 집중 계수(k_ε)를 계산하라. 또한, (d)에서 보이는 거동을 간단하게 고찰하라.

14.20 노치가 있는 부재가 탄성응력 집중 계수 $k_t = 3.40$이고, $E = 120\text{GPa}$, $H_1 = 1500\text{MPa}$, 그리고 $n_1 = 0.120$을 가지는 탄성, 멱-경화 재료로 만들어졌다. 만약 부재에 공칭응력 S'이 (a) 200, (b) 350, (c) 500MPa로 적용될 때 노치에서의 응력과 변형률을 평가하라. 각각의 경우에서 응력-변형률 경로를 그리고 응력 집중 계수(k_σ)와 변형률 집중 계수(k_ε)를 계산하라. 또한, (d)에서 보이는 거동을 간단하게 고찰하라.

14.21 상수 σ_o, E, δ를 가지고 있는 식 13.4의 응력-변형률 선도에서 탄성, 선형-경화 재료를 고려하자. 이러한 재료로 만들어진 노치가 있는 부재는 탄성응력 집중 계수 k_t를 가지고 있고 공칭응력 S를 받는다.

(a) 노치에서 국부 항복이 발생한다고 가정하고, Neuber의 법칙에 기초하여 노치에서의 국부 응력과 변형률(σ, ε)을 k_t, S, σ_o, E, δ의 함수로 유도하여라.

(b) 재료는 $E = 200\text{GPa}$, $\sigma_o = 500\text{MPa}$, $\delta = 0.100$이고, 노치가 있는 부재의 k_t는 3.5라 가정한다. 만약 $S = 250\text{MPa}$이 적용된다면, σ, ε, k_σ, k_ε을 계산하라.

14.22 알루미늄 합금 7075-T651은 이 식 13.12에 설명한 Ramberg-Osgood 형태의 1축 방향 응력에 대한 단순 응력-변형률 선도를 가지며, E, H, n으로 주어져 있다. 그림 A.11(a)에 보인 바와 같이, 중앙에 둥근 구멍이 있는 위 재료로 만들어진 판에 폭 $w = 76.2$, 직경 $d = 19.05$, 두께 $t = 6.35\text{mm}$의 중앙부 구멍이 존재하며 이 때 탄성응력 집중 계수 $k_t = 2.42$이다. 변형률 게이지는 그림 14.16과 같이 ε_y를 측정하기 위해 구멍의 안쪽에 장착되어 있다. 판에 단순 하중이 작용하는 동안 다양한 레벨의 힘 P에 따른 두 변형률 게이지의 평균으로 구해진 ε_y값이 표 P14.22에 주어져 있다. Neuber의 법칙을 통해 예상된 $P - \varepsilon_y$ 선도를 평가하고 실험 데이터를 따라 선도를 작성한 후, 그 결과를 비교하고 논의하라.

표 P14.22

P, Force, kN	ε_y, Notch Strain
0	0
44.5	0.0042
66.7	0.0064
89.0	0.0087
111.2	0.0121
133.4	0.0174
155.7	0.0251
177.9	0.0366

14.23 14.5.4절과 그림 14.17에 나와 있는 Glinka 방법을 토대로 다음 문제를 해결하라.

(a) 탄성, 완전 소성 재료에서 노치 변형률을 평가하기 위한 식 14.45와 유사한 대안적인 관계식을 제시하라.

(b) Ramberg-Osgood 재료에 대한 노치 응력의 함수로써 S를 제시하는식 14.47과 유사한 대안적인 관계식을 제시하라.

(c) (b)의 결과를 연습문제 14.22의 노치 변형률 데이터에 적용하고, 실험 데이터를 통해 추정된 $P - \varepsilon_y$의 선도를 그려라. 선도와 데이터가 잘 부합하는가?

14.24 노치가 있는 부재가 응력 집중 계수 $k_t = 2.5$을 가지고, 식 13.4의 탄성, 선형 - 경화 응력 - 변형률 관계식을 가지며 상수 $E = 70\text{GPa}$, $\sigma_0 = 500\text{MPa}$ 그리고 $\delta = 0.15$인 재료로 만들어졌다.

(a) 만약 공칭응력 $S' = 272\text{MPa}$이 적용될 때 노치에서의 응력과 변형률을 평가하라.

(b) S'이 제거된 후에도 잔류응력과 변형률(σ_r와 ε_r)이 남아 있는가?

(c) S'이 부하되고 제하될 때에 대응하는 응력-변형률 선도를 그려라.

14.25 노치가 있는 부재가 탄성응력 집중 계수 $k_t = 2.20$을 가지고, 탄성, 완전 소성 응력-변형률 선도를 가지며 상수 $E = 200\text{GPa}$, $\sigma_o = 500\text{MPa}$인 재료로 만들어졌다. 이 부재는 0에서부터 공칭응력 S'까지 부하된 후 제하된다. 국부 노치의 잔류응력과 변형률을 각각 (a) $S' = 175$, (b) $S' = 350$, (c) $S' = 525\text{MPa}$에 대하여 결정하라. 또한, 부하와 제하에 대한 응력-변형률 경로를 그려라. (d) 발생하는 거동의 다른 형태에 대해 간단히 논하라.

14.26 노치가 있는 부재가 탄성응력 집중 계수 $k_t = 2.50$을 가지고, 탄성, 완전 소성 응력-변형률 선도를 가지며 상수 $E = 70\text{GPa}$, $\sigma_o = 400\text{MPa}$인 재료로 만들어졌다. (a) $S' = 250$, (b) $S' = -250\text{MPa}$에 대해 만약 부재가 S'의 공칭응력이 부하되고 제하된다면 노치에서의 잔류응력과 변형률을 추정하라. 각각의 경우에 대해서, 부하와 제하에 대한 응력-변형률 경로를 그려라. 또한 (c) S'과 σ_r 둘 사이의 관계와 관측된 경향이 발생하는 이유에 대해 간단히 논의하라.

14.27 구멍을 가진 판재가 인장 하중을 받고 있다. 그림 A.11(a)에서 정의한 것처럼, 치수는 $w = 50$, $d = 15$ 그리고 $t = 5.0\text{mm}$이다. 판은 Ramberg-Osgood 응력-변형률 선도와 예제 13.1의 상수 E, H, n을 가지는 7075-T-651 알루미늄으로 만들어졌다. 그림 A.11(a)로부터 $k_t = 2.35$임을 확인했다. 이때, 만약 부재에 P'의 힘으로 부하되고 제하될 때 (a) $P' = 54\text{kN}$ (b) $P' = 70\text{kN}$에 대해 노치에서의 잔류응력과 변형률을 추정하라. 각각의 경우에 대해서, 부하와 제하에 대한 응력-변형률 경로를 그려라. 또한 (c) 발생하는 거동에 대해 간결하게 논하라.

【14.6절】

14.28 노치가 있는 부재가 탄성응력 집중 계수 $k_t = 3.00$을 가지고, 탄성, 완전 소성 응력-변형률 관계를 가지며 $E = 200\text{GPa}$이고 $\sigma_0 = 400\text{MPa}$인 재료로 만들어졌다. 반복 하중의 공칭응력이 (a) $S_{max} = 100$과 $S_{min} = -20\text{MPa}$ (b) $S_{max} = 200$과 $S_{min} = -40\text{MPa}$ (c) $S_{max} = 200$과 $S_{min} = -100\text{MPa}$일 때에 대응하는 국부 노치 응력-변형률 추정하고 선도를 그려라. 또한, (d) 발생하는 거동의 다른 형태에 대해 간결하게 논하라.

14.29 노치가 있는 부재가 탄성응력 집중 계수 $k_t = 3.50$을 가지고, 식 13.55의 안정된 반복 응력-변형률 선도에 대한 상수들을 가지는 표 15.1의 AISI 4340강($\sigma_u = 1468\text{MPa}$)으로 만들어졌다. 공칭응력이 $S_{max} = 500$과 $S_{min} = -200\text{MPa}$ 사이인 반복 하중에 대응하는 국부 노치 응력-변형률 선도를 그리고 평가하라.

14.30 그림 A.11(b)에서처럼 축 하중을 받는 노치가 있는 판은 응력 집중 계수 $k_t = 2.5$를 가진다. 판은 식 13.55의 안정된 반복 응력-변형률 선도에 대한 상수들을 가지는 표 13.1의 2024-T351 알루미늄으로 만들어졌다. 공칭 응력이 $S_{max} = 275$과 $S_{min} = -50\text{MPa}$사이에서 반복이 적용될 때 대응하는 국부 노치 응력-변형률 선도를 그리고 평가하라.

14.31 연습문제 14.30과 같은 재료로 만들어 진 동일한 부재가 $S_{min} = -275$와 $S_{max} = 50\text{MPa}$ 사이의 일정 진폭 반복 하중을 받는다. 대응하는 국부 노치 응력-변형

률 선도를 그리고 평가하라.

14.32 둥근 구멍이 있는 판재는 표 13.1의 RQC-100강으로 만들어졌다. 그림 A.11(a)에서 정의한 것처럼, 치수는 $w = 150$, $d = 12$ 그리고 $t = 2.5\text{mm}$이다. k_t값은 2.8이다. 그때, $P_{max} = 130$과 $P_{min} = 35\text{kN}$ 사이의 반복 하중에 대해 대응하는 국부 노치 응력-변형률 선도를 그리고 평가하라.

14.33 연습문제 14.32와 같은 재료를 가진 동일한 부재에 $P_{min} = -100$과 $P_{max} = 5\text{kN}$ 사이의 일정 진폭 반복 하중이 적용된다. 대응하는 국부 노치 응력-변형률 선도를 그리고 추정하라.

14.34 식 13.55의 반복 응력-변형률 선도에 대한 상수가 주어진 표 15.1의 6Al-4V 티타늄 합금으로 부재를 만들었다. 부재는 너비가 축소된 평평한 판이고 면내 굽힘을 받는다. 그림 A.11(d)에서 정의한 것처럼, 치수는 $w_2 = 75$, $w_1 = 50$, 필렛 반경 $\rho = 1.75$ 그리고 두께 $t = 6.5\text{mm}$이다. k_t값은 2.5이다. 그때, $M_{max} = 1400$과 $M_{min} = -300\text{N}\cdot\text{m}$ 사이의 반복 하중에 대해 대응하는 국부 노치 응력-변형률 선도를 그리고 평가하라.

14.35 표 13.1의 RQC-100강으로 제작된 직사각형 보는 깊이가 $2c = 6.35$, 두께 $t = 12.7\text{mm}$이다. 이러한 다섯 개의 보는 끝단 변형률 제어 하에 완전 교번 반복 순수 굽힘을 받는다. 이 실험으로부터 도출된 굽힘 모멘트와 끝단 변형률 진폭이 표 P14.35에 나타나 있다. (M_a의 값은 피로 수명 N_f의 절반인 $N_f/2$의 근처에서 주기적으로 안정적인 거동을 보인다.) $M_a - \varepsilon_{ca}$의 선도를 그리고 이 데이터와 주기적 하중이 적용된 예제 14.36로부터의 선도를 비교하라.

표 P14.35

No.	M_a, Moment Amplitude, N·m	ε_{ca}, Edge Strain Amplitude	N_f, cycles
1	39.0	0.0022	240 000
2	46.4	0.0030	32 990
3	58.6	0.0050	4 882
4	68.9	0.0100	1 335
5	79.0	0.0180	438

Source: Data courtesy of R. W. Landgraf; see [Dowling 78].

14.36 그림 P14.36에서 나타나듯이 뭉툭한 노치가 있는 컴팩트 시험편은 AISI 4340강($\sigma_u = 1158\text{MPa}$)으로 만들어졌다. 이 시험편은 완전 교번 반복 하중 P_a의 다양한 진폭을 받는다. 작은 변형률 게이지는 노치의 끝단 곡면 부에서 힘 방향에 평행하게 적용되고, 안정적 거동(피로 수명의 절반 근처)에 대한 변형률 진폭 ε_a의 측정값이 표 P14.36에 나타나 있다. 또한, 정적 하중에 대한 탄소성 유한 요소 해석(FEA)이 수행되지만, 안정된 반복 응력-변형률 선도는 식 13.8의 탄성, 멱-경화 형태로 나타나고 상수는 $E = 206.9\text{GPa}$, $H_1' = 1924\text{MPa}$ 그리고 $n_1' = 0.167$이다. 이 해석은 탄성응력 집중 계수 $k_t = 2.62$를 주고, 노치의 변형률 값은 표를 따른다. k_t를 규정하기 위해서, 공칭응력 S는 순단면에 대한 인장과 굽힘으로부터 계산되고 S에 대한 식은 그림 P14.36에서 주어

진다.

(a) Neuber의 법칙으로부터 평가된 $P_a - \varepsilon_a$ 선도에서의 많은 점을 계산하라. 이 선도와 변형률 게이지 데이터 점을 같은 그래프 상에 그려라.

(b) (a)의 그래프에 FEA 결과 선도를 추가하고 Neuber의 법칙과 FEA의 성과에 대해 논하라.

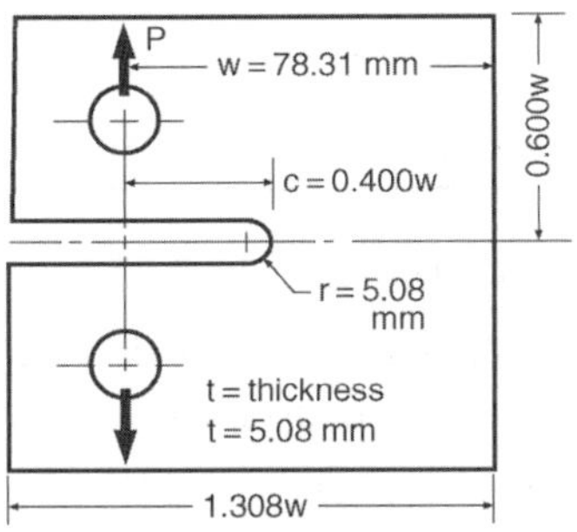

$$S = \frac{2P(2w+c)}{t(w-c)^2}, \quad k_t = 2.62$$

그림 P14.36

표 P14.36

P_a, kN	ε_a (gages)	ε_a (FEA)
7.03	—	0.00298
8.54	0.00354	0.00362
10.23	—	0.00444
12.01	—	0.00547
14.03	0.00630	0.00685
15.57	—	0.00792
17.35	—	0.00934
19.19	0.01015	0.01092
24.02	0.01455	0.01598
26.02	0.01730	0.01850
27.58	0.01850	0.02064
32.03	0.02615	0.02746
34.92	0.02970	0.03282

Source: Data for [Dowling 79b].

14.37 회전하는 고리모양의 원반은 내부 반경 $r_1 = 105$, 외부 반경 $r_2 = 525$ 그리고 두께 $t = 50\text{mm}$를 가진다. 원반은 표 13.1의 AISI 4340강($\sigma_u = 1172\text{MPa}$)으로 만들어졌고 주파수 $f = 120$ 회전/초로 회전하고 있다. (그림 A.9와 동반되는 글을 보라.)

(a) r_1와 r_2 사이에서 변하는 반경 R의 다수의 값에 대한 방사 방향과 접선 방향의 응력 σ_r과 σ_t를 계산하라. 그때, 이 응력을 R에 대한 함수로 나타내라.

(b) 최대응력이 0.2% 오프셋 주기적 항복강도를 초과하는가? R의 범위는 어떠한가?

(c) 회전의 시작과 끝에서 구한 결과의 반복 하중에 대한 내부 반경에서의 국부 응력-변형률 선도를 그리고 평가하라. 내부 반경은 응력집중부처럼 거동하여, Neuber의 법칙은 올바른 평가를 제시하고, 그림 A.9의 식은 탄성 거동에 대한 응력 σ_{elas}을 제공한다.

14.38 노치가 있는 부재는 탄성응력 집중 계수 $k_t = 2.50$을 가지고 식 13.55의 주기적 응력-변형률 선도에 대한 상수들을 가지는 표 15.1의 티타늄 6Al-4V 합금으로 만들었다. 아래에 주어지는 표에서 주어진 공칭응력 이력의 반복적인 적용에 대해 대응하는 국부 노치 응력-변형률 선도를 그리고 평가하라. 각각의 반복에서, 최소 B와 최대 C는 각각 1000번 발생한다는 것을 주의하라.

Peak or Valley	A	B_1	C_1	B-C	B_{1000}	C_{1000}	D	A'
S, Nom. Stress, MPa	600	−100	300	repeats	−100	300	−200	600

14.39 노치가 있는 굽힘 부재는 탄성응력 집중 계수 $k_t = 2.40$을 가진다. 부재는 식 13.55의 안정된 반복 응력-변형률 선도에 대한 상수들을 가지는 표 13.1의 2024-T351 알루미늄 합금으로 만들어졌다. 아래의 표에서 주어진 공칭응력 이력의 반복적인 적용에 대해 대응하는 국부 노치 응력-변형률 선도를 그리고 평가하라. 각각의 반복에서, 최대 C와 최소 D는 각각 120번 발생한다는 것을 주의하라.

Peak or Valley	A	B	C_1	D_1	C-D	C_5	D_5	A'
ε, Strain	0.010	−0.001	0.008	0.002	repeats	0.008	0.002	0.010

14.40 노치가 있는 부재는 탄성응력 집중 계수 $k_t = 3.00$을 가진다. 부재는 식 13.55의 안정된 주기적 응력-변형률 선도에 대한 상수들을 가지는 표 15.1의 SAE 1045강(열 압연과 불림)으로 만들어졌다. 아래의 표에서 주어진 공칭응력 이력의 반복적인 적용에 대응하는 국부 노치 응력-변형률 선도를 그리고 평가하라. 각각의 반복에서, 최소 C와 최대 D는 각각 50번 발생한다는 것을 주의하라.

Peak or Valley	A	B	C_1	D_1	C-D	C_{50}	D_{50}	E	F	A'
S, Nom. Stress, MPa	350	−160	160	−80	repeats	160	−80	240	−250	350

14.41 노치가 있는 부재는 탄성응력 집중 계수 $k_t = 3.00$을 가지고 표 13.1에 주어진 RQC-100강으로 만들었다. 아래의 표에서 주어진 공칭응력 이력의 반복적인 적용에 대해 대응하는 국부 노치 응력-변형률 선도를 그리고 결정하라. 각각의 반복에서, 최소 D와 최대 E는 각각 2000번 발생한다는 것을 주의하라.

Peak or Valley	A	B	C	D_1	E_1	D-E	D_{2000}	E_{2000}	F	A'
S, Nom. Stress, MPa	380	−170	260	−90	170	repeats	−90	170	−260	380

피로에 대한 변형률 기반 접근법

15

목적

- 재료 및 표면가공, 치수효과에 따른 경향에 대해 고려한 변형률-수명 선도와 식에 대해 알아본다.
- 0이 아닌 평균응력과 다축응력의 경우에 대해 변형률-수명 선도를 확장한다.
- 기하학적 노치, 시간에 따라 불규칙적인 변화를 가지는 하중 등에 대해 변형률 기반 방법을 적용하여 구조물의 수명을 산정한다.

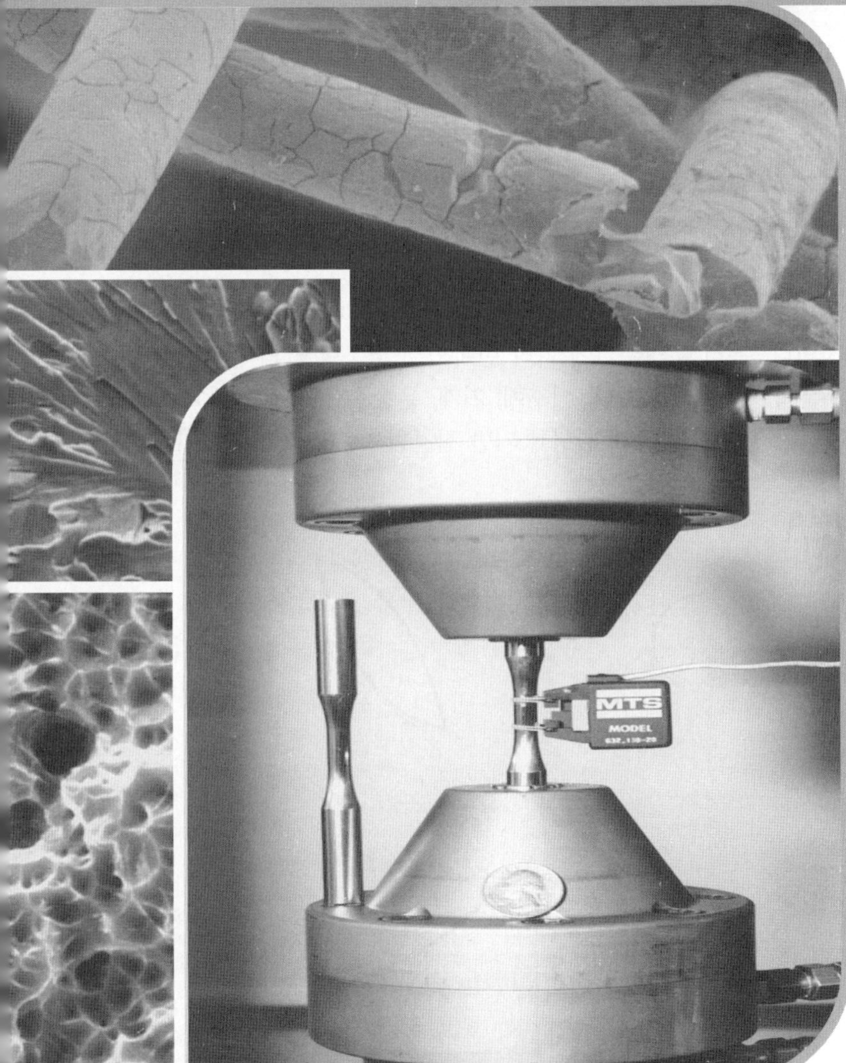

세부목차

15.1 서 론

피로에 대한 변형률 기반 접근법은 응력이 증가하는 곳이나 보의 끝에서와 같이 피로균열이 시작되는 국부적인 영역에서의 소성변형을 고려한다. 피로균열이 시작되는 곳에서 분석되는 응력과 변형률은 수명 산정의 기초로 활용된다. 이 과정은 연성의 금속 재료에 자주 발생하는 국부적인 항복이 발생하는 짧은 수명을 가지는 피로 상황에 대해서만 허용된다. 그러나 이 접근법은 긴 수명의 가소성 재료에서도 적용되며, 따라서 응력 기반 접근법 대신에 사용 가능한 방법이다.

변형률 기반 접근법은 9, 10장에 설명되어 있는 바와 같이 응력 기반 접근법과 매우 다르다. 그 특징은 그림 15.1에 나타나 있다. 응력 기반 접근법은 국부 응력과 변형률 보다 공칭(평균)응력을 중요하게 여기며, 탄성응력 집중 계수와 이를 경험적으로 수정한 것을 사용한다. 반복 응력-변형률 선도는 변형률 기반 접근법의 고유한 특징이며, 이는 공칭응력에서의 S-N 선도를 대신하여 변형률-수명 선도에 사용된다. 국부적인 항복을 더 자세하게 해석한 결과로, 변형률 수명 접근법은 중간 수준과 짧은 피로수명을 더 정확하게 평가할 수 있다. 또한, 이 방법은 노치에서의 국부적 평균응력을 고려함으로써 평균 공칭응력을 사용하는 것 보다 평균응력효과를 더 합리적이며 정확하게 다룰 수 있도록 하였다. 응력 기반 접근법과 변형률 기반 접근법이 유사한 점은, 두 가지 방법 모두 11장의 파괴역학 접근법에 있는 균열 성장에 관해 특별한 해석을 포함하고 있지 않다는 것이다.

변형률 기반 접근법은 매우 짧은 피로수명을 가지는 피로 문제에 대해 해석하기 위해 1950년대 후반과 1960년대 초에 발전하기 시작하였다. 특히 운영주기에 따라 반복되는 열응력에 의해 주기적인 하중을 받는 원자로와 제트엔진에 부분적으로 적용되었다. 이후에, 기계, 운송수단, 구조물에 작용하는 운영 하중에 의해 발생한 몇 가지 심각한 사건을 통해 변형률 기반 접근법으로 명확하게 평가하는

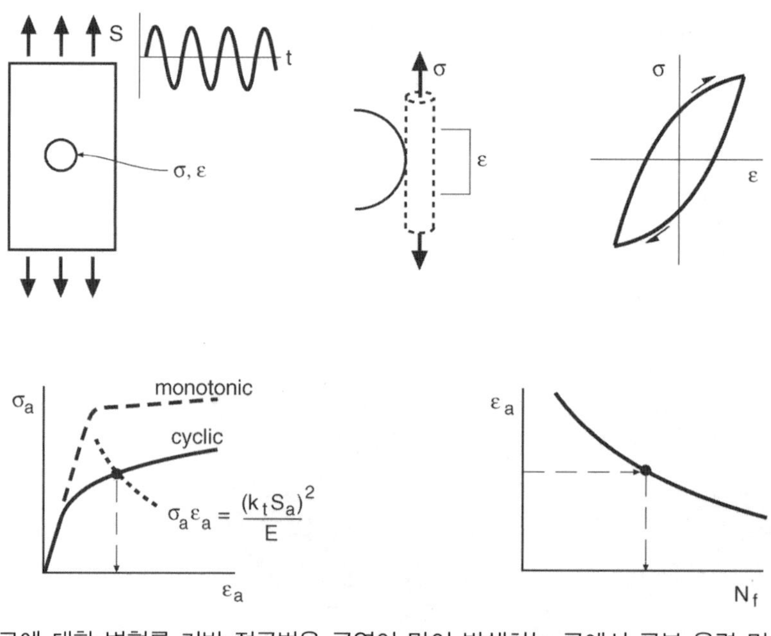

그림 15.1 피로에 대한 변형률 기반 접근법은 균열이 많이 발생하는 곳에서 국부 응력 및 변형률 σ, ε로 평가된다. 국부 소성의 효과가 포함되며, 1축 평활재 시험편으로부터 나온 재료의 반복 응력-변형률 및 변형률-수명 선도가 사용된다.

것이 가능하게 되었다. 한 가지 예로 파인 도로, 거친 도로를 운전하거나 높은 속도로 운전할 때에 자동차 서스펜션에 작용하는 하중을 들 수 있다. 또 다른 예는 터빈이나 발전기에 큰 기계적 진동을 야기할 수 있는 번개가 칠 때 전기 전원 시스템의 일시적인 장애가 발생하는 경우다. 또한 폭풍으로 인한 돌풍이 항공기에 작용하는 하중이나 전투기가 전투기동을 할 때 받는 하중도 예가 될 수 있다.

이 장에서는 앞서 9장에서 사용된 정의와 기호를 이용할 것이다. 변형률 기반 접근법은 응력 기반 접근법과 유사성이 다소 있기 때문에, 9장과 10장에서 소개되었던 관련된 특정 개념이 사용될 것이다. 또한 13, 14장의 소성변형에 대해서도 다룰 것이다. 특히 식 13.55의 반복 응력-변형률 선도와 관련이 있다.

$$\varepsilon_a = \frac{\sigma_a}{E} + (\frac{\sigma_a}{H'})^{1/n'} \tag{15.1}$$

13.5절의 논의된 내용들과 14.5절의 Neuber식 및 14.6절의 반복 하중에 대한 일반적인 절차도 사용될 것이다.

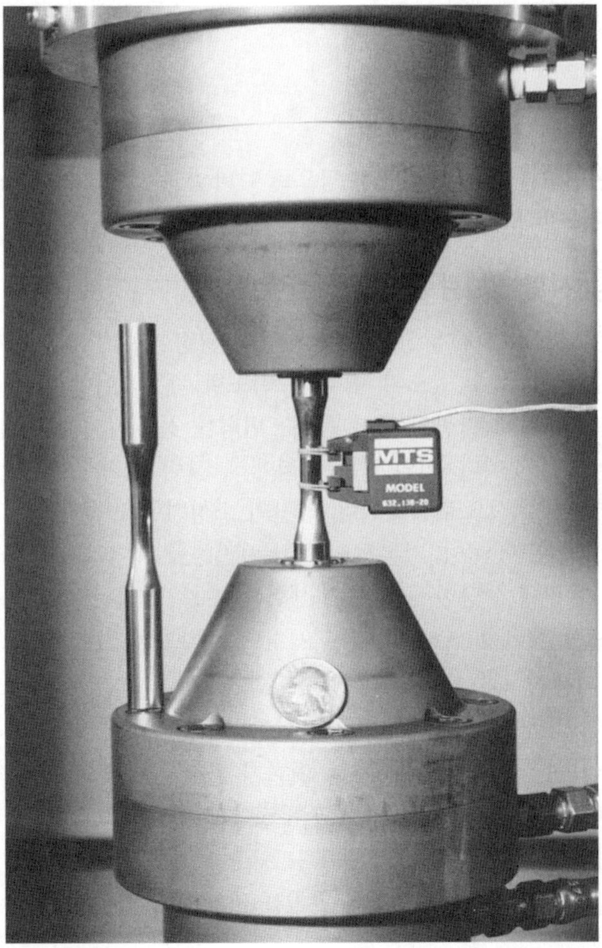

그림 15.2 변형률 제어 피로 시험을 위한 시험편, 신장계 그리고 그립
(Virginia Tech. 소속 G.K.MacCauley의 사진)

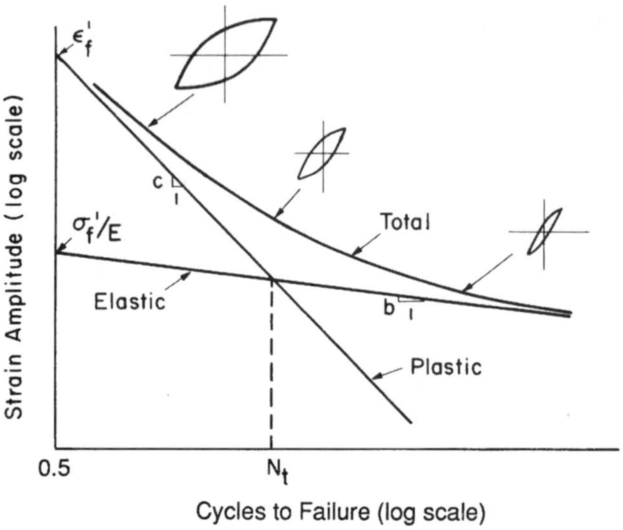

그림 15.3 탄성, 소성 그리고 전체 변형률에 대한 변형률-수명 선도([Landgraf 70]로부터 수정됨)

15.2 변형률-수명 선도

변형률-수명 선도는 변형률 진폭과 파단 수명으로 나타낼 수 있다. 이 선도는 응력 기반 접근법에서 S-N 선도를 이용하는 방식과 유사하게 변형률 기반 접근법에서 수명을 산정하는데 사용된다.

15.2.1 변형률-수명 시험 및 관련식

변형률-수명 선도는 ASTM E606에 설명된 바와 같이 일정한 변형률 한계에서 완전 교번 반복 하중($R = -1$) 피로시험을 통해 얻을 수 있으며, 이때 응력 또한 측정되어야 한다. 이와 같은 시험을 진행한 금속 샘플의 거동은 13.5절에 관련된 반복 응력-변형률 선도에서 논의되었으며, 같은 데이터를 응력-변형률 선도로 나타낼 것이다. 이와 같은 시험에서, 그림 15.2에 나타난 바와 같이 일반적으로 1축 하중을 원통형 시험편에 수직으로 작용한다. 약간의 소성변형을 동반하는 긴 수명의 경우에, 시험은 응력 제어로 수행되고 있을 것이며, 기본적으로 이는 변형률 제어와 동일하다. 파단이 일어난 주기의 수인 N_f 는 보통 시험편에 상당한 균열이 발생한 경우로 정의된다. 그림 15.3의 전체 변형률로 표기된 선도에 로그-로그 크기로 변형률-수명 선도의 개략적인 그림이 나타나 있으며, 또한 그림 15.4에 실제 데이터를 이용한 선도가 나타나 있다.

각 시험에서, 그림 13.17의 히스테리시스 루프를 통해 응력(σ_a), 변형률(ε_a) 그리고 소성변형률(ε_{pa})의 진폭이 측정된다. 주기에 독립적인 경화 또는 연화가 완료된 이후의 안정적인 상태를 대표적으로 나타내는 반복 응력-변형률 선도에 대해, 선택된 특정 히스테리시스 루프는 피로수명의 절반가량되는 주기에서 구한 것이다.

변형률 진폭은 탄성과 소성 부분으로 나눌 수 있으며,

$$\varepsilon_a = \varepsilon_{ea} + \varepsilon_{pa} \tag{15.2}$$

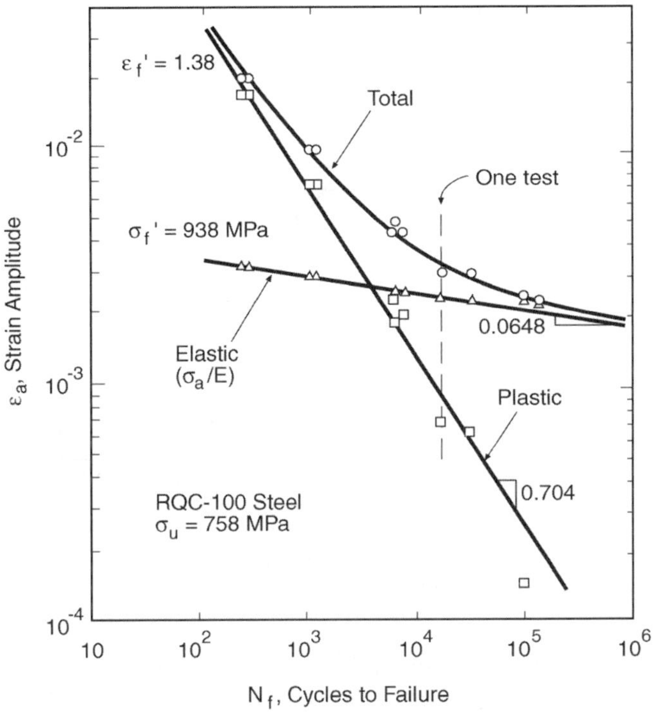

그림 15.4 RQC–100 강재의 변형률 – 수명 선도. 각각의 시험에 대해 탄성, 소성 그리고 전체 변형률 데이터가 수명에 대해 그래프에 나타나며, 또한 피팅된 선도가 나타나 있다.

탄성변형률 진폭은 $\varepsilon_{ea} = \sigma_a / E$와 같은 응력진폭과 관계있다. 소성변형률 진폭 ε_{pa}는 응력 – 변형률 히스테리시스 루프에서 폭의 절반으로 측정된다. 전체 변형률 ε_a 외에, 탄성변형률 ε_{ea}와 소성변형률 ε_{pa}를 수명 N_f와 함께 나타내는 것 역시 유용하다. 따라서 그림 15.4의 수직으로 된 점선에서와 같이, 각 시험에 대해 3개의 으로나타낼 수 있다.

여러 시험을 통한 데이터를 좌표에 표시하면, 탄성변형률은 로그 – 로그 선도에서 얕은 기울기를 가지는 직선으로 나타나며, 소성변형률은 가파른 기울기를 가지는 직선으로 나타난다. 그런 후 다음 식을 통해 이와 같은 선도를 나타낼 수 있다.

$$\varepsilon_{ea} = \frac{\sigma_a}{E} = \frac{\sigma_f'}{E}(2N_f)^b, \qquad \varepsilon_{pa} = \varepsilon_f'(2N_f)^c \qquad (a, b) \tag{15.3}$$

위 식에서 b와 c는 로그 – 로그 그래프에서 기울기이며, 로그 – 로그 선도에서 두 방향 눈금의 길이는 같다. 관례상 절편 σ'_f / E과 ε'_f는 $N_f = 0.5$에서 값으로 평가되며, 따라서 식의 $(2N_f)$에 대입하여 얻을 수 있다. 식에 필요한 4가지 상수는 그림 15.3에 나타내었다.

식 15.2와 15.3을 합하면 전체 변형률 진폭 ε_a와 수명에 관한 관계식을 얻을 수 있다.

$$\varepsilon_a = \frac{\sigma_f'}{E}(2N_f)^b + \varepsilon_f'(2N_f)^c \tag{15.4}$$

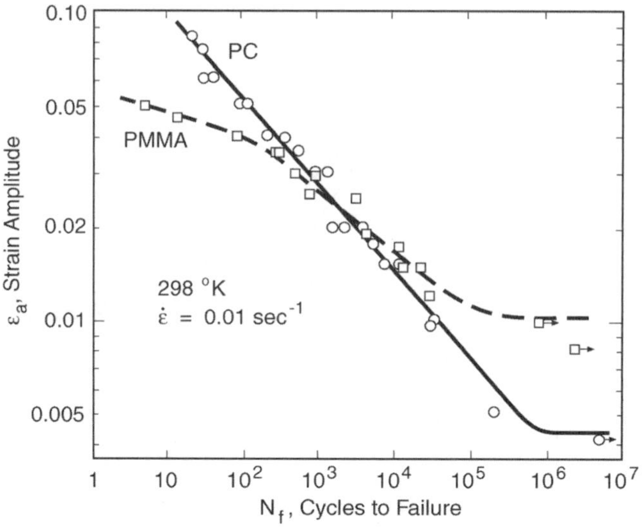

그림 15.5 폴리카보네이트 및 폴리메틸 메타크릴산의 변형률-수명 선도. 짧은 수명에서 PMMA의 낮은 기울기는 크레이징과 관련이 있다. ([Beardmore 75]의 데이터)

σ'_f, b, ε'_f와 c는 재료 물성으로 고려되는 값이다. 이 식은 그림 15.3과 15.4에 전체 변형률로 명명된 선도에 해당한다. ε_a를 통해 N_f값을 얻기 위하여, 이 식을 그래프나 수치해석을 이용한 수학적 방법으로 풀 수 있다. 위와 같은 식을 일반적으로 Coffin-Manson 관계식이라 부르며, 1950년대 후반 L. F. Coffin과 S. S. Manson이 각각의 연구를 통해 관련 식을 개발함으로써 이름 붙여졌다.

식 15.3(a)는 앞서 식 9.7에 소개된 응력-수명 관계식을 통해 도출되었다.

$$\sigma_a = \sigma'_f (2N_f)^b \tag{15.5}$$

그러므로 만약 넓은 수명 범위의 데이터를 변형률-수명 식으로 평가하는데 사용하려면, 식 15.4는 약간의 소성변형률만 가지는 것으로 제한된 응력-수명 선도를 포함하게 된다. 따라서 식 15.4와 15.5는 기울기 b가 일반적으로 감소하며 값이 명백히 0에 가까워지면서, 뚜렷이 피로한도를 가지는 재료의 긴 수명의 계산에 대해 사용 가능하게 된다(9장 참고).

변형률-수명 데이터는 다양한 금속에 이용할 수 있으며, 변형률-수명 선도 및 응력-변형률 선도의 상수 값으로 결정된다. 알려진 데이터 정보는 15장의 마지막에 정리되어 있으며, 표 15.1에 대표적인 금속의 재료 상수 값을 나타내었다. 변형률-수명 데이터는 일부 고분자 물질에도 적용 가능하며, 그림 15.5에 두 가지 연성 고분자 물질에 대한 선도를 나타내고 있다. 이 데이터를 나타내기 위해서는 식 15.4와 다른 형태의 식이 필요할 수도 있음에 주의해야 한다.

표 15.1 선택된 공업용 금속에 대한 반복 응력-변형률 및 변형률-수명 계수

		Tensile Properties				Cyclic σ-ε Curve			Strain–Life Curve			
Material	Source	σ_o	σ_u	$\tilde{\sigma}_{fB}$	% RA	E	H'	n'	σ_f'	b	ε_f'	c
(a) Steels												
SAE 1015	(8)	228	415	726	68	207,000	1349	0.282	1020	−0.138	0.439	−0.513
(normalized)		(33.0)	(60.2)	(105)		(30,000)	(196)		(148)			
Man-Ten[2]	(7)	322	557	990	67	203,000	1096	0.187	1089	−0.115	0.912	−0.606
(hot rolled)		(46.7)	(80.8)	(144)		(29,500)	(159)		(158)			
RQC-100	(2)	683	758	1186	64	200,000	903	0.0905	938	−0.0648	1.38	−0.704
(roller Q & T)		(99.0)	(110)	(172)		(29,000)	(131)		(136)			
SAE 1045	(6)	382	621	985	51	202,000	1258	0.208	948	−0.092	0.260	−0.445
(HR & norm.)		(55.4)	(90.1)	(143)		(29,400)	(182)		(137)			
SAE 4142	(1)	1619	2450	2580	6	200,000	2810	0.040	2550	−0.0778	0.0032	−0.436
(As Q, 670 HB)		(235)	(355)	(375)		(29,000)	(407)		(370)			
SAE 4142	(1)	1688	2240	2650	27	207,000	4140	0.126	3410	−0.121	0.0732	−0.805
(Q & T, 560 HB)		(245)	(325)	(385)		(30,000)	(600)		(494)			
SAE 4142	(1)	1584	1757	1998	42	207,000	2080	0.093	1937	−0.0762	0.706	−0.869
(Q & T, 450 HB)		(230)	(255)	(290)		(30,000)	(302)		(281)			
SAE 4142	(1)	1378	1413	1826	48	207,000	2210	0.133	2140	−0.0944	0.637	−0.761
(Q & T, 380 HB)		(200)	(205)	(265)		(30,000)	(321)		(311)			
AISI 4340[2]	(3)	1103	1172	1634	56	207,000	1655	0.131	1758	−0.0977	2.12	−0.774
(Aircraft Qual.)		(160)	(170)	(237)		(30,000)	(240)		(255)			
AISI 4340	(1)	1371	1468	1557	38	200,000	1910	0.123	1879	−0.0859	0.640	−0.636
(409 HB)		(199)	(213)	(226)		(29,000)	(277)		(273)			
Ausformed H-11	(1)	2030	2580	3170	33	207,000	3475	0.059	3810	−0.0928	0.0743	−0.7144
(660 HB)		(295)	(375)	(460)		(30,000)	(504)		(553)			
(b) Other Metals												
2024-T351 Al	(1)	379	469	558	25	73,100	662	0.070	927	−0.113	0.409	−0.713
		(55.0)	(68.0)	(81.0)		(10,600)	(96.0)		(134)			
2024-T4 Al[3]	(4)	303	476	631	35	73,100	738	0.080	1294	−0.142	0.327	−0.645
(Prestrained)		(44.0)	(69.0)	(91.5)		(10,600)	(107)		(188)			
7075-T6 Al	(5)	469	578	744	33	71,000	977	0.106	1466	−0.143	0.262	−0.619
		(68.0)	(84)	(108)		(10,300)	(142)		(213)			
Ti-6Al-4V	(1)	1185	1233	1717	41	117,000	1772	0.106	2030	−0.104	0.841	−0.688
(soln. tr. & age)		(172)	(179)	(249)		(17,000)	(257)		(295)			
Inconel X	(1)	703	1213	1309	20	214,000	1855	0.120	2255	−0.117	1.16	−0.749
(Ni base, annl.)		(102)	(176)	(190)		(31,000)	(269)		(327)			

주 : [1]표로 만들어진 값들은MPa(ksi)의 단위를 가지고 있거나 무차원이다. [2]시험편은 짧은 수명을 제외하고 예비 변형되었으며, 또한 주기적으로 과대 변형되었다. [3]예비 변형이 없는 시험에서, $\sigma_f'=900(131)$ 및 $b=-0.102$를 제외하고 같은 상수를 이용한다.

예제 14.1

표 1.1에 RQC-100 강에 대한 완전 교번 변형률 제어에서의 피로 시험 데이터가 주어졌다. 탄성 계수 $E = 200GPa$이며, σ_a및 ε_{pa}값은 $N_f/2$ 근처에서 측정되었다. 변형률-수명 선도의 상수 값을 구하라.

【풀이】 두 개의 최소자승근사가 σ_f', b, ε_f', c를 얻기 위해 필요한데 식 15.5와 식 15.3(b)를 이용하여 구할 수 있다. 두 가지 최소자승근사 모두 예제 9.1(b)와 유사한 방법으로 진행하여 구할 수 있다. 첫째로, 식 15.5를 변수 $2N_f$에 대하여 계산하고 양변을 상용로그로 취한다.

$$2N_f = (\frac{\sigma_a}{\sigma_f'})^{1/b}, \qquad \log(2N_f) = \frac{1}{b}log\sigma_a - \frac{1}{b}log\sigma_f'$$

이는 $y = mx + d$의 형태가 된다.

$$y = \log(2N_f), \quad x = \log\sigma_a \quad m = \frac{1}{b} \quad d = -\frac{1}{b}log\sigma_f'$$

이를 토대로 최소자승법을 진행하면 다음과 같다.

$$m = -17.592 \qquad d = 51.844$$

따라서 필요한 변수는 다음과 같이 계산된다.

$$b = \frac{1}{m} = -0.0568, \qquad \sigma_f' = 10^{-db} = 885\,\mathrm{MPA} \qquad \text{(답)}$$

남은 두 상수를 구하기 위해, 식 15.3(b)를 변수 $2N_f$에 대하여 유사한 방법으로 계산하며 양변에 상용로그를 취하여 $y = mx + d$형태로 만들어서 계산한다.

$$2N_f = (\frac{\varepsilon_{pa}}{\varepsilon_f'})^{1/c}, \qquad \log(2N_f) = \frac{1}{c}log\varepsilon_{pa} - \frac{1}{c}log\varepsilon_f'$$

$$y = \log(2N_f), \quad x = \log\varepsilon_{pa}, \quad m = \frac{1}{c}, \quad d = -\frac{1}{c}log\varepsilon_f'$$

그러나, 표 E15.1에 나타나 있는 마지막 ε_{pa}값은 너무 작아서 측정의 정확도가 낮아 보인다.

표 E14.1

ε_a	σ_a, MPa	ε_{pa}	N_f, cycles
0.0202	631	0.01695	227
0.0100	574	0.00705	1 030
0.0045	505	0.00193	6 450
0.0030	472	0.00064	22 250
0.0023	455	(0.00010)	110 000

Source: The author's data on the ASTM Committee E9 material.

게다가, 이 점은 그림 15.4와 유사하게 . ε_{pa} vs $2N_f$의 선형인 경향에서 벗어나 있다. 이런 이유로, ε_{pa}의 처음 4개의 값으로만 피팅하며 그 결과는 다음과 같다.

$$m = -1.3962, \qquad d = 0.25087$$

$$c = \frac{1}{m} = -0.716, \qquad \varepsilon_f' = 10^{-dc} = 1.512 \qquad \text{(답)}$$

E = 200,000MPa을 적용하면, 최종적으로 식 15.4의 형태의 변형률-수명 선도는 다음과 같이 작성된다.

$$\varepsilon_a = 0.00443(2N_f)^{-0.0568} + 1.512(2N_f)^{-0.716}$$

【고찰】 생략된 데이터의 사용 때문에 그림 15.4와 구한 상수가 약간 다르다. 주어진 σ_a와 ε_{pa} 데이터는 진폭 크기의 이용을 제외하고 예제 13.1과 같은 방식으로 반복 응력-변형률 선도를 피팅하는데 계산된다. 마지막 점을 제외하면, 결과는, $H' = 900\text{MPa}$ $n' = 0.0896$이 된다.

15.2.2 변형률-수명 시험 및 식에 대한 논평

긴 수명에서, 소성변형률은 매우 작기 때문에 식 15.4의 첫 번째 항(탄성변형률)이 더 지배적이며 변형률-수명 선도는 탄성변형률 선도에 가깝다. 이는 그림 15.3에 보이는 얇은 히스테리시스 루프와 일치한다. 정반대로 짧은 수명에서는 탄성변형률에 비해 소성변형률이 더 크며, 히스테리시스 루프가 두껍고 변형률-수명 선도가 소성변형률 선도와 근접해 있다. 중간의 수명에서 탄성변형률과 소성변형률 선도는 교차하며, 두 변형률의 크기는 비슷하다. 교차점은 천이 피로 수명 N_t로 정의된다. 다른 상수를 이용한 N_t에 관한 식은 식 15.3(a)와 (b)에 $\varepsilon_{ea} = \varepsilon_{pa}$를 치환하여 정리하면,

$$N_t = \frac{1}{2}\left(\frac{\sigma_f'}{\varepsilon_f' E}\right)^{1/(c-b)} \tag{15.6}$$

특정 재료에 대해 천이 피로수명 N_t는 상당한 소성을 가진 피로거동과 약간의 소성이 있는 피로거동의 경계에 위치하고 있다. 따라서 N_t값은 저주기 피로와 고주기 피로를 나누는데 타당한 값으로 사용된다. N_t 이하의 값에 대해 관심이 있다면, 변형률 기반 접근법으로 소성 효과에 대한 특별한 해석을 하는 것이 필요하다. 반대로 N_t 이상의 값에 대해서는 탄성 해석을 기초로 하는 응력-수명 접근법으로도 충분하다.

식 13.11과 13.12로부터 반복 응력-변형률 선도의 소성변형률 항은

$$\sigma_a = H' \varepsilon_{pa}^{n'} \tag{15.7}$$

만약 식 15.3(b)와 15.5로 N_f를 제거하고 결과를 식 15.7과 비교하면, 반복 응력-변형률 선도와 비교하여 변형률-수명 선도의 상수는 다음과 같은 관계를 갖게 된다.

$$n' = \frac{b}{c}, \qquad H' = \frac{\sigma_f'}{(\varepsilon_f')^{b/c}} \tag{15.8}$$

그러므로 6개의 상수 H', n', σ_f', b, ε_f', c 중 4가지 변수는 독립적으로 된다. 그런데 앞선 관계를 대략적으로 만족하기 위하여 식 15.3(b), 15.5와 15.7을 이용하여 3가지 독립된 데이터를 만드는 것이 일반적이다. 달리 말하면 앞선 값들은 식 15.8을 항상 정확하게 만족하지 않을 수도 있다는 것이다.

몇 가지 케이스에서 6가지 상수가 일관적이지 않은 것을 볼 수 있다. 이는 데이터가 가정된 수식을 만족하지 못해 발생한 상황이다. 특히 σ_a와 N_f, ε_{pa}와 N_f의 관계는 로그-로그 눈금의 직선에서 다소 벗어날 수 있다. 이러한 경우에, 식 15.4의 변형률-수명 상수 σ_f', b, ε_f', c가 ε_a와 N_f의 관계인 전체 변형률 데이터를 대표할 수 있는 타당한 값인지 확인할 필요가 있다. 또한 H', n'값은 식 15.8로 계산된 값이 아닌, 실제 σ_a와 ε_{pa}를 그래프에 그렸을 때의 값을 사용해야 한다.

3.6절에 정의된 매우 짧은 수명을 가지는 연성재료의 경우, 변형률은 큰 값을 가지며 진응력, 진변형률 값이 공칭값과 큰 차이를 나타내게 된다. 이와 같은 경우 앞선 식에서의 σ_a, ε_{pa}, ε_a은 진응력, 진변형률 값인 $\tilde{\sigma}_a$, $\tilde{\varepsilon}_{pa}$, $\tilde{\varepsilon}_a$로 대체해야 한다. 이를 수행할 경우 식은 매우 짧은 수명을 포함하여 넓은 범위의 피로 데이터를 합리적으로 대표할 수 있다. 또한 N_f가 0.5주기 내에 파단되어 피로시험이 인장시험으로 해석되는 경우, 절편 σ_f'와 ε_f'는 인장시험으로부터 나온 파단 시 응력 및 변형률 $\tilde{\sigma}_f$, $\tilde{\varepsilon}_f$와 같아야 한다. σ_f'와 ε_f'가 실제 피로 데이터로부터 가장 적절하게 얻은 값임에도 불구하고, $\tilde{\sigma}_f$, $\tilde{\varepsilon}_f$가 더 합리적인 값을 나타내기도 한다. 이와 같은 직접적인 비교를 통해 $\tilde{\sigma}_f'$, $\tilde{\varepsilon}_f'$가 $N_f = 0.5$의 절편에서 정의되는 이유를 설명할 수 있다.

15.2.3 공업용 금속에서의 동향

공업용 금속에 대해 축적된 많은 데이터를 통해 이 종류의 재료에 대한 변형률-수명 선도의 경향에 대해 일반화시킬 수 있다. 상세 내용은 아래와 같다.

앞서 설명한 바와 같이, 변형률-수명 선도에서의 절편은 인장 시험에서 구해진 파단 진응력 및 변형률과 비슷할 것으로 예상된다.연상재료의 경우 높은 $\tilde{\varepsilon}_f$값과 낮은 $\tilde{\sigma}_f$값을 나타낸다. 따라서 그림 15.3의 소성변형률 선도는 높은 경향이 있고, 탄성변형률 선도는 낮게 나타나게 된다. 이 결과는 그림 15.6에서 설명된 것처럼, 가파른 변형률-수명 선도로 나타난다. 또한, 천이 피로 수명 N_t는 비교적

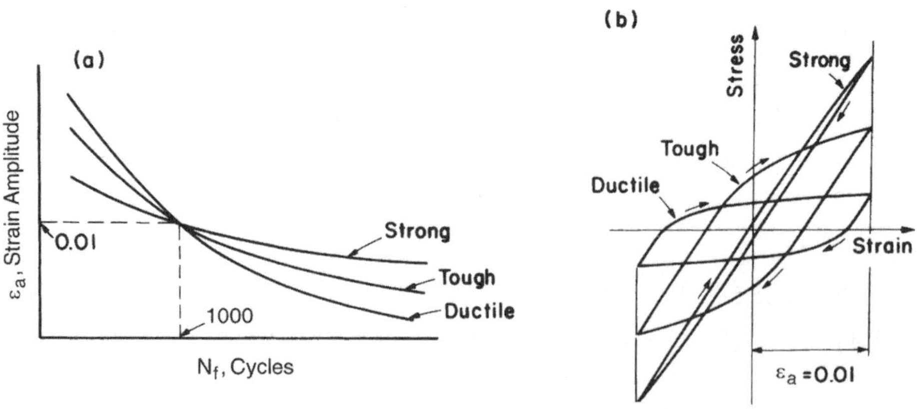

그림 15.6 강도가 높은, 인성이 높은, 연성인 재료의 변형률–수명 선도의 경향

길어질 것이다. 반면 상대적으로 취성인 강도 높은 재료는 반대되는 경향을 나타내는데, 높은 $\tilde{\sigma}_f$값과 낮은 $\tilde{\varepsilon}_f$값에 상응하는 평평한 변형률-수명 선도와 상대적으로 낮은 N_t값을 가진다. $\tilde{\sigma}_f$값과 $\tilde{\varepsilon}_f$이 중간 정도의 값을 가지는 단단한 재료는 변형률-수명 선도와 N_t값도 앞선 두 가지 극단적 경우의 중간 정도로 나타난다. 주목할 만 한 점은 다양한 공업용 종류의 금속에 대한 변형률-수명 선도는 모든 경우에 $\varepsilon_a = 0.01$ 근처일 때 $N_f = 1000$의 경향을 나타낸다는 것이다.

다양한 강에 대한 변형률-수명 선도는 그림 15.7에 나타낸 경향을 가지고 있다. 또한 다양한 강재에 대해 기계적 성질에 따른 N_t의 변화를 경도값으로 나타낸 그래프를 그림 15.8에 나타내었다. 물론 경도는 연성과 정반대의 개념이라, 경도값이 증가함에 따라 N_t가 감소하게 된다.

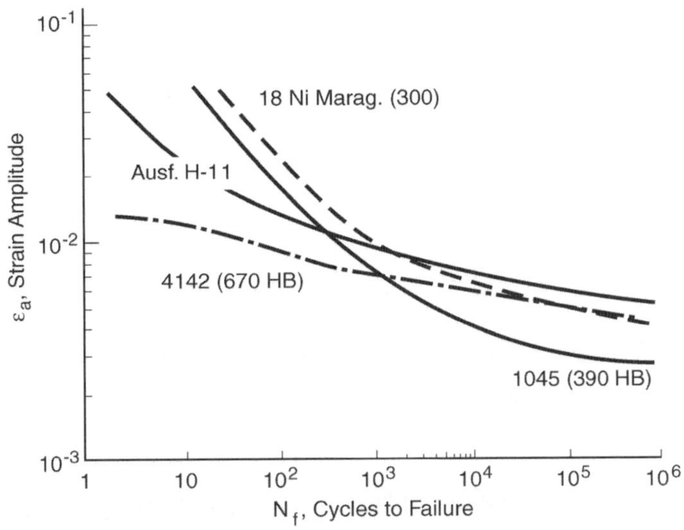

그림 15.7 4가지 대표적인 경화된 강재의 변형률–수명 선도

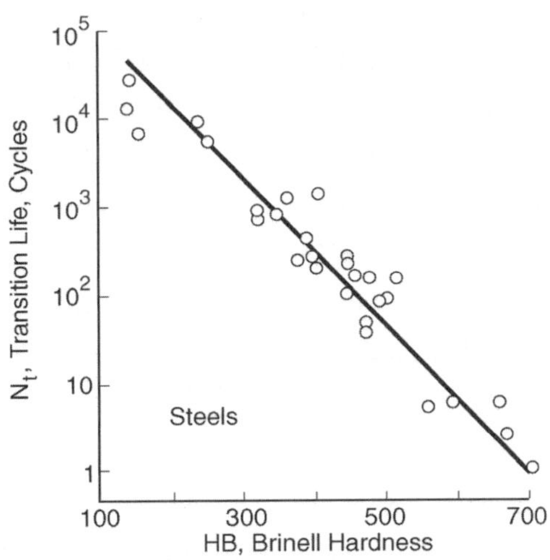

그림 15.8 다양한 강재에 대한 천이 피로 수명과 경도의 관계

변형률-수명의 기울기 b와 c에 대해서도 일반화할 수 있다. 일반적으로 c=-0.6이며, 비교적 좁은 범위인 $-0.8 \leq c \leq -0.5$에 대부분의 공업용 금속이 포함된다. 탄성변형률 기울기의 대표적인 값은 b=-0.085이다. 가파른 탄성 기울기에서는 열처리된 것과 같은 연질 금속이 b=-0.12, 경도가 높은 얕은 기울기의 금속이 b=-0.05를 가지는 것이 일반적이다. 이는 각각의 연성, 취성 금속에 대해 가파르거나 얕은 기울기의 변형률-수명 선도에 대해 이미 언급되었던 전반적인 경향이다.

인장강도 σ_u가 1400MPa보다 약간 낮은 값을 가지는 강재의 경우, 9.6.1절을 상기해보면 $\sigma_a = \sigma_u/2$의 응력진폭에서 피로한도는 약 10^6 주기에서 나타났다. 이는 응력-수명 관계를 나타내는 식 15.5가 성립하는 한 점에 해당한다. 만약 $\sigma'_f \approx \widetilde{\sigma}_f$가 적용되면, 식 15.5는

$$b = -\frac{1}{6.3}\log\frac{2\widetilde{\sigma}_f}{\sigma_u} \tag{15.9}$$

피로한도(또는 긴 수명에서 피로강도)가 N_e 주기에서 $\sigma_a = m_e \sigma_u$로 주어지는 또 다른 경우 근사치는 다음 식과 같이 나타난다.

$$b = -\frac{\log\dfrac{\widetilde{\sigma}_f}{m_e\,\sigma_u}}{\log(2N_e)} \tag{15.10}$$

다양한 종류의 공업용 금속에 대해 근사치의 m_e, N_e 값이 표 10.1에 나와 있다. 높은 $\widetilde{\sigma}_f/\sigma_u$값을 가질수록 연성재료의 경향을 나타내며, 식 15.9와 15.10은 앞서 b에 관해 언급한 것과 일관된 경향을 보인다.

15.2.4 변형률-수명 선도에 영향을 미치는 인자; 표면처리 및 크기

만약 화학적 성분이 적대적인 환경이나 온도가 상승하는 상황이 존재하거나 특히 하중반복이 낮은 주파수에 의해 환경의 영향이 보다 긴 시간동안 미치는 경우 상대적으로 짧은 수명에 파단이 일어날 것으로 예상할 수 있다. 특정 재료가 녹는점의 반이 되는 온도에 도달한 환경에 있을 경우, 시간 종속 크리프 완화 거동에 의해 비선형 거동이 중요하게 된다. 변형률-수명 및 반복 응력-변형률 선도는 시험 주파수에 의존하게 된다. 그러므로 이와 같은 효과는 온도가 높을 때의 공업용 금속에서 발생하며 또한 납, 주석, 대부분의 고분자 물질과 같이 녹는점이 낮은 재료는 실온에서도 발생한다. 반복하중이 작용할 때 크리프 완화와 이것이 수명에 미치는 효과에 대한 분석을 수행하는데, 이를 크리프-피로 상호작용이라고 한다. 이에 관한 추가적인 내용은 16장에 소개되어 있다.

긴 수명의 S-N 선도와는 달리, 짧은 수명에서의 변형률-수명 선도는 잔류응력이나 표면 처리와 같은 요인에 매우 민감하지 않다. 초기에 존재하는 잔류응력은 반복 소성변형률이 존재하는 경우 주기-의존 완화에 의해 빠르게 제거되며, 이 효과는 N_t 이하의 수명에 대해서로 제한된다. 표면처리는 고주기 피로에 중요한데, 낮은 응력에서 대부분의 수명은 균열 생성을 포함하고 있기 때문이다. 그런데 만약 큰 소성변형률이 존재하면, 매끄러운 표면이라 하더라도, 작은 균열(또는 균열과 같은 손상)이 수명 초기에 발생한다. 대부분의 수명동안 작은 균열이 재료의 두께방향으로 진전하고, 표면 처리는 효과가 없어진다. 비교적 짧은 수명에서 균열 성장 효과의 중요성을 그림 9.18에 나타냈으며, 추가적

으로 변형률-수명 데이터로 그림 15.9에 나타내었다.

표면 처리 효과를 포함할 수 있도록 변형률-수명 선도를 수정할 수 있는 합리적인 방법은 탄성 기울기 b의 값을 바꾸는 것이다. 이는 강의 경우 $N_e = 10^6$ 주기인 피로한도 근처에서 응력-변형률 선도를 낮출 수 있으며, 반면에 σ'_f는 거의 바뀌지 않는다. 부분적으로 $N_f = N_e$에서 응력진폭은 $\sigma_e = \sigma'_u(2N_e)^b$에서 $m_s\sigma_e$로 대체하여 새로운 기울기를 얻을 수 있다. 여기서 m_s는 10장에서의 표면 효과 지수이다. 이는 새로운 기울기 b_s가 되며, 기존의 b를 대신하여 새로운 수명이 계산된다.

$$b_s = -\frac{\log\dfrac{\sigma'_f}{m_s\sigma_e}}{\log(2N_e)} = b + \frac{\log m_s}{\log(2N_e)} \tag{15.11}$$

여기서 σ_e를 대체함으로써 두 번째 식의 형태로 나타낼 수 있다.

10장에서 논의된 크기 효과에 대해서는 큰 크기의 부재에 대해 변형률 기반 접근법을 적용하는 것을 고려해야 하지만 이에 대한 실험 결과는 제한적으로 보고되어 있다. 기계 축에 사용되는 지름 250mm까지의 저탄소 및 저합금강(터빈 발전기의 날개)에 관한 연구에서 크기 감소 지수는 축 지름 d의 변화에 따라

$$m_d = \left(\frac{d}{25.4\,\mathrm{mm}}\right)^{-0.093} \tag{15.12}$$

여기서 d는 필렛 반경 또는 원주 홈을 가지는 축에서 최소 반경으로 해석된다. 더 나아가 이 연구는 d의 값으로 인한 변형률-수명 선도가 낮아지는 것을 제안하고 있으며, 절편 σ'_f과 ε'_f을 감소된 σ'_{fd}과 ε'_{fd}로 대체할 수 있다.

$$\sigma'_{fd} = md\sigma'_f, \qquad \varepsilon'_{fd} = md\varepsilon'_f \tag{15.13}$$

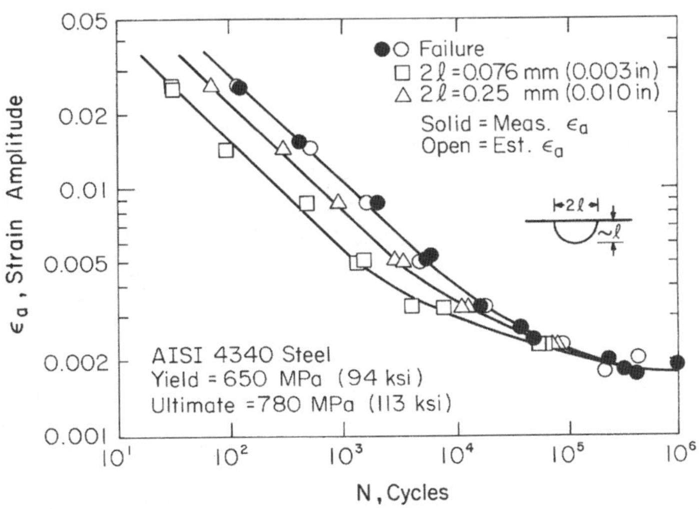

그림 15.9 합금강에서 파단 및 두 가지 특정 균열 크기의 상황에 대한 변형률-수명 선도

기울기인 b와 c는 달라지지 않는다(식 15.12과 15.13는 [Placek 84]로부터 유도되었다).

식 15.11 또는 15.13로부터 조정된 재료상수는 어떤 경우에도 식 15.8로부터 얻어진 반복 응력-변형률 선도의 H', n'를 구하기 위해 사용하면 안 된다. 이전에 언급되었듯이 H', n'은 항상 응력-변형률 데이터로부터 구해야만 한다.

15.3 평균응력 효과

변형률 기반 접근법을 적용하기 위해서는 앞서 9장과 10장에서 논의된 평균응력 효과에 대한 평가가 필요하다. 특히 평균응력이 존재하는 경우에 완전 교번 하중에서 구해진 변형률-수명 선도는 수정되어야 한다. 각각의 평균응력에 해당하는 일련의 변형률-수명 선도의 사용을 고려하는 것은 유용하다. 이러한 내용에 대해 합금강에 대해 수행한 시험 결과를 그림 15.10에 나타내었다.

15.3.1 평균응력 시험

0이 아닌 평균 변형률에서 수행된 반복 변형률 시험에 대해, 평균응력의 반복-의존 완화는 13장과 그림 13.25를 통해 설명하였다. 만약 소성변형률 진폭이 크지 않다면, 약간의 평균응력은 남아 있을 것이다. 따라서 이 경우 수명은 이 평균응력에 영향을 받을 것이다. 반면 소성변형률이 큰 경우에는, 평균 변형률 자체가 피로 수명에 미치는 영향은 크지 않다.

반면에 반복적으로 설정된 응력 시험을 수행할 수도 있다. 이 경우 평균응력 완화는 없으나 주기-의존 크리프는 발생할 수 있다. 이러한 형태의 변형이 누적되어, 인장시험과 유사한 형태로 파손되게 된다. 그런데 여기에서 근본적인 관심은 반복 크리프 변형이 주변의 탄성 재료에 의해 방지되어 나타나지 않는 국부영역에서의 소성변형에 있다. 그러므로 고려하고 있는 응력 시험에서 파단이 반복

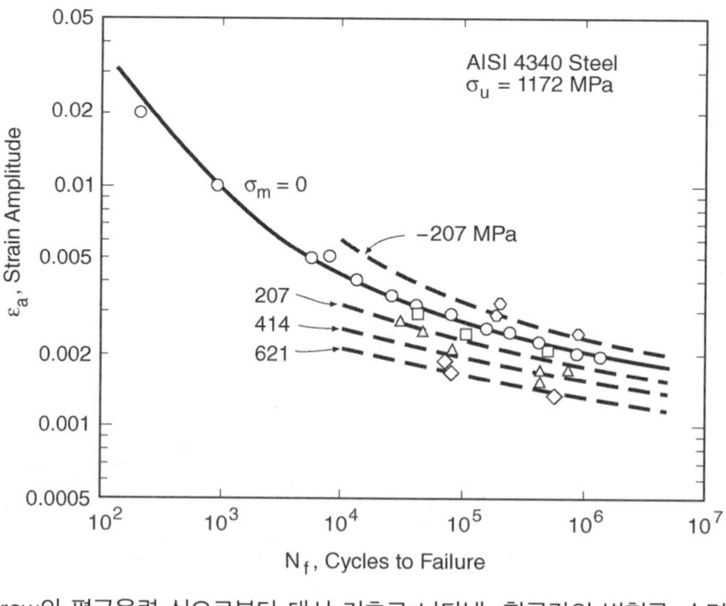

그림 15.10 Morrow의 평균응력 식으로부터 대시 기호로 나타낸, 합금강의 변형률-수명 선도에서 평균응력 효과. 대부분의 시험편은 시험 이전에 과대 변형되었으며, $N_f > 10^5$에서도 대부분 주기적으로 과대 변형됨.

-의존 크리프에 지배되지 않는 경우에 한해 관심대상으로 고려된다.

사용되는 시험 순서에 상관없이, 평균응력 효과로 수명을 평가할 수 있는 데이터는 얻을 수 있다. 앞으로 변형률-수명 선도에서 평균응력 효과를 산출하는 다양한 방법에 대해 논의하고자 한다.

15.3.2 평균응력 효과를 포함한 변형률-수명 식

9장에서와 같이, 평균응력이 0인 응력진폭을 σ_{ar}로 표시한 것과 같이 특별한 경우를 정의하자. 식 15.5에 나타난 σ'_f와 b는 평균응력이 0인 상태에서 수행한 실험으로부터 구해지므로, 이 관계를 식 9.22에서와 같이 0이 아닌 평균응력의 경우에 대해 다시 나타내면 다음과 같다.

$$\sigma_{ar} = \sigma_f' (2N_f)^b \tag{15.14}$$

예상되는 피로 수명 N_f를 얻기 위해, 고려하고자 하는 평균응력 상황에서의 σ_{ar}을 계산하기 위한 추가적인 식이 필요하게 된다.

$$\sigma_{ar} = f(\sigma_a, \sigma_m) \tag{15.15}$$

여기서 σ_{ar}이 등가 완전 교번응력 진폭으로 간주할 수 있다. 평균응력 방법에 폭 넓게 적용되는 몇 가지는, 식 9.15에서 9.19로 주어진 $\sigma_{ar} = f(\sigma_a, \sigma_m)$과 같은 특별한 식들로 표현할 수 있다.

평균응력 효과를 변형률-수명 관계식에 포함하기 위해, 먼저 식 15.14와 15.15을 결합하면

$$\sigma_{ar} = f(\sigma_a, \sigma_m) = \sigma_a \frac{f(\sigma_a, \sigma_m)}{\sigma_a} = \sigma_f' (2N_f)^b \tag{15.16}$$

두 번째 등호 뒤에 있는 분자의 응력진폭 σ_a에 대해서 풀고, 괄호 내의 N_f값에 대해 남는 응력항을 정리하면, 평균응력이 0인 경우에 해당하는 등가 수명 N^*를 정의할 수 있다.

$$\sigma_a = \sigma_f' [2N_f (\frac{\sigma_a}{f(\sigma_a, \sigma_m)})^{1/b}]^b = \sigma_f' (2N^*)^b \qquad \text{(a)}$$

$$\text{where } N^* = N_f (\frac{\sigma_a}{f(\sigma_a, \sigma_m)})^{1/b} \qquad \text{(b)} \tag{15.17}$$

그러므로 응력진폭 σ_a가 0인 평균응력으로 주어질 때 수명 N^*를 정할 수도 있고, 0이 아닌 평균응력에서 영향을 받는 N_f를 식 15.17(b)를 통해 얻을 수 있다.

(15.18)

수명 효과는 응력-수명 선도 또는 변형률-수명 선도 중 어떤 것을 사용하는 것에 관계없이 같아야 한다. 이를 바탕으로 식 15.4를 다음과 같이 일반화시킬 수 있다.

$$\varepsilon_a = \frac{\sigma_f'}{E} (2N^*)^b + \varepsilon_f' (2N^*)^c \tag{15.19}$$

여기서 N^*는 평균응력이 0인 것으로 고려한 변형률 진폭 ε_a으로부터 계산되며, 이를 통해 0이 아닌 평균응력으로부터 영향을 받는 N_f를 식 15.18로부터 얻을 수 있다. 또한 변형률-수명 선도 상에서,

데이터는 ε_a와 등가 수명 N^*를 기준으로 좌표를 나타낼 수 있고, 이는 모두 식 15.4에서 평균응력이 0일 때의 선도와 일치할 것으로 예상할 수 있다. 이는 그림 15.10에 있는 동일한 강재의 데이터를 바탕으로 구한 그림 15.11로부터 증명되며, 이 때 특정한 $f(\sigma_a,\ \sigma_m)$은 식 9.17(b)에 표현된 Morrow 평균응력 식을 사용하였다.

9.7.3절에 언급된 바와 같이, Goodman과 Gerber 평균응력 관계식은 Morrow, SWT, Walker 방법에 비해 정확하지 않다. 이에 대해 보편적인 인식의 결과로 다음 언급하는 세 가지 방법이 주로 변형률-수명 선도에 적용된다.

15.3.3 Morrow의 평균응력 식

J. Morrow가 제안한 접근법은 등가 완전 역방향 응력진폭 σ_{ar}에 대한 식으로 표현할 수 있으며, 이는 진폭 σ_a와 평균 σ_m으로부터 구한 것과 같은 수명을 나타낸다.

$$\sigma_{ar} = \frac{\sigma_a}{1 - \dfrac{\sigma_m}{\sigma'_f}} \tag{15.20}$$

여기서 σ'_f는 응력-수명 선도에서와 동일한 상수이다. 이는 앞서 식 9.21에서 소개되었다. σ_{ar}을 식 15.17(b)와 15.18에 대입하면, 얻을 수 있는 식은

$$N^*_{mi} = N_f \left(1 - \frac{\sigma_m}{\sigma'_f}\right)^{1/b} \tag{15.21}$$

$$N_f = N^*_{mi} \left(1 - \frac{\sigma_m}{\sigma'_f}\right)^{-1/b} \tag{15.22}$$

N^*에 붙은 아래 첨자 *mi*는 응력-변형률 선도의 절편인 σ'_f를 이용한 Morrow 평균응력을 의미한다. N^*_{mi}를 식 15.19에 대입하면 변형률-수명 선도를 나타내는 단일식이 되며

$$\varepsilon_a = \frac{\sigma'_f}{E}\left(1 - \frac{\sigma_m}{\sigma'_f}\right)(2N_f)^b + \varepsilon'_f \left(1 - \frac{\sigma_m}{\sigma'_f}\right)^{c/b} (2N_f)^c \tag{15.23}$$

이 식은 절편을 제외하고 본래의 변형률-수명 선도와 유사하며, 사실상 0이 아닌 어떠한 특정 평균응력 값에 대해서도 수정될 수 있다. 위 식을 사용하여 평균응력을 고려한 선도를 그림 15.10에 나타내었다. 또한 그림 15.10의 데이터를 식 15.21의 N^*_{mi}에 대해 $\sigma_m = 0$에서 정리하여 통합한 데이터를 그림 15.11에 나타내었다. Morrow 식을 사용함으로서 평균응력이 0이 아닌 선도가 잘 일치하는 것을 바탕으로 좋은 결과를 나타냄을 알 수 있다.

9.7.3절에 있듯이, 식 9.17(a)의 Morrow 평균응력 식에 진-파단 강도 $\tilde{\sigma}_{fB}$를 사용하는 것은 가끔 유용하며, 특히 σ'_f가 좋지 않은 결과를 내는 알루미늄 합금강에 적용 가능하다. 이 경우에 σ_{ar}과 N^*는 다음 식으로 적용이 된다.

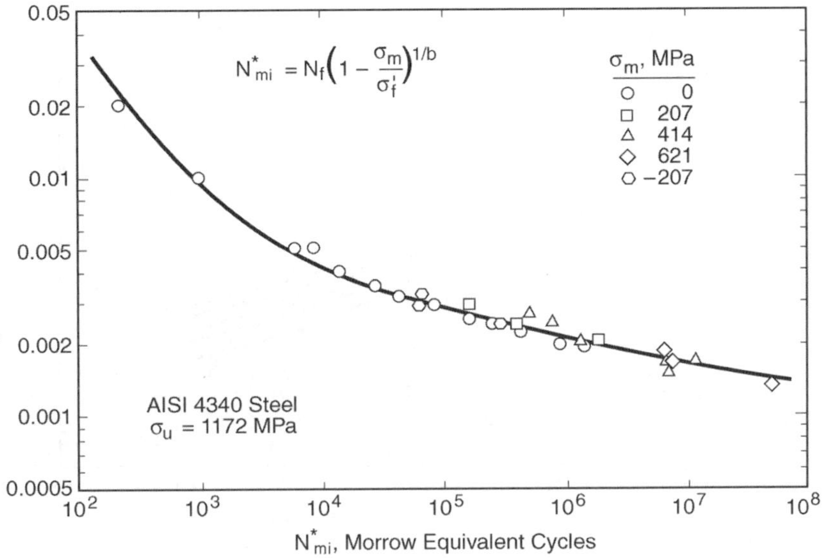

그림 15.11 그림 15.10의 평균응력 데이터를 Morrow 식에 따라 구한 N^*으로 나타낸 그래프

$$\sigma_{ar} = \frac{\sigma_a}{1 - \frac{\sigma_m}{\tilde{\sigma}_{fB}}} \tag{15.24}$$

$$N^*_{mf} = N_f\left(1 - \frac{\sigma_m}{\tilde{\sigma}_{fB}}\right)^{1/b} \tag{15.25}$$

아래 첨자 mf는 진-파단 강도를 기반으로 Morrow식에 N^*를 추가한 것이다.

15.3.4 수정된 Morrow 접근법

아래와 같이 수정된 식 15.23이 자주 사용된다.

$$\varepsilon_a = \frac{\sigma'_f}{E}\left(1 - \frac{\sigma_m}{\sigma'_f}\right)(2N_f)^b + \varepsilon'_f(2N_f)^c \tag{15.26}$$

첫 번째 항(탄성변형률)은 같으나, 두 번째 항(소성변형률)에서 평균응력에 종속되는 영향은 제거되었다. 이는 대체로 짧은 수명에서의 평균응력 효과가 덜 나타남을 고려하기 위한 것이다.

식 15.26에 부합하는 변형률-수명 선도들은 그림 15.10과 15.12의 합금강에 대한 시험결과와 비교되어 나타내었다. 상대적으로 짧은 수명에서 평균응력이 작게 예측되는 효과에 대한 경향은 그림 15.10에 비교할 때 분명하게 나타나 있다. 그럼에도 불구하고 시험 결과와는 상당히 일치하고 있다. 식 15.26은 여러 선도를 각각 도식적으로 나타내는데용도 이외에는 적합하지 않다.

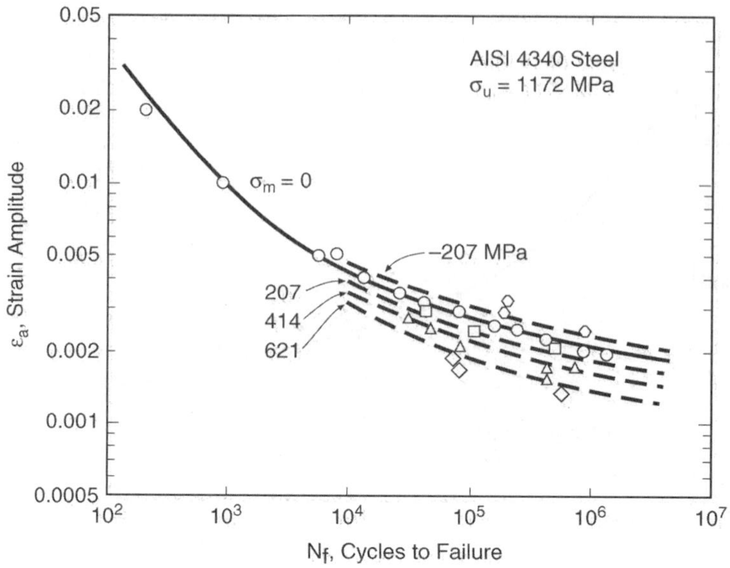

그림 15.12 수정된 Morrow 접근법에 의해 주어진 변형률-수명 선도와 그림 15.10 데이터의 비교

15.3.5 Smith, Watson, Topper(SWT) 방법

SWT 방법은 이전에 식 9.18의 변형률-수명 선도 부분에서 소개되었다. 소성변형률이 작을 때 식 9.18과 같이 되는 유사한 방법이 변형률-수명 선도에 유사하게 적용하여 종종 사용된다. 특히 이 접근법은 어떤 상황에서의 수명이라도 평균응력이 다음 식에 따르는 것을 가정한다.

$$\sigma_{\max}\varepsilon_a = h''(N_f) \tag{15.27}$$

정의에 의해 $\sigma_{\max} = \sigma_m + \sigma_a$이며, $h''(N_f)$는 피로 수명 N_f의 함수를 나타낸다. 그러므로 완전 교번($\sigma_m = 0$) 하중일 때 위의 식이 동일한 값을 가진다면 동일한 수명을 나타낼 것으로 기대할 수 있다.

σ_{ar}과 ε_{ar}을 동일한 N_f 및 $\sigma_{\max}$, ε_a로부터 나오는 완전 교번응력 및 변형률 진폭이라고 하자. $\sigma_m = 0$ 일 때, $\sigma_{\max} = \sigma_{ar}$임을 알 수 있고, 수명에 대한 함수 $h''(N_f)$는 $\sigma_{\max}\ \varepsilon_a = \sigma_{ar}\ \varepsilon_{ar}$가 된다. 만약 완전 교번 하중의 응력-수명 및 변형률-수명 선도가 식 15.5 및 15.4로부터 주어진 것이라면, 함수 $h''(N_f)$는 이 식에 σ_{ar}, ε_{ar}를 대입하여

$$\sigma_{\max}\varepsilon_a = \sigma_f'(2N_f)^b\left[\frac{\sigma_f'}{E}(2N_f)^b + \varepsilon_f'(2N_f)^c\right] \tag{15.28}$$

다시 정리하면 얻을 수 있는 식은

$$\sigma_{\max}\varepsilon_a = \frac{(\sigma_f')^2}{E}(2N_f)^{2b} + \sigma_f'\varepsilon_f'(2N_f)^{b+c} \tag{15.29}$$

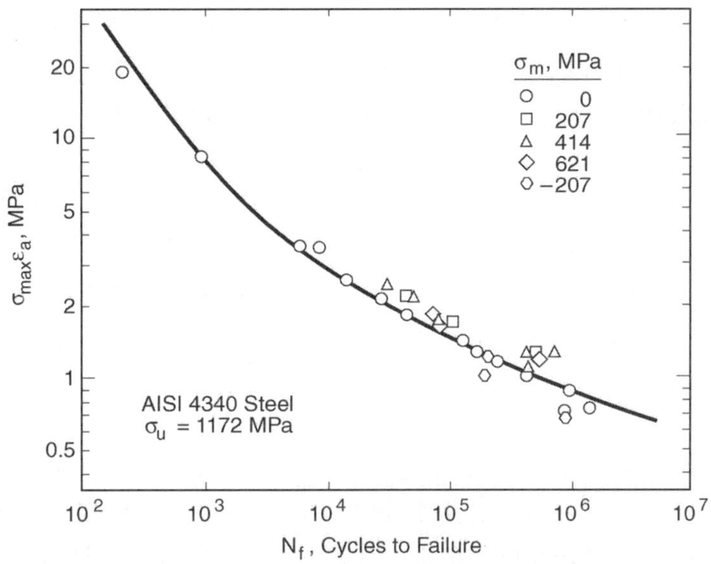

그림 15.13 그림 15.10의 데이터에 대해 Smith, Watson, Topper 값과 수명에 대한 관계를 나타낸 그래프

식 15.29를 이용하여 $\sigma_{\max}\varepsilon_a$와 N_f를 통해 그래프를 그리면 간편하게 도표로 표현할 수 있으며, $\sigma_m = 0$으로부터 얻을 수 있는 시험 결과만 있으면 된다. 그 다음에 0이 아닌 평균응력을 포함한 어떠한 상황에서도 $\sigma_{\max}\varepsilon_a$을 이 그래프에 대입하게 되면 N_f값을 얻을 수 있다. 그림 15.10의 합금강에 대해 이와 같은 그래프를 그림 15.13에 나타내고 있다. 특정한 상황에 대해 SWT 방법의 성과는 선도를 0이 아닌 평균응력에 관해서까지 확장해서 추정 가능하기 때문이다. 그래프는 어느 정도 일치하지만, 그림 15.11의 Morrow식 만큼 좋은 결과는 아닌 것을 알 수 있다.

15.3.6 Walker 평균응력 식

식 9.19에서 Walker 평균응력 관계식의 두 가지 형태에 대해 소개된 것을 상기해보자.

$$\sigma_{ar} = \sigma_{\max}^{1-\gamma}\sigma_a^{\gamma}, \qquad \sigma_{ar} = \sigma_{\max}\left(\frac{1-R}{2}\right)^{\gamma} \qquad (a,b) \tag{15.30}$$

두 식은 $R = \sigma_{\min}/\sigma_{\max}$의 정의로부터 유도되었다. 식 15.17(b)를 다시 정리하여 N^*에 대해 나타내고 $N_w{}^*$에 대한 식으로 나타내면,

$$N_w^* = N_f\left(\frac{\sigma_a}{\sigma_{\max}}\right)^{(1-\gamma)/b}, \qquad N_w^* = N_f\left(\frac{1-R}{2}\right)^{(1-\gamma)/b} \qquad (a,b) \tag{15.31}$$

$N_w{}^*$를 식 15.19에 대입하면 변형률-수명 곡선식이 주어지는데, 이 중 (b)에 대한 식은,

$$\varepsilon_a = \frac{\sigma_f'}{E}\left(\frac{1-R}{2}\right)^{(1-\gamma)}(2N_f)^b + \varepsilon_f'\left(\frac{1-R}{2}\right)^{c(1-\gamma)/b}(2N_f)^c \tag{15.32}$$

주목할 만한 점은 $\gamma = 0.5$를 사용할 경우에 식 9.18의 응력 기반 SWT 관계와 일치한다는 것인데, 주로 적용하는 식 15.29의 SWT 관계식과 동일하지는 않다.

ε_a와 N_w*에 대해 그래프로 나타내는 것은 그림 15.11에서 N_{mi}^*를 기반으로 유사하게 나타낸 것처럼 다양한 평균응력에서의 변형률-수명 데이터를 하나의 단일 선도로 통합할 것으로 예상된다. 이러한 비교는 Dowling(2009)의 최근 연구 결과에서 다양한 강, 알루미늄 합금, 티타늄 등에서 매우 좋은 결과를 보여주고 있다.

Walker 방법을 사용하기 위해서는 γ값을 구해야 한다. 강에 대한 γ값은 식 9.20을 통해 추정할 수 있다. 다양한 평균응력의 데이터가 있다면, σ'_f와 b와 γ값을 얻기 위하여 하나의 선도를 그리는 과정인 10.6.4절의 방법을 모든 데이터에 적용하는 것이 가능하다. Dowling(2009)은 N_w^*와 소성변형률 진폭 ε_{pa}을 그래프로 나타내어 ε_f'와 c에 상응하는 값을 얻을 수 있다고 젯하였다.

15.3.7 고찰

수정되지 않은 Morrow 방법은 강에는 좋은 결과를 나타내지만, 알루미늄 합금에 적용하면 종종 부정확한 결과를 나타낸다. 알루미늄 합금에 적용이 어려운 것은 응력-수명 데이터의 결과가 식 15.5에 잘 맞지 않음으로 인해 응력-수명 선도에서 상수 σ'_f는 보통 진파단 강도 $\tilde{\sigma}_{fB}$에 비해 상당히 큰 값을 가진다는 사실 때문이다.. 이 경우에 식 15.254.26과 15.19을 통해 N*를 사용하여 더 좋은 결과를 얻을 수 있다.

수정된 Morrow 접근법을 사용 하는 이유는 짧은 수명에서 σ_m이 감소된 효과의 결과가 노치가 있는 부재에서 평균응력의 일시적인 완화를 무시하여 산정된 수명을 편향된 결과로 나타내기 때문이다. SWT식은 다양한 재료의 범위에서 만족할 만한 결과를 준다. 이는 강에 대한 Morrow 접근법만큼 정확하며, 알루미늄 합금에서도 상당히 좋은 결과를 준다.

일반적으로, 하나의 방법을 원하는 경우에 식 15.29의 SWT 수명 관계를 선택할 수 있다. Morrow 접근법은 강의 경우에 좋은 선택이다. 그러나 이는 알루미늄 합금에 사용되어서는 안 되며, 식 15.25으로부터 N*가 얻어지지 않을 때 σ'_f과 $\tilde{\sigma}_{fB}$가 많은 차이가 나는 다른 금속에 대해서도 사용해서는 안 된다. γ값이 알려져 있거나 추정 가능할 때, Walker 관계식이 논의된 모든 방법 중에 가장 정확하다고 볼 수 있다.

예제 14.2

표 15.1의 RQC-100강에 변형률 진폭 $\varepsilon_a = 0.004$, 인장 평균응력 $\sigma_m = 100\text{MPa}$로 반복 적용되고 있다. 피로균열이 발생하기 전까지 얼마만큼의 주기가 적용되겠는가?

【첫 번째 풀이】 다양한 풀이 방법이 있지만, 첫째로 Morrow 식을 적용할 것이다. 표 15.1에서 RQC-100강을 식 15.19에 적용하여 상수 , , , E , σ_f' , b , ε_f' 를 계산하면 다음과 같다.

$$\varepsilon_a = \frac{938}{200,000}(2N^*)^{-0.0648} + 1.38(2N^*)^{-0.704}$$

$\varepsilon_a = 0.004$를 적용하여 수치적으로 계산하면 N^*는 다음과 같다.

$$N^* = 8124 \text{ cycles}$$

N^*는 평균응력의 효과를 포함하고 있지 않기 때문에, 이 값은 평균응력의 효과를 포함한

수명 N_f를 구하기 위해 $\sigma_m = 100\text{MPa}$을 적용하여야 한다. 이런 이유로, 식 15.22에서 N^*를 N^*_{mi}로 적용하면

$$N_f = N^*_{mi}\left(1 - \frac{\sigma_m}{\sigma'_f}\right)^{-1/b} = 8124\left(1 - \frac{100}{938}\right)^{1/0.0648} = 1426 \text{ cycles}$$

$$N_f = N^*_{mi}(1 - \frac{\sigma_m}{\sigma'^{f}})^{-1/b} = 8124(1 - \frac{100}{938})^{1/0.0648} = 1426 \text{ cycles} \qquad \text{(답)}$$

【두 번째 풀이】 수정된 Morrow 접근을 적용하면, 식 15.26과 같은 재료 상수를 간단히 적용한다.

$$\varepsilon_a = \frac{938}{200,000}(1 - \frac{\sigma_m}{938})(2N_f)^{-0.0648} + 1.38(N_f)^{-0.704}$$

$\sigma_m = 100\text{MPa}$을 적용하고 간단히 하면

$$\varepsilon_a = \frac{838}{200,000}(2N_f)^{-0.0648} + 1.38(2N_f)^{-0.704}$$

$\varepsilon_a = 0.004$를 이 식에 적용하고 수치적으로 N_f를 계산하면 다음과 같다.

$$N_f = 6597 \text{ cycles} \qquad \text{(답)}$$

【세 번째 풀이】 식 15.29의 SWT 접근에서, $\sigma_{max}\varepsilon_a$가 필요하다. 그러므로, σ_a를 구하기 위해 표 15.1에서 반복 응력-변형률 선도의 상수를 첫 번째로 적용하면

$$\varepsilon_a = \frac{\sigma_a}{\text{E}} + (\frac{\sigma_a}{H'})^{1/n'} = \frac{\sigma_a}{200,000} + (\frac{\sigma_a}{903})^{1/0.0905}$$

$\varepsilon_a = 0.004$를 이 식에 적용하고 수치적으로 σ_a를 계산하면 다음과 같다.

$$\sigma_a = 501.2\text{MPa}, \qquad \sigma_{max} = \sigma_m + \sigma_a = 100 + 501.2 = 601.2\text{MPa}$$

$$\sigma_{max}\varepsilon_a = 601.2(0.004) = 2.4046\text{MPa}$$

다음, 식 15.29의 재료 상수를 적용하면

$$\sigma_{max}\varepsilon_a = \frac{(938)^2}{200,000}(2N_f)^{2(-0.0648)} + (938)(1.38)(2N_f)^{-0.0648-0.704}$$

$$\sigma_{max}\varepsilon_a = 4.399(2N_f)^{-0.1296} + 1294(2N_f)^{-0.7688}$$

이 식에 $\sigma_{max}\varepsilon_a = 2.4046\text{MPa}$을 입력하고 수치적으로 N_f를 계산하면 다음과 같다.

$$N_f = 5088 \text{ cycles} \qquad \text{(답)}$$

【네 번째 풀이】 Walker 방법에서, 상수 γ는 식 9.20을 통해 평가한다. 표 15.1에서 σ_u를 이용하면, 다음과 같다.

$$\gamma = -0.000200\sigma_u + 0.8818 = -0.000200(758\text{MPa}) + 0.8818 = 0.7302$$

다음 첫 번째 풀이에서 N^*를 적용하는데, 여기선 특별히 N_w^*라 한다. σ_a와 σ_{max}가 세 번째 풀이에서 이용가능하기 때문에, 식 15.31(a)의 형태가 편리하다. N_f에 대해 계산하고 필요한 값들을 구하면 다음과 같다.

$$N_f = N_w^* \left(\frac{\sigma_a}{\sigma_{\max}}\right)^{-(1-\gamma)/b} = 8124\left(\frac{501.2}{601.2}\right)^{-(1-0.7302)/(-0.0648)} = 3809 \text{ cycles}$$

$$N_f = N_w^* (\frac{\sigma_a}{\sigma_{max}})^{-(1-\gamma)/b} = 8124(\frac{501.2}{601.2})^{-(1-0.7302)/(-0.0648)} = 3809 \text{ cycles} \qquad \text{(답)}$$

【고찰】 이 예제에서, Morrow, 수정된 Morrow 계산은 상당히 다른 결과가 나오며 이는 상대적으로 짧은 수명이 포함되어 있다. SWT와 Walker 방법을 통한 값은 두 가지 Morrow 평가 결과의 중간에 있으며 4가지 방법 중에서 Walker 방법으로 평가한 것이 가장 정확해 보인다.

15.4 다축응력 효과

소성 변형이 발생하는 다축 하중 피로는 현재 활발히 연구가 진행되고 있는 분야이다. 어느 정도 단순한 상황에서는 합리적인 추정이 가능하지만, 주응력의 비가 변화하거나 주축이 회전하는 것과 같이 비례관계가 아닌 복잡한 하중에서는 다소 불확실성이 존재한다. 이와 같이 제한된 상황을 고려하여, 여기서는 단순하고 제한적인 방법에 관해 논의하고자 한다. 그리고 좀 더 복잡한 하중에 대해 실현 가능한 접근법에 대해 소개할 것이다.

15.4.1 유효 변형률 접근법

동일한 주파수를 가진 동위상 또는 180° 다른 위상으로 반복하중이 작용하는 상황을 생각해보자. 유효 변형률 진폭이 8면체 전단 변형률의 반복 진폭과 비례한다고 아래와 같이 정의할 수 있다.

$$\bar{\varepsilon}_a = \frac{\bar{\sigma}_a}{E} + \bar{\varepsilon}_{pa} \tag{15.33}$$

$\bar{\sigma}_a$와 $\bar{\varepsilon}_{pa}$의 값은 식 13.21과 13.22에 주응력과 소성변형률의 진폭을 대신 사용함으로써 얻을 수 있다. 여기서 사용하는 음의 기호는 양의 값과 180° 위상이 차이나는 진폭 값을 나타낸다.

다축 하중에서의 피로수명은 유효 변형률 진폭의 값에 의존한다고 가정할 수 있다. $\sigma_2 = \sigma_3 = 0$인 1축 하중의 경우에는 $\bar{\varepsilon}_a = \varepsilon_{1a}$와 같이 전체 변형률 진폭이 1축 변형률 진폭으로 감소한다. 후자는 식 15.4의 수명식과 관계있기 때문에, 다시 식을 정리하면

$$\bar{\varepsilon}_a = \frac{\sigma_f'}{E}(2N_f)^b + \varepsilon_f'(2N_f)^c \tag{15.34}$$

첫 번째, 두 번째 항은 유효 변형률의 탄성, 소성 부분과 일치하므로

$$\bar{\sigma}_a = \sigma_f'(2N_f)^b, \qquad \bar{\varepsilon}_{pa} = \varepsilon_f'(2N_f)^c \qquad \text{(a, b)} \tag{15.35}$$

평면 응력의 특수한 상황에 대해 고려하면

$$\sigma_{2a} = \lambda\sigma_{1a}, \qquad \sigma_{3a} = 0, \qquad \varepsilon_{1a} = \varepsilon_{e1a} + \varepsilon_{p1a} \tag{15.36}$$

여기서 진폭 값을 나타내기 위해 첨자 a가 추가된 것을 제외하고, 13장의 표기법이 사용되었다. $(x,\ y,\ z)$축을 주축인 (1, 2, 3)과 같다고 하면 식 13.19, 13.24, 13.32와 식 15.34, 15.36을 조합하여 1축 변형률에 관한 변형률-수명 선도에 대한 식을 얻을 수 있다.

$$\varepsilon_{1a} = \frac{\dfrac{\sigma_f'}{E}(1-\nu\lambda)(2N_f)^b + \varepsilon_f'(1-0.5\lambda)(2N_f)^c}{\sqrt{1-\lambda+\lambda^2}} \tag{15.37}$$

이 식은 모든 응력과 변형률이 진폭 값으로 표현될 때, 식 13.39의 Ramberg-Osgood 형태의 2축 응력-변형률 선도와 마찬가지로 사용될 수 있다.

평면 응력의 특별한 경우인 순수전단에서는 식 14.23 및 14.24과 $\lambda = -1$이 적용된다. 앞선 식은 다음과 같이 간소화된다.

$$\gamma_{xya} = \frac{\sigma_f'}{\sqrt{3}\,G}(2N_f)^b + \sqrt{3}\,\varepsilon_f'(2N_f)^c \tag{15.38}$$

여기서 γ_{xya}는 전단 변형률 진폭이고 G는 전단 탄성 계수이다. 응력-변형률의 Ramberg-Osgood 형태에 해당하는 것은 이미 식 14.25를 통해 유도되었다.

15.4.2 유효 변형률 접근법에 대한 고찰

반복 등방 응력의 진폭은 8면체 전단 변형에 의해 설명되지 않는 추가적인 효과를 가지는 것으로 나타난다. 이는 수직 주응력의 진폭의 평균과 같다.

$$\sigma_{ha} = \frac{\sigma_{1a} + \sigma_{2a} + \sigma_{3a}}{3} \tag{15.39}$$

이 효과를 정량화하기 위해, 관련된 값 σ_{ha}를 $T = 3\sigma_{ha}/\bar{\sigma}_a$의 3축 인자(triaxiality factor)로 표현할 수 있다. 평면 응력($\sigma_3 = 0$) 및 $\lambda = \sigma_{2a}/\sigma_{1a}$인 경우, 3축 인자는

$$T = \frac{1+\lambda}{\sqrt{1-\lambda+\lambda^2}} \tag{15.40}$$

세 가지 주요 특별한 경우는 (a) 순수 평면 전단, $\lambda = -1,\ T = 0$, (b) 1축 응력, $\lambda = 0,\ T = 1$과 (c) 등가 2축 응력, $\lambda = 1,\ T = 2$이 있다. 이 때 주어진 값 $\bar{\varepsilon}_a$에 대해, T값이 커지면 수명이 줄어드는 명확한 경향이 관찰된다.

이러한 효과를 포함하기 위해 변형률-수명 식에 몇 가지 수정이 제안되고 있다. 예를 들어, Marloff (1985)는 논문에서 제안하기를

$$\bar{\varepsilon}_a = \frac{\sigma_f'}{E}(2N_f)^b + 2^{1-T}\varepsilon_f'(2N_f)^c \tag{15.41}$$

이는 ε'_f가 $2^{1-T}\varepsilon'_f$로 대체된 것을 제외하면 식 15.34와 같게 된다. 같은 수정이 식 15.37과 15.38에도 적용되었다. 1축인 경우와 비교하면, 추가적인 효과는 ε'_f에 순수 전단의 경우 2.0, 등가 2축 응력의 경우 0.5를 곱하면 된다.

지금까지는 평균응력 효과를 유효 변형률 접근법의 맥락에서 고려하지 않았다. 예를 들어 이것은 앞서 9.8절의 응력-기반 접근법에 적용되었듯이, 평균응력을 가변적으로 조정하는 것이 등방응력의 반복 요소가 아님으로 가정하는 것으로 수행 가능하다. 식 15.34 또는 15.41는 어느 정도 식 15.23, 15.26, 15.29, 15.32과 유사하게 일반화될 수 있다.

하지만 유효 변형률 접근법은 조합된 하중에 대해 응용하는 것에 대해 매우 제한적으로 사용해야 한다. 그림 9.41의 상황과 같이, 반복 하중 동안 주응력 축의 상당한 회전을 유발하는 일정하지 않은 하중이 없는 경우에 한해서, 같은 위상이나 180° 다른 위상인 조합된 하중에 적용하는 것은 타당하다. 앞서 13.3.5절에서 논의한 바와 같이, 주축의 회전은 비례부하가 아닌 하중을 유발하기 때문이다.

15.4.3 임계 평면 접근법

하중이 상당한 정도로 비례가 아닌 경우에, 임계 평면 접근법이 필요하다. 이와 같은 접근법은 반복 하중 동안 응력과 변형률을 재료의 다양한 방향(평면)으로부터 구할 수 있으며, 이 때 가장 강한 하중을 받는 면의 응력과 변형률이 피로 파괴를 예측하는데 사용된다.

균열은 재료의 결정구조를 따라 성장하기 때문에 대부분 불규칙적인 형태이다. 그러므로 전단응력만으로 균열이 성장하는 것은, 그림 15.14에 보인 바와 같이 균열 표면에서의 불규칙성을 포함한 기계적 물림과 마찰효과 때문에 어려운 경향이 있다. 균열 면에 수직방향의 응력 및 변형률은 거동에 주요한 영향을 미치며, 균열이 열리려고 하면 성장을 가속시킨다. 이 상황은 임계 평면 접근법에 대한 많은 제안으로 이어졌다. 예를 들어 Fatemi와 Socie가 제안한 관계식은

$$\gamma_{ac}\left(1 + \frac{\alpha\sigma_{\max c}}{\sigma_0'}\right) = \frac{\tau_f'}{G}(2N_f)^b + \gamma_f'(2N_f)^c \tag{15.42}$$

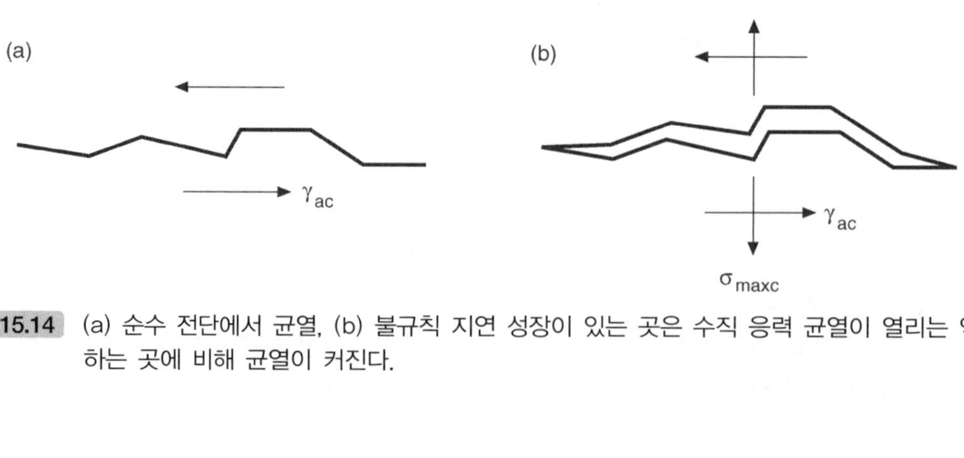

그림 15.14 (a) 순수 전단에서 균열, (b) 불규칙 지연 성장이 있는 곳은 수직 응력 균열이 열리는 역할을 하는 곳에 비해 균열이 커진다.

여기서 γ_{ac}는 각 평면에서의 가장 큰 진폭을 가지는 전단 변형률을 나타내고, $\sigma_{\max\ c}$는 γ_{ac} 주기 동안에 언제라도 발생할 수 있는 γ_{ac}의 평면에 수직한 최대 인장 응력 값을 나타낸다. 또한, α는 재료에 따른 경험적인 값으로 0.6에서 1.0 사이 값이고, σ'_0는 반복 응력-변형률 선도에서의 항복 응력이다. γ_{ac} 및 $\sigma_{\max\ c}$에 대한 도식적인 설명을 그림 15.14에 나타내었다. 상수 τ'_f, b, γ'_f와 c는 순수 전단에 해당하는 완전 교번 시험으로부터의 변형률-수명 선도로부터 얻을 수 있으며, 구체적으로는 얇은 튜브를 이용한 비틀림 시험을 통해 구할 수 있다. 이들 상수를 알 수 없는 경우에는 식 15.38를 이용하여 1축 하중시험으로부터 추정하는 것도 가능하다. 복잡하고 다양한 진폭의 하중에 대해 이 접근법을 사용하는 것은 몇 가지 다른 면에 대한 파괴 가능성을 고려해야 한다.

또 다른 복잡성은 균열의 생성과 빠른 성장에 두 가지 뚜렷한 유형이 있는 것인데, 높은 전단응력(유형 II)의 면이나 높은 인장 응력(유형 I)의 면에서 균열이 성장하는 것이다. 전단 균열은 대부분 높은 변형률에서 나타나지만, 순수 전단 하중 시 낮은 변형률에서 나타나기도 한다. 인장 균열은 등가 2축 응력($\lambda = 1$)에서 많이 발생하지만, 1축 하중에 대해서도 흔하게 볼 수 있다. 각 유형들은 하중 종류, 변형률의 크기 및 재료의 물성치 등에 따른다. 전단에 지배되는 균열은 식 15.42 또는 유사한 관계식으로 사용된다. 인장 응력에 의해 지배되는 균열에 대해서는 식 15.29의 Smith, Watson과 Topper 방법을 사용하는 것이 합리적인 접근법이다. ε_a의 크기는 어떤 면에서 수직 변형률의 최대 진폭으로 해석되며, $\sigma_{\max}$는 ε_a와 같은 면에서의 최대 수직 응력이고, 특히 ε_a 주기 동안에 최댓값이다. SWT 방법이나 식 15.42으로부터 계산된 수명 중 짧은 수명이 최종 수명이 된다. 두 가지 계산 방법이 필요한 이유는 두 가지 가능한 균열 형태를 모두 반영해야 하기 때문이다.

전단 및 수직 응력 균열 형태를 모두 고려하기 위한 단일 다축 피로 기준은 Chu(1995)가 제안하였으며,

$$2\tau_{\max}\gamma_a + \sigma_{\max}\varepsilon_a = f(N_f) \tag{15.43}$$

여기서 각각의 항은 일정 주기에서 최대응력과 변형률 진폭의 곱으로 나타나며, 첫 번째 항은 전단응력 및 변형률을 두 번째 항은 수직 응력 및 변형률을 포함하고 있다. 임계 평면은 간단하게 식 15.43의 좌변이 최댓값을 가질 때이며, $f(N_f)$는 1축 시험 데이터를 통해 얻을 수 있다. 이 기준은 식 15.27의 SWT 방법을 일반화한 것이라고 생각할 수 있다.

임계 평면 접근법은 앞서 여러 가지 방법으로 제안되었으며, 이에 대한 연구도 활발하게 진행되고 있다. 복잡한 하중에 대해, 공학적 요소에 대한 임계 평면에서 피로 수명 산정을 위한 응력 및 변형률을 결정하는 것은 일반적으로 증분소성이론을 사용하는 것과 같이 상당히 정교한 해석법을 요구한다.

15.5 구조 요소에 대한 수명 예측

지금까지 이 장에서는 응력, 변형률, 수명 사이의 관계에 대해서 고려하였다. 보, 축, 노치가 있는 부재와 같은 구조 요소에 주어진 반복 하중에 대해 이를 적용하기 위해서는, 먼저 응력 및 변형률을 적용된 하중으로부터 결정하는 것이 필요하다. 따라서 14장의 응력-변형률 해석과 이 장의 앞선 부분에 있는 피로 수명 관계식을 조합하여 사용하는 것이 필요하다. 특히 노치가 있는 부재와 반복하중에 대해 고려하는 14.5절과 14.6절이 필요하다.

여기서는 13장과 14장에서 기술한 재료 거동에 대하여 단순화된 가정을 동일하게 사용할 것이다. 일반적으로 주기-의존 경화, 연화와 크리프 완화의 천이 효과는 고려되지 않았다. 특히 응력-변형률 거동은 다단계 스프링, 슬라이더 유동학적 모델에 의한 항상 안정적인 반복 응력-변형률 선도를 따르도록 이상화하였다. 이러한 재료는 단일 응력-변형률 선도와 반복 응력-변형률 선도가 동일하게 된다. 복합적인 하중이 작용하는 경우에는, 주응력의 방향 및 비율이 계속해서 일정한 경우에 해당하는 항복이 일어난 영역에서 비례하중이 작용하는 경우에 대해서만 고려할 것이다. 앞서 서술하였듯이, 임계-평면 접근법을 사용하는 것을 통해 변형률-기반 접근법을 더 복합한 상황에 대해 다룰 수 있는 것으로 확장 시킬 수 있지만, 여기서는 그 주제에 대해 더 이상 언급하지는 않을 것이다.

15.5.1 일정 진폭 하중

앞서 서술한 바와 같이 이상적인 재료 거동을 가정한 경우, 단일 및 반복 응력-변형률 선도는 같다.

$$\varepsilon = f(\sigma), \qquad \varepsilon_a = f(\sigma_a) \tag{15.44}$$

자주 사용되는 구체적인 함수는 식 15.1의 Ramberg-Osgood 형태와 같으며, 이 선도의 상수는 안정 상태에서의 반복 변형률 시험으로부터 평가된다. 유동학적 모델과 같이, 주기 동안의 제하 및 부하는 앞서 선도에 2배의 환산계수를 통해 확장시킴으로써 응력-변형률 신도의 경로를 거의 정확하게 따르는 것으로 다음과 같이 근사할 수 있다.

$$\frac{\Delta\varepsilon}{2} = f\left(\frac{\Delta\sigma}{2}\right) \tag{15.45}$$

$\Delta\sigma$과 $\Delta\varepsilon$ 선도의 원점은 그림 13.14에 나타난 바와 같이 변형률 방향이 변하는 점이라는 것을 상기하자.

단일 하중의 경우와 동일하게 반복 응력-변형률 선도로부터 관심 있는 부분의 응력-변형률 해석이 필요하게 된다. 이 결과를 양함수 또는 음함수 형태의 식으로 표현하면, 하중, 모멘트, 수직응력 등을 나타내는 포괄적인 변수 S에 대해 변형률을 구하는 함수로 나타낼 수 있다.

$$\varepsilon = g(S) \tag{15.46}$$

14.6절에 논의된 바와 같이, 이와 같은 가정을 통해 반복 하중에도 이러한 해석을 적용할 수 있게 된다. 인장 방향으로 치우친 일정 진폭 하중에 대하여 최대응력 및 변형률은 아래 식으로부터 구할 수 있다.

$$\varepsilon_{\max} = g(S_{\max}) = f(\sigma_{\max}) \qquad (R \geq -1) \tag{15.47}$$

또한 진폭 또는 범위는 아래 식으로부터 구할 수 있다.

$$\varepsilon_a = g(S_a) = f(\sigma_a), \qquad \frac{\Delta\varepsilon}{2} = g\left(\frac{\Delta S}{2}\right) = f\left(\frac{\Delta\sigma}{2}\right) \tag{15.48}$$

위 두 형태의 식은 단지 편의성을 위해 주어져 있다. $R < -1$인 압축 방향으로 치우친 하중의 경우에는, 식 15.47 대신 식 14.59를 사용한다.

$\sigma_{\max}$, $\varepsilon_{\max}$, $\sigma_a = \Delta\sigma/2$, $\varepsilon_a = \Delta\varepsilon/2$를 알게 되면, 다른 관심 있는 값들은 쉽게 구할 수 있다.

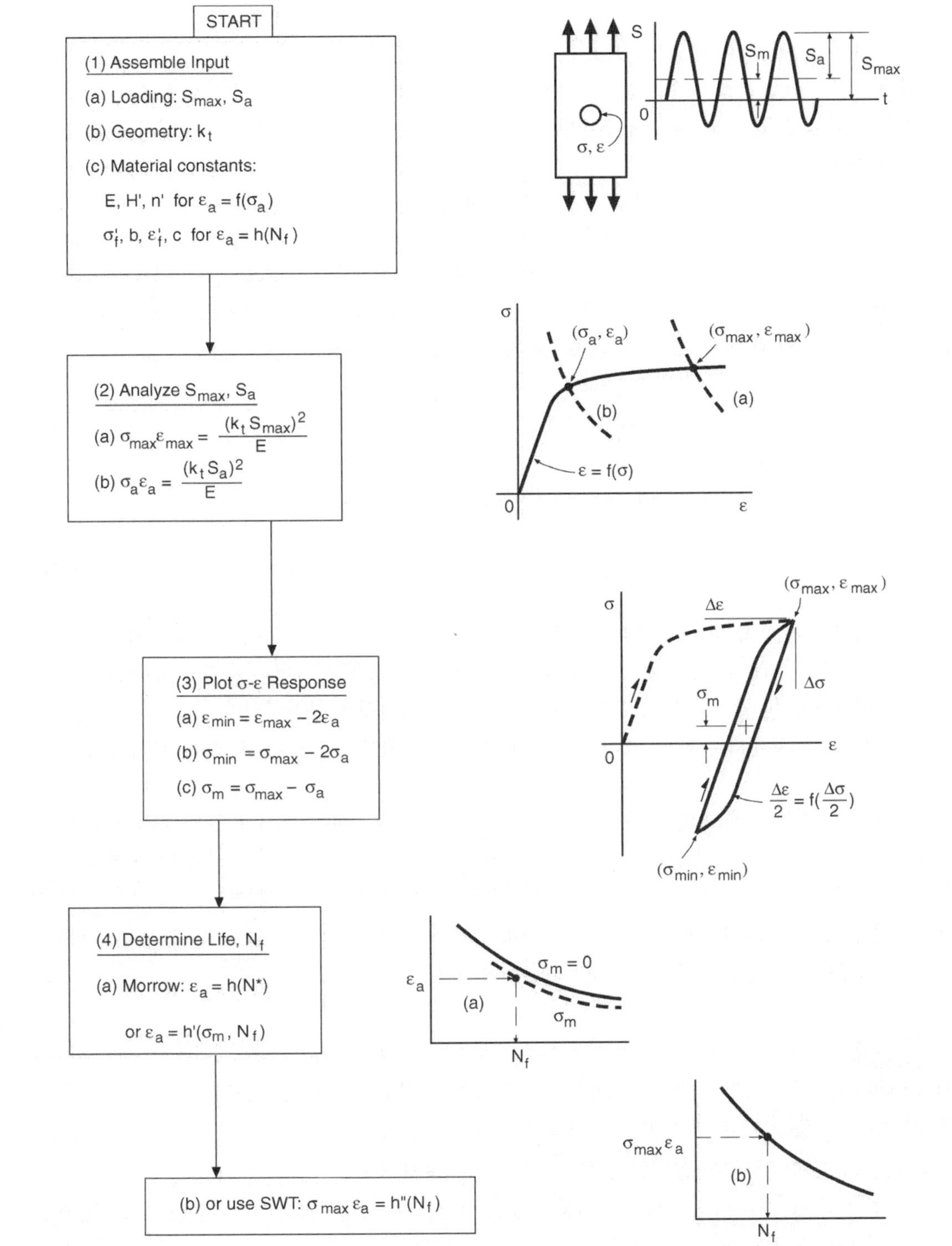

그림 15.15 일정 진폭 하중이 작용하는 노치가 있는 부재에 대해 변형률 기반 수명 예측 시 요구되는 절차

국부 노치 평균응력은 피로 수명 예측에 매우 중요하다.

$$\sigma_m = \sigma_{max} - \sigma_a \tag{15.49}$$

ε_a와 σ_m 또는 σ_{max} 값이 있으면 15.3절의 방법 중 하나를 통해 피로 수명 N_f를 예측하는 것이 가능하다. 이와 같은 절차는 14장에 소개된 $\varepsilon = g(S)$를 이용하여 굽힘, 비틀림, 노치가 있는 부재에 적용 가능하다.

예를 들어, 피로수명 산정에 이어 노치가 있는 부재를 해석하기 위해 Neuber 법칙을 사용하는 경우를 고려하자. 만약 식 15.1이 반복 응력-변형률 선도에 사용된다면, 함수 $\varepsilon = g(S)$는 식 14.44의 Neuber 법칙을 적용한 $\sigma - \varepsilon$ 관계를 이용하여 얻어진 음함수다. 0이 아닌 평균의 반복하중에서 Neuber 법칙은 반복(또는 단일) 응력-변형률 선도에 S_{max}와 S_a으로 각각 두 번 사용될 수 있다. 따라서 동시에 σ_{max}, ε_{max}를 얻기 위해서는 두개의 식을 연립해서 풀 필요가 있다.

$$\varepsilon_{max} = \frac{\sigma_{max}}{E} + \left(\frac{\sigma_{max}}{H'}\right)^{1/n'}, \qquad \frac{(k_t S_{max})^2}{E} = \sigma_{max}\varepsilon_{max} \tag{15.50}$$

유사하게, σ_a, ε_a를 위해 동시에 풀어야 할 식은 다음과 같다.

$$\varepsilon_a = \frac{\sigma_a}{E} + \left(\frac{\sigma_a}{H'}\right)^{1/n'}, \qquad \frac{(k_t S_a)^2}{E} = \sigma_a \varepsilon_a \tag{15.51}$$

이러한 계산 결과는 식 14.47로 주어진 식들의 조합이 유용한 경우에 대하여 예제 14.7에 나타내었다.

10장에서 논의된 피로 노치 계수 k_f는 종종 이 식들에서 k_t를 대신하여 사용된다. 경험을 기반으로 사용되는 변수인 k_f는 날카로운 노치에 대해 수명 예측의 정확성을 향상시킨다. 그러나 균열진전효과에 관한 이장의 뒤쪽에서는 k_t를 그대로 사용해야 한다고 제안하고 있는 또 다른 관점도 고려해야 한다.

이 단계는 그림 15.15에 요약된 것 같이 일정 진폭 하중이 작용하는 노치가 있는 부재의 수명 산정을 하는데 필요하다. (1) 단계는 하중, 기하학적 구조, 재료를 포함하여 관련된 필요 입력 정보를 모은다. (2) 단계에서는 $(\varepsilon_{max}, \sigma_{max})$와 $(\varepsilon_a, \sigma_a)$를 식 15.50과 15.51로부터 계산한다 (3) 단계는 산정된 응력-변형률 응답을 그래프에 나타낼 수 있으며, 국부 노치 평균응력 σ_m을 구할 수 있다. 마지막으로 (4) 단계에서 ε_a와 σ_m 또는 ε_a와 σ_{max}을 이용하여 수명을 얻을 수 있다.

예제 14.3

표 15.1의 AISI 4340 강(비행기 적용가능한 품질)으로 구성된 노치가 있는 판이 $k_t = 2.80$의 탄성 응력 집중 계수를 가지고 있다. 만약 공칭응력이 $S_{max} = 750\text{MPa}$과 $S_{min} = 50\text{MPa}$의 사이에 작용하는 경우, 피로균열이 발생하기 전 몇 주기가 적용될 것으로 기대되는가?

【풀이】 동일한 상황이 이미 예제 14.7에서 국부 노치 응력 및 변형률로 해석되었다. 특별히 응력 및 변형률의 최대값과 진폭을 얻기 위해 식 15.50과 15.51의 반복 응력-변형률 선도와 Neuber 법칙이 사용되었다. 결과는

$$\sigma_{\max} = 972\text{MPa}, \qquad \varepsilon_{\max} = 0.02192$$
$$\sigma_a = 755\text{MPa}, \qquad \varepsilon_a = 0.00615$$

예제 14.7에서 적용한 과정은 그림 15.15의 (1), (2)와 일치한다. (3)단계의 응력-변형률 응답을 그래프로 나타내는 것은 그림 E14.7에서 앞서 보여준 결과를 준다. 또한 주기-의존 완화가 발생하지 않음을 가정한 곳에서 주기 동안의 평균응력은

$$\sigma_m = \sigma_{\max} - \sigma_a = 972 - 755 = 217\text{MPa}$$

이제 수명은 다음과 같이 추정될 수 있다. 만약 Morrow 평균응력 방법이 선택되면, ε_a, σ_m이 필요하며, 식 15.19에 표 15.1의 재료상수를 대입하여,

$$\varepsilon_a = \frac{1758}{207{,}000}(2N^*)^{-0.0977} + 2.12(2N^*)^{-0.774}$$

ε_a값을 넣고 수치해석을 통해 N^*값을 구하면

$$N^* = 3011\,\text{cycles}$$

σ_m 효과를 포함한 수명 N_f는 $N_{mi}^* = N^*$에서 식 15.22으로부터 얻을 수 있다.

$$N_f = N_{mi}^*\left(1 - \frac{\sigma_m}{\sigma_f'}\right)^{-1/b} = 3011\left(1 - \frac{217}{1758}\right)^{-1/0.0977} = 781\text{cycles} \qquad \text{(답)}$$

또한 ε_a, $\sigma_{\max}$가 식 15.29에 사용되는 경우에 SWT 방법과 같은 다른 평균응력 방법을 선택하는 것도 가능하며. $N_f = 1800$주기(답)를 나타낸다.

15.5.2 불규칙 하중 대 시간 이력

지금까지 설명된 방법론은 시간에 따라 변동하는 불규칙 하중에 대해서도 확장될 수 있다. 이는 14.6.3절, 그림 14.20 및 예제 14.8에 설명된 바와 같이, 불규칙 하중과 시간 이력에 대한 응력-변형률 해석 적용이 요구된다. 이 해석을 수행할 때, 피로 수명은 9장의 Palmgren-Miner 법칙의 방법으로 손쉽게 구할 수 있다.

각각의 응력-변형률 히스테리시스 루프에 있어 변형률 진폭과 평균응력이 필요하게 된다. 그림 14.20의 하중 이력 및 국부 노치 응력-변형률 응답의 예인 그림 15.16에 대해 생각해 보자. (c)에 $B-C-B'$, $F-G-F'$, $E-H-E'$, $A-D-A'$ 하중 이력에 상응하는 4가지 폐루프가 있다. 각각의 변형률 진폭 ε_a와 평균응력 σ_m은 루프 끝의 값을 (ε, σ) 좌표계로부터 계산하였다. 예를 들어, 이 값들은 (c)의 루프 $F-G-F'$에 해당된다. 각 히스테리시스 루프에 상응하는 파단 수명 N_f는 평균응력과 변형률 진폭의 조합을 통해 구할 수 있다. 만약 SWT 방법이 사용된다면, σ_G는 루프 $F-G-F'$에서의 $\sigma_{\max}$와 같이 단순히 주어진 루프에서 가장 높은 응력이다. 각 폐 응력-변형률 히스테리시스 루프가 한 주기를 대표하는 것으로 판단될 때, 각 루프에서 N_f값을 얻으면 Palmgren-Miner 법칙을 적용할 수 있다.

그림 9.46의 주기 계산 조건은 기억효과가 작용하고 응력-변형률 경로가 이전에 설정된 것으로

돌아가는 경우 하중 이력의 동일한 점에서 만족된다. 이는 13.4.4.절에 설명한 것처럼, 유동학적 모델에서 생략된 구간과 동일한 점이다. 이와 같이 주기를 확인하기 위한 폐 응력-변형률 히스테리시스 루프의 사용은 레인플로우 사이클 카운팅과 동등하다. 게다가 레인플로우 사이클 카운팅은 탄소성 응력-변형률 거동의 관련성을 기반으로 한 타당성을 보유한 것으로 볼 수 있다.

응력-변형률 응답 및 피로 수명을 추정하는 전체 과정은 다음과 같이 반복되는 단계로 요약 가능하다. (1) 다음과 열거하는 입력 정보를 수집한다. (a) 식 15.1과 15.4의 반복 응력-변형률 및 변형률-수명 선도를 위한 재료상수, (b) 탄성응력 집중 계수 k_t와 Neuber 법칙 및 $\varepsilon = g(S)$ 해석과 같은 단조 반복 응력-변형률 선도로 수행된 구성 요소 해석 결과, (c) 하중(S)와 시간에 대한 이력. (2) 시작되고 최대 절대치를 갖는 마루 또는 골의 값으로 돌아가는 하중-시간 이력을 기록한다. (3) 하중 이력에 대한 레인플로우 사이클 카운팅을 수행하며, 확인된 주기는 폐 응력-변형률 시스테리시스 루프에 부합하여야 한다. (4) 히스테리시스 루프가 닫히는 점에서 기억 효과를 관찰하면서, 14.6.3절에 설명된 것과 같이 식 14.60 및 14.61를 적용하여 노치나 보의 끝단과 같은 곳에서의 국부 응력-변형률 응답을 추정한다. (5) 각 폐 히스테리시스 루프에 대해 변형률 진폭 ε_a와 평균응력 σ_m, 최대응력 $\sigma_{\max}$ 중 하나를 구하고, 이를 이용하여 평균응력에 영향을 받는 피로수명 N_f를 15.3절의 평균응력 식의 하나로부터 구한다. (6) 피로균열까지 하중 이력의 반복 횟수(B_f)를 추정하기 위해 식 9.34의 형태를 Palmgren-Miner 법칙에 적용한다.

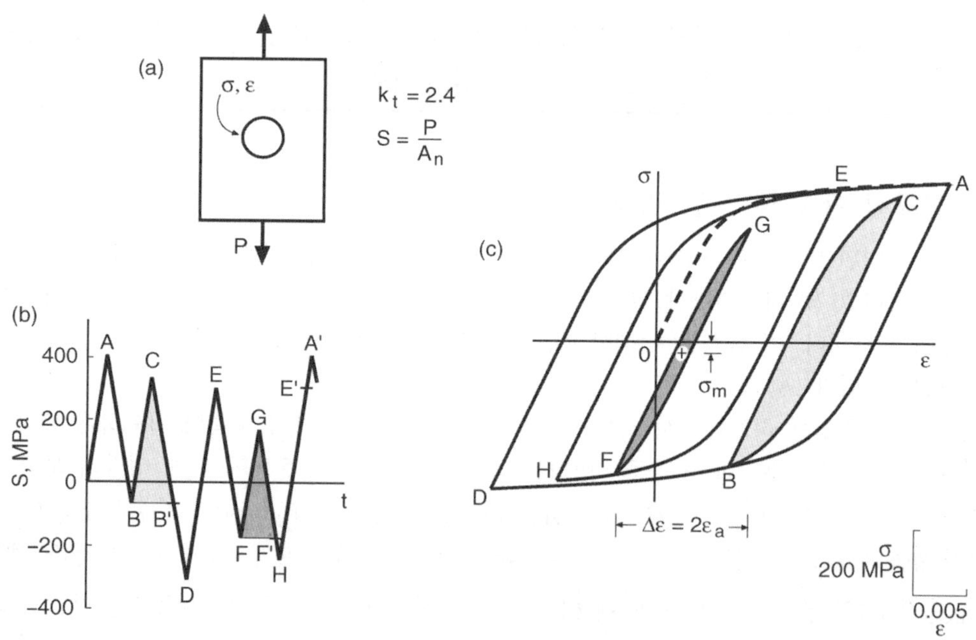

그림 15.16 불규칙 하중을 받는 노치가 있는 부재와 시간 이력에 대한 해석, 2024-T351 알루미늄으로 구성된 노치가 있는 부재가 (a) 하중이력을 (b) 받고 있다. 노치에서 국부 응력-변형률 응답의 결과는 (c)에 나타나 있다.

예제 15.4

열간압연 및 불림 처리된 SAE 1045강으로 구성된 축이 부록 A의 그림 A.12(b)에 나타난 바와 같이 굽힘 하중을 받으며, 지름의 변화가 발생하였다. 필릿 반경에 대한 응력 집중 계수 $k_t = 3.00$이며, 부재에 그림 E15.4(a)에 나타난 바와 같이 순단면 공칭응력에 대한 하중 이력을 반복적으로 받고 있다. 피로균열이 발생하기 전에 몇 번의 하중이력이 적용될 수 있겠는가?

【풀이】 표 15.1에 식 15.1과 15.4의 응력-변형률 및 응력-수명 선도에 대한 재료 상수가 정리되어 있다. 주어진 하중 이력에 대해 k_t와 Neuber 법칙, 반복 응력-변형률 선도를 응력-변형률 응답을 추정하기 위해 사용하였고, 이를 기반으로 수명 평가를 수행한다.

먼저, 이력 내의 첫 번째 마루와 골을 마지막으로 이동하고 두 번째 마루를 끝에 반복 시켜, S의 최대 절대값을 처음과 마지막에 발생하도록 한다. 이는 9.9.2절의 과정을 따른 이력의 레인플로우 주기 카운팅과 동일하며, 그림 E15.4(b)의 좌측에 나타나 있다. B-C 구간에 50 주기가 있고 E-F 구간에 한 주기, A-D 구간에 대부분의 주기가 있다. 이 주기는 폐 응력-변형률 히스테리시스 루프와 일치하기 때문에, 응력-변형률 응답은 그림 E15.4(b)의

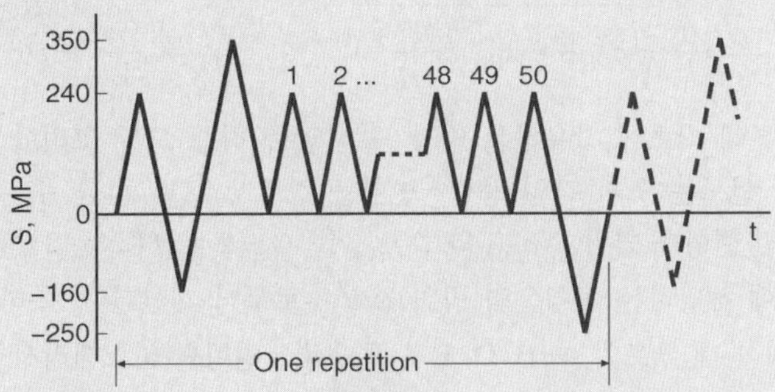

그림 E14.4(a)

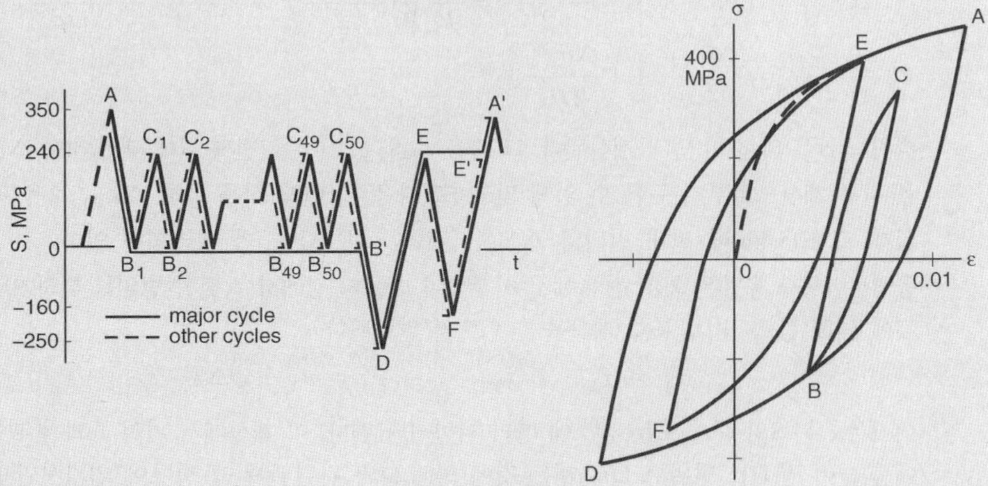

그림 E14.4(b)

표 E14.4(a)

Load History		Calculated Values							
Point (Y)	S MPa	Origin (X)	Origin S MPa	Direction ψ	ΔS to Point	$\Delta\sigma$ MPa	$\Delta\varepsilon$	Stress σ, MPa	Strain ε
A	350	—	—	+1	—	—	—	474.0	0.011513
B	0	A	350	−1	350	701.5	0.007780	−227.4	0.003733
C	240	B	0	+1	240	573.5	0.004475	346.1	0.008208
D	−250	A	350	−1	600	890.9	0.018004	−416.9	−0.006490
E	240	D	−250	+1	490	818.1	0.013075	401.3	0.006585
F	−160	E	240	−1	400	747.3	0.009539	−346.0	−0.002954

우측에 나타나 있는 것과 같다. 각 마루 및 골에 대한 응력과 변형률 값은 예제 14.8와 유사한 방법을 통해 계산되었으며, 표 E15.4(a)에 그 상세 내용이 주어졌다.

마루 A에 대해 S_A의 값은 식 14.47에 대입되고, 식은 응력 σ_A에 대해 반복적으로 계산된다. 그 다음 σ_A는 식 15.1의 반복 응력-변형률 선도에 대입하여 ε_A를 계산하였다. 상세한 식은 다음과 같다.

$$S_A = \psi\frac{1}{k_t}\sqrt{\sigma_A^2 + \psi\sigma_A \mathrm{E}\,(\frac{\psi\sigma_A}{H'})^{1/n'}}, \qquad \varepsilon_A = \frac{\sigma_A}{\mathrm{E}} + \psi(\frac{\psi\sigma_A}{H'})^{1/n'}$$

여기서 ψ를 통해 최초에 작용하는 인장 또는 압축 하중 모두 고려할 수 있게 된다. 반복 응력-변형률 선도는 초기 단일 응력-변형률 경로 $\varepsilon = f(\sigma)$를 주는 것으로 가정된다. 다음은 응력 및 변형률 범위 $\Delta\sigma_{XY}$와 $\Delta\varepsilon_{XY}$를 $\Delta\varepsilon/2 = f(\Delta\sigma/2)$를 따르는 히스테리시스 루프 선도에 해당하는 공칭응력 범위 ΔS_{XY}로부터 계산한다. 특히 B−C, E−F와 A−D의 응력-변형률 폐 루프와 A−B, D−E의 폐 응력-변형률 히스테리시스 루프의 범위에 대해 행해졌다. 식 14.47과 15.1을 다시 적용하여 구한 반-범위는 다음과 같다.

$$\Delta S_{XY} = |S_Y - S_X|, \qquad \frac{\Delta S_{XY}}{2} = \frac{1}{k_t}\sqrt{(\frac{\Delta\sigma_{XY}}{2})^2 + \frac{\Delta\sigma_{XY}\mathrm{E}}{2}(\frac{\Delta\sigma_{XY}}{2H'})^{1/n'}}$$

$$\frac{\Delta\varepsilon_{XY}}{2} = \frac{\Delta\sigma_{XY}}{2\mathrm{E}} + (\frac{\Delta\sigma_{XY}}{2H'})^{1/n'}$$

범위 ΔS_{XY}의 값이 먼저 계산된다. 그 다음 $\Delta S_{XY}/2$이 두 번째 식에 대입되며, $\Delta\sigma_{XY}/2$을 반복 계산으로부터 구할 수 있게 되고, 그 다음 세 번째 식을 통해 $\Delta\varepsilon_{XY}/2$을 구할 수 있다. 표 E15.4(a)에 전체 범위의 ΔS_{XY}, $\Delta\sigma_{XY}$와 $\Delta\varepsilon_{XY}$가 정리되어 있다.

응력-변형률 응답은 최초 점 A에서 시작하여 다음의 점에서 적절한 범위를 더하거나 빼는 것에 의해 응력 및 변형률 계산을 함으로써 완료된다.

$$\sigma_Y = \sigma_X + \psi\Delta\sigma_{XY}, \qquad \varepsilon_Y = \varepsilon_X + \psi\Delta\varepsilon_{XY}$$

여기서 ψ는 S의 증가 또는 감소에 따라 더하거나 뺀다. 이 계산에서 기억 효과가 관찰된다. 예를 들어 점 D를 범위 A-D로 빼는 것에 의해 그와 관련된 원래 점 A에 위치시키게 되며, 주기 B-C는 계산에 영향을 끼치지 않는다.

응력 및 변형률 값은 하중 이력의 각 마루와 골에서 가능하기 때문에, Palmgren-Miner 법칙을 기반으로 한 수명 계산은 간단한 방법으로 진행될 수 있다. 만약 Morrow 식이 평균응력 효과에 대해 사용된다면, 변형률 진폭과 평균응력 값 ε_a, σ_m와 N^*값이 필요하고, 최종적으로 수명 N_f를 얻는다. 이는 각 주기 B–C, E–F, A–D에 대해 행해진다. 이와 같이, 식 15.19과 15.22을 사용하여, $N_{mi}^* = N^*$에서 아래와 같이 적용할 수 있다.

$$\varepsilon_a = \frac{\Delta\varepsilon}{2}, \qquad \sigma_m = \frac{\sigma_{\max} + \sigma_{\min}}{2}$$

$$\varepsilon_a = \frac{\sigma_f'}{E}(2N^*)^b + \varepsilon_f'(2N^*)^c, \qquad N_f = N_{mi}^*\left(1 - \frac{\sigma_m}{\sigma_f'}\right)^{-1/b}$$

표 E15.4(b)에 앞서 설명한 계산의 결과를 나타내었다. 각각의 ε_a는 표 E15.4(a)에서 $\Delta\varepsilon$와 일치하는 것으로부터 얻었고, 각각의 σ_m은 같은 표에서 두 개의 적절한 응력 값으로부터 구하였다. 예를 들어 주기 B–C에 대해 ε_a의 값은 표 E15.4(a)의 셋째 줄에 있는 $\Delta\varepsilon$의 절반이다. 즉, 본래 점 B와 점 C에 대한 선이다. 주기 B–C의 σ_m에 대해, $\sigma_{\max}$는 표 E15.4(a)의 셋째 줄(점 C)의 σ값이고, $\sigma_{\min}$은 둘째 줄(점 B)의 σ값이다. 반복되는 계산은 ε_a로부터 N^*의 계산이 필요하고, 그다음 N_f는 σ_m에 의해 영향을 받는다는 것에 주목하자.

표 E14.4(b)

Cycle	N_j	ε_a	σ_m, MPa	N^*	Morrow N_{fj}	N_j/N_{fj}
B-C	50	0.002237	59.3	2.127×10^5	1.054×10^5	4.745×10^{-4}
E-F	1	0.004770	27.6	1.207×10^4	8.751×10^3	1.143×10^{-4}
A-D	1	0.009002	28.6	1.803×10^3	1.293×10^3	7.736×10^{-4}
						$\Sigma = 1.362 \times 10^{-3}$

표 E15.4(a)에서, N_j와 N_{fj}값은 주기 비 N_j/N_{fj}를 계산하기 위해 사용되며, 이들의 합도 계산되게 된다. 마지막으로, 파단될 때까지의 반복되는 수를 식 9.34의 Palmgren–Miner 법칙 형태에 이 합을 대입함으로 얻을 수 있고, 이 결과는

$$B_f = 1\Big/\left[\sum \frac{N_j}{N_{fj}}\right]_{\text{one rep.}} = 1/1.362 \times 10^{-3} = 734 \text{ repetitions} \qquad \text{(답)}$$

다른 옵션은 SWT 식을 사용하는 것이다. 이 경우에 각 주기에 대한 ε_a와 $\sigma_{\max}$값으로 곱 $\sigma_{\max}\varepsilon_a$를 얻으며, 이를 N_f를 얻기 위해 식 15.29에 대입한다. 표 E15.4(c)에 상세 내용이 주어졌다.

표 E14.4(c)

Cycle	N_j	ε_a	$\sigma_{\max}$	$\sigma_{\max}\varepsilon_a$	SWT N_{fj}	N_j/N_{fj}
B-C	50	0.002237	346.1	0.7743	1.196×10^5	4.181×10^{-4}
E-F	1	0.004770	401.3	1.9140	1.017×10^4	9.829×10^{-5}
A-D	1	0.009002	474.0	4.2673	1.577×10^3	6.339×10^{-4}
						$\Sigma = 1.150 \times 10^{-3}$
						$B_f = 1/\Sigma = 869$ repetitions

(답)

15.5.3 고찰

앞선 장에서 설명된 과정을 수행하기 위한 컴퓨터 프로그램은 Wetzel(1977)에 의해 개발되었으며, 특히 Landgraf, Brose 그리고 Socie(1980)의 논문에 기술되어 있다. $\sigma - \varepsilon$ 경로를 따르는 프로그래밍 전략은 13.4절에 주어진 유동학적 모델의 거동에 부합하는 법칙을 사용하고 있다. 이 법칙은 그림 14.20(d)와 같이 $\varepsilon = g(S)$ 선도가 응력-변형률 선도인 것 같이 사용될 수 있을 때 $\sigma - \varepsilon$ 응답뿐 아니라 $S - \varepsilon$ 응답에도 적용된다. 성공적으로 사용된 전략 중의 하나는 부드러운 곡선을 따라 충분한 점의 갯수를 사전에 미리 계산하여, 실제 수행될 때 $\sigma - \varepsilon$와 $S - \varepsilon$ 모델링을 수행할 때 배열로 이를 저장하는 것이다.

설명된 과정은 다축 하중에 대해서도 사용될 수 있다. 물론 이 장의 앞부분 및 13장에서 설명된 방법에 따라 반복 응력-변형률과 변형률-수명 관계에 대해 수정은 이루어져야 하며, 평균응력 효과 또한 적절히 다루어지는 것이 필요하다. 또한 Neuber 법칙과 같은 하중과 변형률의 관계를 설명하는 데 사용되는 분석은 14.5절에 설명된 바와 같이 다축성을 고려하는 것을 포함해야 한다. 만약 많은 외력이 소성영역에 상당한 양의 비례하중이 아닌 하중을 유발한다면, 증분소성이론을 이용한 보다 정교한 해석이 필요하게 되며, 이 경우 컴퓨터를 통한 유한요소해석이 동반되어야 할 것이다.

15.5.4 불규칙 이력에 대한 단순화된 과정

앞서 설명한 과정과 같이 하중 순서의 상세한 정보를 요구하지 않는 단순화된 과정이 종종 사용된다. 이 경우 필요한 것은 오직 하중 범위 및 평균 하중의 다양한 조합에서 레인플로우 사이클 카운팅에 의한 주기 수를 주는 행렬 형태(그림 9.48)로 나타낸 하중이력의 요약이다. 그림 15.17에 그림 14.20과 15.16의 예시에서 설명하고 있는 주기 중 F-G에 해당하는 한 주기에 대한 과정을 나타내었다. 이는 하중 이력에 대해 주기 값의 결과만을 알고 있으면, S_F와 S_G값은 알고 있는 것으로 간주된다는 가정과 일치한다. 그런데 하중 순서 중의 이 주기에 대해 가정한 정확한 위치는 알 수 없으며, 이는 각 주기에 대한 국부 노치 평균응력에 영향을 미치게 되는데, 이는 결국 N_f에도 영향을 미치게 된다. 모든 주기 중 최대값을 제외한 유사한 상황의 결과는 해석에서 하나의 해답을 주기보다는, 일반적으로 상당히 좁은 범위에서의 수명 예상으로 나타난다.

F-G를 대표적인 주기로 사용하는 경우, 단순화된 수명 산정을 만드는 핵심은 F-G의 하중-변형률 루프 및 응력-변형률 루프가 하중 이력 내에서 가장 큰 주기 내에 위치해야 한다는 것인데, 이 경우에는 A-D 주기에 해당한다. 하중 S_F와 S_G값을 알고 있을 때, 이는 F-G 주기의 평균 변형률의 한계 값을 구할 수 있다. 특히 그림 15.17(a)에서 F-G 하중-변형률 루프는 A-D 루프의 낮은 지점인 P에 접근할 때 우측으로, 높은 지점인 Q에 접근할 때 좌측으로 이동하게 된다.

이들 F-G 루프에서 변형률의 한계는 (b)에 나타난 응력-변형률 루프와 같이 국한된다. σ_{mP}와 σ_{mQ}를 두 가지 극한 값에서의 응력과 변형률의 계산에 의해 루프 F-G의 평균응력의 경계로 둘 수 있으며, F-G 주기에서의 평균응력의 경계로부터 파단 수명 N_{fFG}와 일치하는 범위를 계산할 수 있게 된다.

N_f의 상한값은 이력 내의 모든 주기로부터 유사하게 얻을 수 있으며, 이는 불규칙 하중 이력에서 Palmgren-Miner 법칙을 통해 계산된 수명의 상한값을 얻는데 사용된다. N_f의 하한값은 유사하게 수명의 하한값을 얻는데 사용된다. 이와 같은 과정은 사용 가능한 시험 결과가 있는 노치가 있는 부재와

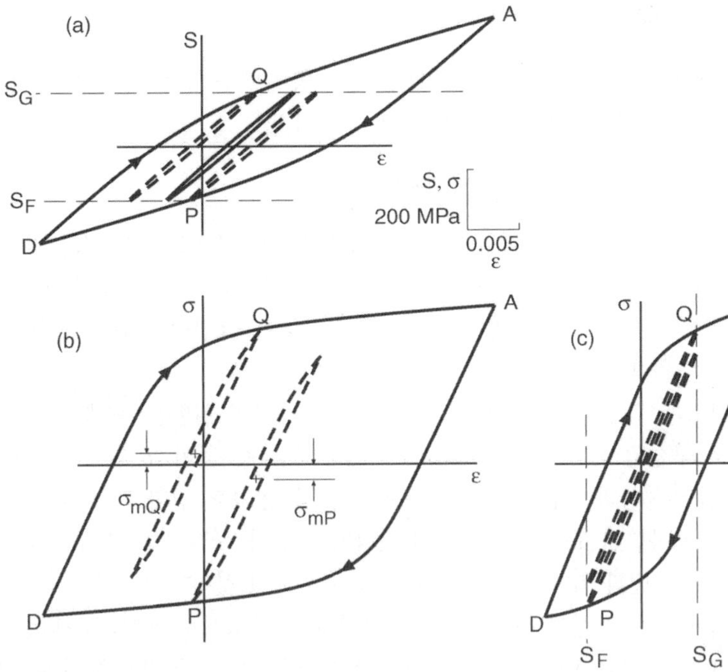

그림 15.17 평균응력 효과가 위치에 인접한 단순화된 과정. 그림 15.16의 F–G 주기에 대해 평균응력은 σ_{mP}와 σ_{mQ} 사이에 위치해야 한다.

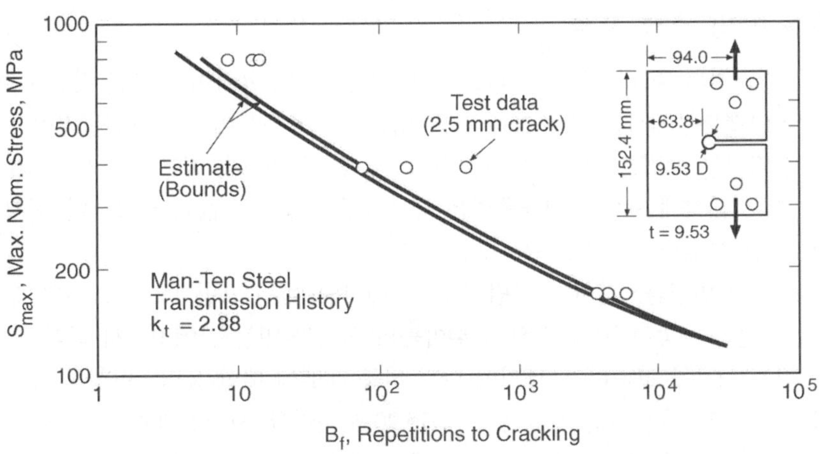

그림 15.18 그림에 나타난 노치가 있는 부재와 재료를 그림 9.48의 SAE 변속기 하중 이력에 반복 적용할 때, 최대 수직 응력과 균열 진전 수명의 관계

재료의 조합에 대해 그림 9.48에 나타낸 전달 하중 이력에 적용되었다. 추정된 수명의 한계는 그림 15.18의 시험 결과와 비교된다. 얻어진 결과가 타당하면, 데이터의 분산 정도를 고려한다.

레인플로우 행렬을 이용한 하중 이력의 요약은 원래 순서로 정렬된 마루와 골의 세부 사항의 손실을 초래한다. 레인플로우 행렬이 사용된 가능한 모든 순서로부터의 한계값이 경계인 수명 계산 상황을 설명해 준다.

15.6 추가적인 고찰

추가적인 고찰은 유용하다. 여기에는 이 장에서 소개된 방법론과 앞선 장에서 피로에 접근한 방법 사이에 존재하는 몇 가지 관계 및 차이를 포함하여 설명한다.

15.6.1 변형률-기반 vs 응력-기반 접근법

변형률-기반 접근법은 국부 소성 효과를 다루어 9장과 10장의 응력-기반 접근법에 비해 보다 합리적이며 더 상세한 방법이다. 그러므로 일반적으로 짧은 피로수명의 평가에 선호되는 접근법이며, 재료의 천이 피로 수명으로 평가된다. 또한 변형률-기반 접근법은 탄성변형률이 지배하는 긴 수명에도 사용 가능하며, 이 때는 응력-기반 접근법과 동일하게 된다.

일반적으로, S-N 선도는 관심 있는 실제 부분과 유사한 부재의 실험을 통해 사용 가능하다. 예를 들어 용접부, 리벳으로 구성된 보, 특별한 재료와 구조의 차량 축 등이 있다. 이와 같은 부재의 S-N 선도는 자동적으로 용접부 형상과 야금학적 효과, 프레팅 효과 및 표면 경화 과정 효과와 같은 직접적으로 평가하기 어려운 여러 복합한 효과를 포함하여 나타나게 된다. S-N 선도가 구해져 있다면, 10장에 소개된 공칭응력-기반 접근법과 함께 사용하는 것은 편리하게 될 것이다. 변형률-기반 접근법을 통한 국부 항복의 상세 해석에 대한 장점이 사라짐에도 불구하고, 자동적으로 포함되는 다른 복잡성에 의한 장점이 이 손실보다 더 클 것이다. 이와 같은 경우 이 접근법의 선택은 특별한 상황에서의 세부 사항에 영향을 받을 것이다. 하나 이상의 접근법을 이용해 결과의 비교를 통해 설계 및 해석을 수행하는 것이 유용하다고 할 수 있다.

15.6.2 평균응력 및 소성 효과

변형률-기반 접근법의 중요한 특징은 피로 수명 평가는 피로균열이 시작될 것으로 예상되는 보의 끝단이나 노치의 아랫부분에서의 국부 응력과 변형률을 기반으로 이루어진다는 것이다. 그러므로 평균응력 효과를 산정하는 방법은 식 10.21 또는 10.28의 공칭응력 S를 적용하여 사용하는 것과는 근본적으로 다르다. 특히 해석에 사용된 평균응력은 국부적인 곳에서의 값에 해당하며, 국부 소성 변형이 발생한 부분에 대한 특별한 해석을 통해 구한 값이다.

평균응력을 포함한 변형률-기반 접근법에 의한 해석의 예는 그림 15.19와 15.20에 나타나 있다. 앞서 소개된 일정 진폭 하중이 2024-T351 알루미늄의 노치가 있는 판에 0에서 최대값$(R = 0)$의 하중 형태로 작용하는 경우를 고려하자. 네가지 다른 하중 레벨에 대한 응력-변형률 경로가 그림 15.19에 있으며, 이를 기반으로 한 수명 계산은 그림 15.20에 나타낸 시험결과와 잘 일치한다. 이 예제의 최대 하중에 해당하는 평균응력은 그림 15.19(a)에 나타난 바와 같이 거의 0이다. 하중이 감소할 때, 국부 응력과 공칭응력의 비 $k_{fm} = \sigma_m / S_m$는 증가한다. 이는 (d)와 같이 하중이 충분이 작아 항복이 발생하지 않을 때, k_t와 비슷하다. 전체적인 경향은 그림 10.15의 응력-기반 접근법과 관련되어 논의된 것과 비슷하다. 또한 비 $k'_f = \sigma_a / S_a$도 그림 10.12와 같이 어느 정도 유사하게 변한다. 그러므로 10장의 S-N 선도를 통한 추정 과정과는 달리, 변형률-기반 접근법은 S-N 선도에 미치는 소성 변형의 효과를 고려하는데 있어 합리적인 근거를 제시한다.

주목할 만한 것은 여기서 기술하는 국부 평균응력을 산정하는 과정은 주기 종속 크리프 완화 효과를 고려하지 않고 있다는 것이다. 실제 노치에서 응력-변형률 응답은 그림 15.21과 유사할 것으로 예상된다. 크리프와 완화는 두 가지가 동시에 발생하며, 역시 동시에 발생하는 주기 종속 경화 또는 연화와 상호작용을 할 수 있다. 앞서 13.5절에 논의된 응력-변형률 응답에 대한 설명을 바탕으로 한 보다 더 상세한 모델링도 가능하다. 특히 평균응력의 값은 식 13.57 또는 유사한 관계식을 통해 완화를 반영하여 수정될 수 있다. 몇 가지 경우에서 해석의 복잡성이 증가하더라도, 이에 따라서 좀 더

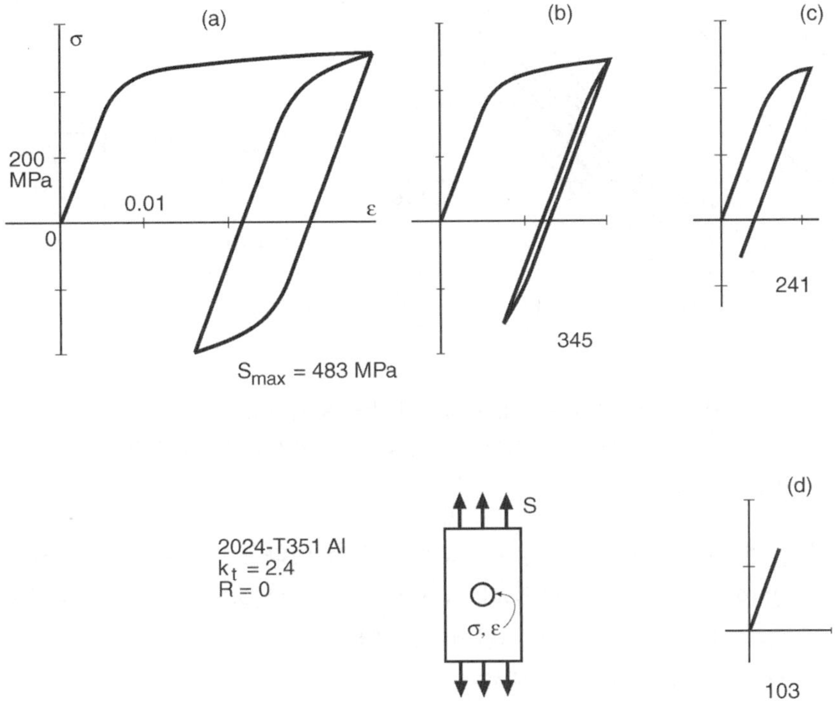

그림 15.19 0 ~ 최대값 하중의 다양한 레벨에 대해 중심에 둥근 구멍이 있는 알루미늄 합금에 대한 추정된 응력-변형률 응답

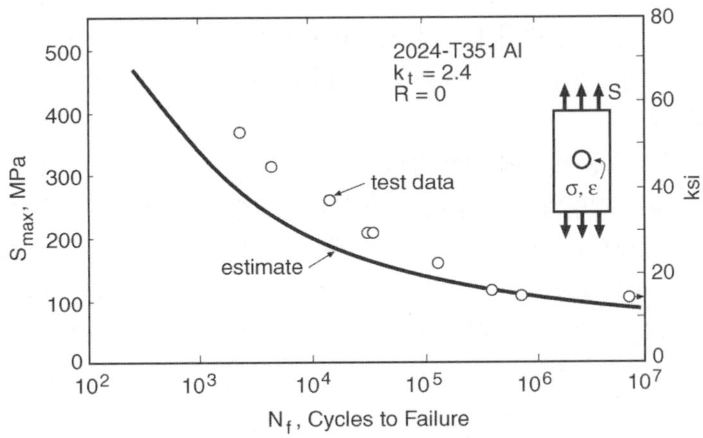

그림 15.20 SWT 방법을 이용하여 그림 15.19의 상황에 대한 수명 추정과 시험 결과의 대응

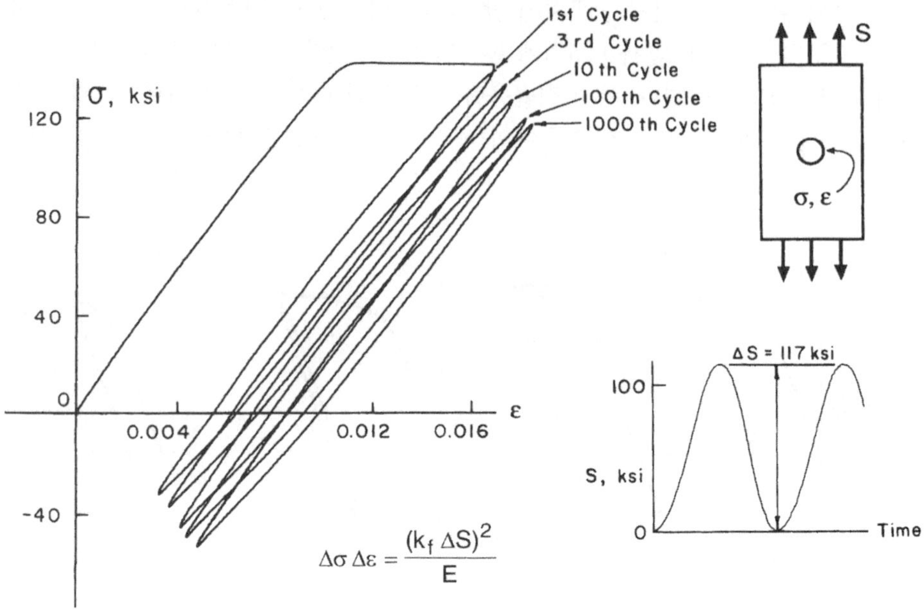

그림 15.21 $k_f = 1.75$인 Ti－811의 0 ~ 최대값 하중에 대해 노치에서 응력–변형률 거동의 시뮬레이션. 언제든지 k_f를 이용한 Neuber 법칙을 만족할 때는 반대의 변형률 방향의 평활재 시험편이 반복하중을 받고 있다.

정확한 피로 수명 예측이 가능해지는 것은 충분히 가치가 있다고 할 수 있다. 그러나 천이 거동을 나타내는 추가적인 재료 상수의 필요성은 더 개선된 해석을 수행하는 데 있어서는 장애물로 작용한다. 국부 소성에 따른 낮아진 평균응력의 전반적인 효과는 그림 15.19에 나타난 안정적 거동을 기반으로 한 해석에 의해 고려된다는 것을 주목하자.

15.6.3 국부 평균응력과 관련된 순서 효과

변형률－기반 접근법을 통해 평균응력 효과를 합리적으로 다루는 방법의 적용은 특히 불규칙 하중과 시간 이력에서 중요하다. 그림 15.22의 두 가지 하중 이력에 대해 고려해 보자. 이들은 두 가지 다른 하중 순서는 처음의 큰 하중범위에서 차이를 가진다. 이 두 가지 상황에서 응력－기반 접근법에 의해 예측된 것은 큰 차이가 없는데, 이는 나중에 작용하는 낮아진 레벨에서의 평균 공칭응력이 두 가지 모두 0이기 때문이다.

여기서 고려한 두 가지 하중 이력에 대한 응력－변형률 응답을 15.5.2절의 과정을 통해 평가해 보았다. 이 때 평균응력은 낮은 레벨의 주기에 대해 나타나 있으며, 이는 초기 주기의 순서의 결과에 따라 두 하중이력이 각각 인장영역과 압축영역으로 차이를 보이고 있다. 이런 상황에서는 피로 수명의 큰 차이가 나타날 수 있으며 변형률－기반 접근법을 적용함으로써, 보다 향상된 정확성으로 예측 할 수 있다. 물론 주로 사용되는 응력－기반 접근법을 적용하는 경우에는 (a) 이력으로부터의 좋지 않은 효과를 제대로 예측하지는 못한다.

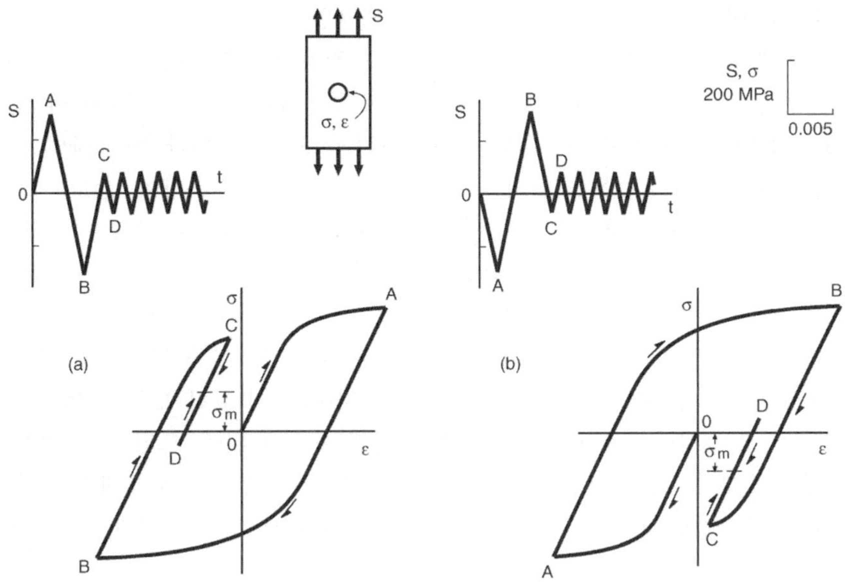

그림 15.22 노치가 있는 부재에 적용되는 두 개의 하중 이력($k_t = 2.4$)과 2024-T4 알루미늄에 대한 추정되는 응력-변형률 응답. (a)과정은 고-저 과하중이 인장 평균응력을 초래하며, (b)의 저-고 과하중은 반대 상황을 초래한다.

15.6.4 재료에 물리적 손상과 관련된 순서 효과

하중의 순서가 수명에 영향을 미치는 모든 상황에 대해 순서효과라 부른다. 방금 기술한 바와 같이 순서 효과가 국부 평균응력과 관련된 것 외에도, 순서 효과는 가끔씩 발생하는 큰 범위의 주기에 의해 야기되는 재료의 물리적 손상에 관련되어 발생하기도 한다. 작은 균열과 이전의 슬립 밴드 손상 등은 보통 높은 변형률 레벨에서 전체 수명의 짧은 영역에서 발생한다. 이것은 그림 15.9의 변형률-수명 선도에 눈에 띄게 나타나며, 그림 9.18의 응력-수명 선도에도 나타난다. 이러한 거동은 순서 효과를 유발하며, Palmgren-Miner 법칙의 적용이 어렵게 된다.

지배적인 미세균열의 크기와 같은 피로 하중에 의한 손상 D의 물리적인 값은 그림 15.23(a)에 나타난 것과 같이 수명의 일부분에서 비선형 형태로 증가한다. 특정 응력 레벨 S_j에서 적용된 수명의 일부분을 N_j라고 하면 U_j는

$$U_j = \frac{N_j}{N_{fj}} \tag{15.52}$$

만약 응력 레벨이 수명 내에서 S_1에서 S_2로 변경되면, Palmgren-Miner 법칙에 의해

$$U_1 + U_2 = 1 \tag{15.53}$$

이는 그림 15.23(b) 보다는 (a)를 따르게 된다. (b)의 경우 손상 선도는 두 가지 다른 응력 레벨에 대해 다르게 되며, 파단 시 각 수명에서의 합은 1이 아니다. 만약 손상이 S_2보다 높은 비율의 S_1에서 진행된다면, 특정한 경우로 나타난 바와 같이 합은 1보다 적을 것이다. 그러므로 Palmgren-Miner 법칙은 (a)와 같이 D와 U 선도에서 하나의 비선형성만을 가지는 경우 정확히 예측 가능하며, (b)와

같은 경우에 대하여 법칙을 적용할 경우에는 오류가 발생한다.

이는 높은 응력 레벨에서 비교적으로 적은 수의 주기가 작용한 후 낮은 응력 레벨의 주기가 이어지는 경우 종종 발생할 수 있는 상황이다. 그러므로 각 수명들의 합은 높은 응력 레벨에 짧아진 수명의 일부에서 발생한 동일한 정도의 물리적 손상 결과에 따라 1보다 작게 된다. 이 문제에 접근하는 합리적인 공학적 접근법은 몇 가지 높은 레벨의 주기를 각 시험 이전에 적용하여 재료에 미리 손상을 준 상태의 변형률-수명 또는 S-N 선도를 얻는 것이다. 일반적으로 0.01 또는 0.02 근처의 수명 일부는 충분히 낮은 변형률-수명 선도에서 비보수적인 수명 산정을 피할 수 있다. 예비 변형된 재료의 변형률-수명 선도의 예는 그림 15.24에 나타내었다.

뚜렷한 피로한도가 나타나는 강에서 이 종류의 효과는 피로한도 이하에서 응력 값에도 영향을 끼치게 된다. 주기적인 과도 변형은 특히 심각한 효과를 가지며, 앞서 그림 9.33과 그림 15.25에 나타낸 것과 같이 근본적으로 피로한도의 효과가 사라진 것처럼 보이게 된다. 그러므로 몇몇 응력 레벨이 피로한도보다 많이 초과하는 불규칙 하중이 작용하는 경우, 이 레벨 이하에 대해 무한 수명이 존재한다고 가정할 수 없다. 한정된 데이터를 바탕으로 그림 15.25에서 보인 바와 같이, 짧은 수명에서 얻은

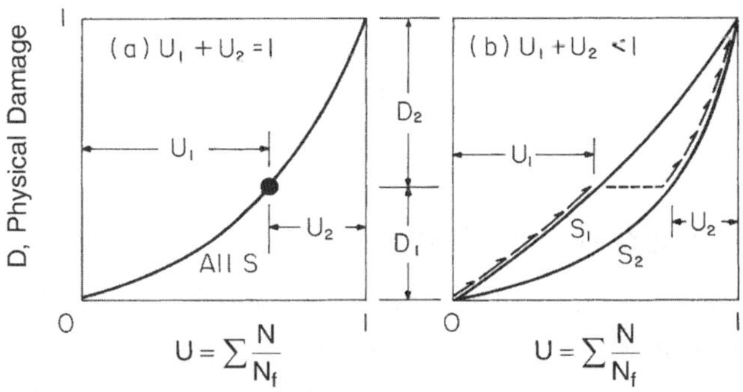

그림 15.23 하나의 관계인 (a)와 여러 개의 관계인 (b)인 물리적 손상과 수명비의 관계

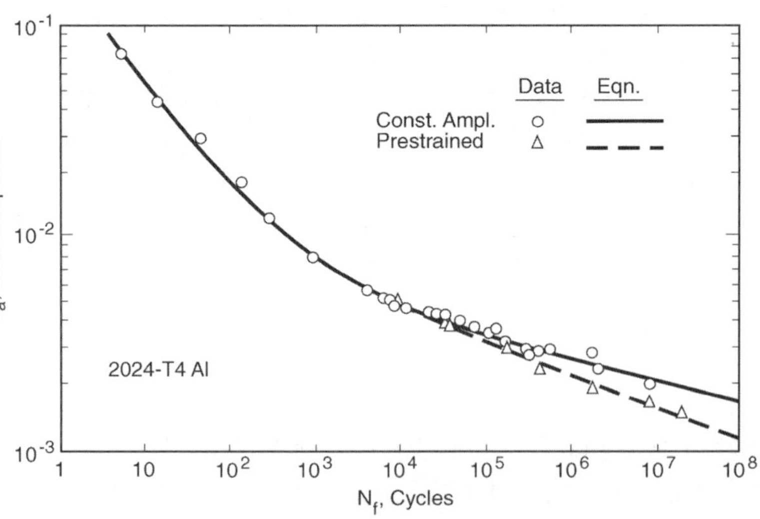

그림 15.24 알루미늄 합금의 변형률-수명 선도에서 초기 과대 변형의 효과(10주기에서 $\varepsilon_a = 0.02$)

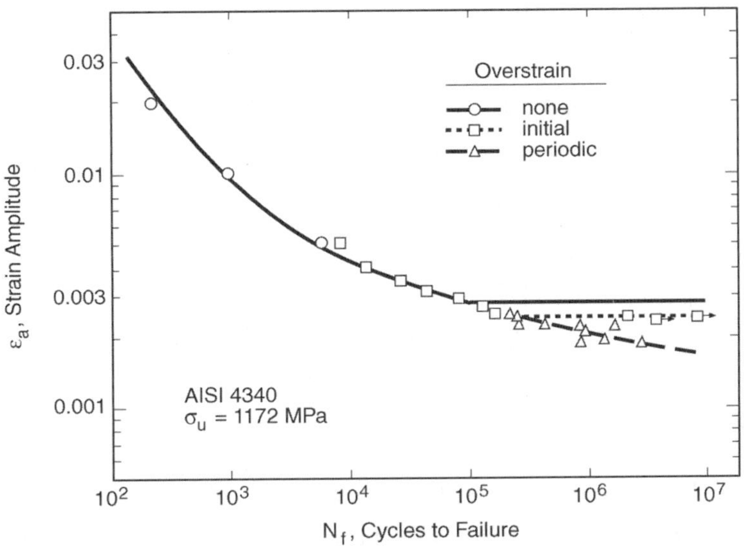

그림 15.25 합금강의 변형률-수명 선도의 초기 및 주기적인 과대 변형의 효과. 과대 변형이 없는 경우에 대한 피로한도는 유사한 재료의 시험 데이터로부터 추정된다.

변형률-수명 선도의 피로한도 아래로 외삽함으로써 이러한 상황에 사용될 수 있다고 제안하고 있다. 9.6.5절과 9.9.1절에서 논의된 바와 같이 이 경우에서 외삽법은 적어도, 일정 진폭의 시험 결과로부터 나온 피로한도의 절반 이하까지 확장되어야 한다.

15.6.5 균열 성장 효과

변형률-수명 선도를 얻는 보통의 방법에서 N_f 값은 파단 혹은 작은 1축 시험편(보통 지름 5~10mm)에서 상당한 크기의 균열이 발생한 상황에 해당한다. 수명예측을 통해 구해진 파단수명은 일반적으로 육안으로 관찰 가능한 1~5mm와 일치하는 공학적 균열 크기로 볼 수 있다. 이와 같은 균열의 존재는 부재의 파단으로 고려된다. 하지만 이와 같이 다소 느슨한 파단에 대한 정의는 항상 충분하지 않다. 예를 들어 정확한 크기의 균열의 성장에 요구되는 수명 예측을 원할 때, 이 균열이 파단에 이르는 잔여 수명은 파괴역학으로 산정할 수 있으며, 이는 11장에 설명되어 있다. 작은 균열 크기에 해당하는 변형률-수명 선도를 엄격히 적용하기 위해서는 그림 15.9와 같은 데이터가 필요하다.

이를 기초로 변형률-기반 접근법은 균열 생성 수명 N_i와 균열 크기 a_i를 제공하며, 파괴역학 기반 접근법을 통해 a_i에서 파단시 균열크기 a_f까지의 수명 N_{if}를 구할 수 있다. 그러므로 파단까지의 총 수명 N_f는

$$N_i + N_{if} = N_f \tag{15.54}$$

만약 a_i가 매우 짧으면, 균열의 거동은 국부 노치 가소성 또는 다른 작은 균열로 인한 복잡성에 영향을 받으며, 선형-탄성 파괴역학의 사용으로 절충할 수 있다. 반대로 변형률-기반 접근법에 사용되는 노치가 있는 표면의 변형률은, 노치로부터 매우 먼 거리에서는 적용할 수 없기 때문에 a_i는 너무 길 수 없다. 균열 생성 크기에 대한 합리적인 선택은 식 8.25에 의해 정의된 균열 길이 l'이다. 길이 l'는 형상에 따라 다양하며 일반적으로 0.1ρ에서 0.2ρ 정도이다. 여기서 ρ는 노치 끝단의 곡률반경

이다. 그런데 이러한 정확성이 언제나 필요한 것은 아니다. 이에 대한 추가적인 논의는 Dowling(1979)과 Socie(1984)에 있다.

10.2절로부터, 경험적인 피로 노치 계수 k_f가 필요한 주요한 이유는 노치 근방의 균열 성장과 연관이 있음을 기술하였다. 작은 균열이 발생한 경우에는 k_f가 아닌 k_t에 의해 지배되는 것으로 판단된다. 그러므로 만약 수명이 균열 생성과 진전단계로 나뉜다면, 앞서 언급한 바와 같이 N_i를 산정하기 위해 k_t의 사용이 변형률-기반 접근법에 따른 k_f보다 합리적이다. 날카로운 노치에 대해서는 이 과정을 통해 파괴 역학에 의해 느리게 진전하거나 전혀 진전하지 않는 균열의 빠른 생성을 예측할 수도 있다. 이와 같은 진전하지 않는 균열은 실제 문제에서 흔히 관찰되고 있다.

15.7 요 약

변형률-기반 접근법은 피로균열이 시작되는 보의 끝단이나 노치와 같은 곳에서 발생하는 응력 및 변형률을 기반으로 사용된다. 재료의 거동은 1축 하중으로부터의 안정적인 반복 응력-변형률 선도와 변형률-수명 선도의 사용으로 규정된다(식 15.1 및 15.4).

평균응력 역시 피로 수명에 영향을 미치며, 변형률-수명 선도는 15.3절의 방법 중 한 가지를 따르는 효과를 포함하여 일반화된다.

변형률-수명과 반복 응력-변형률 선도는 다양한 공업용 금속의 종류나 처리 방법에 따라 다르다. 예를 들어 매우 연성인 금속은 짧은 수명과 일치하는 높은 변형률에서 피로에 높은 저항성을 가지는 반면 긴 수명에서는 낮은 저항성을 가지게 되며, 강도가 높은 재료에 있어서는 그 반대의 경향이 나타난다.

만약 다축 하중이 발생하는 경우 반복 응력-변형률 및 응력-수명 선도는 더 일반적인 형태로 사용하게 된다. 비례하거나 거의 비례하는 2축 하중에 대해 필요한 관계식은 식 13.39와 15.37과 같으며, 후자는 식 15.41를 기반으로 수정될 수 있다. 비례하지 않는 하중에 대해서는 응력 및 변형률에 관계를 위해 보다 진보된 가소성 이론이 필요하며, 이 경우 임계 평면 접근법이 피로 수명 평가에 적절하다.

변형률-기반 접근법을 보 또는 노치가 있는 부재와 같은 공학적 요소에 적용시키기 위하여, 파단될 것으로 예측되는 곳에서 적용된 하중 및 변형률과 관련된 해석이 필요하다. 복잡하지 않은 경우에 대해서는 주기 또는 시간 의존 크리프 완화가 없는 안정 상태의 응력-변형률 거동과 같은 비례 하중이 가정된다. 응력-변형률 해석은 반복 응력-변형률 선도가 사용되는 것을 제외한 단일 하중에 대해 구해진 것을 사용한다. 예를 들어 Neuber 법칙은 응력-변형률 선도가 $\varepsilon = f(\sigma)$인 노치가 있는 부재에 사용할 수 있으며, $\varepsilon_a = f(\sigma_a)$는 반복 응력-변형률 선도이다. 이 해석의 결과(거의 무조건적임)는 식 14.47과 15.1의 조합으로 $\varepsilon = g(S)$와 같은 하중-변형률 관계로 주어지며, 이 때 S는 적용된 하중의 크기를 결정한다.

시간에 흐름에 따른 하중의 불규칙한 변화에 대해 주기의 집계와 응력-변형률 기억 효과가 사용되며 이는 14.6.3절에 상세히 논평되어 있다. 응력과 변형률 값이 하중 이력 안의 모든 마루 및 골 값에 대해 평가되면, 각 주기에서의 피로 수명 N_f값을 평가하는데 필요한 변형률 진폭 ε_a과 평균응력 σ_m과 같은 값들은 쉽게 구할 수 있다. Palmgren-Miner 법칙은 불규칙 하중 이력에 대한 수명 산정에 적용 가능하다.

공칭 평균응력보다, 국부 노치 평균응력의 사용은 불규칙 하중과 시간이력에 대한 하중 순서 효과를 포함한 국부 소성 변형의 효과 해석의 합리적인 기반을 제공한다. 추가적인 순서 효과는 때때로 심각한 하중 주기에서 재료의 물리적 손상에 의해 야기된다. 이들은 시험 전이나 시험중에 소성 변형에 대해 다루는 시험편에 대한 변형률-수명 선도의 사용하여 다룰 수 있다. 변형률-기반 접근법은 파괴역학에 의해 평가된 균열 성장 수명과 함께 균열 생성과 성장을 포함한 전체 피로수명을 얻는데 사용될 수 있다.

새로운 용어 및 기호

crack initiation life, N_i
critical plane approach
effective strain approach
engineering size crack
modified Morrow approach
sequence effect
Smith, Watson, and Topper (SWT) parameter, $\sigma_{\max}\varepsilon_a$
strain-based approach
strain–life (Coffin–Manson) curve: $\sigma_f', b, \varepsilon_f', c$
transition fatigue life, N_t
zero–mean–stress–equivalent life, N^*

참고문헌

(a) General References

ASTM. 2016. *Annual Book of ASTM Standards*, Vol. 03.01, ASTM International, West Conshohocken, PA. See No. E606, "Standard Practice for Strain-Controlled Fatigue Testing."

CHU, C.-C. 1995. "Fatigue Damage Calculation Using the Critical Plane Approach," *Jnl. of Engineering Materials and Technology*, ASME, vol. 117, pp. 41–49.

CORDES, T., and K. LEASE, eds. 1999. *Multiaxial Fatigue of an Induction Hardened Shaft*, SAE Pub. AE-28, Society of Automotive Engineers, Warrendale, PA.

DASSAULT. 2017. fe-safe and safe4fatigue (fatigue analysis software), Dassault Systèmes, Waltham, MA. (See *https://www.3ds.com/products-services/simulia/products/fe-safe.*)

DOWLING, N. E. 1979. "Notched Member Fatigue Life Predictions Combining Crack Initiation and Propagation," *Fatigue of Engineering Materials and Structures*, vol. 2, no. 2, pp. 129–138.

DOWLING, N. E, 2009. "Mean Stress Effects in Strain-Life Fatigue," *Fatigue and Fracture of Engineering Materials and Structures*, vol. 32, no. 12, December 2009, pp. 1004–1019.

DRAPER, JOHN. 2008. *Modern Metal Fatigue Analysis*, Engineering Materials Advisory Services, Cradley Heath, West Midlands, England.

HBM. 2017. *nCode DesignLife* (fatigue analysis software), HBM Prenscia, Rotherham, UK, and Southfield, MI. (See *http://www.ncode.com.*)

LANDGRAF, R. W. 1970. "The Resistance of Metals to Cyclic Deformation," *Achievement of High Fatigue Resistance in Metals and Alloys*, ASTM STP 467, Am. Soc. for Testing and Materials, West Conshohocken, PA, pp. 3–36.

LEE, Y.-L., J. PAN, R. B. HATHAWAY, and M. E. BARKEY. 2005. *Fatigue Testing and Analysis: Theory and Practice*, Elsevier Butterworth-Heinemann, Oxford, UK.

LEE, Y.-L., M. E. BARKEY, and H.-T. KANG. 2012. *Metal Fatigue Analysis Handbook: Practical Problem-Solving Techniques for Computer-Aided Engineering*, Elsevier Butterworth-Heinemann, Oxford, UK.

LEESE, G. E., and D. SOCIE, eds. 1989. *Multiaxial Fatigue: Analysis and Experiments*, SAE Pub. No. AE-14,

Society of Automotive Engineers, Warrendale, PA.

MARLOFF, R. H., R. L. JOHNSON, and W. K. WILSON. 1985. "Biaxial Low-Cycle Fatigue of Cr-Mo-V Steel at 538℃ by Use of Triaxiality Factors," K. J. Miller and M. W. Brown, eds., *Multiaxial Fatigue*, ASTMSTP 853, Am. Soc. for Testing and Materials, West Conshohocken, PA.

RICE, R. C., ed. 1997. *Fatigue Design Handbook*, 3d ed., SAE Pub. No. AE-22, Soc. of Automotive Engineers, Warrendale, PA.

SOCIE, D. F., and G. B. MARQUIS. 2000. *Multiaxial Fatigue*, Society of Automotive Engineers, Warrendale, PA.

SOCIE, D. F., and J. MORROW. 1980. "Review of Contemporary Approaches to Fatigue Damage Analysis," *Risk and Failure Analysis for Improved Performance and Reliability*, J. J. Burke and V. Weiss, eds., Plenum Pub. Corp., New York, pp. 141-194.

SOCIE, D. F., N. E. DOWLING, and P. KURATH. 1984. "Fatigue Life Estimation of Notched Members," *Fracture Mechanics: Fifteenth Symposium*, ASTM STP 833, Am. Soc. for Testing and Materials, West Conshohocken, PA, pp. 284-299.

WETZEL, R. M., ed. 1977. *Fatigue Under Complex Loading: Analyses and Experiments*, SAE Pub. No. AE-6, Society of Automotive Engineers, Warrendale, PA.

(b) Sources for Material Properties and Databases

BASAN, R. 2016. *MATDAT Materials Database*. (See *https://www.matdat.com*; author is affiliated with the Faculty of Engineering, University of Rijeka, Rijeka, Croatia.)

BOLLER, C., and T. SEEGER. 1987. *Materials Data for Cyclic Loading*, 5 vols., Elsevier Science Pubs., Amsterdam. See also *Supplement 1*, 1990, by A. Baumel and T. Seeger.

NIMS. 2017. *NIMS Metallic Materials Database (Kinzoku)*, National Institute of Materials Science, Tsukuba, Ibaraki, Japan. (See http://metallicmaterials.nims.go.jp.)

문제 및 질문

【15.2절】

15.1 그림 15.4의 RQC-100강에 대해 그려진 두 가지 직선을 이용하여, 변형률-수명 선도에 대한 상수 σ_f', b, ε_f'과 c 값을 구하라. 탄성계수 $E = 200\text{GPa}$이다. 구한 값은 주어진 조건과 어느 정도 일치하는가?

15.2 표 15.1의 SAE 4142강의 4가지 열처리된 것에 대한 변형률-수명 선도를 하나의 그래프에 나타내라. 로그-로그 좌표계와 1부터 10^6주기까지의 수명을 포함하라. 발견한 어떠한 경향이나 이들이 인장 특성 또는 경도에 어떤 관련이 있는지 논하라. (제안 : 천이 피로수명 N_t를 논평 내에 포함하라)

15.3 그림 15.5의 두 가지 연성 고분자 물질에 대한 변형률-수명 선도는 일반적인 기계용 금속과 어떤 차이가 있는가? 선도의 형상과 같은 질적인 경향과 $\varepsilon_a = 0.01$에서의 수명과 같은 양적인 경향을 고려하라.

15.4 열-압연 및 불림 처리된 $E = 202\text{GPa}$의 탄성 계수를 가진 SAE 1045강에 대해 완전 교번 하중에 대한 몇 가지 피로시험 결과가 표 P13.30(a)에 주어졌다. 응력과 변형률 값을 안정적 거동($N_f/2$ 근처)에 일치하는 순서로 정렬하라.

(a) 변형률-수명 선도에 대한 상수를 결정하라. 많은 데이터 집합으로부터 얻어 표 15.1에 정렬한 결과와 비교하라.

(b) 두 가지 데이터를 그래프에 나타내고 탄성, 소성 그리고 전체 변형률에 대한 선도를 피팅하라. 구한 상수 값은 데이터를 잘 반영하는가?

15.5 $\sigma_u = 1172\ \mathrm{MPa}$인 AISI 4340강에 대해 완전 교번 하중 시험으로부터 응력, 변형률, 피로 수명 데이터가 표 P13.31(a)에 정리되어 있다. 탄성계수 $E = 207\ \mathrm{GPa}$이다. 연습문제 15.4(a)와 (b)를 이 데이터를 사용하여 진행하라.

15.6 인장강도 $\sigma_u = 2248\ \mathrm{MPa}$및 경도 HB = 595인 담금질과 뜨임 처리된 SAE 1045강에 대해, 완전 교번 하중 시험으로부터 응력, 변형률, 피로 수명 데이터가 표 P13.32에 정리되어 있다. 탄성계수 $E = 206.7\ \mathrm{GPa}$이다. 연습문제 15.4(a)와 (b)를 이 데이터를 사용하여 진행하고, 표 15.1과의 비교는 생략하라. (우선적으로, 매우 작은 평균응력 σ_m값을 무시하라)

15.7 표 15.1의 상수를 기반으로:

(a) SAE 1015 및 SAE 4142(380HB)강에 대해 변형률-수명 선도를 그려라. 로그-로그 좌표계를 사용하고 1에서10^6 주기까지의 수명을 도출하시오.

(b) 이 선도는 연마된 시험편으로부터 나온 것에 주목하고, 대표적인 기계적 표면 처리의 효과를 포함한 두 재료의 선도를 그려라. 두 가지 강재가 표면 처리 효과에 대해 어떤 차이를 보이는가?

15.8 강철 AISI 4340(409HB)은 대형 샤프트로 제작되었다. 샤프트의 지름이 $d_1 = 150\ \mathrm{mm}$ 에서 $d_2 = 175\ \mathrm{mm}$로 변화되었으며, 가공된 표면을 가진 필릿의 곡률반경은 $\rho = 10\ \mathrm{mm}$이다. 이 샤프트에 대한 적절한 수명 산정을 할 수 있도록, 변형률-수명 선도에 대한 상수를 계산하라. 그 다음에 원래의 것과 수정된 변형률-수명 선도를 그리고, 이들이 어떻게 다른지 논하라.

15.9 표 15.1의 모든 재료에 대해 아래 작업을 완료하라.

(a) $\sigma'_f - \tilde{\sigma}_{fB}$를 선형 좌표에 그래프로 나타내라. 상관관계는 어떠하며, 눈에 띄는 경향이 있는가?

(b) ε'_f-진 파단 변형률 $\tilde{\varepsilon}_f$을 로그-로그 좌표계에 나타내고, 동일한 질문에 대해 답하라.(힌트 : $\tilde{\varepsilon}_f$를 %RA로부터 계산하라)

【15.3절】

15.10 SAE 4142(560HB)강의 변형률 진폭 $\varepsilon_a = 0.0040$과 평균응력 $\sigma_m = 200\ \mathrm{MPa}$에서 피로 수명을 계산하라. 각기 다른 방법을 사용하여라: (a) Morrow, (b) 수정된 Morrow, (c) SWT와 (d) Walker, γ는 식 9.20으로부터 계산하라. 그 다음 (e) 값을 비교하고 얻은 결과에 대해 의견을 제시하라.

15.11 평균응력 $\sigma_m = -200\ \mathrm{MPa}$인 조건을 제외하고 연습문제 15.10과 같이 진행하라. 연습문제 15.10에서 얻은 피로 수명과 비교하고, 관찰된 동향을 제시하라.

15.12 7075-T6 알루미늄의 변형률 진폭 $\varepsilon_a = 0.0045$과 평균응력 $\sigma_m = 125\ \mathrm{MPa}$에서 피로수

명을 계산하라. 각기 다른 방법을 사용하라: (a) Morrow, (b) 수정된 Morrow, (c) SWT와 (d) Walker, $\gamma = 0.50$으로 계산하라. 그 다음 (e) 값을 비교하고 얻은 결과에 대해 의견을 제시하라.

15.13 평균응력 $\sigma_m = -125\,\mathrm{MPa}$인 조건을 제외하고 연습문제 15.12과 같이 진행하라. 연습문제 15.12에서 얻은 피로 수명과 비교하고, 관찰된 동향을 제시하라.

15.14 RQC-100 강의 변형률 진폭 $\varepsilon_a = 0.0028$과 평균응력 $\sigma_m = 100\,\mathrm{MPa}$에서 피로수명을 계산하라. 각기 다른 방법을 사용하라: (a) Morrow, (b) 수정된 Morrow, (c) SWT와 (d) Walker, γ는 식 9.20으로부터 계산하라. 그 다음 (e) 값을 비교하고 얻은 결과에 대해 의견을 제시하라.

15.15 평균응력 $\sigma_m = -100\,\mathrm{MPa}$인 조건을 제외하고 연습문제 15.14와 같이 진행하라. 연습문제 15.14에서 얻은 피로 수명과 비교하고, 관찰된 동향을 제시하라.

15.16 연습문제 13.26의 재료 및 주기적 변형에 대한 피로 수명을 추정하라.

15.17 연습문제 13.24의 재료 및 주기적 변형에 대한 피로 수명을 추정하라.

15.18 연습문제 13.25에 주어진 주기적 변형률에 대하여 2024-T351 알루미늄의 피로 수명을 추정하라.

15.19 연습문제 13.34 (a)와 (b)의 재료 및 주기적 변형에 대한 피로 수명을 추정하라. (b)에 대해 평균응력 완화의 단일 대표값을 사용할 수 있다. 평균응력의 완화가 수명에 큰 영향을 미치는가?

15.20 그림 15.11과 15.13을 비교하라. Morrow 접근법이나 SWT 접근법 중 어떤 것이 이 재료에 대해 더 우수한 방법인가? 두 방법에 대해 차이를 나타내는 특별한 경향이 있는지, 만약에 있다면 그 경향은 무엇인가?

15.21 초기 변형이 작용한 2024-T4 알루미늄에 대한 몇 가지 0이 아닌 평균응력에서 변형률-수명 데이터가 표 P15.21에 나타나 있다.

표 P15.21

ε_a	σ_a, MPa	σ_m, MPa	N_f, cycles
0.00345	245	71.7	37 800
0.00232	165	71.7	244 600
0.00172	122	71.7	760 000
0.00410	291	142	11 000
0.00303	215	141	30 000
0.00254	181	144	58 500
0.00198	143	143	158 000
0.00148	105	142	437 100
0.00121	85.5	144	820 000
0.00250	178	292	27 700
0.00149	106	292	200 000
0.00109	76.5	287	747 000

Source: Data in [Topper 70].

(a) SWT 변수인 $\sigma_{max}\varepsilon_a - N_f$의 데이터 점들을 로그-로그 좌표계에 나타내라. 또한 표 15.1의 상수로부터 기대되는 선도를 그래프로 나타내고 이 재료에 대한 SWT 변수의 성과에 대해 논하라.

(b) 식 15.26의 수정된 Morrow 접근법을 사용하여 평균응력이 $\sigma_m = 0, 72, 142$와 290MPa일 때의, 변형률-수명 선도에서 값을 그래프에 나타내라. 그리고 실험 데이터를 그래프에 나타내고 선도와 일치하는지에 대해 논하라.

15.22 연습문제 15.21의 초기 변형된 2024-T4 알루미늄에 대한 데이터를 사용하여 아래 문제를 풀어라.

(a) 식 15.21로부터 $\varepsilon_a - N_{mi}^*$를 로그-로그 좌표계에 그래프로 나타내어라. 또한 표 15.1의 재료 상수로부터 변형률-수명 선도를 그래프로 나타내고, 이 데이터에 대한 Morrow 식의 성과에 대해 논하라.

(b) 식 15.25의 진 파단 강도를 이용해 N_{mf}^*를 계산하고 이용하여 (a)를 반복하라. 이는 어느 정도 향상된 결과를 나타내는가?

15.23 표 P15.23에 연습문제 13.32의 SAE 1045강에 대한 추가적인 데이터가 있다. 이들은 평균응력을 통해 응력-제어 시험으로 수행된 것이다. 연습문제 13.32 데이터로부터 구한 주기적 응력-변형률 및 변형률-수명 상수가 아래에 있다.

E, MPa	H', MPa	n'	σ'_f, MPa	b	ε'_f	c
206,700	3246	0.0918	3149	−0.1014	0.251	−0.891

(a) 표 P13.32 및 P15.23로부터 조합된 데이터에 대해, 변형률 진폭 $\varepsilon_a - N_{mi}^*$의 데이터 점을 나타내라. 여기서 후자는 식 15.21의 Morrow 관계식으로부터 구할 수 있다. ε_a가 주어지지 않는 점에서, σ_a와 식 15.1의 반복 응력-변형률 선도로부터 값을 추정하라. 또한 같은 그래프에서 주어진 상수로부터 변형률-수명 선도를 그려라.

(b) 두 번째 그래프에서, SWT 변수인 $\sigma_{max}\varepsilon_a - N_f$를 그래프로 나타내고, 조합된 데이터와 주어진 상수로부터 예측되는 선도를 보여라.

(c) 이 재료에 대한 평균응력 데이터와 상관관계가 있는 Morrow와 SWT 방법의 성과에 대해 논하라. 두 가지 방법 중 다른 것에 비해 상당히 좋은 방법이 있는가?

표 P15.23

σ_a, MPa	σ_m, MPa	N_f, cycles
1379	−345	3 750
1207	−345	19 500
1207	690	135
1034	690	2 270
896	690	4 850
724	690	22 750
621	690	572 000

Source: Data in [Landgraf 66].

15.24 $\sigma_u = 1172\,\mathrm{MPa}$인 AISI 4340강에 대한 표 P13.31(a)와 E9.5의 데이터를 고려하라. 식 9.19의 Walker 관계식 $\sigma_{ar} = \sigma_f'(2N_f)^b$을 사용하여 응력-수명을 이 조합된 데이터에 맞추면 $\sigma_f' = 1951\,\mathrm{MPa}$, $b = -0.1074$와 $\gamma = 0.652$의 상수 값을 준다(10.6.4절을 참고할 것).

(a) 표 P13.31(a)와 E9.5로부터 조합된 데이터에 대해, 변형률 진폭 $\varepsilon_a - N_w^*$의 데이터 점을 그려라. 여기서 후자는 식 15.31의 Walker 관계식으로부터 구할 수 있다. 또한 같은 그래프에서 표 15.1의 이 재료에 대한 상수를 이용하되, 이 문제에서 주어진 σ_f'와 b값으로 대체하여 주어진 상수로부터 변형률-수명 선도를 그려라. ε_a가 주어지지 않는 점에서, σ_a와 식 15.1의 주기적 응력-변형률 선도로부터 값을 추정하라.

(b) 그림 15.11에서 15.13의 다른 평균응력 식과 (a)로부터의 데이터 연관성의 성과를 비교하라.

【15.4절】

15.25 열-압연 및 불림 처리된 SAE 1045강으로 만든 박막 관의 완전 교번 비틀림으로부터 몇 가지 전단 변형률-수명 데이터가 표 P13.33에 주어졌다. 전단 변형률 진폭 γ_a는 각 시험에서 일정하며, 전단응력과 소성 전단 변형률 진폭 τ_a과 γ_{pa}는 $N_f/2$근방에서 측정되었다. 몇 가지 강재의 특성은 표 15.1에 정리되어 있으며 전단 계수 $G = 79.1\,\mathrm{GPa}$이다.

(a) $\gamma_a - N_f$ 데이터를 로그-로그 좌표계에 그래프로 나타내고, 식 15.38에 의해 예측된 선도와 비교하고, 이 식의 성과에 대해 논하라.

(b) 식 15.41의 등방 응력 수정을 사용에 의해 얻은 $\gamma_a - N_f$에 대한 식을 그래프에 추가하여 나타내라. 이는 데이터의 일치가 향상되었는가?

15.26 표 15.1의 열-압연 및 불림 처리된 SAE 1045강에 대해 2축 하중에 대한 $\lambda = -1.0, -0.5, 0, 0.5, 1.0$에서의 $\varepsilon_{1a} - N_f$, 변형률-수명 선도를 그래프로 나타내라. 푸아송 비 $\nu = 0.277$이며, 로그-로그 좌표계를 사용하고 10에서 10^6주기까지 포함하라. 그리고 선도의 경향에 대해 논하라.

【15.5.1절】

15.27 둥근 구멍이 있는 2024-T351 알루미늄 판이 1축 하중을 받고 있으며, 그림 A.11(a)로부터 탄성응력 집중 계수 $K_t = 2.4$이다. 피로균열에 대한 수명을 계산하고, $R = 0$에서 (a) $S_{\max} = 240\,\mathrm{MPa}$ 및 (b) $S_{\max} = 345\,\mathrm{MPa}$인 주기적일 때, 응력-변형률 응답을 추정하고 그래프로 나타내라. 결과는 그림 15.19 및 15.20과 유사해야 한다.

15.28 연습문제 14.30의 주기적 하중과 노치가 있는 부재에 대해 피로균열이 발생하는 주기를 계산하라.

15.29 노치가 있는 2024-T351 알루미늄 판이 그림 A.11(b)와 같이 1축 하중을 받고 있으며, 응력 집중 계수$K_t = 2.5$이다. 연습문제 14.31의 주기적 하중에 대해 피로균열이 발생하는 주기를 계산하라.

15.30 연습문제 14.29의 주기적 하중과 노치가 있는 부재에 대해 피로균열이 발생하는 주기를 계산하라.

15.31 그림 A.11(a)와 같은 둥근 구멍이 있는 RQC-100강으로 구성된 판이 인장 하중을 받고 있으며, 응력 집중 계수 $K_t = 2.8$이다. 연습문제 14.33의 주기적 하중에 대해 피로균열이 발생하는 주기를 계산하라.

15.32 연습문제 14.37의 회전하는 고리모양의 디스크에 대해, 피로균열이 발생하는데 필요한 주기수를 계산하라.

15.33 7075-T6 알루미늄으로 구성된, $K_t = 4.00$이고 1축 하중을 받으며 이중-선단-노치를 가진 판에 대한 연습문제 10.22의 데이터를 생각해보자. 표 15.1의 재료 상수를 사용하여, 변형률-기반 접근법으로부터 $S_m = 0$에 대한 S-N선도를 추정하라. (제안 : 몇 가지 다른 S_{max} 값으로 수명을 계산하라) 그리고 $S_m = 0$에서 추정된 선도를 그래프에 나타내고, 추정의 성과를 논하라.

15.34 연습문제 14.35의 RQC-100강으로 구성된 굽힘을 받는 정사각형 보에 대한 데이터를 생각해보자.

(a) $N_f = 10^2$에서 10^6 주기 범위의 피로 수명과 일치하는 모멘트 진폭을 변형률-기반 접근법을 이용하여 추정하라. 그리고 시험 데이터와 함께 추정된 선도를 $M_a - N_f$에 대해 그래프로 나타내고, 비교하여 논하라.

(b) 또한 표 15.1의 상수로 주어진 1축 인장 시험편으로부터 나온 선도와 함께 변형률 진폭 ε_a -수명 N_f의 그래프를 나타내라. 데이터와 선도는 일치하는가?

15.35 AISI 4340($\sigma_u = 1158\,\text{MPa}$)강으로 만들어진 연습문제 14.36의 뭉툭한 노치가 있는 컴팩트 시편을 생각해보자. 완전 교번 하중에 대한 피로 수명 데이터가 표 P15.35에 주어졌다. 피로 수명은 노치 끝단의 작은 표면 균열 길이 $2c = 0.5\text{mm}$가 시작된 수명이나 파단 수명에 대해 정리되어 있으며, 균열 깊이는 $a \approx 0.25\,\text{mm}$와 같이 길이의 절반가량과 일치한다.

(a) 이들 데이터를 이용하여, 하중 진폭 P_a-피로 수명 N_i 및 N_f에 관한 그래프를 그려라.

(b) 이 그래프 위에 Neuber 법칙에 의해 추정된 변형률로 계산된 선도를 추가하여라. 변형률-수명 선도에 대한 상수는 $E = 206.9\,\text{GPa}$, $\sigma_f' = 1544\,\text{MPa}$, $b = -0.0767$, $\varepsilon_f' = 0.526$, $c = -0.655$이다.

(c) 또한 표 P14.36의 유한요소해석 변형률 값으로부터 추정된 수명에 대한 결과를 선도에 추가하라.

(d) N_i 및 N_f를 고려한, 두 가지 다른 추정법에 대한 성과를 간략하게 논하라.

표 P15.35

P_a kN	N_i, cycles $a \approx 0.25$ mm	N_f, cycles failure
35.58	60	103
24.46	150	474
16.01	874	4 150
11.12	5 000	23 200
8.45	24 900	75 700
7.12	73 800	154 700
6.67	3 340 000	3 400 000
6.23	1 800 000	2 070 000
6.23	2 900 000	3 100 000

Source: Data for [Dowling 82].

15.36 지름의 변화가 있는 필릿 곡률 반경을 가진 둥근 샤프트가 $\sigma_u = 724\,\text{MPa}$인 ASTM A470(Ni-Cr-Mo-V)강으로 구성되어 있다. 작은 지름, 큰 지름 및 필릿 곡률 반경은 각각 $d_1 = 25.4$, $d_2 = 57.15$, $\rho = 1.575\,\text{mm}$이며, 비틀림으로 인한 전단응력의 응력 집중 계수 $K_t = 1.56$이다. 공칭응력은 그림 A.12(d)의 관련된 경우에 대해 정의되어 있다. 이 축은 완전 교번 비틀림 하중을 받고 있으며, 표 P15.36에 비틀림 진폭 T_a와 그때의 피로 균열이 발생하는 주기수 N_f가 주어졌다. 유사한 재료의 1축 하중 시험으로부터 식 15.1과 15.4의 주기적 응력-변형률 및 변형률-수명 선도에 대한 상수가 주어져 있으며, 푸아송 비도 주어졌다.

E, GPa	H', MPa	n'	σ'_f, MPa	b	ε'_f	c	ν
206.9	710	0.0640	748	−0.0490	1.74	−0.738	0.300

(a) 평면 전단응력의 상태에 대한 주기적 응력-변형률 및 변형률-수명 식을 추정하라.
(b) (a)에서 추정한 식을 따르고 전단응력과 변형률에 적용되는 Neuber 법칙을 이용하여, $N_f = 10^2$에서 10^7주기 범위에서 비틀림 진폭과 파단 주기에 대한 선도를 추정하라. 주어진 데이터를 선도에 추가하고, 추정된 선도의 성과에 대해 논하라.

표 P15.36

T_a kN·m	N_f, cycles to cracking
1.1718	950
1.0080	2 000
0.7548	20 000
0.6492	80 100
0.5995	118 000
0.5995	567 000
0.5283	1 000 000

Source: Data in [Placek 84].

【15.5.2절】

15.37 $\sigma_u = 1468\,\text{MPa}$인 AISI 4340강이 굽힘 하중을 받는 노치가 있는 샤프트로 제작되었으며, 탄성응력 집중 계수 $K_t = 3.0$이다. 이 샤프트는 헬리콥터의 일부분이며, 그림 P15.37에 간단한 형태로 각 비행에 대한 공칭 굽힘응력 이력을 나타냈다. 만약 $S_{a2} = 70\,\text{MPa}$이고 $S_{\max} = 480\,\text{MPa}$일 때, 샤프트 부분에 균열이 발생하는데 필요한 비행 횟수를 추정하라. 답을 설명할 수 있는 국부 응력-변형률 응답의 정성적인 스케치를 만들어라.

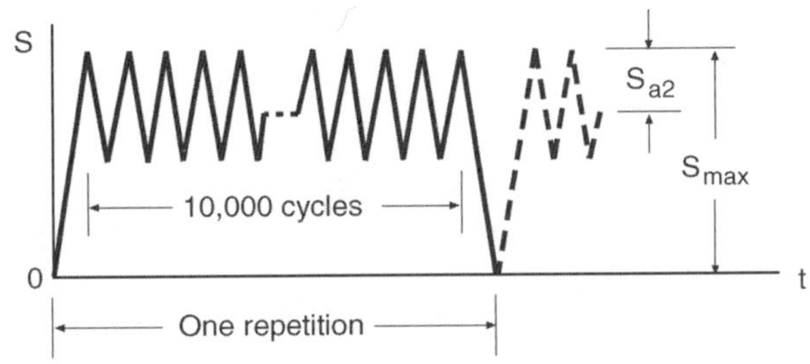

그림 P14.37

15.38 예제 14.8의 결과로부터 시작하여, 그림 14.20의 하중 이력과 노치가 있는 부재에 대해 피로균열이 발생하는데 필요한 반복 횟수를 추정하라.

15.39 연습문제 13.36의 재료와 변형률 이력에 대해, 이력이 반복적으로 적용되는 것을 가정하면, 피로균열이 발생하는데 필요한 반복 횟수를 추정하라.

15.40 연습문제 13.39의 재료와 변형률 이력에 대해, 이력이 반복적으로 적용되는 것을 가정하면, 피로균열이 발생하는데 필요한 반복 횟수를 추정하라.

15.41 연습문제 14.38의 공칭응력 이력이 반복적으로 작용하는 노치가 있는 부재에 대해, 피로균열이 발생하는데 필요한 반복 횟수를 추정하라.

15.42 연습문제 14.39의 공칭응력 이력이 반복적으로 작용하는 노치가 있는 부재에 대해, 피로균열이 발생하는데 필요한 반복 횟수를 추정하라.

15.43 연습문제 14.40의 공칭응력 이력이 반복적으로 작용하는 노치가 있는 부재에 대해, 피로균열이 발생하는데 필요한 반복 횟수를 추정하라.

15.44 연습문제 14.41의 공칭응력 이력이 반복적으로 작용하는 노치가 있는 부재에 대해, 피로균열이 발생하는데 필요한 반복 횟수를 추정하라.

15.45 2024-T351 알루미늄으로 제작된 부재가 노치를 가지고 탄성응력 집중 계수 $K_t = 2.50$이다. 부재는 그림 P15.45에 나타낸 가변 진폭 하중 이력을 반복적으로 받고 있다. 국부 노치 응력-변형률 응답의 정성적인 스케치를 만들고, 피로균열이 발생하는데 필요한 반복 횟수를 추정하라.

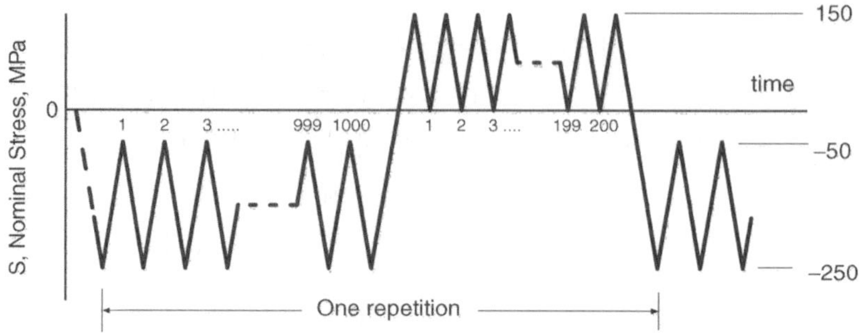

그림 P15.45

15.46 변형률-기반 방법에 의해 예제 10.6의 수명 추정을 하라. 주어진 2024-T3 합금과 유사한 2024-T351 합금의 특성을 이용해라. 두 가지 계산법에 대해 수명을 얻는 방법, 요구되는 정보, 계산의 복잡성에 대하여 간단하게 고찰하라.

15.47 연습문제 10.40에는 $K_t = 4.00$이고 이중-선단-노치를 가지며 1축 반복 하중을 받는 7075-T6 알루미늄에 대한 공칭응력 이력을 나타내고 있다. 동일한 6번의 시험 데이터로부터 주어진 피로 수명이 표 P10.40(b)에 있다. 판의 치수는 연습문제 10.22와 같다.

(a) 국부 노치 응력-변형률 응답의 정성적인 스케치를 만들고, 변형률-기반 방법을 이용하여 피로균열이 발생하는데 필요한 반복 횟수를 추정하라. 계산된 수명과 시험 결과를 비교하고, 추정에 대한 성과를 논하라.

(b) 날카로운 균열의 노치 깊이가 동일한 길이 a일 때, 부재의 노치가 있는 양쪽 면이 붕괴되는 것을 생각해보자. 이 가정을 기반으로, 이력 내에 균열이 생성부터 파단까지 성장하는데 요구되는 반복횟수를 추정하라. 이 수명에 (a)에서 구한 수명을 더해 전체 수명을 얻고, 시험 결과와 다시 비교하라. (표 11.2에 균열 성장에 대한 재료 물성치가 주어졌다. 표 11.3의 K_c가 $t = 2.3\,\text{mm}$에서 적용됨을 주목하라.)

15.48 연습문제 10.41에는 $K_t = 4.00$이고 이중-선단-노치를 가지며 1축 반복 하중을 받는 7075-T6 알루미늄에 대한 공칭응력 이력을 나타내고 있다. 동일한 6번의 시험 데이터로부터 주어진 피로 수명이 표 P10.41(b)에 있다. 판의 치수는 연습문제 10.22와 같다. 연습문제 15.47(a), (b)와 같이 진행하라.

【15.6절】

15.49 예제 10.3을 변형률-기반 접근법을 이용하여 다시 수행하라. 그리고 계산과 예제 10.3의 차이를 논하라.

15.50 정적 파괴 강도 $P_u = 106.8\,\text{kN}$인 체인이 그림 P15.50(a)와 같이 연결되어있다. 고리는 SAE 8622H강으로 $d = 10\,\text{mm}$ 지름의 막대로 제작되었으며, 길이 방향으로 잘라 냉간 압연을 통해 원하는 형상을 얻고, 단단한 고리를 만들기 위해 용접한 후에 마지막으로 담금질 및 뜨임에 의한 열처리를 수행하였다. 항복응력은 $1014\,\text{MPa}$, 인장강도는 $1117\,\text{MPa}$이며, 62%의 단면 수축률을 가지고 있다. 피로 성능은 유사한 재료를 통해 추정되었고,

체인 고리의 피로 데이터와 일치하는 값을 얻기 위해 값을 조정하였는데, 이 값은 아래와 같다.

E, MPa	H', MPa	n'	σ_f', MPa	b	ε_f'	c
213,700	1386	0.0985	1517	−0.10	1.00	−0.55

탄성 유한 요소 해석은 F와 G점과 같은 높은 응력이 발생하는 지점을 찾았으며, $K_t = 5.8$을 얻었다. 이 K_t는 $S = P/(2A)$로 정의된 공칭응력을 기반으로 하였으며, P는 체인에 작용하는 하중, $A = \pi d^2/4$이다. (출처: [Tipton 92])

(a) P_u의 8%가 하중 진폭이고, P_u의 16%가 평균 레벨일 때, 체인의 피로 수명을 추정하라.

(b) 체인은 그림 P15.50(b)의 *O-A-B*와 같은 높은 하중이 작용하는 것에 대해 사전 보증 시험을 진행하였다. (이는 결함이 있는 고리를 제거하고 유익한 잔류응력이 들어갈 수 있게 한다.) (a)로부터 추정된 수명을 P_u의 60%에서 초기 보증 시험을 포함하는 것부터 고려하여 수정하라.

(c) 체인 사용중 수명과 국부 평균응력에 관해 (a)와 (b)로부터 얻은 결과를 비교하고, 보증 하중의 유효성에 대한 기대에 대해 논하라.

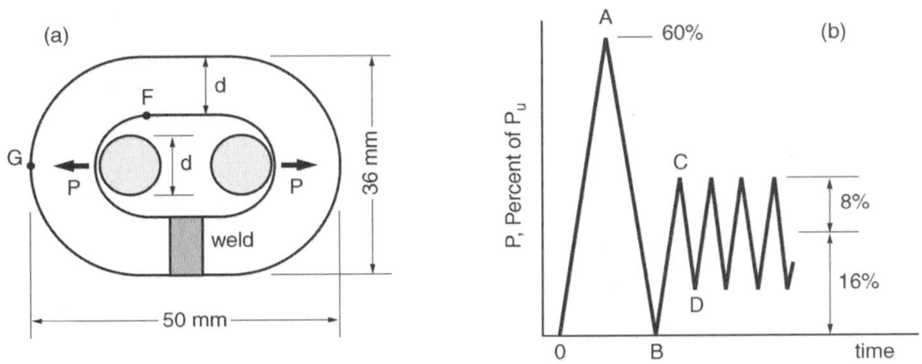

그림 P15.50

15.51 광산의 석탄을 올리는데 사용되는 선 도르래를 지지하는 축은 연습문제 10.36과 유사한 회전 굽힘 하중을 받으나, 더 큰 하중 때문에 샤프트가 더 크다. 그림 P10.36에 분류된 것과 유사한 필릿 반경은 가장 높은 응력이 나타나는 지점이며, 축의 지름이 $d_1 = 222$에서 $d_2 = 343\,\mathrm{mm}$로 증가되었고, 가공된 표면을 가진 필릿의 곡률 반경은 $\rho = 11.1\,\mathrm{mm}$이다. 축에 사용된 재료는 담금질과 뜨임 처리된 SAE 1045강이며, 항복응력은 $306\,\mathrm{MPa}$, 인장강도는 $569\,\mathrm{MPa}$이며, 48%의 단면 수축률을 가지고 있다. 승강 장치의 들어 올리고 내리는 주기에서, 샤프트는 108번 회전하며, 연간 32,000번 가량 승강 장치를 사용한다. 석탄 스킵(바구니)는 처음 $515\,\mathrm{m}$ 아래에서 끌어 올릴 때 도르래 샤프트에 하중이 작용한다. 위로 올라오면서 가속이 되고 일정 속도로 올라오게 되는데, 꼭대기에 올라오면 멈추어 석탄을 내려놓고 빈 상태로 아래로 다시 내려간다. 표 P15.51에 상세 내용이 주어졌다. 총 108번 동안 회전하는 동안 샤프트 회전과 일치하는 응력 주기에 공칭(K_t가 없는) 굽

힘응력과 주기수의 조합이 주어졌다. 이 응력은 장비에 순조롭게 작동한다고 가정되며, 다른 영향을 미칠 인자는 포함되지 않았다. 이들은 샤프트, 부착된 도르래, 석탄, 스킵, 선의 무게에 기인한다.

(a) 피로 파괴의 저항성에 대한 샤프트의 설계를 평가하라. 설계는 적절한가?

(b) 설치 후 약 3년 뒤에 필릿 반경에서 시작된 큰 균열로부터 축이 파단 되었다. 파단이 발생하기 15개월 전에 스킵이 올라오는 중에 통제를 벗어나 샤프트 아래 구조물에 충돌하는 사고가 일어났으며, 충격의 순간에 $S = 200$ MPa 만큼의 공칭응력이 발생하였다. 이 사고는 파단에 기여하였는가?

(c) 파단 후에 샤프트는 유사한 재료인 인장강도 700 MPa의 SAE 4340강으로 대체되었다. 이는 문제를 해결하기 위해 합리적인 해결책인가? 그 밖의 추가적인 설계 변경사항을 제안하라.

표 P15.51

Situation	No. of Rotations per Hoist Cycle	Nominal Stress S, MPa
Accelerating	9	92
Up with coal	45	86
Down empty	54	60

시간의존적 거동: 크리프와 감쇠

16

목적

- 시간의존적 거동과 크리프와 감쇠에 대한 물리적 기구 고찰
- 크리프 파단수명을 평가하기 위한 시간-온도인자의 적용
- 응력-변형-시간모델과 재료의 관계 고찰 및 단순부품에 이러한 분석 적용

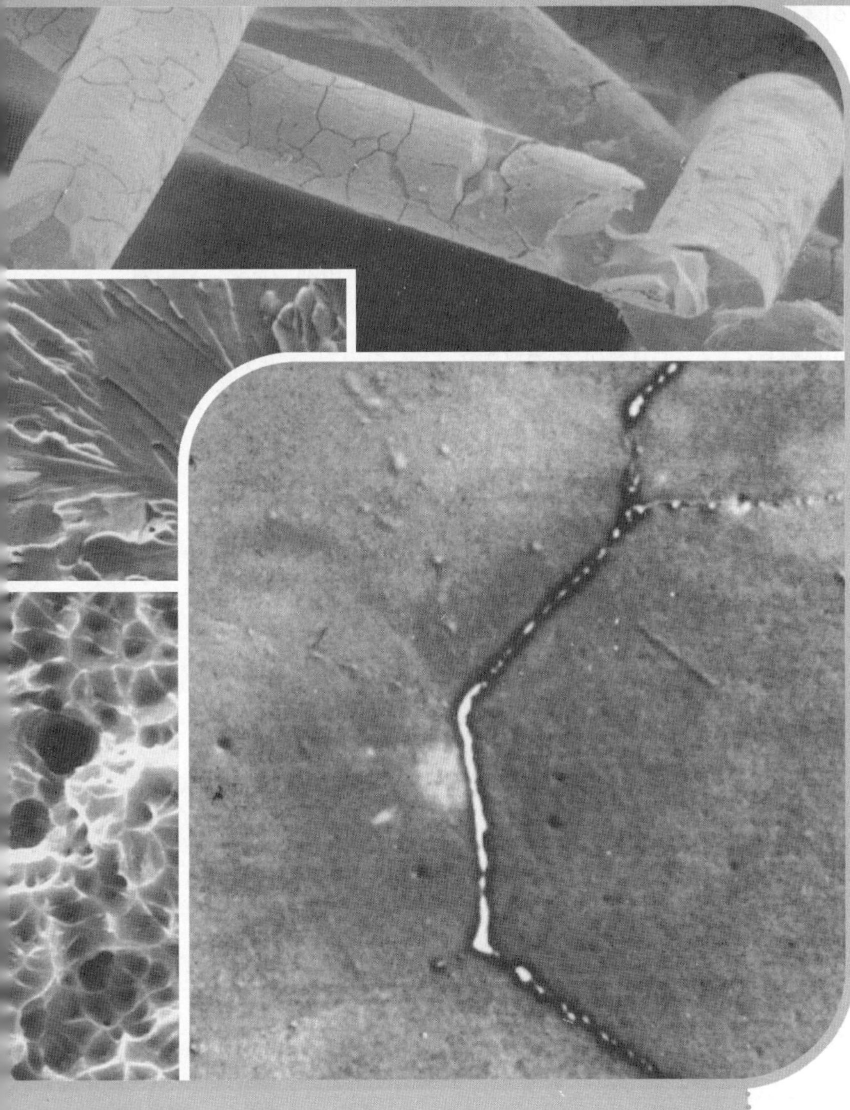

세부목차

16.1 서 론

탄성 및 소성변형은 응력을 가했을 때 순간적으로 나타나는 현상으로 흔히 간주되어 왔다. 시간의 경과와 함께 점진적으로 일어나는 부가적인 변형을 크리프 변형(creep strain)이라 한다. 발전소의 증기 터빈, 제트 및 로켓엔진, 핵반응로와 같이 고온에 적용되는 공학설계에서 크리프는 매우 중요하다. 크리프의 또 다른 예로서는 전구의 필라멘트, 플라스틱 안경프레임의 점진적인 느슨해짐, 플라스틱 파이프의 파손을 야기하는 느린 변형, 빙하에서 얼음의 이동 등을 들 수 있다.

금속과 결정질 세라믹의 경우, 일반적으로 절대용융온도의 30~60% 온도 이상에서 영역에서 크리프 변형이 매우 크므로 중요시된다. 폴리머와 유리에서도 2장과 부록C에서 다루었던 재료의 유리천이 온도 T_g 이상에서는 큰 크리프 변형이 일어날 수 있다. 따라서 가죽상(leathery)이나 고무상(rubbery)의 폴리머는 크리프에 민감하고 상온에서도 중요할 수 있다. 실온에서 콘크리트의 크리프는 시간의 경과와 함께 느려지므로 초기에 어느 정도 발생한 이후에는 적은 양의 변형만이 일어난다.

크리프에 민감한 설계시 적절한 재료의 선택이 주요인자가 된다. 고온에서 사용되는 공업재료는 일반적으로 크롬, 니켈, 코발트와 같은 합금원소를 함유하며 이러한 비싼 합금원소의 함량이 증가할수록 온도저항이 증가한다. 여러 종류의 공업재료에 존재하는 온도저항의 커다란 차이를 그림 16.1에 나타낸 단시간 크리프 데이터에 나타내었나. 내열성 세라믹 재료들은 금속합금에 비해 월등한 온도저항성을 보이는 반면, 폴리머재료는 온도저항측면에서 상당히 제한적이다.

온도증가와 함께 증가되는 화학적 반응성으로 인해 산화와 환경균열과 같은 환경적 효과도 어려움을 야기한다. 다양한 종류의 열저항 금속을 대상으로 공기 중의 산화와 크리프 관련 파손에 대한 저항을

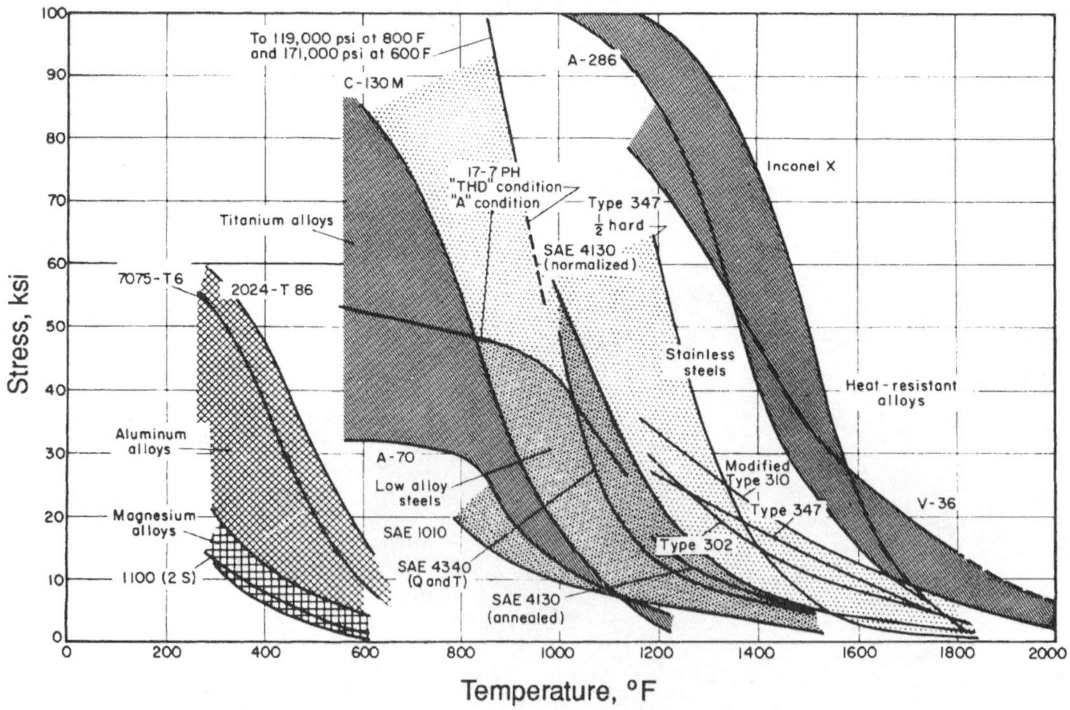

그림 16.1 10분 동안 3% 총변형을 일으키는 응력－온도(출처: [van Echo 58])

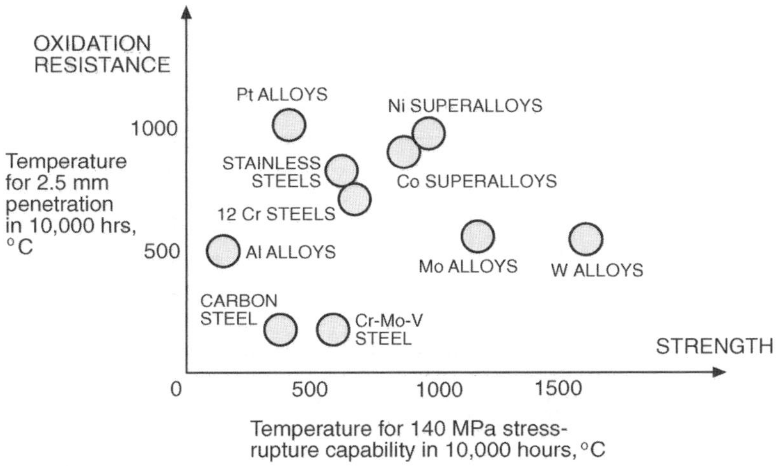

그림 16.2 여러 공업재료의 상대 크리프저항과 산화저항(출처: [Sims 78])

비교하여 그림 16.2에 나타내었다. 비록 이러한 환경인자들을 이 장에서 다루지 않더라도 고온적용 설계시에는 반드시 고려해 주어야 한다. 공학적 상황에서 자주 접하게 되는 복합요인으로 시간의존적 변형이 조합된 반복하중을 들 수 있다. 이 경우에 피로과정을 촉진시켜주는 해로운 크리프-피로 상호작용이 일어날 수 있다.

크리프 거동을 분석하고 예측하기 위해 개발된 공학적 방법들을 이용하여 크리프로 인한 파손을 피할 수 있는 설계가 가능해진다. 크리프 분석의 관점은 과다한 변형과 크리프로 인해 일어나는 재료의 분리(파괴)현상인 크리프 파손(creep rupture)을 들 수 있다. 다음 내용에서 크리프 시험법과 물리적 기구를 먼저 다룸으로써 이후의 장에서 다루게 될 공학적 방법을 이해하는데 도움이 될 사전지식을 제공한다.

이 장의 후반부에 다루어질 추가적인 주제는 재료감쇠(materials damping)로서 반복적인 하중으로 인한 에너지 방출을 말한다. 관여하는 변형이 시간의존적이므로 이 주제를 이 장에 포함시켰다. 재료감쇠효과의 정도는 기계적 진동의 심각도에 영향을 미친다.

16.2 크리프 시험

크리프 시험의 가장 일반적 방법은, 측정하고자 하는 재료로 만든 바(bar) 또는 원통형 시험편에 인장 또는 압축방향으로 일정한 축하중을 가해주는 것이다. 하중이 오랜 시간동안 일정하게 유지되므로 그림 16.3과 같이 단순한 중량과 지렛대시스템을 이용할 수 있다. 크리프 변형은 시간경과에 대한 변형을 측정하며 크리프 파단시간은 시험중 파단이 일어난 시간을 기록한다. 시험은 다양한 응력과 온도범위에서 실시하며 시험시간은 수 분에서 수 년이 소요될 수 있다.

16.2.1 크리프 시험에서 관찰되는 거동

변형과 시간 그래프에서 관찰되는 거동은 대개 그림 16.4와 비슷하다. 초기에 순간적인 탄성변형(소성변형도 포함될 수 있음)이 일어난 후 점진적인 크리프 변형이 축적된다. 변형률, $\dot{\varepsilon} = d\varepsilon/dt$이 초기에는 상대적으로 높지만 시간이 경과함에 따라 $\dot{\varepsilon}$가 감소하여 거의 일정하게 되는데 이 점에서

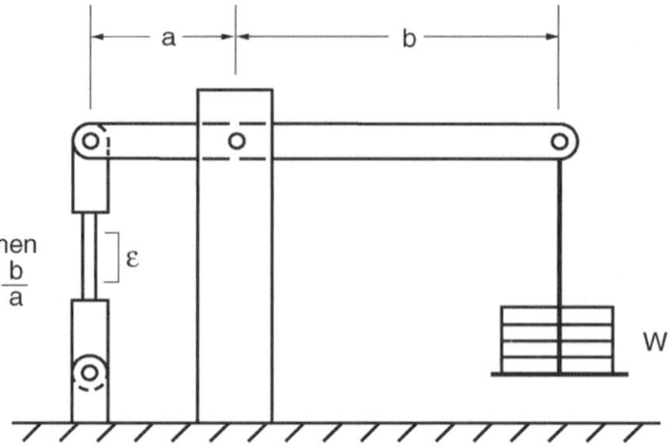

그림 16.3 크리프 시험장치의 도식도

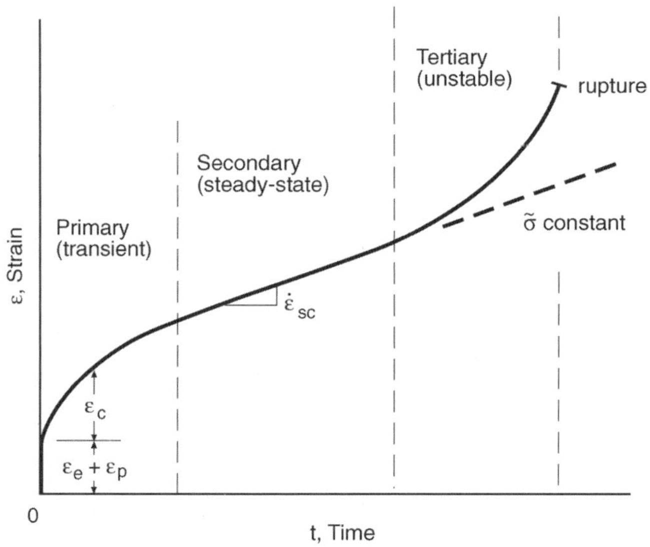

그림 16.4 일정한 하중하에서의 크리프동안 변형-시간 거동. 일정한 공칭응력과 3가지 크리프 단계

초기(primary) 또는 천이(transient) 크리프가 끝나고 2차(secondary) 또는 정상상태(steady state) 크리프가 시작된다. 2차 크리프가 종료되면 $\dot{\varepsilon}$가 불안정하게 증가하면서 파단에 이르게 되는데 이 단계를 3차(tertiary)크리프이라 한다. 이 마지막 단계에서는, 인장시험시 네킹처럼 변형이 국부적으로 집중되거나 재료 내부에 공동(void)이 형성되게 되며, 경우에 따라서는 둘 다 일어날 수도 있다.

일부 금속에 대한 변형-시간 크리프 데이터를 그림 16.5에 나타내었다. 예상할 수 있듯이, 높은 변형률은 높은 응력에서 일어난다. 이 데이터는 저명한 크리프 전문가인 Andrade가 그림 16.6에 보인 시험장치를 이용하여 일정한 하중이 아닌, 일정한 진응력 하에서 얻은 결과이다. 그림 16.5의 데이터에는 3차 크리프가 나타나지 않는데 이는 아마도 일정한 진응력 하에서 시험이 진행된 결과에 기인한 것으로 보인다. 대부분의 3차 가속 크리프는 재료 자체의 거동변화에만 기인하기보다는 일정하중 하에서의 단면적 감소효과에도 기인하게 된다. 이것이 진응력을 증가시키게 되고 이로 인해 $\dot{\varepsilon}$가 증가하게 된다.

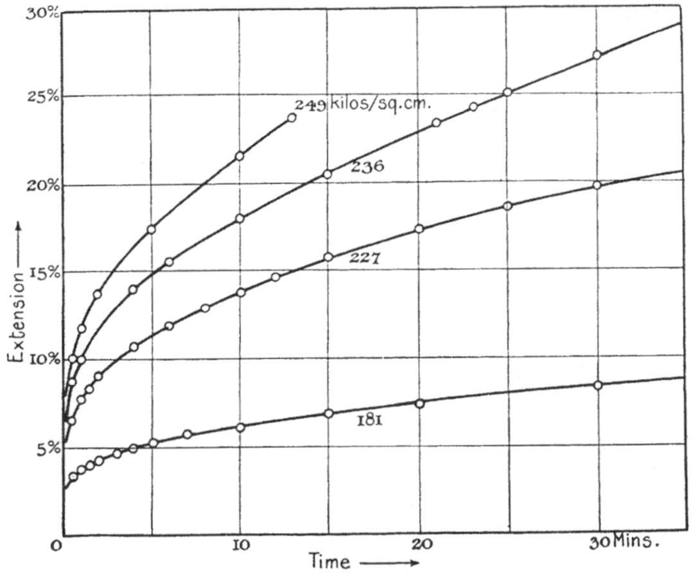

그림 16.5 17℃에서의 납의 크리프 곡선(출처: [Andrade 14])

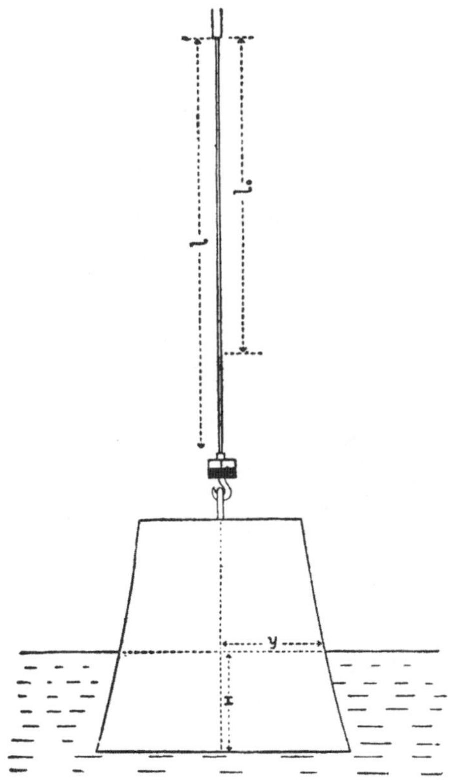

그림 16.6 일정 진응력하에서의 크리프 시험을 위한 Andrade 장치. 중량 M은 $y=\frac{1}{l_o+x}\sqrt{\frac{Ml_o}{\rho\pi}}$ 에 따라 조절하며 밀도 ρ의 액체에 담겨져 있어 변형과 함께 하중이 감소하여 균일연신 동안 일정 진응력을 유지하게 해준다.

16.2.2 크리프 시험결과의 표현

단순 크리프시험의 결과는 응력 σ, 온도 T, 정상상태 크리프속도 $\dot{\varepsilon}_{sc}$, 파단시간 t_r.의 4가지 항으로 요약할 수 있다. 다양한 응력과 온도에서 일련의 시험을 통해 얻어진 데이터를 표현할 수 있는 여러 다양한 방법이 있다. 예를 들어, 응력과 변형률(σ-$\dot{\varepsilon}_{sc}$)관계는 그림 16.7에 나타낸 바와 같이 여러 온도에 대해 나타낼 수 있다. 또 다른 표현으로는 응력과 수명(σ-t_r)관계를 그림 16.8에 나타낸 바와 같이 여러 온도에 대해 나타낼 수 있다. 이러한 예에서 보였듯이, 로그 스케일이 일반적으로 사용된다.

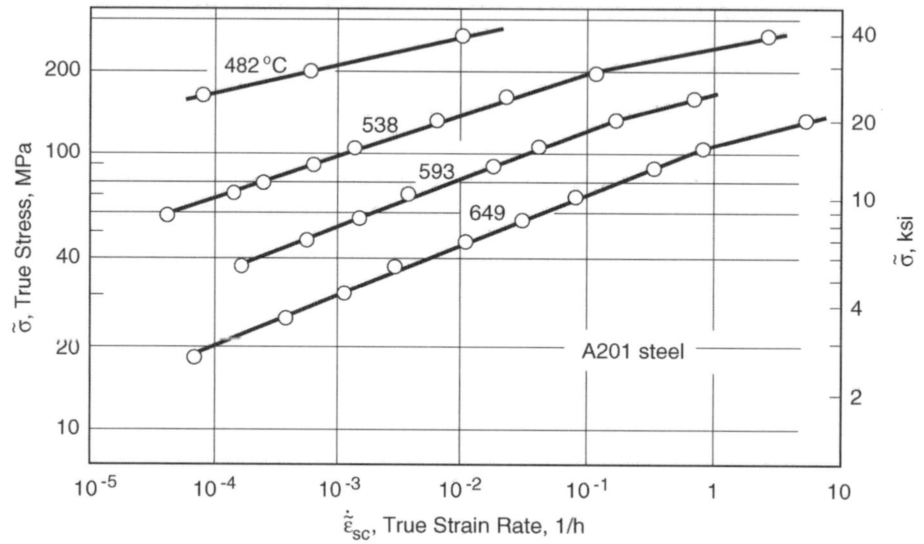

그림 16.7 압력용기에 사용되는 탄소강에 대한 여러 온도에서의 응력 – 정상상태변형속도(출처: [Randall 57])

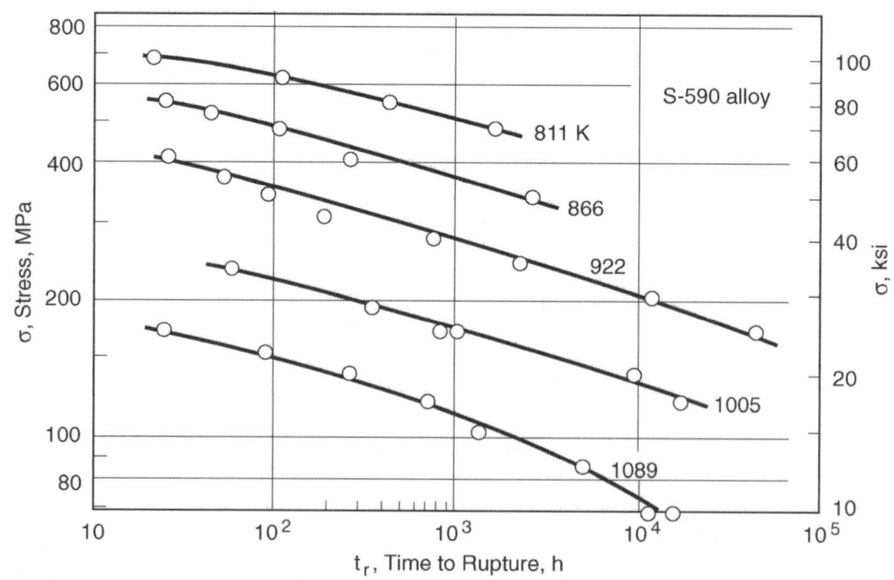

그림 16.8 철계 내열합금 S-590에 대한 응력-파단수명 곡선(출처: [Goldhoff 59a])

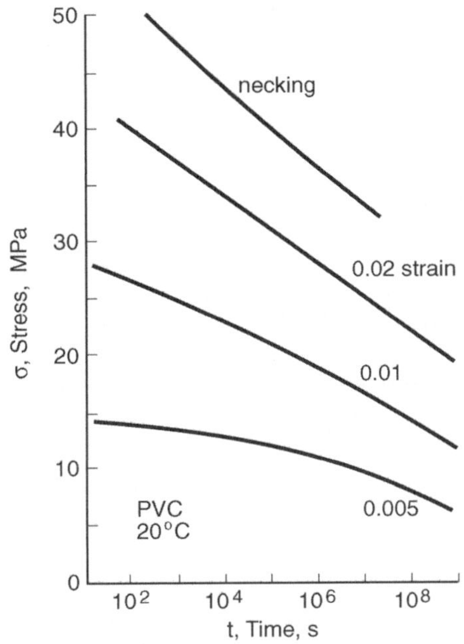

그림 16.9 경질 비닐(unplasticized polyvinyl chloride)의 3가지 변형에 대한 응력-수명곡선과 네킹에 의한 파단 시작점

응력과 수명(σ-t_r)관계는 파단수명이 주기 수로 바뀐 것을 제외하면 피로해석시 $S-N$ 곡선과 유사하다. 폴리머를 대상으로, 단일온도에서 얻어진 3가지 변형과 파단에 대한 응력과 수명관계를 그림 16.9에 나타내었다.

또한 응력과 수명데이터는 여러 파단시간 t_r에서의 σ와 T의 관계로 나타낼 수 있다. 이것은 물론 그림 16.8과 유사하게 동일한 정보를 다르게 표현한 것이다. 니켈금속에 대해 그림 16.10에 이러한 관계를 그래프로 나타내었다. 이러한 그래프는 넓은 변수영역을 나타낼 수 있고 여러 응력 및 온도에서 일어나는 크리프 파괴의 양상을 나타낸다. 이러한 그래프적 표현을 파괴기구지도(fracture mechanism map)라고 한다.

여러 일정 시간에서의 등시 응력-변형곡선(isochronous stress-strain curve)이 필요한 경우가 있다. 이것은 그림 16.11(a)와 (b)에 나타낸 바와 같이 여러 응력수준에서의 변형과 시간데이터를 이용하여 그린다. $t=t_1$과 같이 특정 시간에 대한 변형을 16.11(a)에 보인 바와 같이 구한다. 이것을 16.11(b)에서처럼 응력값에 대응시켜 나타내면 $t=t_1$에 대한 등시 응력-변형곡선(isochronous stress-strain curve)이 된다. 비슷한 곡선을 t_2와 t_3에 대해 나타내면 연속적인 응력-변형곡선을 나타낼 수 있다. 폴리머의 경우, 16.11(c)에 나타낸 $\varepsilon=\varepsilon'$와 같이 특정 변형에서의 시컨트(secant) 탄성계수, E_s를 결정하기 위해 등시 응력-변형곡선을 사용하는 경우가 많다. 이러한 E_s값을 시간에 대해 나타내면, 16.11(d)에 나타낸 바와 같이 재료의 거동특성을 알 수 있다. 여러 변형에 대해서 얻어진 E_s-t 곡선들을 그래프로 나타낼 수 있다.

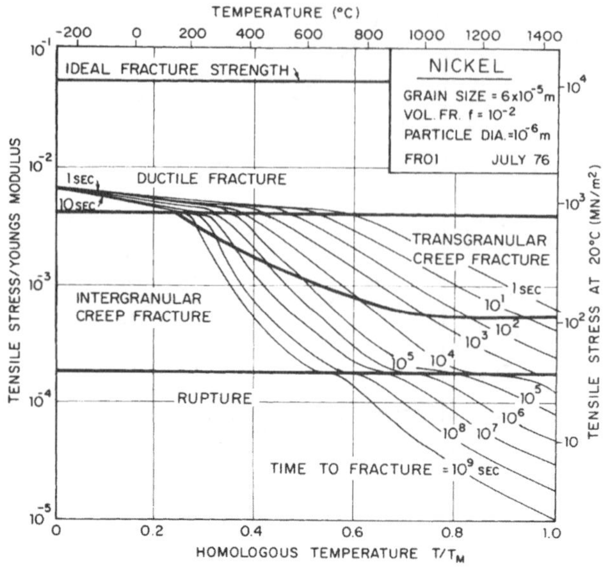

그림 16.10 주어진 입자크기를 갖는 니켈에 대해, 여러 크리프 파단시간에 대한 응력–온도관계를 보여주는 파단기구지도. 응력 σ는 온도에 따라 그 값이 변하는 탄성계수 E로 정규화(normalize)한다.

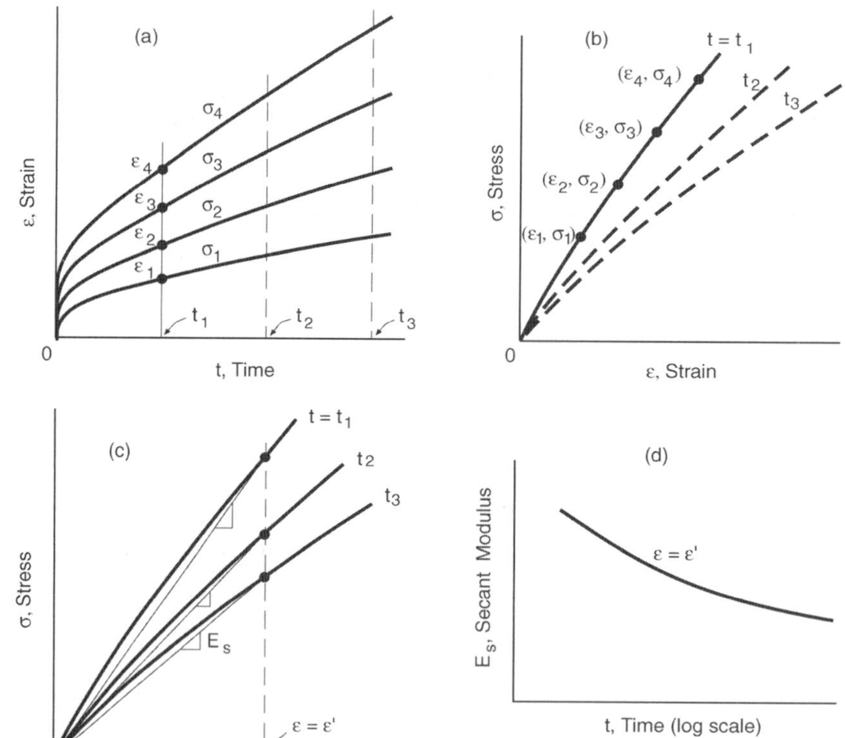

그림 16.11 등시 응력–변형곡선과 시컨트 계수곡선의 구축. (a) 변형–시간 데이터, (b) 등시 응력–변형곡선을 얻기위해 여러 응력수준을 사용, (c) 등시 응력–변형곡선으로부터 얻을 수 있는 시컨트 계수곡선 E_s, (d) E_s–시간 데이터

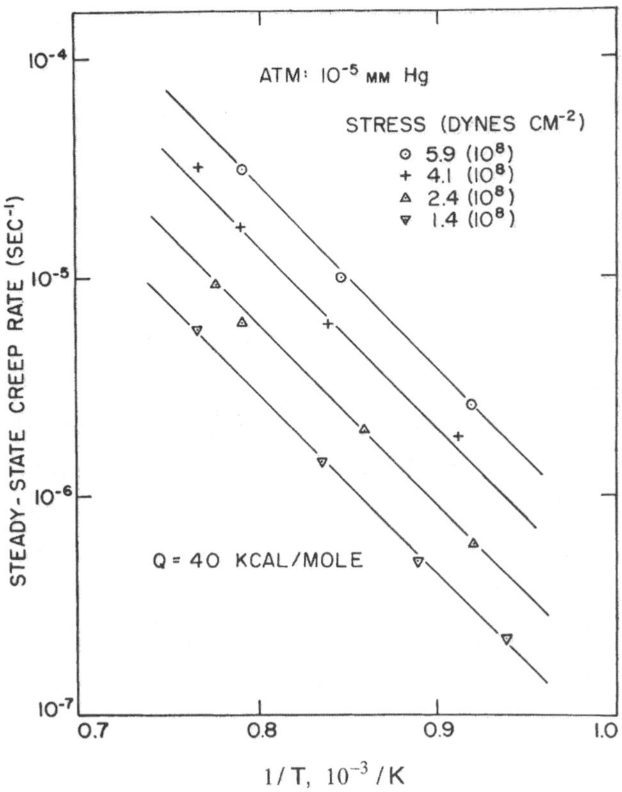

그림 16.12 진공상태에서 TiO_2 단결정의 압축시험을 통한 정상상태 크리프속도–$(1/T)$ 그래프 (출처: [Hirthe 63])

특히 중요한 그래프로 $\dot{\varepsilon}_{sc}$와 $1/T$ 인데 $\dot{\varepsilon}_{sc}$의 경우에는 로그 스케일을 $1/T$은 선형스케일로 나타낸다. 그림 16.12에 세라믹을 대상으로 여러 응력에 대해 얻어진 직선을 나타내었다. 또 다른 유용한 그래프로는 $\dot{\varepsilon}_{sc}$를 t_r로 바꾼 것이 있다. 이때의 직선의 기울기를 겉보기 활성화에너지(apparent activation energy)라고 하며 다음 절에서 다루기로 한다.

16.3 크리프의 물리적 기구

크리프를 일으키는 물리적 기구(mechanism)는 재료의 종류에 따라 현저한 차이를 나타낸다. 또한 동일한 재료에서도 응력과 온도의 조합에 따라 다른 기구가 작용할 수 있다. 원자, 공공, 전위, 또는 고체재료내의 분자의 이동이 시간의존적으로 일어나며 고온에서는 이동이 더욱 빠르게 일어난다. 이러한 이동은 크리프 거동을 설명하는데 중요하며 확산(diffusion)이라 불리는 광범위한 범주의 거동에 해당한다.

16.3.1 점성 크리프

유체역학적으로 액체의 점성은 가해준 전단응력에 대한 전단변형률의 비율이다. 즉,

$$\eta_\tau = \frac{\tau}{\dot{\gamma}} \tag{16.1}$$

여기서 η_τ는 전단 점성이다. 비슷하게 인장점성은 다음과 같이 정의된다.

$$\eta = \frac{\sigma}{\dot{\varepsilon}} \tag{16.2}$$

비압축성의 이상적인 점성물질의 경우, $\eta = 3\eta_\tau$이 된다. 일정한 값의 η는, c가 η와 유사한 $P = c\dot{x}$ 형태의 힘-변위거동을 보이는 이상적인 댐퍼(dashpot)의 거동에 대한 값이다. (5.2절 참조.)

고체재료이면서도 매우 높은 점성을 갖는 액체와 유사한 거동을 하는 재료가 있다. 실리카 유리와 일부 폴리머와 같은 비결정질 고체의 경우가 이러한 재료에 해당한다. 재료에 가해지는 응력에 대응하여 분자 또는 분자들의 그룹이 시간의존적으로 서로 상대이동을 하여 크리프 변형을 일으킨다. 이러한 분자이동은 온도가 올라갈수록 증가하는 확산공정으로 이루어진다. 이러한 이동은 온도증가에 따라 평형위치 주위로 원자의 평균 진동을 증가시키기 때문에 촉진된다. 진동이 클수록 응력으로 유발되는 분자 재정렬이 활성화되며 결과적인 크리프 변형도 증가된다.

이러한 상황을 열적활성화(thermal activation)라고 한다. 물리학적으로 열적 활성화 공정의 속도는 아래에 나타낸 아르헤니우스 식(Arrhenius equation)으로 나타낼 수 있다.

$$\dot{\varepsilon} = Ae^{\frac{-Q}{RT}} \tag{16.3}$$

여기서의 속도는 변형률 속도 $\dot{\varepsilon}$이며 Q는 활성화에너지(activation energy)라고 불리는 물리적 상수이다. 활성화에너지는 분자이동이 일어나기 위해 극복해야 할 에너지 장벽의 척도로 볼 수 있다. 온도 T는 캘빈(K)단위의 절대온도이다. 그리고 R은 가스상수이며 이것의 단위는 cal/mole 또는 joules/mole로서 Q의 단위에 따라 선택하여 사용한다.

$$\begin{aligned} R &= 1.987\ \text{cal/(mole·K)} \qquad (\text{for } Q \text{ in cal/mole}) \\ R &= 8.314\ \text{J/(mole·K)} \qquad (\text{for } Q \text{ in J/mole}) \end{aligned} \tag{16.4}$$

계수 A는 최소한으로 응력에 의존한다. 식 16.2의 점성유동과 유사한 크리프 공정에서 응력 의존성은 다음과 같은 속도식에 응력의존성을 포함시킬 수 있다.

$$\dot{\varepsilon} = A_1\sigma e^{\frac{-Q}{RT}} \tag{16.5}$$

새로운 계수 A_1은 재료에 주로 의존하지만, 온도나 응력의 큰 변화로 인해 물리적 기구가 바뀌면 A_1과 Q 모두 변할 수 있다.

16.3.2 폴리머의 크리프

주어진 폴리머의 유리천이온도(T_g) 이하의 온도에서는 크리프 효과가 상대적으로 작다. T_g 이상에서는 크리프 효과가 급격히 증가한다. 일반적인 폴리머에서의 T_g는 대개 -100에서 +200℃ 사이의 값을 갖는다. 폴리엔틸렌과같이 결정질 열가소성 재료에서는 점성유동이 T_g 온도보다 상당히 높은 온도에서 일어나며 거의 용융점에 근접해서 일어나기도 한다. T_g 이하의 온도에서 탄소기반(carbon-based) 분자사슬을 서로 결합시켜주는 2차(수소 및 반데르발스) 결합이 T_g 온도 이상에서는 그 영향력이 떨어진다. 따라서 크리프는 분자사슬의 점성적인 미끄러짐에 의해 일어난다. 분자사슬이 짧을수록 선형적 폴리머에서 이러한 과정이 쉬워지며, 사슬형태의 분자에서의 블랜칭(branching)이나 크로스링크(cross-link)와 같은 미끄러짐에 대한 장애물이 없으면 크리프가 더욱 촉진된다. 이러한 형태의 점성유동에 대한 응력과 온도의존성은 식 16.5를 어느 정도 따른다.

하지만 T_g보다 조금 높은 가죽상(leathery)이나 고무상(rubbery)으로 존재하는 중간온도 영역에서 거동이 더욱 복잡해진다. 여기서는 분자사슬의 미끄러짐이 더욱 어려워지고, 특히 사슬이 길면 길수록 서로 더욱 쉽게 얽히게 된다. 이러한 얽힘(entanglements)은 변형이 진행될수록 폴리머 재료의 저항을 증가시키게 되므로 변형이 진행됨에 따라 크리프속도가 감소한다. 블랜칭이나 크로스링크와 같은 미끄러짐에 대한 장애물들도 비슷한 효과를 나타내어, 장애물이 존재할 경우 크리프를 억제하는 경향을 나타낸다.

분자의 미끄러짐에 대한 방해물은 변형전 형상을 기억하게 한다. 특히, 가해진 응력을 제거하면 당겨지고 뒤틀렸던 얽힘(entanglements)부나 크로스 링크점 사이의 사슬 부분이 스프링처럼 작용하면서 이전의 크리프 변형이 시간과 함께 사라지게 회복시켜 준다. 이러한 자기제어식(self-limiting) 크리프와 회복거동은 그림 5.5(b)의 천이 크리프 유동모델의 거동처럼 단순 점성거동에서 벗어나는 것이다. 실제 폴리머에서 회복 불가능한 일부 점성변형이 회복가능한 부분과 부가해서 일어난다. 근사적으로 폴리머의 거동과 유사한 거동을 갖는 가장 간단한 유동모델은 그림 16.13에 나타낸 탄성, 정상상태 크리프, 천이 크리프 요소들을 포함시킨 모델이다.

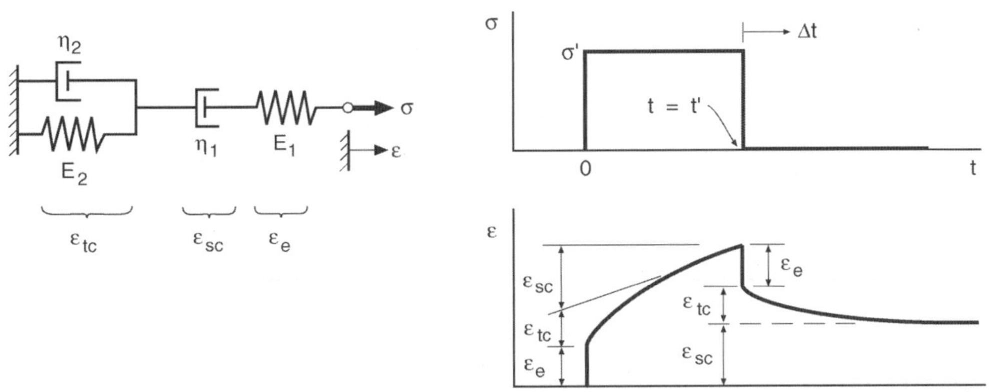

그림 16.13 크리프와 탄성, 정상상태 크리프, 천이 크리프 요소들을 포함시킨 유동모델의 회복거동. 스프링 E_1의 탄성변형 ε_e는 하중을 제거하자마자 즉시 회복되는 것인 반면, 병렬조합(E_2, η_2)에서의 천이 크리프 변형 ε_{tc}은 시간과 함께 천천히 회복된다. 댐퍼 η_1에서의 정상상태 크리프 변형 ε_{sc}는 회복되지 않는 변형이다.

16.3.3 결정질 재료의 크리프

공업적으로 사용되는 결정질 재료에는 금속, 금속합금 및 공업용 세라믹 등이 있다. 자기(porcelain)와 내화점토벽돌(fired clay brick)과 같은 일부 세라믹은 유리상(glassy phase)과 함께 결정상(crystalline phase)을 포함한다. 구조상의 유사성으로 인해 결정질 재료(또는 상)는 크리프 변형에 대해 근사적으로 유사한 물리적 기구를 갖는다. 다양한 물리적 기구가 관여하지만, 확산성 이동(diffusional flow)과 전위 크리프(dislocation creep)의 2가지 기구로 분류할 수 있으며, 일부 학자들은 입계 미끄러짐(grain boundary sliding)도 뚜렷한 기구 중의 하나로 고려한다.

결정질 재료의 정상상태 크리프속도에 대한 일반식은

$$\dot{\varepsilon} = \frac{A_2 \sigma^m}{d^q T} e^{\frac{-Q}{RT}} \tag{16.6}$$

이 식에서 변형속도 $\dot{\varepsilon}$에 영향을 미치는 변수는 응력 σ, 평균 입자직경 d, 절대온도 T이다. 계수 A_2, 지수 m과 q 및 활성화에너지 Q는 재료와 작용하는 특정 크리프 기구에 의존하는 값이다. m과 q 값은 표 16.1에 요약하였다. 온도 의존성은 식 16.3과 비슷하며 이는 크리프 기구가 열적으로 활성화되었음을 의미한다. 추가적인(상대적으로 약한) 온도 역의존성이 있을 수 있는데, 식 16.3의 A도 온도에 의해 어느 정도 영향을 받는다.

표 16.1 다양한 물리적 기구에 대한 크리프 계수

Name of Mechanism	m	q	Description
Diffusional flow (Nabarro–Herring creep)	1	2	Vacancy diffusion through the crystal lattice
Diffusional flow (Coble creep)	1	3	Vacancy diffusion along grain boundaries
Grain boundary sliding	2	2 or 3	Sliding accommodated by vacancy diffusion through the crystal lattice ($q = 2$) or along grain boundaries ($q = 3$)
Dislocation creep (Power law creep)	3 to 8	0	Dislocation motion, with climb over microstructural obstacles

확산성 이동은 낮은 응력에서 일어나지만 상대적으로 높은 온도가 요구된다. 이 기구는 그림 2.26에 보인 바와 같이 결정격자 내의 공공의 이동이 관여하며, 가해준 응력에 수직한 방향으로 놓인 입자 경계부 근처에서 자연스럽게 공공이 형성되어 일어난 결과이다. 불균일한 공공의 분포로 인해 공공 농도가 낮은 부분으로 공공이 이동(확산)하게 된다. 이로 인해, 다결정질 재료의 전반적인 변형을 일으킬 정도의 재료의 이동이 일어난다.

공공이 결정격자를 통해 이동하면 나바로-헤링(Nabarro–Herring) 크리프라 한다. 또한 결과적인 변형속도가 근사적으로 응력에 비례하면 $m = 1$이 되고, 평균입자직경의 제곱에 역비례하면 $q = 2$가 된다. 하지만 공공이 입계를 따라 이동하면 이러한 거동을 코블(Coble)크리프라고 한다. 응력 의존성은 비슷하지만 입자크기에 대한 의존성은 $q = 3$으로 바뀐다. 변형속도의 응력에 대한 비례성은

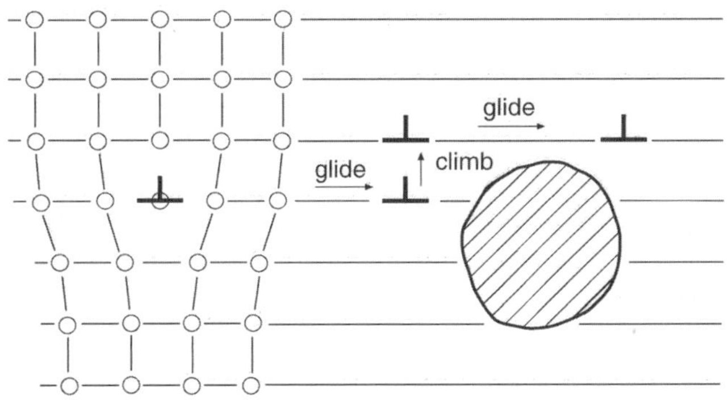

그림 16.14 장애물을 만난 전위가 활주를 하여 소성변형을 가능하게 하는 칼날전위의 상승

두 가지 형태의 확산성 유동이 근본적으로 점성(viscous) 공정임을 의미한다. 활성화에너지 Q는 작용되는 기구에 따라 자체 결정격자 내에서의 자기확산(self diffusion)에 대한 값 Q_v, 또는 결정입계를 따른 확산에 대한 값 Q_b와 비슷한 값을 갖는다.

전위 크리프는 멱승법 크리프(power law creep)라고도 하며 점결함(point defect)인 공공보다는 선결함(line defect)인 전위의 활발한 이동이 관여한다. 결과적으로 높은 응력이 요구되지만 확산성 이동이 적은 중간 정도의 온도영역에서 효과를 낼 수 있다. 물리적 기구가 복잡하고 아직 완전하게 밝혀져 있진 않지만 전위상승(dislocation climb)은 매우 중요한 것으로 여겨지고 있다.

그림 16.14를 보자. 가해준 응력으로 인해 칼날전위(edge dislocation)가 2장에서 설명한 바와 같이 활주(glide)라고 불리는 단계적 슬립과정을 통해 결정격자면을 따라 이동한다. 석출물 입자 또는 다른 전위의 부동(immobile) 얽힘(entanglement)이나 장애물을 만나게 되면, 추가적인 변형을 위해 다른 격자면으로 전위가 이동할 필요가 있다. 이러한 이동을 상승(climb)이라 하며 공공확산을 통한 원자의 재정렬이 필요하다. 이러한 상승이 대규모로 누적되면 더욱 많은 활주를 일으킬 수 있게 되므로 보다 큰 거시적 변형을 일으킨다. 상승과정이 시간의존적이므로 변형 또한 시간의존적이다. 입자 경계가 주요인자가 아니므로 변형률속도는 입자 크기에 크게 영향을 받지 않지만 상승과정에 대한 저항은 응력 의존성이 매우 크다. m값은 재료와 시험조건에 따라 변하며 3~8사이의 값을 가지며 대개 5 정도의 값이다. 과정이 확산의존적이므로 전위크리프의 Q는 자체 결정격자 내에서의 자기확산(self diffusion)에 대한 값과 일치한다는 사실에 의해 설명된다.

16.3.4 고찰

주어진 재료, 입자크기, 온도에서 식 16.6을 다음과 같이 나타내는 것이 편리하다.

$$\dot{\varepsilon} = B\sigma^m, \qquad \text{where } B = \frac{A_2}{d^q T} e^{\frac{-Q}{RT}} \qquad \text{(a, b)} \tag{16.7}$$

B의 값은 일정하게 된다. 만약 가해진 응력 σ가 시간에 따라 변하지 않는다면 크리프 변형은 다음과 같이 시간에 비례해서 선형적으로 축적된다.

$$\varepsilon_{sc} = B\sigma^m t \tag{16.8}$$

여기서 하첨자 sc는 정상상태 크리프에서 얻어진 변형임을 나타낸다. 탄성변형은 탄성계수 E에 의존하므로 전체 변형은 탄성변형과 크리프 변형의 합으로 나타낼 수 있다.

$$\varepsilon = \varepsilon_e + \varepsilon_{sc} = \frac{\sigma}{E} + B\sigma^m t \tag{16.9}$$

소성변형도 일어난다면 식 12.11에 기반을 두어 이러한 추가적인 변형성분도 합해줄 필요가 있다.

16.3.5 활성화에너지의 평가

크리프의 활성화에너지는 그림 16.12에 나타낸 직선과 같이, 일정 응력에서 $\log \dot{\varepsilon}$와 $1/T$ 그래프의 기울기로부터 구할 수 있다. 식 16.3을 적용하여 양변을 로그로 나타내면 다음과 같이 된다.

$$\log \dot{\varepsilon} = \log A - \frac{Q}{RT}\log e = \log A - 0.434\frac{Q}{R}\left(\frac{1}{T}\right) \tag{16.10}$$

가스상수 R은 식 16.4의 값을 취하고 Q의 단위에 따라 선택하여 사용한다. 두 번째 항의 $\log_{10} e$는 알 수 있는 값이고 T는 절대온도(Kelvins)를 적용한다.

만약 식 16.3이 실제로 성립한다면 모든 응력에 대한 활성화에너지 Q 값은 모두 동일하다. 따라서 여러 응력에서의 $\log \dot{\varepsilon}$와 $1/T$ 그래프의 기울기가 모두 평행해야 한다. 그림 16.12의 경우가 근사적으로 이러한 경향을 나타내고 있다. 식 16.6에 보인 거동의 활성화에너지를 구하기 위해서도 비슷한 과정을 거칠 수 있다. 특히 주어진 재료 및 입자크기 d에서, $\log(\dot{\varepsilon}T)$와 $1/T$ 그래프가 직선을 나타내고 모두 동일한 기울기가 Q에 비례하지만 절편은 응력에 의존한다. 또 다른 방법으로는. 상수 m이 알려져 있다면 $\log(\dot{\varepsilon}T/\sigma^m)$와 $1/T$ 그래프를 나타낼 수 있다. 이 과정은 모든 응력에서 Q에 비례하는 기울기를 얻게 된다.

온도나 응력이 크게 차이가 나는 경우에는 변형기구가 바뀌어 Q가 바뀔 수 있기 때문에 활성화에너지 Q값을 적용할 때 주의해야 한다. 이러한 상황은 그림 16.15에 나타낸 고순도 알루미늄의 데이터에서 관찰된다. 이 경우 상대적으로 높은 온도에서의 크리프에 대한 Q 값은 응력과 변형 모두에 무관한 것으로 나타났다. 하지만 절대용융온도의 1/2 이하의 온도에서는 동일한 활성화에너지에 의해 지배되지 않는 다른 기구가 일어나게 되므로 Q가 감소하고 변하게 된다.

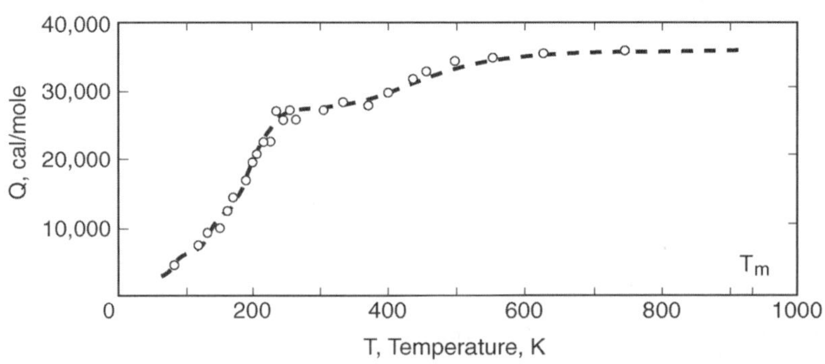

그림 16.15 절대온도의 함수로 나타낸 고순도 알루미늄의 크리프에 대한 활성화에너지

16.3.6 변형기구 지도

주어진 재료에서 주어진 응력과 온도의 조합에서 지배적인 변형기구를 나타내는 변형기구지도(deformation mechanism map)를 그릴 수 있다. 니켈금속과 니켈기지 초합금(superalloy)에 대한 예를 그림 16.16에 나타내었다. 일정 전단변형속도 $\dot{\gamma}$을 나타내는 선들이 나타나 있고, 가장 낮게 그려진

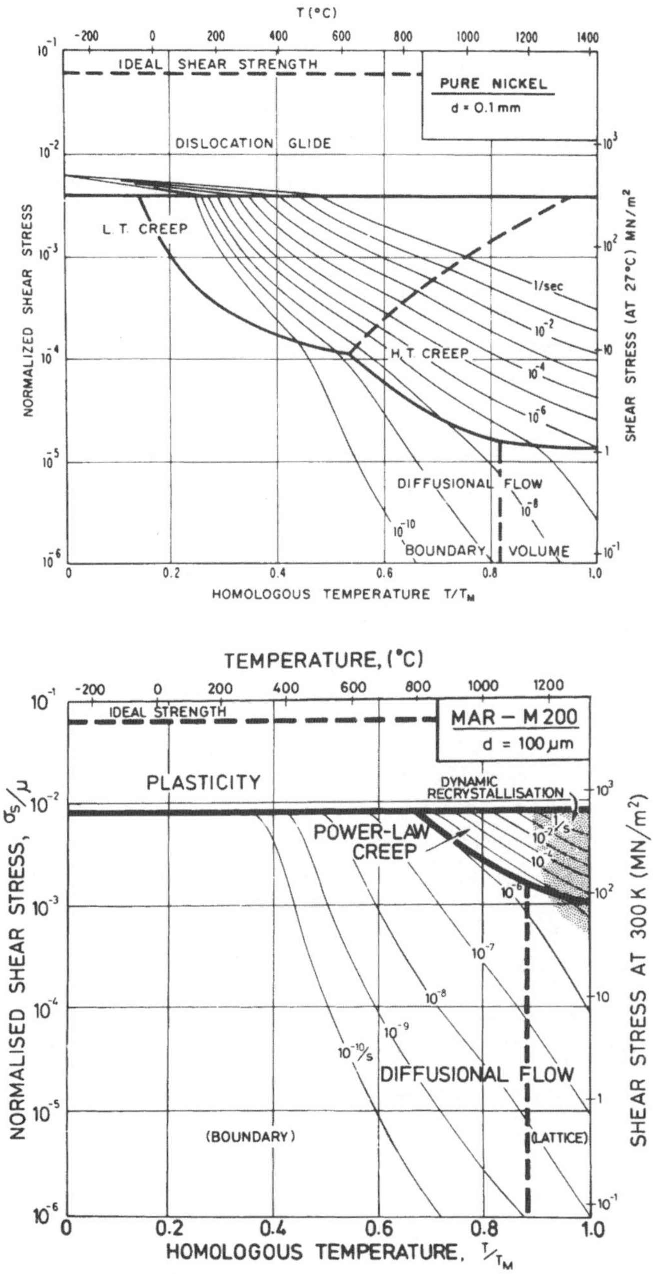

그림 16.16 동일한 입자크기를 갖는 니켈(위)과 니켈계 초합금(아래)에 대한 전단변형속도 $\dot{\gamma}$를 일으키는 변형기구지도. 전단응력 τ는 온도의존적 전단계수 G로 정규화하여 왼쪽 수직축은 τ/G이다.

선보다 낮은 영역에서의 거동은 거의 탄성으로 간주한다. 확산성 유동영역은 공공확산의 형태에 따라 세분되며 니켈의 경우에는 저온(LT)크리프와 고온(HT) 크리프의 두 가지 형태의 멱승법 크리프(power law creep)가 일어난다. 항복강도 이상에서는 전위활주에 의한 소성변형이 변형을 주도한다. 강도에 대한 이론적 한계도 나타나 있는데 이는 전위이동없이 결정면의 전단을 야기할 수 있는 이론 전단강도, $\tau_b \approx G/10$에 해당한다(2.4절 참조.).

물론 변형기구지도는 재료와 재료공정에 따라 달라진다. 결정질 재료에서는 입자크기가 작으면 확산성 유동이 더욱 중요한 인자가 될 수 있는 것을 예로 들 수 있다. 이것은 2~3 사이의 q값을 갖는 식 16.6을 가정할 경우 변형속도가 입자크기에 역비례하게 된다. 따라서 이러한 기구가 지배적이면 입자 크기가 클수록 유리하다.

그림 16.16의 변형기구지도에서, 사용응력은 전단응력 τ이며 전단계수 G로 나누어서 수칙축은 τ/G로 나타낸다. G가 온도와 함께 감소하므로 이를 반영하여 다음의 관계식을 이용한다.

$$G = G_{300} - h(T - 300) \tag{16.11}$$

이 식에서 G_{300}은 $T = 300$K에서의 값이며 h는 재료상수, T는 절대온도(K)이다. 두 가지 지도의 재료에 대한 값들과 용융온도 T_m을 아래 표에 나타내었다.

Material	G_{300}, MPa	h, MPa/K	T_m, K
Nickel	78,900	29.3	1726
MAR-M200	80,000	25.0	1600

Source: Data in [Frost 82] p. 54.

단축인장하에서의 크리프에 대해, 응력 σ와 변형속도 $\dot{\varepsilon}$는 지도의 전단값인 τ와 $\dot{\gamma}$와 다음의 관계를 갖는다.

$$\sigma = \sqrt{3}\tau, \qquad \dot{\varepsilon} = \dot{\gamma}/\sqrt{3} \tag{16.12}$$

다양한 금속과 세라믹에 대한 추가적인 유사 지도가 참고문헌(Frost 82)에 나타나 있다. 이 책에는 식 16.6과 비슷한 관계에 근거하여 재료상수도 지도의 각 영역별로 나타내었다.

예제 16.1

그림 16.16의 재료와 동일한 입자크기와 과정을 갖는 니켈이 있다. 이 재료가 900℃의 온도에서 6MPa의 인장강도를 받는다. 대략적인 변형속도는 얼마이며 지배적인 크리프 기구는 무엇인가?

【풀이】 지도를 보기 위해서는 식 16.12와 16.11로부터 τ와 G가 필요하고 이로부터 τ/G를 구한다.

$$\tau = \frac{\sigma}{\sqrt{3}} = \frac{6\,\text{MPa}}{\sqrt{3}} = 3.464\,\text{MPa}$$

$$G = G_{300} - h(T - 300) = 78{,}900 - 29.3(1173 - 300) = 53{,}320\,\text{MPa}$$

$$\tau/G = 6.50 \times 10^{-5}$$

여기서 G를 얻기 위해 $T = 900 + 273 = 1173\text{K}$를 대입한다.

온도의 경우, 상부의 스케일을 사용하여 $T = 900\,℃$를 직접 적용시키거나 또는 하부 스케일을 이용하여 $T/T_m = 1173/1726 = 0.680$을 적용시킬 수 있다. τ/G 스케일은 $\log(\tau/G) = -4.19$을 계산하면 유용하다. 선형스케일 $\tau/G = 10^{-4}$와 10^{-5}는 $\log(\tau/G) = -4$와 -5에 해당한다. 이러한 값들을 적용시킨 후 근사적으로 변형속도를 얻는다.

$$\dot{\gamma} \approx 10^{-6.7} = 2.0 \times 10^{-7}\ \text{s}^{-1}, \qquad \dot{\varepsilon} = \dot{\gamma}/\sqrt{3} = 1.2 \times 10^{-7}\ \text{s}^{-1} \qquad \text{(답)}$$

이 점은 고온형태의 멱승법 크리프(power law creep)가 지배적인 영역에 놓인다.

【고찰】 실제로 계산된 값은 실용적으로 적용하기에는 너무 높은 변형속도를 나타낸다. 예를 들면 하루에 축적되는 변형량은 다음과 같이 1.0%에 이른다.

$$\varepsilon = \dot{\varepsilon}t = (1.2 \times 10^{-7}\ \text{s}^{-1})(3600\ \text{s/h})(24\ \text{h}) = 0.010 = 1.0\%$$

16.3.7 콘크리트의 크리프

콘크리트는 일반적으로 결정질 세라믹으로 분류될 수 있으며 복잡한 구조로 인해 뚜렷한 크리프 기구와 거동을 보인다. 콘크리트는 수화(hydration) 반응을 통해 물과 화학적으로 결합시킨 시멘트 페이스트(cement paste)를 함유한다. 수화되지 않은 풀(unhydrated paste)도 존재하며 시간이 경과함에 따라 수화(hydration)반응을 통해 서서히 변환된다. 일부 미반응 수분이 결정구조의 미세층(microlayer)들 사이에 존재하는 미세공간(pores)에 잔류하거나 수화 페이스트(hydrated paste)의 표면에 화학적 흡착되어 잔류할 수 있다. 마지막으로 여러 치수별로 골재(모래와 돌)가 있다.

콘크리트의 크리프는 페이스트에서 대부분 일어나며 골재는 변형을 제한하는 역할을 한다. 따라서 골재에 생겨난 탄성변형은 페이스트에서의 크리프를 억제하고 크리프 속도를 감소시킨다. 이러한 경향을 보이는 데이터를 그림 16.17에 나타내었다. 시멘트 페이스트에서의 크리프의 자세한 기구는 복합적이며 완전하게 알려져 있지 않다. 하나의 가능성은 가해준 응력이 공동(void)내 미반응 수분을 짜내어 다른 위치로 점성유동에 의해 이동하게 해줌으로써 미세구조를 시간의존적으로 변형시킨다. 또 다른 가능성은 흡착된 수분이 수화된 시멘트의 미세층과 입자들을 윤활시켜 이들이 서로 상대적으로 미끄러질 수 있게 해준다. 골재와 페이스트 경계에서의 미세균열 또한 시간과 함께 성장하여 크리프에 기여한다. 또한 높은 응력에서는, 보다 일반적인 결정질 세라믹의 기구와 유사한 기구가 중요할 수 있다.

크리프가 시멘트 페이스트에서 주로 일어나므로 골재에서 생겨나는 탄성변형이 하중 제거시 크리프 변형을 되돌려 준다. 이러한 회복거동과, 또한 하중하에서 감소하는 크리프 속도는 그림 5.5(b)의 천이 크리프 유동모델거동과 유사하다. 하지만 미세균열로 인한 크리프 변형은 하중을 제거해도 회복되지 않으므로, 이러한 거동을 그림 16.13의 유동모델에 의해 더욱 잘 나타낼 수 있다. 특별한 비선형 스프링과 댐퍼, 그리고 추가적인 단계를 포함하는 보다 복잡한 모델 또한 사용된다.

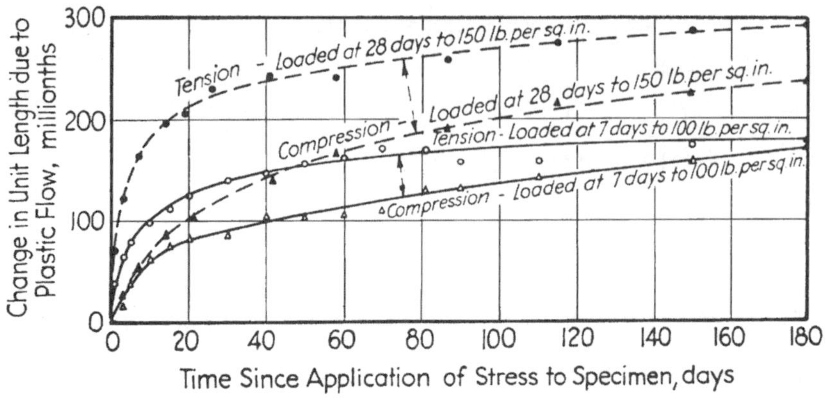

그림 16.17 두 가지 큐링(curing)시간에 대한, 인장과 압축 하에서의 콘크리트의 크리프 변형($\mu m/m$) (출처: [Davis 37])

16.4 시간 – 온도인자와 수명예측

변형으로 인한 균열의 발생, 잔금(crazing) 및 다른 손상으로 인해 재료가 파단에 이르기까지 크리프 변형은 진행된다. 결정질 재료에서의 크리프 캐비테이션(creep cavitation)을 예로 들 수 있는데, 이는 입자경계를 따라서 또는 석출입자들과 같은 국부적 응력집중점에서 공동(voids)이 발생하는 현상이다. 그림 16.18에 크리프 캐비테이션의 예를 나타내었다. 입자경계의 확장과 연결, 또는 공동들이 균열을 발생시키게 되고 이러한 균열이 크리프 파단(creep rupture)이라 불리는 파단점에 이르기까지 진전하게 된다. 하지만 연성을 보유한 상대적으로 순수한 금속이 충분히 높은 온도에 놓이면 동적재결정(dynamic recrystallization)이 일어날 수 있으며 이 경우 공동은 소멸되게 된다. 따라서 큰 변형이 가능해지고 결국 네킹에 의해 파단을 일으키게 된다. 연성 폴리머는 일반적으로 큰 균일변형 또는 네킹을 일으킨 후에 크리프 파단이 된다.

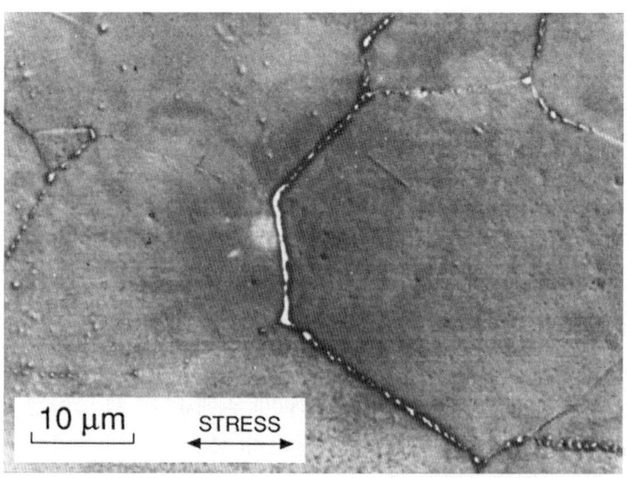

그림 16.18 티타늄 합금에서 크리프로 인한 입계 캐비테이션 및 균열. 200℃와 1150℃ 사이 온도에서 크리프–피로 상호작용 하에서 시험(출처: [Sheffler 72])

크리프가 일어나는 공학설계에서는, 과다한 변형도 일어나지 않아야 하고 20년 이상의 긴 가동수명 내에 파단을 일으키지 않도록 해야 한다. 하지만 시험시간의 한계로 인해 1000시간(42일), 10,000시간(14달)에 대한 크리프 데이터는 그나마 가능하지만 100,000시간(11년)데이터는 얻기가 쉽지 않다. 낮은 변형속도와 긴 시간에서의 거동을 평가하기 위해 가능한 접근방법 중의 하나는 해당 온도에서의 크리프 변형을 그림 16.7에 나타낸 것과 같이 $\sigma-\dot{\varepsilon}$곡선을 낮은 $\dot{\varepsilon}$ 영역으로 외삽시켜 얻는 것이다. 비슷하게 파단시간 또는 특정 변형까지의 시간은 그림 16.8과 16.9에 보인 바와 같이 응력-수명 그래프를 긴 수명까지 외삽시켜 평가할 수 있다. 하지만 $\sigma-\dot{\varepsilon}$ 또는 $\sigma-t_r$의 로그-직선 또는 로그-로그 피팅(fitting)선의 기울기가 일정하지 않거나 또는 한정된 구간 내에서만 일정할 수 있으므로 이러한 외삽이 잘 적용되지 않을 수 있다. 크리프 기구가 바뀌게 되면 급격한 기울기의 변화가 일어날 수 있으므로 외삽이 유효하지 않다. 달리 말하면, 변형기구지도 내의 여러 크리프 기구의 경계를 넘어서는 외삽할 수 없다.

실제 가동온도에서의 긴 시간동안의 거동을 평가하기 위한 보다 성공적인 접근방법은 가동온도보다 높은 온도에서 상대적으로 짧은 시험시간을 통해 얻어진 데이터를 사용하는 것이다. 이러한 상황은 시험과 실가동시 공통적인 물리적 기구가 작동될 가능성이 일정온도에서의 외삽의 경우보다 높다. 이러한 접근은 시간-온도인자(time-temperature parameter)를 포함한다. 아래에 이에 대한 두 가지 형태의 접근방법인 Sherby-Dorn 인자와 Larson-Miller 인자를 다루고자 한다.

16.4.1 Sherby–Dorn(S–D) 인자

아르헤니우스 속도방정식이 Sherby-Dorn(S-D) 시간-온도 인자의 토대가 된다. 기본 가정은 크리프의 활성화에너지가 일정하다는 것이다. 먼저, 식 16.3을 미분방정식 형태로 쓰고 계수를 응력의 함수 $A = A(\sigma)$로 나타낸다.

$$d\varepsilon = A(\sigma)e^{\frac{-Q}{RT}}\,dt \tag{16.13}$$

식의 양변을 적분한 후 적분상수를 제거하면 정상상태 크리프 변형으로 표현된다.

$$\varepsilon_{sc} = A(\sigma)te^{\frac{-Q}{RT}} \tag{16.14}$$

이 방정식을 아래 식의 형태로 해서 주어진 응력에서의 크리프 변형으로 나타내면 독특한 곡선을 형성하게 된다.

$$\theta = te^{\frac{-Q}{RT}} \tag{16.15}$$

이것을 온도보상시간(temperature-compensated time)이라 한다. 알루미늄 합금에 대한 일부 시험데이터를 그림 16.19에 나타내었다.

S-D인자를 공식적으로 정의하기 위해 다음의 논리를 이용한다. 파단시 크리프 변형은 주어진 파단에 대한 온도보상시간 θ_r에 대해 거의 일정한 것으로 관찰되었으며 그림 16.19에 이와 관련한 데이터를 나타내었다. 따라서 θ_r은 응력에만 의존하므로, 다양한 조합의 온도 T와 파단시간 t_r에 대해 주어진 재료는 θ_r과 응력에 대해 하나의 곡선을 나타낸다. θ_r을 바로 사용하기 보다는 S-D인자를

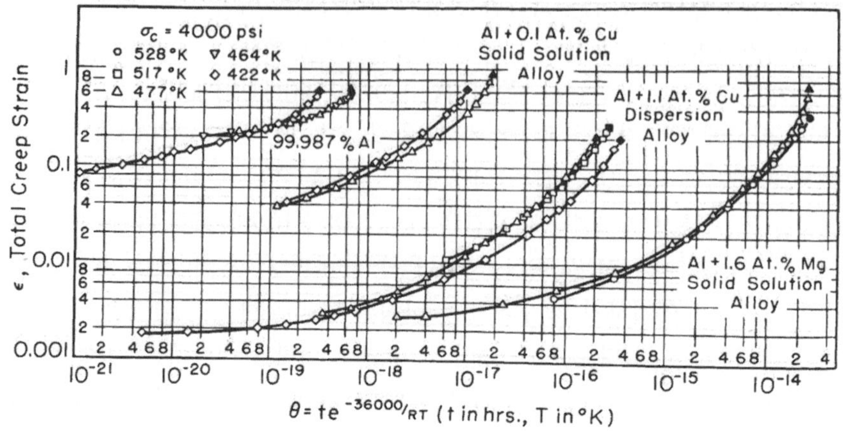

그림 16.19 $\sigma = 27.6 MPa$ 응력하에서 알루미늄 합금의 온도별 크리프 변형-온도보상시간 그래프

$P_{SD} = \log\theta_r$로 정의하는 것이 편리하다. 따라서 식 16.15의 양변을 로그 취한 후, $\theta = \theta_r$에서 $t = t_r$을 적용하고 $\log_{10} e = 0.434$와 $R \approx 2.0$ cal/(mole · K)을 대입하면 다음 식을 얻는다.

$$P_{SD} = \log t_r - \frac{0.217Q}{T} \tag{16.16}$$

t_r의 단위는 시간, Q의 단위는 cal/mole, T의 단위는 kelvin을 적용한다.

S-D 인자와 함께 사용되는 활성화에너지 Q의 값은 그림 16.20에 나타낸 $\log t_r - 1/T$ 좌표축에 크리프 파단 데이터를 나타내어 구할 수 있다. 각 응력에 대해 일련의 평행한 직선이 얻어진다. 이 직선들은 $0.217Q$의 기울기를 가지며 각 응력에 대해 $1/T = 0$에서의 절편값이 P_{SD}가 된다. 다양한 강과 스테인리스강에 대한 Q는 대개 90,000 cal/mole 정도이며 순수 알루미늄과 희박합금(dilute alloy)은 36,000 cal/mole 수준이다. 일부 공업재료에 대한 Q값을 표 16.2에 나타내었다.

표 16.2 Sherby-Dorn 인자에 대한 활성화에너지

Material	1Cr-1Mo-0.25V steel	A-286 Fe-Ni-Cr alloy	S-590 Fe-Cr-Ni-Co alloy	Nimonic 80A Ni-base alloy
Q, cal/mole	110,000	91,000	85,000	91,000

Source: Data in [Conway 69], [Goldhoff 59a], and [Goldhoff 59b].

Q값을 알게 되면, 그림 16.21에 내열 철계합금에 대해 나타낸 것과 같이, $P_{SD}-\sigma$ 그래프를 그리는데 응력-수명 데이터를 적용할 수 있다. 모든 응력과 온도에 대한 데이터들이 하나의 곡선에 함께 놓이는 것을 알 수 있으며, 데이터의 상관성은 인자의 적합성에 대한 척도로 볼 수 있다. 이러한 도표와 식 16.16을 이용하여 특정 응력과 온도에 대한 파단시간 t_r을 예측할 수 있다. $P_{SD}-\sigma$ 그래프를 얻는데 사용되는 시험 데이터는 일반적으로 실제 가동수명보다 짧은 파단시간을 갖는 것들이다. 따라서 상대적으로 짧은 t_r과 높은 온도에서의 시험 데이터들이 보다 긴 t_r과 낮은 온도에서의 거동을 예측하는데 사용된다.

크리프 상황에서의 가동수명은 파단보다는 과다한 변형에 의해 제한되게 된다. 따라서, 1% 또는 2%와 같이, 파손을 일으킬 수 있다고 간주되는 특정 크리프 변형을 기준으로 예측하는 것이 유용하다. S-D 인자는 식 16.16의 파단수명 t_r을 t_f로 단순히 대체하여 이러한 상황에도 적용될 수 있다. 물론 사용될 P_{SD}값이 t_r이 아닌 t_f에 대해 얻어져야 할 필요가 있다.

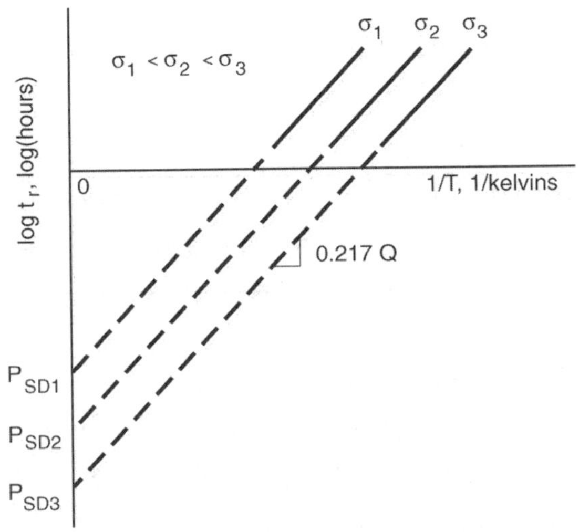

그림 16.20 Sherby-Dorn 인자에 대한 그래프 표현. 일정 기울기가 활성화에너지 Q에 비례

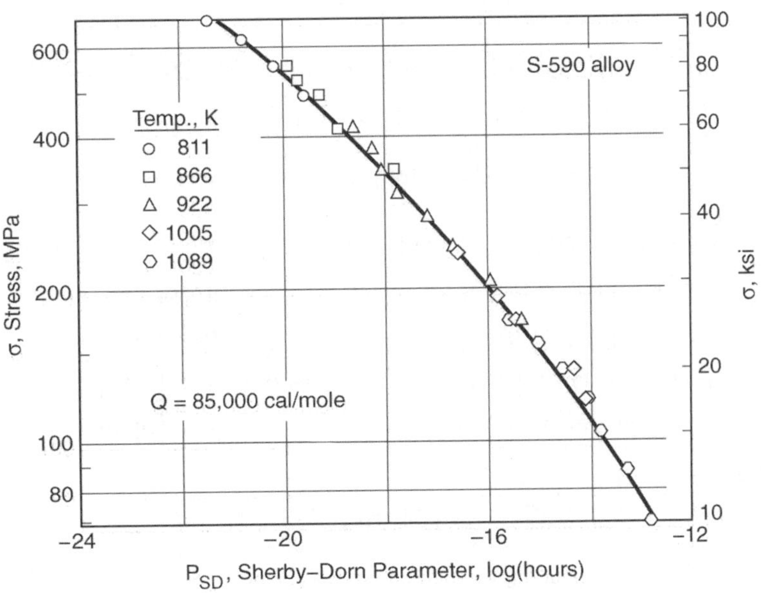

그림 16.21 S-590 철계합금의 크리프 파단 데이터에 대한 Sherby-Dorn 인자를 사용한 상관성

예제 16.2

내열성 Fe-Cr-Ni-Co 합금 S-590으로 만들어진 공업부품이 가동중에 600℃의 온도에서 200MPa의 정적강도를 받는다. 크리프 파단수명은 며칠로 예측되는가?

【풀이】 그림 16.21이 필요한 $P_{SD}-\sigma$ 그래프와 이 재료에 대한 $Q = 85{,}000$ cal/mole를 제공해 준다. $\sigma = 200$MPa이면 곡선으로부터 $P_{SD} \approx -16.0$이 된다. 식 16.16에서 온도는 반드시 절대온도 K로 나타낸다. 즉, $T = 600℃ + 273 = 873$K이다.
따라서 식 16.16으로부터,

$$\log t_r = P_{SD} + \frac{0.217Q}{T} = -16.0 + \frac{0.217(85{,}000\,\text{cal/mole})}{873\,\text{K}} = 5.128$$

$$t_r = 10^{\log t_r} = 10^{5.128} = 134{,}400\ \text{시간} = 5600\ \text{일} \qquad \text{(답)}$$

16.4.2 Larson-Miller(L-M) 인자

Larson-Miller(L-M)의 시간-온도 인자는 S-D 인자와 유사하지만 다른 가정 하에 다른 식을 사용한다. L-M 인자는 식 16.15로부터 유도될 수 있는데 $\theta = \theta_r$과 $t = t_r$을 대입하고 양변을 로그로 취하는 것은 비슷하다. 하지만 Q값이 변하고 θ_r값이 일정하다고 가정한다. 이 경우 인자는 $P_{LM} = 0.217Q$로 정의하고 상수 $C = -\log\theta_r$를 적용한다. 이러한 근거 하에 P_{LM}에 대해 풀어주면

$$P_{LM} = T(\log t_r + C) \tag{16.17}$$

t_r의 단위는 시간, T의 단위는 kelvin을 적용한다. 하지만 L-M 인자를 다루는 여러 문헌에서 화씨(Fahrenheit)온도 T_F를 사용하기도 한다. 이 경우 L-M 인자는,

$$P'_{LM} = (T_F + 460)(\log t_r + C) \tag{16.18}$$

따라서 $P'_{LM} = 1.8P_{LM}$이 된다. C의 단위는 바뀌지 않고 t_r의 단위는 항상 시간이다.

C의 값은 그림 16.22에 나타낸 것처럼 $\log t_r$-$1/T$ 좌표축에 외삽된 절편이 된다. 여러 응력에 대한 일련의 직선이 $1/T = 0$에서 공통적인 절편 $\log t_r = -C$ 값을 갖는다. 기울기는 각 응력에 대한 P_{LM}이 된다. 이러한 접근은 S-D 인자와 동일한 이론적 배경을 갖지만 활성화에너지가 응력에 따라 변하므로 일정하지 않다고 가정한 차이가 있다. 또한 θ_r값이 응력에 따라 변하지 않는다고 가정하는 대신, C 라는 재료상수를 가정하였다.

C의 값을 알게 되면, 응력-수명 데이터로부터 여러 응력에 대한 P_{LM}의 값을 그림 16.23과 같이 나타낼 수 있다. 이러한 그래프는 $P_{SD}-\sigma$ 그래프와 유사하게 파단시간을 예측하는데 사용할 수 있다. 여러 가지 강과 기타 구조용 공업재료의 파단에 대한 상수 C의 값은 20 정도이다. 표 16.3에 일부 금속에 대한 C의 값을 나타내었다. L-M 인자는 파단직전의 한계 크리프 변형에 걸리는 시간 t_f에 대한 데이터가 있다면 t_f를 예측하는데도 사용할 수 있다. L-M 인자 및 기타 시간-온도인자들은 재료의 고온저항에 대한 순위를 정하거나 이를 비교하는데도 사용할 수 있다. 그림 16.24에 여러 금속에 대한 이러한 비교 예를 나타내었다. 위에 있는 곡선이 더욱 높은 온도저항을 가짐을 의미한다.

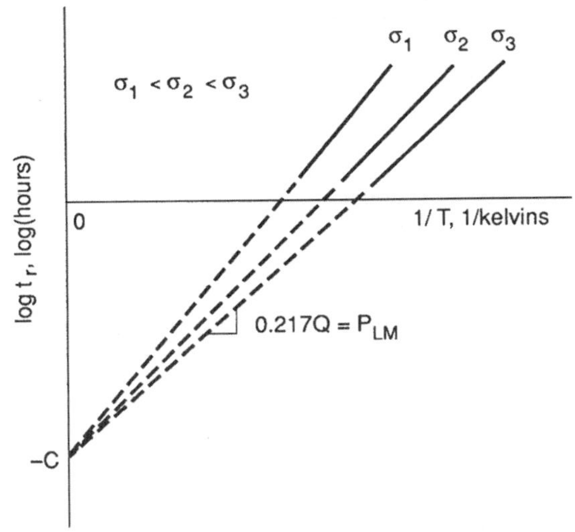

그림 16.22 Larson-Miller 인자에 대한 그래프 표현. −C 는 가변적인 기울기에서의 공통적인 절편

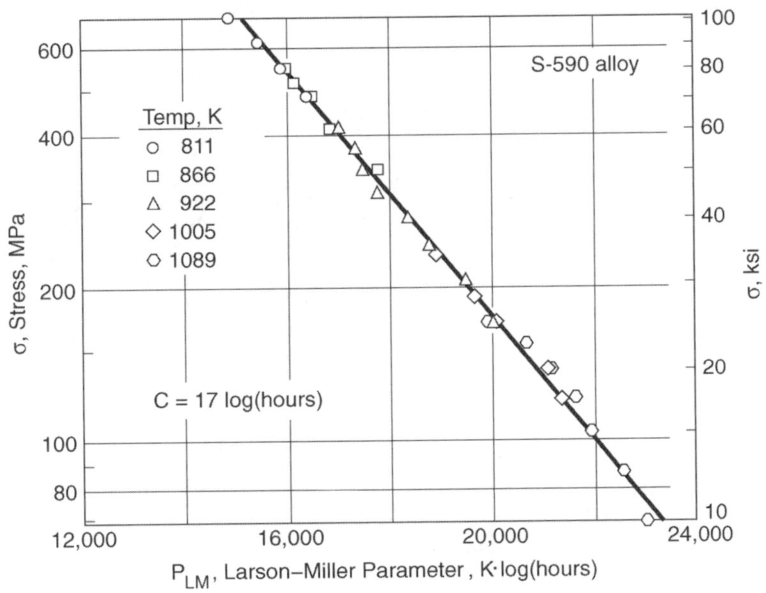

그림 16.23 S-590 철계합금의 크리프 파단 데이터에 대한 Larson-Miller 인자를 사용한 상관성

표 16.3 Larson-Miller 인자에 대한 상수

Material	C log (hours)	Polynomial Fit (units of hours, K, and MPa) b_0	b_1	b_2	b_3	Range of L-M Fit σ, MPa	T, K
1Cr-1Mo-0.25V steel	22	128,200	−141,500	64,380	−9,960	69–621	755–1005
AISI 310 stainless steel	10	20,470	−4,655	0	0	3.4–31	1255–1366
A-286 (Fe-Ni-Cr alloy)	20	116,400	−120,500	53,460	−8,188	69–758	811–1089
S-590 (Fe-Cr-Ni-Co alloy)	17	38,405	−8,206	0	0	69–690	811–1089
Nimonic 80A (Ni-base alloy)	18	16,510	11,040	−4,856	403	54–486	923–1089

Source: Values and data in [Conway 69], [Goldhoff 59a], [Goldhoff 59b], [Larson 52], [Orr 54], and [van Echo 67].

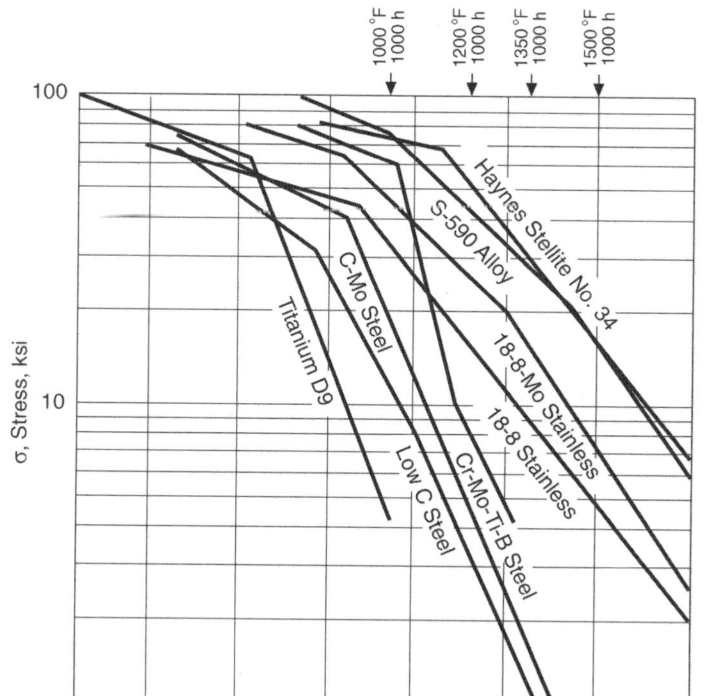

그림 16.24 Larson–Miller 인자를 이용한 여러 금속의 비교. 여기서 절대온도는 Rankine 단위, $^oR = {}^oF + 460$(출처: [Larson 52])

예제 16.3

예제 16.2를 L–M 인자를 이용하여 다시 풀어라.

【풀이】 문제를 푸는 과정은 식 16.17로부터 P_{LM}이 적용되는 것을 제외하고는 이전의 경우와 동일하다. 그림 16.23을 통해 필요한 응력과 P_{LM} 곡선, 그리고 $C = 17\log(\text{hours})$을 알 수 있다. $\sigma = 200\text{MPa}$이면 곡선으로부터 $P_{LM} \approx 19,500$이 된다. 식 16.17에서 온도는

반드시 절대온도 K로 나타낸다. 즉, $T=600℃+273=873\text{K}$이다.
따라서

$$\log t_r = \frac{P_{LM}}{T} - C = \frac{19,500}{873\,K} - 17 = 5.337$$

$$t_r = 10^{\log t_r} = 10^{5.337} = 217,200\text{시간} = 9050\text{일} \qquad \text{(답)}$$

이 값은 예제 16.2에서 얻은 P_{SD}값과 어느 정도 차이를 보인다.

16.4.3 고 찰

거론된 두 가지 시간-온도인자가 서로 상당 부분 다르게 보이고, 어느 것도 현재 널리 받아들여지는 $1/T$ 의존성을 포함하는 식 16.6의 크리프 속도식과 잘 일치하지 않는다. 그럼에도 불구하고 나름 적절한 결과를 나타내고 있다. 두 인자 모두 그림 16.21과 16.23의 유사한 데이터를 상관시켜주는 합리적인 능력을 갖는다. 여러 시간-온도인자들도 제안된 바 있다. 보다 자세한 내용은 참고문헌 Conway(1971)과 Penny(1995)를 참조하라.

시간-온도인자의 성공적 접근은 상대적으로 짧은 시간-고온시험에서 일어나는 크리프의 물리적 기구가 상대적으로 긴 시간-낮은 온도인 가동 상황에서의 기구와의 유사성에 달려 있다. 따라서 시험 데이터를 최대한 실 가동조건에 근접하도록 해줌으로써 시험조건과 실 가동조건의 너무 큰 차이로 인해 새로운 변형기구가 개입하지 않도록 해야 한다. 일반적인 법칙으로는, 시험을 통한 데이터의 수명이 최소한 실제 기대수명의 10% 수준에 이르게 하는 것으로서, 20년 가동수명에 대해 2년(17,500시간) 정도의 시험시간이 바람직하다는 것이다. 하지만 이는 타협의 여지가 있음을 유의해야 한다. 또한 응력과 인자데이터를 나타내는 곡선의 경우에도 너무 과도한 응력까지 외삽하는 것은 바람직하지 않다.

그림 16.21, 16.23, 16.24에 보인 응력과 인자간의 곡선에 대한 회귀식(fitting equation)을 이용하면 시간-온도인자의 유용성이 증대된다. 예를 들면, S-D인자의 경우 종속변수 $\log t_r$에 대해 식 16.16을 풀고 P_{SD}를 x의 다항식으로 피팅(fitting)한다. 여기서 $x=\log\sigma$이다.

$$\log t_r = P_{SD} + \frac{0.217Q}{T} \qquad \text{(a)}$$
$$P_{SD} = a_0 + a_1x + a_2x^2 + a_3x^3 \qquad \text{(b)} \qquad (16.19)$$

비슷한 다항식을 식 16.17의 L-M 인자에도 적용할 수 있다. 여기서도 $x=\log\sigma$이다.

$$\log t_r = \frac{P_{LM}}{T} - C \qquad \text{(a)}$$
$$P_{LM} = b_0 + b_1x + b_2x^2 + b_3x^3 \qquad \text{(b)} \qquad (16.20)$$

이러한 식에서 선형 피팅으로도 충분할 수 있다: 즉, $a_2=a_3=0$ 또는 $b_2=b_3=0$이다. 또한 3차수 이상의 다항식이 주로 이용되며 주로 홀수의 차수를 선호한다. 여러 금속에 대해 식 16.20(b)로 피팅된 계수를 표 16.3에 나타내었다. 식 16.19와 16.20과 같이 인자와 응력으로 피팅한 식은 그림 16.8과 같은 여러 온도에서의 응력-수명 곡선들을 얻는데 사용할 수 있다.

Q값을 별도로 구한 후 식 16.19를 이용하여 P_{SD}를 피팅하기 보다는 다른 방법을 이용할 수도 있는데, 데이터 피팅 과정의 일부로 Q값을 구하는 것이다. 이를 위해서는 $x = \log\sigma$라 두고 식 16.19(a)와 (b)를 조합한 후 $y = \log t_r$을 종속변수로 둔다.

$$\log t_r = a_0 + a_1 x + a_2 x^2 + a_3 x^3 + 0.217 Q\,(1/T) \qquad \text{(a)}$$
$$y = a_0 + a_1 z_1 + a_2 z_2 + a_3 z_3 + a_4 z_4 \qquad \text{(b)} \qquad (16.21)$$

독립변수 $z_1 = x$, $z_2 = x^2$, $z_3 = x^3$, $z_4 = 1/T$로 다중선형회귀(multiple linear regression)분석을 하여 피팅상수 a_0, a_1, a_2, a_3, $a_4 = 0.217Q$를 구할 수 있다. 물론 a_0에서 a_3까지의 값은 미리 정해진 Q값을 이용하여 식 16.19(b)로 피팅하여 구한 값과는 어느 정도 차이를 보인다.

P_{LM}의 C 값의 결정도 식 16.20(a)와 (b)를 조합시킨 다중선형 회귀분석에 비슷하게 포함시켜 $y = \log t_r$에 대한 다른 형태를 구할 수 있다.

$$\log t_r = -C + b_0(1/T) + b_1(x/T) + b_2(x^2/T) + b_3(x^3/T) \qquad \text{(a)}$$
$$y = d + b_0 z_1 + b_1 z_2 + b_2 z_3 + b_3 z_4 \qquad \text{(b)} \qquad (16.22)$$

이 경우, 독립변수는 $z_1 = 1/T$, $z_2 = x/T$, $z_3 = x^2/T$, $z_4 = x^3/T$이고 얻어진 피팅상수는 $d = -C$, b_0, b_1, b_2, b_3이다.

예제 16.4

그림 16.8에 나타낸 S-590합금에 대한 크리프 파단 데이터가 표 E16.4(a)에 각 실험별로 온도 T, 응력 σ, 파단시간 t_r 별로 나타나 있다. 이 데이터를 이용하여 다음의 문제를 풀어라.

(a) 그림 16.19에 근거하여 Sherby-Dorn 인자를 응력의 함수로 나타내어라. 표 16.2에 주어진 바와 같이 $Q = 85{,}000$cal/mole로 가정하라.

(b) 비슷하게, 식 16.20을 이용하여 Larson-Miller 인자를 응력의 함수로 나타내어라. 표 16.3에 주어진 바와 같이 $C = 17\log(h)$로 가정하라.

표 E16.4(a)

T K	σ MPa	t_r hours	T K	σ MPa	t_r hours	T K	σ MPa	t_r hours
811	690	22	922	345	93	1005	121	16 964
811	621	109	922	310	192	1089	172	25
811	552	433	922	276	756	1089	155	88
811	483	1 677	922	241	2 243	1089	138	267
866	552	25	922	207	11 937	1089	121	719
866	517	44	922	172	43 978	1089	103	1 354
866	483	109	1005	234	59	1089	86	5 052
866	414	264	1005	193	342	1089	69	15 335
866	345	3 149	1005	172	809	1089	69	11 257
922	414	26	1005	172	1 028	—	—	—
922	379	63	1005	138	9 529	—	—	—

Source: Data in [Goldhoff 59a].

【풀이】 (a) 먼저 표 E16.4(a)에 있는 T, σ, t_r에 관한 데이터에 대해 $x = \log\sigma$와 P_{SD}를 계산한다. P_{SD} 값은 표 E16.4(b)에 나타낸 것처럼 t_r과 T값을 식 16.16에 대입하여 구한다. 그런 다음 전체 데이터를 식 16.19(b)의 3차 다항식 $P_{SD} = f(x)$에 피팅시켜 다음의 결과를 얻는다.

$$P_{SD} = -12.35 + 4.42x - 2.287x^2 - 0.1292x^3, \quad x = \log\sigma \ \text{(units: h, K, MPa)} \qquad \text{(답)}$$

그림 16.21에 나타낸 바와 같이 상관성 높은 예측식이 얻어진다.

(b) 앞의 경우와 유사하게 Larson-Miller 인자를 이용하여 식 16.17로 부터 구한 P_{LM}을 표 E16.4(b)에 나타내었다. 하지만 그림 16.23에 P_{LM}이 로그응력으로 표기하여 직선형태로 나타나 있다. 따라서 식 16.20(b)의 $b_3 = b_4 = 0$로 가정하면 다음과 같은 간편한 직선식을 얻게 된다.

$$P_{LM} = 38{,}405 - 8206x, \quad x = \log\sigma \ \text{(units: h, K, MPa)} \qquad \text{(답)}$$

그림 16.23에 나타낸 바와 같이 상관성 높은 예측식이 얻어진다.

표 E16.4(b)

T	σ	t_r	$x = \log\sigma$	$y_1 = P_{SD}$	$y_2 = P_{LM}$
K	MPa	hours	log (MPa)	log (h)	K·log (h)
811	690	22	2.839	−21.40	14 876
811	621	109	2.793	−20.71	15 439
811	552	433	2.742	−20.11	15 925
…	…	…	…	…	…

16.4.4 크리프 파단에 대한 안전계수

크리프 파단에 대한 응력과 수명에 대한 안전계수 X_σ와 X_t는 그림 16.25와 같이 나타낼 수 있다. 9.2.4절에 나타낸 응력-수명곡선과 동일한 논리가 적용된다.

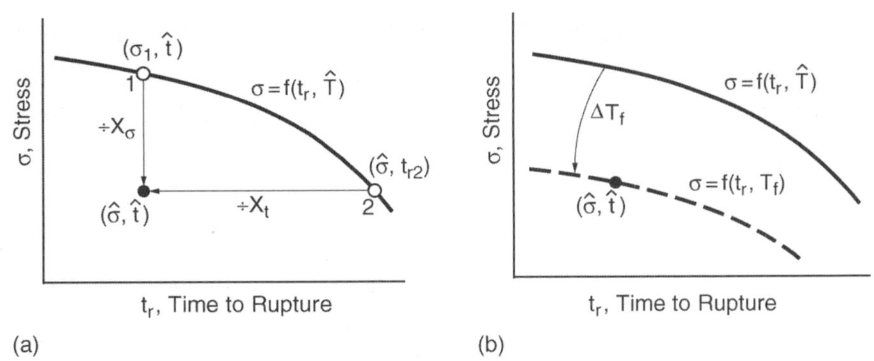

그림 16.25 (a) 응력과 수명에 대한 안전계수, (b) 온도에 대한 안전여유를 보여주는 응력-크리프 파단 시간 그래프

실제 가동조건에 해당하는 응력 $\hat{\sigma}$, 시간 $\hat{t}$, 온도 $\hat{T}$의 조합을 고려해 보자. 그림 16.25(a)에 나타낸 바와 같이 $(\hat{\sigma}, \hat{t})$점은 가동조건에서의 파단에 대한 응력-수명곡선, $\sigma = f(t_r, \hat{T})$보다 아래에 놓이게 된다. 파단곡선상의 점(1)은 기대가동수명 $\hat{t}$에서의 파단에 대한 점이므로 응력 σ_1을 가동응력 $\hat{\sigma}$와 비교해주면 응력에 대한 안전계수를 얻을 수 있다.

$$X_\sigma = \frac{\sigma_1}{\hat{\sigma}} \qquad (t_r = \hat{t}) \tag{16.23}$$

또한 점 (2)는 가동응력 $\hat{\sigma}$에서의 파단에 대한 점이므로 파단시간 t_{r2}를 가동수명 $\hat{t}$와 비교해주면 수명에 대한 안전계수를 얻을 수 있다.

$$X_t = \frac{t_{r2}}{\hat{t}} \qquad (\sigma = \hat{\sigma}) \tag{16.24}$$

피로의 경우, 대개 1.5 이상의 응력에 대한 안전계수를 얻기위해서는 보다 큰 수명에 대한 안전계수가 필요하다.

또한 그림 16.25(b)에 보인 바와 같이 가동응력과 시간 $\hat{\sigma}$, $\hat{t}$에서 파단을 일으키게 되는 온도 $\hat{T}$보다 높은 온도에 놓여있는 경우를 생각해 보자. 파단온도 T_f는 응력-수명곡선을 낮춤으로써 $(\hat{\sigma}, \hat{t})$점을 지난다. T_f에 이르기 위해 요구되는 ΔT_f의 증가분을 온도에 대한 안전여유(safety margin in temperature)로 볼 수 있다.

$$\Delta T_f = T_f - \hat{T} \qquad (\sigma = \hat{\sigma},\ t_r = \hat{t}) \tag{16.25}$$

예제 16.5

예제 16.2와 16.3에 나타낸 상황에서 S-590 합금으로 만든 부품이 200MPa의 응력과 600℃의 온도에 놓여 있다.

(a) 예제 16.3의 파단수명계산을 식 16.20의 P_{LM}에 대한 피팅(fitting)으로 구하라.

(b) 만약 기대가동수명이 1.5년이라면 수명과 응력에 대한 안전계수는 얼마인가?

(c) 온도에 대한 안전여유는 얼마인가?

【풀이】 (a) 표 16.3으로부터, 식 16.20에 대한 S-590 합금의 상수는 $C = 17$, $b_o = 38.405$, $b_1 = 8206$, $b_2 = b_3 = 0$가 된다. $x = \log\sigma$이므로 이 값을 대입하면 식 16.20(b)로부터 P_{LM}을 구할 수 있고 $T = 600℃ + 273 = 873\text{K}$를 대입하면 식 16.20(a)로부터 t_r을 얻게 된다.

$$P_{LM} = b_0 + b_1 x = 38{,}405 - 8{,}206 \log(200\ \text{MPa}) = 19{,}523$$

$$\log t_r = \frac{P_{LM}}{T} - C = \frac{19{,}523}{873\ \text{K}} - 17 = 5.363, \qquad t_r = 230{,}583\ \text{h} = 9608\ \text{days}$$ (답)

(b) 수명에 대한 안전계수는 (a)에서 구한 t_r을 가동수명 $\hat{t}$과 비교하여 얻는다.

$$\hat{t} = (1.5\ \text{years})(365.25\ \text{days/year})(24\ \text{h/day}) = 13{,}149\ \text{h}$$

$$X_t = \frac{t_{r2}}{\hat{t}} = \frac{230{,}583\ \text{h}}{13{,}149\ \text{h}} = 17.5 \quad \text{(답)}$$

응력에 대한 안전계수의 경우, $t_r = \hat{t}$에서 파단을 일으키는 σ_1을 결정해야 하는데 이는 $T = \hat{T}$의 온도에서 $t_r = \hat{t}$에 대한 P_{LM} 값에 의존한다. P_{LM} 값은 식 16.17로부터 계산할 수 있다:

$$P_{LM} = T(\log t_r + C) = \hat{T}(\log \hat{t} + C) = (873\ \text{K})[\log(13{,}149\ \text{h}) + 17] = 18{,}437$$

P_{LM}을 식 16.20(b)에 대입하여 풀면 $\sigma = \sigma_1$을 얻게 되고 식 16.23을 통해 X_σ를 구한다.

$$P_{LM} = b_0 + b_1 x, \qquad 18{,}437 = 38{,}405 - 8{,}206 \log \sigma_1$$

$$\log \sigma_1 = 2.433, \qquad \sigma_1 = 271.2\ \text{MPa}$$

$$X_\sigma = \frac{\sigma_1}{\hat{\sigma}} = \frac{271.2}{200} = 1.36 \quad \text{(답)}$$

(c) $(\sigma, t_r) = (\hat{\sigma}, \hat{t})$에서 파단을 일으키는 온도증가분, $\Delta T_f = T_f - \hat{T}$을 얻기 위해 식 16.17을 T에 대해 푼다. 이 값이 $\hat{\sigma}$에 대한 값이므로 $t_r = \hat{t}$와 (a)에서의 P_{LM}을 치환하여 T_f 온도를 구한다. 두 과정을 거친 결과는

$$T = \frac{P_{LM}}{\log t_r + C}, \qquad T_f = \frac{19{,}523}{\log(13{,}149\ \text{h}) + 17} = 924.4\ \text{K}$$

$$\Delta T_f = T_f - \hat{T} = 924.4 - 873 = 51.4\ \text{K} \quad \text{(답)}$$

【고찰】 이 예제의 (b)에서와 같이 식 16.20(b)을 σ에 대해 풀기 위해서는 3차(또는 5차) 다항식에 대한 반복풀이과정을 거쳐야 한다. 하지만 이 경우 $b_2 = b_3 = 0$가 선형성을 제공하므로 계산이 가능하다. 응력에 대한 안전계수 $X_\sigma = 1.36$은 낮은 값이다. 보다 높은 응력에 대한 안전계수를 얻기 위해서는, 수명에 대한 안전계수인 계산된 $X_t = 17.5$ 보다도 훨씬 높은 안전계수를 요하게 된다.

16.4.5 다축응력하에서의 크리프 파단

다축하중의 경우, 단축응력 대신 식 12.21의 유효응력 $\bar{\sigma}$을 응력-수명곡선 또는 시간-온도인자에 대입하는 것이 논리적이다. 하지만 다축하중하에서의 크리프 파단은 최대주응력 σ_1에 의해 어느 정도 영향을 받는다. 이에 대한 접근방법으로 크리프 파단에 대한 유효응력으로 다음 식을 사용한다.

$$\bar{\sigma}_c = \alpha\sigma_1 + (1 - \alpha)\bar{\sigma} \tag{16.26}$$

여기서 $\bar{\sigma}$는 식 12.21에 나타내었고 α는 다축시험을 통해 얻어지는 0과 1 사이의 재료상수이다. 그러면 $\bar{\sigma}_c$ 값은 단축응력과 동일하게 간주된다. 만약 α값이 없을 경우의 다른 가능한 방법으로는

0과 1 사이에서 가장 불리한 α값을 선정하는 것이며 이는 $\bar{\sigma}_c = MAX(\sigma_1, \bar{\sigma})$에 해당한다. 보다 자세한 내용은 Gooch(1986), Penny(1995), Skrzypek(1993)을 참조하라.

16.5 가변 응력하에서 크리프 파손

응력이 자주 변하지 않는다면 응력-수명곡선과 시간-온도인자를 수명예측을 하는데 지속적으로 사용가능하다. 하지만 응력이 자주 바뀌게 되면 반복하중이 피로손상을 일으키기 시작하고 특별한 분석이 필요한 보다 복잡한 상황이 된다.

16.5.1 단계적 하중하에서 크리프 파단

크리프 파단수명의 근사적 평가는 피로에서 사용되는 Palmgren-Miner 법칙과 동일한 방법으로 응력-수명 그래프에 시간분율법칙(time fraction rule)을 적용하면 된다.

$$\sum \frac{\Delta t_i}{t_{ri}} = 1, \qquad B_f \left(\sum \frac{\Delta t_i}{t_{ri}} \right)_{\text{one rep.}} = 1 \tag{16.27}$$

이 경우, 수명은 시간으로 표현되고 그림 16.8에 나타낸 것과 유사한 응력과 파단수명 곡선을 이용한다. Δt_i의 양은 응력 σ_i에서 소요되는 시간이고 t_{ri}는 파단시간에 대한 값이다. 그 다음 식은, 여러 번에 걸쳐 일어나는 반복적인 하중과정이 한번 반복하는데 필요한 시간이 B_f 회수만큼 반복되면 파단이 일어난다는 의미이다. 만약 온도도 변한다면 각 온도단계별로 적절한 응력-수명곡선을 사용한다. 파손이 임의의 크리프 변형들이 누적되어 일어나는 경우에는 이와 비슷한 과정을 적용할 수 있다. 물론 이 경우에도 특정 변형값에 대한 응력-수명곡선을 사용할 수 있다.

이러한 식들을 사용한 파손수명은 시간-온도인자들을 이용하여 얻을 수 있다. 각 응력수준 σ_i를 인자값 P_i를 얻는데 사용할 수 있으며 P_i는 적절한 온도를 적용함으로써 t_{ri}를 구하는데 사용할 수 있다.

16.5.2 크리프-피로 상호작용

고온 환경에서는 크리프와 피로가 동시에 일어날 수 있으며 이러한 현상은 서로 시너지효과를 나타낼 수 있다. 항공기 제트엔진의 여러 부품들은 큰 온도차이로 인한 열응력은 물론 항속비행, 속도변경, 착륙, 엔진정지 등과 같은 반복하중이 조합되어 진동과 일정응력을 동시에 받게 되는 것을 그 예로 들 수 있다. 핵반응로의 고온부품과 다양한 압력용기도 크리프와 피로가 복합된 하중을 받게 된다.

크리프와 피로에 의한 수명분율을 합해주는 간단한 접근법으로는, 식 9.33의 Palmgren-Miner법칙과 식 16.27의 시간분율법칙(time fraction rule)을 조합하여 합해주는 방법을 들 수 있다.

$$\sum \frac{\Delta t_i}{t_{ri}} + \sum \frac{N_i}{N_{fi}} = 1 \tag{16.28}$$

하지만, 크리프와 피로가 물리적으로 뚜렷하게 구분되는 과정임에도 불구하고 단순히 각각의 효과들을 합한다는 것이 정확할 수 없기 때문에 이 접근은 매우 근사적인 접근법이다. 특히 공업재료에서의 크리프 손상은 입계균열(grain boundary cracking)을 포함할 수 있는 반면, 하중의 피로성분에 기인한 손상은 결정입자내의 슬립밴드에 집중될 수 있다.

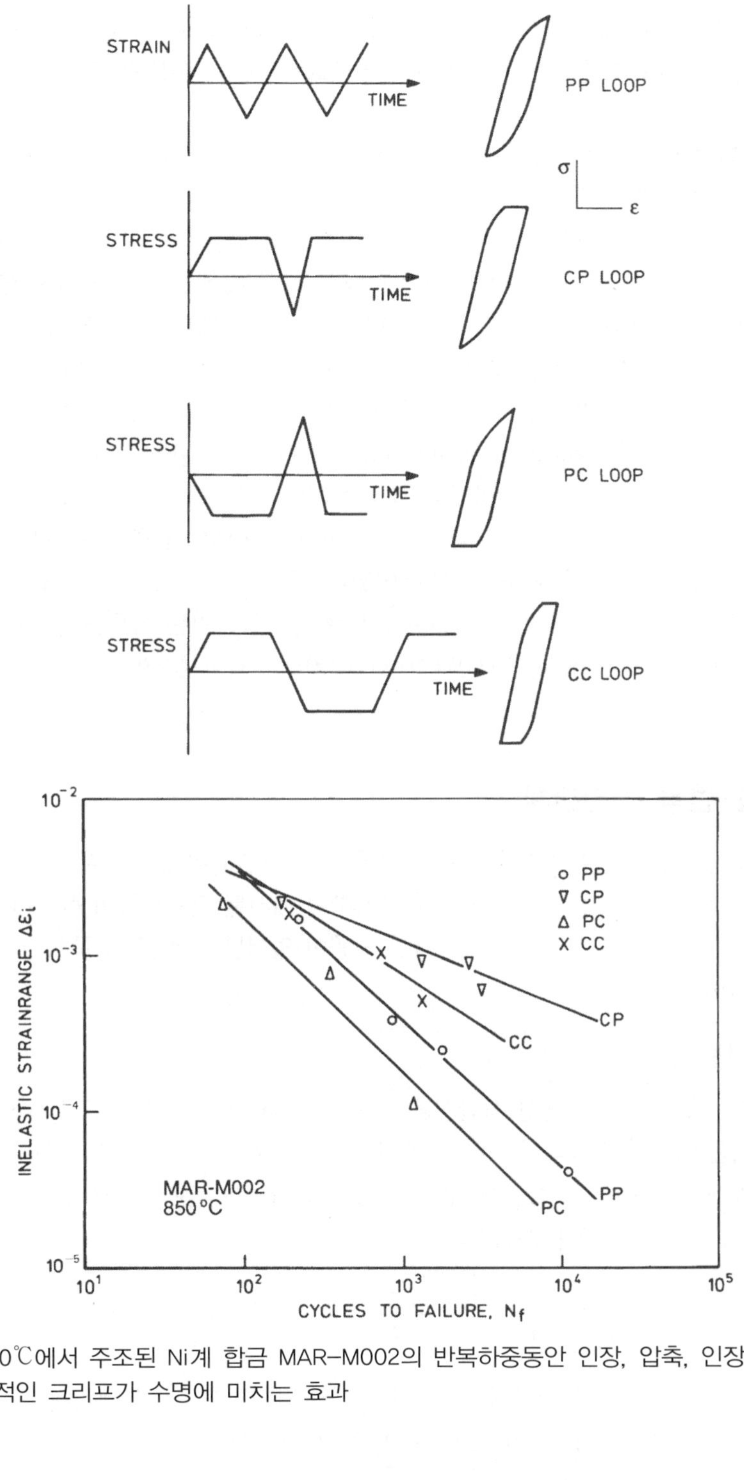

그림 16.26 850℃에서 주조된 Ni계 합금 MAR–M002의 반복하중동안 인장, 압축, 인장+압축에 대한 단속적인 크리프가 수명에 미치는 효과

크리프와 피로의 상호작용이 있을 경우 하중의 주파수(frequency)가 중요해지는데 그 이유는 늦은 주파수에서 크리프가 손상에 기여할 수 있는 시간이 더욱 늘어나기 때문이다. 이러한 효과를 염두에 두고 L.F. Coffin이 개발한 접근법이 주파수 수정 피로(frequency-modified fatigue)이다. 반복 응력-변형관계와 변형-수명관계를 일반화시켜 다양한 재료상수들을 온도와 주파수의 함수들이 되도록 하였다.

구체적인 응력과 변형의 시간의존적 변화도 중요할 수 있다. 그림 16.26에 금속에 대한 고온시험데이터를 나타내었다. 동일한 양의 비탄성(크리프+소성) 변형영역에 근거하려 비교해 보면 서로 다른 파형형태는 피로수명을 크게 변화시킬 수 있다. 이것은 재료내 손상의 물리적 과정에 대한 복합성에 기인한다. 압축성의 크리프 하중만 가할 경우(PC), 항상 그런 것은 아니지만 가장 심각할 수 있는 것이 그 예이다. 이것은 산화분위기가 압축성의 크리프 하중동안 표면산화층을 형성한 경우에 일어날 수 있는데 이는, 계속되는 빠른 인장하중이 이러한 산화막에 균열을 발생시키고 이로 인해 하부 금속에 조기균열을 발생시키게 되기 때문이다. 그림 16.26에 보인 이러한 형태의 데이터는 S. S. Manson 등이 개발한 변형영역 분배(strain-range partitioning)접근에 대한 기반을 형성하였다.

소성변형과 약간의 크리프(PP), 인장방향의 크리프(CP), 압축방향의 크리프(PC), 인장과 압축방향의 크리프(CC) 등 4가지 형태의 시험이 실시되었다. 4가지 형태의 하중별루 수명을 평가한 결괴를 토대로 하여 공업부품에 대한 수명예측이 이루어졌다.

지금까지 크리프-피로 상호작용에 대해 보편적으로 받아들여지는 이론을 정립하지는 못하였으나 활발한 연구가 진행되고 있다. Penny(1995)와 Saxena(2003)의 참고문헌에 보다 자세한 내용이 다루어져 있다.

16.6 응력-변형-시간관계

크리프 하중에 놓여있는 공업부품의 응력과 변형을 분석하기 위해서는 시간의존성을 갖는 응력-변형관계식이 있어야 한다. 단순한 유동모델에 근거하여 제시된 관계식들이 폴리머에 유용하게 적용되기도 하지만 이러한 재료에서도 보다 복합적인 거동이 일어날 수 있으며 특히 금속의 경우 여기에 대한 특별한 고찰이 필요하다.

16.6.1 선형 점탄성

일정하게 가해진 응력에 대한 변형-시간식을 그림 16.27의 다양한 유동모델로 나타내었다. (a), (b), (c)에 대한 관계식은 5.2.2절에 나타내었다. (c)에 대한 관계식은 스프링 E_1의 탄성변위가 추가된 것을 제외하고는 (b)와 동일하다. (d)가 단순히 (a)와 (b)를 직렬연결한 형태이므로 (a)와 (b)의 변형을 단순히 더해주면 (d)의 관계식을 얻게 된다.

$$\varepsilon = \frac{\sigma}{E_1} + \frac{\sigma t}{\eta_1} + \frac{\sigma}{E_2}\left(1 - e^{-E_2 t/\eta_2}\right) \tag{16.29}$$

이 방정식의 3가지 항은 각각 스프링 E_1의 순간적인 탄성변형, 댐퍼(dashpot)의 정상상태 크리프 변형 η_1, (E_2, η_2)병렬조합에서의 천이 크리프 변형에 해당한다.

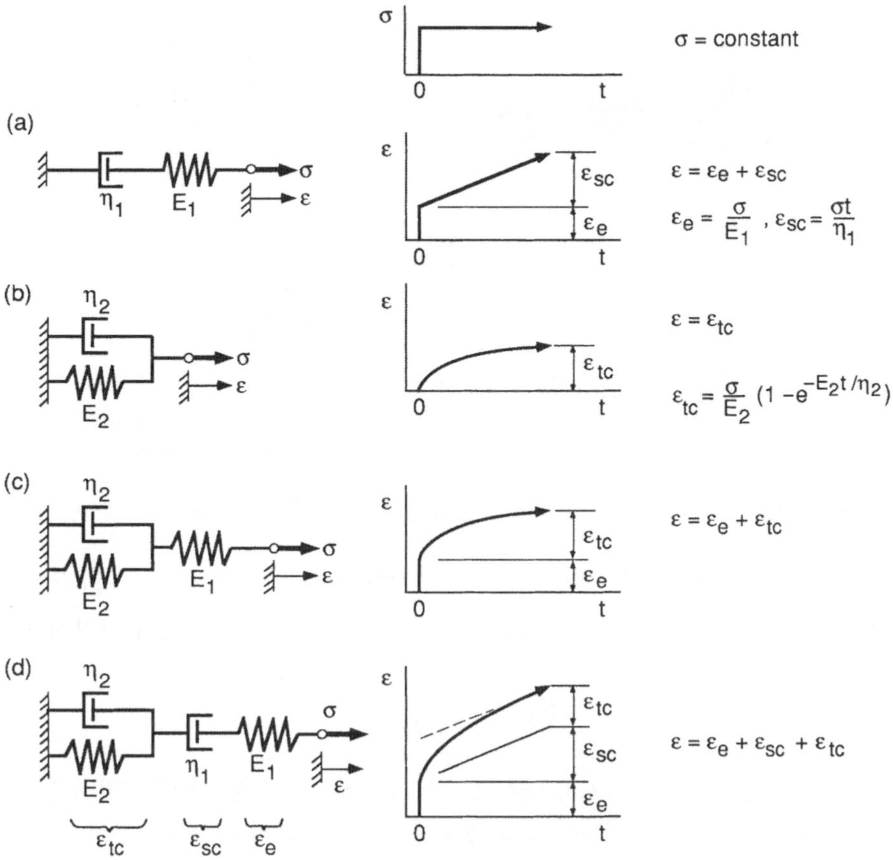

그림 16.27 네 가지 유동모델에 대한 변형-시간 거동

$$\varepsilon_e = \frac{\sigma}{E_1}, \qquad \varepsilon_{sc} = \frac{\sigma t}{\eta_1}, \qquad \varepsilon_{tc} = \frac{\sigma}{E_2}\left(1 - e^{-E_2 t/\eta_2}\right) \tag{16.30}$$

시간에 대해 미분하여 얻은 변형속도는 다음과 같다.

$$\dot{\varepsilon}_e = 0, \qquad \dot{\varepsilon}_{sc} = \frac{\sigma}{\eta_1}, \qquad \dot{\varepsilon}_{tc} = \frac{\sigma}{\eta_2} e^{-E_2 t/\eta_2} \tag{16.31}$$

따라서 정상상태 크리프 변형은 일정한 속도를 가지며 천이 크리프 변형은 속도가 감소되면서 진행하여 시간 t가 경과함에 따라 $\varepsilon_{tc} = \sigma / E_2$에 수렴해 간다. 주어진 응력하에서 이러한 시간의존적 변형은, 모델에서는 3차 크리프가 없다는 것을 제외하고는, 실제 재료에서 관찰되는 것과 비슷하다.

앞의 식들과 그림 16.27을 고려해 볼 때, 이러한 모든 모델들은 주어진 시간 t에서 응력과 변형간에 또한 응력과 변형속도간에 간단한 비례관계를 보임을 알 수 있다. 비슷한 비례관계가 선형적 스프링과 댐퍼의 조합으로 구성된 모든 모델에 적용되므로 이러한 모델을 선형 점탄성(linear viscoplasticity) 거동을 보인다고 한다. 이러한 상황의 결과로 주어진 시간에서의 등시 응력-변형관계식(isochronous stress-strain curves)은 모두 직선형태를 나타낸다. 두 가지 모델에 대해 이것을 그림 16.28에 나타내었다.

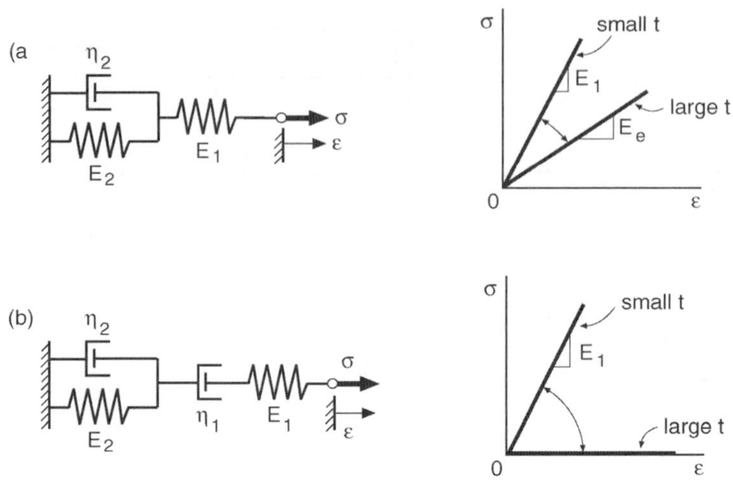

그림 16.28 두 가지 선형 점탄성모델에 대한 선형 등시응력–변형곡선에 대한 한계

천이 크리프와 탄성모델이 합해진 모델(a)의 경우 짧은 시간 t에서는 스프링 E_1만이 변형하지만 긴 시간 t에서는 댐퍼는 역할을 하지 못하고 지렬상태에서의 E_1과 E_2 만이 강성에 관여한다.

$$E_e = \frac{E_1 E_2}{E_1 + E_2} \tag{16.32}$$

(b)의 경우, 짧은 시간에서는 기울기가 다시 E_1이 되지만 시간이 길어지면 댐퍼 η_1의 변형이 구속(constrained)되지 않으므로 기울기가 0이 된다. 폴리머의 설계적용시 선형 점탄성거동을 따른다고 가정하는 것이 일반적이며 시간의존적인 탄성계수를, 그림 16.11(c)의 다소 비선형적인 응력-변형관계식을 고려한, 시컨트(secant) 탄성계수 E_s로 잡아주는 것이 일반적이다.

식 16.6의 거동을 따르는 결정질 재료의 경우, 확산유동에 의한 정상상태 크리프에서는 $m = 1$이므로 식 16.7(a)는 $\dot{\varepsilon} = B\sigma$가 되고 식 16.7(b)는 그대로 적용된다. 이러한 경우, 재료, 온도, 입자크기에 의존하는 점성 $\eta = \sigma/\dot{\varepsilon} = 1/B$을 갖는 선형 점탄성거동을 보인다고 한다. 탄성변형도 일어나므로, 해당온도에서의 탄성계수가 $E = E_1$인, 그림 16.27(a)의 정상상태 크리프 모델과 동일한 거동을 보인다.

16.6.2 비선형 크리프 식

16.3.3절의 결정체 재료에서의 크리프 변형기구에 대한 고찰로부터 $m \neq 1$인 비선형거동이 보편적으로 일어난다고 하였다. 결정재료의 전위 크리프에서 변형율 속도는 응력에 비례하지 않고 $m \approx 5$ 차수에 해당하는 강한 의존성을 보이는 것을 그 예로 들 수 있다. 폴리머와 콘크리트는 낮은 응력에서는 선형 점탄성 거동을 보일 수 있으나 높은 응력에서는 일반적으로 그러하지 않다. 폴리머와 콘크리트에 대한, 등시 응력-변형곡선(isochronous stress–strain curve)을 그림 16.29와 16.30에 나타내었다. 이러한 재료들은 상대적으로 높은 응력하에서 명백하게 비선형적임을 알 수 있다.

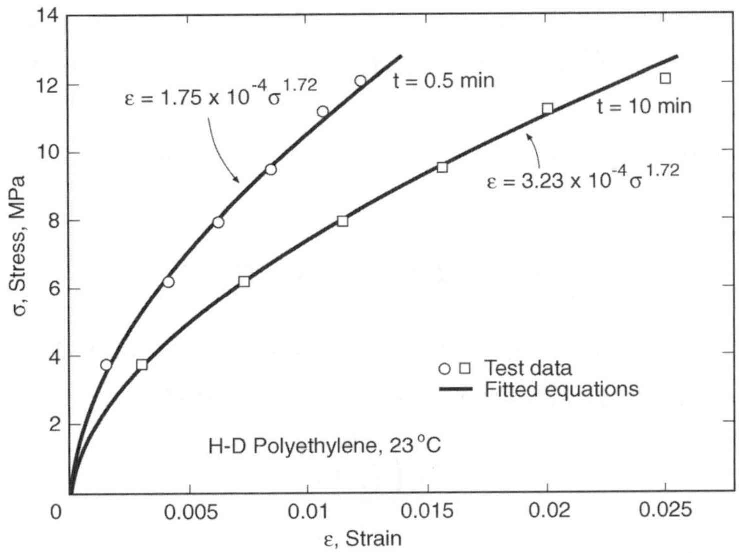

그림 16.29 인장하중을 받는 고밀도 폴리에틸렌의 두 가지 등시응력-변형곡선

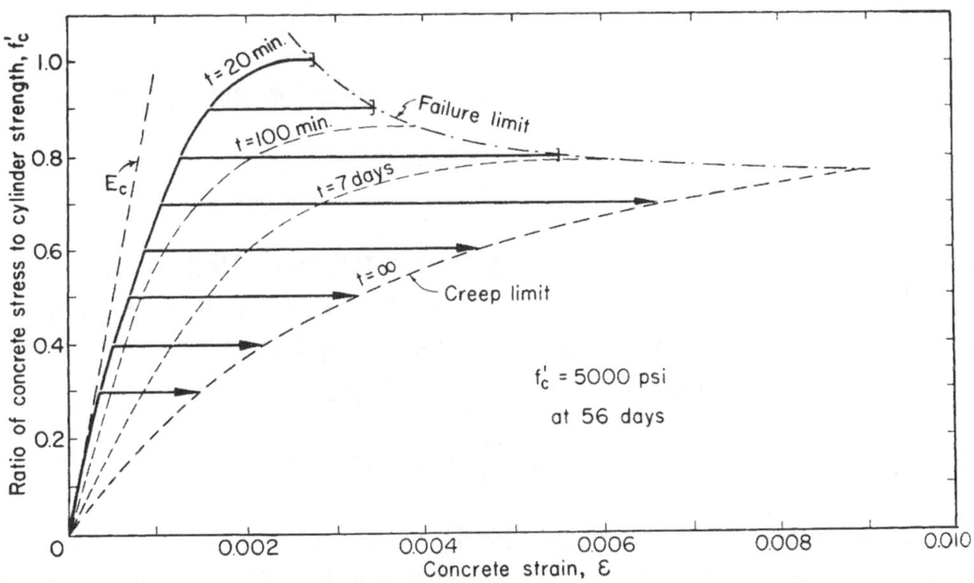

그림 16.30 56일 동안 큐링(curing)후 압축시험된 콘크리트의 등시응력-변형곡선(점선). 여기서 f_c'는 압축시 최고강도. 변형속도는 시간과 함께 감소하여 0에 수렴하므로 크리프 한계곡선을 그릴 수 있음.(출처: [Rusch 60])

따라서 선형점탄성 모델의 경우보다 더욱 일반적인 응력-변형-시간관계가 필요한 경우가 있다. 이러한 상황을 반영하기 위해 다음과 같은 응력 σ를 포함하는 광범위한 비선형관계식을 적용하게 되었다.

$$\varepsilon = \varepsilon_i + B\sigma^m t + D\sigma^\alpha \left(1 - e^{-\beta t}\right) \tag{16.33}$$

B, m, D, α, β의 값들은 주어진 재료와 온도에 대한 크리프 데이터로 구한 경험적 상수들이다. 순간적인 변형 ε_i는 탄성과 소성성분을 모두 포함할($\varepsilon_i = \varepsilon_e + \varepsilon_p$) 수 있다. 식 16.29와 비슷하게 식 16.33의 두 번째 항은 정상상태(2차) 크리프 변형이고 세 번째는 천이(1차) 크리프 변형이다. Marin(1962)은 소성변형이 $\varepsilon_p = B_1 \sigma^{1/n}$ (여기서, $1/n = \alpha = m$)로 주어지는 유용한 형태의 식 16.33을 적용하였다:

$$\varepsilon = \frac{\sigma}{E} + \left[B_1 + B_2 t + B_3\left(1 - e^{-\beta t}\right)\right]\sigma^m \tag{16.34}$$

탄성-소성 응력-변형곡선에 식 12.12의 Ramber-Osmond 관계식이 널리 사용되므로 동일형태로 적용가능한 응력-변형-시간관계를 적용하는 것이 편리하다. 따라서

$$\varepsilon = \frac{\sigma}{E} + \left(\frac{\sigma}{H_c}\right)^{1/n_c} \tag{16.35}$$

여기서 n_c는 크리프에 대한 적정값이고 H_c는 시간의존성을 포함한다. 식 16.34는 식 16.35에 다음을 적용한 것과 동일하다.

$$n_c = \frac{1}{m}, \qquad H_c = \left[B_1 + B_2 t + B_3(1 - e^{-\beta t})\right]^{-1/m} \tag{16.36}$$

천이 변형이 완전히 일어날 수 있을 정도로 충분한 시간이 경과하게 되면, 식 16.33은 정상상태 크리프에 대해 간단하게 표현할 수 있다.

$$\varepsilon = \varepsilon_i + B\sigma^m t + D\sigma^\alpha, \qquad \dot{\varepsilon}_{sc} = B\sigma^m \qquad \text{(a, b)} \tag{16.37}$$

위의 두 식에서 (a)의 3번째 항이 천이 크리프 변형의 한계값이 된다. 정상상태 크리프 속도의 온도의존성은 이전에 거론되었던 활성화에너지로부터 평가할 수 있다. 예를 들면, 식 16.6의 멱승법 크리프(power law creep)에서 $q = 0$이면 상수 B는 식 16.7(b)로 주어진다.

크리프 식에 아래와 같이 지수함수적인 시간 t를 적용하기도 한다.

$$\varepsilon = \varepsilon_i + D_3\sigma^\delta t^\phi, \qquad \varepsilon = \frac{\sigma}{E} + D_3\sigma^\delta t^\phi \qquad \text{(a, b)} \tag{16.38}$$

여기서 지수 ϕ는 0과 1 사이의 값을 가지며 멱승적(power-type)인 응력의존성이 포함된다. 두 번째 항에서, 순간적인 변형 ε_i는 탄성변형만 포함하는 것으로 가정한다. 특정온도하의 일부 공업재료에 대한 식 16.38(b)의 상수값들을 표 16.4에 나타내었다. 또한 식 16.38(b)는 식 16.35의 형태를 갖는다. 여기서

$$n_c = \frac{1}{\delta}, \qquad H_c = \frac{1}{\left(D_3 t^\phi\right)^{1/\delta}} \tag{16.39}$$

식 16.38에서 시간 t에 대한 지수 ϕ는 천이 크리프를 나타내는 수단을 제공한다. $B_2 = 0$ 일 때의 식 16.34가 그러하듯이, $B = 0$일 때의 식 16.33이 무한한 시간 후에 한계값에 근접하는 천이 크리프

표 16.4 식 16.39(b)의 상수값

Material	Temperature	E	D_3	δ	ϕ
	°C	MPa (ksi)	for MPa, hours (for ksi, hours)		
SAE 1035 steel[1]	524	161,000 (23,300)	1.58×10^{-11} (4.78×10^{-8})	4.15	0.40
Copper alloy 360[1]	371	85,500 (12,400)	4.26×10^{-9} (1.06×10^{-5})	4.05	0.87
Pure nickel[2]	700	150,000 (21,700)	2.42×10^{-6} (3.02×10^{-4})	2.50	0.28
7075-T6 Al[2]	316	36,500 (5,300)	1.35×10^{-13} (1.00×10^{-7})	7.00	0.33
Cr-Mo-V steel[2]	538	152,000 (22,000)	1.15×10^{-9} (1.07×10^{-7})	2.35	0.34

Notes: [1]Constants from [Chu 70] based on 1-hour creep tests. [2]From [Lubahn 61] pp. 159, 255, and 574, based on creep data extending to 300, 18, and 10^4 hours, respectively.

변형량을 제공한다. 시간 함수가 로그함수이거나 쌍곡선함수 형태를 포함하여 여러 다양한 관계식들도 천이 크리프를 나타내는데 적용된다.

방금 거론한 비선형 응력-변형-시간 식들에 대한 상수들은 다양한 재료별로 종합적인 표나 이와 유사한 형태로는 대개 알려져 있지 않다. 이것은 여러 식들 중에 어느 식을 적용할 것인지에 대한 공감대가 부족하고 상수가 재료에 따라 변할 뿐만 아니라 응력과 온도에 따라서도 변하기 때문이다. 따라서 공업적인 적용시 해당 재료와 가동조건에 적합한 크리프 데이터를 실제 실험이나 관련 문헌으로 부터 구한 후 필요한 상수를 얻어야 한다. 예외적으로 Frost(1982)의 참고문헌에 광범위한 응력과 온도범위에 대한 금속과 세라믹의 정상상태 크리프 상수가 수록되어 있다.

16.7 가변 응력하에서 크리프 변형

지금까지 응력과 온도가 일정하게 유지되는 크리프 변형을 고찰하였다. 하지만 공업적 가동환경에서는 응력과 온도가 변하는 경우가 많다. 본 절에서는 가변 응력하에서의 크리프를 소개하고자 한다. 보다 자세한 내용은 참고문헌 Neville(1983), Penny(1995), Skrzypek(1993)을 참조하기 바란다.

16.7.1 크리프 변형의 회복

가해준 하중의 전부 또는 일부를 제거하였을 때, 시간 경과와 함께 크리프 변형이 사라지는 것을 회복(recovery)이라 한다. 이러한 거동은 그림 5.5에 나타낸 간단한 유동모델로 나타낸 바 있다. 정상상태 크리프 모델(a)에서는 크리프 변형의 회복이 일어나지 않으나 천이 크리프 모델(b)에서는 스프링과 마찰차(slider)의 병렬조합하에서 모든 크리프 변형이 시간경과와 함께 모두 회복된다. 그림 16.13에 나타낸 유동모델의 조합에 대해, 병렬조합의 천이 크리프 변형 ε_{tc}는 시간경과와 함께 서서히 회복되지만 댐퍼에서의 정상상태 크리프 변형 ε_{sc}는 그대로 유지된다.

그림 16.13에 나타낸 모델의 회복거동을 자세하게 알아보기 위해, 일정응력 σ'를 시간 t'동안 유지하도록 하였다. 그림 16.27(b)로부터 t'에서의 천이 크리프 요소의 변형은

$$\varepsilon_2' = \varepsilon_{tc} = \frac{\sigma'}{E_2}\left(1 - e^{-E_2 t'/\eta_2}\right) \tag{16.40}$$

응력을 제거한 후에 변형이 감소하여 무한한 시간 후에는 0에 접근하게 되므로(예제 16.39 참조.)

$$\varepsilon_2 = \varepsilon_2' e^{-E_2 \Delta t/\eta_2} \tag{16.41}$$

여기서 $\Delta t = t - t'$는 응력제거 후의 경과시간이다. 그림 16.13에 나타낸 전체 모델에 대한 회복을 고려해 보자. 스프링 E_1의 탄성변형은 순간적으로 회복되지만 정상상태 크리프 요소인 댐퍼 η_1의 변형은 변하지 않고 남는다.

$$\varepsilon_1 = \varepsilon_{sc} = \frac{\sigma' t'}{\eta_1} \tag{16.42}$$

σ'를 제거한 후의 전체 모델에 대한 변형-시간반응은 ε_1과 ε_2를 식 16.40의 ε_2'와 조합하여 얻을 수 있다.

$$\varepsilon = \frac{\sigma' t'}{\eta_1} + \frac{\sigma'}{E_2}\left(1 - e^{-E_2 t'/\eta_2}\right) e^{-E_2 \Delta t/\eta_2} \tag{16.43}$$

이 식은 그림 16.13에 나타낸 $t = t'$에서 하중을 제거한 후 감소하는 변형곡선에 대한 것이다.

실제 재료에서는 이와 비슷하지만 조금 더 복잡한 거동을 보인다. 특히 지배식 자체가 일반적으로 응력에 선형적이지 못하며, 초기에 천이변형으로 분류된 변형도 완전하게 회복되지 않을 수 있다. 폴리머나 콘크리트에서는 크리프 변형의 상당부분이 회복된다. 하지만 금속이나 단순 점성 유동을 보이는 폴리머나 유리의 경우에는 상대적으로 적은 양의 회복만이 일어난다. 실제 재료를 모델링할 때에는 직렬적인 부가적인 천이 크리프 요소나 특별한 비선형 스프링과 댐퍼가 사용되기도 한다.

16.7.2 응력완화

특정온도에서 일정 응력하에 놓인 재료가 크리프를 일으키는 경우를 고려하였다. 이와 달리 시편을 주어진 변형량까지 급격하게 변형을 일으킨 후 그대로 유지하는 새로운 형태의 시험을 생각해 보자. 시간 경과와 함께 응력이 줄어들게 되며 이러한 응력의 감소를 완화(relaxation)라 한다. 그림 16.31에 나타낸 2가지 간단한 유동모델에 시간에 따른 응력의 변화식을 나타내었다. ((a)에 나타낸 식은 예제 5.1에서 이미 유도하였던 것이고 (b)는 문제 16.40에서 풀어보도록 하였다.) 완화시험에서 응력은 긴 시간이 경과하면 안정적인 값으로 수렴하며, 이 값은 초기 응력 보다 적으나 그 정도는 재료, 온도, 가해진 변형수준에 따라 차이를 보인다. 완화동안, 초기의 급격한 하중시 생겨난 탄성변형이 부분적으로 서서히 크리프 변형으로 대체되게 되며 두 값의 합은 시험동안 일정하게 유지된다.

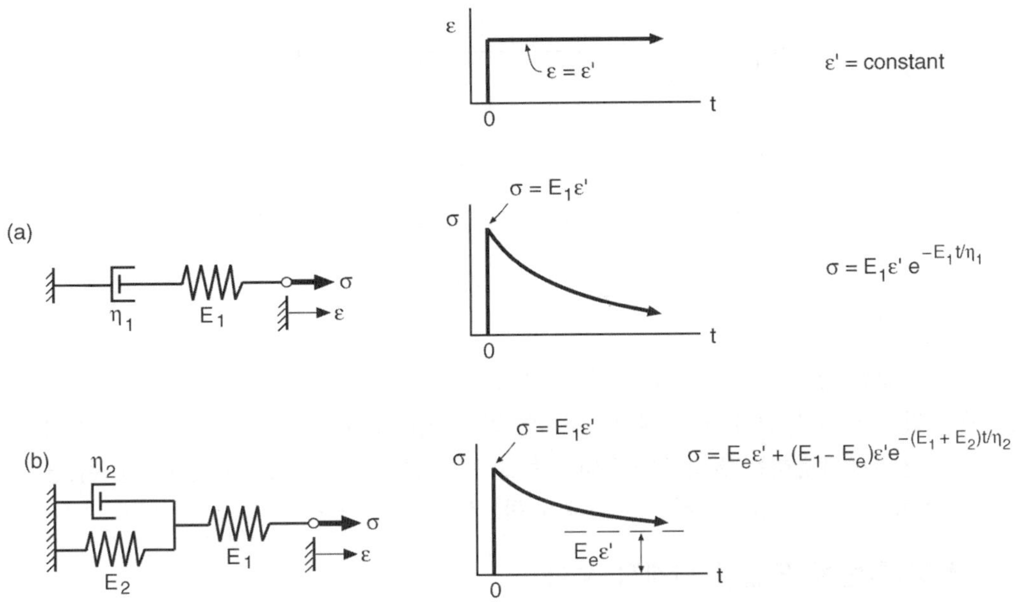

그림 16.31 두 가지 점탄성 모델에 대한 일정변형하에서의 완화

실제 재료는 단순한 선형 점탄성 모델의 경우보다 훨씬 복합적인 거동을 보인다. 소성변형과 천이 크리프 변형이 적은 재료에서 일정 변형동안 일어나는 응력완화 거동이 탄성변형과 정상상태 크리프 변형에 의해 지배되는 것을 그 예로 들 수 있다. 크리프 변형의 속도가 응력과 식 16.7(a)에 보인 바와 같이 멱승적 관계(power relationship)를 보인다고 가정한다. 또한 이러한 관계는 완화로 인해 응력이 감소하는 상황에서도 적용된다고 가정한다. 그리고 총 변형 ε'가 일정하다고 하면

$$\varepsilon_e + \varepsilon_c = \varepsilon', \qquad \dot{\varepsilon}_e + \dot{\varepsilon}_c = 0 \tag{16.44}$$

여기서 $\varepsilon_e = \sigma/E$ 는 탄성변형, ε_c는 크리프 변형이며 두 번째 식은 처음 식을 시간으로 미분하여 구한 것이다.

$\dot{\varepsilon}_e = \dot{\sigma}/E$이고 $\dot{\varepsilon}_c = B\,\sigma^m$ 이므로 조합하면

$$\frac{1}{E}\frac{d\sigma}{dt} + B\sigma^m = 0 \tag{16.45}$$

이 미분방정식은 적분을 통해 쉽게 풀 수 있다.

$$\int_0^t dt = -\frac{1}{BE}\int_{\sigma_i}^{\sigma} \frac{d\sigma}{\sigma^m} \tag{16.46}$$

급격한 초기 하중부하시에는 탄성변형만이 일어나므로 완화개시시점 $t = 0$의 초기 응력은 $\sigma_i = E\varepsilon'$가 된다. 적분후 식을 정리하면 다음과 같은 시간에 따른 응력변화식을 얻는다.

$$\sigma = \frac{\sigma_i}{\left[tBE(m-1)\sigma_i^{m-1}+1\right]^{1/(m-1)}} \qquad (m \neq 1)$$
$$\sigma = \sigma_i e^{-BEt} \qquad (m = 1) \tag{16.47}$$

실제 이러한 분석은 그림 16.31(a)를 일반화 시켜서 댐퍼가 다음과 같은 비선형반응을 보인다.

$$\eta_1 = \frac{\sigma}{\dot{\varepsilon}} = \frac{1}{B\sigma^{m-1}} \tag{16.48}$$

$m=1$의 특별한 경우가 $\eta_1 = 1/B$의 초기 선형모델과 동일하게 보인다.

적절한 m값을 갖는 식 16.47은 변형기구지도의 멱승적(power law) 거동(전위 크리프)과 점성(확산 크리프) 거동영역에 해당하는 결정체 재료의 거동을 근사하는데 사용가능하다. 하지만, 이 경우에 천이 크리프 변형효과가 무시되는 것을 유념해야 하므로 주의가 필요하다.

16.7.3 선형 점탄성 모델의 단계적 부하

그림 16.32(a)에 보인 바와 같은 일련의 하중단계를 고려해 보자. 응력의 증가는 부가적인 순간변형(탄성+소성), 부가적인 천이 크리프 변형, 정상상태 변형속도의 증가를 일으킨다. 응력의 감소는 탄성변형의 순간적인 소멸과 변형속도의 감소를 일으키며, 결과적인 응력이 낮으면 어느 정도의 천이 크리프 변형도 회복도 일어날 수 있다. 이러한 조건하에서 변형과 시간거동을 예측할 수 있는 여러 접근법들이 있다.

첫째로, 선형 점탄성 유동모델, 즉 표준 선형 스프링들과 댐퍼들의 조합에 대한 거동을 생각해 본다. 이러한 모델들은 모두 중첩의 원리(superposition principle)를 따른다. 이 원리는 어느 시점에서의 크리프 변형을 각각 일어났던 응력변화 $\Delta\sigma$에 기인한 모든 변형들의 단순한 합으로 보는 것이며, 이것이 일어나는 시간부터 이후의 어느 시점에 이르기까지 각 $\Delta\sigma$는 가해진 응력의 역할을 연속적으로 한다고 간주한다. 그림 16.32에 접근방법을 나타내었다. 응력 σ_1이 시간 t_1에 가해지지만 시간 t_2에 응력이 σ_2로 변한다. 이 변화 후에 $\Delta\sigma_1 = \sigma_1$에 기인한 크리프 변형은 지속적으로 누적되지만 추가적인 응력 $\Delta\sigma_2 = \sigma_2 - \sigma_1$로 인한 추가적인 크리프 변형이 추가되어야 한다. 이러한 추가적인 크리프 변형량은 시간 t_2에 $\Delta\sigma_2$에 해당하는 자체응력를 가하여 얻게되는 변형과 동일하다. 비슷하게, t_3을 따라 $\Delta\sigma_1$와 $\Delta\sigma_2$에 기인한 크리프 변형이 계속되지만 $\Delta\sigma_3$에 대한 변형이 추가되어야 한다. 이러한 특별한 예에서, 추가될 $\Delta\sigma_3 = \sigma_3 - \sigma_2$가 음수이므로 뺄셈이 일어난다.

일반적으로, 이전 수준에서 $i-th$ 하중 단계에 도달하기 위한 응력변화는

$$\Delta\sigma_i = \sigma_i - \sigma_{i-1} \tag{16.49}$$

$i-th$ 단계동안의 응력은 일어났던 모든 변화의 합이므로 다음과 같다.

$$\sigma_i = \sum \Delta\sigma_i \tag{16.50}$$

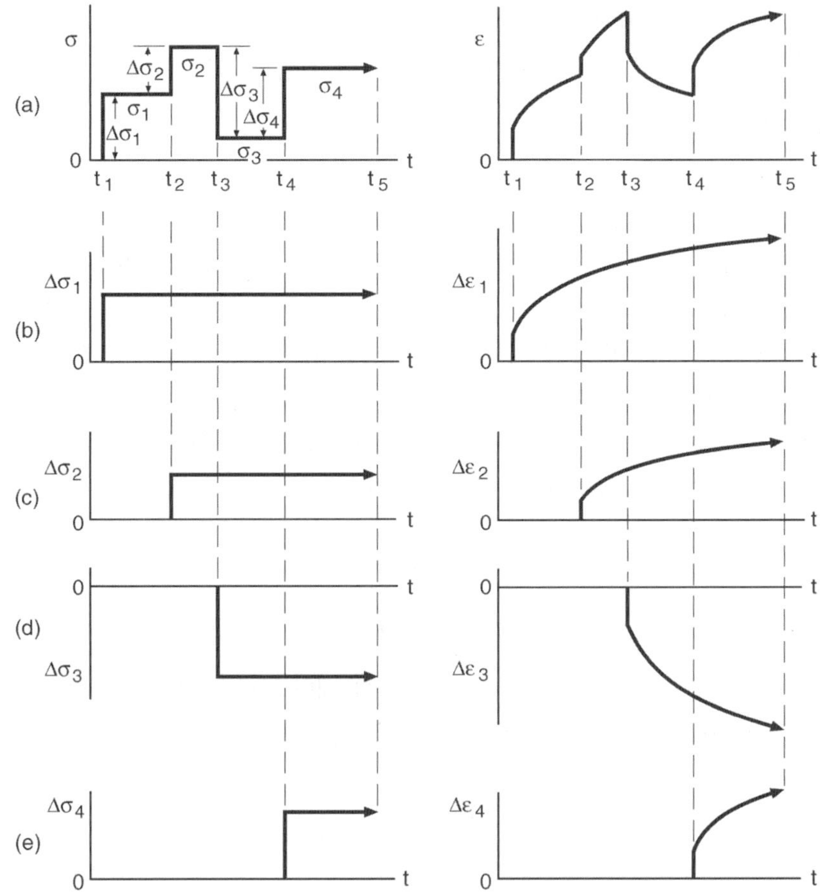

그림 16.32 선형 점탄성 모델과 재료에 대한 중첩원리. (a) 가해준 응력이력과 결과적인 변형반응, (b~e) 중첩된 응력변화들과 결과적인 변형들

모델에 대한 선형적인 변형-시간관계를 $\varepsilon = \sigma f(t)$로 나타내면 그림 16.27의 다양한 $f(t)$의 예를 이용하여 표현할 수 있다. 시간 t_i에서 가해지기 시작되는 응력 $\Delta\sigma_i$에 기인한 이후 시간 t에서의 변형은 다음과 같다.

$$\Delta\varepsilon_i = \Delta\sigma_i \, f(t - t_i) \tag{16.51}$$

$(t - t_i)$는 응력변화 $\Delta\sigma_i$ 이후의 시간이다. 중첩의 원리에 따라, 전체변형은 $\Delta\sigma_i$로 인해 생겨난 모든 변형 $\Delta\varepsilon_i$의 합이 된다.

$$\varepsilon = \sum \Delta\varepsilon_i = \sum \Delta\sigma_i \, f(t - t_i) \tag{16.52}$$

이러한 합은, 그림 16.32(b~e)에 나타낸 바와 같이, 임의의 시간에서의 각각의 $\Delta\sigma$에 기인한 변형들을 그래프상에서 단순히 더해주는 과정과 동일하다.

실제 재료의 거동은 선형 점탄성으로 나타내기에는 너무 복잡한 경우가 많다. 따라서 이러한 접근에 대한 비선형적인 확장이 사용되기도 한다. 회복(recovery)거동이 상대적으로 중요하지 않은 금속

재료의 경우에는, 다음에 다루게 되는 시간경화(time hardening)와 변형경화(strain hardening)와 같이 회복거동을 완전히 무시하는 접근을 사용하는 것이 합리적일 수 있다.

16.7.4 시간경화와 변형경화 법칙

그림 16.33(a)에 나타낸 응력이력에 대한 이러한 방법들을 그림 16.33에 나타내었다. 두 가지 접근법에 의해 예측된 변형은 그림16.33(b)에 나타내었다. 시간경화의 경우, 크리프(총 변형이 아님)변형-시간곡선을 그림16.33(c)에 보인 바와 같이 모든 응력별로 먼저 나타낸다. 응력이 변할 때마다 변형은 새로운 응력에 대한 곡선을 따라 진행한다고 가정하여 실시간에 해당하는 곡선에서 시작된다. 예를 들면, 시간 t_2에서 응력이 σ_2로 변한 후 응력이 다시 변할 때까지는 σ_2에 대한 변형-시간곡선이 거동을 예측하는데 사용된다. 각 응력수준에서의 이러한 변형-시간반응의 분절들은 그림16.33(b)에 보인 전체 변형반응을 예측하기 위해 조합된다. 탄성 및 소성변형의 변화 또한 포함될 필요가 있을 수 있다. 이 예에서는 탄성변형의 순간적인 변화를 그림16.33(c)의 크리프 변형-시간 분절들과 함께 그림16.33(b)에 나타내었다.

크리프 변형-시간곡선이 다음과 같이 주어진다고 가정하자.

$$\varepsilon_c = f_2(\sigma, t) \tag{16.53}$$

$i-th$ 응력수준 동안 크리프 변형의 변화 $\Delta\varepsilon_{ci}$는 σ_i에 대한 곡선으로부터 구하며 t_i와 t_{i+1} 시간에 대한 크리프 변형 사이의 차이이다. 또한 누적된 크리프 변형 ε_c는 이러한 변화들의 합이다. 따라서,

$$\Delta\varepsilon_{ci} = f_2(\sigma_i, t_{i+1}) - f_2(\sigma_i, t_i), \qquad \varepsilon_c = \sum \Delta\varepsilon_{ci} \tag{16.54}$$

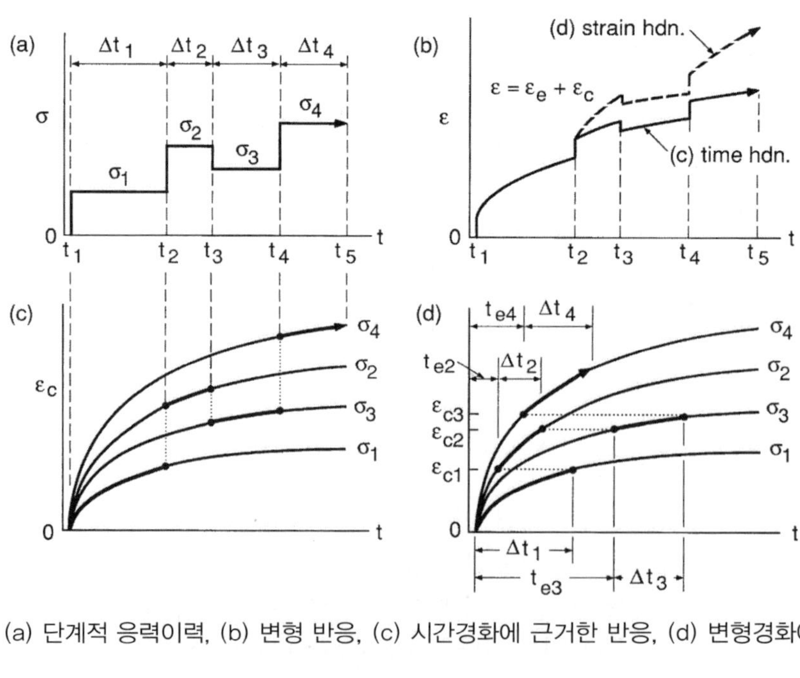

그림 16.33 (a) 단계적 응력이력, (b) 변형 반응, (c) 시간경화에 근거한 반응, (d) 변형경화에 근거한 반응

변형경화는 응력변화후의 변형이, 그림 16.33(d)에 보인 바와 같이, 새로운 크리프 변형-시간곡선상에서 크리프 변형의 실제값에 해당하는 한 점에서 시작한다고 가정한다. 시간 t_2에서, 응력이 σ_2로 변하고 σ_2에 대한 곡선이 $\Delta t_2 = t_3 - t_2$ 시간 동안 사용된다. σ_2 곡선상의 시작점은 σ_1 단계의 마지막까지 진행된 크리프 변형 ε_{c1}에 대응한다. 따라서 이것은 실제시간 t_2에 대한 것이라기보다는 가상적인 시간 t_{e2}에 대한 것이다. 비슷하게, 시간 t_3에서 응력 σ_3에 대한 곡선이 $\Delta t_3 = t_4 - t_3$ 시간 동안 사용되며 이전 단계의 마지막까지 진행된 크리프 변형 ε_{c2}에 대응하는 가상적인 시간 t_{e3}에서 시작된다. 각 $i-th$ 단계에 대한 t_{ei} 값을 이전 단계의 마지막까지 진행된 크리프 변형으로부터 구해야 하며, 이는 식 16.53을 t_{ei}에 대해 풀어서 구한다.

$$\varepsilon_{c(i-1)} = f_2(\sigma_i, t_{ei}) \tag{16.55}$$

$i-th$ 단계 동안 일어나는 크리프 변형과 누적변형은 다음과 같이 계산할 수 있다:

$$\Delta\varepsilon_{ci} = f_2(\sigma_i, t_{ei} + \Delta t_i) - f_2(\sigma_i, t_{ei}), \qquad \varepsilon_c = \sum \Delta\varepsilon_{ci} \tag{16.56}$$

크리프 변형-시간곡선이 직선인 정상상태 크리프를 제외하면, 변형경화와 시간경화는 상이한 결과를 나타낸다. 금속재료의 경우, 변형경화가 시간경화보다는 더욱 정확한 것으로 평가된다. 이전 변형의 효과가 단순히 시간경과의 양보다는 일어난 변형량에 더욱 밀접하게 관련된다는 측면에서 이러한 평가는 예상가능하다. 만약 응력변화대신에 온도의 단계적 변화가 또는 온도의 단계적 변화가 응력변화에 부가해서 일어난다면, 여러 온도에서의 여러 변형-시간곡선을 적용시켜 시간경화와 변형경화를 사용할 수도 있다.

16.8 다축응력하에서 크리프 변형

공업용 부품들이 다축응력하에 놓이게 될 수 있지만 크리프 데이터와 상수는 일반적으로 단축시험에 근거한다. 따라서 다축상황을 단축데이터로 일반화시키는 특별한 방법론이 필요하다.

비압축성의 이상 선형-점성유체인 뉴턴유체를 고려하자. 비압축성은 체적변형이 0이어야 하므로 체적변형속도 또한 0이 된다. 따라서 식 5.34는

$$\dot{\varepsilon}_x + \dot{\varepsilon}_y + \dot{\varepsilon}_z = 0 \tag{16.57}$$

단축응력 σ_x를 고려하면 결과적인 변형속도는:

$$\dot{\varepsilon}_x = \frac{\sigma_x}{\eta} \qquad (\sigma_y = \sigma_z = 0) \tag{16.58}$$

여기서 η는 식 16.2의 인장점성이다. 다른 두 방향으로 동일한 변형속도가 생기므로 식 16.57을 이용하여 변형속도를 구하면:

$$\dot{\varepsilon}_y = \dot{\varepsilon}_z = -\frac{\dot{\varepsilon}_x}{2} = -\frac{1}{2}\left(\frac{\sigma_x}{\eta}\right) \qquad (\sigma_y = \sigma_z = 0) \tag{16.59}$$

만약 응력이 다른 방향으로도 일어난다면 이러한 응력도 추가적인 변형을 유사하게 발생시키므로

변형속도는 다음과 같이 주어진다.

$$\dot{\varepsilon}_x = \frac{1}{\eta}\left[\sigma_x - 0.5\left(\sigma_y + \sigma_z\right)\right] \qquad \text{(a)}$$

$$\dot{\varepsilon}_y = \frac{1}{\eta}\left[\sigma_y - 0.5\left(\sigma_x + \sigma_z\right)\right] \qquad \text{(b)} \qquad (16.60)$$

$$\dot{\varepsilon}_z = \frac{1}{\eta}\left[\sigma_z - 0.5\left(\sigma_x + \sigma_y\right)\right] \qquad \text{(c)}$$

전단응력과 변형도 생길 수 있으므로, 이를 위해 식 16.1의 전단 점성 η_τ를 적용한다. 식 5.28과 유사한 논리를 적용하면 $\eta_\tau = \eta/3$이 되므로 유일한 독립상수는 η가 되며, 전단변형속도에 대한 식은 다음과 같이 쓸 수 있다.

$$\dot{\gamma}_{xy} = \frac{3}{\eta}\tau_{xy}, \qquad \dot{\gamma}_{yz} = \frac{3}{\eta}\tau_{yz}, \qquad \dot{\gamma}_{zx} = \frac{3}{\eta}\tau_{zx} \qquad (16.61)$$

이러한 관계식은 변형속도를 나타내는 것을 제외하면, 식 5.26과 5.27의 후크탄성법칙과 유사하다. 뽀아송비 ν는 0.5로, E는 η로, G는 $\eta/3$로 바뀐 형태이다.

η를 응력-변형속도 그래프의 시컨트계수로 해석해줌으로써, 앞의 식을 응력과 변형속도 관계가 비선형인 경우까지 확대할 수 있다. 즉,

$$\eta = \frac{\bar{\sigma}}{\dot{\bar{\varepsilon}}} \qquad (16.62)$$

여기서 $\bar{\sigma}$와 $\dot{\bar{\varepsilon}}$는 각각 유효응력(effective stress)과 유효변형속도(effective strain rate)이며, 주응력과 이에 상응하는 변형속도로 다음과 같이 나타낸다.

$$\bar{\sigma} = \frac{1}{\sqrt{2}}\sqrt{(\sigma_1 - \sigma_2)^2 + (\sigma_2 - \sigma_3)^2 + (\sigma_3 - \sigma_1)^2} \qquad \text{(a)}$$

$$\dot{\bar{\varepsilon}} = \frac{\sqrt{2}}{3}\sqrt{(\dot{\varepsilon}_1 - \dot{\varepsilon}_2)^2 + (\dot{\varepsilon}_2 - \dot{\varepsilon}_3)^2 + (\dot{\varepsilon}_3 - \dot{\varepsilon}_1)^2} \qquad \text{(b)} \qquad (16.63)$$

$\bar{\sigma}$가 식 13.21과 유사하고, $\dot{\bar{\varepsilon}}$가 식 13.22와 유사하므로, 변형속도가 변형을 대체한 것을 제외하면 13.3절에서 거론된 변형소성이론과 유사한 상황이다. 비슷하게, 유효응력-변형속도관계도 단축의 경우와 동일하다. 따라서 $\dot{\varepsilon} = g(\sigma)$가 단축의 관계식이면 $\dot{\bar{\varepsilon}} = g(\bar{\sigma})$가 된다.

예제 16.6

주어진 재료와 온도에서 단축크리프 거동은 식 16.38(b)의 거동을 따른다. 이 재료를 이용하여 양 끝단이 밀폐되고, 반경 r과 얇은 벽두께 b를 갖는 튜브형태의 압력용기를 만든다. 반경의 상대변화, $\Delta r/r$를 시간 t와 용기내의 일정압력 p의 함수로 나타내어라.

【풀이】 먼저 단축 응력-변형곡선을 유효응력-변형곡선으로 일반화한다.

$$\bar{\varepsilon} = \frac{\bar{\sigma}}{E} + D_3 \bar{\sigma}^{\delta} t^{\phi}, \quad \dot{\bar{\varepsilon}} = D_3 \phi \bar{\sigma}^{\delta} t^{\phi - 1}$$

점성은 응력과 시간에 모두 의존하므로:

$$\frac{1}{\eta} = \frac{\dot{\bar{\varepsilon}}}{\bar{\sigma}} = D_3 \phi \bar{\sigma}^{\delta - 1} t^{\phi - 1}$$

이러한 관계는 식 16.60과 함께 문제를 푸는데 사용한다.

$$\sigma_1 = \frac{pr}{b}, \quad \sigma_2 = \frac{pr}{2b}, \quad \sigma_3 \approx 0, \ \varepsilon_1 = \frac{\Delta(2\pi r)}{2\pi r} = \frac{\Delta r}{r}$$

여기서 σ_1과 ϵ_1은 원주(hoop)방향, σ_2는 길이방향의 응력이며 주응력으로 나타내었다. (x, y, z)방향을 $(1, 2, 3)$의 주방향이라 하면 식 16.60(a)는

$$\dot{\varepsilon}_1 = \frac{1}{\eta}\left[\sigma_1 - 0.5(\sigma_2 + \sigma_3)\right] = D_3 \phi \bar{\sigma}^{\delta - 1} t^{\phi - 1}\left[\frac{pr}{b} - o.5\left(\frac{pr}{2b}\right)\right]$$

또한 $\bar{\sigma}$는 식 16.63(a)로 주어지므로:

$$\bar{\sigma} = \frac{1}{\sqrt{2}}\sqrt{\left(\frac{pr}{b} - \frac{pr}{2b}\right)^2 + \left(\frac{pr}{2b}\right)^2 + \left(-\frac{pr}{b}\right)^2} = \frac{\sqrt{3}\, pr}{2b}$$

$\bar{\sigma}$를 $\dot{\epsilon}_1$의 식에 대입후 정리하면

$$\dot{\varepsilon}_1 = \frac{\sqrt{3}}{2} D_3 \ \phi \ t^{\phi - 1}\left(\frac{\sqrt{3}\, pr}{2b}\right)^{\delta}$$

압력 p가 일정하므로 크리프 변형을 얻기위해 시간에 대해 적분한다.

$$\varepsilon_{ct} = \int_0^t \dot{\varepsilon}_1 dt = \frac{\sqrt{3}}{2} D_3 \ \phi \ t^{\phi}\left(\frac{\sqrt{3}\, pr}{2b}\right)^{\delta}$$

식 5.26으로부터 탄성변형을 구하면

$$\varepsilon_{e1} = \frac{1}{E}\left[\sigma_1 - \nu(\sigma_2 + \sigma_3)\right] = \left(1 - \frac{\nu}{2}\right)\left(\frac{pr}{bE}\right)$$

탄성과 크리프 변형을 합해주면:

$$\frac{\Delta r}{r} = \varepsilon_{e1} + \varepsilon_{c1}, \quad \frac{\Delta r}{r} = \left(1 - \frac{\nu}{2}\right)\left(\frac{pr}{bE}\right) + \frac{\sqrt{3}}{2} D_3 t^{\phi}\left(\frac{\sqrt{3}\, pr}{2b}\right)^{\delta} \qquad \text{(답)}$$

【코멘트】 벽 두께 방향으로의 응력은 내부 벽에서는 $\sigma_3 = -p$ 이지만 외부 벽에서는 0 으로 변해간다. 따라서 $\sigma_3 = 0$ 를 적용하는 대신 근사적으로 평균값인 $\sigma_3 = -p/2$ 를 적용.

16.9 성분응력–변형분석

단순한 경우에 대해서는 시간의존적 변형을 받는 공업용 부품들의 응력-변형분석도 등시 응력-변형곡선(isochronous stress–strain curve)을 이용하여 실시할 수 있다. 만약 이러한 곡선들이 선형 점탄성 거동에 대해 근사적으로 선형적이라면 단순한 선형적인 탄성응력해석만 필요하다. 응력-변형곡선이 비선형적인 경우에는, 시간에 의존하지 않는 탄소성 $\sigma-\varepsilon$곡선을 이용하여 비슷하게 분석한다. 따라서 14장에 나타낸 다양한 분석결과들이 크리프 상황에 적용될 수 있다.

16.9.1 선형 점탄성 거동

주어진 재료의 거동을 선형 스프링과 댐퍼를 조합하여 구축한 유동모델로 표현하는 것이 합리적이라 가정하면, 16.6.1절에서 이미 설명하였듯이 등시 응력-변형곡선은 모두 직선형태가 되며, 모델에 의존하는 특정시간함수 $f(t)$를 포함하는 수식 $\varepsilon=\sigma f(t)$로 나타낼 수 있다. 시간의존적인 탄성계수로 다음의 식이 주로 사용된다.

$$E(t)=\frac{1}{f(t)}=\frac{\sigma}{\varepsilon} \tag{16.64}$$

여기서 $E(t)$는 단순히 일정 시간에서의 응력-변형곡선의 기울기를 의미한다. 응력-변형곡선이 선형적이므로 특정시간 t에서의 성분 응력-변형분석은 선형탄성거동에 근거하여 응력분석을 수행할 수 있다. 탄성계수가 시간에 따라 변한다는 것을 제외하면 분석이 영향을 받지 않는다.

순수굽힘하중을 받는 사각 빔의 상황을 그림 16.34에 나타내었다. 모든 시간값에 대해 선형탄성분석으로부터 얻어진 굽힘공식에 따라 응력분포가 선형적이고 변하지 않는다.

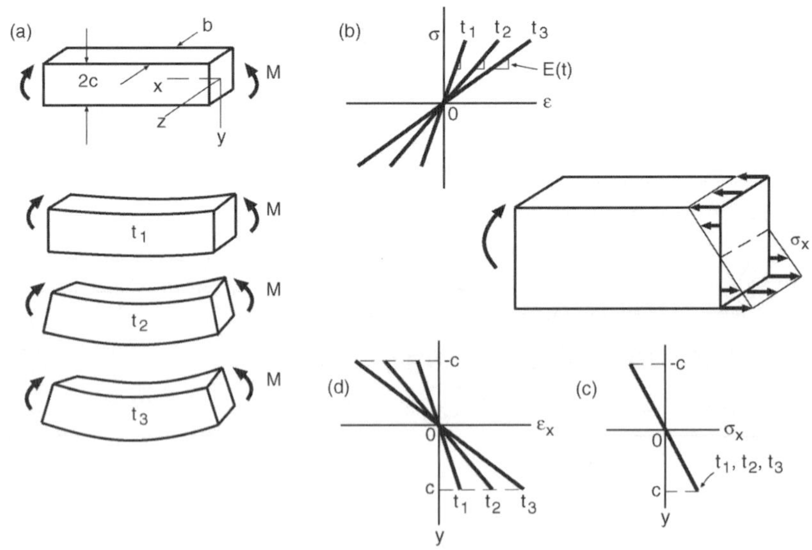

그림 16.34 (a) 일정한 빔 모멘트 하에서의 거동, (b) 선형 점탄성 재료의 거동, (c) 응력분포가 선형적이고 시간에 대해 일정, (d) 변형이 증가함에 따라 선형분포를 유지

$$\sigma = \frac{My}{I_z} = \frac{3My}{2bc^3} \tag{16.65}$$

주어진 시간 t에서 빔의 어떠한 위치 y에 대한 변형은 식 16.64와 16.65를 조합하여 얻을 수 있다.

$$\varepsilon = \frac{\sigma}{E(t)} = \frac{3My}{2bc^3}\frac{1}{E(t)} \tag{16.66}$$

선형탄성거동에 대한 분석은 더욱 복잡한 굽힘문제, 비틀림 하중을 받는 샤프트, 압력용기, 응력집중점을 갖는 형상과 같은 다른 상황에도 유사하게 적용가능하다. 선형탄성분석으로부터 얻어진 응력분포는 모든 경우에 적용된다. 단축이 아닌 응력상태가 일어나는 경우의 변형을 결정하기 위해서는 식 5.26의 후크탄성법칙과 식 16.60의 다축 점유동에 대한 식을 적용할 필요가 있다. 만약 일정 시간에서의 응력-변형곡선이 비선형이지만 그 정도가 심하지 않다면 거론된 선형탄성분석을 적용하는 것이 합리적일 수 있다. $E(t)$의 값은 그림 16.11에 정의된 시컨트계수 $E_s(t)$의 값으로 대체할 수 있다.

예제 16.7

빔이 길이 $L=100$mm에 걸쳐 지지되고 있고 중심부에 세로하중 $P=50$N이 걸린다. 빔은 폭 $b=15$mm와 깊이 $2c=10$mm의 단면을 갖는다. 재료는 그림 16.27(a)의 모델과 유사하게 탄성과 정상상태 크리프 변형을 갖는 선형 점탄성거동을 하며 $E_1=3$GPa와 $\eta_1=10^5$GPa의 상수값을 갖는다. (a) 빔에 걸리는 최대응력, (b) 하중이 가해질 때 초기 탄성 휨량, (c) 1주일 후의 휨량을 구하라.

【풀이】 선형 점탄성거동을 하므로 응력은 범용 탄성굽힘공식으로 구할 수 있다.

$$\sigma = \frac{Mc}{I}, \qquad I = \frac{2bc^3}{3}$$

여기서, I는 부록 A의 그림 A.2(a)로부터 얻었다. 최대응력은 중간길이에서 일어나므로 그림 A.4(a)로부터 $M = PL/4$가 된다. 따라서 M과 I를 대입하면

$$\sigma = \frac{3PL}{8bc^2} = \frac{3(50\text{N})(100\text{mm})}{8(15\text{mm})(5\text{mm})^2} = 5.00\,\text{MPa} \qquad \text{(답)}$$

그림 A.4(a)의 식으로부터, 크리프 변형이 초기에는 0이므로, 초기 탄성 휨이 E_1에 의해 제어됨을 알 수 있다:

$$v = \frac{PL^3}{48E_1 I} = \frac{(50\text{N})(100\text{mm})^3}{48(3000\text{MPa})(1250\text{mm}^3)} = 0.278\text{mm} \qquad \text{(답)}$$

크리프로 인한 휨량을 얻기위해, 그림 16.27(a)에 나타낸 변형-시간거동에 관한 식을 보자:

$$\varepsilon = \frac{\sigma}{E_1} + \frac{\sigma t}{\eta_1}$$

따라서, $t = 1\,week = 604{,}800\,\text{sec}$에 대한 시간의존적인 탄성계수는

$$E(t) = \frac{\sigma}{\varepsilon} = \frac{1}{\dfrac{1}{E_1} + \dfrac{t}{\eta_1}} = \frac{1}{\dfrac{1}{3000\text{MPa}} + \dfrac{604{,}800\text{s}}{10^8\,\text{MPa}\cdot\text{s}}} = 156.7\text{MPa}$$

낮아진 $E(t)$를 이용하여 1주일 후의 휨량을 계산하면

$$v = \frac{PL^3}{48E(t)I} = \frac{(50\text{N})(100\text{mm})^3}{48(156.7\text{MPa})(1250\text{mm}^3)} = 5.32\text{mm} \quad \text{(답)}$$

16.9.2 비선형 등시 응력-변형곡선 분석

등시 응력-변형곡선(isochronous stress-strain curve)이 현저하게 비선형적이면 소성변형에 대해 14장에서 기술된 것과 비슷한 분석이 필요하다. 특정 시간에 대한 등시 응력-변형곡선을 탄소성 응력-변형곡선으로 간주하여 사용한다. 정적 순수굽힘하중을 받는 사각빔을 대상으로 이것을 그림 16.35에 나타내었다. 응력분포가 시간과 함께 변하지 않는 굽힘모멘트를 지지해야 한다. 하지만 가변적인 등시 응력-변형곡선으로 인해 응력분포의 형태가 변한다. 모든 시간들에 대해 선형적인 변형분포가 적절한 가정이지만 변형의 양은 증가한다.

예를 들어, 그림 16.35에 나타낸 빔 재료에 대해 정상상태 크리프 변형을 제외한 모든 변형이 작다고 가정하면 변형은 식 16.8과 같이 주어진다. 따라서

$$\varepsilon = B\sigma^m t \tag{16.67}$$

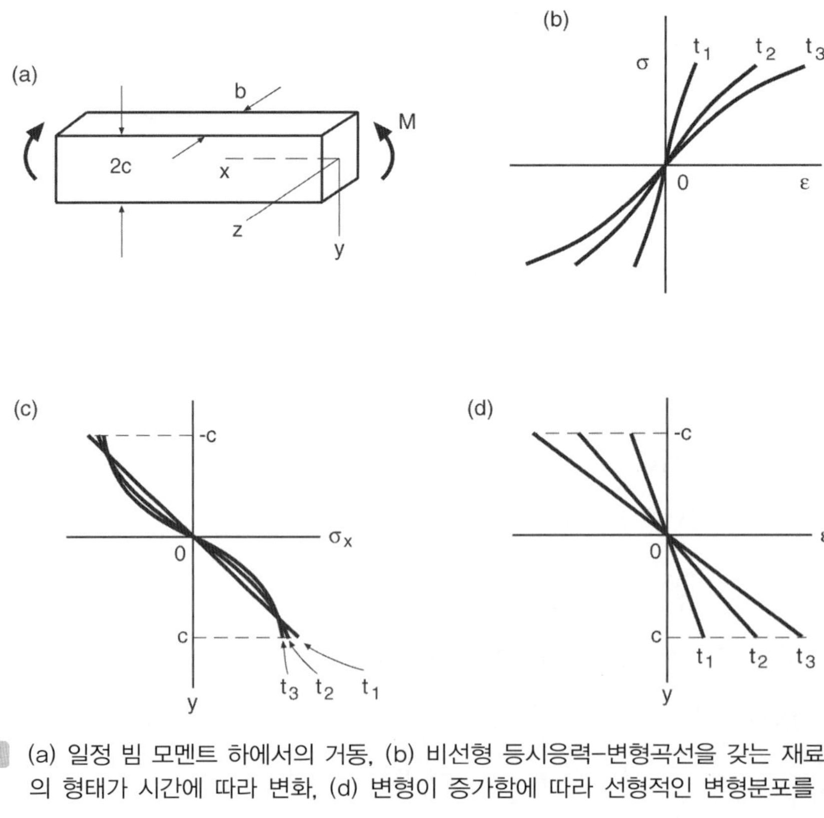

그림 16.35 (a) 일정 빔 모멘트 하에서의 거동, (b) 비선형 등시응력-변형곡선을 갖는 재료, (c) 응력분포의 형태가 시간에 따라 변화, (d) 변형이 증가함에 따라 선형적인 변형분포를 유지

특정 시간 t에 대해 이 식은 단순 멱승적 경화(power hardening), $\sigma = H_2\, \varepsilon^{n2}$ 를 나타내며 그 상수는 다음과 같다:

$$n_2 = \frac{1}{m}, \qquad H_2 = \frac{1}{(Bt)^{1/m}} \tag{16.68}$$

식 14.1의 해석적 결과를 이러한 치환을 하는데 적용할 수 있다. 시간 t와의 혼돈을 피하기 위해 빔의 두께를 b라 하면

$$M = \frac{2mbc^2\sigma_c}{1+2m} = \frac{2mbc^2}{1+2m}\left(\frac{\varepsilon_c}{Bt}\right)^{1/m} \tag{16.69}$$

여기서 σ_c, ε_c는 빔 가장자리에서의 응력과 변형이다. 예상대로, 변형과 모멘트 사이의 관계는 시간에 의존한다. 이러한 특별한 경우에 응력분포는 비선형이지만, 여러 등시 응력-변형곡선에 대해 m이 다르지 않다면 시간에 맞추지 않는다.

등시 응력-변형곡선들이 각각의 경우에 사용된 것과 동일한 수학적 형태를 갖는 식으로 나타낼 수 있다면, 14장에 나타낸 다른 해석적 결과를 크리프 문제에 비슷하게 적용할 수 있다. 크리프에 대한 멱승법(power-law) 형태의 응력-변형-시간 관계식은 단순한 멱승적 경화(power hardening)와 Ramberg-Osgood 형태를 특히 사용하기 편리하게 해준다. Ramberg-Osgood의 경우에는 식 16.35가 적용되며 여기서 H_c는 식 16.36 또는 16.39으로부터 시간의존성을 명시한다.

크리프 상황에 대한 응력-변형분석시 일련의 등시 응력-변형곡선을 이용한 다중분석을 실시하는 것이 유용할 수 있다. 이 경우 등시 응력-변형곡선들은 시간에 따른 성분 거동을 결정하기 위해 여러 시간대에 대한 곡선을 적용한다. 또한 형상과 하중의 조합이 복합적일 경우, 유한요소(finite element)와 같은 수치해석기법을 적용하는 것이 바람직할 수 있다.

예제 16.8

깊이 $2c = 50$mm와 두께 $b = 20$mm 단면을 갖는 S-590 합금으로 만든 사각빔이 있다. 725℃ 온도에서 $M = 1.50$kN · m의 모멘트가 가해지고 있다. 이 온도와 100~400MPa의 응력범위에서 식 16.67에 대한 상수는 $m = 10.74$, $B = 3.91 \times 10^{-29}$이며 t의 단위는 시간이다. 빔의 응력, 16,000시간 후의 크리프 변형과 크리프 파단수명을 계산하라.

【풀이】 빔의 가장자리에서의 응력은 식 16.69로 부터 직접 구할 수 있다. b와 c의 단위를mm로 유지하고 $M = 1.50 \times 10^6\,\mathrm{N \cdot mm}$를 대입하면

$$\sigma_c = \frac{M(1+2m)}{2mbc^2} = 125.6\,\mathrm{MPa} \qquad \text{(답)}$$

16,000 시간 후의 빔의 가장자리에서의 크리프 변형은

$$\varepsilon_c = B\sigma_c^m t = 3.91 \times 10^{-29}(125.6MPa)^{10.74}(16{,}000h) = 0.0218 \qquad \text{(답)}$$

표 16.3의 상수 C, b_1, b_2로부터 식 16.20의 Larson-Miller 인자와 크리프 파단수명은

$$P_{LM} = 38{,}405 - 8206\log\sigma = 38{,}405 - 8206\log(125.6MPa) = 21{,}181\,K \cdot \log(h)$$

$$\log t_r = \frac{P_{LM}}{T} - C = \frac{21,181}{(725+273)K} - 17 = 4.224,\quad t_r = 16,730\text{시간} \qquad \text{(답)}$$

이 계산에서 정상상태크리프 변형은 탄성 및 천이 크리프 변형과 비교해서 크다고 가정하였으므로 식 16.67은 근사적으로 적용되었다.

16.10 재료의 에너지 방출(감쇠)

반복하중을 받는 재료는 에너지를 흡수하며, 그 중 일부는 재료의 조직내에 위치에너지로 축적될 수 있지만 대부분은 주위로 열의 형태로 분산된다. 이러한 에너지분산은 작을 수도 있고, 측정이 어려울 수도 있겠지만 항상 존재하고 있다. 이것이 성립하지 않으면, 진동(재료의 소리굽쇠에서의)은 사라지지 않을 것이고 영구운동기관과 같은 물리적으로 불가능한 상황이 실제로 존재할 것이다. 감쇠(damping) 또는 내부마찰(internal friction)이라 불리는 재료내의 에너지분산은 재료, 온도 및 반복하중 주파수에 의존하는 광범위한 물리적 기구에 의해 일어난다. 크리프를 일으키는 물리적 기구는 감쇠를 일으킬 수 있지만, 낮은 응력에서 작용하는 다른 기구는 거시적 크리프 효과와는 관련이 없다. 이러한 낮은-응력 감쇠현상과 관련된 적은 변형은 5.2.4절에 나타낸 회복가능한(recoverable)변형 또는 의탄성(anelastic)변형이며 낮은-응력 감쇠 자체를 의탄성 감쇠(anelastic damping)라 한다. 감쇠는 소성변형에 의해 일어나기도 한다.

재료의 감쇠는 실용적으로 중요하며 감쇠효과의 정도는 진동하중하에서의 거동에 영향을 미친다. 특히 공명(resonance)대 부근에서의 강제진동시, 감쇠가 클수록 낮은 응력이 얻어지며 자유진동의 감소가 보다 빠르게 일어난다. 따라서 감쇠거동은 터빈 블레이드와 같이 진동이 민감한 용도에 사용되는 재료의 선택에 영향을 미친다.

16.10.1 유동모델의 감쇠거동

천이 크리프+탄성유동모델은 그림 16.36에 요약한 바와 같이, 낮은 응력(의탄성) 감쇠와 유사한 거동을 보인다. 사인곡선적(sinusoidal) 응력이 가해진다고 가정하면

$$\sigma = \sigma_a \sin \omega t \qquad (16.70)$$

여기서 σ_a는 응력진폭이고 w는 각 주파수(angular frequency)이다. 임의 주파수에서 모델의 변형반응은 사인곡선적이지만 응력의 사인곡선에 대해서 상(phase)각도 δ로 표기된 만큼 위상변위(phase shift)가 생긴다,

$$\varepsilon = \varepsilon_a \sin(\omega t - \delta) \qquad (16.71)$$

앞의 두 가지 식은 타원에 대한 매개방정식이다. 따라서 응력-변형반응은 그림 16.36(c)에 보인 바와 같이 타원형태의 이력곡선(hysteresis loop)을 만든다.

이력곡선 내부면적은 재료의 단위체적당 각 주기에서 흡수된 에너지이며 이를 단위 감쇠에너지(unit damping energy), Δu이다. 내부면적을 구하는 것이 Δu를 계산하기 위한 식을 제공한다.

$$\Delta u = \pi \sigma_a \varepsilon_a \sin \delta \qquad (16.72)$$

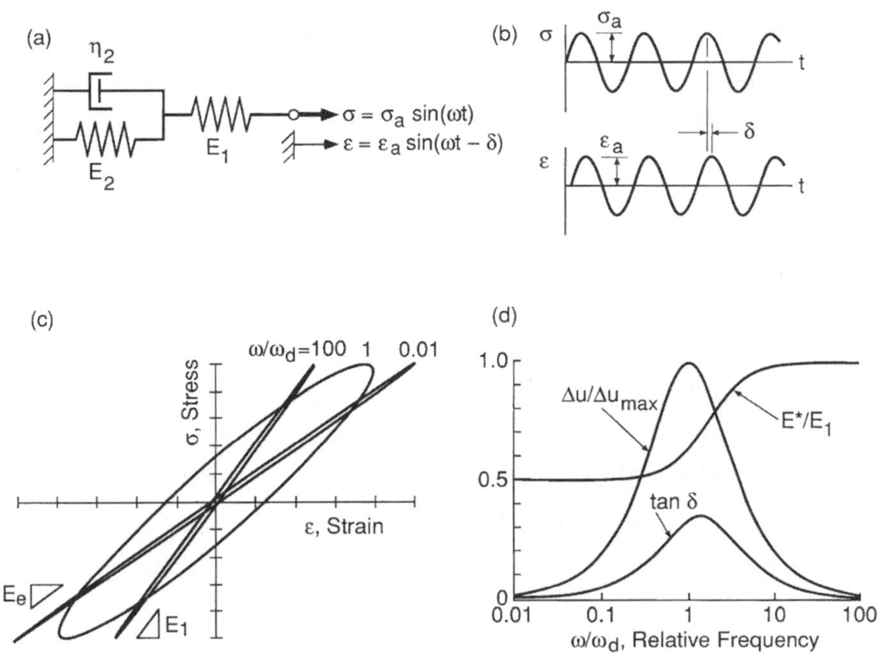

그림 16.36 사인 응력하에서의 천이 크리프+탄성 유동모델 거동. $E_1/E_2=1$에 대한 곡선

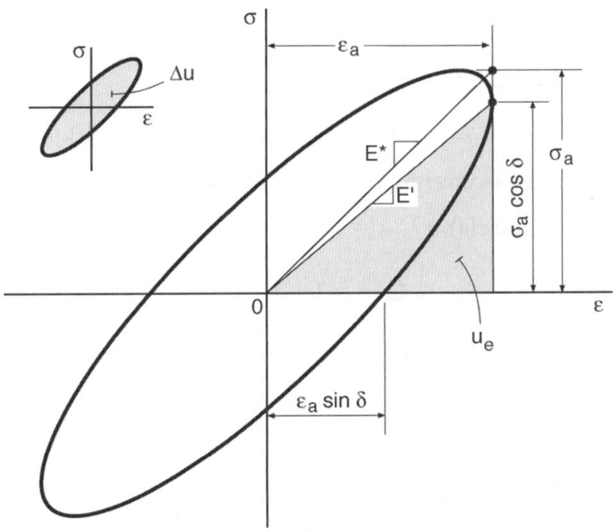

그림 16.37 타원이력곡선에 대한 정의

δ와 Δu 모두 각 주파수 w에 대해 그래프를 그리면 최대를 보인다. 이러한 특별한 모델에 대해, 주파수 $w_d=E_2/\eta_2$에서 Δu의 최대가 일어난다. $(\varepsilon_a \sin\delta)$는 σ가 0일 때 식 16.71로부터 구한 변형량이다. 따라서, 타원이력곡선의 $1/2$폭이고 그림 16.37에 보인 바와 같이 변형의 비선형성에 대한 척도이다. 나머지 변위(remnant displacement)라고 불리는 이러한 양은 그림 13.17에 보인 소성변형진

폭, $\varepsilon_{pa} = \Delta\varepsilon_p/2$과 근사적으로 유사하다. $(\varepsilon_a \sin\delta)$는 Δu에 비례하므로 $(\varepsilon_a \sin\delta)$는 Δu와 유사한 진폭의존성을 보인다.

w_d보다 높은 주파수에서 댐퍼(dashpot)는 기본적으로 강성을 보인다. 스프링 E_2에서의 변형이 저지되고 스프링 E_1에서만 일어나므로 강성 E_1과 선형적인 반응을 보인다. 정반대로, w_d보다 낮은 주파수에서는 댐퍼가 자유이동을 할 수 있는 충분한 시간이 있으므로 이것이 영향을 거의 미치지 못한다. 타원형 이력곡선이 다시 직선형태로 바뀌지만, 이와 같이 직렬로 놓인 E_1과 E_2로 인해 보다 낮은 강성 E_e를 보인다.(식 16.32 참조.) 강성은 그림 16.37에 보인 바와 같이 E^*라 불리는 탄성계수이다. 이 값은 낮은 주파수에서의 E_e로부터 높은 주파수에서의 E_1으로 주파수와 함께 변한다. 두 값 사이의 천이는 에너지분산 최대점 인근에서 일어난다.

선형 스프링과 댐퍼로 구성된 유동모델, 즉, 선형 점탄성 모델의 경우, 타원형 이력곡선이 형성되고 변형이 가해진 응력에 비례하는 반응을 보인다. 따라서 변형진폭 ε_a는 응력진폭 σ_a에 비례한다. 따라서 위상변위(phase shift) δ가 σ_a에 의존하지 않지만 ω에만 의존한다. 따라서 주어진 주파수와 다양한 σ_a에 대한 타원형 이력곡선 모두 동일한 비율을 가지며 크기만 다르다. 식 16.72로부터 단위 감쇠에너지가 응력진폭의 제곱에 비례하는 결과를 나타낸다.

$$\Delta u = J\sigma_a^2 \tag{16.73}$$

이 식에서 J는 주어진 모델 상수와 주파수에 해당하는 상수이다. 감쇠에 유용한 보다 복잡한 유동모델이 서로 다른 상수를 갖는 여러 천이 크리프 요소의 직렬 조합을 포함한다. 또한, 보다 복잡한 비선형 거동을 갖는 요소들이 사용되기도 한다.

16.10.2 감쇠를 나타내는 변수의 정의

주어진 모델 또는 재료의 감쇠거동을 나타내기 위한 여러 정의들이 사용되고 있다. 위상변위(phase shift) δ, 나머지 변위(remnant displacement), 단위 감쇠에너지 Δu(또는 D로도 나타내는)는 이미 정의한 바 있다. 손실계수(loss coefficient) Q^{-1}는 다음과 같이 정의된다.

$$Q^{-1} = \tan\delta \tag{16.74}$$

변수 Q 자체는 품질 계수라고 부른다.

그림 16.37에 보인 바와 같이 변형진폭에 대한 응력진폭의 비율, $E^* = \sigma_a/\varepsilon_a$은 동적탄성률(dynamic modulus) 또는 절대탄성률(absolute modulus)라 불린다. 또 다른 강성의 척도는 저장탄성률(storage modulus), E'로서 원점에서 응력 $\sigma = \sigma_a\cos\delta$에서 일어나는 타원이력곡선의 최대변형점까지의 기울기를 의미한다. 저장탄성률은 그림 16.37에 나타낸 최대변형 u_e에서의 탄성변형에너지를 정의하는데 주로 사용한다. 손실계수는 에너지 Δu와 u_e를 이용하여 다음과 같이 나타낸다.

$$Q^{-1} = \frac{\Delta u}{2\pi u_e} \tag{16.75}$$

자주 사용되는 또 다른 추가적인 정의로 로그감쇠율(log decrement), $\Delta t = \pi Q^{-1}$이 있다. 여기서 Δu는 u_e에 비해 적으므로 $Q^{-1} = 0.1$ 또는 그 이하의 값을 가지며 감쇠가 상대적으로 느리게 일어남을 의미한다.

16.10.3 금속의 저응력 기구

공업용 금속은 저 응력에서 다양한 감쇠기구가 일어나며 이러한 각각의 기구는 이전에 거론된 선형 점탄성모델과 유사한 형태로 거동한다. 이로 인해, 그림 16.38에 나타낸 바와 같이, 주파수나 온도가 변함에 따라 에너지분산 최고점이 여러 위치에서 일어난다.

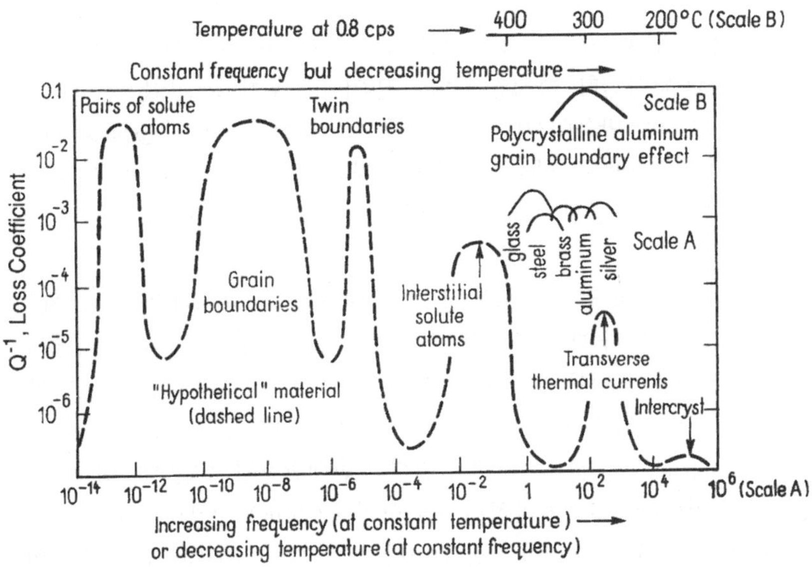

그림 16.38 가상 금속과 여러 실제 금속에 대한 감쇠 피크와 관련 미세조직적 기구(출처: [Lazan 68])

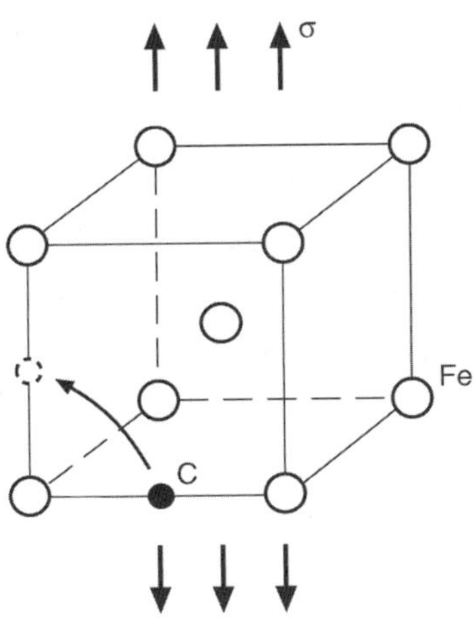

그림 16.39 체심입방 금속내의 침입형 원자의 이동이 관여된 스누크 효과의 기구

이러한 기구에 대한 예로서 스누크 효과(Snoek effect)가 있다. 이것은 체심입방(BCC) 금속내의 침입형 용질원자가 관여하는 효과이며, 그림 16.39에 보인 바와 같이 철 내에 탄소 또는 질소가 이와 관련된다. 철 원자에 비해 이러한 침입형원자가 작으므로 BCC철 결정구조 <100>방향을 갖는 변의 인접원자간 중간부 공간에 위치할 수 있으며 이로 인해 다소간의 격자 비틀림이 발생되게 된다. 만약 인장응력이 가해지면 근사적으로 인장방향에 수직인 변을 따라 위치한 침입형 원자는 뽀아송 수축으로 인해 압착력을 받게된다. 반면에 가해진 응력에 평행한 변은 인장하중으로 인한 인장변형으로 인해 공간적인 여력이 증대되게 되어 이러한 평행한 변으로 원자가 도약하려는 경향이 증가한다.

만약 하중 주파수가 매우 크다면 침입형원자가 이동할만한 충분한 시간이 없으므로 이러한 효과가 일어나지 않는다. 역으로, 주파수가 매우 낮다면 침입형이 보다 자유롭게 이동할 수 있다. 두 경우에서, 재료의 변형이 응력과 동조(in phase)하지만, 보다 낮은 주파수에서는 재료가 더욱 많이 변형되게 되어 탄성계수가 약간 낮아진다. 하지만 도약이 일어나기 위해 요구되는 시간에 해당하는 반복하중 주파수에서는 변형에 대한 반응이 가해진 응력보다 느려지고 위상지연(phase lag)이 일어나며 에너지의 분산이 최대로 된다. 가해준 하중이 침입형원자의 도약과 조화를 이룬다고 할 수 있다. 도약과정이 열적으로 활성화되므로 일정 주파수에서의 온도 변화를 통해 에너지분산의 최고점을 관찰할 수도 있다.

다른 예로는 열흐름 감쇠라고 불리는 열탄성 효과(thermoelastic effect)가 있다. 체적일정시 뽀아송비인 $\nu = 0.5$보다는 뽀아송비가 대개 작으므로, 반복하중의 인장응력성분이 가해지는 동안 고체의 체적이 증가한다. 만약 하중이 너무 빨라서 주변과 열교환이 일어날 시간이 없다면 늘어난 체적이 온도감소를 야기시키고 또한 열수축을 일으킨다. 반면에, 급격한 압축하중에서는 체적이 줄고, 온도가 증가하고 열팽창이 일어난다. 따라서 기계적 변형과 반대방향의 열변형후 신속한 반복하중을 가해주면 재료의 강성이 증가한다. 이때의 탄성계수를 단열(adiabetic) 탄성계수라고도 한다. 하지만 느린 반복하중시에는 주위와의 열교환이 자유롭게 일어나므로 기계적 변형과 반대 방향의 열변형이 일어나지 않는다. 그러면 탄성계수는 보다 낮은 등온(isothermal) 탄성계수를 갖는다. 열유동에 요구되는 시간에 해당하는 정도의 주파수에서는 변형 반응이 위상지연(phase lag)을 보이며 상대적으로 에너지의 분산이 최대로 된다.

16.10.4 부가적인 기구와 추세

그 이외의 감쇠기구로는 시간의존적인 불순물 원자나 공공(점결함)의 이동, 전위(선결함)의 이동, 입자경계의 미끄러짐 등이 있다. 강자성(ferromagnetic)재료에서는 자기탄성(magnetoelastic)이라 불리는 효과가 중요한데, 이는 이러한 재료에서 일어나는 미세 자구(magnetic domain) 방향으로의 회전으로 인한 에너지분산을 의미한다. 이 효과는 주파수에 무관하고 이전에 거론되었던 이상적인 모델의 경우에 비해 응력진폭에 더욱 강하게 의존한다는 측면에서 특이하다. 특히 Δu는 응력의 제곱보다는 세제곱에 비례한다. 또한 효과가 한계에 이르게 되고 임계수준이상에서는 응력에 무관해질 수 있으며 평균응력에 민감할 수도 있다.

결정면에서의 슬립 및 소성변형을 일으키는 전위이동이 소성변형감쇠(plastic strain damping)라고 불리는 대량의 에너지분산을 일으킬 수 있다. 이러한 효과는 낮은 응력에서는 효과가 없지만, 크리프 효과가 크지 않은 온도에 놓인 공업재료가 높은 응력을 받는 경우에는 주도적인 감쇠기구가 된다. 거동이 선형 점탄성모델의 거동과 현저히 다르며 주파수에 무관하고 응력에 매우 민감하다. 소성변형으로 인한 이력곡선이 타원형이 아니고 그림 13.17에 나타낸 모양을 갖는다. 13장에서 거론된 이력곡선의 형상을 근사적으로 보면, 소성변형 감쇠를 응력-변형 이력곡선 내부 면적을 통해 계산할 수 있다. Ramberg-Osgood 형태의 반복 응력-변형곡선에 대해 근사적으로 식 13.56을 적용하면 다음과 같은 식을 얻는다.

$$\Delta u = 4\left(\frac{1-n'}{1+n'}\right)\sigma_a\varepsilon_{pa} = \frac{4\left(1-n'\right)\sigma_a^{1+1/n'}}{(1+n')\,(H')^{1/n'}} \tag{16.76}$$

여기서 식 13.11은 두 번째 항을 얻는데 사용되고, H'와 n'는 반복응력-변형곡선에 대한 상수이다. 식 16.73을 일반화하면

$$\Delta u = J\sigma_a^d \tag{16.77}$$

$n' = 1/7$이 대표적인 값이라면 식 16.76으로부터 응력에 대한 지수 d는 다음과 같이 구한다.

$$d = 1 + \frac{1}{n'} \approx 8 \tag{16.78}$$

이상적인 의탄성 감쇠에 대해 $d = 2$인 것을 감안하면, 이것은 응력에 대한 매우 강한 의존성을 가짐을 의미한다.

폴리머와 탄성중합체는 응력수준의 과다하게 높지 않다면 이상적인 선형 점탄성($d = 2$)과 유사한 거동을 보이는 경향이 있다. 에너지분산의 최고점을 일으킬 수 있는 기구 중의 일부는 사슬의 내부 또는 끝단부분의 회전, 평행이동, 감김, 풀림과 같은 사슬분자의 이동을 수반한다. 이동에 수반된 사슬 부분들은 길 수도, 짧을 수도 있으며 측면그룹의 이동 또한 감쇠를 일으킬 수 있다. 일반적으로 이동체가 클수록 감쇠 최고점이 주어진 온도에서는 낮은 주파수에서 일어나며, 주어진 주파수에서는 높은 온도에서 일어난다.

금속이 공업적 용도로 사용되는 응력대에서는, 일반적으로 감쇠가 매우 낮으며 손실계수 $Q^{-1} = 0.01$ 또는 그 이하의 값을 갖는다. 그 반면에, 가동응력에서 폴리머에 대한 값은 $Q^{-1} = 0.1$ 또는 그 이상의 큰 값을 갖는다. 따라서 상(phase)각도와 탄성계수(E^* 또는 E')의 변화 또한 크게 일어난다. 만약 과다한 열이 발생된다면 이러한 큰 감쇠가 불리하지만 발생된 진동을 빠르게 감쇠시키는 것이 유리할 수도 있다. 물론 소리나 진동을 완화시키기 위해 폴리머, 특히 탄성중합체를 이용하여 높은 감쇠를 의도적으로 적용하기도 한다,

실온에서 공업재료내의 감쇠에너지에 대한 일부 추세곡선이 Lazan(1968)에 의해 제안되었으며 그림 16.40에 이것을 나타내었다. 비자성 금속에서는, 데이터 추이의 중간부에 대한 응력지수가 피로한계 σ_e의 80% 수준에 이르기까지 이상적인 점탄성값 $d = 2$보다 조금 큰 값을 보인다. 피로한계 σ_e의 80% 수준을 넘어서면 소성변형감쇠로 인해 $d = 8$에 이르는 큰 기울기를 나타낸다. 강자성 금속은 낮은 응력과 $d \approx 3$ 값에서 보다 큰 감쇠를 보이며 이후 $d \approx 1$인 영역을 보이고 피로한계 부근에서 $d \approx 8$을 나타낸다.

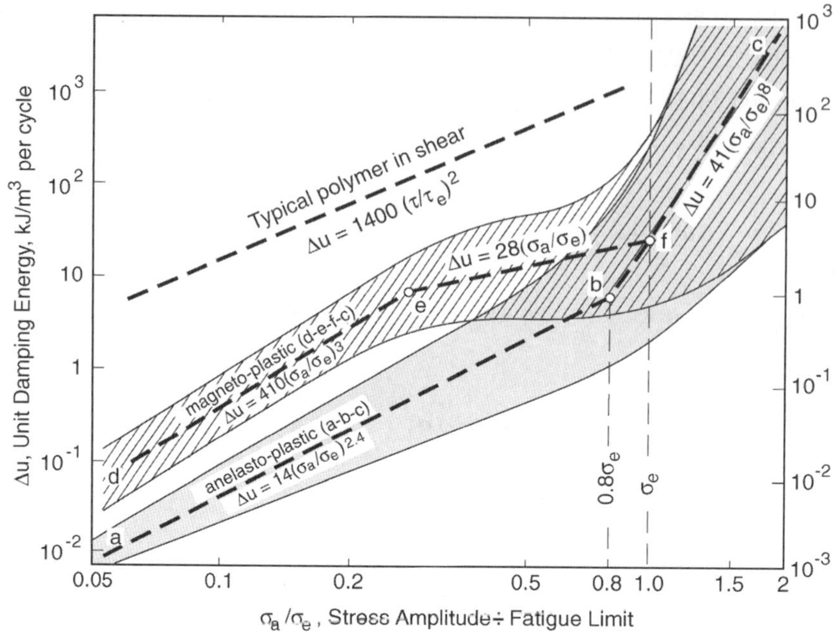

그림 16.40 강자성 및 비강자성 금속에서의 감쇠 추이와 점탄성 폴리머에서의 감쇠 추이. 두 종류의 금속에 대한 거동구간과 이상적인 관계. Δu의 단위는 kJ/m^3

16.10.5 공업부품의 감쇠

지금까지의 감쇠에 대한 고찰은 빔, 샤프트와 같이 불균질한 응력분포를 보이는 공업부품보다는 균일하게 응력이 가해지는 재료시편에 대한 거동만을 고려하였다. $d = 2$를 갖는 이상적인 점탄성 거동에서 부품의 손실계수 Q^{-1}는 재료에 대한 값과 동일하다. 그렇지 않으면 Q^{-1}은 형상에 의존하고 균일하게 응력을 받는 재료와는 달라진다.

부품의 전체 감쇠에너지 ΔU는 전체 체적에 대한 적분을 통해 구할 수 있다. 체적에 대한 두 번째 적분은 부품에 대한 탄성에너지를 나타내며, 이것의 비율은 부품의 손실계수가 된다.

$$\Delta U = \int \Delta u \, dV, \qquad U_e = \int u_e \, dV, \qquad Q_v^{-1} = \frac{\Delta U}{2\pi U_e} \tag{16.79}$$

이러한 분석은, 감쇠로 인한 비선형 변형이 탄성변형에 비해 작은 선형탄성거동을 가정하는 것이 적절한 경우를 대상으로, Lazan(1968)과 Martin(1962)에 의해 다루어졌다. 만약 소성변형이 크게 일어나면, 식 16.76의 Δu를 이용하여, 빔과 샤프트에 대한 14장의 방법을 확장하여 감쇠에너지를 구할 수 있다. 복잡한 형상과 하중에 대해서는 유한요소해석과 같은 수치해석방법을 적용할 수 있다.

예제 16.9

깊이 $2c$, 두께 b, 길이 L의 사각빔이 평균 0 부근의 반복적인 순수굽힘모멘트 M_a의 하중을 받는다. 변형이 충분히 커서 비선형 응력분포가 일어나고, 재료는 식 13.55의 Ramberg–Osgood 형태의 반복 응력-변형곡선을 따른다. 각 하중 주기에 분상되는 전체 에너지 ΔU에 대한 식을 빔 가장자리에서의 응력과 변형의 함수로 나타내어라.

【풀이】 멤버의 감쇠에너지는 식 16.77을 식 16.79의 ΔU에 대한 적분을 조합하여 구한다.

$$\Delta U = \int \Delta u \, dV = \int J \sigma_a^d \, dV$$

여기서 J와 식 16.76의 d를 적용하면:

$$J = \frac{4(1-n')}{(1+n')(H')^{1/n'}}, \qquad d = 1 + \frac{1}{n'}$$

순수굽힘이므로 응력진폭은 중립축으로 부터의 거리 y에 따라 변하지만 빔 길이를 따른 위치 x에 따라서는 변하지 않는다.(그림 14.3의 좌표축을 사용)

따라서 적절한 체적요소는

$$dV = L\,b\,dy$$

대칭성으로부터 빔의 한쪽 측면에서만 적분을 하면

$$\Delta U = 2\,JLb \int_0^c \sigma_a^d \, dy$$

적분은 예제 14.3의 굽힘 분석을 구하는 것과 유사한 과정에 의해 구한다. 먼저 반복 소성변형동안 면단면이 면으로 남는다는 합리적인 물리적 가정을 한다. 따라서 식 14.4를 변형진폭에 적용한다.

$$y = \frac{c}{\varepsilon_{ca}} \varepsilon_a, \qquad dy = \frac{c}{\varepsilon_{ca}} d\varepsilon_a$$

여기서, ε_a는 변형진폭이고 ε_{ca}는 $y=c$인 빔 가장자리에서의 값이다. 반복 응력-변형곡선(식 13.55)과 이것의 미분 또한 필요하다:

$$\varepsilon_a = \frac{\sigma_a}{E} + \left(\frac{\sigma_a}{H'}\right)^{1/n'}, \qquad d\varepsilon_a = \left[\frac{1}{E} + \frac{1}{n'\sigma_a}\left(\frac{\sigma_a}{H'}\right)^{1/n'}\right] d\sigma_a$$

$d\varepsilon_a$를 dy에 대한 표현에 대입한 후 이를 ΔU에 대한 적분에 치환하면 응력에 대한 단일변수로 나타낸다.

$$\Delta U = \frac{2\,JLbc}{\varepsilon_{ca}} \int_0^{\sigma_{ca}} \sigma_a^{1+1/n'} \left[\frac{1}{E} + \frac{1}{n'\sigma_a}\left(\frac{\sigma_a}{H'}\right)^{1/n'}\right] d\sigma_a$$

이 식에서 σ_{ca}는 $y=c$에서의 응력진폭이고 n'를 포함하는 표현이 d에 치환되었다.

적분을 한 후 J에 대해 치환하면 다음의 식을 얻게 된다.

$$\Delta U = \frac{8\,Lbc}{(H')^{1/n'}} \left(\frac{1-n'}{1+n'}\right) \sigma_{ca}^{1+1/n'} \left[\frac{\dfrac{n'}{2n'+1} + \dfrac{1}{2+n'}\beta}{1+\beta}\right] \qquad \text{(답)}$$

여기서 $\beta = \dfrac{\varepsilon_{pca}}{\varepsilon_{eca}}$, $\varepsilon_{pca} = \left(\dfrac{\sigma_{ca}}{H'}\right)^{1/n'}$, $\varepsilon_{eca} = \dfrac{\sigma_{ca}}{E}$, $\varepsilon_{ca} = \varepsilon_{eca} + \varepsilon_{pca}$

여기서, ε_{pca}와 ε_{eca}는 $y = c$에서의 소성 및 탄성변형진폭이다.

16.11 요 약

재료의 크리프 시험은 주로 단축시험편에 다양한 수준의 일정응력을 가해서 수행된다. 얻어지는 데이터는 변형, 변형속도, 파단수명 등이 있다. 변형-시간 그래프에 추가해서 응력-수명 그래프를 얻기위해 데이터를 사용하기도 하며. 여기서 수명은 파단시간이나 특정 변형값에 이르는 시간을 의미한다. 주어진 시간에 대한 응력-변형곡선인 등시(isochronous)응력-변형곡선 또한 유용하다.

크리프 변형에 대한 물리적 모델은 재료 및 응력과 온도의 조합에 의해 변한다. 응력과 변형속도가 비례하는 단순 점성유동과 유사한 거동이 일어날 수 있다. 유리가 이에 해당하며 폴리머는 T_g보다 현저히 높은 온도에서, 결정체 재료(금속과 세라믹)는 고온-저응력에서 이러한 거동을 보인다. 결정체 재료의 경우, 점성유동의 기구는 결정격자나 결정입계에서의 공공의 이동을 통한 확산성 유동이다. 결성체 재료의 경우, 상대적으로 높은 응력에서는 전위이동이 지배적인 기구가 되며 이 기구는 응력에 매우 민감하므로 변형속도가 응력의 5승에 비례한다. 결정체 재료에서 정상상태 크리프속도는 식 16.6과 같다. 응력에 대한 지수 m과 평균입자직경에 대한 지수 q는 표 16.1에 정리하였다. 절대온도 T에 대한 의존성은 크리프 기구에 의존하는 활성화에너지 Q를 갖는 아르헤니우스 관계를 따른다.

T_g 부근 또는 그 이상의 온도이나 용융온도보다는 낮은 온도에서의 폴리머의 크리프 기구는 긴 사슬분자들의 상대적으로 복합적인 이동과 상호작용을 수반한다. 사슬의 얽힘(entanglement)과 같은 효과는 변형이 진행됨에 따라 저항을 증가시키며 하중이 제거되었을 때 상당량의 크리프 변형이 회복되도록 한다. 콘크리트의 크리프는 시멘트 페이스트(cement paste)의 시간의존적 변형과 미세공간(pore)내의 물의 이동과 관련된 뚜렷한 기구를 갖는다. 골재내의 탄성변형은 크리프 변형을 저지하거나 제한하고 또한 강한 회복거동이 일어나도록 한다.

크리프 파단 수명분석을 위해서는 식 16.17에 나타낸 Larson-Miller 인자와 같은 시간-온도 인자를 사용한다. 이는 크리프 파단 수명과 온도를 조합하여 하나의 지표인 P_{LM} 으로 나타낸 것인데 응력의 함수이다. 다양한 온도와 응력 조합하에서 얻어진 크리프 파단 수명 데이터를 이용하여 P_{LM}과 응력 간 곡선이나 관계식을 얻을 수 있으며, 이를 활용하면 임의의 온도와 응력조건하에서 크리프 파단수명을 예측할 수 있다.

다양한 응력-변형-시간관계가 공학적인 거동을 예측해 주기 위해 제안되었다. 예를 들어 정상상태 크리프의 경우, 식 15.84의 멱승법(power-law) 형태의 의존성을 보여 주어진 재료와 온도에서 $\dot{\varepsilon} = B\sigma^m$ 의 관계를 보인다. 추가적인 항목들이나 변경된 수학적 표현이 시간과 함께 $\dot{\varepsilon}$ 가 변화하는 천이 크리프를 표현하기 위해 사용된다. 응력제거 이후의 크리프 변형의 회복, 일정변형하에서 응력의 완화, 단계적 하중과 같은 가변응력상황도 중요하다.

다축응력하에서 크리프 변형은 소성이론과 비슷한 방법으로 예측할 수 있지만, 변형속도는 식 16.60 형태를 적용한다. 인장점성 η이 사용되고 크리프 변형시 부피변화가 미미하므로 0.5를 뽀아송비로 적용하였다. 선형점탄성거동에서는 η가 시간에 따라 변할 수 있지만 응력에는 영향을 받지 않는다. 하지만 η가 비선형 등시 응력-변형곡선의 경우를 다루어 주는 응력의존적 변수로 취급될 수 있다.

공업적 부품에서 재료거동이 근사적으로 선형 점탄성거동을 따른다면, 선형탄성응력분석을 적용할 수 있다. 다양한 시간에서의 변형은 재료의 시간의존적 탄성계수 $E(t)$로부터 구할 수 있다. 등시 응력-변형곡선이 비선형인 경우에는 탄소성 응력-변형곡선에 대한 경우처럼 적용할 수 있다.

감쇠(damping)라고 불리는 반복하중동안의 에너지분산이 스누크(Snoek) 효과와 열탄성과 같은 금속내의 다양한 저응력(의탄성) 감쇠기구를 통해 일어날 수 있다. 일반적으로 주기당 단위체적당 감쇠에너지는 다음과 같이 응력진폭에 대해 $\Delta u = J\sigma_a^d$ 형태로 변한다.

여기서 지수 d는 사용재료, 주어진 응력하에서의 주도적인 기구, 온도, 주파수 등에 의해 결정된다. 저응력하에서 금속과 폴리머의 감쇠거동은 일반적으로 천이 크리프 요소를 포함하는 선형 점탄성모델의 거동과 유사하게 거동한다. 결과적으로 일정온도하에서 에너지분산의 최고점이 특정 주파수에서 일어나며 각 주기에서의 에너지분산은 근사적으로 $d \approx 2$로서 응력의 제곱에 비례한다. 금속의 피로한도 또는 그 이상의 응력에서는 에너지분산이 주파수에 민감하지 않게 되며 소성변형에 의해 주도된다. 이 때는 각 주기에서의 에너지분산은 응력에 매우 민감하게 $d \approx 8$로 응력의 8승에 비례하는 경향을 보인다.

새로운 용어 및 기호

(a) Creep

activation energy, Q
Coble creep
creep cavitation
creep exponent, m
creep–fatigue interaction
creep recovery
creep rupture
deformation mechanism map
diffusional flow
dislocation (power–law) creep
effective strain rate, $\bar{\dot{\varepsilon}}$
isochronous stress–strain curve
Larson–Miller constant, C
linear viscoelasticity
Nabarro–Herring creep
primary (transient) creep
safety factors: X_σ, X_t
safety margin in temperature, ΔT_f
secondary (steady–state) creep
strain-hardening rule
stress relaxation
superposition principle
temperature compensated time, θ
tertiary creep
thickness, b
time–dependent elastic modulus, $E(t)$
time–fraction rule
time–hardening rule
time–temperature parameters:
  Larson–Miller, P_{LM}
  Sherby–Dorn, P_{SD}
time to rupture, t_r
universal gas constant, R
viscosity: η_τ, η

(b) Damping

anelastic damping
component energies: ΔU, U_e
damping exponent, d
dynamic modulus, E^*
elastic strain energy, u_e
loss coefficient: $Q^{-1} = \tan\ \delta$
magnetoelastic damping
materials damping (internal friction)
phase shift, δ
plastic strain damping
remnant displacement
Snoek effect
thermoelastic effect
unit damping energy, Δu

참고문헌

(a) General References

ASTM. 2010. *Annual Book of ASTM Standards*, ASTM International, West Conshohocken, PA. See Vol. 03.01: No. E139, "Standard Test Methods for Conducting Creep, Creep-Rupture, and Stress-Rupture Tests of Metallic Materials" No. E328, "Standard Test Methods for Stress Relaxation for Materials and Structures." Vol. 04.02: No. C512, "Standard Test Method for Creep of Concrete in Compression."Vol. 08.01: No. D2990, "Standard Test Methods for Tensile, Compressive, and Flexural Creep and Creep-Rupture of Plastics."

BRINSON, H. F., and L. C. BRINSON. 2008. *Polymer Engineering Science and Viscoelasticity: An Introduction*, Springer, New York.

CONWAY, J. B., and P. N. FLAGELLA. 1971. *Creep-Rupture Data for the Refactory Metals to High Temperatures*, Gordon and Breach, New York.

ENO, D. R., G. A. YOUNG, and T.-L. SHAM. 2008. "A Unified View of Engineering Creep Parameters," ASME Paper No. PVP2008-61129, *ASME 2008 Pressure Vessels and Piping Conference (PVP2008), Proceedings, Volume 6: Materials and Fabrication, Parts A and B*, pp. 777–792.

EVANS, R. W., and B. WILSHIRE. 1993. *Introduction to Creep*, The Institute of Materials, London.

GOOCH, D. J., and I. M. HOW. 1986. *Techniques for Multiaxial Creep Testing*, Elsevier Applied Science Pubs., London.

KASSNER, M. E., and M. T. PÉREZ-PRADO. 2009. *Fundamentals of Creep in Metals and Alloys*, 2nd ed., Elsevier, Amsterdam.

KRAUS, H. 1980. *Creep Analysis*, John Wiley, New York.

LAZAN, B. J., 1968. *Damping of Materials and Members in Structural Mechanics*, Pergamon Press, Oxford, UK.

MARIN, J. 1962. *Mechanical Behavior of Engineering Materials*, Prentice-Hall, Englewood Cliffs, NJ.

NEVILLE, A. M., W. H. DILGER, and J. J. BROOKS. 1983. *Creep of Plain and Structural Concrete*, Construction Press, New York.

PENNY, R. K., and D. L. MARRIOTT. 1995. *Design for Creep*, 2d ed., Chapman and Hall, London.

SAXENA, A., ed. 2003. *Creep and High-Temperature Failure*, vol. 5 of *Comprehensive Structural Integrity: Fracture of Materials from Nano to Macro*, I. Milne, R. O. Ritchie, and B. Karihaloo, eds., Elsevier Ltd., Oxford, UK.

SKRZYPEK, J. J., and R. B. HETNARSKI. 1993. *Plasticity and Creep: Theory, Examples, and Problems*, CRC Press, Boca Raton, FL.

WACHTMAN, J. B.,W. R. CANNON, and M. J. MATTHEWSON. 2009. *Mechanical Properties of Ceramics*, 2nd ed., John Wiley, Hoboken, NJ.

(b) Sources for Materials Properties and Databases

ABE, F., and W. MARTIENSSEN. 2004. *Creep Properties of Heat Resistant Steels and Superalloys, 2: Advanced Materials and Technologies*, Springer, New York.

CINDAS. 2010. *Aerospace Structural Metals Database (ASMD)*, CINDAS LLC, West Lafayette, IN. (See *https://cindasdata.com.*)

DAVIS, J. R., ed. 1997. *ASM Specialty Handbook: Heat Resistant Materials*, ASM International, Materials Park, OH.

FROST, H. J., and M. F. ASHBY. 1982. *Deformation Mechanism Maps: The Plasticity and Creep of Metals and Ceramics*, Pergamon Press, Oxford, UK.

KAUFMAN, J. G. 2008. *Parametric Analyses of High-Temperature Data for Aluminum Alloys*, ASM International, Materials Park, OH.

NIMS. 2010. *Creep Data Sheets*, periodically updated database, National Institute of Materials Science, Tsukuba, Ibaraki, Japan. (See *http://mits.nims.go.jp/index_en.html.*)

PDL. 1991. *The Effect of Creep and Other Time Related Factors on Plastics*, Plastics Design Library, Norwich, NY. See also: E-book Edition 2001, Knovel Corp., Norwich, NY, ww.knovel.com.

문제 및 질문

【16.2절】

16.1 40% 주석, 60% 납 합금으로 만든 3.15mm 직경의 솔더와이어가 길이방향으로 크리프하중을 받고 있다. 254mm 게이지 길이를 기준으로, 경과시간별로 측정된 길이변화를 표 P16.1에 3가지 중량에 대해 나타내었다.

(a) 데이터를 이용하여 변형-시간곡선을 그려라. 크리프 거동이 천이 또는 정상상태 크리프 중 어느 것에 의해 주도되며, 두 가지 크리프 거동은 어느 정도의 양으로 일어나는가?

(b) 각 중량별로 정상상태 크리프속도, $\dot{\varepsilon}_{sc}$를 구하고 이것을 log-log 좌표에 해당응력에 대해 그려라. 직선을 그었을 때 피팅은 적절한가? 그렇다면 $\dot{\varepsilon}_{sc} = B\sigma^m$ 로부터 B와 m을 구하라.

표 P16.1

Time, min	Length change, mm		
	4.54 kg	6.80 kg	9.07 kg
0	0	0	0
0.25	0.28	0.46	0.69
0.5	0.36	0.66	0.94
1	0.48	0.91	1.45
2	0.71	1.40	2.36
4	1.09	2.24	4.09
6	1.47	3.00	5.72
8	1.83	3.38	7.26
12	2.54	4.90	10.41
16	3.23	6.38	13.64
20	3.91	7.82	16.74

16.2 그림 16.8의 데이터로부터 여러 파단시간에 대한 응력-온도 그래프를 그리되, 파단시간 10^2, 10^3, 10^4에 대해 3가지 곡선을 그려라.

16.3 표 P16.1의 납-주석 솔더에 대한 데이터로부터 t=4, 12, 20분에 대한 등시 응력-변형곡선을 그려라. 곡선들은 선형적인가?

【16.3절】

16.4 금속, 폴리머, 콘크리트가 있다. 하중 제거시 크리프 변형의 회복거동이 가장 강한 것과 그렇지 못한 것은 어느 것인가? 변형이 회복되거나 회복되지 않는 일반적인 이유를 각 재료별로 크리프의 물리적 기구를 이용하여 간단하게 설명하라.

16.5 결정체 재료의 확산성 유동과 전위크리프 기구를 비교하라. 특히, 입자크기, 응력, 온도의 효과를 고려할 때 거동추이가 어떻게 다른가?

16.6 $200\mu m$ 입자크기를 갖는 AISI 304 스테인리스강에서 식 16.6의 상수들은 변형기구지도의 멱승법(power-law) 영역을 따른다. 응력 σ는 MPa, 온도는 절대온도(K), 변형속도 $\dot{\varepsilon}$는 s^{-1}의 단위를 사용한다.

$$m = 7.5, \quad q = 0, \quad Q/R = 33{,}700\,\mathrm{K}$$

$$A_2 = \frac{1.04\times10^{27}}{G^{m-1}}, \qquad G_{300} = 81{,}000\,\mathrm{MPa}, \quad h = 38\,\mathrm{MPa/K}$$

여기서 A_2는 식 16.11에 의해 온도에 따라 변하므로 전단계수 G에 의존한다. $\sigma-\dot{\varepsilon}$그래프를 $T=900, 1200, 1450\,\mathrm{K}$에 대해 log-log 좌표로 그리되, 변형속도의 범위는 10^{-2}에서 $10^{-8}s^{-1}$로 하여라.

16.7 이전 문제에서 1100K 온도의 304 SS에 대한 상수를 이용하여 1분, 1시간, 1주일에 대한 등시 응력-변형곡선을 그려라. 각각의 경우에 $\varepsilon=0.02$의 변형에 해당하는 응력까지 고려하라. 식 16.6의 크리프 변형에 탄성변형만이 추가될 필요가 있는 것으로 가정하라. 탄성계수 E는 뽀아송비 $\nu=0.3$으로 근사하여 전단계수 G로부터 구할 수 있다.

16.8 문제 16.6의 AISI 304 스테인리스강에서, 탄성변형만이 크리프 변형에 추가된다고 가정하고 뽀아송비 $\nu=0.3$으로 근사한 후 다음을 구하라:

(a) 응력 35MPa가 1000K에서 1년 동안 가해진다면 결과적인 변형은 얼마인가?

(b) 만약 1000K에서 1년 동안 응력을 가해 얻어진 변형이 0.0020을 넘지 않는다면 허용가능한 최대응력은 얼마인가?

(c) 만약 응력 35MPa을 1년 동안 가해 얻어진 변형이 0.0020을 넘지 않는다면 허용가능한 최대 온도는 얼마인가?

(d) (a), (b), (c)에 대한 결과를 비교하고 추이를 평가하라.

16.9 그림 16.12에 보인 활성화에너지 Q의 값을 근사적으로 검증하라.

16.10 주어진 재료에서 다양한 응력, 입자크기, 온도에 대한 크리프 변형속도 데이터가 확보되

어 있으며 동일한 크리프 기구에 의해 크리프가 일어난다. 식 16.6의 A_2, m, q, Q 상수값을 구할 수 있는 다중회귀분석(multiple linear regression)용 기본식을 유도하라.

16.11 40% 주석, 60% 납 솔더와이어를 대상으로 여러 가지 크리프시험이 행해졌다. 표 P16.11은 여러 응력과 온도 조합에서의 정상상태 크리프속도를 나타내고 있다. 모든 데이터가 동일 베치(batch)에서 제조된 재료에 대한 것이므로 단일 입자크기를 보이며, 상수 $A_3 = A_2/d^q$가 식 16.6에 적용될 수 있다. 또한 $(\dot{\varepsilon}\,T)$에 대해 식을 정리한 후 식의 양변을 자연로그로 나타내면:

$$\dot{\varepsilon}\,T = A_3\sigma^m e^{-Q/RT}, \quad \ln(\dot{\varepsilon}\,T) = m\ln\sigma - \frac{Q}{R}\left(\frac{1}{T}\right) + \ln A_3$$

(a) 이러한 식에 근거하여, 다중회귀분석을 이용한 데이터 피팅을 통해 $A_3,\ m,\ Q$를 구하라.

(b) 그래프를 이용한 시험데이터와 피팅식을 비교하고 그 피팅 정확도를 비교하라.

표 P16.11

T, °C	σ, MPa	$\dot{\varepsilon}$, 1/s
25	2.80	6.00×10^{-6}
25	7.20	1.49×10^{-5}
25	12.70	5.48×10^{-5}
43	2.80	9.58×10^{-6}
66	2.80	2.69×10^{-5}
79	2.80	5.32×10^{-5}

Source: Data in [Arthur 10].

16.12 그림 16.16(아래)의 MAR-M200 합금으로 만들어진 바(bar)가 입자크기 $d = 100\mu$m와 40mm 길이를 갖는다. 이 바가 110MPa의 인장응력과 687℃의 온도하에 놓여 있다.

(a) 바의 초기 탄성길이 변화는 얼마인가? (힌트: 식 16.11에 대한 상수를 사용; 뽀아송비 $\nu = 0.3$ 가정)

(b) 그림 16.16을 이용하여 1일 경과 후, 그리고 1년 경과후의 크리프와 탄성변형길이 변화가 조합된 길이변화를 구하라.

(c) (b)에서 얻어진 결과를 식 16.6을 이용하여 점검하라. 이 재료의 입계확산(Coble) 크리프에 대한 일부 상수는 다음과 같다:

$$Q/R = 13{,}800\,K, \quad A_2 = 9.81 \times 10^{-14}\,\frac{\mathrm{K \cdot m^5}}{\mathrm{MN \cdot s}}$$

(d) (c)를 반복하되 입자크기가 10배 큰 $d = 1000\mu m$로 가정하라. 실제 적용시 이러한 차이가 왜 중요한가?

16.13 가스터빈엔진의 한 단계에 있는 블레이드는 150MPa의 응력과 450~650℃의 온도영역에 놓여 있다. 과다변형을 방지하기 위해 크리프 변형이 2000 시간동안 2%를 초과하지 않아야 한다. 그림 16.16에 나타낸 2가지 재료를 터빈블레이드의 후보재료로 고려한다.

(a) 니켈재료에 대한 최대변형속도는 얼마이며, 크리프 기구는 무엇인가? 이러한 용도에 적합한가?

(b) MAR－M200에 대한 최대변형속도는 얼마이며, 크리프 기구는 무엇인가? 이러한 용도에 적합한가?

(c) 2재료 모두 $10\mu m$~1cm 사이의 입자크기를 갖도록 제조할 수 있다. 이러한 입자크기 변경이 필요한가? 최종 선정된 재료와 입자크기를 선정하라.

【16.4~16.5절】

16.14 표 16.3의 Fe–Cr–Ni–Co 합금에 대해 아래의 4가지 응력과 온도조합에 대한 크리프 파단수명을 구하라: (a) $\sigma=65$MPa, $T=750$℃, (b) $\sigma=65$MPa, $T=800$℃, (c) $\sigma=130$MPa, $T=750$℃, (d) $\sigma=130$MPa, $T=800$℃, (e) 응력과 온도조합에 대한 크리프 파단수명의 추이를 비교하라. 수명이 이러한 변수에 매우 민감하게 변하는가?

16.15 식 16.3에 나타낸 1Cr-1Mo-0.25V강이 80MPa의 응력하에서 고온용도로 사용된다. 계획된 실제 가동수명은 20,000 시간이고 응력에 대해 1.5의 안전계수가 요구된다.

(a) 응력에 대해 안전계수 1.5를 만족시키는 허용가능한 가장 높은 가동온도는 얼마인가?

(b) (a)에서 얻어진 온도에서 가동된다고 가정할 때 응력에 대해 안전계수 1.5에서 얻을 수 있는 수명에 대한 안전계수는 얼마인가?

16.16 S–590 합금이 550℃ 온도에서 1년간 가동되어야 한다.

(a) 1년 후에 크리프 파단을 일으키게 되는 응력은 얼마인가?

(b) 응력에 대한 안전계수가 1.4가 요구된다면 실제 가동시 허용될 수 있는 응력은 얼마인가?

(c) 응력에 대해 안전계수 1.4에서 얻을 수 있는 수명에 대한 안전계수는 얼마인가?

16.17 AISI 310 스테인리스강으로 만들어진 우주선내의 파이프가 로켓엔진에 가까이 놓여 있어 온도가 1025℃에 이른다. 실 가동시 파이프에 가해진 응력은 8.0MPa이다.

(a) 수명에 대한 안전계수가 10이 요구된다면 주어진 온도와 응력에서 허용가능한 파이프 수명은 얼마인가?

(b) 수명에 대한 안전계수가 10일 때 얻을 수 있는 응력에 대한 안전계수는 얼마인가? 얻어진 응력에 대한 안전계수는 적절하다고 판단되는가?

16.18 A–286 합금이 120MPa의 응력과 650℃의 온도에서 가동된다.

(a) 이러한 가동조건에서 크리프 파단수명을 구하라.

(b) 응력에 대한 안전계수로 2.0이 요구된다면 허용가능한 최대가동수명은 얼마인가?

(c) 온도에 대한 안전여유는 얼마인가?

16.19 S–590 합금으로 만들어진 공업부품이 실 가동시 70MPa의 응력과 850℃의 온도에 놓인다.

(a) 이러한 가동조건에서 크리프 파단수명을 구하라.

(b) 이러한 형태의 부품은 기대수명의 1/2에 이르면 부품을 교체하는 것이 권장되어 왔다. 이러한 교체 정책에 의해 제공되는 응력에 대한 안전계수는 얼마인가?

(c) 기대수명의 1/2에 이르면 부품을 교체하는 것에 대해 동의하는가? 동의여부에 대한 이유를 논하라.

16.20 식 16.20(b)에 나타낸 $P_{LM}-\sigma$ 곡선처럼 L-M 인자로 나타낼 수 있는 크리프 파단을 고려한다. $b_2 = b_3 = 0$ 에서 적절한 곡선맞춤이 가능한 경우, 응력과 수명에 대한 안전계수인 X_σ와 X_t 를 연관시켜주는 수식을 만들고, 얻어진 결과를 이용하여 문제 16.19(b)를 풀어라.

16.21 표 16.3의 Cr–Mo–V 합금이 250MPa의 응력이 가해지는 곳에 사용된다. 계획된 실가동 수명은 10,000 시간이며 응력에 대한 안전계수는 1.5가 요구된다.

(a) 허용가능한 최대 가동온도는 얼마인가?

(b) 응력에 대해 안전계수 1.5에서 얻을 수 있는 수명에 대한 안전계수는 얼마인가?

(c) 응력에 대해 안전계수 1.5에서 얻을 수 있는 온도에 대한 안전여유는 얼마인가?

16.22 Nimonic 80A가 750℃의 온도에서 1년간 가동되어야 한다.

(a) 1년 후에 크리프 파단을 일으킬 수 있는 응력은 얼마인가?

(b) 응력에 대해 안전계수로 1.80이 요구된다면 실 가동시 허용가능한 응력은 얼마인가?

(c) 응력에 대해 안전계수로 1.80에서 얻을 수 있는 수명에 대한 안전계수는 얼마인가?

16.23 A-286 합금으로 제작한 가스터빈 항공기의 엔진 블레이드가 있다. 그림 P16.23에 보인 블레이드의 위치 x에 따른 응력 σ(굽힘과 축하중 포함)과 온도 T를 표 P16.23에 나타내었다. x가 클수록 응력이 감소하여 블레이드의 끝단에서는 0이 되지만 온도는 680℃ 부근의 온도를 유지한다. 항공기의 정상가동시 가장 심한 가동조건에 해당하는 값이다.

(a) 크리프파단에 의한 블레이드의 수명을 예측하라.

(b) 유지보수 스케줄은 이러한 블레이드를 매 5000 비행시간마다 교체하도록 규정하고 있다. 이러한 교체수명에 해당하는 응력에 대한 안전계수는 얼마인가?

(c) 5000 비행시간마다 교체시 이에 해당하는 온도에 대한 안전여유는 얼마인가?

(d) 5000 비행시간마다 교체하는 것에 동의하는가? 더 길어져야하는가 또는 짧아져야 하는가?

표 P16.23

x, mm	0	15	30	45	60	75	90
σ, MPa	170	168	164	155	142	120	90
T, °C	560	597	630	657	675	680	680

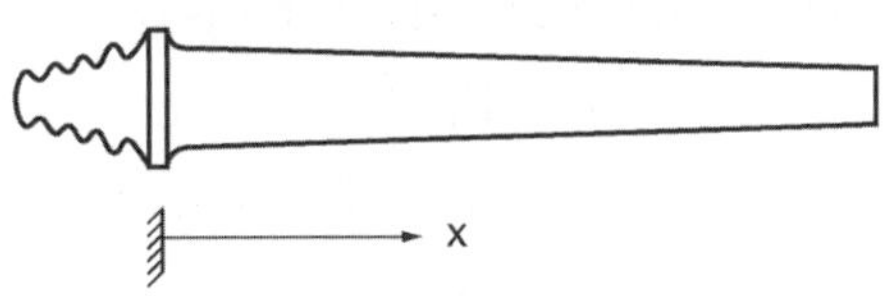

그림 P16.23

16.24 Fe-Ni-Cr합금에 대한 크리프 파단 데이터가 표 P16.24에 주어져 있다. 온도, 응력, 파단시간이 여러 시험을 통해 나타나 있다.

(a) 데이터를 식 16.20에 나타낸 응력과 Larson–Miller 인자간의 관계식에 피팅(fitting)시켜 b_0, b_1, b_2, b_3를 구하라. 표 16.3에 주어진 C 값을 이용하라. $P_{LM}-\sigma$에 대해 그래프를

이용한 시험데이터와 피팅식을 비교하고 그 피팅 정확도를 비교하라.

(b) 비슷하게, 데이터를 식 16.19에 나타낸 응력과 Sherby-Dorn 인자간의 관계식에 피팅시켜 a_0, a_1, a_2, a_3를 구하라. 표 16.2에 주어진 Q 값을 이용하라.

표 P16.24

T, °C	σ, MPa	t_r, hours	T, °C	σ, MPa	t_r, hours	T, °C	σ, MPa	t_r, hours
538	758	12	593	379	5244	732	310	19
538	690	62	649	552	6	732	262	70
538	655	294	649	517	11	732	207	187
538	621	710	649	483	45	732	172	726
538	552	4554	649	448	120	732	138	1232
593	552	123	649	414	176	816	138	13
593	517	517	649	345	483	816	103	46
593	483	1081	649	310	983	816	69	448
593	448	1501	649	241	7131			
593	414	2550	732	345	6			

Source: Data in [Goldhoff 59b].

16.25 1Cr 1Mo-0.25V강에 대한 크리프파단 데이터가 표 P16.25에 주어져 있다. 온도, 응력, 파단시간이 여러 시험을 통해 나타나 있다. 문제 16.24(a)와 (b)를 아래 데이터를 이용하여 풀어라.

표 P16.25

T, °C	σ, MPa	t_r, hours	T, °C	σ, MPa	t_r, hours	T, °C	σ, MPa	t_r, hours
482	621	37	538	338	5 108	649	276	19
482	565	975	538	262	10 447	649	207	102
482	538	3 581	593	417	18	649	172	125
482	483	9 878	593	345	167	649	138	331
538	552	7.0	593	276	615	732	138	3.7
538	469	213	593	200	2 200	732	103	8.9
538	414	1 493	593	152	6 637	732	69	31.8

Source: Data in [Goldhoff 59b].

16.26 예제 16.4의 S-590합금에 대한 크리프 파단 데이터를 이용하여, $b_2 = b_3 = 0$로 두고 식 16.22에 기반한 새로운 P_{LM} 피팅을 실시한 후, 새로운 C 값과 b_0, b_1을 구하라. $P_{LM} - \sigma$ 곡선을 데이터와 피팅값에 대해 그린 후 피팅 정확도에 대해 논하라.

16.27 예제 16.4의 S-590합금에 대한 크리프 파단데이터를 이용하여 식 16.21에 근거하여 새로운 P_{SD} 피팅을 실시하라. 여기서 Q와 a_0, a_1, a_2, a_3의 새로운 값은 피팅을 통해 구하라. $P_{SD} - \sigma$에 대해 그래프를 이용한 시험데이터와 피팅식을 비교하고 그 피팅 정확도에 대해 논하라.

16.28 Ruthenium과 platinum계 금속에 대한 크리프 파단 데이터가 표 P16.28에 주어져 있다. 온도 T, 응력 σ, 파단시간 t_r이 여러 시험을 통해 나타나 있다. 데이터를 식 16.22에 근거하

여 Larson-Miller 인자에 피팅시켜 C 값과 b_0, b_1, b_2, b_3를 구하라. $P_{LM}-\sigma$에 대해 그래프를 이용한 시험데이터와 피팅식을 비교하고 그 피팅 정확도에 대해 논하라.

표 P16.28

T °C	σ MPa	t_r minutes	T °C	σ MPa	t_r minutes
1000	327	137	1250	131	78
1000	322	1427	1250	115	283
1000	312	1835	1500	86.2	13
1250	198	8	1500	65.5	55
1250	165	33	1500	50.3	159

Source: Data in [Douglass 62].

16.29 표 P16.28에 나타낸 Ruthenium 데이터를 식 16.21에 나타낸 Sherby-Dorn 인자에 피팅시켜 Q 값과 a_0, a_1, a_2, a_3를 구하라. $P_{SD}-\sigma$에 대해 그래프를 이용한 시험데이터와 피팅식을 비교하고 그 피팅 정확도에 대해 논하라.

16.30 내부직경이 160mm이고 벽두께가 2.5mm인 양단이 밀폐된 벽이 얇은 튜브가 내부압력 7.0MPa 하중에 놓여 있다. 재료는 표 16.3에 나타낸 Cr-Mo-V강이고 가동온도는 550℃이다. 크리프 파단수명은 얼마인가?

16.31 원형 샤프트가 축방향으로 인장과 뒤틀림 하중에 놓여있다. 시간의존적 응력-변형 해석을 통해 얻어진 샤프트 표면 응력은 $\sigma_x=120$MPa, $\sigma_y=0$, $\tau_{xy}=70$MPa 이다. 재료는 표 16.3의 A-286이고 온도는 650℃이다. 크리프 파단수명은 얼마인가?

16.32 S-590으로 만든 공업부품이 550℃의 온도에서 250MPa의 응력을 매일 21시간씩 받고 있다. 매일 나머지 3시간동안에는 600℃의 온도에서 200MPa의 응력이 걸린다. 크리프 파단을 일으키는 연수(number of years)를 구하라.

16.33 특정 적용부에서 매주 39시간 가동하는 A-286합금이 650℃온도하에서 200MPa의 응력을 받는다. 여기에 매주 1시간동안은 750℃온도하에서 150MPa의 응력이 추가된다. 만약 수명에 대한 안전계수가 10이라면 가동수명은 얼마인가?

【16.6절】

16.34 표 16.4에 나타낸 524℃ 온도의 SAE 1035강에 대한 상수들을 이용하여 다음을 완성시켜라.

(a) 100MPa의 응력까지, 1, 10, 10^2, 10^3, 10^4 시간에 대한 등시 응력-변형곡선을 그리고 곡선을 비교 설명하라.

(b) 1000 시간까지, 50, 70, 90MPa의 응력에 대한 변형-시간곡선을 그리고 곡선을 비교 설명하라.

16.35 고밀도 폴리에틸렌 스트립에 중량을 걸어서 구한 변형-시간 데이터를 표 P16.35에 나타내었다. 각 시험에 대한 응력을 t=30, 200, 600sec에 대한 변형값으로 나타내었다.

(a) 이 데이터를 $\varepsilon = D\sigma^{\delta}t^{\phi}$ 형태의 식에 피팅시켜 D, δ, ϕ(이것은 식 16.39(b)에서 탄성변형

을 무시한 것임.)를 구하라.

(b) 응력-변형 그래프에서(log-log 좌표계일수도 있음.) 피팅된 상수가 데이터를 합리적으로 나타내 주는지 검증하라.

표 P16.35

Stress σ, MPa	Strain, ε, for time t = 30 s	200 s	600 s
3.71	0.0016	0.0024	0.0030
6.17	0.0042	0.0059	0.0072
7.91	0.0063	0.0090	0.0113
9.43	0.0085	0.0125	0.0156
11.15	0.0107	0.0157	0.0201
12.08	0.0123	0.0190	0.0251

16.36 폴리카보네이트 플라스틱에 대한 크리프시험 데이터가 표 P16.36에 주어져 있다. 구체적으로는, 3가지 단축응력 값에 대한 시간(sec)대별 변형을 나타내었다.

(a) 이 데이터를 식 16.39(b)에 피팅시킨다. 먼저, 크리프 변형 $\varepsilon_c = \varepsilon - \sigma / E$를 계산하기 위해 탄성변형을 빼준다. 탄성계수는 표 4.3으로부터 $E = 2400$MPa이다. 그리고 $\varepsilon_c = D_3 \sigma^{\delta} t^{\phi}$에 대해 다중회귀분석을 수행한다.

(b) 그래프를 이용한 시험데이터와 피팅식을 비교하고 그 피팅 정확도를 비교하라.

표 P16.36

Stress σ, MPa	Total Strain ε in %, for time t = 10 s	30 s	100 s	300 s	600 s	1200 s	1800 s
35.5	1.667	1.692	1.723	1.757	1.779	1.808	1.826
45.2	2.216	2.289	2.373	2.460	2.522	2.590	2.633
52.7	3.266	3.457	3.682	3.915	4.086	4.282	4.413

Source: Data in [Welker 10].

【16.7절】

16.37 재료가 식 16.38(b)에 따른 거동을 보이고, 이 식으로부터 얻어진 변형속도가 응력완화 동안에도 적용된다고 가정한다.

(a) 빠르게 가해진 후 일정하게 유지되고 있는 변형 ε'에 대해 응력완화동안의 응력-시간 거동을 나타내는 식을 유도하라.

(b) 얻어진 결과가 식 16.47에서 $\phi = 1$이 되는 특별한 경우와 동일한가?

16.38 입자크기 $d = 50\mu$m를 갖는 304 스테인리스강으로 만들어진 볼트가 550℃ 온도에서 사용되고 있다. 볼트는 60MPa의 예비응력을 가해서 미리 팽팽하게 조여여 있다. 입자경계에서의 확산성유동으로 인해 주도되는 크리프로 인해 볼트에 걸려있는 예비응력의 이완이 일어날 수 있다. 이 경우 확산성 유동은 식 16.6에서 $m = 1$, $q = 3$의 값을 갖는다. 적용되는 상수들은

$$Q_b/R = 20,100\text{K}, \quad A_2 = 7.73 \times 10^{-12} \frac{\text{K} \cdot \text{m}^5}{\text{MN} \cdot \text{s}}$$

$$G_{300} = 81,000\,\text{MPa}, \quad h = 38\text{MPa/K}$$

여기서 마지막 2항목과 식 16.11은 전단계수 G가 온도에 따라 변하므로 이 값을 얻게해 준다. 탄성계수 E 는 뽀아송비 $\nu = 0.3$을 이용하여 전단계수 G로부터 구할 수 있다.

(a) 어느 정도 시간이 경과하면 크리프로 인한 예비응력값이 1/2로 되는가?

(b) 1년 이내에 예비응력값이 1/2 이상 이완되는 것을 방지하려면 어느 정도의 입자크기가 요구되는가?

(c) 입자크기가 동일하게 유지된다면 1년 이내에 예비응력값이 1/2 이상 이완되는 것을 방지하려면 온도를 얼마나 낮추어야 하는가?

16.39 그림 16.27(b)의 천이 크리프 모델에 대해 다음에 대답하라:

(a) 일정 응력의 제거후 크리프 변형의 회복이 식 16.41에 의해 주어짐을 보여라. (힌트: 평행한 조합에 가해지는 응력은 스프링의 응력 $E_2 \varepsilon_2$와 댐퍼의 응력 $\eta_2 \dot{\varepsilon}_2$의 합이다.)

(b) 그림 16.27(c)에 보인 바와 같이 스프링 E_1이 직렬로 추가되어 탄성, 천이 크리프모델을 만든다. 상수들은 $E_1 = 6\text{GPa}$, $E_2 = 3\text{GPa}$, $\eta_2 = 10^5\text{GPa} \cdot \text{s}$이다. 만약 $\sigma = 15\text{MPa}$의 응력을 빠르게 가한 후 1일 동안 일정하게 유지한 후 응력을 제거하여 변형이 다음 1일 동안 회복하도록 하였을 때 이 모델의 변형-시간 반응을 구하고 그래프로 나타내어라.

16.40 그림 16.31(b)에 나타낸 바와 같이, 단계변형(step strain) ε'를 가해서, 탄성, 천이 크리프 모델, 일정변형이 유지되는 과정이 있다.

(a) 완화동안 응력-시간반응을 나타내는 식과 그래프를 유도하라. (힌트: 평행한 조합에 가해지는 응력은 스프링의 응력 $E_2 \varepsilon_2$와 댐퍼의 응력 $\eta_2 \dot{\varepsilon}_2$의 합이다.)

(b) 상수들이 $E_1 = 6\text{GPa}$, $E_2 = 3\text{GPa}$, $\eta_2 = 10^5\text{GPa} \cdot \text{s}$이라 한다. 만약 $\varepsilon' = 0.008$의 변형을 가한 후 1일 동안 일정하게 유지하였을 때 응력-시간 반응을 구하고 그래프로 나타내어라.

16.41 중첩의 원리를 이용하여 식 16.43을 검증하라.

【16.8절】

16.42 내부직경이 250mm이고 벽두께가 12mm인 벽이 얇은 구형 압력용기에 내부압력 0.50MPa 압력을 갖는 액체가 채워져 있다. 용기는 붕규산 유리(borosilicate glass)로 만들어져 있고 500℃ 온도에서 사용되며 이 온도에서 유리의 전단점성은 $\eta_\tau = 10^{14}\,Pa \cdot s$이다.

(a) 용기 벽에서의 크리프 변형속도는 얼마인가?

(b) 한 달 동안에 용기의 직경은 얼마나 증가하는가?

16.43 전단점성 $\eta_\tau = \tau/\dot{\gamma}$과 인장점성이 $\eta = 3\,\eta_\tau$와 같은 관계를 나타냄을 보여라. (힌트: 식 5.28을 검증하는데 사용되는 것과 동일한 과정을 따른다.)

16.44 주어진 재료와 온도에서 단축 크리프거동이 식 16.38(b)를 따른다. 순수 면전단(pure planar shear)에서의 크리프에 대한 식 $\gamma = f(\tau)$을 유도하라. 여기서 상수들은 단축시험 데이터로 부터 D_3, δ, ϕ로 나타낸다.

16.45 예제 16.6에서 압력용기를 반경 r과 벽두께 b를 갖는 벽이 얇은 구형 용기로 바꾸어서 풀어라.

16.46 양단이 밀폐된 원통형 튜브로 만들어진 스테인리스강 압력용기가 벽두께 10mm와 내부 직경 300mm를 갖는다. 이 용기가 4MPa의 내부 압력과 인장 축하중 150kN을 받는다. 가동온도는 900K이고 재료는 문제 16.6에 주어진 상수들을 갖는다.

(a) 유효(단축 등가)변형속도 $\dot{\bar{\varepsilon}}$ 는 얼마인가?
(b) 10년 동안의 용기 길이와 직경의 % 증가는 얼마인가?
(c) 크리프 변형측면에서 설계가 적절하게 보이는가?

【16.9절】

16.47 그림16.27(c)에서처럼, 탄성과 천이크리프 변형거동을 하도록 빔 재료가 교체된 예제 16.7의 단순시지빔을 생각하라. 재료상수값으로 $E_1 = 4$GPa, $E_2 = 0.10$GPa, $\eta_2 = 2\text{x}10^5$GPa·s을 갖는다. 동일한 방법으로 (a) 최대응력, (b)하중이 가해질 때의 초기 탄성 휨량, (c) 1주일 후의 휨량을 구하라. 또한 (d) 무한한 시간후 휨량, (e) 예제 16.7의 경우와 비교해서 거동상의 차이를 논하라.

16.48 304 스테인리스강으로 만든 길이 300mm의 파이프의 한 쪽 끝단을 고정시키고 반대쪽은 자유롭게 두었다, 자유로운 끝단쪽에 외팔보(cantilever beam)형태의 하중 $P = 150N$를 가했다. 단면내부와 외부의 직경이 각각 $d_1 = 28$mm와 $d_2 = 32$mm이고 온도는 600℃이다. 식 16.6의 정상상태 크리프 변형과 탄성변형의 조합에 의해 재료가 변형된다. 재료상수와 입자크기는 문제 16.38과 동일하다: (a) 파이프의 최대응력, (b) 자유끝단에서의 초기 탄성 휨량, (c) 1년 후의 총 휨량을 구하라.

16.49 환상 디스크가 50rev/sec의 주파수로 700℃의 온도에서 가동된다. 환상 디스크는 내부반경 $r_1 = 40$, 외부반경 $r_2 = 130$, 두께 $t = 50$mm의 치수를 갖는다. 디스크는 그림 16.16 (오른쪽)의 $d = 100\mu$m의 니켈계 초합금 MAR-M200으로 만들었다. 재료는 탄성변형과 식 16.6의 경계 확산(Coble)형태 정상상태 크리프 변형의 조합에 의해 변형된다. 식 16.6에 대한 재료상수는 문제 16.12와 동일하고1 식 16.11을 따른다.

(a) r_1과 r_2 사이의 여러 반경 R에 대해서 반경(radial)-응력 σ_r과 접선(tangential)-응력 σ_t를 계산하라. 이러한 응력을 R의 함수로 나타내어라.(부록 그림 A.9 참조)
(b) 1일 동안의 크리프로 인한 내부반경의 증가이며 1년 후의 내부반경의 증가는 얼마인가?
(c) 외부반경에 대해서도 (b)와 같이 계산하라.

16.50 깊이 $2c$이고 두께 b인 사각단면빔이 시간에 무관하게 일정하게 가해진 모멘트 M으로 인해 순수굽힘하중을 받는다. (a) $\varepsilon_c = B\sigma^m t$와 (b) $\varepsilon_c = D_3\ \sigma^\delta t^\phi$의 크리프 거동에 대해, 최대변형을 M, 시간 t, 형상과 재료상수의 함수로 나타내는 식을 유도하여라. 두 경우 모

두 순간적인 탄성 및 소성변형이 적다고 가정하라.

16.51 반경 c인 원형 샤프트가 시간의 경과에 무관하게 일정한 토크 T를 받는다. (a) $\varepsilon_c = B\sigma^m t$와 (b) $\varepsilon_c = D_3\,\sigma^\delta t^\phi$의 크리프 거동에 대해, 표면전단변형을 토크 T, 시간 t, 형상과 재료상수의 함수로 나타내는 식을 유도하여라. 두 경우 모두 순간적인 탄성 및 소성변형이 적다고 가정하라.

16.52 내부반경 c_1, 외부반경 c_2인 속이 빈 원형 샤프트가 있다. 재료는 $\gamma = D_2\,\tau^\delta t^\phi$의 전단응력-변형-시간관계를 보인다. 샤프트내의 최대전단변형 γ_{c2}을 토크 T, 시간 t, c_1, c_2, D_2, δ, ϕ 등의 여러 상수에 대한 함수로 나타내는 식을 유도하여라.

16.53 고밀도 폴리에틸렌 재료로 만든 깊이 $2c = 10$mm, 두께 $b = 6.2$mm인 외팔보(cantilever)빔의 끝단에 1.2kg의 중량이 가해진다. (a) 30초와 (b) 10분 후에, 중량으로부터 90mm 떨어진 빔의 가장자리 점($y = c$)에서의 변형은 얼마인가? 그림 16.29의 등시 응력-변형곡선을 사용할 수 있다.

16.54 그림 A.2(d)에 나타낸 바와 같이 박스(box) 또는 I-단면의 빔의 z-축에 대한 순수 굽힘을 생각한다. 재료와 온도 조합을 통해 크리프가 $\dot{\varepsilon} = B\sigma^m$을 따르게 되며, 이 때 $m = 3 \sim 8$의 값을 가지고 탄성 및 소성변형이 크리프 변형에 비해 작다고 가정한다. 최대변형을 M, 시간 t, 재료상수 B와 m, 형상변수 b_1, b_2, h_1, h_2의 함수로 나타내는 식을 유도하여라.

16.55 7075-T6 알루미늄 빔이 사각단면을 가지고 316℃의 온도에서 사용된다. 재료는 표 16.4에 나타낸 응력-변형 상수를 갖는다. 2.7kN·m의 모멘트가 가해지고, 1.5의 모멘트에 대한 안전계수가 요구되며, 100시간에 1%의 크리프 변형을 초과할 수 없다. 빔의 깊이 $2c$가 두께 b의 2배, 즉 $b = c$,라 가정하고 빔의 치수를 결정하라. (a) 탄성변형을 무시한다고 가정, (b) 탄성변형을 포함한다고 가정하고 문제를 풀어라.

【16.10절】

16.56 식 13.56을 사용하여 식 16.76을 검증하라.

16.57 깊이 $2c$, 두께 b 길이 L을 갖는 사각단면빔이 평균 0의 균일한 반복 모멘트 진폭 M_a를 받는다. 재료의 에너지분산이 식 16.73을 따른다고 가정하고 감쇠가 작아서 빔 깊이에 대한 응력의 분포가 근사적으로 선형적이다. 다음에 대해, 결과를 응력진폭, 형상, 재료상수의 함수로 나타내어라:

(a) 각 하중 주기에서 분산되는 에너지 ΔU에 대한 식을 구하라.

(b) 손실계수 Q^{-1}를 구하라. 값이 재료의 단축 하중에 대한 값과 어떤 관계를 갖는가?

(c) (a)에서 구한 결과를 이용하여, 한쪽 끝단이 고정된 외팔보의 반대쪽 자유 끝단에 반복 하중 P_a가 가해질 때의 ΔU에 대한 식을 구하라.

16.58 앞의 문제에서, 식 16.77에서 처럼 지수 $d \neq 2$인 감쇠가 어느 정도 일어나는 보다 일반적인 상황에 대해 (a)와 (b)를 풀어라.

16.59 변형 진폭 ε_a의 완전 반복적인 하중을 고려한다. 재료는 탄성계수 E의 탄성, 항복강도 σ_o를 갖는 탄성-완전소성 거동을 한다.

(a) 단위 감쇠에너지 Δu를 ε_a와 재료상수의 함수로 나타내어라.

(b) (a)를 이용하여 깊이 $2c$, 두께 b 길이 L을 갖는 사각단면빔의 반복적 순수굽힘에 의해 분산되는 에너지 ΔU에 대한 식을 구하라. 결과를 빔 가장자리에서의 변형진폭 ε_{ca}, 형상, 재료상수에 대한 함수로 나타내어라. 여기서 ε_{ca}는 σ_o/E를 초과한다.

16.60 반경 c의 원형 샤프트가 반복 항복을 일으킬 정도로 충분히 큰 완전 반복 토크 T_a를 받고 있다. 재료의 반복 응력-변형거동이 Ramberg-Osgood 형태를 따르며 순수전단에 대한 반복 응력-변형곡선이 식 14.25의 형태를 갖는다. 결과적으로 단위감쇠에너지는 식 16.76과 유사한 관계를 나타낸다. 즉,

$$\Delta u = 4\left(\frac{1-n'}{1+n'}\right)\tau_a \gamma_{pa}$$

여기서 τ_a와 γ_{pa}는 각각 전단응력과 소성전단변형의 진폭이다. 각 하중 주기에서 샤프트에 의해 분산되는 에너지 ΔU에 대한 식을, 예제 16.9의 굽힘에 대한 관계식과 유사하게 구하라. 특히, 에너지 ΔU를 샤프트 표면에서의 전단변형 γ_{ca}와 형상과 재료상수의 내연적 함수로 나타내어라.

부록 A

재료역학에서 선택된 주제

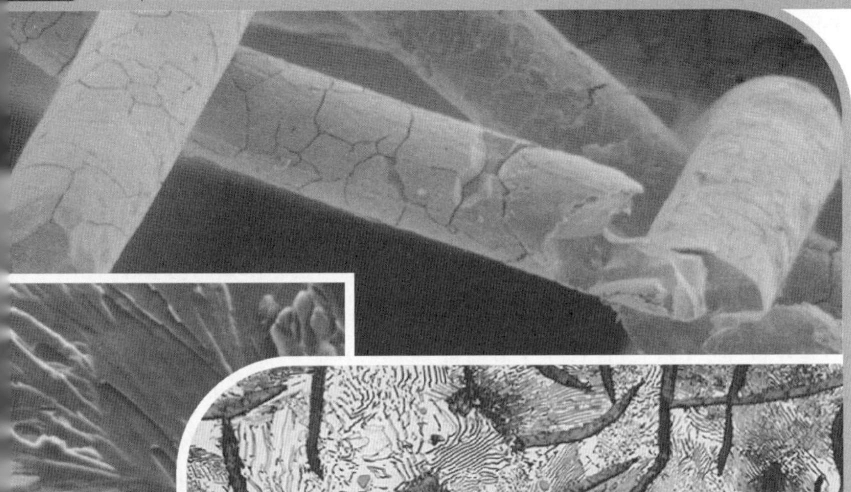

세부목차

A.1 서 론

별첨에 나타낸 내용은 기본 재료역학과 관련한 내용과 참고사항들이다. 기본 응력과 휨에 대한 공식이 나타나 있으며, 이러한 것들은 면적, 빔 휨, 노치있는 멤버의 응력집중인자와 관련하여 선별된 물성이다. 또한, 완전 소성항복에 대해 자세하게 다루었으며, 시각적인 표와 공식으로 구성하고 간단한 설명을 추가하였다.

여기에 나타낸 정보는 본 책의 내용에서 다루는 여러 주제의 이해에 유용한 것들이다. 추가적인 이론 및 식의 유도와 관련된 사항은 참고문헌을 참조하기 바란다.

A.2 응력과 휨에 대한 기본 공식

재료가 등방성이고 선형탄성거동을 보인다고 가정한다. 특히 단축의 경우에는 응력과 변형이 $\varepsilon = \sigma / E$ 관계를 보이며 여기서 E는 재료의 탄성계수이다. 복합적인 응력상태에서는 식 5.26과 5.27의 관계를 보인다. 일정단면(prismatic) 멤버의 여러 상황에 대한 응력과 휨은 그림 A.1에 나타낸 식으로 주어진다. 이 식들에서, A는 단면적, L은 길이, I_z는 단면적의 중심을 따르는 z축에 대한 면적관성모멘트이다. 또한, J는 단면적에 대힌 중심 극관성 모벤트이며, G는 재료의 전단계수이다.

(a)에 나타낸 간단한 관계식은 단축 인장이나 압축력 P가 단면적의 중심을 따라 가해지는 경우에 적용된다. 편심 하중일 경우에는 중심에서의 축하중과 굽힘모멘트를 합한 등가하중시스템이 필요하며 굽힘응력이 추가되어야 한다. (b)에서는 z축에 수직한 $x-y$면에 대해 대칭인 경우에 대한 굽힘응력과 각 휨(angular deflection)에 대한 공식이 나타나 있다. M_z는 z축 중심에 대한 모멘트이다. 속이 찬 또는 속이 비어있는 원형 샤프트에 대해서는, (c)에 나타낸 식을 이용하여 전단응력과 비틀림 각을 구한다. 토오크 T는 샤프트 축에 대한 모멘트이다.

(d)에는, 세로 전단하중 V가 단면의 중심을 따르는 선을 따라 y축 방향으로 가해진다. z축에 수직한 x-y면에 대해 대칭인 경우를 다시 가정한다. P점을 주목하라. 면적 A'는 z축에 평행한 P를 따르는 선의 바깥쪽으로 구분된다. 또한 필요한 것이 A'의 중심으로부터 전체 단면적의 중심까지의 거리 $\bar{y}'$이다. 그러면 $Q = A'\,\bar{y}'$는 z축의 전체 중심에 대한 A'의 첫 번째 면적 모멘트이다. 또한 t_s는 A'를 분리하기 위해 절단된 재료 두께이다. 계산된 전단응력 τ는 실질적으로 t_s를 따른 평균값이다.

앞에서 기술한 하중이 함께 걸리게 되는 복합하중(combined loading)의 경우는 각각의 개별 하중요소로부터 구한 응력과 휨을 단순히 중첩시켜 사용할 수 있다. 이것은 사각 또는 원형단면에 대해 두 가지 대칭면이 있다면 y축 및 z축에 대한 모멘트가 있는 (b)의 굽힘상황이 포함된다. 굽힘 또는 세로 전단(transverse shear), 비원형(noncircular) 단면과 같이 요구되는 대칭성이 존재하지 않는 경우에는 추가적인 분석이 필요하며, 관련이론은 재료역학, 탄성이론 및 관련주제에 관한 참고자료에 나타나 있다.

A.3 면적의 성질

그림 A.2에 단순 형상에 대한 면적 A와 중심축에 대한 면적 관성모멘트 I_z를 나타내었다. I_z와 극관성 모멘트 J가 벽이 얇은 튜브를 가정하여 원형 또는 환형단면에 대해 주어져 있다. 이 경우 대칭성으로 인해 $J = I_y + I_z = 2I_z$가 성립한다.

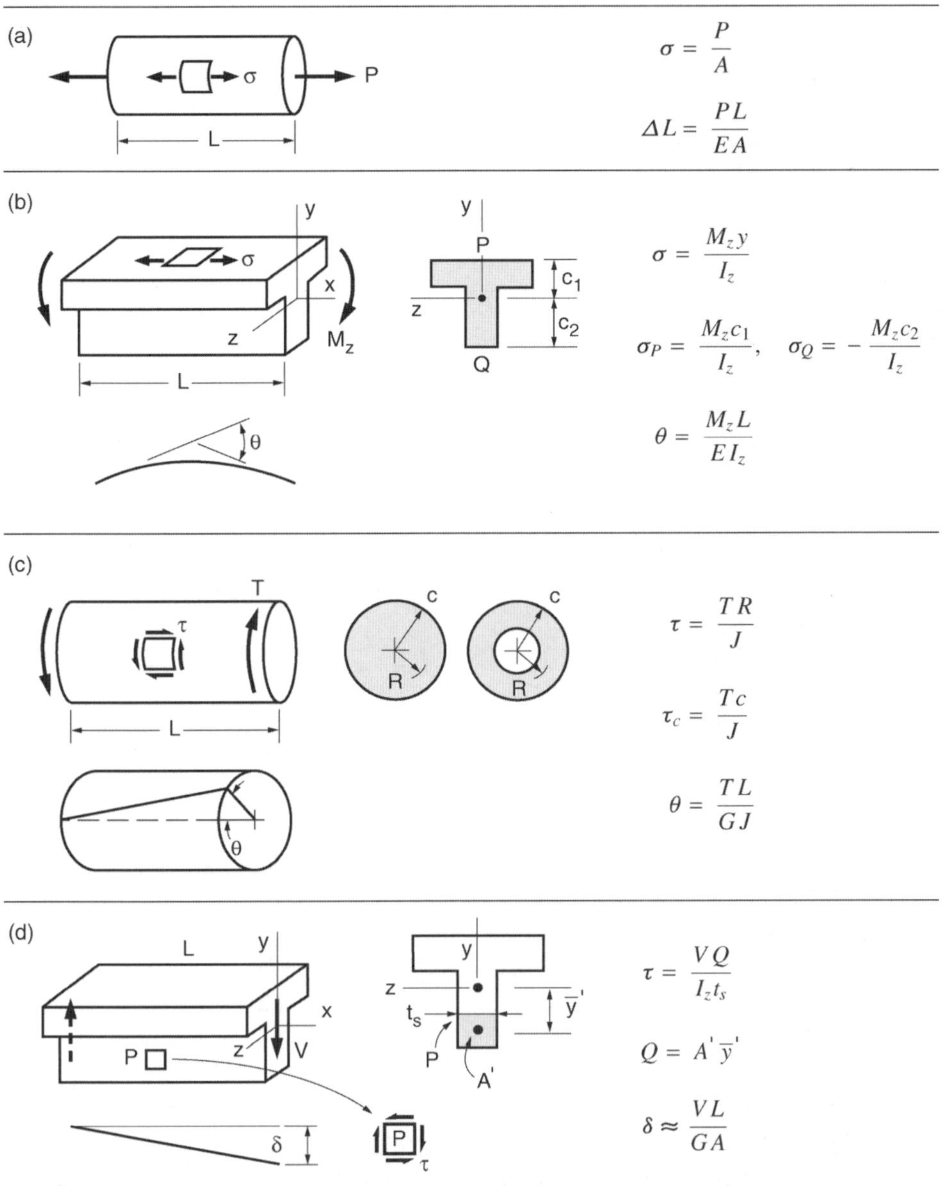

그림 A.1 응력과 휨 계산식: (a) 중심축 하중, (b) 대칭 굽힘, (c) 원형샤프트와 튜브의 비틀림, 및 (d) 횡전단

그림 A.3에는 1/2 과 1/4 원단면과 튜브단면에 대해 무게중심점을 나타내었다. 그림 A.1(d)를 보면 이러한 중심점이 원단면과 튜브단면에 대한 최대 세로전단을 분석할 때 유용함을 알 수 있다.

보다 복잡한 모양에 대한 면적과 관성모멘트는 단순한 형상을 기준으로 추가 또는 제거하여 구할 수 있다. 예를 들면, 큰 원형단면에서 작은 원형단면을 제거하면 그림 A.2(c)의 튜브단면에 대한 A, I_z, J를 얻을 수 있다. 비슷하게, 2개의 사각단면을 제거해 줌으로써 그림 A.2(d)의 박스단면과 I-단면에 대한 A, I_z를 얻을 수 있다.

(a)

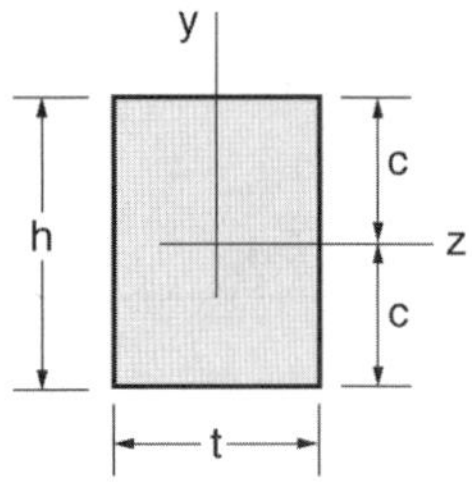

$$A = th = 2tc$$

$$I_z = \frac{th^3}{12} = \frac{2tc^3}{3}$$

(b)

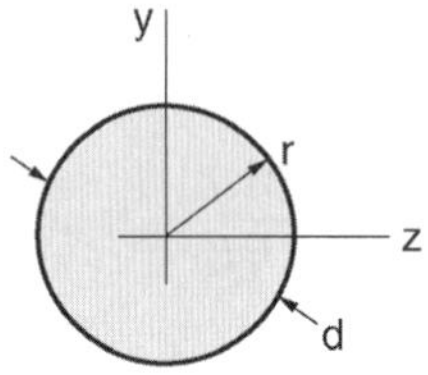

$$A = \pi r^2 = \frac{\pi d^2}{4}$$

$$I_z = \frac{\pi r^4}{4} = \frac{\pi d^4}{64}, \qquad J = \frac{\pi r^4}{2} = \frac{\pi d^4}{32}$$

(c)

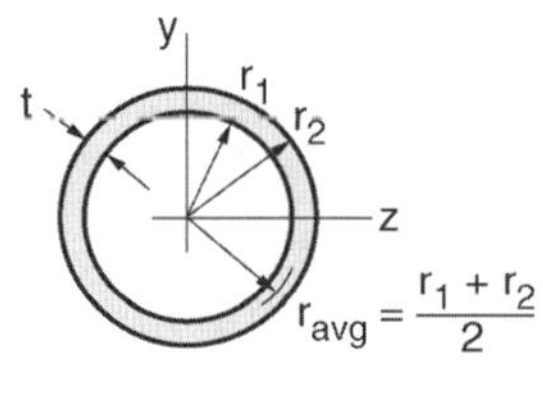

$$A = \pi\left(r_2^2 - r_1^2\right) = 2\pi r_{avg} t$$

$$I_z = \frac{\pi}{4}\left(r_2^4 - r_1^4\right), \qquad I_z \approx \pi r_{avg}^3 t$$

$$J = \frac{\pi}{2}\left(r_2^4 - r_1^4\right), \qquad J \approx 2\pi r_{avg}^3 t$$

(d)

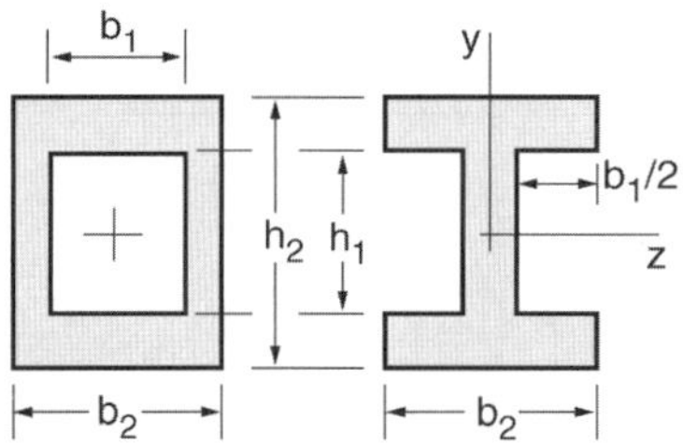

$$A = b_2 h_2 - b_1 h_1$$

$$I_z = \frac{b_2 h_2^3}{12} - \frac{b_1 h_1^3}{12}$$

그림 A.2 선택된 형상에 대한 면적 A와 무게중심역 관성모멘트 I_z. 무게중심 극관성모멘트 J 또한 (b)와 (c)에 나타내었다. (c)의 경우, I_z와 J에 대한 두 번째 근사식은 $t/r_1 < 0.2$인 경우 1% 이내, $t/r_1 < 0.6$인 경우 5% 이내의 편차를 보인다.

일반적으로 단면적의 무게중심은 대칭성만으로 알 수 없으며 주어진 위치에서 구할 수 있다. 예를 들어 그림 A.1(b)는 T-단면에 대한 경우이다. 전체 형상에 대한 중심 I_z는 각각의 부분에 대한 개별 중심 I_z의 결정한 후 평행축이론(parallel axis theorem)을 적용하여 각각의 중심을 전체 중심축으로 옮겨주어 구할 수 있다. 자세한 사항에 대해서는 기본적인 재료역학 교재를 참조하라.

I-단면, T-단면, 채널, 앵글, 튜브와 같은 대표적 구조용 강의 형상에 대해서는 단면적에 대한 물성이 AISC 강구조 매뉴얼(Steel Construction Manual)에 나타나 있다. 재료제조 핸드북을 비롯한 여타 핸드북 또한 이러한 정보를 포함하고 있다.

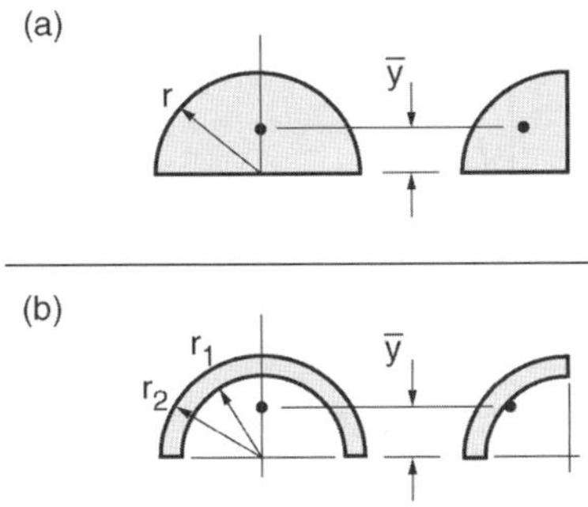

(a) $\bar{y} = \dfrac{4r}{3\pi}$

(b) $\bar{y} = \dfrac{4}{3\pi}\left(\dfrac{r_2^3 - r_1^3}{r_2^2 - r_1^2}\right)$, $\quad \bar{y} \approx \dfrac{2r_{avg}}{\pi}$

그림 A.3 (a) 2분원과 4분원 및 (b) 2분 및 4분단면 원형튜브의 무게중심. (b)의 경우, $\bar{y}$에 대한 두 번째 근사식은 $t/r_1 < 0.4$인 경우 1% 이내, $t/r_1 < 1.3$인 경우 5% 이내의 편차를 보이며 $t = r_2 - r_1$이다.

A.4 빔의 전단, 모멘트, 휨

집중하중과 균일분포 하중을 받는 단순지지빔과 외팔보빔(cantilever beam)을 그림 A.4에 나타내었다. 빔의 길이별 위치에 따른 내부전단과 굽힘모멘트의 변화와 최대굽힘모멘트를 나타내었다. 선형 탄성거동에 대해 최대 휨에 대한 식도 나타내었다. 그림 A.1(b)에 보인 바와 같이, x-y면에 대해 대칭이라면 이 면에서의 휨은 y방향일 것이다. 주어진 식은 굽힘으로 인한 휨을 포함하지만, 대부분의 빔에서 전단으로 인한 휨은 상대적으로 작은 영향을 미치므로, 그림 A.1(d)의 δ와 같은 전단으로 인한 휨은 무시한다.

그림 4.40과 같은 3점과 4점 굽힘상황은 재료시험에서 흔히 일어난다. 그림 A.4(a)는 3점 굽힘 경우에 대한 것이고 4점 굽힘상황에 대해서는 그림 A.5에 관련 사항을 나타내었다.

이러한 형태의 추가적인 정보는 AISC 강구조 매뉴얼(Steel Construction Manual)을 포함한 다양한 핸드북에 수록되어 있다.

A.5 압력용기, 튜브, 디스크에서의 응력

튜브 및 구형 압력용기에 대한 식, 튜브에 대한 다양한 하중에 대한 식, 회전 디스크에 대한 식등 다양한 경우의 유용한 식들을 나타내었다. 이들 중 일부는 선형 탄성거동을 가정하여 이 절에서 다룬다. 아래에 나타낸 내용의 대부분은 Timoschenko(1970)에 의해 유도된 것 들이다.

그림 A.6에 나타낸 튜브 및 속이 빈 구형 용기의 내부압력 p를 생각하자. 내부 및 외부반경을 각각 r_1과 r_2라 하고 R을 r_1과 r_2사이의 반경거리라 한다. 튜브형 압력용기의 경우, 반경(radial), 접선(tangential), 길이(longitudinal)방향, $r-t-x$ 원통형 좌표계가 편리하다. 압력이 가해졌을 때의 응력 σ_r, σ_t, σ_x에 대한 식들을 그림 A.6(a)에 나타내었다. 반경방향 응력 σ_r은 항상 압축성이며, 내부 반경에서 $\sigma_r = -p$로부터 외부반경에서 $\sigma_r = 0$으로 R과 함께 서서히 변한다. 접선방향 응력 σ_t는 항상 인장성이며 내부 벽에서 최대값을 가지며 외부벽으로 갈수록 R과 함께 서서히 감소한다. 길이방향

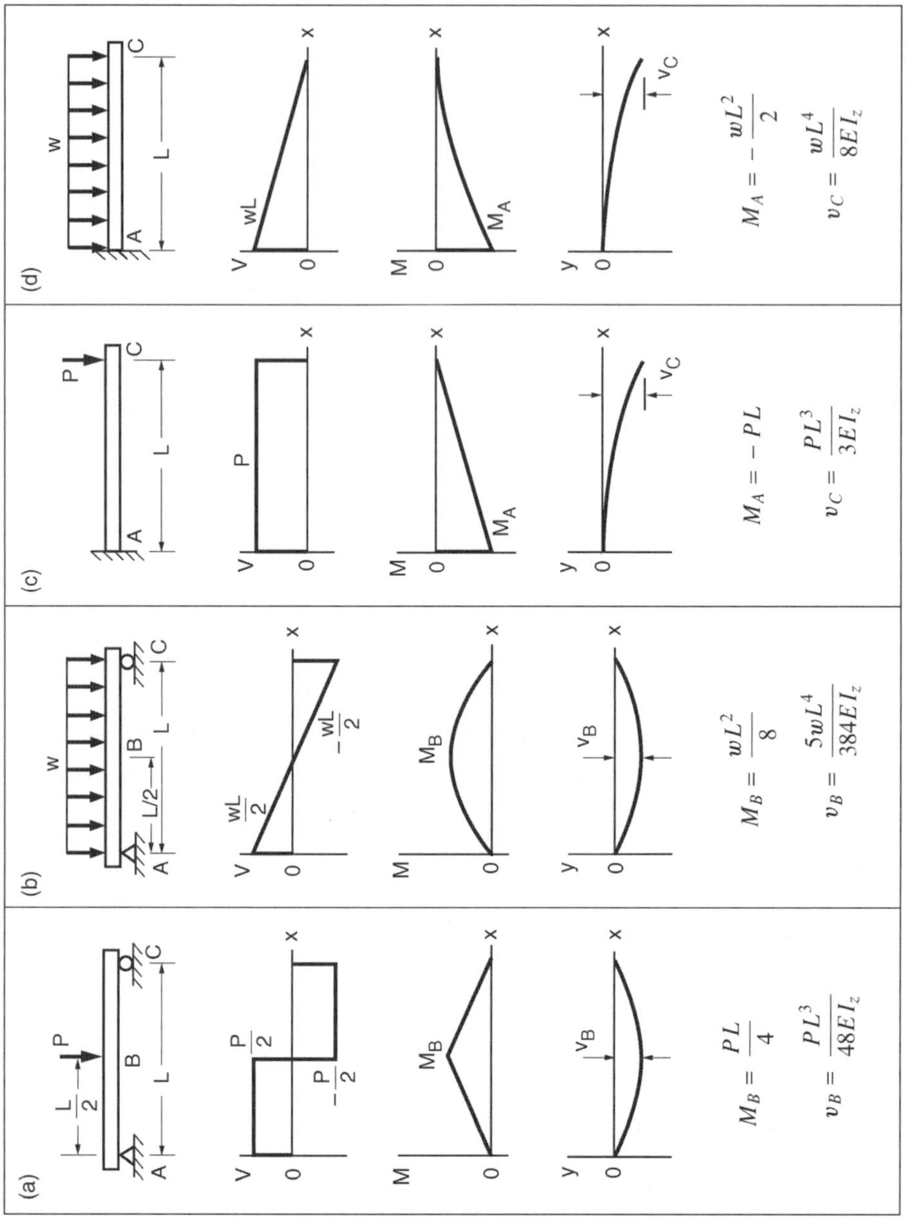

그림 A.4 집중 또는 분산하중을 받는 여러 경우의 단순 지지보와 외팔보. 전단 V와 모멘트 M에 대한 도식도를 최대 휨량 v 와 함께 나타내었다.

응력 σ_x는 끝단이 열린 튜브의 경우 0이며, 끝단이 밀폐된 튜브의 경우에는 식에서 나타낸 것과 같이 균일하다. 만약 튜브형 용기가 비틀림하중을 받으면 전단응력 $\tau_{tx} = TR/J$가 존재한다. τ_{tx} 가 R과 함께 선형적으로 증가하여 외벽에서 최대값을 갖는다. 이러한 식들은 용기, 노즐 등에서의 끝단 밀폐부에서의 국부응력 집중효과를 고려하지 않았다.

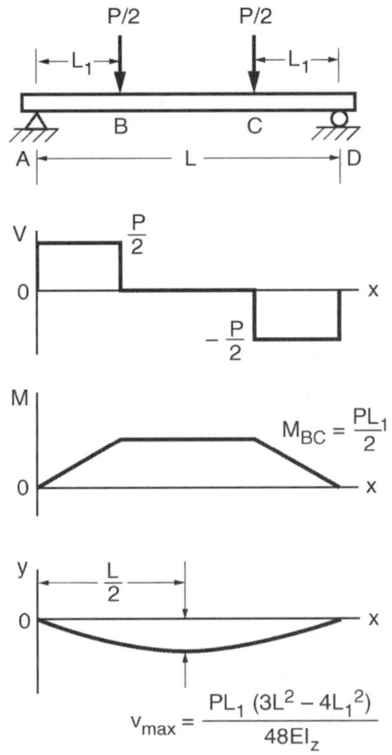

그림 A.5 전체가압력 P를 받는 4점 굽힘 시험에 대한 전단 및 모멘트 도식도와 최대 휨량

그림 A.6(b)에 속이 빈 구형 압력용기에 관한 유사한 식을 나타내었다. 응력 σ_r과 σ_t는 정성적으로 튜브형 용기와 유사하게 R과 함께 변하며, 물론 그 값은 다르게 나타난다. 구의 대칭성으로 인해, x 방향이 두 번째 t 방향에 의해 대체되고, 주어진 R에서의 접선방향 응력 σ_t는 구의 반경에 수직한 방향으로 모두 동일하다.

벽이 얇은 튜브형 또는 구형 용기에 내부 압력이 가해지면 그림 A.6에 나타낸 식이 적용되지만 그림 A.7에 보인 보다 간략해진 식으로 대체할 수 있다. 이러한 근사적인 식을 통해 얻어진 응력들은 벽두께에 걸쳐 균일하다고 간주된다. 5% 와 10% 정확도에 대한 t/r_1의 한계는 그림의 캡션에 나타내었다.

그림 A.8은 벽이 얇은 튜브에서 비틀림과/또는 굽힘으로 인한 응력들에 대한 유용한 근사값을 제공해 준다. 비틀림의 경우, 벽두께의 중간부 $R = r_{avg}$에 $\tau_{tx} = TR/J$를 그림 A.2(c)의 J의 근사값과 함께 적용하면 첫 번째 식이 얻어진다. 비슷하게 굽힘의 경우, 벽두께의 중간부의 임의의 점 C에 $\sigma_x = My/I_z$를 그림 A.2(c)의 I_z의 근사값과 함께 적용하면 두 번째 식이 얻어진다. 세 번째 식은, y축을 따른 점 A, 즉 $y = r_{avg}$에서 얻어지는 근사적 굽힘응력의 최대값 σ_{xA}이다. 물론 중립축을 따라, 즉 z-축을 따라 굽힘응력이 0이 된다. 이러한 근사식으로 얻어진 응력들은 벽 두께를 통해 일정하다고 간주되며 5% 와 10% 정확도에 대한 t/r_1의 한계는 그림의 캡션에 나타내었다.

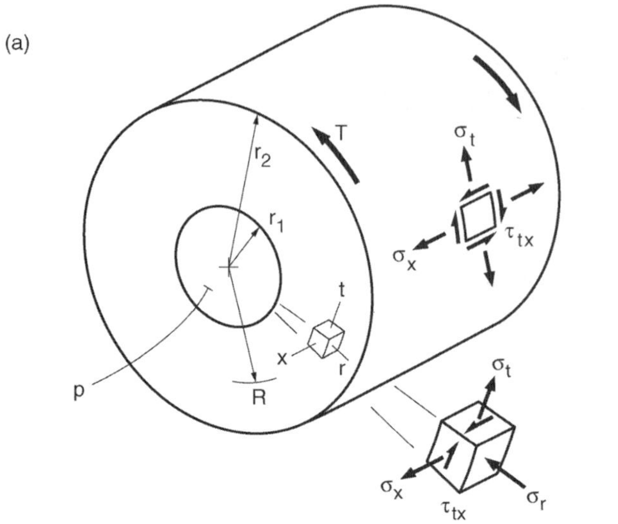

$$\sigma_r = -\frac{pr_1^2}{r_2^2 - r_1^2}\left(\frac{r_2^2}{R^2} - 1\right)$$

$$\sigma_t = \frac{pr_1^2}{r_2^2 - r_1^2}\left(\frac{r_2^2}{R^2} + 1\right)$$

$$\sigma_x = \frac{pr_1^2}{r_2^2 - r_1^2}$$

$$\tau_{tx} = \frac{2TR}{\pi\left(r_2^4 - r_1^4\right)}$$

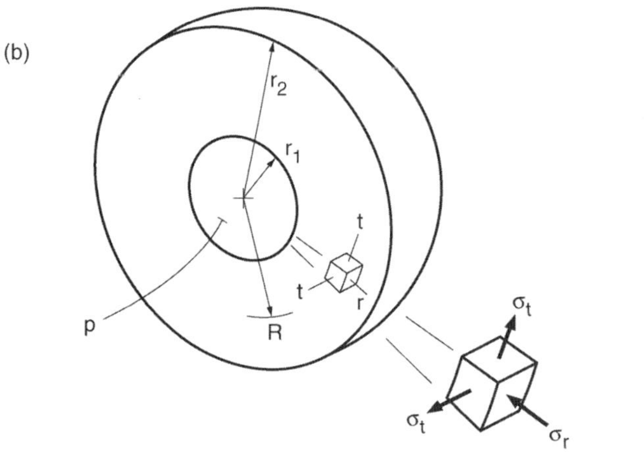

$$\sigma_r = -\frac{pr_1^3}{r_2^3 - r_1^3}\left(\frac{r_2^3}{R^3} - 1\right)$$

$$\sigma_t = \frac{pr_1^3}{r_2^3 - r_1^3}\left(\frac{r_2^3}{2R^3} + 1\right)$$

그림 A.6 두꺼운 압력용기에 걸리는 응력, (a) 튜브형, (b) 구형

회전하는 환상(annular)디스크에서의 응력을 그림 A.9에 나타내었다. 정규화된 변수 $a = r_1/r_2$와 $z = R/r_2$를 편의상 사용하였다. 또한 ρ는 밀도, ω는 각속도(rad/sec), ν는 뽀아송비이다. $\omega = 2\pi f$이며 여기서 f는 rev/sec로 나타낸 회전주파수이다. 반경방향 응력 σ_r은 내부 및 외부 반경에서 모두 0이며 $R = \sqrt{r_1 r_2}$에서 인장 최대값을 갖는다. 접선방향 응력 σ_t는 모든 R에 대해 인장성이며 환상 디스크의 내부공동이 응력집중점으로 작용하여 내부반경에서 최대값을 갖는다. 주어진 식을 적용하기 위해서는 응력(MPa) 차원의 $\rho\omega^2 r_2^2$ 값으로 나타내는 것이 유용하다.

예를 들어 $\rho = 7.9\,\mathrm{g/cm^3}$, $f = 120\,\mathrm{rev/s}$, $r_2 = 200\,\mathrm{mm}$라고 가정하자. 단위호환 측면에서, $\mathrm{g/cm^3} = \mathrm{Mg/m^3}$, $\mathrm{N} = \mathrm{kg \cdot m/s^2}$, $\mathrm{MPa} = 10^6\,\mathrm{N/m^2}$이다. 따라서

(a)

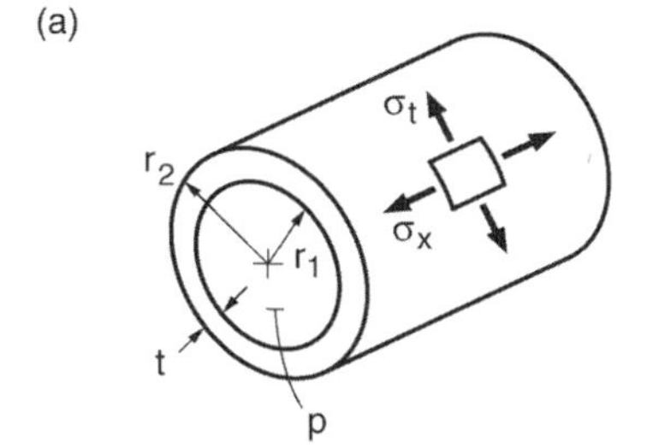

$$\sigma_t = \frac{pr_1}{t}, \qquad \sigma_x = \frac{pr_1}{2t}$$

$(\sigma_x = 0$, open ends)

$\sigma_r = -p$ (inside)

$\sigma_r = 0$ (outside)

(b)

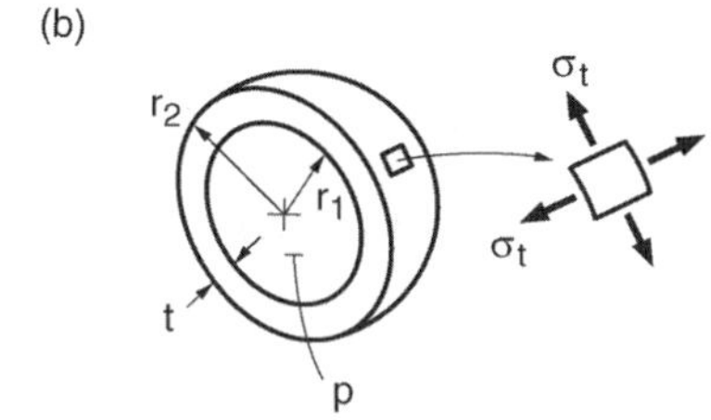

$$\sigma_t = \frac{pr_1}{2t}$$

$\sigma_r = -p$ (inside)

$\sigma_r = 0$ (outside)

그림 A.7 얇은 압력용기에 걸리는 근사응력, (a) 튜브형 (b) 구형. (a)의 경우 $t/r_1 < 0.1$인 경우 5% 이내, $t/r_1 < 0.2$인 경우 10% 이내의 편차를 보이며, (b)의 경우 $t/r_1 < 0.3$인 경우 5% 이내, $t/r_1 < 0.45$인 경우 10% 이내의 편차를 보인다.

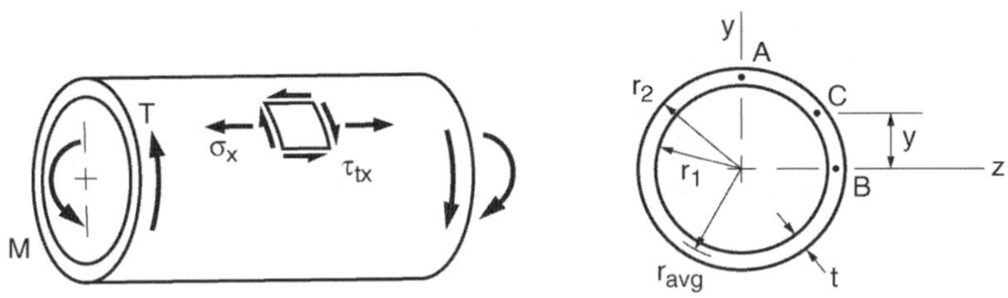

$$\tau_{tx} = \frac{T}{2\pi r_{avg}^2 t}, \qquad \sigma_x = \frac{My}{\pi r_{avg}^3 t}, \qquad \sigma_{xA} = \frac{M}{\pi r_{avg}^2 t}, \qquad \sigma_{xB} = 0$$

그림 A.8 얇은 튜브에 비틀림과/또는 굽힘 하중이 걸리는 경우 근사응력, $t/r_1 < 0.1$인 경우 5%이내, $t/r_1 < 0.25$인 경우 10% 이내의 편차를 보인다.

$$\rho\omega^2 r_2^2 = \left(7.9\frac{\text{Mg}}{\text{m}^3} \times \frac{1000\ \text{kg}}{\text{Mg}} \times \frac{\text{N}}{\text{kg}\cdot\text{m/s}^2}\right)\left(120\frac{\text{rev}}{\text{s}} \times 2\pi\frac{\text{rad}}{\text{rev}}\right)^2 (0.200\text{m})^2 = 179.6 \times 10^6 \frac{\text{N}}{\text{m}^2}$$

$$\rho\omega^2 r_2^2 = 179.6\ \text{MPa}$$

속이 꽉 찬 디스크의 경우($r_1 = 0$), 그림 A.9의 식들은 사용 전에 $\alpha = 0$를 치환하여 수정한 후 사용하여야 한다. 이 경우, 중심부($R = 0$)에서는 $\sigma_r = \sigma_t$이 되고, 외경 쪽으로 갈수록 σ_t가 감소하고 σ_r은 0으로 감소한다.

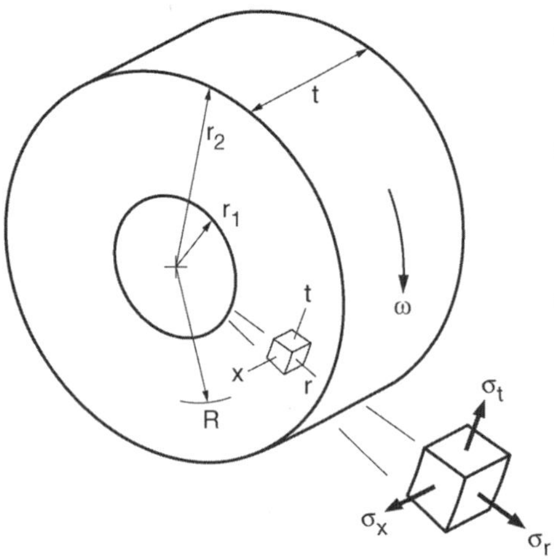

$$\alpha = r_1/r_2, \qquad z = R/r_2$$

$$\sigma_r = \rho\omega^2 r_2^2 \left(\frac{3+\nu}{8}\right)\left[1 + \alpha^2 - z^2 - \frac{\alpha^2}{z^2}\right]$$

$$\sigma_t = \rho\omega^2 r_2^2 \left(\frac{3+\nu}{8}\right)\left[1 + \alpha^2 - \frac{1+3\nu}{3+\nu} z^2 + \frac{\alpha^2}{z^2}\right]$$

$$\sigma_x = 0 \qquad \text{(plane stress)}$$

$$\sigma_x = \nu(\sigma_t + \sigma_r) \qquad (t >> r_1)$$

그림 A.9 환상 디스크의 회전으로 인한 응력. ρ는 중량밀도, ω는 각속도, ν는 뽀아송 비를 나타낸다.

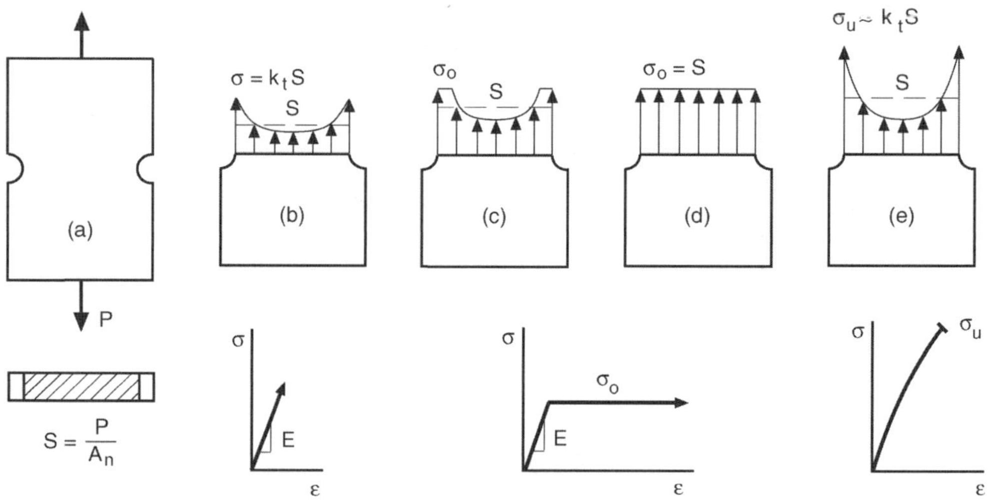

그림 A.10 응력집중부를 갖는 대상재(a)와 여러 경우에 대한 응력분포: (b) 선형적 탄성변형, (c) 연성재료의 국부항복, (d) 연성재료의 완전항복, (e) 취성재료의 파단

A.6 노치에 대한 탄성 응력집중인자

홀, 필렛, 그루브, 키 홀과 같은 기하학적 불연속점은 설계 시 피하기 어렵다. 이것은 소위 응력집중점(stress raiser 또는 notch)으로 작용하여 국부적으로 응력을 상승시킨다. 이러한 상황은 그림 A.10(a)과 (b)에 나타내었다. 선형탄성 재료거동에 대한 응력집중계수 k_t가 노치를 고려하기 위해 $k_t = \sigma/S$를 사용되며 σ는 국부적 모치응력이고 S는 가해준 평균응력이다. k_t를 제공해주는 곡선을 대표적인 예를 그림 A.11과 A.12에 나타내었다.

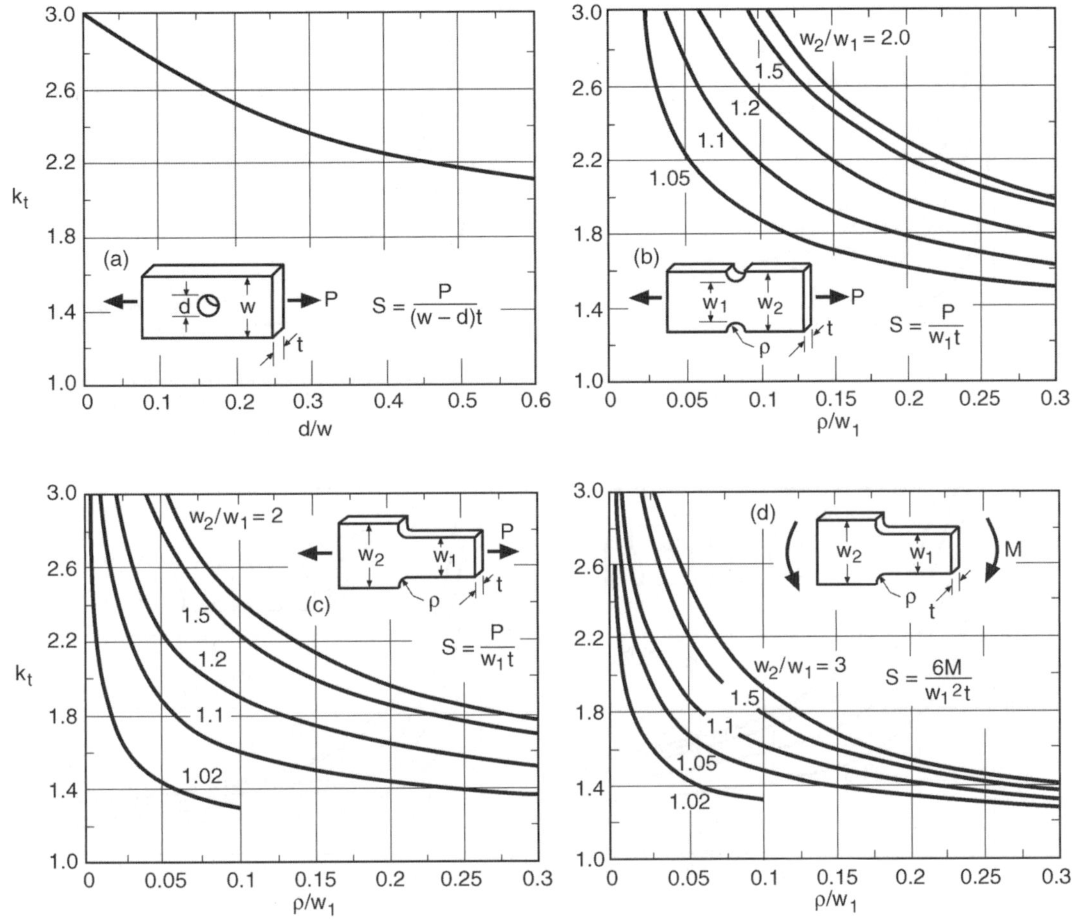

그림 A.11 노치를 갖는 여러 판들에 대한 탄성응력집중계수([Peterson 74]의 35, 89, 98, 150 페이지에 나타난 값 인용)

k_t의 값은 여러 참고자료, 핸드북, Peterson(1974)의 논문 등을 통해 구할 수 있다. 분석방법이 시간이 경과할수록 개선되어 왔으므로, 이전 문헌의 k_t가 근래의 문헌에서 나타나는 보다 정확한 값과 동일하지 않을 수 있다.

S를 정의하는 가장 범용적인 기준은 노치가 제거되었을 때의 순수 면적에 대한 응력으로 규정하는 것이다. 그림 A.11 과 A.12에 나타낸 각각의 예시에 이러한 기준이 나타나 있다. 또한 재료의 항복이 일어나지 않는다면, 즉 $k_t S$가 항복강도 σ_o보다 작다면, $\sigma = k_t S$의 등식이 노치에서도 성립된다.

A.7 완전 소성항복 하중

별첨에서 고려되었던 모든 응력과 휨은 선형탄성 재료거동을 가정하였다. 하지만 응력과 변형이 재료의 선형탄성영역을 초과하는 상황을 맞을 수 있다. 거동이 선형 탄성이라는 가정하에서 계산된 응력이 재료의 항복강도를 초과하는지의 여부에 따라 이러한 상황을 인지할 수 있다. 이럴 경우 계산결과는 유효하지 않으며 항복효과를 구체적으로 고려한 분석이 필요하다.

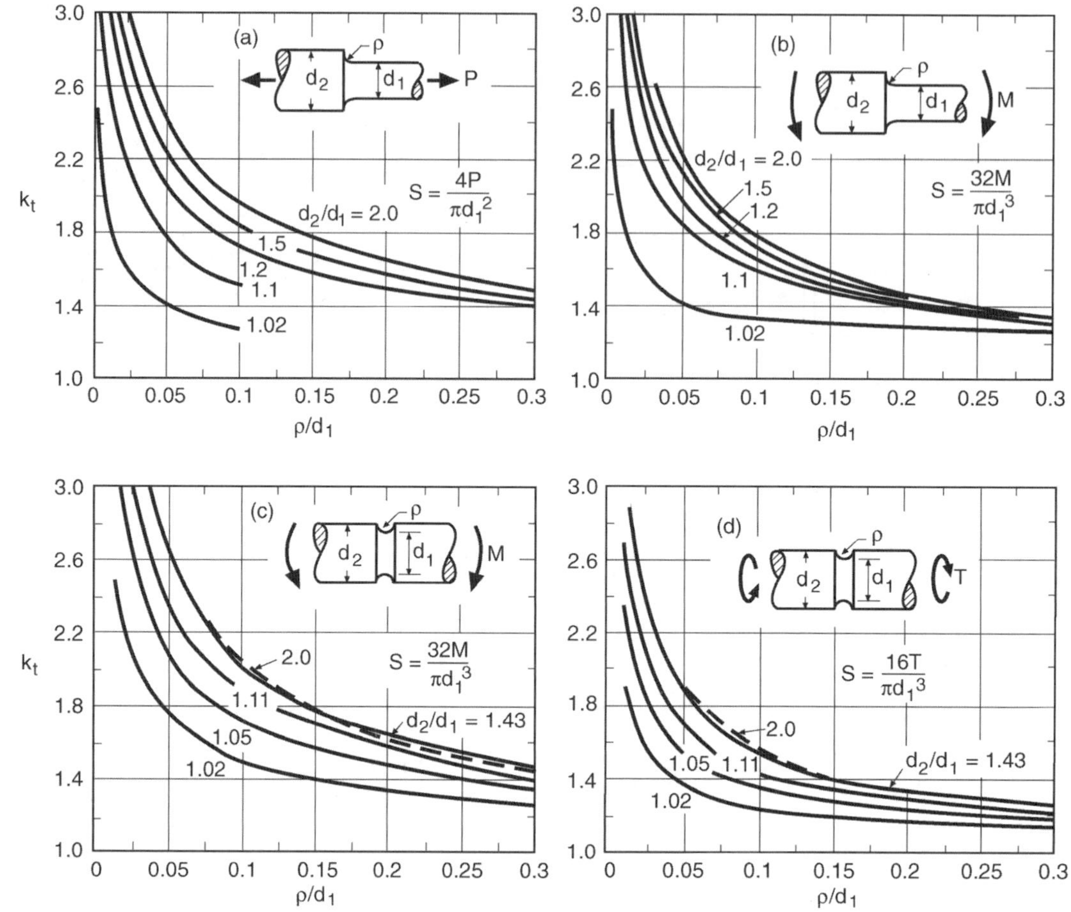

그림 A.12 노치를 갖는 원형 샤프트들에 대한 탄성응력집중계수((a)와 (b)는 [Peterson 74]의 96 및 103 페이지에 나타난 값을 인용, (c)와 (d)는 [Nisitani 84] 인용)

항복이 멤버의 전체 단면에 걸쳐 전파되면 완전소성항복(fully plastic yielding)이 일어났다고 한다. 항복을 일으키는 위해 가해주어야 할 하중을 완전소성하중(fully plastic load)이라 한다. 완전소성하중은 멤버에서 큰 변형과 휨이 불안정하게 증가하기 시작하는 것을 의미하므로 멤버의 최종 파단하중의 척도가 된다.

부록에서는 단순화를 위해, 재료의 응력-변형곡선이 그림 A.13에 나타낸 바와 같이 근사적으로 탄성-완전소성이라는 가정을 할 것이다. 단축의 경우에서 E는 탄성계수이고 σ_o는 항복강도이다: 순수전단의 경우, G는 전단계수이고 τ_o는 전단 항복강도이다. 7.5절의 8면체전단응력 항복조건 $\tau_o = \sigma_o / \sqrt{3} = 0.577\sigma_o$을 통해, τ_o값은 σ_o로부터 구할 수 있다. 또 다른 방법으로는 7.5절의 최대 전단응력 항복조건 $\tau_o = 0.5\sigma_o$을 통해 구할 수도 있다.

따라서 여기서의 고찰은 탄성-완전소성 응력-변형거동에 대한 완정소성하중을 분석하는 목적에만 한정한다. 공업용 멤버에서, 항복이후의 응력-변형에 대한 보다 자세한 내용은 13장에서 다룬다.

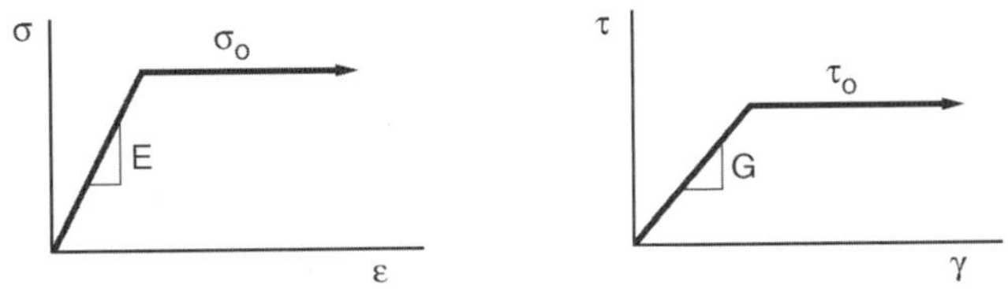

그림 A.13 단축인장($\sigma-\varepsilon$)와 순수전단($\tau-\gamma$)시 탄성 – 완전소성재료의 응력 – 변형거동 가정

A.7.1 완전소성 굽힘 및 비틀림

그림 A.14에 보인 바와 같이 사각단면을 갖는 빔의 순수굽힘을 생각해 보자. 낮은 값의 모멘트 M에 대해서는, 그림 A.1(b)의 탄성굽힘공식에 의해 응력을 구한다. 중립(z)축으로부터의 거리 y에 대해 응력이 선형적으로 변한다. 모멘트가 증가하면 $M = M_i$ 값에 도달하는데 여기에서 최대응력은 항복값 σ_o에 도달하게 되는데 초기항복(incipient yielding)이 이 경우이다. 그림 A.2(a)로부터 I_z를 치환한 후 굽힘응력 공식의 M에 대해 풀면 그림 A.14(b)의 M_i에 대한 식을 얻게 된다. 여기서 M_i는 초기항복모멘트(initial yielding moment)라 부른다.

모멘트가 M_i 이상으로 증가하면 그림 A.14(c)에 보인 바와 같이 항복이 빔의 바깥쪽 가장자리로부터 중립축으로 전파된다. 이상적인 재료는 σ_o보다 높은 응력을 지탱할 수 없으므로, 응력분포의 일부가 편평해짐을 알 수 있다.($\varepsilon_o = \sigma_o / E$를 초과하는 변형이 일어난다.) 항복이 그림 A.14(d)처럼 중립축에 접근함에 따라 전체 응력분포가 인장측에서는 σ_o 압축측에서는 $-\sigma_o$이 된다. M이 더 이상 증가하지 않게 될 때의 한계값을 완전소성모멘트(fully plastic moment)라 한다. M_o에 대한 식은 그림 A.14(e)에 보인 바와 같이, 중립축 이상과 이하의 응력 분포를 각각의 무게중심에 위치한 집중하중으로 대체해서 구할 수 있다. 결과적인 M_o는 그림 13.6에 보인 바와 같이 크고 불안정한 휨이 시작되는 모멘트에 대한 척도가 된다.

그림 A.14(b)와 (e)의 식을 비교해 보면 $M_o/M_i = 1.50$의 비율을 얻는다. 따라서 모멘트는 빔이 완전히 파괴되기 전에 초기항복의 1.5배까지 증가될 수 있다. 이것은 그림 A.15(a)에 보인 단순인장에 대한 상황과 대비된다. 여기서, 이상적인 편평한 응력-변형곡선으로 인해 초기하중과 완전소성항복하중, P_i와 P_o은 동일하므로 초기항복과 최종파단은 동일한 하중에서 일어날 것으로 예측된다. 추가적인 경우에 대한 유사한 결과를 그림 A.15에 나타내었는데, 보다 구체적으로는 원형단면을 갖는 바와 벽이 얇은 튜브의 굽힘과 비틀림에 대해 나타내었다. 보다 많은 단면적이 중립축으로부터 벗어날수록 M_o/M_i의 값이 감소함을 알 수 있다. 굽힘의 경우, 표준 I-빔이 이러한 측면에서 가장 심한 편인데 이때의 값이 $M_o/M_i = 1.1$이다.

그림 A.14와 같이 편평한 응력분포에 대한 분석방법이 다른 단면형상에 대한 완전 소성모멘트를 얻는데에도 적용될 수 있다. 그림 A.1(b)처럼 단면이 x-z면에 대해 대칭적이지 않으면 새로운 중립축이 필요해진다. 특히 완전소성굽힘에 대한 중립축은 아래위로 동일한 면적으로 갖는 중심 z축에 평행한 직선이다(이것은 평형에서 요구되는, 길이방향으로의 힘의 합력이 0이 되게 한다). 이 중립축에 대한 응력분포의 모멘트가 M_o이다.

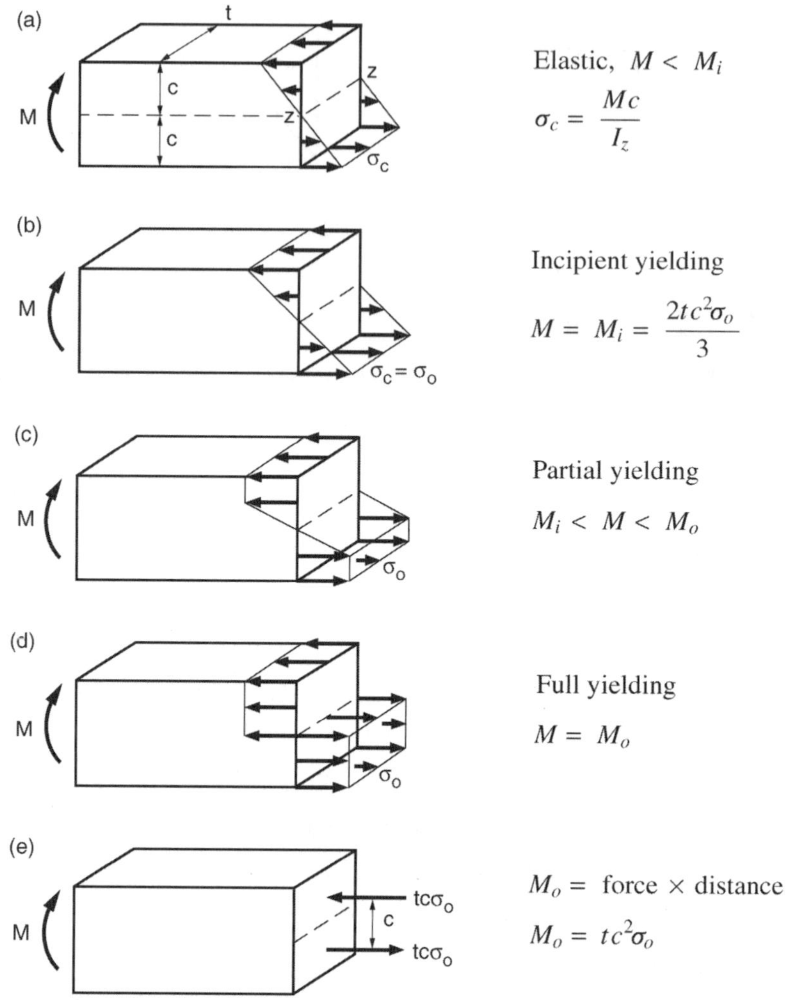

그림 A.14 사각단면을 갖는 탄성-완전소성재료의 굽힘시 응력분포. (a)에서 (d)로 갈수록 탄성거동에서 완전소성항복을 일으키게 되고 모멘트가 증가한다.

그림 A.15(b), (c), (e)에 대한 식은 관련된 여러 경우에 대해 확대적용될 수 있다. 예를 들어, 1/2 깊이 c_2와 1/2폭 t_2의 외측치수와 유사한 c_1과 t_1 내측치수를 갖는 박스 빔을 고려해 보자. 중간부위가 비어 있으므로 모멘트를 빼주면

$$M_o = t_2 c_2^2 \sigma_o - t_1 c_1^2 \sigma_o, \qquad M_o = \frac{\sigma_o}{4}\left(b_2 h_2^2 - b_1 h_1^2\right) \qquad \text{(a, b)} \tag{A.1}$$

여기서 두 번째 형태는 그림 A.2(d)의 표기법으로 변환하였으며 I-단면에도 적용된다. 유사한 논리로, 두꺼운 벽을 갖는 튜브에 대한 M_o와 T_o를 얻으며 그림 A.15(d)와 (f)의 근사값보다 더욱 일반적인 결과를 제공해준다.

$$M_o = \frac{4\sigma_o}{3}\left(r_2^3 - r_1^3\right), \qquad T_o = \frac{2\pi\tau_o}{3}\left(r_2^3 - r_1^3\right) \qquad \text{(a, b)} \tag{A.2}$$

Case	Initial Yielding	Fully Plastic Yielding	$\frac{P_o}{P_i}$, $\frac{M_o}{M_i}$, or $\frac{T_o}{T_i}$
(a) 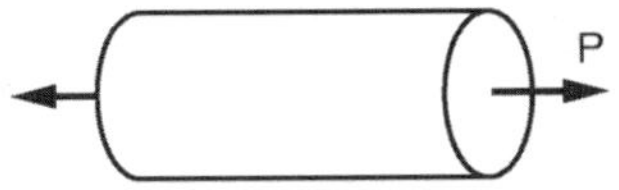	$P_i = A\sigma_o$	$P_o = A\sigma_o$	1.00
(b) 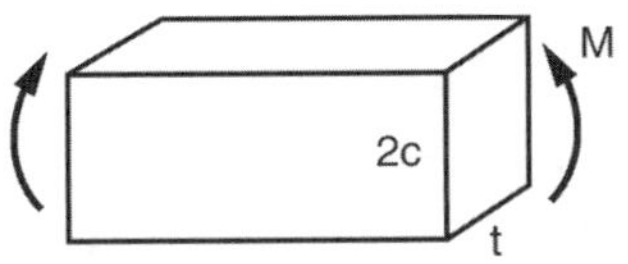	$M_i = \frac{2tc^2\sigma_o}{3}$	$M_o = tc^2\sigma_o$	1.50
(c) 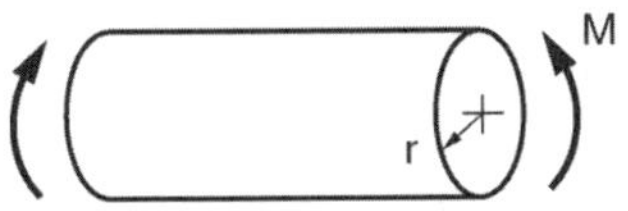	$M_i = \frac{\pi r^3\sigma_o}{4}$	$M_o = \frac{4r^3\sigma_o}{3}$	1.70
(d) 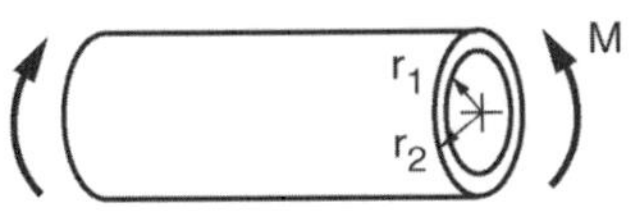	$M_i \approx \frac{\pi r_{avg}^3 t\sigma_o}{r_2}$	$M_o \approx 4r_{avg}^2 t\sigma_o$	$\frac{4r_2}{\pi r_{avg}} \approx 1.35$
(e) 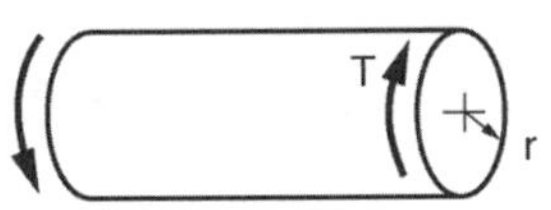	$T_i = \frac{\pi r^3\tau_o}{2}$	$T_o = \frac{2\pi r^3\tau_o}{3}$	1.33
(f) 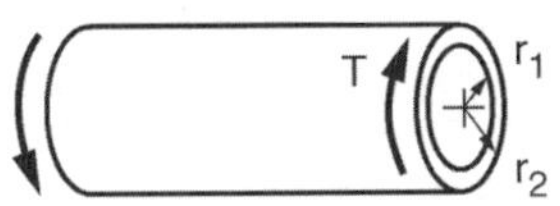	$T_i \approx \frac{2\pi r_{avg}^3 t\tau_o}{r_2}$	$T_o \approx 2\pi r_{avg}^2 t\tau_o$	$\frac{r_2}{r_{avg}} \approx 1.1$

그림 A.15 단순 단면형상에 대한 초기항복과 완전소성항복에 대한 힘, 모멘트, 또는 토오크. (d)와 (f)의 경우는 근사적으로 얇은 튜브를 의미하며 두 경우 모두 $t/r_1 < 1.3$ 인 경우 5% 이내의 편차를 보인다.

완전 소성분석에 대한 추가적인 내용은 재료역학, 소성론과 관련한 교재를 참조한다.

A.7.2 노치 및 균열을 갖는 멤버에서의 완전소성거동

노치를 갖는 멤버가 연성재료로 만들어져 있으면 그림 A.10(c)에 보인 바와 같이 항복이 노치부근의 작은 영역에서 먼저 일어난다. 하중이 증가함에 따라 그림 A.10(d)에 보인 바와 같이 항복이 전체 단면에 걸쳐 전파된다. 결과적으로 노치를 갖는 멤버의 최종강도는 동일한 단면적으로 갖는 노치를 갖지 않는 멤버와 비슷한 강도를 갖는다. 하지만 재료가 파괴전에 항복을 일으키지 않는 취성을 가질

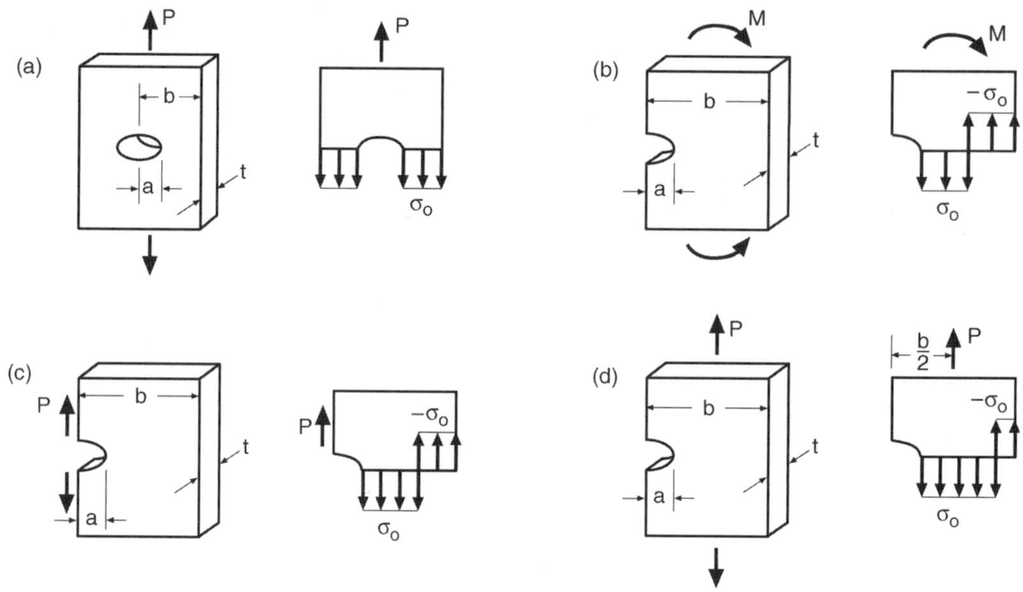

Fully plastic force or moment for given $\alpha = a/b$:

(a) $P_o = 2bt\sigma_o(1-\alpha)$ (b) $M_o = \dfrac{b^2t\sigma_o}{4}(1-\alpha)^2$

(c) $P_o = bt\sigma_o\left[-\alpha - 1 + \sqrt{2(1+\alpha^2)}\right]$ (d) $P_o = bt\sigma_o\left[-\alpha + \sqrt{2\alpha^2 - 2\alpha + 1}\right]$

Crack length at fully plastic yielding for given load, where, for (c) and (d), $P' = P/(bt\sigma_o)$:

(a) $a_o = b\left[1 - \dfrac{P}{2bt\sigma_o}\right]$ (b) $a_o = b\left[1 - \dfrac{2}{b}\sqrt{\dfrac{M}{t\sigma_o}}\right]$

(c) $a_o = b\left[P' + 1 - \sqrt{2P'(P'+2)}\right]$ (d) $a_o = b\left[P' + 1 - \sqrt{2P'(P'+1)}\right]$

그림 A.16 노치 또는 균열을 갖는 멤버류의 2차원을 가정한 자유물체도와 완전소성하중, P_0과 모멘트 M_0에 대한 계산식. 아래에는 노치 또는 균열길이 a_0에 대해 푼 동일한 식을 나타내었다. (a)에 나타낸 도식도와 식의 표기는 (b), (c), (d)에도 동일하게 적용하였다.

경우, 그림 A.10(e)에 보인 바와 같이 국부적으로 증가된 응력상황이 파괴까지 이르게 하며 파괴강도가 노치를 갖지 않는 멤버의 경우에 비해 상당히 낮다.

연성재료에서 노치를 갖는 멤버에 대한 완전소성하중은 그림 A.13에 보인 바와 같이 탄성-완전소성거동을 가정하여 평가할 수 있다. 그림 A.10(d)에서와 같이, σ_o와 $-\sigma_o$에서의 균일한 응력분포는 완전소성하중을 평가하는데 이용된다. 이러한 형태의 일부 분석결과가 그림 A.16에 나타나 있다. 완전소성하중 또는 모멘트, P_o 또는 M_o,에 관한 식들이 형상비 $\alpha = a/b$의 함수로 주어져 있으며, 여기서 b는 폭 치수이다. 각각의 경우에 대한 P_o 또는 $M_o = f(\alpha)$식들을 주어진 하중 또는 모멘트에서의 완전소성항복에 대한 a_o 크기의 노치 또는 균열에 대해 풀었으며, $a_o = g(P \text{ or } M)$에 관한 식도 나타내었다.

그림 A.16에 나타낸 각각의 경우에 대해서도 P_o와 M_o를 구하는데 사용되는 자유물체도를 나타내었다. 예를 들어 (a)의 경우에 대해 힘을 합하면

$$P_o = \text{stress} \times \text{area} = [\sigma_o][2(b-a)t]$$
$$P_o = 2bt\sigma_o(1 - a/b) = 2bt\sigma_o(1-\alpha) \tag{A.3}$$

또한 a에 대해 식 A.3을 풀면

$$a_o = b\left[1 - \frac{P}{2bt\sigma_o}\right] \tag{A.4}$$

여기서 a_o는 주어진 하중 P에서 완전소성항복에 대한 노치 또는 균열의 길이이다. 식 A.3과 A.4 또한 그림 A.10 또는 8.12(b)에서처럼 에지부에 이중노치를 갖는 멤버에 적용되며, 여기서 a와 b는 이후에 정의하기로 한다.

순수굽힘 경우 (b)는 그림 A.15(b)의 식 $M_o = tc^2\sigma_o$을 순수 폭단면 $2c = b - a$에 적용시켜, 즉 $c = (b-a)/2$를 치환시켜 검증할 수 있다. 경우 (c)와 (d)는 각각이 굽힘과 인장이 조합된 상황을 나타내므로 보다 긴 분석이 필요하다. 분석을 위해 하중과 모멘트가 합해져야 하고 중립축의 위치도 밝혀야 한다.

예제 A.1

그림 A.16의 경우(d)에 대한 P_o식을 검증하라.

【풀이】 그림 A.17에 자세한 자유물체도가 나타나 있다. 중립축의 위치 Q는 미지수이다. x를 Q로부터 오른쪽 가장자리까지의 거리라고 하면, $c = b - a - x$가 노치 끝단으로부터 Q까지의 거리가 된다. 다음으로, 자유물체도의 두께 t가 일정하므로 힘을 합해준다. 상부방향을 양으로 잡으면

$$\sum F = 0, \quad P_o + \sigma_o x t - \sigma_o c t = 0$$

$c = b - a - x$를 치환하여 x에 대해 푼다.

$$x = \frac{1}{2}\left(b - a - \frac{P_o}{\sigma_o t}\right)$$

다음 Q에 대한 모멘트를 합한다. 시계방향을 양으로 잡으면

$$\sum M_Q = 0, \quad P_o\left(\frac{b}{2} - x\right) - \sigma_o x t\left(\frac{x}{2}\right) - \sigma_o c t\left(\frac{c}{2}\right) = 0$$

c에 대해 치환하고 식을 정리하면,

$$\frac{P_o}{\sigma_o t}(b - 2x) - 2x^2 + 2x(b-a) - (b-a)^2 = 0$$

x에 대해 치환하고 식을 정리하면,

$$\left(\frac{P_o}{\sigma_o t}\right)^2 + 2a\left(\frac{P_o}{\sigma_o t}\right) - (b-a)^2 = 0$$

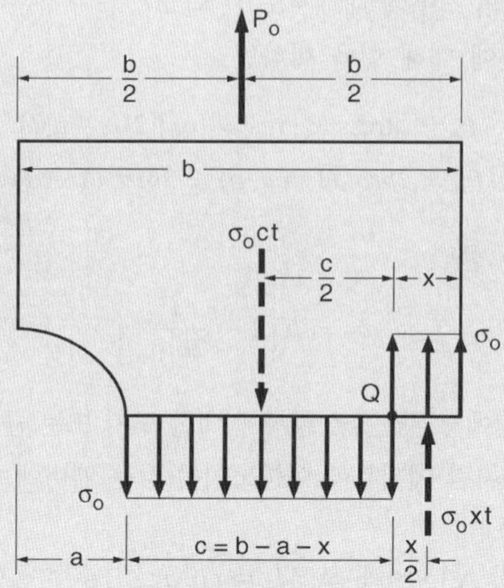

그림 A.17 그림 A.16(d)의 결과를 검증하기 위한 기하학적 상세도

$\dfrac{P_o}{\sigma_o t}$을 변수로 하는 이차방정식을 얻게 된다. 표준 이차방정식에 대한 근의 공식에서 음의 P_o를 나타내는 근을 무시하면,

$$\frac{P_o}{\sigma_o t} = -a + \sqrt{2a^2 - 2ab + b^2}$$

$\alpha = a/b$라 두고 식을 정리하면

$$P_o = bt\sigma_o\left[-\alpha + \sqrt{2\alpha^2 - 2\alpha + 1}\right] \qquad \text{(답)}$$

하중 P보다는 노치 또는 균열길이 a에 대해 이차방정식을 풀 수 있으며 그림 A.16의 경우 (d)에 나타낸 a_o에 대한 식을 얻게 된다.

A.7.3 고찰

그림 A.15와 A.16에 나타낸 완전소성하중, 모멘트, 토크는 예측값의 하한(lower bound)값을 나타내므로 멤버 파단시 하중의 실제값은 이 값보다 크다. 이러한 상황에 기여하는 두 가지 인자가 있다. 먼저 실제 응력-변형곡선에서의 변형경화가 다음의 이유로 인해 그 값을 어느 정도 증가시키게 된다. 실 재료로 만든 부품의 파단점에서 단면의 일부분에 걸리는 응력들은 항복강도 σ_o를 초과하고 최대 인장강도 σ_u에 근접한다. 따라서 실제 하중은 σ_o에서의 균일응력을 초과한다. 또 다른 기여인자로는 구속된 상태에서의 변형은 삼축응력상태를 형상하여 실제로 항복강도가 증가되기 때문이다. 이 효과는 멤버의 두께가 평면변형(plane strain)을 일으킬 정도로 충분히 두꺼운 상태에서 예리한 노치나 균열이 존재할 때 잘 일어난다. 예를 들면 그림 A.16(a)와 같이 중앙에 노치가 있는 평판의 경우 이러한 삼축응력 효과로 인해 P_o가 15% 정도까지 증가할 수 있고, 그림 A.16(b)와 같이 노치가 있는 멤버의 굽힘의 경우 M_o가 45% 정도까지 증가할 수 있다.

참고문헌

(a) General References

AISC. 2006. *Steel Construction Manual*, 13th ed., Am. Institute of Steel Construction, Chicago, IL.

BEER, F. P., E. R. JOHNSTON, Jr., J. T. DEWOLF, and D. MAZUREK. 2012. *Mechanics of Materials*, 6th ed., McGraw-Hill, New York.

BORESI, A. P., and R. J. SCHMIDT. 2003. *Advanced Mechanics of Materials*, 6th ed., John Wiley, Hoboken, NJ. (See also the 2d ed. of this book, same title, 1952, by F. B. Seely and J. O. Smith.)

PILKEY, W. D. 2004. *Formulas for Stress, Strain, and Structural Matrices*, 2d ed., John Wiley, New York.

TIMOSHENKO, S. P. and J. N. GOODIER. 1970. *Theory of Elasticity*, 3d ed., McGraw-Hill, New York.

TIMOSHENKO, S. P. 1984. *Strength of Materials, Part I, and Part II*, 3d ed., Robert E. Krieger Pub. Co., Malabar, FL.

YOUNG, W. C., R. G. BUDYNAS, and A. SADEGH. 2011. *Roark's Formulas for Stress and Strain*, 8th ed., McGraw-Hill, New York.

(b) Sources for Materials Properties and Databases

HARDY, S. J., and N. H.MALIK. 1992. "A Survey of Post-Peterson Stress Concentration Factor Data," *Int. Jnl. of Fatigue*, vol. 14, no. 3, pp. 147–153.

NODA, N.-A., and Y. TAKASE. 2003. "Stress Concentration Formula Useful for Any Dimensions of Shoulder Fillet in a Round Bar Under Tension and Bending," *Fatigue and Fracture of Engineering Materials and Structures*, vol. 26, no. 3, pp. 245–255. See also earlier papers by Noda et al. referenced within.

NODA, N.-A., and Y. TAKASE. 2006. "Stress Concentration Formula Useful for all Notch Shape in a Round Bar (Comparison Between Torsion, Tension and Bending)," *Int. Jnl. of Fatigue*, vol. 28, no. 2, pp. 151–163. See also earlier papers by Noda et al. referenced within.

PETERSON, R. E. 1974. *Stress Concentration Factors*, John Wiley & Sons, New York.

PILKEY, W. D., and D. F. PILKEY. 2008. *Peterson's Stress Concentration Factors*, 3d ed., John Wiley, Hoboken, NJ.

ROLOVIC, R., S.M. TIPTON, and J. R. SOREM, Jr,. 2001. "Multiaxial Stress Concentration in Filleted Shafts," *Jnl. of Mechanical Design, Trans. ASME*, vol. 123, pp. 300–303.

TIPTON, S. M., J.R. SOREM, Jr., andR.D. ROLOVIC, 1996. "Updated Stress Concentration Factors for Filleted Shafts in Bending and Tension," *Jnl. of Mechanical Design, Trans. ASME*, vol. 118, pp. 321–327.

부록 B

재료물성의 통계학적 변화

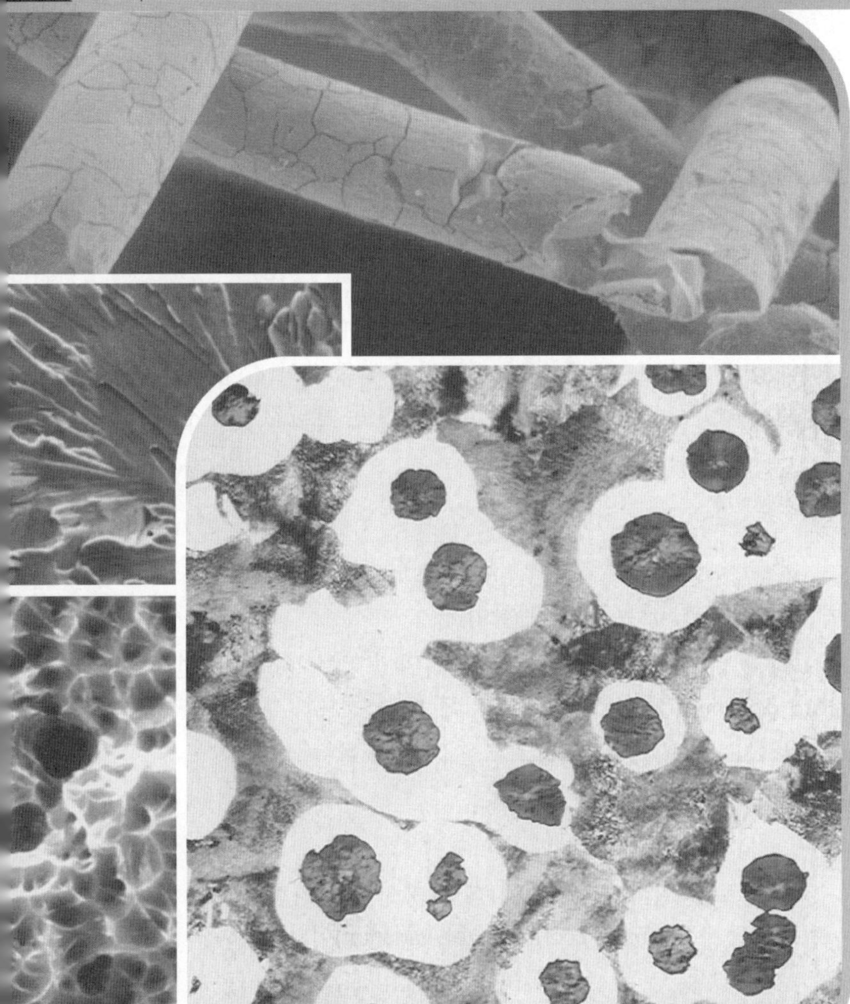

세부목차

B.1 서 론

항복강도나 파괴인성과 같은 재료물성의 실험실적 측정은 미세한 보정오차, 불완전한 시험편 형상, 시험기기의 정렬, 전기부품의 잡음 등으로 인해 어느 정도의 오차를 포함한다. 물성은 평판이나 바(bar) 형태의 재료에서는 위치에 따라서도 차이를 보일 수 있다. 또한 2024-T351 알루미늄 합금, 폴리카보네이트 플라스틱, 99.5%의 고밀도 Al_2O_3와 같은 표준형태의 재료도 화학조성, 불순물의 함량, 미세결함의 크기와 숫자, 제조공정상의 오차 등으로 인해 어느 정도 차이를 보인다. 동일재료에 존재하는 이러한 차이가 재료물성 차이의 원인이 된다. 두 가지 측정과 시험편이 동일하지 않다는 것은 당연히 받아들여야할 사항이다.

재료물성의 차이는 편차 발생의 확률(probability)을 평가해 주는 통계학적(statistics)분석을 통해 분석할 수 있다. 여기서는 재료물성의 통계학적 처리에 대해 간단하게 소개하고자 한다.

B.2 평균과 표준편차

변수 x가 통계학적으로 변한다고 생각하자. 반복적인 관찰을 통해 그림 B.1에 보인 바와 같이 그 변동성을 히스토그램(histogram)에 나타내었다. 히스토그램은 단지 관찰의 수 x를 x의 값에 대한 함수로 나타낸 바(bar) 차트이다. 값들은 일반적으로 표본평균(sample mean), 또는 평균값에 근접하여 집중되며 다음과 같이 구한다.

$$\bar{x} = \frac{1}{n}\sum_{i=1}^{n} x_i \tag{B.1}$$

여기서 n은 표본수라 불리는 전체 관찰수이고, x_i는 개별 관찰이다.

대부분의 값이 $\bar{x}$에 근접해 있으면 x의 변동성이 작으며, 값이 넓은 범위에 걸쳐 분산되면 변동성이 크다. 표본 표준편차(sample standard deviation) s_x는 변동성 크기에 대한 척도가 된다.

$$s_x = \sqrt{\frac{\sum_{i=1}^{n}(x_i - \bar{x})^2}{n-1}} = \sqrt{\frac{\sum_{i=1}^{n}x_i^2 - n\bar{x}^2}{n-1}} \tag{B.2}$$

이 식에서 보인 두 가지 형태는 수학적으로 동일하며, 두 번째 식이 계산하기에 편리하다.

또 다른 유용한 변동성의 척도는 표본변동계수(sample coefficient of variation)이다.

$$\delta_x = \frac{s_x}{\bar{x}} \tag{B.3}$$

변동계수는 x값의 불확실성에 대한 무차원 척도이며, δ_x의 값은 $\delta_x = 0.083 = 8.3\%$와 같이 %로 나타내기도 한다. 주어진 물성에 대해 δ_x 값이 평균값의 영역에 걸쳐 상대적으로 일정한 경향을 보이므로 이 척도는 특히 편리하다. 예를 들어 강의 항복강도는 평균값이 200에서 2000MPa까지 10배 까지 변함에도 불구하고, 근사적으로 $\delta_x = 7\%$의 값을 보인다.

표본평균 $\bar{x}$와 표본 표준편차 s_x는 한정된 수의 관찰에 근거한 예측이며 이러한 값의 진실값은 무한한 수의 관찰을 통해 얻을 수 있다. 진평균(true mean)은 μ로 표기하고 진표준편차(true standard deviation)는 σ로 표기한다.

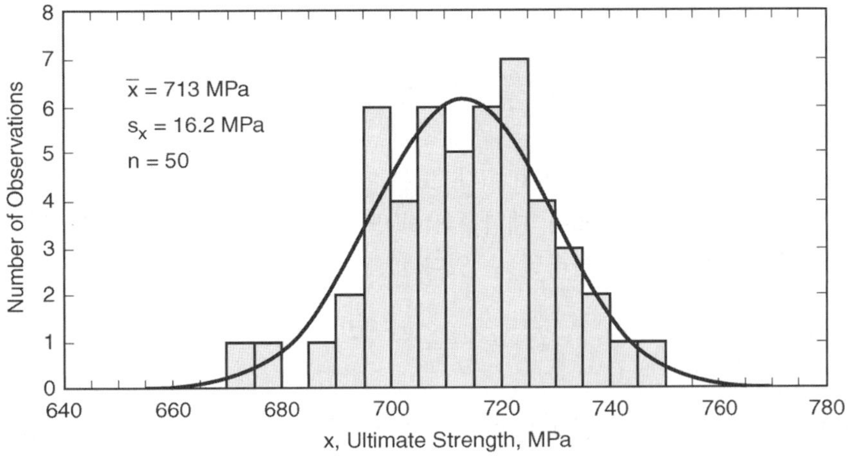

그림 B.1 냉간인발후 소둔한 SAE4340 강선의 인장강도에 대한 히스토그램. 정규분포를 나타내는 대표곡선도 나타냄.(출처: [Haugen 80] p.5)

표 B.1 돌로마이트 석회석의 파괴인성

Test No.	K_{Ic}, MPa$\sqrt{\text{m}}$	Test No.	K_{Ic}, MPa$\sqrt{\text{m}}$
1	1.305	7	1.197
2	1.341	8	1.334
3	1.355	9	1.306
4	1.437	10	1.300
5	1.192	11	1.183
6	1.353		

Source: Data from [Karfakis 90].

예제 B.1

돌로마이트 석회석에 대한 수차례의 파괴인성시험 결과를 표 B.1에 나타내었다. 표본에 대한 평균과 표준편차, 그리고 변동계수를 구하라.

【풀이】 식 B.1에서 식 B.3을 사용한다. $n=11$이고 x_i는 여러 K_{Ic} 값이다. 식을 통해 계산하면

$$\bar{x} = 1.300\, MPa\sqrt{m}\,, \quad s_x = 0.0797\, MPa\sqrt{m} \qquad \text{(답)}$$

$$\delta_x = s_x/\bar{x} = 0.0613 = 6.13\% \qquad \text{(답)}$$

B.3 정규 또는 가우스분포

평균값에 대해 변동성이 대칭적이면 정규(normal) 또는 가우스(Gaussian)분포로 알려진 수학적 형태를 가정하는 것이 합리적이다. 그림 B.1에 보인 바와 같이 분포형태가 종(bell)모양의 곡선을 나타낸다.

정규분포를 사용하려면 초기변수 x를 표준정규변수(standard normal variable), z로 변환하는 것이 편리하다.

$$z = \frac{x-\mu}{\sigma} \tag{B.4}$$

따라서, 진평균 μ 에 대해 z는 평균이 0 이다. 또한 이것의 크기는 진표준편차 σ 에 대해 정규화한 것이다. 이러한 토대에서, 정규분포에 대한 종(bell)모양 곡선은 다음의 확률밀도함수(probability density function)라 불리는 식으로 나타낼 수 있다.

$$f(z) = \frac{1}{\sqrt{2\pi}} e^{-z^2/2} \tag{B.5}$$

$z = -\infty$ 에서 $z = +\infty$ 까지 $f(z)$곡선 아래의 면적은 1이다. $\bar{x}$와 s_x를 구하기 위해 많은 수의 관찰을 실시했다고 가정하면, 이 값들은 진평균 및 진표준편차인 μ와 σ 에 근접하게 되며 정규분포로 데이터를 잘 나타낼 수 있다. $f(z)$곡선 아래의 임의의 면적부분은 이 면적으로 둘러싸인 z 구간내에 z값이 놓일 수 있는 확률을 의미한다. 정수 z값에 의해 둘러싸인 부분적 면적들을 그림 B.2에 나타내었다. 이러한 면적으로부터 근사적으로 관찰의 약 68%가 평균이 1표준편차, 즉 $\mu \pm \sigma$ 내에 놓일 것으로 예측된다. 더군다나 95.5%가 2표준편차 내에 놓이고 99.7%가 3표준편차 내에 놓인다. 많은 시료에 대한 경계별 확률을 표 B.2에 나타내었다.

표 B.2 평균에 대한 여러 범위별 확률

Bounds	Percent Within Bounds
$\mu \pm \sigma$	68.27
$\mu \pm 2\sigma$	95.45
$\mu \pm 3\sigma$	99.73
$\mu \pm 4\sigma$	99.994

표 B.3 평균이하 여러 범위 값에 대한 확률

Limiting Value of x	Percent Less Than Limit, P	Fraction Less Than Limit	Percent More Than Limit, R
(a) For integer numbers of standard deviations			
μ	50	1/2	50
$\mu - \sigma$	15.9	1/6	84.1
$\mu - 2\sigma$	2.28	1/44	97.72
$\mu - 3\sigma$	0.135	1/740	99.865
$\mu - 4\sigma$	0.00317	1/31,600	99.99683
(b) For particular values of probability			
$\mu - 1.28\sigma$	10	1/10	90
$\mu - 2.33\sigma$	1	1/100	99
$\mu - 3.09\sigma$	0.1	1/1000	99.9
$\mu - 3.72\sigma$	0.01	1/10,000	99.99

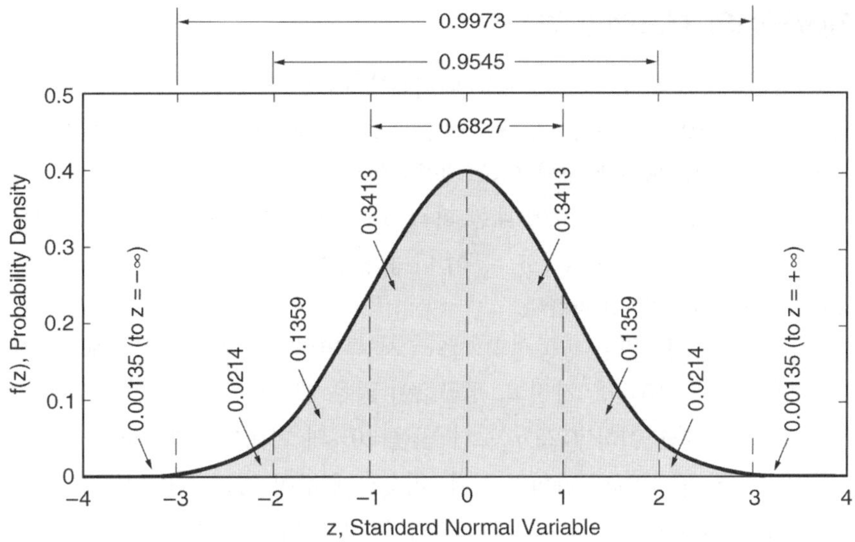

그림 B.2 정규분포에 대한 확률밀도함수. $z=-\infty$에서 $+\infty$범위에서 곡선아래 전체 면적은 1이고, 여러 표준편차 범위에서의 면적분율을 나타내었다.

공학설계에 재료물성을 적용하는데 있어, 항복강도 또는 파괴인성과 같은 물성값들이 평균보다도 상당히 낮은 값을 보이는 것에 대해 관심을 기울이게 된다. 표본수가 크고 정규분포를 보이는 경우에 대해, $f(z)$곡선 아래의 면적을 특정값보다 물성값이 작을 확률을 평가하는데도 적용할 수 있다. 예를 들면, 그림 B.2로부터, x가 $(\mu-3\sigma)$보다 작을 확률 P는 $z=-\infty$와 $z=-3$ 사이의 면적이 되며 그 값은 $P=0.00135$ 또는 0.135% 가 된다. $1/P\approx 740$이므로 평균적으로 740개 중에 1개꼴로 이러한 한계 이하에 놓이게 될 것으로 예측할 수 있다. 평균 이하에서의 다양한 수의 표준편차에 대한 추가적인 확률들을 표 B.3(a)에 나타내었다.

이것은 또한 $P=0.001=0.1\%$와 같이 특정 파단확률에 대한 한계를 알아내는데도 유용하다. 이러한 형태의 한계는 표 B.3(b)에 나타내었다. 신뢰도(reliability)는 $R=1-P$가 된다. 예를 들면 파단확률 $P=0.001=0.1\%$는 신뢰도 $R=0.999=99.9\%$에 해당한다.

확률과 통계에 관한 교재와 핸드북 등을 통해, 표 B.2와 B.3에 보인 것과 유사하게 보다 완전한 정보를 제공해주는 정규분포에 대한 자세한 분포표 등을 접할 수 있다.

예제 B.2

ASTM A514 구조용강으로 만든 121개의 시료에 대한 인장시험을 통해 794MPa의 평균항복강도와 38.6MPa의 표준편차를 얻었다. 정규분포가 적용된다고 가정하고, 99%의 신뢰도를 갖는 항복강도를 구하라.

【풀이】 99%의 신뢰도는 1%의 강도값이 목표값보다 낮은 확률을 의미한다. 표 B.3(b)로부터 이 한계는 $\mu-2.33\sigma$에 해당한다. $\bar{x}$와 s_x를 각각 μ와 σ로 간주하면 99%의 신뢰도를 갖는 항복강도는

$$x_{99}=\bar{x}-2.33\,s_x=794-2.33\times 38.6=704MPa \quad \text{(답)}$$

B.4 재료물성의 대표적인 변화

항복강도, 경도, 파괴인성과 같은 재료물성 데이터에 대해, 변동계수 δ_x는 일반적으로 0.05에서 0.20, 즉 5%에서 20% 사이의 값을 갖는다. 특정 재료물성 변수에 대한 일부 대표값을 표 B.4에 나타내었다. 이러한 계수값은 P.H. Wirsching에 의해 제안되었으며 더 구체적인 값을 얻기 어려운 용도에 기본값으로 사용되고 있다. 다양한 재료에 대한 파괴인성시험을 통해 구한 구체적인 데이터를 표 B.5에 나타내었다. 시험편 개수 n과 $\bar{x}$, s_x, δ_x 등이 나타나 있다. 금속에 대한 δ_x값은 상당하게 변하며 일부는 표 B.4의 대표값 15%를 초과한다.

변동계수는 평균값으로 정규화된 변동성의 척도로서 특별한 의미를 갖는다. 예를 들면, 금속의 파괴인성에 대한 대표값 $\delta_x = 15\%$을 가지고, 평균값이 많은 개수의 시료를 통해 얻었다고 가정한다. 표 B.3(b)으로부터, 값이 평균 이하 $1.28\sigma_x$보다 많을 10%의 기회가 있다. 따라서, 값이 평균 이하 $1.28 \times 15\% = 19.2\%$가 될 10%의 기회가 있다. 비슷하게 값이 평균 이하 $2.33 \times 15\% = 35.0\%$가 될 1%의 기회가 있고, $3.09 \times 15\% = 46.3\%$가 될 0.1%의 기회가 있다.

B.5 한쪽 공차한계

재료물성에 대한 확률한계를 평가하기 위한 정규분포의 직접적인 사용시, 평균과 표준편차를 얻는데 사용되는 샘플개수 n이 실제로 매우 크지 않다면, 그 결과가 부정확하게 된다. 이는 식 B.1과 B.2으로부터 $\bar{x}$ 와 s_x는 단지 추정값이며 무한한 관찰을 통해 얻은 진실값 μ와 σ가 아니므로 이러한 값 자체가 무작위적인 오차를 포함한다. 이러한 추가적인 통계적 오차요인은 정규분포변수에 대한 공차한계(tolerance limits)를 이용하여 포함시킬 수 있다. 90%. 95%, 99%와 같이 구체적인 평가를 하기 위해서는 신뢰수준(confidence level)을 표기하는 것이 필요하다.

신뢰수준 C에서 R%의 시간 동안 초과된 x의 값은

$$x_{R,C} = \bar{x} - k_{R,C}\, s_x \tag{B.6}$$

표 B.4 대표적 변동계수

Variable x	Typical δ_x, %
Yield strength of metals	7
Ultimate strength of metals	5
Modulus of elasticity of metals	5
Fracture toughness of metals	15
Tensile strength of welds	10
Compressive strength of concrete	15
Strength of wood	15
Cycles to failure in fatigue	50
Crack growth rate in fatigue	50
Strength for a given life in fatigue	10

Source: Values in [Wirsching 96] p. 18.2.

표 B.5 파괴인성의 통계학적 변동

Material	Strength[1]	Number of K_{Ic} Tests	Fracture Toughness, $x = K_{Ic}$ Mean	Standard Deviation	Coefficient of Variation
	σ_o or σ_{uc}, MPa	n	$\bar{x}$, MPa$\sqrt{\text{m}}$	s_x, MPa$\sqrt{\text{m}}$	δ_x, %
(a) Metals[2]					
D6AC steel 540°C temper	1496	103	70.3	13.3	18.9
9Ni-4Co-0.20C steel, Q & T	1300	27	141.8	11.8	8.3
2024-T351 Al	325	11	34.1	5.6	16.5
7075-T651 Al	505	99	28.6	2.2	7.6
7475-T7351 Al	435	151	51.6	5.4	10.4
Ti-6Al-4V annealed	925	43	65.9	6.9	10.5
(b) Rock and Concrete					
Dolomitic limestone (Hokie stone)	283	11	1.300	0.080	6.1
Westerly granite	233	9	0.885	0.031	3.5
Concrete beams 1.14 m span	54.4	16	1.191	0.156	13.1

Notes: [1]Yield strength, σ_o, is tabulated for metals, and ultimate compressive strength, σ_{uc}, for rock and concrete. [2]All metals data are for the L-T orientation.
Sources: Data in [Boyer 85] p. 6.35, [Karfakis 90], [MILHDBK 94] pp. 2.4, 3.11, and 3.12, and [Shah 95] p. 176.

표 B.6 95% 신뢰수준에서 정규분포변수의 한쪽공차한계인자

Number of Observations	Reliability Level 90%	99%	99.9%
n	k_{90}	k_{99}	$k_{99.9}$
5	3.41	5.74	7.50
10	2.35	3.98	5.20
20	1.93	3.30	4.32
50	1.65	2.86	3.77
100	1.53	2.68	3.54
200	1.45	2.57	3.40
500	1.39	2.48	3.28
∞	1.28	2.33	3.09

Sources: Values in [Odeh 77] p. 25 and [MILHDBK 94] pp. 9.220–9.224.

여기서 k를 한쪽공차한계인자(one-sided tolerance limit factor)라 한다. 인자 k는 샘플크기 n, R, C에 의존한다. 다양한 R과 C 조합에 대한 값들이 통계표에 관한 교재에 나타나 있다. 신뢰도 R=90, 99, 99.9%에 대한 값과 신뢰수준 $C = 95\%$에 대한 값이 표 B.6에 주어져 있다. 신뢰수준 $C = 95\%$

은 신뢰도 R이 만족될 95%의 기회가 있다는 의미이다. 무한한 수의 관찰에 대해서는 이러한 k값이 표 B.3(b)와 동일한 한계값을 갖는다. 하지만 $n = 100$ 또는 그 이하의 표본 수에서는 $n = \infty$의 경우에 비해 공차한계가 평균보다 훨씬 커진다.

한쪽 공차한계인자에 대한 편리한 공식이 MMPDS-05(2010)핸드북에 주어져 있으며, 신뢰수준 $C = 95\%$에서 신뢰도 $R = 90\%$와 99%에 대해 구체적으로 나타나있다.

$$k_{90,95} = 1.282 + \exp[0.958 - 0.520 \ln n + 3.19/n] \quad \text{(a)}$$
$$k_{99,95} = 2.326 + \exp[1.34 - 0.522 \ln n + 3.87/n] \quad \text{(b)} \qquad (n \geq 16) \qquad \text{(B.7)}$$

함수 $\exp[y]$는 e^y를 나타내며 여기서 $e = 2.718.....$이다. 공식은 $n \geq 16$일 때에만 정확하다. 또한 $k_{R,C}$를 계산하는 과정은 Natrella(1966)의 핸드북에 나타나 있다.

예제 B.3

예제 B.2를 반복해서 풀되, 유한한 시료 수와 관련한 불확실성을 고려하여 신뢰수준 $C = 95\%$에서 신뢰도 $R = 99\%$를 갖는 항복강도를 구하라.

【풀이】 식 B.7(b)로부터 $n = 121$의 시료 수를 대입하여 한쪽공차한계인자 $k_{99,95} = 2.65$를 얻는다. 식 B.6의 한계로부터

$$x_{99,95} = \bar{x} - 2.65\, s_x = 794 - 2.65 \times 38.6 = 692\, MPa \qquad \text{(답)}$$

이 한계는 이전에 얻은 값 704MPa에 비해 낮음을 알 수 있다.

B.6 고 찰

핸드북이나 공급자 정보에 수록된 재료물성은 주로 대표값(typical value)이며 이 값들은 평균값으로 간주하여야 한다. 또 어떤 경우에는 최소값(minimum value)으로 물성을 나타내기도 한다. 이러한 최소값들은 일반적으로 통계학적 분석을 거치지 않지만 특정 데이터 세트를 관찰하여 최소값으로 가장 적합하다고 판단되는 데이터를 선택하는 것이다. 이러한 최소값은 대체적으로 평균아래 2표준편차 또는 3표준편차에 해당하는 값이다. 때때로, 통계분석에 근거한 한계값이 주어진다. 이럴 경우, 한 가지 가능성으로 3시그마 한계를 들 수 있으며 $x = \bar{x} - 3s_x$로 나타낸다. 또 다른 가능성으로는 이전의 절에서 거론된 한쪽 공차한계 $x_{R,C}$로 나타내는 것이다. 이러한 공차한계는 MMPDS-05에 수록된 금속의 인장물성에 나타나 있다.

3시그마 한계는 $S-N$곡선의 응력에 대한 안전계수를 구하는데 사용되기도 한다.(9.2.4절 참조) 표 B.4로부터 피로강도에 대한 10% δ_x는 $S-N$곡선의 응력을 31% 낮추는 것에 해당한다.

확률과 통계에 관한 교재에는 이 이외에도 확률밀도함수에 대해 다루고 있다. 이 중에서 와이블(Weibull)분포 또한 재료 데이터를 분석하는데 널리 사용된다. 특히 데이터가 평균에 대해 대칭적으로 분산되지 않는 편향된(skewed) 데이터일 경우에 많이 사용한다. 또한 크리프 파단수명이나 피로에서 파단사이클 수와 같은 파단시간과 관련한 양은 상당히 편향되는 경우가 많으므로 주로 로그정규분포

(LogNormal distribution)로 나타낸다. 이것은 새로운 변수 $y = \log x$에 대한 정규분포를 의미하며 여기서 x는 시간 또는 파단사이클과 같은 초기값을 나타낸다.

참고문헌

HAUGEN, E. B. 1980. *Probabilistic Mechanical Design*, John Wiley, New York.

JOHNSON, R. A. 2011. *Miller and Freund's Probability and Statistics for Engineers*, 8th ed., Pearson Prentice Hall, Upper Saddle River, NJ.

MMPDS. 2010. *Metallic Materials Properties Development and Standardization Handbook*, MMPDS-05,
U.S. Federal Aviation Administration; distributed by Battelle Memorial Institute, Columbus, OH. (See *http://projects.battelle.org/mmpds* replaces MIL-HDBK-5.)

NATRELLA, M. G. 1966. *Experimental Statistics*, National Bureau of Standards Handbook 91, U.S. Dept. of Commerce, U.S. Government Printing Office, Washington, DC.

부록 공업재료 개요

C

목적

- 기계적 부하를 이겨낼 수 있는 4가지 주요재료에 대한 이해도 제고: 금속(합금), 폴리머, 세라믹과 유리, 복합재료
- 각 재료구분별 특성, 내부조직, 재료거동 및 제조공정에 대한 일반적인 이론습득
- 대표적인 재료에 대한 명명법과 주요 용도에 대해 배우고 재료물성 측면에서 재료가 어떻게 사용되는 지에 대한 이해

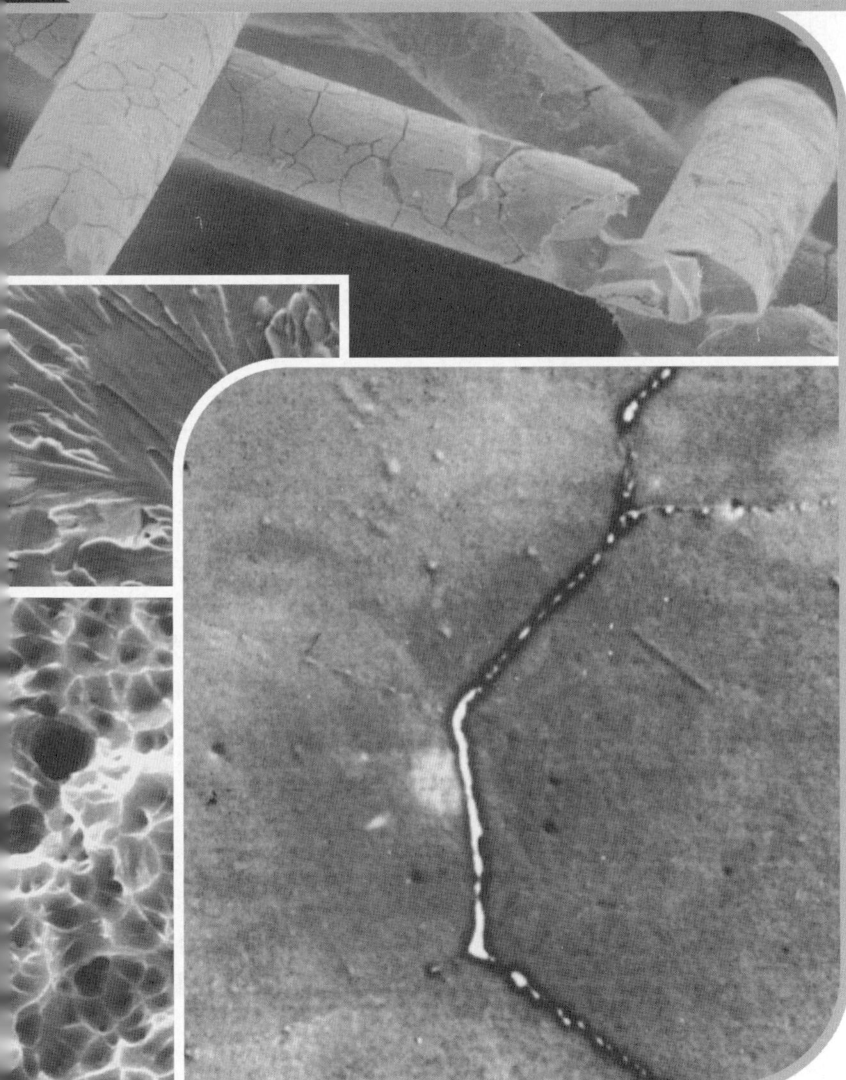

세부목차

C.1 서 론

기계적 부하를 견뎌야 하는 공업재료는 금속과 그 합금, 폴리머, 세라믹과 유리, 그리고 복합재료의 4가지로 분류할 수 있다. 이중 처음 3가지 분류에 대해서는 이전 장에서 구조 및 변형기구 관점에서 이미 거론하였다. 각 분류별 대표적 재료를 표 2.1에 나타내었고 이들의 일반적인 특성을 그림 2.1에 나타내었다.

본 부록 C 에서는 각 분류별 주요 재료에 대해 보다 자세하게 다루고자 한다. 그룹별로 관련된 주요 재료를 들고 이에 대한 공정변수별 영향도를 요약하였으며 다양한 재료에 대한 명명 시스템을 설명하였다. 금속과 합금은 현재 다양한 용도에 적용되는 주요 공업재료이므로 다른 재료군보다 훨씬 많이 다루었다. 폴리머, 세라믹과 유리, 그리고 복합재료 또한 중요한 공업재료이다. 최근 비금속재료와 복합재료 분야의 기술발전으로 인해 여러 용도에서 금속을 대체해 나가는 추세이다.

공학설계의 필수과정 중의 하나가 부품제조를 위한 적절한 재료를 선정하는 것이다. 이를 위해서는 본 부록에서 요약된 재료의 성분, 구조 및 재료특성에 대한 최소한의 지식이 요구된다. 재료 선정시, 본 교재의 여러 장들에서 다루게 될 항복, 파괴, 피로 및 크리프와 관련한 구체적인 강도, 수명, 변형량 등도 참고하여야 한다.

C.2 금속의 합금화와 공정

주기율표에 있는 백여 개의 원소 중에 80% 정도가 금속으로 분류된다. 이중 상당수의 원소는 기계적 강도를 요구하는 공업용 금속(engineering metal)으로 사용될 수 있는 물성과 유효성을 갖추고 있다. 가장 널리 사용되는 공업재료는 철로서 강(steel)이라 불리는 철합금의 주요 재료이다. 또 다른 구조용 재료로 널리 사용되는 금속으로는 알루미늄, 구리, 티타늄, 마그네슘, 니켈 및 코발트 등이 있다. 이 이외에도 아연, 납, 주석과 은 등이 저강도 주물이나 납 접합부와 같이 낮은 강도를 요구하는 용도에 사용되고 있다. 몰리브데늄, 니오브, 탄탈륨, 텅스텐, 지르코늄 등과 같은 내열(refractory)금속은 철의 융점(1538℃)을 초과하는 융점을 갖고 있으며, 매우 높은 온도에서 고강도를 요구하는 특수용도용 공업재료로 비교적 소량 사용된다. 표 C.1에 대표적인 공업용 금속의 물성과 용도를 나타내었다.

금속합금은 두 가지 이상의 화학원소를 함께 녹여 만든 재료로서, 서로 다른 금속으로 구성된 재료이다. 다양한 금속과 비금속 화학원소들이 공업용 금속의 합금의 제조에 사용되고 있다. 흔히 사용되는 원소로는 보론, 탄소, 마그네슘, 실리콘, 바나듐, 크롬, 망간, 니켈, 구리, 아연, 몰리브데늄, 주석 등이 있다. 여러 금속들에 사용되는 합금원소의 양과 조합에 따라 합금의 강도, 연성, 내열저항성, 내부식성 및 기타물성이 영향을 받게 된다. 주어진 합금조성에서 재료 물성은 열처리(heat treatment), 변형(deformation), 주조(casting) 등의 처리공정에 의해서도 영향을 받게 된다. 열처리의 경우, 금속이나 합금을 미리 정해둔 순서로 가열, 고온유지, 냉각을 거치게 함으로써 원하는 물리적 또는 화학적 변화를 준다. 변형은 힘을 가해서 재료의 두께와 형상을 변화시키는 것이다. 이러한 방법에는 그림 C.1에 나타낸 바와 같이 단조(forging), 압연(rolling), 압출(extrusion) 및 인발(drawing) 등이 있다. 주조는 용융금속을 주형에 단순히 부어서 응고시 주형의 형상을 얻는 방법이다. 열처리와 변형 또는 주조는 병행해서 실시할 수 있으며 이러한 공정을 적절하게 진행시키기 위해 특별한 합금원소를 첨가하기도 한다.

표 C.1 대표적인 공업용 금속과 그 합금의 물성과 용도

Metal	Melting Temp.	Density	Elastic Modulus	Typical Strength	Uses; Comments
	T_m °C (°F)	ρ g/cm^3 (lb/ft^3)	E GPa (10^3 ksi)	σ_u MPa (ksi)	
Iron (Fe) and steel	1538 (2800)	7.87 (491)	212 (30.7)	200 to 2500 (30 to 360)	Diverse: structures, machine and vehicle parts, tools. Most widely used engineering metal.
Aluminum (Al)	660 (1220)	2.70 (168)	70 (10.2)	140 to 550 (20 to 80)	Aircraft and other lightweight structure and parts.
Titanium (Ti)	1670 (3040)	4.51 (281)	120 (17.4)	340 to 1200 (50 to 170)	Aircraft structure and engines; industrial machine parts; surgical implants.
Copper (Cu)	1085 (1985)	8.93 (557)	130 (18.8)	170 to 1400 (25 to 200)	Electrical conductors; corrosion-resistant parts, valves, pipes. Alloyed to make bronze and brass.
Magnesium (Mg)	650 (1200)	1.74 (108)	45 (6.5)	170 to 340 (25 to 50)	Parts for high-speed machinery; aerospace parts.
Nickel (Ni)	1455 (2650)	8.90 (556)	210 (30.5)	340 to 1400 (50 to 200)	Jet engine parts; alloying addition for steels.
Cobalt (Co)	1495 (2720)	8.83 (551)	211 (30.6)	650 to 2000 (95 to 300)	Jet engine parts; wear resistant coatings; surgical implants.
Tungsten (W)	3422 (6190)	19.3 (1200)	411 (59.6)	120 to 650 (17 to 94)	Electrodes, light bulb filaments, flywheels, gyroscopes.
Lead (Pb)	328 (620)	11.3 (708)	16 (2.3)	12 to 80 (2 to 12)	Corrosion resistant piping; weights, shot. Alloyed with tin in solders.

Notes: The values of T_m, ρ, and E are only moderately sensitive to alloying. Ranges for σ_u and uses include alloys based on these metals. Properties ρ, E, and σ_u are at room temperature, except σ_u is at 1650°C for tungsten.
Source: Data in [Davis 98] and [Boyer 85].

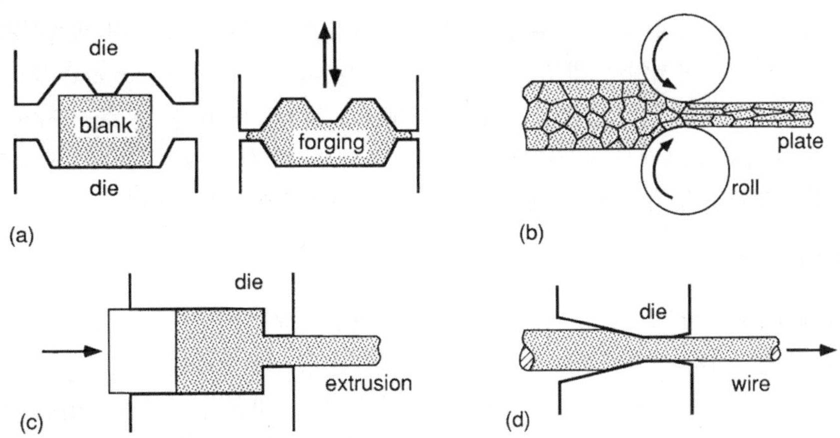

그림 C.1 원하는 형상으로 금속을 성형하는 방법
(a) 단조, 압축 또는 햄머링(hammering) 이용, (b) 압연, (c) 압출, (d) 인발

표 C.2 금속과 합금의 강화기구

Method	Features That Impede Dislocation Motion and Increase Yield Strength
Cold work	High dislocation density causing tangles
Grain refinement	Changes in crystal orientation and other irregularities at grain boundaries
Solid solution strengthening	Interstitial or substitutional impurities distorting the crystal lattice
Precipitation hardening	Fine particles of a hard material precipitating out of solution upon cooling
Multiple phases	Discontinuities in crystal structure at phase boundaries
Quenching and tempering	Multiphase structure of martensite and Fe_3C precipitates in BCC iron

최종공정 단계로 변형공정을 거친 금속을 주조금속과 구분하기 위해 단련금속(wrought metal)이라고 한다. 합금과 공정의 구체내용은 사용목적에 맞추어 선정함으로써 재료가 적절한 온도저항, 내부식성, 강도, 연성 및 기타 요구특성들을 갖추도록 한다. 소성변형이 전위이동에 기인한다는 섬을 기억해보면 금속 또는 합금의 항복강도는 전위이동을 저지시킬 수 있는 장애물을 부여하여 증가시킬 수 있다. 이러한 장애물로는 전위 엉킴(tangle), 결정립 경계, 불순물 원자로 인해 뒤틀어진 결정격자구조, 결정구조 내에 분산된 미세입자 등을 들 수 있다. 금속을 강화시키기 위한 기본 방법들을 전위이동에 대한 장애물 형태와 함께 표 C.2에 나타내었다.

C.2.1 냉간가공과 소둔

냉간가공(cold work)은 금속을 실온에서 심하게 가공하는 것으로 압연이나 인발 등을 통해 가공할 수 있다. 이것은 전위밀도를 증가시켜 항복강도를 증가시키고 연성을 떨어뜨린다. 강화효과는 많은 전위들이 엉킴으로써 추가적인 전위이동을 방해하게 되어 변형을 막아주기 때문이다. 따라서 냉간가공량을 조절해줌으로써 물성을 조절할 수 있으며 구리와 그 합금을 예로 들 수 있다. 냉간가공 효과는 금속을 가열해줌으로써, 즉 소둔(annealing)공정을 통해 고체 금속 내에 새로운 결정을 형성시킴으로써, 전적으로 또는 부분적으로 되돌릴 수 있다. 심한 냉간가공 후 소둔을 해주면 재결정된 결정입자가 초기에는 매우 작다. 이 단계에서 재료를 냉각시키면 입자미세화(grain refinement) 강화효과를 얻게 되는데, 미세한 결정입자로 인해 늘어난 결정립 경계가 전위이동을 효율적으로 저지해 주기 때문이다. 소둔시간이 길거나 고온에서 소둔하면 결정립이 조대해지면서 강도가 떨어지게 되지만, 연성은 증가한다. 냉간가공과 소둔에 의한 미세조직 변화는 그림 C.2에 나타내었다.

C.2.2 고용체 강화

고용체강화(solid solution strengthening)는 불순물 원자(용질)와 기지원자(용매) 사이의 치수 차이로 인해 뒤틀어진 결정격자가 전위이동을 어렵게 하여 일어난다. 강화효과에 기여하는 원자는 기지원자의 정상적인 격자위치에 치환형 원자로 존재하거나 정상적인 격자위치 사이의 침입형 격자점에 위치하게 된다. 어느 경우이든 용질원자들은 정상적인 평형위치를 벗어나 있으므로 탄성응력장을 형성하게 되고 이로 인해 원자간 결합거리가 늘어나거나 줄어든다. (그림 2.16) 전위에 의해서도 탄성응력장

그림 C.2 70%Cu~30%Zn 황동의 미세조직: (a) 50% 두께압하율로 냉간압연, (b, c, d) 냉간가공후 소둔된 미세조직; (b) 500℃에서 5분간 부분 재결정, (c) 600℃에서 5분간 소둔후 작은 입자로 재결정, (d) 600℃에서 20분간 소둔후 성장된 입자. dlwk작은 입자로 재결정, (c)와 (d)에 나타난 입자를 관통하는 직선 부분은 쌍정경계.

이 형성된다. 재료가 변형함에 따라 이동하는 전위는 용질원자를 만나게 되며 서로의 탄성응력장이 상호간섭을 일으켜 전위의 이동을 어렵게 한다. 계속적인 이동을 위해서는 더 높은 응력을 요하게 되므로 강화효과를 나타내게 된다.

고용체강화는 용질원자가 기지원자보다 크든 작든 나타나며, 용질 원자와 기지원자와의 원자크기

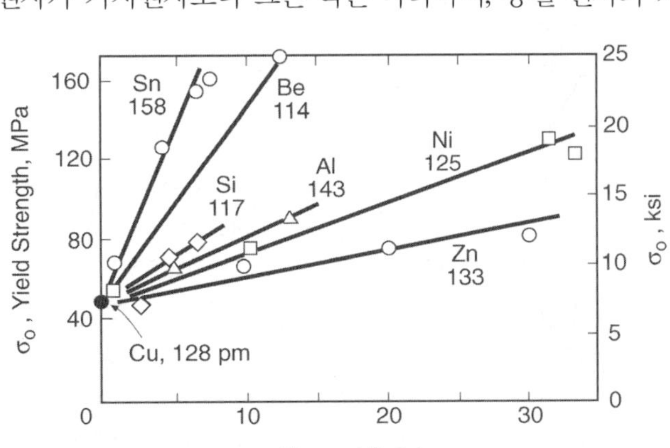

그림 C.3 구리의 항복강도에 합금원소가 미치는 영향. 원자크기는 피코미터(10^{-12}m), 항복강도는 1% 변형기준

차이가 클수록 용질원자의 양이 증가할수록 강화효과가 커진다. 이러한 두가지 효과는 구리기지에 여러 합금원소를 첨가시킨 그림 C.3에 나타내었다. 이 그림에서 아연과 니켈은 구리와 원자크기가 비슷하므로 강화효과가 작지만, 원자크기가 구리보다 작은 베릴륨과 원자크기가 구리보다 큰 주석은 강화효과가 큼을 알 수 있다.

C.2.3 석출강화와 다상(multiple phase) 효과

대부분 원소들은 주어진 금속격자내에 제한된 고용도를 보이지만 온도를 증가시킴에 따라 고용도가 증가된다. 이러한 상황은 석출경화(precipitation hardening)가 가능하도록 해준다. 고온상태에서 고용체 상태로 존재하는 불순물 금속이 상온에서 고용 가능한 고용한계 이상의 양으로 함유되어 있는 경우를 가정해 보자. 냉각과 함께 불순물은 고용체 밖으로 석출하면서 화학적 화합물을 형성하게 된다. 이 석출물은 기지조직들과 화학조성이 다르므로 제2상(second phase)이라 부른다. 이러한 석출상은 이동하는 전위에 장애물로 작용하여 연속적인 소성변형에 필요한 응력수준을 증가시키게 되어 강화효과를 보인다.

석출 입자와 기지조직의 결정격자는 이들 격자가 상당 부분 일치하는 정합(coherent)상태에 있거나 결정학적 일치도가 없는 부정합(inoherent)상태에 놓인다. 정합상태의 석출상의 경우, 석출상의 크기가 클수록 강화효과가 증가하지만 석출상의 크기에 한계가 존재한다. 부정합 석출상의 경우, 동일한 양의 석출상이 존재한다면 그 크기가 작을수록 강화효과가 증가한다.

4% 구리를 함유하는 알루미늄을 예로 들어, 알루미늄의 석출경화 공정을 그림 C.4에 나타내었다. 고온에서 그림 C.4(a)에 보인 바와 같이 모든 구리는 알루미늄 기지 격자에 용질 원자로 고용되어 단일 상으로 존재한다. 상온에서 알루미늄 내에 고용 가능한 구리의 고용 한도가 낮으므로, 냉각이 진행됨에 따라 구리를 많이 함유한 $CuAl_2$ 석출상이 형성된다. 서냉(slow cooling)은 불순물 원자가 상대적으로 먼 거리를 이동할 수 있게 하고 석출물들이 결정립 경계를 따라 형성되게 되므로 석출물로 인한 강화효과가 미미하다 (그림 C.4(b)). 반면에 급냉(rapid cooling)을 통해 과포화 고용체(supersaturated solution)를 형성한 후 중간온도에서 제한된 시간 동안 재가열해주면 큰 강화효과를 얻을 수 있다 (그

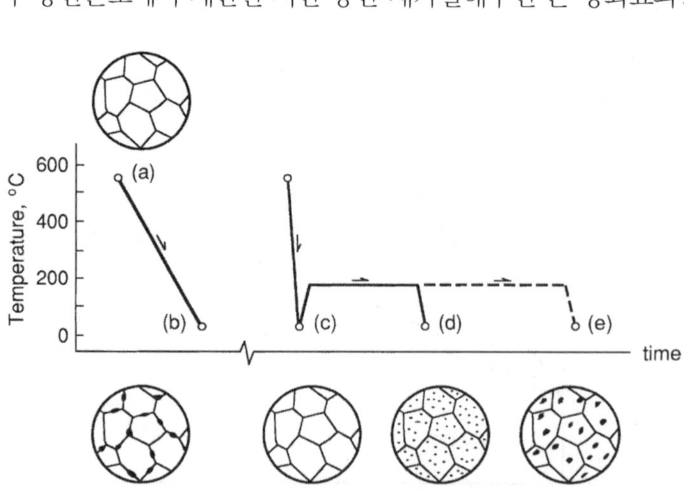

그림 C.4 Al–4%Cu 합금의 석출강화. (a) 고용체, (b) 서냉시 결정립 경계에 석출, (c) 급냉을 통해 과포화 고용체 형성, (d) 적정온도에서 시효를 통해 미세석출물 형성, (e) 과시효(overaging)로 인한 조대 석출물 형성

림 C.4(d)). 중간온도에서는 불순물 원자의 이동이 상대적으로 제한되므로 형성되는 석출물들이 미세하고 매우 균일하게 분산되게 된다. 만약 중간온도를 너무 높게 잡거나 유지시간을 너무 길게 하면 석출 입자가 커지면서 석출 입자 간의 간격이 증가하게 되어 전위이동 저지 효과가 크게 떨어져 강화 효과가 감소한다(그림 C.4(e)).

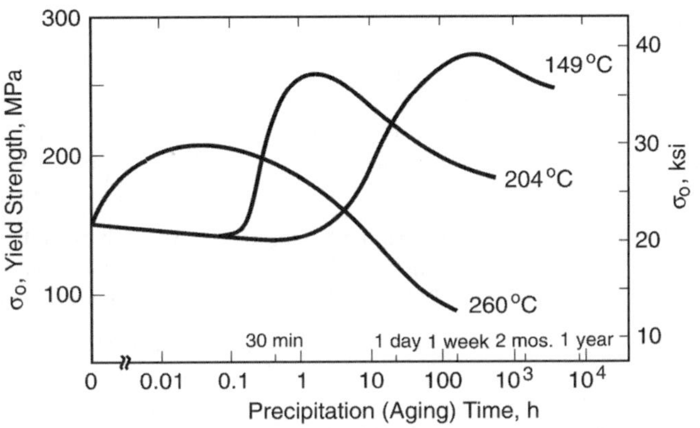

그림 C.5 Al–6061의 항복강도에 석출온도와 석출(시효)시간이 미치는 영향(출처: [Boyer 85])

이러한 방식으로 석출이 일어난다면 $CuAl_2$ 석출상이 초기에는 정합상태에 놓이게 되어 석출상의 양과 크기가 증가함에 따라 강도가 증가한다. 결국 시효(aging) 시간과 온도가 증가함에 따라 석출상은 부정합으로 바뀌게 되며 그 크기가 증가함에 따라 강도가 감소하게 된다. 최대 시효, 즉 최대 강화 효과는 석출상이 정합에서 부정합으로 바뀌는 시점에 얻어진다. 유사한 석출경화를 일으키는 상용 알루미늄 합금을 대상으로 석출 시간에 따른 강도 변화추이를 그림 C.5에 나타내었다.

하나 이상의 화학조성이 혼재하는 영역들을 포함하는 합금의 경우, 석출되는 입자들로 인해 소위 다상(multi phase)상태가 존재하게 된다. 다상 상태의 다른 예로는 침상(needle like) 또는 층상(layered) 미세조직, 한 가지 형태 이상의 결정 입자들로 구성된 조직 등을 들 수 있다. 예를 들어, 티타늄 합금 중에는 알파(HCP)와 베타(BCC)결정구조를 갖는 입자들을 함께 포함한 2상구조를 갖는 합금이 있다. 다상구조의 경우, 상경계부에서 결정구조가 불연속적이므로 전위이동이 어렵고, 구성상들 중에 특정 상이 변형에 저항할 수도 있으므로 높은 강도를 보인다. 앞에서 거론된 2상($\alpha-\beta$)구조 티타늄이 가장 강한 티타늄 합금이 되는데 이러한 2상 구조가 크게 기여하였다. 또한 이후에 다루겠지만, 급냉후 템퍼링(quenching-tempering)처리된 강의 우수한 물성도 다상(multi phase)효과에 기인한다.

C.3 철과 강

철계 합금은 구조용 금속으로 널리 사용되고 있는 주철과 강이 포함된다. 강(steels)은 철이 주원소이며 탄소와 망간이 포함되어 있고 추가원소를 포함하기도 한다. 잉고트 철(ingot iron)이라 불리는 거의 순철 및 2% 이상의 탄소와 1~3%의 실리콘을 함유하는 주철(cast irons) 등과는 다르다. 철과 강은 표 C.3에 나타낸 바와 같이 합금원소와 다른 특성에 따라 여러 종류로 나눌 수 있다. 몇몇 대표적 철과 강의 화학성분을 표 C.4에 나타내었다.

표 C.3 대표적인 철과 강의 분류

Class	Distinguishing Features	Typical Uses	Source of Strengthening
Cast iron	More than 2% C and 1 to 3% Si	Pipes, valves, gears, engine blocks	Ferrite-pearlite structure as affected by free graphite
Plain-carbon steel	Principal alloying element is carbon up to 1%	Structural and machine parts	Ferrite-pearlite structure if low carbon; quenching and tempering if medium to high carbon
Low-alloy steel	Metallic elements totaling up to 5%	High-strength structural and machine parts	Grain refinement, precipitation, and solid solution if low carbon; otherwise quenching and tempering
Stainless steel	At least 10% Cr; does not rust	Corrosion resistant piping and nuts and bolts; turbine blades	Quenching and tempering if < 15% Cr and low Ni; otherwise cold work or precipitation
Tool steel	Heat treatable to high hardness and wear resistance	Cutters, drill bits, dies	Quenching and tempering, etc.

표 C.4 대표적인 철과 강의 화학조성

			Principal Alloying Elements, Typical % by Weight							
Description	Identification	UNS No.	C	Cr	Mn	Mo	Ni	Si	V	Other
Ductile cast iron	ASTM A395	F32800	3.5	—	—	—	—	2	—	—
Low-carbon steel	AISI 1020	G10200	0.2	—	0.45	—	—	0.2	—	—
Medium-carbon steel	AISI 1045	G10450	0.45	—	0.75	—	—	0.2	—	—
High-carbon steel	AISI 1095	G10950	0.95	—	0.4	—	—	0.2	—	—
Low-alloy steel	AISI 4340	G43400	0.40	0.8	0.7	0.25	1.8	0.2	—	—
HSLA steel	ASTM A588-A	K11430	0.15	0.5	1.1	—	—	0.2	0.05	0.3 Cu
Martensitic stainless steel	AISI 403	S40300	0.15	12	1.0	—	0.6	0.5	—	—
Austenitic stainless steel	AISI 310	S31000	0.25	25	2.0	—	20	1.5	—	—
Precipitation hardening stainless steel	17-4 PH	S17400	0.07	17	1.0	—	4	1.0	—	4 Cu 0.3 (Nb + Ta)
Tungsten high-speed tool steel	AISI T1	T12001	0.75	3.8	0.25	—	0.2	0.3	1.1	18 W
18 Ni maraging steel	ASTM A538-C	K93120	0.01	—	—	5	18	—	—	9 Co, 0.7 Ti

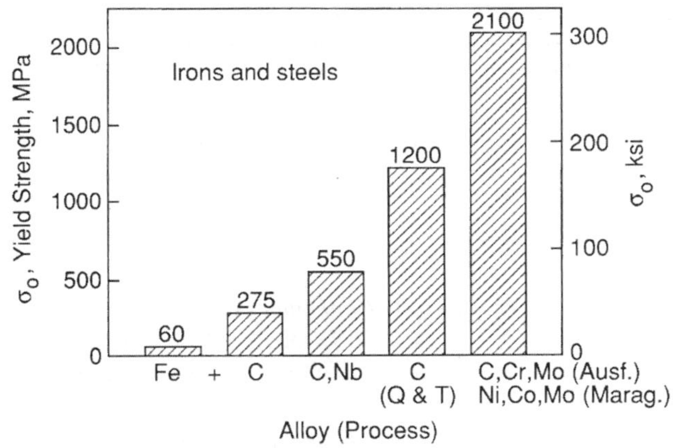

그림 C.6 합금원소와 열처리공정이 강의 항복강도에 미치는 영향. 탄소 및 기타 원소의 합금을 통해 강도가 상당량 증가하고 Q&T와 같은 열처리를 통해 강도가 더욱 상승. 오스포밍(ausforming)이나 마르에이징(maraging)과 같은 특수공정을 합금과 병행시 최고 강도

강은 그림 C.6에 보인 바와 같이 종류별로 다양한 물성을 가진다. 순철은 매우 약하지만 소량의 탄소를 첨가함으로써 강도를 상당 부분 증가시킬 수 있다. 미량의 니오비윰, 바나듐, 구리 및 기타 첨가원소를 이용한 추가 합금은 입자미세화, 석출 또는 고용체 효과 등으로 강화효과를 보인다. 충분한 탄소가 함유되면 급냉후 템퍼링이 효과적이므로 현저한 강도의 증가가 가능해진다. 급냉후 템퍼링 공정 및/또는 석출경화와 병행해서 추가적인 합금과 특수공정을 추가하면 훨씬 높은 강도를 얻을 수 있다.

C.3.1 철과 강의 명칭표기 시스템

미국철강협회(AISI), 자동차기술자협회(SAE International), 미국재료시험협회(ASTM International) 등의 기관에서 명칭표기 시스템과 다양한 철과 강에서 요구되는 화학조성과 기계적 성질 등을 규정한 사양 등을 제정한 바 있다. 여기에 부가하여, SAE와 ASTM이 공동으로 철과 강은 물론 다른 금속합금에도 적용 가능한 새로운 UNS(Unified Numbering System)를 개발하였다. 다양한 명칭표기 시스템을 소개한 핸드북(Metal Handbook: Desk Edition. 출처: [Davis, 1998])과 명칭표기법과 다른 사양과의 호환성을 수록한 UNS시스템(출처: [SAE, 2017])에 대한 최신본 등을 참조하기 바란다.

다양한 강종에 대한 AISI와 SAE 명칭은 두 기관간의 조율을 통해 거의 동일하게 표기한다. 일반 탄소강과 저합금강의 구체사항은 표 C.5에 나타내었다. 이 경우 대개 4자리 숫자로 표기된다. 처음 2자리 숫자는 탄소 이외의 합금함량을 다른 2자리 숫자는 탄소함량을 소수점 두 자리 %로 표기한다. 예를 들어 AISI 1340(또는 SAE 1340)은 0.40%의 탄소와 기타합금원소로 1.75% 망간을 함유하고 있다(퍼센트는 중량기준을 사용한다).

UNS시스템은 영문자와 5자리 숫자를 사용하여 표기한다. 앞의 영문자는 합금분류를 의미하는데, AISI-SAE 명칭표기 시스템 기준으로 주철은 F, 탄소강 및 저합금강은 G, 특수목적강은 K, 스테인리스강은 S, 공구강은 T로 표기한다. 탄소강과 저합금강의 경우, AISI와 SAE의 숫자표기는 거의 동일하지만 끝에 숫자 0이 끝에 추가된다. 따라서 AISI 1340은 UNS G13400과 동일하다.

철과 강의 특별한 종류를 다음에 소개한다.

표 C.5 범용 탄소강과 저합금강의 AISI-SAE 명칭표기 요약

Designation[1]	Approx. Alloy Content, %	Designation	Approx. Alloy Content, %
Carbon steels		*Nickel–molybdenum steels*	
10XX	Plain carbon	46XX	Ni 0.85 or 1.82; Mo 0.25
11XX	Resulfurized	48XX	Ni 3.50; Mo 0.25
12XX	Resulfurized and rephosphorized		
15XX	Mn 1.00 to 1.65		
Manganese steels		*Chromium steels*	
13XX	Mn 1.75	50XX(X)	Cr 0.27 to 0.65
		51XX(X)	Cr 0.80 to 1.05
		52XXX	Cr 1.45
Molybdenum steels		*Chromium–vanadium steels*	
40XX	Mo 0.25	61XX	Cr 0.6 to 0.95; V 0.15
44XX	Mo 0.40 or 0.52		
Chromium–molybdenum steels		*Silicon–manganese steels*	
41XX	Cr 0.50 to 0.95; Mo 0.12 to 0.30	92XX	Si 1.40 or 2.00; Mn 0.70 to 0.87; Cr 0 or 0.70
Nickel–chromium–molybdenum steels		*Boron steels*[2]	
43XX	Ni 1.82; Cr 0.50 or 0.80; Mo 0.25	YYBXX	B 0.0005 to 0.003
47XX	Ni 1.45; Cr 0.45; Mo 0.20 or 0.35		
81XX	Ni 0.30; Cr 0.40; Mo 0.12		
86XX	Ni 0.55; Cr 0.50; Mo 0.20		
87XX	Ni 0.55; Cr 0.50; Mo 0.25		
94XX	Ni 0.45; Cr 0.40; Mo 0.12		

Notes: [1]Replace "XX" or "XXX" with carbon content in hundredths of a percent, such as AISI 1045 having 0.45% C, or 52100 having 1.00% C. [2]Replace "YY" with any two digits from earlier in table to indicate the additional alloy content.

C.3.2 주철

주철(cast iron)은 다양한 형태로 2,000년 이상 비교적 저렴하고 유용한 재료로 사용되어 온 재료이다. 철은 광석이나 스크랩으로 추출하기 쉬우며, 용융후 주형에 부어줌으로써 유용한 형태로 성형할 수 있다. 로(furnace)를 이용하여 철을 녹이는데 요구되는 온도로 가열하기가 쉽지 않다. 따라서 현재의 산업화시대 이전에는, 용융이 아닌 가열을 통해 원하는 모양으로 성형한 단련철(wrought iron)을 주로 사용하였다. 여러 형태의 주철이 존재한다. 주철은 중량기준으로 2~4% 수준에 해당하는 다량의 탄소와 1~3% 범위의 실리콘을 함유한다. 고온에서 2% 이상의 다량의 탄소는 고용체 형태로 존재하며 고용한도 이상의 과잉탄소는 흑연형태로 존재한다.

회주철(gray iron)은 그림 C.7(왼쪽)에 보인 바와 같이 박편(flake) 형태의 흑연을 함유한다. 이러한 박편은 인장응력에 의해 균열을 쉽게 야기하여, 회주철은 상대적으로 인장응력에 대해 약하고 잘 깨어진다. 압축응력 하에서는 인장에 비해 강도와 연성이 상대적으로 높다. 연성주철(ductile iron)은 구상주철(nodular iron)이라고도 불리우며 흑연이, 그림 C.7(오른쪽)에 보인 바와 같이 구상형태를 갖는다. 구상화를 위해서는 불순물의 제어와 마그네슘과 같은 구상화제를 첨가하여야 한다. 흑연의 형태

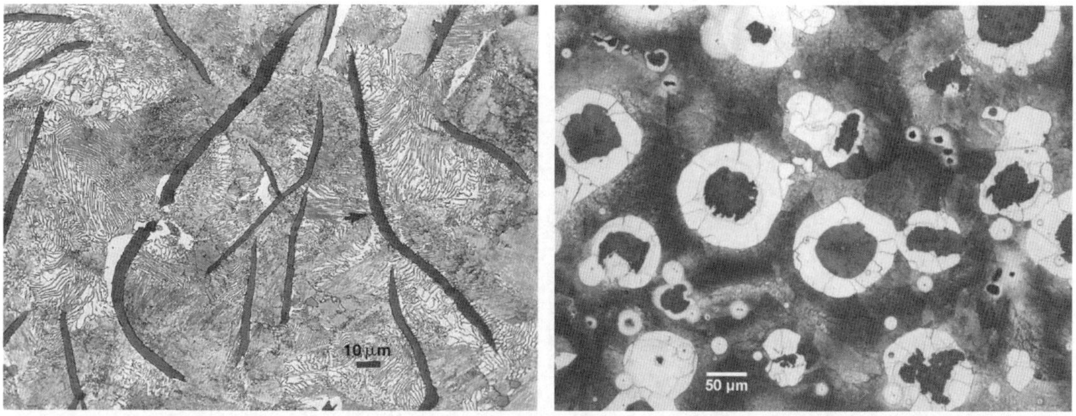

그림 C.7 회주철(왼쪽)과 연성주철(오른쪽)의 미세조직. 왼쪽은 박편형태의 흑연을, 오른쪽은 구상형태

가 변함에 따라 연성주철은 회주철에 비해 인장시 훨씬 강한 강도와 연성을 갖는다. 백주철(white iron)은 용융상태에서 급속한 냉각을 통해 회주철이 아닌 형태로 얻게 되는 주철이다. 이 경우 과잉탄소는 시멘타이트(cementite)라 불리는 Fe_3C 철탄화물을 다량으로 포함하는 다상(multiphase)네트워크를 형성한다. 시멘타이트가 단단하고 취성을 갖는 상이므로 백주철도 단단하고 취성을 보인다. 가단주철(malleable iron)은 백주철을 별도의 열처리공정을 통해 연성주철과 유사하게 만든 주철이다. 이외에도 내열성 또는 내식성 등과 같은 원하는 물성을 갖춘 특수목적의 주철을 만들기 위해서 다양한 첨가원소가 사용된다.

C.3.3 탄소강

일반 탄소강(plain carbon steel)은 물성을 좌우하는 첨가원소로서 1% 이하의 탄소를 함유한다. 소량의 망간과 황과 인과 같은 (원치 않는) 불순물도 함유한다.

탄소함량 0.76% 이하의 일반 탄소강을 고온 (약 850℃)에서 서서히 냉각시키면 페라이트(ferrite)와 펄라이트(pearlite)가 혼재하는 조직을 얻게 된다. 페라이트는 순수 BCC 철이며 α 철로 불리기도 한다. 펄라이트는 층상(layered)의 2상 조직으로서 페라이트와 시멘타이트(Fe_3C)로 구성되어 있다. 그림 C.8 (좌)에 페라이트와 펄라이트 혼재 조직을 나타내었다.

0.25% 이하의 탄소를 함유하는 강은 저탄소강(low carbon steel)과 연강(mild steel)이라 한다. 이러한 강은 페라이트와 펄라이트 혼합조직을 가지므로 상대적으로 강도는 낮지만 우수한 연성을 갖는다. 저탄소강은 냉간가공에 의해 어느 정도 강화시킬 수 있지만 열처리를 통한 강화효과는 미미한 편이다. 빌딩과 교량에 사용되는 구조용 강은 물론 자동차 차체용 박판으로도 사용된다.

0.3~0.6%의 탄소를 함유하는 중탄소강(medium carbon steel)과 0.7~1.0%의 탄소를 함유하는 고탄소강(high carbon steel)은 보다 많은 양의 탄소로 인해 저탄소강에 비해 높은 강도를 갖는다. 이에 덧붙여, 탄소함량이 높을 경우에는 급냉(quenching)후 템퍼링(tempering)의 열처리 과정을 통해서도 강도를 상당 수준 올릴 수 있다. 급냉후 템퍼링된 강의 미세조직은 그림 C.8(오른쪽)에 나타내었다. 중탄소강은 샤프트와 기계 및 자동차 부품재로 널리 사용된다. 고탄소강은 높은 경도가 요구되면서 낮은 연성이 별로 문제가 되지 않는 용도에 국한하여 사용되며 절삭공구와 스프링 등이 그 예이다.

급냉후 템퍼링(Q&T) 공정시, 먼저 강을 약 850℃로 가열하여 철이 γ-철 또는 오스테나이트

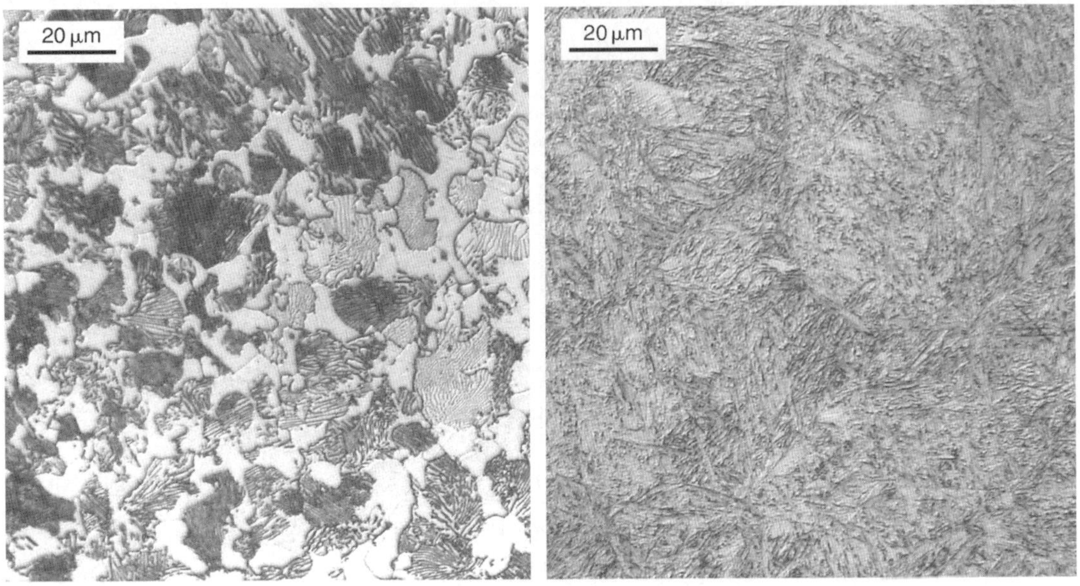

그림 C.8 AISI 1040강의 미세조직: 왼쪽 사진은 고온에서 서서히 냉각시켜 얻은 페라이트(ferrite)와 펄라이트(pearlite)가 혼재하는 조직. 밝은 색이 페리이트이고 어두운 색이 펄라이트를 나타내며 펄라이트에 층상구조가 부분적으로 보인다. 오른쪽은 고온에서 급냉후 템퍼링된 마르텐사이트 조직.

(austenite)라 불리는 FCC상으로 변태시키는 데 이 상에서 탄소는 고용체로 존재하게 된다. 가열된 금속을 물이나 기름에 빠르게 담가 주는 급냉(quenching)공정을 통해 BCC철 내에 과포화 탄소 고용체를 형성시킨다. 급냉후 마르텐사이트(martensite)가 형성되는데 BCC 격자구조가 침입형 탄소원자에 의해 변형된 구조를 갖는다. 마르텐사이트는 평행한 얇은 결정(레스: lath)이나 더욱 불규칙적인 얇은 판(plates)들이 오스테나이트에 둘러싸인 형태로 존재한다.

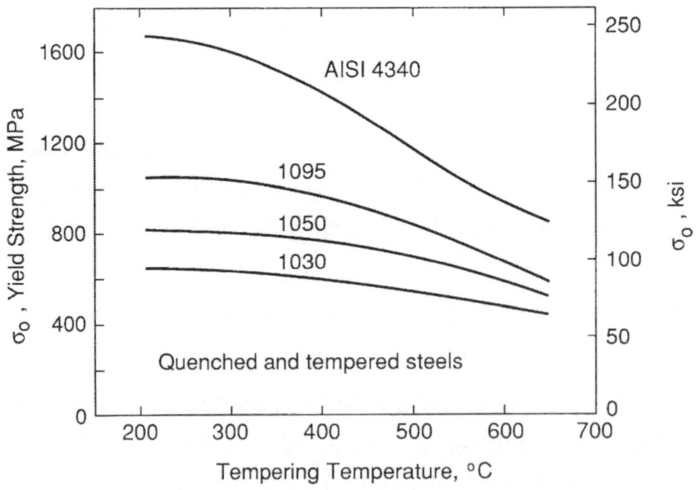

그림 C.9 템퍼링 온도가 여러 강의 항복강도에 미치는 영향. 25mm 직경의 바를 열처리한 후 13mm 직경의 시험편으로 가공하여 얻은 데이터(출처: [Boyer 85])

급냉된(as-quenched) 상태의 강은 2개의 상이 존재하고, 변형된 결정구조 및 높은 전위밀도를 가지므로 매우 단단하고 잘 깨어진다. 유용한 재료를 얻으려면 템퍼링(tempering)이라 부르는 2차 열처리를 저온에서 실시하여야 한다. 이를 통해 마르텐사이트를 빠져나온 일부 탄소가 Fe_3C 입자를 형성하게 되면 강도는 낮아지는 반면, 연성이 크게 증가하게 된다. 그림 C.9와 같이, 템퍼링 온도가 높을수록 그 효과가 크며 그 정도는 탄소 및 합금함량에 따라 변한다.

C.3.4 저합금강

저합금강(low alloy steel)은 단순히 합금강(alloy steel)이라고도 하는데 물성개선이나 공정에 대한 반응성을 올리기 위해 5% 이내의 적은 합금성분을 첨가한 강이다. 주요 원소의 첨가 %를 표 C.5에 나타내었다. 합금성분의 효과로는 황은 가공성을 개선시키고 몰리브데늄과 바나듐은 입자미세화에 유효하다. AISI 4340강에 사용되는 합금들의 조합은 강도와 인성을 개선시켜, 균열이나 예리한 홈에 대한 파괴저항을 개선시킨다. 이 강은 급냉으로 인한 야금학적 변화가 상대적으로 느리게 일어나기 때문에 100mm 두께를 갖는 부품까지도 급냉 및 템퍼링 처리가 유효하다. 일반탄소강인 AISI 1040강은 매우 빠른 냉각을 실시하여도 표면으로부터 5mm 깊이 이상 경화시키기가 어렵다.

AISI-SAE 어느 규격에도 맞지 않는 다양한 특수목적용 저합금강이 사용되고 있다. 이중 상당수는 합금함량과 함께 기계적 성질에 대한 요구가 기술되어 있는 ASTM 표준에 나타나 있다. 이중 일부는 고강도 저합금강(high strength low alloy: HSLA)으로 분류되는데, 이 강종들은 낮은 탄소함량과 페라이트-펄라이트 미세조직을 가지며 소량의 합금만으로도 저탄소강에 비해 고강도를 보인다. 빌딩이나 교량에 적용되는 구조용 강인 ASTM A242, A441, A572 및 A588 등이 이에 해당한다. 여기서 '고강도'라는 표현은 저탄소강에 비해서는 고강도이지만 급냉 및 템퍼링 처리된 강들에 비해서는 그러하지 못하므로 오해의 소지가 있음을 인지해야 한다. 압력용기에 사용되는 저합금강인 ASTM A302, A517 및 A533 등은 또 다른 특수목적용 강이다.

C.3.5 스테인리스 강

최소 10% 이상의 크롬을 함유하는 강은 우수한 내부식성을 보여 녹이 생기지 않으므로 스테인리스강(stainless steel)이라 한다. 또한 이 합금들은 내열성도 우수하다. AISI의 별도 표기법에서는 AISI 316과 AISI403처럼, 3자리 숫자를 특정 스테인리스강의 종류를 의미하는 영문자와 함께 표기한다. UNS 표기법에서도 S31600과 S40300처럼 AISI 경우와 동일한 숫자를 사용하기도 한다.

400계 스테인리스강은 크롬 이외에도 다양한 함량의 탄소와 소량의 금속합금원소를 함유한다. 403, 410 및 422와 같이 크롬함량이 15% 이하인 경우에는 대부분의 경우에 급냉 및 템퍼링을 통해 마르텐사이트 조직을 갖고 있으므로 마르텐사이트계 스테인리스강(martensitic stainless steel)이라 한다. 이 강종은 공구류와 스팀 터빈의 블레이드용으로 많이 사용된다. 크롬함량이 17~25%로 더욱 높은 경우에는 페라이트계 스테인리스강(ferritic stainless steel)이 얻어지며, 냉간가공에 의해서만 어느 정도 강화가 가능하다. 이러한 강종은 강도보다는 내부식성이 보다 강하게 요구되는 건축 및 장식용 용도의 제품에 사용한다. 304, 316 및 347과 같은 300계 스테인리스강은 10~20% 범위의 니켈과 17~25% 범위의 크롬을 함유한다. 함유된 니켈은 내부식성을 더욱 개선시키고 저온에서 FCC 구조를 안정하게 해주는 역할을 하므로 이 강종을 오스테나이트계 스테인리스강(austenitic stainless steel)이라 부른다. 소둔된 상태나 냉간가공된 상태로 사용하며 뛰어난 연성과 인성을 나타낸다. 너트나 볼트, 압력용기,

배관 및 의료용 뼈 나사와 판 등을 만드는데 사용된다.

또 다른 종류로는 석출경화형 스테인리스강(precipitation-hardening stainless steel)이 있다. 이름이 의미하듯이 석출경화된 강종으로써 내부식성과 내열성이 요구되는 열교환기용 튜브나 터빈 블레이드와 같은 고강도용 용도에 적용된다. 17-4PH 스테인리스강(UNS S17400)은 17% 크롬과 4% 니켈을 함유하는 석출경화형 스테인리스강이며, 크롬과 니켈 이외에도 4%의 구리와 기타 합금원소를 함유하고 있다.

C.3.6 공구강과 기타 특수강

공구강(tool steels)은 특수한 합금성분과 제조공정을 거쳐 높은 경도와 내마모성을 가질 수 있도록 한 강종으로서, 절삭공구와 특수기계부품을 제조하는데 사용된다. 대부분의 공구강은 수 %의 크롬을 함유하며, 일부는 1~2%에 이르는 높은 탄소를 함유하고, 일부는 상당량의 몰리브데늄과 텅스텐 등을 함유하기도 한다. 일반적으로 급냉과 템퍼링에 관련된 열처리를 통해 강화시킨다. AISI 표기법은 영문자와 1~2개 숫자로 표기한다. 공구강 M1. M2 등은 5~10% 몰리브데늄과 소량의 텅스텐 및 바나듐을 함유하며, 공구강 T1, T2 등은 18%에 이르는 상당량의 텅스텐을 함유하고 있다.

0.4% 탄소, 5% 크롬 및 소량의 첨가원소를 함유하고 있는 공구강 H11은 다양한 고강도 용도에 사용된다. 150mm두께까지 완전 경화가 가능하며 2100MPa에 이르는 아주 높은 항복강도를 가지면서도 양호한 연성과 인성을 보인다. 이것은 강이 오스테나이트(FCC) 결정구조로 존재하는 고온영역에서 변형을 일으키는 오스포밍(ausforming)공정으로 만든다. 이 공정에서는 급냉 및 템퍼링에 의한 통상의 마르텐사이트 강화에, 매우 높은 전위밀도와 매우 미세한 석출물로 인한 추가적인 강화효과가 부가된다. 오스포밍된 H11은 적절한 연성과 인성을 보유한, 가장 강한 강 중의 하나이다. 표준화된 규격명칭이 없이 사용되는 특수 고강도강에도 여러 종류가 있다. AISI 4340에 1.6%의 실리콘과 소량의 바나듐을 첨가하여 개량한 300M과 항공부품에 사용되는 D-6a강 등이 그 예이다. 마르에이징(maraging)강은 18% 니켈과 기타원소를 함유하고 있으며, 마르텐사이트 경화와 석출경화가 결합되어 높은 강도와 인성을 갖는다.

C.4 비철금속

급냉 및 템퍼링을 통해 마르텐사이트 조직을 만들어주는 것이 강을 강화시키는 가장 유효한 방법이다. 일반적인 비철금속에서는 마르텐사이트를 얻을 수가 없으며, 마르텐사이트를 얻는다 해도 강에서처럼 효과가 크지 않을 것이다. 따라서 덜 효과적이겠지만 강화를 위한 다른 방법을 적용해야 한다. 비철금속은 석출경화를 통해 고강도를 얻기도 한다.

알루미늄 합금에서 얻을 수 있는 강도수준의 예를 그림 C.10에 나타내었다. 소둔된 순수 알루미늄은 매우 연하고 냉간가공을 통해서만 강화시킬 수 있다. 마그네슘을 첨가하면 고용체강화가 일어나고 이 합금은 가공경화가 가능하다. 또한 다양한 합금원소의 첨가와 시효처리를 통해 석출경화에 의한 강도의 추가적 상승도 가능하다. 하지만 이렇게 해서 얻을 수 있는 최고 강도는 고강도강의 25% 수준에 지나지 않는다. 알루미늄은 강에 비해 낮은 강도를 가짐에도 불구하고 가볍고 내부식성이 우수한 장점이 있어 항공분야 등에 널리 사용되고 있다.

아래에 구조적 용도에 주로 사용되는 비철금속에 대해 다루기로 한다.

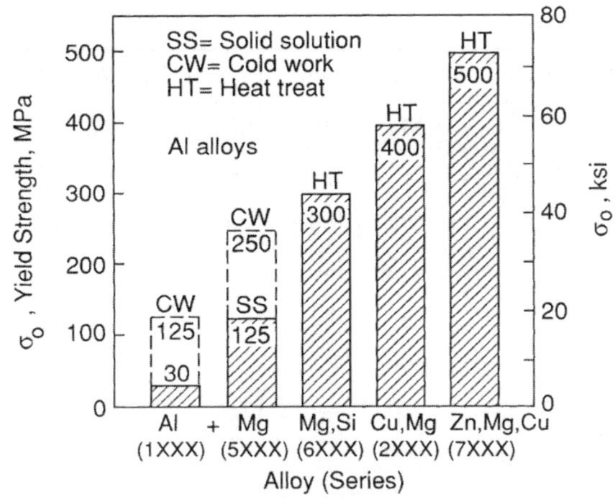

그림 C.10 알루미늄 합금의 항복강도에 합금원소와 공정특성이 미치는 효과. 순수 알루미늄은 냉간가공에 의해 강화시킬 수 있고 합금원소는 고용체 강화효과를 나타낸다. 열처리를 통한 석출강화로 보다 높은 강도를 얻을 수 있다.

C.4.1 알루미늄 합금

압연이나 압출을 통해 단련(wrought)상태의 알루미늄 합금은 4자리 숫자를 이용하여 표기한다. 첫 번째 숫자는 표 C.6에 나타낸 주요 합금원소를 의미하고, 그 뒤의 숫자들은 표 C.7에 예시한 것처럼

표 C.6 단련상태의 알루미늄 합금 표기 시스템

Series	Major Additions	Other Frequent Additions	Heat Treatable
1XXX	None	None	No
2XXX	Cu	Mg, Mn, Si, Li	Yes
3XXX	Mn	Mg, Cu	No
4XXX	Si	None	Most no
5XXX	Mg	Mn, Cr	No
6XXX	Mg, Si	Cu, Mn	Yes
7XXX	Zn	Mg, Cu, Cr	Yes

Processing Designations		Common TX Treatments	
-F	As fabricated	-T3	Cold worked, then naturally aged
-O	Annealed	-T4	Naturally aged
-H1X	Cold worked	-T6	Artificially aged
-H2X	Cold worked, then partially annealed	-T8	Cold worked, then artificially aged
-H3X	Cold worked, then stabilized	-TX51	Stress relieved by stretching
-TX	Solution heat treated, then aged		

표 C.7 대표적 단련 알루미늄 합금

Identification	UNS No.	Principal Alloying Elements, Typical % by Weight					
		Cu	Cr	Mg	Mn	Si	Other
1100-O	A91100	0.12	—	—	—	—	—
2014-T6	A92014	4.4	—	0.5	0.8	0.8	—
2024-T4	A92024	4.4	—	1.5	0.6	—	—
2219-T851	A92219	6.3	—	—	0.3	—	0.1 V, 0.18 Zr
3003-H14	A93003	0.12	—	—	1.2	—	—
4032-T6	A94032	0.9	—	1.0	—	12.2	0.9 Ni
5052-H38	A95052	—	0.25	2.5	—	—	—
6061-T6	A96061	0.28	0.2	1.0	—	0.6	—
7075-T651	A97075	1.6	0.23	2.5	—	—	5.6 Zn

구체적인 합금내역을 나타낸다. 단련된 합금의 UNS숫자는 4자리 숫자 앞에 A9가 표기되는 것을 제외하면 비슷하다. 4자리 숫자 뒤에는 2024-T4와 같이 공정을 나타내는 코드가 사용되며 표 C.6에 이에 대해 나타내었다.

냉간가공을 포함하는 코드인 HXX 에서 첫 번째 숫자는, 냉간가공만 한 경우에는(H1X), 냉간가공 후 부분소둔을 한 경우에는(H2X), 안정화 열처리를 행한 경우에는(H3X)으로 표기한다. 여기서 안정화 열처리는 점진적인 물성변화를 방지하기 위한 저온 열처리를 의미한다. 두 번째 숫자는 냉간가공의 정도를 나타내며, HX8은 냉간가공이 강도에 최대의 효과를 미치는 경우이며, HX2, HX4, HX6는 각각 1/4, 1/2, 3/4 정도의 효과를 미치는 것을 의미한다.

TX형태의 공정 코드는 합금원소를 고용체를 만들기 위해 고온에서 고용화 열처리(solution heat treatment)를 실시하는 것을 의미한다. 고용화 열처리 후에 냉간가공의 실시여부와 무관하게 석출경화를 위해 항상 재료를 시효(aged)처리 한다. 자연시효(natural aging)는 실온에서 일어나는 반면, 인공시효(artificial aging) 그림 C.4에 보인 바와 같이 2차 열처리 단계를 통한 시효를 말한다. HXX 나 TX 이후의 숫자는 추가적인 공정상의 변화를 의미하는데, T651은 T6 열처리후 잔류응력을 제거하기 위해 길이방향으로 3% 정도 신장시키는 것을 의미한다.

C.4.2 티타늄 합금

티타늄의 밀도는 알루미늄보다는 크지만 강의 60% 수준이다. 또한 용융온도는 강보다 높은 수준이고 알루미늄보다는 훨씬 높다. 항공부품의 경우, 중량대비 강도가 중요한데 이러한 측면에서 고강도 티타늄 합금의 강도는 고강도강의 강도 못지않다. 이러한 강도특성과 우수한 내식성으로 인해 1940년데 상용재료로 적용된 이후 티타늄 합금의 용도가 지속적으로 증가하고 있다. 단지 30여종 정도의 티타늄 합금이 상용적으로 사용되고 있으므로, Ti-6Al-4V 또는 Ti-10V-2Fe-3Al 등과 같이 합금성분의 중량비 표기로 충분히 구분이 가능하다. 티타늄 합금은 α, β, $\alpha-\beta$의 3가지 형태로 존재한다. 순수 티타늄은 상온에서 α(HCP)결정구조가 안정적이지만, 크롬이나 바나듐과 같은 합금성분을 통해 β(BCC)결정구조를 안정화시킬 수 있어 α와 β의 혼합조직으로도 존재한다. 소량의 몰리브데늄이나 니켈은 내부식성을 개선시켜주며 알루미늄, 주석 및 지르코늄은 α상의 크리프 저항을 개선시킨다.

α합금은 주로 고용체강화에 의해 강화되며 열처리에 대해서는 강화되지 않는다. α합금 이외의 합금은 열처리에 의해 강화될 수 있다. 강의 경우처럼 급냉에 의해 마르텐사이트 변태가 일어나지만 효과는 크지 않다. 석출경화와 복잡한 다상(multiple phase)으로 인한 강화효과가 β합금과 $\alpha-\beta$합금의 주요 강화기구이다.

C.4.3 기타의 비철합금

다양한 구리합금들이 전기전도성, 내부식성 및 미려함 등으로 인해 다양하게 사용되고 있다. 구리는 다른 금속들과 쉽게 합금이 되고 소성변형이나 주조 등을 통해 원하는 형상으로 쉽게 만들 수 있다. 이미 거론된 금속들보다는 낮은 강도를 갖지만 공업재료로 사용할 정도의 강도는 가지고 있다.

구리는 소량부터 35% 아연을 함유하는 황동(brass)에 이르기까지 합금원소의 첨가가 가능하다. 약 10% 주석을 함유하는 구리는 청동(bronze)이라 부르며 알루미늄, 실리콘, 아연 및 기타 원소들과 합금된 여러 구리합금도 청동이라 부르기도 한다. 아연, 알루미늄 또는 니켈 등이 첨가된 구리합금은 고용체 강화효과로 인해 강화된다. 베릴륨을 첨가하면 석출경화로 인해 강도가 가장 높은 구리합금을 얻을 수 있다. 냉간가공도 강화를 위해 실시하는데 다른 강화기구와 병행하기도 한다. 다양한 구리합금에 사용되는 이름으로는 베릴륨 동(beryllium copper), 네이벌 황동(naval brass), 알루미늄 청동(aluminum bronze) 등이 있다. UNS 표기법에서 구리합금은 영문자 C를 앞에 표기한다,

마그네슘은 알루미늄과 비슷한 용융온도를 갖지만 밀도는 65% 수준이며 강에 비해서는 22%에 불과하므로 가장 가벼운 공업재료로 볼 수 있다. 은백색의 금속으로서 흔히 주조에 의해 생산되지만 압출, 단조 및 압연공정에 의해 만들어지기도 한다. 합금원소는 일반적으로 총량기준으로 10% 이내로 첨가하며 가장 흔한 합금원소로는 알루미늄, 망간, 아연 및 지르코늄 등이 있다. 강화방법은 알루미늄의 강화기구가 비슷하게 적용될 수 있으면 최대강도는 알루미늄 합금의 60% 수준을 보이며 중량대비 강도는 알루미늄 합금과 비슷한 수준이다. 표기법은 알루미늄 합금과 비슷한 형태를 갖지만 상세내용은 다르다. 합금을 AZ91C-T6와 같이 영문자와 숫자의 조합을 통해 구분하고 그 뒤에 공정특성을 표기한다.

초합금(superalloys)은 주로 550℃ 이상에서 사용되는 특수 내열합금을 말한다. 주요 합금원소는 니켈과 코발트의 조합이거나 철과 니켈의 조합이며 첨가원소는 경우에 따라서는 매우 높은 비율로 함유된다. 예를 들어, 니켈계 합금인 Udimet 500은 48% 니켈, 19% 크롬, 19% 코발트를 함유하며, 코발트계 합금인 Haynes 188은 37% 코발트, 22% 크롬, 22% 니켈과 14% 텅스텐을 함유하며 두 합금 모두 소량의 기타원소도 포함한다. 범용으로 사용되고 있는 몇몇 초합금에 대해 비표준화된 상표, 문자 및 숫자의 조합으로 규격을 표기한다. 전술한 2가지 이외에도, Waspaloy, MAR-M302, A286, Inconel 718 등을 예로 들 수 있다.

비록 니켈과 코발트가 철보다 조금 낮은 용융온도를 갖지만 초합금은 부식, 산화 및 크리프 측면에서 강에 비해 월등한 저항성을 보인다. 티타늄의 밀도는 알루미늄보다는 크지만 강의 60% 수준이다. 저합금강과 스테인리스강이 유효한 강도를 보일 수 있는 온도범위를 초과하는 750℃ 이상에서도 초합금은 상당한 강도를 보인다. 상대적으로 희귀한 니켈, 크롬, 코발트를 다량 함유하므로 초합금의 가격이 높음에도 불구하고 고온용도에 초합금이 널리 사용되는 이유가 이러한 우수한 고온강도 때문이다. 초합금은 단련(wrought)상태로 생산되지만 니켈계와 코발트계 합금은 주조상태로도 생산된다. 고용체강화와 다양한 열처리를 통해 석출된 금속간 화합물이나 금속탄화물로 인해 강화가 일어난다.

C.5 폴리머

폴리머는 탄소-탄소 결합에 의해 형성된 사슬분자로 구성된 재료이다. 플라스틱, 섬유, 고무, 나무의 셀룰로즈 및 목질 등이 이에 해당한다. 공업재료로 사용하기 위해 생산되고 인위적으로 개량된 폴리머는 열가소성 플라스틱(thermoplastics), 열경화성(thermosetting) 플라스틱 및 탄성중합체(elastomers)의 3가지 그룹으로 분류한다.

열가소성 플라스틱은 열이 가해지면 연화되고 녹게 되며, 냉각시 초기 고체상태로 돌아오며, 이러한 공정을 수회 반복할 수도 있다. 하지만 열경화성 플라스틱은, 특히 고온 공정에 의해 화학적으로 변하게 된다. 재가열에 의해 녹지 않는 반면, 타서 분해되게 된다. 탄성중합체는 고무처럼 탄력적인 거동을 하는 것이 플라스틱과 구분된다. 특히 100~200%의 변형률까지도 변형을 일으키며 응력을 제거하면 다시 원위치로 되돌아온다. 이러한 그룹별 폴리머와 대표적 용도를 표 C.8에 예시하였다.

표 C.8 대표적인 폴리머의 등급, 종류 및 용도

Polymer	Typical Uses
(a) Thermoplastics: ethylene structure	
Polyethylene (PE)	Packaging, bottles, piping
Polyvinyl chloride (PVC)	Upholstery, tubing, electrical insulation
Polypropylene (PP)	Hinges, boxes, ropes
Polystyrene (PS)	Toys, appliance housings, foams
Polymethyl methacrylate (PMMA, Plexiglas, acrylic)	Windows, lenses, clear shields, bone cement
Polytetrafluoroethylene (PTFE, Teflon)	Tubing, bottles, seals
Acrylonitrile butadiene styrene (ABS)	Telephone and appliance housings, toys
(b) Thermoplastics: others	
Nylon	Gears, tire cords, tool housings
Aramids (Kevlar, Nomex)	High-strength fibers
Polyoxymethylene (POM, acetal)	Gears, fan blades, pipe fittings
Polyetheretherketone (PEEK)	Coatings, fans, impellers
Polycarbonate (PC)	Safety helmets and lenses
(c) Thermosetting plastics	
Phenol formaldehyde (phenolic, Bakelite)	Electrical plugs and switches, pot handles
Melamine formaldehyde	Plastic dishes, tabletops
Urea formaldehyde	Buttons, bottle caps, toilet seats
Epoxies	Matrix for composites
Unsaturated polyesters	Fiberglass resin
(d) Elastomers	
Natural rubber; cis-polyisoprene	Shock absorbers, tires
Styrene-butadiene rubber (SBR)	Tires, hoses, belts
Polyurethane elastomers	Shoe soles, electrical insulation
Nitrile rubber	O-rings, oil seals, hoses
Polychloroprene (Neoprene)	Wet suits, gaskets

석유제품을 화학적으로 합성하여 폴리머를 만든 후 몰딩과 압출공정 등을 통해 다양한 형태의 제품이 만들어진다. 유사한 거동을 보이는 열경화성 플라스틱과 탄성중합체의 경우, 화학반응의 최종단계에 온도와(또는) 압력을 가해줌으로써 최종형상으로 성형을 얻게 된다.

폴리머는 유기화학분야에서 불리는 이름이다. 긴 이름은 약어를 이용하여 나타내며 PMMA는 폴리메틸 메타크릴레이트(polymethyl methacrylate)를 의미한다. 또한 플렉시 그라스(plexiglas), 테프론(teflon) 및 나일론과 같은 상품명을 화학적 표기와 함께 사용하기도 한다.

폴리머의 중요특성은 경량재료라는 점이다. 대부분의 폴리머 질량밀도는 물의 밀도인 $\rho = 1\,g/cm^3$ 부근의 값을 가지며 $\rho = 2\,g/cm^3$를 초과하는 경우는 드물다. 폴리머는 알루미늄($\rho = 2.7\,g/cm^3$)의 1/2 수준의 무게를 가지며 강($\rho \approx 7.9\,g/cm^3$)에 비해 매우 가벼운 재료이다. 개량이 안 된 상태의 대부분의 폴리머는 약하며 10~200MPa 수준의 인장강도를 보인다.

이후에 다루게 되는 내용에서는 각 그룹별로 대표적인 폴리머의 기본 분자구조를 다루고자 하며, 이러한 이론은 분자구조가 기계적 성질에 미치는 영향을 이해하는데 필요한 기반을 제공하게 된다.

C.5.1 열가소성 플라스틱의 분자구조

많은 열가소성 플라스틱은 하이드로카본 가스 에틸렌(C_2H_4)과 관련된 분자구조를 가진다. 특히 사슬 분자의 반복단위(repeating unit)는 그림 2.6에서 보인 바와 같이 탄소-탄소결합이 재정렬된 것을 제외하면 에틸렌 분자와 유사하다. 이 형태에 속하는 보다 단순한 폴리머의 분자구조를 그림 C.11에 반복단위 구조로 나타내었다.

폴리에틸렌(PE)이 가장 단순한 경우인데 에틸렌 분자의 탄소-탄소 결합을 재정렬시킨 것이 유일한 수정이다. 폴리비닐 클로라이드(PVC)의 경우는 수소원자 중의 하나가 염소원자로 바뀐 것인 반면 폴

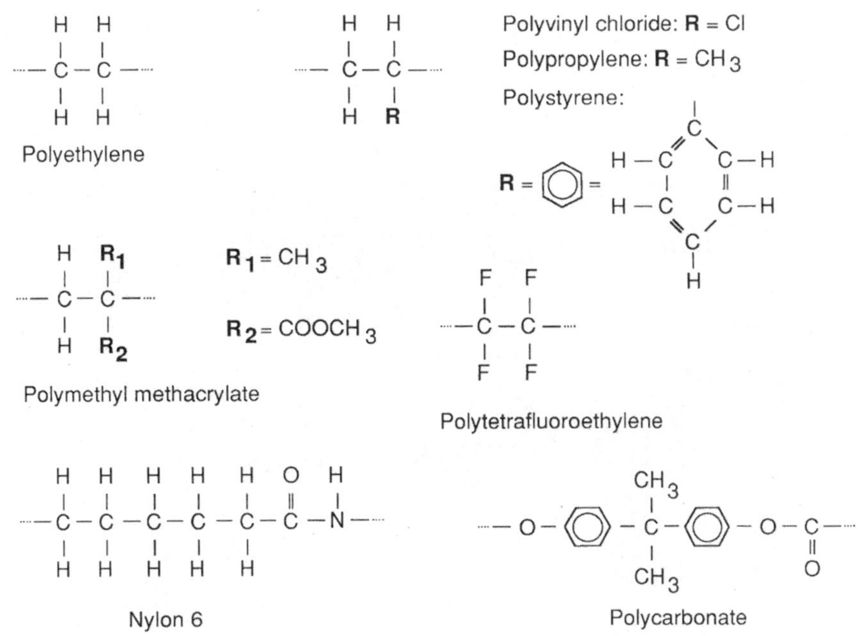

그림 C.11 여러 가지 선형 폴리머의 분자구조. 마지막 2개를 제외하고는 R, R1과 R2 또는 F가 단순 치환된 폴리에틸렌 구조와 관련된다.

리플로피렌(PP)은 메틸(CH_3)그룹을 유사한 방식으로 치환한 경우이다. 폴리스틸렌(PS)은 전체 벤젠 링을 치환한 경우이고 PMMA는 그림에 보인 바와 같이 두 군데를 치환한 경우이다. 폴리테트라플루오로에틸렌(PTFE)은 테프론으로도 알려져 있으며 불소(fluorine)된 경우이다. 에틸렌계 열가소성 플라스틱이 PE, PVC, PP 및 PS로 가장 널리 사용되는 종류이며, 중량 기준으로 플라스틱 사용량의 절반을 상회한다.

하지만 이와 다른 종류의 열가소성 플라스틱도 적은 양으로 사용되며 주로 고강도가 요구되는 공업적 용도에 사용된다. 엔지니어링 플라스틱(engineering plastics)에는 나일론, Kevlar와 같은 아라미드(aramids), 폴리옥시메틸렌(POM), 폴리에틸렌 테레프탈산염(PET), 폴리페닐렌 산화물(PPO), 폴리카보네이트(PC) 등이 포함된다. 에틸렌계 열가소성 플라스틱에 비해 분자구조가 더욱 복잡하다. 그림 C.11에 나타낸 바와 같이, 이들 중 2가지 반복단위의 구조는 나일론6과 폴리카보네이트이다. 나일론66과 나일론12와 같은 나일론들은 나일론6보다 더욱 복잡한 구조를 갖는다. Kevlar는 나일론과 같은 폴리아미드(polyamid)그룹에 속하며 벤젠 링과 관련된 구조를 가지므로 방향성 폴리아미드(aromatic polyamide), 즉 아라미드(aramid)로 분류된다.

C.5.2 결정과 비결정질 열가소성 플라스틱

일부 열가소성 플라스틱은 폴리머 사슬들이 규칙적인 결정구조로 정렬되어 있는 재료들로, 부분적 또는 대부분으로 구성되어 있다. 이러한 결정질 폴리머(crystalline polymer)로는 PE, PP, PTFE, 나일론, Kevlar, POM 및 PEEK 등이 있다. 폴리에틸렌의 결정구조에 대한 사진을 그림 C.12에 나타내었다.

사슬분자가 불규칙하게 정렬되어 있는 폴리머는 비결정질(amorphous)이라 한다. 비결정질 폴리머로는 PVC, PMMA, PC 등이 있다. 폴리스텔렌(PS)의 경우, 치환 벤젠 링이 분자의 각 반복단위 내에 불규칙하게 위치하는 혼성배열(atactic) 형태에서는 비결정질이지만 각 반복단위 내의 동일위치에서 치환이 일어나는 동일배열(isotactic) 형태에서는 결정질이다. 결정도를 증가시키는 동일배열 형태의 규칙적인 구조로 인해 동일한 상황이 다른 폴리머에서도 일어난다. 만약 주 사슬에 대하여 곁사슬(side groups)이 교대로 반대 방향으로 위치한 규칙적 형태를 보이면 규칙성 교대배열(syndiotactic)이

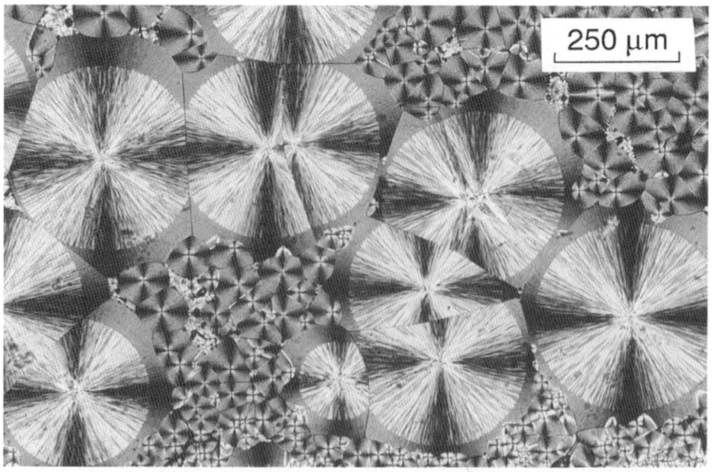

그림 C.12 폴리에틸렌의 결정구조. 도식도에 나타낸 것과 비슷한 층(layers)들이 사진의 가장자리에 나타나 있다. 층은 방사형 패턴으로 정렬되어 구과(spherulites)라고 불리는 뚜렷한 결정질 형태를 보인다.

표 C.9 다양한 열가소성 플라스틱과 탄성중합체의 유리천이온도와 용융온도(출처: [ASM 88])

Polymer	Transition T_g, °C	Melting T_m, °C
(a) Amorphous thermoplastics		
Polyvinyl chloride (PVC)	87	212
Polystyrene (atactic)	100	≈ 180
Polycarbonate (PC)	150	265
(b) Primarily crystalline thermoplastics		
Low-density polyethylene (LDPE)	−110	115
High-density polyethylene (HDPE)	−90	137
Polyoxymethylene (POM)	−85	175
Polypropylene (PP)	−10	176
Nylon 6	50	215
Polystyrene (isotactic)	100	240
Polyetheretherketone (PEEK)	143	334
Aramid	375	640
(c) Elastomers		
Silicone rubber	−123	−54
Cis-polyisoprene	−73	28
Polychloroprene	−50	80

Source: Data in [ASM 88] pp. 50–54.

라 하며 이 경우 또한 결정질 구조가 얻어지게 된다.

비결정질 폴리머는 일반적으로 각각의 유리천이온도인 T_g 부근 또는 그 이하에서 사용되며, 표 C.9에 일부 폴리머의 유리천이온도를 나타내었다. T_g 이상에서는 탄성계수가 급격하게 감소하고 시간 의존적인 변형(크리프)효과가 주도적으로 일어나면서 하중지지용 재료로서의 유효성이 제한된다. T_g 이하에서는 유리처럼 거동하고 잘 깨어지며 탄성계수가 $E = 3\,\text{GPa}$ 수준이다. 싱글 스트랜드(single-strand)분자로 구성된 비정질 폴리머를 선형폴리머(linear polymer)라 한다. 다른 가능성은 그림 C.13에 나타낸 것처럼 어느 정도의 브랜칭(branching)이 일어난다는 것이다.

결정질 폴리머는 비결정질 폴리머에 비해 취성이 덜하며 강성과 강도가 T_g 이상에서 급격하게 감소하지 않는다. 결정질 형태의 PS와 비결정질 형태의 PS 사이에 일어나는 이러한 차이점을 그림 C.14에 예시하였다. 이러한 거동으로 인해 많은 결정질 폴리머는 T_g 이상에서 사용할 수 있다. 결정질 폴리머는 불투명한 반면 비결정질 폴리머는 투명하다.

C.5.3 열경화성 플라스틱

열경화성 플라스틱의 분자구조는 3차원 네트워크로 구성되어 있다. 이러한 네트워크는 그림 C.13(c)에 보인 크로스-링크(cross-links)라 불리는 사슬 사이의 강한 공유결합에 의해 형성될 수 있다. 어떤 경우에는 대부분의 반복단위가 다른 단위에 대해 3개의 탄소-탄소 결합을 가짐으로써 크로스-링크가 최대화되는데, 그림 C.15에 나타낸 페놀 포름알데하이드(페놀릭)가 이 경우에 해당한다. 범용 플라스틱 베이클라이트(bakelite)은 페놀릭(phenolic)이다. 다른 종류의 범용 열경화성 폴리머로는 유리섬유(fiber glass)에 사용되는 에폭시 접착제(epoxy adhesives)와 폴리에스터 수지를 들 수 있다.

크로스-링킹(열경화성) 화학반응은 고온에서의 압축몰딩과 같은 공정의 최종단계 동안에 일어난다.

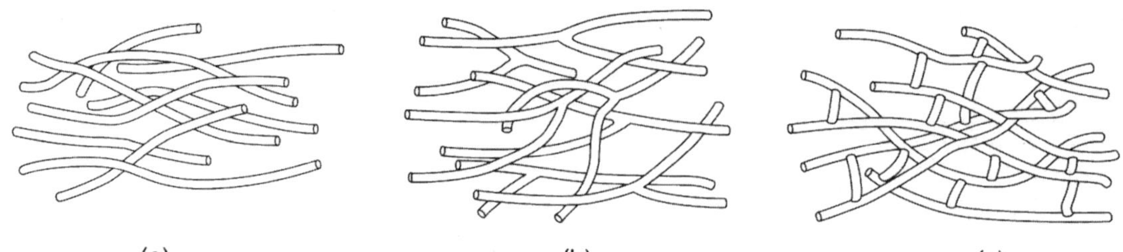

그림 C.13 폴리머 사슬구조: (a) 선형, (b) 브랜칭, (c) 크로스-링크(출처: [Budinski 96])

이 반응이 일어난 후 고체는 연화되지도 않고 가열해도 녹지 않는 대신 분해되거나 타버린다. 네트워크 구조가 강하고 견고하지만 깨지기 쉬운 고체를 만들어 준다.

열팽창과 이로 인한 자유체적의 증가가 열가소성 플라스틱에서의 유리천이온도(T_g)효과를 일으키므로, T_g 이상에서는 사슬분자들 간의 상대적인 미끄러짐에 의해 변형이 생길 수 있다. 이러한 상황은 강하고 내열성을 갖는 공유결합으로 인해 분자들 간의 상대 미끄러짐이 어려운 열경화성 플라스틱과 대비된다. 결과적으로 심하게 크로스-링크된 열경화성 플라스틱에는 T_g효과가 나타나지 않는다.

C.5.4 탄성중합체

탄성중합체는 자연고무가 대표적이지만 비슷한 기계적 거동을 보이는 다양한 합성폴리머도 이 범주에 포함된다. 폴리우레탄 탄성중합체와 같은 일부 탄성중합체는 열가소성 플라스틱 거동을 보이지만, 나머지 탄성중합체는 열경화성 재료이다. 그림 C.15에 나타낸 폴리이소프렌(polyisoprene)은 자연고무와 동일한 기본구조를 갖는 합성고무이지만 자연고무에서 존재하는 다양한 불순물들이 포함되어

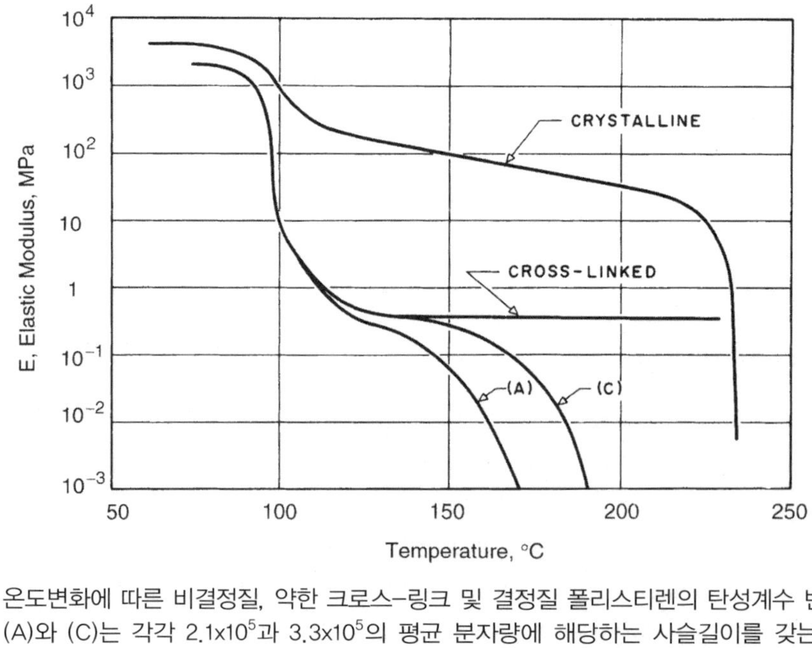

그림 C.14 온도변화에 따른 비결정질, 약한 크로스-링크 및 결정질 폴리스티렌의 탄성계수 변화. 비결정질 (A)와 (C)는 각각 2.1×10^5과 3.3×10^5의 평균 분자량에 해당하는 사슬길이를 갖는 폴리스틸렌

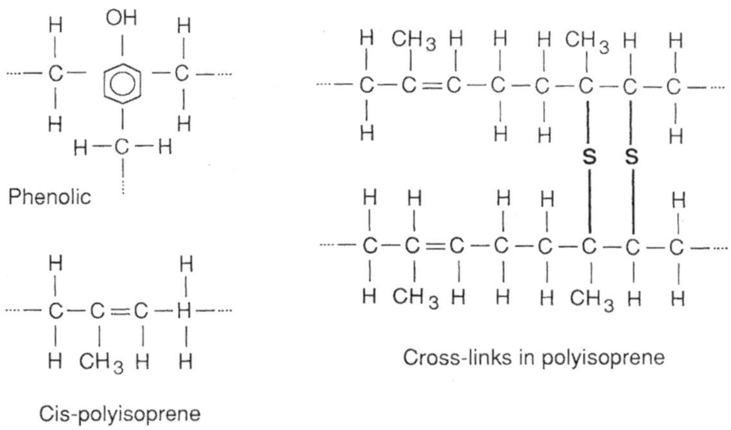

그림 C.15 페놀릭 열경화성 플라스틱, 자연고무와 유사한 합성고무, cis-폴리이소프렌의 분자구조. 페놀계에서는 탄소-탄소결합이 크로스-링크를 형성하는 반면, 폴리이소프렌의 크로스-링크는 황에 의해 형성

있지 않다. 고무에 황을 첨가한 후 160℃ 온도 부근에서 가압해주면 황 크로스-링크가 형성된다. 경질고무일수록 더욱 많은 크로스-링크가 형성된다. 이러한 특수한 열경화성 공정을 가황(vulcanization)이라 한다.

비록 크로스-링킹이 열경화성 플라스틱의 견고한 네트워크 구조를 부여해 주지만 보편적인 탄성중합체들은 사슬을 따라 크로스-링크가 매우 드물게, 보다 구체적으로는 수백 개의 탄소원자 간격으로 형성되므로 이와는 많이 다른 거동을 보인다. 또한 탄성중합체에서 크로스-링크와 주 사슬 자체가 신축적이며, 열경화성 플라스틱에서 견고하지 않다. 이러한 신축성은 탄소-탄소 이중결합 형태가 사슬을 휘게 만들고 이것이 사슬의 길이방향으로 누적되어 크로스-링크점 사이에서 사슬이 감기게 되기 때문이다. 하중이 가해지면 이러한 크로스-링크점 사이의 감김 부위가 풀어지게 되고, 하중을 제거하면 감김이 다시 일어나면서 대부분의 거시적 변형이 회복되게 해준다. 그림 C.16에 변형에 대한 전형적인 반응을 나타내었다.

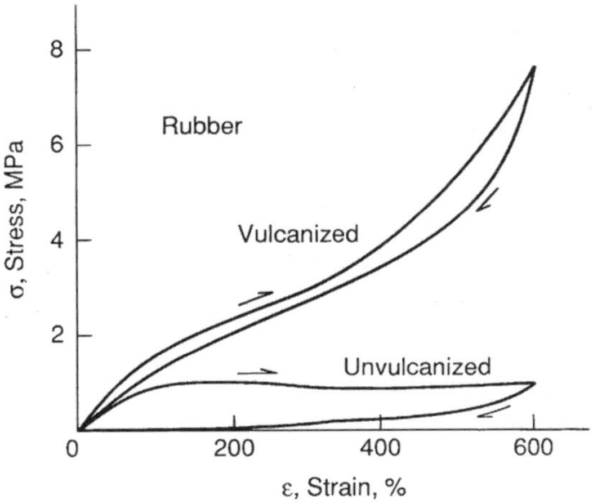

그림 C.16 가황되지 않은 고무와 가황된 자연고무의 응력-변형 곡선

초기의 탄성계수는 감긴 사슬을 푸는 것과 관련되므로 $E = 1\,\mathrm{MPa}$ 수준으로 매우 낮게 나타난다. 사슬이 직선화됨에 따라 탄성계수가 어느 정도 증가한다. 이러한 낮은 탄성계수는, 공유결합과 2차화학결합 조합이 신장(stretching)되어 일어나는 탄성변형인 T_g 온도이하 유리상(glassy) 폴리머의 탄성계수와 대비되는데 이 경우 탄성계수는 약 1,000배 정도 높다.

C.5.5 강화효과

폴리머의 분자구조는 압력, 온도, 반응시간, 촉매사용 여부, 냉각속도 등과 같은 화학적 합성의 구체적인 변수들에 의해 영향을 받는다. 주어진 폴리머의 물성을 광범위하게 변화시키기 위해서는 이러한 변수들을 조절하게 된다. 사슬형태의 분자들 간의 상대적인 미끄러짐을 저지시키는 분자구조는 강성과 강도를 증가시켜준다. 보다 긴 사슬분자, 즉 분자량이 큰 폴리머는 긴 사슬이 서로서로 잘 얽혀질수록 강성과 강도가 증가한다. 비결정질 폴리머에서는 브랜칭(branching)이 많을수록, 결정도(crystallinity)가 클수록, 열가소성 폴리머에서 크로스-링크가 많을수록 강성과 강도가 증가한다. 이러한 모든 효과는 사슬분자들간의 상대적인 미끄러짐이 가능한 T_g 온도 이상에서 더욱 두드러진다.

예를 들어, 폴리에틸렌의 변형형태 중의 하나인 저밀도 폴리에틸렌(LDPE)은 사슬 브랜칭의 정도가 매우 높다. 이러한 불규칙적인 브랜치(branch)는 규칙적인 결정구조의 형성을 방해하게 되어 결성도를 약 65% 수준으로 제한하게 된다. 반면에 고밀도 변형형태인 고밀도 폴리에틸렌(HDPE)은 브랜칭이 적어 결정도가 약 90%에 이른다. 구조적 차이로 인해, LDPE는 신축성을 가지는 반면 HDPE는 강하고 견고하다. 고무 물성을 극단적으로 변형시키기 위해서는 가황의 정도를 변화시켜 다른 수준의 크로스-링크를 만들어주면 된다. 그림 C.17에 이것이 합성고무 폴리이소프렌(polyisoprene)의 탄성계수(강성)에 미치는 영향을 나타내었다. 가황 처리되지 않은 고무는 연하고 점성거동을 보인다. 황을 첨가하여

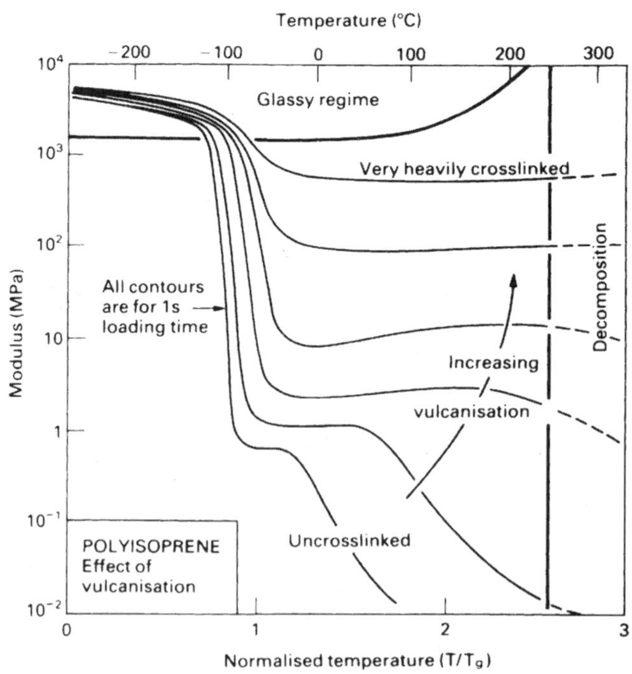

그림 C.17 자연고무와 유사한 합성고무의 탄성계수 E에 크로스-링크의 정도가 미치는 영향(출처: [Ashby 06])

5% 정도의 위치에서 크로스-링크를 형성하면 자동차 타이어를 비롯한 여러 용도에 사용가능한 고무를 얻을 수 있다. 크로스-링크를 많이 증가시키면 극히 제한적인 변형만이 가능한 경질고무(ebonite)라고 불리는 강하고 질긴 재료를 얻는다.

C.5.6 폴리머의 결합과 개량

폴리머는 수수한 형태로 사용하기보다는 폴리머끼리 또는 다른 물질과 혼합하여 사용한다. 합금(alloying) 또는 혼합(blending)은 두 가지 또는 그 이상의 폴리머를 섞음으로써 두 개 또는 그 이상의 사슬형태들을 포함하는 물질을 만드는 것이다. 혼합은 매우 균질할 수도 있고 일부 요소들은 다상(multiphase)구조로 분리되기도 한다. PVC와 PMMA의 예를 들면 우수한 화염저항 및 화학적 저항성을 갖는 플라스틱을 만들기 위해 결합을 시킨다.

공중합(copolymerization)은 2가지 폴리머를 결합시키는 또 다른 방법으로서, 적절한 성분과 화학적 합성을 통해 각각의 사슬들이 2가지 형태의 반복단위로 구성되도록 결합시키는 방법이다. 스티렌(styrene)-부타디엔(butadiene) 고무를 예를 들면, 이 고무는 세 부분의 부타디엔과 한 부분의 스티렌으로 구성되는 공중합이며 각각의 사슬분자에 각각의 부분이 존재한다. ABS 플라스틱은 삼중합(tripolymer)이라 불리는 3가지 폴리머의 결합체이다. 특히 아크릴로니트릴(acrylonitrile)-스티렌(styrene) 공중합 사슬은 부타디엔(butadiene)폴리머의 측면가지(side branches)를 갖는다.

폴리머의 물성을 개량시키기 위해 첨가하는 비폴리머성 물질을 가소제(plasticizers)라고 한다. 가소제는 인성과 신축성을 개선시킬 목적으로 첨가되며 강도가 떨어지는 경우도 있다. 가소제는 대개 끓는점이 높은 유기성 액체이며 이것의 분자들은 폴리머 구조 내에 분산되어 있다. 가소제 분자들은 폴리머 사슬을 분리하는 경향이 있어 사슬간의 상대적 이동을 쉽게 하여 변형을 용이하게 해 준다. 모조가죽으로 사용되는 신축성 비닐을 만들기 위해 PVC에 가소제를 넣은 것이 그 예이다. 폴리머는 섬유 입자형태로 다른 재료들을 첨가함으로써 개량(modified) 또는 채워(filled)준다. 예를 들어 그을음과 유사한 카

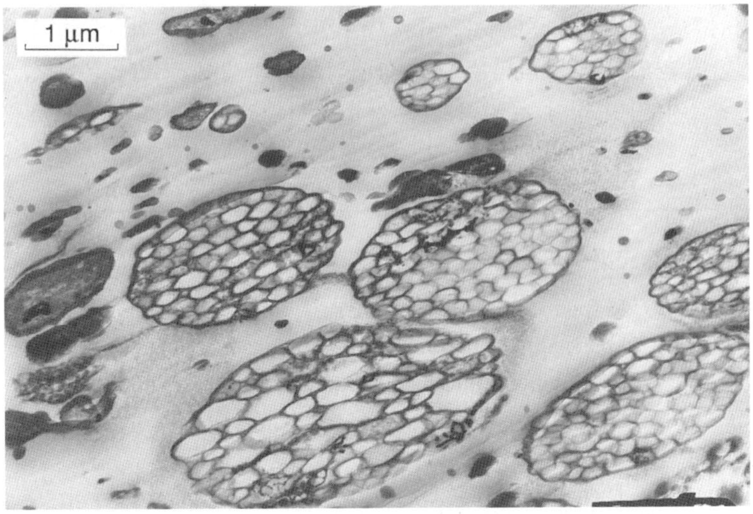

그림 C.18 고무 개량한 폴리스티렌의 미세조직, 어두운 색 입자와 네트워크는 고무이고, 입자의 안쪽과 바깥쪽 밝은 색 영역은 폴리스틸렌. 초기에 등축상의 입자가 표면을 준비하기 위해 절단할 때 길이방향으로 약간 늘어남.

본블랙(carbon black)이 고무에 첨가되면 가황효과에 부가해서 강성과 강도가 증가된다. 또한 고무입자들을 폴리스틸렌에 첨가하면 취성이 개선되므로, 이렇게 얻은 재료를 고충격성 폴리스틸렌(HIPS)이라 부른다. HIPS의 미세조직을 그림 C.18에 나타내었다. 만약 첨가된 원소가 강도를 증가시키는 구체적인 목적이 있을 경우에는 이를 보강재(reinforcement)라 한다. 예를 들어 잘게 썰어진 유리섬유는 다양한 열가소성 플라스틱의 강도와 가성을 증가시키기 위한 강화제로 첨가된다. 강화제는 유리, 흑연형태의 탄소, Kevlar와 같은 고강도 섬유를 이용하며, 길이가 긴 섬유형태나 직물 형태로 사용한다. 강화제는 열경화성 플라스틱의 기지(matrix)에 사용하기도 한다. 예를 들면 유리섬유는 유리섬유가 매트나 직물 형태로 불포화 폴리에스터 수지(unsaturated polyester) 기지에 들어가 있다. 이러한 조합은 복합재료(composite material)의 형태이며 이 주제는 본 부록의 후반부에서 별도로 다루기로 한다.

C.6 세라믹과 유리

세라믹과 유리는 금속도 아니고 유기재료도 아닌 고체이다. 세라믹은 진흙 자기(porcelain), 도자기(china), 벽돌(brick), 자연석과 콘크리트 등과 같은 흙제품을 포함한다. 고응력 용도에 사용되는 세라믹인 공업용 세라믹(engineering ceramic)은 금속이나 반금속 실리콘 또는 보론이 산소, 탄소, 질소 등의 비금속과 반응하여 만든 상대적으로 단순한 화합물들이다. 흑연이나 다이아몬드 형태로 존재하는 탄소 또한 세라믹으로 간주된다. 세라믹은 주로 결정질인 반면 유리는 비결정질이다. 대부분의 유리는 용융 실리카(SiO_2), 즉 모래를 CaO, Na_2O, B_2O_3, PbO와 같은 산화물과 함께 녹여 만든다. 대조적으로 세라믹은 용융공정을 통해 만들기 보다는 미세분말 입자를 고체로 결합시키는 공정을 통해 제조한다. 공업용 세라믹과 유리의 구체적인 예와 그 물성을 표 C.10 과 표 C.11 에 나타내었다. 표 C.10 과 표 C.11 에 나타낸 일부 공업용 세라믹과 유리에 대한 녹는점, 밀도, 탄성계수 및 강도를 표 3.4에 나타내었다. 다결정질 세라믹의 미세조직을 그림 2.11에 나타내었다.

공업용 세라믹은 금속에 비해 여러 가지 중요한 장점을 갖는다. 세라믹은 부식과 마모에 대한 저항이 우수하고 용융온도도 대체적으로 매우 높다. 이러한 특성은 모두 화합물들 간의 강한 공유결합 또는 이온-공유결합에 기인한다. 세라믹은 또한 상대적으로 강성이 크고(높은 탄성계수) 무게는 가벼운 편이다. 또한 원료가 자연 상에 풍부하게 존재하므로 제조원가가 대체적으로 저렴하다.

표 C.10 공업용 세라믹과 자연석의 용도

Ceramic	Uses
Zircon porcelain	High-voltage electrical insulators
Magnesia, MgO	Refractory brick, wear parts
Alumina, Al_2O_3	Spark plug insulators, cutting tool inserts, fibers for composites
Zirconia, ZrO_2	High-temperature crucibles, refractory brick, engine parts
Silicon carbide, SiC	Engine parts, abrasives, fibers for composites
Boron carbide, B_4C	Bearings, armor, abrasives
Silicon nitride, Si_3N_4	Turbine blades, fibers for composites, cutting tool inserts
Natural stone: granite, limestone, sandstone	Building stone, monuments, stairs, walkways, retaining walls

표 C.11 대표적 실리카 유리의 화학조성과 용도

	Major Components, % by Weight							
Glass	SiO_2	Al_2O_3	CaO	Na_2O	B_2O_3	MgO	PbO	Uses; Comment
Fused silica	99	—	—	—	—	—	—	Furnace windows
Borosilicate (Pyrex)	81	2	—	4	12	—	—	Cookware, laboratory ware
Soda-lime	72	1	9	14	—	3	—	Windows, containers
Leaded	66	1	1	6	1	—	15	Tableware; also contains 9% K_2O
Type E	54	14	16	1	10	4	—	Fibers in fiberglass
Type S	65	25	—	—	—	10	—	Fibers for aerospace composites

Source: Data in [Lyle 74] and [Schwartz 92] p. 2.56.

세라믹에서는 전위이동을 통한 결정면에서의 슬립이 쉽게 일어나지 않는데, 이것은 부분적이나마 공유결합으로 인한 강도와 방향성 양상, 그리고 상대적으로 복잡한 결정구조에 기인한다. 이로 인해 세라믹은 태생적으로 취성을 가지며 유리도 공유결합에 의해 비슷하게 영향을 받는다. 세라믹의 경우, 결정질 화합물내의 결정립 경계가 금속보다 상대적으로 약하므로 취성이 더욱 증가한다. 이것은 결정립 경계에서 격자면이 불연속이므로 화학결합이 부분적으로 끊어질 수 있고 동일한 전하를 갖는 이온이 근접해 있는 영역이 존재하기 때문이다. 또한 세라믹에는 상당한 수준의 기공이 존재할 수 있고, 세라믹과 유리 모두 미세균열을 내포하고 있다. 이러한 불연속이 거시적인 균열을 증가시키고 취성거동을 촉진시킨다.

세라믹의 공정과 용도는 취성에 의해 강하게 영향을 받는다. 결과적으로 공업용 용도에 적용하기 위한 개량형 세라믹을 개발하기 위한 근래의 노력은 취성을 줄이기 위한 다양한 방법을 포함한다. 전술한 바와 같은 세라믹의 장점을 고려해 볼 때, 이러한 성공적 기술개발은 경량-고온가동을 통한 연비개선을 추구하는 자동차와 제트엔진과 같은 용도에 세라믹의 적용을 대폭 증가시킬 수 있게 된다. 다양한 등급의 세라믹에 대해 각각의 공정과 용도를 지금부터 나누어서 설명한다.

C.6.1 진흙 제품, 자연석 및 콘크리트

진흙은 얇은 판 형상의 결정구조를 갖는 다양한 규산염 광물로 이루어지며 중요한 예로 고령토(kaolin), Al_2O_3-$2SiO_2$-$2H_2O$ 등이 있다. 제조시, 진흙은 먼저 물과 혼합한 후 빽빽한 반죽으로 만든 뒤 컵, 접시, 블록 또는 다른 여러 형상으로 성형한다. 800~1200℃ 온도구간에서 열을 가하면 수분은 제거되고 SiO_2의 일부가 녹으면서 유리를 형성하여 Al_2O_3와 나머지 SiO_2를 고체로 결합시켜준다. 나트륨이나 칼륨을 함유하는 소량의 미네랄이 첨가되면 유리의 형성이 촉진되므로 가열온도를 더욱 낮출 수 있다.

자연석은 당연히 별다른 공정 없이 절단을 통해 유용한 형상으로 만들어 사용한다. 자연적으로 진행되는 이전의 공정은 심하게 변한다. 예를 들어, 석회석은 주로 해양수로부터 석출된 결정질 칼슘 카보네이트($CaCO_3$)이며, 대리석은 동일한 미네랄이 온도와 압력의 영향 하에서 재결정된(변성된)이

다. 사암은 수용액으로부터 석출되어 존재하는 SiO_2나 $CaCO_3$에 의해 둘러싸인 규사(SiO_2) 입자로 구성된다. 대조적으로, 화강암과 같은 화성암은 용융에 의해 형성된 다양한 결정질 미네랄로 구성된 다상(multiphase)합금이다.

콘크리트는 분쇄된 돌, 모래 그리고 시멘트풀(cement paste)을 혼합하여 고체로 만든 것이다. 포트랜드 시멘트(Portland cement)라 불리는 현재의 시멘트풀은 석회석과 진흙의 혼합물을 1500℃에서 가열하여 만든다. 이것은 석회(CaO), 실리카(SiO_2) 및 알루미나(Al_2O_3)를 주성분으로 포함하는 미세 입자의 혼합물로 형성되며, 이들은 tricalcium silicate($3CaO-SiO_2$), dicalcium silicate($2CaO-SiO_2$), tricalcium aluminate($3CaO-Al_2O_3$) 형태로 존재한다. 물이 가해지면 수화화(hydration)반응이 시작되는데 이때 물이 이러한 미네랄과 결정구조를 통합시켜 화학적으로 결합된다. 수화반응 동안 서로 맞물리는 침상(needlelike) 결정이 형성되면서 시멘트 입자, 돌, 모래가 서로 결합이 된다. 반응은 처음에는 빨리 일어나지만 시간이 지나면서 늦어진다. 긴 시간이 지난 후에도 일부 수분이 결정구조의 층(layer)들 사이에 존재하는 미세공간에 잔류하거나 수화 페이스트(hydrated paste)의 표면에 화학적 흡착되어 잔류할 수 있다.

진흙제품, 자연석 및 콘크리트는 빌딩, 교량 및 정지된 거대구조물과 같은 친숙한 용도에 많이 사용된다. 대부분 취성을 보이며 낮은 인장강도를 가지지만 양호한 압축강도를 갖는다. 콘크리트는 건축에 사용하면 매우 경제적이며 반죽상태로 부어넣으면 원하는 형태의 복잡한 형상으로 고화되는 중요한 장점을 갖는다. 기포를 최소화하거나 금속, 유리입자, 섬유 등을 첨가하여 고강도를 겸비하고 이국적인 다양성을 갖춘 개량형 콘크리트가 지속적으로 개발되고 있다.

C.6.2 공업용 세라믹

단순한 화학적 화합물로 구성된 공업용 세라믹의 제조공정은 먼저 화합물을 얻는 것이다. 예를 들어 알루미나(Al_2O_3)는 보크사이트(bauxite: $Al_2O_3-2H_2O$)를 가열하여 수화물을 제거하여 얻는다. ZrO_2와 같은 공업용 세라믹 또한 자연에 존재하는 미네랄로 직접 얻을 수 있다. 하지만 WC, SiC, Si_3N_4와 같은 경우는 자연적으로 존재하는 원료를 이용하여 적절한 화학반응을 거쳐야 얻을 수 있다. 일단 화합물이 얻어지면 미세한 분말로 만든다. 만들어진 분말을 이용하여 원하는 형상으로 냉간(cold) 또는 열간압축(hot pressing)을 통해 압착시킨다. 뭉쳐진 분말의 부스러짐을 방지하기 위해 플라스틱과 같은 결합제를 사용할 수도 한다. 이 단계의 세라믹을 그린(green)상태라고 하며 강도가 약하다. 그린 세라믹은 평면, 구멍, 나사 등의 형상을 얻기 위해 가공을 하기도 한다. 최종적으로는 그린 세라믹을 절대용융온도의 70%정도의 온도에서 가열해주는 소결(sintering)공정을 거친다. 이를 통해 용융된 분말입자가 약간의 기공을 포함하는 고체를 형성하게 된다. 이때 기공의 체적분율을 줄여 줄수록 개선된 물성을 얻게 된다. 입자크기를 분류하거나 소결공정 동안 가압을 해줌으로써 기공을 줄여 줄 수 있다. 최종제품의 요구물성을 맞추기 위해 다른 종류의 세라믹을 어느 정도 혼합하기도 한다.

소결공정에서 기공을 최소화하는데 유용한 방법 중의 하나가 열간등방압축(hot isostatic pressing)이다. 이 공정은 세라믹을 박판금속으로 만들어진 용기에 담은 후 챔버에 넣어 뜨거운 가스로 압축을 하는 것이다. 또 다른 부가적인 공정방법으로는 화학증착법(chemical vapor deposition)과 반응접합(reaction bonding) 등이 있다. 화학증착법은 뜨거운 가스들 사이의 화학반응을 통해 세라믹 재료가 다른 재료의 표면에 고체상태로 증착하게 하는 공정이다. 반응접합은 화학반응을 결합하여 소결공정과 함께 세라믹 화합물이 형성되게 하는 공정이다.

공업 세라믹은 일반적으로 가볍고 강성이 높으며 높은 압축강도를 갖는다. 대부분 상대적으로 높은 취성을 갖긴 하지만, 재료가 갖는 한계를 구체적 부품설계에 적절하게 반영한다면 현재의 인장강도와 파괴인성이 고응력을 받는 구조물에 충분히 적용할 수도 있다. 세라믹이 갖는 고온물성으로 인해 미래에도 사용이 증가할 것으로 보인다.

C.6.3 서멧; 초경합금

서멧(cermet)은 세라믹과 금속 분말을 함께 소결하여 만든다. 금속이 세라믹 입자를 둘러싸서 결합을 이루며 세라믹이 높은 경도와 내마모성을 제공한다. 초경합금(cemented carbides)은 절삭공구에 사용되듯이 가장 중요한 서멧이다. 이 경우 3~25%의 텅스텐 탄화물(WC)을 코발트 금속과 혼합하여 소결한다. TiC, TaC, Cr_3C_2 등의 탄화물들도 대개 WC와 결합시켜 비슷하게 사용한다. 널리 사용되는 결합용 금속(binder metal)은 코발트이며 니켈과 강도 사용된다.

초경합금의 금속기지는 유용한 인성을 제공하지만 온도와 산화에 대한 저항성을 제한하게 된다. 알루미나(Al_2O_3)와 보론 질화물(BN)과 같은 보통의 세라믹 또한 절삭용 공구로 사용되며 초경합금에 비해 더욱 높은 경도, 가벼운 중량, 온도 및 산화에 대한 높은 저항 등의 장점을 갖는다. 하지만 취성을 갖는 세라믹을 이용한 작업시 특별히 주의가 필요하다는 측면에서, 반드시 세라믹을 사용해야 하는 경우를 제외하고는 초경합금의 사용이 선호되고 있다. 초경합금공구에 세라믹을 화학 증착하여 사용하면 세라믹의 일부 장점을 취할 수 있다. 이러한 방법으로 사용되는 세라믹에는 TiC, Al_2O_3와 TiN 등이 있다.

C.6.4 유리

결정질 형태의 순수 실리카(SiO_2)가 수정(quartz)이며 그림 C.19에 이 중의 하나에 대한 결정구조를 나타내었다. 하지만 실리카가 용융상태에서 응고되면 비결정질 고체가 생겨난다. 용융 유리는 사슬모양의 분자구조로 인해 높은 점성을 갖게 되며, 이러한 점성으로 인해 완전결정을 형성할 수 있을 정도의 분자이동이 일어나지 못하므로 응고 시 결정을 형성하지 못한다. 3차원 결정구조를 그림 C.20에 단순화된 2차원 형태로 나타내었다. 고용체로부터 형성된 완전결정을 그림 C.20(a)에 나타내었다. 용융 실리카로부터 형성된 유리는 네트워크 구조를 가지지만 그림 C.20(b)에 보인 바와 같이 매우 불완전하다.

일부 공정에서는 유리를 용융될 때까지 가열한 후, 주형에 부어서 원하는 형상으로 주조한다. 또 다른 공정에서는, 유리를 연화가 될 때가지 가열한 후 압연을 통해 유리판을 만들기도 하고 바람을 불어서(blowing) 용기나 병 등을 만들기도 한다. 유리의 점성이 온도에 따라 점진적으로 변하므로 제품목적에 맞고 일관성 있는 성형공정을 위해서는 온도를 잘 조절하여야 작업이 쉬워진다. 순수한 실리카는 공정온도가 1800℃ 수준으로 너무 높다. 이 경우 Na_2O, K_2O, CaO 등을 첨가하면 성형온도를 800~1000℃ 정도로 낮출 수 있다. 이러한 산화물을 네트워크 수식제(network modifiers)라고 하며 포함된 금속이온들이 산소원자들과 비방향성 이온결합을 형성하여, 그림 C.20(c)와 같이 구조에 터미널 끝단(terminal ends)을 남기게 하기 때문이다. 분자구조의 이러한 변화 또한 유리가 순수한 실리카 유리에 비해 취성을 덜 띄게 한다. 상용 유리는 표 C.11에 나타낸 바와 같이 다양한 양의 네트워크 수식제를 함유하고 있다.

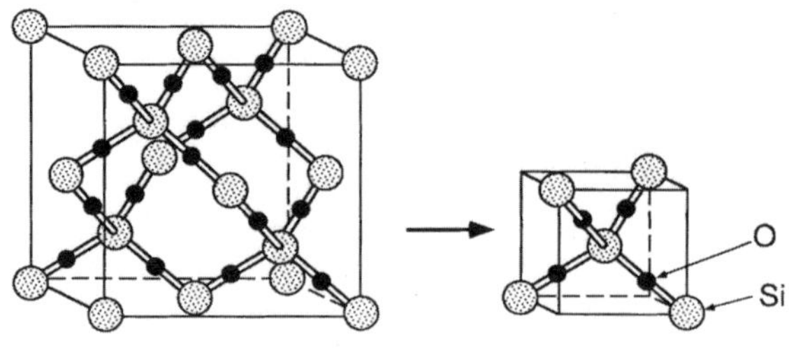

그림 C.19 고온 크리스토발라이트 형태에서의 실리카(SiO_2)의 다이아몬드 입방구조. 상온에서의 결정구조는 오른쪽에 보인 기본 사면체 격자의 더욱 복잡한 배열

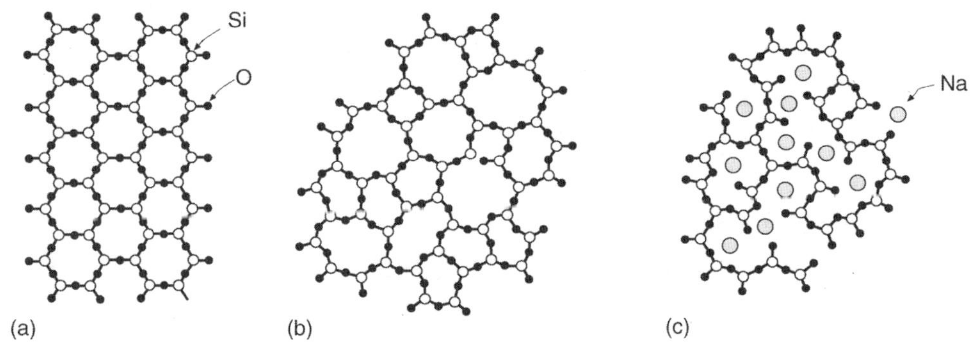

그림 C.20 실리카 조직의 2차원 도식도 (a) 수정결정, (b) 유리(출처: [Zachariasen 32]), (c) 네트워크 수식제가 첨가된 유리(출처: [Warren 38])

광학적 물성, 전기적 물성, 색깔 및 유리의 다른 특성을 개량하기 위해 다른 여러 산화물들도 첨가된다. B_2O_3와 같은 일부 산화물들은 그 자체로 유리를 형성할 수 있고 2상구조를 만들 수도 있다. 납땜 유리(leaded glass)는 PbO를 함유하며 납이 사슬구조 내에 들어있다. 이것은 유리의 저항성을 증가시키고 높은 굴절률을 부여해줌으로써 미세결정의 광택을 개선시킨다. Al_2O_3의 첨가는 복합재료에 사용되는 유리 섬유의 강도와 강성을 증가시켜 준다.

C.7 복합재료

복합재료(composite material)는 서로 고용되지 않는 두 개 또는 그 이상의 재료를 혼합하거나 접합시켜 각각이 일체형을 유지하도록 한 재료이다. 고무 입자를 첨가하여 개량한 플라스틱, 잘게 쪼개진 유리 섬유로 강화된 플라스틱, 초경합금 및 콘크리트와 같은 일부 복합재료를 이미 거론한 바 있다. 이러한 재료를 포함한 대부분의 복합재료들은 그림 C.21과 같이 섬유 또는 입자형태의 제2재료를 둘러싸고 있는 제1재료의 기지(matrix)로 구성된다. 일부 복합재료는 서로 상이한 층(layers)들로 구성되어 각각의 개별 층이 복합재료인 경우도 있다. 용융(합금)을 통해 만든 재료는 2상 조직을 갖거나 고용체 또는 고용체로부터 얻어진 석출조직을 갖더라도 복합재료로 분류하지 않는다. 표 C.12에 대표적 복합재료의 형태와 용도를 나타내었다.

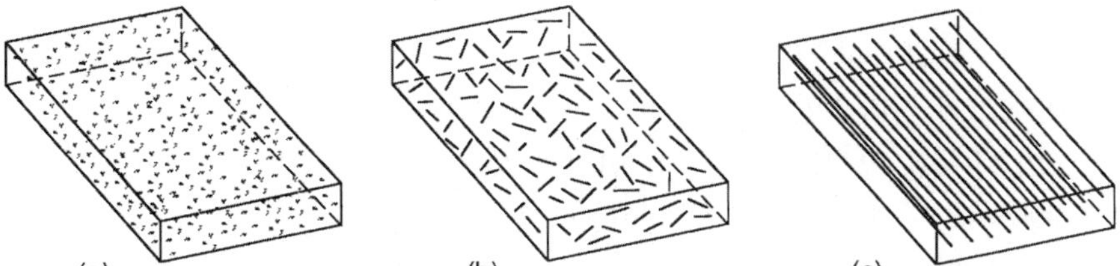

그림 C.21 복합재료 (a) 입자강화, (b) 쪼개진 섬유 또는 위스커, (c) 연속 섬유(출처: [Budinski 96])

표 C.12 대표적 복합재료의 형태와 용도

Reinforcing	Matrix	Example	Typical Use
(a) Particulate composites			
Elastomer	Brittle polymer	Rubber in polystyrene	Toys, cameras
Ceramic	Ductile metal	WC with Co metal binder	Cutting tools
Ceramic	Ceramic	Granite, stone, and silica sand in Portland cement	Bridges, buildings
(b) Short-fiber, whisker composites			
Strong fiber	Thermosetting plastic	Chopped glass in polyester resin	Auto body panels
Ceramic	Ductile metal	SiC whiskers in Al alloy	Aircraft structural panels
(c) Continuous-fiber composites			
Ceramic	Thermosetting plastic	Graphite in epoxy	Aircraft wing flaps
Ceramic	Ductile metal	Boron in Al alloy	Aircraft structure
Ceramic	Ceramic	SiC in Si_3N_4	Engine parts
(d) Laminated composites			
Stiff sheet	Foamed polymer	PVC and ABS sheets over ABS foam core	Canoes
Composite	Metal	Kevlar in epoxy between Al alloy layers (ARALL)	Aircraft structure

생물학적 재료는 대개 복합재료이다. 나무는 목질(lignin)과 헤미셀룰로오즈(hemicellulose)와 같은 폴리머 재질로 둘러싸인 셀룰로우즈(cellulose) 섬유로 구성된다. 뼈는 결정질 미네랄인 수산화인회석(hydroxylapatite, $Ca_5(PO_4)_3OH$)의 세라믹 기지와 섬유상 단백질인 콜라겐(collagen)으로 구성되어 있다.

복합재료는 널리 사용되고 있으며 그 용도 또한 빠르게 증가하고 있다. 인공 복합재료는 경량화, 고강도, 고강성 등과 같은 특별한 요구에 부응하여 만든다. 이렇게 얻어진 고기능성(고가) 재료들은 항공, 우주 및 방위산업 분야와 골프채, 낚싯대와 같은 고급 스포츠용구 등에 그 적용이 확대되고 있다. 유리강화 플라스틱과 같은 보다 상대적으로 저렴한 복합재들도 자동차 부품, 보트 선체, 스포츠 용구, 및 가구 등의 새로운 용도에 지속적으로 확대, 적용되고 있다. 물론 나무와 콘크리트는 여전히 주요 건축 재료로서의 위치를 점하고 있지만, 새로운 복합재료들도 건축산업에 새롭게 적용되고 있다.

다양한 종류의 복합재료에 대해 아래 부분에서 다루기로 한다.

C.7.1 입자강화 복합재료

입자는 두 성분의 물성에 따라서 기지 재료에 다양한 영향을 미칠 수 있다. 취성 기지에 첨가된 연성 입자는 균열이 입자를 관통하기가 어려워지므로 인성을 증가시킨다. 고무-개량된 폴리스티렌을 그 예로 들 수 있으며 그림 C.18에 이미 보인 바 있다. 두 가지 폴리머로 만들어진 또 다른 연성입자 복합재료를 그림 C.22에 나타내었다.

단단하고 강성이 큰(높은 E) 재료의 입자를 연성 기지에 첨가하면 강도와 강성이 증가된다. 고무에 카본블랙을 첨가하는 것을 예로 들 수 있다. 예상할 수 있듯이 단단한 입자는 일반적으로 연성기지의 파괴인성을 감소시키며, 따라서 이러한 유형의 복합재료는 적용에 제한이 있다. 하지만 낮은 파괴인성으로 인한 단점을 상쇄할 정도의 바람직한 물성을 갖는다면 - 예를 들어 초경합금의 높은 경도와 내마모성과 같은 물성 - 이러한 복합재료는 여전히 유용한 재료가 될 수 있다.

만약 연성기지 내에 단단한 입자의 크기가 매우 작고 함량이 적다면 인성의 감소가 그다지 심하지 않다. 금속기지의 경우, 0.1 ㎛ 크기의 세라믹 입자를 포함하는 분말형태의 금속을 소결함으로써 석출경화 효과와 비슷한 강화효과를 얻을 수 있는데 이것을 분산강화(dispersion hardening)라고 한다. 입자의 체적분율은 적게는 1%에서 최대 15% 수준이다. 이와 같은 방법으로 Al_2O_3로 강화시킨 알루미늄은 크리프 저항이 크게 개선된다. ThO_2, Al_2O_3, SiO_2, K_2O와 같은 산화 세라믹을 소량 첨가하면 텅스텐도 분산 강화되므로 전등의 필라멘트로 사용할 정도로 충분한 크리프 저항을 갖는다. 이와 같은 방법으로 첨가한 입자들은 모재와 정합 결정구조를 갖지 않는다.

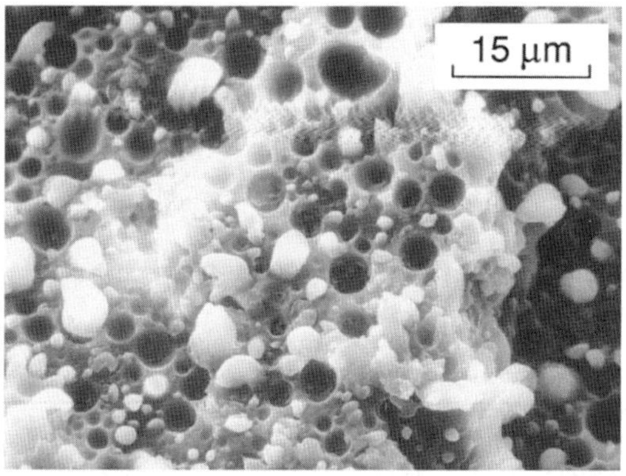

그림 C.22 고충격 폴리스틸렌 입자로 개량한 폴리페닐렌 산화물(PPO)의 파괴면

그림 C.23 CAS 유리-세라믹 기지내의 Nicalon-type SiC 섬유로 구성된 복합재의 깨진 섬유를 보여주는 파단면

C.7.2 섬유 복합재료

유리, 흑연(탄소), 보론, 실리콘 카바이드(SiC)와 같이 벌크상태로 구조용 재료로 사용하기 어려운 세라믹 재료를 이용하여 강하고 강성이 큰 섬유를 만들 수 있다. 이 섬유를 폴리머나 금속과 같은 연성재료 기지에 넣어주면, 강인하고 질긴 복합재료를 얻을 수 있다. 섬유는 대부분의 응력을 감당하는 반면, 기지는 섬유의 위치를 유지해주는 역할을 한다. 그림 C.23에 나타낸 복합재료의 사진에 섬유와 기지를 나타내었다.

섬유와 기지 사이의 우수한 결합이 중요한데, 이러한 결합이 기지로 하여금 한 섬유에서 다른 섬유로, 섬유가 깨어지거나 섬유가 한정된 길이 때문에 끝나게 될 때, 응력을 옮겨주는 역할을 하기 때문이다. 섬유의 직경은 대개 1~100 μm 정도이다.

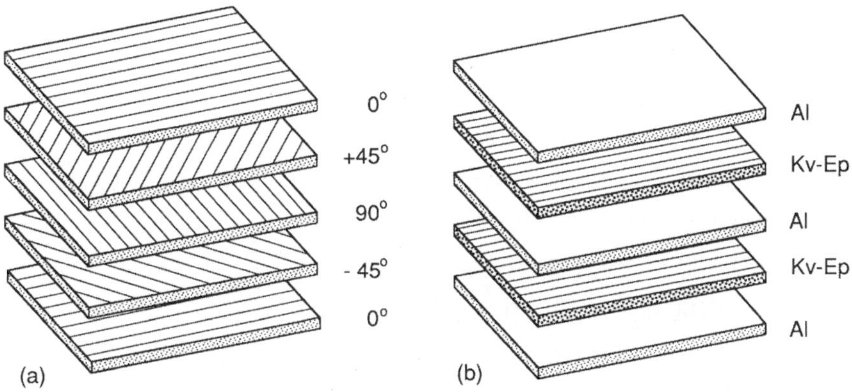

그림 C.24 적층형 복합재료 (a) 다양한 섬유방향을 갖는 시트를 접합, (b) 알루미늄 시트와 에폭시 기지에 Kevlar 섬유로 만든 복합시트를 결합시킨 ARALL 적층 복합재료

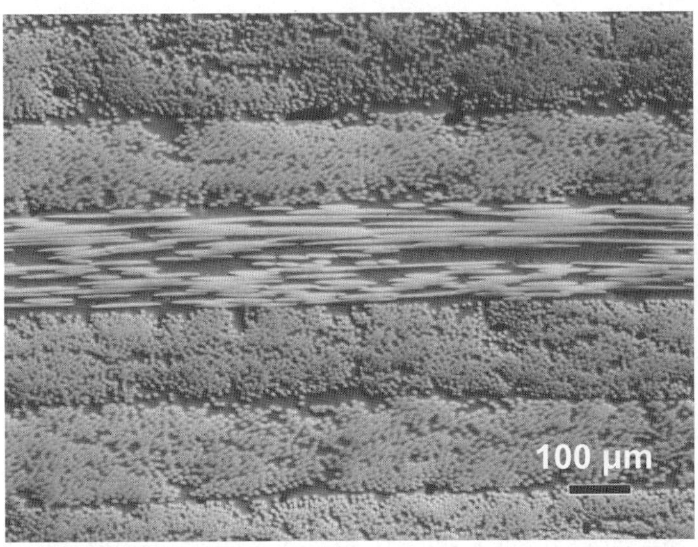

그림 C.25 흑연 강화된 폴리머 복합재료의 미세조직. 절단면에 수직한 섬유와 평행한 섬유를 Nomarski DIC법을 이용하여 촬영. 기지는 강화제를 첨가한 열경화성 폴리머

복합재료에 사용되는 섬유는 다양한 형태를 가지며 그 중 2가지 형태를 그림 C.21에 나타내었다. 짧고 불규칙하게 배열된 섬유를 가진 복합재료는 모든 방향으로 유사한 물성을 보인다. 열가소성 플라스틱을 강화시키기 위해 첨가되는 잘게 쪼개진 유리섬유가 이러한 형태이다. 미세하고 길쭉한 단결정인 위스커(whisker)는 단(short)섬유의 특별한 형태로서 전위(dislocation)가 없으므로 매우 강하다. 1~10 μm 정도의 직경과 그 10~100배에 해당하는 길이를 갖는다. 불규칙하게 배열된 SiC 위스커는 알루미늄 합금의 강도와 강성을 부여하는데 사용할 수 있다.

장(long)섬유는 직물형태나 가닥으로 감은 매트 형태로 사용될 수 있다. 이러한 배열의 유리 섬유는 일부 섬유유리를 만드는 폴리에스터 수지와 함께 사용된다. 고기능성 복합재료는 직선형의 길고 연속적인 섬유로 만들기도 한다. 연속적인 섬유는 섬유가 배열된 방향으로 최대 강도와 강성을 부여하기 위해 모두 한 방향으로 배열되어 있다. 이러한 재료는 세로방향으로 응력을 받으면 약하기 때문에 대개 그림 C.24에 보인 바와 같이 다른 섬유방향을 갖는 얇은 층을 래미네이트(laminate) 사이에 적층해준다. 에폭시와 같은 열경화성 플라스틱 기지를 갖는 복합재료는 대개 에폭시 수지에 미리 함침(impregnated)한 프리프래그(prepregs)라 불리는 부분 처리된 박판을 이용하여 전술한 방법처럼 만든다. 크로스-링크 반응을 완성시키기 위해 적절한 열처리와 압력을 가해줌과 동시에, 고체 래미네이트 사이에 각 층들을 결합시킨다. 유리, 흑연, 보론 및 아라미드 폴리머 Kevlar 등의 섬유는 대개 에폭시 기지에 이와 같은 방법으로 사용된다. 그림 C.25에 래미네이트 복합재료의 미세조직을 나타내었다.

폴리머기지 섬유복합재료는 그림 C.26(a)에 보인 바와 같이 구조용 강에서 얻어지는 강도와 유사한 수준의 강도를 얻을 수 있다. 일반 폴리머기지 섬유유리의 값과 저강도 구조용 강의 강도가 비슷하다. S-유리 또는 흑연의 장섬유로 강화시킨 에폭시는 그 강도가, 보다 강한 강의 강도와 유사하다. 고기능성 래미네이트의 강성(E)은 알루미늄과 비슷하며 강보다는 낮다. 항공구조물과 같이 중량을 고려해야 하는 부품에 적용시 중량대비 강도와 중량대비 강성을 고려하는 것이 좀 더 적절하다. 이러한 측면에서 고기능성 섬유복합재료는 강도 및 강성 측면에서 구조용 금속에 비해 월등하다. 이것은 그림 C.26(b)에 나타내었다.

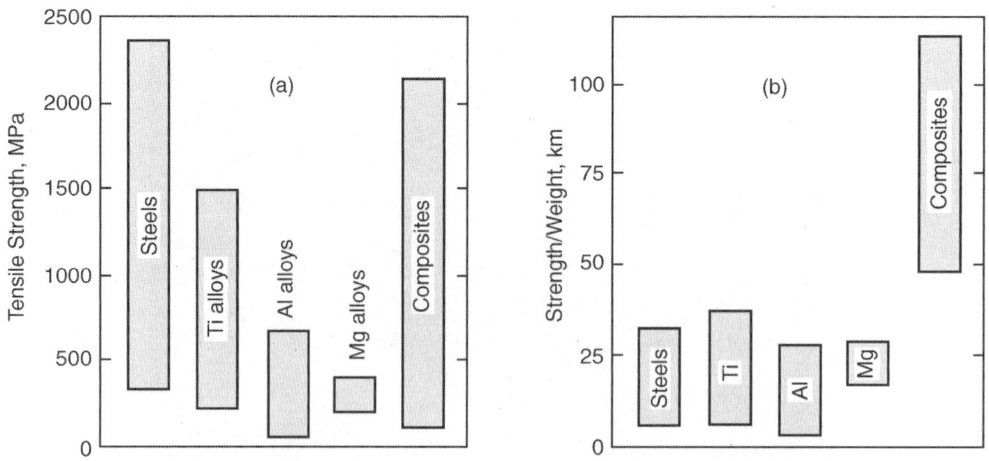

그림 C.26 다양한 종류의 구조금속과 폴리머기지 복합재의 강도비교. (a) 인장강도, (b) 단위중량당 인장강도(출처: [Farag 89])

기지(matrix)의 한계로 인해 폴리머기지 복합재료는 고온에서의 저항이 제한적이다. 알루미늄 또는 티타늄 기지 복합재료는 양호한 온도저항성을 보인다. 이러한 금속들은 실리콘 카바이드로 만든 140 μm 직경의 직선형 연속섬유와 함께 사용하기도 하며 다른 섬유형태과 배열도 사용한다.

고온용도에 적용하기 위해 세라믹기지 복합재료가 개발되었다. 이러한 재료는 이미 강하고 강성이 높은 기지를 가지고 있지만 취성이 크고 파괴인성이 낮다. 다른 종류의 세라믹 위스커나 섬유를 첨가해줌으로써 재료 내부에 존재하는 작은 균열간의 연결을 통한 균열전파를 지연시키게 할 수도 있다. Al_2O_3 기지에 SiC 위스커가 그 예로 볼 수 있다. Si_3N_4 기지에 SiC 섬유와 같이 연속 섬유도 사용될 수 있다. Ti_3Al과 NiAl과 같은 일부 금속간 화합물도 세라믹과 유사한 물성은 물론 고온에서도 유용한 연성을 보임으로써 내열성 복합재료의 기지재료로 사용되기도 한다.

C.7.3 적층형 복합재료

층별로 적층하여 만들어진 재료를 래미네이트(laminate)라 한다. 층들은 섬유방향에 따라 다르게 하거나 재료에 따라 다르게 적층할 수 있다. 합판은 래미네이트의 좋은 예이며 각 층들은 결의 방향이나 나무의 종류에 따라 다르게 적층한다. 이미 거론하였듯이 단일 방향 복합재료는 그림 C.24(a)에 보인 바와 같이 대개 적층을 하여 제조한다. 아라미드-알루미늄 래미네이트(ARALL)는 그림 C.24(b)에 나타낸 바와 같이 알루미늄 합금과 에폭시기지의 단일 방향 Kevlar 섬유로 구성된 복합재료로 구성된 층들로 이루어진다.

가벼운 중량과 굽힘 강성이 요구되는 경우에는, 경량 코어의 양 측면에 강하고 강성이 큰 재료로 구성된 층들을 배열할 수 있다. 이러한 샌드위치(sandwich)재료로는 알루미늄이나 섬유 복합 판을 경질폼(stiff foam)으로 만들어진 코어의 양 측면에 결합시킨 것도 있다. 알루미늄이나 다른 재료로 만든 벌집구조(honeycomb)를 코어로 사용할 수도 있다.

C.8 요 약

많은 금속들은 하중지지용 공업재료로 사용가능한 물성과 이용도를 겸비하고 있다. 철과 강, 알루미늄, 티타늄, 구리 및 마그네슘 등이 여기에 속한다. 벌크상태에서 순수금속은 강도가 낮지만 냉간가공, 고용체 강화, 석출경화 및 다상(multiphase)조직 등을 이용하여 전위 이동을 저지시킬 수 있는 장애물을 형성시켜주면 강도를 효율적으로 증가시킬 수 있다. 재료를 강화시키기 위해서는 한 가지 이상의 금속이나 비금속을 다양한 함량으로 합금하게 되며, 유용한 공업용 금속을 얻기 위해 물성을 용도에 맞게 조절해주어야 한다.

강의 경우, 고용체내에 존재하는 소량의 탄소와 기타 원소가 열처리 없이도 어느 정도의 강화효과를 나타낸다. 약 0.3% 이상의 탄소함량에서는 급냉과 템퍼링 열처리공정을 통해 상당한 강화효과를 얻을 수 있다. 알루미늄 합금과 같은 경량금속의 경우, 합금과 석출경화를 일으키는 열처리 과정을 통해 최고 강도를 얻게 된다. 가장 가벼운 공업용 금속인 마그네슘도 비슷한 방법으로 강화시킬 수 있다. 티타늄 합금은 알루미늄보다 무겁지만 온도에 대한 저항이 매우 우수하다. 이 합금은 α-β합금의 다상(multiphase)효과를 포함한 여러 방법들에 의해 강화가 가능하다. 초합금은 니켈, 코발트 및 철 등의 금속을 2가지 이상 다량 함유하고 있다.

폴리머는 탄소원자를 기반으로 긴 사슬모양의 분자 또는 네트워크 구조를 가진다. 금속에 비해 강도, 강성 및 온도저항성이 낮다. 하지만 이러한 단점도, 가볍고 내부식성이 우수한 장점에 의해 어느 정도 만회가 가능하여 응력이 낮게 걸리는 용도에 많이 적용되고 있다. 반복적인 용융과 응고를 가할 수 있는 폴리머를 열가소성 플라스틱이라 한다. 열가소성 플라스틱으로는 폴리에틸렌, 폴리메틸메타크릴레이트(PMMA,polymethylmethacrylate)와 나일론 등을 들 수 있다. 대조적인 거동이 열경화성 플라스틱에서 일어나는데 공정중에 화학적 변화로 인해 재용융이 되지 않으며, 페놀릭과 에폭시가 여기에 해당한다. 자연 및 합성고무와 같은 탄성중합체는 최소 100~200%의 변형이 가능한 특성을 가지며 응력을 제거하면 대부분의 변형을 회복할 수 있다. 열가소성 플라스틱은 유리천이온도, T_g 이하에서 대개 유리같이 취약해진다. 주어진 폴리머의 T_g 온도 이상에서는, 재료가 상당부분의 결정질을 가지고 있지 않은 경우 강성(E)이 매우 낮다.

세라믹은 비금속 유기 결정질 고체로서 대개 화학적 화합물이다. 진흙제품, 자기, 자연석, 콘크리트 등은 결정질 상들이 매우 복잡하게 조합된 재료이다. 자연석의 경우, 실리카(SiO_2), 금속산화물 및 $CaCO_3$ 등이 여러 방법으로 결합된 것이다. 고강도 공업용 세라믹은 금속산화물, 탄화물 및 질화물과 같은 비교적 단순한 화학적 화합물이 대부분이다. 초경합금과 같은 서멧(cermet)은 세라믹 재료와 결합제로 사용되는 금속 상(phase)을 함께 소결한 재료이다. 유리는 다양한 양의 금속산화물과 결합된 SiO_2로 구성된 비결정질 재료이다. 모든 세라믹과 유리는 금속에 비해 취성거동을 보이지만 경량, 높은 강성, 높은 압축강도, 내열성 등의 장점으로 인해 이러한 물성이 요구되는 사용 환경에서는 적합한 재료로 선택된다.

복합재료는 두 개 이상의 재료가 결합된 재료로서 기지재료와 강화재료로 구성된다. 강화제는 대개 입자, 단섬유 또는 연속 섬유 형태를 띤다. 복합재료에는 콘크리트, 초경합금, 섬유유리, 강화 플라스틱과 같은 여러 가지 범용 인공재료와 뼈나 나무와 같은 생물학적 재료가 포함된다. 항공부품에 사용되는 고기능성 복합재료는 연성기지에 고강도 섬유 강화제가 포함되어 있다. 섬유는 대개 세라믹이나 유리가 사용되며, 기지재료는 주로 폴리머나 경량금속이다. 하지만 강화용 섬유를 이용하면 세라믹 기지도 더욱 강하고 취성을 줄여줄 수 있다. 층별로 적층하여 만든 적층형(laminate) 복합재료도 유용하다. 섬유방향에 따라 또는 재료에 따라 또는 두 가지 모두를 바꾸어가며 적층을 다르게 구성할 수 있다.

새로운 용어 및 기호

alpha-beta titanium alloy
annealing
austenite
casting
cast iron
cemented carbide
cementite, Fe_3C
ceramic
cermet
coherent precipitate
cold work
composite material
copolymer
cross-linking
deformation processing
dispersion hardening
ductile (nodular) iron
elastomer
ferrite
fibrous composite
glass
grain refinement
gray iron
heat treatment

intermetallic compound
laminate
low-alloy steel
martensite
materials selection
network modifier
particulate composite
pearlite
plain-carbon steel
plasticizer
precipitation hardening
quenching and tempering
reinforced plastic
second phase
sintering
solid-solution strengthening
stainless steel
steel
superalloy
thermoplastic
thermosetting plastic
tool steel
vulcanization
whisker
wrought metals

참고문헌

(a) General References

ASHBY,M. F. 2011. *Materials Selection in Mechanical Design*, 4th ed., Butterworth-Heinemann, Oxford, UK.

ASHBY, M., H. SHERCLIFF and D. CEBON. 2010. *Materials: Engineering, Science, Processing and Design*, 2nd ed., Butterworth-Heinemann, Oxford, UK.

ASTM. 2010. *Annual Book of ASTM Standards, Section 1: Iron and Steel Products*, Vols. 01.01 to 01.08, ASTM International, West Conshohocken, PA.

BUDINSKI, K. G., and M. K. BUDINSKI. 2010. *Engineering Materials: Properties and Selection*, 9th ed., Prentice Hall, Upper Saddle River, NJ.

KINGERY, W. D., H. K. BOWEN, and D. R. UHLMANN. 1976. *Introduction to Ceramics*, 2d ed., John Wiley, New York.

MALLICK, P. K. 2008. *Fiber-Reinforced Composites: Materials, Manufacturing, and Design*, 3rd ed., CRC Press, Boca Raton, FL.

SAE. 2008. *Metals and Alloys in the Unified Numbering System*, 11th ed., Pub. No. SAE HS-1086, SAE International, Warrendale, PA; also Pub. No. ASTM DS56J, ASTM International, West Conshohocken, PA.

SPERLING, L. H. 2006. *Introduction to Physical Polymer Science*, 4th ed., John Wiley, Hoboken, NJ.

(b) Materials Handbooks and Databases

ASM. 2001. *ASM Handbook: Vol. 1, Properties and Selection: Irons, Steels, and High Performance Alloys; Vol. 2, Properties and Selection: Nonferrous Alloys and Special-Purpose Materials; and Vol. 21, Composites*, pub. 1990, 1990, and 2001, respectively, ASM International, Materials Park, OH.

ASM. 1991. *Engineered Materials Handbook: Vol. 2, Engineering Plastics; Vol. 3, Adhesives and Sealants*; and *Vol. 4, Ceramics and Glasses*, pub. 1988, 1990 and 1991, respectively, ASM International, Materials Park, OH.

CES. 2009. *CES Selector 2009*, database of materials and processes, Granta Design Ltd, Cambridge, UK. (See *http://www.grantadesign.com.*)

DAVIS, J. R., ed. 1998. *Metals Handbook: Desk Edition*, 2d ed., ASM International, Materials Park, OH.

DAVIS, J. R., ed. 2003. *Handbook of Materials for Medical Devices*, ASM International, Materials Park, OH.

GAUTHIER, M. M., vol. chair. 1995. *Engineered Materials Handbook, Desk Edition*, ASM International, Materials Park, OH.

HARPER, C. A., ed. 2006. *Handbook of Plastics Technologies*, McGraw-Hill, New York.
SOMIYA, S., et al., eds. 2003. *Handbook of Advanced Ceramics*, vols. 1 and 2, Elsevier Academic Press, London, UK.

선택된 문제 및 질문에 대한 정답

이 절에서는 숫자형태의 답이나 새로운 식의 유도를 요구하는 문제 및 질문의 약 1/2 정도에 대한 정답을 제공한다. 일련의 계산과정이 요구되는 경우 대표적인 값만 나타내었다.

CHAPTER 1

1.5 $X_1 = 2.13$; **1.6** $X_1 = 1.90$

CHAPTER 3

3.4 **(a)** For $P = 7.22$ kN: $\sigma = 111.7$ MPa, $\varepsilon = 0.001652$; **(b)** $\sigma_o = 530$ MPa; **(c)** $P_{o2} = 166.5$ kN

3.5 **(a)** $E = 68.8$ GPa; **(b)** $\varepsilon_p = 0.01698$; **(c)** $L_A = 150.71$ mm, $L_0 = 150.00$ mm; **(d)** $L_B = 153.78$ mm, $L_0 = 152.55$ mm

3.7 $E = 71.5$ GPa, $\sigma_o = 301$ MPa, $\sigma_u = 323$ MPa, $100\varepsilon_f = 14.6\%$, $100\varepsilon_{pf} = 14.3\%$, $\%RA = 56.5\%$

3.9 $E = 201.3$ GPa, $\sigma_o = 1400$ MPa, $\sigma_u = 1492$ MPa, $100\varepsilon_f = 9.40\%$, $100\varepsilon_{pf} = 8.86\%$, $\%RA = 38.0\%$

3.11 $E = 166.1$ GPa, $\sigma_o = 418$ MPa, $\sigma_u = 490$ MPa, $100\varepsilon_f = 1.154\%$, $100\varepsilon_{pf} = 0.859\%$

3.12 $E_t = 3530$ MPa, $\sigma_{ou} = 55.9$ MPa, $\sigma_u = 55.9$ MPa, $100\varepsilon_f = 55.9\%$ (estimate), $100\varepsilon_{pf} = 55.0\%$, $\%RA = 60.3\%$

3.14 $E_t = 3730$ MPa, $\sigma_{0.2\%} = 38$ MPa, $\sigma_u = 66.3$ MPa, $100\varepsilon_f = 3.19\%$, $100\varepsilon_{pf} = 1.41\%$, $\%RA$ small

3.20 **(a)** For $\sigma = 319$ MPa: $\tilde{\sigma} = 335$ MPa, $\tilde{\varepsilon} = 0.0490$, $\tilde{\varepsilon}_p = 0.0443$; **(b)** $H = 382$ MPa, $n = 0.0418$; **(c)** $\tilde{\sigma}_{fM} = 440$ MPa, $\tilde{\varepsilon}_f = 0.833$, $\tilde{\varepsilon}_{pf} = 0.827$, no

3.22 **(a)** $E = 212\,\text{GPa}$, $\sigma_o = 317\,\text{MPa}$, $\sigma_u = 576\,\text{MPa}$, $\%RA = 69.3\%$; **(b)** For $\sigma = 558\,\text{MPa}$: $\tilde{\varepsilon} = 0.341$, $\tilde{\sigma}_M = 776\,\text{MPa}$, $\tilde{\varepsilon}_p = 0.337$; $\tilde{\varepsilon}_f = 1.182$, $\tilde{\sigma}_{fM} = 1011\,\text{MPa}$; **(c)** $H = 964\,\text{MPa}$, $n = 0.203$
3.23 **(c)** $\sigma_u = Hn^n/e^n$, $\sigma_u = 386\,\text{MPa}$
3.24 **(a)** $f_2 = \rho/\sqrt{E}$, pine = 1, graphite-epoxy = 2; **(b)** pine = 1, 1020 steel = 2
3.25 **(a)** mass: $f_2 = \rho/\sigma_c$, graphite-epoxy = 1, Ti-6-4 = 2; cost: pine = 1, 4340 steel = 2; **(b)** mass: $f_2 = \rho/E$, graphite-epoxy = 1, 7075 Al = 2; cost: 1020 steel = 1, pine = 2

CHAPTER 4

4.1 **(a)** $E = 100.7\,\text{GPa}$, $\sigma_{oc} = 394\,\text{MPa}$, $\sigma_{uc} = 804\,\text{MPa}$, length change $= -12.9\%$, area increase $= 32.6\%$
4.6 **(b)** $\sigma_u = 2.03 \times 10^{-6}\,HB^3 - 4.51 \times 10^{-4}\,HB^2 + 3.33\,HB$; **(c)** $\sigma_u = 1.87 \times 10^{-6}\,HV^3 - 6.62 \times 10^{-4}\,HV^2 + 3.22\,HV$
4.10 $\sigma_{fb} = \dfrac{3L_1}{4tc^2}P_f$, $E = \dfrac{L_1(3L^2 - 4L_1^2)}{32tc^3}\left(\dfrac{dP}{dv}\right)$; **4.13** $G = 27.5\,\text{GPa}$, $\tau_o \approx 198\,\text{MPa}$

CHAPTER 5

5.2 **(a)** $\varepsilon_e = 0.00917$, $\varepsilon_p = 0.01083$; **(b)** Yield again at $(\varepsilon, \sigma) = (0.00167, -1100\,\text{MPa})$
5.5 $(\varepsilon, \sigma) = (0.00467, 100\,\text{MPa})$ at $t = 300\,\text{s}$; $(\varepsilon, \sigma) = (0.00300, 0\,\text{MPa})$ at $t = 600\,\text{s}$
5.7 $\varepsilon = 0.01375$ at $t = 0\,\text{s}$; $\varepsilon = 0.02445$ at $t = 86{,}400\,\text{s}$; **5.9** $t_{50\%} = 19.7$ months
5.11 **(a)** 127.3 MPa; **(b)** 0.001811; **(c)** −0.000625; **(d)** 200.36 mm; **(e)** 49.97 mm
5.13 **(b)** $\sigma_x = \dfrac{E}{1-\nu^2}(\varepsilon_x + \nu\varepsilon_y)$, $\sigma_y = \dfrac{E}{1-\nu^2}(\varepsilon_y + \nu\varepsilon_x)$; **(c)** $\varepsilon_z = -\dfrac{\nu}{1-\nu}(\varepsilon_x + \varepsilon_y)$
5.15 $\sigma_x = -26.3$, $\sigma_y = 12.79$, $\tau_{xy} = 6.78\,\text{MPa}$, $\varepsilon_z = -2150 \times 10^{-6}$
5.17 $\sigma_x = -7.58$, $\sigma_y = -163.3$, $\tau_{xy} = 24.6\,\text{MPa}$, $\varepsilon_z = 236 \times 10^{-6}$
5.19 $E = 70.0\,\text{GPa}$, $\nu = 0.340$; **5.21** $\dfrac{dV_e}{V_e} = \dfrac{pD(5-4\nu)}{4tE}$; **5.23** **(a)** $E' = \dfrac{E}{1-\nu\lambda}$
5.25 **(a)** $\sigma_z = \nu\sigma_x(1+\lambda)$; **(b)** $E' = \dfrac{E}{1-\nu\lambda-\nu^2(1+\lambda)}$; **5.27** $\sigma_z = -202.7\,\text{MPa}$
5.29 **(a)** $\sigma_z = -69.0\,\text{MPa}$, $\varepsilon_x = \varepsilon_y = -593 \times 10^{-6}$, $\varepsilon_v = -1186 \times 10^{-6}$; **(b)** $E' = 168.6\,\text{GPa}$
5.30 **(a)** For MgO: $\Delta T = -30°\text{C}$ (down shock), $\Delta T = 182°\text{C}$ (up shock)
5.33 **(b)** $\Delta T = -11.99°\text{C}$
5.35 $E_X = 151.7$, $E_Y = 88.5$, $G_{XY} = 33.1\,\text{GPa}$, $\nu_{XY} = 0.314$, $\nu_{YX} = 0.183$
5.37 $E_X = 44.8$, $E_Y = 8.16$, $G_{XY} = 3.08\,\text{GPa}$, $\nu_{XY} = 0.264$, $\nu_{YX} = 0.0481$
5.38 $E_X = 75.8$, $E_Y = 8.39$, $G_{XY} = 3.15\,\text{GPa}$, $\nu_{XY} = 0.342$, $\nu_{YX} = 0.0379$
5.41 For $V_r = 0.400$: $E_X = 31.0$, $E_Y = 5.65\,\text{GPa}$
5.43 $\sigma_X = 131.2$, $\sigma_Y = -15.25$, $\tau_{XY} = 11.00\,\text{MPa}$
5.45 **(a)** $E_X = 131.8\,\text{GPa}$, $\nu_{XY} = 0.327$, $E_Y = 9.61\,\text{GPa}$, $\nu_{YX} = 0.0189$, and a better value is 0.0238; **(b)** $E_r = 201\,\text{GPa}$
5.47 **(a)** $V_r = 0.478$; **(b)** $E_X = 252$, $E_Y = 180.0$, $G_{XY} = 67.7\,\text{GPa}$, $\nu_{XY} = 0.294$, $\nu_{YX} = 0.210$
5.49 **(a)** $V_r = 0.675$; **(b)** $E_X = 50.0$, $E_Y = 9.78$, $G_{XY} = 3.71\,\text{GPa}$, $\nu_{XY} = 0.256$, $\nu_{YX} = 0.0500$

CHAPTER 6

(Note: For tubes and spherical shells, thin-wall approximations are used where possible.)

Prob.	σ_1	σ_2	τ_3	θ_n	σ_{max}	τ_{max}
6.1	55.0	5.00	25.0	18.4° CW	55.0	27.5
6.3	140.0	10.00	65.0	33.7° CCW	140.0	70.0
6.5	56.0	−116.0	86.0	17.8° CCW	56.0	86.0
6.7	78.0	−43.0	60.5	14.9° CCW	78.0	60.5
6.9	60.0	20.0	20.0	0°	60.0	30.0

Note: All values except θ_n are stresses in MPa units.

Prob.	σ_1	σ_2	σ_3	τ_1	τ_2	τ_3	σ_{max}	τ_{max}	θ_n
6.11	140.0	10.00	200	95.0	30.0	65.0	200	95.0	33.7° CW
6.13	55.0	5.00	−20.0	12.50	37.5	25.0	55.0	37.5	18.4° CW

Notes: All values except θ_n are stresses in MPa units. Rotation θ_n in x-y plane gives 1- and 2-axes; z-axis is 3-axis.

6.15 **(a)** $\sigma_{1,2,3} = 60.0, -80.0, 0$, $\tau_{max} = 70.0$ MPa; **6.17** $\sigma_{max} = 572$, $\tau_{max} = 286$ MPa
6.18 $\sigma_{max} = 18.0$ MPa on any plane normal to the surface, $\tau_{max} = 9.60$ MPa on any plane inclined 45° to the inside surface
6.20 $\sigma_{max} = 366$, $\tau_{max} = 240$ MPa; **6.22** $\sigma_{max} = 174.2$, $\tau_{max} = 113.9$ MPa
6.25 $\sigma_{max} = 304$, $\tau_{max} = 207$ MPa; **6.27** **(a)** $\tau_{max} = \dfrac{2}{\pi d^2}\sqrt{P^2 + \left(\dfrac{8T}{d}\right)^2}$; **(b)** $d = 45.8$ mm
6.29 **(a)** $\tau_{max} = \dfrac{3pr_1^3 r_2^3}{4R^3(r_2^3 - r_1^3)}$; **(b)** $\sigma_{1,2,3} = 339, 339, -300$; $\tau_{1,2,3} = 320, 320, 0$ MPa
6.31 $\tau_{max} = 231$ MPa
6.33 **(a)** For $R = 160$ mm: $\sigma_r = 81.1$, $\sigma_t = 206$ MPa; **(b)** $\sigma_{max} = 338$, $\tau_{max} = 168.9$ MPa

Prob.	σ_1	σ_2	σ_3	τ_1	τ_2	τ_3	σ_{max}	τ_{max}
6.34	140.0	10.0	0.00	5.00	70.0	65.0	140.0	70.0

Note: All values are stresses in MPa units.

Prob.	l_1	m_1	n_1	l_2	m_2	n_2	l_3	m_3	n_3
6.34	0.555	−0.832	0	0.832	0.555	0	0	0	1.000

Prob.	σ_1	σ_2	σ_3	τ_1	τ_2	τ_3	σ_{max}	τ_{max}
6.37	117.5	28.7	−56.2	42.4	86.8	44.4	117.5	86.8
6.39	45.0	0	−15.00	7.50	30.0	22.5	45.0	30.0
6.41	122.5	0	−122.5	61.2	122.5	61.2	122.5	122.5
6.43	79.9	30.4	4.74	12.83	37.6	24.7	79.9	37.6

Note: All values are stresses in MPa units.

Prob.	l_1	m_1	n_1	l_2	m_2	n_2	l_3	m_3	n_3
6.37	−0.300	0.945	0.1296	0.0803	−0.1103	0.991	0.951	0.308	−0.0428
6.39	0.408	0.816	0.408	0.577	−0.577	0.577	0.707	0	−0.707
6.41	0.908	0.0918	0.408	−0.408	0.408	0.816	−0.0918	−0.908	0.408
6.43	0.280	0.767	−0.577	0.749	0.202	0.631	0.601	−0.609	−0.518

6.45 **(a)** $\sigma_{1,2,3} = 90.0, 130.0, -60.0$; $\tau_{max} = 95.0$ MPa; **6.47** $\sigma_h = -33.3$, $\tau_h = 89.7$ MPa

6.48 $\sigma_{max} = \frac{1}{2}\left(\sigma_x + \sqrt{\sigma_x^2 + 4\tau_{xy}^2}\right)$, $\tau_{max} = \frac{1}{2}\sqrt{\sigma_x^2 + 4\tau_{xy}^2}$, $\tau_h = \frac{\sqrt{2}}{3}\sqrt{\sigma_x^2 + 3\tau_{xy}^2}$

6.51 $\tau_h = \sqrt{\frac{2}{3}}\,\frac{pr_1^2 r_2^2}{R^2(r_2^2 - r_1^2)}$

6.54 $\varepsilon_{1,2,3} = 213 \times 10^{-6}, -783 \times 10^{-6}, 236 \times 10^{-6}$;
$\gamma_{1,2,3} = 1019 \times 10^{-6}, 23.1 \times 10^{-6}, 996 \times 10^{-6}$

6.56 $\varepsilon_{1,2,3} = 2539 \times 10^{-6}, 1461 \times 10^{-6}, -2260 \times 10^{-6}$;
$\gamma_{1,2,3} = 3721 \times 10^{-6}, 4798 \times 10^{-6}, 1077 \times 10^{-6}$

6.58 $\varepsilon_y = \frac{1}{3}(2\varepsilon_{60} + 2\varepsilon_{120} - \varepsilon_x)$, $\gamma_{xy} = \frac{2}{\sqrt{3}}(\varepsilon_{60} - \varepsilon_{120})$

CHAPTER 7

(Note: For tubes and spherical shells, thin-wall approximations are used where possible.)

7.1 $X_{NT} = 3.92$; **7.3** $X_{NT} = 5.58$; **7.5** **(a)** $X_S = 1.99$; **(b)** $X_H = 2.07$
7.7 $X_S = 4.17$, or $X_H = 4.81$; **7.9** **(a)** $\sigma_{oS} = 516$; **(b)** $\sigma_{oH} = 447$ MPa
7.11 $X_S = 2.76$, or $X_H = 3.05$; **7.13** $X_S = 2.10$, or $X_H = 2.33$
7.15 $X_S = 1.637$, or $X_H = 1.692$; **7.17** **(a)** $X_H = 1.770$; **(b)** $d = 52.5$ mm;
7.18 $X_S = 1.941$, or $X_H = 2.11$; **7.20** $X_S = 2.04$, or $X_H = 2.15$
7.22 **(a)** $X_S = 1.610$, or $X_H = 1.734$; **(b)** $t_S = 3.05$, or $t_H = 2.85$ mm

7.23 **(a)** $d_S = \left(\frac{32X}{\pi\sigma_o}\sqrt{M^2 + T^2}\right)^{1/3}$; **(b)** $d_H = \left(\frac{16X}{\pi\sigma_o}\sqrt{4M^2 + 3T^2}\right)^{1/3}$

7.26 **(a)** $\sigma_{zS} = \sigma_o$; **(b)** $\sigma_{zH} = \frac{\sigma_o}{\sqrt{1 - \nu + \nu^2}}$; **(c)** $\sigma_{zS} = -260$, $\sigma_{zH} = -292$ MPa

7.28 If $\bar{\sigma}_H$ used: $\sigma_y = \dfrac{\sigma_o}{\sqrt{1-\lambda+\lambda^2+\nu(\nu-1)(1+\lambda)^2}}$

7.30 **(a)** $\tau_{xyS} = 10.0$, or $\tau_{xyH} = 28.9$ MPa; **7.32** $X_S = 2.52$, or $X_H = 2.90$

7.34 **(a)** $r_{2S} = r_1 \left(\dfrac{\sigma_o}{\sigma_o - 2pX}\right)^{1/2}$, or $r_{2H} = r_1 \left(\dfrac{\sigma_o}{\sigma_o - \sqrt{3}pX}\right)^{1/2}$;
(b) $r_{2S} = 53.8$, or $r_{2H} = 51.1$ mm

7.37 **(a)** $d_S = \left(\dfrac{32}{\pi\sigma_o}\sqrt{(Y_M M)^2 + (Y_T T)^2}\right)^{1/3}$; **(b)** $d_H = \left(\dfrac{16}{\pi\sigma_o}\sqrt{4(Y_M M)^2 + 3(Y_T T)^2}\right)^{1/3}$

7.39 **(a)** $\sigma_z = -89.7$ MPa; **7.42** **(a)** $\tau_i = 31.0$ MPa, $\mu = 1.328$
7.43 **(a)** $m = 0.576$, $\tau_i = 26.5$ MPa, $\mu = 0.705$, $\phi = 35.2°$, $\theta_c = 27.4°$;
(c) $\sigma'_{uc} = -102.3$, $\sigma'_{ut} = 27.5$ MPa
7.45 **(a)** $m = 0.631$, $\tau_i = 11.54$ MPa, $\mu = 0.814$, $\phi = 39.1°$, $\theta_c = 25.4°$;
(c) $\sigma'_{uc} = -48.5$, $\sigma'_{ut} = 10.97$ MPa
7.48 **(b)** $\sigma'_{uc} = -1000$, $\sigma_i = -499$ MPa; **(d)** $X_{MM} = 1.500, 1.304, 1.667$
7.49 $\sigma_3 = -110.7$ MPa; **7.51** **(a)** $X_{MM} = 11.18$; **(b)** $X_{MM} = 1.885$; **(c)** $X_{MM} = 9.58$
7.52 **(a)** $X_{MM} = 1.881$; **(b)** $p = 33.4$ MPa; **7.54** $T = 2.22$ kN·m
7.56 **(a)** $X_{MM} = 5.04$; **(b)** $X_{MM} = 3.79$

CHAPTER 8

(Note: Small-crack approximate F values are used where possible.)

8.2 **(c)** $a_t = 1.15$ mm, $a_t = 35$ mm, respectively
8.4 **(a)** For AISI 1144 steel, $a_t = 4.75$ mm; for Si_3N_4, $a_t = 0.049$ mm
8.6 At $\alpha = 0.9$, $F_a = 2.574$, $F_b = 2.528$, $F_c = 2.113$
8.8 **(a)** $X_K = 2.62$, $X'_o = 3.22$; **(b)** $X_K = 1.13$, $X'_o = 1.82$
8.10 **(a)** $a = 17.55$ mm; **(b)** $a = 2.68$ mm; **(c)** $X'_o = 3.37$
8.12 **(a)** $a = 1.692$ mm; **(b)** $a = 13.91$ mm; **(c)** $X'_o = 4.84$ and 5.21, respectively
8.14 **(a)** $K_{Ic} = 33.2\,\text{MPa}\sqrt{\text{m}}$; **(b)** $\sigma_o = 200$ MPa; **8.15** **(a)** $P = 189.9$ kN; **(b)** $P = 201$ kN
8.17 **(a)** $X_K = 2.65$, $X'_o = 4.11$; **(b)** $b = 57.4$ mm
8.18 Using $\alpha = a/b$: **(a)** $P_o = \pi b^2 \sigma_o (1-\alpha)^2$; **(b)** $M_o = \dfrac{4}{3} b^3 \sigma_o (1-\alpha)^3$
8.21 **(a)** $M = 146.4$ kN·m; **8.23** **(a)** $X_K = 2.91$, $X'_o = 4.98$ (ignoring crack)
8.24 **(a)** $X_K = 1.260$; **8.26** **(a)** $t = 21.4$ mm; **(b)** $X'_o = 2.06$
8.28 **(a)** $d_o = 53.8$ mm; **(b, c)** $d_c = 61.8$ mm; **8.29** **(a)** $X_K = 5.87$; **(b)** $X_K = 4.05$ (exact F)
8.31 $P_o = bt\sigma_o \left[-\dfrac{2e}{b} - \alpha + \sqrt{\left(\dfrac{2e}{b} + \alpha\right)^2 + (1-\alpha)^2}\,\right]$, $\alpha = \dfrac{a}{b}$; **8.34** $p = 1.236$ MPa
8.36 **(a)** $X_o = 6.27$, $X_a = 2.99$; **(b)** $X_o = 2.74$, $X_a = 24.7$; **(c)** $K_{Ic} = 112.8\,\text{MPa}\sqrt{\text{m}}$;
(d) $X_K = 3.00$
8.38 $X_K = 3.14$, $X_o = 4.15$; **8.40** **(a)** $M_o = 6.40$ kN·m; **(b)** $M_c = 1.721$ kN·m
8.42 **(a)** $X_o = 2.02$, $X_K = 4.97$; **(b)** for $d = 56.1$ mm, $X_o = 4.63$, $X_K = 3.00$
8.44 **(a)** $d_o = 45.9$ mm, $d_c = 29.4$ mm; **(b)** $d = 45.9$ mm; **(c)** $d = 38.7$ mm, $\sigma_o = 1340$ MPa;
(d) for $a = 0.50$ mm: $d = 37.9$ mm, $\sigma_o = 1420$ MPa; for $a = 2.0$ mm: $d = 39.3$ mm, $\sigma_o =$ 1275 MPa

8.48 $X_K = 3.10$; **8.50 (a)** $K_Q = 37.5\ \text{MPa}\sqrt{\text{m}}$; **(b)** not plane strain, LEFM not applicable
8.51 (a, b) $K_Q = K_{Ic} = 49.7\ \text{MPa}\sqrt{\text{m}}$; **(c)** $2r_{o\varepsilon} = 0.138$ mm
8.53 For $a_c = 3.00$ mm: **(a)** $S_{gK} = 680$ MPa; **(b)** $S_{gKe} = 498$ MPa

CHAPTER 9

9.2 **(a)** $D = \dfrac{\sigma_1 - \sigma_2}{\log N_1 - \log N_2}$, $C = \sigma_1 - D \log N_1$; **(b)** $D = -170.0$ MPa, $C = 1450$ MPa
9.4 **(b)** $\sigma_f' = 2225$ MPa, $b = -0.1256$; **9.6 (b)** $\sigma_f' = 202$ MPa, $b = -0.1086$
9.8 **(a)** $X_N = 3.00$, $X_S = 1.164$; **9.10** $\hat{N} = 6.15 \times 10^4$ cycles, $X_N = 49.3$

Prob.	N_f, cycles		
	(a)	**(b)**	**(c)**
9.18	3.38×10^5	2.02×10^5	5.46×10^5
9.20	3.38×10^5	1.682×10^5	1.019×10^6
9.22	8.36×10^5	1.438×10^5	9.34×10^6
9.24	4.98×10^5	7.61×10^4	2.41×10^6

9.26 For σ_a in MPa: **(a)** $\sigma_a = 838(2N_f)^{-0.0648}$; **(b)** $\sigma_a = 938(2N_f)^{-0.0648}$; **(c)** $\sigma_a = 1038(2N_f)^{-0.0648}$
9.28 **(a)** For $\sigma_a = 379$, $\sigma_m = 621$ MPa: $\sigma_{ar} = 550$ MPa, $\sigma_a/\sigma_{ar} = 0.690$
9.29 For $\sigma_a = 379$, $\sigma_m = 621$: **(a)** $\sigma_{ar} = 616$; **(b)** $\sigma_{ar} = 532$ MPa
9.32 For $\sigma_a = 193$, $\sigma_m = 69$: **(a)** $\sigma_{ar} = 231$; **(b)** $\sigma_{ar} = 207$; **(c)** $\sigma_{ar} = 225$; **(d)** $\sigma_{ar} = 211$ MPa
9.33 $X_S = 1.371$, $X_N = 62.8$ by Morrow; $X_S = 1.288$, $X_N = 27.6$ by SWT
9.36 By SWT: **(a)** $X_N = 29.4$; **(b)** $Y_m = 3.65$; by Morrow: **(a)** $X_N = 85.7$; **(b)** $Y_m = 3.64$
9.38 For SWT and $\bar{\sigma}_H$: **(a)** $p = 15.65$ MPa; **(b)** $X_H = 1.715$
9.39 **(a)** $N_f = 284{,}000$ cycles; **(b)** $X_H = 1.122$; **(c)** $d = 52.5$ mm; **(d, e)** $d = 55.1$ mm
9.41 $B_f = 160{,}500$ reps by SWT; **9.43** $B_f = 21{,}200$ reps by Morrow, or 3520 reps by SWT
9.45 $B_f = 101{,}100$ reps by Morrow, or 53,300 reps by SWT
9.47 $B_f = 3860$ reps by Morrow, or 1243 reps by SWT; **9.49** $B_f = 3260$ reps by SWT

CHAPTER 10

(Note: For determining k_f, the Peterson equation is used unless Neuber is indicated.)

10.2 $k_t = 1.95$, $k_f = 1.73$; or $k_f = 1.63$ by Neuber
10.4 $k_t = 2.40$, $k_f = 2.33$, $S_{er} = 168$ MPa; or $k_f = 2.20$, $S_{er} = 178$ MPa by Neuber
10.6 $k_t = 2.40$, $k_f = 2.29$, $M_a = 1270$ N·m; or $k_f = 2.18$, $M_a = 1337$ N·m by Neuber
10.8 $k_t = 2.20$, $k_f = 2.14$, $M_a = 143$ N·m; or $k_f = 2.07$, $M_a = 148$ N·m by Neuber
10.10 $M_a = 111.7$ N·m or same by Neuber; **10.12** $T_a = 66.5$ N·m by Juvinall
10.14 **(a)** $S_a = 1013 - 156.7 \log N_f$ MPa; **(b)** $N_f = 23{,}100$ cycles by Eq. 10.21, or 22,500 cycles by Eq. 10.27
10.15 **(a)** $S_{max} = 356$ MPa; **(b)** $S_{max} = 325$ MPa; **10.17 (a)** $P_m = 87.3$ kN; **(b)** $P_m = 26.8$ kN
10.20 **(a)** $X_S = 1.43$; **(b)** $\rho = 1.65$ mm by Eq. 10.27

10.21 For $S_{max} = 207$, $S_m = 69$ MPa: **(a)** $S_{ar} = 159.9$ MPa; **(b)** $S_{ar} = 169.0$ MPa; **(c)** $k_f = 1.92$ by Neuber, $k_{fM} = 1.55$, $S_{ar} = 175.3$ MPa
10.23 $A = 805$ MPa, $B = -0.1990$, $\gamma = 0.486$
10.25 $A = 799$ MPa, $B = -0.1996$, $\gamma = 0.479$
10.26 $A = 1811$ MPa, $B = -0.1074$, $\gamma = 0.652$
10.29 $A = 930$ MPa, $B = -0.1337$, $\gamma = 0.708$
10.30 **(a)** $\sigma_{ar} = 1515\,N_f^{-0.1271}$ MPa $(10^3 \le N_f \le 10^6)$; **(b)** $N_f = 10{,}790$ cycles
10.33 **(a)** $S_{ar} = 417\,N_f^{-0.0739}$; **(b)** $S_{ar} = 536\,N_f^{-0.0962}$ MPa $(10^3 \le N_f \le 10^6)$
10.35 $S_{ar} = 353\,N_f^{-0.0873}$ MPa $(10^3 \le N_f \le 10^6)$, by Neuber
10.37 **(a)** $B_f = 10.88$ reps for $S_{max} = 240$ MPa, $B_f = 19.05$ reps for $S_{max} = 209$ MPa
10.39 **(a)** $B_f = 2940$ reps; **(b)** $X_N = 4.90$, $X_S = 1.412$; **10.41** **(a)** $B_f = 7.45$ reps
10.42 **(a)** $B_f = 3.56$, 79.7, 3240 reps, respectively, by Eq. 10.29
10.43 **(a)** $B_f = 395$ years; **(b)** $X_N = 5.27$, $X_S = 1.739$; **(c)** $B_f = 210$ years, $X_N = 2.79$, $X_S = 1.408$

CHAPTER 11

(Notes: For Eq. 11.32, F is approximated as F_i. Also, F is varied to find a_f where possible.)

Prob.	m	C, $\frac{\text{mm/cycle}}{(\text{MPa}\sqrt{\text{m}})^m}$	Prob.	m	C, $\frac{\text{mm / cycle}}{(\text{MPa}\sqrt{\text{m}})^m}$
11.1	3.21	1.680×10^{-9}	**11.7 (b)**	3.01	9.38×10^{-8}
11.3	2.76	1.382×10^{-8}	**11.9**	4.33	1.296×10^{-8}
11.5 (b)	2.90	5.18×10^{-8}	**11.11**	3.53	4.59×10^{-9}

11.13 **(a)** $C_0 = 8.01 \times 10^{-11}$, $C_{0.5} = 1.829 \times 10^{-10}$, $C_{0.8} = 5.45 \times 10^{-10}$ mm/cycle/$(\text{MPa}\sqrt{\text{m}})^m$; **(b)** 2.28 for $R = 0.5$, and 6.80 for $R = 0.8$
11.15 $p = m\gamma$, $q = m(1-\gamma)$
11.17 **(a)** $m = 3.60$, $\gamma = 0.686$, $C_0 = 3.88 \times 10^{-8}$ mm/cycle/$(\text{MPa}\sqrt{\text{m}})^m$
11.19 **(b)** $m = 2.96$, $\gamma = 0.553$, $C_0 = 4.08 \times 10^{-8}$ mm/cycle/$(\text{MPa}\sqrt{\text{m}})^m$
11.21 For $\Delta K = 20.0\ \text{MPa}\sqrt{\text{m}}$, $R = 0.50$: $da/dN = 4.10 \times 10^{-3}$ mm/cycle
11.26 $N_{if} = \dfrac{\ln(a_f/a_i)}{\pi C (F\,\Delta S)^2}$; **11.29** **(a)** $N_{if} = \dfrac{1}{\pi C}\left(\dfrac{bt}{\Delta P}\right)^2\left(\cos\dfrac{\pi a_i}{b} - \cos\dfrac{\pi a_f}{b}\right)$
11.30 $N_{if} = 74{,}000$ cycles; **11.32** $N_{if} = 16{,}730$ cycles; **11.34** $N_{if} = 38{,}900$ cycles
11.36 $a_i = 0.473$ mm; **11.38** **(a)** $a_i = 0.921$ mm; **(b)** for $X_N = 5.0$, $N_p = 30{,}000$ cycles
11.40 $N_{if} = 84{,}800$ cycles; **11.42** **(a)** $a_f = 28.8$ mm; **(b)** $N_{if} = 739{,}000$ cycles
11.44 $a_i = 0.549$ mm; **11.45** $N_{if} = 2{,}615{,}000$ cycles
11.46 **(a)** $N_{if} = 425{,}000$ cycles; **(b)** $X_K = 2.97$
11.48 $B_{if} = 5980$ reps; **11.51** $B_{if} = 1700$ reps; **11.52** $B_{if} = 1509$ reps
11.54 **(a)** $N_{if} = 56{,}800$ cycles; **(b)** $X_N = 0.946$; **(c)** $a_d = 0.268$ mm; **(d)** $N_p = 18{,}930$ cycles; **(e)** $S_{new}/S_{old} = 0.720$

CHAPTER 12

12.2 **(a)** $t_{if} = 3.84 \times 10^5$ s; **(b)** $t_{if} = 384$ s; **12.6** $S = 383$ MPa; **12.8** $t_{if} = 0.192$ s

12.13 Soda: $n = 20.3$, $A = 1.67\ \text{m/s}/(\text{MPa}\sqrt{\text{m}})^n$; Ultra: $n = 36.5$, $A = 2.05 \times 10^7\ \text{m/s}/(\text{MPa}\sqrt{\text{m}})^n$

12.14 $t_{if} = (C_2/S)^{20.3}$ for t_{if} in seconds, S in MPa; $C_2 = 166.1$, 121.5, 88.9 for $a_i = 5$, 10, 20 μm, respectively

CHAPTER 13

13.2 Eq. 13.1: $E = 206{,}200$ MPa, $\sigma_o = 830$ MPa

13.4 Eq. 13.12: $E = 166{,}100$ MPa, $H = 858$ MPa, $n = 0.1168$

13.6 Eq. 13.8: $E = 199{,}300$ MPa, $H_1 = 2070$ MPa, $n_1 = 0.238$

13.8 Parabola: $\sigma = -53{,}800\varepsilon^2 + 3790\varepsilon$ MPa

13.10 $\dfrac{\Delta r}{r} = \dfrac{(1-\nu)pr}{2tE} + \dfrac{1}{2}\left(\dfrac{pr}{2tH}\right)^{1/n}$; **13.11** $\dfrac{dV_e}{V_e} = \dfrac{(5-4\nu)pr}{2tE} + \sqrt{3}\left(\dfrac{\sqrt{3}pr}{2tH}\right)^{1/n}$

13.13 $\varepsilon_2 = (\lambda - \nu)\dfrac{\sigma_1}{E} + (\lambda - 0.5)\left(1 - \lambda + \lambda^2\right)^{(1-n)/(2n)}\left(\dfrac{\sigma_1}{H}\right)^{1/n}$;

$\varepsilon_3 = -\nu(1+\lambda)\dfrac{\sigma_1}{E} - 0.5(1+\lambda)\left(1 - \lambda + \lambda^2\right)^{(1-n)/(2n)}\left(\dfrac{\sigma_1}{H}\right)^{1/n}$

13.15 $\varepsilon_2 = \dfrac{(1-3\nu)}{2}\dfrac{\sigma_1}{E} - \dfrac{1}{2}\left(\dfrac{\sigma_1}{2H}\right)^{1/n}$

13.17 **(a)** $\sigma_2 = \tilde{\nu}\sigma_1$, $\sigma_1 = \dfrac{\bar{\sigma}}{\sqrt{1 - \tilde{\nu} + \tilde{\nu}^2}}$, $\varepsilon_1 = \dfrac{\bar{\varepsilon}(1 - \tilde{\nu}^2)}{\sqrt{1 - \tilde{\nu} + \tilde{\nu}^2}}$

13.19 **(a)** $\sigma_{max} = 610$, $\sigma_{min} = -610$ MPa; **(b)** $\sigma = 650$, -390, 710 MPa

13.22 $\sigma_{max} = 1400$, $\sigma_{min} = -800$ MPa; **13.24** $\sigma_{max} = 474$, $\sigma_{min} = -327$ MPa

13.26 $\sigma_{max} = 861$, $\sigma_{min} = -447$ MPa; **13.28** **(b)** $\sigma_o = 349$, $\sigma'_o = 428$ MPa

13.30 **(a)** $H' = 1209$ MPa, $n' = 0.202$

13.33 **(a)** $H'_\tau = 594$ MPa, $n' = 0.212$; **(b)** $G = 79{,}100$ MPa, $H'_\tau = 648$ MPa, $n' = 0.208$

13.34 **(a)** $\sigma_{max} = 577$, $\sigma_{min} = -191.1$ MPa; **(b)** $\sigma_{mi} = 193.0$, $\sigma_{m50,000} = 38.0$ MPa

13.36 $\sigma_{A,B,C} = -478$, 278, 354 MPa; **13.38** $\sigma_{A,B,C,D} = 663$, -444, 488, -490 MPa

CHAPTER 14

14.1 $M = 2bc^2 H_2 \varepsilon_c^{n_2}\left(\dfrac{1}{(n_2+2)(n_2+3)}\right)$

14.2 $M = \dfrac{2c_2^2 H_2 \varepsilon_{c2}^{n_2}}{n_2+2}\left((t_1 - t_2)\left(\dfrac{c_1}{c_2}\right)^{n_2+2} + t_2\right)$; $M = \dfrac{h_2^2 H_2 \varepsilon_{h2}^{n_2}}{2(n_2+2)}\left(b_2 - b_1\left(\dfrac{h_1}{h_2}\right)^{n_2+2}\right)$

14.6 Typical values: (1) $\alpha = 0.80$, $\varepsilon_c = 0.00400$, $M = 3.02$ kN·m; (2) $\alpha = 2.00$, $\varepsilon_c = 0.01000$, $M = 5.63$ kN·m

14.7 **(a)** $M = \dfrac{2\sqrt{\pi}\, c^3 H_2 \varepsilon_c^{n_2}}{n_2+3}\dfrac{\Gamma(1+n_2/2)}{\Gamma(1.5+n_2/2)}$;

(b) $M = \dfrac{2\sqrt{\pi}\, c_2^3 H_2 \varepsilon_{c2}^{n_2}}{n_2+3}\dfrac{\Gamma(1+n_2/2)}{\Gamma(1.5+n_2/2)}\left(1 - \left(\dfrac{c_1}{c_2}\right)^{n_2+3}\right)$

14.8 **(a)** 1st: $M' = 2.13\ \text{kN·m}$, $\sigma_{rc} = 0$, $\varepsilon_{rc} = 0$; 2nd: $M' = 2.93\ \text{kN·m}$, $\sigma_{rc} = -150\ \text{MPa}$, $\varepsilon_{rc} = 0.00125$; 3rd: $M' = 3.13\ \text{kN·m}$, $\sigma_{rc} = -187.5\ \text{MPa}$, $\varepsilon_{rc} = 0.00506$

14.12 $T = \dfrac{2\pi c_2^3 H_3 \gamma_{c2}^{n_3}}{n_3 + 3}\left(1 - \left(\dfrac{c_1}{c_2}\right)^{n_3+3}\right)$

14.14 **(a)** $G = 27{,}500$, $H_\tau = 293\ \text{MPa}$, $n = 0.0663$; **(b)** typical values: $\tau_c = 220\ \text{MPa}$, $\gamma_c = 0.0210$, $T = 380\ \text{N·m}$

14.16 Typical values: (1) $\gamma_c = 0.00500$, $T = 25.5\ \text{kN·m}$; (2) $\gamma_c = 0.01600$, $T = 49.4\ \text{kN·m}$

14.18 **(a)** $\sigma' = 184.0\ \text{MPa}$, $\varepsilon' = 0.00263$; **(b)** $\sigma' = 245\ \text{MPa}$, $\varepsilon' = 0.00790$; **(c)** $\sigma' = 245\ \text{MPa}$, $\varepsilon' = 0.01777$

14.20 **(a)** $\sigma' = 680\ \text{MPa}$, $\varepsilon' = 0.00567$; **(b)** $\sigma' = 893\ \text{MPa}$, $\varepsilon' = 0.01322$; **(c)** $\sigma' = 963\ \text{MPa}$, $\varepsilon' = 0.0250$

14.22 Typical values: $\sigma_y = 485\ \text{MPa}$, $\varepsilon_y = 0.0214$, $P = 128.7\ \text{kN}$

14.23 **(a)** For $k_t S \geq \sigma_o$: $\varepsilon = \dfrac{\sigma_o}{2E} + \dfrac{(k_t S)^2}{2E\sigma_o}$; **(b)** $S = \dfrac{1}{k_t}\sqrt{\sigma^2 + \dfrac{2E\sigma}{n+1}\left(\dfrac{\sigma}{H}\right)^{1/n}}$;
(c) Typical values: $\sigma_y = 485\ \text{MPa}$, $\varepsilon_y = 0.0214$, $P = 164.0\ \text{kN}$

14.25 **(a)** $\sigma_r = 0$, $\varepsilon_r = 0$; **(b)** $\sigma_r = -270\ \text{MPa}$, $\varepsilon_r = 0.00208$; **(c)** $\sigma_r = -500\ \text{MPa}$, $\varepsilon_r = 0.00667$

14.27 **(a)** $\sigma_r = -249\ \text{MPa}$, $\varepsilon_r = 0.00537$; **(b)** $\sigma_r = -375\ \text{MPa}$, $\varepsilon_r = 0.01100$

14.29 $\sigma_{\max} = 1070\ \text{MPa}$, $\varepsilon_{\max} = 0.01432$, $\sigma_{\min} = -817\ \text{MPa}$, $\varepsilon_{\min} = -0.001589$

14.30 $\sigma_{\max} = 469\ \text{MPa}$, $\varepsilon_{\max} = 0.01378$, $\sigma_{\min} = -308\ \text{MPa}$, $\varepsilon_{\min} = 0.00216$

14.33 $\sigma_{\min} = -540\ \text{MPa}$, $\varepsilon_{\min} = -0.00610$, $\sigma_{\max} = 280\ \text{MPa}$, $\varepsilon_{\max} = -0.001673$

14.35 Typical values: $\sigma_{ca} = 550\ \text{MPa}$, $\varepsilon_{ca} = 0.00693$, $M_a = 63.0\ \text{kN·m}$

14.37 $\sigma_{\max} = 769\ \text{MPa}$, $\varepsilon_{\max} = 0.00659$, $\sigma_{\min} = -233\ \text{MPa}$, $\varepsilon_{\min} = 0.001531$

14.38 $\sigma_{A,B,C,D} = 1072, -588, 411, -734\ \text{MPa}$;
$\varepsilon_{A,B,C,D} = 0.01793, 0.00217, 0.01072, -0.000989$

14.41 $\sigma_{A,B,C,D,E,F} = 585, -500, 509, -420, 345, -541\ \text{MPa}$;
$\varepsilon_{A,B,C,D,E,F} = 0.01112, -0.001438, 0.00681, 0.000877, 0.00485, -0.00526$

CHAPTER 15

Prob.	σ_f', MPa	b	ε_f'	c
15.4	939	−0.0916	0.272	−0.449
15.6	3149	−0.1014	0.251	−0.891

15.8 $m_s = 0.653$, $m_d = 0.848$, $\sigma_{fd}' = 1593\ \text{MPa}$, $b_s = -0.1153$, $\varepsilon_{fd}' = 0.543$, $c = -0.636$

Prob.	N_f, cycles			
	(a) Morrow	(b) mod Mor	(c) SWT	(d) Walker
15.10	7 107	10 327	8 536	7 454
15.12	17 600	20 530	9 889	10 290
15.14	6 287	23 350	17 253	15 675

15.16 $N_f = 3446$ cycles by Morrow, or 5885 by SWT
15.18 $N_f = 3458$ cycles by Morrow (not recommended), or 2514 by SWT
15.19 **(a)** $N_f = 14{,}150$ cycles by Morrow, or 54,000 by SWT; **(b)** $N_f = 275{,}400$ cycles by Morrow, or 284,800 by SWT
15.21 **(a)** Excellent correlation; **(b)** Poor agreement, curves nonconservative
15.23 For $\sigma_a = 1379$, $\sigma_m = -345$ MPa: **(a)** $\varepsilon_a = 0.00676$, $N_{mi}^* = 1345$ cycles; **(b)** $\sigma_{\max}\varepsilon_a = 6.99$ MPa
15.25 For $N_f = 10{,}000$ cycles: **(a)** $\gamma_a = 0.00827$; **(b)** $\gamma_a = 0.01376$
15.28 $N_f = 1094$ cycles by Morrow (not recommended), or 1095 by SWT
15.29 $N_f = 5136$ cycles by Morrow (not recommended), or 3857 by SWT
15.31 $N_f = 1{,}344{,}000$ cycles by Morrow, or 2,089,000 by SWT
15.32 $N_f = 34{,}280$ cycles by Morrow, or 32,880 by SWT
15.35 **(b)** For $\sigma_a = 850$ MPa: $\varepsilon_a = 0.00751$, $P_a = 13.09$ kN, $N_f = 1113$ cycles; **(c)** For $P_a = 14.03$ kN, $\varepsilon_a = 0.00685$, $N_f = 1475$
15.37 $B_f = 4670$ reps by Morrow, or 668 by SWT
15.39 $B_f = 564$ reps by Morrow (not recommended), or 450 by SWT
15.41 $B_f = 402$ reps by Morrow, or 555 by SWT
15.44 $B_f = 303$ reps by Morrow, or 347 by SWT
15.45 $B_f = 160.2$ reps by Morrow (not recommended), or 122.1 by SWT
15.47 **(a)** $B_f = 10.24$ reps by SWT; **(b)** $B_{if} = 1.76$ reps for crack growth, 12.0 total
15.49 $M_a = 1.399$ kN·m by Morrow
15.50 By Morrow: **(a)** $N_f = 245{,}400$ cycles; **(b)** $N_f = 9{,}417{,}000$ cycles; **(b)** using monotonic yield to A: $N_f = 6{,}422{,}000$

CHAPTER 16

16.1 **(b)** $B = 1.596 \times 10^{-5} \dfrac{1/\text{min}}{\text{MPa}^m}$, $m = 2.14$
16.6 $\dot{\varepsilon} = B\sigma^m$; for $T = 900, 1200, 1450$ K: $B = 6.74 \times 10^{-24}, 2.43 \times 10^{-19}, 1.112 \times 10^{-16} \dfrac{1/\text{s}}{\text{MPa}^m}$
16.8 **(a)** $\varepsilon = 0.00503$; **(b)** $\sigma = 30.7$ MPa; **(c)** $T = 974$ K
16.11 $A_3 = 2640 \dfrac{\text{K/s}}{\text{MPa}^m}$, $m = 1.495$, $Q = 39{,}600$ J/mol
16.12 **(a)** $\Delta L_e = 0.0267$ mm; **(c)** $\Delta L = 0.0489, 8.14$ mm; **(d)** $\Delta L = 0.0267, 0.0348$ mm
16.14 **(a, b, c, d)** $t_r = 28{,}100, 2530, 2890, 289$ h
16.16 **(a)** $\sigma = 380$ MPa; **(b)** $\hat{\sigma} = 271$ MPa; **(c)** $X_t = 28.6$
16.19 **(a)** $t_r = 5200$ h; **(b)** $X_\sigma = 1.100$; **16.21** **(a)** $\hat{T} = 522$°C; **(b)** $X_t = 23.0$; **(c)** $\Delta T_f = 41.6$°C
16.23 **(a)** $t_r = 21{,}100$ h; **(b)** $X_\sigma = 1.379$; **(c)** $\Delta T_f = 25.0$°C
16.25 **(a)** $b_{0,1,2,3} = 128{,}210, -141{,}530, 64{,}375, -9960$; **(b)** $a_{0,1,2,3} = 135.45, -216.1, 99.30, -15.424$
16.27 $Q = 84{,}490$ cal/mole, $a_{0,1,2,3} = -11.902, 3.962, -2.094, -0.15378$
16.28 $C = 14.569$, $b_{0,1,2,3} = -38{,}400, 114{,}200, -62{,}300, 10{,}382$
16.30 $t_r = 47{,}200$ h; **16.33** $\hat{B} = 17.95$ weeks

16.35 $D = 8.27 \times 10^{-5} \dfrac{1}{\text{MPa}^{\delta}\text{s}^{\phi}}, \delta = 1.742, \phi = 0.206$

16.37 $\sigma = \dfrac{\sigma_i}{\left(ED_3 t^{\phi}(\delta - 1)\sigma_i^{\delta-1} + 1\right)^{1/(\delta-1)}}, \quad \sigma_i = E\varepsilon'$

16.38 **(a)** $t_{0.5} = 652$ h; **(b)** $d = 119\ \mu$m; **(c)** $T = 467°$C

16.40 **(b)** For $t = 5.0$ h: $\sigma = 22.3$ MPa

16.42 Using $\sigma_3 = -p/2$: $\dot{\varepsilon} = 4.76 \times 10^{-9}$ 1 / s, $\Delta d = 3.08$ mm

16.44 $\gamma = \dfrac{\tau}{G} + 3^{(\delta+1)/2} D_3 \tau^{\delta} t^{\phi}$

16.46 Using $\sigma_3 = -p/2$: **(a)** $\bar{\dot{\varepsilon}} = 8.88 \times 10^{-11}$ 1/s; **(b)** $100\,\Delta d/d = 1.912\%$, $100\,\Delta L/L = 0.819\%$

16.47 **(a)** $\sigma = 5.00$ MPa; **(b)** $v_e = 0.208$ mm; **(c)** $v = 2.38$ mm; **(d)** $v_{\infty} = 8.54$ mm

16.49 **(a)** For $R = 70$ mm: $\sigma_r = 2.93$, $\sigma_t = 7.68$ MPa; **(b)** $\Delta r_1 = 3.01\ \mu$m/day, 1.101 mm/year; **(c)** $\Delta r_2 = 2.95\ \mu$m/day, 1.076 mm/year

16.51 **(a)** $\gamma_c = 3^{(m+1)/2} Bt \left(\dfrac{T(1+3m)}{2\pi m c^3}\right)^m$; **(b)** $\gamma_c = 3^{(\delta+1)/2} D_3 t^{\phi} \left(\dfrac{T(1+3\delta)}{2\pi \delta c^3}\right)^{\delta}$

16.53 **(a)** $\varepsilon_c = 0.00740$; **(b)** $\varepsilon_c = 0.01366$; **16.55** **(a)** $b = c = 53.2$ mm; **(b)** $b = c = 53.6$ mm

16.57 **(a)** $\Delta U = \dfrac{2JLbc\sigma_{ca}^2}{3}$; **(b)** $Q_v^{-1} = \dfrac{JE}{\pi}$; **(c)** $\Delta U = \dfrac{2JLbc\sigma_{cLa}^2}{9}$

16.59 **(a)** $\Delta u = 4\sigma_o \left(\varepsilon_a - \dfrac{\sigma_o}{E}\right)$; **(b)** $\Delta U = \dfrac{4Lbc\sigma_o}{\varepsilon_{ca}} \left(\varepsilon_{ca} - \dfrac{\sigma_o}{E}\right)^2$

16.60 $\Delta U = \dfrac{8\pi Lc^2 \tau_{ca}^{1+1/n'}}{(H'_{\tau})^{1/n'}} \left(\dfrac{1-n'}{1+n'}\right) \left(\dfrac{\dfrac{n'}{3n'+1} + \dfrac{\beta}{2} + \dfrac{\beta^2}{3+n'}}{(1+\beta)^2}\right), \quad \beta = \dfrac{\gamma_{pca}}{\tau_{ca}/G}$

찾아보기

ㅎ